高等机械系统动力学
——结构与系统

李有堂　著

科学出版社
北　京

内 容 简 介

本书为适应现代机械产品和结构的动力学分析及动态设计需要，结合作者多年的科研和教学实践撰写而成。本书主要阐述高等机械系统动力学的结构与系统。全书共6章，主要内容包括机械系统动力学概述、齿轮结构动力学、凸轮结构动力学、轴承动力学、转子动力学分析方法与模型、转子系统动力学分析与控制等。

本书可作为高等院校机械工程及相关专业研究生的参考书，也可供机械制造领域的工程技术人员和科研工作者参考。

图书在版编目（CIP）数据

高等机械系统动力学：结构与系统 / 李有堂著. —北京：科学出版社，2022.6

ISBN 978-7-03-070293-7

Ⅰ. ①高…　Ⅱ. ①李…　Ⅲ. ①机械动力学　Ⅳ. ①TH113

中国版本图书馆 CIP 数据核字（2021）第 217172 号

责任编辑：裴　育　陈　婕　纪四稳 / 责任校对：任苗苗

责任印制：吴兆东 / 封面设计：蓝正设计

科学出版社 出版

北京东黄城根北街 16 号

邮政编码：100717

http://www.sciencep.com

北京中科印刷有限公司 印刷

科学出版社发行　各地新华书店经销

*

2022 年 6 月第　一　版　开本：720 × 1000　B5

2022 年 6 月第一次印刷　印张：40 1/2

字数：813 000

定价：268.00 元

（如有印装质量问题，我社负责调换）

前　言

机械系统动力学是机械原理的重要组成部分，主要研究机械在运转过程中的受力、机械中各构件的质量与机械运动之间的相互关系等，它是现代机械设计的基础。现代机械设计已经从为实现某种功能的运动学设计转向以改善和提高机器运动及动力特性为主要目标的动力学综合分析与设计。因此，系统研究机械系统动力学，对提高机械系统的动态特性和机械运动的稳定性具有重要意义。

随着智能制造技术的发展，自动控制装置日益成为机械装备不可缺少的组成部分，机械动力学的研究对象已扩展到包括不同特性的机械结构和控制调节装置在内的整个机械系统。在高速、精密机械装备设计中，为了保证机械运动的准确性和稳定性，需要从机械元件、机械部件和整机等不同层次进行动力学分析和动态设计。因此针对现代机械产品设计的动力学分析和动态设计要求，作者结合多年的科学研究与研究生课程教学实践，并参考国内外学术文献，撰写了关于高等机械系统动力学的系列专著。

该系列专著包括高等机械系统动力学的原理与方法、结构与系统、检测与分析、疲劳与断裂四部分。其中，《高等机械系统动力学——原理与方法》已于 2019 年 11 月由科学出版社出版。本书《高等机械系统动力学——结构与系统》为该系列的第二部分，内容涉及齿轮、凸轮、轴承等结构和转子系统的动力学问题。全书共 6 章。第 1 章概述机械系统动力学。第 2 章齿轮结构动力学，主要介绍轮齿啮合动态激励的基本原理、齿轮结构的动态分析模型、齿轮结构的动态特性等。第 3 章凸轮结构动力学，主要涉及往复式运动凸轮结构、平行分度凸轮结构、圆柱分度凸轮结构和弧面分度凸轮结构的动力学分析等。第 4 章轴承动力学，讨论滚动轴承、滑动轴承、挤压油膜阻尼器轴承、动压滑动轴承、电磁轴承的动力学问题。第 5 章转子动力学分析方法与模型，主要介绍转子动力学的分析方法、转子系统基本模型与物理效应、转子系统集中参数模型和转子系统分布质量模型等。第 6 章转子系统动力学分析与控制，主要介绍转子系统动力学特性的演化规律、内腔积液及充液转子的动力学特性。转子系统的自激励因素和稳定性裕度、转子系统的电磁激励与机电耦联振动等。

本书相关内容得到国家自然科学基金、教育部“长江学者和创新团队发展计划”、兰州理工大学“红柳一流学科”发展计划和研究生精品课程建设计划的支持，在此表示感谢。

由于作者水平有限，书中难免存在不妥之处，恳请广大读者批评指正。

作　者

2021 年 2 月于兰州理工大学

目　　录

第 1 章　机械系统动力学概述

1.1　机械结构与机械系统

机械产品或机械装备一般由机械部件构成，如车床中的主轴部件、进给部件，汽车中的发动机、悬挂装置和制动装置等。机械部件一般由不同机械结构组成，如主轴部件中的轴承结构、齿轮结构等。机械结构是组成机械装备的基本单元。

机械系统是由一些机械元件和机械结构组成的系统，如由用于运动转换的轴承、用于转矩和运动传递的齿轮结构及轴类零件等组成的转轴系统，由不同杆件组成的平面连杆机构系统等。机械系统与电气系统结合起来，组成机电一体化系统，机械系统和液压系统结合形成机液控制系统等。

从工程应用的角度来考虑，把研究和处理的对象定义为一个工程系统。例如，对于一台机械设备，其一般由下列三大部分组成：动力装置、传动装置和工作装置。而将每一部分作为对象来研究时，就形成一个系统，即动力系统、传动系统和执行系统，如图 1.1.1 所示。对于图 1.1.1 中的传动系统，在机床和车辆中大多数是齿轮传动箱，而齿轮传动箱要完成传递动力的任务，需要齿轮箱内部各元件，如齿轮、轴、轴承等协调配合起来完成工作，不得出现卡死、干涉等现象。除系统中各个元件(元素)协调工作之外，系统与系统之间也必须协调工作，才能完成机械设备分配给系统的任务。

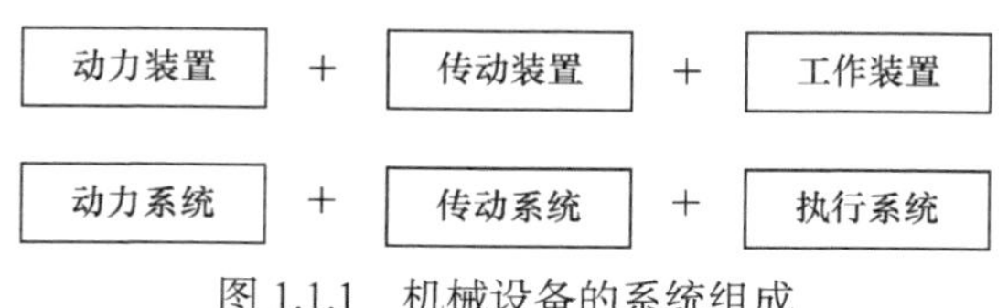

图 1.1.1　机械设备的系统组成

1.2　常见的机械系统动力学问题

从应用的角度，机械系统动力学研究的问题具有以下几个方面。

1. 机械振动

机械振动是机械运动过程中普遍存在的重要问题。惯性力的不平衡、外载荷变化及其系统参数变化等因素，都有可能引起振动。减小或隔离振动是提高机械装备运动特性和机械装备运动精度的基本任务。消除或减小振动可以用动平衡、改进机械本身结构或主动控制等方法来实现。

2. 机械的运行状态

机械运行一般有两种状态，即稳定运行状态和瞬时运行状态。在稳定运行状态下，机械运行是稳定的周期性运动；在瞬时运行状态下，机械运行呈非周期性状态运动。机械的起动、停车或发生意外事故时，呈现的就是瞬时运动状态。对机械运行状态进行分析，不仅可以了解机械正常工作的状态，而且对机械运行状态的监测、故障分析和诊断都很重要。通过动力学分析可以知道哪些故障对机械状态有什么影响，从而确定监测的参数及部位，为故障分析提供依据。

3. 机械的动态精度

在一些情况下，特别是对轻型高速机械，由于构件本身的变形或者运动副中间隙的影响，机械运动状态达不到预期的精度。在这种情况下，机械运动状态不仅和作用力有关，还和机械运动的速度有关，因此称为动态精度。研究构件的弹性变形、运动副间隙对机械运动的影响是机械动力学研究的一个重要方面。

4. 机械系统的动载分析

机械设备中的动载荷有周期性、非周期性、短时强载荷等类型。不同形式的动载荷将引起机械系统的不同响应，且与材料性质、运动状态和机械设备的结构形式等密切相关。机械设备中的动载荷往往是导致构件磨损和破坏的重要因素，也是影响机械设备动态特性的重要因素。因此，机械系统的动载分析是改善机械性能、达到最优设计的必要手段。

5. 机械系统的动力学设计

机械系统的动力学设计是提高机械设备动态特性和运动精度，实现优化设计的重要手段。机械系统的动力学设计包括驱动部件选择、构件参数(质量分布、刚度)设计、机械惯性力平衡设计等。

6. 机械系统动力学性能的主动控制

许多机械设备的工作环境是变化的，因此需要采用相应的手段来控制其动力学特性，以保证系统在不同条件下按预期要求工作。控制的因素包括输入的动力、系统的参数或外加控制力等。在分析控制方法的有效性和控制参数的范围等问题上，均需要进行动力学分析。

1.3　机械系统的动力学模型

机械系统的动力学模型需要根据系统本身的结构和进行动力学研究的目的而确定。机械设备的组成不同，则动力学模型也不同。同一种机械用于不同目的的分析，模型也可能不同。所以动力学模型的复杂程度也随上述两方面因素而异，从简单的单质量系统到包含几十、几百甚至上千个质量和参数的系统。

一个系统由不同性质的元件组成。在建立系统模型时，首先要对这些元件进行力学简化，常见的元件和简化方法如下。

1.3.1　刚性元件

刚性元件在机械系统中可能移动、绕固定轴转动或做一般运动，如图 1.3.1 所示。图 1.3.1(a)为质量为 m 的刚性构件，当仅移动时，其动力学特性与物体大小无关，可视为一集中质量。在外力 $\boldsymbol{F}$ 的作用下，m 的运动状态发生变化，产生加速度 $\boldsymbol{a}$。图 1.3.1(b)为一绕固定轴旋转的构件，质心在 s 点，$\boldsymbol{M}$ 为作用于其上的外力矩，ε 为转动的角加速度。由于其运动状态是旋转，其动力学特性不仅与质量 m 有关，还与质量的分布状态、转动惯量 I_0 有关。对于一般运动的构件，如图 1.3.1(c)所示，其参数除质量 m 和转动惯量 I_s，还有构件长度 l 和质心位置 l_s。

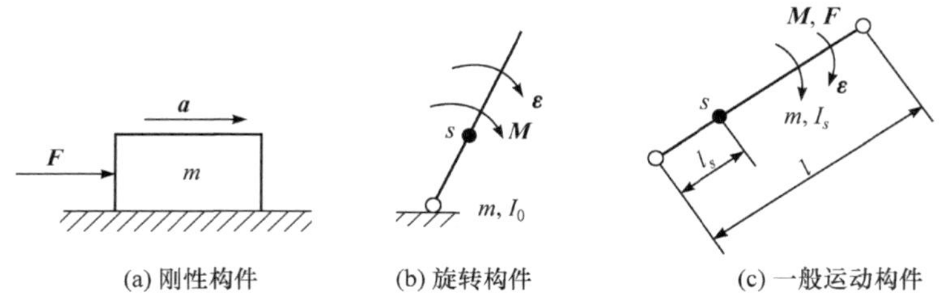

图 1.3.1　刚性元件的力学模型

1.3.2　弹性元件

建立弹性元件的力学模型，关键是如何处理弹性元件的质量及刚度的分布。

1. 无质量的弹性元件

机械中常见的弹簧元件，由于其构件质量很小，可视为无质量的弹性元件，如图 1.3.2(a)所示。若弹簧刚度为 k，伸长量为 $\boldsymbol{x}$，则弹簧的弹性恢复力为

$$\boldsymbol{f} = -k\boldsymbol{x}^n \tag{1.3.1}$$

式中，n 为弹簧指数，由材料和弹簧结构确定，当弹簧力与位移为线性关系时，n=1。

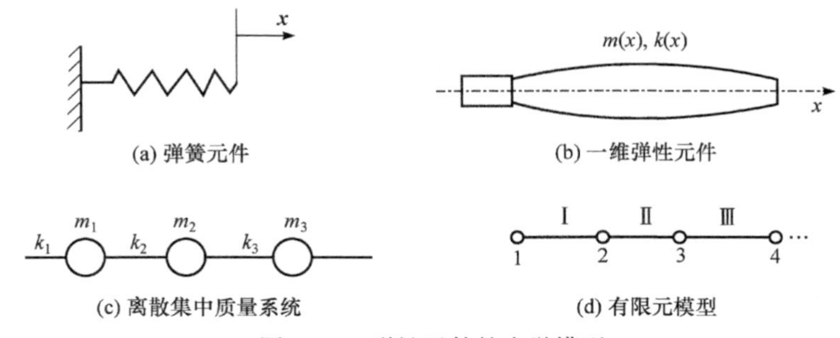

图 1.3.2　弹性元件的力学模型

2. 连续质量模型

在许多情况下，弹性元件质量不可忽略，有时甚至是机械系统的传动或执行元件。这时可以把质量和弹性均看成连续的系统。图 1.3.2(b)为一维弹性元件，其质量分布为 $m(x)$，分布刚度为 $k(x)$。通常这些函数关系特别是刚度系统函数，在元件的形状或连接状态比较复杂时，难以导出，因此在处理工程实际问题时，常常需要进行简化。

3. 离散集中质量系统

离散集中质量系统是把连续的弹性元件，如图 1.3.2(b)中的轴简化为多个集中质量，如图 1.3.2(c)所示，其中 k_i、m_i 分别为弹性元件的刚度和质量(i = 1,2,3)。这些质量之间以无质量的弹性段相连接。这种处理方法可使动力学方程易于求解。集中质量的数目视所研究的问题而定。一般来说，离散数目越多，精度就越高，但太多的离散质量有可能由于计算的舍入误差而降低精度。

4. 有限元模型

有限元法是处理连续系统动力学问题的有效手段，可用于流体、温度场等不同系统的分析。有限元法的基本思想是将一连续系统，如图 1.3.2(b)所示的连续轴分成 I, II, …若干单元，各单元通过结点 1, 2, …连接，如图 1.3.2(d)所示。在单元内部仍是一个连续体，单元内各点状态之间的关系用假设的函数来表示。这样既把系统看成连续系统，又可降低系统的自由度。

1.3.3　阻尼

机械系统中，阻尼的特征是消耗能量，一般有三种不同形式的阻尼。

1. 黏滞阻尼

这是常见的阻尼形式，若黏滞阻尼系数为 c，则阻尼力为

$$\boldsymbol{F}_c = -c\dot{\boldsymbol{x}} \tag{1.3.2}$$

2. 干摩擦阻尼

干摩擦阻尼的性质非常复杂，阻尼力一般可以表示为

$$\boldsymbol{F}_t = -\mu N\dot{\boldsymbol{x}}/|\dot{\boldsymbol{x}}| \tag{1.3.3}$$

式中，μ 为摩擦系数；N 为接触面正压力；$\dot{\boldsymbol{x}}$ 为接触面的相对速度。

3. 固体阻尼或内阻尼

固体阻尼或内阻尼存在于弹性元件材料的内部，通常认为是由材料的黏性引起的。许多因素，如材料的化学成分、应力的形式与大小、应力变化的频率以及温度都影响固体阻尼。根据假定，可认为固体阻尼力和应力成正比。由于应力和位移成正比，所以固体阻尼力可表达为

$$\boldsymbol{F}_i = -\xi|\boldsymbol{x}|\dot{\boldsymbol{x}}/|\dot{\boldsymbol{x}}| \tag{1.3.4}$$

式中，ξ 为固体阻尼系数。

1.3.4　流体润滑动压轴承

流体润滑的油膜轴承是机械中常用的元件。其力学特性与流体的力学性质有关，既具有弹簧特性又具有阻尼特性，通常化为图 1.3.3 所示的形式。x、y 方向的力 $\boldsymbol{F}_x$、$\boldsymbol{F}_y$ 分别为

$$\begin{aligned}\boldsymbol{F}_x &= k_{xx}\boldsymbol{x} + k_{xy}\boldsymbol{y} + c_{xx}\dot{\boldsymbol{x}} + c_{xy}\dot{\boldsymbol{y}} \\ \boldsymbol{F}_y &= k_{yx}\boldsymbol{x} + k_{yy}\boldsymbol{y} + c_{yx}\dot{\boldsymbol{x}} + c_{yy}\dot{\boldsymbol{y}}\end{aligned} \tag{1.3.5}$$

式中，k_{xx}、k_{yy} 分别为 x、y 方向的刚度系数；k_{xy}、k_{yx} 分别为交叉刚度系数；c_{xx}、c_{yy} 分别为 x、y 方向的阻尼系数；c_{xy}、c_{yx} 分别为交叉阻尼系数。有交叉项是流体的力学特性所致。当流体承受一个方向的压力时，压力能向各个方向扩散。

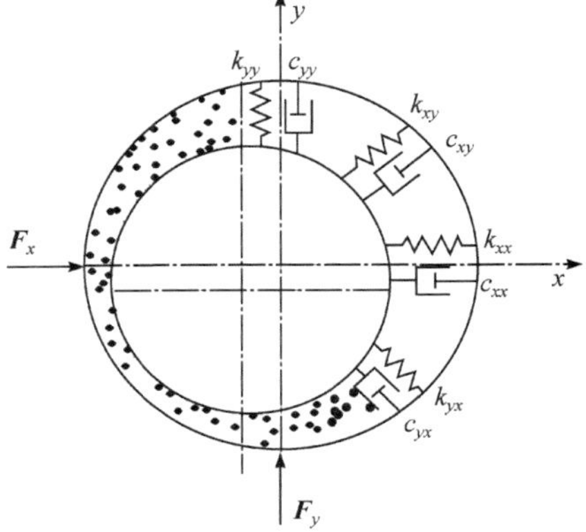

图 1.3.3　油膜轴承简化形式

1.3.5　机械系统动力学模型的选择

在建立机械系统的动力学模型时，要根据组成元件的性质、机械运行的速度

和所要解决的问题确定采用哪一种模型。同一个构件，在不同运动速度下，可以是刚体，也可以是弹性体，在需要研究不同问题时，也有不同的处理方法。

例如，由一个旋转构件组成的旋转机械，当其运行速度不高、轴间跨距不大时，可简化成如图 1.3.4(a)所示的刚度系统。当轴的长度比直径大得多，且运行速度较高时，轴的横向变形不可忽略，则可简化成如图 1.3.4(b)所示的离散质量系统。在需要研究轴承特性对系统的影响时，则应将轴承的力学特性引入动力学模型，如图 1.3.4(c)所示。若整个机械安装在比较软的基础上，或需要考虑基础对机械运行状态的影响，则可建立如图 1.3.4(d)所示的动力学模型。

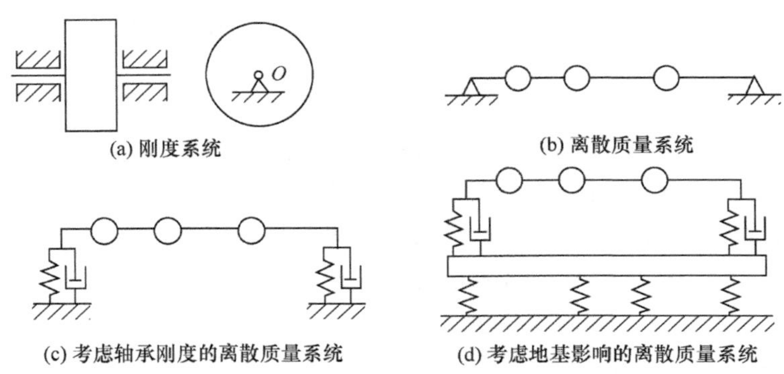

图 1.3.4 旋转机械的不同动力学模型

机械系统中还往往包含着各种机构，如凸轮、齿轮、连杆机构等，根据这些机构的特点和运行速度也有不同的建模方法。

1.4 机械系统动力学分类

机械系统动力学的研究内容非常丰富，可从以下几个方面对动力学问题进行分类。

1. 按照问题特性分类

对图 1.1.1 所示机械设备的系统组成，可用如图 1.4.1 所示的框图来描述。根据图 1.4.1 的模型框图，动力学研究的问题可归结为三类：

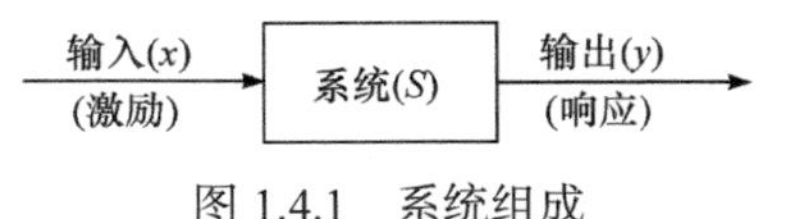

图 1.4.1 系统组成

(1) 已知激励 x 和系统 S，求响应 y。这类问题称为系统动力响应分析，又称动态分析。这是工程中最常见和最基本的问题，其主要任务在于为计算和校核机器、结构的强度、刚度以及允许的振动能量水平提供依据。动力响应包括位移、速度、加速度、应力和应变等。

(2) 已知激励 x 和响应 y，求系统 S。这类问题称为系统辨识，即求系统的数学模型及其结构参数，也可称为振动系统设计。主要是指获得系统的物理参数(如质量、刚度及阻尼等)，以便了解系统的固有特性(如自然频率、主振型等)。在目前现代化测试实验手段已十分完备的情况下，这类研究十分有效。

(3) 已知系统 S 和响应 y，求激励 x。这类问题称为环境预测。例如，为了避免产品在运输过程中损坏，需要通过记录车辆或产品的振动，以便通过分析而了解运输过程的振动环境，以及对产品产生的激励，为减振包装提供依据。又如，飞机在飞行过程中，通过检测飞行的动态响应预测飞机飞行时的随机激励环境，为优化设计提供依据。

2. 按照材料变形特性分类

根据是否考虑材料的变形、连续性和响应特性，机械系统动力学中的动态分析问题可以分为刚性动力学问题、弹性动力学问题、塑性动力学问题和断裂动力学问题。如图 1.4.2 所示的各向同性材料的应力-应变曲线，这几类动力学问题分别对应于无变形(应变为零)段、弹性变形段(σ_e 之下)、塑性变形段($\sigma_e \sim \sigma_s$)和材料发生屈服($\sigma_s \sim \sigma_b$)之后。

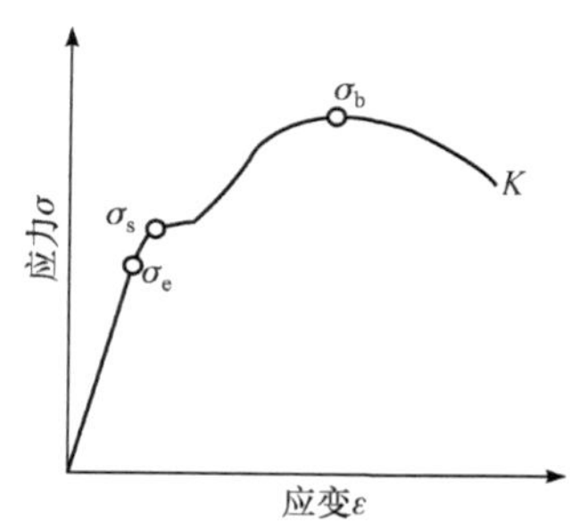

图 1.4.2　材料的应力-应变曲线

3. 按照系统的组成层次分类

根据机械装备的组成层次和结构特点，机械系统动力学可以分为单元、结构、系统和整机四个层次。例如，齿轮结构动力学、凸轮结构动力学、轴承结构动力学等从结构层次进行动力学研究；旋转机械中的转子包含齿轮结构、轴承结构和轴系等，因此转子动力学从系统角度进行动力学研究。对机床、飞机和汽车等从整体角度进行动力学研究，则属于整机动力学范畴。

4. 按照应用性质分类

机械系统动力学的基本问题是研究激励、系统和响应三者之间的关系问题，在实际分析中，有正问题和反问题两类动力学问题。机械系统动力学的正问题，是研究在已知系统和工作环境的条件下，分析、求解系统的动态响应，其中包括确定和描述动态激励、系统模型和响应的求解问题。机械系统动力学的反问题，则是已知动态响应时进行载荷识别、故障诊断、模型的修正和优化等。

5. 按照应用领域分类

按照应用领域，动力学问题有机床动力学、车辆动力学、船舶动力学、飞机动力学、机器人动力学等。各类设备的动力学研究既有共性问题，也有各自的特殊问题。在进行各类机械设备的动力学问题研究时可以相互借鉴。

第 2 章　齿轮结构动力学

2.1　齿轮结构动力学概述

2.1.1　齿轮结构及其动力学特征

齿轮结构包括齿轮副、传动轴、支承轴承和箱体，也可以包括与齿轮传动有关的联轴器、飞轮、原动机和负载等。齿轮结构中零部件及其相互连接关系是一个复杂的弹性机械系统。齿轮结构动力学是研究齿轮结构在传递动力和运动过程中动力学行为的科学。

齿轮结构的动力学行为包括轮齿动态啮合力、动载系数以及齿轮结构的振动和噪声特性等。通过齿轮结构动力学的研究，可以了解齿轮的结构形式、几何参数、加工方法等对其动力学行为的影响，从而指导高质量齿轮结构的设计与制造。

齿轮是机械装备中传递动力的关键构件，广泛应用于航空、船舶、汽车、装备制造等领域。机械装备动力学品质的优劣直接影响整机的工作性能。机械装备的高速、高精度、智能化发展对齿轮传动可靠性和系统动力学品质的要求日益提高，时变啮合刚度、时变齿侧间隙、齿面摩擦系数、传递误差使齿轮传动系统成为一类含多参数的非线性强时变动力学系统，如图 2.1.1 所示。机械装备的非线性动力学特性(如分岔和多稳态等)较其他系统更加错综复杂、新颖和独特。

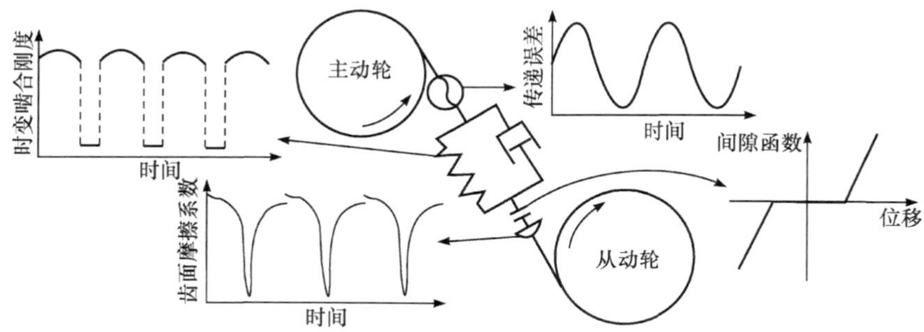

图 2.1.1　齿轮结构动力学的影响因素与物理模型

齿轮结构中的动力和运动通过轮齿共轭齿面间连续相互作用传递，因此齿轮副的啮合传动问题是其核心问题之一。对齿轮结构动力学的研究，主要体现在以下三个方面。

(1) 在分析理论方面，齿轮结构动力学经历了以冲击理论和振动理论为基础的两个阶段。目前主要以振动理论为基础，分析在啮合刚度、传递误差和啮合冲击作用下的动力学行为。在振动理论的框架内，齿轮结构动力学又经历了由线性振动理论向非线性振动理论的发展阶段。在线性振动理论的范畴内，以平均啮合刚度替代时变啮合刚度，并由此计算齿轮副的自然频率、振型和响应。在分析中，不考虑时变啮合刚度引起的动力稳定性问题，且避开齿侧间隙引起的非线性问题，忽略多对齿轮副、齿轮副与支承轴承、支承间隙等时变刚度的相互关系和相互作用对系统动态响应的影响。齿轮结构的非线性振动理论则考虑啮合刚度的时变性、齿侧间隙、齿轮啮合误差等非线性因素，把齿轮结构作为非线性的参数振动系统，研究其基本理论、基本方法和基本性质。在振动理论的框架内，将啮合轮齿模拟成时变弹性元件，可以统一描述和研究轮齿啮合中刚度的时变激励、误差的周期性激励和冲击的瞬态激励，且这种弹性元件作为整个齿轮结构的组成部分，研究激励、系统、响应间的相互作用和影响，从激励和系统行为的统一性方面研究系统参数与结构的优化。

(2) 在系统分析方面，齿轮结构动力学经历了仅由一对齿轮副组成的简单机构，到包含齿轮、传动轴、支承轴承和箱体结构的复杂结构两个阶段。将整个齿轮结构作为分析对象，可以全面分析齿轮结构的动态性能、研究齿轮啮合过程及其他零件对啮合过程的影响，可以研究动态激励在系统中的传递特性和传递路线，还可以同时研究轮齿动态啮合力、轴承支反力，齿轮、传动轴和箱体的振动特性以及系统的振动噪声的产生、传播与辐射等问题。

(3) 在分析方法方面，齿轮结构动力学利用时域方法和频域方法，同时利用解析方法、数值方法和实验方法，能够从多方面综合研究齿轮结构的瞬态特性、稳态特性和混沌特性。

2.1.2　齿轮结构动力学的基本问题

1. 齿轮结构动力学的正问题和反问题

与一般的机械系统动力学问题类似，齿轮结构动力学的基本问题是研究激励、系统和响应三者之间的关系，有正问题和反问题两类。

(1) 齿轮结构动力学的正问题，是研究在已知系统和工作环境的条件下，分析、求解系统的动态响应，其中包括确定和描述动态激励的问题、确定和描述系统模型的问题，以及响应的求解问题。

(2) 齿轮结构动力学的反问题，是已知动态响应时进行载荷识别、故障诊断、模型的修正和优化等。齿轮结构动力学的反问题涉及范围较宽，目前主要研究故障诊断方面。

2. 齿轮结构的时变特性与动态激励

齿轮结构的动态激励分为外部激励和内部激励两大类。外部激励是系统外部对系统的激励，主要指原动机的主动力矩和负载的阻力及阻力矩，它的确定与一般的机械系统相同。内部激励是齿轮副啮合过程中在系统内部产生的，是齿轮结构动力学的核心问题之一。

齿轮结构的时变啮合参量是产生内部激励的主要因素。通过对时变啮合参量(时变啮合刚度、时变啮合阻尼、时变齿侧间隙、时变摩擦系数、传递误差)的计算和啮合状态(双齿齿面啮合、单齿齿面啮合、轮齿脱啮、双齿齿背接触、单齿齿背接触)的分类以及各啮合状态间的切换关系分析，可实现齿轮系统时变啮合特性的表征，如图 2.1.2 所示。

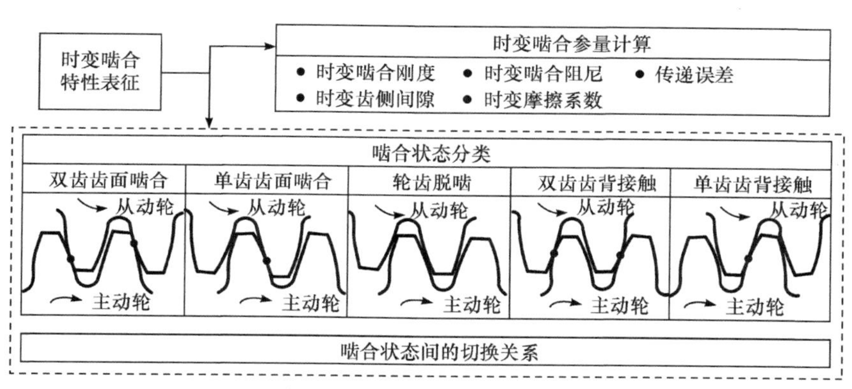

图 2.1.2　时变啮合特性的表征

在齿轮结构内部激励的分析中，需要进行以下几方面的工作。①时变啮合参量计算。将齿轮轮齿等效为悬臂梁，基于能量法计算时变啮合刚度；通过分析啮合阻尼与啮合刚度之间的关系，计算时变啮合阻尼；计算啮合轮齿对在啮合点的弹性变形、热变形及润滑状态下的油膜厚度变形，并考虑变位系数与重合度的影响，建立时变齿侧间隙计算模型；基于热弹流润滑理论，计算时变摩擦系数；传递误差作为齿轮系统内部激励，用谐波函数表征。②啮合状态分类。通过分析啮合点沿着啮合齿廓的位置和同时参与啮合的轮齿对数，划分齿轮系统啮合状态为单齿啮合和双齿啮合(考虑重合度在 1～2 变化)；齿侧间隙会诱发轮齿脱啮或齿背接触，通过分析轮齿接触齿廓(齿面或齿背)，可将啮合状态划分为齿面啮合、脱啮或齿背接触；综合分析啮合点的接触轮齿对数和接触齿廓特性，实现啮合状态的细化分类。③啮合状态间切换关系的确定。根据重合度确定单、双齿啮合齿廓边界位置；通过实时分析啮合轮齿相对位移与齿侧间隙的几何关系，确定齿面啮合、脱啮和齿背接触的边界条件；综合分析啮合点位置与齿面啮合、脱啮和齿背接触间的协同关系，实现啮合状态间切换关系或边界条件的确定。

3. 齿轮结构的分析模型

只有建立了分析模型才能有效地对系统进行动力学分析和动态设计。根据齿轮结构的时变啮合特性，建立齿轮结构的动力学模型；根据重合度识别单、双齿啮合区域，以时间 t 为参量，确定任意时刻的啮合区域；通过分析任意时刻轮齿的相对位移与齿侧间隙的几何关系，确定轮齿接触面(齿面或齿背)，实现单/双齿齿面啮合、脱啮、单/双齿齿背接触五种啮合状态的表征；根据牛顿运动定律，对啮合点进行受力分析，分别建立五种状态下的齿轮系统动力学模型；根据单双齿切换位置及齿面、齿背和脱啮间的切换条件，构建啮合状态映射(切换)方程，通过引入啮合状态函数、啮合力函数、摩擦状态函数，建立基于时变啮合特性(时变啮合参量与多状态啮合)的齿轮结构动力学模型。

不同类型的模型采用不同的方法求解,齿轮结构的分析模型主要有以下几种：

(1) 动载系数模型。这种模型是齿轮动力学研究的单自由度模型，主要用来确定轮齿啮合的动载系数。

(2) 齿轮副扭转振动模型。这种模型以一对齿轮副为分析对象，假设支承是刚性的，不考虑齿轮间的横向振动位移，模型的广义自由度是齿轮副的扭转振动，主要用于研究齿轮副的动态啮合问题。轮齿啮合动态激励的最直接结果是齿轮副的扭转振动，因此扭转振动模型也是齿轮结构动力学模型的最基本形式。

(3) 传动系统模型。这种模型以机构中的传动系统为建模对象，包含齿轮副、传动轴，有时又可以包含支承轴承、原动机和负载的惯性。这类模型根据所考虑的振动形式(即广义自由度的性质)又分为纯扭转模型和弯、扭、轴、摆等多类自由度相互耦合的耦合型模型。根据耦合性质，耦合型模型又可分为啮合耦合型、转子耦合型和全耦合型等多种形式。利用传动系统模型，不仅可以分析啮合轮齿的动载荷，还可以确定系统中所有零件的动态特性及相互作用。

(4) 齿轮结构模型。这种模型以机构中的传动系统和结构系统为建模对象。这种耦合型模型在分析中同时考虑两种系统的相互作用，全面确定齿轮结构的动态特性，尤其适用于分析齿轮结构振动噪声的产生与传递。

上述四种模型中，后三种模型是目前常用的分析模型。其中齿轮副扭转振动模型最简单，常用于传动轴和支承系统刚度较大的齿轮结构的建模，主要用于研究轮齿啮合的动态特性；齿轮结构模型最复杂，当需要全面研究系统的动态特性时采用，利用这种模型不仅可以全面了解系统中各零件的动态特性，还可以研究动态啮合力和啮合力由轮齿至箱体的动态传递过程以及箱体的振动特性和噪声的辐射特性。

4. 齿轮结构动力学的主要内容

(1) 动载系数的计算方法。动载系数是各类齿轮强度计算标准中用于考虑轮齿啮合力因系统振动而增大的定量指标。随着齿轮结构动力学理论的发展，动载系数的计算方法也在不断发展。采用更合理的振动理论基础和更简洁的计算方法以获得更可靠的计算公式，是现代设计的重要目标。

(2) 振动和噪声控制。齿轮结构动力学的研究，即从动态激励、系统设计、响应特性等方面全面研究齿轮结构产生振动和噪声的机理、性质、特点及影响因素，采取相应的措施降低齿轮结构的振动和噪声，是齿轮结构动力学理论的主要应用领域之一。

(3) 状态监控和故障诊断。齿轮结构作为机器设备的动力和运动传递系统，其工作状态对整个机器设备的运行有重要影响,齿轮结构故障可能产生严重后果。

(4) 齿轮结构动态性能。建立齿轮结构的分析模型，研究机构在各种工况、各种参数、各种加工方法下的动力学性能，从而指导齿轮结构设计。

(5) 载荷识别。研究齿轮结构动力学反问题，通过对动态激励机理及其传递过程的研究，由系统在工作状态的动态响应，识别轮齿啮合的动态激励。

(6) 动态优化设计理论与方法。把齿轮结构作为一种复杂的弹性结构系统，根据动态设计的思路，设计高性能的齿轮结构。

2.1.3　齿轮结构的激励类型和性质

齿轮传动机构的动态激励主要包括齿轮副轮齿啮合本身所产生的内部激励和系统的其他因素对轮齿啮合所产生的外部激励。

1. 齿轮副的内部激励

齿轮副的内部激励是指由齿轮副轮齿啮合过程中所产生的动态激励，如图 2.1.3 所示，包括刚度激励、误差激励和啮合冲击激励。

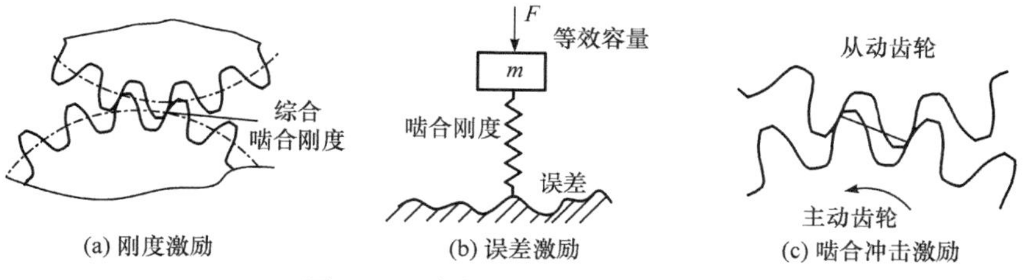

图 2.1.3　齿轮副内部激励的类型

(1) 刚度激励。刚度激励表现为因啮合齿对数变化导致啮合综合刚度随时间周期性变化，从而引起齿轮轮齿啮合力周期性变化。如图 2.1.3(a)所示，弹性的啮合轮齿可以简化为沿啮合线方向的时变弹簧。若弹簧的刚度为 $k_m(t)$，则相应的轮齿啮合力可表示为

$$F_k = k_m(t)[x_p(t) - x_g(t)] \tag{2.1.1}$$

式中，$x_p(t)$、$x_g(t)$分别为主动齿轮和从动齿轮的位移。

刚度激励是因啮合综合刚度的时变性产生的合力对系统进行动态激励的现象，它是一种参数激励，其力学效应使齿轮结构处于参数振动状态。可见，即使外载荷为零或常数，系统也会因为刚度激励而产生振动。齿轮结构的刚度激励，从一定意义上确定了其系统动力学的基本性质和基本特性，决定了进行分析研究所必须采用的理论和方法。刚度激励主要与齿轮副的设计参数有关，因此研究刚度激励及其与齿轮结构动态特性的关系，有助于改进齿轮传动系统的设计。

(2) 误差激励。齿轮或轮齿的加工和安装不可避免地存在误差，啮合齿廓将偏离理论位置。误差存在时变性，这种偏离形成了啮合过程中的一种周期性位移激励，称为误差激励，其力学模型如图 2.1.3(b)所示。在齿轮动力学中，齿轮的误差可以分解为齿距误差和齿形误差两种形式，按照波形阶次，齿轮误差可以分为如表 2.1.1 所示的几种形式，其中影响较大的是一阶误差和二阶误差。

表 2.1.1　齿轮的误差

阶次	几何图形	产生原因	阶次	几何图形	产生原因
一阶	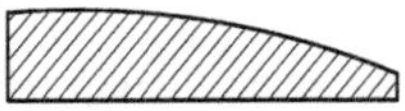	基圆误差 齿向误差	四阶	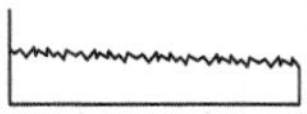	切削表面粗糙度
二阶	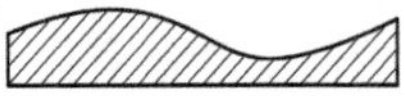	齿形误差	五阶	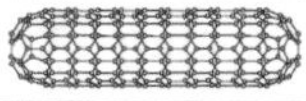	材料结构
三阶	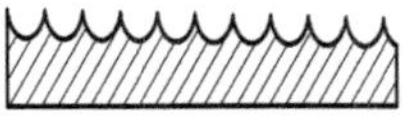	展成切削误差 进给痕迹	六阶	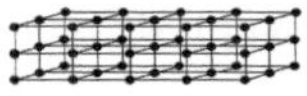	晶格结构

(3) 啮合冲击激励。由于轮齿存在受载变形和加工误差，轮齿在进入和退出啮合时，啮入、啮出点的位置会偏离理论啮合点，产生线外啮合，啮合齿面间产生冲击，引起啮合冲击激励。

上述三种形式的内部激励中，根据激励的性质，激励又分为两类，在载荷作用下的刚度激励和齿轮的误差激励是位移型激励，而啮合冲击激励是冲击力型激励。一般将载荷作用下轮齿的变形(与刚度激励有关)和齿轮误差两者结合起来表示为静传递误差，这就为位移型动态激励的描述与分析提供了方便。

静传递误差是指静态条件下由轮齿变形和齿轮误差所产生的运动误差，定义为从动齿轮实际位置与理论位置间的偏差。在齿轮动力学分析中，静传递误差一般用沿啮合线方向的周期性位移变化来表示，且以轮齿受载变形引起的传递误差为正值。静传递误差主要由受载轮齿弹性变形和齿轮制造误差引起，因此可被分为设计传递误差和制造传递误差两部分。设计传递误差是指由轮齿受载弹性变形引起的误差，仅与轮齿的设计参数有关；制造传递误差是由齿轮制造引起的误差，仅与齿轮制造过程有关。这样，通过研究设计传递误差和制造传递误差对轮齿啮合的动态激励，就可以了解齿轮啮合的刚度激励和误差激励。

内部激励中的主要频率成分包括轴频、具有上下边带的齿频、具有上下边带的倍齿频、三倍齿频等。齿轮结构的内部激励的重要特性在于其周期性，因此它特别适于用频谱分析方法研究。通过静传递误差描述周期性的内部激励，并做出静传递误差函数的傅里叶变换，进行谱分解，可以确定影响内部激励的主要因素，以便更有效地采取措施减少内部激励。

2. 齿轮结构的外部激励

齿轮结构中的其他因素，如原动机、负载和机构中的其他零部件(联轴器等)对齿轮啮合和齿轮结构产生的动态激励，统称为齿轮副啮合的外部激励。产生外部激励的原因有齿轮旋转质量不平衡、几何偏心、原动机负载扭矩波动以及系统中有关零部件的激励特性，如滚动轴承的时变刚度、离合器的非线性等。在这些因素中，质量不平衡产生的惯性力和离心力将引起齿轮结构的转子耦合型问题，是一种动力耦合问题。对于几何偏心引起的啮合过程的大周期误差，以位移形式参与激励，因此将其影响与内部激励一起研究。

齿轮啮合的外部激励主要有三种基本类型，即随时间变化的激励、与系统运动历程有关的激励和与相对运动状态有关的激励。随时间变化的激励与运动状态有关，如图 2.1.4 所示。图 2.1.4 中，M 为扭矩，t 为时间，I 为惯性力矩，图(a)是阶梯形的负载力矩或作用于任意零部件上的外力矩，图(b)是同步电机的波动形输出扭矩，图(c)是发动机输出的周期性扭矩，图(d)是随机性扭矩，图(e)是周期性惯性力矩。与系统运动历程有关的激励是系统中的时变动态激励，如图 2.1.5 所示。图 2.1.5 中，k_{r} 为时变刚度，U_{k} 为时变位移，θ为转角，图(a)是滚动轴承的周期性时变刚度激励，图(b)是万向联轴器的周期性时变位移激励，图(c)是直流电动机的规则型输出力矩。与相对运动状态有关的激励如图 2.1.6 所示。图 2.1.6 中，$\Delta\theta$ 为转角变化量，图(a)是齿式联轴器的侧隙激励，图(b)是柔性联轴器的非线性扭矩，图(c)是负载的干摩擦力矩，图(d)是摩擦离合器的滑移力矩，图(e)是飞轮的指数力矩，图(f)是分段线性力矩。

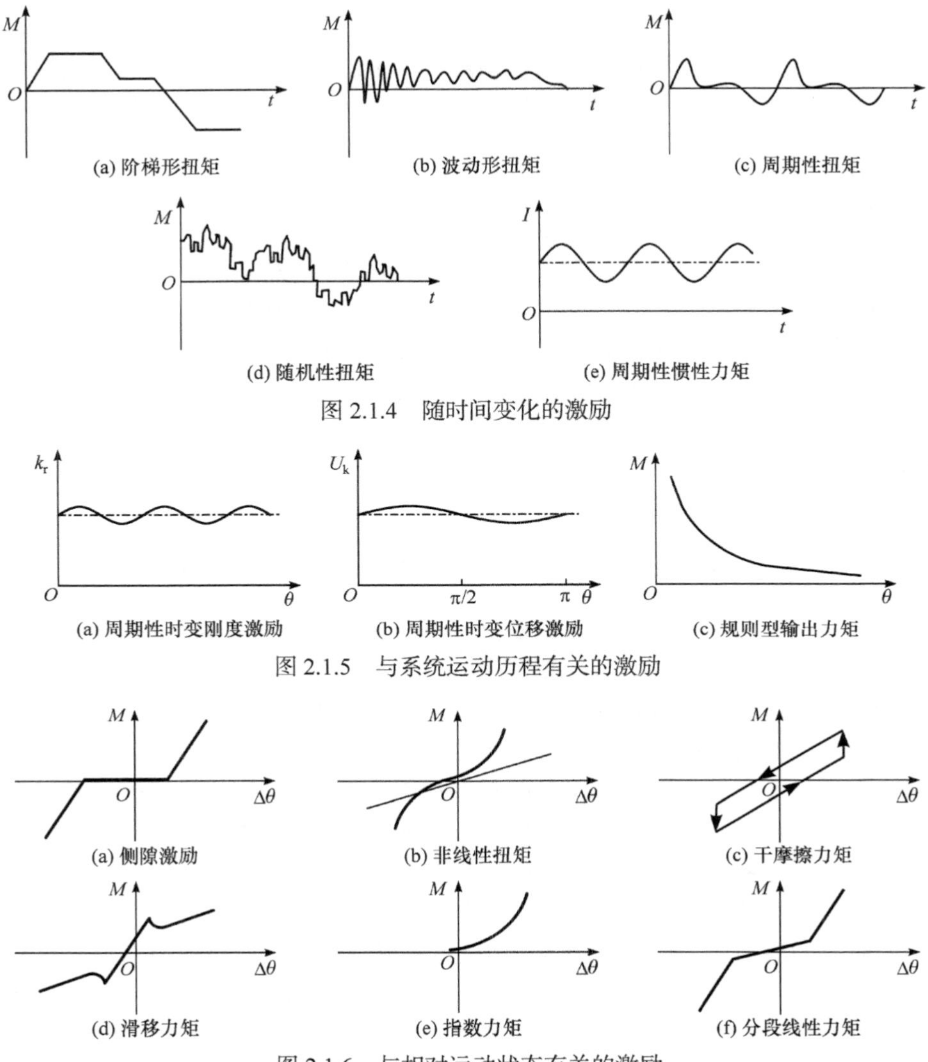

图 2.1.4　随时间变化的激励

图 2.1.5　与系统运动历程有关的激励

图 2.1.6　与相对运动状态有关的激励

2.1.4　齿轮动载荷和动载系数

各种齿轮轮齿动载荷及动载系数的计算方法可分为两类，即基于冲击理论的方法和基于振动理论的方法。下面介绍这两种方法的基本原理。

1. 齿轮动载荷的冲击理论

1) 加速力变化理论

该理论认为，齿廓误差的存在破坏了轮齿间的共轭关系，使齿轮速度发生变化，齿面间产生了加速力 F_a，从而迫使齿面分离。这种分离导致加速力消失，齿面在工作载荷的作用下又趋于接近，从而产生齿面冲击和轮齿动载荷。该冲击过程可以由图 2.1.7 所示的凸轮机构进行模拟，当凸轮以速度 v 向左移动时，质量块 m 在加速力的作用下向上抛出，质量块端部与凸轮脱离接触，加速力消失。然后，质量块在载荷 F 的作用下向下降落，质量块端部与凸轮的距离由其最大值逐渐减小，直至消失，从而产生冲击。

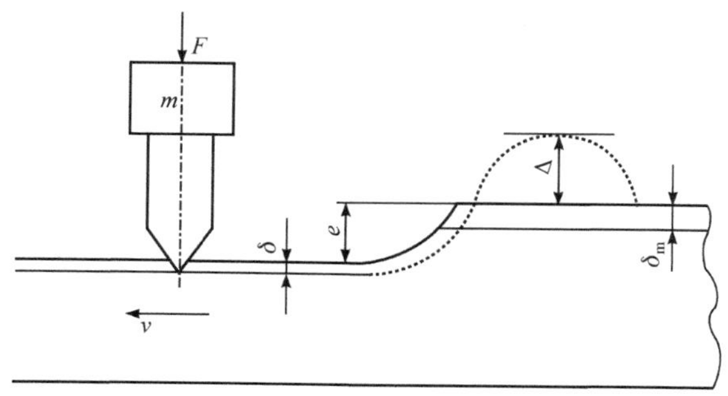

图 2.1.7　凸轮机构模型

根据图 2.1.7 凸轮机构模型，由能量守恒定律有

$$F(\varDelta+\delta_{\mathrm{m}})=F_{\mathrm{a}}(e-\delta_{\mathrm{m}}+\delta)+\frac{1}{2}(F_{\mathrm{a}}+F)\delta_{\mathrm{m}} \tag{2.1.2}$$

式中，δ_m 为冲击时凸轮的变形；δ 为载荷 F 作用下的静变形；e 为凸轮的有效误差；F_a 为加速力。式(2.1.2)中，右边第一项为由加速力 F_a 所做的功，第二项为凸轮的变形能。由于存在比例关系，即

$$\frac{\delta_{\mathrm{m}}}{\delta}=\frac{F+F_{\mathrm{a}}}{F} \tag{2.1.3}$$

将式(2.1.3)代入式(2.1.2)，得到

$$\varDelta=\frac{F_{\mathrm{a}}e}{F}-\frac{\delta}{2}\left[\left(\frac{F_{\mathrm{a}}}{F}\right)^{2}+1\right] \tag{2.1.4}$$

对于齿轮传动，有

$$F_1=0.36\left(\frac{1}{R_1}+\frac{1}{R_2}\right)mv^2\,,\quad F_2=\frac{e}{\delta}F\,,\quad \frac{1}{F_{\mathrm{a}}}=\frac{1}{F_1}+\frac{1}{F_2} \tag{2.1.5}$$

式中，R_1、R_2 分别为大、小齿轮的节圆半径；m 为齿轮在节圆处的有效质量，$m=m_1m_2/(m_1+m_2)$，m_1 为主动齿轮在节圆处的有效质量；m_2 为从动齿轮在节圆处的有效质量；v 为节圆的线速度。

在加速力的作用下，齿面脱离接触；在工作载荷作用下，齿面又相互接近产生冲击碰撞，其力学模型如图 2.1.8 所示。

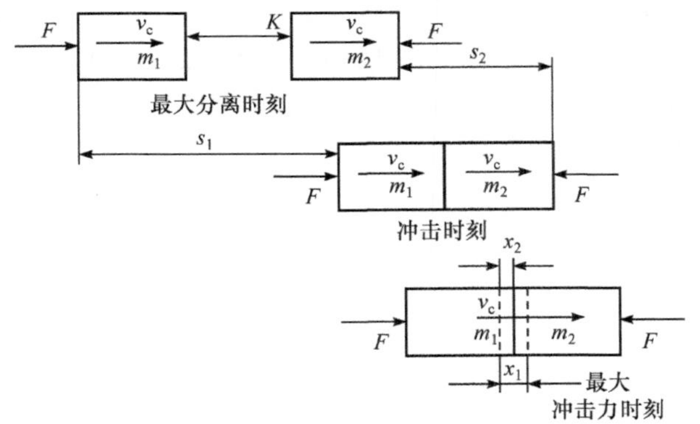

图 2.1.8　加速力变化理论模型

根据运动学原理，由图 2.1.8 可以得到

$$(v_1-v_2)^2=2\Delta F/m \tag{2.1.6}$$

式中，v_1 为 m_1 在碰撞开始时的速度；v_2 为 m_2 在碰撞开始时的速度。

由动载荷引起的主、从动齿轮的总变形为

$$x_1+x_2=F_{\mathrm{d}}\delta/F \tag{2.1.7}$$

式中，F_{d} 为齿轮冲击载荷。

根据动量定理，物体冲击后总体运动时的速度为 $(m_1v_1+m_2v_2)/(m_1+m_2)$，由能量守恒定律有

$$\left(\frac{F_{\mathrm{d}}}{2}-F\right)(x_1+x_2)=\frac{1}{2}m_1v_1^2+\frac{1}{2}m_2v_2^2-\frac{(m_1v_1+m_2v_2)^2}{2(m_1+m_2)}=\frac{1}{2}m(v_1-v_2)^2 \tag{2.1.8}$$

将式(2.1.6)和式(2.1.7)代入式(2.1.8)，得到

$$\frac{F_{\mathrm{d}}}{F}=\frac{\delta+\sqrt{\delta^2+2\Delta\delta}}{\delta}=1+\sqrt{1+\frac{2\Delta}{\delta}} \tag{2.1.9}$$

将式(2.1.4)代入式(2.1.9)，得到

$$\frac{F_{\mathrm{d}}}{F}=1+\sqrt{\frac{F_{\mathrm{a}}}{F}\left(2\frac{e}{\delta}-\frac{F_{\mathrm{a}}}{F}\right)} \tag{2.1.10}$$

考虑到式(2.1.5)的第三式，齿轮动载荷的近似计算公式为

$$F_{\mathrm{d}}=F+\sqrt{F_{\mathrm{a}}(2F_2-F_{\mathrm{a}})} \tag{2.1.11}$$

式中，F_2 为极限变形力。

2) 中间冲击理论

如图 2.1.9(a)所示，设主动齿轮 1 逆时针转动，带动从动齿轮 2 顺时针转动。

若主动齿轮的基节偏大($p_{b1} > p_{b2}$)，则前一对齿轮不能按时脱离接触，此齿轮在不共轭的条件下工作。经过一段时间后，后一对齿轮开始啮合，其表面受到由变速引起的冲击力，该冲击力就是轮齿啮合的动载荷。因这个冲击力是作用在齿轮中间的齿面上，故一般称为中间冲击。

如图 2.1.9(b)所示，设两齿轮啮入时在 B 点碰撞的线速度分别为 v_1 和 v_2，碰撞后，两齿轮以相同的速度 v' 运动，两齿轮单位齿宽上的有效质量分别为 m_1' 和 m_2'，则根据动量定律有

$$m_1'v_1 + m_2'v_2 = (m_1' + m_2')v' \tag{2.1.12}$$

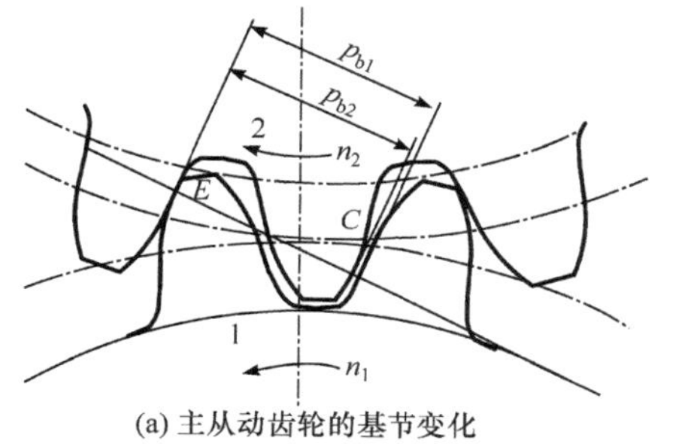

(a) 主从动齿轮的基节变化

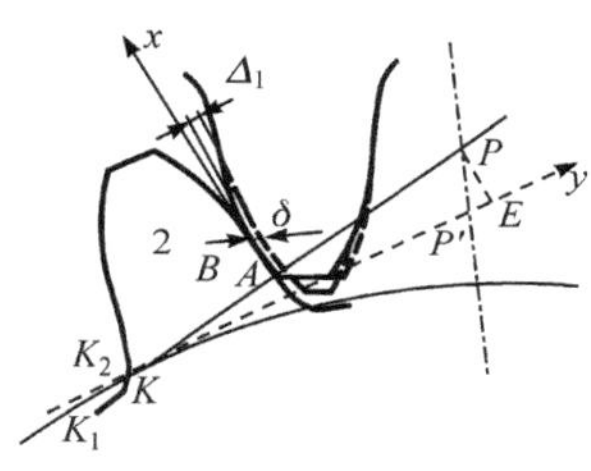

(b) 啮入时的碰撞分析

图 2.1.9　中间冲击模型

设单位齿宽上的动载荷为 F_d'，轮齿的变形为 δ'，则由能量守恒定律有

$$\frac{1}{2}m_1'v_1^2 + \frac{1}{2}m_2'v_2^2 - \frac{1}{2}(m_1' + m_2')v'^2 = \frac{1}{2}\delta' F_d' \tag{2.1.13}$$

若记 $k_c = F_d'/\delta'$，考虑到 $m' = m_1'm_2'/(m_1' + m_2')$ 和 $v_c = v_1 - v_2$，则由式(2.1.12)和式(2.1.13)得到

$$F_d' = v_c\sqrt{k_c m'} \tag{2.1.14}$$

式中，v_c 为冲击速度；m' 为有效质量；k_c 为轮齿刚度。

由于传动轴和支承轴承的弹性吸振作用，实际的动载荷有所减弱，考虑到这一因素，则有

$$F_d' = \psi v_c\sqrt{k_c m'} \tag{2.1.15}$$

式中，ψ 为弹性吸振系数；冲击速度 v_c 可表示为

$$v_c = v(1+i)\sqrt{\frac{2(e_0 - \delta_k)r_{1A}\sin\alpha}{Hr_{2A}}} \tag{2.1.16}$$

式中，v 为齿轮传动的节圆线速度；H 为中心矩；i 为传动比；e_0 为基节误差；δ_k 为冲击力作用下的变形；r_{1A} 和 r_{2A} 为冲击点两齿廓的曲率半径；α为啮合角。若取

$$\psi = 0.54\,,\quad k_c = 16500\text{kg/cm}^2\,,\quad m' = \frac{0.36d_1^2 \times 10^{-5}}{1+1/i^2}\,,\quad \frac{r_{1A}\sin\alpha}{(1+1/i^2)r_{2A}} = \frac{0.342}{0.75i}$$

代入式(2.1.15)得

$$F'_{\mathrm{d}} = 0.8v\sqrt{(e_0 - \delta_{\mathrm{k}})H / i} \tag{2.1.17}$$

2. 齿轮动载荷的振动理论

动载荷分析的振动理论认为，齿轮结构是弹性的结构系统，在齿轮运转过程中，内、外部激励的作用使系统产生瞬态、稳态的振动，引起啮合轮齿间的动态相对位移，从而导致啮合过程的轮齿动载荷。利用振动理论进行动载荷分析：首先应分析并定量确定系统的激振源；然后建立系统的动力学模型，得到其分析模型；最后通过对分析模型的求解，得到啮合齿轮的动载荷，进而确定动载系数。

利用对齿轮副扭转振动的理论分析，配合实验研究是确定动载系数的经典方法。利用如图 2.1.10(a)所示的弹簧-质量模型，分析计算由基节误差引起的动载荷。分析得到的直齿轮和斜齿轮传动中误差对幅值的影响因子分别如图 2.1.10(b)和(c)所示，其中，横坐标为频率比λ，纵坐标为误差对幅值的影响因子β，β_{b}为基节误差的影响因子，β_{s}为齿形误差的影响因子。

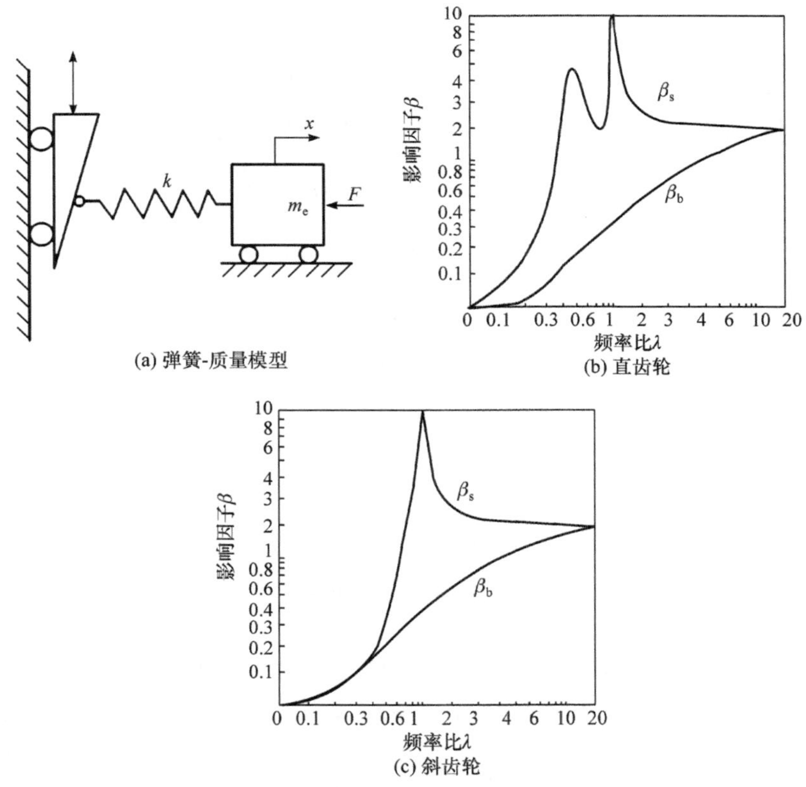

(a) 弹簧-质量模型　　(b) 直齿轮

(c) 斜齿轮

图 2.1.10　齿轮传动中误差对幅值的影响因子

如果已知系统的频率响应特性曲线，那么稳态响应的振动幅值可以表示为

$$A=\beta F_0 / k_{\mathrm{m}} \tag{2.1.18}$$

式中，F_0 为负载的幅值；k_{m} 为轮齿啮合综合刚度；β 为齿轮误差的影响因子。

考虑到有效误差对齿轮动载的影响，则有

$$A=C_{\mathrm{v}}e \tag{2.1.19}$$

式中，C_{v} 为有效误差折算成稳态响应幅值 A 的折算系数，称为**放大因子**；e 为有效误差。

将式(2.1.19)代入式(2.1.18)得到

$$C_{\mathrm{v}} = \beta F_0/(k_{\mathrm{m}}e) \tag{2.1.20}$$

从而得到轮齿的动载荷为

$$F_{\mathrm{d}} = Ak' = C_{\mathrm{v}}ek'=F_0k' / k_{\mathrm{m}} \tag{2.1.21}$$

式中，k' 为一对齿轮的刚度。

3. 动载系数的计算方法

频率比对振动系统的幅频特性具有较大的影响，因此需要首先研究齿轮副的自然频率。一对齿轮副啮合的振动分析可以简化为单自由度系统的强迫振动模型。齿轮副的频率等于系统的自然频率时的主动齿轮转速称为**临界转速**，主动齿轮实际转速与临界转速之比称为转速比，即频率比，记为 $\lambda=n / n_{\mathrm{c}} = \omega / \omega_{\mathrm{n}}$。由系统振动的幅频特性，$\lambda \ll 1$ 为准静态区或刚度区，弹性元件起主要作用；$\lambda \gg 1$ 为惯性区，质量元件起主要作用；$\lambda \to 1$ 为阻尼区，系统处在共振区，阻尼元件起主要作用。

齿轮的振动有三个激励源，即齿轮基节误差 e_{p}、齿轮齿形误差 e_{f} 和轮齿啮合综合刚度 k_{m}，即

$$F_{\mathrm{d}} = F_{\mathrm{p}} + F_{\mathrm{f}} + F_{\mathrm{k}} \tag{2.1.22}$$

式中，F_{p} 为由齿轮基节误差引起的动载荷；F_{f} 为由齿轮齿形误差引起的动载荷；F_{k} 为由轮齿啮合综合刚度引起的动载荷。

利用实验可测得三种动载荷的幅频特性曲线，即放大因子和频率比的关系曲线。图 2.1.11(a)为 F_{p} 对应的 C_{v}- λ 曲线，在λ=0.85～1.15 的阻尼区(共振区)，C_{v1} = 0.32；在λ=1.5～2.0 的惯性区(超共振区)，C_{v5}=0.47；在λ=0～0.85 的刚度区(次共振区)和λ=1.15～1.5 的近共振区，其关系为斜直线。这类动载荷的放大因子与重合度 ε 有关，不同的重合度有不同的幅频特性曲线，不同重合度 ε 下的放大因子可表示为

$$C_{\mathrm{v2}} = \begin{cases} 0.34, & \varepsilon \leqslant 2 \\ 0.57 / (\varepsilon - 0.3), & \varepsilon > 2 \end{cases}, \qquad C_{\mathrm{v6}} = \begin{cases} 0.47, & \varepsilon \leqslant 2 \\ 0.12 / (\varepsilon - 1.74), & \varepsilon > 2 \end{cases} \tag{2.1.23}$$

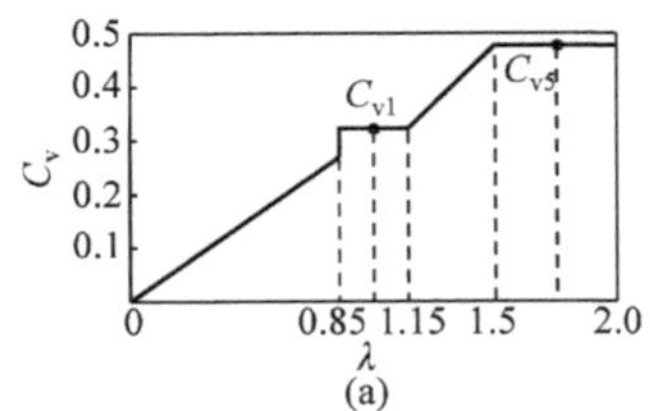

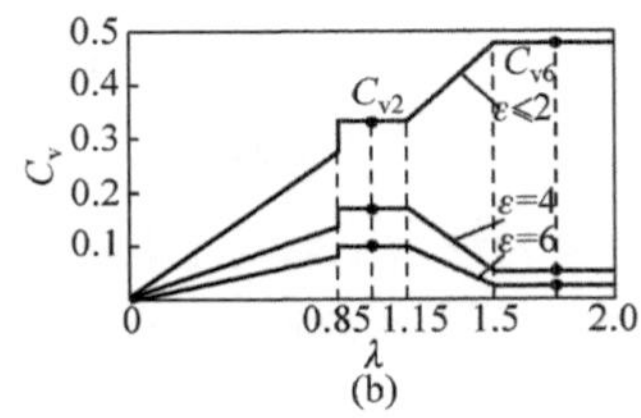

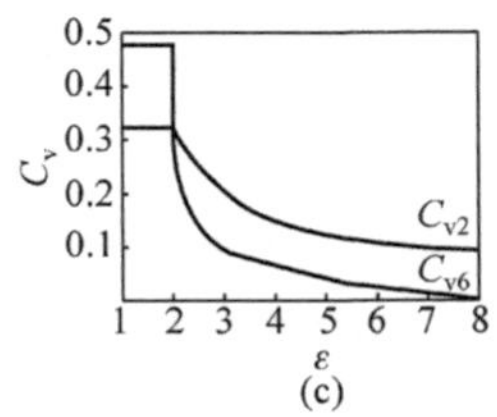

图 2.1.11　齿形误差动载荷的幅频特性曲线

式(2.1.23)的计算结果如图 2.1.11(b)所示，当$\varepsilon>2$ 时，放大因子 C_v 与不同重合度ε的关系如图 2.1.9(c)所示。关于 F_k 的 C_v-λ 曲线关系可以表示为

$$C_{v3}=\begin{cases}0.23, & \varepsilon\leqslant 2\\ 0.096/(\varepsilon-1.56), & \varepsilon>2\end{cases},\quad C_{v4}=\begin{cases}0.92, & \varepsilon\leqslant 2\\ (0.57-0.05\varepsilon)/(\varepsilon-1.44), & \varepsilon>2\end{cases} \tag{2.1.24}$$

$$C_{v7}=\begin{cases}-0.25, & \varepsilon\leqslant 1.5\\ 0.125\sin[(\varepsilon-1.96)\pi/1.12-1], & 1.5<\varepsilon\leqslant 2.5\\ 0, & \varepsilon>2.5\end{cases} \tag{2.1.25}$$

式中，C_{v3} 为确定近共振区斜直线时在 λ=1 处测得的 C_v 值；C_{v4} 为在共振区测得的 C_v 值；C_{v7} 为在惯性区测得的 C_v 值。利用式(2.1.22)～式(2.1.25)的 C_v-λ 关系即可求得动载系数 K_v，可以表示为

$$K_v=1+(F_p+F_f+F_k)/F \tag{2.1.26}$$

式中，F 为工作载荷。

设齿轮基节误差为 e_p，齿轮齿形误差为 e_f，工作载荷引起的轮齿变形误差为 δ，齿廓跑合量为 δ_a，齿顶修形量为 δ_c，则有效齿轮基节误差 e_p'、有效齿轮齿形误差 e_f' 和有效齿轮变形 δ' 分别为

$$e_p'=e_p-\delta_a,\quad e_f'=e_f-\delta_a,\quad \delta'=\delta-\delta_c \tag{2.1.27}$$

考虑到式(2.1.21)，并定义

$$B_p=k'e_p'/F,\quad B_f=k'e_f'/F,\quad B_k=k'\delta_f'/F \tag{2.1.28}$$

则由式(2.1.26)得到动载系数的计算公式如下：

(1) 刚度区(次共振区)(λ=0～0.85)

$$K_{v1}=1+\lambda(C_{v1}B_p+C_{v2}B_f+C_{v3}B_k) \tag{2.1.29}$$

(2) 阻尼区(共振区)(λ=0.85～1.15)

$$K_{v2}=1+C_{v1}B_p+C_{v2}B_f+C_{v4}B_k \tag{2.1.30}$$

(3) 惯性区(超共振区)($\lambda>1.5$)

$$K_{v3}=1+C_{v5}B_p+C_{v6}B_f+C_{v7}B_k \tag{2.1.31}$$

(4) 阻尼区与惯性区的过渡区(近共振区)(λ=1.15～1.5) 的动载系数由插值方法确定，即

$$K_v=K_{v3}+(K_{v2}-K_{v3})(1.5-\lambda)/0.35 \tag{2.1.32}$$

2.2　轮齿啮合动态激励基本原理

2.2.1　轮齿啮合综合刚度及其计算方法

1. 啮合综合刚度

刚度激励是轮齿啮合的主要激励形式，下面以直齿轮为例，说明啮合综合刚度的基本概念和性质。

轮齿啮合综合刚度是指在整个啮合区，如图 2.2.1(a)中的 A～D 段，参与啮合的各对轮齿的综合效应，主要与单齿的弹性变形、单对轮齿的综合弹性变形(综合刚度)以及齿轮重合度有关。

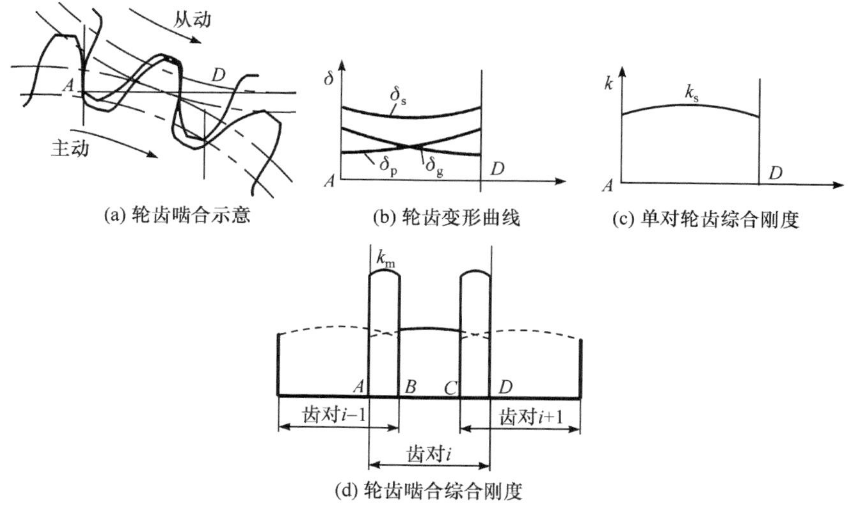

图 2.2.1　轮齿啮合及其啮合综合刚度

单齿的弹性变形是单个轮齿的啮合面在载荷作用下的弹性变形，其中包括弯曲变形、剪切变形和接触变形等。图 2.2.1(b)中的 δ_p 和 δ_g 分别为啮合区中的单个主、从动轮齿的变形曲线。可以看出，在啮合开始时(A 点)，主动轮齿在齿根处啮合，

弹性变形较小的齿轮在齿顶处啮合，弹性变形较大；在啮合终止时(*D* 点)，则情况相反。单对轮齿综合弹性变形是一对轮齿在啮合过程中弹性变形的总和，可以表示为

$$\delta_s = \delta_p + \delta_g \tag{2.2.1}$$

由于主、从动轮齿分别是在齿顶与齿根、齿根与齿顶相互啮合，所以叠加后的弹性变形曲线如图 2.2.1(b)中的δ_s所示。单对轮齿综合刚度如图 2.2.1(c)所示，可以表示为

$$k_s = \frac{1}{\delta_s} = \frac{k_p k_g}{k_p + k_g} \tag{2.2.2}$$

式中，k_p和k_g分别为主、从动轮齿的单齿刚度，$k_p=1/\delta_p$，$k_g=1/\delta_g$。

轮齿啮合综合刚度如图 2.2.1(d)所示，在双齿啮合区，有两对轮齿同时参与啮合，刚度曲线是两对轮齿综合刚度的叠加。可以看出，轮齿啮合综合刚度具有明显的阶跃型突变性质，重合度不同时，曲线将具有不同的形式。图 2.2.2 表示重合度分别为 1、1.5 和 2 时的啮合综合刚度，可见当重合度为整数时，啮合综合刚度的变化较小，不存在阶跃型突变。

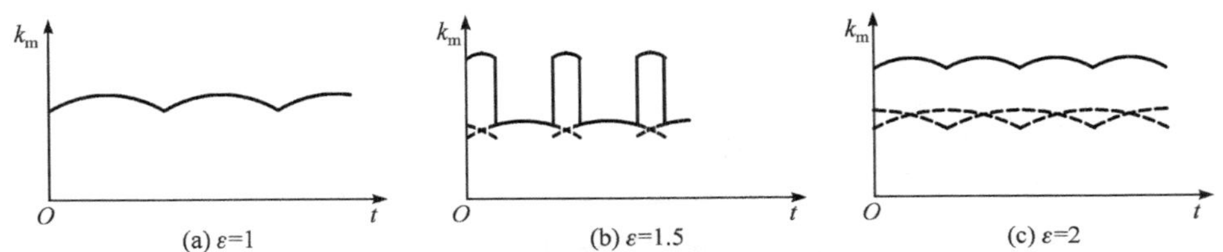

图 2.2.2　不同重合度时的啮合综合刚度

斜齿轮与直齿轮的情况类似，也存在单齿弹性变形、单齿对综合弹性变形、综合刚度、轮齿综合刚度等概念。但是，由于斜齿轮的啮合由轮齿一端开始，并逐渐扩展至整个齿面，最后由轮齿的另一端退出啮合，故其啮合综合刚度虽然也是时变的，但不存在阶跃型突变。典型的斜齿轮的啮合综合刚度曲线如图 2.2.3 中的实线所示，图中的虚线是各对轮齿的综合刚度。

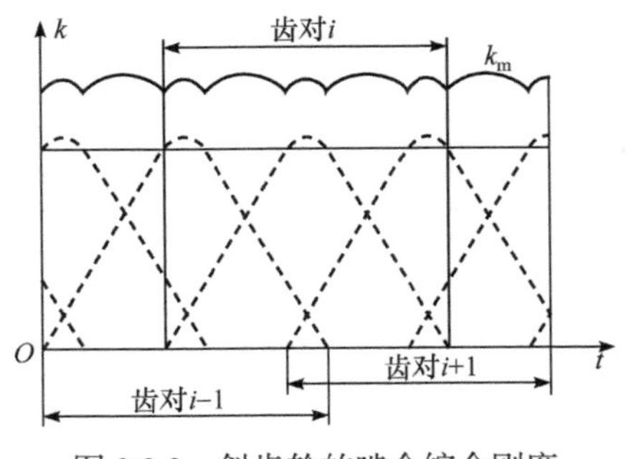

图 2.2.3　斜齿轮的啮合综合刚度

2. 直齿轮轮齿弹性变形的计算方法

由前面的分析可知，只要求得轮齿的弹性变形，即可确定啮合综合刚度。根

据直齿轮轮齿的特点，可以按照平面问题处理。受载后的弹性变形有近似分析方法、数学弹性力学方法和以有限元法为代表的数值方法。这里仅讨论直齿轮轮齿弹性变形的近似分析方法。

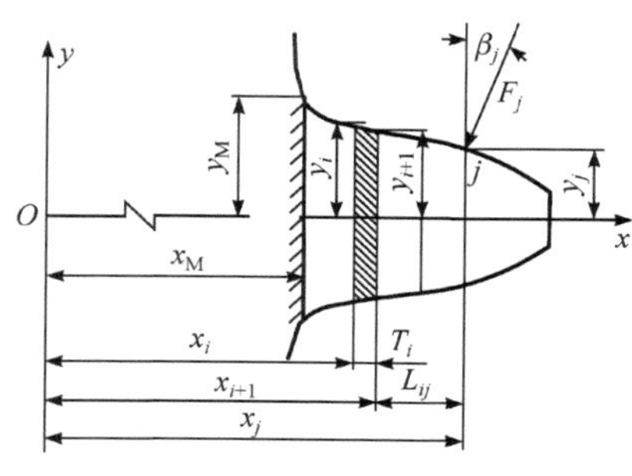

图 2.2.4　齿轮的变截面悬臂梁模型

如图 2.2.4 所示，F_j 为作用在轮齿表面 j 点的正压力，为了计算 j 点在 F_j 作用方向的综合弹性变形，将轮齿简化为弹性基础上的变截面悬臂梁，啮合轮齿的综合刚度由悬臂梁的弯曲变形、剪切变形，基础的弹性变形引起的附加变形，齿面啮合的接触变形等几部分组成。下面讨论各种变形的计算方法。

1) 齿部的弯曲变形和剪切变形

如图 2.2.4 所示，将轮齿分成若干小段，对于第 i 小段(图中阴影部分)，设其厚度为 T_i，面积为 A_i，截面模量为 I_i，小段 i 至载荷作用点沿 x 方向的距离为 L_{ij}，载荷作用点的半齿厚为 y_i，载荷作用点与 y 轴间的夹角为 β_j，则由小段 i 在 F_j 作用下的弯曲变形、剪切变形和压缩变形引起的载荷作用点 j 在 F_j 方向的变形为

$$\delta_{\mathrm{B}ij}=\frac{F_j}{E_\mathrm{e}}\left[\cos^2\beta_j\left(\frac{T_i^3+3T_i^2L_{ij}+3T_iL_{ij}^2}{3I_i}\right)-\cos\beta_j\sin\beta_j\left(\frac{T_i^2y_i+2T_iy_iL_{ij}}{2I_i}\right)+\cos^2\beta_j\left(\frac{12(1+\upsilon)T_i}{5A_i}\right)+\sin^2\beta_j\left(\frac{T_i}{A_i}\right)\right] \tag{2.2.3}$$

式中，υ 为泊松比；E_e 为等效弹性模量，其值与轮齿的几何形状有关，若是 $B/H_\mathrm{p}\geqslant 5$ (B 为齿宽，H_p 为节圆齿厚)的宽齿，则齿轮可视为平面应变状态；若是 $B/H_\mathrm{p}<5$ 的窄齿，则齿轮可视为平面应力状态，等效弹性模量可以表示为

$$E_\mathrm{e}=\begin{cases}E/(1-\upsilon^2), & B/H_\mathrm{p}\geqslant 5\\ E, & B/H_\mathrm{p}<5\end{cases} \tag{2.2.4}$$

若将轮齿上面 j 点至齿根间沿 x 方向分成如图 2.2.4 所示的小块 i，分别求得各小块引起的 j 点变形，将这些变形叠加则得到轮齿齿部的弯曲、剪切、压缩所引起的 j 点变形，表示为

$$\delta_{\mathrm{B}j}=\sum_{i=1}^{n}\delta_{\mathrm{B}ij} \tag{2.2.5}$$

2) 齿根弹性引起的附加变形

上面计算轮齿根部的弯曲、剪切和压缩变形时，假定轮齿是刚性固支的悬臂梁，但实际上轮齿的根部都是弹性的轮缘，因此必须考虑由齿根轮缘的弹性引起

的啮合点附加变形。由基础弹性引起的啮合点附加变形为

$$\delta_{Mj}=\begin{cases}\dfrac{\cos^2\beta_j}{BE}(1-\upsilon^2)\left[5.306\left(\dfrac{L_f}{H_f}\right)^2+2\left(\dfrac{1-\upsilon-2\upsilon^2}{1-\upsilon^2}\right)\left(\dfrac{L_f}{H_f}\right)+C_j\right], & \dfrac{B}{H_p}\geqslant 5\\ \dfrac{\cos^2\beta_j}{BE}\left[5.306\left(\dfrac{L_f}{H_f}\right)^2+2(1-\upsilon)\left(\dfrac{L_f}{H_f}\right)+C_j\right], & \dfrac{B}{H_p}<5\end{cases} \tag{2.2.6}$$

式中，

$$L_f=x_j-x_M-y_j\tan\beta_j,\quad H_f=2y_M,\quad C_j=1.534\left(1+\frac{0.4167\tan^2\beta_j}{1+\upsilon}\right) \tag{2.2.7}$$

3) 啮合点的接触变形

齿面啮合点的接触变形可表示为

$$\delta_{cj}=\frac{1.275}{E^{0.9}B^{0.8}F_j^{0.1}} \tag{2.2.8}$$

将上面三种变形叠加，即可得到近似分析方法计算的啮合点总变形为

$$\delta_j=\delta_{Bj}+\delta_{Mj}+\delta_{cj} \tag{2.2.9}$$

3. 斜齿轮轮齿弹性变形的计算方法

由于斜齿轮轮齿在几何上沿齿向呈螺旋状，轮齿的啮合接触线是倾斜的，啮合线上的载荷分布是非均匀的，所以斜齿轮轮齿不能简化为二维平面问题，必须作为三维问题进行分析，这使其弹性变形计算变得更为复杂。有限元法是计算齿轮轮齿应力、变形的有效方法。有限元法计算变形的方法分为三类：一是使用合适的单元，求给定载荷作用下的轮齿变形；二是通过对大量计算结果的回归分析得到变形的计算公式；三是采用接触问题有限元法，考虑多对轮齿同时啮合及轮齿的接触变形，进行轮齿的啮合接触分析。由于有限元法应用已经非常广泛，这里不再介绍，下面介绍具有理论意义的积分方程方法。

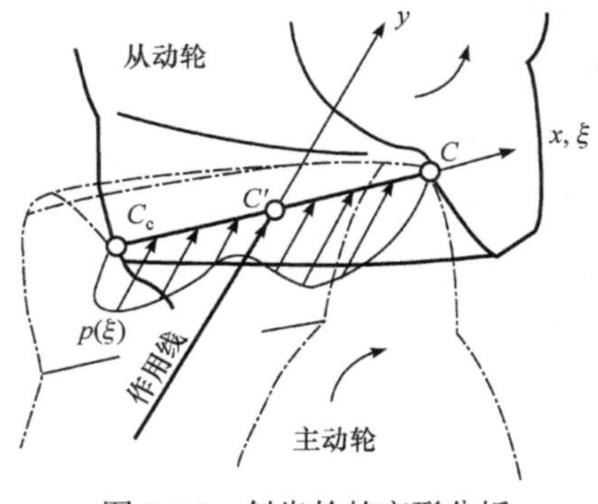

图 2.2.5　斜齿轮的变形分析

如图 2.2.5 所示，假设啮合后齿轮轮齿的总变形为 w，则载荷与变形间的关系为

$$\sum_{i=1}^{N}\int K_{bi}(x,\xi,y)p_i(\xi,y)\mathrm{d}\xi+\sum_{i=1}^{N}\int K_{ci}(x,\xi,y)p_i(\xi,y)\mathrm{d}\xi=w \tag{2.2.10}$$

式中，N 为同时啮合的齿对数；$p_i(\xi,y)$ 为第 i 对轮齿啮合接触线上的分布载荷；$K_{bi}(x,\xi,y)$ 为第 i 对轮齿弯曲、剪切变形的综合影响系数，该系数综合考虑了弯曲变形和剪切变形的影响，若分析中需要考虑齿轮轮体和传动轴的影响，则也包含在影响函数中；$K_{ci}(x,\xi,y)$ 为第 i 对轮齿接触变形的综合影响系数。

当由啮合过程的几何分析确定了啮合齿对数及其接触线长度后，则可由式(2.2.10)进行数值积分，求得轮齿的啮合综合弹性变形。若将轮齿传递的总载荷定义为

$$F_n=\sum_{i=1}^{N}\int p_i(\xi)\mathrm{d}\xi \tag{2.2.11}$$

则斜齿轮的啮合综合刚度可表示为 $k=F_n/w$。式(2.2.10)实际上是轮齿受载啮合过程的位移协调方程，因此可将式(2.2.10)表示为

$$w=\sum_{i=1}^{N}w_{bi}+\sum_{i=1}^{N}w_{ci} \tag{2.2.12}$$

式中，w_{ci} 为第 i 对轮齿的接触变形；w_{bi} 为第 i 对轮齿的弯曲、剪切变形。

若分析中考虑齿轮轮体和传动轴的影响，则有

$$w_{bi}=w_{bi1}+w_{bi2} \tag{2.2.13}$$

式中，w_{bi1} 为第 i 对轮齿本身的变形；w_{bi2} 为由齿轮轮体和传动轴的影响引起的变形。将式(2.2.13)代入式(2.2.12)，则得到

$$w=\sum_{i=1}^{N}w_{bi1}+\sum_{i=1}^{N}w_{bi2}+\sum_{i=1}^{N}w_{ci} \tag{2.2.14}$$

综上所述，只要求得影响函数 K_b 和 K_c，或直接求出各有关变形，即可得到斜齿轮轮齿的综合弹性变形和啮合综合刚度。

2.2.2　轮齿啮合刚度动态激励原理

由轮齿啮合过程中啮合综合刚度的时变性而引起动态激励的现象称为轮齿啮合的刚度动态激励，简称刚度激励。这是齿轮传动中最主要的动态激励形式之一。

1. 刚度激励机理

以直齿圆柱齿轮为例，设齿轮的重合度 ε=1～2，传递的力矩不变。这样，在齿轮啮合过程中，有时一对轮齿啮合，有时两对轮齿啮合。对于单齿对啮合区，齿轮的啮合综合刚度较小，啮合弹性变形较大；而在双齿对啮合区，由于是两对

轮齿同时承受载荷，齿轮的啮合综合刚度较大，啮合弹性变形较小。在齿轮副的连续运转过程中，随着单齿对啮合和双齿对啮合的不断交替，轮齿弹性变形会周期性变化，引起齿轮副角速度的周期性变化，从而导致齿轮副振动。如图 2.2.6 所示，在整个啮合区 $A\sim D$ 中，存在一个单齿对啮合区和两个双齿对啮合区，两区交替时，啮合刚度会产生突变。

在啮合过程中，单、双齿啮合的交替，会使原来由两对轮齿承担的载荷，突然由一对轮齿承担，或原来由一对轮齿承担的载荷突然由两对轮齿承担，从而使作用在轮齿上的载荷产生突变，如图 2.2.7 所示。在单齿区 $B\sim C$ 段，载荷较大，而在双齿区 $A\sim B$ 段和 $C\sim D$ 段，则载荷较小。这样，存在的很多突变，对齿轮结构产生动态激励。

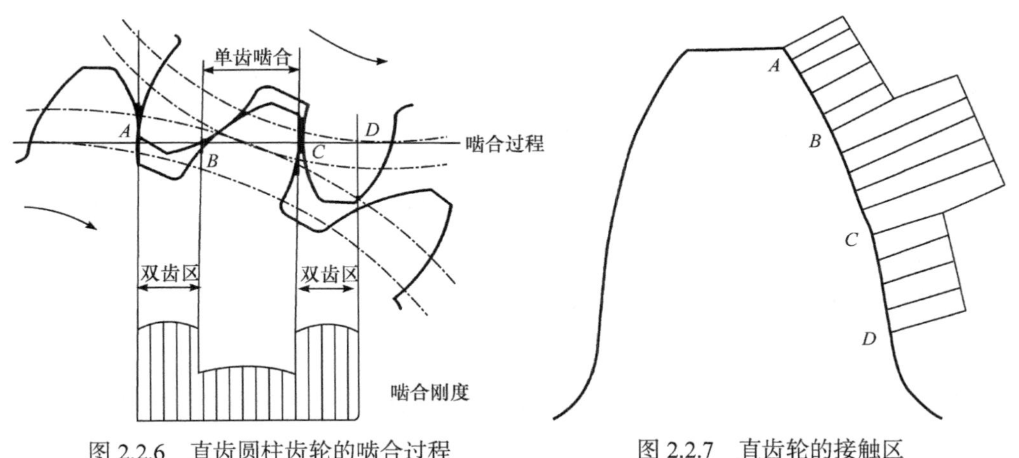

图 2.2.6　直齿圆柱齿轮的啮合过程　　　　图 2.2.7　直齿轮的接触区

对于斜齿轮传递，虽然啮合过程的齿对交替不是突变的，但啮合过程中轮齿的啮合综合刚度及轮齿载荷是周期性变化的，同样会引起啮合过程的动态刚度激励。

综上所述，齿轮轮齿的刚度激励实际上是啮合过程中单、双齿对啮合交替出现，导致轮齿啮合综合刚度和轮齿载荷周期性变化引起的对齿轮结构的动态激励。

轮齿啮合综合刚度的周期性变化反映在系统的分析模型中，是弹性力项的时变系数，因此刚度激励在性质上是一种参数激励，齿轮结构的动力学问题实际上是一种参数振动问题。

2. 理想齿轮设计传递误差及其谱特性

齿形和基节等无误差的齿轮称为**理想齿轮**。理想齿轮的传递误差不考虑齿轮制造误差，仅考虑由齿轮受载引起的齿轮静传递误差，这种误差仅与齿轮的设计有关，因此称为**设计传递误差**。由于这时的传递误差实际上反映了轮齿的刚度激励，所以可以通过讨论理想齿轮的设计传递误差及其性质来研究齿轮的刚度激励问题。

刚度激励具有周期性，理想齿轮的设计传递误差也可以表示成周期函数，因此若将其展开成傅里叶级数，确定其谱特性，则可在频域内进一步讨论轮齿的刚度激励。下面以表 2.2.1 所示的三对齿轮为例，说明齿轮在理想无误差状态下的设计传递误差及其谱特性。

表 2.2.1　齿轮副参数

齿轮副形式	模数	压力角/(°)	齿数	螺旋角/(°)	单位齿宽载荷/(kg/mm)	齿宽/mm
直齿轮副	6	20	20/20	0	17.86	—
窄斜齿轮副	6	20	20/20	25	17.86	0.7
宽斜齿轮副	6	20	20/20	25	17.86	1.18

表 2.2.1 中直齿轮副的啮合综合刚度如图 2.2.8(a)所示，图中纵坐标为经转化后的无量纲啮合综合刚度 k_{m}'，表示为

$$k_{\mathrm{m}}' = \frac{k_{\mathrm{m}}}{Eb} \tag{2.2.15}$$

式中，k_{m} 为啮合综合刚度；E 为材料弹性模量；b 为齿宽。图中的横坐标为齿对的啮合周期。该直齿轮无误差的设计传递误差及其傅里叶谱图分别如图 2.2.8(b)和(c)所示。由图可以看出，直齿轮副在单齿啮合和双齿啮合交替时，轮齿啮合综合刚度和设计传递误差均有突变，说明将会引起较大的刚度激励。由于设计传递误差类似于方波周期函数，所以相应的图谱具有多次谐波成分。

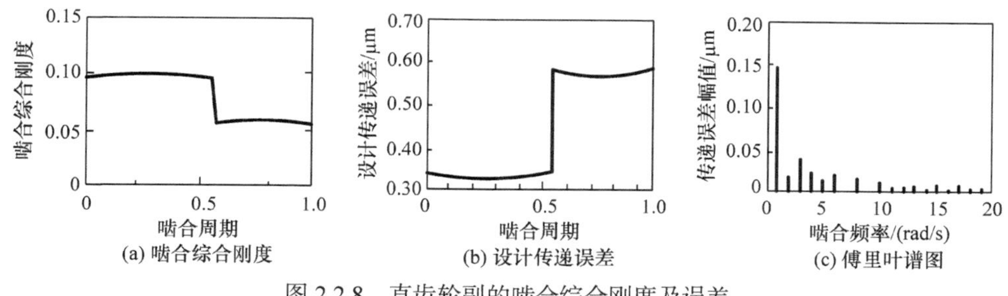

(a) 啮合综合刚度　(b) 设计传递误差　(c) 傅里叶谱图

图 2.2.8　直齿轮副的啮合综合刚度及误差

表 2.2.1 中窄斜齿轮副的齿宽较小，相应的无量纲啮合综合刚度、设计传递误差、傅里叶谱图如图 2.2.9 所示。由图可以看出，对于窄斜齿轮副，啮合轮齿的交替平稳，相应的啮合综合刚度和设计传递误差的变化均较直齿轮副更加平稳，在设计传递误差的谱图中，也仅在基频和一次谐波处具有较大的幅值。设计传递误

差的频率成分更简单，说明窄斜齿轮副刚度激励程度比直齿轮副更平稳。但是，由于这对斜齿轮的齿宽较小，即纵向重合度相对较小，在啮合综合刚度曲线和设计传递误差曲线上仍有较小的突变段。

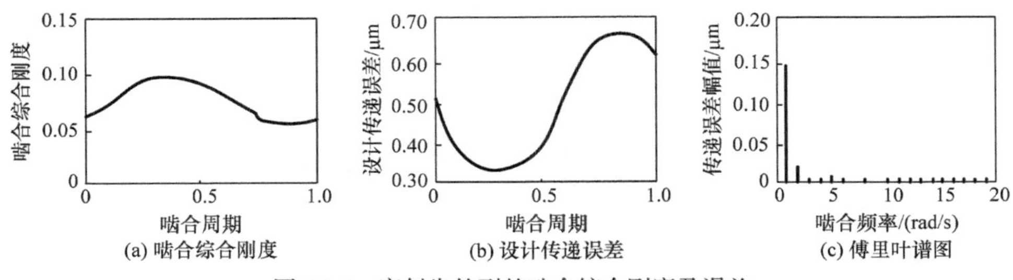

(a) 啮合综合刚度　(b) 设计传递误差　(c) 傅里叶谱图

图 2.2.9　窄斜齿轮副的啮合综合刚度及误差

表 2.2.1 中宽斜齿轮副的齿宽较大，相应的无量纲啮合综合刚度、设计传递误差、傅里叶谱图如图 2.2.10 所示。由图可以看出，宽度较大时，纵向重合度增大，相应的啮合综合刚度和设计传递误差均为光滑曲线，因此设计传递误差的傅里叶谱图中仅在基频具有较大幅值，说明这种情况下刚度激励的程度较弱。

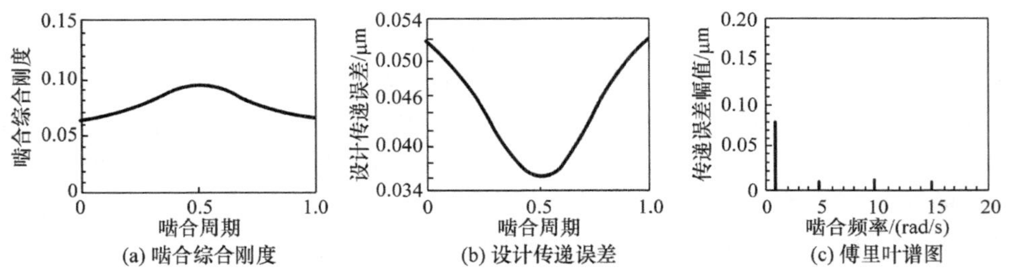

(a) 啮合综合刚度　(b) 设计传递误差　(c) 傅里叶谱图

图 2.2.10　宽斜齿轮副的啮合综合刚度及误差

根据以上对理想齿轮副的设计传递误差及其谱特性的分析可以看出：

(1) 啮合综合刚度的突变是产生较大刚度激励的主要原因。通过采用斜齿轮传动，设计具有整数重合度的直齿轮传动，或通过直齿轮副齿廓曲线的优化设计消除或降低啮合综合刚度突变的程度，可以有效减小轮齿啮合的刚度激励。

(2) 对于斜齿轮传动，增大齿宽意味着增大纵向重合度，降低刚度激励的变化程度。因此，在设计齿轮时，可以用齿宽或重合度作为衡量其刚度激励强弱的指标。

(3) 由上述三对齿轮副设计传递误差曲线的谱图可以看出，在频域中，若频率成分简单，相应的幅值小，则啮合的刚度激励较弱。因此，可以以减少频域中涉及设计传递误差谱图中各频率上的幅值作为目标，通过齿廓曲线的优化设计，达到弱化刚度激励的目的。

2.2.3 轮齿啮合误差动态激励原理

轮齿啮合误差是由齿轮加工误差和安装误差引起的，是齿轮啮合过程的主要动态激励之一。本节以直齿圆柱齿轮为例，首先讨论轮齿啮合偏差的基本概念，然后讨论啮合偏差的制造传递误差，并通过制造传递误差说明轮齿啮合误差动态激励的基本原理。

1. 轮齿的啮合偏差

齿轮加工中所产生的误差在齿轮精度标准中给出了详细的定义和说明。这些标准所定义的各项误差，主要是考虑了不同的加工方法并为了便于测量和控制质量等因素规定的。但是在齿轮动力学理论中，齿轮的这些加工误差在本质上均看成由齿轮表面偏离理想齿廓位置所产生的轮齿啮合的位移型动态激励。在研究加工误差的动态激励时，往往绕开齿轮精度标准中具体的精度测量误差，直接定义实际齿廓表面对理想齿廓的偏移，称为齿轮的**啮合偏差**，并研究啮合偏差产生动态激励的基本原理。下面讨论轮齿啮合偏差的基本概念。

如图 2.2.11 所示，实际具有误差的齿廓为图中的实线，无误差的理想齿廓为图中的虚线。这样可以将实际齿廓对理想齿廓的偏移看成两种偏移的合成：一种是理想齿廓(虚线)至图中过渡齿廓(点划线)的偏移，另一种则是由过渡齿廓(点划线)至实际齿廓(实线)的偏移。这两种偏移在理想齿廓的法线方向(即啮合线方向)进行度量。在齿轮啮合误差动态激励的研究中，将第一种偏移称为**齿距偏差**，第二种偏移称为**齿形偏差**，两种偏差统称为**轮齿啮合偏差**。

在上述齿形偏差中，根据具体的偏差状态，又有正压力角偏差、负压力角齿形偏差和若干渐开线齿形偏差等。若以点划线表示理想齿廓，则对于图 2.2.12(a)所示的齿形偏差，可使啮合压力角增大，称为正压力角齿形偏差；图 2.2.12(b)所示的齿形偏差称为负压力角齿形偏差；而渐开线齿形偏差则是指齿面具有高阶波动的一种

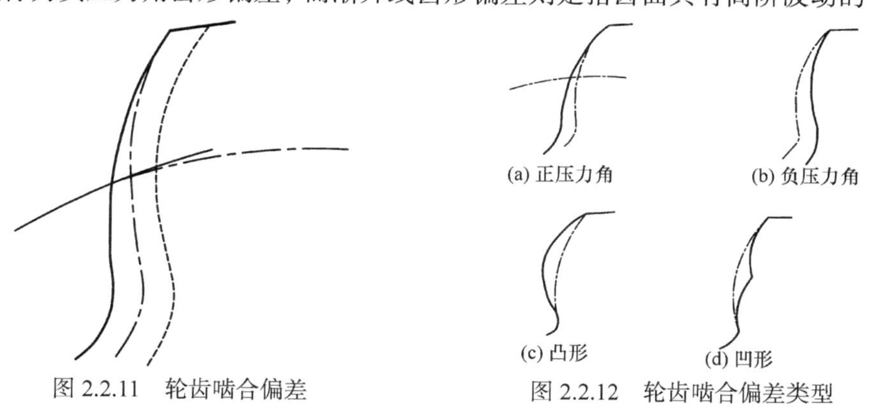

图 2.2.11　轮齿啮合偏差

图 2.2.12　轮齿啮合偏差类型

齿形偏差，如图 2.2.12(c)和(d)所示的则是凸形和凹形的齿形偏差。

由以上分析可知，利用上述齿距偏差和齿形偏差可以完全确定由各种加工误差引起的实际齿廓对理想齿廓的偏移，因此将这两种偏差统称为**轮齿啮合偏差**。在齿轮动力学中，一般是利用啮合偏差这个桥梁来研究轮齿啮合误差动态激励的基本原理。

2. 轮齿传动的制造传递误差

将无误差理想轮齿在载荷作用下由轮齿变形引起的从动齿轮运动偏差称为**设计传递误差**。在研究齿轮啮合的误差激励时，将由齿轮制造误差引起的从动齿轮运动偏差称为齿轮副的**制造传递误差**。齿轮副的制造传递误差由主动齿轮和从动齿轮的制造传递误差合成得到，而主、从动齿轮的制造传递误差则是由各轮齿的齿形制造传递误差得到的。

1) 单齿的制造传递误差

假设一具有制造误差的轮齿齿廓与一无误差的理想齿条齿廓相啮合，在啮合过程中，该轮齿在啮合线方向对理想齿廓的偏移称为单齿的制造传递误差，则相应的单齿制造传递误差曲线如图 2.2.13 中的曲线 a 所示，其中，δ_P 表示齿距偏差，δ_F 表示齿形误差。由图 2.2.13 可以看出，该曲线与用单啮仪测得的齿形误差曲线(图 2.2.13 中的曲线 b)是一致的。只是在制造传递误差曲线中，横坐标是轮齿啮合点沿啮合线移动的距离(CNT)，纵坐标是实际啮合点与理想啮合点间的偏移(MTE)，其正方向与轮齿变形所引起的偏差方向一致。

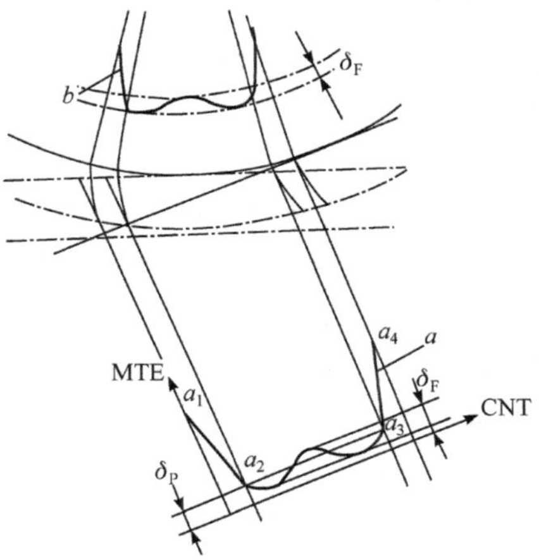

图 2.2.13　轮齿的制造传递误差

单齿的制造传递误差由三部分组成，中间的一部分称为齿廓偏差曲线，即图 2.2.13 中的曲线 a_2a_3，两端是两条顶边啮合误差曲线，分别为齿轮齿顶边与齿条齿根的啮合误差曲线 a_1a_2 和齿轮的齿根与齿条齿顶边的啮合误差曲线 a_3a_4。

单齿的制造传递误差曲线可以形象地表示齿距偏差和齿形偏差。具有不同齿距偏差和不同形式的齿形偏差时，单齿制造传递误差曲线的不同形式如图 2.2.14 所示。如图 2.2.14(a)所示，当齿形偏差为零时，a_2a_3 为一条平行于横坐标轴的直线；图 2.2.14(b)和(c)分别为正、负压力角齿形偏差所对应的单齿制造传递误差曲线，而图 2.2.14(d)和(e)则分别对应于凸形和凹形齿形偏差的单齿制造传递误差曲线，图 2.2.14(f)是某种渐开线齿形偏差的情况。

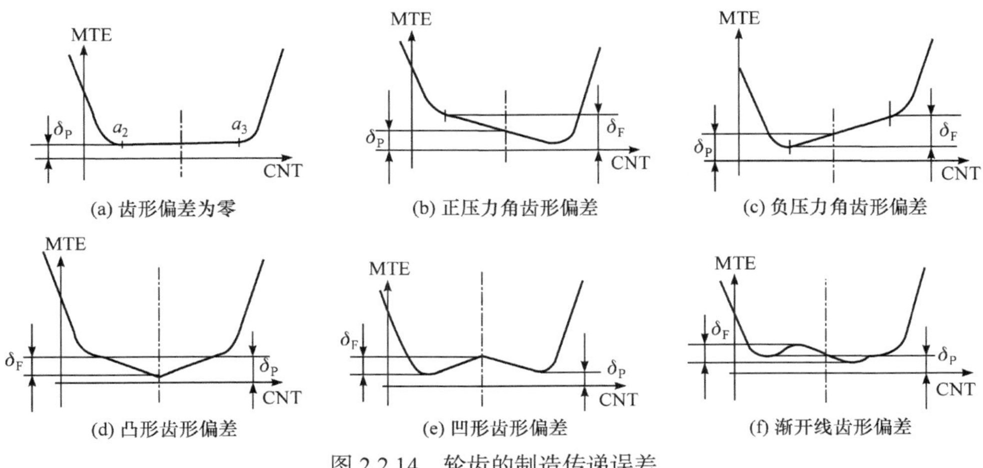

(a) 齿形偏差为零　(b) 正压力角齿形偏差　(c) 负压力角齿形偏差
(d) 凸形齿形偏差　(e) 凹形齿形偏差　(f) 渐开线齿形偏差

图 2.2.14　轮齿的制造传递误差

2) 单齿对的制造传递误差

当两个各自具有制造误差的轮齿相互啮合时，从动轮齿啮合点在啮合线上与无误差的理想啮合点的偏差称为**单齿对的制造传递误差**。

单齿对的制造误差可由主、从动轮齿各自的单齿制造误差合成。图 2.2.15 中的虚线和点划线分别为主动轮齿和从动轮齿的单齿制造传递误差曲线，而实线为由单齿的这两条误差曲线叠加得到的单齿对的制造误差曲线。

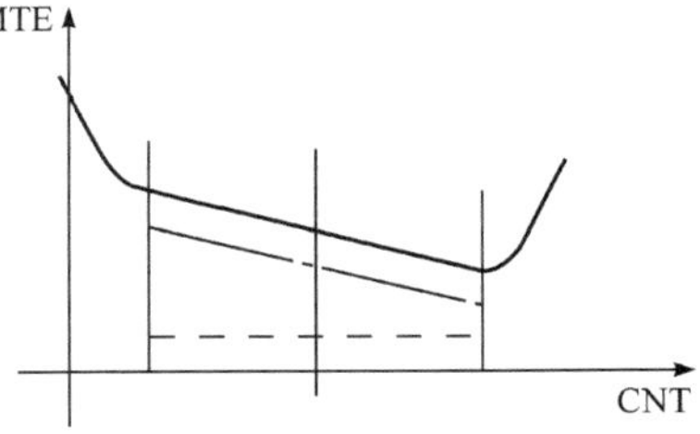

MTE
CNT

图 2.2.15　单齿对的制造传递误差

3) 齿轮的制造传递误差

具有制造误差的齿轮与无误差的理想齿轮或齿条啮合时，误差齿轮沿啮合线方向的位置与理论位置的偏差称为**齿轮的制造传递误差**。这种误差与单啮仪测得的误差一致。

将各单齿的制造传递误差曲线组合起来，其包络线就是相应的齿轮制造传递误差曲线。设某主动齿轮三个相邻轮齿的三种齿形偏差如图 2.2.16(a)、(b)和(c)所示，相应的齿距误差分别为 δ_{P1}、δ_{P2} 和 δ_{P3}，在横坐标方向将三条单齿制造传递误差曲线以理论基节 p_b 为间隔依次排列，同时以齿距偏差确定三条曲线在纵坐标方向的相对位置，则单齿制造传递误差曲线的包络线(图中的粗实线)*ABCDE* 为这三个轮齿的齿轮制造传递误差，如图 2.2.16(d)所示。类似地，也有图 2.2.17 所示的从动齿轮的制造传递误差曲线 *ABCD*。

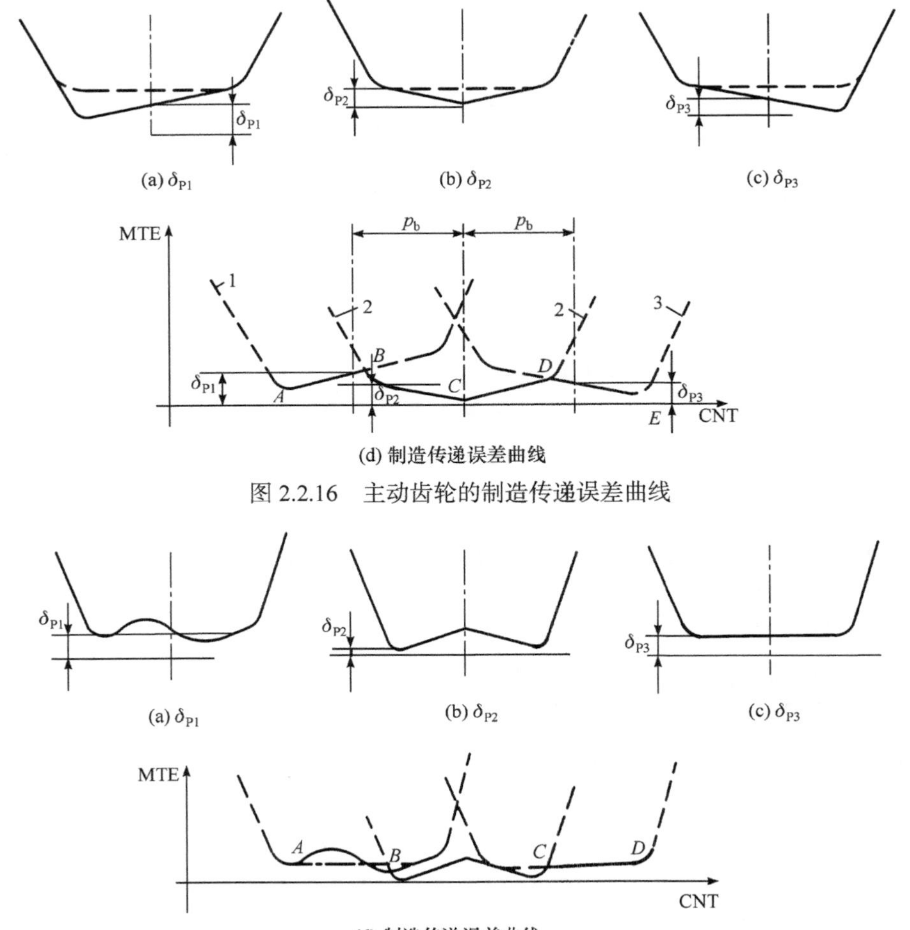

图 2.2.16　主动齿轮的制造传递误差曲线

(d) 制造传递误差曲线

图 2.2.17　从动齿轮的制造传递误差曲线

4) 齿轮副制造传递误差的确定

若分别得到主动齿轮和从动齿轮的齿轮制造传递误差，将两者叠加则是齿轮副的制造传递误差。

某齿轮副的主、从动齿轮的齿轮制造传递误差曲线分别如图 2.2.16(d)和图 2.2.17(d)所示，由此叠加得到的齿轮副的制造传递误差曲线如图 2.2.18 所示。若先求出单齿对的制造传递误差，则可按照单齿制造传递误差曲线组合成齿轮传递误差曲线的方式，由单齿对的制造传递误差曲线组合得到齿轮副的制造传递误差曲线。

齿轮副的制造传递误差是一种由齿轮加工误差引起的齿轮位置状态的偏移，正是这种偏移，产生了对齿轮啮合过程的位移型激励，从而引起了齿轮传动的振动。

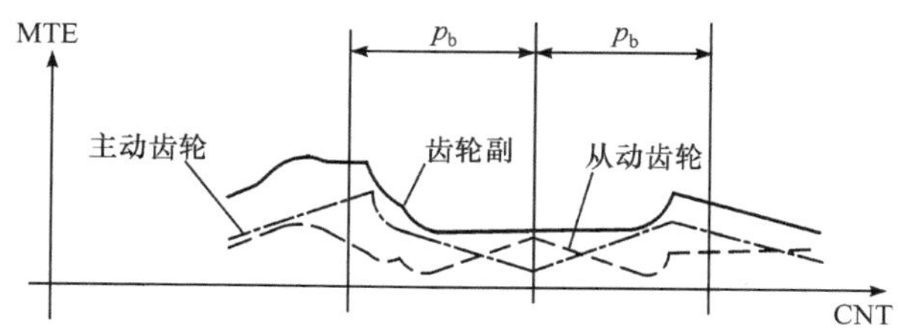

图 2.2.18　齿轮副的制造传递误差

3. 齿距偏差的制造传递误差

若不考虑齿形偏差，则单齿的制造传递误差曲线和单齿对的制造传递误差曲线均具有图 2.2.19 所示的特点。若轮齿实际啮合作用线如图 2.2.19(a)所示，则齿距偏差为零或各轮齿的齿距偏差均相同时，其制造传递误差曲线如图 2.2.19(b)所示，这时的传递误差为零。而若齿距偏差如图 2.2.19(c)所示，则由此引起的制造传递误差曲线如图 2.2.19(d)和(e)所示。

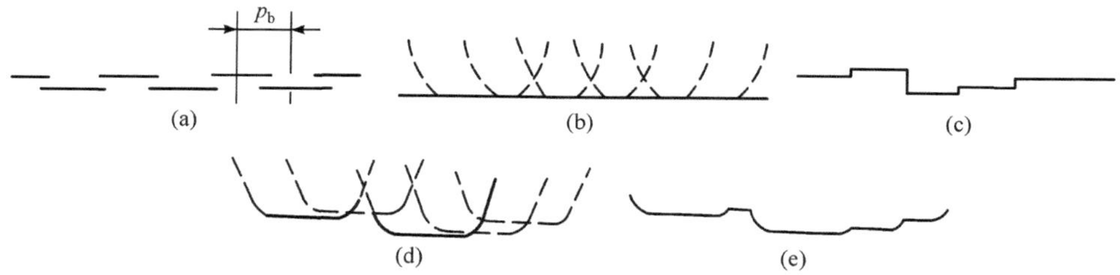

图 2.2.19　单齿与单齿对的制造传递误差

4. 齿形偏差的制造传递误差

对于仅考虑齿形偏差的情况，相应于不同类型的齿形偏差。制造传递误差具有正压力角齿形偏差、负压力角齿形偏差、凸形齿形偏差和凹形齿形偏差等不同的形式，其偏差分别如图 2.2.20(a)～(d)所示。四种齿形偏差所对应的齿轮的制造传递误差如图 2.2.21(a)～(d)所示。每种情况下，图中从上到下分别为齿轮的制造传递误差、相应的速度和加速度变化曲线。

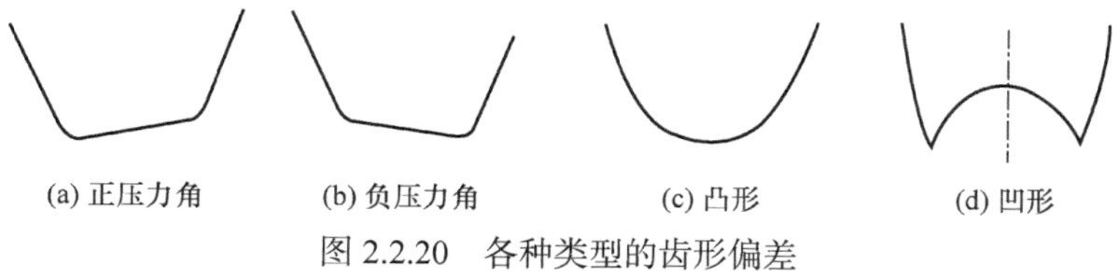

图 2.2.20　各种类型的齿形偏差

由图 2.2.21 可见，在正压力角齿形偏差和负压力角齿形偏差的情况下，速度和加速度均变化四次；凸形齿形偏差对应的速度和加速度的波动较小；而凹形齿形偏差对应的速度和加速度较为复杂，波动剧烈。因此，凹形齿形偏差较易产生齿轮结构的振动和噪声。

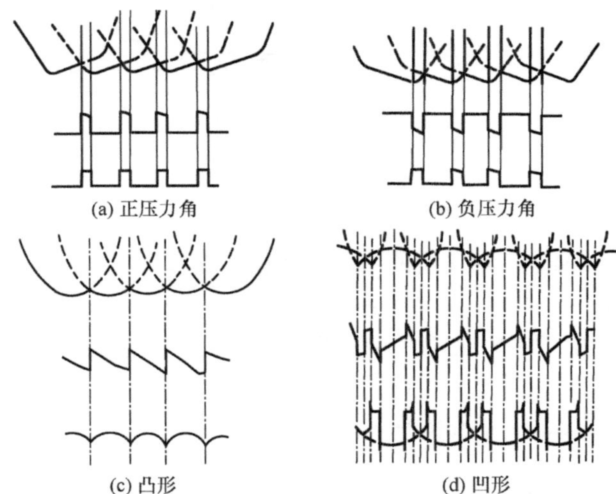

图 2.2.21　不同齿形偏差对应的制造传递误差

2.2.4　齿轮副啮合时的冲击激励原理

由于轮齿误差和轮齿变形，齿轮轮齿啮合过程中产生的合成啮合基节误差使轮齿的啮入点和啮出点偏离理论啮合线，导致主、从动齿轮传动速度产生偏差和突变，从而产生了啮入和啮出冲击力。在齿轮动力学中，这种因合成啮合基节误差引起的冲击称为啮合过程的啮合冲击，是齿轮啮合过程的动态激励之一。

本节论述啮入、啮出冲击的基本概念，分析产生动态激励的机理，讨论啮合冲击的速度、冲击力和啮合冲击过程的基本性质。

1. 啮合冲击的动态激励机理

1) 过渡过程和啮合冲击

齿轮传动是通过多齿啮合连续传递运动和动力的装置。当前面一对轮齿啮合结束而退出前，后面一对轮齿必须进入啮合状态，使运动和动力得以连续传递。在齿轮动力学中,将这种传递中齿对与齿对的交替过程称为轮齿啮合的过渡过程。理想齿轮(无误差、无变形的齿轮)的过渡过程是平稳的。由于实际的齿轮总是存在误差，在传递动力时也会产生弹性变形，所以在过渡过程中将产生冲击。这种在轮齿交替的过渡过程中产生的轮齿冲击称为**啮合冲击**。

在轮齿的啮合过程中，若将因轮齿误差和轮齿受载弹性变形所产生的实际基节与理论基节的偏差定义为**啮合基节误差**，则可将主动齿轮和从动齿轮的合成啮

合基节误差 Δt_{oc} 表示为

$$\Delta t_{oc} = \Delta f_p - \Delta f_g \tag{2.2.16}$$

式中，Δf_p、Δf_g 为主、从动齿轮的啮合基节误差。

根据合成啮合基节误差 Δt_{oc} 的正、负号，啮合冲击具有不同的形式。若 $\Delta t_{oc} < 0$，则一对轮齿在进入啮合的瞬时产生啮入冲击；若 $\Delta t_{oc}>0$，则会在退出啮合的瞬时产生啮出冲击。

2) 啮入冲击和啮出冲击

如图 2.2.22(a)所示，当 $\Delta t_{oc}=0$ 时，前一对轮齿 1-1′ 啮合到 B 点时，后一对轮齿 2-2′ 恰好在 D_2 点进入啮合，两点具有公共结点，这时运动传递是平稳的。

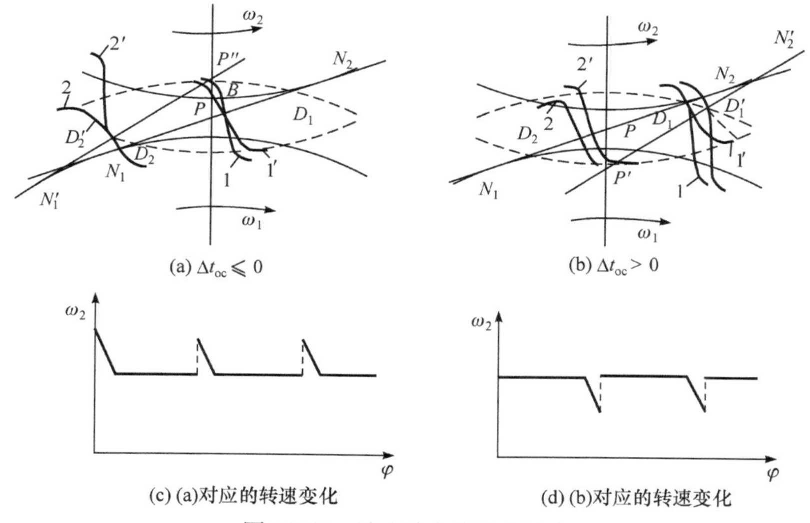

(c) (a)对应的转速变化　　(d) (b)对应的转速变化

图 2.2.22　啮入冲击和啮出冲击

当 $\Delta t_{oc}<0$ 时，如图 2.2.22(a)所示，主动齿轮的啮合基节小于从动齿轮的啮合基节，这时前一对轮齿尚未啮合到 B 点，后一对轮齿已提前在 D_2' 点处进入啮合，这时两啮合点具有不同的结点 P 和 P''，齿对 1-1′ 和 2-2′ 间运动的传递是非平稳的，在 2-2′ 进入啮合时产生冲击，使 1-1′ 对轮齿退出啮合，而 2-2′ 对轮齿继续传动，相应的啮合点公法线为 $N_1'P''$，实际的结点由 P 点跳至 P'' 点，这是由于从动齿轮节圆半径突然变小，从动齿轮从正常转速骤然升速。然后，齿对 2-2′ 的啮合沿 D_2'-D_2 (称为顶刃啮合段)进行，这时结点也由 P'' 点逐渐移至 P 点。在啮合点移至 D_2 点后，结点已变成 P 点，从而使从动齿轮的转速也恢复正常，该过渡过程中从动齿轮的转速变化如图 2.2.22(c)所示。由于这种轮齿过渡过程中产生的冲击是一对轮齿进入啮合的瞬时产生的，所以称为**啮入冲击**。这种冲击发生在从动齿轮的齿顶处，因此也称为**齿顶冲击**。

当 $\Delta t_{oc}>0$ 时，如图 2.2.22(b)所示，这时主动齿轮基节大于从动齿轮基节，当前一对轮齿 1-1′ 啮合到 D_1 点并应退出啮合时，由于存在啮合基节误差，后一对轮齿 2-2′ 虽已进入理论啮合线内，但并未进入啮合状态，两对轮齿间不存在同时啮合的过渡点。这时运动的传递由 1-1′ 对轮齿在 D_1D_1' 段的啮合来实现。在 1-1′ 对轮齿的啮合点到达 D_1' 点时，啮合点的公法线为 $N_2'P'$，因而实际的啮合结点由 P 点降至 P' 点。在这个过程中，从动齿轮的节圆半径逐渐增大，其转速也逐渐变慢，使后一对轮齿的间隙逐渐减小。当 1-1′ 对轮齿啮合到 D_1' 点时，2-2′ 对轮齿才进入啮合状态，在此瞬时，两对轮齿同时啮合，使运动连续传递。在这一瞬时，1-1′ 在 D_1' 点啮合，结点为 P'，而 2-2′ 对轮齿的啮合结点在 P 点，因而过渡过程存在双结点，从而导致 2-2′ 进入啮合的瞬时产生冲击，使结点由 P' 点跃至 P 点，1-1′ 退出啮合。该过渡过程中从动齿轮的转速变化如图 2.2.22(d)所示。由于这种冲击是在一对轮齿退出啮合时产生的，所以称为**啮出冲击**。

在实际的啮合过程中，一方面，轮齿的受载弹性变形使主动轮齿的实际啮合基节减小，而从动齿轮的实际啮合基节增大。当 $\Delta t_{oc}<0$ 时，轮齿的弹性变形会加大合成啮合基节误差，使轮齿的啮入冲击具有增大的趋势；当 $\Delta t_{oc}>0$ 时，轮齿的弹性变形使合成啮合基节误差减小，甚至趋于平滑，从而使啮出冲击减小，由于轮齿总是承受并传递载荷，所以啮入冲击比啮出冲击的影响更大。另一方面，齿轮惯性的影响使两种冲击的效果不同，当 $\Delta t_{oc}<0$ 时，冲击发生在从动齿轮后续齿刚进入啮合的瞬时，此时从动齿轮要保持其原速度，主动齿轮却要使其突然升速，这将使啮合冲击的程度加剧；而当 $\Delta t_{oc}>0$ 时，由于从动齿轮的惯性，过渡过程中速度的减小程度减缓，所以主、从动齿轮在啮合线上的冲击速度有所减小。可见，在上述两种啮合冲击中，啮入冲击对过渡过程的影响更大。

在啮入冲击和啮出冲击两种情况下，从动齿轮转角变化的典型曲线分别如图 2.2.23(a)和(b)所示。

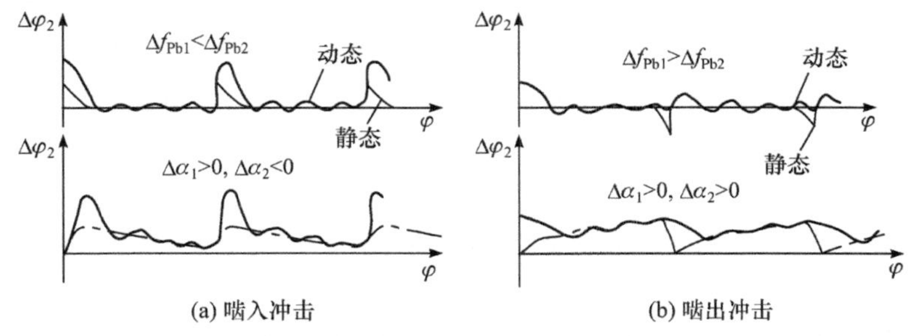

图 2.2.23 啮入冲击和啮出冲击下从动齿轮的转角变化

3) 啮合冲击的动态激励机理

由以上分析可知，在齿轮啮合冲击过程中，由于冲击是在短时间内发生的，所以啮合冲击中占有主导地位的是啮合的冲击力。不间断冲击力的周期性作用导致齿轮结构的另一种动态激励，便是啮合冲击的动态激励机理。这种激励与啮合误差激励的主要区别在于：啮合冲击激励是一种动态载荷激励，而啮合误差激励是一种动态位移激励。

2. 啮入冲击

前面讨论了齿轮啮合过程中轮齿的过渡过程以及在过渡过程中的啮合冲击。下面进一步分析啮合冲击过程，讨论分析方法、啮合冲击速度和冲击力的计算问题。由于啮入冲击的影响比啮出冲击大，下面主要讨论啮入冲击问题。

分析啮合冲击过程的内容包括：①利用测量和分析计算结果，确定主、从动齿轮的合成啮合基节误差；②由合成啮合基节误差计算冲击速度和冲击力；③建立啮合冲击力作用下的力学模型和数学模型；④计算、分析冲击力作用下的动态响应。

在分析过程中，确定合成啮合基节误差主要是测量齿轮误差和计算轮齿的受载弹性变形，建立力学模型、数学模型及进行动态响应的分析计算，可采用机械振动的理论和方法。

在齿轮冲击力的计算中，可将啮合冲量作为啮合冲击的激励源，利用解析方法，从研究啮合冲击的时间入手，通过计算啮合冲量，得到在啮合冲量作用下的冲击力。如图 2.2.24 所示，将理论啮入时间与实际啮入时间之差定义为啮入冲击作用的时间，表示为

$$\Delta t = T_z - t_0 \tag{2.2.17}$$

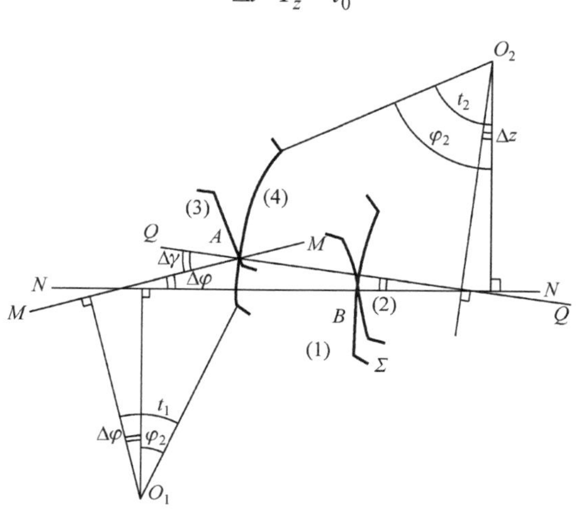

图 2.2.24　啮入冲击和啮出冲击下从动齿轮的转角变化

式中，t_0 为实际的啮入时间；$T_z=2\pi/(z_1\omega_1)$ 为理论的啮入时间，z_1 和 ω_1 分别为主动齿轮的齿数和转动的角速度。

在 Δt 时间内，任一时刻 t 时的啮入冲击力可以表示为

$$P_{nt}=(P_n-P)\left\{1+\frac{k_1(t)k_2(t)[k_1(t+\Delta\varphi/\omega_1-T_z)\cos\Delta\gamma+k_2(t+T_z)]}{k_1(t+\Delta\varphi/\omega_1-T_z)k_2(t+T_z)[k_1(t)+k_2(t)]}\right\}^{-1} \tag{2.2.18}$$

式中，P_n 为轮齿的动态啮合力；P 为后一对轮齿进入啮合前，前一对轮齿间的作用力；$k_1(t)$和 $k_2(t)$分别为主、从动齿轮在 t 时刻啮入点的轮齿刚度；$\Delta\varphi$ 为主动齿轮因啮入点的变化引起的啮合角的变化量；$\Delta\gamma$ 为在相应情况下主、从动齿轮啮合角度变化量之和。

啮入冲击的冲量可以表示为

$$F=\int_{t_0}^{T_z}P_{nt}\mathrm{d}t\approx\frac{1}{2}P'_{nt}\Delta t \tag{2.2.19}$$

式中，P'_{nt} 为后一对轮齿在双齿啮合区内所承受的理论分配载荷。

2.3 齿轮结构的动态分析模型

齿轮结构包括齿轮副、传动轴、支承轴承、箱体以及原动机和负载等零部件，影响轮齿动态激励的不仅有轮齿本身的结构形式和几何特性、误差状况等，还有结构中的其他零部件。在动态啮合力作用下，齿轮结构将产生动态响应，引起振动和噪声。因此，必须从整个齿轮结构出发，建立齿轮结构的动态分析模型。

当建立齿轮结构的动态分析模型时,应根据齿轮系统的具体情况和分析目的、要求等，建立不同类型的分析模型。若齿轮结构的传动轴、支承轴承和箱体等支承刚度相对较大，则可不考虑其弹性，将齿轮结构处理成纯扭转模型；若齿轮结构的输入、输出(与原动机和负载相连接的)轴的刚度相对较小，则可将齿轮结构与原动机和负载隔离，单独建立齿轮结构的动力学模型；若必须考虑传动轴和支承轴承的弹性，则由于轮齿啮合的耦合效应(包括弹性耦合和黏性耦合)，必须建立弯-扭耦合、弯-扭-轴耦合或弯-扭-轴-摆耦合的动力学分析模型，这类模型一般称为啮合耦合分析模型。由于传动轴的振动位移、齿轮的质量偏心等会产生离心力和惯性力，从而导致动力耦合效应，因此，在齿轮结构的分析模型中，又有转子动力耦合型和全耦合型(同时含有啮合型耦合和转子动力型耦合的分析模型)之分。若还考虑箱体及其支承箱体的影响，则必须建立齿轮-转子-支承系统的分析模型。

在上述模型中，齿轮-转子-支承系统模型是最一般的模型，也是最复杂的模型，其他类型的模型均是这种模型的简化形式。在实际工作中，最佳选择是根据结构的具体情况、分析目的和要求，确定能满足分析要求的最简单的动力学模型。各类齿轮结构的分析模型可以分为三种：非耦合型、啮合耦合型和转子耦合型。其中，仅考虑扭转振动的模型称为**非耦合型分析模型**；同时考虑由轮齿啮合引起的弯、扭、轴等有关自由度间具有的弹性耦合和黏性耦合的模型称为**啮合耦合型分析模型**；而由齿轮或齿轮-转子高速转动时的离心力和惯性力引起的有关自由度间所具有的静力耦合和动力耦合的模型称为**转子耦合型分析模型**。在非耦合型分析模型中，主要包括齿轮副的扭转振动分析模型和齿轮-转子系统的扭转振动分析模型；在啮合耦合型分析模型中，具有代表性的有直齿圆柱齿轮传动的**弯-扭耦合振动分析模型**、斜齿圆柱齿轮传动的**弯-扭-轴耦合**和**弯-扭-轴-摆耦合的振动分析模型**；在转子耦合型分析模型中，齿轮副的转子耦合型和齿轮-转子系统的转子耦合型振动分析模型具有代表性。在一般情况下，啮合耦合型和转子耦合型会同时存在，相应的分析模型则称为**全耦合型振动分析模型**。下面讨论具有代表性的非耦合型、啮合耦合型、转子耦合型和全耦合型齿轮结构的动态分析模型。

上面讨论的由齿轮结构的耦合性质的不同而建立的各类分析模型，主要以齿轮副和齿轮-转子结构(包括齿轮副和传动轴)为分析对象。在分析中，若要同时考虑齿轮副、传动轴、轴承和箱体等建立整个齿轮结构的分析模型，较为方便的则是采用动态子结构综合法。采用动态子结构综合法主要是建立整个系统的分析模型，而模型的性质取决于齿轮副和齿轮-转子结构的耦合性质。

2.3.1　齿轮结构的扭转型分析模型

扭转型分析模型是仅考虑系统扭转振动的模型,在齿轮结构的动力学分析中，若不需考虑传动轴的横向、轴向以及支承系统的弹性变形，则可将系统简化成纯扭转的动力学系统，相应的分析模型称为**扭转型分析模型**，由于不存在扭转角位移自由度与横向线位移或轴向线位移自由度间的耦合关系，所以这种模型又称为**非耦合型模型**。

1. 齿轮副的扭转振动分析模型

当不考虑传动轴、支承轴承和箱体等弹性变形时，圆柱齿轮结构可以简化成为齿轮副的扭转振动系统。典型的一对齿轮副的扭转振动力学模型如图 2.3.1(a)所示。

设齿轮副的重合度为 1～2，则由图 2.3.1(a)可得到一对齿轮副的扭转振动的运动微分方程为

$$
\begin{aligned}
&I_p\ddot{\theta}_p + R_p c_m(R_p\dot{\theta}_p - R_g\dot{\theta}_g) - R_p c_1\dot{e}_1 - R_p c_2\dot{e}_2 + R_p k_m(R_p\theta_p - R_g\theta_g) \\
&-R_p k_1 e_1 - R_p k_2 e_2 = T_p \\
&I_g\ddot{\theta}_g + R_g c_m(R_g\dot{\theta}_g - R_p\dot{\theta}_p) + R_g c_1\dot{e}_1 + R_g c_2\dot{e}_2 + R_g k_m(R_g\theta_g - R_p\theta_p) \\
&+R_g k_1 e_1 + R_g k_2 e_2 = -T_g
\end{aligned}
\tag{2.3.1}
$$

式中，θ_p、θ_g分别为主、从动齿轮的扭转振动位移；$\dot{\theta}_p$、$\dot{\theta}_g$、$\ddot{\theta}_p$、$\ddot{\theta}_g$分别为主、从动齿轮的扭转振动速度和加速度；I_p、I_g分别为主、从动齿轮的转动惯量；R_p、R_g分别为主、从动齿轮的基圆半径；k_1、k_2分别为第 1、2 对轮齿的综合刚度；c_1、c_2分别为第 1、2 对轮齿的阻尼系数；k_m为齿轮副的啮合综合刚度；c_m为齿轮副的啮合阻尼；e_1、e_2分别为第 1、2 对轮齿的误差；T_p、T_g分别为作用在主、从动齿轮上的外载荷力矩。

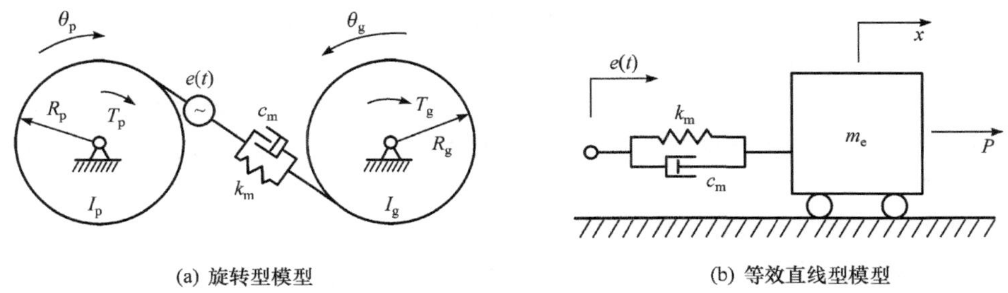

(a) 旋转型模型　　(b) 等效直线型模型

图 2.3.1　齿轮副的扭转动力学模型

设啮合线上两齿轮的相对位移 x 为

$$x = R_p\theta_p - R_g\theta_g \tag{2.3.2}$$

则式(2.3.1)可以表示为

$$m_e\ddot{x} + c_m\dot{x} + k_m x = P \tag{2.3.3}$$

式中，

$$m_e = \frac{I_p I_g}{I_p R_g^2 + I_g R_p^2}, \quad P = P_0 + c_1\dot{e}_1 + c_2\dot{e}_2 + k_1 e_1 + k_2 e_2 \tag{2.3.4}$$

其中，$P_0 = T_p / R_p = T_g / R_g$；$m_e$为等效质量；$P$ 为等效载荷。

式(2.3.3)的等效直线型模型如图 2.3.1(b)所示，为简化分析过程，将轮齿啮合综合误差表示为 $e(t)$，其由各轮齿误差 $e_1(t)$和 $e_2(t)$按照轮齿的实际啮合状态组成。由图 2.3.1(b)可以看出，啮合综合误差是齿轮结构的一种位移型动态激励。若式(2.3.3)略去动态项(惯性力项和阻尼力项)，则得到静传递误差为

$$x_s = \frac{P_0}{k_m} + \frac{k_1 e_1 + k_2 e_2}{k_m} \tag{2.3.5}$$

而齿轮间的动态啮合力 P_d 可表示为

$$P_d = c_m \dot{x} - c_1 \dot{e}_1 - c_2 \dot{e}_2 + k_m x - k_1 e_1 - k_2 e_2 \tag{2.3.6}$$

从而得到动传递误差 x(即动态位移)为

$$x = \frac{P}{k_m} + \frac{k_1 e_1 + k_2 e_2}{k_m} - \frac{c_m \dot{x}}{k_m} + \frac{c_1 \dot{e}_1 + c_2 \dot{e}_2}{k_m} \tag{2.3.7}$$

2. 齿轮-转子系统的扭转振动分析模型

在一对齿轮副纯扭转振动模型的基础上，考虑传动轴的扭转刚度、原动机(电动机等)和负载(执行机构)的转动惯量等，则形成齿轮-转子系统的扭转振动问题，其典型的动力学模型如图 2.3.2 所示。

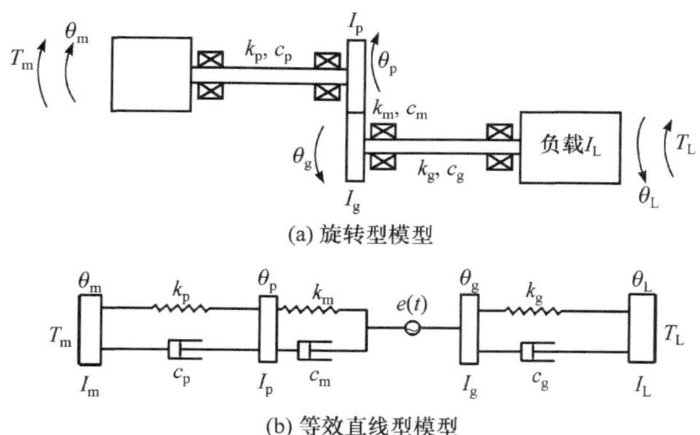

(a) 旋转型模型

(b) 等效直线型模型

图 2.3.2　齿轮-转子系统扭转振动分析模型

对于图 2.3.2 所示的动力学系统，不考虑传动轴的质量，将原动机、主/从动齿轮和负载分别处理成 4 个集中的转动惯量元件。因此，模型是四自由度扭转动力学系统，4 个自由度分别描述 4 个转动惯量元件的扭转振动位移 θ_m、θ_p、θ_g 和 θ_L，从而得到系统的运动微分方程为

$$\begin{aligned}
&I_m \ddot{\theta}_m + c_p(\dot{\theta}_m - \dot{\theta}_p) + k_p(\theta_m - \theta_p) = T_m \\
&I_p \ddot{\theta}_p + c_p(\dot{\theta}_p - \dot{\theta}_m) + k_p(\theta_p - \theta_m) + R_p P_d = 0 \\
&I_g \ddot{\theta}_g + c_g(\dot{\theta}_g - \dot{\theta}_L) + k_g(\theta_g - \theta_L) - R_g P_d = 0 \\
&I_L \ddot{\theta}_L + c_p(\dot{\theta}_L - \dot{\theta}_g) + k_g(\theta_L - \theta_g) = -T_L
\end{aligned} \tag{2.3.8}$$

式中，I_m、I_p、I_g、I_L 分别为 4 个质量元件的转动惯量；c_p、c_g 分别为主、从动连接轴的扭转阻尼；k_p、k_g 分别为主、从动连接轴的扭转刚度；T_m、T_L 分别为作用在原动机和负载上的扭矩；P_d 为轮齿的动态啮合力。

轮齿的动态啮合力 P_d 可表示为

$$P_d = c_m(R_p \dot{\theta}_p - R_g \dot{\theta}_g - \dot{e}) + k_m(R_p \theta_p - R_g \theta_g - e) \tag{2.3.9}$$

将式(2.3.9)代入式(2.3.8)，经整理可得齿轮-转子系统扭转振动的运动微分方程，写成矩阵形式为

$$\boldsymbol{m}\ddot{\boldsymbol{q}}+\boldsymbol{c}\dot{\boldsymbol{q}}+\boldsymbol{k}\boldsymbol{q}=\boldsymbol{P} \tag{2.3.10}$$

其中，

$$\boldsymbol{q}=\{\theta_{\mathrm{m}}\ \ \theta_{\mathrm{p}}\ \ \theta_{\mathrm{g}}\ \ \theta_{\mathrm{L}}\}^{\mathrm{T}},\quad \boldsymbol{m}=\begin{bmatrix} I_{\mathrm{m}} & 0 & 0 & 0\\ 0 & I_{\mathrm{p}} & 0 & 0\\ 0 & 0 & I_{\mathrm{g}} & 0\\ 0 & 0 & 0 & I_{\mathrm{L}} \end{bmatrix}$$

$$\boldsymbol{c}=\begin{bmatrix} c_{\mathrm{p}} & -c_{\mathrm{p}} & 0 & 0\\ -c_{\mathrm{p}} & c_{\mathrm{p}}+R_{\mathrm{p}}^2c_{\mathrm{m}} & -c_{\mathrm{m}}R_{\mathrm{p}}R_{\mathrm{g}} & 0\\ 0 & -c_{\mathrm{m}}R_{\mathrm{p}}R_{\mathrm{g}} & c_{\mathrm{g}}+c_{\mathrm{m}}R_{\mathrm{g}}^2 & -c_{\mathrm{g}}\\ 0 & 0 & -c_{\mathrm{g}} & c_{\mathrm{g}} \end{bmatrix} \tag{2.3.11}$$

$$\boldsymbol{k}=\begin{bmatrix} k_{\mathrm{p}} & -k_{\mathrm{p}} & 0 & 0\\ -k_{\mathrm{p}} & k_{\mathrm{p}}+k_{\mathrm{m}}R_{\mathrm{p}}^2 & -R_{\mathrm{p}}R_{\mathrm{g}}k_{\mathrm{m}} & 0\\ 0 & -k_{\mathrm{m}}R_{\mathrm{p}}R_{\mathrm{g}} & k_{\mathrm{g}}+k_{\mathrm{m}}R_{\mathrm{g}}^2 & -k_{\mathrm{g}}\\ 0 & 0 & -k_{\mathrm{g}} & k_{\mathrm{g}} \end{bmatrix},\quad \boldsymbol{P}=\begin{Bmatrix} T_{\mathrm{m}}\\ -c_{\mathrm{m}}R_{\mathrm{p}}\dot{e}-k_{\mathrm{m}}R_{\mathrm{p}}e\\ c_{\mathrm{m}}R_{\mathrm{g}}\dot{e}+k_{\mathrm{m}}R_{\mathrm{g}}e\\ -T_{\mathrm{L}} \end{Bmatrix}$$

式中，$\boldsymbol{q}$ 为振动位移列阵；$\boldsymbol{m}$、$\boldsymbol{c}$、$\boldsymbol{k}$ 分别为质量矩阵、阻尼矩阵、刚度矩阵；$\boldsymbol{P}$ 为载荷列阵。

3. 分析模型的主要参数

在齿轮结构分析模型中，主要参数包括几何参数、物理参数和外载荷参数三类。几何参数(如基圆半径等)在齿轮结构设计完成后即可完全确定；在物理参数中，有质量参数(质量和转动惯量)、刚度参数(轮齿刚度、传动轴的扭转刚度等)和阻尼参数(轮齿啮合阻尼和传动轴的扭转振动阻尼)。其中，质量和转动惯量在系统设计后即可计算求得；传动轴扭转刚度可以按材料力学方法计算；而轮齿啮合综合刚度的计算已在 2.2 节中详细讨论，并给出了分析理论和计算方法。下面首先给出传动轴的扭转振动阻尼和轮齿啮合阻尼的计算方法，然后讨论一种计算齿轮副外载荷的方法。

传动轴的扭转振动阻尼主要是材料阻力，图 2.3.2 中两传动轴的扭转振动阻尼可分别表示为

$$c_{\mathrm{p}}=2\xi_{\mathrm{s}}\sqrt{\frac{k_{\mathrm{p}}}{1/I_{\mathrm{m}}+1/I_{\mathrm{p}}}},\quad c_{\mathrm{g}}=2\xi_{\mathrm{s}}\sqrt{\frac{k_{\mathrm{g}}}{1/I_{\mathrm{g}}+1/I_{\mathrm{L}}}} \tag{2.3.12}$$

式中，ξ_s 为阻尼比，一般可取 0.005～0.075。

轮齿的啮合阻尼可表示为

$$c_m = 2\xi_g \sqrt{\frac{k_m R_p^2 R_g^2 I_p I_g}{R_p^2 I_p + R_g^2 I_g}} \tag{2.3.13}$$

式中，ξ_g 为轮齿啮合的阻尼比，一般可取 0.03～0.17。

当设计和分析齿轮结构时，输入、输出力矩等外载荷参数是已知的，但有时在分析中需要把一对齿轮副从整个系统中分离出来，则需要确定分离后齿轮副的外载荷力矩。

如图 2.3.3(a)所示的两级齿轮传动系统，若仅考虑扭转振动自由度，设已知系统的输入力矩 $T_1(t)$和输出力矩 $T_2(t)$分别为

$$T_1(t) = T_0 + T_{e1}\sin(\omega_{e1}t), \quad T_2(t) = -T_0 + T_{e2}\sin(\omega_{e2}t) \tag{2.3.14}$$

式中，T_0 为静力矩；T_{e1}、T_{e2} 为动力矩幅值。

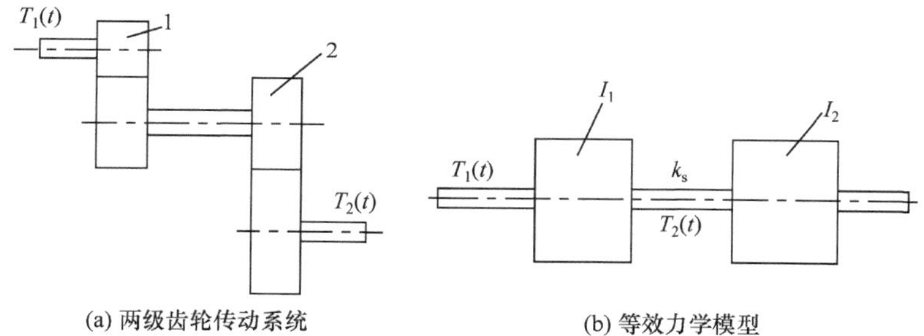

图 2.3.3　两级齿轮传动的力学模型

若将齿轮副 1 由系统中分离出来，则必须确定两对齿轮副间的力矩，即分离后齿轮副 1 的输出力矩 $T_s(t)$。

将两对齿轮副的轮齿均看成是刚性的，从而将结构简化为如图 2.3.3(b)所示的等效力学模型，其中 k_s 为两齿轮副间连接轴的扭转刚度，I_1 和 I_2 分别为两对齿轮副的等效转动惯量，相应的自然频率为

$$\omega_{n0} = \sqrt{\frac{k_s(I_1 + I_2)}{I_1 I_2}} \tag{2.3.15}$$

经推导，输出力矩 $T_s(t)$可表示为

$$T_s(t) = T_0 + \frac{k_s}{M\omega_{n0}^2}\left(1 + \frac{I_1}{I_2}\right)\left[\frac{T_{e1}\sin(\omega_{e1}t)}{1-(\omega_{e1}/\omega_{n0})^2} - \frac{I_1}{I_2}\frac{T_{e2}\sin(\omega_{e2}t)}{1-(\omega_{e2}/\omega_{n0})^2}\right] \tag{2.3.16}$$

式中，

$$M = I_1(1 + I_1/I_2) \tag{2.3.17}$$

2.3.2 齿轮结构的啮合耦合型分析模型

在齿轮结构的分析中，若需考虑齿轮副支承系统(包括传动轴、轴承和箱体等)的支承弹性的影响，则分析中除考虑扭转振动，还必须考虑其他的振动形式，如横向弯曲振动、轴向振动和扭摆振动等。在这种情况下，轮齿的相互啮合使各种形式的振动相互耦合，从而形成了齿轮动力学中独特的啮合耦合型振动。由于考虑了传动轴的弹性，齿轮结构在力学上可以处理成为一种具有啮合齿轮的齿轮-转子系统，这是因为齿轮轮体的偏心误差会产生离心力和附加惯性，还会引起各有关振动形式间的静力耦合和动力耦合。这种耦合是在转子(传动轴)旋转过程中产生的，所以一般称为**转子耦合型振动**。

1. 直齿圆柱齿轮副的啮合耦合振动分析模型

1) 不考虑齿面摩擦时的分析模型

在不考虑齿面摩擦的情况下，典型直齿圆柱齿轮副的啮合耦合振动分析模型如图 2.3.4 所示。由于不考虑传动轴等的具体振动形式，所以可将传动轴、轴承和箱体等的支承刚度和阻尼用组合等效值 k_{py}、k_{gy} 和 c_{py}、c_{gy} 来表示。

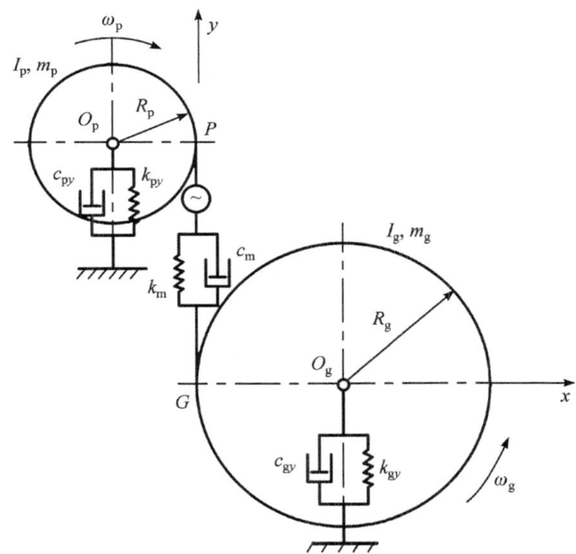

图 2.3.4　不考虑齿面摩擦的直齿圆柱齿轮副的啮合耦合振动分析模型

如图 2.3.4 所示的动力学模型是一个平面振动系统，由于不考虑齿面摩擦、轮齿的动态啮合力沿啮合线方向作用，所以模型具有 4 个自由度，分别为主、从动齿轮绕旋转中心的转动自由度和沿 y 方向的平移自由度，设这 4 个自由度的振动位移分别为 θ_p、θ_g、y_p、y_g，则系统的广义位移列阵可表示为

$$\boldsymbol{q}=\{y_{\rm p}\ \ \theta_{\rm p}\ \ y_{\rm g}\ \ \theta_{\rm g}\}^{\rm T} \tag{2.3.18}$$

若图 2.3.4 中 P 点和 G 点沿 y 方向的位移分别为 $\overline{y}_{\rm p}$、$\overline{y}_{\rm g}$，则该位移与系统振动位移间的关系可表示为

$$\overline{y}_{\rm p}=y_{\rm p}+R_{\rm p}\theta_{\rm p},\quad \overline{y}_{\rm g}=y_{\rm g}-R_{\rm g}\theta_{\rm g} \tag{2.3.19}$$

式中，$R_{\rm p}$、$R_{\rm g}$ 分别为主、从动齿轮的基圆半径。

啮合轮齿间的弹性啮合力 $F_{\rm k}$ 和黏性啮合力 $F_{\rm c}$ 可表示为

$$\begin{aligned}F_{\rm k}&=k_{\rm m}(\overline{y}_{\rm p}-\overline{y}_{\rm g}-e)=k_{\rm m}(y_{\rm p}+R_{\rm p}\theta_{\rm p}-y_{\rm g}+R_{\rm g}\theta_{\rm g}-e)\\F_{\rm c}&=c_{\rm m}(\dot{\overline{y}}_{\rm p}-\dot{\overline{y}}_{\rm g}-\dot{e})=c_{\rm m}(\dot{y}_{\rm p}+R_{\rm p}\dot{\theta}_{\rm p}-\dot{y}_{\rm g}+R_{\rm g}\dot{\theta}_{\rm g}-\dot{e})\end{aligned} \tag{2.3.20}$$

式中，$k_{\rm m}$ 和 $c_{\rm m}$ 分别为齿轮副啮合综合刚度和综合阻尼。

作用在主、从动齿轮上的轮齿动态啮合力 $F_{\rm p}$ 和 $F_{\rm g}$ 分别为

$$F_{\rm p}=F_{\rm k}+F_{\rm c},\quad F_{\rm g}=-F_{\rm p}=-(F_{\rm k}+F_{\rm c}) \tag{2.3.21}$$

式(2.3.20)是耦合的方程，转动自由度和平移自由度分别耦合在第一式的弹性啮合力方程和第二式的黏性啮合力方程中，这种现象称为具有弹性耦合和黏性耦合。由于这种耦合是由轮齿的相互啮合引起的，齿轮的扭转振动与平移振动相互影响，所以又称为**啮合型弯-扭耦合**。在一般情况下，由于阻尼力的影响较小，分析中常略去啮合耦合型振动中的黏性耦合。

根据上述分析，可得到结构的运动微分方程为

$$\begin{aligned}&m_{\rm p}\ddot{y}_{\rm p}+c_{{\rm p}y}\dot{y}_{\rm p}+k_{{\rm p}y}y_{\rm p}=-F_{\rm p},\quad I_{\rm p}\ddot{\theta}_{\rm p}=-F_{\rm p}R_{\rm p}-T_{\rm p}\\&m_{\rm g}\ddot{y}_{\rm g}+c_{{\rm g}y}\dot{y}_{\rm g}+k_{{\rm g}y}y_{\rm g}=-F_{\rm g}=F_{\rm p},\quad I_{\rm g}\ddot{\theta}_{\rm g}=-F_{\rm g}R_{\rm g}-T_{\rm g}=F_{\rm p}R_{\rm g}-T_{\rm p}\end{aligned} \tag{2.3.22}$$

将式(2.3.20)代入式(2.3.21)，再代入式(2.3.22)，得到结构的运动微分方程为

$$\begin{aligned}m_{\rm p}\ddot{y}_{\rm p}+c_{{\rm p}y}\dot{y}_{\rm p}+k_{{\rm p}y}y_{\rm p}&=-c_{\rm m}(\dot{y}_{\rm p}+R_{\rm p}\dot{\theta}_{\rm p}-\dot{y}_{\rm p}+R_{\rm g}\dot{\theta}_{\rm g}-\dot{e})\\&\quad-k_{\rm m}(y_{\rm p}+R_{\rm p}\theta_{\rm p}-y_{\rm g}+R_{\rm g}\theta_{\rm g}-e)\\I_{\rm p}\ddot{\theta}_{\rm p}&=-[c_{\rm m}(\dot{y}_{\rm p}+R_{\rm p}\dot{\theta}_{\rm p}-\dot{y}_{\rm p}+R_{\rm g}\dot{\theta}_{\rm g}-\dot{e})+k_{\rm m}(y_{\rm p}+R_{\rm p}\theta_{\rm p}-y_{\rm g}+R_{\rm g}\theta_{\rm g}-e)]R_{\rm p}-T_{\rm p}\\m_{\rm g}\ddot{y}_{\rm g}+c_{{\rm g}y}\dot{y}_{\rm g}+k_{{\rm g}y}y_{\rm g}&=c_{\rm m}(\dot{y}_{\rm p}+R_{\rm p}\dot{\theta}_{\rm p}-\dot{y}_{\rm p}+R_{\rm g}\dot{\theta}_{\rm g}-\dot{e})\\&\quad+k_{\rm m}(y_{\rm p}+R_{\rm p}\theta_{\rm p}-y_{\rm g}+R_{\rm g}\theta_{\rm g}-e)\\I_{\rm g}\ddot{\theta}_{\rm g}&=[c_{\rm m}(\dot{y}_{\rm p}+R_{\rm p}\dot{\theta}_{\rm p}-\dot{y}_{\rm p}+R_{\rm g}\dot{\theta}_{\rm g}-\dot{e})+k_{\rm m}(y_{\rm p}+R_{\rm p}\theta_{\rm p}-y_{\rm g}+R_{\rm g}\theta_{\rm g}-e)]R_{\rm p}-T_{\rm p}\end{aligned} \tag{2.3.23}$$

式中，m_i、$I_i\,(i={\rm p, g})$分别为主、从动齿轮的质量和转动惯量；$c_{{\rm p}y}$、$c_{{\rm g}y}$ 分别为主、从动齿轮平移振动阻尼；$k_{{\rm p}y}$、$k_{{\rm g}y}$ 分别为主、从动齿轮平移振动刚度。

式(2.3.23)写成矩阵形式为

$$\boldsymbol{m}\ddot{\boldsymbol{q}}+\boldsymbol{c}\dot{\boldsymbol{q}}+\boldsymbol{k}\boldsymbol{q}=\boldsymbol{P} \tag{2.3.24}$$

式中，

$$\boldsymbol{m}=\begin{bmatrix} m_{\mathrm{p}} & 0 & 0 & 0 \\ 0 & I_{\mathrm{p}} & 0 & 0 \\ 0 & 0 & m_{\mathrm{g}} & 0 \\ 0 & 0 & 0 & I_{\mathrm{g}} \end{bmatrix},\quad \boldsymbol{c}=\begin{bmatrix} c_{\mathrm{p}y}+c_{\mathrm{m}} & c_{\mathrm{m}}R_{\mathrm{p}} & -c_{\mathrm{m}} & c_{\mathrm{m}}R_{\mathrm{g}} \\ c_{\mathrm{m}}R_{\mathrm{p}} & c_{\mathrm{m}}R_{\mathrm{p}}^2 & -c_{\mathrm{m}}R_{\mathrm{p}} & c_{\mathrm{m}}R_{\mathrm{g}}R_{\mathrm{p}} \\ -c_{\mathrm{m}} & -c_{\mathrm{m}}R_{\mathrm{p}} & c_{\mathrm{m}}+c_{\mathrm{g}y} & -c_{\mathrm{m}}R_{\mathrm{g}} \\ -c_{\mathrm{m}}R_{\mathrm{g}} & -c_{\mathrm{m}}R_{\mathrm{p}}R_{\mathrm{g}} & c_{\mathrm{m}}R_{\mathrm{g}} & -c_{\mathrm{m}}R_{\mathrm{g}}^2 \end{bmatrix}$$

$$\boldsymbol{k}=\begin{bmatrix} k_{\mathrm{p}y}+k_{\mathrm{m}} & k_{\mathrm{m}}R_{\mathrm{p}} & -k_{\mathrm{m}} & k_{\mathrm{m}}R_{\mathrm{g}} \\ k_{\mathrm{m}}R_{\mathrm{p}} & k_{\mathrm{m}}R_{\mathrm{p}}^2 & -k_{\mathrm{m}}R_{\mathrm{p}} & k_{\mathrm{m}}R_{\mathrm{g}}R_{\mathrm{p}} \\ -ck_{\mathrm{m}} & -k_{\mathrm{m}}R_{\mathrm{p}} & k_{\mathrm{m}}+k_{\mathrm{g}y} & -k_{\mathrm{m}}R_{\mathrm{g}} \\ -k_{\mathrm{m}}R_{\mathrm{g}} & -k_{\mathrm{m}}R_{\mathrm{p}}R_{\mathrm{g}} & k_{\mathrm{m}}R_{\mathrm{g}} & -k_{\mathrm{m}}R_{\mathrm{g}}^2 \end{bmatrix},\quad \boldsymbol{P}=\begin{Bmatrix} c_{\mathrm{m}}\dot{e}+k_{\mathrm{m}}e \\ c_{\mathrm{m}}\dot{e}R_{\mathrm{p}}+k_{\mathrm{m}}eR_{\mathrm{p}}-T_{\mathrm{p}} \\ -c_{\mathrm{m}}\dot{e}-k_{\mathrm{m}}e \\ c_{\mathrm{m}}\dot{e}R_{\mathrm{g}}-k_{\mathrm{m}}eR_{\mathrm{g}}-T_{\mathrm{g}} \end{Bmatrix} \tag{2.3.25}$$

2) 考虑齿面摩擦时的分析模型

当考虑齿面摩擦的影响时，还必须考虑齿轮在垂直于啮合线方向的平移自由度，相应的结构动力学模型如图 2.3.5 所示。系统为 6 自由度的平面振动系统，其中 4 个平移自由度和 2 个转动自由度，系统的广义位移列阵可表示为

$$\boldsymbol{q}=\{x_{\mathrm{p}}\quad y_{\mathrm{p}}\quad \theta_{\mathrm{p}}\quad x_{\mathrm{g}}\quad y_{\mathrm{g}}\quad \theta_{\mathrm{g}}\}^{\mathrm{T}} \tag{2.3.26}$$

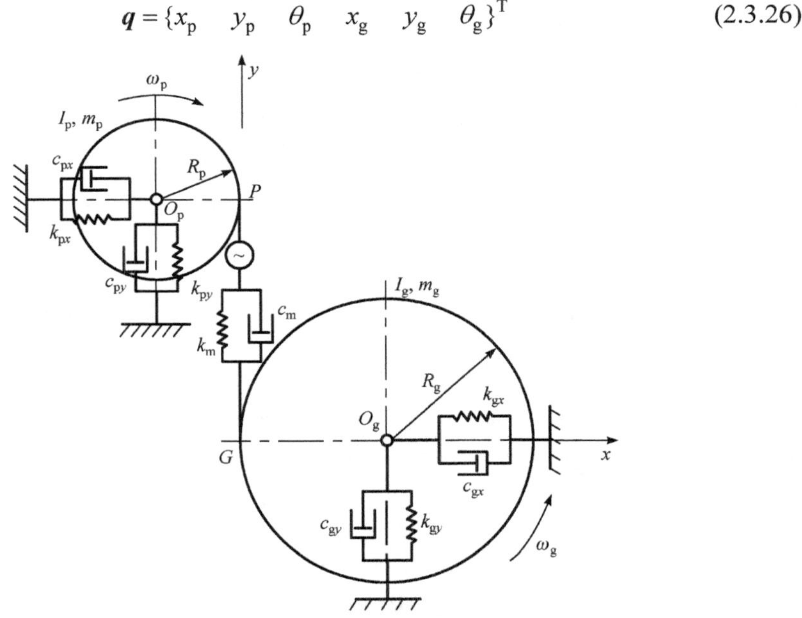

图 2.3.5　考虑摩擦的直齿圆柱齿轮副的啮合耦合振动分析模型

与不考虑齿面摩擦时的情况类似，轮齿的动态啮合力可以表示为

$$F_{\mathrm{p}}=k_{\mathrm{m}}(y_{\mathrm{p}}+R_{\mathrm{p}}\theta_{\mathrm{p}}-y_{\mathrm{g}}+R_{\mathrm{g}}\theta_{\mathrm{g}}-e)+c_{\mathrm{m}}(\dot{y}_{\mathrm{p}}+R_{\mathrm{p}}\dot{\theta}_{\mathrm{p}}-\dot{y}_{\mathrm{g}}+R_{\mathrm{g}}\dot{\theta}_{\mathrm{g}}-\dot{e}) \tag{2.3.27}$$

齿面摩擦力可近似表示为

$$F_{\mathrm{f}}=\lambda f F_{\mathrm{p}} \tag{2.3.28}$$

式中，f 为等效摩擦系数；λ 为轮齿摩擦力方向系数；F_{f} 沿 x 正方向时取为“+1”，反之取为“−1”。

因此，得到考虑摩擦时结构的运动微分方程为

$$\begin{aligned}
&m_{\mathrm{p}}\ddot{x}_{\mathrm{p}}+c_{\mathrm{p}x}\dot{x}_{\mathrm{p}}+k_{\mathrm{p}x}x_{\mathrm{p}}=F_{\mathrm{f}},\quad m_{\mathrm{p}}\ddot{y}_{\mathrm{p}}+c_{\mathrm{p}y}\dot{y}_{\mathrm{p}}+k_{\mathrm{p}y}y_{\mathrm{p}}=-F_{\mathrm{p}}\\
&I_{\mathrm{p}}\ddot{\theta}_{\mathrm{p}}=-F_{\mathrm{p}}R_{\mathrm{p}}-T_{\mathrm{p}}+F_{\mathrm{f}}(R_{\mathrm{p}}\tan\beta-H),\quad m_{\mathrm{g}}\ddot{x}_{\mathrm{g}}+c_{\mathrm{g}x}\dot{x}_{\mathrm{g}}+k_{\mathrm{g}x}x_{\mathrm{g}}=-F_{\mathrm{f}}\\
&m_{\mathrm{g}}\ddot{y}_{\mathrm{g}}+c_{\mathrm{g}y}\dot{y}_{\mathrm{g}}+k_{\mathrm{g}y}y_{\mathrm{g}}=F_{\mathrm{p}},\quad I_{\mathrm{g}}\ddot{\theta}_{\mathrm{g}}=-F_{\mathrm{p}}R_{\mathrm{g}}-T_{\mathrm{g}}+F_{\mathrm{f}}(R_{\mathrm{g}}\tan\beta+H)
\end{aligned} \tag{2.3.29}$$

将式(2.3.27)和式(2.3.28)代入式(2.3.29)，得到

$$\begin{aligned}
&m_{\mathrm{p}}\ddot{x}_{\mathrm{p}}+c_{\mathrm{p}x}\dot{x}_{\mathrm{p}}+k_{\mathrm{p}x}x_{\mathrm{p}}=\lambda f[k_{\mathrm{m}}(y_{\mathrm{p}}+R_{\mathrm{p}}\theta_{\mathrm{p}}-y_{\mathrm{g}}+R_{\mathrm{g}}\theta_{\mathrm{g}}-e)\\
&\qquad\qquad+c_{\mathrm{m}}(\dot{y}_{\mathrm{p}}+R_{\mathrm{p}}\dot{\theta}_{\mathrm{p}}-\dot{y}_{\mathrm{g}}+R_{\mathrm{g}}\dot{\theta}_{\mathrm{g}}-\dot{e})]\\
&m_{\mathrm{p}}\ddot{y}_{\mathrm{p}}+c_{\mathrm{p}y}\dot{y}_{\mathrm{p}}+k_{\mathrm{p}y}y_{\mathrm{p}}=-[k_{\mathrm{m}}(y_{\mathrm{p}}+R_{\mathrm{p}}\theta_{\mathrm{p}}-y_{\mathrm{g}}+R_{\mathrm{g}}\theta_{\mathrm{g}}-e)\\
&\qquad\qquad+c_{\mathrm{m}}(\dot{y}_{\mathrm{p}}+R_{\mathrm{p}}\dot{\theta}_{\mathrm{p}}-\dot{y}_{\mathrm{g}}+R_{\mathrm{g}}\dot{\theta}_{\mathrm{g}}-\dot{e})]\\
&I_{\mathrm{p}}\ddot{\theta}_{\mathrm{p}}=-R_{\mathrm{p}}[k_{\mathrm{m}}(y_{\mathrm{p}}+R_{\mathrm{p}}\theta_{\mathrm{p}}-y_{\mathrm{g}}+R_{\mathrm{g}}\theta_{\mathrm{g}}-e)+c_{\mathrm{m}}(\dot{y}_{\mathrm{p}}+R_{\mathrm{p}}\dot{\theta}_{\mathrm{p}}-\dot{y}_{\mathrm{g}}+R_{\mathrm{g}}\dot{\theta}_{\mathrm{g}}-\dot{e})]\\
&\qquad+\lambda f(R_{\mathrm{g}}\tan\beta-H)[k_{\mathrm{m}}(y_{\mathrm{p}}+R_{\mathrm{p}}\theta_{\mathrm{p}}-y_{\mathrm{g}}+R_{\mathrm{g}}\theta_{\mathrm{g}}-e)\\
&\qquad+c_{\mathrm{m}}(\dot{y}_{\mathrm{p}}+R_{\mathrm{p}}\dot{\theta}_{\mathrm{p}}-\dot{y}_{\mathrm{g}}+R_{\mathrm{g}}\dot{\theta}_{\mathrm{g}}-\dot{e})]-T_{\mathrm{p}}\\
&m_{\mathrm{g}}\ddot{x}_{\mathrm{g}}+c_{\mathrm{g}x}\dot{x}_{\mathrm{g}}+k_{\mathrm{g}x}x_{\mathrm{g}}=-\lambda f[k_{\mathrm{m}}(y_{\mathrm{p}}+R_{\mathrm{p}}\theta_{\mathrm{p}}-y_{\mathrm{g}}+R_{\mathrm{g}}\theta_{\mathrm{g}}-e)\\
&\qquad\qquad+c_{\mathrm{m}}(\dot{y}_{\mathrm{p}}+R_{\mathrm{p}}\dot{\theta}_{\mathrm{p}}-\dot{y}_{\mathrm{g}}+R_{\mathrm{g}}\dot{\theta}_{\mathrm{g}}-\dot{e})]\\
&m_{\mathrm{g}}\dot{y}_{\mathrm{g}}+c_{\mathrm{g}y}\dot{y}_{\mathrm{g}}+k_{\mathrm{g}y}y_{\mathrm{g}}=k_{\mathrm{m}}(y_{\mathrm{p}}+R_{\mathrm{p}}\theta_{\mathrm{p}}-y_{\mathrm{g}}+R_{\mathrm{g}}\theta_{\mathrm{g}}-e)\\
&\qquad\qquad+c_{\mathrm{m}}(\dot{y}_{\mathrm{p}}+R_{\mathrm{p}}\dot{\theta}_{\mathrm{p}}-\dot{y}_{\mathrm{g}}+R_{\mathrm{g}}\dot{\theta}_{\mathrm{g}}-\dot{e})\\
&I_{\mathrm{g}}\ddot{\theta}_{\mathrm{g}}=-R_{\mathrm{g}}[k_{\mathrm{m}}(y_{\mathrm{p}}+R_{\mathrm{p}}\theta_{\mathrm{p}}-y_{\mathrm{g}}+R_{\mathrm{g}}\theta_{\mathrm{g}}-e)+c_{\mathrm{m}}(\dot{y}_{\mathrm{p}}+R_{\mathrm{p}}\dot{\theta}_{\mathrm{p}}-\dot{y}_{\mathrm{g}}+R_{\mathrm{g}}\dot{\theta}_{\mathrm{g}}-\dot{e})]\\
&\qquad+\lambda f(R_{\mathrm{g}}\tan\beta+H)\cdot[k_{\mathrm{m}}(y_{\mathrm{p}}+R_{\mathrm{p}}\theta_{\mathrm{p}}-y_{\mathrm{g}}+R_{\mathrm{g}}\theta_{\mathrm{g}}-e)\\
&\qquad+c_{\mathrm{m}}(\dot{y}_{\mathrm{p}}+R_{\mathrm{p}}\dot{\theta}_{\mathrm{p}}-\dot{y}_{\mathrm{g}}+R_{\mathrm{g}}\dot{\theta}_{\mathrm{g}}-\dot{e})]-T_{\mathrm{g}}
\end{aligned} \tag{2.3.30}$$

式(2.3.30)可以写成式(2.3.24)所示的矩阵形式，其中，各矩阵为

$$\boldsymbol{m}=\begin{bmatrix}
m_{\mathrm{p}} & 0 & 0 & 0 & 0 & 0\\
0 & m_{\mathrm{p}} & 0 & 0 & 0 & 0\\
0 & 0 & I_{\mathrm{p}} & 0 & 0 & 0\\
0 & 0 & 0 & m_{\mathrm{g}} & 0 & 0\\
0 & 0 & 0 & 0 & m_{\mathrm{g}} & 0\\
0 & 0 & 0 & 0 & 0 & I_{\mathrm{g}}
\end{bmatrix}$$

$$
\boldsymbol{c}=\begin{bmatrix}
c_{px} & -\lambda f c_{m} & -\lambda f c_{m} R_{p} & 0 & \lambda f c_{m} & -\lambda f c_{m} R_{g} \\
0 & c_{py}+c_{m} & c_{m} R_{p} & 0 & -c_{m} & c_{m} R_{g} \\
0 & c_{m}(R_{p}-\bar{R}_{p}) & c_{m} R_{p}(R_{p}-\bar{R}_{p}) & 0 & -c_{m}(R_{p}-\bar{R}_{p}) & c_{m} R_{g}(R_{p}-\bar{R}_{p}) \\
0 & \lambda f c_{m} & \lambda f c_{m} R_{p} & c_{gx} & -\lambda f c_{m} & \lambda f c_{m} R_{g} \\
0 & -c_{m} & -c_{m} R_{p} & 0 & c_{gy}+c_{m} & -c_{m} R_{g} \\
0 & c_{m}(R_{g}-\bar{R}_{g}) & c_{m} R_{p}(R_{g}-\bar{R}_{g}) & 0 & -c_{m}(R_{g}-\bar{R}_{g}) & c_{m} R_{g}(R_{p}-\bar{R}_{p})
\end{bmatrix}
$$

$$
\boldsymbol{k}=\begin{bmatrix}
k_{px} & -\lambda f k_{m} & -\lambda f k_{m} R_{p} & 0 & \lambda f k_{m} & -\lambda f k_{m} R_{g} \\
0 & k_{py}+k_{m} & k_{m} R_{p} & 0 & -k_{m} & k_{m} R_{g} \\
0 & k_{m}(R_{p}-\bar{R}_{p}) & k_{m} R_{p}(R_{p}-\bar{R}_{p}) & 0 & -k_{m}(R_{p}-\bar{R}_{p}) & k_{m} R_{g}(R_{p}-\bar{R}_{p}) \\
0 & \lambda f k_{m} & \lambda f k_{m} R_{p} & k_{gx} & -\lambda f k_{m} & \lambda f k_{m} R_{g} \\
0 & -k_{m} & -k_{m} R_{p} & 0 & k_{gy}+k_{m} & -k_{m} R_{g} \\
0 & k_{m}(R_{g}-\bar{R}_{g}) & k_{m} R_{p}(R_{g}-\bar{R}_{g}) & 0 & -k_{m}(R_{g}-\bar{R}_{g}) & k_{m} R_{g}(R_{p}-\bar{R}_{p})
\end{bmatrix}
$$

$$
\boldsymbol{P}=\begin{Bmatrix}
-\lambda f e k_{m}-\lambda f \dot{e} c_{m} \\
k_{m} e+c_{m} \dot{e} \\
R_{p} k_{m} e+R_{p} c_{m} \dot{e}-\bar{R}_{p} e k_{m}-\bar{R}_{c} c_{m} \dot{e}-T_{g} \\
\lambda f k_{m} e+\lambda f c_{m} \dot{e} \\
-k_{m} e-c_{m} \dot{e} \\
R_{g} k_{m} e+R_{g} c_{m} \dot{e}-\bar{R}_{g} e k_{m}-\bar{R}_{g} \dot{e} c_{m}-T_{g}
\end{Bmatrix}
\tag{2.3.31}
$$

其中，

$$
\bar{R}_{p}=\lambda f(R_{p}\tan\beta-H), \quad \bar{R}_{g}=\lambda f(R_{g}\tan\beta+H) \tag{2.3.32}
$$

式中，β 为啮合角；H 为啮合点至结点间的距离。齿轮间的几何关系如图 2.3.6 所示。

2. 斜齿圆柱齿轮副的弯-扭-轴耦合振动分析模型

在斜齿圆柱齿轮传动中，由于轮齿的啮合会产生轴向的动态啮合分力，所以除具有扭转振动和横向振动外，还会引起轴向振动，从而形成齿轮结构的啮合型弯-扭-轴耦合振动。一对斜齿圆柱齿轮副弯-扭-轴耦合振动分析模型如图 2.3.7 所示，此模型是一个三维的振动系统。

设主动齿轮的螺旋角为右旋，螺旋角为β，则啮合点横向振动与轴向振动间的关系可表示为

$$z = y\tan\beta \tag{2.3.33}$$

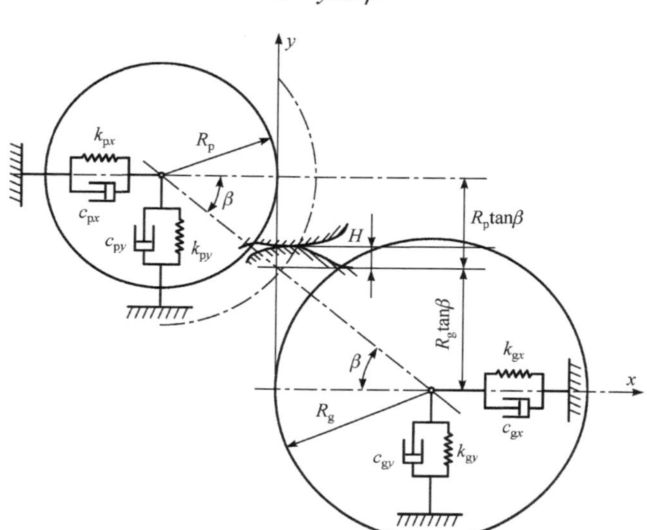

图 2.3.6　齿轮间的几何关系

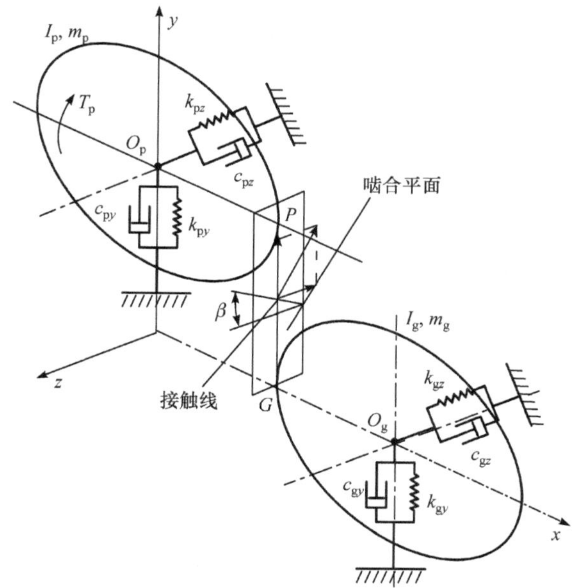

图 2.3.7　斜齿圆柱齿轮副弯-扭-轴耦合振动分析模型

为简化分析过程，不考虑齿面摩擦，系统为 6 自由度系统，系统的广义位移列阵 $\boldsymbol{q}$ 可表示为

$$\boldsymbol{q}=[y_{\mathrm{p}}\ z_{\mathrm{p}}\ \theta_{\mathrm{p}}\ y_{\mathrm{g}}\ z_{\mathrm{g}}\ \theta_{\mathrm{g}}]^{\mathrm{T}} \tag{2.3.34}$$

式中，y_i、z_i、$\theta_i(i=\mathrm{p}, \mathrm{g})$分别为主、从动齿轮中心点 O_{p} 和 O_{g} 在 y 向、z 向的平移振动位移和转角振动位移。P 点的振动位移与主动齿轮广义位移间的关系为

$$\overline{y}_{\mathrm{p}}=y_{\mathrm{p}}+\theta_{\mathrm{p}}R_{\mathrm{p}},\quad \overline{z}_{\mathrm{p}}=z_{\mathrm{p}}-\overline{y}_{\mathrm{p}}\tan\beta=z_{\mathrm{p}}-(y_{\mathrm{p}}+\theta_{\mathrm{p}}R_{\mathrm{p}})\tan\beta \tag{2.3.35}$$

G 点的振动位移与从动齿轮广义位移间的关系为

$$\overline{y}_{\mathrm{g}}=y_{\mathrm{g}}-\theta_{\mathrm{g}}R_{\mathrm{g}},\quad \overline{z}_{\mathrm{g}}=z_{\mathrm{g}}-\overline{y}_{\mathrm{g}}\tan\beta=z_{\mathrm{g}}-(y_{\mathrm{g}}-\theta_{\mathrm{g}}R_{\mathrm{g}})\tan\beta \tag{2.3.36}$$

若已知轮齿啮合的法向刚度 k_{m}、法向阻尼 c_{m} 和法向啮合误差 e，则有

$$\begin{aligned}&k_{\mathrm{m}z}=k_{\mathrm{m}}\sin\beta,\quad k_{\mathrm{m}y}=k_{\mathrm{m}}\cos\beta,\quad c_{\mathrm{m}z}=c_{\mathrm{m}}\sin\beta\\&c_{\mathrm{m}y}=c_{\mathrm{m}}\cos\beta,\quad e_x=e\sin\beta,\quad e_y=e\cos\beta\end{aligned} \tag{2.3.37}$$

切向动态啮合力 F_y 和轴向动态啮合力 F_z 分别为

$$\begin{aligned}F_y&=k_{\mathrm{m}y}(\overline{y}_{\mathrm{p}}-\overline{y}_{\mathrm{g}}-e_y)+c_{\mathrm{m}y}(\dot{\overline{y}}_{\mathrm{p}}-\dot{\overline{y}}_{\mathrm{g}}-\dot{e}_y)\\&=\cos\beta[k_{\mathrm{m}}(y_{\mathrm{p}}+\theta_{\mathrm{p}}R_{\mathrm{p}}-y_{\mathrm{g}}+\theta_{\mathrm{g}}R_{\mathrm{g}}-e_y)+c_{\mathrm{m}}(\dot{y}_{\mathrm{p}}+R_{\mathrm{p}}\dot{\theta}_{\mathrm{p}}-\dot{y}_{\mathrm{g}}+R_{\mathrm{g}}\dot{\theta}_{\mathrm{g}}-\dot{e}_y)]\end{aligned} \tag{2.3.38}$$

$$\begin{aligned}F_z&=k_{\mathrm{m}z}(\overline{z}_{\mathrm{p}}-\overline{z}_{\mathrm{g}}-e_z)+c_{\mathrm{m}z}(\dot{\overline{z}}_{\mathrm{p}}-\dot{\overline{z}}_{\mathrm{g}}-\dot{e}_z)\\&=\sin\beta\{k_{\mathrm{m}}[z_{\mathrm{p}}-\tan\beta(y_{\mathrm{p}}+\theta_{\mathrm{p}}R_{\mathrm{p}})-z_{\mathrm{g}}+\tan\beta(y_{\mathrm{g}}-\theta_{\mathrm{g}}R_{\mathrm{g}})-e_x]\\&\quad+c_{\mathrm{m}}[\dot{z}_{\mathrm{p}}-\tan\beta(\dot{y}_{\mathrm{p}}+R_{\mathrm{p}}\dot{\theta}_{\mathrm{p}})-\dot{z}_{\mathrm{g}}+\tan\beta(\dot{y}_{\mathrm{g}}-R_{\mathrm{g}}\dot{\theta}_{\mathrm{g}})-\dot{e}_x]\}\end{aligned} \tag{2.3.39}$$

对图 2.3.7 所示的模型，可得到运动微分方程为

$$\begin{aligned}&m_{\mathrm{p}}\ddot{y}_{\mathrm{p}}+c_{\mathrm{p}y}\dot{y}_{\mathrm{p}}+k_{\mathrm{p}y}y_{\mathrm{p}}=-F_y,\quad m_{\mathrm{p}}\ddot{z}_{\mathrm{p}}+c_{\mathrm{p}z}\dot{z}_{\mathrm{p}}+k_{\mathrm{p}z}z_{\mathrm{p}}=F_z,\quad I_{\mathrm{p}}\ddot{\theta}_{\mathrm{p}}=-T_{\mathrm{p}}-F_yR_{\mathrm{p}}\\&m_{\mathrm{g}}\ddot{y}_{\mathrm{g}}+c_{\mathrm{g}y}\dot{y}_{\mathrm{g}}+k_{\mathrm{g}y}y_{\mathrm{g}}=F_y,\quad m_{\mathrm{g}}\ddot{z}_{\mathrm{g}}+c_{\mathrm{g}z}\dot{z}_{\mathrm{g}}+k_{\mathrm{g}z}z_{\mathrm{g}}=-F_z,\quad I_{\mathrm{g}}\ddot{\theta}_{\mathrm{g}}=-T_{\mathrm{g}}-F_yR_{\mathrm{g}}\end{aligned} \tag{2.3.40}$$

将式(2.3.38)和式(2.3.39)代入式(2.3.40)，得到系统的运动微分方程为

$$\begin{aligned}&m_{\mathrm{p}}\ddot{y}_{\mathrm{p}}+c_{\mathrm{p}y}\dot{y}_{\mathrm{p}}+c_{\mathrm{m}}\cos\beta(\dot{y}_{\mathrm{p}}+R_{\mathrm{p}}\dot{\theta}_{\mathrm{p}}-\dot{y}_{\mathrm{g}}+R_{\mathrm{g}}\dot{\theta}_{\mathrm{g}})+k_{\mathrm{p}y}y_{\mathrm{p}}+k_{\mathrm{m}}\cos\beta(y_{\mathrm{p}}+R_{\mathrm{p}}\theta_{\mathrm{p}}\\&\qquad-y_{\mathrm{g}}+R_{\mathrm{g}}\theta_{\mathrm{g}})=\cos\beta(c_{\mathrm{m}}\dot{e}_y+k_{\mathrm{m}}e_y)\\&m_{\mathrm{p}}\ddot{z}_{\mathrm{p}}+c_{\mathrm{p}z}\dot{z}_{\mathrm{p}}-c_{\mathrm{m}}\sin\beta[\dot{z}_{\mathrm{p}}-\tan\beta(\dot{y}_{\mathrm{p}}+R_{\mathrm{p}}\dot{\theta}_{\mathrm{p}})-\dot{z}_{\mathrm{g}}+\tan\beta(\dot{y}_{\mathrm{g}}-R_{\mathrm{g}}\dot{\theta}_{\mathrm{g}})]+k_{\mathrm{p}z}z_{\mathrm{p}}\\&\qquad-k_{\mathrm{m}}\sin\beta[z_{\mathrm{p}}-\tan\beta(y_{\mathrm{p}}+\theta_{\mathrm{p}}R_{\mathrm{p}})-z_{\mathrm{g}}+\tan\beta(y_{\mathrm{g}}-R_{\mathrm{g}}\theta_{\mathrm{g}})]=(c_{\mathrm{m}}\dot{e}_z+k_{\mathrm{m}}e_z)\sin\beta\\&I_{\mathrm{p}}\ddot{\theta}_{\mathrm{p}}+R_{\mathrm{p}}\cos\beta[c_{\mathrm{m}}(\dot{y}_{\mathrm{p}}+R_{\mathrm{p}}\dot{\theta}_{\mathrm{p}}-\dot{y}_{\mathrm{g}}+R_{\mathrm{g}}\dot{\theta}_{\mathrm{g}})]+R_{\mathrm{p}}k_{\mathrm{m}}\cos\beta(y_{\mathrm{p}}+R_{\mathrm{p}}\theta_{\mathrm{p}}-\dot{y}_{\mathrm{g}}+R_{\mathrm{g}}\dot{\theta}_{\mathrm{g}})\\&\qquad=-T_{\mathrm{p}}+R_{\mathrm{p}}(c_{\mathrm{m}}\dot{e}_y+k_{\mathrm{m}}e_y)\cos\beta\\&m_{\mathrm{g}}\ddot{y}_{\mathrm{g}}+c_{\mathrm{g}y}\dot{y}_{\mathrm{g}}-c_{\mathrm{m}}\cos\beta(\dot{y}_{\mathrm{p}}+R_{\mathrm{p}}\dot{\theta}_{\mathrm{p}}-\dot{y}_{\mathrm{g}}+R_{\mathrm{g}}\dot{\theta}_{\mathrm{g}})+k_{\mathrm{g}y}y_{\mathrm{g}}-k_{\mathrm{m}}\cos\beta(y_{\mathrm{p}}+R_{\mathrm{p}}\theta_{\mathrm{p}}-y_{\mathrm{g}}\\&\qquad+R_{\mathrm{g}}\theta_{\mathrm{g}})=-(k_{\mathrm{m}}e_y+c_{\mathrm{m}}\dot{e}_y)\cos\beta\\&m_{\mathrm{g}}\ddot{z}_{\mathrm{g}}+c_{\mathrm{g}z}\dot{z}_{\mathrm{g}}+c_{\mathrm{m}}\sin\beta[\dot{z}_{\mathrm{p}}-\tan\beta(\dot{y}_{\mathrm{p}}+R_{\mathrm{p}}\dot{\theta}_{\mathrm{p}})-\dot{z}_{\mathrm{g}}+\tan\beta(\dot{y}_{\mathrm{g}}-R_{\mathrm{g}}\dot{\theta}_{\mathrm{g}})]+k_{\mathrm{g}z}z_{\mathrm{g}}\\&\qquad+k_{\mathrm{m}}\sin\beta[z_{\mathrm{p}}-\tan\beta(y_{\mathrm{p}}+R_{\mathrm{p}}\theta_{\mathrm{p}})-z_{\mathrm{g}}+\tan\beta(y_{\mathrm{g}}-R_{\mathrm{g}}\theta_{\mathrm{g}})]\\&\qquad=(k_{\mathrm{m}}e_z+c_{\mathrm{m}}\dot{e}_z)\sin\beta\end{aligned}$$

$$
\begin{aligned}
& I_{\mathrm{g}}\ddot{\theta}_{\mathrm{g}} + R_{\mathrm{g}}\cos\beta[k_{\mathrm{m}}(y_{\mathrm{p}} + R_{\mathrm{p}}\theta_{\mathrm{p}} - y_{\mathrm{g}} + R_{\mathrm{g}}\theta_{\mathrm{g}}) + c_{\mathrm{m}}(\dot{y}_{\mathrm{p}} + R_{\mathrm{p}}\dot{\theta}_{\mathrm{p}} - \dot{y}_{\mathrm{g}} + R_{\mathrm{g}}\dot{\theta}_{\mathrm{g}})] \\
& \quad = -T_{\mathrm{g}} + R_{\mathrm{g}}(k_{\mathrm{m}}e_y + c_{\mathrm{m}}\dot{e}_y)\cos\beta
\end{aligned}
\tag{2.3.41}
$$

式(2.3.41)可以写成式(2.3.24)所示的矩阵形式，其中各矩阵为

$$
\boldsymbol{m} = \begin{bmatrix} m_{\mathrm{p}} & 0 & 0 & 0 & 0 & 0 \\ 0 & m_{\mathrm{p}} & 0 & 0 & 0 & 0 \\ 0 & 0 & I_{\mathrm{p}} & 0 & 0 & 0 \\ 0 & 0 & 0 & m_{\mathrm{g}} & 0 & 0 \\ 0 & 0 & 0 & 0 & m_{\mathrm{g}} & 0 \\ 0 & 0 & 0 & 0 & 0 & I_{\mathrm{g}} \end{bmatrix}, \quad
\boldsymbol{P} = \begin{Bmatrix} \cos\beta(c_{\mathrm{m}}\dot{e}_y + k_{\mathrm{m}}e_y) \\ \sin\beta(c_{\mathrm{m}}\dot{e}_z + k_{\mathrm{m}}e_z) \\ -T_{\mathrm{p}} + R_{\mathrm{p}}\cos\beta(c_{\mathrm{m}}\dot{e}_y + k_{\mathrm{m}}e_y) \\ -\cos\beta(c_{\mathrm{m}}\dot{e}_y + k_{\mathrm{m}}e_y) \\ \sin\beta(c_{\mathrm{m}}\dot{e}_z + k_{\mathrm{m}}e_z) \\ -T_{\mathrm{g}} + R_{\mathrm{g}}\cos\beta(c_{\mathrm{m}}\dot{e}_y + k_{\mathrm{m}}e_y) \end{Bmatrix}
$$

$$
\boldsymbol{c} = \begin{bmatrix}
c_{\mathrm{p}y} + c_{\mathrm{m}}\zeta_2 & 0 & c_{\mathrm{m}}R_{\mathrm{p}}\zeta_2 & -c_{\mathrm{m}}\zeta_2 & 0 & c_{\mathrm{m}}R_{\mathrm{g}}\zeta_2 \\
c_{\mathrm{m}}\zeta & -c_{\mathrm{m}}\zeta_1 + c_{\mathrm{p}z} & -c_{\mathrm{m}}R_{\mathrm{p}}\zeta & -c_{\mathrm{m}}\zeta & c_{\mathrm{m}}\zeta_1 & c_{\mathrm{m}}R_{\mathrm{g}}\zeta \\
c_{\mathrm{m}}R_{\mathrm{p}}\zeta_2 & 0 & c_{\mathrm{m}}R_{\mathrm{p}}^2\zeta_2 & -c_{\mathrm{m}}R_{\mathrm{p}}\zeta_2 & 0 & c_{\mathrm{m}}R_{\mathrm{p}}R_{\mathrm{g}}\zeta_2 \\
-c_{\mathrm{m}}\zeta_2 & 0 & -c_{\mathrm{m}}R_{\mathrm{p}}\zeta_2 & c_{\mathrm{m}}\zeta_2 + c_{\mathrm{g}y} & 0 & -c_{\mathrm{m}}R_{\mathrm{g}}\zeta_2 \\
-c_{\mathrm{m}}\zeta & c_{\mathrm{m}}\zeta_1 & -c_{\mathrm{m}}R_{\mathrm{p}}\zeta & c_{\mathrm{m}}\zeta & c_{\mathrm{g}z} - c_{\mathrm{m}}\zeta_1 & -c_{\mathrm{m}}R_{\mathrm{g}}\zeta \\
c_{\mathrm{m}}R_{\mathrm{g}}\zeta_2 & 0 & c_{\mathrm{m}}R_{\mathrm{p}}R_{\mathrm{g}}\zeta_2 & -c_{\mathrm{m}}R_{\mathrm{g}}\zeta_2 & 0 & c_{\mathrm{m}}R_{\mathrm{g}}^2\zeta_2
\end{bmatrix}
$$

$$
\boldsymbol{k} = \begin{bmatrix}
k_{\mathrm{p}y} + k_{\mathrm{m}}\zeta_2 & 0 & k_{\mathrm{m}}R_{\mathrm{p}}\zeta_2 & -k_{\mathrm{m}}\zeta_2 & 0 & k_{\mathrm{m}}R_{\mathrm{g}}\zeta_2 \\
k_{\mathrm{m}}\zeta & k_{\mathrm{p}z} - k_{\mathrm{m}}\zeta_1 & -k_{\mathrm{m}}R_{\mathrm{p}}\zeta & -k_{\mathrm{m}}\zeta & k_{\mathrm{m}}\zeta_1 & k_{\mathrm{m}}R_{\mathrm{g}}\zeta \\
k_{\mathrm{m}}R_{\mathrm{p}}\zeta_2 & 0 & k_{\mathrm{m}}R_{\mathrm{p}}^2\zeta_2 & -k_{\mathrm{m}}R_{\mathrm{p}}\zeta_2 & 0 & k_{\mathrm{m}}R_{\mathrm{p}}R_{\mathrm{g}}\zeta_2 \\
-k_{\mathrm{m}}\zeta_2 & 0 & -k_{\mathrm{m}}R_{\mathrm{p}}\zeta_2 & k_{\mathrm{g}y} + k_{\mathrm{m}}\zeta_2 & 0 & -k_{\mathrm{m}}R_{\mathrm{g}}\zeta_2 \\
-k_{\mathrm{m}}\zeta & k_{\mathrm{m}}\zeta_1 & -k_{\mathrm{m}}R_{\mathrm{p}}\zeta & k_{\mathrm{m}}\zeta & k_{\mathrm{g}z} - k_{\mathrm{m}}\zeta_1 & -k_{\mathrm{m}}R_{\mathrm{g}}\zeta \\
k_{\mathrm{m}}R_{\mathrm{g}}\zeta_2 & 0 & k_{\mathrm{m}}R_{\mathrm{p}}R_{\mathrm{g}}\zeta_2 & -k_{\mathrm{m}}R_{\mathrm{g}}\zeta_2 & 0 & k_{\mathrm{m}}R_{\mathrm{g}}^2\zeta_2
\end{bmatrix}
\tag{2.3.42}
$$

式中，$\zeta=\sin\beta\tan\beta$；$\zeta_1=\sin\beta$；$\zeta_2=\cos\beta$。

3. 齿轮-转子系统的弯-扭-轴-摆耦合振动分析模型

在具有斜齿圆柱齿轮传动的齿轮-转子系统中，由于传动轴及其支承的弹性变形，齿轮结构除具有弯曲振动、扭转振动和轴向振动外，还会因轴向动态啮合分力使齿轮副产生扭摆振动，所以必须建立系统的弯-扭-轴-摆耦合振动分析模型。

为简化分析过程，不考虑齿面摩擦和传动轴的扭转弹性变形，并用与齿轮对称布置的支承弹簧模拟传动轴及支承的横向弯曲弹性，相应的齿轮-转子系统的

弯-扭-轴-摆耦合动力学模型如图 2.3.8 所示。该模型是三维空间的 8 自由度振动系统，其广义位移列阵 $\boldsymbol{q}$ 可表示为

$$\boldsymbol{q} = [y_{\mathrm{p}}\ z_{\mathrm{p}}\ \theta_{\mathrm{p}z}\ \theta_{\mathrm{p}x}\ y_{\mathrm{g}}\ z_{\mathrm{g}}\ \theta_{\mathrm{g}z}\ \theta_{\mathrm{g}x}]^{\mathrm{T}} \tag{2.3.43}$$

式中，y_{p}、z_{p}、y_{g}、z_{g} 分别为主、从动齿轮中心点 O_{p} 和 O_{g} 在 y 轴和 z 轴的平移振动位移；$\theta_{\mathrm{p}x}$ 、$\theta_{\mathrm{g}x}$ 分别为主、从动齿轮中心点通过该中心并平行于 x 轴的轴线的扭摆振动位移；$\theta_{\mathrm{p}z}$、$\theta_{\mathrm{g}z}$ 分别为主、从动齿轮绕传动轴轴线的扭转振动位移。

由图 2.3.8 所示的弯-扭-轴-摆耦合动力学模型，可得到运动微分方程为

$$\begin{aligned}
&m_{\mathrm{p}}\ddot{y}_{\mathrm{p}} + c_{\mathrm{p}y}\dot{y}_{\mathrm{p}} + k_{\mathrm{p}y}y_{\mathrm{p}} = -F_y, \quad m_{\mathrm{p}}\ddot{z}_{\mathrm{p}} + c_{\mathrm{p}z}\dot{z}_{\mathrm{p}} + k_{\mathrm{p}z}z_{\mathrm{p}} = F_z \\
&I_{\mathrm{p}}\ddot{\theta}_{\mathrm{p}x} = -T_{\mathrm{p}} - F_y R_{\mathrm{p}}, \quad \frac{1}{2}I_{\mathrm{p}}^2\ddot{\theta}_{\mathrm{p}x} + c_{\theta\mathrm{p}x}\dot{\theta}_{\mathrm{p}x} + k_{\theta\mathrm{p}x}\theta_{\mathrm{p}x} = -F_x R_{\mathrm{pp}} \\
&m_{\mathrm{g}}\ddot{y}_{\mathrm{g}} + c_{\mathrm{g}y}\dot{y}_{\mathrm{g}} + k_{\mathrm{g}y}y_{\mathrm{g}} = F_y, \quad m_{\mathrm{g}}\ddot{z}_{\mathrm{g}} + c_{\mathrm{g}z}\dot{z}_{\mathrm{g}} + k_{\mathrm{g}z}z_{\mathrm{g}} = -F_z \\
&I_{\mathrm{g}}\ddot{\theta}_{\mathrm{g}x} = -T_{\mathrm{g}} - F_y R_{\mathrm{g}}, \quad \frac{1}{2}I_{\mathrm{p}}^2\ddot{\theta}_{\mathrm{g}x} + c_{\theta\mathrm{g}x}\dot{\theta}_{\mathrm{g}x} + k_{\theta\mathrm{g}x}\theta_{\mathrm{g}x} = -F_x R_{\mathrm{gp}}
\end{aligned} \tag{2.3.44}$$

式中，R_{pp}、R_{gp} 分别为主、从动齿轮的节圆半径；$c_{\theta\mathrm{p}x}$、$c_{\theta\mathrm{g}x}$、$k_{\theta\mathrm{p}x}$、$k_{\theta\mathrm{g}x}$ 分别为主、从动齿轮相应于扭摆自由度的阻尼和刚度。

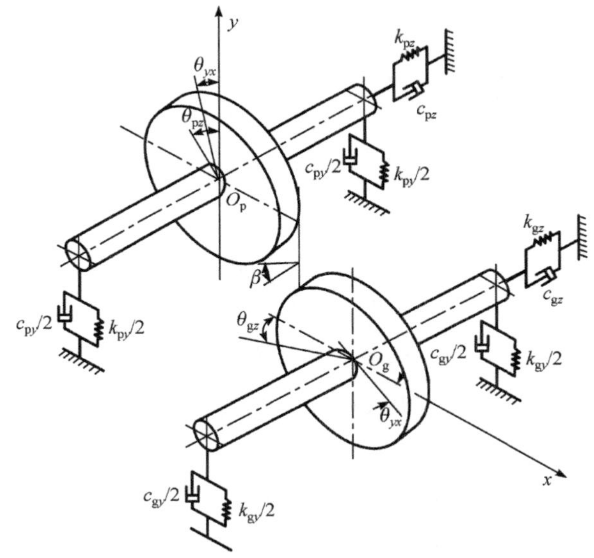

图 2.3.8　齿轮-转子系统的弯-扭-轴-摆耦合动力学模型

齿轮-转子系统中，轮齿的动态啮合力与前述弯-扭-轴耦合的情况相同。因此，将式(2.3.38)和式(2.3.39)代入式(2.3.44)，得到齿轮-转子系统的弯-扭-轴-摆耦合的运动方程为

$$m_{\mathrm{p}}\ddot{y}_{\mathrm{p}} + c_{\mathrm{p}y}\dot{y}_{\mathrm{p}} + c_{\mathrm{m}}\cos\beta(\dot{y}_{\mathrm{p}} + R_{\mathrm{p}}\dot{\theta}_{\mathrm{p}x} - \dot{y}_{\mathrm{g}} + R_{\mathrm{g}}\dot{\theta}_{\mathrm{g}z}) + k_{\mathrm{p}y}y_{\mathrm{p}} + k_{\mathrm{m}}\cos\beta(y_{\mathrm{p}} + R_{\mathrm{p}}\theta_{\mathrm{p}}$$

$$
\begin{aligned}
&\quad -y_{\mathrm{g}}+R_{\mathrm{g}}\theta_{\mathrm{g}})=(c_{\mathrm{m}}\dot{e}_y+k_{\mathrm{m}}e_y)\cos\beta\\
&m_{\mathrm{p}}\ddot{z}_{\mathrm{p}}+c_{\mathrm{p}z}\dot{z}_{\mathrm{p}}-c_{\mathrm{m}}\sin\beta[\dot{z}_{\mathrm{p}}-\tan\beta(\dot{y}_{\mathrm{p}}+R_{\mathrm{p}}\dot{\theta}_{\mathrm{p}x})-\dot{z}_{\mathrm{g}}+\tan\beta(\dot{y}_{\mathrm{g}}-R_{\mathrm{g}}\dot{\theta}_{\mathrm{g}x})]+k_{\mathrm{p}z}z_{\mathrm{p}}\\
&\quad -k_{\mathrm{m}}\sin\beta[z_{\mathrm{p}}-\tan\beta(y_{\mathrm{p}}+\theta_{\mathrm{p}}R_{\mathrm{p}x})-z_{\mathrm{g}}+\tan\beta(y_{\mathrm{g}}-R_{\mathrm{g}}\theta_{\mathrm{g}z})]\\
&\quad =(c_{\mathrm{m}}\dot{e}_z+k_{\mathrm{m}}e_z)\sin\beta\\
&I_{\mathrm{p}}\ddot{\theta}_{\mathrm{p}z}+R_{\mathrm{p}}c_{\mathrm{m}}\cos\beta(\dot{y}_{\mathrm{p}}+R_{\mathrm{p}}\dot{\theta}_{\mathrm{p}}-\dot{y}_{\mathrm{g}}+R_{\mathrm{g}}\dot{\theta}_{\mathrm{g}})+R_{\mathrm{p}}k_{\mathrm{m}}\cos\beta(y_{\mathrm{p}}+R_{\mathrm{p}}\theta_{\mathrm{p}}-y_{\mathrm{g}}+R_{\mathrm{g}}\theta_{\mathrm{g}})\\
&\quad =-T_{\mathrm{p}}+R_{\mathrm{p}}(c_{\mathrm{m}}\dot{e}_y+k_{\mathrm{m}}e_y)\cos\beta\\
&\frac{1}{2}I_{\mathrm{p}}^2\ddot{\theta}_{\mathrm{p}x}+c_{\theta\mathrm{p}x}\dot{\theta}_{\mathrm{p}x}+R_{\mathrm{pp}}\sin\beta\{c_{\mathrm{m}}[\dot{z}_{\mathrm{p}}-\tan\beta(\dot{y}_{\mathrm{p}}+R_{\mathrm{p}}\dot{\theta}_{\mathrm{p}x})-\dot{z}_{\mathrm{g}}-\tan\beta(\dot{y}_{\mathrm{g}}-R_{\mathrm{g}}\dot{\theta}_{\mathrm{pg}})]\}\\
&\quad +k_{\theta\mathrm{p}x}\theta_{\mathrm{p}z}+R_{\mathrm{pp}}\sin\beta\{k_{\mathrm{m}}[z_{\mathrm{p}}-(y_{\mathrm{p}}+R_{\mathrm{p}}\theta_{\mathrm{p}z})\tan\beta-z_{\mathrm{g}}+(y_{\mathrm{g}}-R_{\mathrm{g}}\theta_{\mathrm{p}z})\tan\beta]\}\\
&\quad =R_{\mathrm{pp}}(c_{\mathrm{m}}\dot{e}_x+k_{\mathrm{m}}e_x)\sin\beta\\
&m_{\mathrm{g}}\ddot{y}_{\mathrm{g}}+c_{\mathrm{g}y}\dot{y}_{\mathrm{g}}-c_{\mathrm{m}}(\dot{y}_{\mathrm{p}}+R_{\mathrm{p}}\dot{\theta}_{\mathrm{p}x}-\dot{y}_{\mathrm{g}}+R_{\mathrm{g}}\dot{\theta}_{\mathrm{g}z})\cos\beta+k_{\mathrm{g}y}y_{\mathrm{g}}-k_{\mathrm{m}}(y_{\mathrm{p}}+R_{\mathrm{p}}\theta_{\mathrm{p}x}-y_{\mathrm{g}}\\
&\quad +R_{\mathrm{g}}\theta_{\mathrm{g}z})\cos\beta=-(c_{\mathrm{m}}\dot{e}_y+k_{\mathrm{m}}e_y)\cos\beta\\
&m_{\mathrm{g}}\ddot{z}_{\mathrm{g}}+c_{\mathrm{g}z}\dot{z}_{\mathrm{g}}+c_{\mathrm{m}}\sin\beta[\dot{z}_{\mathrm{p}}-\tan\beta(\dot{y}_{\mathrm{p}}+R_{\mathrm{p}}\dot{\theta}_{\mathrm{p}x})-\dot{z}_{\mathrm{g}}+\tan\beta(\dot{y}_{\mathrm{g}}-R_{\mathrm{g}}\dot{\theta}_{\mathrm{g}x})]+k_{\mathrm{g}z}z_{\mathrm{g}}\\
&\quad +k_{\mathrm{m}}\sin\beta[z_{\mathrm{p}}-\tan\beta(y_{\mathrm{p}}+R_{\mathrm{p}}\theta_{\mathrm{p}x})-z_{\mathrm{g}}+\tan\beta(y_{\mathrm{g}}-R_{\mathrm{g}}\theta_{\mathrm{g}z})]=(c_{\mathrm{m}}\dot{e}_z+k_{\mathrm{m}}e_z)\sin\beta\\
&I_{\mathrm{g}}\ddot{\theta}_{\mathrm{g}z}+R_{\mathrm{g}}\cos\beta[k_{\mathrm{m}}(y_{\mathrm{p}}+R_{\mathrm{p}}\theta_{\mathrm{p}z}-y_{\mathrm{g}}+R_{\mathrm{g}}\theta_{\mathrm{g}z})+c_{\mathrm{m}}(\dot{y}_{\mathrm{p}}+R_{\mathrm{p}}\dot{\theta}_{\mathrm{p}}-\dot{y}_{\mathrm{g}}+R_{\mathrm{g}}\dot{\theta}_{\mathrm{g}})]\\
&\quad =-T_{\mathrm{g}}+R_{\mathrm{g}}(c_{\mathrm{m}}\dot{e}_y+k_{\mathrm{m}}e_y)\cos\beta\\
&\frac{1}{2}I_{\mathrm{p}}^2\ddot{\theta}_{\mathrm{g}x}+c_{\theta\mathrm{p}x}\dot{\theta}_{\mathrm{g}x}+R_{\mathrm{gp}}\sin\beta\{c_{\mathrm{m}}[\dot{z}_{\mathrm{p}}-\tan\beta(\dot{y}_{\mathrm{p}}+R_{\mathrm{p}}\dot{\theta}_{\mathrm{p}x})-\dot{z}_{\mathrm{g}}+\tan\beta(\dot{y}_{\mathrm{g}}-R_{\mathrm{g}}\dot{\theta}_{\mathrm{g}x})]\}\\
&\quad +k_{\theta\mathrm{p}x}\theta_{\mathrm{g}x}+R_{\mathrm{gp}}\sin\beta\{k_{\mathrm{m}}[z_{\mathrm{p}}-\tan\beta(y_{\mathrm{p}}+R_{\mathrm{p}}\theta_{\mathrm{p}x})-z_{\mathrm{g}}+\tan\beta(y_{\mathrm{g}}-R_{\mathrm{g}}\theta_{\mathrm{g}x})]\}\\
&\quad =R_{\mathrm{gp}}(c_{\mathrm{m}}\dot{e}_x+k_{\mathrm{m}}e_x)\sin\beta
\end{aligned}
\tag{2.3.45}
$$

式(2.3.45)可以写成式(2.3.24)所示的矩阵形式，其中各矩阵为

$$
\boldsymbol{m}=\begin{bmatrix}
m_{\mathrm{p}} & 0 & 0 & 0 & 0 & 0 & 0 & 0\\
0 & m_{\mathrm{p}} & 0 & 0 & 0 & 0 & 0 & 0\\
0 & 0 & m_{\mathrm{g}} & 0 & 0 & 0 & 0 & 0\\
0 & 0 & 0 & \frac{1}{2}I_{\mathrm{p}}^2 & 0 & 0 & 00 & 0\\
0 & 0 & 0 & 0 & I_{\mathrm{p}} & 0 & 0 & 0\\
0 & 0 & 0 & 0 & 0 & I_{\mathrm{p}} & 0 & 0\\
0 & 0 & 0 & 0 & 0 & 0 & I_{\mathrm{g}} & 0\\
0 & 0 & 0 & 0 & 0 & 0 & 0 & \frac{1}{2}I_{\mathrm{g}}^2
\end{bmatrix},\quad
\boldsymbol{P}=\begin{Bmatrix}
(c_{\mathrm{m}}\dot{e}_y+k_{\mathrm{m}}e_y)\cos\beta\\
(k_{\mathrm{m}}e_z+c_{\mathrm{m}}\dot{e}_z)\sin\beta\\
-T_{\mathrm{p}}+R_{\mathrm{p}}(c_{\mathrm{m}}\dot{e}_y+k_{\mathrm{m}}e_y)\cos\beta\\
R_{\mathrm{pp}}(k_{\mathrm{m}}e_z+c_{\mathrm{m}}\dot{e}_z)\sin\beta\\
-(c_{\mathrm{m}}\dot{e}_y+k_{\mathrm{m}}e_y)\cos\beta\\
(k_{\mathrm{m}}e_z+c_{\mathrm{m}}\dot{e}_z)\sin\beta\\
-T_{\mathrm{g}}+R_{\mathrm{g}}(c_{\mathrm{m}}\dot{e}_y+k_{\mathrm{m}}e_y)\cos\beta\\
R_{\mathrm{gp}}(k_{\mathrm{m}}e_z+c_{\mathrm{m}}\dot{e}_z)\sin\beta
\end{Bmatrix}
$$

$$
\boldsymbol{c}=\begin{bmatrix}
c_{py}+c_m\zeta_2 & 0 & c_mR_p\zeta_2 & 0 & -c_m\zeta_2 & 0 & c_mR_g\zeta_2 & 0\\
c_m\zeta & -c_m\zeta_1+c_{pz} & c_mR_p\zeta & 0 & -c_m\zeta & c_m\zeta_1 & c_mR_g\zeta & 0\\
c_mR_p\zeta_2 & 0 & c_mR_p^2\zeta_2 & 0 & -c_mR_p\zeta_2 & 0 & c_mR_pR_g\zeta_2 & 0\\
-c_mR_{pp}\zeta & c_mR_{pp}\zeta_1 & -c_mR_{pp}R_p\zeta & c_{\theta px} & c_mR_{pp}\zeta & -c_mR_{pp}\zeta_1 & -c_mR_{pp}R_p\zeta & 0\\
-c_m\zeta_2 & 0 & -c_mR_p\zeta_2 & 0 & c_m\zeta_2+c_{gy} & 0 & -c_mR_g\zeta_2 & 0\\
-\zeta c_m & c_m\zeta_1 & -\zeta c_mR_p & 0 & \zeta c_m & c_{gy}-c_m\zeta_1 & -\zeta c_mR_g & 0\\
c_mR_g\zeta_2 & 0 & c_mR_pR_g\zeta_2 & 0 & -c_mR_g\zeta_2 & 0 & c_mR_g^2\zeta_2 & 0\\
-c_mR_{gp}\zeta & c_mR_{gp}\zeta_1 & -c_mR_{gp}R_p\zeta & 0 & c_mR_{gp}\zeta & -c_mR_{gp}\zeta_1 & -c_mR_{gp}R_p\zeta & c_{\theta gx}
\end{bmatrix}
$$

$$
\boldsymbol{k}=\begin{bmatrix}
k_{py}+k_m\zeta_2 & 0 & k_mR_p\zeta_2 & 0 & -k_m\zeta_2 & 0 & k_mR_g\zeta_2 & 0\\
k_m\zeta & -k_m\zeta_1+k_{pz} & k_mR_p\zeta & 0 & -\zeta k_m & k_m\zeta_1 & \zeta k_mR_g & 0\\
k_mR_p\zeta_2 & 0 & k_mR_p^2\zeta_2 & 0 & -k_mR_p\zeta_2 & 0 & k_mR_pR_g\zeta_2 & 0\\
-k_mR_{pp}\zeta & k_mR_{pp}\zeta_1 & -k_mR_{pp}R_p\zeta & c_{\theta px} & k_mR_{pp}\zeta & -k_mR_{pp}\zeta_1 & -k_mR_{pp}R_p\zeta & 0\\
-k_m\zeta_2 & 0 & -k_mR_p\zeta_2 & 0 & k_m\zeta_2+k_{gy} & 0 & -k_mR_g\zeta_2 & 0\\
-k_m\zeta & k_m\zeta_1 & -k_mR_p\zeta & 0 & k_m\zeta & k_{gz}-k_m\zeta_1 & -k_mR_g\zeta & 0\\
k_mR_g\zeta_2 & 0 & k_mR_pR_g\zeta_2 & 0 & -k_mR_g\zeta_2 & 0 & k_mR_g^2\zeta_2 & 0\\
-k_mR_{gp}\zeta & k_mR_{gp}\zeta_1 & -k_mR_{gp}R_p\zeta & 0 & k_mR_{gp}\zeta & -k_mR_{gp}\zeta_1 & -k_mR_{gp}R_g\zeta & k_{\theta gx}
\end{bmatrix}
\tag{2.3.46}
$$

式中，$\zeta=\sin\beta\tan\beta$；$\zeta_1=\sin\beta$；$\zeta_2=\cos\beta$。

4. 齿轮-负载-原动机系统模型

前面讨论了几种典型的啮合耦合型齿轮结构及其分析模型。实际上，齿轮传动系统具有多种不同的形式，其中最为典型的是齿轮-负载-原动机系统。

齿轮结构是传递运动和动力的结构，其输入端与原动机(一般是电动机)相连，输出端与执行机构(负载)相接，在前几种问题的分析中，均假设了齿轮结构与电动机和负载的连接轴刚度较弱，从而可以将齿轮结构分离出来单独建立分析模型。如果输入、输出连接轴的刚度较大，则必须同时考虑电动机和负载，从而形成齿轮-负载-电动机系统，所以需要建立相应的啮合耦合振动分析模型进行分析。

典型的齿轮副-负载-电动机系统的弯-扭耦合振动分析模型如图 2.3.9 所示，该模型的弹性元件包括 4 个支座 k_1、k_2、k_3 和 k_4，两个弹性扭转轴 k_{t1}、k_{t2} 和弹性的啮合轮齿 k_m，模型共有 8 个自由度，即 4 个转动自由度θ_1、θ_2、θ_3和θ_4，4 个平移自由度 x_1、x_2、x_3 和 x_4。按照前述的理论和方法，可以推出相应的运动微分方程。

2.3.3 齿轮结构的转子耦合型分析模型

若齿轮副具有质量偏心，则在齿轮结构的弯-扭耦合振动分析中，会产生由质量偏心引起的离心力和惯性力。本节首先推导出考虑离心力和惯性力的齿轮副弯-扭耦合振动模型；然后以该模型为例，讨论齿轮结构动力学分析中的转子耦合型振动问题，从而说明在齿轮结构中同时存在啮合型耦合和转子动力型耦合两种耦合状态；最后分析这种齿轮-转子系统的全耦合振动模型。

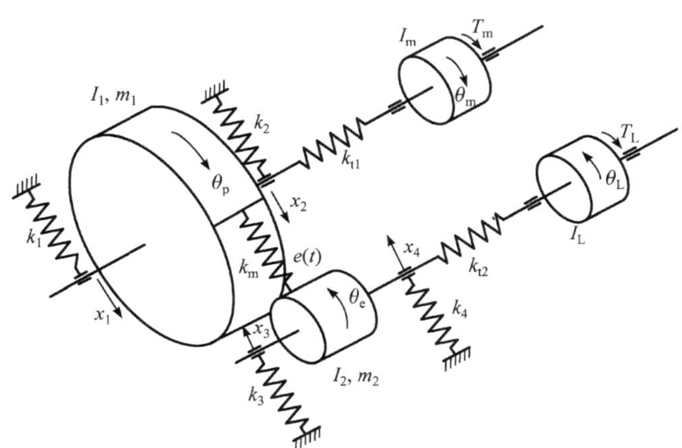

图 2.3.9　齿轮副-负载-电动机系统的弯-扭耦合振动分析模型

1. 具有质量偏心的齿轮副分析模型

设某一级齿轮传动系统可简化为如图 2.3.10 所示的力学模型。不考虑齿面摩擦，该模型是一个 4 自由度的弯-扭耦合振动系统，4 个自由度分别为主、从动齿轮沿啮合线方向(y 向)的平移振动和绕旋转轴线的扭转振动，其广义位移列阵可表示为

$$\boldsymbol{q}=[y_p \quad \theta_p \quad y_g \quad \theta_g]^{T} \tag{2.3.47}$$

啮合线与主、从动齿轮的切点 P 和 G 的 y 方向位移 $\overline{y}_P$、$\overline{y}_G$ 可表示为

$$\begin{aligned} &\overline{y}_P = y_p - e_p\sin\theta_1 - R_p\theta_1, \\ &\overline{y}_G = y_g - e_g\sin\theta_2 - R_g\theta_2 \\ &\theta_1=\omega_p t-\theta_p,\quad \theta_2=\omega_g t-\theta_g \end{aligned} \tag{2.3.48}$$

式中，e_p、e_g 分别为主、从动齿轮的质量偏心量；θ_1、θ_2 分别为主、从动齿轮的旋转角度；ω_p、ω_g 分别为主、从动齿轮的转动角速度，以图示方向为正。

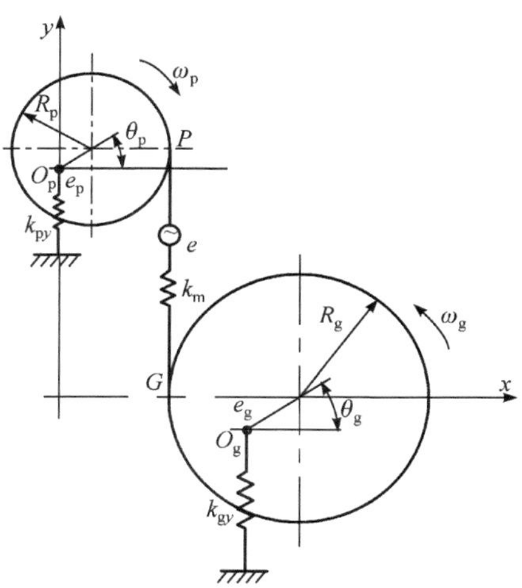

图 2.3.10　具有质量偏心的齿轮副模型

根据轮齿啮合的基本原理，轮齿啮合的动态啮合力可表示为

$$P_{cy}=c_m(\dot{\overline{y}}_p-\dot{\overline{y}}_g-\dot{e})+k_m(\overline{y}_p-\overline{y}_g-e) \tag{2.3.49}$$

将式(2.3.48)代入式(2.3.49)，得

$$
\begin{aligned}
P_{cy} = & c_m\{[\dot{y}_p - e_p(\omega_p - \dot{\theta}_p)\cos\theta_1 - R_p(\omega_p - \dot{\theta}_p)] - [\dot{y}_g - e_g(\omega_g - \dot{\theta}_g)\cos\theta_2 \\
& - R_g(\omega_g - \dot{\theta}_g)] - \dot{e}(t)\} + k_m[(y_p - e_p\sin\theta_1 - R_p\theta_1) \\
& - (y_g - e_g\sin\theta_2 - R_g\theta_2) - e(t)]
\end{aligned} \tag{2.3.50}
$$

由于齿轮的质量偏心，在齿轮旋转过程中将产生离心力，主、从动齿轮的离心力在 y 方向的分量 P_{mpy} 和 P_{mgy} 分别为

$$
P_{mpy} = m_p e_p(\dot{\theta}_p + \omega_p)^2 \sin\theta_1, \quad P_{mgy} = m_g e_g(\dot{\theta}_g + \omega_g)^2 \sin\theta_2 \tag{2.3.51}
$$

扭转振动加速度引起的质心沿 y 方向的加速度，会使两齿轮产生沿 y 方向的惯性力 $\overline{P}_{mpy}$ 和 $\overline{P}_{mgy}$，即

$$
\overline{P}_{mpy} = m_p e_p \ddot{\theta}_1 \cos\theta_1, \quad \overline{P}_{mgy} = m_g e_g \ddot{\theta}_2 \cos\theta_2 \tag{2.3.52}
$$

如果不考虑支承系统和轮齿啮合的阻尼，具有质量偏心的齿轮副模型的主、从动齿轮的受力分析如图 2.3.11 所示，那么得到系统的动力学方程为

$$
\begin{aligned}
& m_p\ddot{y}_p + k_{py}y_p = P_{mpy} - \overline{P}_{mpy} - P_{cy} \\
& I_p\ddot{\theta}_p = P_{mpy}e_p\cos\theta_1 - \overline{P}_{mpy}e_p\cos\theta_1 - P_{cy}(R_p + e_p\cos\theta_1) \\
& m_g\ddot{y}_g + k_{gy}y_g = P_{mgy} - \overline{P}_{mgy} - P_{cy} \\
& I_g\ddot{\theta}_g = P_{mgy}e_g\cos\theta_2 - \overline{P}_{mgy}e_g\cos\theta_2 + P_{cy}(R_g - e_g\cos\theta_2)
\end{aligned} \tag{2.3.53}
$$

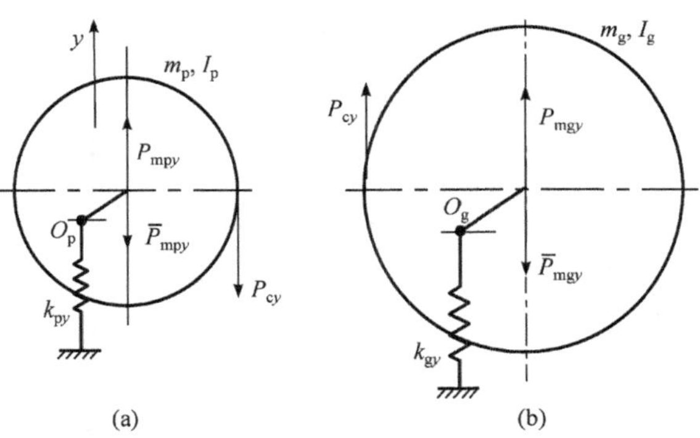

图 2.3.11　具有质量偏心的齿轮副的受力分析

2. 系统的转子耦合型振动问题

当齿轮存在质量偏心时，安装了齿轮的传动轴作为一种弹性转子会产生横向弯曲振动，这时由系统的各种惯性力引起的扭转和平移(横向)振动等自由度间存在耦合作用，这类振动问题称为系统的转子耦合型振动问题，由于这种耦合是由

惯性力引起的，所以又称为**动力耦合问题**。

以图 2.3.10 所示的主动齿轮为例，将式(2.3.51)和式(2.3.52)代入式(2.3.53)的第一式，得到

$$m_{\mathrm{p}}\ddot{y}_{\mathrm{p}}+m_{\mathrm{p}}e_{\mathrm{p}}[\ddot{\theta}_1\cos\theta_1-(\dot{\theta}_{\mathrm{p}}+\omega_{\mathrm{p}})^2\sin\theta_1]=-P_{\mathrm{cy}}-k_{\mathrm{py}}y_{\mathrm{p}} \tag{2.3.54}$$

式中，左边是与质量有关的惯性力；右边是与刚度等有关的弹性力和外力。

若设 $\dot{\theta}_{\mathrm{p}}$ 和 $\ddot{\theta}_{\mathrm{p}}$ 均为简谐函数，即

$$\dot{\theta}_{\mathrm{p}}(t)=\dot{\theta}_{\mathrm{p}A}\sin(\omega_{\mathrm{t}}t),\quad \ddot{\theta}_{\mathrm{p}}(t)=-\omega_{\mathrm{t}}^2\theta_{\mathrm{p}A}\cos(\omega_{\mathrm{t}}t) \tag{2.3.55}$$

式中，$\theta_{\mathrm{p}A}$ 和 $\dot{\theta}_{\mathrm{p}A}$ 分别为扭转振动的位移幅值和速度幅值；ω_{t} 为角频率。

将式(2.3.55)的第一式代入式(2.3.54)，得到

$$m_{\mathrm{p}}\ddot{y}_{\mathrm{p}}+m_{\mathrm{p}}e_{\mathrm{p}}\{-\ddot{\theta}_{\mathrm{p}}(t)\cos\theta_1-[\dot{\theta}_{\mathrm{p}}^2(t)+2\theta_{\mathrm{p}}(t)\omega_{\mathrm{p}}+\omega_{\mathrm{p}}^2]\sin\theta_1\}=-P_{\mathrm{cy}}-k_{\mathrm{py}}y_{\mathrm{p}} \tag{2.3.56}$$

即

$$\begin{aligned}&m_{\mathrm{p}}\ddot{y}_{\mathrm{p}}+m_{\mathrm{p}}e_{\mathrm{p}}\{\omega_{\mathrm{t}}^2\theta_{\mathrm{p}A}\cos\omega_{\mathrm{t}}t\cos\theta_1-[\dot{\theta}_{\mathrm{p}A}^2\sin^2(\omega_{\mathrm{t}}t)-2\dot{\theta}_{\mathrm{p}A}\omega_{\mathrm{p}}\sin(\omega_{\mathrm{t}}t)+\omega_{\mathrm{p}}^2]\sin\theta_1\}\\&=-P_{\mathrm{cy}}-k_{\mathrm{py}}y_{\mathrm{p}}\end{aligned} \tag{2.3.57}$$

由式(2.3.57)可知，根据自由度耦合的基本概念，由于质量偏心的存在，系统的扭转自由度 $\theta_{\mathrm{p}}(t)$ 和平移自由度 y_{p} 之间具有耦合关系，由于这种耦合是离心惯性力引起的，所以这种耦合关系称为**动力耦合关系**。

在式(2.3.57)中含有两类惯性力，一类由 $m_{\mathrm{p}}\ddot{y}_{\mathrm{p}}$ 表示，另一类是和质量偏心 $m_{\mathrm{p}}e_{\mathrm{p}}$ 有关的惯性力，这类惯性力中共有四种，即标准的离心惯性力($-m_{\mathrm{p}}e_{\mathrm{p}}\omega_{\mathrm{p}}^2\sin\theta_1$)、切向惯性力($-m_{\mathrm{p}}e_{\mathrm{p}}\theta_{\mathrm{p}}(t)\cos\theta_1$)、复合向心力($-2m_{\mathrm{p}}e_{\mathrm{p}}\dot{\theta}_{\mathrm{p}A}\omega_{\mathrm{p}}\sin\theta_1$)和变动的离心惯性力($-m_{\mathrm{p}}e_{\mathrm{p}}\dot{\theta}_{\mathrm{p}A}^2\sin^2(\omega_{\mathrm{t}}t)$)。在这些惯性力中，若不考虑其中三角函数 $\sin\theta_1$ 和 $\cos\theta_1$ 因 θ_{p} 的变动所产生的影响，则这四种惯性力中仅后面三种与扭转振动有关，即仅这三种力是方程中的动力耦合项。

在许多情况下，动力耦合项与平移惯性力和标准离心惯性力具有同等的重要性。若设横向振动位移 $y(t)=\bar{y}\sin\omega_{\mathrm{p}}t$，则平移惯性力可表示为

$$m_{\mathrm{p}}\ddot{y}_{\mathrm{p}}(t)=-m_{\mathrm{p}}\omega_{\mathrm{p}}^2\bar{y}\sin(\omega_{\mathrm{p}}t) \tag{2.3.58}$$

对于切向惯性力，其幅值可表示为

$$F_{+}=me\omega_{\mathrm{t}}^2\theta_{\mathrm{p}A} \tag{2.3.59}$$

由于扭转振动的频率与轮齿啮合频率或其高次谐波相一致，所以式(2.3.59)的系数比式(2.3.58)的系数大得多。若令这两种惯性力的幅值近似相等，则有

$$m_{\mathrm{p}}\omega_{\mathrm{p}}^{2}\overline{y}=-m_{\mathrm{p}}e\omega_{\mathrm{t}}^{2}\theta_{\mathrm{p}A} \tag{2.3.60}$$

若所有的广义位移和质量偏心 e 均有相同量级的幅值，设齿数为 z，则有 $\omega_{\mathrm{t}}=z\omega_{\mathrm{p}}$，由式(2.3.60)可得

$$e=\frac{\overline{y}}{z^{2}\theta_{\mathrm{p}A}} \tag{2.3.61}$$

由式(2.3.61)可知，当 $z=50$ 时，e 大约为 0.01mm，切向惯性力与常规的平移惯性力具有同等的重要性。由此可见，在许多情况下，不能忽略动力耦合项，分析中必须考虑质量偏心。

3. 转子动力学中的动力耦合问题

典型的转子动力学问题的力学模型如图 2.3.12 所示。一刚性圆盘固定在旋转轴上，刚性圆盘的质心位于 G 处，质量偏心量为 e。

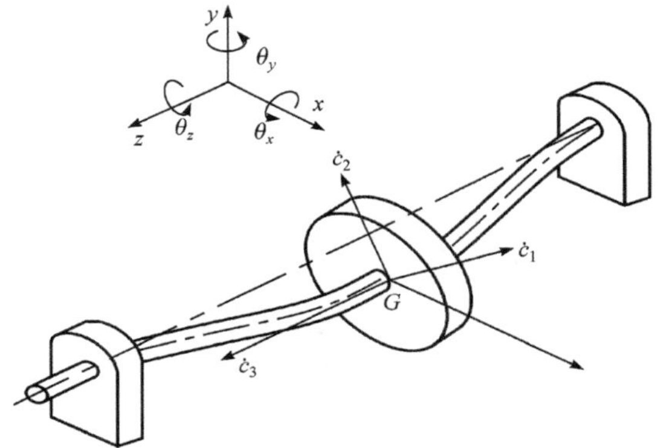

图 2.3.12　转子动力学中的动力耦合模型

在一般情况下，刚性圆盘具有 6 个位移分量，即三坐标轴方向的平移自由度 x、y、z 和绕三坐标轴的转动自由度 θ_x、θ_y、θ_z。如图 2.3.13 所示，由于旋转轴的弹性变形，刚性圆盘除有绕轴心的转角 β，还具有摆角(涡动角) φ 以及参考角 γ。从

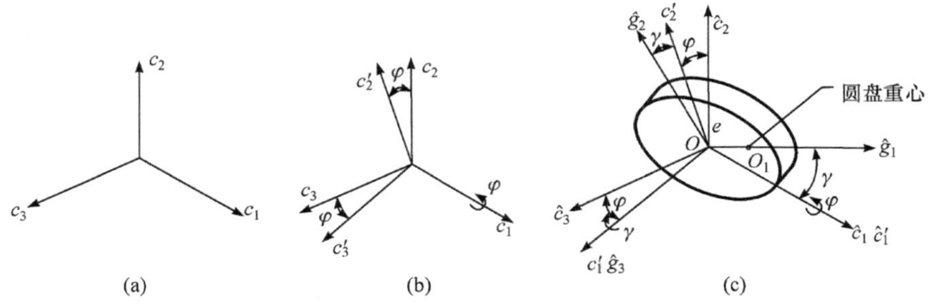

图 2.3.13　转子动力学中的动力耦合模型

而得到该转子的运动微分方程为

$$
\begin{aligned}
& m\ddot{x}-m\ddot{e}\theta_z\sin(\theta+\gamma)-me(\omega_{\mathrm{rs}}+\dot{\theta}_z)^2\cos(\theta+\gamma)=F_x \\
& m\ddot{y}-m\ddot{e}\theta_z\cos(\theta+\gamma)-me(\omega_{\mathrm{rs}}+\dot{\theta}_z)^2\sin(\theta+\gamma)+mg=F_y \\
& m\ddot{z}+me\Big\{\Big[-\theta_x(\omega_{\mathrm{rs}}+\dot{\theta}_z)^2+\ddot{\theta}_x+2\dot{\theta}_y(\omega_{\mathrm{rs}}+\dot{\theta}_z)+\theta_y\ddot{\theta}_z\Big]\sin(\theta+\gamma)+\Big[\theta_y(\omega_{\mathrm{rs}}+\dot{\theta}_z)^2 \\
& \quad -\ddot{\theta}_y+2\dot{\theta}_x(\omega_{\mathrm{rs}}+\dot{\theta}_z)+\theta_x\ddot{\theta}_z\Big]\cos(\theta+\gamma)\Big\}=F_z \\
& I_{\mathrm{d}}\ddot{\theta}_x-\varphi\ddot{\theta}_z\big(I_{\mathrm{d}}-I_{\mathrm{p}}/2\big)\sin\theta+\varphi(\omega_{\mathrm{rs}}+\dot{\theta}_z)^2(I_{\mathrm{p}}-I_{\mathrm{d}})\cos\theta+I_{\mathrm{p}}\theta_y\ddot{\theta}_z/2+\omega_{\mathrm{rs}}I_{\mathrm{p}}\dot{\theta}_y \\
& \quad +I_{\mathrm{p}}\dot{\theta}_y\dot{\theta}_z+me\ddot{z}\sin(\theta+\gamma)=M_x \\
& I_{\mathrm{d}}\ddot{\theta}_y-\varphi\ddot{\theta}_z\big(I_{\mathrm{d}}-I_{\mathrm{p}}/2\big)\cos\theta+\varphi(\omega_{\mathrm{rs}}+\dot{\theta}_z)^2(I_{\mathrm{p}}-I_{\mathrm{d}})\sin\theta-I_{\mathrm{p}}\theta_x\ddot{\theta}_z/2-\omega_{\mathrm{rs}}I_{\mathrm{p}}\dot{\theta}_x \\
& \quad -I_{\mathrm{p}}\dot{\theta}_y\dot{\theta}_z-me\ddot{z}\cos(\theta+\gamma)=M_y \\
& (I_{\mathrm{p}}+me^2)\ddot{\theta}_z+\varphi\big(I_{\mathrm{d}}-I_{\mathrm{p}}/2\big)(-\ddot{\theta}_x\sin\theta+\ddot{\theta}_y\cos\theta)+\varphi I_{\mathrm{p}}\Big\{\Big[\theta_x(\omega_{\mathrm{rs}}+\dot{\theta}_z)^2/2 \\
& \quad -\theta_y\ddot{\theta}_z-\dot{\theta}_y(\omega_{\mathrm{rs}}+\dot{\theta}_z)\Big]\sin\theta-\Big[\theta_x\ddot{\theta}_z+\theta_y(\omega_{\mathrm{rs}}+\dot{\theta}_z)^2/2+\dot{\theta}_x(\omega_{\mathrm{rs}}+\dot{\theta}_z)\Big]\cos\theta\Big\} \\
& \quad +I_{\mathrm{p}}(\ddot{\theta}_x\theta_y-\theta_x\ddot{\theta}_y)/2+me\Big\{\ddot{z}\Big[\theta_x\cos(\theta+\gamma)+\theta_y\sin(\theta+\gamma)\Big]-\ddot{x}\sin(\theta+\gamma) \\
& \quad +\ddot{y}\cos(\theta+\gamma)\Big\}+meg\cos(\theta+\gamma)=M_z
\end{aligned}
\tag{2.3.62}
$$

式中，I_{d} 为刚性圆盘绕通过直径的轴线的转动惯量；I_{p} 为刚性圆盘绕旋转轴线的转动惯量；m 为刚性圆盘的质量；ω_{rs} 为转子的转动速度。其中，θ 为

$$
\theta=\omega_{\mathrm{rs}}t+\theta_z+\beta \tag{2.3.63}
$$

2.3.4　齿轮结构的全耦合型分析模型

在齿轮结构中，可能同时存在啮合型耦合和转子型动力耦合，同时考虑这两种耦合的模型称为**全耦合振动模型**。对于如图 2.3.14 所示的单级传动的齿轮结构，其主、从动轴及齿轮均存在转子型动力耦合，而两者经主、从动齿轮的相互啮合已产生了啮合型耦合，因此该模型是一个全耦合振动模型。

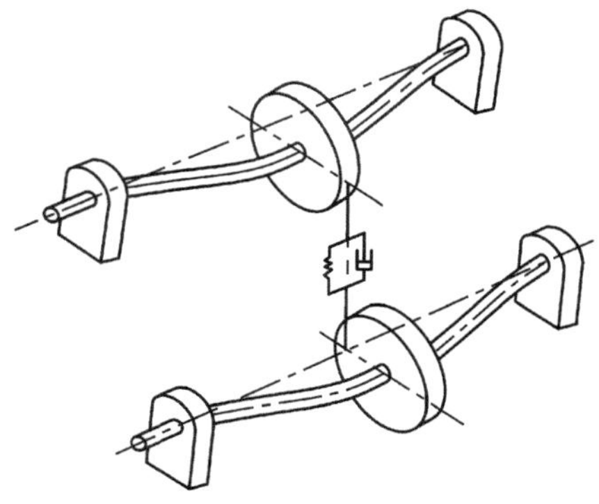
图 2.3.14　齿轮结构全耦合振动模型

建立齿轮结构的全耦合振动模型时，首先按照 2.3.3 节的方法导出各传动轴的动力耦合方程；然后根据各齿轮副的形式和相互啮合状态，利用 2.3.2 节的方法，给出啮合型

耦合各自由度间的相互约束方程。这两类方程联立便构成齿轮结构的全耦合振动模型。

2.3.5 齿轮结构的动态子结构分析模型

动态子结构方法是一种分析复杂机械系统和结构系统的有效方法，该方法的基本思想是“化整为零，积零为整”。**化整为零**的过程就是分解过程，**积零为整**的过程则是综合过程，分解过程是指将所分析的整个系统划分成若干部件(称为子结构)并建立其动力学模型的过程；综合过程就是由部件子结构分析模型综合成为整个结构系统分析模型的过程。因此，分解过程是由整体到局部的过程，而综合过程则是由局部到整体的过程。利用子结构分解、综合的原理和方法，将复杂结构的建模问题转化为建立若干较为简单的子结构模型及其综合的问题，可以简化建模的难度。

1. 齿轮结构的子结构分解原理

1) 子结构分解

当进行齿轮结构的子结构分解时，将整个系统分解为由齿轮、传动轴和轴承组成的传动系统(有时称为齿轮-转子系统)及箱体结构(有时也包括基础)的结构系统两个子结构。

这里以图 2.3.15(a)所示的单级齿轮结构为例讨论子结构的分解。将该齿轮结构分解成四种子结构：齿轮副子结构、传动轴子结构、滚动轴承子结构和箱体子结构，分别如图 2.3.15(b)～(e)所示。其中，传动轴子结构中包括两根传动轴，滚动轴承子结构中包含四个轴承。四个轴承也可以处理成独立的四个子结构。

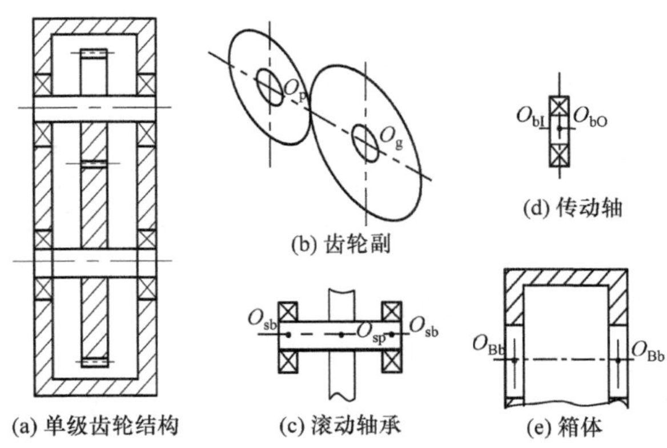

(a) 单级齿轮结构 (b) 齿轮副 (c) 滚动轴承 (d) 传动轴 (e) 箱体

图 2.3.15 齿轮结构的子结构分解

2) 子结构的界面及其联结条件

在子结构综合法中，确定各子结构的界面及其间的联结(位移协调)条件是进行系统分解和综合的关键问题之一。

对于齿轮副子结构，其与传动轴子结构的界面为两齿轮体的几何中心点，在图 2.3.15(b)中，主动齿轮与主动轴的界面联结点为 O_{p}，而从动轮与从动轴的界面联结点为 O_{g}。对于集中参数模型，齿轮副子结构仅含有这两个结点，齿轮体的质量和转动惯量一般处理成为这两个结点相应自由度的质量和转动惯量。由此可见，齿轮副子结构的分析模型实际上是这两点间力学关系的数学描述。因此，可将齿轮副子结构的广义位移列阵 $\boldsymbol{q}_{\mathrm{G}}$ 表示为

$$\boldsymbol{q}_{\mathrm{G}}=\{\boldsymbol{q}_{\mathrm{Gp}}^{\mathrm{T}}\quad \boldsymbol{q}_{\mathrm{Gg}}^{\mathrm{T}}\}^{\mathrm{T}} \tag{2.3.64}$$

式中，$\boldsymbol{q}_{\mathrm{Gp}}$ 为齿轮副相应于结点 O_{p} 的位移列阵；$\boldsymbol{q}_{\mathrm{Gg}}$ 为齿轮副相应于结点 O_{g} 的位移列阵。根据振动模型类型的不同，位移列阵中可以含有不同的元素。例如，在平面问题的弯-扭耦合振动分析中，每一结点仅含有沿啮合线方向的平移自由度和绕传动轴轴线的转动自由度，则相应的 $\boldsymbol{q}_{\mathrm{Gp}}$ 和 $\boldsymbol{q}_{\mathrm{Gg}}$ 可以表示为

$$\boldsymbol{q}_{\mathrm{Gp}}=\{y_{\mathrm{p}}\quad \theta_{\mathrm{p}}\}^{\mathrm{T}},\quad \boldsymbol{q}_{\mathrm{Gg}}=\{y_{\mathrm{g}}\quad \theta_{\mathrm{g}}\}^{\mathrm{T}} \tag{2.3.65}$$

对于传动轴子结构，一般是将其简化为等效梁，建立相应的集中参数分析模型，将安装齿轮和滚动轴承的轴段中点处设置为子结构界面的联结点。以图 2.3.15(c)所示的主动轴为例，其与主动齿轮的联结点为 O_{sp}，而与滚动轴承子结构的联结点为 O_{sb}。除这些界面结点，还应根据传动轴的结构特点等因素设置若干一般结点。将所有结点按界面和非界面进行分类，则传动轴子结构的广义位移列阵 $\boldsymbol{q}_{\mathrm{s}}$ 可表示为

$$\boldsymbol{q}_{\mathrm{s}}=\{\boldsymbol{q}_{\mathrm{sb}}^{\mathrm{T}}\quad \boldsymbol{q}_{\mathrm{snb}}^{\mathrm{T}}\}^{\mathrm{T}} \tag{2.3.66}$$

式中，$\boldsymbol{q}_{\mathrm{sb}}$ 为传动轴子结构的界面结点位移列阵；$\boldsymbol{q}_{\mathrm{snb}}$ 为传动轴子结构的非界面结点位移列阵。

上面的讨论是将主、从动轴作为一个子结构，在实际中也可以将主、从动轴处理成单独的子结构。

对于滚动轴承子结构的集中参数模型，也是将其与传动轴和箱体的联结界面简化为点联结，其相应的联结点为内圈和外圈的几何中心点 O_{bI} 和 O_{bO}。在集中参数模型中，总是将滚动轴承的力学性质处理成为这两个结点间的力学关系。由于一般不考虑滚动轴承的质量，因此滚动轴承子结构的分析模型实际上是两个界面结点间的弹性关系。滚动轴承子结构广义位移列阵 $\boldsymbol{q}_{\mathrm{Bi}}$ 可以表示为

$$\boldsymbol{q}_{\mathrm{Bi}}=\{\boldsymbol{q}_{\mathrm{BiI}}^{\mathrm{T}}\quad \boldsymbol{q}_{\mathrm{BiO}}^{\mathrm{T}}\}^{\mathrm{T}} \tag{2.3.67}$$

式中，$\boldsymbol{q}_{\mathrm{BiI}}$ 为滚动轴承与传动轴的联结点的位移列阵；$\boldsymbol{q}_{\mathrm{BiO}}$ 为滚动轴承与箱体的联结点的位移列阵。

箱体子结构与滚动轴承子结构的界面可以有两种形式。图 2.3.16(a)是将界面简化为单一联结点，即安装滚动轴承的圆柱孔中心点 O_{Bb}；而图 2.3.16(b)是将界面处理为圆柱孔表面上的若干结点。若安装轴承的孔与箱体相比较小，则可采用单点的联结界面，反之则应采用多点的联结界面，以便减少离散化误差。箱体子结构的广义位移列阵 $\boldsymbol{q}_{\mathrm{B}}$ 表示为

$$\boldsymbol{q}_{\mathrm{B}}=\{\boldsymbol{q}_{\mathrm{BI}}^{\mathrm{T}}\quad \boldsymbol{q}_{\mathrm{Bbi}}^{\mathrm{T}}\}^{\mathrm{T}} \tag{2.3.68}$$

式中，$\boldsymbol{q}_{\mathrm{BI}}$ 为箱体子结构的非界面结点位移列阵；$\boldsymbol{q}_{\mathrm{Bbi}}$ 为箱体子结构与滚动轴承的界面结点位移列阵。

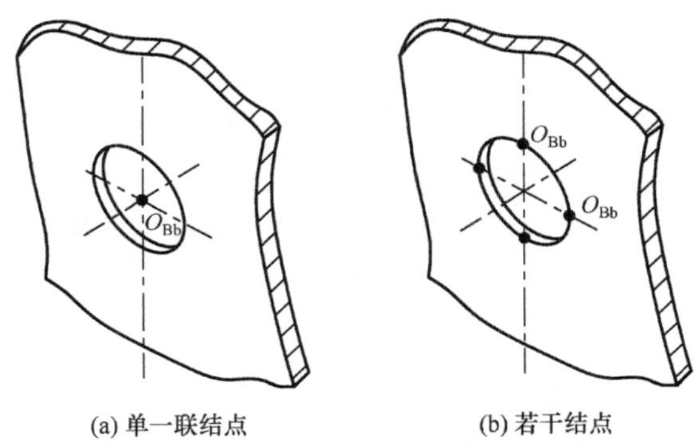

(a) 单一联结点　　(b) 若干结点

图 2.3.16　滚动轴承子结构的界面形式

对于上述讨论的各子结构之间，若不考虑联结界面的弹性变形，则有关界面间的位移协调条件如下。

(1) 齿轮与传动轴的位移协调条件：

$$\boldsymbol{q}_{\mathrm{Gp}}=\boldsymbol{q}_{\mathrm{Sp}},\quad \boldsymbol{q}_{\mathrm{Gg}}=\boldsymbol{q}_{\mathrm{Sg}} \tag{2.3.69}$$

(2) 传动轴与滚动轴承的位移协调条件：

$$\boldsymbol{q}_{\mathrm{Sbi}}=\boldsymbol{q}_{\mathrm{BiI}} \tag{2.3.70}$$

(3) 滚动轴承与箱体的位移协调条件：

$$\boldsymbol{q}_{\mathrm{BOi}}=\boldsymbol{q}_{\mathrm{Sbi}} \tag{2.3.71}$$

2. 齿轮副子结构动力学模型

若同时考虑齿轮副啮合耦合型振动中弯、扭、轴、摆等各有关自由度间的相互耦合，则齿轮副子结构两结点均具有 6 个自由度(3 个平移自由度和 3 个转动自由度)，相应的结点位移列阵分别为

$$\boldsymbol{q}_{\mathrm{Gp}}=\{x_{\mathrm{p}}\ \ y_{\mathrm{p}}\ \ z_{\mathrm{p}}\ \ \theta_{\mathrm{p}x}\ \ \theta_{\mathrm{p}y}\ \ \theta_{\mathrm{p}z}\}^{\mathrm{T}},\quad \boldsymbol{q}_{\mathrm{Gg}}=\{x_{\mathrm{g}}\ \ y_{\mathrm{g}}\ \ z_{\mathrm{g}}\ \ \theta_{\mathrm{g}x}\ \ \theta_{\mathrm{g}y}\ \ \theta_{\mathrm{g}z}\}^{\mathrm{T}} \tag{2.3.72}$$

若不考虑系统的阻尼，则齿轮副子结构振动模型的一般形式为

$$\boldsymbol{m}_{\mathrm{G}}\ddot{\boldsymbol{q}}_{\mathrm{G}}+\boldsymbol{k}_{\mathrm{G}}\boldsymbol{q}_{\mathrm{G}}=\boldsymbol{P}_{\mathrm{G}} \tag{2.3.73}$$

式中，$\boldsymbol{m}_{\mathrm{G}}$ 为齿轮副子结构的质量矩阵；$\boldsymbol{k}_{\mathrm{G}}$ 为齿轮副子结构的刚度矩阵；$\boldsymbol{P}_{\mathrm{G}}$ 为齿轮副子结构的广义载荷列阵。

相应于不同类型的问题，式(2.3.73)将具有不同的内容。例如，对于图 2.3.4 所示的直齿轮副的弯-扭耦合动力学问题，其结点 O_{p} 和 O_{g} 均有 2 个自由度，系统为四自由度系统，则质量矩阵 $\boldsymbol{m}_{\mathrm{G}}$、$\boldsymbol{k}_{\mathrm{G}}$ 和相应的子结构广义位移列阵分别为

$$\boldsymbol{m}_{\mathrm{G}}=\begin{bmatrix} m_{\mathrm{p}} & 0 & 0 & 0 \\ 0 & I_{\mathrm{p}} & 0 & 0 \\ 0 & 0 & m_{\mathrm{g}} & 0 \\ 0 & 0 & 0 & I_{\mathrm{g}} \end{bmatrix},\quad \boldsymbol{k}_{\mathrm{G}}=k_{\mathrm{m}}(t)\begin{bmatrix} 1 & -R_{\mathrm{p}} & -1 & -R_{\mathrm{g}} \\ -R_{\mathrm{p}} & R_{\mathrm{p}}^2 & R_{\mathrm{p}} & R_{\mathrm{p}}R_{\mathrm{g}} \\ -1 & R_{\mathrm{p}} & 1 & R_{\mathrm{g}} \\ -R_{\mathrm{g}} & R_{\mathrm{p}}R_{\mathrm{g}} & R_{\mathrm{g}} & R_{\mathrm{g}}^2 \end{bmatrix} \tag{2.3.74}$$

$$\boldsymbol{q}_{\mathrm{G}}=\{y_{\mathrm{p}} \quad \theta_{\mathrm{p}} \quad y_{\mathrm{g}} \quad \theta_{\mathrm{p}}\}^{\mathrm{T}}$$

式中，m_{p}、m_{g} 分别为主、从动齿轮的质量；I_{p}、I_{g} 分别为主、从动齿轮的转动惯量；R_{p}、R_{g} 分别为主、从动齿轮的基圆半径。

对于其他形式的齿轮副，也可按类似的方法推出相应的子结构动力学模型。

3. 传动轴子结构动力学模型

齿轮结构中的传动轴多是阶梯形的圆截面轴，在建模时一般将其处理成梁类构件，以其中心线的运动状态代表传动轴的运动状态。建立梁类传动轴子结构动力学模型的方法主要有传递矩阵法、集中参数法和有限元法。对于有限元法，若采用集中质量法形成单元质量矩阵，则有限元法与集中参数法完全一致。一般而言，传动轴梁类子结构任一结点均可以有 6 个广义自由度，相应的单元质量矩阵和单元刚度矩阵则是 12×12 的方阵。与齿轮副子结构动力学模型类似，对于不同性质的问题，结点自由度也是不同的。例如，在直齿轮副的弯-扭耦合振动分析中，传动轴子结构的结点位移也仅含有位移和转动 2 个自由度，而在斜齿轮副的弯-扭-轴耦合振动分析中，各结点则应有 3 个自由度。

某些齿轮结构的传动轴不能简化为梁类构件，例如，机床的主轴短而粗，且是中空的，简化成梁类构件时会有较大误差。因此，一般应将其处理成三维问题，用有限元法进行分析。

4. 箱体子结构动力学模型

箱体结构是一种复杂的弹性结构，一般用有限元法建立其动力学模型。

箱体结构的有限元模型由各类单元组合而成。其中，箱壁是薄板结构，一般用板壳单元进行模拟；轴承座处是块状结构，采用三维块体单元进行模拟；而不同部分间的连接螺栓则可采用梁类单元进行模拟。

5. 轴承子结构动力学模型

在齿轮结构中，轴承是传动轴的支承零件，齿轮轮齿的动态啮合激励通过轴承传给箱体，使箱体产生振动和噪声。轴承的动态特性对整个齿轮结构的振动特性将产生重要的影响。因此，建立轴承的分析模型是齿轮结构建模的重要组成部分，从动态子结构建模的基本原理出发，将轴承处理为结构系统中的子结构。由于轴承质量比其他零件(齿轮、传动轴、箱体)质量小得多，故常略去不计。因此，轴承的建模主要是确定轴承子结构的刚度矩阵。

关于轴承子结构的建模及其动力学特性，将在第 4 章详细讨论。

6. 齿轮结构的综合方法

得到了各子结构分析模型后，即可利用子结构间的界面条件，由子结构分析模型综合得到整个齿轮结构的分析模型。

描述结构动态特性的参数有三类：物理参数、阻抗(传递)参数和模态参数。因此，子结构的分析模型可以有三种类型：物理参数模型、阻抗(传递)参数模型和模态参数模型。物理参数模型是指由结构的质量、阻尼和刚度等物理参数描述的分析模型，即动力学方程，前面讨论的各子结构分析模型均是物理参数模型；阻抗(传递)参数模型是指由子结构的阻抗(传递)参数(如传递函数、动态刚度等)所描述的分析模型，一般可由物理参数模型经理论计算得到，也可直接由动态测试得到；模态参数模型是指由子结构的模态质量、模态刚度和模态阻尼等模态参数描述的分析模型，可由物理参数模型经计算得到，也可由动态测试经参数识别得到。若各子结构均由同一类参数描述，则经综合可以得到整个齿轮结构的单类参数的物理参数模型、阻抗(传递)参数模型和模态参数模型；若各子结构由不同类的参数描述，则经综合可以得到两类或三类参数混合的分析模型。

1) 物理参数综合模型

一般的传递矩阵法、集中参数法和有限元法均是物理参数分析模型。因此，在齿轮结构的分析中，若分别得到了齿轮副、传动轴和箱体等子结构的物理参数分析模型(动力学方程)，则可按照有限元法的结点进行叠加，综合得到整个系统的动力学方程。在有限元法的结点叠加中，需要考虑结点的位移协调条件和力的平衡条件。物理参数分析模型是直接由系统的质量、阻尼、刚度等物理参数描述的，物理含义明确，因此便于进行结构的动力修改，但这种模型的结点自由度多，模型规模大。

2) 阻抗(传递)参数综合模型

阻抗(传递)参数是指结构或子结构的传递函数，若各子结构分析模型均由阻抗参数描述，则综合得到的分析模型是阻抗(传递)参数分析模型，综合过程的实质是有限元法中的结点叠加方法。

在齿轮结构的阻抗(传递)参数综合模型的分析中，将整个系统分成两个子结构，一个是由齿轮、传动轴和轴承组成的传动系统，另一个是系统中的结构系统。在分别求得了两个子结构的阻抗(传递)参数分析模型之后，利用结点叠加方法组合成整个齿轮结构的阻抗参数分析模型。对于传动系统子结构的分析，直齿轮传动中，各结点均有 3 个自由度，即 2 个平移自由度和 1 个绕传动轴旋转中心的转动自由度。模型中考虑了传动轴的横向弯曲刚度和扭转刚度以及齿轮、传动轴与联轴器的质量和转动惯量，并假定轮齿啮合刚度为时不变的常数。用两个坐标方向的等效弹簧模拟滚动轴承，用有限元法或动态测试得到箱体结构的模态参数，可由式(2.3.75)计算出其传递函数为

$$H(\omega)=\sum_{r=1}^{N}\frac{\mathrm{i}\omega u_{ri}u_{rl}}{k_r(1-\lambda_r^2+2\mathrm{i}\xi_r\lambda_r)} \tag{2.3.75}$$

式中，u_{ri}、u_{rl} 为系统第 r 阶模态向量 $\boldsymbol{u}_r$ 的元素；k_r、ξ_r 分别为系统的第 r 阶模态刚度和模态阻尼比；λ_r 为频率比，$\lambda_r=\omega/\omega_r$，$\omega_r$ 为第 r 阶无阻尼自然频率；ω 为角频率。

利用阻抗参数描述结构系统动态特性的优点在于，对于比较复杂的子结构部件，可以略去其内部复杂结构构成的具体情况，直接确定子结构界面间的阻抗(传递)特性(即子结构的阻抗参数分析模型)，并参与整个结构系统的综合。因此，这种方法适于确定动态激励的传递率。

3) 模态参数综合模型

模态参数包括自然频率、振型、模态质量、模态阻尼和模态刚度等，利用系统的自然频率和振型对原物理参数所描述的分析模型进行坐标变换，可得到由模态参数描述的分析模型。在齿轮结构的动态子结构综合法中，若各子结构的分析模型均由模态参数描述，则由此综合得到的整个系统的分析模型便是模态参数综合模型。

建立齿轮结构分析模型的动态子结构模态综合法是将齿轮结构分成由齿轮副、传动轴和支承轴承组成的传动系统子结构和模拟箱体的结构系统子结构。对于传动系统子结构，首先利用传递矩阵法建立其物理参数分析模型，并计算得到传动系统的自然频率和振型，通过坐标变换得到传动系统的模态参数分析模型。对于结构系统子结构，采用有限元法建立其物理参数分析模型，也是由该模型计算得到的自然频率、振型，经坐标变换得到其模态参数分析模型。然后将传动系

统子结构和结构系统子结构模态参数分析模型综合起来，得到整个齿轮结构的模态参数综合模型。

模态综合法一般仅适用于线性系统的分析。对于齿轮结构，由于轮齿啮合刚度的时变性，其在不同的时间段将具有不同的刚度值，因而其自然频率实际上随刚度的变化而变化。为避开这一问题，可将时变啮合刚度处理为等效的时不变啮合刚度，因此不仅使分析过程产生误差，而且也难以分析齿轮结构刚度激励的本质特性。为解决这一问题，可将模态分析法与状态空间法相结合建立分析模型，将一个啮合周期内的啮合综合刚度简化为两段矩形的刚度，每段刚度视为常量，在这两段内先分别建立相应的模态参数分析模型，然后将其转化成状态空间的形式，并利用两段刚度交接处位移和速度相等的条件，将状态方程的解联结成一个周期，从而求得齿轮结构作为时变刚度系统的解答。

4) 物理-模态混合参数综合模型

在动态子结构综合法中，由不同类型的参数共同描述的模型称为**混合参数综合模型**。

由物理参数和模态参数混合建立的齿轮结构分析模型，分析对象是由齿轮和传动轴组成的齿轮-转子系统，并将系统分解成两个子结构，即齿轮副子结构和传动轴子结构，这两个子结构分别建立了齿轮副子结构的物理参数分析模型和传动轴子结构的模态参数分析模型，利用子结构的界面条件，综合成由物理参数和模态参数共同描述的整个齿轮-转子系统的混合参数分析模型。

2.4　齿轮结构的动态特性

2.4.1　齿轮结构的动力稳定性

若描述系统振动特性的齐次运动微分方程是稳定的，则相应的非齐次方程，即振动系统本身也是稳定的，因此研究系统的稳定性就是研究系统齐次运动微分方程的稳定性。

1. 单自由度系统的稳定性分析

设齿轮副单自由度系统的运动方程为

$$m\ddot{x}(t)+c\dot{x}(t)+k(t)x(t)=F(t) \tag{2.4.1}$$

若不考虑系统的阻尼，则相应的齐次方程为

$$m\ddot{x}(t)+k(t)x(t)=0 \tag{2.4.2}$$

式中，m 为齿轮副的综合当量质量；$x(t)$ 为主、从动齿轮在啮合线上的相对位移；$k(t)$为啮合综合刚度。

对于直齿圆柱齿轮，若重合度为$1\leqslant\varepsilon\leqslant 2$，将轮齿啮合综合刚度简化成如图 2.4.1 所示的矩形波周期函数，则有

$$k(t)=k_0+k_{\mathrm{v}}(t) \tag{2.4.3}$$

式中，k_0为刚度的不变部分，若$S=T/2$，则

$$k_0=(k_{\max}+k_{\min})/2 \tag{2.4.4}$$

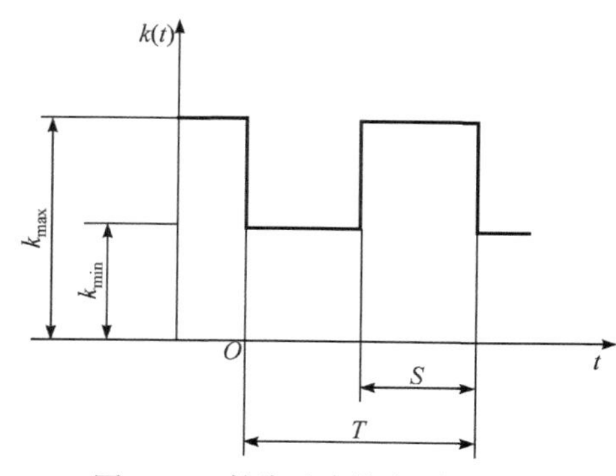

图 2.4.1　轮齿啮合综合刚度简化

$k_{\mathrm{v}}(t)$为综合刚度的变动部分，可表示为

$$k_{\mathrm{v}}(t)=\begin{cases}(k_{\max}-k_{\min})/2=\varDelta, & 0\leqslant t\leqslant s\\ -(k_{\max}-k_{\min})/2=-\varDelta, & s<t\leqslant T\end{cases} \tag{2.4.5}$$

式中，$k_{\max}$和 $k_{\min}$分别为啮合刚度的最大值和最小值。

将 $k(t)$展成余弦级数，则式(2.4.2)变为

$$m\ddot{x}(t)+kx(t)+\sum_{n=1}^{\infty}A_n\cos(n\omega_{\mathrm{m}}t)x(t)=0 \tag{2.4.6}$$

式中，ω_{m}为啮合频率，$\omega_{\mathrm{m}}=2\pi/T$。

$$k=k_0+\frac{A_0}{2},\quad A_0=2\varDelta(2\varepsilon-3),\quad A_n=4\varDelta\sin[n\pi(\varepsilon-1)]/(n\pi) \tag{2.4.7}$$

稳定性分析的核心是确定稳定边界，根据 Floquet 理论可以采用两种方法来确定稳定边界。

方法一：由参数振动的 Floquet 理论，参数平面上的稳定和非稳定区域的分界线相应于周期为 T 和 $2T$ 的周期解，求出这些解的存在条件就决定了稳定和非稳定区域的边界。

对于周期为 $2T$ 的周期解的存在条件，设周期为 $2T$ 的周期解为

$$x(t)=\sum_{n=1,3,5}^{\infty}\left[b_n\sin(n\omega_{\mathrm{m}}t/2)+B_n\cos(n\omega_{\mathrm{m}}t/2)\right] \tag{2.4.8}$$

将式(2.4.8)代入式(2.4.6)，令$\sin(n\omega_{\mathrm{m}}t/2)$和$\cos(n\omega_{\mathrm{m}}t/2)$的同次项系数为零，则得到 b_n和 B_n应满足的方程组为

$$
\begin{cases}
\left(-\dfrac{\omega_{\mathrm{m}}^2 m}{4}+k-\dfrac{1}{2}A_1\right)b_1+\dfrac{1}{2}\sum\limits_{n=1}^{\infty}(A_n-A_{n+1})b_{2n+1}=0 \\
\dfrac{1}{2}(A_1-A_2)b_1+\left[-\dfrac{(3\omega_{\mathrm{m}})^2 m}{4}+k-\dfrac{1}{2}A_3\right]b_3+\dfrac{1}{2}\sum\limits_{n=1}^{\infty}(A_n-A_{n+3})b_{2n+3}=0 \\
\dfrac{1}{2}(A_2-A_3)b_1+\dfrac{1}{2}(A_1-A_4)b_3+\left[-\dfrac{(5\omega_{\mathrm{m}})^2 m}{4}+k-\dfrac{1}{2}A_5\right]b_5 \\
\qquad +\dfrac{1}{2}\sum\limits_{n=1}^{\infty}(A_n-A_{n+5})b_{2n+5}=0 \\
\vdots
\end{cases}
\tag{2.4.9}
$$

$$
\begin{cases}
\left(-\dfrac{\omega_{\mathrm{m}}^2 m}{4}+k+\dfrac{1}{2}A_1\right)B_1+\dfrac{1}{2}\sum\limits_{n=1}^{\infty}(A_n+A_{n+1})B_{2n+1}=0 \\
\dfrac{1}{2}(A_1-A_2)B_1+\left[-\dfrac{(3\omega_{\mathrm{m}})^2 m}{4}+k+\dfrac{1}{2}A_3\right]B_3+\dfrac{1}{2}\sum\limits_{n=1}^{\infty}(A_n+A_{n+3})B_{2n+3}=0 \\
\dfrac{1}{2}(A_2+A_3)B_1+\dfrac{1}{2}(A_1+A_4)B_3+\left[-\dfrac{(5\omega_{\mathrm{m}})^2 m}{4}+k+\dfrac{1}{2}A_5\right]B_5 \\
\qquad +\dfrac{1}{2}\sum\limits_{n=1}^{\infty}(A_n+A_{n+5})B_{2n+5}=0
\end{cases}
\tag{2.4.10}
$$

周期为 $2T$ 的周期解，即式(2.4.8)的存在条件是式(2.4.9)和式(2.4.10)的系数行列式为零。设周期为 T 的周期解为

$$
x(t)=b_0+\sum_{n=2,4,6}^{\infty}\left[b_n\sin(n\omega_{\mathrm{m}}t/2)+B_n\cos(n\omega_{\mathrm{m}}t/2)\right] \tag{2.4.11}
$$

将式(2.4.11)代入式(2.4.6)，令 $\sin(n\omega_{\mathrm{m}}t/2)$ 和 $\cos(n\omega_{\mathrm{m}}t/2)$ 的同次项系数为零，得到 B_n 和 b_n 应满足的方程组。该方程组的系数行列式等于零就是在无阻尼情况下式(2.4.11)的存在条件。

可以证明，上述方法求得的表示周期解存在条件的无穷阶行列式是收敛的，因此取最低的几阶进行分析就可得到近似的周期解的参数曲线，且周期相同的曲线围成的区域为非稳定区域，周期不同的曲线围成的区域为稳定区域。

方法二：由 Floquet 理论可知，在动力不稳定区的边界上应满足：

$$
\left|\frac{1}{2}[x_1(T)+x_2(T)]\right|=1 \tag{2.4.12}
$$

式中，$x_1(T)$和 $x_2(T)$分别为式(2.4.2)的两个特解在 T 时刻的值，求得 $x_1(t)$和 $x_2(t)$，则可以确定齿轮副的动力不稳定区的边界。

下面讨论 $x_1(t)$和 $x_2(t)$的确定问题。在不考虑阻尼的情况下，齿轮副的自由振

动方程为式(2.4.2)。设轮齿啮合综合刚度为

$$k(t)=\begin{cases}k_{\max}, & 0\leqslant t\leqslant S\\ k_{\min}, & S<t\leqslant T\end{cases} \tag{2.4.13}$$

在 $0\leqslant t\leqslant S$ 时段，方程(2.4.2)变为

$$\ddot{x}(t)+\frac{k_{\max}}{m}x(t)=0 \tag{2.4.14}$$

式(2.4.14)的通解为

$$x(t)=C_1\sin(\omega_{n1}t)+D_1\cos(\omega_{n1}t) \tag{2.4.15}$$

式中，C_1、D_1 为常数；$\omega_{n1}=\sqrt{k_{\max}/m}$。

在 $0\leqslant t\leqslant S$ 时段，式(2.4.14)应有两个特解，分别满足初始条件 $x_1(0)=1$，$\dot{x}_1(0)=0$，$x_2(0)=0$，$\dot{x}_2(0)=1$，所以其特解为

$$x_1(t)=\cos(\omega_{n1}t),\quad x_2(t)=\frac{1}{\omega_{n1}}\sin(\omega_{n1}t) \tag{2.4.16}$$

而在 $S<t\leqslant T$ 时段，式(2.4.2)变为

$$\ddot{x}(t)+\frac{k_{\min}}{m}x(t)=0 \tag{2.4.17}$$

式(2.4.17)的通解为

$$x(t)=C_2\sin(\omega_{n2}t)+D_2\cos(\omega_{n2}t) \tag{2.4.18}$$

式中，C_2、D_2 为常数；$\omega_{n2}=\sqrt{k_{\min}/m}$。

当 $t=S$ 时，设 $\varDelta$ 为小量，则方程的解及其导数的连续条件为

$$x_{1,2}(S-\varDelta)=x_{1,2}(S+\varDelta),\quad \dot{x}_{1,2}(S-\varDelta)=\dot{x}_{1,2}(S+\varDelta) \tag{2.4.19}$$

由式(2.4.16)、式(2.4.18)和式(2.4.19)可得在 $S<t\leqslant T$ 时段中的两个特解分别是

$$x_1(t)=C_{12}\sin(\omega_{n2}t)+D_{12}\cos(\omega_{n2}t),\quad x_2(t)=C_{22}\sin(\omega_{n2}t)+D_{22}\cos(\omega_{n2}t) \tag{2.4.20}$$

式中，

$$\begin{aligned}
C_{12}&=\cos[\omega_{n1}(\varepsilon-1)T]\sin[\omega_{n2}(\varepsilon-1)T]-\frac{\omega_{n1}}{\omega_{n2}}\sin[\omega_{n1}(\varepsilon-1)T]\cos[\omega_{n2}(\varepsilon-1)T]\\
D_{12}&=\cos[\omega_{n1}(\varepsilon-1)T]\cos[\omega_{n2}(\varepsilon-1)T]+\frac{\omega_{n1}}{\omega_{n2}}\sin[\omega_{n1}(\varepsilon-1)T]\sin[\omega_{n2}(\varepsilon-1)T]\\
C_{22}&=\frac{1}{\omega_{n1}}\sin[\omega_{n1}(\varepsilon-1)T]\sin[\omega_{n2}(\varepsilon-1)T]+\frac{1}{\omega_{n2}}\cos[\omega_{n1}(\varepsilon-1)T]\cos[\omega_{n2}(\varepsilon-1)T]\\
D_{22}&=\frac{1}{\omega_{n1}}\sin[\omega_{n1}(\varepsilon-1)T]\cos[\omega_{n2}(\varepsilon-1)T]-\frac{1}{\omega_{n2}}\cos[\omega_{n1}(\varepsilon-1)T]\sin[\omega_{n2}(\varepsilon-1)T]
\end{aligned} \tag{2.4.21}$$

将式(2.4.20)代入式(2.4.12)，得到齿轮副动力不稳定区的边界应满足的方程为

$$\left|C_{12}\sin(\omega_{\mathrm{n}2}T)+D_{12}\cos(\omega_{\mathrm{n}2}T)+C_{22}\omega_{\mathrm{n}2}\cos(\omega_{\mathrm{n}2}T)-D_{22}\omega_{\mathrm{n}2}\sin(\omega_{\mathrm{n}2}T)\right|=2 \tag{2.4.22}$$

2. 多自由度系统稳定性分析的状态空间法

当前面讨论的单自由度系统稳定性分析方法用于多自由度系统时，一般行列式的阶数会很高，求解复杂。利用状态空间法与 Floquet 理论相结合的方法求解多自由度齿轮结构的动力稳定性较为适用。

设多自由度齿轮结构的运动微分方程的矩阵形式为

$$\ddot{\boldsymbol{x}}(t)+\boldsymbol{c}(t)\dot{\boldsymbol{x}}(t)+\boldsymbol{k}(t)\boldsymbol{x}(t)=\boldsymbol{F}(t) \tag{2.4.23}$$

将其变换成如下形式：

$$\dot{\boldsymbol{y}}(t)=\boldsymbol{A}(t)\boldsymbol{y}(t)+\boldsymbol{B}(t) \tag{2.4.24}$$

式中，

$$\boldsymbol{A}(t)=\begin{bmatrix}\boldsymbol{0} & \boldsymbol{I}\\ -\boldsymbol{k}(t) & -\boldsymbol{c}(t)\end{bmatrix},\quad \boldsymbol{B}(t)=\begin{bmatrix}\boldsymbol{0}\\ \boldsymbol{F}(t)\end{bmatrix} \tag{2.4.25}$$

式(2.4.24)称为**动力学模型的状态空间形式**。

由于一般外载荷不影响系统的稳定性，所以状态空间方程可表示为

$$\dot{\boldsymbol{y}}(t)=\boldsymbol{A}(t)\boldsymbol{y}(t) \tag{2.4.26}$$

式(2.4.26)的离散时间状态方程可以表示为

$$\boldsymbol{y}(t_{k+1})=\boldsymbol{D}(t_k)\boldsymbol{y}(t_k) \tag{2.4.27}$$

式中，$\boldsymbol{D}(t_k)$为传递控制矩阵，可表示为

$$\boldsymbol{D}(t_k)=\mathrm{e}^{\boldsymbol{A}(t)\Delta t} \tag{2.4.28}$$

其中，Δt 为离散时间的间隔。

由初始状态(啮合周期的起点)t_0时刻至啮合周期的终点 t_m时刻，应有以下关系：

$$\boldsymbol{y}(t_1)=\boldsymbol{D}(t_0)\boldsymbol{y}(t_0),\quad \boldsymbol{y}(t_2)=\boldsymbol{D}(t_1)\boldsymbol{D}(t_0)\boldsymbol{y}(t_0),\quad \cdots,\quad \boldsymbol{y}(t_m)=\boldsymbol{G}\boldsymbol{y}(t_0) \tag{2.4.29}$$

式中，$\boldsymbol{G}$ 为稳定性分析中系统的**增长矩阵**，表示为

$$\boldsymbol{G}=\prod\boldsymbol{D}(t_j) \tag{2.4.30}$$

一般来说，增长矩阵控制着系统的稳定性。若增长矩阵所有特征值的绝对值均小于或等于单位值，则系统是一致稳定的；反之，则是不稳定的。

3. 多自由度系统稳定性分析的多尺度法

1) 系统的分析模型

对于如图 2.4.2 所示的一齿轮副的动力学模型，R_{p}、R_{g} 分别为主、从动齿轮的基圆半径；m_{p}、m_{g} 和 I_{p}、I_{g} 分别为主、从动齿轮的质量和转动惯量；$k_{\mathrm{p}y}$、$k_{\mathrm{g}y}$

分别为支承 x 和 y 方向的横向刚度；$k_m(t)$和 $e(t)$分别为齿轮的啮合综合刚度和综合误差。

将啮合综合刚度 $k_m(t)$展成傅里叶级数，经整理可表示为

$$k_m(t)=k_0+2C_\varepsilon\sum_{i=1}^{\infty}B_i\cos(i\omega t) \tag{2.4.31}$$

式中，k_0 为平均啮合刚度；C_ε 为小参数；B_i 为系数；ω 为啮合频率。

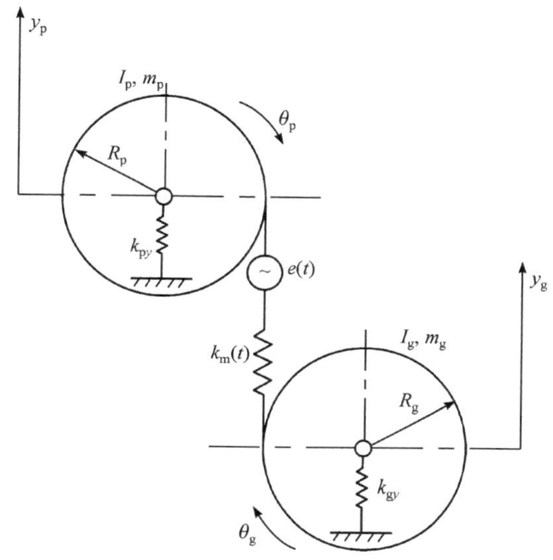

图 2.4.2　一齿轮副的动力学模型

若将轮齿啮合综合刚度简化为如图 2.4.3 所示的形式,则这些参数可以表示为

$$k_0=(\mu-1)k_{max}-(\mu-2)k_{min},\quad B_i=\frac{k_{max}-k_{min}}{C_\varepsilon i\pi}\sin[i\pi(\mu-1)]$$
$$\mu=\frac{S+T}{T},\quad \omega=\frac{2\pi nz}{60} \tag{2.4.32}$$

式中，n 为转速；z 为齿数。

对于由啮合刚度与综合误差的作用引起的激励力 $k_m(t)e(t)$,若 A 为齿轮基节误差，则 $e(t)=A\cos(4\omega t)$，从而由式(2.4.31)可得

$$k_m(t)e(t)=\sum_{i=1}^{\infty}P_i\cos(i\omega t-\theta_n) \tag{2.4.33}$$

式中，θ_n 为相角。

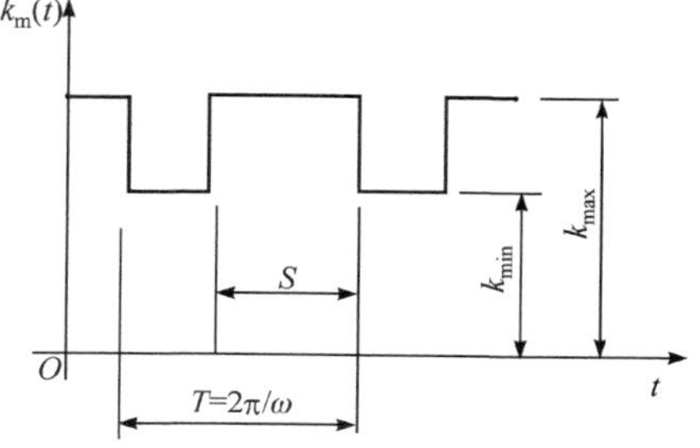

图 2.4.3　轮齿啮合综合刚度的简化

引入等效转动惯量 $\overline{I}_p$ 、$\overline{I}_g$ 和等效扭转

刚度 $k_{\theta p}$、$k_{\theta g}$ 分别为

$$\bar{I}_p = \frac{I_p}{R_p^2}, \quad \bar{I}_g = \frac{I_g}{R_g^2}, \quad k_{\theta p} = \frac{k_{\varphi p}}{R_p^2}, \quad k_{\theta g} = \frac{k_{\varphi g}}{R_g^2} \tag{2.4.34}$$

对如图 2.4.2 所示的齿轮结构，其运动微分方程为

$$\boldsymbol{m}\ddot{\boldsymbol{x}}(t) + \boldsymbol{k}\dot{\boldsymbol{x}}(t) + 2C_\varepsilon \boldsymbol{h}\boldsymbol{x}(t)\sum_{i=1}^{\infty} B_i \cos(i\omega t) = \boldsymbol{p}\sum_{i=1}^{\infty} P_i \cos(i\omega t) \tag{2.4.35}$$

式中，

$$\boldsymbol{m} = \begin{bmatrix} m_p & 0 & 0 & 0 \\ 0 & \bar{I}_p & 0 & 0 \\ 0 & 0 & m_g & 0 \\ 0 & 0 & 0 & \bar{I}_g \end{bmatrix}, \quad \boldsymbol{h} = \begin{bmatrix} 1 & -1 & -1 & 1 \\ -1 & 1 & 1 & -1 \\ -1 & 1 & 1 & -1 \\ 1 & -1 & -1 & 1 \end{bmatrix}$$

$$\boldsymbol{k} = \begin{bmatrix} k_{py} + k_0 & -k_0 & -k_0 & k_0 \\ -k_0 & k_{\theta p} + k_0 & k_0 & -k_0 \\ -k_0 & k_0 & k_{gy} + k_0 & -k_0 \\ k_0 & -k_0 & -k_0 & k_{\theta g} + k_0 \end{bmatrix} \tag{2.4.36}$$

$$\boldsymbol{x}(t)=\{y_p \quad R_p\theta_p \quad y_g \quad R_g\theta_g\}^{\mathrm{T}}, \quad \boldsymbol{p} = \{1 \quad -1 \quad 1 \quad -1\}^{\mathrm{T}}$$

由式(2.4.35)可求得相应的线性齐次方程为

$$\boldsymbol{m}\ddot{\boldsymbol{x}}(t) + \boldsymbol{k}\boldsymbol{x}(t) = \boldsymbol{0} \tag{2.4.37}$$

由式(2.4.37)可求得系统的各阶自然频率 $\omega_{n1}, \omega_{n2}, \cdots$及相应的主振型 $\boldsymbol{u}^{(1)}, \boldsymbol{u}^{(2)}, \cdots$，从而得到正则模态矩阵为

$$\boldsymbol{N} = \{\boldsymbol{u}^{(1)}, \boldsymbol{u}^{(2)}, \cdots\} \tag{2.4.38}$$

令

$$\boldsymbol{x}(t) = \boldsymbol{N}\boldsymbol{s}(t) \tag{2.4.39}$$

将式(2.4.39)代入式(2.4.35)，并前乘 $\boldsymbol{N}^{\mathrm{T}}$，则得到正则模态方程为

$$\ddot{\boldsymbol{s}}(t) + \boldsymbol{K}\boldsymbol{s}(t) + 2C_\varepsilon \boldsymbol{H}\boldsymbol{s}(t)\sum_{n=1}^{\infty} B_n \cos(n\omega t) = \sum_{n=1}^{\infty} \boldsymbol{F}_n \cos(n\omega t) \tag{2.4.40}$$

式中，

$$\boldsymbol{H} = \boldsymbol{N}^{\mathrm{T}}\boldsymbol{h}\boldsymbol{N}, \quad \boldsymbol{F}_n = \boldsymbol{N}^{\mathrm{T}}\boldsymbol{p}, \quad \boldsymbol{K} = \mathrm{diag}\{\omega_i^2\} \tag{2.4.41}$$

将式(2.4.40)写成展开形式：

$$\ddot{s}_i(t)+\omega_i^2 s_i(t)+2C_\varepsilon\sum_{n=1}^{\infty}\sum_{r=1}^{N}H_{ir}s_rB_n\cos(n\omega t)=\sum_{n=1}^{\infty}F_{in}\cos(n\omega t),\quad i=1,2,\cdots,N \tag{2.4.42}$$

对于如图 2.4.2 所示的四自由度系统，式(2.4.42)中的 $N=4$。

2) 确定系统的动力稳定性的多尺度法

对于式(2.4.42)的解 s_i，引进三个不同尺度的时间变量 $T_0=t$、$T_1=C_\varepsilon t$、$T_2=C_\varepsilon^2 t$，则得到

$$s_i=s_{i0}(T_0T_1T_2)+C_\varepsilon s_{i1}(T_0T_1T_2)+C_\varepsilon^2 s_{i2}(T_0T_1T_2)+O(C_\varepsilon^3) \tag{2.4.43}$$

将式(2.4.43)代入式(2.4.42)，引用 $2\cos(\omega T_0)=\mathrm{e}^{\mathrm{i}\omega T_0}+\mathrm{cc}$，由等式两端 C_ε 的同次幂系数相等可得

$$\begin{gathered}\frac{\partial^2}{\partial T_0^2}s_{i0}+\omega_i^2 s_{i0}=0,\quad \frac{\partial^2}{\partial T_0^2}s_{i1}+\omega_i^2 s_{i1}=-2\frac{\partial^2}{\partial T_0\partial T_1}s_{i0}-\sum_n\sum_r H_{ir}q_{r0}B_n(\mathrm{e}^{\mathrm{i}n\omega T_0}+\mathrm{cc})\\ \frac{\partial^2}{\partial T_0^2}s_{i2}+\omega_i^2 s_{i2}=-2\frac{\partial^2}{\partial T_0\partial T_2}s_{i0}-\frac{\partial^2}{\partial T_1^2}s_{i0}-2\frac{\partial^2}{\partial T_0\partial T_1}s_{i1}-\sum_n\sum_r H_{ir}q_{r1}B_n(\mathrm{e}^{\mathrm{i}n\omega T_0}+\mathrm{cc})\end{gathered} \tag{2.4.44}$$

由式(2.4.44)的第一式可得

$$s_{i0}=A_i(T_1T_2)\mathrm{e}^{\mathrm{i}\omega_i T_0}+\overline{A}_i(T_1T_2)\mathrm{e}^{-\mathrm{i}\omega_i T_0} \tag{2.4.45}$$

将式(2.4.45)代入式(2.4.44)的第二式可得

$$\frac{\partial^2}{\partial T_0^2}s_{i1}+\omega_i^2 s_{i1}=-2\mathrm{i}\omega_i\frac{\partial}{\partial T_1}A_i\mathrm{e}^{\mathrm{i}\omega_i T_0}-\sum_n\sum_r H_{ir}A_rB_n[\mathrm{e}^{\mathrm{i}(\omega_r+n\omega)T_0}+\mathrm{e}^{\mathrm{i}(\omega_r-n\omega)T_0}]+\mathrm{cc} \tag{2.4.46}$$

式中，cc 为等式右端函数的共轭复数部分。

由式(2.4.46)可以看出，等式右端第一项将使一阶渐近解 s_{i1} 中包含与 t 成正比的永年项，为得到一致有效解，令其系数等于零，即

$$\frac{\partial}{\partial T_1}A_i=0 \tag{2.4.47}$$

则有

$$A_i=A_i(T_2) \tag{2.4.48}$$

在消除永年项后，式(2.4.46)的解为

$$s_{i1}=\sum_n\sum_r H_{ir}A_rB_n\left[\frac{\mathrm{e}^{\mathrm{i}(\omega_r+n\omega)T_0}}{(\omega_r+n\omega)^2-\omega_i^2}+\frac{\mathrm{e}^{\mathrm{i}(\omega_r-n\omega)T_0}}{(\omega_r-n\omega)^2-\omega_i^2}\right] \tag{2.4.49}$$

由式(2.4.49)可以看出，当 $n\omega$ 接近 $\omega_s\pm\omega_r$ 时，将出现分母很小的情况，即

$s_{i1} \to \infty$，因此渐近解式(2.4.49)仅适用于 $n\omega$ 远离 $\omega_s \pm \omega_r$ 的情况。

对于 $n\omega$ 接近 $\omega_s + \omega_r$ 的情况，令

$$n\omega = \omega_s + \omega_r + C_\varepsilon \sigma, \quad n = 1, 2, \cdots \tag{2.4.50}$$

引入时间尺度可得

$$(n\omega - \omega_s)T_0 = \omega_r T_0 + \sigma T_1, \quad (n\omega - \omega_r)T_0 = \omega_s T_0 + \sigma T_1 \tag{2.4.51}$$

将式(2.4.51)代入式(2.4.46)，求出具有 $\mathrm{e}^{\mathrm{i}\omega_i T_0}$ 的项，为消除永年项，分别令等式右端 $\mathrm{e}^{\mathrm{i}\omega_i T_0}$ 各项的系数等于零，即

$$2\mathrm{i}\omega_r \frac{\partial}{\partial T_1} A_r + \sum_n H_{rs} \bar{A}_r B_n \mathrm{e}^{\mathrm{i}\sigma T_1} = 0, \quad 2\mathrm{i}\omega_s \frac{\partial}{\partial T_1} A_s + \sum_n H_{sr} \bar{A}_r B_n \mathrm{e}^{\mathrm{i}\sigma T_1} = 0 \tag{2.4.52}$$

由式(2.4.52)得

$$A_r = a_r \mathrm{e}^{-\mathrm{i}\lambda T_1}, \quad A_s = a_s \mathrm{e}^{\mathrm{i}(\bar{\lambda} + c)T_1} \tag{2.4.53}$$

式中，

$$\lambda = -\left(\sigma \pm \sqrt{\sigma^2 - A_{rs}}\right)/2, \quad A_{rs} = \left(\sum_n B_n\right)^2 H_{rs} H_{sr} / (\omega_r \omega_s) \tag{2.4.54}$$

由式(2.4.53)和式(2.4.54)可以看出，当 $\sigma^2 > A_{rs}$ 时，λ 是实数，A_r 随 T_1 稳定变化，系统按 T_1 稳定振动；当 $\sigma^2 < A_{rs}$ 时，λ 是复数，A_r 随 T_1 按指数增长，运动不稳定。由此得 $\sigma = \pm\sqrt{A_{rs}}$，代入式(2.4.50)得 C_ε-ω 平面上稳定和不稳定区域的分界线为

$$\omega = \frac{1}{n}\left(\omega_r + \omega_s \pm C_\varepsilon \sum_n B_n \sqrt{H_{rs} H_{sr} / \omega_r \omega_s}\right) + O(C_\varepsilon^2) \tag{2.4.55}$$

对于 $n\omega$ 接近 $\omega_s - \omega_r$ 的情况

$$\omega = \frac{1}{n}[\omega_s - \omega_r \pm C_\varepsilon \sum_n B_n \sqrt{H_{rs} H_{sr} / (-\omega_r \omega_s)}] + O(C_\varepsilon^2) \tag{2.4.56}$$

使用相同的方法，将式(2.4.45)和式(2.4.49)代入式(2.4.44)则可求出二阶渐近解的稳定与不稳定区域的分界线。

2.4.2　齿轮结构的固有特性

研究齿轮结构自然频率和振型的一般方法是，首先建立系统的集中参数动力学模型，建模时将齿轮副处理成刚性的集中质量，传动轴简化成具有扭转变形和弯曲变形的弹性元件，原动机和负载则处理成相应的集中转动惯量，然后推出动力学方程，并由相应的无阻尼自由振动方程计算得到系统的自然频率和振型。

1. 齿轮副的固有特性

不失一般性，以图 2.4.4 所示的两级传动齿轮副为例，其中，图 2.4.4(a)为纯扭转振动模型，图 2.4.4(b)为弯-扭耦合振动模型。

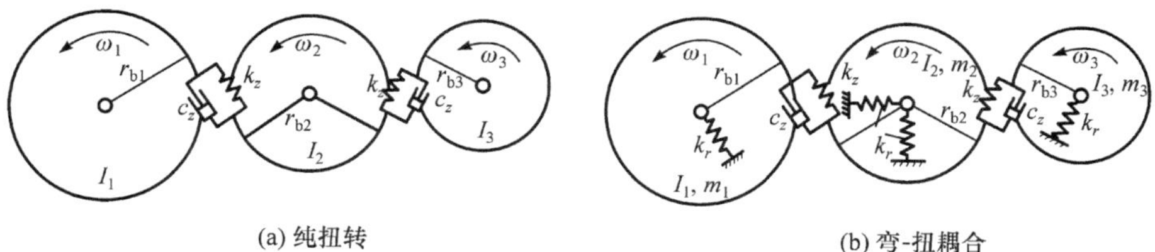

图 2.4.4　两级传动齿轮副

计算得到的纯扭振动模型的前两阶自然频率和振型如图 2.4.5 所示，而计算得到的弯-扭耦合振动模型的前 6 阶自然频率和振型则如图 2.4.6 所示。由图可以看出，考虑了支承弹性后，由于系统的质量没有增大，而系统刚度相应降低，所以对应模态的自然频率有所降低。

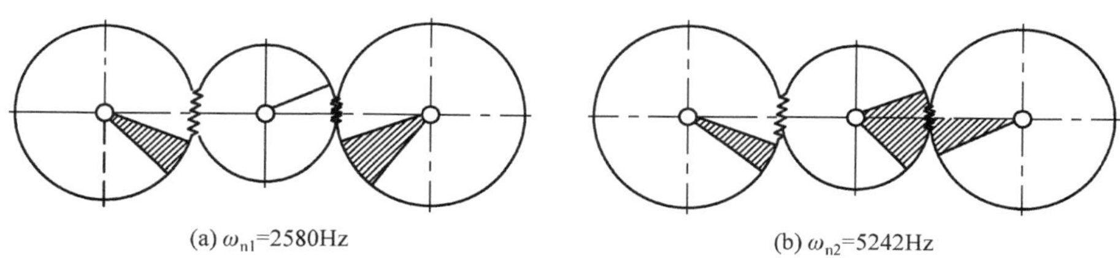

图 2.4.5　纯扭振动模型的前两阶自然频率和振型

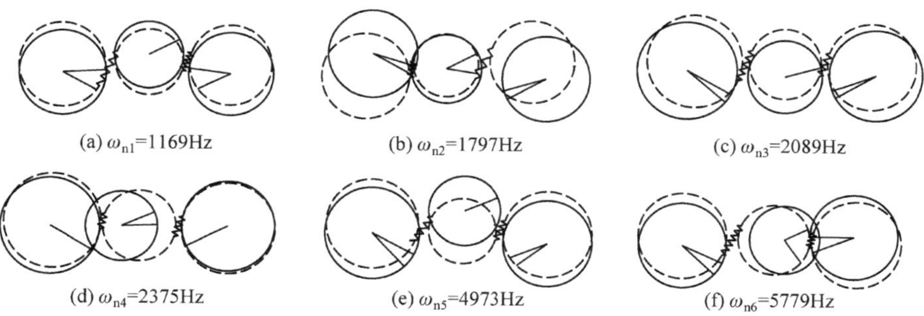

图 2.4.6　弯-扭耦合振动模型的前六阶自然频率和振型

直齿轮副和斜齿轮副的几阶振型如图 2.4.7 所示。由图可以看出，对于直齿轮(β=0°)，振型仅含有弯-扭(y-θ)耦合振型和纯轴向(z 向)振型，而对于斜齿轮副(β=20°)，各阶振型均是弯-扭-轴-摆(y-θ-z-ρ_y)耦合振型。

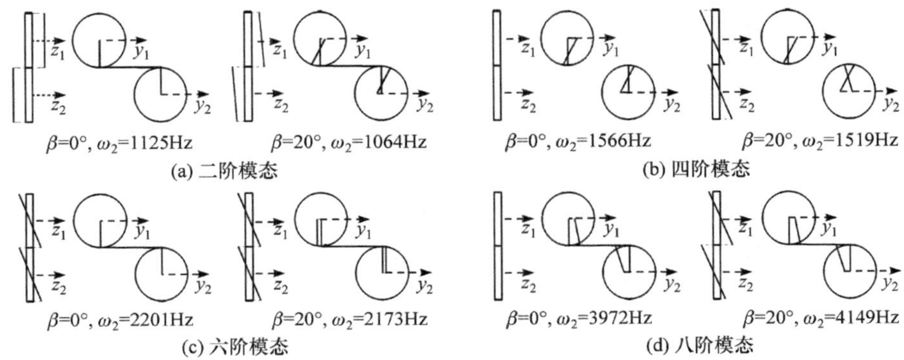

(a) 二阶模态 (b) 四阶模态 (c) 六阶模态 (d) 八阶模态

图 2.4.7 齿轮副的几阶振型

2. 单级传动齿轮结构的固有特性

设单级传动的齿轮结构如图 2.4.8 所示，其中，主动轴 I 为刚性轴，从动轴 II 为弹性轴，主动轴与原动机由弹性轴相连接，支承轴承均为刚性的，齿轮副处理成集中质量。系统前三阶自然频率和振型如图 2.4.9 所示，前三阶自然频率分别为 ω_{n1}=2.7Hz，ω_{n2}=24.6Hz，ω_{n3}=77.3Hz。

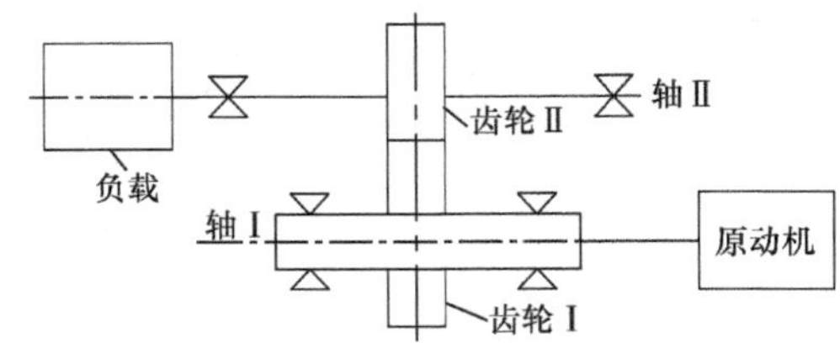

图 2.4.8 单级传动的齿轮结构

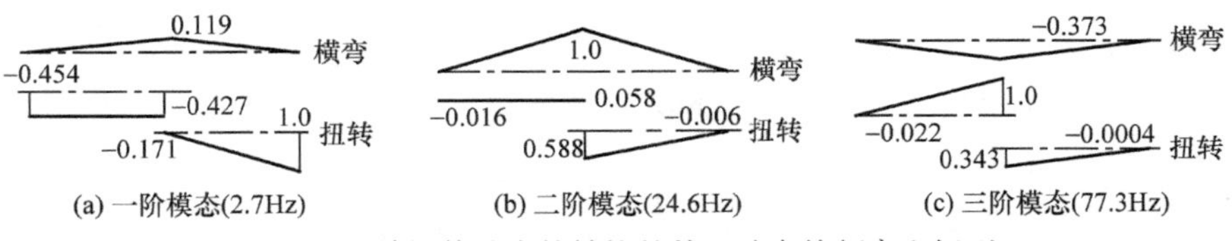

(a) 一阶模态(2.7Hz) (b) 二阶模态(24.6Hz) (c) 三阶模态(77.3Hz)

图 2.4.9 单级传动齿轮结构的前三阶自然频率和振型

图 2.4.10 为单级传动的齿轮结构系统参数与自然频率的关系。图 2.4.10(a)为主动齿轮的转动惯量 I_1 与自然频率 ω_n 间的关系；图 2.4.10(b)和(c)分别为从动轴的扭转刚度 k_{II} 和弯曲刚度 k'_{II} 与自然频率间的关系。由图可知，增大系统的质量参数会降低系统的自然频率；增大系统的刚度参数会提高系统的自然频率，但这些参数的改变对第一阶自然频率的影响较小。

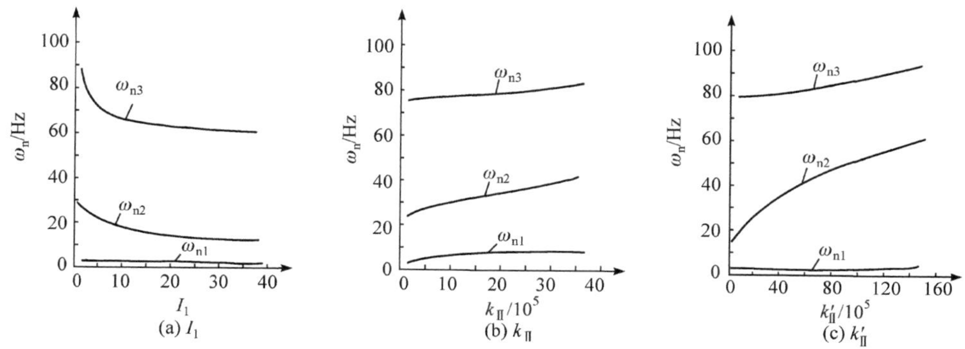

图 2.4.10　单级传动齿轮结构系统参数与自然频率的关系

对图 2.4.11(a)所示的单级传动齿轮结构，系统的自然频率和振型如图 2.4.11(b)所示，相应的扭转振动响应如图 2.4.12 所示。可以看出，在第二阶自然频率处响应更大，其原因在于第二阶固有振型中扭转变形与横向弯曲变形是同相的，因而

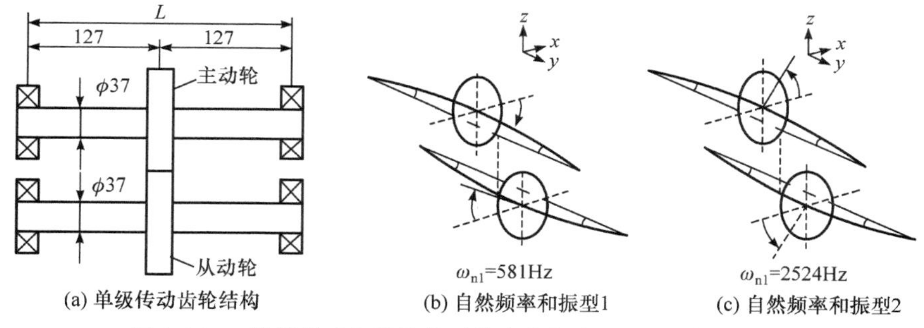

(a) 单级传动齿轮结构　(b) 自然频率和振型1　(c) 自然频率和振型2

图 2.4.11　单级传动齿轮结构及其自然频率和振型(单位：mm)

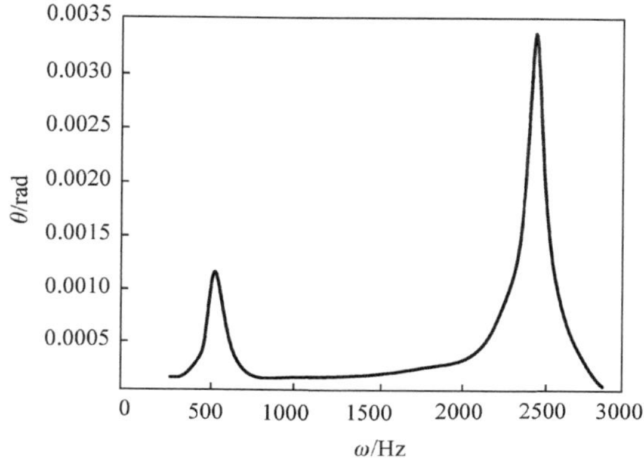

图 2.4.12　扭转振动响应

使啮合点的相对位移增大，导致动载荷增大，引起动态响应的幅值更大。图 2.4.11 所示系统中，对于三种不同的支承跨距 L，第一、二阶自然频率与支承轴承刚度的关系则如图 2.4.13 所示。可以看出，随着跨距 L 增大，系统刚度降低，自然频率变小，而随着支承轴承刚度增大、系统刚度提高，自然频率变大，且当跨距 L 较小时，支承刚度对系统自然频率的影响更为显著。

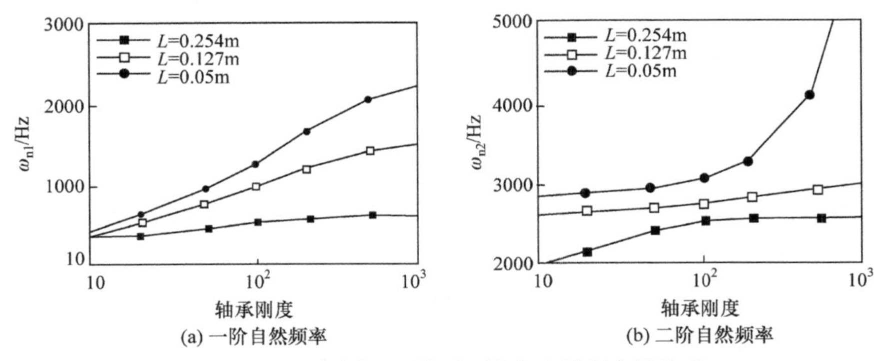

图 2.4.13 不同跨距下支承刚度与自然频率的关系

3. 两级传动齿轮结构的固有特性

对于如图 2.4.14(a)所示的两级齿轮传动系统，假设传动轴Ⅱ为弹性轴，Ⅰ和Ⅲ均是刚性轴，系统的坐标系如图 2.4.14(b)所示，其中两对齿轮副啮合线间的夹角α用来描述齿轮副间的相互位置。

当 α=0 和 α=π 时，齿轮副间的相互位置如图 2.4.14(c)所示。

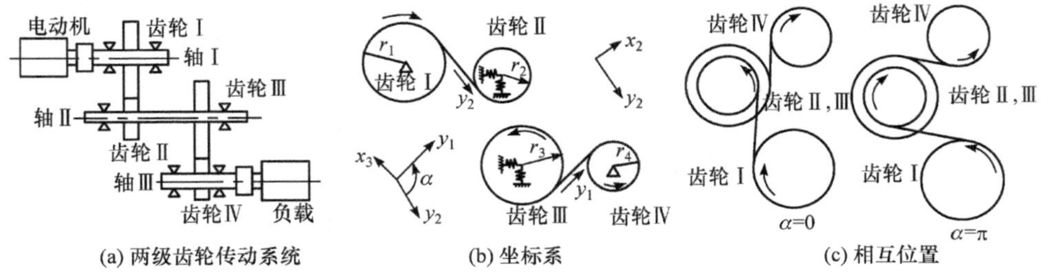

图 2.4.14 两级齿轮传动系统的坐标选择及相互位置

当α取不同的值时，利用集中参数分析模型计算得到的系统前五阶自然频率及传动轴Ⅱ的横向弯曲振型如图 2.4.15 所示。可以看出，两对齿轮副的相互位置会影响系统的自然频率。

2.4.3 齿轮结构的动态响应

对于齿轮结构，通过对时域或频域动态性能的研究，了解齿轮结构振动的基本性质与基本规律以及振动和系统参数的关系，从而认识齿轮振动的本质，以便有效地设计、制造出优质的齿轮结构。

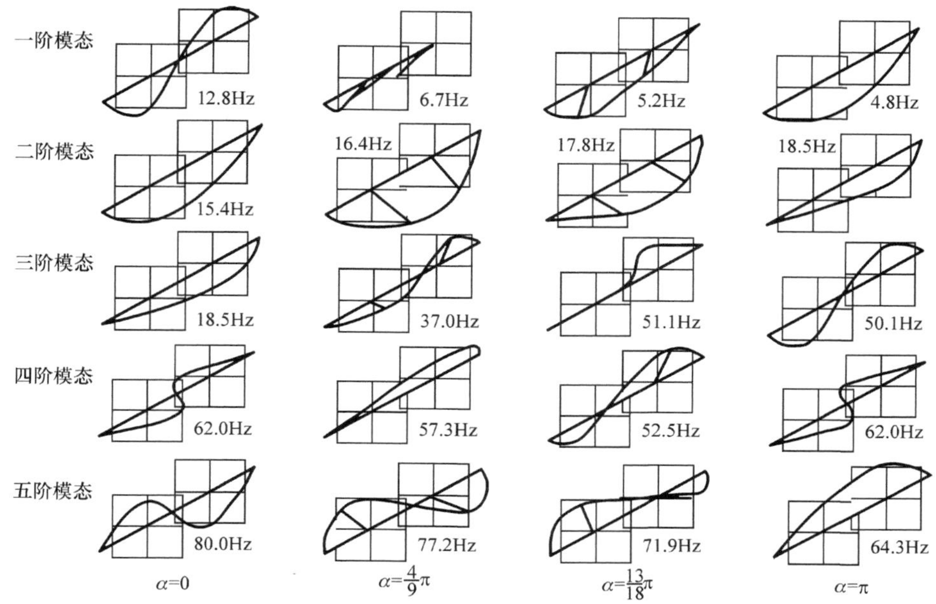

图 2.4.15　系统前五阶自然频率及传动轴Ⅱ的横向弯曲振型

1. 齿轮副的动态响应

1) 直齿轮副

设有一直齿轮副，$m=3$、$z_1=z_2=56$、$b=8\text{mm}$、$\alpha=20°$，齿轮本体宽度 $b_0=15\text{mm}$，传递扭矩为 $M_n=400\text{kg}\cdot\text{cm}$。采用纯扭模型进行理论分析和振动测试，齿轮副转速 $n=400\text{r/min}$，圆周方向振动加速度和齿根应变在时域中的动态响应如图 2.4.16 所示。由图 2.4.16(a)可以看出，响应曲线具有较好的周期性，说明齿轮副的动态响应是一种稳态的周期响应。当由单对齿啮合过渡至双对齿啮合或由双对齿啮合过渡至单

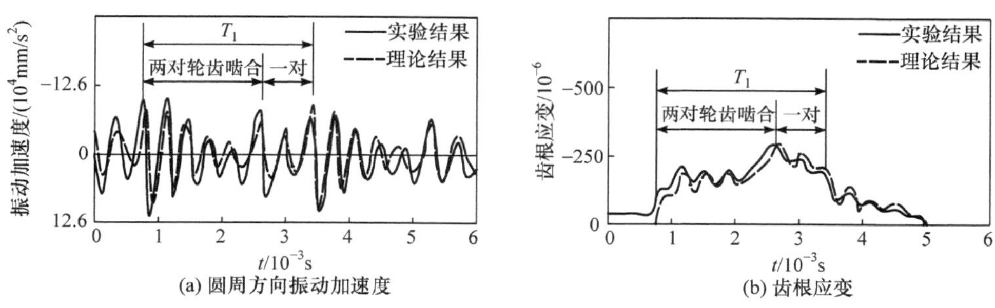

图 2.4.16　圆周方向振动加速度和齿根应变在时域中的动态响应

对齿啮合时，将产生较大的振动，这表明轮齿啮合刚度的变化是产生振动的主要原因。虽然齿轮啮合时在结点处摩擦力方向会突然变化，但实测结果中看不出这种突变的影响，因此说明摩擦力对系统响应的影响较小。

(1) 运转速度对动态响应的影响。图 2.4.17 表示了在各种转速下动载系数和圆周方向振动加速度的计算结果。图中，x_s 为最恶劣载荷点(齿轮单齿啮合的始点或终点)的静挠度；ω_z 为啮合频率；ω_n 为自然频率。可以看出，在这种情况下，共振频率及若干次共振频率附近出现峰值,这正是参数振动系统典型的响应特性。在共振区、次共振区和超共振区中的典型转速下，一个轮齿啮合过程中动载系数的变化规律如图 2.4.18 所示。由图 2.4.18(a)可以看出，次共振区动载荷是静载荷与以共振频率振荡的动态分量的叠加；对于如图 2.4.18(b)所示的共振区，动载荷较大且变化剧烈，并会产生轮齿脱啮；对于如图 2.4.18(c)所示的超共振区，动载系数变化较为平缓，且往往小于 1。

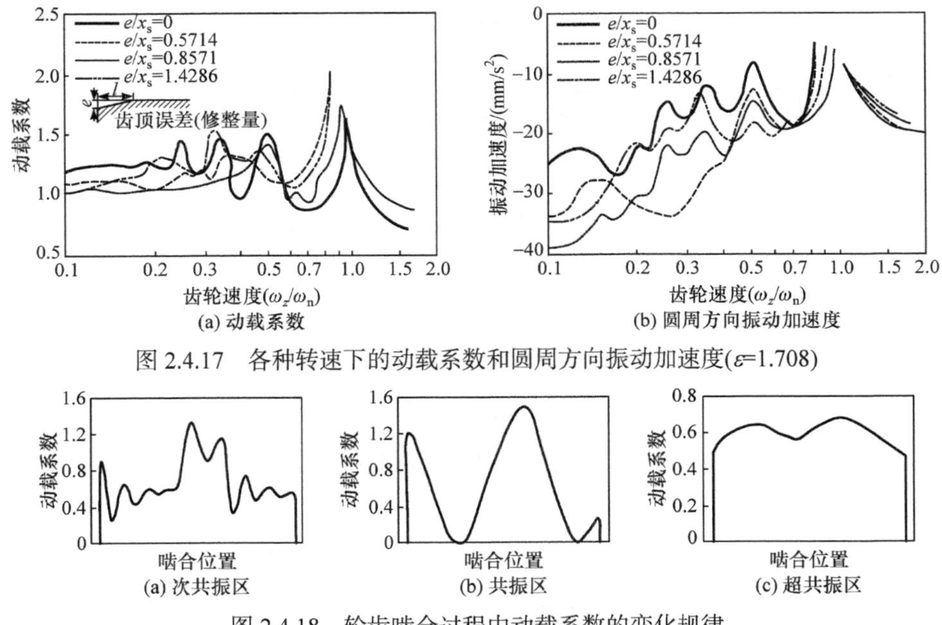

图 2.4.17 各种转速下的动载系数和圆周方向振动加速度(ε=1.708)

图 2.4.18 轮齿啮合过程中动载系数的变化规律

(2) 重合度对振动的影响。图 2.4.19 为重合度与圆周方向振动加速度的关系，重合度与最大动载系数的关系则如图 2.4.20 所示。由图可见，重合度增大可减小轮齿动载荷，但它对振动加速度的影响较为复杂。

2) 斜齿轮副

在斜齿轮传动中因啮入、啮出平缓，同时参与啮合齿数多，轮齿啮合综合刚度连续变化，所以其传动更加平稳，动载荷和动态响应均较小。

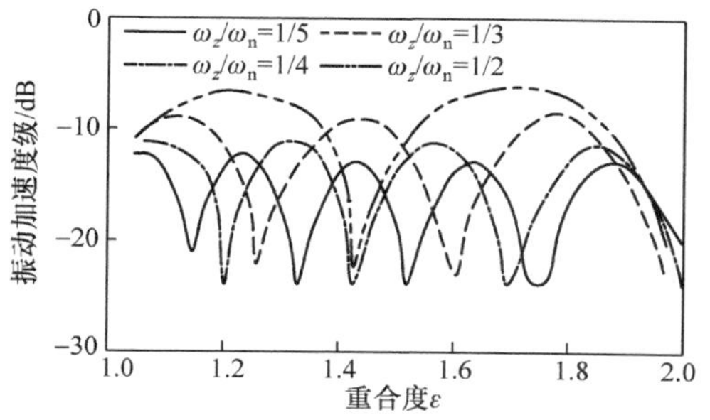

图 2.4.19　重合度与圆周方向振动加速度的关系

图 2.4.20　重合度与最大动载系数的关系

采用纯扭转模型对一斜齿轮副进行振动分析($m_n = 3$，$z_1 = z_2 = 27$，$b = 20$mm，$\beta = 41°24'35''$，$M_n = 408$kg · cm，$n = 700$r/min)得到的圆周方向振动加速度和齿根应变的时间历程如图 2.4.21 所示。由图可见，啮合冲击并不显著，传动更为平缓。在斜齿轮的动态响应中，除含有齿频 ω_z，还存在高次振动谐波。

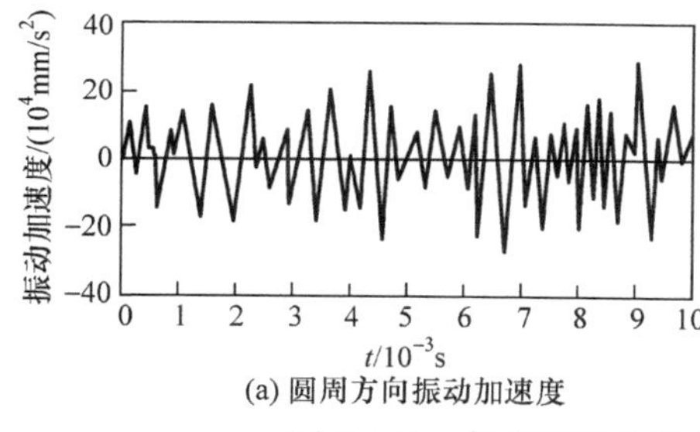

(a) 圆周方向振动加速度

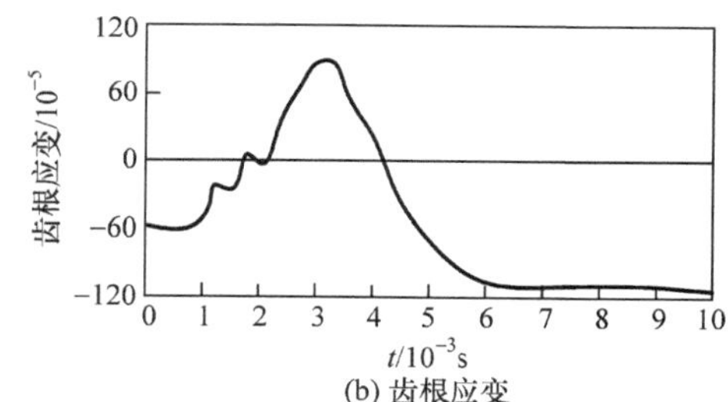

(b) 齿根应变

图 2.4.21　斜齿轮副的振动加速度和齿根应变的时间历程

在斜齿轮传动中，会产生轴向、径向和圆周(扭转)三个方向的振动。斜齿轮副在这三个方向振动响应的时间历程如图 2.4.22 所示(n=600r/min)。可以看出，这三个方向的振动的基本频率数是一致的，由此可以认为，在齿轮传动中，径向振动和轴向振动是以扭转振动为起振力而产生的，是一种耦合振动。

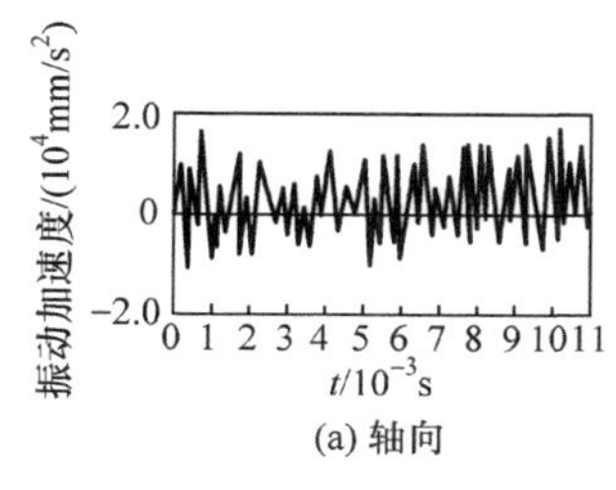

(a) 轴向

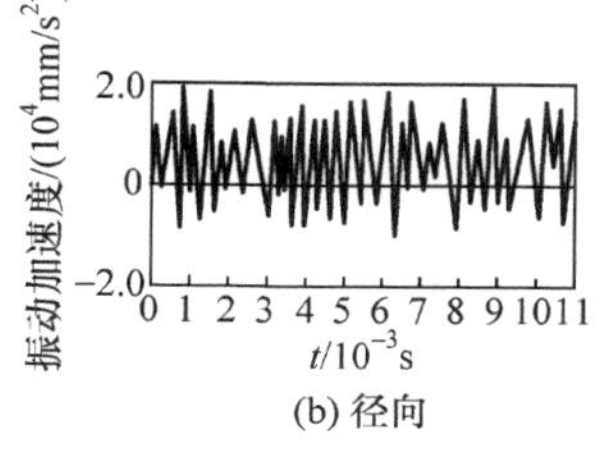

(b) 径向

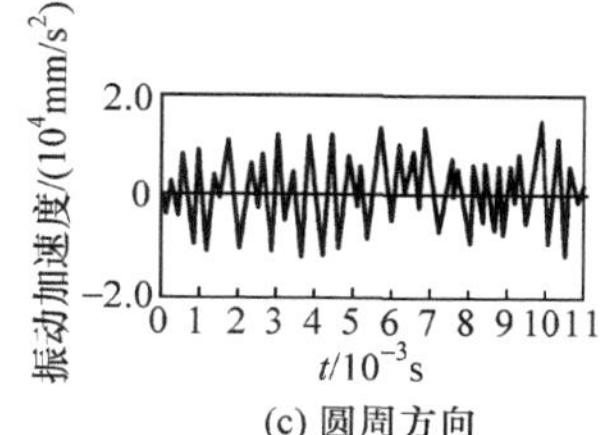

(c) 圆周方向

图 2.4.22　斜齿轮副在三个方向振动响应的时间历程

2. 单级齿轮传动系统

对于如图 2.4.23(a)所示的包括原动机和负载的单级直齿轮传动系统，其集中参数力学模型如图 2.4.23(b)所示，这是一个四自由度的扭转振动模型。在给定参数下，计算得到的系统自然频率分别为 $\omega_{n1}=0$(刚体模态)、$\omega_{n2}=1.49\text{Hz}$、$\omega_{n3}=2.99\text{Hz}$ 和 $\omega_{n4}=144.8\text{Hz}$，相应于后三阶自然频率的临界转速分别为 $n_2=89.6\text{r/min}$、$n_3=179.1\text{r/min}$ 和 $n_4=8688\text{r/min}$。

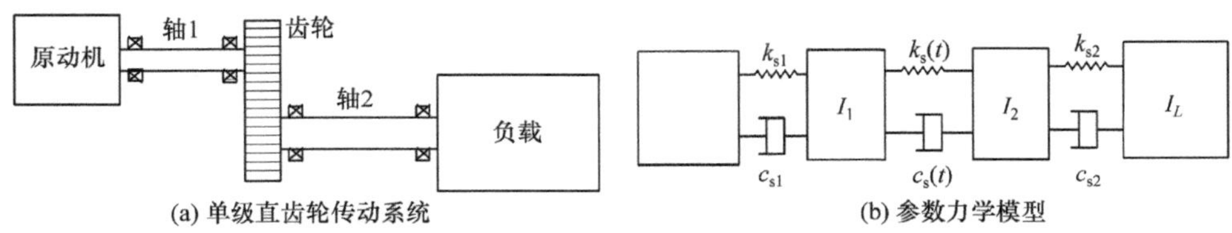

图 2.4.23　单级直齿轮传动系统及其参数力学模型

计算得到的动载系数随转速的变化曲线如图 2.4.24 所示，可见自然频率 ω_{n4}(相应的临界转速为 $n_4=8688\text{r/min}$)是系统的主共振频率，因此可以认为低于该频率的区域为次共振区，而高于该频率的区域为超共振区。共振区($n=7560\text{r/min}$)和次共振区($n=1600\text{r/min}$)处，一个啮合周期中轮齿载荷的变化规律如图 2.4.25 所示。可以看出，在共振区轮齿载荷剧烈变动，而且还伴随有脱啮现象，在次共振区，轮齿载荷是静载荷和动态分量的叠加。这些规律与直齿轮副的情况(图 2.4.18)类似。

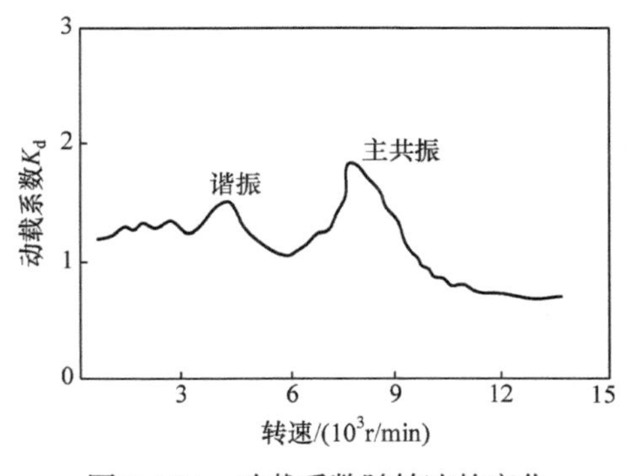

图 2.4.24　动载系数随转速的变化

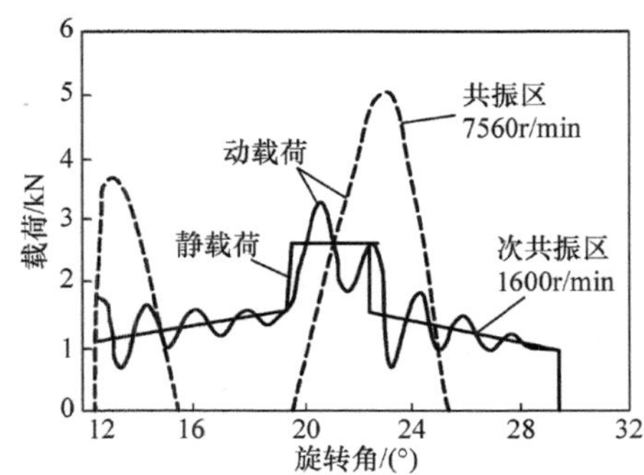

图 2.4.25　一个啮合周期中轮齿载荷的变化规律

齿轮结构的动载系数受传递力矩、阻尼、轮齿啮合刚度和齿轮转动惯量等的影响。研究表明：传递力矩对动载系数的影响不大，可以忽略不计；阻尼对动载系数的影响随转速的改变有所不同，阻尼增大，可降低各临界转速(共振频率)附近的动载荷，但对非临界转速附近的动载荷影响不大；轮齿啮合刚度增大会降低动载荷，这是因为啮合刚度增大，齿轮质量对结构动态响应的影响相对减小，啮合刚度的增大提高了系统的临界转速，因此随着啮合刚度增大，主共振峰向右移动；转动惯量对动载系数的影响不大，一般情况下，动载系数随转动惯量的增大稍有增大。

采用齿廓修形，可以有效地减小轮齿啮合的动态激励，改善齿轮结构的动态响应特性。对于某些单级齿轮传动机构，采用如图 2.4.26 所示的齿廓曲线。同时对主、从动齿轮轮齿的齿顶进行修形，其中无量纲修形量$\varDelta=1$，定义为额定载荷作用于单齿啮合最高点在齿顶产生的变形量与两倍齿距误差之和，而无量纲修形长度 $L_n=1$ 则定义为齿顶至单齿啮合最高点间的距离。修形形式有直线修形和双曲线修形。

全量修形($\varDelta=1$，$L_n=1$)情况下，直线修形和双曲线修形与未修形三种修形状态的动载系数如图 2.4.27 所示。由图可见，修形可降低动载荷，且在临界转速附近尤为显著。由图可知，直线修形优于双曲线修形。

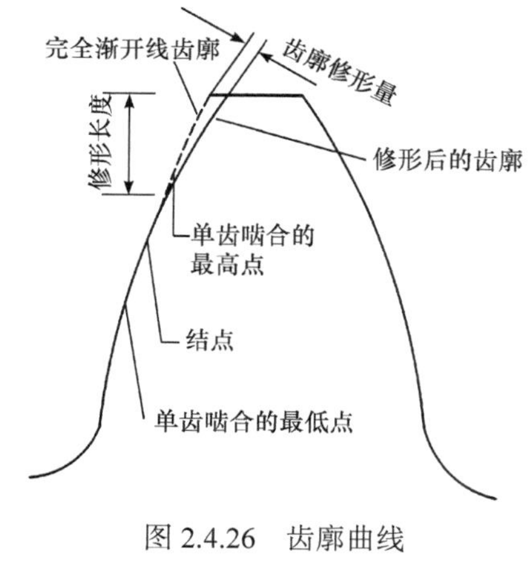

图 2.4.26　齿廓曲线

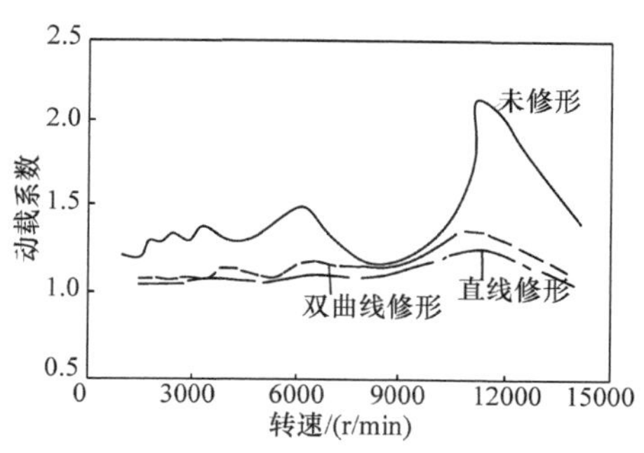

图 2.4.27　三种状态修形的动载系数

3. 多级齿轮传动机构的动态响应

设有如图 2.4.28 所示的齿轮结构，齿轮的支承轴和轴承均为刚性，而原动机与主动轴的连接轴以及从动轴与负载的连接轴是弹性的，分析中考虑了轮齿的啮合刚度、齿侧间隙、输入力矩和负载力矩的不同形式，建立了多自由度的扭转动力学分析模型，用数值仿真法求解。

计算得到的输入连接轴和输出连接轴扭转振动动态响应的时间历程如图 2.4.29 所示。其中，图 2.4.29(a)为输入是正弦力矩，负载为干摩擦作用，当输入、输出

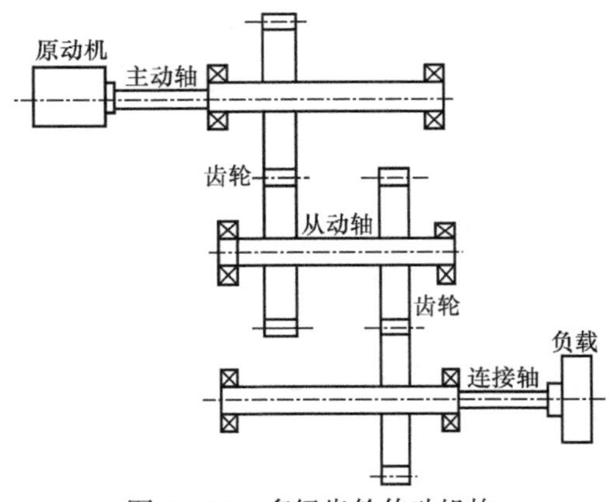

图 2.4.28　多级齿轮传动机构

两连接轴扭转刚度较大时的动态响应。由图可见，输入轴的响应 φ_1 与输入力矩的形式相同，而由于干摩擦负载的影响，输出轴的响应 φ_3 则是近似矩形波。若进一步减小两连接轴的扭转刚度，则当齿侧间隙较小时得到如图 2.4.29(b)所示的动态响应，当侧隙较大时得到如图 2.4.29(c)所示的动态响应。由此可见，随着连接轴刚度的降低和侧隙的增大，虽然φ_1 和φ_3 的基本形式没有变化，但高频的振荡增多了。

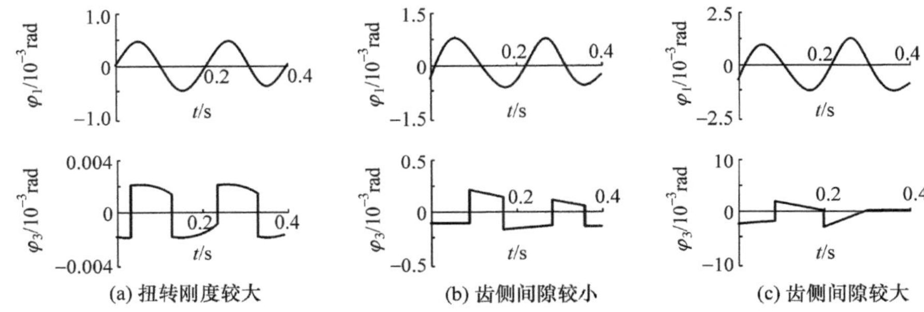

图 2.4.29　连接轴扭转振动动态响应的时间历程

若进一步降低两连接轴的刚度，则相应于不同干摩擦力矩的输出轴响应 φ_3 如图 2.4.30(a)所示，其中，当干摩擦力矩较小时，响应是叠加了高频振荡的矩形波(上图)；当干摩擦力矩较大时，响应是简谐波(下图)。当负载为较大黏性摩擦力矩时，φ_3 的响应如图 2.4.30(b)所示，其中上图是当侧隙较小时的响应，类似于简谐波；下图是当侧隙较大时的响应。当输入力矩为常量和正弦量时，φ_3 的响应则分别为如图 2.4.30(c)中所示的上图和下图。

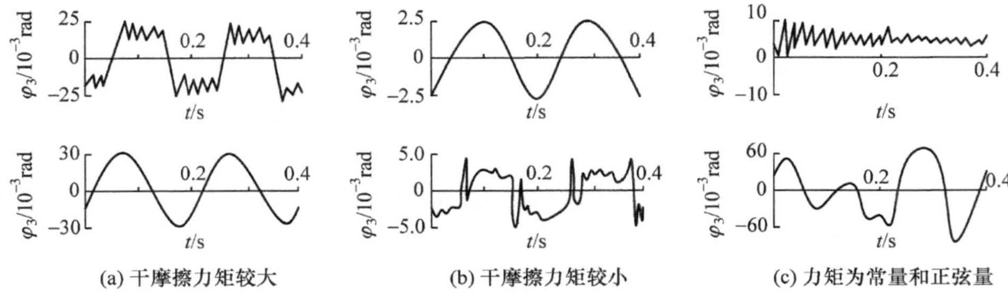

图 2.4.30　不同干摩擦力矩的输出轴响应

2.5　齿轮结构间隙非线性动力学

由于润滑的需要，啮合轮齿间存在齿侧间隙，齿轮制造、加工、安装等误差和使用过程中的磨损也会导致齿侧产生间隙，在滚动轴承等齿轮结构的有关零部件中也不可避免地存在间隙。如果齿轮传递较大的载荷，轮齿的啮合表面始终处在接触状态，轮齿间的齿侧间隙不会对齿轮结构的动态特性产生较大影响。在工程实际中，齿轮可能在轻载下高速运转(如汽车变速系统、机床主传动系统等)，在高速、高精度的控制系统和机器中，齿轮结构则是处在频繁起动、制动的工作条件下，由于齿侧间隙的存在，轮齿间的接触状态会发生变化，导致轮齿间存在接触、脱离、再接触的反复冲击，对轮齿动载荷和齿轮结构的动态特性产生不良影响。因此，对齿轮结构进行间隙非线性动力学研究具有重要意义。

由于齿侧间隙反映在齿轮动力学方程中是强非线性项，其动态响应表现了典型的非线性系统的响应特性。齿轮结构间隙非线性问题的研究主要涉及两方面：一是振-冲问题，由于具有齿侧间隙的齿轮副可以简化为振-冲力学模型，其研究重点是求解方法和动态特性等，振-冲问题的研究为求解齿轮结构的间隙非线性问题奠定了基础；二是齿轮结构模型，根据齿轮结构的类型和特点，可以简化为一对齿轮副的单自由度模型和考虑多对齿轮副并包含了传动轴、支承轴承及负载等因素的多自由度系统模型。齿轮结构模型与振-冲模型的主要区别是需要同时考虑啮合刚度的时变性。利用齿轮结构模型研究齿轮结构的动态特性，包括分析模型的建立、激励形式的确定、求解方法的选择、系统的动态特性及参数对动态特性的影响等。

2.5.1　单自由度振-冲结构的非线性振动

1. 单自由度振-冲系统分析模型

在振-冲问题的两大类分析模型中，弹性冲击模型可用于齿轮结构的分析。具有间隙型非线性的振-冲系统称为冲击副，单自由度系统冲击副的力学模型如图 2.5.1 所示，模型由质量元件 m_{I} 和 m_{II}、间隙非线性弹性元件 k 和能量耗散元件 c 组成。

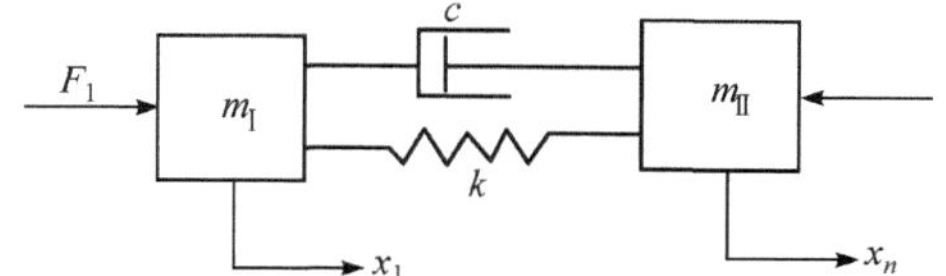

图 2.5.1　单自由度系统冲击副的力学模型

在振-冲问题的分析中，假设：①非线性弹性元件的刚度是两段对称型；②两段刚度的比值为 $0 \leqslant \alpha \leqslant 1$；③能量耗散元件为线性黏性阻尼。

间隙非线性弹性元件在性质上是两级刚度弹性元件的一个特例。设非线性弹

性元件按函数 $f(\bar{x})$ 定义，则其两级刚度的描述如图 2.5.2(a)所示，其中 a 定义为第二级刚度与第一级刚度之比，是弹性元件非线性强度的度量。当 a 接近单位值时，系统弱非线性；而当 a 远大于或远小于单位值时，系统是强非线性。间隙非线性则是当 $a\to 0$ 时的特殊情况，这时弹性元件性质的几何描述如图 2.5.2(b)所示，由图可见间隙非线性是一种强非线性问题。

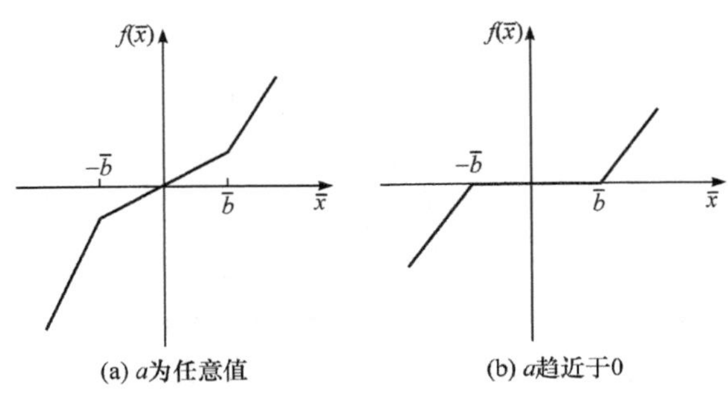

图 2.5.2　间隙非线性弹性元件性质的几何描述

2. 三种冲击状态

根据结构参数的不同情况，冲击副具有三种完全不同的冲击状态：非冲击状态、单边冲击状态和双边冲击状态。

1) 非冲击状态

在振-冲系统中有

$$
\begin{aligned}
&x_{\mathrm{m}}+x_{\mathrm{p}}<b,\quad x_{\mathrm{m}}-x_{\mathrm{p}}>-b\quad (\text{Ⅰ 型})\\
&x_{\mathrm{m}}+x_{\mathrm{p}}>b,\quad x_{\mathrm{m}}-x_{\mathrm{p}}>-b\quad (\text{Ⅱ 型})
\end{aligned}
\tag{2.5.1}
$$

若式(2.5.1)的任一式得到满足，则冲击将不会发生。式(2.5.1)的第一式描述系统完全处在第一级刚度范围，而式(2.5.1)的第二式则描述系统完全处在第二级刚度范围。若位移的平均分量位于第一级刚度范围，即 $|x_{\mathrm{m}}|<|b|$ 称为Ⅰ型；而位移的平均分量位于第二级刚度范围，即 $|x_{\mathrm{m}}|>|b|$ 称为Ⅱ型，相应的几何描述如图 2.5.3 所示。若记

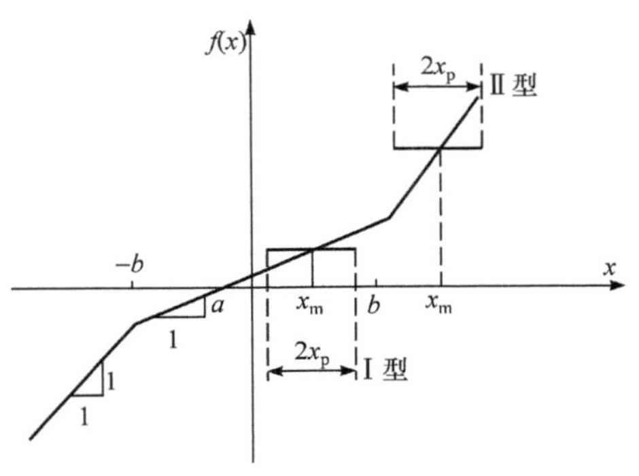

图 2.5.3　振-冲系统分析的几何描述

$$
\mu=(\pm b-x_{\mathrm{m}})/x_{\mathrm{p}}
\tag{2.5.2}
$$

对于由式(2.5.1)确定的条件，描述函数(2.5.2)中的参数 $\mu>1$，则Ⅰ型和Ⅱ型的描述函数分别简化为

$$N_{\mathrm{fm}} = a, \quad N_{\mathrm{fp}} = a \tag{2.5.3}$$

$$N_{\mathrm{fm}} = 1 - (1-a)b / x_{\mathrm{m}}, \quad N_{\mathrm{fp}} = 1 \tag{2.5.4}$$

在非冲击状态下，非线性系统变为线性系统，对于Ⅰ型和Ⅱ型，相应的响应平均分量和交变分量分别为

$$x_{\mathrm{m}} = F_{\mathrm{m}} / a, \quad x_{\mathrm{p}} = F_{\mathrm{p}} / \sqrt{(a-\omega^2)^2 + (2\xi\omega)^2} \tag{2.5.5}$$

$$x_{\mathrm{m}} = F_{\mathrm{m}} + (1-a)b, \quad x_{\mathrm{p}} = F_{\mathrm{p}} / \sqrt{(1-\omega^2)^2 + (2\xi\omega)^2} \tag{2.5.6}$$

由式(2.5.5)和式(2.5.6)可见，当 a=1 时，Ⅰ型和Ⅱ型完全相同，这是典型的线性系统情况，其解为

$$x_{\mathrm{m}} = F_{\mathrm{m}}, \quad x_{\mathrm{p}} = F_{\mathrm{p}} / \sqrt{(1-\omega^2)^2 + (2\xi\omega)^2} \tag{2.5.7}$$

当激励频率 ω 接近共振频率，即 $\omega \approx \sqrt{a}$ 或 ω=1 时，响应位移交变分量的幅值增加，从而产生冲击的可能性增大。当 $x_{\mathrm{p}} = |b - x_{\mathrm{m}}|$ 时，由非冲击状态向单边冲击状态转变的Ⅰ型和Ⅱ型转变频率可分别表示为

$$\omega_1 \approx \sqrt{a - 2\xi^2 \pm \sqrt{\left(\frac{F_{\mathrm{p}} a}{ab - F_{\mathrm{m}}}\right)^2 - 4a\xi^2 + 4\xi^4}} \tag{2.5.8}$$

$$\omega_2 \approx \sqrt{1 - 2\xi^2 \pm \sqrt{\left(\frac{F_{\mathrm{p}}}{F_{\mathrm{m}} - ab}\right)^2 - 4a\xi^2 + 4\xi^4}} \tag{2.5.9}$$

式中，负号表示低于共振频率的转变；正号表示高于共振频率的转变。对于某理想频响函数，其转变频率如图 2.5.4 所示。

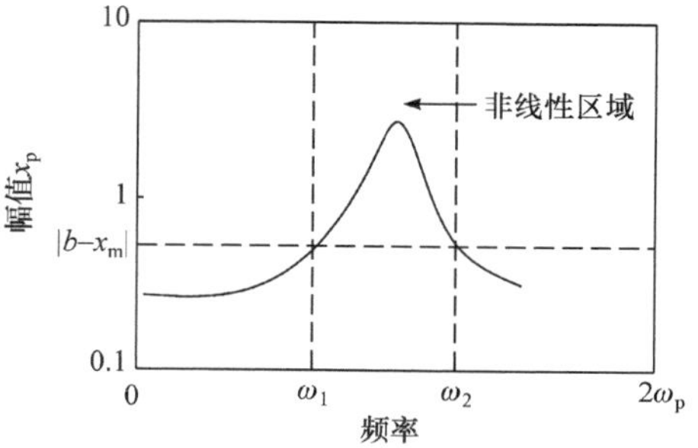

图 2.5.4　非冲击状态向单边冲击状态的转变频率

2) 单边冲击状态

若系统的振动位移仅在一端超过两级刚度的转折点，则系统处在单边冲击状态。单边冲击中也有Ⅰ型和Ⅱ型之分，相应的数学描述分别为

$$x_{\mathrm{m}} + x_{\mathrm{p}} > b, \quad x_{\mathrm{m}} - x_{\mathrm{p}} > -b \quad (\text{Ⅰ型}) \tag{2.5.10}$$

$$x_{\mathrm{m}} - x_{\mathrm{p}} > -b, \quad x_{\mathrm{m}} - x_{\mathrm{p}} < b \quad (\text{Ⅱ型}) \tag{2.5.11}$$

其几何描述如图 2.5.5 所示。

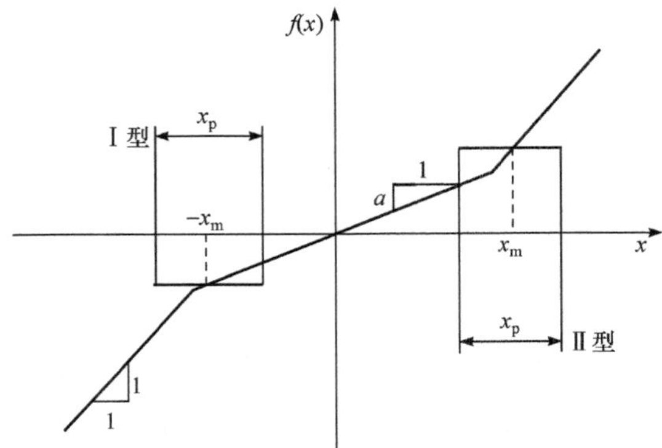

图 2.5.5　单边冲击状态的几何描述

在上述条件下，描述函数中的参数为

$$\left|(b-x_{\mathrm{m}})/x_{\mathrm{p}}\right|<1,\quad \left|-(b+x_{\mathrm{m}})/x_{\mathrm{p}}\right|>1 \tag{2.5.12}$$

从而描述函数为

$$\begin{aligned} N_{\mathrm{fm}} &= 1+\frac{x_{\mathrm{p}}}{2x_{\mathrm{m}}}(1-a)\left\{\frac{2}{\pi}\left[1+\left(\frac{\pi-2}{2}\right)\left(\frac{b-x_{\mathrm{m}}}{x_{\mathrm{p}}}\right)^2\right]-\frac{b+x_{\mathrm{m}}}{x_{\mathrm{p}}}\right\} \\ N_{\mathrm{fp}} &= \frac{1+a}{2}-\frac{2}{\pi}(b-x_{\mathrm{m}})(1-a)\left[1-\left(\frac{4-\pi}{4}\right)\left(\frac{b-x_{\mathrm{m}}}{x_{\mathrm{p}}}\right)^2\right]\frac{1}{x_{\mathrm{p}}} \end{aligned} \tag{2.5.13}$$

利用谐波平衡方法，位移响应的平均分量、交变分量可表示为

$$x_{\mathrm{m}}=\frac{F_{\mathrm{m}}}{N_{\mathrm{fm}}},\quad x_{\mathrm{p}}=\frac{F_{\mathrm{p}}}{\sqrt{(N_{\mathrm{fp}}-\omega^2)^2+(2\xi\omega)^2}} \tag{2.5.14}$$

将式(2.5.13)代入式(2.5.14)，得到位移响应的平均分量和交变分量为

$$\begin{aligned} x_{\mathrm{m}} &= \frac{1}{a_A}\left\{F_{\mathrm{m}}+\frac{1-a}{2}\left[b-\frac{2}{\pi}x_{\mathrm{p}}-\left(\frac{\pi-2}{2}\right)\frac{(b-x_{\mathrm{m}})^2}{x_{\mathrm{p}}}\right]\right\} \\ x_{\mathrm{p}} &= \frac{F_{\mathrm{ss}}(a_A-\omega^2)\pm\sqrt{F_{\mathrm{p}}^2(a_A-\omega^2)+(F_{\mathrm{p}}^2-F_{\mathrm{ss}}^2)(2\xi\omega)^2}}{(a_A-\omega^2)^2+(2\xi\omega)^2} \end{aligned} \tag{2.5.15}$$

式中，

$$F_{\mathrm{ss}}=\frac{2}{\pi}(b-x_{\mathrm{m}})(1-a)\left[1-\left(\frac{4-\pi}{4}\right)\left(\frac{b-x_{\mathrm{m}}}{x_{\mathrm{p}}}\right)^2\right],\quad a_A=\frac{1+a}{2} \tag{2.5.16}$$

当 a=1 时，系统变成了线性系统，式(2.5.15)表示的解相应于线性系统的解。

由式(2.5.15)的第一式可以看出，对于单边冲击状态，位移响应的平均分量 x_{m} 随交变分量 x_{p} 的增大而减小，冲击状态的转变可能发生在共振频率上，而共振频率由式(2.5.14)的第二式分母的极小化给定，即

$$\omega_{\mathrm{r}} = \sqrt{a_A - 2\xi^2 - F_{\mathrm{ss}}/x_{\mathrm{p}}} \tag{2.5.17}$$

可见，单边冲击的共振频率是振动幅值的函数。

一般而言，交变分量幅值 x_{p} 定义为正值，从而由式(2.5.15)的第二式可知，交变分量解的存在性是由其中 $F_{\mathrm{p}}^2 - F_{\mathrm{ss}}^2$ 确定的。在不同情况下，解的存在情况如表 2.5.1 中左侧所示。

表 2.5.1　解的存在性

单边冲击

系统	频率范围	$\lvert F_{\mathrm{p}}\rvert \geqslant \lvert F_{\mathrm{ss}}\rvert$	$\lvert F_{\mathrm{p}}\rvert < \lvert F_{\mathrm{ss}}\rvert$	
			$F_{\mathrm{ss}} > 0$	$F_{\mathrm{ss}} < 0$
非线性 $a>1$或$a<1$	$\omega < \omega_{\mathrm{r}}$	单解值	双值解	无解
	$\omega > \omega_{\mathrm{r}}$	单解值	无解	双值解
线性系统	$\omega < \omega_{\mathrm{r}}$	单解值	$N/A, F_{\mathrm{ss}}=0$	
	$\omega > \omega_{\mathrm{r}}$	单解值	$N/A, F_{\mathrm{ss}}=0$	

双边冲击

系统	频率范围	$\lvert F_{\mathrm{p}}\rvert \geqslant \lvert F_{\mathrm{ts}}\rvert$	$\lvert F_{\mathrm{p}}\rvert < \lvert F_{\mathrm{ts}}\rvert$
硬系统 $(a<1)$	$\omega < \omega_{\mathrm{r}}$	单解值	双值解
	$\omega > \omega_{\mathrm{r}}$	单解值	无解
软系统 $(a>1)$	$\omega < \omega_{\mathrm{r}}$	单解值	无解
	$\omega > \omega_{\mathrm{r}}$	单解值	双值解
线性系统	$\omega < \omega_{\mathrm{r}}$	单解值	$N/A, F_{\mathrm{st}}=0$
	$\omega > \omega_{\mathrm{r}}$	单解值	$N/A, F_{\mathrm{st}}=0$

3) 双边冲击状态

若系统振动位移在两端均超过两级刚度转折点，则系统处在双边冲击状态，其数学描述为

$$x_{\mathrm{p}} > \lvert b - x_{\mathrm{m}}\rvert,\quad x_{\mathrm{p}} > \lvert b + x_{\mathrm{m}}\rvert \tag{2.5.18}$$

由式(2.5.2)可知，μ 总是小于单位值，因此描述函数可表示为

$$\begin{aligned} N_{\mathrm{fm}} &= 1 - \frac{2(\pi-2)}{\pi}(1-a)\left(\frac{b}{x_{\mathrm{p}}}\right) \\ N_{\mathrm{fp}} &= 1 - \frac{4}{\pi}(1-a)\left[\frac{b}{x_{\mathrm{p}}} - \left(\frac{4-\pi}{4}\right)\left(\frac{b^3 + 3bx_{\mathrm{m}}^2}{x_{\mathrm{p}}^3}\right)^2\right] \end{aligned} \tag{2.5.19}$$

将式(2.5.19)代入式(2.5.14)，则得到位移响应的平均分量和交变分量为

$$x_{\mathrm{m}} = \frac{F_{\mathrm{m}}}{1 - F_{\mathrm{tsm}}/x_{\mathrm{p}}},\quad x_{\mathrm{p}} = \frac{F_{\mathrm{ts}}(1-\omega^2) \pm \sqrt{F_{\mathrm{p}}^2(1-\omega^2)^2 + (F_{\mathrm{p}}^2 - F_{\mathrm{ts}}^2)(2\xi\omega)^2}}{(1-\omega^2)^2 + (2\xi\omega)^2} \tag{2.5.20}$$

式中，

$$F_{\text{ts}} = \frac{4(1-a)b}{\pi}\left[1-\left(\frac{4-\pi}{4}\right)\left(\frac{b^2+3x_{\text{m}}^2}{x_{\text{p}}^2}\right)\right], \quad F_{\text{tsm}} = \left(\frac{2\pi-4}{\pi}\right)(1-a)b \tag{2.5.21}$$

由式(2.5.20)的第一式可以看出，当$a<1$时，平均分量x_{m}随交变分量x_{p}的增大而减小；当$a>1$时则反之。与单边冲击状态类似，定义x_{p}为正值，则交变分量解的存在性由式(2.5.20)第二式中的$F_{\text{p}}^2-F_{\text{ts}}^2$决定。当$|F_{\text{p}}|\geqslant|F_{\text{ts}}|$时，$x_{\text{p}}$的解总是存在，$x_{\text{p}}$是单值解；当$|F_{\text{p}}|<|F_{\text{ts}}|$时，则$x_{\text{p}}$是双值解。对于硬系统$(a<1)$，当位移$x_{\text{p}}$与力$F_{\text{p}}$相位相同时，有两个解存在，当$x_{\text{p}}$与$F_{\text{p}}$相位相反时，没有解存在；对于软系统$(a>1)$，则反之。不同情况下解的存在与否如表2.5.1中右侧所示。

对于双边冲击，存在两种冲击状态的转变和转变频率。一种是随着ω远离共振频率(无论增大还是减小)，当交变分量的幅值为$x_{\text{p}}=|x_{\text{m}}|+b$时双边冲击所产生的转变。在小阻尼情况下，这种转变的频率为

$$\omega_{1,2(\pm)} = \sqrt{N_{\text{fp}} - 2\xi^2 \pm \sqrt{(F_{\text{p}}/x_{1,2})^2 - 4\xi^2 + 4\xi^4}} \tag{2.5.22}$$

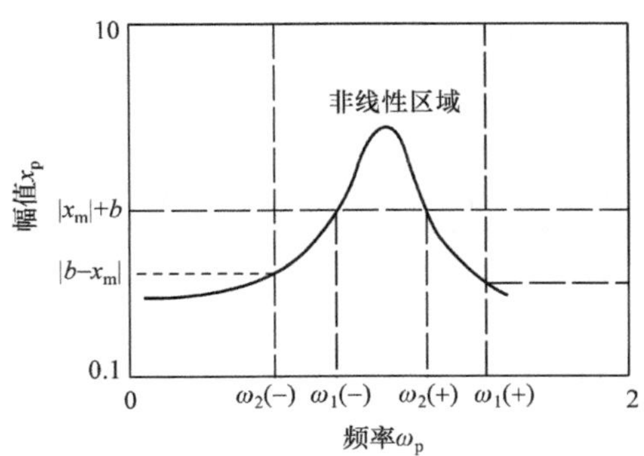

图2.5.6 理想频响函数的转变频率

式中，正、负号分别对应高于、低于共振频率的转变；下标中的1、2分别指单、双边冲击，由此可见这种转变是双边冲击向单边冲击状态的转变。对于某理想频响函数，相应的转变频率如图2.5.6所示。

另一种是指当$|F_{\text{p}}|<|F_{\text{ts}}|$时在共振频率上发生的转变。其转变频率可以通过使式(2.5.14)的第二式分母极小化得到

$$\begin{aligned} \omega_{\text{r}} &= \sqrt{1-2\xi^2 - F_{\text{ts}}\left(\frac{1}{x_N}\right)} \\ x_{\text{r}} &= \frac{F_{\text{ts}}}{2(1-\xi^2)} + \sqrt{\left[\frac{F_{\text{ts}}}{2(1-\xi^2)}\right]^2 + \left[\frac{F_{\text{p}}}{2\xi(1-\xi^2)}\right]^2} \end{aligned} \tag{2.5.23}$$

2.5.2 多自由度振-冲结构的非线性振动

在多级传动的齿轮结构中，通常多对齿轮副均存在齿侧间隙，这种系统在力学上可以简化为多自由度的振-冲系统。本节以四质量块的三自由度系统为例分析

讨论多自由度振-冲系统的基本理论。

1. 分析模型

图 2.5.7 为四质量块三自由度系统，忽略系统阻尼，非线性弹性元件 k_1、k_2 和 k_3 为常数，$f_1(x_1)$、$f_2(x_2)$和 $f_3(x_3)$为间隙非线性函数，具有对称型两级时不变的性质，其几何描述如图 2.5.8 所示。与单自由度系统类似，非线性函数由参数 b 和 a 确定，b 为相应于两级刚度转折点的位移，a 为非线性强度的度量，当 a 接近 1 时系统为弱非线性，反之系统为强非线性。

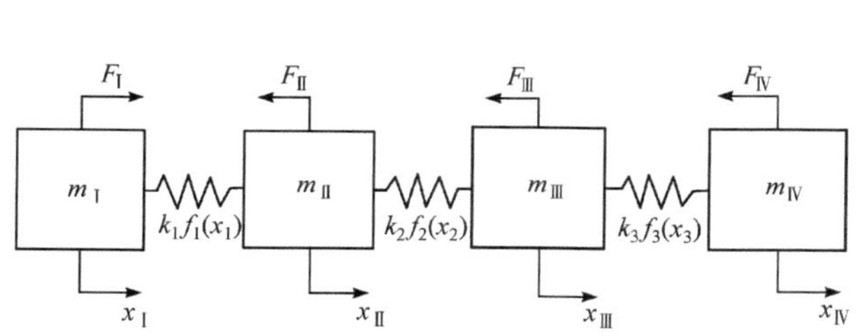

图 2.5.7　四质量块三自由度系统

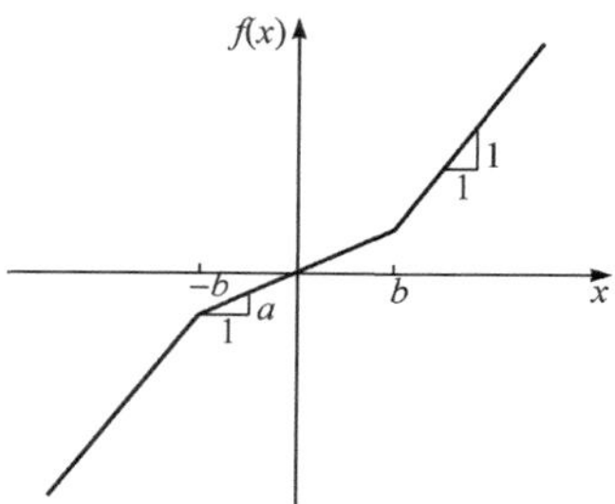

图 2.5.8　间隙非线性函数的几何描述

由图 2.5.7 可得到系统的运动微分方程为

$$\begin{aligned}&m_{\text{I}}\ddot{x}_{\text{I}}+k_1f_1(\overline{x}_1)=F_{\text{I}},\\&m_{\text{II}}\ddot{x}_{\text{II}}-k_1f_1(\overline{x}_1)+k_2f_2(\overline{x}_2)=-F_{\text{II}}\\&m_{\text{III}}\ddot{x}_{\text{III}}-k_2f_2(\overline{x}_2)+k_3f_3(\overline{x}_3)=-F_{\text{III}},\\&m_{\text{IV}}\ddot{x}_{\text{IV}}-k_3f_3(\overline{x}_3)=-F_{\text{IV}}\end{aligned}\tag{2.5.24}$$

式中，

$$\overline{x}_1=x_1-x_2,\quad \overline{x}_2=x_2-x_3,\quad \overline{x}_3=x_3-x_4$$

$$f(\overline{x}_j)=\begin{cases}\overline{x}_j-(1-a_j)\overline{b}_j, & \overline{x}_j>\overline{b}_j\\ a_j\overline{x}_j, & -\overline{b}_j\leqslant\overline{x}_j\leqslant\overline{b}_j,\quad j=1,2,3\\ \overline{x}_j+(1-a_j)\overline{b}_j, & \overline{x}_j<-\overline{b}_j\end{cases}\tag{2.5.25}$$

由于引入了相邻两质量块的相对位移 $\overline{x}_j(j=1,2,3)$，则可得到系统的运动微分方程为

$$m_1\ddot{\overline{x}}_1+k_1f_1(\overline{x}_1)-k_2\frac{m_1}{m_{\text{I}}}f_2(\overline{x}_2)=\overline{F}_{\text{m}1}+\overline{F}_{\text{p}}(t)$$

$$m_2\ddot{\overline{x}}_2+k_2f_2(\overline{x}_2)-k_1\frac{m_2}{m_{\text{II}}}f_1(\overline{x}_1)-k_3\frac{m_3}{m_{\text{III}}}f_3(\overline{x}_3)=\overline{F}_{\text{m}2}$$

$$m_3\ddot{\bar{x}}_3 + k_3 f_3(\bar{x}_3) - k_2 \frac{m_3}{m_{\mathrm{III}}} f_2(\bar{x}_2) = \bar{F}_{\mathrm{m}3} \tag{2.5.26}$$

式中，

$$\begin{aligned} &m_1 = \frac{m_{\mathrm{I}} m_{\mathrm{II}}}{m_{\mathrm{I}} + m_{\mathrm{II}}}, \quad m_2 = \frac{m_{\mathrm{II}} m_{\mathrm{III}}}{m_{\mathrm{II}} + m_{\mathrm{III}}}, \quad m_3 = \frac{m_{\mathrm{III}} m_{\mathrm{IV}}}{m_{\mathrm{III}} + m_{\mathrm{IV}}}, \quad \bar{F}_{\mathrm{m}1} = \frac{F_{\mathrm{mI}} m_1}{m_{\mathrm{I}}} + \frac{F_{\mathrm{mII}} m_1}{m_{\mathrm{II}}} \\ &\bar{F}_{\mathrm{m}2} = -\frac{F_{\mathrm{mII}} m_2}{m_{\mathrm{II}}} + \frac{F_{\mathrm{mIII}} m_2}{m_{\mathrm{III}}}, \quad \bar{F}_{\mathrm{m}3} = -\frac{F_{\mathrm{mIII}} m_3}{m_{\mathrm{III}}} + \frac{F_{\mathrm{mIV}} m_3}{m_{\mathrm{IV}}}, \quad \bar{F}_{\mathrm{p}} = -\frac{F_{\mathrm{pI}} m_1}{m_{\mathrm{I}}} \end{aligned} \tag{2.5.27}$$

若设 $x_j = \bar{x}_j / \bar{b}_j$，$b_j = \bar{b}_j / b$，$t = \bar{t} / \omega_{11}(\omega_{11}^2 = k_1 / m_1)$，$F_{\mathrm{m}j} = \bar{F}_{\mathrm{m}j} / (m_j b \omega_{11}^2)$，$F_{\mathrm{p}} = \bar{F}_{\mathrm{p}} / (m_1 b \omega_{11}^2)$，$\omega = \bar{\omega} / \omega_{11}$，$\omega_{ij} = k_{ij} / (m_i \omega_{11})$，则得到矩阵形式的运动方程为

$$\begin{bmatrix} 1 & 0 & 0 \\ 0 & 1 & 0 \\ 0 & 0 & 1 \end{bmatrix} \begin{Bmatrix} \ddot{x}_1 \\ \ddot{x}_2 \\ \ddot{x}_3 \end{Bmatrix} + \begin{bmatrix} \omega_{11}^2 & -\omega_{12}^2 & 0 \\ -\omega_{21}^2 & \omega_{22}^2 & -\omega_{23}^2 \\ 0 & -\omega_{32}^2 & \omega_{33}^2 \end{bmatrix} \begin{Bmatrix} f_1(x_1) \\ f_2(x_2) \\ f_3(x_3) \end{Bmatrix} = \begin{Bmatrix} F_{\mathrm{m}1} + F_{\mathrm{p}} \\ F_{\mathrm{m}2} \\ F_{\mathrm{m}3} \end{Bmatrix} \tag{2.5.28}$$

式中，

$$f_j(x_j) = \begin{cases} x_j + (1-a)b_j, & x_j < -b_j \\ a_j x_j, & -b_j \leqslant x_j \leqslant b_j \\ x_j - (1-a_j)b_j, & x_j > b_j \end{cases} \tag{2.5.29}$$

2. 三种冲击状态

图 2.5.7 所示的三自由度振动系统可以看成由三个基本非线性冲击副耦合成的。为便于了解多自由度振-冲系统的非线性特性，在以下的分析中设其中仅有一个冲击副具有间隙非线性。与单自由度系统类似，多自由度系统在整个响应区也呈现三种冲击状态：非冲击状态、单边冲击状态和双边冲击状态。相应的三种状态的几何描述如图 2.5.9 所示。

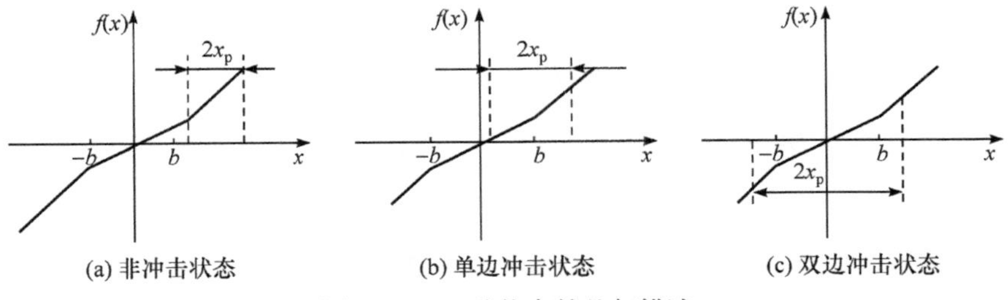

(a) 非冲击状态　(b) 单边冲击状态　(c) 双边冲击状态

图 2.5.9　三种状态的几何描述

1) 非冲击状态

与单自由度的情况类似，对于多自由度系统的各冲击副，其冲击状态也有Ⅰ型和Ⅱ型之分。任一冲击副在非冲击状态下，Ⅰ型和Ⅱ型数学描述可以表示为

$$\begin{aligned} & x_{\mathrm{m}j}+x_{\mathrm{p}j}<b_j, \quad x_{\mathrm{m}j}-x_{\mathrm{p}j}>-b_j \quad (\text{Ⅰ型}) \\ & x_{\mathrm{m}j}+x_{\mathrm{p}j}>b_j, \quad x_{\mathrm{m}j}-x_{\mathrm{p}j}>b_j \quad (\text{Ⅱ型}) \end{aligned} \tag{2.5.30}$$

Ⅰ型和Ⅱ型相应的描述函数分别为

$$N_{\mathrm{fm}j}=a_j, \quad N_{\mathrm{fp}j}=a_j \quad (\text{Ⅰ型}) \tag{2.5.31}$$

$$N_{\mathrm{fm}j}=1-(1-a_j)/x_{\mathrm{m}j}, \quad N_{\mathrm{fp}j}=1 \quad (\text{Ⅱ型}) \tag{2.5.32}$$

为简单计算，仅考虑Ⅰ-Ⅱ冲击副(即 $j=1$)的情况，对于Ⅰ型，利用谐波平衡方法可以得到

$$x_{\mathrm{m1}}=F_{\mathrm{m1}}/a_1$$

$$x_{\mathrm{p1}}=\frac{\pm\dfrac{F_{\mathrm{p}}}{\omega_{11}^2}\left[\left(N_{\mathrm{fp2}}-\dfrac{\omega_{\mathrm{p}}^2}{\omega_{22}^2}\right)\left(N_{\mathrm{fp3}}-\dfrac{\omega_{\mathrm{p}}^2}{\omega_{33}^2}\right)-\dfrac{\omega_{23}^2\omega_{32}^2}{\omega_{22}^2\omega_{33}^2}N_{\mathrm{fp2}}N_{\mathrm{fp3}}\right]}{\left[\left(a_1-\dfrac{\omega_{\mathrm{p}}^2}{\omega_{11}^2}\right)\left(N_{\mathrm{fp2}}-\dfrac{\omega_{\mathrm{p}}^2}{\omega_{22}^2}\right)-\dfrac{\omega_{12}^2\omega_{21}^2}{\omega_{11}^2\omega_{22}^2}a_1N_{\mathrm{fp2}}\right]\left(N_{\mathrm{fp3}}-\dfrac{\omega_{\mathrm{p}}^2}{\omega_{33}^2}\right)-\left(a_1-\dfrac{\omega_{\mathrm{p}}^2}{\omega_{11}^2}\right)\dfrac{\omega_{23}^2\omega_{32}^2}{\omega_{22}^2\omega_{33}^2}N_{\mathrm{fp2}}N_{\mathrm{fp3}}} \tag{2.5.33}$$

对于Ⅱ型，利用谐波平衡方法可以得到

$$x_{\mathrm{m1}}=F_{\mathrm{m1}}+(1-a_1)b_1$$

$$x_{\mathrm{p1}}=\frac{\pm\dfrac{F_{\mathrm{p}}}{\omega_{11}^2}\left[\left(N_{\mathrm{fp2}}-\dfrac{\omega_{\mathrm{p}}^2}{\omega_{22}^2}\right)\left(N_{\mathrm{fp3}}-\dfrac{\omega_{\mathrm{p}}^2}{\omega_{33}^2}\right)-\dfrac{\omega_{23}^2\omega_{32}^2}{\omega_{22}^2\omega_{33}^2}N_{\mathrm{fp2}}N_{\mathrm{fp3}}\right]}{\left[\left(1-\dfrac{\omega_{\mathrm{p}}^2}{\omega_{11}^2}\right)\left(N_{\mathrm{fp2}}-\dfrac{\omega_{\mathrm{p}}^2}{\omega_{22}^2}\right)-\dfrac{\omega_{12}^2\omega_{21}^2}{\omega_{11}^2\omega_{22}^2}N_{\mathrm{fp2}}\right]\left(N_{\mathrm{fp3}}-\dfrac{\omega_{\mathrm{p}}^2}{\omega_{33}^2}\right)-\left(1-\dfrac{\omega_{\mathrm{p}}^2}{\omega_{11}^2}\right)\dfrac{\omega_{23}^2\omega_{32}^2}{\omega_{22}^2\omega_{33}^2}N_{\mathrm{fp2}}N_{\mathrm{fp3}}} \tag{2.5.34}$$

由式(2.5.33)和式(2.5.34)可以看出，由于非冲击状态系统是线性的，平均位移分量 x_{m1} 为常数。但是对于交变分量，只有当其他两个冲击副也是在非冲击状态时，交变分量才是线性的。由于解得的 x_{m1} 和 x_{p1} 均是单值，方程的解总是存在的。

利用关系式 $x_{\mathrm{p}}=|b_1-m_{\mathrm{m1}}|$，可由上述方程求得非冲击状态下的转变频率。转变频率方程可表示为

$$a_3\omega_{\mathrm{p}}^6+a_2\omega_{\mathrm{p}}^4+a_1\omega_{\mathrm{p}}^2+a_0=0 \tag{2.5.35}$$

式中的系数取决于其他两个冲击副的运动状态(N_{fp2} 和 N_{fp3} 的值)，由于 F_{p} 可以是正值或负值(同相位或反相位)，所以，该式总共会有 12 个根，相应于三个共振频率两边共有 6 个正实根。对于某理想频响函数，相应的转变频率如图 2.5.10 所示。

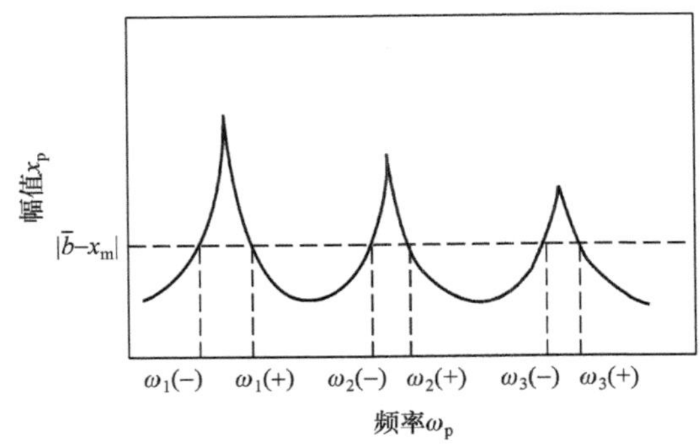

图 2.5.10 理想频响函数的转变频率

2) 单边冲击状态和双边冲击状态

对于Ⅰ型和Ⅱ型问题，任一冲击副产生单边冲击的条件分别为

$$x_{\mathrm{m}j}+x_{\mathrm{p}j}>b_j,\quad x_{\mathrm{m}j}-x_{\mathrm{p}j}>-b_j\quad(\text{Ⅰ 型})\tag{2.5.36}$$

$$x_{\mathrm{m}j}+x_{\mathrm{p}j}>-b_j,\quad x_{\mathrm{m}j}-x_{\mathrm{p}j}<b_j\quad(\text{Ⅱ 型})\tag{2.5.37}$$

产生双边冲击的条件是

$$x_{\mathrm{p}j}>|b_j-x_{\mathrm{m}j}|,\quad x_{\mathrm{p}j}<|b_j+x_{\mathrm{m}j}|\tag{2.5.38}$$

相应于单边冲击和双边冲击的描述函数为

$$\begin{aligned}N_{\mathrm{fm}j}&=1+\frac{x_{\mathrm{p}j}(1-a_j)}{2x_{\mathrm{m}j}}\left\{\frac{2}{\pi}\left[1+\left(\frac{\pi-2}{2}\right)\left(\frac{b_j-x_{\mathrm{m}j}}{x_{\mathrm{p}j}}\right)^2\right]-\left(\frac{b_j+x_{\mathrm{m}j}}{x_{\mathrm{p}j}}\right)\right\}\\N_{\mathrm{fp}j}&=\frac{1+a_j}{2}+\frac{4}{\pi x_{\mathrm{p}j}}(b_j-x_{\mathrm{m}j})(1-a_j)\left[1-\left(\frac{4-\pi}{4}\right)\left(\frac{b_j-x_{\mathrm{m}j}}{x_{\mathrm{p}j}}\right)\right]\end{aligned}\tag{2.5.39}$$

$$\begin{aligned}N_{\mathrm{fm}j}&=1-\frac{2(\pi-2)}{2}(1-a_j)\left(\frac{b_j}{x_{\mathrm{p}j}}\right)\\N_{\mathrm{fp}j}&=1-\frac{4}{\pi}(1-a_j)\left(\frac{b_j}{x_{\mathrm{p}j}}\right)\left[1-\left(\frac{4-\pi}{4}\right)\left(\frac{b_j^2-3x_{\mathrm{m}j}^2}{x_{\mathrm{p}j}^2}\right)\right]\end{aligned}\tag{2.5.40}$$

从而得到单边冲击和双边冲击时的平均位移 $x_{\mathrm{m}j}$ 为

$$x_{\mathrm{m}j}=\left\{F_{\mathrm{m}j}+\frac{1-a_j}{2}\left[b_j-\frac{2x_{\mathrm{p}j}}{\pi}-\left(\frac{\pi-2}{\pi x_{\mathrm{p}j}}\right)(b_j-x_{\mathrm{m}j})^2\right]\right\}\frac{2}{1+a_j}\tag{2.5.41}$$

$$x_{\mathrm{m}j}=\frac{F_{\mathrm{m}j}}{1-F_{\mathrm{tsm}j}/x_{\mathrm{p}j}},\quad F_{\mathrm{tsm}j}=\frac{2(\pi-2)}{\pi}(1-a_j)b_j \tag{2.5.42}$$

利用谐波平衡方法，得到位移的交变分量 $x_{\mathrm{p}j}$ 为

$$x_{\mathrm{p}j}=\pm\frac{F'_{\mathrm{p}j}+F'_{isj}}{\varLambda},\quad i=t,\mathrm{s};\ j=1,2,3 \tag{2.5.43}$$

式中，

$$F'_{\mathrm{p}1}=\frac{F_{\mathrm{p}}}{\omega_{\mathrm{n}}^2}\left[\left(N_{\mathrm{fp}2}-\frac{\omega_{\mathrm{p}}^2}{\omega_{22}^2}\right)\left(N_{\mathrm{fp}3}-\frac{\omega_{\mathrm{p}}^2}{\omega_{33}^2}\right)-\frac{\omega_{23}^2\omega_{32}^2}{\omega_{22}^2\omega_{33}^2}N_{\mathrm{fp}2}N_{\mathrm{fp}3}\right]$$

$$F'_{is1}=F_{is1}\left\{\left[\left(1-\frac{\omega_{12}^2\omega_{21}^2}{\omega_{11}^2\omega_{22}^2}\right)N_{\mathrm{fp}2}-\frac{\omega_{\mathrm{p}}^2}{\omega_{11}^2}\right]-\left(N_{\mathrm{fp}3}-\frac{\omega_{\mathrm{p}}^2}{\omega_{33}^2}\right)-\frac{\omega_{23}^2\omega_{32}^2}{\omega_{22}^2\omega_{33}^2}N_{\mathrm{fp}2}N_{\mathrm{fp}3}\right\}$$

$$F'_{\mathrm{p}2}=\frac{F_{\mathrm{p}}\omega_{21}^2}{\omega_{\mathrm{n}}^2\omega_{22}^2}N_{\mathrm{fp}1}\left(N_{\mathrm{fp}3}-\frac{\omega_{\mathrm{p}}^2}{\omega_{33}^2}\right),\quad F'_{\mathrm{p}3}=\frac{F_p\omega_{32}^2\omega_{21}^2}{\omega_{11}^2\omega_{22}^2\omega_{33}^2}N_{\mathrm{fp}1}N_{\mathrm{fp}2}$$

$$F'_{is2}=F_{is2}\left\{\left[\left(1-\frac{\omega_{12}^2\omega_{21}^2}{\omega_{11}^2\omega_{22}^2}\right)N_{\mathrm{fp}1}-\frac{\omega_{\mathrm{p}}^2}{\omega_{11}^2}\right]-\left(N_{\mathrm{fp}3}-\frac{\omega_{\mathrm{p}}^2}{\omega_{33}^2}\right)-\frac{\omega_{23}^2\omega_{32}^2}{\omega_{22}^2\omega_{33}^2}N_{\mathrm{fp}3}\left(N_{\mathrm{fp}1}-\frac{\omega_{\mathrm{p}}^2}{\omega_{33}^2}\right)\right\}$$

$$F'_{is3}=F_{is3}\left[\left(N_{\mathrm{fp}1}-\frac{\omega_{\mathrm{p}}^2}{\omega_{11}^2}\right)\left(N_{\mathrm{fp}2}-\frac{\omega_{\mathrm{p}}^2}{\omega_{22}^2}\right)-\frac{\omega_{12}^2\omega_{21}^2}{\omega_{11}^2\omega_{22}^2}N_{\mathrm{fp}1}N_{\mathrm{fp}2}-\frac{\omega_{23}^2\omega_{32}^2}{\omega_{22}^2\omega_{33}^2}N_{\mathrm{fp}2}\left(N_{\mathrm{fp}1}-\frac{\omega_{\mathrm{p}}^2}{\omega_{11}^2}\right)\right]$$

$$\varLambda=\left\{\left[\left(N_{\mathrm{fp}1}-\frac{\omega_{\mathrm{p}}^2}{\omega_{11}^2}\right)\left(N_{\mathrm{fp}2}-\frac{\omega_{\mathrm{p}}^2}{\omega_{22}^2}\right)-\frac{\omega_{12}^2\omega_{21}^2}{\omega_{11}^2\omega_{22}^2}N_{\mathrm{fp}1}N_{\mathrm{fp}2}\right]\cdot\left(N_{\mathrm{fp}3}-\frac{\omega_{\mathrm{p}}^2}{\omega_{33}^2}\right)-\frac{\omega_{23}^2\omega_{32}^2}{\omega_{22}^2\omega_{33}^2}N_{\mathrm{fp}2}N_{\mathrm{fp}3}\left(N_{\mathrm{fp}1}-\frac{\omega_{\mathrm{p}}^2}{\omega_{11}^2}\right)\right\}$$

$$F_{\mathrm{ss}j}=\frac{2}{\pi}(b_j-x_{\mathrm{m}j})(1-a_j)\left[1-\left(\frac{4-\pi}{4}\right)\left(\frac{b_i-x_{\mathrm{m}j}}{x_{\mathrm{p}j}}\right)^2\right]$$

$$F_{isj}=\frac{4}{\pi}(1-a_j)b_j\left[1-\left(\frac{4-\pi}{4}\right)\left(\frac{b_j^2+3x_{\mathrm{m}j}^2}{x_{\mathrm{p}j}^2}\right)\right] \tag{2.5.44}$$

解的存在性与 F'_{isj} 和 $F'_{\mathrm{p}j}$ 的相对大小有关。当 $|F'_{\mathrm{p}j}|\geqslant|F'_{isj}|$ 时，式(2.5.43)的解是单值，解总是存在；当 $|F'_{\mathrm{p}j}|<|F'_{isj}|$ 时，解的存在性较为复杂。对于硬特性冲击副，当力与位移相位相同时，解存在；当两者相位不同时，解不存在。对于软特性冲击副，当力与位移相位相同时，解不存在；当两者相位不同时，解存在。

2.5.3　单自由度齿轮结构的间隙非线性振动

在具有齿侧间隙的齿轮结构中，最简单的是一对齿轮副的非线性振动问题，

这种问题可以简化为单自由度系统进行研究。本节利用振-冲问题的分析理论研究单自由度齿轮结构的间隙非线性振动问题。

1. 齿轮结构的分析模型

假设齿轮结构的传动轴和支承轴承均是刚性的，则一对圆柱直齿轮副的动力学模型如图 2.5.11(a)所示。其中齿侧间隙为 $2b$、阻尼系数为 c_m，主、从动齿轮的基圆半径分别为 R_p、R_g。则齿轮副的扭转振动微分方程可以表示为

$$\begin{aligned}&I_p\frac{d^2\theta_p}{dt^2}-R_pc_m\left(R_p\frac{d\theta_p}{dt}-R_g\frac{d\theta_g}{dt}-\frac{de}{dt}\right)+R_pf(x)[R_p\theta_p-R_g\theta_g-e(t)]=T_p(t)\\&I_g\frac{d^2\theta_g}{dt}-R_gc_m\left(R_p\frac{d\theta_p}{dt}-R_g\frac{d\theta_g}{dt}-\frac{de}{dt}\right)-R_gf(x)[R_p\theta_p-R_g\theta_g-e(t)]=-T_g(t)\end{aligned}\tag{2.5.45}$$

式中，I_p、I_g 分别为主、从动齿轮的转动惯量；$e(t)$ 为啮合轮齿的静传递误差；θ_p、θ_g 分别为主、从动齿轮的扭转振动位移；$T_p(t)$、$T_g(t)$分别为作用在主、从动齿轮上的外力矩。

设 $T_p(t)$、$T_g(t)$可以表示为

$$T_p(t)=T_{pm}+T_{pa}(t),\quad T_g(t)=T_{gm}+T_{ga}(t)\tag{2.5.46}$$

式中，T_{pm}、T_{gm} 和 $T_{pa}(t)$、$T_{ga}(t)$分别为相应的平均分量和变动分量，在以下分析中，为简化计算，设 $T_{ga}(t)=0$。式(2.5.45)中的 $f(x)$为具有齿侧间隙时轮齿啮合力的非解析函数，若将间隙处理成对称型的，则其形式如图 2.5.11(b)所示。

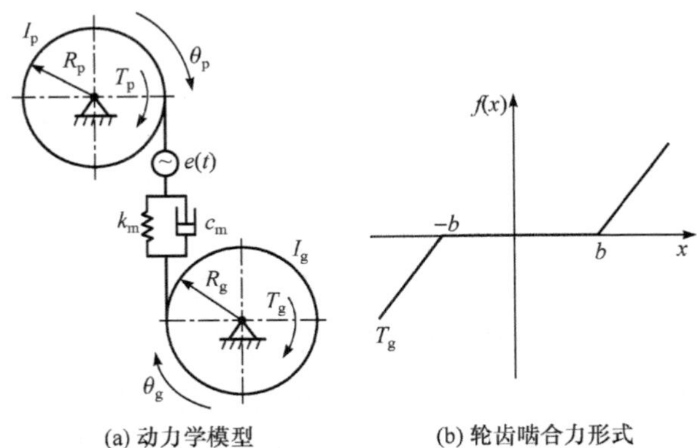

(a) 动力学模型　　(b) 轮齿啮合力形式

图 2.5.11　齿轮结构的分析模型及轮齿啮合力的形式

由于系统的动态传递误差 $x_d(t)$ 为

$$x_d(t)=R_p\theta_p(t)-R_g\theta_g(t)\tag{2.5.47}$$

若定义动态传递误差 $x_{\mathrm{d}}(t)$ 与静态传递误差 $e(t)$间的差值 $x(t)$为

$$x(t)=x_{\mathrm{d}}(t)-e(t)=R_{\mathrm{p}}\theta_{\mathrm{p}}(t)-R_{\mathrm{g}}\theta_{\mathrm{g}}(t)-e(t) \tag{2.5.48}$$

则可将式(2.5.45)表示的齿轮副的运动微分方程简化为

$$m_{\mathrm{e}}\frac{\mathrm{d}^2x}{\mathrm{d}t^2}+c_{\mathrm{m}}\frac{\mathrm{d}x}{\mathrm{d}t}+k_{\mathrm{m}}f(x)=F_{\mathrm{m}}+F_{\mathrm{aT}}(t)-m_{\mathrm{e}}\frac{\mathrm{d}^2e}{\mathrm{d}t^2} \tag{2.5.49}$$

式中，m_{e} 为齿轮副的等效质量；F_{m} 为齿轮副传递载荷的平均值；$F_{\mathrm{aT}}(t)$ 为与输入外力矩的变动分量 $T_{\mathrm{pa}}(t)$有关的变动力；$f(x)$为间隙非线性的描述函数。m_{e}、F_{m}、$F_{\mathrm{aT}}(t)$ 可分别表示为

$$m_{\mathrm{e}}=\frac{1}{R_{\mathrm{p}}^2/I_{\mathrm{p}}+R_{\mathrm{g}}^2/I_{\mathrm{g}}},\quad F_{\mathrm{m}}=\frac{T_{\mathrm{pm}}}{R_{\mathrm{p}}}=\frac{T_{\mathrm{gm}}}{R_{\mathrm{g}}},\quad F_{\mathrm{aT}}(t)=\frac{m_{\mathrm{e}}T_{\mathrm{pa}}(t)}{I_{\mathrm{p}}/R_{\mathrm{p}}} \tag{2.5.50}$$

而 $f(x)$可表示为

$$f(x)=\begin{cases}x-b, & x\geqslant b\\ 0, & -b<x<b\\ x+b, & x<-b\end{cases} \tag{2.5.51}$$

齿轮传动系统的激励分为内部激励和外部激励两类。对于由旋转质量的不平衡、几何偏心、原动机和负载力矩波动引起的频率较低的激励，一般处理成外部激励；而将由加工误差、轮齿弹性变形等引起的频率较高的激励处理成内部激励，在上述分析模型中，$F_{\mathrm{at}}(t)$表示外部激励，$e(t)$表示内部激励，将外部激励和内部激励均表示成简谐函数，有

$$F_{\mathrm{aT}}(t)=F_{\mathrm{aT}}\sin(\omega_{\mathrm{eT}}t+\varphi_{\mathrm{T}}),\quad e(t)=e\sin(\omega_{\mathrm{eh}}t+\varphi_{\mathrm{n}}) \tag{2.5.52}$$

式中，ω_{eT} 为外部激励的基频；ω_{eh} 为内部激励的基频。

若各有关参数的无量纲形式分别为

$$\begin{aligned}&\omega_{\mathrm{eh}}'=\omega_{\mathrm{eh}}/\omega_{\mathrm{n}},\quad \omega_{\mathrm{eT}}'=\omega_{\mathrm{eT}}/\omega_{\mathrm{n}}\\ &F_{\mathrm{m}}'=F_{\mathrm{m}}/(bk_{\mathrm{m}}),\quad F_{\mathrm{aT}}'=F_{\mathrm{aT}}/(bk_{\mathrm{m}}),\quad F_{\mathrm{ah}}=e/b\end{aligned} \tag{2.5.53}$$

则可得到无量纲形式的齿轮副系统运动微分方程为

$$\ddot{x}(t)+2\xi\dot{x}(t)+f'(x)=F(t) \tag{2.5.54}$$

式中，

$$F(t)=F_{\mathrm{m}}'+F_{\mathrm{aT}}'\sin(\omega_{\mathrm{eT}}'t+\varphi_{\mathrm{T}})+F_{\mathrm{ah}}'\omega_{\mathrm{eh}}'^2\sin(\omega_{\mathrm{eh}}'t+\varphi_{\mathrm{h}}) \tag{2.5.55}$$

$$f'(x)=\frac{f(x)}{b}=\begin{cases}x-1, & x>1\\ 0, & -1<x<1\\ x+1, & x<-1\end{cases} \tag{2.5.56}$$

式中，F'_{m} 为平均载荷；$F'_{\mathrm{aT}}\sin(\omega'_{\mathrm{eT}}t+\varphi_{\mathrm{T}})$ 为外部激励；$F'_{\mathrm{ah}}\omega'^2_{\mathrm{eh}}\sin(\omega'_{\mathrm{eh}}t+\varphi_{\mathrm{h}})$ 为内部激励；$f'(x)$ 为无量纲化的间隙弹性函数。

若仅考虑外部激励，则系统的分析模型与振-冲模型是一致的，因此下面重点讨论内部激励问题，这时系统运动微分方程(2.5.54)变为

$$\ddot{x}(t)+2\xi\dot{x}(t)+f'(x)=F'_{\mathrm{m}}+F'_{\mathrm{ah}}\omega'^2_{\mathrm{eh}}\sin(\omega'_{\mathrm{eh}}t+\varphi_{\mathrm{h}}) \tag{2.5.57}$$

2. 三种冲击状态

由前面的分析可知，根据阻尼及用来定义激励的 F'_{m}、F'_{ah} 和 ω'_{eh} 等参数的不同，系统可能出现三种完全不同的冲击状态(图 2.5.12)：①非冲击状态(啮合轮齿不分离)；②单边冲击状态(轮齿分离，但仅在啮合表面单边冲击)；③双边冲击状态(轮齿分离，同时在驱动齿面和非驱动齿面双边冲击)。

1) 非冲击状态(简称状态Ⅰ)

如图 2.5.12 所示，若系统始终有 $x(t)>1$ 的条件，则啮合轮齿间不会产生分离，因而系统处于非冲击状态，其位移条件可表示为

$$|x_{\mathrm{m}}+x_{\mathrm{a}}|>1,\quad |x_{\mathrm{m}}-x_{\mathrm{a}}|<1 \tag{2.5.58}$$

描述函数变为

$$N_{\mathrm{m}}=1-1/x_{\mathrm{m}},\quad N_{\mathrm{a}}=1 \tag{2.5.59}$$

因此频响函数变为

$$x_{\mathrm{a1}}=\frac{F'_{\mathrm{ah}}\omega'^2_{\mathrm{eh}}}{\sqrt{(1-\omega'^2_{\mathrm{eh}})^2+(2\xi\omega'^2_{\mathrm{eh}})^2}},\quad x_{\mathrm{m1}}=F'_{\mathrm{m}}+1,\quad \varphi'_{\mathrm{h1}}=\varphi_{\mathrm{p}}-\arctan\left(\frac{2\xi\omega'_{\mathrm{eh}}}{1-\omega'_{\mathrm{eh}}}\right) \tag{2.5.60}$$

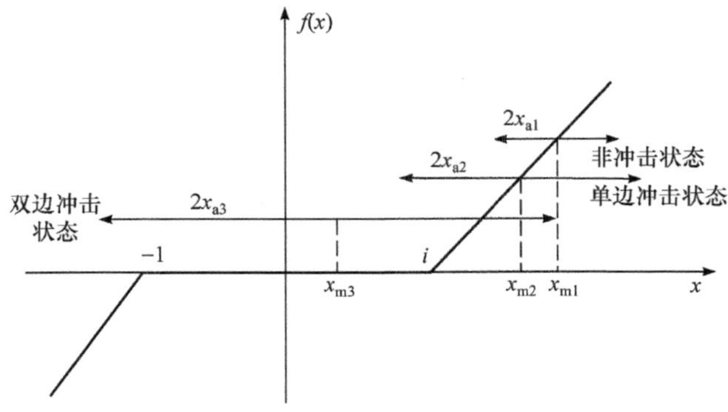

图 2.5.12　三种冲击状态

在非冲击状态下，系统是线性的，因此响应的平均分量 x_{m} 和变动分量 x_{a} 间是耦合的。

利用非冲击状态位移条件的临界值 $x_{\mathrm{a}}=|x_{\mathrm{m}}-1|$，可由式(2.5.60)的第一式和第

三式得到系统由非冲击状态向冲击状态转变时的频率，称为转变频率，即

$$\omega_{t2},\omega_{t1}=\sqrt{\frac{(1-2\xi)^2\pm\sqrt{(1-2\xi)^2-(1-F_{ah}/F_m)}}{1-(F_{ah}/F_m)^2}} \tag{2.5.61}$$

式中，ω_{t2} 和 ω_{t1} 分别为两个由非冲击状态向单边冲击状态转变的频率，ω_{t1} 为低于共振频率的转变频率；ω_{t2} 为高于共振频率的转变频率。

2) 单边冲击状态(简称状态Ⅱ)

单边冲击状态是指啮合轮齿仅在驱动齿面产生接触、脱离、再接触的重复冲击状态，如图 2.5.12 所示。这种冲击状态的位移条件表示为

$$x_m+x_a>1,\quad |x_m-x_a|<1 \tag{2.5.62}$$

描述函数变为

$$N_m=1-\frac{x_{a2}}{2x_{m2}}[\gamma_+-g(\gamma_-)],\quad N_a=1-\frac{1}{2}[1+h(\gamma_-)] \tag{2.5.63}$$

式中，

$$g(\gamma)\approx\frac{2}{\pi}\left[1+\left(\frac{\pi-2}{\pi}\right)\gamma^2\right],\quad h(\gamma)\approx\frac{4}{\pi}\left[\gamma-\left(\frac{4-\pi}{4}\right)\gamma^3\right] \tag{2.5.64}$$

将式(2.5.64)代入式(2.5.63)得到单边冲击状态的描述函数为

$$N_m=1+\frac{x_{a2}}{2x_{m2}}\left\{\frac{2}{\pi}\left[1+\left(\frac{\pi-2}{2}\right)\gamma_-^2\right]-\gamma_+\right\},\quad N_a=\frac{1}{2}-\frac{2(1-x_{m2})}{\pi x_{a2}}\left[1-\left(\frac{4-\pi}{2}\right)\gamma_-^2\right] \tag{2.5.65}$$

式(2.5.62)、式(2.5.63)和式(2.5.65)定义了单边冲击状态时系统的响应。由于计算公式较为复杂，一般难以得到由单边冲击状态向双边冲击状态转变时的转变频率计算解析式。

3) 双边冲击状态(简称状态Ⅲ)

双边冲击状态是指啮合轮齿不仅在驱动齿面，而且在非驱动齿面产生接触、脱离、再接触的重复冲击状态，如图 2.5.12 所示。其位移条件表示为

$$x_a>|1-x_m|,\quad x_a<|1+x_m| \tag{2.5.66}$$

相应的描述函数为

$$N_m=1-\frac{2(\pi-2)}{\pi x_{a3}},\quad N_a=1-\frac{4}{\pi}\left[\frac{1}{x_{a3}}-\left(\frac{4-\pi}{4}\right)\left(\frac{1+3x_{m3}^2}{x_{a3}^3}\right)\right] \tag{2.5.67}$$

若利用数值法联解式(2.5.60)和式(2.5.67)，便可得到在双边冲击状态下的动态响应。

分别得到三种冲击状态的响应后，将它们组合起来，则可得到系统在整个频率范围内的动态响应。

3. 系统的基本性质

下面根据齿轮副在轻载和重载两种情况下的分析结果，说明具有侧隙的齿轮副动态特性的基本性质。在轻载条件下，其载荷参数为 F_m=0.1，F_{ah}=0.2，$\hat{F}=F_m/F_{ah}$=0.5，阻尼比 ξ=0.2，频率范围为 $0<\omega_{eh}<1.5$。

首先利用五阶变步长 Runge-Kutta 方法对式(2.5.58)进行数值积分，可以得到不同 ω_{eh} 值时的 $\dot{x}(t)$ 和 $x(t)$的相平面图，如图 2.5.13 所示。可以看出，当 ω_{eh}=0.3 时，其相图如图 2.5.13(a)所示，为一个基本周期是 ω_{eh} 的周期解，在非线性振动理论中称为单周期吸引子，其周期为 $t_p=2\pi/\omega_{eh}$；当 ω_{eh}=0.5 时，出现了三个共生的单周期吸引子，其相图如图 2.5.13(b_1)～(b_3)所示；当 ω_{eh}=0.6 时，可以发现两个单周期吸引子，其相图如图 2.5.13(c_1)和(c_2)所示；当 $\omega_{eh}=0.7$ 时，具有两个单周期吸引子，其相图如图 2.5.13(d_2)和(d_4)所示，还存在两个周期为 $3t_p$ 的解，称为三周期解，其相图如图 2.5.13(d_1)和(d_3)所示；而当 ω_{eh}=0.8 时，仅有一个两周期吸引子存在，其相图如图 2.5.13(e)所示；在 $1.0<\omega_{eh}<1.5$ 的范围内，系统出现了非周期的稳态响应，如图 2.5.13(f)所示，这就是混沌响应。

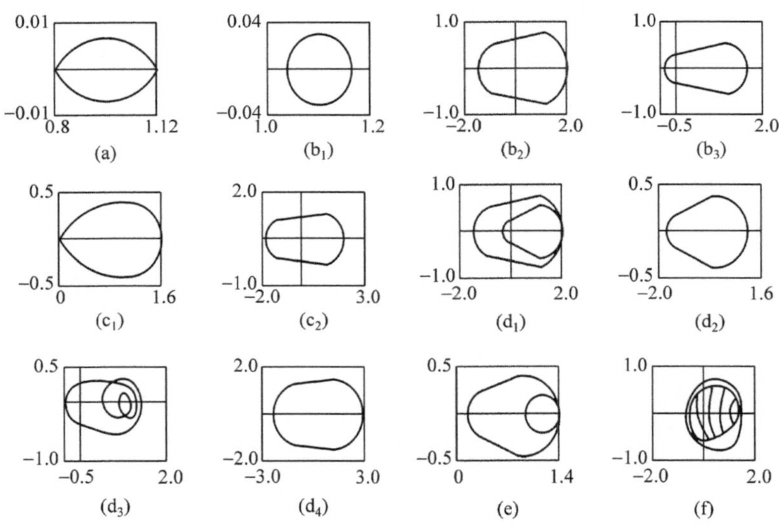

图 2.5.13 不同ω_{eh}值时的相平面图

从上述分析可以看出，齿侧间隙非线性的稳态解一般具有多值性，即对应于一个激励频率，将有多个稳态解存在。例如，在图 2.5.13 中，当 ω_{eh}=0.5 时，出现了 3 个共生的单周期吸引子，其物理意义在于有 3 个稳态解。各稳态解与初始条件 $\dot{x}(0)$ 和 $x(0)$有关。

另外，也可以从相平面图上看出各稳态解所具有的冲击状态。例如，对于当

$\omega_{eh}=0.5$ 时的三个稳态解，图 2.5.13(b_1)为非冲击状态，图 2.5.13(b_2)为双边冲击状态，图 2.5.13(b_3)为单边冲击状态。

在轻载条件下，由式(2.5.59)和式(2.5.60)得到的频响函数如图 2.5.14 所示，图中横坐标为频率，图 2.5.14(a)和(b)的纵坐标分别为 x_m 和 x_a。从图中可以明显看出稳态解的多值性。图 2.5.14 与图 2.5.13 所示的相平面图联系起来分析，可以得到频响曲线上相应于不同冲击状态的部分。

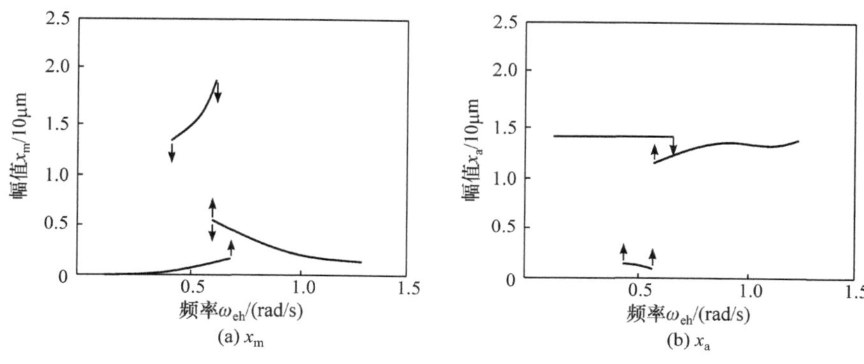

图 2.5.14　轻载条件下系统的频响函数

在重载条件下，系统的载荷参数为 $F_m=0.1$，$\hat{F}=F_m/F_{ah}=2$，阻尼比 $\xi=0.2$，频率范围为 $1.0<\omega_{eh}<1.5$。利用数值积分得到的相平面图如图 2.5.15 所示。可以看

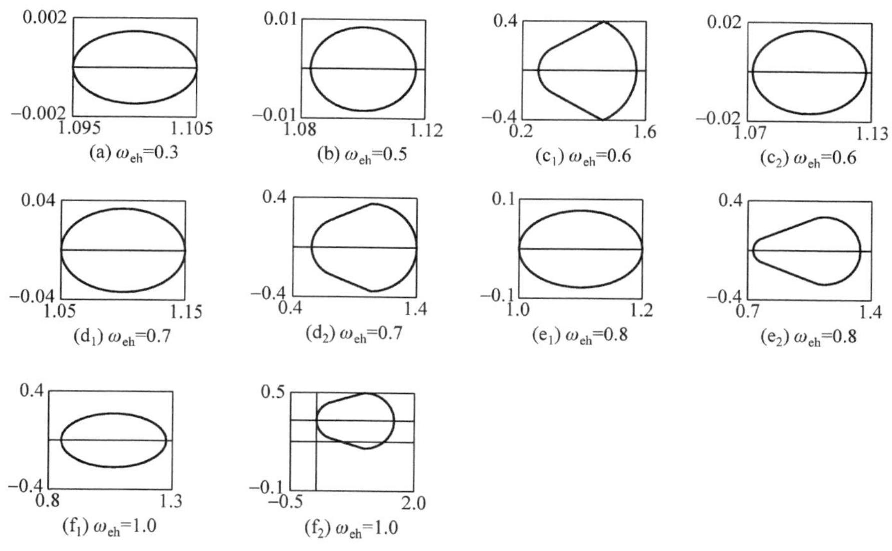

图 2.5.15　重载条件下的相平面图

出，当 $\omega_{eh}<1$ 时，所有的解都是单周期吸引子，而在 $1.0<\omega_{eh}<1.5$ 的范围，则有一个两周期吸引子和一个单周期吸引子同时存在。在重载条件下，没有出现混沌现象，系统的频响函数如图 2.5.16 所示。

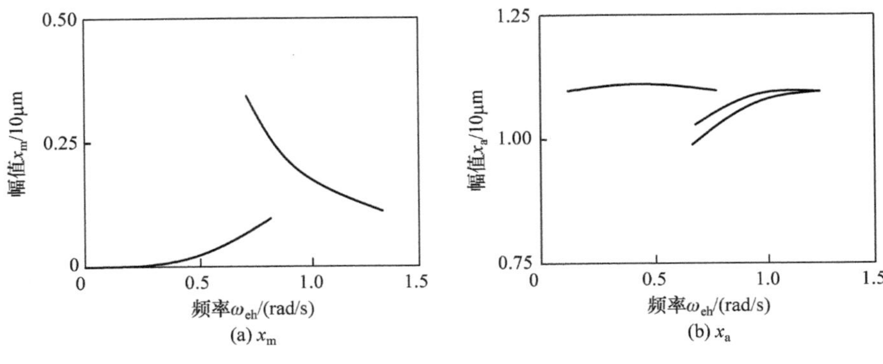

图 2.5.16　重载条件下系统的频响函数

4. 有关参数对动态特性的影响

由前面的分析可知，系统的频响幅值、转变频率、不同冲击状态的存在区域等均与 F_m、$\hat{F}$ 和 ξ 等参数有关。下面根据频响曲线分析这些参数对系统动态特性的影响。

当 ξ=0.5、F_m=0.1 时，对应于表征 F_{ah} 变化的 4 个 $\hat{F}$ 值，其 x_a 和 x_m 频响曲线如图 2.5.17 所示。由图可以看出，当 $\hat{F}$ 很大(如 $\hat{F}\geqslant 10$)时，如图 2.5.17(a)和(b)所示，在整个频率范围内轮齿均处在接触(非冲击)状态，这时系统是线性的。当 $\hat{F}=2$

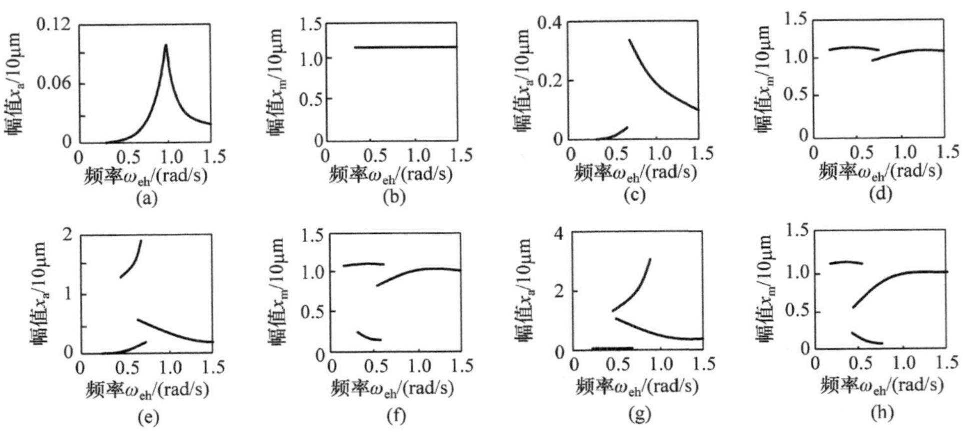

图 2.5.17　当ξ=0.5、F_m=0.1 时系统的频响曲线

时，如图 2.5.17(c)和(d)所示，在共振频率附近出现了单边冲击状态，且在 $0.7 \leqslant \omega_{eh} \leqslant 0.8$ 的共振频率之内，无论是非冲击状态还是单边冲击状态，其稳态解均是单值的。当 ω_{eh}=0.8 时，产生向上的突跳，当 ω_{eh}=0.7 时则是向下的突跳。当 $\hat{F}=1$ 时，在图 2.5.17(e)和(f)中开始出现双边冲击状态，这时整个频率范围可分成 4 个区域：①ω_{eh}<0.4 的区间为非冲击区域；②0.4<ω_{eh}<0.6 的区间为同时存在非冲击和双边冲击的区域；③0.6<ω_{eh}<0.625 的区间为同时存在三种冲击的区域；④ω_{eh}>0.625 的区间为单冲击区域。当 $\hat{F}=0.5$ 时，如图 2.5.17(g)和(h)所示，整个频率范围分成三个区域：①ω_{eh}<0.4 区间为非冲击区域；②0.4<ω_{eh}<0.8 区间为三种冲击同时存在的区域；③ω_{eh}>0.8 区间为单边冲击区域。

当 ξ=0.05、F_{ah}=0.05 时，由于 F_m 的变化，相应于 4 种 $\hat{F}$ 的频响曲线 x_a 如图 2.5.18 所示。这时不存在双边冲击区域，且当 $\hat{F}$ 较大(如 $\hat{F} \geqslant 10$)时，轮齿始终接触，有线性解存在，如图 2.5.18(a)所示；而当 $\hat{F}$ 降至 4, 2, 1 时，系统是非线性的，响应呈现非冲击和单边冲击状态，分别如图 2.5.18(b)～(d)所示。

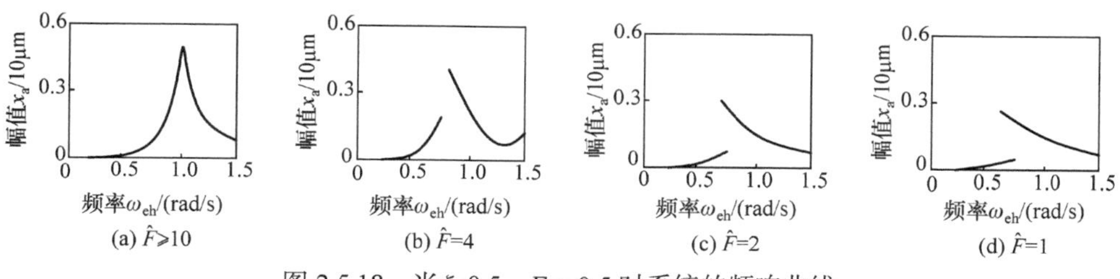

图 2.5.18　当ξ=0.5、F_{ah}=0.5 时系统的频响曲线

阻尼比 ξ 对频响特性 x_a 的影响如图 2.5.19 所示。当 F_m=0.1、F_{ah}=0.2 时，低阻尼比 ξ=0.025 时呈现双边冲击状态，如图 2.5.19(a)所示；当 ξ=0.05 时，双边冲击状态消失，仅呈现非冲击和单边冲击状态，如图 2.5.19(b)所示，且向上突跳和向下突跳的转变频率明显不同；当 ξ 继续增大时，转变频率相互接近，响应的双值区变窄；当 ξ=0.1 时，如图 2.5.19(d)所示，频响函数完全是单值的，上、下突跳的转变几乎是在同一频率上，且从中也可以看出，与线性系统类似，阻尼增大会降低共振区的峰值。

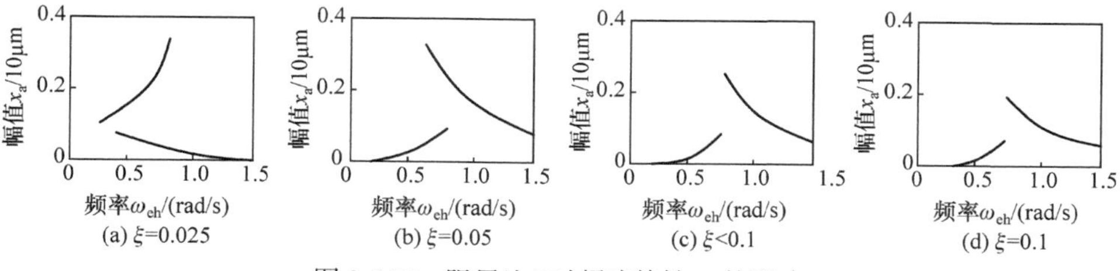

图 2.5.19　阻尼比ξ对频响特性 x_a 的影响

5. 激励对系统动态特性的影响

齿轮结构中存在低频的外部激励和高频的内部激励。由于外部激励和内部激励具有不同的性质，有必要讨论内部激励、外部激励对系统动态特性的影响。

1) 内、外部激励的性质

内部激励与激励频率有关，幅值为 $F_{ah}\omega_{eh}^2$，当 $\omega_{eh}<1$ 时，$F_{ah}\omega_{eh}^2<F_{ah}$；而当 $\omega_{eh}>1$ 时，$F_{ah}\omega_{eh}^2>F_{ah}$。因此，即使 $\hat{F}=F_m/F_{ah}$ 是常数，激励的平均分量与变动分量幅值之比 $F_m/(F_{ah}\omega_{eh}^2)$ 仍随 ω_{eh} 的变化而变化。而外部激励幅值比 F_m/F_{aT} 与其激励频率 ω_{eT} 无关。

2) 内、外部激励的影响

设 F_m=0.1，$\omega_{eh}=\omega_{eT}=\omega$，$\xi$=0.05，相应于 4 种 $\hat{F}$ 值，在外部激励和内部激励单独作用下系统的频响函数如图 2.5.20 所示，图中实线表示内部激励的频响。可以看出，当 $\hat{F}$ 较大(如 $\hat{F}\geqslant 10$)时，如图 2.5.20(a)所示，仅存在非冲击状态，当 $\omega<1$ 时，系统具有线性特性，内、外部两种激励的响应很接近，但当 $\omega>1$ 时，随着 ω 的不断增大，两种响应的差别也不断增大；当 $\hat{F}=2$ 时，两种激励的响应如图 2.5.20(b)所示，响应中存在非冲击和单边冲击两种状态，且当 ω 较大时，两者的差值也较大。内部激励时的转变频率之差大于外部激励响应的转变频率之差，因此存在于稳态解的双值区。对于图 2.5.20(c)和(d)，当 $\hat{F}$ 较小时，存在双边冲击

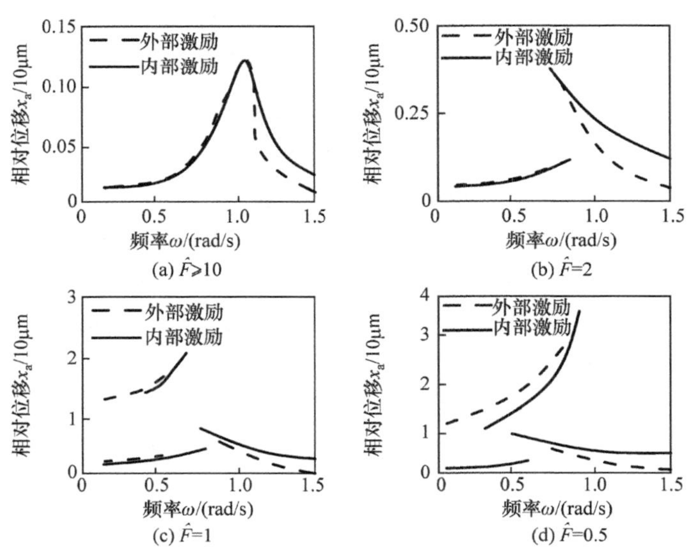

(a) $\hat{F}\geqslant 10$　(b) $\hat{F}$=2　(c) $\hat{F}$=1　(d) $\hat{F}$=0.5

图 2.5.20　在外部激励和内部激励单独作用下系统的频响函数

区。当 $\hat{F}=0.5$ 时，如图 2.5.20(d)所示，在低频范围，内部激励总是具有非冲击状态，而外部激励则不具有非冲击状态。由图 2.5.20 可以看出，在外部激励作用下，仅有单值区和双值区，而在内部激励作用下，则同时存在单值区、双值区和三值区。

前面的分析均假定激励函数是仅含有基频项的单谐函数，如式(2.5.54)和式(2.5.55)所示。实际上，激励项往往是还包含高次谐波的多谐函数，因此必须讨论在这种情况下系统的动态特性。

设内部激励时，激励函数由三个谐波分量组成：

$$F(t)=F_{\mathrm{m}}+\sum_{j=1}^{3}(j\omega_{\mathrm{eh}}^{2})F_{\mathrm{ah}j}(j\omega_{\mathrm{eh}}t+\varphi_{\mathrm{h}j}) \tag{2.5.68}$$

则当 F_{m}=0.1、F_{ah1}=0.05、F_{ah2}=0.02、F_{ah3}=0.01 和 ξ=0.05 时，系统的频响曲线如图 2.5.21(a)所示。可以看出，由于 $F_{\mathrm{m}}/F_{\mathrm{ah2}}$ 和 $F_{\mathrm{m}}/F_{\mathrm{ah3}}$ 均较大，在 ω_{eh2} 和 ω_{eh3} 处没有出现轮齿分离；而由于 $F_{\mathrm{m}}/F_{\mathrm{ah1}}$ 较小，在由 F_{ah1} 控制的 ω_{eh1} 的尖峰处，出现了突跳不连续。

由于出现内、外部激励同时存在的情况，若内、外部激励均仅考虑基频谐波，则当 F_{m}=0.1、$F_{\mathrm{ah1}}=F_{\mathrm{aT1}}$=0.05、$\xi$=0.05 和 ω_{eh}=2ω_{eT} 时，系统的频率响应如图 2.5.21(b)所示，图示曲线上有两处突跳。

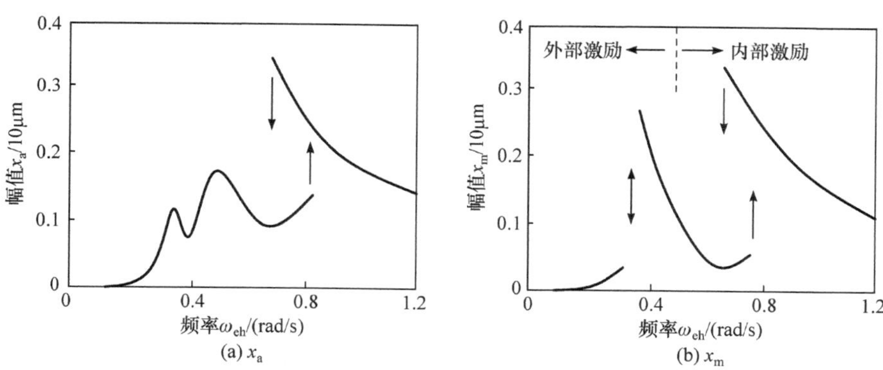

图 2.5.21 不同条件下系统的频响曲线

6. 时变啮合刚度对动态特性的影响

前面的讨论均假设轮齿啮合刚度为常数的情况，现在讨论时变啮合刚度对系统动态特性的影响。

式(2.5.57)可表示为

$$\ddot{x}(t)+2\xi\dot{x}(t)+k(t)f_{\mathrm{h}}(x)=F(t) \tag{2.5.69}$$

式中，$f_{\mathrm{h}}(x)$ 为非线性描述函数。假设啮合刚度表示为

$$k(t)=1+C_{\varepsilon}\cos(\omega_{\mathrm{mh}}t+\varphi_{\mathrm{mh}}) \tag{2.5.70}$$

若仅考虑由静传递误差引起的内部激励，则

$$F(t)=F_{\mathrm{m}}+F_{\mathrm{ah}}(t)=F_{\mathrm{m}}+F_{\mathrm{ah}}\omega_{\mathrm{eh}}^{2}\cos(\omega_{\mathrm{eh}}t+\varphi_{\mathrm{e}}) \tag{2.5.71}$$

且应该有 $\omega_{\mathrm{eh}}=\omega_{\mathrm{mh}}$。当 $k(t)$最小时，在平均载荷 F_{m} 的作用下，轮齿变形或 $F_{\mathrm{ah}}(t)$应为最大；而最大的 $k(t)$相应于最小的 $F_{\mathrm{ah}}(t)$。因此，$F_{\mathrm{ah}}(t)$和 $k(t)$的相位是反相的，即 $\varphi_{\mathrm{mh}}=\varphi_{\mathrm{e}}+\pi$。方便起见，可设 $\varphi_{\mathrm{mh}}=\pi$，$\varphi_{\mathrm{e}}=0$，因而式(2.5.69)可简化为

$$\ddot{x}(t)+2\xi\dot{x}(t)+[1-C_{\varepsilon}\cos(\omega_{\mathrm{mh}}t+\varphi_{\mathrm{mh}})]f_{\mathrm{h}}(x)=F_{\mathrm{m}}+F_{\mathrm{ah}}\omega_{\mathrm{eh}}^{2}\cos(\omega_{\mathrm{eh}}t) \tag{2.5.72}$$

设 $F_{\mathrm{m}}=0.1$，$F_{\mathrm{ah}}=0.05$，$\xi=0.05$，则对于四种 C_{ε} 值可以求得式(2.5.72)的频域解，如图 2.5.22 所示。由图可以看出，在共振频率附近，存在突跳不连续和由向上突跳及向下突跳的转变频率所限定的双值区。对于 $C_{\varepsilon}=0$ 的情况(图 2.5.22 中的实线)，在非冲击区 x_{m} 是与 ω_{eh} 无关的。但当 $C_{\varepsilon}>0$ 时，定义突跳的转变频率降低，且在向下突跳处的 x_{a} 将随 C_{ε} 的增大而增大，如图 2.5.22(a)所示。这说明，$k(t)$加强了与齿侧间隙有关的非线性程度。由图 2.5.22(a)还可以看出，当 $\omega_{\mathrm{eh}}=0.5$ 时，存在参数共振，且当 $C_{\varepsilon}=0.2$ 和 $C_{\varepsilon}=0.4$ 时这种参数共振将更加显著。

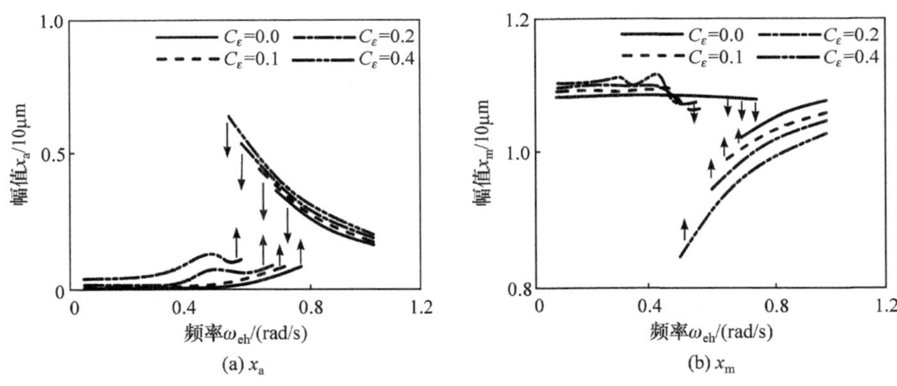

(a) x_{a}　　(b) x_{m}

图 2.5.22　四种 C_{ε} 值下的频域解

当 $\omega_{\mathrm{eh}}=0.5$ 时，不同 C_{ε}值的参数共振峰值时间历程 $x(t)$如图 2.5.23 所示。当 $C_{\varepsilon}=0$ 时，时间历程是简谐非冲击型稳态响应，对于时变啮合刚度的激励，时间历程转变成非谐周期解，且随着 C_{ε} 的增大，其振动幅值也增大。

在重载条件下，$F_{\mathrm{m}}=0.1$，$F_{\mathrm{ah}}=0.01$，$\xi=0.05$，式(2.5.73)的相应解如图 2.5.24 所示。可以看出，当 $C_{\varepsilon}=0$ 时不会产生轮齿分离，分析结果是一种线性的频率响应，且 x_{m} 为常数；当 $C_{\varepsilon}=0.1$ 时有较小的突跳，而当 $C_{\varepsilon}=0.2$ 和 $C_{\varepsilon}=0.4$ 时突跳变大，且

在共振区和非共振区交变幅值有较大变化，这种结果说明，在重载情况下，具有齿侧间隙的齿轮副，考虑时变啮合刚度的影响将更为重要。

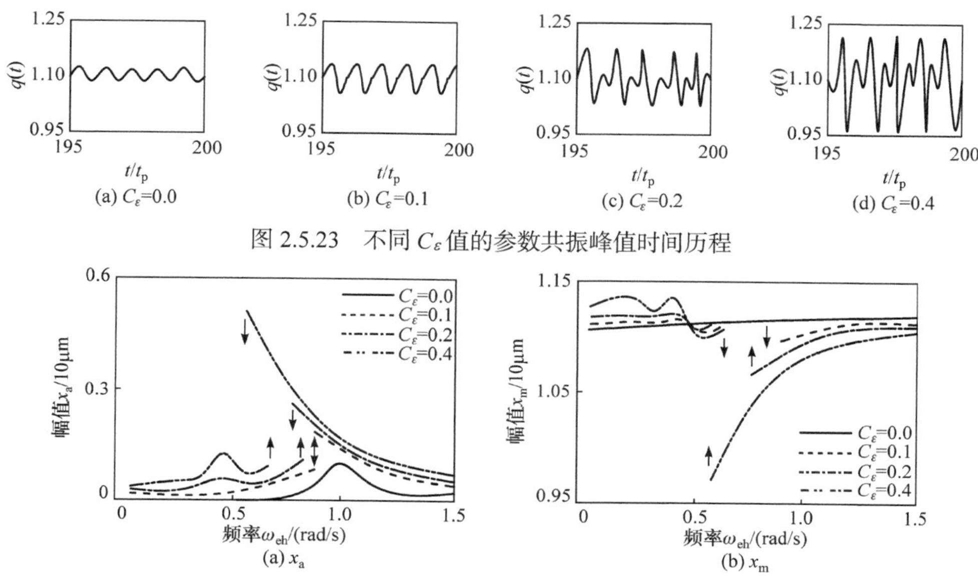

图 2.5.23　不同 C_ε 值的参数共振峰值时间历程

图 2.5.24　重载条件下系统的响应幅值

非线性时变啮合阻尼对稳态频率响应具有一定的影响，设正弦型时变啮合阻尼 $\xi(t)$与啮合刚度 $k(t)$成正比，且相应于轮齿分离的非线性速度函数为 g_n，则系统的运动微分方程为

$$\ddot{x}(t)+2\xi(t)g_n[\dot{x}(t)]+[1-C_\varepsilon\cos(\omega_{eh}t)]f_h(x)=F_m+F_{ah}\omega_{eh}^2\cos(\omega_{eh}t) \tag{2.5.73}$$

$$\xi(t)=\xi k(t)=\xi[1+C_\varepsilon\cos(\omega_{eh}t+\varphi_{mh})] \tag{2.5.74}$$

$$g_n(\dot{x})=\begin{cases}0, & -b_h/b_c<x<b_h/b_c\\ \dot{x}(t), & \text{其他}\end{cases} \tag{2.5.75}$$

求解考虑了非线性时变啮合阻尼的运动微分方程(2.5.73)～式(2.5.75)，得到时变啮合阻尼和时不变啮合阻尼下的频率响应，如图 2.5.25 所示，图中还给出了仅考虑线性时不变啮合阻尼的频率响应结果。结果表明两者基本上是相同的，因此在齿轮结构的分析中，可以采用线性时不变啮合阻尼。

前面讨论的均是 $k(t)$和 $e(t)$表示为谐波函数的情况。实际上，啮合刚度 $k(t)$和传递误差 $e(t)$ 并非一定是谐波函数形式。对于周期性的函数，可以表示为多项的傅里叶级数。例如，某典型直齿圆柱轮副的 $k(t)$和 $e(t)$ 如图 2.5.26 所示的周期性函数，第 n 次谐波仅在 $\omega_{eh}=1/n$ 附近产生共振，因此高次谐波在低频时影响较大。对于实际的齿轮振动和噪声问题，完全可以仅考虑傅里叶级数的前三项，$k(t)$也采

用相同项的截尾傅里叶级数。则当 $F_{\mathrm{aT}}(t)=0$ 时，系统运动微分方程为

$$\ddot{x}(t)+2\xi(t)\dot{x}(t)+\left[1-\sum_{r=1}^{3}C_{\varepsilon r}\cos(r\omega_{\mathrm{eh}}t)\right]f_{\mathrm{h}}(x)=F_{\mathrm{m}}+\sum_{r=1}^{3}F_{\mathrm{ah}r}(r\omega_{\mathrm{eh}})^{2}\cos(r\omega_{\mathrm{eh}}t) \quad (2.5.76)$$

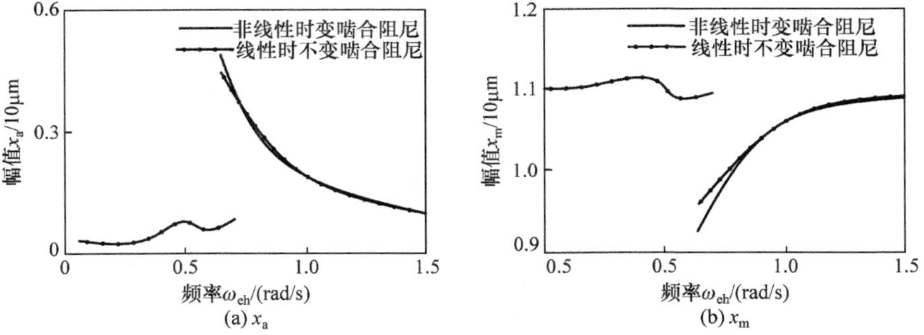

图 2.5.25 时变啮合阻尼和时不变啮合阻尼下的频率响应

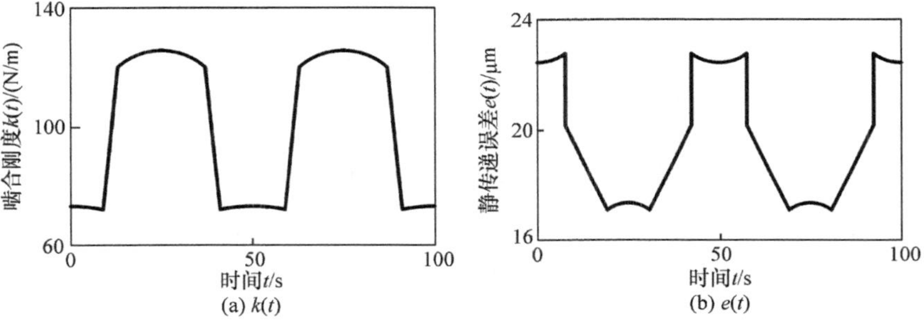

图 2.5.26 直齿圆柱轮副的 $k(t)$和 $e(t)$周期性函数

当 $F_{\mathrm{m}}=0.1$、$F_{\mathrm{ah1}}=0.05$、$F_{\mathrm{ah2}}=0.02$、$F_{\mathrm{ah3}}=0.01$、$\xi=0.05$、$C_{\varepsilon1}/C_{\varepsilon2}=2$、$C_{\varepsilon1}/C_{\varepsilon3}=4$ 时，对应四种不同的 C_ε 值，求解式(2.5.76)，得到直齿圆柱轮副的频率响应如图 2.5.27

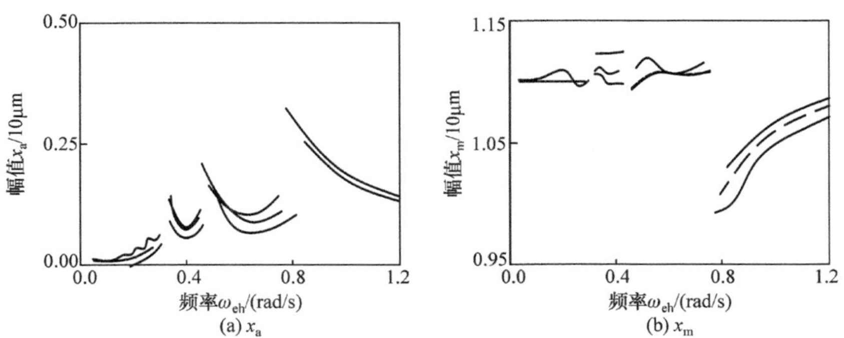

图 2.5.27 直齿圆柱轮副的频率响应

所示。由图可以看出，有另外两个显然与 F_{ah2} 和 F_{ah3} 有关的突跳不连续了，除幅值较小，这两个突跳类似于基本共振峰处。由图还可以看出，周期性啮合刚度加强了侧隙非线性的程度。

2.5.4　齿轮-转子-轴承系统的间隙非线性振动

在实际的传动系统中，由于磨损、装配等，不仅系统存在齿侧间隙，而且滚动轴承也存在间隙。下面讨论齿轮-转子-轴承系统存在齿侧间隙和滚动轴承径向间隙时的分析方法和动态特性。

1. 分析模型

如图 2.5.28(a)所示的单对齿轮副的齿轮-转子-轴承系统是一种多自由度的多间隙非线性系统。假设传动轴和轴承均对称于齿轮的中心平面，系统可以处理成具有 3 个自由度的平面弯-扭耦合振动系统，其动力学模型如图 2.5.28(b)所示。

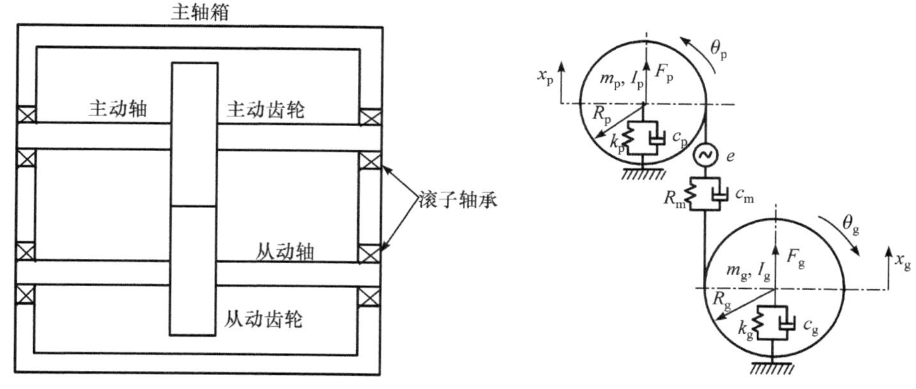

图 2.5.28　单对齿轮副的齿轮-转子-轴承系统及其动力学模型

由图 2.5.28(b)所示的弯-扭耦合力学模型，可以得到系统的运动微分方程为

$$\begin{aligned}
&m_p\ddot{x}_p + c_p\dot{x}_p + c_m(\dot{x}_d + \dot{x}_p - \dot{x}_g - \dot{e}) + k_p f_p(x_p) + k_m f_m(x_d + x_p - x_g - e) = -F_p \\
&m_g\ddot{x}_g + c_g\dot{x}_g - c_m(\dot{x}_d + \dot{x}_p - \dot{x}_g - \dot{e}) + k_g f_g(x_g) - k_m f_m(x_d + x_p - x_g - e) = F_g \\
&m_c\ddot{x}_d + c_m(\dot{x}_d + \dot{x}_p - \dot{x}_g - \dot{e}) + k_m f_m(x_d + x_p - x_g - e) = F_m + F_{aT}
\end{aligned} \tag{2.5.77}$$

式中，m_p、m_g 和 m_c 分别为主、从动齿轮的质量和等效质量；c_p、c_g 和 c_m 分别为主、从动齿轮的支承阻尼系数和啮合阻尼系数；k_p、k_g 和 k_m 为相应的刚度系数；f_p、f_g 和 f_m 为相应的间隙非线性函数；e 为啮合误差；F_m 为由激励扭矩的平均分量引起的轮齿啮合力；F_{aT} 为由激励扭矩的变动分量引起的轮齿啮合力；x_d 为扭转振动引起的相对振动位移，表示为

$$x_d = R_p\theta_p - R_g\theta_g \tag{2.5.78}$$

式中，R_p、R_g分别为主、从动齿轮的基圆半径；θ_p、θ_g分别为主、从动齿轮的扭转振动位移。

主、从动齿轮的等效质量可表示为

$$m_c = \frac{1}{R_p^2 / I_p + R_g^2 / I_g} \tag{2.5.79}$$

式中，I_p、I_g分别为主、从动齿轮的转动惯量。

设仅在主动齿轮上有交变的扭矩，则由激励扭矩的平均分量引起的轮齿啮合力F_m和由激励扭矩的变动分量引起的轮齿啮合力F_{aT}可表示为

$$F_m = \frac{T_{pm}}{R_p} = \frac{T_{gm}}{R_g}, \quad F_{aT} = \frac{m_c T_{pa}}{2I_p} \tag{2.5.80}$$

若定义动态传递误差与静态传递误差的差值为

$$x = x_d + x_p - x_g - e \tag{2.5.81}$$

考虑到式(2.5.78)～式(2.5.81)，则式(2.5.77)的矩阵形式为

$$\begin{aligned}&\begin{bmatrix} m_p & 0 & 0 \\ 0 & m_g & 0 \\ -m_c & m_c & m_c \end{bmatrix}\begin{Bmatrix} \ddot{x}_p \\ \ddot{x}_g \\ \ddot{x} \end{Bmatrix} + \begin{bmatrix} c_p & 0 & c_m \\ 0 & c_g & -c_m \\ 0 & 0 & c_m \end{bmatrix}\begin{Bmatrix} \ddot{x}_p \\ \ddot{x}_g \\ \ddot{x} \end{Bmatrix} \\ &+\begin{bmatrix} k_p & 0 & k_m \\ 0 & k_g & -k_m \\ 0 & 0 & k_m \end{bmatrix}\begin{Bmatrix} f_p(x_p) \\ f_g(x_g) \\ f_m(x) \end{Bmatrix} = \begin{Bmatrix} -F_p \\ F_g \\ F_m - m_c\ddot{e} + F_{aT} \end{Bmatrix}\end{aligned} \tag{2.5.82}$$

在下面的分析中，假定静传递误差 e 和激励扭矩变动分量 F_{aT} 均为单频的简谐函数，即式(2.5.52)表达的形式。若定义$\bar{x}_p = x_p / b$ (其中，b 为长度特性数)，$\bar{x} = x / b$，$\omega_n = \sqrt{k_m / m_c}$，$\omega_p = \sqrt{k_p / m_p}$，$\omega_g = \sqrt{k_g / m_g}$，$\bar{t} = \omega_n t$，$\bar{\omega}_{eh} = \omega_{eh} / \omega_n$，$\bar{\omega}_{eT} = \omega_{eT} / \omega_n$，则可得无量纲的系统运动微分方程为

$$\begin{aligned}&\begin{bmatrix} 1 & 0 & 0 \\ 0 & 1 & 0 \\ -1 & 0 & 1 \end{bmatrix}\begin{Bmatrix} \ddot{\bar{x}}_p \\ \ddot{\bar{x}}_g \\ \ddot{\bar{x}} \end{Bmatrix} + 2\begin{bmatrix} \xi_{11} & 0 & \xi_{13} \\ 0 & \xi_{22} & -\xi_{23} \\ 0 & 0 & \xi_{33} \end{bmatrix}\begin{Bmatrix} \dot{\bar{x}}_p \\ \dot{\bar{x}}_g \\ \dot{\bar{x}} \end{Bmatrix} \\ &+\begin{bmatrix} k_{11} & 0 & k_{13} \\ 0 & k_{22} & -k_{23} \\ 0 & 0 & 1 \end{bmatrix}\begin{Bmatrix} f_p(\bar{x}_p) \\ f_g(\bar{x}_g) \\ f_m(\bar{x}_m) \end{Bmatrix} = \boldsymbol{F}(t)\end{aligned} \tag{2.5.83}$$

式中，

$$\begin{aligned}\boldsymbol{F}(t)&=\boldsymbol{F}_{\mathrm{m}}+\boldsymbol{F}_{\mathrm{i}}(t)+\boldsymbol{F}_{\mathrm{e}}(t)\\&=\begin{Bmatrix}-F'_{\mathrm{p}}\\F'_{\mathrm{g}}\\F'_{\mathrm{m}}\end{Bmatrix}+\begin{Bmatrix}0\\0\\F'_{\mathrm{ah}}\omega_{\mathrm{eh}}^2\end{Bmatrix}\sin(\bar{\omega}_{\mathrm{eh}}t+\varphi_{\mathrm{h}})+\begin{Bmatrix}0\\0\\F'_{\mathrm{aT}}\end{Bmatrix}\sin(\bar{\omega}_{\mathrm{eT}}t+\varphi_{\mathrm{T}})\end{aligned}\tag{2.5.84}$$

$$\begin{aligned}&\xi_{11}=c_{\mathrm{p}}/(2m_{\mathrm{p}}\omega_{\mathrm{n}}),\quad \xi_{22}=c_{\mathrm{g}}/(2m_{\mathrm{g}}\omega_{\mathrm{n}}),\quad \xi_{13}=c_{\mathrm{m}}/(2m_{\mathrm{p}}\omega_{\mathrm{n}})\\&\xi_{23}=c_{\mathrm{m}}/(2m_{\mathrm{g}}\omega_{\mathrm{n}}),\quad \xi_{33}=c_{\mathrm{m}}/(2m_{\mathrm{c}}\omega_{\mathrm{n}}),\quad k_{11}=\omega_{\mathrm{p}}^2/\omega_{\mathrm{n}}^2\\&k_{22}=\omega_{\mathrm{g}}^2/\omega_{\mathrm{n}}^2,\quad k_{13}=m_{\mathrm{c}}/m_{\mathrm{p}},\quad k_{23}=m_{\mathrm{c}}/m_{\mathrm{g}}\\&F'_{\mathrm{p}}=F_{\mathrm{p}}/(m_{\mathrm{p}}b\omega_{\mathrm{n}}^2),\quad F'_{\mathrm{g}}=F_{\mathrm{g}}/(m_{\mathrm{g}}b\omega_{\mathrm{n}}^2)\\&F'_{\mathrm{ah}}=e(t)/b,\quad F'_{\mathrm{m}}=F_{\mathrm{m}}/(m_{\mathrm{c}}b\omega_{\mathrm{n}}^2),\quad F'_{\mathrm{aT}}=F_{\mathrm{aT}}/(m_{\mathrm{c}}b\omega_{\mathrm{n}}^2)\end{aligned}\tag{2.5.85}$$

间隙非线性函数则分别表示为

$$\begin{aligned}&f_{\mathrm{m}}(\bar{x})=\begin{cases}\bar{x}-b_{\mathrm{m}}/b, & \bar{x}\geqslant b_{\mathrm{m}}/b\\0, & -b_{\mathrm{m}}/b<\bar{x}<b_{\mathrm{m}}/b,\\\bar{x}+b_{\mathrm{m}}/b, & \bar{x}\leqslant -b_{\mathrm{m}}/b\end{cases}\\&f_{\mathrm{p}}(\bar{x}_{\mathrm{p}})=\begin{cases}\bar{x}_{\mathrm{p}}-b_{\mathrm{p}}/b, & \bar{x}_{\mathrm{p}}\geqslant b_{\mathrm{p}}/b\\0, & -b_{\mathrm{p}}/b<\bar{x}_{\mathrm{p}}<b_{\mathrm{p}}/b\\\bar{x}_{\mathrm{p}}+b_{\mathrm{p}}/b, & \bar{x}_{\mathrm{p}}\leqslant -b_{\mathrm{p}}/b\end{cases}\\&f_{\mathrm{g}}(\bar{x}_{\mathrm{g}})=\begin{cases}\bar{x}_{\mathrm{g}}-b_{\mathrm{g}}/b, & \bar{x}_{\mathrm{g}}\geqslant b_{\mathrm{g}}/b\\0, & -b_{\mathrm{g}}/b<\bar{x}_{\mathrm{g}}<b_{\mathrm{g}}/b\\\bar{x}_{\mathrm{g}}+b_{\mathrm{g}}/b, & \bar{x}_{\mathrm{g}}\leqslant -b_{\mathrm{g}}/b\end{cases}\end{aligned}\tag{2.5.86}$$

利用数值方法和解析方法可求得系统在各个描述域中的解答,并分析其动态特性。

2. 系统的基本动态特性

利用非线性振动分析方法，可以得到由不同侧面反映系统特性的分析结果，包括时间历程响应、相平面曲线、Poincare 图和傅里叶谱图等。根据这些分析结果，对于在每个基频 ω_{eh} 上由内部激励 $\boldsymbol{F}_{\mathrm{i}}(t)$所激得的稳态响应，可以按其不同的特性分成五种类型：①具有与激励函数相同周期($t_{\mathrm{p}}=2\pi/\omega_{\mathrm{eh}}$)的简谐或准简谐响应；②非谐单周期响应；③具有周期为 $nt_{\mathrm{p}}(n>1)$的次谐响应；④准周期响应；⑤混沌响应(非周期 $n\to\infty$)。下面根据这些概念讨论齿轮-转子-轴承系统的动态特性。

对于不同的激励频率 ω_{eh}，系统将表现出不同类型的响应。如图 2.5.29 所示，当 $\omega_{\mathrm{eh}}=0.6$ 时，系统的响应是一种非谐单周期响应，其时间历程(周期为 t_{p})如图 2.5.29(a)所示。图 2.5.29(b)为相平面图，是非圆、非椭圆的曲线，相应的快速傅里叶变换(FFT)频谱图如图 2.5.29(c)所示，分布在 $m\omega$(m 为正整数、ω 为基频)的离散点上。

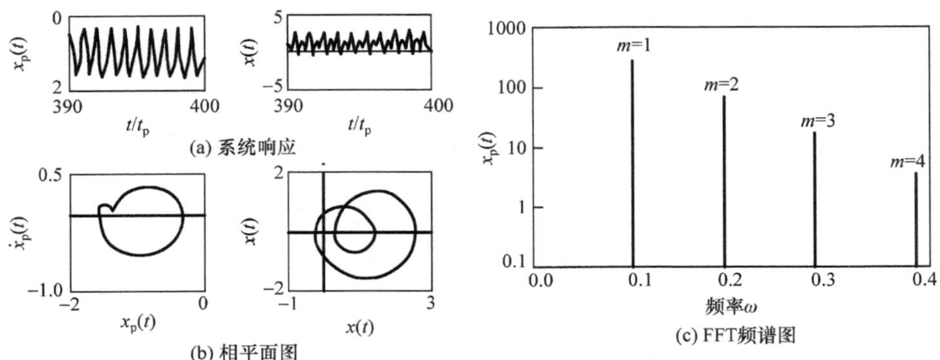

图 2.5.29　当 ω_{eh} =0.6 时的系统响应、相平面图及相应的 FFT 频谱图

第 3 章　凸轮结构动力学

3.1　凸轮结构动力学概述

3.1.1　凸轮结构及其分类

1. 凸轮结构的组成

凸轮结构是一种由凸轮、从动件或从动件系统及主体机架组成，由凸轮的回转运动或往复运动推动从动件做规定往复移动或摆动的高副机构，如图 3.1.1 所示。凸轮结构最适用于要求从动件做间歇运动的场合，与液压和气动的类似结构相比，它结构紧凑、运动可靠，在自动机床、内燃机、印刷机和纺织机等设备中得到广泛应用。当凸轮结构作为传动机构时，可以使从动件满足高速度、高分度、高精度、匀速及大范围变速等复杂的运动规律的要求；当凸轮结构实现控制机构的功能时，可以使从动件或从动系统产生往复运动或自动循环运动；当凸轮结构用于导引机构时，可以产生复杂的轨迹或平面运动。就某些用途而言，连杆结构也能实现凸轮结构同样的功能，但凸轮结构比连杆结构易于设计和制造，因此在机械设备中常使用凸轮结构。

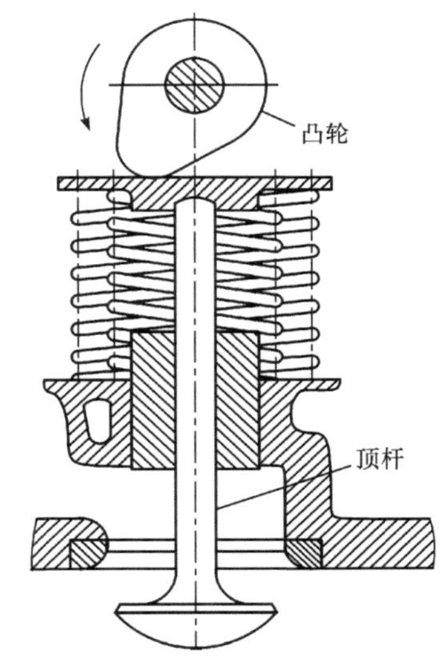

图 3.1.1　凸轮结构组成

凸轮是一个具有曲线轮廓或凹槽的构件，做等速回转运动或往复直线运动，把运动传递给紧靠其边缘移动的滚轮、在槽面上自由运动的从动件或从动件系统，从而实现预定运动的目的。一般情况下，凸轮是主动构件，但也有从动或固定的凸轮。多数凸轮是单自由度，但也有双自由度的，如劈锥凸轮。

从动件或从动件系统是与凸轮轮廓接触并传递动力和实现预定运动的构件，一般做往复直线运动或摆动。凸轮结构的基本特点在于能使从动件获得较复杂的运动规律。因为从动件的运动规律取决于凸轮轮廓曲线，所以根据从动件的运动规律即可设计凸轮的轮廓曲线。

2. 凸轮结构的分类

工程实际中使用的凸轮结构形式多种多样，可以按凸轮形状、从动件形状、从动件运动形式、高副接触等几方面进行分类。

按凸轮形状，凸轮可分为如下几种：

(1) 盘形凸轮。这种凸轮是一个绕固定轴转动并且具有变化半径的盘形零件，当其绕固定轴以角速度ω转动时，可推动从动件在垂直于凸轮转轴的平面内运动，如图 3.1.2(a)所示。盘形凸轮是凸轮的最基本形式，结构简单，应用最广。

(2) 移动凸轮。当盘形凸轮的转轴位于无穷远处时，就演化成了如图 3.1.2(b)所示的移动凸轮(或楔形凸轮)。凸轮呈板状，相对于机架做速度为v的直线移动。

在以上两种凸轮结构中，凸轮与从动件之间的相对运动均为平面运动，故又统称为**平面凸轮结构**。

(3) 圆柱凸轮。将移动凸轮卷成圆柱体就演化成圆柱凸轮。图 3.1.2(c)为自动机床的进刀机构。在这种凸轮结构中，凸轮与从动件之间的相对运动是空间运动，故属于**空间凸轮结构**。

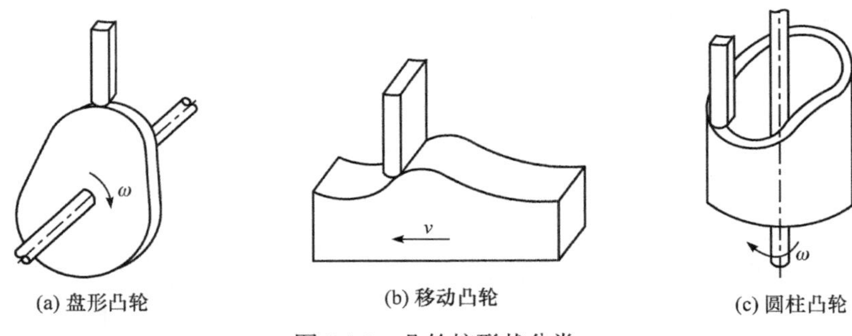

图 3.1.2　凸轮按形状分类

按从动件形状(从动件与凸轮有点接触与线接触之分)，从动件的凸轮结构可分为如下几种：

(1) 尖顶从动件凸轮结构。这种结构的从动件的尖端能够与任意复杂的凸轮轮廓保持接触，从而使从动件实现任意的运动，从动件与凸轮之间是点接触，结构简单，但尖端处易磨损，故只适用于速度较低和传动力不大的场合，如图 3.1.3(a)所示，当凸轮以角速度ω旋转时，从动件以速度$v(t)$做直线运动。

(2) 滚子从动件凸轮结构。为减小摩擦磨损，在从动件端部安装一个滚轮，如图 3.1.3(b)所示，把从动件与凸轮之间的滑动摩擦变成滚动摩擦，这种结构的从动件与凸轮之间是线接触。因为摩擦磨损较小，可用来传递较大的动力，所以这种形式的从动件应用很广泛。

(3) 平底从动件凸轮结构。这种结构的从动件与凸轮轮廓之间为线接触，接触处易形成油膜，润滑状况良好。当不计摩擦时，凸轮对从动件的作用力始终垂直于从动件的平底，受力平稳，传动效率高，因此，该结构常用于高速场合，其缺点是与之配合的凸轮轮廓必须全部为外凸形状，如图 3.1.3(c)所示。

(4) 曲面从动件凸轮结构。为了克服尖顶从动件的缺点，可以把从动件的端部做成曲面，使之成为线接触，称为曲面从动件。这种结构形式的从动件在生产中应用较多，如图 3.1.3(d)所示。

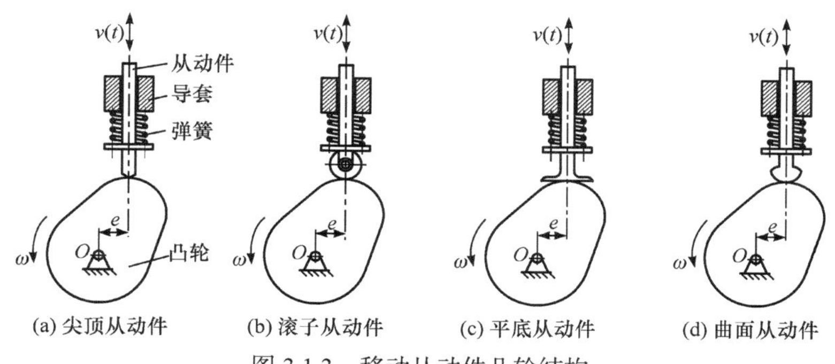

图 3.1.3　移动从动件凸轮结构

按从动件运动形式，凸轮结构分为移动从动件凸轮结构和摆动从动件凸轮结构两类：图 3.1.3 为移动从动件凸轮结构，图 3.1.4 为摆动从动件凸轮结构，当凸轮以角速度ω旋转时，从动件做角度为$\theta(t)$的摆动运动。移动从动件凸轮结构又可根据其从动件轴线与凸轮回转轴心的相对位置分成对心式和偏置式两种，如图 3.1.5 所示。

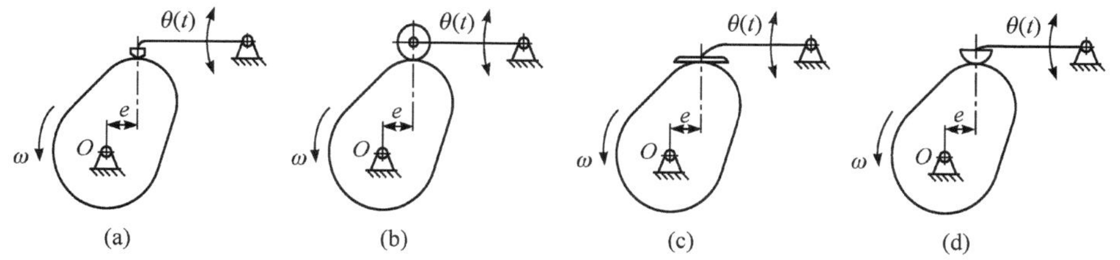

图 3.1.4　摆动从动件凸轮结构

按高副接触，凸轮结构可分为如下两种：

(1) 力封闭型凸轮结构。这种结构利用重力、弹簧力或其他外力使从动件与凸轮轮廓始终保持接触。图 3.1.6 为两种力封闭型凸轮结构形式。

(2) 形封闭型凸轮结构。这种结构利用高副元素本身的几何形状使从动件与凸轮轮廓始终保持接触。常用的形封闭型凸轮结构有槽凸轮结构、等宽凸轮结构、等径凸轮结构和共轭凸轮结构等。图 3.1.7 为两种形封闭型凸轮结构，其中图(a)为槽凸轮，图(b)为等宽凸轮。

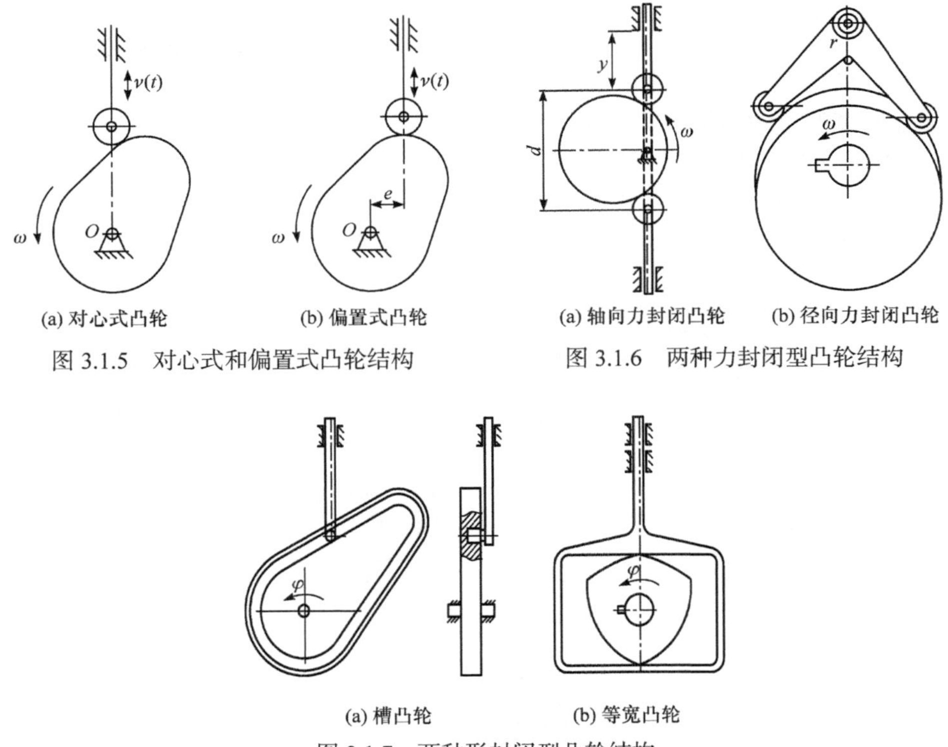

(a) 对心式凸轮　(b) 偏置式凸轮

图 3.1.5　对心式和偏置式凸轮结构

(a) 轴向力封闭凸轮　(b) 径向力封闭凸轮

图 3.1.6　两种力封闭型凸轮结构

(a) 槽凸轮　(b) 等宽凸轮

图 3.1.7　两种形封闭型凸轮结构

3. 常见凸轮结构及其特点

1) 往复运动凸轮结构

往复运动是工程中常见的运动形式，凸轮结构是实现往复运动的基本结构之一。这种凸轮结构的从动件的运动规律为与凸轮轴线平行的往复运动。凸轮基体绕自身轴线做回转运动，从动件通过与螺旋槽相接触的从动件滑块沿平行于凸轮轴线的导路移动，通过特殊设计凸轮螺旋廓线的参数满足从动件的各种运动规律要求。合理设计过渡曲线，能够有效减小从动件的能量损耗，从而改善从动件系统的运动学和动力学性能。按从动件运动规律，往复运动凸轮结构一般为螺旋廓线圆柱凸轮，如图 3.1.8 所示。螺旋廓线圆柱凸轮结构主要有单向匀速运动、双向匀速运动、变速运动等，可按从动件的要求设计凸轮轮廓曲线。

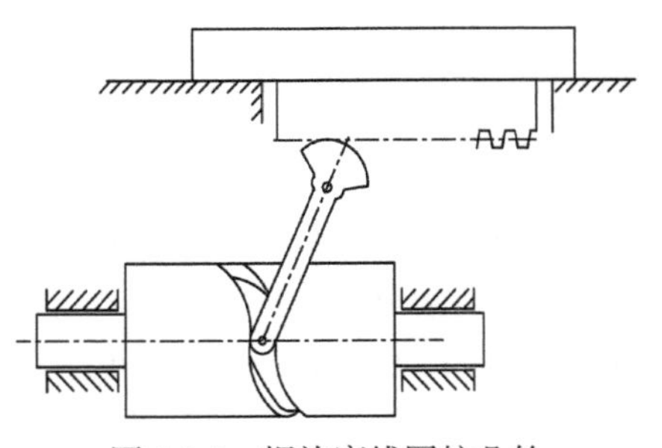

图 3.1.8　螺旋廓线圆柱凸轮

2) 分度凸轮结构

分度凸轮结构是最常用的间歇运动机构之一，因具有结构简单、定位精度高、可自由选择动静比、特别适合自动化高速工况下使用等特点，广泛应用于电子、印刷、包装等高度自动化的机械领域中，日益成为现代间歇结构发展的主要方向。常用的分度凸轮结构如图 3.1.9 所示，有平行分度凸轮结构、弧面分度凸轮结构、圆柱分度凸轮结构。

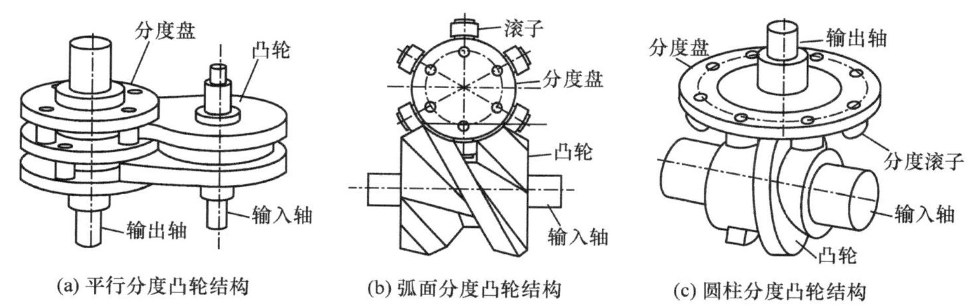

图 3.1.9　分度凸轮结构常用的三种结构形式

平行分度凸轮结构又称共轭盘形分度凸轮结构，用于两平行轴间的转动，其目的是实现从动件的间歇运动。与其他间歇转位机构相比，平行分度凸轮结构具有自动定位、动静比和分度数选择范围大、能实现长时间停歇的间歇传动等优点。此外，它还具有结构和制造工艺简单、在高速工况下能保持良好的运动性能、较小的振动和噪声、运转精度高、能使从动件较大程度地满足设计要求的动力学和运动学特性等特点。

根据两平行轴的位置和结构特点，平行分度凸轮结构有外啮合式、直线式和内啮合式三种结构形式，如图 3.1.10 所示。外啮合式平行分度凸轮结构的分度盘上布置的滚子数量有限，故其应用于分度数不得大于 8 的场合，需要实现大分度数传动只能采用内啮合式。平行分度凸轮因可以实现小分度(1～2)、大步距输出传动，广泛应用于各种电子、药品的分类包装机，纸盒模切机等一个周期内停歇次数较少的场合。

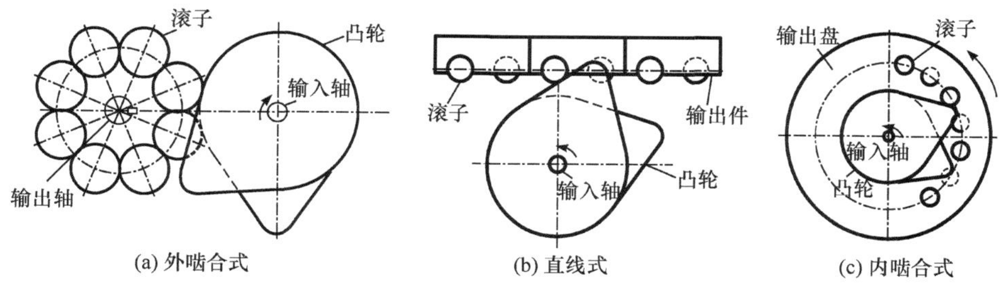

图 3.1.10　平行分度凸轮结构

外啮合式共轭盘形分度凸轮结构主要有两种类型：①单头式(头数 H=1)，从动转盘每一次转位，转过一个滚子圆心角($2\pi/z$)，如图 3.1.11(a)所示，头数 H=1，滚子数 z=8，则转盘每次分度期转位角 $h_\tau = 2\pi H / z = \pi / 4$，主动凸轮每转半圈，从动转盘分度一次；②多头式(头数 H=2～4)，从动转盘每次转位，转过 H 个滚子圆心角。图 3.1.11(b)中，头数 H=2，滚子数 z=8，则转盘每次分度期转位角 $h_\tau = 2\pi H / z = \pi / 2$。图 3.1.11(c)中，头数 H=4，滚子数 z=4，则转盘每次分度期转位角 $h_\tau = 2\pi H / z = 2\pi$；若 z=8，则 $h_\tau = \pi$。在多头式结构中，主动凸轮每转一圈，从动转盘分度一次。

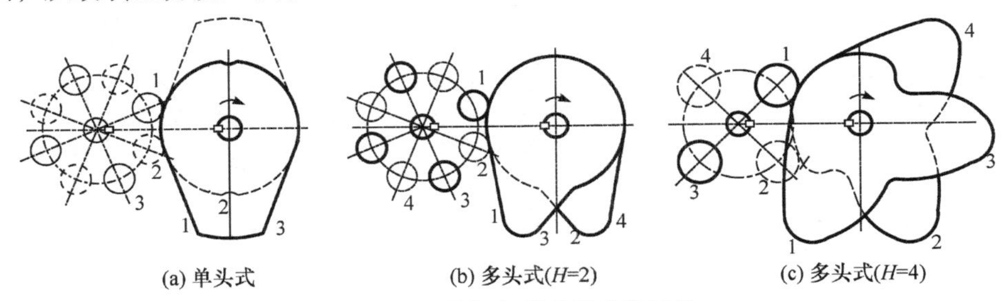

图 3.1.11　共轭盘形分度凸轮结构

弧面分度凸轮结构又称蜗形凸轮结构，主要特点是由一个带凹槽的空间凸轮和一个带滚子的分度盘构成，其主动件基体为圆弧回转体，分度盘轴线与凸轮垂直交错，主要目的是满足从动件沿凸轮基体回转轴线垂直方向的高速间歇运动的要求。

弧面分度凸轮结构是一种高速、高精度空间垂直轴传动的分度结构，其凸轮体呈弧面蜗杆状，分度盘沿径向均匀装有滚子，凸轮和分度盘的轴线垂直交错。该结构类似于弧面蜗杆传动，凸轮相当于蜗杆，分度盘相当于蜗轮，滚子数相当于蜗轮齿数。蜗杆传动中的蜗轮为等速转动，而在弧面分度凸轮结构中的分度盘为间歇的非等速转动。这种结构具有良好的运动特性和动力特性，可选择或设计丰富灵活的凸轮曲线来满足各种复杂运动控制的要求，不必附加其他装置就能获得良好的定位作用，分度范围宽、承载能力大、运动稳定性好；还具有设计限制少、控制元件少、零件故障率低、可靠性高、结构紧凑、安装和调试方便、易于维修等特点，是目前性能最好的一种分度凸轮结构。目前，弧面分度凸轮结构已成为许多高速、高效、高精度自动机和半自动机以及自动生产线中不可缺少的关键部件，得到了广泛的应用。

根据分度盘上分度构件的类型，弧面分度凸轮结构又可分为滚子型分度凸轮结构和滚珠型分度凸轮结构。如图 3.1.12(a)和(b)所示滚子型分度凸轮结构的分度元件为滚子，而如图 3.1.12(c)所示滚珠型分度凸轮结构的分度元件为滚珠。滚珠型分度凸轮结构基于包络蜗轮蜗杆传动原理，在弧面分度凸轮的基础上把成熟的齿轮传动技术引入其中，将弧面分度凸轮结构看成变速比的蜗轮蜗杆传动副。蜗杆形式的空间凸轮的廓线形式与滚子或滚珠符合涡轮蜗杆啮合原理。

根据弧面分度凸轮的头数，通常有单头和多头之分，按照其旋向又分为左旋和右旋两类。

根据弧面分度凸轮的表面形式，弧面分度凸轮结构有凸脊型和凹槽型两类。图 3.1.12(a)所示凸脊型弧面分度凸轮结构由凸脊定位，分度盘相邻的两个滚子夹在凸脊上；图 3.1.12(b)所示凹槽型弧面分度凸轮结构由凸轮的凹槽定位，分度盘的滚子装配在凹槽中。凸脊型和凹槽型都是用旋向一侧的廓面驱动滚子转动，另一侧用几何定位。弧面分度凸轮结构的中心距还可以微调，以消除滚子与凸轮轮廓面之间的间隙，补偿由于接触力产生的损耗。

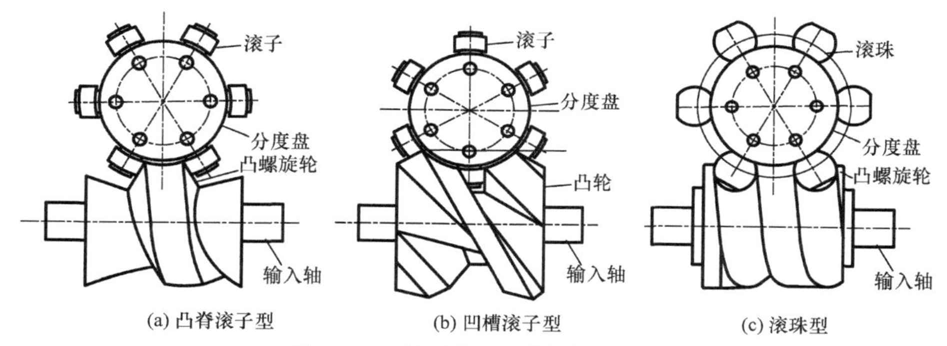

图 3.1.12　弧面分度凸轮结构的类型

圆柱分度凸轮结构的凸轮基体为圆柱体，分度盘轴线与凸轮轴线垂直交错，如图 3.1.9(c)所示。由于分度盘上的滚子数较多及该机构自身特点的限制，其应用范围比较小，仅适用于低速传动场合。

圆柱分度凸轮与弧面分度凸轮同为空间凸轮，输入轴与输出轴在空间垂直交错布置，从动滚子的回转轴线与输出轴平行。该结构可以通过在分度盘上布置较多的滚子来实现大分度数(6～60)输出要求。其滚子可选用圆柱滚子或圆锥滚子，使用圆锥滚子可以方便调整滚子与凸轮槽两侧面间隙，并使滚子表面磨损均匀。这种结构特别适用于一个周期内需要停歇多次的中、低速的场合，但当实现大分度数时需要在分度盘上布置更多的滚子，由此导致分度盘的转动惯量增大，造成滚子与凸轮的间隙出现预紧和补偿困难，从而产生横向冲击。圆柱分度凸轮结构主要应用于灯泡清洗机、烟草机械和大输液灌装机械中。

近年来，球面分度凸轮结构、行星分度凸轮结构、同轴式行星分度凸轮结构和活齿分度凸轮结构等新型分度凸轮结构得到了广泛应用。

球面分度凸轮结构的设计思路参考了圆柱分度凸轮结构，该结构的输入轴和输出轴可以相交成任意角度，如图 3.1.13 所示。

行星分度凸轮结构的主要特点是其采用了行星传动机构的一种分度凸轮结构，与摆线针轮传动有类似结构，其输入和输出关系类似于少齿差行星齿轮传动，但不同的是少齿差行星齿轮传动输入与输出都是匀速转动，而行星分度凸轮结构输入是匀速运动，输出则是变速运动，从动件的运动规律可以根据不同的要求进行修改。行星分度凸轮结构原理简图如图 3.1.14 所示。行星分度凸轮具有结构紧凑、体积小、可以承受较大的负载、能实现较大分度数输出等特点。常见的行星分度凸轮结构如图 3.1.15 所示，其中前两者为曲线型，后两者为圆弧型。如图 3.1.15(a)和(c)所示的外曲线型和外圆弧型结构中，行星轮为凸轮，是从动件，中心轮为针轮；而如图 3.1.15(b)和(d)所示的内曲线型和内圆弧型结构中，行星轮为针轮，是从动件，中心轮为凸轮。

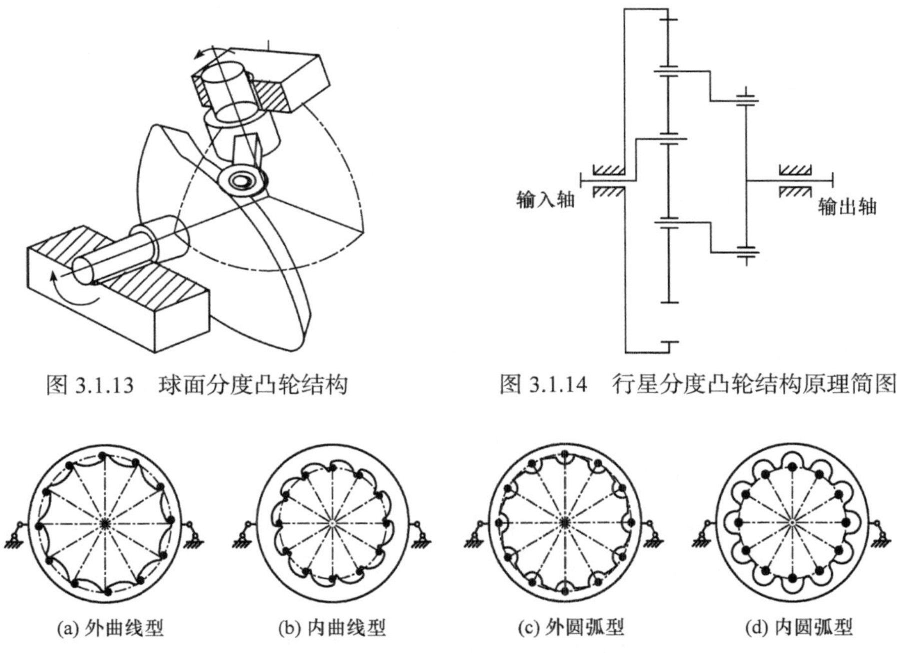

图 3.1.13 球面分度凸轮结构

图 3.1.14 行星分度凸轮结构原理简图

(a) 外曲线型 (b) 内曲线型 (c) 外圆弧型 (d) 内圆弧型

图 3.1.15 常见的行星分度凸轮结构

同轴式行星分度凸轮结构的特点是可以实现输入轴转动一周，输出轴根据内凸轮廓线的不同，实现 n 次分度的大分度数输出，且结构上输入输出同轴线布置，结构紧凑。该结构克服了以上结构只能整周式输出的局限性，实现了在输入轴转速不变的情况下输出轴的大分度数输出。同轴式行星分度凸轮结构主要有偏心轮式、齿轮齿条式、平行四边形式和任意四边形式等，如图 3.1.16 所示。

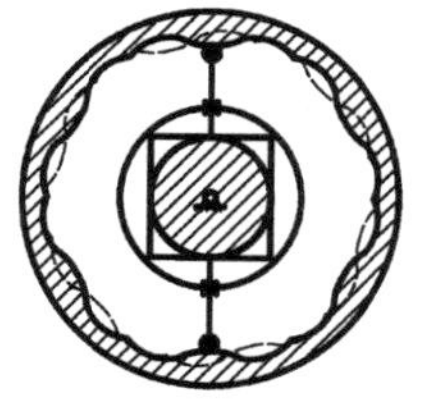

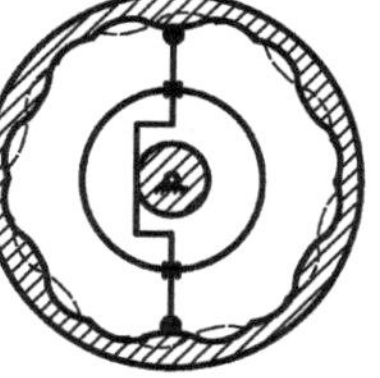
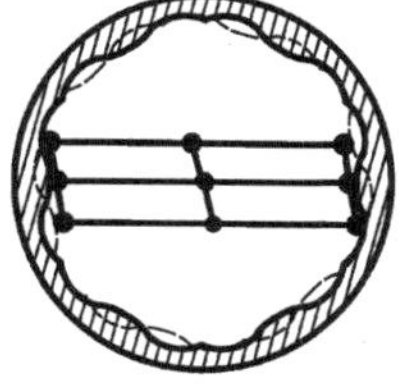
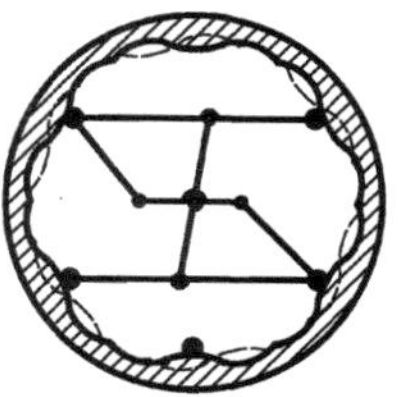

(a) 偏心轮式　(b) 齿轮齿条式　(c) 平行四边形式　(d) 任意四边形式

图 3.1.16　同轴式行星分度凸轮结构

活齿分度凸轮结构又称活齿少齿差行星齿轮传动机构，简称活齿传动，是专门传递两同轴部件间回转运动的传动机构。其主要特点是结构紧凑、承受载荷能力较大、传动比选择范围较广、传动效率较高等，目前已广泛应用于机械、汽车、采矿、能源等自动化机械及其他相关领域中。活齿分度凸轮结构的典型机构型式主要有推杆活齿传动、滚柱珠活齿传动、摆动活齿传动、套筒活齿传动、平面滚珠传动等。图 3.1.17 为推杆活齿分度凸轮结构简图。

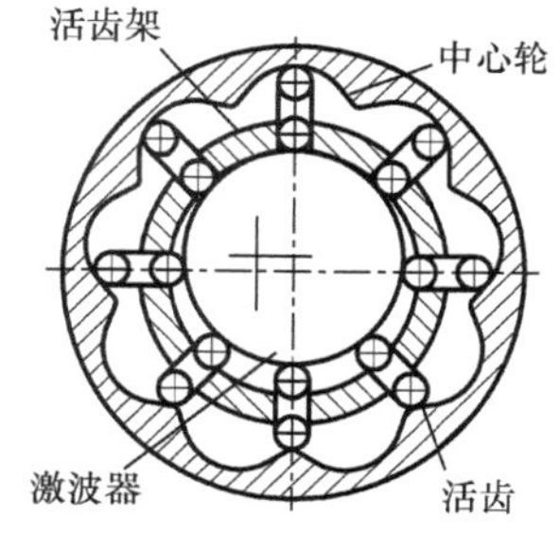

图 3.1.17　推杆活齿分度凸轮结构简图

在实际工程中，还有一些灵活多样的变形设计，为间歇结构的创新提供了更为广阔的思路。图 3.1.18 为一些可行的结构，图中 H 为主动件凸轮，K 为从动件。图 3.1.18(a)为一种以摆线轮齿为凸轮轮廓的间歇结构，其从动件的运动规律与针轮结构相同。图 3.1.18(b)为一种最大压力角趋近于 90°的凸轮结构，该结构需借用摩擦力来克服自锁，其特点是采用一片槽凸轮实现平行分度凸轮结构的功能。图 3.1.18(c)

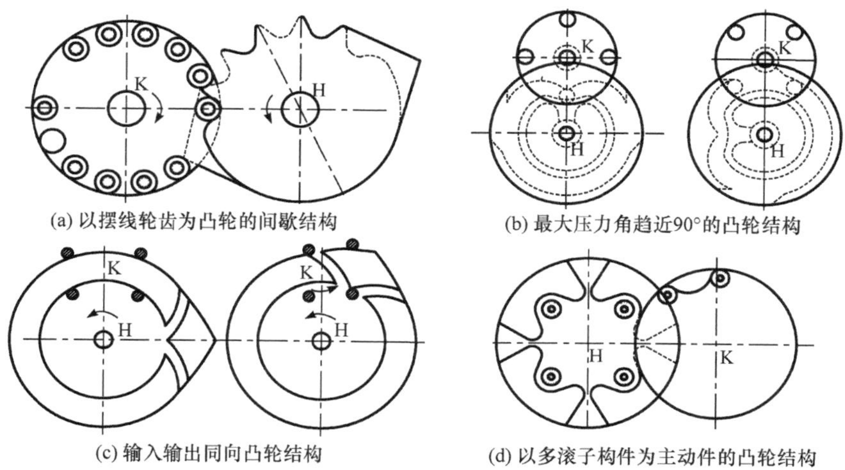

(a) 以摆线轮齿为凸轮的间歇结构　(b) 最大压力角趋近90°的凸轮结构

(c) 输入输出同向凸轮结构　(d) 以多滚子构件为主动件的凸轮结构

图 3.1.18　变形设计分度凸轮结构

为一种输入输出同向的凸轮结构，图 3.1.18(d)为以多滚子构件为主动件的凸轮分度结构，该结构中凸轮是从动件，实际上是一种星轮结构。上述几种新结构从动件运动规律选择的自由度受到了一定的限制，因而结构动态特性不佳。

3.1.2　凸轮结构动力学的影响因素及其基本问题

1. 凸轮结构动力学的影响因素

当机器在较低转速下运行时，推杆质量的响应基本上与按静态凸轮要求算出的运动值相一致。当机器运行速度增加至一定程度时，就必须考虑系统相互作用的动力学问题。

推杆在运动响应方面与凸轮的差别，主要是推杆系统具有弹性和各弹性构件产生弹性变形。机械零件在高速运行时会具有较大的加速度和惯性载荷。在这种情况下，推杆系统类似于一个具有较大刚度的弹簧。如果这个弹簧在初始加速度期间被大惯性力压缩，则此弹簧要释放出足够的能量，用来抵消在小的或负的惯性力时的弹簧力，这就会引起瞬时失控运动。由此会使推杆发生振动，这种振动一直持续到凸轮结构升程结束之后。推杆的振动响应会引起磨损，造成机器故障和损坏。在高速凸轮结构设计计算时，要求将推杆对输入运动激励的响应进行估算。将每种凸轮运动输入到一台监控样机中进行实验，常常可以证实某一种特殊凸轮推杆系统的动力学性能是否合适。

在实际凸轮结构中，影响动力响应的主要因素包括以下几方面。

1) 间隙

凸轮结构是机械装备中的运动传递结构。凸轮结构的运动副元素间有相对运动，运动副中必须有一定的间隙。为了降低制造成本而选用精度等级较低的配合时，间隙还可能较大，机械运转过程中的磨损还会使间隙加大。凸轮结构的间隙不可避免，可以补偿制造、装配误差和热变形，容纳润滑介质，但也带来一些负面效果，影响凸轮结构的动力学特性。

间隙对凸轮结构的静态运动精度会产生一定的影响，即间隙的存在会造成构件的位置偏差和高速运动中间隙所带来的动力学效应。由于间隙的存在，在运动过程中运动副元素会发生失去接触的现象，待再恢复接触时会发生碰撞，引起剧烈的振动。碰撞时的加速度、运动副反力、平衡力矩的幅值可能达到零间隙时的几倍甚至几十倍。在凸轮结构高速运动中，运动副中的间隙对系统的动态响应会产生很大的影响，引起剧烈的噪声和磨损。

2) 误差

凸轮结构在轮廓廓形上的误差主要来源于原理误差、制造误差、运行误差等方面。

原理误差可分为理论误差、方案误差、机构原理误差等。理论误差是由于应用的工作原理的理论不完善或采用了近似理论造成的误差；方案误差是指由于采用的方案不同而造成的误差；机构原理误差是因为实际机构的作用力方程与理论方程有差别而产生的误差。原理误差可通过理论分析来确定。

制造误差是加工过程中构件和运动副不可避免地存在尺寸、形状及相对位置等的误差。主要的制造误差有尺寸误差、形状误差、偏心距误差、运动副轴线的偏斜和运动副的间隙等。制造误差可以在设计时通过合理确定公差进行控制。

运行误差是凸轮结构在工作过程中，由构件受力后的弹性变形、温度变化引起的热变形以及干扰力作用下的振动和运动副摩擦、磨损等引起的误差。加工质量产生的制造误差，或机构运动过程中产生的运行误差等都会引起凸轮轮廓廓形的变化，使凸轮的廓形表面滚子与凸轮运动中产生接触力较大的啮合部分发生廓形向内凹陷，从而产生廓形误差，影响凸轮动力学特性。

3) 表面质量

凸轮结构中各零件加工质量的不同会导致形成不同的表面质量，从而对凸轮轮廓的动力学性能产生重要影响。当生成凸轮轮廓的点数较为密集时，凸轮轮廓的廓形较为平整圆滑、廓形误差较小、分度盘角加速度曲线的变化相对较小，角加速度的最大峰值要远远低于凸轮轮廓点数较为稀疏时对应的分度盘角加速度的最大峰值。在设计凸轮轮廓中，也应该尽可能地取较多的点数进行插值运算，从理论上保证生成凸轮结构的合理优化。

4) 凸轮结构

在凸轮结构，尤其是高速凸轮结构的设计过程中，一般把凸轮结构看成机架为完全刚性的单自由度系统，由于机架有足够的刚性，其变形很小，可以忽略不计。当凸轮转速与系统的自振频率一致时，就必须考虑共振区内的变形幅值，通常需要做机架的自振频率实验。更精确的方法是把凸轮结构看成二自由度或多自由度系统。

5) 自振频率

在凸轮结构运行过程中，凸轮的转速和凸轮件结构的自振频率都会发生变化，从而影响从动件的振动响应。凸轮结构的强迫振动就是由于原动机和凸轮转速发生变化而产生的，例如，由于电压的波动，原动机的转速发生改变，使凸轮转速发生变化。机器的自振频率也会受轴承的径向间隙、金属接触表面的摩擦阻力和润滑、机器在操作过程中载荷的变化、动力油膜效应、支承的弯曲以及系统的挠性和质量分布等因素的影响而发生变化。运转过程中自振频率即使有较小的变化，也会影响从动件的振动响应。自振频率的计算值与实际值可能存在较大的误差，因此在机器真实运行过程中应该采用较为精确的方法测出系统的自振频率。

6) 阻尼

在凸轮结构中，阻尼会影响推杆的振动响应。为了简化从动件动力响应的求解过程，通常忽略系统的阻尼。在精确计算时，必须把阻尼直接计入振动方程。虽然阻尼装置的分析十分复杂，但是确定阻尼系数的合理变化范围对于改善高速机械的性能十分必要。为了得到从动件较为精确的振动响应，对于高速凸轮结构的阻尼系数，必须根据实际工作性能的要求来确定。

2. 凸轮结构动力学的基本问题

在机器或仪器中，结构的从动件要精确地实现预期任意复杂的运动规律，特别是当结构的主动件做连续转动，而从动件必须做间歇运动时，采用凸轮结构在理论上比采用连杆机构易于实现给定的运动规律。由于机械运转速度的日益增加和对机械动态性能要求的不断提高，在凸轮结构的设计、制造中，对凸轮结构的动态特性和动力学要求越来越高。在各类凸轮结构，尤其是高速凸轮结构中，存在着一些动力学问题，如动力响应问题、换向接触冲击、腾跳现象、平衡等。解决这些问题对于设计出满足运动学和动力学性能要求的凸轮结构十分关键。

1) 凸轮结构的动力响应

同其他机构类似，动力响应问题是最主要的凸轮动力学问题。

2) 换向接触冲击

换向接触冲击是从动件与凸轮在换向接触时所产生的冲击现象，这是由从动件与凸轮之间存在间隙或误差所造成的。不管从动件是刚性还是柔性，换向接触冲击发生在从动件的加速度由正到负的转折点处，或是相反变化的转折点处。在运动中加速度的转折点就是推杆速度最大的点，这个速度越小，相互冲击越小。由从动件的位移、速度和加速度响应曲线可以归纳出：当从动件做成刚性时，换向接触冲击和推杆的最大速度(速度冲击)可以达到最小。采用刚性推杆系统或具有较高的系统自振频率，可以使换向接触冲击保持较小的值。为了消除推杆与凸轮之间的间隙，可以采用双滚子推杆预加载荷的方法。如图 3.1.19 所示，凸轮采用共轭凸轮。

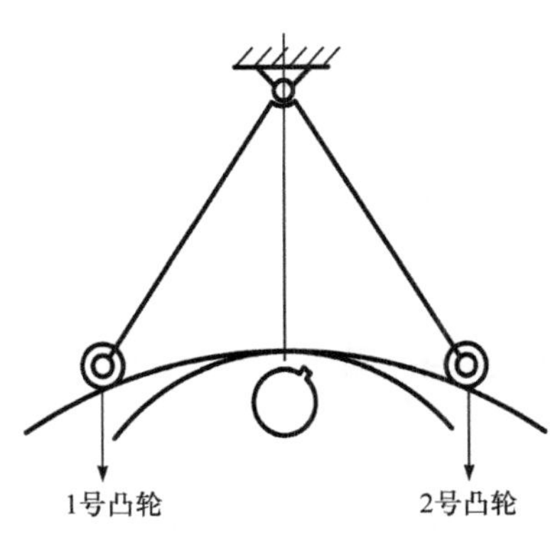

图 3.1.19 间隙消除原理

有些凸轮曲线(如正弦加速度运动规律)没有柔性冲击，振幅很小，所以就能使换向接触冲击很小。为了真实反映从动件的振动响应，应该把换向接触冲击所产生的振动也叠加到从动件的运动上去。

3) 腾跳现象

对于利用压缩弹簧加载的从动件，会产生腾跳现象。对于高速、高挠性的凸轮-推杆系统，在推杆负加速度期内，其惯性力超过弹簧力，会使推杆与凸轮分离，产生腾跳现象。腾跳现象使推杆运动失真，同时会使凸轮轮廓表面寿命下降，噪声、振动和冲击增加。推杆加速度响应曲线与在正加速度期内的推杆自由振动周期数有关。正加速度期内的自由振动周期数为

$$n = \lambda\beta / (2\pi) \tag{3.1.1}$$

式中，β 为正加速度期内凸轮的转角；λ 为频率比，$\lambda = \omega_n/\omega$，$\omega$为凸轮的角速度，推杆无阻尼的自然频率 ω_n 可以表示为

$$\omega_n = \sqrt{(k_s + k_f) / m_e} \tag{3.1.2}$$

m_e 为推杆末端的当量质量；k_s 为推杆的刚度；k_f 为锁合弹簧的刚度。

图 3.1.20 为凸轮转速 2100r/min、推杆自然频率 700 次/s、β=27°时的推杆瞬时加速度响应曲线，其中频率比 $\lambda = \omega_n / \omega = 700 \times 60 / 2100 = 20$，由式(3.1.1)得到自由振动周期数 $n = 20 \times 27° / 360° = 1.5$。图 3.1.20 中，为了保持推杆与凸轮的接触，压缩弹簧力折算的加速度曲线应低于推杆的负加速度曲线。当推杆加速度响应曲线下降至弹簧力曲线以下时，就会使推杆产生腾跳现象，与凸轮分离。由图可见，n 值越小，腾跳现象越严重。

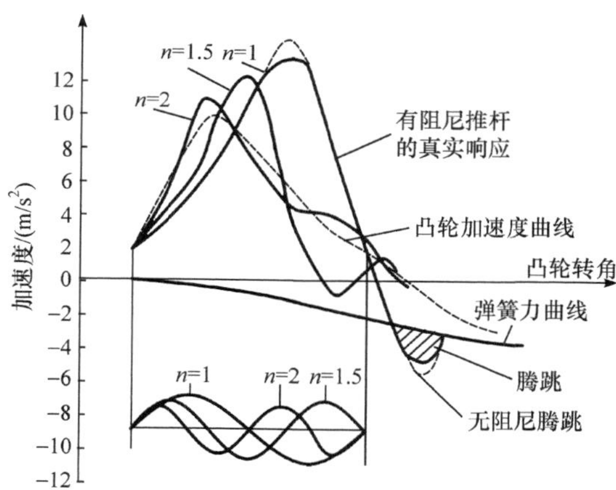

图 3.1.20　推杆瞬时加速度响应曲线

为了避免产生腾跳现象，可以采用具有抛物线加速度曲线的凸轮，这种凸轮容许选择较小的自由振动周期数。正确地选择具有有限跃度的凸轮曲线可以尽量避免腾跳现象的产生。需要指出，用增加弹簧载荷的方法来消除腾跳现象是不可取的，因为这样会使凸轮和推杆表面产生较大的接触应力，从而使机构寿命降低。

4) 凸轮的平衡

凸轮质量相对于转动中心的不平衡是高速凸轮结构面临的一个难题，由不平衡所引起的凸轮结构的振动会对结构振动运行产生较大影响。要完全消除这种振

动比较困难,但是通过对凸轮加配重和减小凸轮的质量可以减小这种振动的幅值。径向对称凸轮是径向凸轮中平衡性能最好的一种形式，简单的圆柱凸轮可达到基本平衡，在高速的场合可以优先选用。

5) 推杆弹簧颤动

推杆弹簧颤动是由扭振波在弹簧自振频率时通过金属丝传递而产生的一种振动，这是大振幅谐量与弹簧自然频率相一致时的共振现象。弹簧颤动将大大减小压缩弹簧的有效作用力，使推杆脱离凸轮表面。一般情况下，谐量的阶次越低，其振幅就越大。因此，为了防止弹簧颤动，应使弹簧的自然频率提高到其共振发生在高阶谐量时，一般要求这种谐量的阶次为 11 或更高。但是对于具有良好的推杆动力特性和光滑加速度曲线的凸轮-推杆系统，弹簧自然频率与凸轮转速所对应的频率之比可以低至 9。弹簧颤动一般只是存在于具有弹簧加载的高速凸轮结构中。

随着凸轮结构运转速度的提高，从动件系统各构件的惯性力迅速增大，构件的弹性变形不能忽视，再加上锁合弹簧的存在，使凸轮结构成为一个弹性系统，引起推杆在升降过程中同时产生振动响应，因而推杆的运动规律偏离凸轮廓线所输入的运动规律。这种推杆的振动响应会产生附加的动力载荷，使凸轮结构磨损增加、寿命缩短、噪声增加、运动失真，甚至会使机器发生故障和损坏。因此，在凸轮结构中，尤其是高速凸轮设计时，应该对一些动力学问题加以考虑和解决，对换向接触冲击、腾跳现象、凸轮的平衡以及推杆弹簧颤动等问题也给予分析和处理。

3.1.3　凸轮结构动力学模型的建立方法

对于动力学分析，模型是真实系统的抽象，模型所表示的固有特性应该是所分析的实际系统的真实反映。由于建立模型时存在各种类型的近似和简化，模型和真实系统存在一定的差别。如果模型的定量特性可以精确地表示实际系统的特性，那么就有了描述系统的简明方法。如果把模型作为实验对象，完全代替实际系统，就可得到一些对真实系统的新认识，但这些认识必须用系统本身的特性来检验。简化系统再现原始系统动力特性的精确度在某种程度上取决于实验和判断。

1. 离散化与自由度

每个构件都是连续的，其运动可用沿构件分布的无限个坐标来描述。在每个集中质量上，系统可给出 6 个自由度(即 3 个移动分量和 3 个转动分量)。如果每个质量都将 6 个自由度作为广义位移，则计算工作量很大。因此，根据特殊情况及预期设计目标和要求，一些不重要的自由度可以忽略不计。

实际凸轮-推杆系统可以由一根或多根拉杆(推杆)、杠杆和弹簧组成。如图 3.1.21(a)所示的汽车顶阀凸轮结构是一个典型例子，其简化方法通常是用推杆系统中一些特定点上的若干个集中质量来代替系统。这些质点被相应的连杆弹性隔开。图 3.1.21(a)中的实际系统被适当地分为几个区域，各区域内的质量被简化为集中质量，并用适当刚度的无质量弹簧连接起来，如图 3.1.21(b)所示。

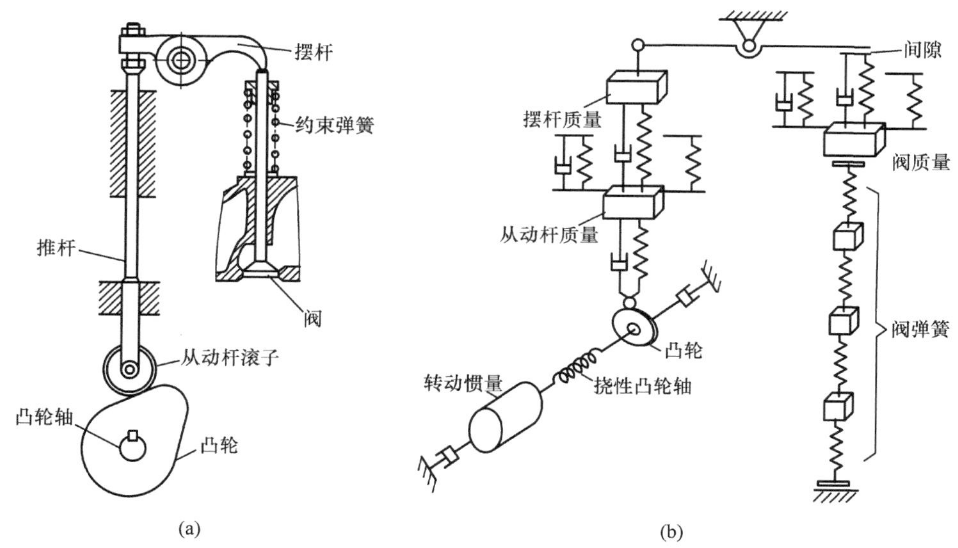

图 3.1.21　汽车顶阀凸轮结构及其集中弹簧-质量系统模型

在建立凸轮-推杆系统的动力学模型时，将其进一步简化为简单的弹簧-质量系统，质量用一点上的推杆集中等效质量来表示。而连杆的弹性用支承等效质量的单个弹簧来近似表示，等效质量和弹簧刚度的数值可以根据动力等效原理来计算。

一般情况下，复杂的模型可以对应一个更精确的系统，但其数学解和模态分析也更复杂。对于一个特定的机器，应权衡其实用性和经济性，在模型化中要保证所得到的设计和预期应用的兼容性。

2. 动力等效系统

在单一刚体的动力学中，可用具有适当大小和位置的两个集中质量构成一个等效模型，往复式发动机或压气机的连杆就是一个例子。当曲柄末端转动时，连杆的活塞末端在移动。因此，用两质量系统作为刚体动力等效时，必须使两质量系统的惯性力系与刚体的惯性力系相等。两质量系统必须满足下列条件：①总质量必须与刚体的总质量相等；②重心与刚体的重心相一致；③绕过重心的轴的总

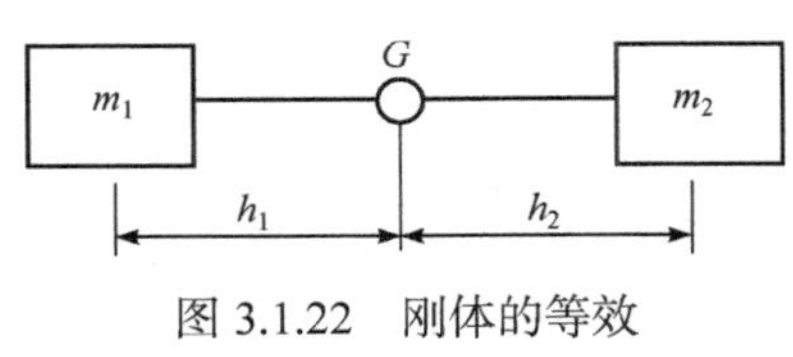

图 3.1.22 刚体的等效

转动惯量与刚体绕重心的转动惯量相等。

如图 3.1.22 所示的刚体，令 m_1 和 m_2 为动力等效系统的两个质量，h_1 和 h_2 分别为 G 至 m_1 和 m_2 的距离。按上述三个条件可写成如下方程：

$$m_1+m_2=m,\quad m_1h_1=m_2h_2,\quad m_1h_1^2+m_2h_2^2=mR^2 \tag{3.1.3}$$

式中，R 为刚体相对于点 G 的回转半径。

由式(3.1.3)可以得到：

$$m_1=\frac{mh_2}{h_1+h_2}=\frac{mR^2}{h_1(h_1+h_2)} \tag{3.1.4}$$

由式(3.1.4)可以得到：

$$R^2=h_1h_2 \tag{3.1.5}$$

由式(3.1.5)可以看出，h_1 和 h_2 中的一个(但不能二者同时)可以任意选择。如果 h_1 确定后，距离 h_2 随之由式(3.1.5)确定。

3. 波型耦合

旋转或扭转振动模型常常与移动模型耦合在一起。对移动和转动耦合的模型，要确定该系统在某一方向上的运动是否耦合，需要通过实验来确定。实验方法就是在系统的构件上作用一个稳定载荷，载荷作用线沿一定方向通过回转中心。如果构件仅沿着作用载荷的方向移动而没有转动，则该移动模型在作用载荷的方向上运动时，与转动模型不耦合。

扭转振动模型有时会与弯曲模型相耦合，产生的共振频率比期望值低很多。如果设计中没有考虑到低频扭转振动模型，则产生的振动将会大大缩短构件的寿命。

4. 等效质量或等效转动惯量

将复杂的机械系统变换成简单的机械系统，可以根据组成系统的参数，如质量、弹簧和阻尼等来描述。系统中哪一部分作为质量，哪一部分作为弹簧，取决于系统的组成构件和部件的几何形状及配置情况。

如果构件是刚体，构件上所有点一起运动，则可集中为一个质点。移动构件的质量和转动构件的转动惯量分别为

$$m=\int\rho\mathrm{d}V,\quad I=\int r^2\mathrm{d}m=mR^2 \tag{3.1.6}$$

式中，ρ 为密度；V 为构件的体积；r 为由极轴到质量 dm 的距离。

质量 m 和转动惯量 I 的动能分别为

$$T_m = \frac{1}{2}m\dot{x}^2, \quad T_I = \frac{1}{2}I\dot{\theta}^2 \tag{3.1.7}$$

1) 集中质量的等效

对于非规则体或分散分布的质体，当计算系统的动能时，应该按其等效质量来计算。等效构件具有的动能等于各构件的动能之和，等效构件的质量 m_e 或转动惯量 I_e 应满足：

$$\frac{1}{2}m_e v^2 = \sum_{i=1}^{n}\left(\frac{1}{2}m_i v_{si}^2 + \frac{1}{2}I_i\omega_i^2\right), \quad \frac{1}{2}I_e\omega^2 = \sum_{i=1}^{n}\left(\frac{1}{2}m_i v_{si}^2 + \frac{1}{2}I_i\omega_i^2\right) \tag{3.1.8}$$

从式(3.1.8)中可以推导出等效构件的质量 m_e 或转动惯量 I_e 的表达式：

$$m_e = \sum_{i=1}^{n}\left[m_i\left(\frac{v_{si}}{v}\right)^2 + I_i\left(\frac{\omega_i}{v}\right)^2\right], \quad I_e = \sum_{i=1}^{n}\left[m_i\left(\frac{v_{si}}{\omega}\right)^2 + I_i\left(\frac{\omega_i}{\omega}\right)^2\right] \tag{3.1.9}$$

式中，v_{si} 为第 i 个构件的质心速度；ω_i 为第 i 个构件的角速度；n 为运动构件的数量。

根据构件的结构形状质量分布和速度，利用动能相等原理进行分析。如图 3.1.23 所示，用刚性构件连接的两质量系统，若不计刚性杆的质量，利用动能相等原理，则有

$$T = \frac{1}{2}m_1 v_1^2 + \frac{1}{2}m_2 v_2^2 = \frac{1}{2}m_{eq}v_{eq}^2 \tag{3.1.10}$$

从而可得到其等效质量为

$$m_{eq} = \frac{m_1 v_1^2 + m_2 v_2^2}{v_{eq}^2} \tag{3.1.11}$$

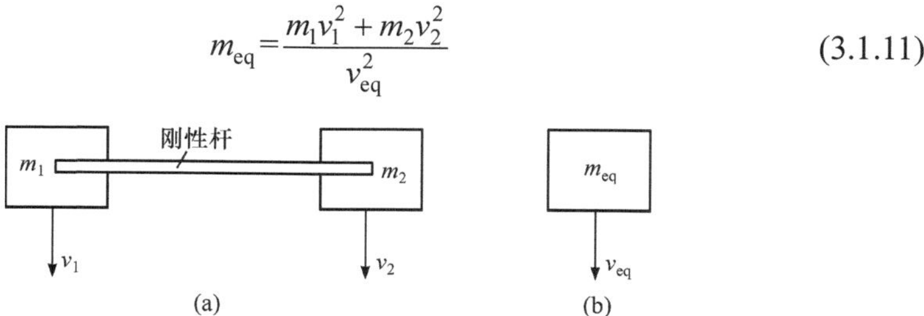

图 3.1.23　刚性构件连接的两质量及其等效系统

如图 3.1.24 所示，两个质量 m_1 和 m_2 固定在杠杆和摇臂上，可以确定在任意点上的等效质量，如等效在质量 m_1 的位置上，这样全部速度均可由 v_1 求得。对于小转角情况有 $v_{eq}=v_1$，$v_2=l_2v_1/l_1$，则利用动能相等原理得到

$$m_{eq} = m_1 + m_2(l_2/l_1)^2 \tag{3.1.12}$$

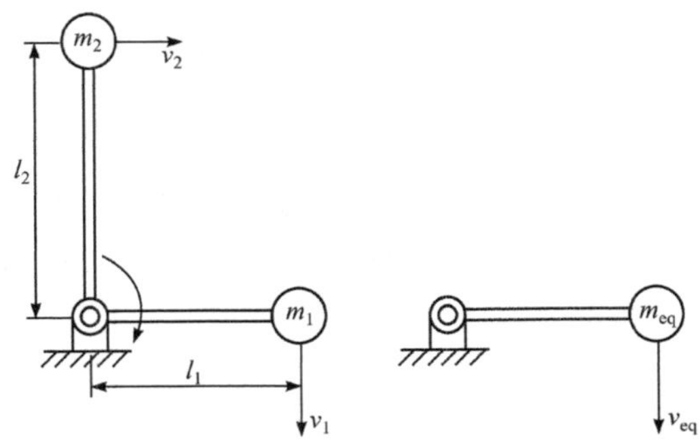

图 3.1.24　移动质量的等效质量

当惯性载荷用轮系与驱动部分相连时，如果每一转动惯量项与齿轮转速比的平方相乘，则这些惯性载荷可以简化为一个在驱动轴上的等效惯性载荷。对于由两对圆柱齿轮组成的系统，如图 3.1.25 所示，各齿轮的转速为 n_1、n_2、n_3、n_4。第一对齿轮转化至驱动轴的转动惯量为 $I_1+I_2(n_2/n_1)^2$，而第二对齿轮转化至驱动轴的转动惯量为 $(n_2/n_1)^2[I_3+I_4(n_4/n_3)^2]$，因此两级齿轮减速系统转化到输入轴的等效转动惯量为

$$I_g=I_1+I_2(n_2/n_1)^2+(n_2/n_1)^2[I_3+I_4(n_4/n_3)^2] \tag{3.1.13}$$

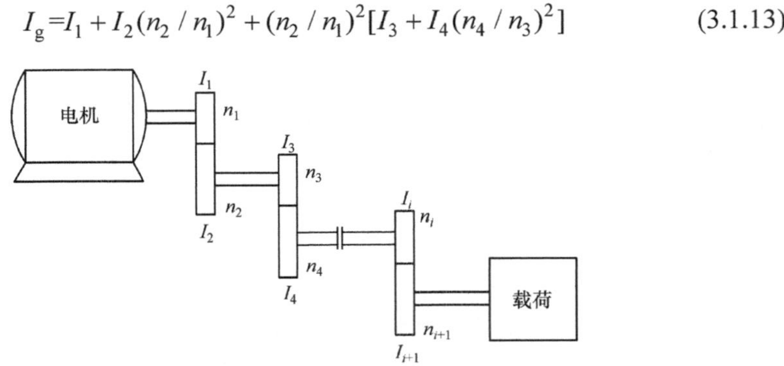

图 3.1.25　转动惯量的转化

在典型的机械功率驱动装置内，电动机轴不直接与载荷轴相连。电动机与载荷之间通过一系列齿轮连接。如图 3.1.25 所示，假定有许多对齿轮作为电机和末轴载荷之间的减速传动，则全部传动系统转化到电机轴的转动惯量为

$$I=I_m+I_g+I_l/i^2 \tag{3.1.14}$$

式中，I_m 为电机轴的转动惯量；I_l 为载荷的转动惯量；i 为整个齿轮传动的减速比。

假定有两个直接接触的构件，当一构件移动时，另一构件绕某一轴线转动。如图 3.1.26 所示的齿轮齿条副将移动与转动联系在一起，既可简化为等效移动质

量，又可简化为等效转动惯量。

简化为等效移动质量时，其动能为

$$T=\frac{1}{2}m_{\mathrm{eq}}v^2=\frac{1}{2}mv^2+\frac{1}{2}I\dot{\theta}^2 \tag{3.1.15}$$

由于 $v_{\mathrm{eq}}=v$、$\dot{\theta}=v/R$，则可得到

$$m_{\mathrm{eq}}=m+I/R^2 \tag{3.1.16}$$

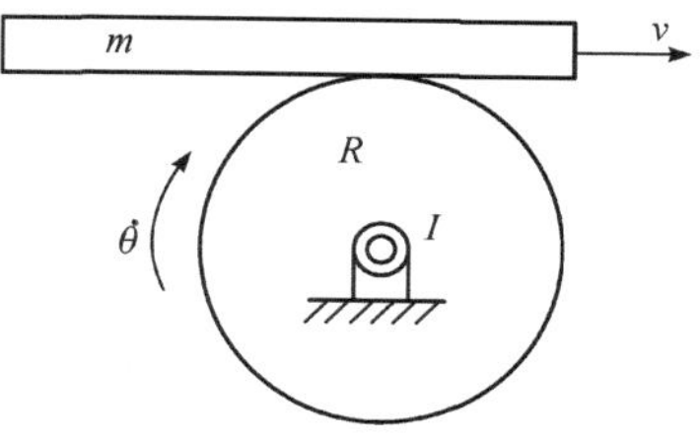

图 3.1.26　耦合的转动和移动质量

简化为等效转动惯量时，其动能为

$$T=\frac{1}{2}I_{\mathrm{eq}}v^2=\frac{1}{2}mv^2+\frac{1}{2}I\dot{\theta}^2 \tag{3.1.17}$$

由于 $\dot{\theta}_{\mathrm{eq}}=\dot{\theta}$ 、$v=R\dot{\theta}$，则可得到：

$$I_{\mathrm{eq}}=I+mR^2 \tag{3.1.18}$$

2) 连续质量的等效

在对质量和转动惯量进行等效计算时，需要对弹簧、转轴、悬臂梁和连杆机构等分布质量进行等效。

由能量原理，利用保守系统的最大动能等于其最大势能这一关系，可以确定系统的等效质量或等效转动惯量。对于如图 3.1.27 所示的质量-弹簧系统，除了考虑系统的集中质量块 m 的质量，还要考虑弹簧本身的质量。弹簧在平衡时的长度为 l，线密度为 ρ(kg/m)，弹簧 $\mathrm{d}y$ 段的动能为 $\rho(y\dot{x}/l)^2\mathrm{d}y/2$，则整根弹簧的动能为

$$T_{\mathrm{s}}=\frac{1}{2}\rho\int_0^l\left(\frac{y\dot{x}}{l}\right)^2\mathrm{d}y=\frac{1}{2}\frac{\rho l\dot{x}^2}{3}=\frac{m_{\mathrm{s}}}{6}\dot{x}^2(t) \tag{3.1.19}$$

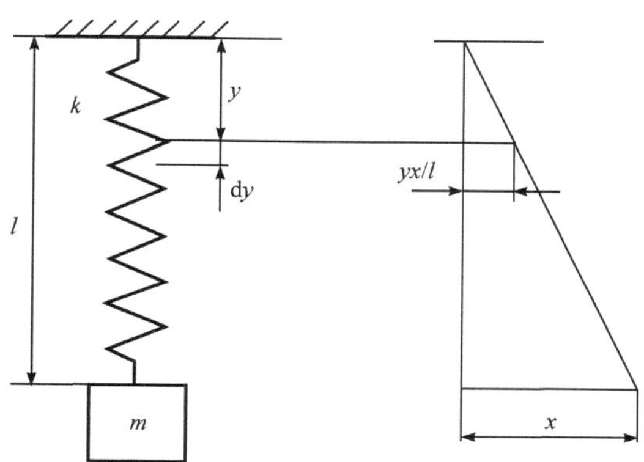

图 3.1.27　质量-弹簧系统的等效

系统的总动能为

$$T=\frac{1}{2}\left(m+\frac{m_{\mathrm{s}}}{3}\right)\dot{x}^2(t) \tag{3.1.20}$$

因此，系统的等效质量为 $m_{\mathrm{e}}=m+m_{\mathrm{s}}/3$，其中 m_{s} 为弹簧的质量。也就是说，将弹簧本身质量的 1/3 加到集中质量中，就可以对系统进行精确计算。对于如图 3.1.28 所示的弹簧约束的齿轮齿条系统，若不忽略弹簧的质量，弹簧长度为 l、密度为 ρ，则系统的运动方程为

$$x=x_0\sin(\omega t),\quad \theta=\theta_0\sin(\omega t) \tag{3.1.21}$$

式中，x_0 和 θ_0 分别为齿条和齿轮的振动幅值，则系统的最大动能为

$$T_{\max}=I(\theta_0\omega)^2+\frac{1}{2}m(r\theta_0\omega)^2+\frac{1}{2}\rho\int_0^l\left(\frac{yx_0\omega}{l}\right)\mathrm{d}y=\omega^2\left(1+\frac{1}{2}mgr^2+\frac{m_{\mathrm{s}}}{6}r^2\right)\theta_0^2 \tag{3.1.22}$$

系统的最大势能为

$$V_{\max}=\frac{1}{2}kx_0^2=\frac{1}{2}k(r\theta_0)^2 \tag{3.1.23}$$

由于 $T_{\max}=V_{\max}$，由式(3.1.22)和式(3.1.23)可得等效转动惯量为

$$I_{\mathrm{eq}}=2I+mr^2+m_{\mathrm{s}}r^2/3 \tag{3.1.24}$$

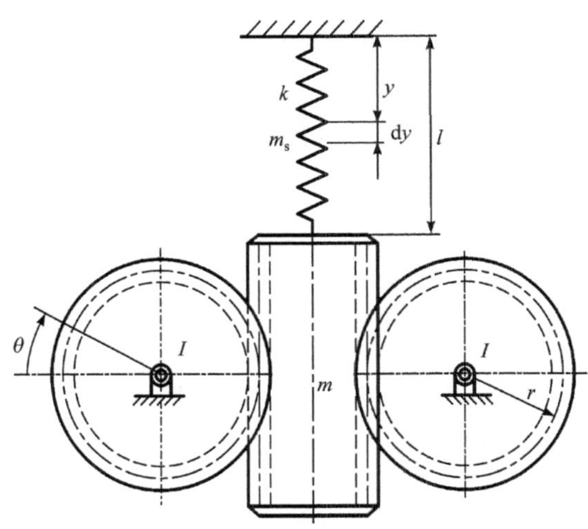

图 3.1.28　弹簧约束的齿轮齿条系统

利用能量守恒原理，同样可以求得转轴、悬臂梁等连续质量的等效质量。对于转轴的扭转运动，若轴的长度与振动频率之积较小，则转轴的质量可以忽略。如果转轴的质量不能忽略，但与安装在其上的转子质量相比很小，如图 3.1.29(a)所示，则可把转轴的转动惯量的 1/3 等效到端部转子的转动惯量上去。当质量为 M_A 和 M_B 的两转子用转轴相连时，如图 3.1.29(b)所示，则需要估计振动结点的可

能位置。然后在 I_A 上加上结点至 M_A 这段轴的转动惯量的 1/3，在 I_B 上加上结点至 M_B 这段轴的转动惯量的 1/3。

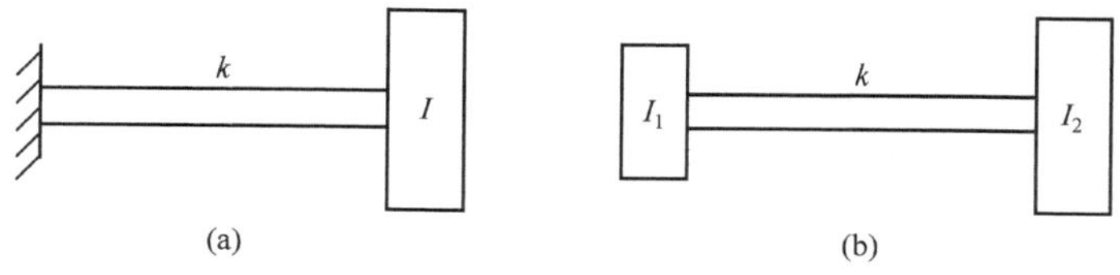

图 3.1.29　转轴模型

长悬臂梁可看成弹簧，但必须将 23%的分布质量集中在端点；对于简支梁，将其一半的质量集中在跨距中间。

连杆机构在较大的运动范围内，其运动和动力特性随着时间而变化。对于如图 3.1.30 所示的曲柄滑块机构，假定驱动曲柄已做了平衡，因此驱动曲柄的重心与曲柄转轴中心线重合，则机构的动能为

$$T=\frac{1}{2}(I_2\omega_2^2+m_3v_3^2+I_3\omega_3^2+m_4v_B^2) \tag{3.1.25}$$

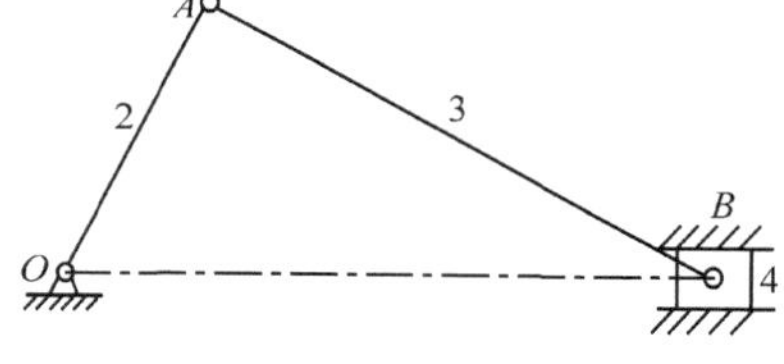

图 3.1.30　曲柄滑块机构

为了确定转化到滑块的等效质量，将动能表示为

$$T=\frac{1}{2}m_{\mathrm{eq}}v_B^2=\frac{1}{2}[m_4+m_3(v_3/v_B)^2+I_2(\omega_2/v_B)^2+I_3(\omega_3/v_B)^2] \tag{3.1.26}$$

由式(3.1.26)得到系统的等效质量为

$$m_{\mathrm{eq}}=m_4+m_3(v_3/v_B)^2+I_2(\omega_2/v_B)^2+I_3(\omega_3/v_B)^2 \tag{3.1.27}$$

转化到输入曲柄的等效转动惯量可表示为

$$I_{\mathrm{eq}}=I_2+m_3(v_3/\omega_2)^2+I_3(\omega_3/\omega_2)^2+m_4(v_4/\omega_2)^2 \tag{3.1.28}$$

由式(3.1.27)和式(3.1.28)可见，m_{eq} 和 I_{eq} 均是连杆机构瞬时速度的函数。由于连杆机构的形状随着时间而改变，m_{eq} 和 I_{eq} 将随之发生变化，该变化在很大程度上取决于所给机构的几何约束。当存在构件形状不规则、材质密度未知、在精确尺寸确定前零件必须拆开而没有装成部件等问题时，通常很难算出构件的转动惯量。这时可以用一些实验方法来测定其转动惯量，如扭摆法、复摆法、双线或三线摆动法、斜面实验、滚动振荡技术及立体逻辑法等。

5. 等效弹簧刚度

每个机械元件都具有一定刚度的弹簧作用。如果机械零件或模型是已有的，

只要在零件或部件上加载并精确地测出其变形，则可通过实验方法确定其弹簧刚度。如果画出的载荷与变形关系线图是一条滞后环路，则可以用直线来近似，而弹簧刚度就等于这条近似直线的斜率。

在机械系统中不是只使用一个弹性元件，而是根据结构的需要将若干个弹簧串联或并联起来使用。这样在分析这个系统动力学问题时，就需要将这若干个弹簧折算成一个等效弹簧来处理，这种等效弹簧的刚度与原系统组合弹簧的刚度相等，称为**等效刚度**，也称为**组合刚度**。

1) 弹簧的组合刚度

对于如图 3.1.31(a)所示的组合弹簧，弹簧 k_1 和弹簧 k_2 首尾相接，这种形式称为**串联**。对其进行受力分析可知，k_1 和 k_2 的受力相等，即 $k_1x_1= k_2x_2=k_{eq}x$；而质量块 m 的位移是弹簧 k_1 和 k_2 的位移之和，即 $x=x_1+x_2$。由此可得串联弹簧的特点是两弹簧的受力相等，而变形不相等。两弹簧的变形之和等于质量块 m 的位移。由此得到串联弹簧的等效刚度为

$$\frac{1}{k_{eq}}=\frac{1}{k_1}+\frac{1}{k_2}=\sum\frac{1}{k_i} \tag{3.1.29}$$

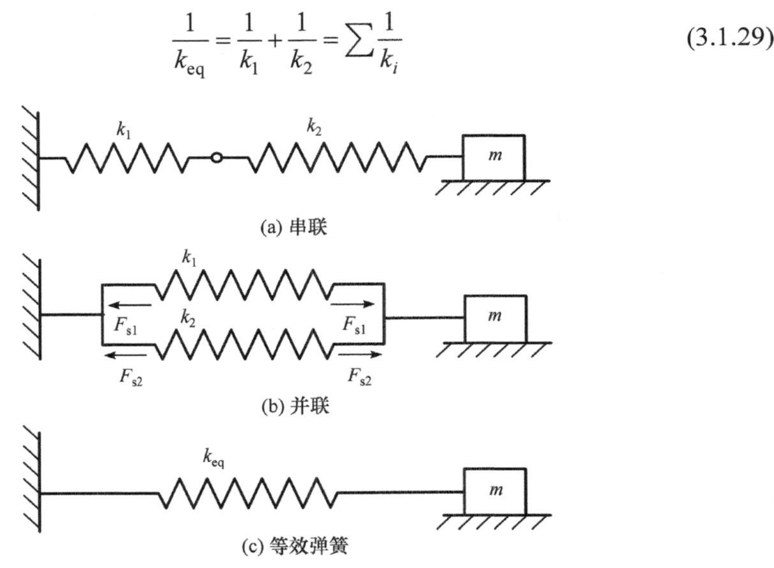

图 3.1.31　串联与并联弹簧的组合刚度

对于如图 3.1.31(b)所示的组合弹簧，两弹簧的两端连接于固定面上，又同时连接于质量块 m 上，这种形式称为**并联**。对其进行受力分析可知，k_1 和 k_2 的变形相等，都等于质量块 m 的位移，即 $x = x_1=x_2$。但受力不相等，两个弹簧的受力之和等于作用在质量块上的力，即$(k_1+k_2)x=k_{eq}x$。由此可得并联弹簧的特点是两弹簧的变形相等，都等于质量块的位移，但受力不相等。各个弹簧的受力之和等于作

用在质量块上的力，由此可得并联弹簧的等效刚度为

$$k_{\mathrm{eq}} = k_1 + k_2 = \sum k_i \tag{3.1.30}$$

确定弹簧元件的组合方式是串联还是并联，关键在于是共力还是共位移。当弹簧系统是一个混联的弹簧组合时，只需将并联组的等效弹簧与其他串联弹簧连接在一起。当弹簧轴线不平行时，输出力和系统刚度是角度及弹簧刚度的函数。

在图 3.1.32(a)中，弹簧 k_2 和 k_3 串联，扭转弹簧 k_4 和 k_5 串联，这两组组合弹簧与弹簧 k_1 和扭转弹簧 k_6 并联，而弹簧 k_1、k_2 和 k_3 与圆盘中心的距离为 a。因此，该弹簧系统的组合刚度为

$$k_{\mathrm{eq}} = \frac{k_4 k_5}{k_4 + k_5} + k_6 + \left(k_1 + \frac{k_2 k_3}{k_2 + k_3}\right) a^2 \tag{3.1.31}$$

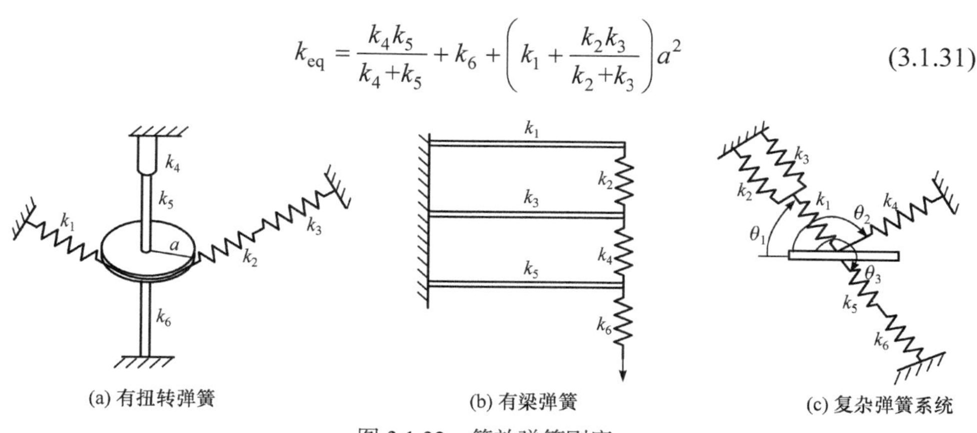

(a) 有扭转弹簧　(b) 有梁弹簧　(c) 复杂弹簧系统

图 3.1.32　等效弹簧刚度

在图 3.1.32(b)中，梁弹簧 k_1 和弹簧 k_2 串联；串联后的组合弹簧与梁弹簧 k_3 并联；组合后的等效弹簧与弹簧 k_4 串联；再次组合后的弹簧与梁弹簧 k_5 并联；上述组合弹簧与弹簧 k_6 串联。故弹簧系统的组合刚度为

$$k_{\mathrm{eq}} = \left\{1/k_6 + \{k_5 + [1/k_4 + [k_3 + (1/k_2 + 1/k_1)^{-1}]^{-1}]^{-1}\}^{-1}\right\}^{-1} \tag{3.1.32}$$

在图 3.1.31(c)中，弹簧 k_2 和弹簧 k_3 并联后的组合弹簧与弹簧 k_1 并联；弹簧 k_5 和弹簧 k_6 串联；上述两组组合弹簧与弹簧 k_4 并联，三组并联弹簧与质量元件均有角度。故弹簧系统的组合刚度为

$$k_{\mathrm{eq}} = \frac{k_1(k_2 + k_3)}{k_1 + k_2 + k_3}\cos\theta_1 + k_4\cos\theta_2 + \frac{k_5 k_6}{k_5 + k_6}\cos\theta_3 \tag{3.1.33}$$

2) 弹性元件的等效刚度

对于如图 3.1.33 所示的系统，弹簧可以用一个作用在 B 点、具有刚度 k_{eq} 的等效弹簧代替，这个弹簧与质量直接相连。如果使在 A 点的弹簧势能等于在 B 点的等效弹簧的势能，即 $kx_A^2/2 = k_{\mathrm{eq}}x_B^2/2$，由于在 A、B 点处的变形与杠杆臂长成

正比，有 $x_B=bx_A/a$，则可得到相对于质量 m 的等效弹簧刚度为

$$k_{\mathrm{eq}}=(a/b)^2k \tag{3.1.34}$$

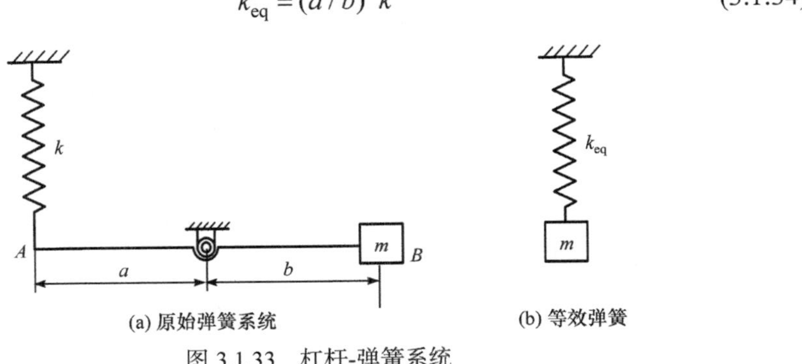

图 3.1.33　杠杆-弹簧系统

对于一齿轮副从动轴 B 相对于驱动轴 A 的等效转动惯量可以表示为

$$k_{\mathrm{eq}}=(n_{\mathrm{b}}/n)^2k_B \tag{3.1.35}$$

3) 保守系统的等效刚度

对于复杂的保守系统，系统的等效质量和等效刚度可以通过确定系统的动能和势能，利用能量守恒原理确定系统的运动方程而获得。对于如图 3.1.34 所示的系统，小齿轮与扇形齿轮相啮合而产生的角位移比值为 $r_1/r_2=\theta_2/\theta_1$，$I_1$、$I_2$ 分别为 m_1、m_2 相对于各自支点 O_1、O_2 的转动惯量。以图中的虚线为平衡位置，则系统的动能和势能分别为

$$\begin{aligned}T&=\frac{1}{2}I_1\dot{\theta}_1^2+\frac{1}{2}I_2(r_1\dot{\theta}_1/r_2)^2\\V&=\frac{1}{2}k_1(l_1\theta_1)^2+\frac{1}{2}k_2(r_1l_1\theta_1/r_2)^2+m_2ga_2(1-\cos\theta_2)\end{aligned} \tag{3.1.36}$$

对于保守系统，系统的动能和势能之和为常数，故有

$$\frac{\mathrm{d}}{\mathrm{d}t}(T+V)=0 \tag{3.1.37}$$

从而得到系统的运动微分方程为

$$[I_1+(r_1/r_2)^2I_2]\ddot{\theta}_1+[k_1l_1^2+(r_1/r_2)^2(k_2l_1^2+m_2ga_2)]\theta_1=0 \tag{3.1.38}$$

由式(3.1.38)可知，等效弹簧刚度和 m_1 的等效转动惯量分别为

$$k_{\mathrm{eq}}=k_1l_1^2+(r_1/r_2)^2(k_2l_1^2+m_2ga_2),\quad I_{\mathrm{eq}}=I_1+(r_1/r_2)^2I_2 \tag{3.1.39}$$

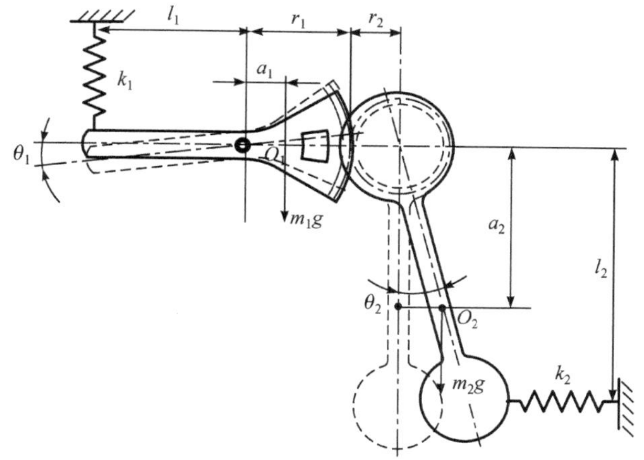

图 3.1.34　齿轮-弹簧系统

6. 阻尼

任何具有相对移动或转动的构件，不论是完全润滑还是部分润滑，由于在啮合表面上有滑动边界剪切效应，因此都有阻尼损失。一般阻尼结构的模型化描述比较复杂，如果零件之间的相对运动范围较小，就能够用具有黏性阻尼的简单描述来模型化。

对于每个具有相对运动的元件，需要精确测出阻尼特性，如移动副通过沿着接触表面的摩擦耗散了一定的能量。影响阻尼的其他因素包括载荷和轴承中的润滑、机械零件的公差、具有不同接合面压力的螺钉连接部件、不同表面粗糙度和温度变化等。在实际的凸轮结构中，当黏性流体润滑油膜从凸轮与推杆进入接触的表面间挤出时，就会产生阻止两表面直接接触趋势的压力。

1) 挤压油膜效应

对于盘状凸轮和推杆滚子，在接触之前的两表面间的润滑挤压膜效应，可根据二维黏性流理论来分析，假定润滑剂具有不变黏度和在整个油膜厚度中压力相同，挤压力可表示为

$$F = 12\pi\eta v b[R_e/(2t_f)]^{3/2} \tag{3.1.40}$$

式中，R_e 为当量半径，由滚子半径 R_1 和凸轮半径 R_2 表示，即 $R_e=R_1R_2/(R_1+R_2)$；t_f 为油膜厚度；η为油液黏度；b 为凸轮或滚子的厚度；v 为凸轮或滚子相互接近的速度。

2) 阻尼器的能量耗散

黏性阻尼器的能量耗散可表示为

$$H = \int D\mathrm{d}\dot{x} \tag{3.1.41}$$

式中，$D = c\dot{x}$ 为阻尼器所产生的阻尼力，c 为黏性阻尼系数。

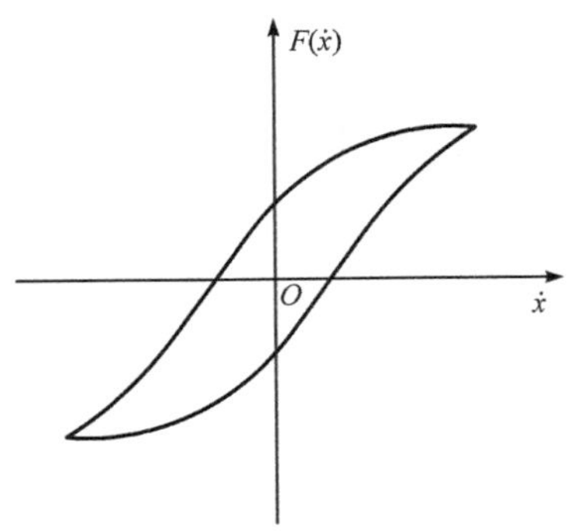

图 3.1.35 滞后环路典型的形状

根据式(3.1.41)，黏性阻尼器耗散的能量等于 $c\dot{x}^2/2$，在扭转系统中消耗的能量为 $c_t\dot{\theta}^2/2$，其中 c_t 为扭转黏性阻尼系数。当大多数材料处于复应力状态时，其应力-应变图由滞后环路构成，刚好用后退-前进的曲线来代替。环形曲线内的面积与周期过程中的能量损失成正比，滞后说明具有记忆特性。这种滞后环路可能有许多形状，图 3.1.35 是一种典型的形状。

3) 非线性阻尼

通常情况下，阻力依赖于速度而变化，即

$$D(\dot{x})=c\dot{x}\left|\dot{x}\right|^{n-1} \tag{3.1.42}$$

式中，c 为阻尼系数；n 为整数指数，对于 n=0 所得阻力定律就是库仑阻尼，对于 n=1 就是黏性阻尼，对于 n=2 就是二次阻尼等。实际阻尼包括黏性阻尼、二次阻尼、库仑阻尼和静摩擦的组合，其特性表示如图 3.1.36 所示。

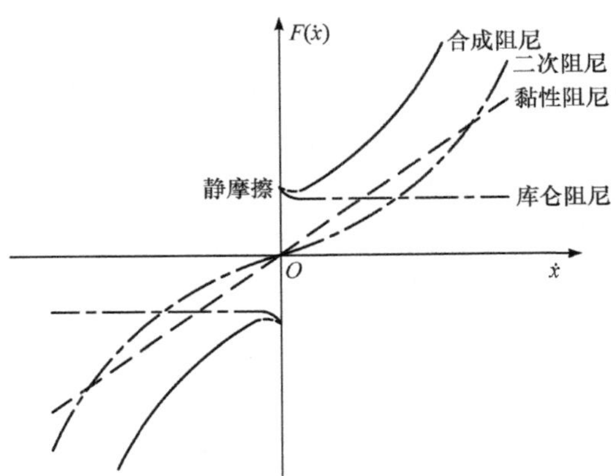

图 3.1.36 混合非线性阻尼特性

如果阻尼很小，或者输入力为简谐变化，则可用近似的等效黏性阻尼 c_{eq} 来代替真实非线性阻尼。根据阻尼力所做的消耗功相等原则来进行等效，振动的 1/4 周期内消耗功等效值可表示为

$$W = \int_0^{\pi/(2\omega)} c_n \dot{x}^n \mathrm{d}x = c_{eq}\int_0^{\pi/(2\omega)} \dot{x}\mathrm{d}x \tag{3.1.43}$$

由式(3.1.43)可得

$$c_{\mathrm{eq}}=c_n X^{n-1}\omega^{n-1}\gamma_n \tag{3.1.44}$$

式中，γ_n 为阻尼类型系数，n=0 时 $\gamma_n=4/\pi$，n=1 时 $\gamma_n=1$，n=2 时 $\gamma_n=8/(3\pi)$；X 为振幅。

为了确定广义耗散力，假定一个幂函数 P，则广义耗散力为

$$D(\dot{x}_n)=\frac{\partial P}{\partial \dot{x}_n} \tag{3.1.45}$$

7. 凸轮结构中的空程

如果采用槽凸轮，则通常没有推杆弹簧和存在凸轮-槽壁间的空程，当作用在滚子上的载荷方向换向时，滚子产生横动。这个横动发生在运动开始，即力加速度开始增大时，在加速度改变符号的那一点上产生磨损。

对于槽凸轮，力通过油膜挤压而传递，当压力角小于 π/4 时，力的近似值为

$$F(x)=\frac{\mathrm{d}}{\mathrm{d}t}(\varepsilon_{\mathrm{c}}-\varepsilon_{\mathrm{r}})\eta_{\mathrm{s}}(c'+c'') \tag{3.1.46}$$

式中，

$$\eta_{\mathrm{s}}=12\pi\eta^{b}R/(2t_{\mathrm{f}})^{3/2},\quad c'=(\varepsilon_{\mathrm{r}}-\varepsilon_{\mathrm{c}})^{-3/2},\quad c''=(\varepsilon_{\mathrm{c}}+\varepsilon-\varepsilon_{\mathrm{r}})^{-3/2} \tag{3.1.47}$$

如图 3.1.37 所示，若 $\dot{\varepsilon}_{\mathrm{c}}>\dot{\varepsilon}_{\mathrm{r}}$，则 $c''=0$；或若 $\dot{\varepsilon}_{\mathrm{c}}<\dot{\varepsilon}_{\mathrm{r}}$，则 $c'=0$。在上述方程中，位移 ε_{r}、ε_{c} 和 ε 的意义如图 3.1.37 所示。

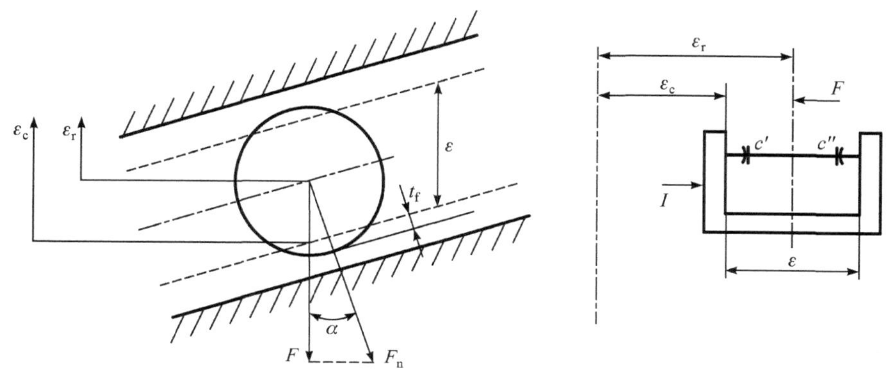

图 3.1.37　槽凸轮的横向间隙

消除空程对于减小滑动作用、振动和磨损十分重要。一种方法是用双滚子，使两个滚子分别与槽的一边接触而消除空程。图 3.1.38 给出了三种不同的滚子和槽的布置方式。如图 3.1.38(a)所示，在一个槽内的两个偏心滚子，其直径相等，各自可以自由转动，且压在两侧槽面上。如图 3.1.38(b)所示，两个直径相同的偏心滚子在同

一个卸载槽内，但底切很难十分精确。第三种形式如图 3.1.38(c)所示，不同直径的两个偏心滚子在一个阶梯槽内。消除脊状凸轮中空程的其他方法就是使两滚子各与凸轮突脊的一边接触。最有效的驱动是应用共轭凸轮或主回凸轮来实现。

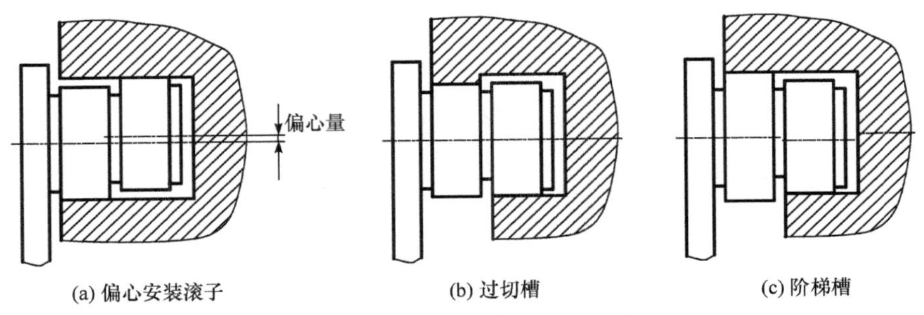

(a) 偏心安装滚子　(b) 过切槽　(c) 阶梯槽

图 3.1.38　滚子和槽的布置方式

8. 动力学模型的简化

由于构件形状、变形形式和影响因素的复杂性，进行机械系统动力学分析面临很多困难，因此，必须对实际的工程问题进行必要的简化和抽象，建立一个繁简适度的力学描述和数学表示。建立各种机构和机械系统的动力学模型应遵循如下原则。

1) 连续系统的离散化

由于弹性构件的各种物理参数，如质量、刚度和阻尼都具有连续分布的性质，所以建立的连续弹性体的动力学模型为偏微分方程，求解比较困难。为此，应将连续弹性体离散成由若干基本单元通过结点相互连接而成的组合体，把无限自由度的连续系统简化为具有有限自由度的离散系统，则建立的动力学模型为常微分方程，求解比较容易。离散化可以建立两类动力学模型，即集中参数模型和有限元模型。

2) 非线性系统的线性化

实际的机械系统多为非线性系统，而非线性微分方程求解比较复杂，因此在建立系统数学模型时，忽略非线性因素，将非线性系统简化为线性系统。非线性系统的特性和线性系统有着本质的区别，在非线性系统中存在着一些特有的现象，如分岔、混沌等，用简化了的线性方程无法揭示。目前在机械系统弹性动力学中有以下三种趋向：①适当忽略某些非线性因素，建立简化的线性模型，以求分析的简便性；②考虑必要的非线性因素，建立适当简化的非线性模型，兼顾分析的简便性与精确性；③计入所有的非线性因素，建立非线性模型，以求分析的精确性并揭示非线性现象。

3) 抓住主要因素，忽略次要因素

影响机械系统动力学特性的因素有很多，在建立模型时，应根据系统的特性抓住主要的影响因素，忽略次要的影响因素，否则会使问题变得异常复杂，如简化构件的形状、忽略次要的变形、忽略弹性运动和刚体运动的耦合、用等效线性阻尼替代非线性阻尼等。

研究含弹性构件的机械系统动力学，所讨论的问题主要包括：如何应用系统模型来求解在已知外力(外界条件)下的系统响应；已知系统参数和所要求的运动求解控制力；已知外力和所要求的运动进行系统参数设计等。由于存在弹性变形，也需要考虑系统的势能变化。下面通过实例分析动力学模型的简化。

汽车顶阀凸轮系统可以布置成许多形式。为了表示与动力学模型建立有关的原理和步骤，用一个典型的、在顶部的顶阀凸轮系统来加以说明。如图 3.1.39(a)所示的结构，在研究汽车顶阀凸轮系统的动力响应时广泛采用。图 3.1.39(b)～(d)是描述简化系统的演变情况。

由图 3.1.39(a)开始，实际系统分成几部分。当上摆杆和下摆杆做摆动时，排气阀、弹簧、弹簧盖和推杆都做简单的往复运动。由于凸轮轴及其轴承的柔性，凸轮轴和滑动轴承也做往复运动。因而可将图 3.1.39(a)所示的系统简化为图 3.1.39(b)所示的动力学模型。在该模型中，将阀及其阀杆按照质量分布简化到质量 M_1 和 M_2 处；上摆杆的质量按照三质量原理简化；推杆质量按照质量分布简化到 M_3 和 M_4 处；下摆杆的质量按照三质量原理简化；凸轮轴及其支承按照质量分布简化到 M_6 和 M_7 处。

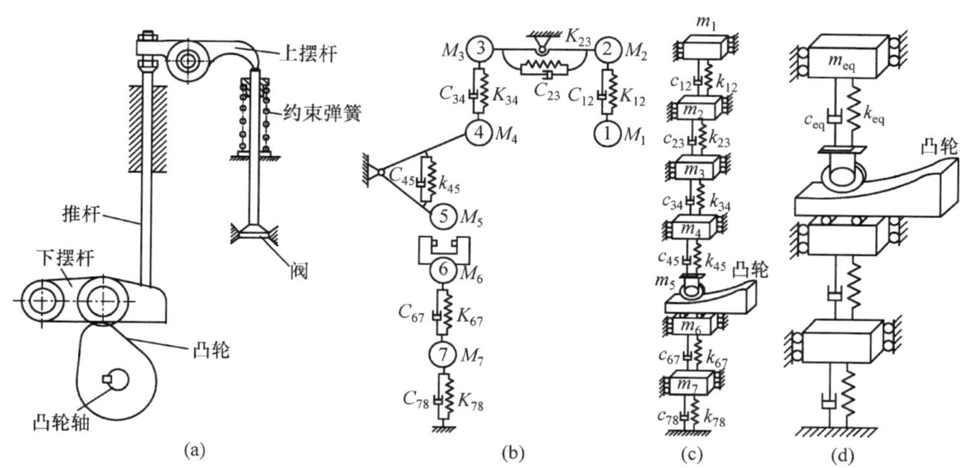

图 3.1.39　汽车顶阀凸轮系统动力学模型的简化

如果已经有了样机，则可以直接得到其往复运动零件(部件)的质量。如果不能得到实际零件，其质量可以根据设计图纸来详细计算。下面讨论两个摆动元件，即下摆杆和上摆杆的简化计算。

(1) 下摆杆。下摆杆质量为 M_2'，用简化的集中质量系统来代替下摆杆的分布质量。如图 3.1.40(a)所示，质量 M_a、M_b 和 M_c 分别位于支承点、凸轮和推杆的中心线上。因为 M_a 位于支承点上，对等效系统的动能没有影响，而不需要计算。质量 M_b 和 M_c 要影响简化到图 3.1.39(b)的质量 M_4 和 M_5 处，杠杆的转动惯量可以把杠杆看成单摆，使其在刀口 S 上摆动，用实验法来确定。若下摆杆的周期为 T，则下摆杆相对于 S 点、质心 G 和支点 O 的轴的转动惯量分别为

$$I_S = M_2' g r_{GS} (T / 2\pi)^2, \quad I_G = I_S - M_2' g r_{GS}^2, \quad I_O = I_G + M_2' g r_{GS}^2 \tag{3.1.48}$$

按照动力等效要求，有

$$M_2' = M_a + M_b + M_c, \quad M r_{RG} = M_b h_b + M_c h_c, \quad I_O = M_b h_b^2 + M_c h_c^2 \tag{3.1.49}$$

M_a 就在支承点上，对等效系统的动能没有影响，从式(3.1.49)中得到：

$$M_c = \frac{I_O - M_2' r_{OG} h_b}{h_c (h_c - h_b)}, \quad M_b = \frac{M_2' r_{OG} - M_c}{h_b} \tag{3.1.50}$$

(2) 上摆杆。如图 3.1.40(b)所示，上摆杆可以用三质量的动力等效系统来替代，三质量即在推杆轴线上的 M_p、在支承点上的 M_r 及在阀轴线上的 M_q，可用与下摆杆相同的计算步骤来计算。若摆杆的质量为 M_1'，摆的振动周期为 T_1，其余参数如图中所示，则上摆杆相对刀口支承点、质心和转动支点的转动惯量分别为

$$I_S = M_1' g r_{GS} (T_1 / 2\pi)^2, \quad I_G = I_S - M_1' g r_{GS}^2, \quad I_O = I_G + M_1' g r_{GS}^2 \tag{3.1.51}$$

按照动力等效要求，有

$$\begin{gathered} M_1' = M_p + M_q + M_r, \quad M_1'(h_p - r_{RG}\cos\theta) = M_r h_p + M_q (h_p + h_q) \\ I_O = M_p h_p^2 + M_q h_q^2 \end{gathered} \tag{3.1.52}$$

式中，θ 是由 $\overline{OG}$ 与过 O 点的水平线间的夹角，这里 $\theta \approx 0°$，即 $\cos\theta=1$。

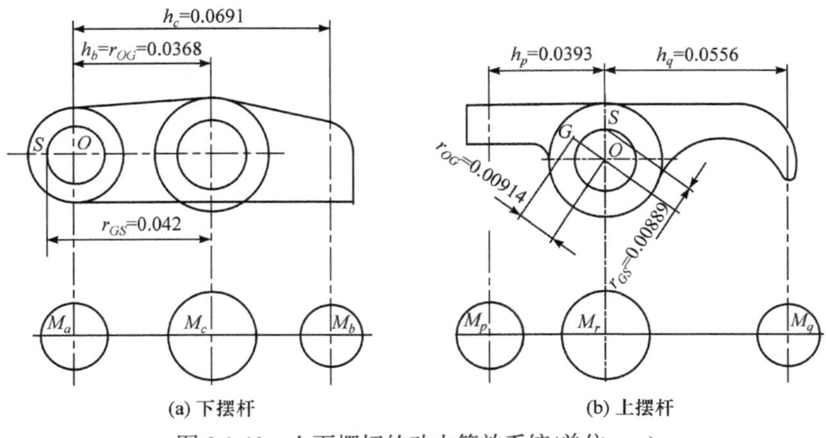

(a) 下摆杆　　(b) 上摆杆

图 3.1.40　上下摆杆的动力等效系统(单位：m)

M_r就在支承点上，对等效系统的动能没有影响，从式(3.1.52)中得到：

$$M_p = \frac{I_r - M_1' r_{OG} h_b}{h_p(h_p + h_q)}, \quad M_q = \frac{M_p h_p - M_1' r_{OG}}{h_q} \tag{3.1.53}$$

式中，M_p、M_q是图 3.1.39(b)的 M_3、M_2 的分量。

图 3.1.39(b)所示模型各段的各个质量、连接弹簧的有效刚度的计算结果概括在表 3.1.1 的左栏中。往复运动零件做加权并与等效摆动零件一同进行计算。必须注意，阀弹簧质量的 1/3 加在 M_2 上，凸轮轴的中间段质量的 2/3 加在 M_6 上，凸轮轴的其余部分质量用 M_7 代表。弹簧刚度采用在构件或部件上加载和精确测出变形的实验方法加以确定。

表 3.1.1　模型简化中的质量分布和弹簧刚度

区间	图 3.1.39 模型(a)到模型(b)的简化		图 3.1.39 模型(b)到模型(c)的简化	
	质量/kg	弹簧刚度 /(10^8N/m)	质量/kg	弹簧刚度 /(10^8N/m)
1	$M_1 = M_{阀} + M_{阀杆}/2 = 0.234$	$K_{12} = K_{阀} = 3.389$	$m_1=M_1=0.234$	$k_{12}=K_{12}=3.389$
2	$M_2 = M_{阀杆}/2 + M_{弹簧盖} + M_{弹簧}/3 + M_{上摆杆} = 0.188$	$K_{23} = k_{上摆杆} = 0.808$	$m_2=M_2=0.188$	$k_{23}=K_{23}=0.808$
3	$M_3 = M_{上摆杆} + M_{推杆}/2 = 0.170$	$K_{34} = k_{推杆} = 1.553$	$m_3= M_3/i_2^2 =0.0855$	$k_{34}= K_{34}/i_2^2 =0.7811$
4	$M_4 = M_{推杆}/2 + M_{下摆杆(推杆面)} = 0.134$	$K_{45} = k_{下摆杆} = 2.672$	$m_4= M_4/i_2^2 =0.0675$	$k_{45}= K_{45}/i_2^2 =1.344$
5	$M_5 = M_{下摆杆(凸轮面)} = 0.223$	$K_{56} = k_{凸轮滚子接触面} = \infty$	$m_5= M_5/i_1^2 =0.0322$	$k_{56}= K_{56}/i_1^2 =\infty$
6	$M_6 = 2M_{支承间的凸轮轴}/3 = 0.998$	$K_{67} = k_{弯曲的凸轮轴} = 4.971$	$m_6= M_6/i_1^2 =0.144$	$k_{67}= K_{67}/i_1^2 =0.7168$
7	$M_7 = M_{支承间的凸轮轴}/3 + M_{凸轮轴轴承} = 22.403$	$K_{78} = k_{油膜的可压缩性} = 7.976$	$m_7= M_7/i_1^2 =3.239$	$k_{78}= K_{78}/i_1^2 =1.153$

从图 3.1.39(b)所示模型简化为图 3.1.39(c)所示模型，就是将系统变成相对于阀轴的系统。图 3.1.39(c)模型中的等效质量 m 和等效刚度 k 分别利用动能原理和势能等效原理，即

$$\begin{gathered} m_3=\frac{M_3}{i_2^2}, \quad m_4=\frac{M_4}{i_2^2}, \quad m_5=\frac{M_5}{i_1^2}, \quad m_6=\frac{M_6}{i_1^2}, \quad m_7=\frac{M_7}{i_1^2} \\ k_{34}=\frac{K_{34}}{i_2^2}, \quad k_{45}=\frac{K_{45}}{i_2^2}, \quad k_{56}=\frac{K_{56}}{i_1^2}, \quad k_{67}=\frac{K_{67}}{i_1^2}, \quad k_{78}=\frac{K_{78}}{i_1^2} \end{gathered} \tag{3.1.54}$$

对于图 3.1.39(a)所示的顶阀凸轮结构，阀对推杆的杠杆比 i_1=1.41 、阀对凸轮的杠杆比 i_2=2.63 。表 3.1.1 的右栏概括了由图 3.1.39(b)模型转化为图 3.1.39(c)模型的有关计算结果。

由图 3.1.39(c)的多自由度模型转化为图 3.1.39(d)的单自由度模型要求：①质量的等效；②在两个模型之间振动自然频率的等效。图 3.1.39(d)所示系统的质量等于图 3.1.39(c)所示系统的 5 个质量之和，即

$$m_{\mathrm{eq}}=\sum_{i=1}^{5} m_i,\quad 1/k_{\mathrm{eq}}=\sum_{i=1}^{5} 1/k_i \tag{3.1.55}$$

将凸轮结构的实际结构参数代入式(3.1.55)，即可计算得到 m_{eq} 和 k_{eq}，从而得到系统的自然频率为

$$\omega_{\mathrm{n}}=\sqrt{k_{\mathrm{eq}}/m_{\mathrm{eq}}} \tag{3.1.56}$$

系统的真实自然频率略小，因为在分析时没有将 m_6 和 m_7 考虑进去。

3.2　往复式运动凸轮结构的动力学分析

3.2.1　从动件弹性凸轮结构的刚柔耦合动力学模型

考虑从动件弹性的凸轮结构的分析模型与从动件的结构及设计时所选用的运动规律有关。下面以图 3.2.1(a)所示的移动从动件凸轮结构为例来讨论从动件弹性的凸轮结构的刚柔耦合动力学问题。在分析中，只考虑从动件的纵向变形。从动件可以简化为单集中质量模型,用牛顿运动定律或达朗贝尔原理建立动力学方程，如图 3.2.1(b)所示；可以简化为两集中质量模型，用达朗贝尔原理或拉格朗日方程建立动力学方程，如图 3.2.1(c)所示；或采用多集中质量模型，采用传递矩阵法建立动力学方程，如图 3.2.1(d)所示。在此以单集中质量模型为例说明进行动力学分析的方法。在外力为零、不计摩擦力的情况下，由达朗贝尔原理可得运动学方程为

$$m\ddot{y}+k_{\mathrm{r}}(y-s)+k_{\mathrm{s}}y=0$$

即

$$\ddot{y}+\frac{k_{\mathrm{r}}+k_{\mathrm{s}}}{m}y=\frac{k_{\mathrm{r}}}{m}s \tag{3.2.1}$$

式中，y 为推杆输出运动；s 为凸轮作用于推杆底部的运动规律，可视为推杆的输入运动；m 为推杆质量；k_{r} 和 k_{s} 分别为推杆的等效刚度系数和凸轮副封闭弹簧的刚度系数。设

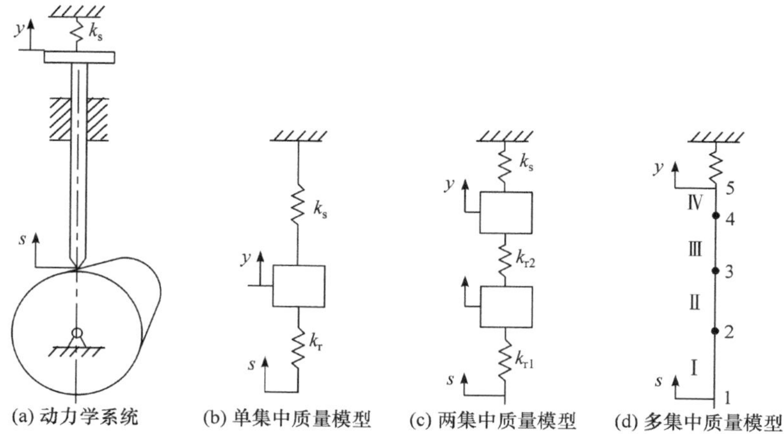

图 3.2.1　移动从动件凸轮结构的动力学系统及其模型

$$\omega_n^2 = (k_r + k_s)/m, \quad s = s(\theta), \quad \theta = \omega t \tag{3.2.2}$$

式中，θ 为凸轮转角；ω 为凸轮的角速度。式(3.2.1)成为

$$\ddot{y} + \omega_n^2 y = \frac{k_r}{m} s(\theta) \tag{3.2.3}$$

式(3.2.3)即图 3.2.1 所示凸轮结构的动力学方程。其解就是推杆的输出运动规律，与凸轮输入的理想的运动规律 $s(\theta)$有关。如图 3.2.2(a)所示，等速运动规律为

$$s(\theta) = \frac{h}{\theta_1}\theta = \frac{h}{\theta_1}\omega t$$

代入式(3.2.3)可得等速运动的动力学方程。其解为

$$y = A\cos(\omega_n t) + B\sin(\omega_n t) + \frac{k_r}{\omega^2 m}\frac{h}{\theta_1}\omega t \tag{3.2.4}$$

式中，A、B 为常数，由初始条件确定。

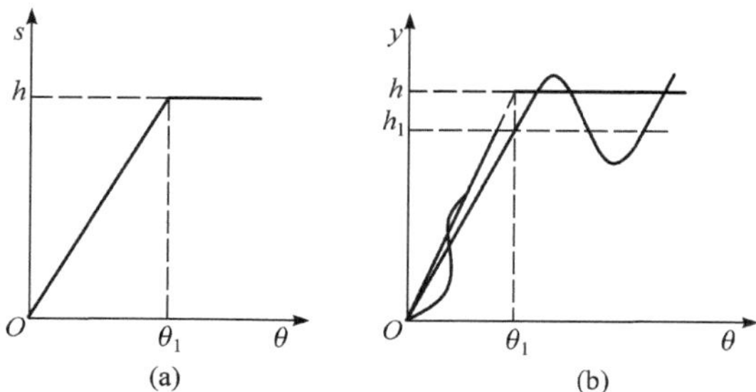

图 3.2.2　推杆的输出运动规律及推杆弹性对运动的影响

设 t=0 时，y_0=0，$\dot{y}_0=0$，利用式(3.2.4)及其导数可解出

$$A=0,\quad B=-\frac{k_{\mathrm{r}}}{\omega_{\mathrm{n}}^3 m}\frac{h}{\theta_1}\omega \tag{3.2.5}$$

将式(3.2.5)代入式(3.2.4)得

$$y=-\frac{k_{\mathrm{r}}}{\omega_{\mathrm{n}}^3 m}\frac{h}{\theta_1}\omega\sin(\omega_{\mathrm{n}}t)+\frac{k_{\mathrm{r}}}{\omega_{\mathrm{n}}^2 m}\frac{h}{\theta_1}\omega t \tag{3.2.6}$$

若以凸轮转角为参考坐标，将式(3.2.2)的第一式代入式(3.2.6)，得

$$y(\theta)=\frac{k_{\mathrm{r}}}{k_{\mathrm{r}}+k_{\mathrm{s}}}\left[\frac{h}{\theta_1}\theta-\frac{h}{\theta_1}\frac{\omega}{\omega_{\mathrm{n}}}\sin\left(\frac{\omega_{\mathrm{n}}}{\omega}\theta\right)\right] \tag{3.2.7}$$

式(3.2.7)表示机构在推杆上升阶段，θ=0～θ_1 区间内输出运动的规律。图 3.2.2(b)表示推杆弹性对运动的影响，凸轮转角为 θ_1 时，推杆的升程为 h_1 而不是 h。在由 0 至 h_1 过程中，在匀速运动的基础上叠加了一个正弦规律的运动。若推杆刚度很大，凸轮转速较低，则 $\omega\ll\omega_{\mathrm{n}}$，由式(3.2.7)可知输出运动与刚性结构很接近。

在 $\theta>\theta_1$ 的区间内，推杆的理想情况是静止在最高点位置。求解输出真实运动的方法是先由式(3.2.1)求出 $\theta=\theta_1$ 时推杆的位移 $y(\theta_1)$和速度 $y(\dot{\theta}_1)$，以它们为初始条件求解这一时段的动力学方程：

$$\ddot{y}+\omega_{\mathrm{n}}^2 y=\frac{k_{\mathrm{r}}}{m}h \tag{3.2.8}$$

方程(3.2.8)的全解为

$$y=A_1\cos(\omega_{\mathrm{n}}t)+B_1\sin(\omega_{\mathrm{n}}t)+\frac{k_{\mathrm{r}}h}{\omega_{\mathrm{n}}^2 m}=A_1\cos\left(\frac{\omega_{\mathrm{n}}}{\omega}\theta\right)+B_1\sin\left(\frac{\omega_{\mathrm{n}}}{\omega}\theta\right)+\frac{k_{\mathrm{r}}h}{k_{\mathrm{r}}+k_{\mathrm{s}}} \tag{3.2.9}$$

根据初始条件 $\theta=\theta_1$，由式(3.2.9)及其微分方程可得

$$y(\theta_1)=\frac{k_{\mathrm{r}}}{k_{\mathrm{r}}+k_{\mathrm{s}}}\left[h-\frac{h}{\theta_1}\frac{\omega}{\omega_{\mathrm{n}}}\sin\left(\frac{\omega_{\mathrm{n}}}{\omega}\theta_1\right)\right]$$

$$\dot{y}(\theta_1)=\frac{k_{\mathrm{r}}}{k_{\mathrm{r}}+k_{\mathrm{s}}}\left[\frac{h}{\theta_1}\omega-\frac{h}{\theta_1}\omega\cos\left(\frac{\omega_{\mathrm{n}}}{\omega}\theta_1\right)\right]=\frac{k_{\mathrm{r}}h\omega}{(k_{\mathrm{r}}+k_{\mathrm{s}})\theta_1}\left[1-\cos\left(\frac{\omega_{\mathrm{n}}}{\omega}\theta_1\right)\right]$$

设 $\frac{k_{\mathrm{r}}}{k_{\mathrm{r}}+k_{\mathrm{s}}}=k$、$\frac{\omega_{\mathrm{n}}}{\omega}\theta=\varphi$、$\frac{\omega_{\mathrm{n}}}{\omega}\theta_1=\varphi_1$、$y(\theta_1)=h_1$、$\dot{y}(\theta_1)=V_1$，由式(3.2.9)可解得

$$A_1=(h_1-kh)\cos\varphi_1-\frac{V_1}{\omega_{\mathrm{n}}}\sin\varphi_1,\quad B_1=(h_1-kh)\sin\varphi_1+\frac{V_1}{\omega_{\mathrm{n}}}\cos\varphi_1$$

故在 $\theta>\theta_1$ 的凸轮静止区间，输出运动为

$$y=kh+(h_1-kh)\cos(\varphi-\varphi_1)+(V/\omega_{\mathrm{n}})\sin(\varphi-\varphi_1)=kh+H\sin(\varphi-\varphi_1+\alpha) \tag{3.2.10}$$

式中，α 和 H 分别为

$$\alpha = \arctan \frac{h_1 - kh}{V_1} \omega_{\mathrm{n}}, \quad H = \sqrt{(h_1 - kh)^2 + \left(\frac{V_1}{\omega_{\mathrm{n}}}\right)^2} \tag{3.2.11}$$

式(3.2.10)所代表的输出运动，相当于推杆在图 3.2.2(b)的 h_1 位置上，叠加一个频率为 ω 的正弦运动，可称为推杆在上停歇区的余振。

以上分析了等速运动情况下，含弹性从动件的凸轮结构在上升阶段及上停歇区的输出运动。对于下降阶段以及其他运动规律，可用类似的方法分析。

对于余弦运动的凸轮，输入端为

$$s = \frac{h}{2}\left[1 - \cos\left(\frac{\pi}{\theta_1}\theta\right)\right] \tag{3.2.12}$$

式中，h 为推杆升程；θ_1 为达到升程时凸轮的转角。

凸轮的动力学方程为

$$\ddot{y} + \omega^2 y = \frac{h}{2}\left[1 - \cos\left(\frac{\pi}{\theta_1}\theta\right)\right] \tag{3.2.13}$$

式(3.2.13)的全解为

$$y = A\cos\left(\frac{\omega_{\mathrm{n}}}{\omega}\theta\right) + B\sin\left(\frac{\omega_{\mathrm{n}}}{\omega}\theta\right) + \frac{hk_{\mathrm{r}}}{2m\omega}\left\{1 - \frac{1}{1 - [\pi\omega / (\theta_1\omega_{\mathrm{n}})]^2}\cos\left(\frac{\pi}{\theta_1}\theta\right)\right\} \tag{3.2.14}$$

当初始条件 $\theta = 0$ 、$y = 0$ 、$\dot{y} = 0$ 时，利用式(3.2.14)及其导数可求得

$$A = \frac{hk_{\mathrm{r}}}{2m\omega_{\mathrm{n}}^2}\left\{\frac{1}{1 - [\pi\omega / (\theta_1\omega_{\mathrm{n}})]^2} - 1\right\}, \quad B = 0 \tag{3.2.15}$$

将式(3.2.15)代入式(3.2.14)，得方程的解为

$$\begin{aligned} y = &\frac{hk_{\mathrm{r}}}{2m\omega_{\mathrm{n}}^2}\left\{\frac{1}{1 - [\pi\omega / (\theta_1\omega_{\mathrm{n}})]^2} - 1\right\}\cos\left(\frac{\omega_{\mathrm{n}}}{\omega}\theta\right) \\ &+ \frac{hk_{\mathrm{r}}}{2m\omega_{\mathrm{n}}}\left\{1 - \frac{1}{1 - [\pi\omega / (\theta_1\omega_{\mathrm{n}})]^2}\cos\left(\frac{\pi}{\theta_1}\theta\right)\right\} \end{aligned} \tag{3.2.16}$$

从式(3.2.7)和式(3.2.16)表达的分析结果可以看出推杆弹性对凸轮输出运动的影响如下：

(1) 原设计的运动幅值有变化，而且叠加了一个频率等于自然频率 ω_{n} 的简谐运动，即振动。

(2) 推杆振动的幅值与凸轮转速 ω 和自然频率 ω_{n} 的比值有关，当 $\omega \ll \omega_{\mathrm{n}}$ 时，各项影响均很小。一般当 $\omega/\omega_{\mathrm{n}}=10^{-2}\sim10^{-1}$ 时，应考虑构件弹性的影响。

3.2.2　摆动从动件凸轮结构的刚柔耦合动力学模型

在凸轮结构的分析中一般采用集中参数模型，将弹性较大的部分用无质量弹簧来模拟，惯性较大的部分用集中质量来模拟。有的杆件本身既有弹性又有质量，则用等效弹簧替代杆件的弹性，保持替代前后变形不变；用等效集中质量替代杆件的质量，保持替代前后动能不变。下面以如图 3.2.3(a)所示的内燃机配气凸轮结构为例，建立具有摆动构件的凸轮结构的动力学模型。

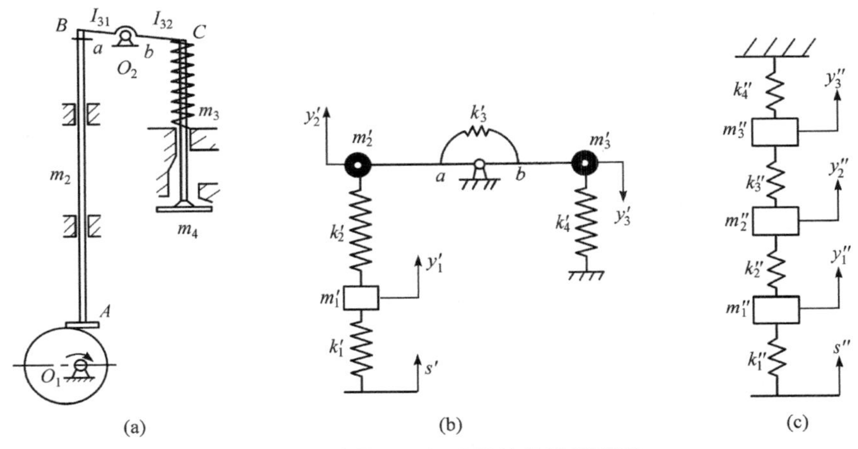

图 3.2.3　内燃机配气凸轮结构及其模型

整个凸轮结构系统可分为两个子系统：凸轮-推杆子系统和凸轮轴-凸轮子系统。

1. 凸轮-推杆子系统

将构件质量做如下集中化处理：①推杆质量 m_2 按质心不变原则集中于 A、B 两端，分别为 m_{A2}、m_{B2}，且有 $m_{A2}+m_{B2}=m_2$。②由于转臂 BC 的摆角不大，近似认为 B、C 两点做小幅度直线运动。按照转动惯量不变的原则，用集中于 B、C 两点的集中转动惯量代替转臂左、右两部分的转动惯量，即 $m_{B3}=I_{31}/a^2$、$m_{C3}=I_{32}/b^2$。其中，I_{31}、I_{32} 为转臂左、右两部分对 O_2 的转动惯量。③忽略阀的弹性，将其质量集中于 C 点，并记阀的质量为 m_4，弹簧的质量为 m_s，则有 $m_{C4}=m_4+m_s/3$，根据前面的讨论，弹簧质量可取其 1/3 集中于端部。

这样即可得到如图 3.2.3(b)所示的动力学模型。图中 $m_1'=m_{A2}$、$m_2'=m_{B2}+m_{B3}$、$m_3'=m_{C2}+m_{C4}$；k_1' 为凸轮与推杆接触表面的接触刚度；k_2' 为推杆 AB 的拉伸刚度；k_3' 为转臂 BC 的弯曲刚度；k_4' 为弹簧刚度；s' 为凸轮作用于推杆的理论位移。

坐标变换是以推杆为等效构件，将转臂右边的位移、质量、刚度折算到推杆上，

折算时保持动能、势能不变。则可得到如图 3.2.3(c)所示的动力学模型。其中

$$\begin{aligned}&s''=s',\ y_1''=y_1',\ y_2''=y_2',\ y_3''=(a/b)y_3',\ k_1''=k_1',\ k_2''=k_2',\ k_3''=k_3'\\&k_4''=(a/b)k_4',\quad m_1''=m_1',\quad m_2''=m_2',\quad m_3''=(a/b)m_3'\end{aligned}\tag{3.2.17}$$

2. 凸轮轴-凸轮子系统

凸轮轴-凸轮子系统的动力学模型如图 3.2.4 (a)所示，其中

$$I_1'=I_1+I_{T1},\quad I_2'=I_2+I_{T2}\tag{3.2.18}$$

式中，I_1、I_2 为驱动盘和凸轮的转动惯量；I_{T1}、I_{T2} 为集中到驱动盘和凸轮轴自身的转动惯量。

坐标变换是以推杆为等效构件，将子系统的角位移、转动惯量、刚度和外力矩都折算到推杆的移动轴线上。如图 3.2.4(b)所示，推杆位移 s 与凸轮转角 θ_2 间的关系可表示为

$$\mathrm{d}s=\rho\mathrm{d}\theta_2\tag{3.2.19}$$

式中，ρ为凸轮转动中心 O 至相对速度瞬心 P 间的距离，是凸轮转角θ_2 的函数。

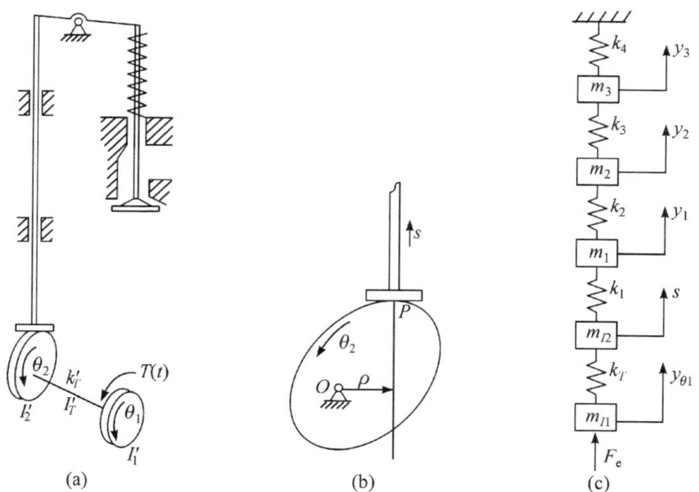

图 3.2.4　凸轮轴-凸轮子系统的动力学模型

力矩 T 可用一等效力 $F_e=T/\rho$ 来代替，两转角 θ_1、θ_2 转化到推杆轴线上可用等效线位移 $y_{\theta1}=\rho\theta_1$、$y_{\theta2}=\rho\theta_2=s$ 代替，两转动惯量 I_1、I_2 可用两等效质量代替，即

$$m_{I1}=I_1/\rho^2,\quad m_{I2}=I_2/\rho^2\tag{3.2.20}$$

等效刚度为

$$k_{Te} = k_T / \rho^2 \tag{3.2.21}$$

从而得到如图 3.2.4(c)所示的动力学模型，这是一个五自由度的集中质量模型。

3. 运动方程

利用牛顿运动定律，建立如图 3.2.3(c)所示的五自由度系统的运动学方程，可用矩阵形式表示为

$$\boldsymbol{m}\ddot{\boldsymbol{U}} + \boldsymbol{k}\boldsymbol{U} = \boldsymbol{F} \tag{3.2.22}$$

式中，$\boldsymbol{U}$、$\boldsymbol{F}$ 分别为系统广义坐标列阵和系统广义力列阵，即

$$\begin{aligned}
&\boldsymbol{U} = \{y_{\theta 1} \quad s \quad y_1 \quad y_2 \quad y_3\}^{\mathrm{T}} \\
&\boldsymbol{F} = \{F_{\mathrm{e}} \quad 0 \quad 0 \quad 0 \quad 0\}^{\mathrm{T}} \\
&\boldsymbol{m} = \begin{bmatrix} m_{I1} & 0 & 0 & 0 & 0 \\ 0 & m_{I2} & 0 & 0 & 0 \\ 0 & 0 & m_1 & 0 & 0 \\ 0 & 0 & 0 & m_2 & 0 \\ 0 & 0 & 0 & 0 & m_3 \end{bmatrix} \\
&\boldsymbol{k} = \begin{bmatrix} k_T & -k_T & 0 & 0 & 0 \\ -k_T & k_T + k_1 & -k_1 & 0 & 0 \\ 0 & -k_1 & k_1 + k_2 & -k_2 & 0 \\ 0 & 0 & -k_2 & k_2 + k_3 & -k_3 \\ 0 & 0 & 0 & -k_3 & k_3 + k_4 \end{bmatrix}
\end{aligned} \tag{3.2.23}$$

由式(3.2.20)和式(3.2.21)可见，$\boldsymbol{m}$ 和 $\boldsymbol{k}$ 与各个等效质量和等效刚度有关，其元素中包含 ρ，这是一个随转角位置变化的量，因而是一个变系数微分方程。所以，计入凸轮轴振动的分析难度较大，只有理论和经验表明确有必要时才进行这样的分析。

3.2.3 考虑轴扭转及弯曲的动力学模型

在有些高速凸轮结构中，如仪表的自动测量装置，由外力干扰而引起的仪表机架的振动，会产生不稳定现象。要解决这类问题，必须考虑构件的弹性变形，以及对系统的外力干扰，并且考虑轴扭转及弯曲等动力学问题。

1. 考虑轴扭转的凸轮结构与坐标建立

对于如图 3.2.5(a)所示的凸轮结构，可以建立如图 3.2.5(b)所示的动力学模型。不考虑凸轮本身的变形，而考虑推杆的弹性、凸轮轴具有扭转变形及垂直方向的

弯曲变形，忽略其水平方向的弯曲变形。

设主动轴做等速运动，从动件上端的位移为 y，主动齿轮的转角为θ_1，凸轮的转角为 θ_2，则作用在从动件上的力为 $F=F_0+F(y)$。

凸轮轴的扭转变形用扭转刚度系数 k_1 来描述，垂直方向弯曲变形用一简支梁的变形来描述。凸轮从动件 A 点的位移可用函数 G 表示，是凸轮的转角 θ_2 的函数，推杆简化为一具有弹簧常数 k_2 的压缩弹簧。简便起见，推杆及从动部分的质量用等效质量 m 表示；从动件上的压力弹簧的弹簧常数为 k_3；作用在主动齿轮上的力矩为 T_1。

图 3.2.5(b)所示的动力学模型为五自由度系统，以凸轮轴在轮 1 及凸轮 2 处的垂直方向变形为 y_1 和 y_2、主动齿轮转角 q_1、凸轮轴扭转角 q_2、推杆的变形 q_3 为广义坐标，则广义坐标具有如下关系：

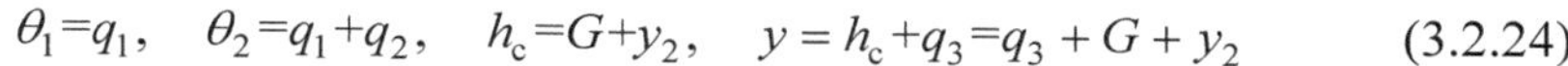

$$\theta_1=q_1,\quad \theta_2=q_1+q_2,\quad h_c=G+y_2,\quad y=h_c+q_3=q_3+G+y_2 \tag{3.2.24}$$

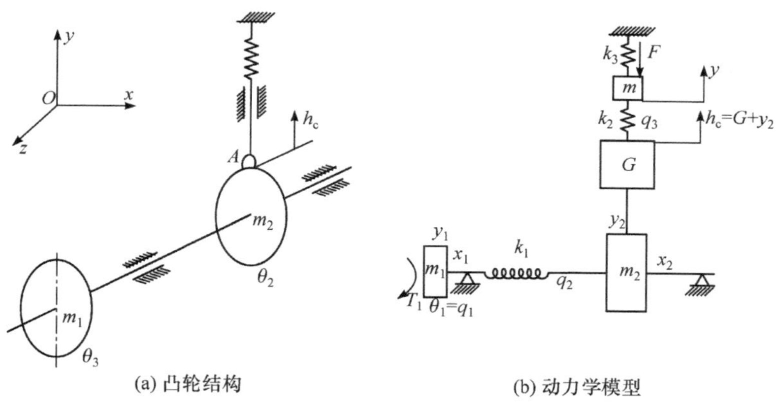

(a) 凸轮结构　　(b) 动力学模型

图 3.2.5　具有扭转轴的凸轮结构及其动力学模型

2. 系统的运动微分方程

对于轴的弯曲振动，应用位移法可得

$$y_1=-a_{11}m_1\ddot{y}_1+a_{12}(-m_2\ddot{y}_2+k_2q_3),\quad y_2=-a_{21}m_1\ddot{y}_1+a_{22}(-m_2\ddot{y}_2+k_2q_3) \tag{3.2.25}$$

式中，m_1 为主动齿轮质量；m_2 为凸轮质量；a_{ij} 为 j 点作用单位力对 i 处的影响系数。考虑到凸轮上受垂直力 k_2q_3，故在右边第二项中除了惯性力 $-m_2\ddot{y}_2$，还有 k_2q_3 的作用。

方程(3.2.25)整理后为

$$a_{11}m_1\ddot{y}_1+a_{12}m_2\ddot{y}_2+y_1=a_{12}k_2q_3,\quad a_{21}m_1\ddot{y}_1+a_{22}m_2\ddot{y}_2+y_2=a_{22}k_2q_3 \tag{3.2.26}$$

对于如图 3.2.5 所示的系统，动能包括主动齿轮、凸轮的转动动能和质量 m 的平动动能，可以表示为

$$T=\frac{1}{2}I_1\dot{\theta}_1^2+\frac{1}{2}I_2\dot{\theta}_2^2+\frac{1}{2}m\dot{y}^2=\frac{1}{2}I_1\dot{q}_1^2+\frac{1}{2}I_2(\dot{q}_1^2+\dot{q}_2^2)^2+\frac{1}{2}m(\dot{q}_3^2+\dot{G}+\dot{y}_2)^2 \quad (3.2.27)$$

式中，

$$\dot{G}=\frac{\mathrm{d}G}{\mathrm{d}t}=\frac{\mathrm{d}G}{\mathrm{d}\theta_2}\frac{\mathrm{d}\theta_2}{\mathrm{d}t}=G'\dot{\theta}_2=G'(\dot{q}_1+\dot{q}_2) \quad (3.2.28)$$

系统的势能包括轴的扭转势能以及弹簧 k_2、k_3 的势能，忽略质量在重力场中的位能变化，可以表示为

$$V=\frac{1}{2}k_1q_2^2+\frac{1}{2}k_2q_3^2+\frac{1}{2}k_2y^2 \quad (3.2.29)$$

系统的广义力 Q_i 为

$$Q_i=\sum_{j=1}^{n}\left(F_{jx}\frac{\partial x_j}{\partial q_i}+F_{jy}\frac{\partial y_j}{\partial q_i}+F_{jz}\frac{\partial z_j}{\partial q_i}\right),\quad i=1,2,\cdots,n \quad (3.2.30)$$

根据式(3.2.30)，系统的广义力为

$$\begin{aligned}
Q_1&=T_1\frac{\partial G}{\partial q_1}-F\frac{\partial y}{\partial q_1}-F\frac{\partial\theta_2}{\partial q_1}=T_1-FG'\\
Q_2&=T_1\frac{\partial\theta_1}{\partial q_2}-F\frac{\partial y}{\partial q_2}=-F\frac{\mathrm{d}G}{\mathrm{d}\theta_2}\frac{\partial\theta_2}{\partial q_2}=-FG'\\
Q_3&=T_1\frac{\partial\theta_1}{\partial q_3}-F\frac{\partial y}{\partial q_3}=-F
\end{aligned} \quad (3.2.31)$$

求解保守系统的动力学问题的拉格朗日方程为

$$\frac{\mathrm{d}}{\mathrm{d}t}\left(\frac{\partial L}{\partial\dot{q}_i}\right)-\frac{\partial L}{\partial q_i}=Q_i \quad (3.2.32)$$

式中，L 为拉格朗日函数，L=T−V。将式(3.2.27)～式(3.2.31)代入拉格朗日方程(3.2.32)，整理简化可得

$$\begin{aligned}
&(I_1+I_2+mG'')\ddot{q}_1+(I_2+mG'')\ddot{q}_2+mG'\ddot{q}_3+mG'\ddot{y}_2\\
&=-mG'G''(\dot{q}_1+\dot{q}_2)^2-k_2G'(q_3+G+y_2)+T_1-FG'\\
&(I_2+mG'')\ddot{q}_1+(I_2+mG'')\ddot{q}_2+mG'(\ddot{q}_3+\ddot{y}_2)\\
&=-mG'G''(\dot{q}_1+\dot{q}_2)^2-k_1q_2-k_2G(q_3+G+y_2)-FG'\\
&mG'\ddot{q}_1+mG'\ddot{q}_2+m\ddot{q}_3+m\ddot{y}_2\\
&=-mG''(\dot{q}_1+\dot{q}_2)^2-k_2q_3-k_2(q_3+G+y_2)-F
\end{aligned} \quad (3.2.33)$$

方程(3.2.33)是耦合方程，可以通过数学运算解除方程的耦合。用方程(3.2.33)的第一式减去第二式，第二式减去第三式乘以 G'，第三式保持不变可得

$$\begin{aligned}&I_1\ddot{q}_1=T_1+k_1q_2,\quad I_2\ddot{q}_1+I_2\ddot{q}_2=-k_1q_2+k_2G'q_3\\&mG'\ddot{q}_1+mG'\ddot{q}_2+m\ddot{q}_3+m\ddot{y}_2=-mG''(\dot{q}_1+\dot{q}_2)^2-k_2q_3-k_2(q_3+G+y_2)-F\end{aligned}\tag{3.2.34}$$

将方程(3.2.34)第一式的 $\ddot{q}_1$ 代入第二式和第三式中，将 $\ddot{q}_2$ 代入第三式中，经整理得

$$\begin{aligned}&\ddot{q}_1=\frac{T_1}{I_1}+\frac{k_1}{I_1}q_2,\quad \ddot{q}_2=-k_1\left(\frac{1}{I_1}+\frac{1}{I_2}\right)q_2+\frac{k_2G'}{I_2}q_3-\frac{T_1}{I_1}\\&\ddot{q}_3=-G''(\dot{q}_1^2+\dot{q}_2^2)^2-\left(\frac{k_2+k_3}{m}+\frac{k_2G'^2}{I_2}\right)q_3-\frac{k_3G+F}{m}-\frac{k_3y_2}{m}+\frac{G'k_1}{I_2}q_2-\ddot{y}_2\end{aligned}\tag{3.2.35}$$

方程(3.2.26)和方程(3.2.35)共有 5 个方程，有 5 个未知量 T_1、q_2、q_3、y_1、y_2，通过解上述 5 个二阶非线性微分方程组，得到 4 个广义坐标及所需的外力矩 T_1。方程(3.2.26)和方程(3.2.35)即所求运动微分方程。

3. 运动微分方程的求解方法

为求解方便，把方程(3.2.26)和方程(3.2.35)进行改写。由方程(3.2.26)解出 $\ddot{y}_1$ 和 $\ddot{y}_2$，并代入式(3.2.35)得到

$$\begin{aligned}&\ddot{y}_1=\frac{-a_{22}y_1+a_{12}y_2}{m_1(a_{11}a_{22}-a_{21}a_{12})},\quad \ddot{y}_2=\frac{a_{11}y_1-a_{12}y_2}{m_2(a_{11}a_{22}-a_{21}a_{12})}+\frac{k_2q_3}{m_2}\\&\ddot{q}_1=\frac{T_1+k_1q_2}{I_1},\quad \ddot{q}_2=-k_1\left(\frac{1}{I_1}+\frac{1}{I_2}\right)q_2+\frac{k_2G'}{I_2}q_3-\frac{T_1}{I_1}\\&\ddot{q}_3=-G''(\dot{q}_1+\dot{q}_2)^2-\left(\frac{k_2+k_3}{m}+\frac{k_2G'}{I_2}-\frac{k_2}{m_2}\right)q_3+\frac{G'k_1'}{I_2}q_2-\frac{k_3G'+F}{m}\\&\qquad-\left[\frac{k_3}{m}+\frac{a_{11}}{m_2(a_{12}a_{21}-a_{11}a_{22})}\right]y_2+\frac{a_{21}}{m_2(a_{12}a_{21}-a_{11}a_{22})}y_1\end{aligned}\tag{3.2.36}$$

设外力 $F=F(y,\dot{y})=F(q_2,q_3,y_2,\dot{q}_2,\dot{q}_3,\dot{y}_2)$，令 $q_1=\theta_1=\omega t$ 已知，其中 ω 为主动轮的等角速度，则 $\dot{q}_1=\omega$、$\ddot{q}_1=0$，由方程(3.2.36)的第三式得

$$T_1=k_1q_2\tag{3.2.37}$$

将式(3.2.37)代入方程(3.2.36)，得到

$$\begin{aligned}&\ddot{y}_1=f_1(y_1,y_2),\quad \ddot{y}_2=f_2(y_1,y_2,q)\\&\ddot{q}_2=f_3(q_2,q_3),\quad \ddot{q}_3=f_4(q_2,q_3,y_1,y_2,\dot{q}_1,\dot{q}_2,\dot{y}_2)\end{aligned}\tag{3.2.38}$$

方程(3.2.38)中前两个为线性方程，后两个为非线性方程，因为 G、G'、G'' 均

为 q_1、q_2 的非线性函数，同时还包含 $\dot{q}_2^2$ 项。在已知初始条件下，可采用龙格-库塔方法进行数值求解，将解出的结果代入式(3.2.37)即可求出所需要的力矩，然后利用方程组(3.2.36)，根据已知的 T_1 及 F 求解 q_1 、 q_2 、 q_3、 y_1、 y_2，从而解决已知力作用下结构的真实运动学问题。

3.2.4　凸轮结构的变系数动力学模型

在机械自动控制中，凸轮结构是一种常用的机构，容易使从动件获得预期的运动。对于低速、中速凸轮结构可只做运动学计算，从动件完全按照凸轮轮廓曲线运动，但是对于高速凸轮结构，如发动机、纺织机械中的凸轮结构，由于从动件的惯性力较大，整个结构会发生弹性变形。这时从动件工作端的实际位移与凸轮轮廓所预定的名义位移是有差别的，因此应做动力学计算。

凸轮结构的动力学模型一般考虑有限自由度的常系数振动系统，即认为从动件杆系刚度是一个常数。在实际测量中发现，从动件杆系刚度与凸轮位置有关，并非一个常数，因此需要对凸轮结构建立一个新的动力学模型。本节考虑从动件杆系刚度是凸轮转角的函数，建立变系数的非线性微分方程，用非线性振动理论中的摄动方法来研究该动力学模型，求解凸轮结构从动件的运动规律。

1. 凸轮结构的变系数动力学方程

在进行凸轮结构的动力学计算时，可将系统加以简化，建立如图 3.2.6 所示的动力学模型。按照图 3.2.6 来建立系统的运动微分方程，需要确定从动件杆系的刚度，可以通过实际测量得到。当凸轮在某一个位置时，从动件杆系的刚度可视为一个常数；当凸轮位置改变时，从动件杆系刚度是凸轮转角的函数。刚度与转角的函数关系可对实际测量结果进行曲线拟合得到，可采用下列的关系：

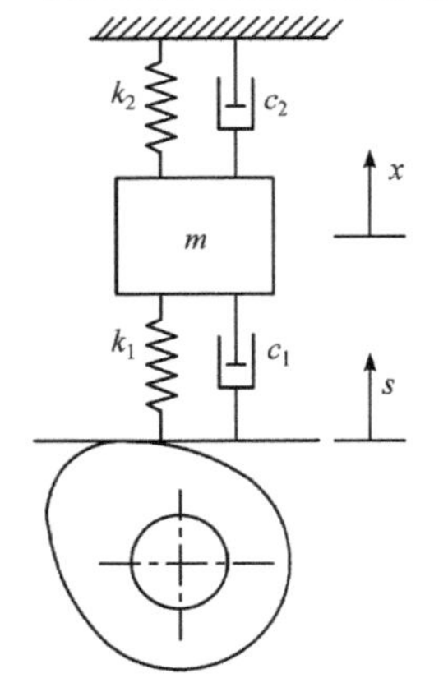

图 3.2.6　凸轮结构的动力学模型

$$k_1 = \xi + \eta\cos\alpha \tag{3.2.39}$$

凸轮位置的变化反映了时间的变化，因此从动件杆系刚度也是时间的函数，式(3.2.39)可改写为

$$k_1 = \xi + \eta\cos(\Omega t) \tag{3.2.40}$$

式中，Ω 为凸轮角速度。

根据图 3.2.6，可建立凸轮结构从动件的运动微分方程为

$$m\frac{\mathrm{d}^2x}{\mathrm{d}t^2}=k_1(s-x)-k_2x+c_1\frac{\mathrm{d}}{\mathrm{d}t}(s-x)-c_2\frac{\mathrm{d}x}{\mathrm{d}t} \tag{3.2.41}$$

式中，m 为从动件的当量质量；k_1 为弹簧 1 的变刚度函数；k_2 为弹簧 2 的刚度；c_1、c_2 为阻尼系数；s 为凸轮升程函数，可用傅里叶级数展开为

$$s=s_0+\sum_{j=1}^{J}[s_{1j}\cos(j\Omega t)+s_{2j}\sin(j\Omega t)]$$

将方程(3.2.41)化简，利用坐标平移，可以得到

$$\frac{\mathrm{d}^2x}{\mathrm{d}t^2}+2\varepsilon n\frac{\mathrm{d}x}{\mathrm{d}t}+[\omega_{\mathrm{n}}^2+\varepsilon\alpha\cos(\Omega t)]x=\sum_{j=1}^{J}[q_j\cos(j\Omega t)+r_j\sin(j\Omega t)] \tag{3.2.42}$$

如果方程(3.2.42)的右边等于零，则其是一个带阻尼项的 Mathieu 方程，这是非线性振动理论中一个典型的变系数方程。

2. 变系数方程的求解

凸轮结构的动力学方程(3.2.41)是一个变系数的线性方程，因此求解比较困难，下面用非线性振动理论中的摄动方法来求解。

1) 非共振情况

考虑非共振情况，即认为 $j\Omega\,(j=1,2,\cdots,)$远离 ω_{n}。假设方程(3.2.41)的解为

$$x(t,\varepsilon)=x_0(T_0,T_1)+\varepsilon x_1(T_0,T_1)+\varepsilon^2x_2(T_0,T_1)+\cdots \tag{3.2.43}$$

式中，自变量 $T_i=\varepsilon^it\ (i=0,1)$。将式(3.2.43)代入式(3.2.42)，得到

$$\begin{aligned}&(D_0^2+2\varepsilon D_0D_1)(x_0+\varepsilon x_1)+2\varepsilon n(D_0+\varepsilon_1D_1)(x_0+\varepsilon x_1)+\omega^2(x_0+\varepsilon x_1)\\&+\varepsilon a(x_0+\varepsilon x_1)\cos(\Omega T_0)+\cdots=\sum_{j=1}^{J}[q_j\cos(j\Omega t)+r_j\sin(j\Omega t)]\end{aligned} \tag{3.2.44}$$

式(3.2.44)等号两边的小参数 ε 的同次幂系数应该相等，因而得到一组摄动方程：

$$D_0^2x_0+\omega^2x_0=\sum_{j=1}^{J}[q_j\cos(j\Omega t)+r_j\sin(j\Omega t)] \tag{3.2.45}$$

$$D_0^2x_1+\omega^2x_1=-2D_0D_1x_0-2nD_0x_0+ax_0\cos(\Omega T_0) \tag{3.2.46}$$

式(3.2.45)的解为

$$x_0=a(T_1)\cos[\omega T_0+\varphi(T_1)]+\sum_{j=1}^{J}\left[\frac{q_j\cos(j\Omega T_0)}{\omega^2-j^2\Omega^2}+\frac{r_j\sin(j\Omega T_0)}{\omega^2-j^2\Omega^2}\right] \tag{3.2.47}$$

将式(3.2.47)代入式(3.2.46)得到

$$\begin{aligned}D_0^2x_1+\omega^2x_1=&2\omega a'(T_1)\sin[\omega T_0+\varphi(T_1)]+2\omega a(T_1)\varphi'(T_1)\cos[\omega T_0+\varphi(T_1)]\\&+2n\omega a(T_1)\sin[\omega T_0+\varphi(T_1)]-\alpha a(T_1)\cos(\Omega T_0)\cos[\omega T_0+\varphi(T_1)]\\&-2n\sum_{j=1}^{J}j\Omega\left[-\frac{q_j\sin(j\Omega T_0)}{\omega^2-j^2\Omega^2}+\frac{r_j\cos(j\Omega T_0)}{\omega^2-j^2\Omega^2}\right]\\&-a\cos(\Omega T_0)\sum_{j=1}^{J}\left[-\frac{q_j\cos(j\Omega T_0)}{\omega^2-j^2\Omega^2}+\frac{r_j\sin(j\Omega T_0)}{\omega^2-j^2\Omega^2}\right]\end{aligned}\tag{3.2.48}$$

要使方程(3.2.48)的解不出现长期项，必须令 $\sin[\omega T_0+\varphi(T_1)]$、$\cos[\omega T_0+\varphi(T_1)]$ 的系数等于零，即

$$2\omega a'(T_1)+2n\omega a(T_1)=0,\quad 2\omega a(T_1)\varphi'(T_1)=0\tag{3.2.49}$$

式(3.2.49)是确定待定函数 $a(T_1)$、$\varphi(T_1)$ 的条件，求解方程(3.2.49)得

$$a(T_1)=a_0\mathrm{e}^{(-n/\omega)T_1},\quad \varphi(T_1)=\varphi_0\tag{3.2.50}$$

式中，a_0、φ_0 为常数，故式(3.2.47)可写为

$$x_0=a_0\mathrm{e}^{-(n/\omega)T_1}\cos(\omega T_0+\varphi_0)+\sum_{j=1}^{J}\left[\frac{q_j\cos(j\Omega T_0)}{\omega^2-j^2\Omega^2}+\frac{r_j\sin(j\Omega T_0)}{\omega^2-j^2\Omega^2}\right]\tag{3.2.51}$$

消去长期项后，方程(3.2.46)成为

$$\begin{aligned}D_0^2x_1+\omega^2x_1=&-2n\sum_{j=1}^{J}j\Omega\left[-\frac{q_j\sin(j\Omega T_0)}{\omega^2-j^2\Omega^2}+\frac{r_j\cos(j\Omega T_0)}{\omega^2-j^2\Omega^2}\right]\\&-\frac{1}{2}\alpha a_0\mathrm{e}^{-(n/\omega)T_1}\{\cos[(\Omega+\omega)T_0+\varphi_0]+\cos[(\Omega+\omega)T_0-\varphi_0]\}\\&-\frac{1}{2}\sum_{j=1}^{J}\left\{\frac{q_j\{\cos[(j+1)\Omega T_0]+\cos[(j-1)\Omega T_0]\}}{\omega^2-j^2\Omega^2}\right.\\&\left.+\frac{r_j\{\sin[(j+1)\Omega T_0]+\sin[(j-1)\Omega T_0]\}}{\omega^2-j^2\Omega^2}\right\}\end{aligned}\tag{3.2.52}$$

式(3.2.52)的特解为

$$\begin{aligned}x_1=&-2n\sum_{j=1}^{J}j\Omega\left[\frac{-q_j\sin(j\Omega T_0)+r_j\cos(j\Omega T_0)}{(\omega^2-j^2\Omega^2)^2}\right]-\frac{1}{2}\alpha a_0\mathrm{e}^{-(n/\omega)T_1}\left\{\frac{\cos[(\Omega+\omega)T_0+\varphi_0]}{\omega^2-(\Omega-\omega)^2}\right.\\&\left.+\frac{\cos[(\Omega-\omega)T_0-\varphi_0]}{\omega^2-(\Omega-\omega)^2}\right\}-\frac{1}{2}a\sum_{j=1}^{J}\left\{\frac{q_j}{\omega^2-j^2\Omega^2}\left[\frac{\cos[(j+1)\Omega T_0]}{\omega^2-(j+1)^2\Omega^2}+\frac{\cos[(j-1)\Omega T_0]}{\omega^2-(j-1)^2\Omega^2}\right]\right.\\&\left.+\frac{r_j}{\omega^2-j^2\Omega^2}\left[\frac{\sin[(j+1)\Omega T_0]}{\omega^2-(j+1)^2\Omega^2}+\frac{\sin[(j-1)\Omega T_0]}{\omega^2-(j-1)^2\Omega^2}\right]\right\}\end{aligned}\tag{3.2.53}$$

故方程(3.2.41)的近似解为

$$x=x_0+\varepsilon x_1=a_0\mathrm{e}^{-(n/\omega)T_1}\cos(\omega t+\varphi_0)+\sum_{j=1}^{J}\left[\frac{q_j\cos(j\Omega t)+r_j\sin(j\Omega t)}{\omega^2-j^2\Omega^2}\right]$$
$$-2\varepsilon n\sum_{j=1}^{J}j\Omega\left[-\frac{q_j\sin(j\Omega t)}{(\omega^2-j^2\Omega^2)^2}+\frac{r_j\cos(j\Omega t)}{(\omega^2-j^2\Omega^2)^2}\right]$$
$$-\frac{1}{2}\varepsilon\alpha a_0\mathrm{e}^{-(n/\omega)T_1}\left\{\frac{\cos[(\Omega+\omega)t+\varphi_0]}{\omega^2-(\Omega+\omega)^2}+\frac{\cos[(\Omega-\omega)t-\varphi_0]}{\omega^2-(\Omega-\omega)^2}\right\}$$
$$-\frac{1}{2}\varepsilon a\sum_{j=1}^{J}\left\{\frac{q_j}{\omega^2-j^2\Omega^2}\left[\frac{\cos[(j+1)\Omega t]}{\omega^2-(j+1)^2\Omega^2}+\frac{\cos[(j-1)\Omega t]}{\omega^2-(j-1)^2\Omega^2}\right]\right.$$
$$\left.+\frac{r_j}{\omega^2-j^2\Omega^2}\left[\frac{\sin[(j+1)\Omega t]}{\omega^2-(j+1)^2\Omega^2}+\frac{\sin[(j-1)\Omega t]}{\omega^2-(j-1)^2\Omega^2}\right]\right\} \tag{3.2.54}$$

凸轮结构做周期运动，在一个周期中从动件的运动常数预定有间歇，因此在分析其运动时，需考虑瞬态运动，即要计算式(3.2.54)中含 a_0、φ_0 的项的值。关于常数 a_0、φ_0 可根据初始条件来确定。

若方程(3.2.42)的初始条件为

$$x(0)=s_0,\quad \frac{\mathrm{d}x(0)}{\mathrm{d}t}=v_0 \tag{3.2.55}$$

假设式(3.2.54)中的待定常数可以用一个小参数 ε 的幂级数表示，即

$$a_0=A_0+\varepsilon A_1+\cdots,\quad \varphi_0=\Phi_0+\varepsilon\Phi_1+\cdots \tag{3.2.56}$$

现在确定 $A_0, A_1, \Phi_0, \Phi_1, \cdots$ 的值，将式(3.2.55)代入式(3.2.53)，并利用式(3.2.54)，得到

$$(A_0+\varepsilon A_1+\cdots)\cos(\Phi_0+\varepsilon\Phi_1+\cdots)-\frac{1}{2}\varepsilon a(A_0+\varepsilon A_1+\cdots)\left[\frac{\cos(\Phi_0+\varepsilon\Phi_1+\cdots)}{\omega^2-(\Omega+\omega)^2}\right.$$
$$\left.+\frac{\cos(-\Phi_0-\varepsilon\Phi_1-\cdots)}{\omega^2-(\Omega+\omega)^2}\right]+\sum_{j=1}^{J}\left\{\frac{q_j}{\omega^2-j^2\Omega^2}-\frac{2\varepsilon njr_j}{(\omega^2-j^2\Omega^2)^2}\right.$$
$$\left.-\frac{\varepsilon aq_j}{2(\omega^2-j^2\Omega^2)}\left[\frac{1}{[\omega^2-(j+1)^2\Omega^2]^2}+\frac{1}{[\omega^2-(j-1)^2\Omega^2]^2}\right]\right\}=s_0$$

$$-(A_0+\varepsilon A_1+\cdots)\omega\sin(\Phi_0+\varepsilon\Phi_1+\cdots)-\varepsilon\frac{n}{\omega}(A_0+\varepsilon A_1+\cdots)\cos(\Phi_0+\varepsilon\Phi_1+\cdots)$$
$$+\frac{1}{2}\varepsilon a(A_0+\varepsilon A_1+\cdots)\left[\frac{(\Omega+\omega)\sin(\Phi_0+\varepsilon\Phi_1+\cdots)}{\omega^2-(\Omega+\omega)^2}+\frac{(\Omega-\omega)\sin(-\Phi_0-\varepsilon\Phi_1-\cdots)}{\omega^2-(\Omega+\omega)^2}\right]$$
$$+\sum_{j=1}^{J}\left\{\frac{j\Omega r_j}{\omega^2-j^2\Omega^2}+\frac{2\varepsilon nj^2\Omega^2q_j}{(\omega^2-j^2\Omega^2)^2}-\frac{\varepsilon ar_j}{2(\omega^2-j^2\Omega^2)}+\left[\frac{(j+1)\Omega}{\omega^2-(j+1)^2\Omega^2}\right.\right.$$

$$+\frac{(j-1)\Omega}{\omega^2-(j-1)^2\Omega^2}\Bigg]\Bigg\}=v_0 \tag{3.2.57}$$

将式(3.2.57)按 ε 的幂次展开后，比较 ε 的同次幂系数得

$$A_0\cos\Phi_0 = s_0-\sum_{j=1}^{J}\frac{q_j}{\omega^2-j^2\Omega^2},\quad A_0\sin\Phi_0=-\frac{U_0}{\omega}+\sum_{j=1}^{J}\frac{j\Omega r_j}{\omega(\omega^2-j^2\Omega^2)} \tag{3.2.58}$$

$$A_1\cos\Phi_0-\Phi_1A_0\sin\Phi_0=\frac{1}{2}aA_0\cos\Phi_0\left[\frac{1}{\omega^2-(\Omega+\omega)^2}+\frac{1}{\omega^2-(\Omega-\omega)^2}\right]$$

$$+\sum_{j=1}^{J}\left\{\frac{2nj\Omega r_j}{(\omega^2-j^2\Omega^2)^2}+\frac{aq_j}{2(\omega^2-j^2\Omega^2)}\left[\frac{1}{\omega^2-(j+1)^2\Omega^2}+\frac{1}{\omega^2-(j-1)^2\Omega^2}\right]\right\}=E$$

$$A_1\sin\Phi_0+\Phi_1A_0\cos\Phi_0=-\frac{n}{\omega^2}A_0\cos\Phi_0+\frac{1}{2\omega}aA_0\sin\Phi_0\left[\frac{\Omega+\omega}{\omega^2-(\Omega+\omega)^2}\right.$$

$$\left.+\frac{\Omega-\omega}{\omega^2-(\Omega+\omega)^2}\right]+\sum_{j=1}^{J}\left\{\frac{2nj^2\Omega^2q_j}{\omega(\omega^2-j^2\Omega^2)^2}\right.$$

$$\left.-\frac{ar_j}{2(\omega^2-j^2\Omega^2)}\left[\frac{(j+1)\Omega}{\omega^2-(j+1)^2\Omega^2}+\frac{(j-1)\Omega}{\omega^2-(j-1)^2\Omega^2}\right]\right\}$$

$$=F \tag{3.2.59}$$

由式(3.2.58)得

$$\begin{aligned}
A_0&=\sqrt{\left(s_0-\sum_{j=1}^{J}\frac{q_j}{\omega^2-j^2\Omega^2}\right)^2+\left[-\frac{v_0}{\omega}+\sum_{j=1}^{J}\frac{j\Omega r_j}{\omega(\omega^2-j^2\Omega^2)}\right]^2}\\
\Phi_0&=\arctan\frac{-\dfrac{v_0}{\omega}+\displaystyle\sum_{j=1}^{J}\frac{j\Omega r_j}{\omega(\omega^2-j^2\Omega^2)}}{s_0-\displaystyle\sum_{j=1}^{J}\frac{q_j}{\omega^2-j^2\Omega^2}}
\end{aligned} \tag{3.2.60}$$

由式(3.2.59)得

$$A_1=E\cos\Phi_0+F\sin\Phi_0,\quad \Phi_1=(E\cos\Phi_0-F\sin\Phi_0)/A_0 \tag{3.2.61}$$

因此，式(3.2.54)可以写为

$$x=A_0\mathrm{e}^{-n\varepsilon t/\omega}\cos(\omega t+\Phi_0)+\sum_{j=1}^{J}\left[\frac{q_j\cos(j\Omega t)+r_j\sin(j\Omega t)}{\omega^2-j^2\Omega^2}\right]$$

$$+\varepsilon\mathrm{e}^{-n\varepsilon t/\omega}[A_1\cos(\omega t+\Phi_0)-A_0\Phi_1\sin(\omega t+\Phi_0)]$$

$$
\begin{aligned}
&-2\varepsilon n\sum_{j=1}^{J} j\Omega\left[-\frac{q_j\sin(j\Omega t)+r_j\cos(j\Omega t)}{(\omega^2-j^2\Omega^2)^2}\right]\\
&-\frac{1}{2}\varepsilon\alpha A_0\mathrm{e}^{-n\varepsilon t/\omega}\left\{\frac{\cos[(\Omega+\omega)t+\Phi_0]}{\omega^2-(\Omega+\omega)^2}+\frac{\cos[(\Omega-\omega)t-\Phi_0]}{\omega^2-(\Omega-\omega)^2}\right\}\\
&-\frac{1}{2}\varepsilon a\sum_{j=1}^{J}\left\{\frac{q_j}{\omega^2-j^2\Omega^2}\left[\frac{\cos[(j+1)\Omega t]}{\omega^2-(j+1)^2\Omega^2}+\frac{\cos[(j-1)\Omega t]}{\omega^2-(j-1)^2\Omega^2}\right]\right.\\
&\left.+\frac{r_j}{\omega^2-j^2\Omega^2}\left[\frac{\sin[(j+1)\Omega t]}{\omega^2-(j+1)^2\Omega^2}+\frac{\cos[(j-1)\Omega t]}{\omega^2-(j-1)^2\Omega^2}\right]\right\} \qquad (3.2.62)
\end{aligned}
$$

式(3.2.62)就是凸轮结构从动件在非共振情况下的位移。

2) 共振情况

当凸轮转动的角速度Ω接近于系统的自然频率ω时，从动件会产生较大的振动，因此需特别考虑这种情况。共振时从动件产生大振幅，故将方程(3.2.42)的右边添上小参数 ε，即将方程(3.2.42)改写为

$$
\frac{\mathrm{d}^2x}{\mathrm{d}t^2}+2\varepsilon n\frac{\mathrm{d}x}{\mathrm{d}t}+[\omega^2+\varepsilon\alpha\cos(\Omega t)]x=\varepsilon\sum_{j=1}^{J}[q_j\cos(j\Omega t)+r_j\sin(j\Omega t)] \quad (3.2.63)
$$

方程(3.2.63)的通解仍可用式(3.2.43)表示，将式(3.2.43)代入式(3.2.63)，得到

$$
D_0^2x_0+\omega^2x_0=0 \quad (3.2.64)
$$

$$
\begin{aligned}
D_0^2x_1+\omega^2x_1=&-2D_0D_1x_0-2nD_0x_0-a\cos(\Omega T_0)\cdot x_0\\
&+\sum_{j=1}^{J}[q_j\cos(j\Omega T_0)+r_j\sin(j\Omega T_0)] \qquad (3.2.65)
\end{aligned}
$$

方程(3.2.64)的解为

$$
x_0=A(T_1)\cos(\omega T_0)+B(T_1)\sin(\omega T_0) \quad (3.2.66)
$$

将式(3.2.66)代入式(3.2.65)得

$$
\begin{aligned}
D_0^2x_1+\omega^2x_1=&-2\omega[-A'(T_1)\sin(\omega T_0)+B'(T_1)\cos(\omega T_0)]-2n\omega[-A(T_1)\sin(\omega T_0)\\
&+B(T_1)\cos(\omega T_0)]-a\cos(\omega T_0)[A(T_1)\cos(\omega T_0)+B(T_1)\sin(\omega T_0)]\\
&+q_1\cos(\omega T_0)+r_1\sin(\omega T_0)+\sum_{j=1}^{J}[q_j\cos(j\omega T_0)+r_j\sin(j\omega T_0)] \qquad (3.2.67)
\end{aligned}
$$

由消除长期项的条件，即$\sin(\omega T_0)$和$\cos(\omega T_0)$的系数为零，有

$$
2\omega A'(T_1)+2n\omega A(T_1)+r_1=0,\quad -2\omega B'(T_1)-2n\omega B(T_1)+q_1=0 \quad (3.2.68)
$$

求解式(3.2.68)，得到

$$
A(T_1)=A_0\mathrm{e}^{-nT_1}-\frac{r_1}{2n\omega},\quad B(T_1)=B_0\mathrm{e}^{-nT_1}-\frac{q_1}{2n\omega} \quad (3.2.69)
$$

消除长期项后，式(3.2.67)变为

$$D_0^2 x_1 + \omega^2 x_1 = -\frac{1}{2}a\left(A_0 \mathrm{e}^{-nT_1} - \frac{r_1}{2n\omega}\right)\cos(2\omega T_0) - \frac{1}{2}a\left(B_0 \mathrm{e}^{-nT_1} - \frac{q_1}{2n\omega}\right)\sin(2\omega T_0)$$
$$-\frac{1}{2}a\left(A_0 \mathrm{e}^{-nT_1} - \frac{r_1}{2n\omega}\right) + \sum_{j=2}^{J}[q_j \cos(j\omega T_0) + r_j \sin(j\omega T_0)] \tag{3.2.70}$$

方程(3.2.70)的特解为

$$x_1 = \frac{a}{6\omega^2}\left(A_0 \mathrm{e}^{-nT_1} - \frac{r_1}{2n\omega}\right)\cos(2\omega T_0) + \frac{1}{2\omega^2}\left(A_0 \mathrm{e}^{-nT_1} - \frac{r_1}{2n\omega}\right) + \frac{a}{6\omega^2}\left(B_0 \mathrm{e}^{-nT_1} - \frac{q_1}{2n\omega}\right)\sin(2\omega T_0)$$
$$+\sum_{j=2}^{J}\frac{1}{\omega^2(1-j^2)}[q_j \cos(j\omega T_0) + r_j \sin(j\omega T_0)] \tag{3.2.71}$$

故方程(3.2.63)的近似解为

$$x = x_0 + \varepsilon x_1 = \left(A_0 \mathrm{e}^{-\varepsilon n t_1} - \frac{r_1}{2n\omega}\right)\cos(\omega t) + \left(B_0 \mathrm{e}^{-\varepsilon n t_1} - \frac{q_1}{2n\omega}\right)\sin(\omega t)$$
$$+\varepsilon\left[\frac{a}{6\omega^2}\left(A_0 \mathrm{e}^{-\varepsilon n t} - \frac{r_1}{2n\omega}\right)\cos(2\omega t) + \frac{1}{2\omega^2}\left(A_0 \mathrm{e}^{-\varepsilon n t} - \frac{r_1}{2n\omega}\right)\right.$$
$$+\frac{a}{6\omega^2}\left(B_0 \mathrm{e}^{-\varepsilon n t} - \frac{q_1}{2n\omega}\right)\sin(2\omega t)$$
$$\left.+\sum_{j=2}^{J}\frac{1}{\omega^2(1-j^2)}[q_j \cos(j\omega t) + r_j \sin(j\omega t)]\right] \tag{3.2.72}$$

将 A_0、B_0 展成 ε 的幂级数为

$$A_0 = a_0 + \varepsilon a_1 + \cdots, \quad B_0 = b_0 + \varepsilon b_1 + \cdots \tag{3.2.73}$$

将式(3.2.73)代入式(3.2.72)得到

$$x = \left(a_0 \mathrm{e}^{-\varepsilon n t_1} - \frac{r_1}{2n\omega}\right)\cos(\omega T_0) + \left(b_0 \mathrm{e}^{-\varepsilon n t_1} - \frac{q_1}{2n\omega}\right)\sin(\omega t) + \varepsilon\left[a_1 \mathrm{e}^{-\varepsilon n t}\cos(\omega t)\right.$$
$$+ b_1 \mathrm{e}^{-\varepsilon n t}\sin(\omega t) + \frac{a}{6\omega^2}\left(a_0 \mathrm{e}^{-\varepsilon n t} - \frac{r_1}{2n\omega}\right)\cos(2\omega t)$$
$$+\frac{1}{2\omega^2}\left(a_0 \mathrm{e}^{-\varepsilon n t} - \frac{r_1}{2n\omega}\right) + \frac{a}{6\omega^2}\left(b_0 \mathrm{e}^{-\varepsilon n t} + \frac{q_1}{2n\omega}\right)\sin(2\omega t)$$
$$\left.+\sum_{j=2}^{J}\frac{1}{\omega^2(1-j^2)}[q_j \cos(j\omega t) + r_j \sin(j\omega t)]\right] \tag{3.2.74}$$

式中，待定常数由初始条件(3.2.55)确定，可表示为

$$
\begin{aligned}
&a_0 = s_0 + \frac{r_1}{2n\omega}, \quad a_1 = \frac{a+3}{6\omega^2}\left(\frac{r_1}{2n\omega} - a_0\right) - \sum_{j=2}^{J} \frac{q_j}{\omega^2(1-j^2)} \\
&b_0 = \frac{v_0}{\omega} - \frac{q_1}{2n\omega}, \quad b_1 = -\frac{a}{3\omega^2}\left(b_0 + \frac{q_1}{2n\omega}\right) - \sum_{j=2}^{J} \frac{jr_j}{\omega^2(1-j^2)}
\end{aligned}
\tag{3.2.75}
$$

式(3.2.74)就是在 $\Omega=\omega$ 的共振情况下，从动件的位移。

通过式(3.2.62)和式(3.2.74)可以判断凸轮结构在高速转动时是否出现跳跃现象。在进行凸轮轮廓的动态设计时可将式(3.2.62)和式(3.2.74)作为公式使用，通过对变系数微分方程的求解，得出从动件的运动规律。

3.3　平行分度凸轮结构的动力学分析

同其他结构相比，平行分度凸轮结构具有独特的优点，具体表现为：①高速运转时仍能保持良好的运动性能，减振效果比其他结构好，这是因为凸轮结构可以根据给定的运动规律，设计出运动特性优良的轮廓曲线，通过施加预载，可以消除凸轮与滚子的间隙，降低噪声和振动；②输入轴和输出轴的轴线采用平行布置，与传统的槽轮机构大小相近，因此在设计时要求中距相等；③相同形状的凸轮采用正反装的方式，便于加工制造；④从动滚子两端均有支撑，承载能力大，可用于重载场合。

3.3.1　平行分度凸轮结构的廓形曲线方程

1. 平行分度凸轮结构坐标系的建立

如图 3.3.1 所示，平行分度凸轮结构用于两平行轴间的传动，当主动凸轮连续旋转时，从动转盘做间歇步进分度转位。主动凸轮由数片盘形凸轮组成，各片凸轮错开一定相位角。

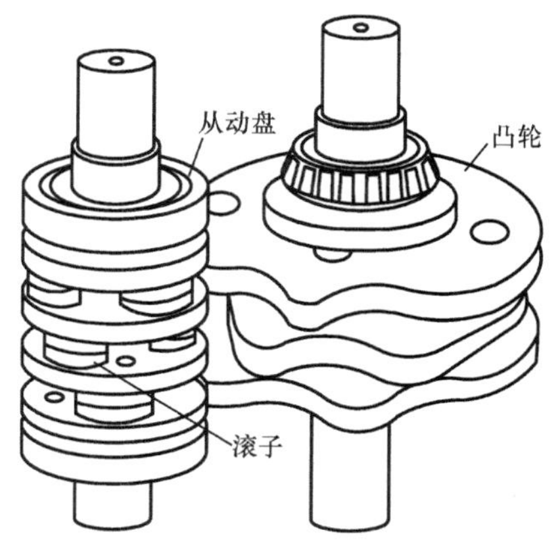

图 3.3.1　平行分度凸轮结构

在从动转盘的前后两侧面上均装有几个沿圆周方向均匀分布的滚子。当凸轮旋转时，前后两侧廓线分别与相应的滚子接触，推动转盘分度转位或抵住滚子起限位作用。当凸轮转到圆弧形廓线部分与滚子接触时，转盘停止不动。机构工作时由两片凸轮按一定设计要求同时控制从动转盘的运动，因此凸轮与滚子间能利用几何形状保持运动副两元素间良好的接触，不必附加弹簧等其他装置。

在多片式平行分度凸轮结构的运动周期中，每片凸轮都要依次与相应的若干个滚子做无侧隙啮合传动，因而每个转动的滚子都有一段与之相应的凸轮廓线，如图 3.3.2 所示，凸轮 1 依次与滚子Ⅰ和Ⅲ啮合，凸轮 2 依次与滚子Ⅱ和Ⅳ啮合。该类结构与各滚子相对应的凸轮(1 或 2)均可视为具有各自初始位置β_0的摆动从动件盘形凸轮结构，从动件的分度角可以表示为

$$\varphi_0=\frac{\varphi_h}{n_1}(P-n_2) \tag{3.3.1}$$

式中，φ_0为从动盘分度角；n_1为从动盘每个分度周期转过的滚子数；n_2为滚子沿从动盘排列的顺序数。

为了建立平行分度凸轮的廓线方程，建立如图 3.3.3 所示的坐标系。图中 c 为结构中心距；l 为从动盘节圆半径；θ、φ 分别为凸轮与分度盘转角；θ_h为凸轮动程角；β 为结构啮合角；b 为滚子半径。设凸轮旋转至任意 T(T 为无量纲参数，$T=\theta/\theta_h$)时刻的矢量方程为

$$\boldsymbol{R}=\boldsymbol{C}+\boldsymbol{L}+\boldsymbol{B} \tag{3.3.2}$$

式中，$\boldsymbol{C}=\{-c,\ 0,\ 0\}$；$\boldsymbol{L}=E^{k(\varphi+\varphi_0)}\boldsymbol{L}_0$；$\boldsymbol{B}=E^{k(\beta)}\boldsymbol{B}_0$。$E^{k(\varphi+\varphi_0)}$、$E^{k(\beta)}$分别为绕坐标轴 k 旋转 $\varphi+\varphi_0$、β角度的基本旋转矩；$\boldsymbol{L}_0$、$\boldsymbol{B}_0$为初始向量，其值为$\boldsymbol{L}_0=\{l, 0, 0\}$，$\boldsymbol{B}_0=\{b, 0, 0\}$。当不计滚子半径，即$\boldsymbol{B}_0=\{0, 0, 0\}$时，有

$$\boldsymbol{R}_0=\boldsymbol{C}+\boldsymbol{L} \tag{3.3.3}$$

将各参数代入式(3.3.2)和式(3.3.3)，并将 $\boldsymbol{R}_0$与 $\boldsymbol{R}$ 沿 k 轴反转$-\theta$，即可得出凸轮理论轮廓与实际轮廓的一般性曲面方程为

$$\boldsymbol{\eta}_{\mathrm{t}}=E^{k(\pm\theta)}\boldsymbol{R}_0,\quad \boldsymbol{\eta}_{\mathrm{r}}=E^{k(\pm\theta)}\boldsymbol{R} \tag{3.3.4}$$

式中，凸轮逆时针旋转时θ取正值、凸轮顺时针旋转时θ取负值。

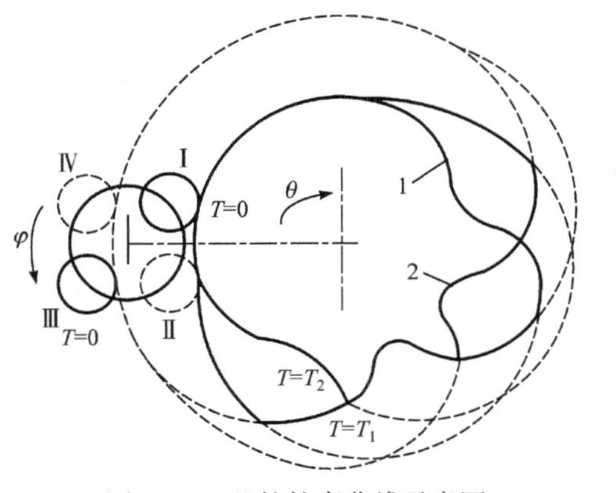

图 3.3.2　凸轮轮廓曲线示意图

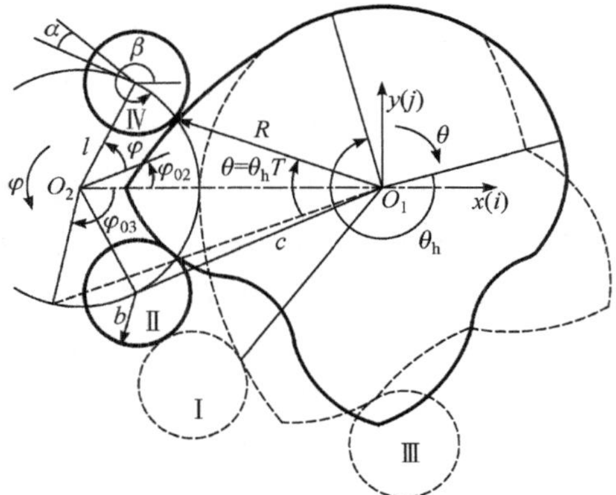

图 3.3.3　凸轮轮廓曲线坐标系

β 可根据凸轮理论廓线任意 T 时刻的切线 $\dot{\boldsymbol{\eta}}_{\mathrm{t}}$ 与矢量 $\boldsymbol{B}$ 正交求出，即

$$\beta = \arctan \frac{l(\varphi-\theta)\cos(\varphi_0+\varphi-\theta)+c\cos\theta}{-l(\varphi-\theta)\sin(\varphi_0+\varphi-\theta)+c\sin\theta} \tag{3.3.5}$$

2. 平行分度凸轮结构轮廓的约束条件

为了设计出适宜的平行分度凸轮，就需要适当选取凸轮的分度期凸轮转角 θ、从动件尺寸比 l/c，这就需要满足外径、防根切、压力角三个限制条件。

1) 平行分度凸轮的外径条件

外径条件就是使凸轮分度期转角必须大于某一个最小值，即 $\theta>\theta_{\min}$，如图 3.3.4 所示，为了使滚子 Ⅰ 与滚子 Ⅲ 形成的轮廓共用一个凸轮，凸轮的两条理论轮廓曲线必须相交(相交于 G 点)，当 $\theta<\theta_{\min}$ 时，滚子 Ⅰ 形成的正扭矩轮廓曲线与滚子 Ⅲ 形成的负扭矩轮廓曲线不相交，从而不能保证相交形成凸轮，也无法保证在任意时刻都有正负扭矩的产生。因此，θ 必须满足的条件为

$$\theta > \theta_{\min} = \frac{2}{T_1}\arctan\frac{l\sin(0.75\varphi)}{c-l\cos(0.75\varphi)} \tag{3.3.6}$$

式中，T_1 为滚子完成 1/2 行程的时刻。

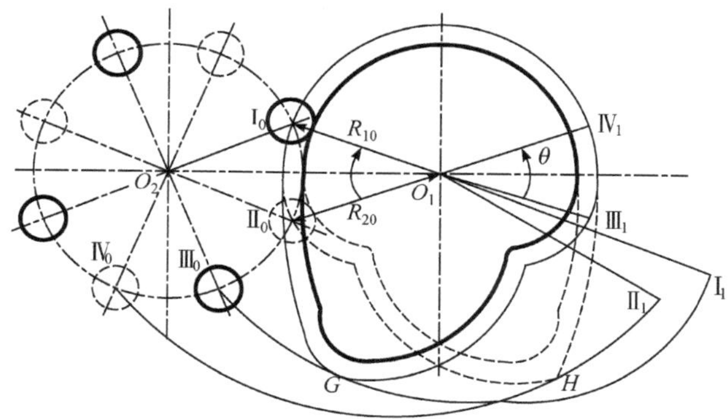

图 3.3.4　平行分度凸轮轮廓曲线形成原理图

2) 平行分度凸轮的防根切条件

平行分度凸轮的滚子中心在一个运动周期中的运动轨迹与中心线 O_1O_2 的相互位置关系有多种，不像一般摆动滚子从动件凸轮那样简单。滚子 Ⅲ 和滚子 Ⅰ 在一个行程中的运动轨迹横跨一、四两个象限。在到达水平位置时，凸轮理论轮廓矢径为最小值 $c-l$。因此，这段轮廓曲线应为凹曲线，如果出现环状，即发生根切现象，那么 θ 应满足的防根切条件为

$$\theta > \theta_{\min} = \frac{l\varphi v_{25}}{c-l} \tag{3.3.7}$$

式中，v_{25}为 S=0.25 时的无量纲速度值。

3) 平行分度凸轮的压力角条件

凸轮轮廓的压力角应小于许用值，对于平行分度凸轮，把给滚子施加正扭矩的轮廓称为主轮廓，施加负扭矩的轮廓称为副轮廓。只要主轮廓的最大压力角小于许用值，机构就能正常运转。常用平行分度凸轮结构主轮廓的最大压力角出现在运动起始处和速度最大位置附近，常取主轮廓在初始位置时的压力角α作为最大压力角的近似值，即

$$\alpha = \frac{\cos\beta - l/c}{\sin\beta} \tag{3.3.8}$$

3. 平行分度凸轮结构的轮廓方程

机构运动学的常用分析方法有转移矩阵法、欧拉角法、卡尔丹角法、四元数法、旋量法和指数积方法等。指数积方法将平动和转动统一考虑，可以在绝对坐标系中描述系统的运动，具有在计算过程中避免出现奇异性、方程数目少、物理意义清晰等优点。下面用指数积方法分析平行分度凸轮的轮廓方程。

机构中刚性构件的运动可以分解为平动和转动，对于纯转动的刚体，可以采用固连于构件的动坐标系相对于固定坐标系的姿态来描述构件的姿态。动坐标系相对于固定坐标系的坐标构成的矩阵 $\boldsymbol{R}$ 称为旋转矩阵，该矩阵是 3×3 矩阵。根据指数变换关系，旋转矩阵与指数映射的关系为

$$\boldsymbol{R} = \mathrm{e}^{\hat{\omega}\theta} = \boldsymbol{I} + \hat{\boldsymbol{\omega}}\sin\theta + \hat{\boldsymbol{\omega}}^2(1-\cos\theta) \tag{3.3.9}$$

式中，$\hat{\boldsymbol{\omega}}$是$\boldsymbol{\omega}$的反对称矩阵，$\boldsymbol{\omega} = \{\omega_1 \quad \omega_2 \quad \omega_3\}^{\mathrm{T}}$，则$\hat{\boldsymbol{\omega}}$可表示为

$$\hat{\boldsymbol{\omega}} = \begin{bmatrix} 0 & -\omega_3 & \omega_2 \\ \omega_3 & 0 & -\omega_1 \\ -\omega_2 & \omega_1 & 0 \end{bmatrix} \tag{3.3.10}$$

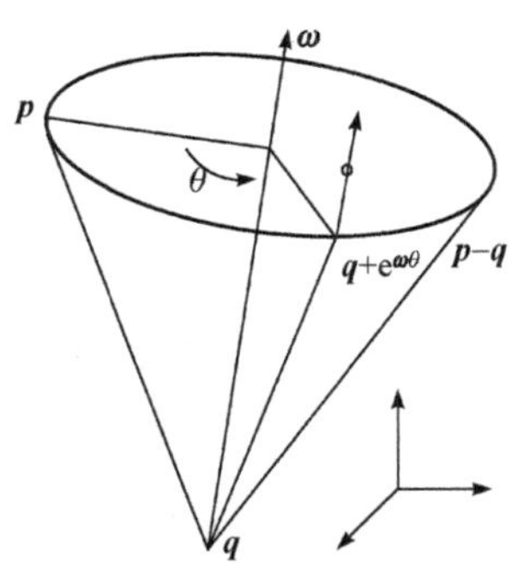

图 3.3.5　空间运动的旋量形式

如图 3.3.5 所示，对于包含平动和转动的一般运动，系统的位姿可以由$(\boldsymbol{p}, \boldsymbol{R})$确定。绕 $\boldsymbol{\omega}$ 轴旋转的 p 点的运动学方程可以写为

$$\dot{\boldsymbol{p}} = \boldsymbol{\omega} \times (\boldsymbol{p} - \boldsymbol{q}) \tag{3.3.11}$$

式中，$\boldsymbol{q}$ 为转轴上的任意一点的向量，式(3.3.11)扩展成矩阵形式为

$$\begin{Bmatrix} \dot{\boldsymbol{p}} \\ 0 \end{Bmatrix} = \begin{bmatrix} \hat{\boldsymbol{\omega}} & -\boldsymbol{\omega}\times\boldsymbol{q} \\ 0 & 0 \end{bmatrix} \begin{Bmatrix} \boldsymbol{p} \\ 1 \end{Bmatrix} = \hat{\boldsymbol{\xi}} \begin{Bmatrix} \boldsymbol{p} \\ 1 \end{Bmatrix} \tag{3.3.12}$$

从式(3.3.12)可以得到 p 点的解为

$$\boldsymbol{p}(\theta) = p(0)\mathrm{e}^{\hat{\xi}\theta} \tag{3.3.13}$$

旋量运动的指数形式可以描述为

$$\mathrm{e}^{\hat{\xi}\theta} = \begin{bmatrix} \mathrm{e}^{\hat{\omega}\theta} & (\boldsymbol{I}-\mathrm{e}^{\hat{\omega}\theta})(\boldsymbol{\omega}\times\boldsymbol{q}) + \boldsymbol{\omega}\boldsymbol{\omega}^{\mathrm{T}}\boldsymbol{v}\theta \\ 0 & 1 \end{bmatrix} \tag{3.3.14}$$

式中，$\boldsymbol{v}$ 为刚体上沿 $\boldsymbol{\omega}$ 方向的当量速度，$\boldsymbol{v} = -\boldsymbol{\omega}\times\boldsymbol{q} + h\boldsymbol{\omega}$。$\boldsymbol{\xi}$ 和 $\hat{\boldsymbol{\xi}}$ 可表示为

$$\boldsymbol{\xi} = \begin{Bmatrix} \boldsymbol{v} \\ \boldsymbol{\omega} \end{Bmatrix},\quad \hat{\boldsymbol{\xi}} = \begin{bmatrix} \hat{\boldsymbol{\omega}} & \boldsymbol{v} \\ 0 & 1 \end{bmatrix} \tag{3.3.15}$$

将各运动副的旋量运动加以组合，即可得到运动的映射关系。根据指数积公式，得到转移矩阵为

$$\mathrm{e}^{\boldsymbol{\xi}_1\theta_1}\boldsymbol{A}_{\mathrm{f}} = \mathrm{e}^{\boldsymbol{\xi}_2\theta_2}\boldsymbol{A}_{\mathrm{q}} \tag{3.3.16}$$

式中，θ_1 为从动盘转角；θ_2 为凸轮转角；$\boldsymbol{\xi}_1$ 为从动盘的旋量指数；$\boldsymbol{\xi}_2$ 为凸轮的旋量指数；$\boldsymbol{A}_{\mathrm{f}}$ 为从动盘的位形列向量；$\boldsymbol{A}_{\mathrm{q}}$ 为凸轮的位形列向量。

由于凸轮没有平行于 z 轴的移动，所以有

$$\mathrm{e}^{\hat{\xi}\theta} = \begin{bmatrix} \mathrm{e}^{\hat{\omega}\theta} & (\boldsymbol{I}-\mathrm{e}^{\hat{\omega}\theta})\boldsymbol{q} \\ 0 & 1 \end{bmatrix} \tag{3.3.17}$$

对于从动盘，有

$$\boldsymbol{q} = \begin{Bmatrix} 0 \\ 0 \\ 0 \end{Bmatrix},\quad \boldsymbol{A}_{\mathrm{f}} = \begin{Bmatrix} r_{\mathrm{f}} \\ 0 \\ 0 \\ 1 \end{Bmatrix},\quad \mathrm{e}^{\xi_1\theta_1} = \begin{bmatrix} \cos\theta_1 & -\sin\theta_1 & 0 & 0 \\ \sin\theta_1 & \cos\theta_1 & 0 & 0 \\ 0 & 0 & 1 & 0 \\ 0 & 0 & 0 & 1 \end{bmatrix} \tag{3.3.18}$$

式中，r_{f} 为从动盘半径。

对于凸轮，有

$$\boldsymbol{q} = \begin{Bmatrix} a \\ 0 \\ 0 \end{Bmatrix},\quad (\boldsymbol{I}-\mathrm{e}^{\hat{\omega}\theta_2})\boldsymbol{q} = \begin{bmatrix} 1-\cos\theta_2 & \sin\theta_2 & 0 \\ -\sin\theta_2 & -\cos\theta_2 & 0 \\ 0 & 0 & 1 \end{bmatrix} \begin{Bmatrix} a \\ 0 \\ 0 \end{Bmatrix} = \begin{Bmatrix} a(1-\cos\theta_2) \\ -a\sin\theta_2 \\ 0 \end{Bmatrix}$$

$$\mathrm{e}^{\xi_2\theta_2} = \begin{bmatrix} \cos\theta_2 & -\sin\theta_2 & 0 & a(1-\cos\theta_2) \\ \sin\theta_2 & \cos\theta_2 & 0 & -a\sin\theta_2 \\ 0 & 0 & 1 & 0 \\ 0 & 0 & 0 & 1 \end{bmatrix} \tag{3.3.19}$$

由式(3.3.16)可得

$$\boldsymbol{A}_{\mathrm{q}}=(\mathrm{e}^{\xi_2\theta_2})^{-1}\mathrm{e}^{\xi_1\theta_1}\boldsymbol{A}_{\mathrm{f}} \tag{3.3.20}$$

将式(3.3.18)的第二式和式(3.3.19)的第三式代入式(3.3.20)，得到

$$\boldsymbol{A}_{\mathrm{q}}=\begin{bmatrix}\cos\theta_2 & -\sin\theta_2 & 0 & a(1-\cos\theta_2)\\ \sin\theta_2 & \cos\theta_2 & 0 & -a\sin\theta_2\\ 0 & 0 & 1 & 0\\ 0 & 0 & 0 & 1\end{bmatrix}^{-1}\begin{bmatrix}\cos\theta_1 & -\sin\theta_1 & 0 & 0\\ \sin\theta_1 & \cos\theta_1 & 0 & 0\\ 0 & 0 & 1 & 0\\ 0 & 0 & 0 & 1\end{bmatrix}\begin{Bmatrix}r_{\mathrm{f}}\\ 0\\ 0\\ 1\end{Bmatrix}$$

$$=\begin{Bmatrix}r_{\mathrm{f}}\cos(\theta_1+\theta_2)+a(1-\cos\theta_2)\\ r_{\mathrm{f}}\sin(\theta_1+\theta_2)+a\sin\theta_2\\ 0\\ 1\end{Bmatrix} \tag{3.3.21}$$

由于$\boldsymbol{A}_{\mathrm{q}}=\{x \quad y \quad z \quad 1\}^{\mathrm{T}}$，由式(3.3.21)可以得到凸轮的理论轮廓曲线方程为

$$x=r_{\mathrm{f}}\cos(\theta_1+\theta_2)+a(1-\cos\theta_2),\quad y=r_{\mathrm{f}}\sin(\theta_1+\theta_2)+a\sin\theta_2 \tag{3.3.22}$$

由图 3.3.3 和式(3.3.5)得到凸轮的压力角方程为

$$\alpha=\arctan\left[\frac{r_{\mathrm{f}}(1-\dot{\theta}_1/\dot{\theta}_2)\sin\theta_1}{r_{\mathrm{f}}(1-\dot{\theta}_1/\dot{\theta}_2)\cos\theta_1-a}\right]-\theta_1 \tag{3.3.23}$$

由此得到凸轮实际轮廓方程为

$$\begin{aligned}x&=r_{\mathrm{f}}\cos(\theta_1+\theta_2)+b\cos(\theta_1-\theta_2+\alpha)+a(1-\cos\theta_2)\\ y&=r_{\mathrm{f}}\sin(\theta_1+\theta_2)+b\sin(\theta_1-\theta_2+\alpha)+a\sin\theta_2\end{aligned} \tag{3.3.24}$$

3.3.2 外平动分度凸轮结构的刚柔耦合动力学模型

在动力学分析中，如果假设所有构件都不含柔性，将其视为刚体，则可将其看成刚体动力学系统。在机器运转速度不高、构件刚性较大时具有较高的精度。随着机器运转速度的提高，忽略构件弹性的影响，则会造成较大的误差，因此需要考虑构件变形的影响。将带柔性的物体组成的系统称为机械柔性动力学系统。鉴于多刚体与柔性体动力学各自的特点，综合起来处理实际问题，即按照刚柔耦合动力学系统对待，既能降低求解难度，又可保证求解精度。

1. 刚柔耦合动力学模型

1) 广义坐标的选择

建立平行分度凸轮结构的刚柔耦合模型，通常使用集中质量法。当凸轮结构运动时，建立如图 3.3.6 所示的整体坐标系 $Oxyz$，描述系统在三个方向的运动。为了描述载荷盘和分度盘在空间的运动，分别建立载荷盘的局部坐标系 $O_1x_1y_1z_1$ 和分度盘的局部坐标系 $O_2x_2y_2z_2$。当结构回转时，影响凸轮结构动力学特性的刚

度因素主要有载荷盘的扭转刚度、凸轮与分度盘滚子之间的接触刚度、凸轮输入轴的综合刚度等。在建立平行分度凸轮结构的刚柔耦合模型时，分度盘和载荷盘在 z 方向的运动可以忽略不计。可将输出轴的扭转变形 θ_1、凸轮与滚子的接触变形 θ_2、凸轮轴的扭转变形 θ_3、载荷盘在 Oxy 面内的运动位移 x_1 和 y_1、分度盘在 Oxy 面内的运动位移 x_2 和 y_2、输出系统在 z 方向的位移 z_2 作为广义坐标。因此，该平行分度凸轮结构可简化为八自由度系统。

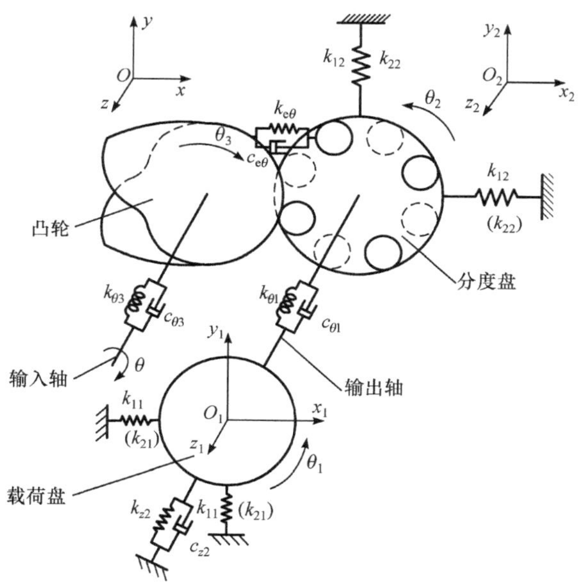

图 3.3.6　平行分度凸轮结构刚柔耦合模型

2) 刚柔耦合模型

在平行分度凸轮结构中，分度盘和载荷盘的质量比输出轴的质量大得多，在平行分度凸轮结构动力学建模时，做如下假设：①将凸轮、载荷盘、分度盘均视为集中质量；②凸轮与滚子无加工制造及安装误差，传动时无侧隙啮合；③将输出轴简化为无质量的扭转弹簧，输入轴速度恒定不变。综合考虑上述影响因素，平行分度凸轮结构刚柔耦合模型如图 3.3.6 所示。

2. 模型参数计算

1) 输出轴的弯曲刚度

对于平行分度凸轮结构，输出轴端处于悬臂支撑状态，且承受较大的惯性负载，需要考虑输出轴的横向振动。载荷盘和分度盘的质量分别为 m_1 和 m_2，则可将其简化为如图 3.3.7 所示的等效模型。

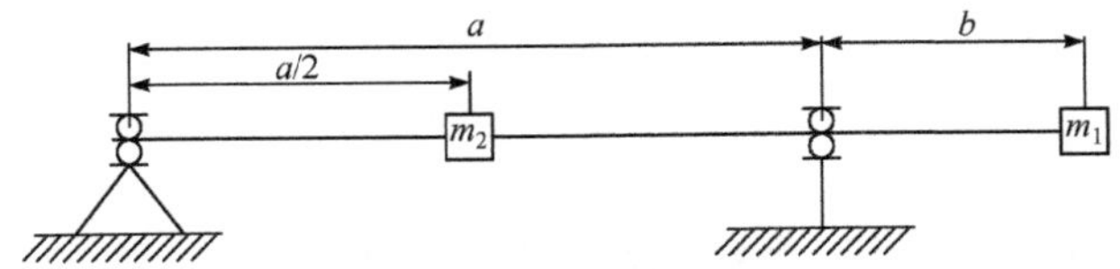

图 3.3.7　输出轴的等效模型

由材料力学理论可知，在载荷盘质量 m_1 处施加单位力，则 m_1 和 m_2 处产生的柔度为

$$a_{11}=\frac{b^2}{3EI}(a+b),\quad a_{12}=\frac{ba^2}{16EI} \tag{3.3.25}$$

式中，EI 为轴的抗弯刚度；a 为两轴承支撑点间的距离；b 为悬臂的长度。

在载荷盘质量 m_2 处施加单位力，则 m_1 和 m_2 处产生的柔度为

$$a_{21}=\frac{a^2b}{16EI},\quad a_{22}=\frac{a^3}{48EI} \tag{3.3.26}$$

由式(3.3.25)和式(3.3.26)可得输出轴的弯曲刚度矩阵为

$$\boldsymbol{k}=\begin{bmatrix} k_{11} & k_{12} \\ k_{21} & k_{22} \end{bmatrix}=\boldsymbol{a}^{-1}=\begin{bmatrix} a_{11} & a_{12} \\ a_{21} & a_{22} \end{bmatrix}^{-1}=\frac{1}{a_{11}a_{22}-a_{12}^2}\begin{bmatrix} a_{22} & -a_{21} \\ -a_{12} & a_{11} \end{bmatrix} \tag{3.3.27}$$

2) 凸轮与滚子的接触刚度

凸轮与分度盘滚子的接触刚度取决于凸轮本身的刚度、滚子轴承的刚度、滚子轴的扭转刚度。在凸轮与分度滚子啮合时，应考虑滚子的刚度影响系数。凸轮与滚子接触的瞬间可将其视为相互接触的柱体，接触刚度模型如图 3.3.8 所示。根据赫兹理论，可得接触刚度为

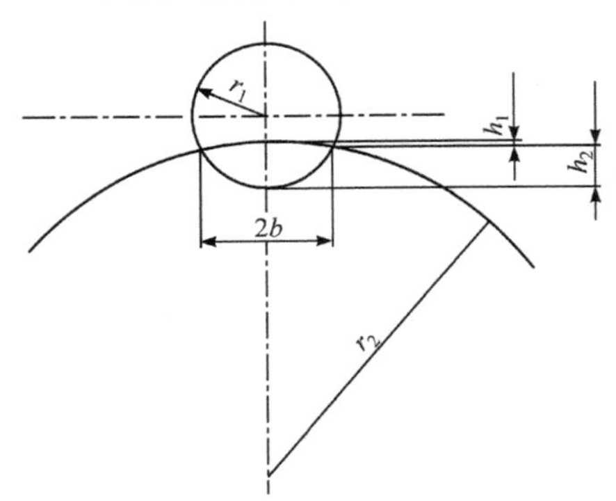

图 3.3.8　接触刚度模型

$$k_{\mathrm{e}}=\lambda p/H \tag{3.3.28}$$

式中，p 为单位长度所受的力；λ 为滚子的接触刚度影响系数，λ=0.5；$H=h_1+h_2$，h_1、h_2 分别为凸轮和滚子接触后的压缩量，可表示为

$$h_1=r_1-\sqrt{r_1^2-b^2},\quad h_2=r_2-\sqrt{r_2^2-b^2} \tag{3.3.29}$$

r_1、r_2 分别为凸轮半径和分度盘滚子接触点的当量半径；b 为凸轮与滚子的接触宽度的一半，可表示为

$$b=\sqrt{\frac{4p[(1-\upsilon_1^2)/E_1+(1-\upsilon_2^2)/E_2]}{\pi l(1/r_1+1/r_2)}} \tag{3.3.30}$$

υ_1、υ_2 分别为凸轮材料和滚子材料的泊松比；E_1、E_2 分别为凸轮和滚子材料的弹性模量；l 为凸轮和滚子接触区的长度。

接触刚度和扭转刚度的关系可表示为

$$k_{e\theta} = k_e r_f^2 \tag{3.3.31}$$

式中，r_f 为分度盘半径。

3. 动力学方程

1) 系统的动能

输入轴、输出轴系统的动能分别为

$$\begin{aligned} &T_1 = \frac{1}{2} I_3 \dot{\theta}_3^2 \\ &T_2 = \frac{1}{2} I_1 \dot{\theta}_1^2 + \frac{1}{2} I_2 \dot{\theta}_2^2 + \frac{1}{2} m_1 \dot{x}_1^2 + \frac{1}{2} m_1 \dot{y}_1^2 + \frac{1}{2} m_2 \dot{x}_2^2 + \frac{1}{2} m_2 \dot{y}_2^2 + \frac{1}{2}(m_1 + m_2) \dot{z}_2^2 \end{aligned} \tag{3.3.32}$$

式中，I_1、I_2、I_3 分别为载荷盘、分度盘和凸轮的转动惯量。系统的总动能为

$$\begin{aligned} T = T_1 + T_2 = &\frac{1}{2} I_3 \dot{\theta}_3^2 + \frac{1}{2} I_1 \dot{\theta}_1^2 + \frac{1}{2} I_2 \dot{\theta}_2^2 + \frac{1}{2} m_1 \dot{x}_1^2 + \frac{1}{2} m_1 \dot{y}_1^2 \\ &+ \frac{1}{2} m_2 \dot{x}_2^2 + \frac{1}{2} m_2 \dot{y}_2^2 + \frac{1}{2}(m_1 + m_2) \dot{z}_2^2 \end{aligned} \tag{3.3.33}$$

2) 系统的势能

平行分度凸轮结构中，输入轴和输出轴的势能分别为

$$V_1 = \frac{1}{2} k_{\theta 3} (\theta - \theta_3)^2, \quad V_2 = V_{21} + V_{2x} + V_{2y} + V_{2z} \tag{3.3.34}$$

式中，$k_{\theta 3}$ 为输入轴的扭转刚度。

输出轴系统的扭转势能和 x、y、z 三个方向的势能可分别表示为

$$\begin{aligned} &V_{21} = \frac{1}{2} k_{\theta 1} (\theta_1 - \theta_2)^2 + \frac{1}{2} k_{e\theta} (\theta - \varphi)^2 \\ &V_{2x} = \frac{1}{2}(k_{11} x_1^2 + k_{12} x_1 x_2 + k_{21} x_1 x_2 + k_{22} x_2^2) \\ &V_{2y} = \frac{1}{2}(k_{11} y_1^2 + k_{12} y_1 y_2 + k_{21} y_1 y_2 + k_{22} y_2^2) \\ &V_{2z} = \frac{1}{2} k_{z2} z_2^2 \end{aligned} \tag{3.3.35}$$

式中，$k_{\theta 1}$ 为输出轴的扭转刚度；$k_{e\theta}$ 为凸轮与分度盘的等效扭转刚度；k_{z2} 为输出系统沿 z 方向的刚度。k_{11} 为载荷盘在 x_1 和 y_1 方向的横向振动刚度；k_{12} 为分度盘对载荷盘在 x_1 和 y_1 方向的横向振动刚度；k_{21} 为载荷盘对分度盘在 x_2 和 y_2 方向的横向振动刚度；k_{22} 为分度盘在 x_2 和 y_2 方向的横向振动刚度。系统总势能为

$$V = V_1 + V_{21} + V_{2x} + V_{2y} + V_{2z} \tag{3.3.36}$$

3) 系统的耗散函数

输入轴和输出轴的耗散函数分别为

$$H_1=\frac{1}{2}c_{\theta 3}(\dot{\theta}-\dot{\theta}_3)^2,\quad H_2=\frac{1}{2}c_{\theta 1}(\dot{\theta}_1-\dot{\theta}_2)^2+\frac{1}{2}c_{z2}\dot{z}_2^2+\frac{1}{2}c_{e\theta}(\dot{\theta}_2-\dot{\varphi})^2 \tag{3.3.37}$$

式中，$c_{\theta 1}$为输出轴的阻尼；$c_{\theta 3}$为输入轴的阻尼；$c_{e\theta}$为凸轮与分度盘的阻尼；c_{z2}为输出系统沿 z 方向的阻尼；φ 为任意时刻分度盘的转角。系统的总耗散函数为

$$H=H_1+H_2=\frac{1}{2}c_{\theta 3}(\dot{\theta}-\dot{\theta}_3)^2+\frac{1}{2}c_{\theta 1}(\dot{\theta}-\dot{\theta}_2)^2+\frac{1}{2}c_{z2}\dot{z}_2^2+\frac{1}{2}c_{e\theta}(\dot{\theta}_2-\dot{\varphi})^2 \tag{3.3.38}$$

4) 运动微分方程

当考虑系统的耗散能时，求解动力学问题的拉格朗日方程为

$$\frac{\mathrm{d}}{\mathrm{d}t}\left(\frac{\partial T}{\partial \dot{q}_i}\right)-\frac{\partial T}{\partial q_i}+\frac{\partial V}{\partial q_i}+\frac{\partial H}{\partial \dot{q}_i}=Q_i \tag{3.3.39}$$

将式(3.3.33)、式(3.3.36)和式(3.3.38)对各广义坐标和广义速度求偏导数，代入拉格朗日方程(3.3.39)，考虑到 $k_{21}=k_{12}$，整理后得到系统的运动微分方程为

$$\begin{aligned}
&I_1\ddot{\theta}_1+c_{\theta 1}(\dot{\theta}_1-\dot{\theta}_2)+k_{\theta 1}(\theta_1-\theta_2)=0\\
&I_2\ddot{\theta}_2-c_{\theta 1}\dot{\theta}_1+(c_{\theta 1}+c_{e\theta})\dot{\theta}_2-c_{e\theta}\dot{\varphi}-k_{\theta 1}\theta_1+(k_{\theta 1}+k_{e\theta})\theta_2-k_{e\theta}\varphi=0\\
&I_3\ddot{\theta}_3-c_{e\theta}(\dot{\theta}_2-\dot{\tau})\varphi'-k_{e\theta}\varphi'\theta_2-k_{\theta 3}(\theta-\theta_3)+k_{e\theta}\varphi\varphi'=0\\
&m_1\ddot{x}_1+k_{11}x_1+k_{12}x_2=0,\quad m_1\ddot{y}_1+k_{11}y_1+k_{12}y_2=0\\
&m_2\ddot{x}_2+k_{22}x_2+k_{12}x_1=0,\quad m_2\ddot{y}_2+k_{22}y_2+k_{12}y_1=0\\
&(m_1+m_2)\ddot{z}_2+c_{z2}\dot{z}_2+k_{z2}z_2=0
\end{aligned} \tag{3.3.40}$$

式中，$\varphi'=\dfrac{\mathrm{d}\varphi}{\mathrm{d}\theta_3}$；$\dot{\varphi}=\dfrac{\mathrm{d}\varphi}{\mathrm{d}t}=\dfrac{\mathrm{d}\varphi}{\mathrm{d}\theta_3}\dfrac{\mathrm{d}\theta_3}{\mathrm{d}t}=\varphi'\dot{\theta}_3$。

5) 运动微分方程的线性化处理

系统的运动微分方程(3.3.40)中含有φ和φ'，而φ和φ'为凸轮轴的扭转变形θ_3的函数，即分度凸轮的曲线方程及其对转角的导数。一般情况下，分度凸轮的曲线方程及其对转角的导数不是线性的运动规律，因而方程(3.3.40)是非线性的耦合方程组，便于求解，可对式(3.3.40)进行线性化处理。

若记凸轮输入轴的转角为θ，并设

$$\varphi(\theta_3)\approx\varphi(\theta)+\frac{\mathrm{d}\varphi}{\mathrm{d}\theta}(\theta_3-\theta)=\varphi(\theta)+\varphi'(\theta_3-\theta) \tag{3.3.41}$$

将广义坐标 θ_1、θ_2、θ_3 进行变量代换，令

$$q_1=\theta_1-\varphi(\theta),\quad q_2=\theta_2-\varphi(\theta),\quad q_3=\theta_3-\theta \tag{3.3.42}$$

将变量代换式(3.3.42)代入式(3.3.40)，可得线性化的运动微分方程为

$$
\begin{aligned}
&I_1\ddot{q}_1 + c_{\theta 1}(\dot{q}_1 - \dot{q}_2) + k_{\theta 1}(q_1 - q_2) = -I_1\ddot{\varphi}(\theta) \\
&I_2\ddot{q}_2 - c_{\theta 1}(\dot{q}_1 - \dot{q}_2) + c_{\mathrm{e}\theta}[\dot{q}_2 - \dot{q}_3\varphi'(\theta_3)] - k_{\theta 1}q_1 + (k_{\theta 1} + k_{\mathrm{e}\theta})q_2 - k_{\mathrm{e}\theta}\varphi'(\theta_3)\beta_3 = -I_2\ddot{\varphi}(\theta) \\
&I_3\ddot{q}_3 + c_{\theta 3}\dot{q}_3 - c_{\mathrm{e}\theta}[\dot{q}_2 - \dot{q}_3\varphi'(\theta_3)]\varphi'(\theta_3) - k_{\mathrm{e}\theta}\varphi'(\theta_3)\beta_2 + [k_{\theta 3} + k_{\mathrm{e}\theta}\varphi'^2(\theta_3)]q_3 = -I_3\ddot{\theta} \\
&m_1\ddot{x}_1 + k_{11}x_1 + k_{12}x_2 = 0, \quad m_1\ddot{y}_1 + k_{11}y_1 + k_{12}y_2 = 0, \quad m_2\ddot{x}_2 + k_{22}x_2 + k_{12}x_1 = 0 \\
&m_2\ddot{y}_2 + k_{22}y_2 + k_{12}y_1 = 0, \quad (m_1 + m_2)\ddot{z}_2 + c_{z2}\dot{z}_2 + k_{z2}z_2 = 0
\end{aligned} \tag{3.3.43}
$$

式(3.3.43)是经过处理后含有外界激励的线性时变运动微分方程，写成矩阵形式为

$$
\boldsymbol{m}\ddot{\boldsymbol{q}} + \boldsymbol{c}\dot{\boldsymbol{q}} + \boldsymbol{k}\boldsymbol{q} = \boldsymbol{F} \tag{3.3.44}
$$

式中，$\boldsymbol{q}$ 为广义坐标列向量；$\boldsymbol{m}$、$\boldsymbol{c}$、$\boldsymbol{k}$ 分别为质量矩阵、阻尼矩阵和刚度矩阵；$\boldsymbol{F}$ 为外界激励列向量。各变量可分别表示为

$$
\begin{aligned}
&\boldsymbol{q} = \{\theta_1 \quad \theta_2 \quad \theta_3 \quad x_1 \quad y_1 \quad x_2 \quad y_2 \quad z_2\}^{\mathrm{T}} \\
&\boldsymbol{m} = \mathrm{diag}[I_1 \quad I_2 \quad I_3 \quad m_1 \quad m_1 \quad m_2 \quad m_2 \quad m_1 + m_2] \\
&\boldsymbol{c} = \begin{Bmatrix}
c_{\theta 1} & -c_{\theta 1} & 0 & 0 & 0 & 0 & 0 & 0 \\
-c_{\theta 1} & c_{\theta 1} + c_{\mathrm{e}\theta} & -c_{\mathrm{e}\theta}\varphi' & 0 & 0 & 0 & 0 & 0 \\
0 & -c_{\mathrm{e}\theta}\varphi' & c_{\theta 3} + c_{\mathrm{e}\theta}\varphi'^2 & 0 & 0 & 0 & 0 & 0 \\
0 & 0 & 0 & 0 & 0 & 0 & 0 & 0 \\
0 & 0 & 0 & 0 & 0 & 0 & 0 & 0 \\
0 & 0 & 0 & 0 & 0 & 0 & 0 & 0 \\
0 & 0 & 0 & 0 & 0 & 0 & 0 & 0 \\
0 & 0 & 0 & 0 & 0 & 0 & 0 & c_{z2}
\end{Bmatrix} \\
&\boldsymbol{k} = \begin{Bmatrix}
k_{\theta 1} & -k_{\theta 1} & 0 & 0 & 0 & 0 & 0 & 0 \\
-k_{\theta 1} & k_{\theta 1} + k_{\mathrm{e}\theta} & -c_{\mathrm{e}\theta}\varphi' & 0 & 0 & 0 & 0 & 0 \\
0 & -c_{\mathrm{e}\theta}\varphi' & c_{\theta 3} + c_{\mathrm{e}\theta}\varphi'^2 & 0 & 0 & 0 & 0 & 0 \\
0 & 0 & 0 & k_{11} & k_{12} & 0 & 0 & 0 \\
0 & 0 & 0 & k_{12} & k_{22} & 0 & 0 & 0 \\
0 & 0 & 0 & 0 & 0 & k_{11} & k_{12} & 0 \\
0 & 0 & 0 & 0 & 0 & k_{12} & k_{22} & 0 \\
0 & 0 & 0 & 0 & 0 & 0 & 0 & k_{z2}
\end{Bmatrix} \\
&\boldsymbol{F} = \{-I_1\ddot{\varphi}(\theta) \quad -I_2\ddot{\varphi}(\theta) \quad I_3\theta \quad 0 \quad 0 \quad 0 \quad 0 \quad 0\}^{\mathrm{T}}
\end{aligned} \tag{3.3.45}
$$

4. 动力学方程的简化

由于输出轴端附有横向支撑，故与输出轴有悬臂负载的情况相比，分度盘与

载荷盘引起的弯曲变形对系统的输出响应影响将大大减小，在这种情况下，可忽略由输出轴弯曲变形引起的系统动力响应，在不计阻尼的情况下，将方程(3.3.40)简化为三自由度系统，其运动微分方程为

$$\begin{aligned}&I_1\ddot{\theta}_1+k_{\theta 1}(\theta_1-\theta_2)=0,\quad I_2\ddot{\theta}_2-k_{\theta 1}\theta_1+(k_{\theta 1}+k_{e\theta})\theta_2-k_{e\theta}\varphi=0\\&I_3\ddot{\theta}_3-k_{e\theta}\varphi'(\theta_3)\theta_2-k_{\theta 3}(\theta-\theta_3)+k_{e\theta}\varphi\varphi'(\theta_3)=0\end{aligned}\tag{3.3.46}$$

同理，可将线性化的运动微分方程(3.3.43)简化为三自由度系统的运动方程：

$$\begin{aligned}&I_1\ddot{q}_1+k_{\theta 1}(q_1-q_2)=-I_1\ddot{\varphi}(\theta)\\&I_2\ddot{q}_2-k_{\theta 1}q_1+(k_{\theta 1}+k_{e\theta})q_2-k_{e\theta}\varphi'(\theta_3)q_3=-I_2\ddot{\varphi}(\theta)\\&I_3\ddot{q}_3-k_{e\theta}\varphi'(\theta_3)q_2+[k_{\theta 3}+k_{e\theta}\varphi'^2(\theta_3)]q_3=-I_3\ddot{\theta}\end{aligned}\tag{3.3.47}$$

方程(3.3.46)和方程(3.3.47)的系数与机构位置有关，可通过 MATLAB 编程得到其理论响应曲线。

3.3.3　内平动分度凸轮结构的刚柔耦合动力学模型

1. 内平动分度凸轮的结构组成与原理简图

内平动分度凸轮结构是基于内平动齿轮传动原理，并运用机构的组合创新设计理论而设计的可实现大分度数和高承载能力的一种新型分度凸轮结构。该结构可实现高速工况下大分度数、高分度精度、小体积、高承载能力分度。内平动分度凸轮结构如图 3.3.9(a)所示。

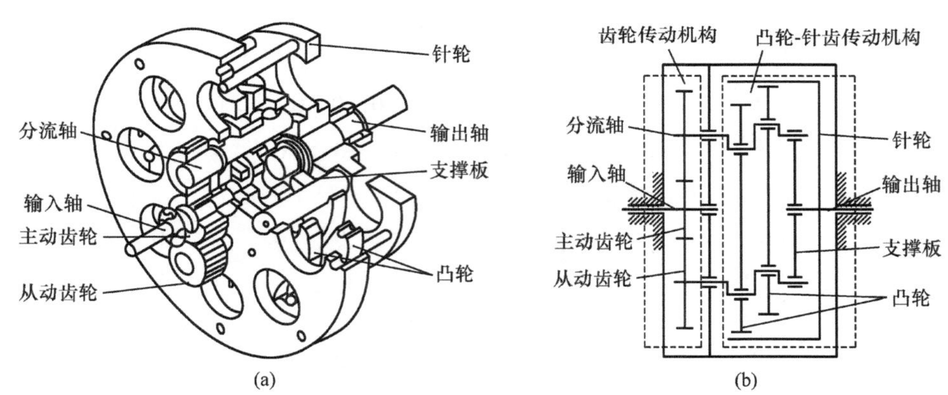

图 3.3.9　内平动分度凸轮结构及其原理简图

内平动分度凸轮结构的传动系统主要由输入轴、齿轮、分流轴、凸轮、针轮、输出轴和支撑板组成。内平动分度凸轮结构为二级传动机构，其中第一级传动机构为渐开线齿轮传动，第二级传动机构为凸轮-针齿传动。在齿轮传动中，一级齿轮同时传递给两个从动齿轮，这两个从动齿轮是均匀分布的，可以起到均载分流的作

用。在凸轮-针齿传动中，两个互成 180°的凸轮与针齿啮合，增加了凸轮与针齿的啮合齿数，并且凸轮具有良好的对称性，这都有利于整体传动系统运动的平稳性。

内平动分度凸轮结构作为一种新型的分度凸轮结构，与其他分度凸轮结构相比，不仅结构紧凑、可实现大的分度数和具有较高的承载能力，而且结构的运动更趋于平稳，因此该种结构有较广阔的应用前景。根据如图 3.3.9(b)所示的内平动分度凸轮的结构原理简图可以看出，在齿轮传动中，输入轴与一级齿轮固连作为整个传动系统的动力输入，运动通过齿轮啮合传动传递给分流轴，分流轴通过偏心套、轴承与凸轮连接作为二级凸轮-针齿传动的动力输入，针轮与输出轴固连作为整个系统的输出，通过凸轮-针齿啮合传动使机构输出按预期运动规律实现分度间歇运动。

2. 内平动分度凸轮结构动力学特性的主要影响因素

内平动分度凸轮结构动力学特性的主要影响因素包括：①凸轮廓线误差和分度误差。针轮从动件所受激励来自凸轮廓线，而凸轮廓线较为复杂，其加工、摩擦等产生的廓线误差以及针齿的分度误差对分度精度以及输出动态响应有重要的影响。②输入轴的转速波动以及各构件的转动惯量、受力情况的分布。③结构的啮合特点以及刚度变化。凸轮-针齿传动中，针齿与凸轮廓线同时啮合的针齿数是变化的，针齿在运动中将交替处于接触与悬空。凸轮-针齿做周期性间歇运动，这将会使针齿与凸轮之间产生啮合冲击。凸轮与针齿间的接触刚度随着运动的变化而不断变化，齿轮之间的接触刚度也随着轮齿的接触与分离而不断变化。④结构的零部件在加工和安装中会产生误差。误差的存在及结构在运动中产生的磨损等会使结构产生间隙，从而使机构在运转过程中产生振动、噪声，影响机构的输出响应。⑤对于中高速分度凸轮结构，各主要构件的弹性变形对机构的输出运动和精度有重要的影响。

3. 内平动分度凸轮结构的动力学模型

1) 模型简化与广义坐标的选择

在不考虑电机特性对结构的影响时，内平动分度凸轮结构的传动系统主要包括输入轴、齿轮传动机构、分流轴、凸轮-针齿传动机构、载荷盘和输出轴。主要的传递运动方式为扭转运动，因此在分析整个传动系统的动态特性时，扭转振动是影响其动态性能的主要因素。以主动齿轮转角θ_1、两个从动齿轮转角θ_2 和θ_3、凸轮转角θ_4、针轮转角θ_5 和载荷盘转角θ_6 为广义坐标，分析系统的动力学问题。

2) 内平动分度凸轮结构的六自由度动力学模型

为得到精确的内平动分度凸轮结构动态特性的动力学模型，在建模过程中，将输入轴、分流轴、输出轴均视为弹性体，考虑扭转变形及传动中的相互耦合。

齿轮传动中齿轮间的啮合等效接触刚度为 k_{12}、k_{13}，凸轮与针齿啮合实现机构的分度，其中两个凸轮互成 180°，将其等效为一个构件，其等效扭转刚度为 k_{45}($k_{45}=k_e$，k_e 为单个凸轮-针齿的等效扭转刚度)，齿轮间接触刚度和凸轮-针齿间的等效扭转刚度均随时间变化。在建模时，考虑各构件间的阻尼，忽略轴承特性对结构的影响和各构件的加工、安装误差，即认为在两级传动中均为无侧隙啮合传动。根据集中质量法所建内平动分度凸轮结构的多自由度动力学模型如图 3.3.10 所示。在整个传动机构中，凸轮与针齿转动方向一致，输入轴与输出轴转向相反，并以逆时针转向为正。

在图 3.3.10 中，θ 为输入轴的理论转角；$\theta_i(i=1,2,\cdots,6)$分别为主动齿轮、两个从动齿轮、凸轮、针轮和载荷盘的转角；$I_i(i=1,2,\cdots,6)$分别为主动齿轮、两个从动齿轮、凸轮、针轮和载荷盘的转动惯量；k_1、k_{24}、k_{34} 和 k_{56} 分别为输入轴、两个分流轴和输出轴的等效扭转刚度；k_{12} 和 k_{13} 分别为两个齿轮啮合间的接触刚度；k_{45} 为凸轮-针齿之间的等效时变扭转刚度；c_1、c_{12}、c_{13}、c_{24}、c_{34}、c_{45} 和 c_{56} 分别为输入轴、两个齿轮啮合间、两个分流轴、凸轮-针齿间和输出轴的阻尼系数。

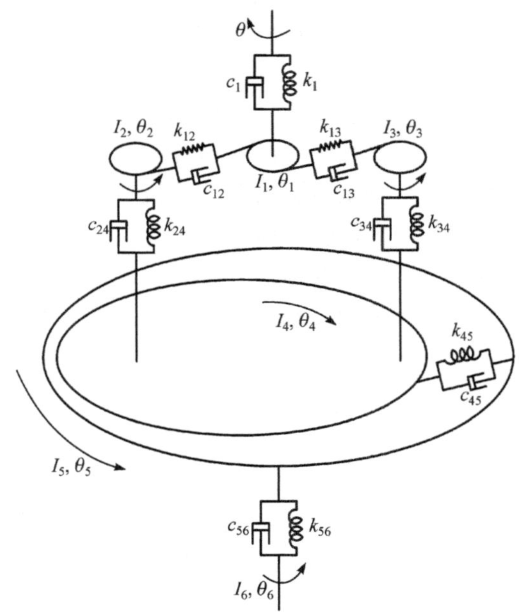

图 3.3.10　内平动分度凸轮结构的多自由度动力学模型

4. 齿轮和凸轮-针齿的时变啮合刚度

在对内平动凸轮结构进行考虑构件弹性变形的建模过程中，由于齿轮传动和凸轮-针齿传动的轮齿在运动中处于交替的接触和脱离状态，在考虑两级传动中时变接触刚度对结构扭转振动的影响时，需要对齿轮啮合和凸轮-针齿啮合之间的刚度进行分析计算。

1) 齿轮的时变啮合刚度

将轮齿进行截面简化，通过分析直齿轮齿的弹性变形来分析齿轮的时变啮合刚度。直齿轮齿的截面简图如图 3.3.11(a)所示，即将轮齿看成长方形和梯形的组合，并将轮齿的弹性变形看成梯形区的变形量、轮齿长方形区的弯曲变形和轮齿整体的剪切变形。因此，一个轮齿在载荷作用点处沿啮合线方向的变形量可表示为

$$\delta_i = \delta_{\mathrm{Br}} + \delta_{\mathrm{Bt}} + \delta_{\mathrm{s}} + \delta_{\mathrm{G}} \tag{3.3.48}$$

式中，δ_i 为第 i 个轮齿在载荷作用点处沿啮合线方向的变形量；δ_{Br}、δ_{Bt}、δ_{s}、δ_{G} 分别为长方形部分的弯曲变形量、梯形部分的变形量、由剪力产生的变形量、基础部分倾斜产生的变形量，可分别表示为

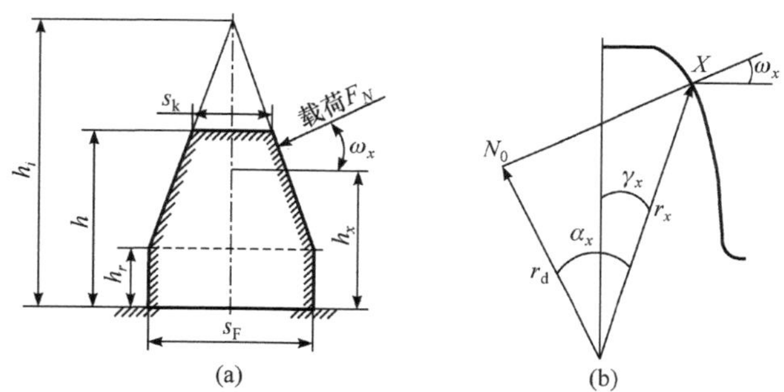

图 3.3.11　齿轮轮齿接触刚度计算模型

$$\begin{aligned}
\delta_{\mathrm{Br}} &= \frac{12F_N\cos^2\omega_x}{Ebs_{\mathrm{F}}^2}[h_x h_r(h_x-h_r)+h_r^3/3] \\
\delta_{\mathrm{Bt}} &= \frac{6F_N\cos^2\omega_x}{Ebs_{\mathrm{F}}^3}\left[\frac{h_i-h_x}{h_i-h_r}\left(4-\frac{h_i-h_x}{h_i-h_r}\right)-2\ln\frac{h_i-h_x}{h_i-h_r}-3\right](h_i-h_r)^3 \\
\delta_{\mathrm{s}} &= \frac{2(1+\upsilon)F_N\cos^2\omega_x}{Ebs_{\mathrm{F}}}\left[h_r+(h_i-h_x)\ln\frac{h_i-h_x}{h_i-h_r}\right], \quad \delta_{\mathrm{G}} = \frac{24F_N h_x^2\cos^2\omega_x}{\pi Ebs_{\mathrm{F}}^2}
\end{aligned} \tag{3.3.49}$$

υ 为泊松比，h_i、ω_x 可表示为

$$h_i = \frac{hs_{\mathrm{F}} - h_r s_{\mathrm{k}}}{s_{\mathrm{F}} - s_{\mathrm{k}}}, \quad \omega_x = \alpha_x - \gamma_x \tag{3.3.50}$$

$$\begin{aligned}
\alpha_x &= \arccos(r_d / r_x), \quad r_x = \sqrt{r_{\mathrm{d}}^2 + \overline{N_0 X}^2} \\
\gamma_x &= \frac{1}{z}\left(\frac{\pi}{2} + 2x\tan\alpha_0\right) + \mathrm{inv}\alpha_0 + \mathrm{inv}\alpha_x
\end{aligned} \tag{3.3.51}$$

z 为齿轮齿数；α_0 为压力角；α_x 为啮合角；r_x 为载荷作用点到齿轮中心点的距离；r_d 为基圆半径。

由轮齿的几何形状，可得

$$h = \sqrt{r_a^2 - (s_k / 2)^2} - \sqrt{r_f^2 - (s_F / 2)^2}$$
$$h_x = r_x \cos(\alpha_x - \omega_x) - \sqrt{r_F^2 - (s_F / 2)^2} \tag{3.3.52}$$

式中，r_a 为齿顶圆半径；r_f 为齿根圆半径；r_F 为有效齿根圆半径。

当 $r_d \leqslant r_F$，即 $z \geqslant 2(1-x)/(1-\cos\alpha_0)$ (x 为齿轮变位系数)时，有

$$s_F = 2r_F \sin\left(-\frac{\pi + 4x\tan\alpha_0}{2z} + \mathrm{inv}\alpha_0 - \mathrm{inv}\alpha_F\right), \quad \alpha_F = \arccos(r_b / r_F)$$
$$h_r = \sqrt{r_F^2 - (s_F / 2)^2} - \sqrt{r_f^2 - (s_F / 2)^2} \tag{3.3.53}$$

当 $r_d > r_F$，即 $z < 2(1-x)/(1-\cos\alpha_0)$ 时，有

$$s_F = 2r_d \sin\left(\frac{\pi + 4x\tan\alpha_0}{2z} + \mathrm{inv}\alpha_0\right)$$
$$h_r = \sqrt{r_d^2 - (s_F / 2)^2} - \sqrt{r_f^2 - (s_F / 2)^2} \tag{3.3.54}$$

一对齿啮合时，各个齿轮在载荷作用点沿啮合线方向的变形量之和可表示为

$$\delta_\Sigma = \delta_1 + \delta_2 + \delta_{pv} \tag{3.3.55}$$

式中，δ_1、δ_2 是相应于各个齿轮的变形量；δ_{pv} 是齿面接触部分的变形量，可表示为

$$\delta_{pv} = \frac{4(1-\mu^2)F_N}{\pi b E} \tag{3.3.56}$$

2) 凸轮-针齿的等效扭转刚度

在凸轮与针齿啮合传动中，由于在一个分度停歇中凸轮与针齿同时啮合的针齿数不同，针齿与凸轮的接触刚度在一个周期中变化。分度期间凸轮与针齿在不同接触点的曲率半径也随凸轮转角的变化而变化。在进行接触刚度分析时，将凸轮与针齿间的单齿啮合刚度简化为如图 3.3.12 所示的模型，即认为凸轮-针齿单齿接触刚度为凸轮轮齿刚度与针齿刚度串联的合成，忽略轴承支承刚度的影响，分析凸轮-针齿啮合在不同位置时的接触刚度。其中单对轮齿啮合的接触刚度为

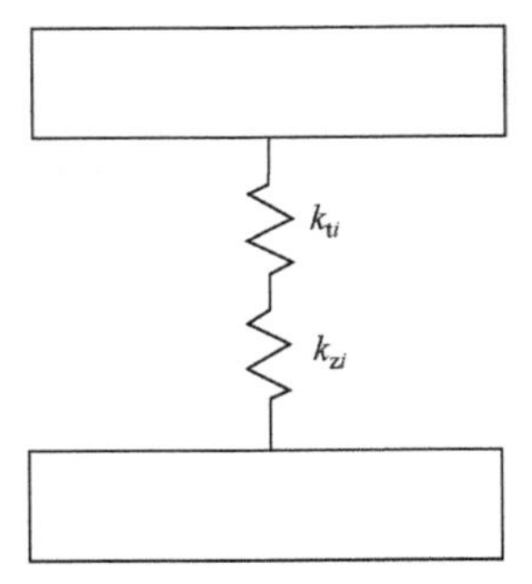

图 3.3.12　单对齿接触模型

$$k_{ci} = k_{ti}k_{zi}/(k_{ti} + k_{zi}), \quad i = 1,2,\cdots,12 \tag{3.3.57}$$

凸轮与针齿啮合传动过程中将产生弹性变形，假设弹性变形区长度为 L、宽度为 $2B$，根据赫兹公式计算其接触面变形宽度为

$$B=\sqrt{\frac{4F_i r_i}{\pi L}\left(\frac{1-\upsilon_1^2}{E_1}+\frac{1-\upsilon_2^2}{E_2}\right)} \tag{3.3.58}$$

式中，F_i 为凸轮与针齿啮合力；υ_1、υ_2 分别为凸轮和针齿材料的泊松比，且 $\upsilon_1=\upsilon_2=\upsilon$；$E_1$、$E_2$ 分别为凸轮和针齿的弹性模量，且 $E_1=E_2=E$；r_i 为凸轮与针齿啮合的综合曲率半径。

在凸轮廓线的设计中，其实际廓线由凸轮理论廓线的内外等距曲线拼接而成。根据凸轮廓线的特点，凸轮-针齿在传动过程中存在内外啮合的情况。设凸轮针齿啮合的综合曲率半径恒为正，则凸轮-针齿内啮合和外啮合时的综合曲率半径的表达式分别为

$$\frac{1}{r_i}=\left|\frac{1}{r_{\text{z}}}-\frac{1}{|r_{\text{t}i}|}\right| \quad (\text{内啮合}),\quad \frac{1}{r_i}=\left|\frac{1}{r_{\text{z}}}+\frac{1}{|r_{\text{t}i}|}\right| \quad (\text{外啮合}) \tag{3.3.59}$$

式中，r_{z}、$r_{\text{t}i}$ 分别为凸轮与针齿接触点处针齿和凸轮的曲率半径。

根据单对轮齿接触刚度的计算公式

$$k_{\text{c}i}=\frac{\pi L e r_{\text{z}}|r_{\text{t}i}|}{4r_i(1-\upsilon^2)(|r_{\text{t}i}|+r_{\text{z}})} \tag{3.3.60}$$

可得凸轮-针齿内啮合和外啮合时的单对轮齿接触刚度分别为

$$k_{\text{c}i}=\frac{\pi L e}{4(1-\upsilon^2)}\frac{\left||r_{\text{t}i}|-r_{\text{z}}\right|}{|r_{\text{t}i}|+r_{\text{z}}} \quad (\text{内啮合}),\quad k_{\text{c}i}=\frac{\pi L e}{4(1-\upsilon^2)} \quad (\text{外啮合}) \tag{3.3.61}$$

当机构处于间歇期时，凸轮曲率半径 $r_{\text{t}i}=e$，即凸轮曲率半径的大小等于其偏心距。此时凸轮与单个针齿的接触刚度为常数，即

$$k_{\text{c}i}=\left|\frac{e-r_{\text{z}}}{e+r_{\text{z}}}\right|\frac{\pi L e}{4(1-\upsilon^2)}=\frac{0.25\pi L e}{4(1-\upsilon^2)} \tag{3.3.62}$$

凸轮的扭转变形是凸轮-针齿啮合时在接触力切向分量作用下产生的变形。由此得到凸轮-针齿啮合的总等效扭转刚度为

$$k_{\text{e}}=\sum_{i=1}^{n}k_{\text{c}i}L_{\text{c}i}^2\cos^2\alpha \tag{3.3.63}$$

式中，α为凸轮-针齿啮合在考虑变形协调条件下的压力角；$L_{\text{c}i}$ 为凸轮与针齿啮合接触点到凸轮中心的距离，可表示为

$$L_{ci}^2=e^2+(R_z-r_z)^2-2e(R_z-r_z)\cos[\theta-(\beta+\alpha_i)] \tag{3.3.64}$$

式中，β为输出轴理论转角；α_i为第 i 个针齿的转角位移。

5. 内平动分度凸轮结构动力学方程

1) 系统能量

系统的动能、势能和耗散能分别为

$$\begin{aligned}
T=&\frac{1}{2}I_1\dot{\theta}_1^2+\frac{1}{2}I_2\dot{\theta}_2^2+\frac{1}{2}I_3\dot{\theta}_3^2+\frac{1}{2}I_4\dot{\theta}_4^2+\frac{1}{2}I_5\dot{\theta}_5^2+\frac{1}{2}I_6\dot{\theta}_6^2\\
V=&\frac{1}{2}k_1(\theta_1-\theta)^2+\frac{1}{2}k_{12}r_d^2(\theta_2-\theta_1)^2+\frac{1}{2}k_{13}r_d^2(\theta_3-\theta_1)^2+\frac{1}{2}k_{24}(\theta_4-\theta_2)^2\\
&+\frac{1}{2}k_{34}(\theta_4-\theta_3)^2+\frac{1}{2}k_{45}(\theta_5-\theta_{45})^2+\frac{1}{2}k_{56}(\theta_6-\theta_5)^2\\
H=&\frac{1}{2}c_1(\dot{\theta}_1-\dot{\theta})^2+\frac{1}{2}c_{12}(\dot{\theta}_2-\dot{\theta}_1)^2+\frac{1}{2}c_{13}(\dot{\theta}_3-\dot{\theta}_1)^2+\frac{1}{2}c_{24}(\dot{\theta}_4-\dot{\theta}_2)^2\\
&+\frac{1}{2}c_{34}(\dot{\theta}_4-\dot{\theta}_3)^2+\frac{1}{2}c_{45}(\dot{\theta}_5-\dot{\theta}_{45})^2+\frac{1}{2}c_{56}(\dot{\theta}_6-\dot{\theta}_5)^2
\end{aligned} \tag{3.3.65}$$

式中，θ_{45} 为针轮的理论转角，$\theta_{45}=\varphi(\theta_4)$，表示从动件的运动与凸轮输入转角的关系。

2) 动力学方程

将式(3.3.65)所示的动能、势能和耗散能代入拉格朗日方程(3.3.39)，整理得到内平行分度凸轮结构的变系数非线性动力学方程为

$$\begin{aligned}
&I_1\ddot{\theta}_1+c_1(\dot{\theta}_1-\dot{\theta})-c_{12}(\dot{\theta}_2-\dot{\theta}_1)-c_{13}(\dot{\theta}_3-\dot{\theta}_1)+k_1(\theta_1-\theta)-k_{12}r_d^2(\theta_2-\theta_1)\\
&\qquad-k_{13}r_d^2(\theta_3-\theta_1)=0\\
&I_2\ddot{\theta}_2-c_{12}(\dot{\theta}_2-\dot{\theta}_1)+c_{24}(\dot{\theta}_4-\dot{\theta}_2)+k_{12}r_d^2(\theta_2-\theta_1)-k_{24}(\theta_4-\theta_2)=0\\
&I_3\ddot{\theta}_3+c_{13}(\dot{\theta}_3-\dot{\theta}_1)-(\dot{\theta}_4-\dot{\theta}_3)+k_{13}r_d^2(\theta_3-\theta_1)-k_{34}(\theta_4-\theta_3)=0\\
&I_4\ddot{\theta}_4+c_{24}(\dot{\theta}_4-\dot{\theta}_2)+c_{34}(\dot{\theta}_4-\dot{\theta}_3)-c_{45}(\dot{\theta}_5-\dot{\theta}_{45})\varphi'+k_{24}(\theta_4-\theta_2)\\
&\qquad-k_{34}(\theta_4-\theta_3)+k_{24}(\theta_5-\theta_{45})\varphi'=0\\
&I_5\ddot{\theta}_5+c_{45}(\dot{\theta}_5-\dot{\theta}_{45})-c_{56}(\dot{\theta}_6-\dot{\theta}_5)+k_{45}(\theta_5-\theta_{45})-k_{56}(\theta_6-\theta_5)=0\\
&I_6\ddot{\theta}_6+c_{56}(\dot{\theta}_6-\dot{\theta}_5)+k_{56}(\theta_6-\theta_5)=0
\end{aligned} \tag{3.3.66}$$

式中，φ' 为针轮输出角对凸轮输入角的导数，$\varphi'=\mathrm{d}\varphi/\mathrm{d}\theta_4$；$\dot{\theta}_{45}=\dot{\varphi}=\mathrm{d}\varphi/\mathrm{d}t=\varphi'\dot{\theta}_4$。

3) 运动微分方程的线性化处理

式(3.3.66)就是内平动分度凸轮结构的运动微分方程，式中含有 φ 和 φ'，而 φ 和 φ' 为凸轮轴的扭转变形 θ_4 的函数，即分度凸轮的曲线方程及其对转角的导数。一般情况下，分度凸轮的曲线方程及其对转角的导数不是线性的运动规律，因而

方程(3.3.66)是非线性的耦合方程组，为了便于求解，可对式(3.3.66)进行线性化处理，并设

$$\varphi(\theta_4)\approx\varphi(\theta)+\frac{\mathrm{d}\varphi}{\mathrm{d}\theta}(\theta_4-\theta)=\varphi(\theta)+\varphi'(\theta_4-\theta) \tag{3.3.67}$$

将各广义坐标进行变量代换，即设各关键构件的弹性角位移为

$$\begin{aligned}&q_1=\theta_1-\theta,\quad q_2=\theta_2-\theta,\quad q_3=\theta_3-\theta\\&q_4=\theta_4-\theta,\quad q_5=\theta_5-\varphi,\quad q_6=\theta_6-\varphi\end{aligned} \tag{3.3.68}$$

将式(3.3.68)代入式(3.3.66)，进行整理，得到以广义坐标 $q_i(i=1,2,\cdots,6)$ 表示的含有外界激励的线性时变运动微分方程，写成矩阵形式为

$$\boldsymbol{m}\ddot{\boldsymbol{q}}+\boldsymbol{c}\dot{\boldsymbol{q}}+\boldsymbol{k}\boldsymbol{q}=\boldsymbol{F} \tag{3.3.69}$$

式中，$\boldsymbol{q}$ 为广义坐标列向量；$\boldsymbol{m}$、$\boldsymbol{c}$、$\boldsymbol{k}$ 分别为质量矩阵、阻尼矩阵和刚度矩阵；$\boldsymbol{F}$ 为外界激励列向量。各表达式分别为

$$\begin{gathered}\boldsymbol{q}=\{q_1\quad q_2\quad q_3\quad q_4\quad q_5\quad q_6\}^{\mathrm{T}},\quad \boldsymbol{m}=\mathrm{diag}[I_1\quad I_2\quad I_3\quad I_4\quad I_5\quad I_6]\\
\boldsymbol{c}=\begin{bmatrix}c_1+c_{12}+c_{13} & -c_{12} & -c_{13} & 0 & 0 & 0\\ -c_{12} & c_{12}+c_{24} & 0 & -c_{24} & 0 & 0\\ -c_{13} & 0 & c_{13}+c_{34} & -c_{34} & 0 & 0\\ 0 & -c_{24} & -c_{34} & c_{24}+c_{34}+c_{45}\varphi'^2 & -c_{45}\varphi' & 0\\ 0 & 0 & 0 & -c_{45}\varphi' & c_{45}+c_{56} & -c_{56}\\ 0 & 0 & 0 & 0 & -c_{56} & c_{56}\end{bmatrix}\\
\boldsymbol{k}=\begin{bmatrix}(k_{12}+k_{13})r_{\mathrm{d}}^2+k_1 & -k_{12}r_{\mathrm{d}}^2 & -k_{13}r_{\mathrm{d}}^2 & 0 & 0 & 0\\ -k_{12}r_{\mathrm{d}}^2 & k_{12}r_{\mathrm{d}}^2+k_{24} & 0 & -k_{24} & 0 & 0\\ -k_{13}r_{\mathrm{d}}^2 & 0 & k_{13}r_{\mathrm{d}}^2+k_{34} & -k_{34} & 0 & 0\\ 0 & -k_{24} & -k_{34} & k_{24}+k_{34}+k_{45}\varphi'^2 & -k_{45}\varphi' & 0\\ 0 & 0 & 0 & -k_{45}\varphi' & k_{45}+k_{56} & -k_{56}\\ 0 & 0 & 0 & 0 & -k_{56} & k_{56}\end{bmatrix}\\
\boldsymbol{F}=\{-I_1\ddot{\theta}\quad -I_2\ddot{\theta}\quad -I_3\ddot{\theta}\quad -I_4\ddot{\theta}\quad -I_5\ddot{\varphi}\quad -I_6\ddot{\varphi}\}^{\mathrm{T}}\end{gathered} \tag{3.3.70}$$

3.3.4　同轴式活齿凸轮分度结构的刚柔耦合动力学模型

1. 同轴式活齿凸轮分度结构的基本原理

同轴式活齿凸轮分度结构简图如图 3.3.13 所示。其中，图(a)是运动原理图，

图(b)是偏心轮式结构，图(c)是齿轮齿条式结构。对于图 3.3.13(b)所示的偏心轮式结构，共轭凸轮 2 与机架固连、推杆 4 与推杆平底 5 固连、输入轴 1 与输出轴 6 同轴、推杆装有滚动轴承 8(常称为滚子)、驱动环 3 与输入轴 1 固连、输出轴 6 上固连有偏心轮 7。沿驱动环的径向布置，与推杆构成移动副。凸轮分别与推杆的两个滚子接触，构成凸轮结构的锁合方式。根据分度数、动程角及输出轴预期实现的分度运动规律，设计内廓线共轭凸轮。该结构在分度运动中，驱动环为主动件，偏心轮为从动件，当驱动环连续转动时，通过移动副拨动推杆转动，同时滚子在凸轮廓线的约束下，带动推杆做径向移动，由推杆平底推动偏心轮转动，按一定的规律实现分度运动；当上端滚子由凸轮(实线廓线)高点 A 移到低点 B 时，完成分度转动，进入停歇期；随着推杆的转动，上端滚子由凸轮低点 B 移到高点 C 时，完成停歇；若分度数为 n，对应一个分度周期，则输入输出转角均为 $1/n$ 圈，依次循环分度周期构成连续的分度传动。

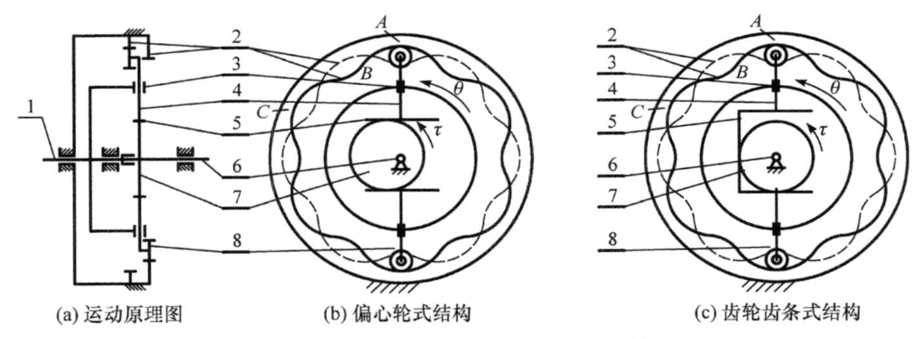

(a) 运动原理图　(b) 偏心轮式结构　(c) 齿轮齿条式结构

图 3.3.13　同轴式活齿凸轮分度结构简图

对于如图 3.3.13(c)所示的齿轮齿条式结构，将偏心轮换成齿轮，齿轮安装没有偏心；将推杆连接筋条换成齿条，并且齿条与推杆平底固连。运转时推杆通过齿条推动齿轮转动，实现分度输出。

同轴式活齿凸轮分度结构属于平行分度结构，同其他平行分度凸轮结构相比，同轴式活齿凸轮分度结构具有以下优点：①采用输入轴与输出轴同轴线布置，具有与活齿传动机构相同的体积小、结构紧凑的特点。②分度数量大，适用范围广。对分度数、动静比等设计参数的选择限制少，在理论上可实现任意分度数的分度。③承载能力好。可对推杆和偏心轮进行对称设计，同轴式活齿凸轮分度结构可多齿啮合，从而提高承载能力。④具有适度的设计柔性。如需变更分度数、动静比等设计参数时，仅需更换内廓线凸轮即可实现，而无须像常用分度凸轮结构那样必须全部重新设计加工。⑤凸轮与滚子为连续啮合，克服了常用凸轮结构因接触刚度突变引起的激励和振动。⑥能够实现高速运动。因为该机构属于连续啮合，可以实现较高的运转速度，满足高速间歇运转的工况要求。

2. 活齿凸轮分度结构动力学性能的影响因素

影响活齿凸轮分度结构动力学性能的主要因素可归纳为以下几个方面：①运动规律；②输入轴转速波动；③结构各组成构件的质量与转动惯量分布；④结构各组成构件的刚度；⑤凸轮曲面与滚子的接触刚度；⑥间隙引起的冲击，包括轴承间隙、凸轮曲面与滚子之间的间隙等；⑦系统的摩擦与阻尼。

3. 同轴式活齿凸轮分度结构的动力学模型

1) 模型简化与广义坐标选择

对于如图 3.3.13 所示的同轴式活齿凸轮分度结构，输入轴、输出轴和载荷盘做定轴转动，其等效转动惯量分别为 I_1、I_3 和 I_4，推杆做平面运动，其质量和转动惯量分别为 m 和 I_2。建立随推杆同步转动的动坐标系 $O_1x_1y_1z_1$，推杆移动方向为 x_1 轴方向、回转中心轴为 z_1 轴。当驱动环顺时针方向转动时，拨动推杆进而推动偏心轮沿相同方向实现分度转动。广义坐标位移量及转角量沿图示箭头方向位移为正，反之为负。

将凸轮输入轴与输出轴均视为弹性构件，考虑轴的扭转弹性变形，对于输出轴系统，根据其质量分布将输出轴的质量等效到载荷盘和偏心轮上，从而将扭转振动视为具有集中转动惯量的双质量扭振系统。将输入轴系统视为具有等效集中转动惯量的质量-弹簧系统，将推杆视为具有等效集中质量与转动惯量(绕 z_1 轴)的质量块，其上滚子与凸轮啮合部位的接触刚度 k_s 为综合考虑凸轮和滚子表面接触刚度、滚子轴承刚度、滚子轴弯曲刚度的接触刚度；推杆与驱动环接触处的接触刚度 k_t 为考虑推杆弯曲的接触刚度；推杆与偏心轮接触处的接触刚度 k_v 为综合考虑推杆和偏心轮外套轴承表面的接触刚度、外套轴承刚度、输出轴 x_1 轴向横向弯曲的接触刚度。驱动环转动与推杆转动、推杆转动与推杆移动、推杆移动与偏心轮转动、偏心轮转动与载荷盘转动分别通过等效刚度 k_t 、k_s、k_v、k_o 产生耦合。在模型建立过程中，忽略结构各组成零部件的几何加工误差及系统装配误差，即假定凸轮与滚子可实现理想的无间隙啮合传动；忽略轴向振动和横向振动的影响。

根据系统的运动状态，选择输入轴扭转角 θ_1、推杆扭转角 θ_2、偏心轮扭转角 θ_3、载荷盘扭转角 θ_4 和推杆径向位移 y_t 为广义坐标，建立系统的动力学模型如图 3.3.14 所示。

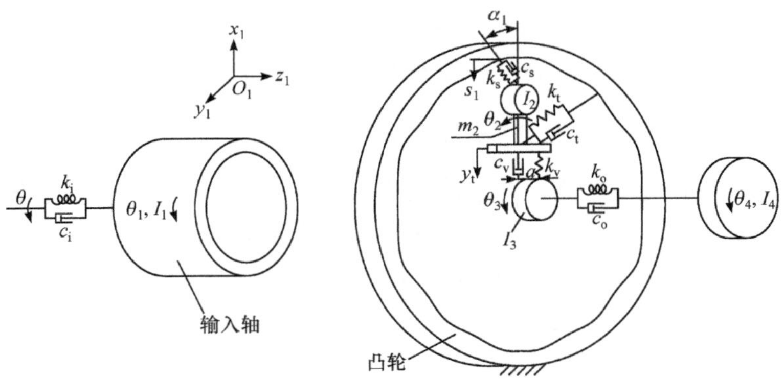

图 3.3.14　活齿凸轮分度结构动力学模型

2) 活齿凸轮分度结构的运动微分方程

系统总的动能、势能和耗散能分别为

$$
\begin{aligned}
T&=\frac{1}{2}I_1\dot{\theta}_1^2+\frac{1}{2}I_2\dot{\theta}_2^2+\frac{1}{2}m_2\dot{y}_t^2+\frac{1}{2}I_3\dot{\theta}_3^2+\frac{1}{2}I_4\dot{\theta}_4^2\\
V&=\frac{1}{2}k_i(\theta_1-\theta)^2+\frac{1}{2}k_s[x_1(\theta_2-\theta)\sin\alpha_1-a(\theta_2-\theta)\cos\alpha_1-(y_t-s_1)\cos\alpha_1]\\
&\quad+\frac{1}{2}k_t(r_1^2-a^2)(\theta_1-\theta_2)^2+\frac{1}{2}k_v[(y_t-s_1)-e(\theta_3-\varphi)\sin\varphi]^2+\frac{1}{2}k_o(\theta_3-\theta_4)^2 \quad (3.3.71)\\
H&=\frac{1}{2}c_i(\dot{\theta}_1-\dot{\theta})^2+\frac{1}{2}c_s[\dot{x}_1(\dot{\theta}_2-\dot{\theta})\sin\alpha_1-a(\dot{\theta}_2-\dot{\theta})\cos\alpha_1-(\dot{y}_t-\dot{s}_1)\cos\alpha_1]\\
&\quad+\frac{1}{2}c_t(r_1^2-a^2)(\dot{\theta}_1-\dot{\theta}_2)^2+\frac{1}{2}c_v[(y_t-\dot{s}_1)-e(\dot{\theta}_3-\dot{\varphi})\sin\varphi]^2+\frac{1}{2}c_o(\dot{\theta}_3-\dot{\theta}_4)^2
\end{aligned}
$$

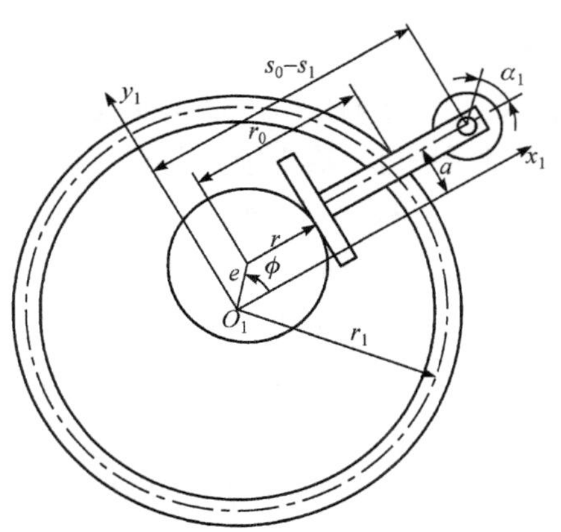

图 3.3.15　模型相关参数示意图

式中，k_i、k_o分别为输入轴和输出轴的扭转刚度；θ为输入轴的理论角位移；φ为输出轴理论角位移；r_1为驱动环的半径；s_1为推杆径向理论位移；α_1为推杆移动方向与受力方向的夹角(压力角)；a为推杆受力点与移动方向的距离；x_1为滚子中心在动坐标系$O_1x_1y_1z_1$下的坐标。

系统的相关参数可通过图 3.3.15 进行分析计算。

推杆的转动惯量I_2可表示为

$$
I_2=m(r_0+e\cos\phi)^2+I_0 \quad (3.3.72)
$$

式中，r_0为推杆的质心至偏心轮几何中心的距离，对于对称式机构 r_0=0；I_0 为推杆绕自身质心的转动惯量；$\phi=\varphi_0+\varphi-\theta$。

推杆径向理论位移 s_1 和滚子中心在动坐标系 $O_1x_1y_1z_1$ 下的坐标 x_1 可表示为

$$s_1 = e\cos\varphi_0 - e\cos\phi, \quad x_1 = s_0 - s_1 \tag{3.3.73}$$

由式(3.3.73)得到

$$\dot{s}_1 = e\dot{\phi}\sin\phi \tag{3.3.74}$$

为便于对方程组求解与分析，做如下变量代换：

$$q_1=\theta_1-\theta, \quad q_2=\theta_2-\theta, \quad q_3=y_t-s_1, \quad q_4=\theta_3-\varphi, \quad q_5=\theta_4-\varphi \tag{3.3.75}$$

则式(3.3.71)为

$$\begin{aligned}
T=&\frac{1}{2}I_1(\dot{\theta}+\dot{q}_1)^2+\frac{1}{2}I_2(\dot{\theta}+\dot{q}_2)^2+\frac{1}{2}m(\dot{s}_1+\dot{q}_3)^2+\frac{1}{2}I_3(\dot{\varphi}+\dot{q}_4)^2+\frac{1}{2}I_4(\dot{\varphi}+\dot{q}_5)^2\\
V=&\frac{1}{2}k_i q_1^2+\frac{1}{2}k_s(x_1q_2\sin\alpha_1-aq_2\cos\alpha_1-q_3\cos\alpha_1)^2+\frac{1}{2}k_t(r_1^2-a^2)(q_1-q_2)^2\\
&+\frac{1}{2}k_v(q_3-eq_4\sin\varphi)^2+\frac{1}{2}k_o(q_3-q_4)^2\\
H=&\frac{1}{2}c\dot{q}_1^2+\frac{1}{2}c_s(\dot{x}_1\dot{q}_2\sin\alpha_1-a\dot{q}_2\cos\alpha_1-\dot{q}_3\cos\alpha_1)+\frac{1}{2}c_t(r_1^2-a^2)(\dot{q}_1-\dot{q}_2)^2\\
&+\frac{1}{2}c_v(\dot{q}_3-e\dot{q}_4\sin\varphi)^2+\frac{1}{2}c_o(\dot{q}_3-\dot{q}_4)^2
\end{aligned} \tag{3.3.76}$$

将式(3.3.76)的动能、势能和耗散能对广义坐标和广义速度求导数，代入拉格朗日方程(3.3.39)，整理得到同轴式活齿凸轮分度结构的动力学方程为

$$\begin{aligned}
&I_1\ddot{q}_1+[c_i+c_t(r_1^2-a^2)]\dot{q}_1-[c_t(r_1^2-a^2)]\dot{q}_2+[k_i+k_t(r_1^2-a^2)]q_1\\
&\quad -[k_t(r_1^2-a^2)]q_2=-I_1\ddot{\theta}\\
&I_2\ddot{q}_2+\dot{I}_2\dot{q}_2-c_t(r_1^2-a^2)\dot{q}_1+[c_t(r_1^2-a^2)+c_s(x_1\sin\alpha_1-a\cos\alpha_1)^2]\dot{q}_2\\
&\quad -c_2\cos\alpha_1(x_1\sin\alpha_1-a\cos\alpha_1)\dot{q}_3-k_t(r_1^2-a^2)q_1+[k_t(r_1^2-a^2)+k_s(x_1\sin\alpha_1\\
&\quad -a\cos\alpha_1)^2]q_2-k_s\cos\alpha_1(x_1\sin\alpha_1-a\cos\alpha_1)q_3=-I_2\ddot{\theta}-\dot{I}_2\dot{\theta}\\
&m_2\ddot{q}_3-[c_s\cos\alpha_1(x_1\sin\alpha_1-a\cos\alpha_1)]\dot{q}_2+(c_v+c_s\cos^2\alpha_1)\dot{q}_3-c_ve\sin\phi\dot{q}_4\\
&\quad -k_s\cos\alpha_1(x_1\sin\alpha_1-a\cos\alpha_1)q_2+(k_v+k_s\cos^2\alpha_1)q_3-k_ve\sin\phi q_4=-m_2\ddot{s}_1\\
&I_3\ddot{q}_4-c_ve\sin\phi\dot{q}_3+(c_o+c_ve^2\sin^2\phi)\dot{q}_4-c_o\dot{q}_5-k_ve\sin\phi q_3\\
&\quad +(k_o+k_ve^2\sin^2\phi)q_4-k_oq_5=-I_3\ddot{\varphi}\\
&I_4\ddot{q}_5-c_o\dot{q}_4+c_o\dot{q}_5-k_oq_4+k_oq_5=-I_4\ddot{\varphi}
\end{aligned} \tag{3.3.77}$$

式(3.3.77)是含有外界激励的非线性时变运动微分方程，写成矩阵形式为

$$\boldsymbol{m}\ddot{\boldsymbol{q}}+\boldsymbol{c}\dot{\boldsymbol{q}}+\boldsymbol{k}\boldsymbol{q}=\boldsymbol{F} \tag{3.3.78}$$

式中，$\boldsymbol{q}$ 为广义坐标列向量；$\boldsymbol{m}$、$\boldsymbol{c}$、$\boldsymbol{k}$ 分别为质量矩阵、阻尼矩阵和刚度矩阵；$\boldsymbol{F}$ 为外界激励列向量。阻尼矩阵作为振型阻尼处理，其他各矩阵的表达式分别为

$$\boldsymbol{q}=\{q_1\quad q_2\quad q_3\quad q_4\quad q_5\}^{\mathrm{T}},\quad \boldsymbol{m}=\mathrm{diag}[I_1\quad I_2\quad m\quad I_3\quad I_4]$$

$$\boldsymbol{k}=\begin{bmatrix} k_{11} & k_{12} & 0 & 0 & 0 \\ k_{12} & k_{22} & k_{23} & 0 & 0 \\ 0 & k_{12} & k_{33} & k_{34} & 0 \\ 0 & 0 & k_{34} & k_{44} & -k_{45} \\ 0 & 0 & 0 & -k_{45} & k_{55} \end{bmatrix} \tag{3.3.79}$$

$$\boldsymbol{F}=\{-I_1\ddot{\theta}\quad -I_2\ddot{\theta}-\dot{I}_2\dot{\theta}\quad -m\ddot{s}_1\quad -I_3\ddot{\varphi}\quad -I_4\ddot{\varphi}\}^{\mathrm{T}}$$

式中，

$$\dot{I}_2=-2m(r_0+e\cos\phi)e\dot{\phi}\sin\phi \tag{3.3.80}$$

$$\begin{gathered} k_{11}=k_{\mathrm{i}}+k_{\mathrm{t}}(r_1^2-a^2),\quad k_{22}=k_{\mathrm{t}}(r_1^2-a^2)+k_{\mathrm{s}}(x_1\sin\alpha_1-a\cos\alpha_1)^2 \\ k_{33}=k_{\mathrm{v}}+k_{\mathrm{s}}\cos^2\alpha_1,\quad k_{44}=k_{\mathrm{o}}+k_{\mathrm{v}}e^2\sin^2\phi,\quad k_{55}=k_{\mathrm{o}},\quad k_{12}=-k_{\mathrm{t}}(r_1^2-a^2) \\ k_{23}=-k_{\mathrm{s}}(x_1\sin\alpha_1-a\cos\alpha_1)\cos\alpha_1,\quad k_{34}=-k_{\mathrm{v}}e\sin\phi,\quad k_{45}=k_{\mathrm{o}} \end{gathered} \tag{3.3.81}$$

4. 系统刚度的分析计算

1) 凸轮曲面与滚子接触刚度

为计算凸轮曲面与滚子在不同啮合位置处的接触刚度，首先需根据赫兹应力公式计算凸轮与滚子接触区的变形宽度 b，其计算表达式为

$$b=\sqrt{\frac{2P[(1-\upsilon_1^2)/E_1+(1-\upsilon_2^2)/E_2]}{\pi l(1/r_2-1/r_1)}} \tag{3.3.82}$$

式中，P 为接触力；l 为接触长度；υ_1、υ_2 分别为凸轮与滚子材料的泊松比；E_1、E_2 分别为凸轮与滚子材料的弹性模量；r_1、r_2 分别为凸轮与滚子在接触点的曲率半径，可表示为

$$r_i=\left|\frac{(x_i'^2+y_i'^2)^{3/2}}{x_i'y_i''-y_i'x_i''}+r_{gi}\right|,\quad i=1,2 \tag{3.3.83}$$

从而得到凸轮与滚子的接触变形为

$$\delta_i=r_i-\sqrt{r_i^2-b^2},\quad i=1,2 \tag{3.3.84}$$

接触总变形为 $\delta=\delta_1+\delta_2$，则接触刚度为

$$k_{\mathrm{h}}=P/\delta=P/(\delta_1+\delta_2) \tag{3.3.85}$$

2) 等效接触刚度

滚子与凸轮啮合部位的等效接触刚度 k_s 为综合考虑凸轮和滚子表面接触刚度、滚子轴承刚度、滚子轴弯曲刚度的等效接触刚度，三者之间可近似为串联弹簧，可以表示为

$$\frac{1}{k_s}=\frac{1}{k_b}+\frac{1}{k_c}+\frac{1}{k_h} \tag{3.3.86}$$

式中，k_b 为滚子轴的弯曲刚度；k_c 为滚子轴承刚度；k_h 为凸轮与滚子啮合接触时的接触刚度。

对于推杆与驱动环接触处的等效接触刚度 k_t 和推杆与偏心轮接触处的等效接触刚度 k_v，可用上面的类似方法确定。

对于凸轮结构，相关部位的等效接触刚度一般有如图 3.3.16 所示的三种计算模型。当凸轮分度结构凸轮曲面与滚子无侧隙理想啮合时，等效刚度计算模型如图 3.3.16(a)所示，由于一个推杆的两个滚子在分度过程中分别与共轭凸轮同时啮合接触，其等效刚度不同，因此刚度变化曲线为非对称形式；当凸轮分度结构由于零部件加工误差或安装误差等因素，在凸轮曲面与滚子之间出现预压时，其等效刚度计算模型如图 3.3.16(b)所示，图中 F_0 为预压负载，其数值大小可根据实验测取；当凸轮曲面与滚子之间存在间隙时，等效刚度计算模型如图 3.3.16(c)所示；当滚子由于机构间隙的存在，与凸轮曲面不接触时，其等效刚度为零。

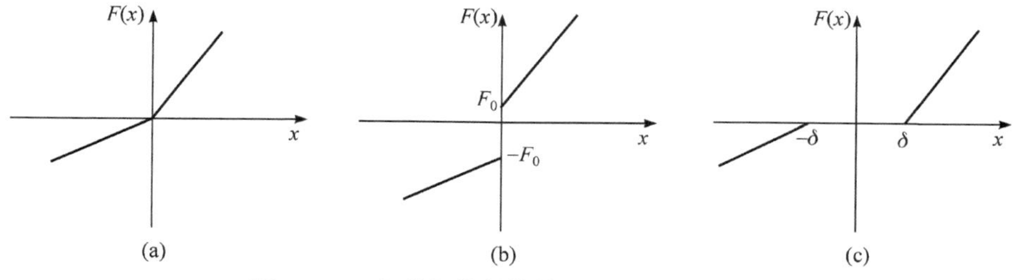

图 3.3.16 相关部位的等效接触刚度计算模型

3.4 圆柱分度凸轮结构的动力学分析

3.4.1 圆柱分度凸轮的廓形曲面方程

1. 凸轮与滚子的啮合过程

建立凸轮廓形曲面方程可采用共轭法、包络法，也可采用空间啮合原理来求解，这些方法求解过程都比较复杂。下面采用等距曲面原理，导出从动转盘(从动

件)在满足各种多项式运动规律下圆柱分度凸轮廓形的曲面方程。

圆柱凸轮结构包含输入轴、圆柱凸轮、分度盘、分度滚子和输出轴共 5 个构件，如图 3.4.1 所示。输入轴与输出轴垂直交叉，圆柱凸轮装在输入轴上，分度盘装在输出轴上，分度滚子沿圆周方向均匀分布在分度盘上，其轴线与输出轴的轴线平行。

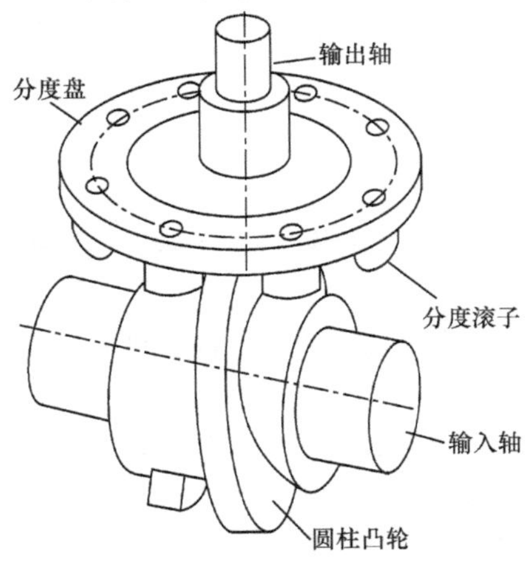

图 3.4.1　圆柱凸轮结构简图

分度滚子有圆柱形滚子和圆锥形滚子两种形式，圆锥形滚子的预紧调整和间隙补偿作用比圆柱形滚子好。在运动过程中，凸轮与不同的滚子通过进入啮合、退出啮合的过程来达到分度、转位、停歇的目的，啮合过程如图 3.4.2 所示，图中的弧形展开轮廓为圆柱凸轮。图 3.4.2(a)为分度盘停歇位置，分度盘上的分度滚子 1 与 6 跨夹在圆柱凸轮的环形定位面两侧，使分度盘保持不动；图 3.4.2(b)为凸轮旋转时，分度盘开始转位，凸轮右侧廓线推动分度滚子 6 使转盘逆时针方向旋转；运转一段时间后，分度滚子 6 脱离啮合；由凸轮的另一条右侧廓线推动分度滚子 1 使转盘转动，如图 3.4.2(c)所示；继续运转，进入图 3.4.2(d)所示位置，两个分度滚子 1 和 2 取代图 3.4.2(a)的两个分度滚子 6 和 1 跨夹在凸轮环形定位面两侧，转盘转位完毕，一个周期结束，分度盘又处于停歇位置。这种凸轮分度结构具有很高的定位精度，其运动学及动力学性能可以由设计凸轮廓线曲面来保证。

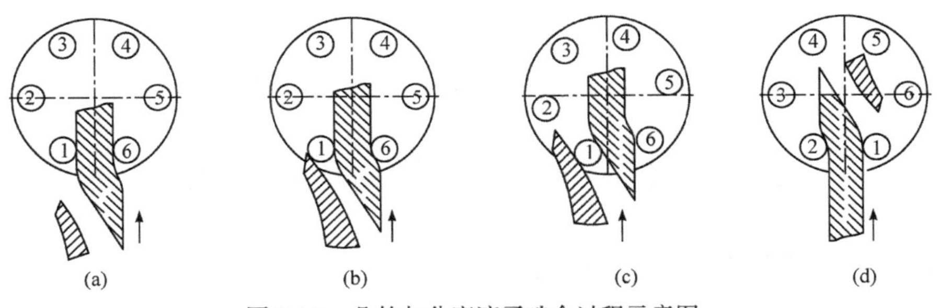

图 3.4.2　凸轮与分度滚子啮合过程示意图

2. 等距曲面原理

圆柱分度凸轮廓形设计无论是采用包络法还是共轭曲面法，都是利用滚子外圆柱面的包络或啮合，求解过程中要进行非线性方程组的求解，过程复杂，不便于理论分析，也不便于利用计算机辅助求解。利用等距曲面原理求解圆柱分度凸轮廓形，充分利用了凸轮的结构特点和工作原理，几何意义明确、求解过程简单。如图 3.4.3 所示，在空间曲面Σ上，对任意一点 P，沿其单位法线 $\boldsymbol{n}$ 截取点 P_1，使得 $PP_1=h$，则 P_1 点形成的曲面Σ_1为空间曲面Σ的等距曲面。

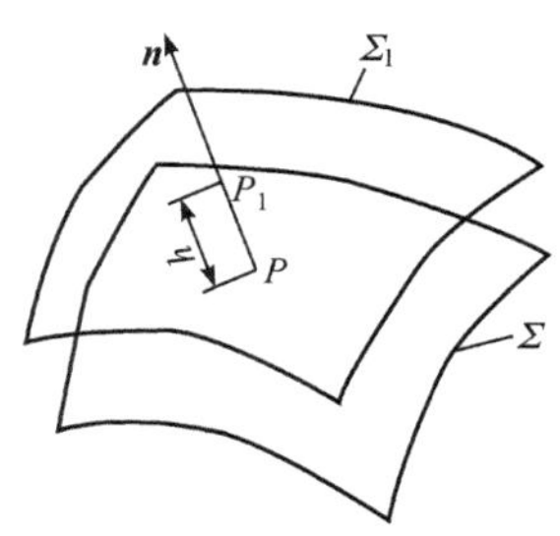

图 3.4.3　等距曲面原理图

3. 凸轮廓形曲面方程

圆柱分度凸轮的定位方式有脊定位和槽定位，旋向分左旋和右旋，头数有单头和多头之分。凸轮的转速为 ω，顺时针等速转动，圆柱分度凸轮与滚子啮合使分度盘按照一定的规律做间歇分度运动。分度盘的运动规律由圆柱凸轮廓线的形状决定，圆柱分度结构的动力学特性在很大程度上由凸轮廓线来保证。分度盘的运动规律有等速、等加速-等减速、正弦-余弦加速度、多项式函数等，从动件的运动规律一般根据圆柱凸轮工作时的速度和载荷来评定和选择。

设圆柱分度凸轮旋转的角度为θ，则从动转盘旋转的角度为φ，θ与φ之间的函数关系可表示为

$$\varphi = F(\theta) = F(\omega t) \tag{3.4.1}$$

圆柱分度凸轮结构如图 3.4.4(d)所示，建立 3 个坐标系，即固定坐标系、分度盘从动坐标系和凸轮从动坐标系，图 3.4.4(a)、(b)、(c)分别为圆柱分度凸轮结构的主、左、俯视图，分别描述了 3 个坐标系之间的相对运动关系。以圆柱凸轮中心 O 为坐标原点建立固定坐标系 $Oxyz$，凸轮旋转轴为 x 轴，z 轴与分度盘回转轴平行，y 轴由右手规则确定；以分度盘下表面的中心 O_1 为坐标原点建立与分度盘固连的动坐标系 $O_1x_1y_1z_1$，在 $t=0$ 时刻，x_1、y_1 分别与 x 轴、y 轴平行，z_1 轴为分度盘轴线；动坐标系 $O_2x_2y_2z_2$ 与凸轮固连，原点 O_2 与 O 重合，该坐标系随着凸轮绕 x_2 轴做定轴转动。圆柱分度凸轮结构的参数规定如下：凸轮分度数 n_i，滚子数目 n_r，对于单头分度凸轮 $n_i=n_r$，动程角 φ_1，滚子分布圆半径 r_p，凸轮半径 r_c，滚子半径 r_r。图 3.4.4 为凸轮和分度盘的初始位置，圆柱分度凸轮结构的中心距为 a，滚子顺时针排列，$i=1,2,\cdots,n_r$，滚子均匀分布在半径为 r_p 的圆上，第 i 个滚子圆心为 O_i，第 i 个滚子的初始位置表示为

$$\varphi_{i0} = \frac{3\pi}{2} - \frac{2\pi}{n_i}\left(i - \frac{1}{2}\right) \tag{3.4.2}$$

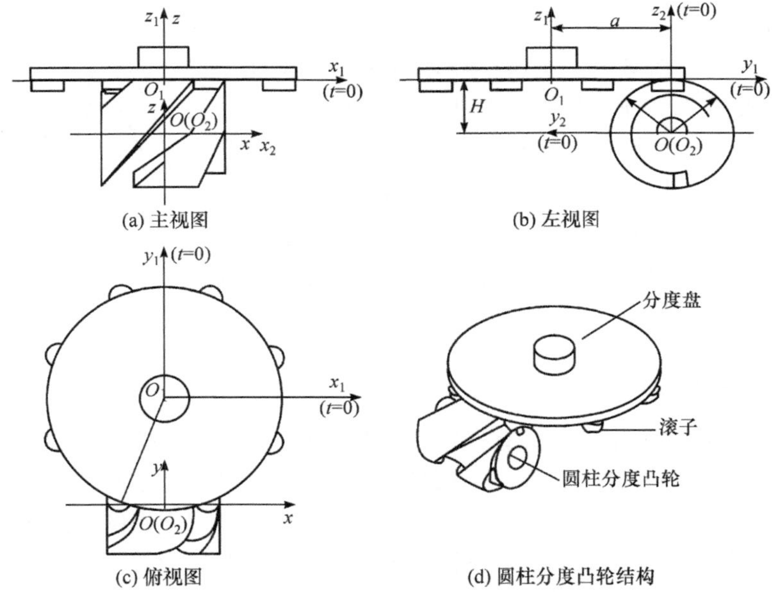

(a) 主视图　(b) 左视图　(c) 俯视图　(d) 圆柱分度凸轮结构

图 3.4.4　圆柱分度凸轮结构的坐标系

分度盘按一次多项式的运动规律(等速运动规律)为

$$S = C_0 + C_1\theta \tag{3.4.3}$$

考虑到边界条件，得到从动件的运动规律为

$$\varphi = \frac{2\pi}{n_i}\frac{\theta}{\theta_1} \tag{3.4.4}$$

故第 i 个滚子在 $Oxyz$ 坐标系中 t 时刻的位置角为

$$\varphi_i = \varphi_{i0} + \varphi = \frac{3\pi}{2} - \frac{2\pi}{n_i}\left(i - \frac{1}{2}\right) + \frac{2\pi}{n_i}\frac{\theta}{\theta_1} \tag{3.4.5}$$

分度盘按二次多项式的运动规律为

$$S = C_0 + C_1\theta + C_2\theta^2 \tag{3.4.6}$$

考虑到边界条件，得到从动件的运动规律为

$$\varphi = \frac{4\pi}{n_i}\left(\frac{\theta}{\theta_1}\right)^2, \quad \varphi_i = \frac{3\pi}{2} - \frac{2\pi}{n_i}\left(i - \frac{1}{2}\right) + \frac{4\pi}{n_i}\left(\frac{\theta}{\theta_1}\right)^2 \tag{3.4.7}$$

分度盘按五次多项式的运动规律为

$$S = C_0 + C_1\theta + C_2\theta^2 + C_3\theta^3 + C_4\theta^4 + C_5\theta^5 \tag{3.4.8}$$

考虑到边界条件，得到从动件的运动规律为

$$
\begin{aligned}
&\varphi=\frac{20\pi}{n_i}\left(\frac{\theta}{\theta_1}\right)^3-\frac{30\pi}{n_i}\left(\frac{\theta}{\theta_1}\right)^4+\frac{12\pi}{n_i}\left(\frac{\theta}{\theta_1}\right)^5\\
&\varphi_i=\frac{3\pi}{2}-\frac{2\pi}{n_i}\left(i-\frac{1}{2}\right)+\frac{20\pi}{n_i}\left(\frac{\theta}{\theta_1}\right)^3-\frac{30\pi}{n_i}\left(\frac{\theta}{\theta_1}\right)^4+\frac{12\pi}{n_i}\left(\frac{\theta}{\theta_1}\right)^5
\end{aligned}
\tag{3.4.9}
$$

式(3.4.5)、式(3.4.7)和式(3.4.9)为三种运动规律下滚子的位置角，从而可得出第 i 个滚子在 $Oxyz$ 坐标系下圆心轴线坐标为

$$
x=r\cos\varphi_i,\quad y=a+r\sin\varphi_i,\quad z=H+\rho \tag{3.4.10}
$$

式中，H 为凸轮轴线与从动盘下底面之间的垂直距离，如图 3.4.4(b)所示；ρ为沿母线方向(即滚子轴线方向)的增量。

凸轮以ω 的角速度匀速转动，则在 $O_2x_2y_2z_2$ 坐标下滚子轴线坐标的表达式为

$$
\{x_2\quad y_2\quad z_2\}^{\mathrm{T}}=\boldsymbol{A}\{x\quad y\quad z\}^{\mathrm{T}} \tag{3.4.11}
$$

式中，$\boldsymbol{A}$ 为变换矩阵，与凸轮旋向有关，当凸轮左旋或右旋时，$\boldsymbol{A}$ 分别为

$$
\boldsymbol{A}=\begin{bmatrix}1&0&0\\0&\cos\varphi&\sin\varphi\\0&-\sin\varphi&\cos\varphi\end{bmatrix}\ (\text{左旋}),\quad \boldsymbol{A}=\begin{bmatrix}1&0&0\\0&\cos\varphi&-\sin\varphi\\0&\sin\varphi&\cos\varphi\end{bmatrix}\ (\text{右旋}) \tag{3.4.12}
$$

因此，在 $O_2x_2y_2z_2$ 坐标中，当凸轮左旋或右旋时，滚子轴线坐标的表达式分别为

$$
\begin{aligned}
&\begin{Bmatrix}x_2\\y_2\\z_2\end{Bmatrix}=\begin{Bmatrix}r\cos\varphi_i\\(a+\sin\varphi_i)\cos\theta+(H+\rho)\sin\theta\\-(a+\sin\varphi_i)\sin\theta+(H+\rho)\cos\theta\end{Bmatrix}\ (\text{左旋})\\
&\begin{Bmatrix}x_2\\y_2\\z_2\end{Bmatrix}=\begin{Bmatrix}r\cos\varphi_i\\(a+\sin\varphi_i)\cos\theta-(H+\rho)\sin\theta\\(a+\sin\varphi_i)\sin\theta+(H+\rho)\cos\theta\end{Bmatrix}\ (\text{右旋})
\end{aligned}
\tag{3.4.13}
$$

采用等距曲面原理求得圆柱分度凸轮廓形方程为

$$
x=x_{\mathrm{c}}(\theta)\boldsymbol{i}+y_{\mathrm{c}}(\theta)\boldsymbol{j}+z_{\mathrm{c}}(\theta)\boldsymbol{k},\quad y=y_{\mathrm{c}}(\theta)\boldsymbol{j}+z_{\mathrm{c}}(\theta)\boldsymbol{k} \tag{3.4.14}
$$

式中，

$$
\begin{aligned}
&x_{\mathrm{c}}(\theta)=\frac{d_{\mathrm{p}}\cos\varphi_i}{2}+\frac{Ir_{\mathrm{r}}}{|n|},\quad y_{\mathrm{c}}(\theta)=(H+\rho)\sin\theta+y(\theta)\cos\theta+\frac{Jr_{\mathrm{r}}}{|n|}\\
&z_{\mathrm{c}}(\theta)=(H+\rho)\cos\theta-y(\theta)\sin\theta+\frac{Kr_{\mathrm{r}}}{|n|},\quad I=\sqrt{R_{\mathrm{c}}^2-y^2(\theta)}+\rho+y'(\theta)\\
&J=\frac{d_{\mathrm{p}}\pi\omega}{2n_i\varphi_1}\sin\varphi_i\sin\frac{\pi\omega t}{\varphi_1}\cos\theta,\quad K=\frac{d_{\mathrm{p}}\pi\omega}{2n_i\varphi_1}\sin\varphi_i\sin\frac{\pi\omega t}{\varphi_1}\sin\theta\\
&|n|=\sqrt{I^2+J^2+K^2}
\end{aligned}
\tag{3.4.15}
$$

应用等距曲面原理导出了圆柱凸轮间歇运动机构在从动盘满足一次多项式运动规律、二次多项式运动规律、五次多项式运动规律下圆柱凸轮廓形的曲面方程。其计算简单，几何意义明确，避免了烦琐复杂的公式推导和变换，同时也避免了共轭法和包络法得不到解的情况，提高了运算效率。由等距曲面原理的几何意义可知，这种算法只适合圆柱滚子的情况，求解有一定的局限性。

3.4.2 圆柱凸轮结构的三自由度刚柔耦合动力学模型

1. 圆柱凸轮结构及其广义坐标

对于如图 3.4.1 所示的圆柱凸轮结构，其主动轴通过联轴器与齿轮减速器相连。假设主动轮、从动轮和减速器为刚体，没有弹性变形，凸轮轴和从动轴的质量不计，只有刚度和阻尼。若从动轮、主动轮和减速器的转动惯量分别为 I_f、I_c 和 I_r，建立如图 3.4.5 所示的力学模型。以从动轮的实际转动角度θ_{fr}、减速器输出轴的转动角度θ_r、主动轮的理论转动角度θ_c 为广义坐标，则可建立系统的运动微分方程。

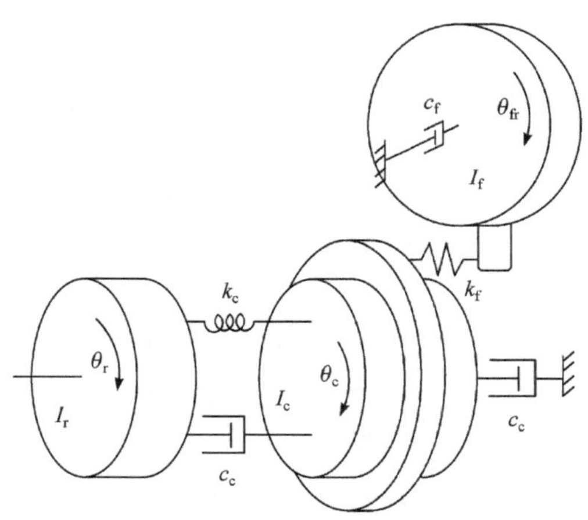

图 3.4.5 圆柱凸轮结构的刚柔耦合模型

2. 圆柱凸轮结构的三自由度运动微分方程

对于如图 3.4.5 所示的圆柱凸轮结构的刚柔耦合模型，由牛顿运动定理，得到系统的运动微分方程为

$$I_r\ddot{\theta}_r + M_{rc} = T_r,\quad I_c\ddot{\theta}_c + \mu F R_c = M_{rc},\quad I_f\ddot{\theta}_{fr} + c_f\dot{\theta}_{fr} + T_f = FR_f \tag{3.4.16}$$

式中，R_c、R_f 分别为主、从动轮在接触点的半径；θ_{fr} 为从动轮的理论转动角度；T_r 为减速器输出扭矩；T_f 为从动轮负载；M_{rc} 为减速器和主动轮之间的作用力矩；F 为主动轮作用力；μ 为凸轮接触面间的摩擦系数；c_f 为从动轮转动阻尼系数。

M_{rc} 和 F 可分别表示为

$$
M_{rc}=\begin{cases}0, & |\theta_r-\theta_c|\leqslant g_c/2\\ [k_c(\theta_r-\theta_c-g_c/2)+c_c(\dot{\theta}_r-\dot{\theta}_c)]R_c, & \theta_r-\theta_c>g_c/2\\ [k_c(\theta_r-\theta_c+g_c/2)+c_c(\dot{\theta}_r-\dot{\theta}_c)]R_c, & \theta_r-\theta_c<-g_c/2\end{cases}
$$

$$
F=\begin{cases}0, & |\theta_{fr}-\theta_f|\leqslant g_f/2\\ k_f(\theta_{fr}-\theta_f-g_f/2), & \theta_{fr}-\theta_f>g_f/2\\ k_f(\theta_{fr}-\theta_f+g_f/2), & \theta_{fr}-\theta_f<-g_f/2\end{cases} \tag{3.4.17}
$$

式中，k_c 为主动轮轴与联轴器间的扭转刚度；k_f 为主、从动轮间的等效刚度；c_c 为主动轮及联轴器转动阻尼系数；g_c、g_f 分别为主、从动轮接触间隙。

求解运动微分方程组(3.4.16)，即可得到系统的响应。系统的运动规律与从动轮的运动有关，这里假设从动轮的转角和主动轮的接触点的半径分别为

$$
\theta_f=h(\theta_c),\quad R_c=a-R_f\cos(\theta_{fr}) \tag{3.4.18}
$$

式中，a 为主、从动轮中心距。由式(3.4.18)的第一式可得

$$
\ddot{\theta}_f=h(\ddot{\theta}_c)\dot{\theta}_c^2+h(\dot{\theta}_c)\ddot{\theta}_c \tag{3.4.19}
$$

考虑到式(3.4.17)～式(3.4.19)，求解方程(3.4.16)可得圆柱凸轮结构的运动响应。

3.4.3　考虑间隙和柔性轴的圆柱分度凸轮结构动力学模型

1. 圆柱分度凸轮工作原理及其考虑因素

图 3.4.6 为圆柱分度凸轮结构简图，包括原动机、减速器、分度凸轮装置、工作盘等，分度凸轮装置的输入轴通过联轴器与减速器相连接，输出轴与工作盘相连接。分度凸轮装置对圆柱分度凸轮结构的动力学特性起着决定性作用，是振动、动载、噪声的主要来源。为了能准确、全面地描述系统的特性，主要考虑以下几方面的因素。①在高速运转且轴的刚度有限的情况下，必须考虑传动轴的扭转变形对系统动力特性的影响，即认为传动轴为柔性轴。②圆柱分度凸轮结构分为沟槽式和凸脊式结构，转位盘的定位靠沟槽或凸脊实现。由于配合公差、制造误差、磨损等因素，从动滚子与凸轮轮廓之间存在间隙，当加速度反向和振动时就会出现滚子从轮廓的一侧向另一侧的横越冲击，引起噪声与磨损，因此必须考虑间隙问题。③由于载荷变化、传动误差、轴扭转变形等会引起传动轴角速度的变化而产生角加速度，若以凸轮匀角速度转动来确定从动件运动规律，即转位盘的理论位置和间隙内油膜实际厚度不准确，需要以凸轮实际角位移计算油膜厚度。④假定电机的输出功率恒定,电机及减速器的转动惯量需要等效到凸轮轴的输入端上。⑤忽略轴的弯曲变形、轴向变形、驱动电机特性等因素对凸轮系统动力学特性的影响。

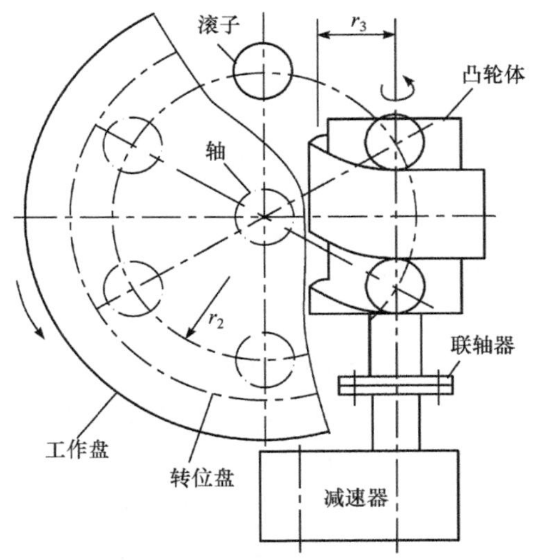

图 3.4.6　圆柱分度凸轮结构简图

2. 圆柱分度凸轮结构的模型简化及广义坐标选择

对于图 3.4.6 所示的圆柱分度凸轮结构，将工作盘、转位盘、凸轮体和减速器简化为集中质量元件，其转动惯量分别为 I_1、I_2、I_3、I_4；将工作盘轴、转位盘轴和凸轮体轴简化为弹性元件，其扭转刚度分别为 k_1、k_2 和 k_4；工作盘与转位盘、凸轮体与减速器之间具有阻尼，相对阻尼系数分别为 c_1、c_4；从动滚子和凸轮体之间具有间隙，其阻尼系数分别为 c_2、c_3。在动力学特性分析中，选择工作盘、转位盘、凸轮体和减速器的转角 θ_1、θ_2、θ_3、θ_4 作为广义坐标。根据集中质量法，可以将图 3.4.6 所示的具有间隙的圆柱分度凸轮结构简化为图 3.4.7 所示的圆柱分度凸轮结构力学模型。

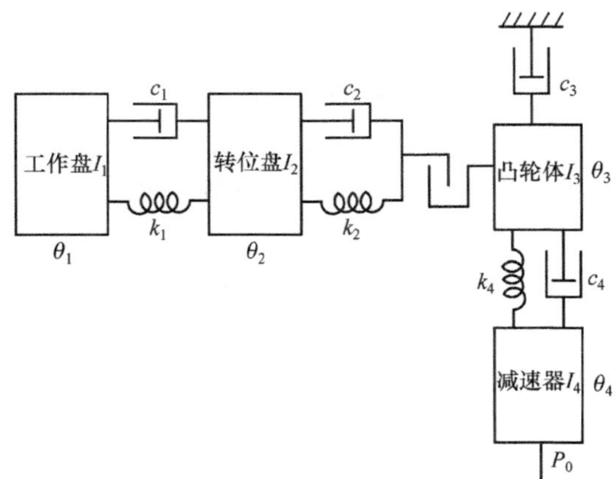

图 3.4.7　圆柱分度凸轮结构的力学模型

3. 圆柱分度凸轮结构的动力学方程

1) 系统的动能

将圆柱分度凸轮结构看成保守的传动系统，从而得到系统的动能、势能和耗散函数分别为

$$
\begin{aligned}
T &= \frac{1}{2}I_1\dot{\theta}_1^2 + \frac{1}{2}I_2\dot{\theta}_2^2 + \frac{1}{2}I_3\dot{\theta}_3^2 + \frac{1}{2}I_4\dot{\theta}_4^2 \\
V &= \frac{1}{2}k_1(\theta_2 - \theta_1)^2 + \frac{1}{2}k_2\theta_2^2 + \frac{1}{2}k_4(\theta_4 - \theta_3)^2 \\
H &= \frac{1}{2}c_1(\dot{\theta}_2 - \dot{\theta}_1)^2 + \frac{1}{2}c_2\dot{\theta}_2^2 + \frac{1}{2}c_3\dot{\theta}_3^2 + \frac{1}{2}c_4(\dot{\theta}_4 - \dot{\theta}_3)^2
\end{aligned}
\tag{3.4.20}
$$

2) 运动微分方程

将式(3.4.20)代入拉格朗日方程(3.3.39)，并整理得到圆柱凸轮结构的运动微分方程为

$$
\begin{aligned}
&I_1\ddot{\theta}_1 + c_1(\dot{\theta}_1 - \dot{\theta}_2) + k_1(\theta_1 - \theta_2) = 0 \\
&I_2\ddot{\theta}_2 - c_1\dot{\theta}_1 + (c_1 + c_2)\dot{\theta}_2 - k_1\theta_1 + k_1\theta_2 = M_{\mathrm{d}} \\
&I_3\ddot{\theta}_3 + (c_3 + c_4)\dot{\theta}_3 - c_4\dot{\theta}_4 + k_4\theta_3 - k_4\theta_4 = -M_{\mathrm{r}} \\
&I_4\ddot{\theta}_4 + c_4(\dot{\theta}_4 - \dot{\theta}_3) + k_4(\theta_4 - \theta_3) = P_0/\dot{\theta}_4
\end{aligned}
\tag{3.4.21}
$$

式中，P_0为减速器的输出功率；M_{d}、M_{r}分别为从动滚子所受的驱动力矩、凸轮体所受的阻抗力矩。

3) 系统参数的确定

(1) 系统刚度的确定。

工作盘轴、转位盘轴和凸轮轴的等效扭转刚度可以表示为

$$
k_i = \frac{d_i^4}{32G_i l_i}, \quad i = 1,2,4 \tag{3.4.22}
$$

式中，d_1、d_2和d_4分别为工作盘轴、转位盘轴和凸轮轴的直径；l_1、l_2和l_4分别为工作盘轴、转位盘轴和凸轮轴的长度；G_1、G_2和G_4分别为工作盘轴、转位盘轴和凸轮轴材料的扭转弹性模量。

(2) 系统阻尼的确定。

等效阻尼可表示为$c_i = (0.03 \sim 0.07)c_{\mathrm{c}i}$ ($i = 1,2,4$)，其中，$c_{\mathrm{c}i}$为临界阻尼，可以表示为

$$
c_{\mathrm{c}i} = 2\sqrt{I_i k_i}, \quad i = 1,2,4 \tag{3.4.23}
$$

在对处于润滑中的凸轮体和从动滚子之间间隙内油膜所产生的推力进行计算

时，可将间隙简化为非线性阻尼，可表示为

$$F_{\mathrm{t}} = -\frac{12\pi\eta b_{\mathrm{f}}\Delta v}{[R_{\mathrm{e}}/(2\delta_{\mathrm{f}})]^{3/2}} \tag{3.4.24}$$

式中，η 为油膜的黏度；Δv 为转位盘与凸轮输入的相对速度；b_{f}为油膜宽度，即滚子的有效长度；δ_{f} 为受压油膜厚度，即滚子与凸轮廓线间的实际作用间隙；R_{e}为等效半径，可以将滚子半径 R_1 和凸轮廓线在接触点处的曲率半径 R_2 表示为 $R_{\mathrm{e}} = R_1R_2/(R_1+R_2)$。

通常滚子半径与凸轮廓线的曲率半径相比很小，所以可以近似用滚子半径替代。

转位盘滚子接近凸轮廓面的相对速度可以表示为

$$\Delta v = \dot{\theta}_2 - v(\theta_3) \tag{3.4.25}$$

式中，$v(\theta_3)$为凸轮实际旋转位置θ_3所对应的凸轮廓线接触点处的速度，由从动件运动规律确定。

(3) 滚子与凸轮廓线间的实际作用间隙δ_{f}的确定。

当 $\dot{\theta}_2 < v(\theta_3)$ 时，即 F_{t} 为正值而驱动滚子使转位盘前进，这时有 $\delta_{\mathrm{f}}=\delta-[\theta_2-s(\theta_3)]$；当 $\dot{\theta}_2 > v(\theta_3)$ 时，即 F_{t} 为负值而阻碍滚子前进，这时有 $\delta_{\mathrm{f}}=\delta+[\theta_2-s(\theta_3)]$。其中 $s(\theta_3)$为凸轮实际旋转位置所对应的凸轮廓线接触点处的位移，可由从动件运动规律确定；δ为单边间隙。

当油膜的挤压力 F_{t} 确定后，则可计算出作用在转位盘滚子上的驱动力矩 M_{d} 和凸轮体所受的阻抗力矩 M_{r}。如图 3.4.8 所示，凸轮和滚子之间的作用力 F_{c} 可以分解为沿转位盘的周向力 F_{t} 和径向力 F_{r}，则有

$$\begin{aligned} &F_{\mathrm{r}} = F_{\mathrm{t}}\tan\alpha = F_{\mathrm{t}}\frac{r_3\sin\theta_2 + r_2\theta_2'}{r_3\cos\theta_2}, \quad M_{\mathrm{d}} = F_{\mathrm{t}}r_2 \\ &M_{\mathrm{r}} = F_{\mathrm{r}3}\cos\theta_2 = F_{\mathrm{t}}(r_3\sin\theta_2 + r_2\theta_2') \end{aligned} \tag{3.4.26}$$

式中，α 为压力角；r_2、r_3 分别为转位盘滚子节圆半径、凸轮基圆半径；θ_2' 为转位盘与凸轮的角速度之比，即

$$\theta_2' = \frac{\mathrm{d}\theta_2}{\mathrm{d}\theta_3} = \frac{\dot{\theta}_2}{\dot{\theta}_3} \tag{3.4.27}$$

将式(3.4.26)代入式(3.4.21)，整理可得

$$\begin{aligned} &I_1\ddot{\theta}_1 + c_1(\dot{\theta}_1 - \dot{\theta}_2) + k_1(\theta_1 - \theta_2) = 0, \\ &I_2\ddot{\theta}_2 - c_1\dot{\theta}_1 + (c_1 + c_2)\dot{\theta}_2 - k_1\theta_1 + k_1\theta_2 = F_{\mathrm{t}}r_2 \\ &I_3\ddot{\theta}_3 + (c_3+c_4)\dot{\theta}_3 - c_4\dot{\theta}_4 + k_4\theta_3 - k_4\theta_4 = -F_{\mathrm{t}}(r_3\sin\theta_2 + r_2\dot{\theta}_2/\dot{\theta}_3) \\ &I_4\ddot{\theta}_4 + c_4(\dot{\theta}_4 - \dot{\theta}_3) + k_4(\theta_4 - \theta_3) = P_0/\dot{\theta}_4 \end{aligned} \tag{3.4.28}$$

式(3.4.28)为四自由度系统的非线性微分方程组，系数随时间变化，通常采用

数值计算方法进行求解。

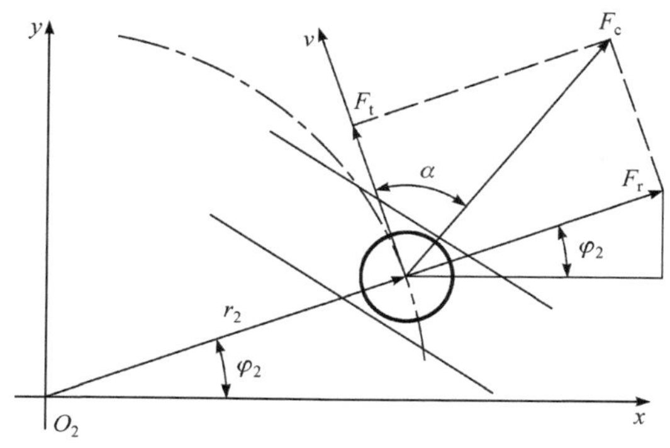

图 3.4.8　油膜作用力

3.4.4　圆柱凸轮结构的机电耦合动力学模型

1. 永磁同步电机的数学模型

圆柱凸轮结构的机电系统动力学就是研究传动系统元件在传递力和运动过程中的动力问题，该机电传动系统主要包括电机驱动、传动机构、负载等三大部分，传动系统各部分之间相互配合以实现将电磁能向机械能的转换。电机通过传动机构将运动和力传递至负载端的过程中，负载端阻力特性的变化不仅会对传动机构的运动产生影响，同时也会对电机的电压、电流等电参数产生一定的影响。电参数的变化也将反过来对机械环节产生影响，电参数与机械力学参数间将形成复杂的耦合效应，因此在进行动力学分析时，需将电机驱动部分、传动机构、负载作为一个整体进行研究。

圆柱凸轮结构的机电系统中，大多采用交流永磁同步电机，该电机内部的电磁关系复杂，是一个强耦合的非线性系统，对其直接控制难度较大。为了获得更加简单的电机数学模型，可通过坐标变换理论对电机三相定子坐标系下的数学模型进行变换，使其各相之间的耦合得以简化，并采用相关控制策略将其等效转换为直流电机模型，从而可获得像直流电机一样的控制性能，对电机进行分析和控制。

在建立电机数学模型时，进行以下假设：①磁路不饱和，不计涡流和磁滞损耗；②电机有完全对称的磁路和绕组；③转子、永磁体上无阻尼作用；④永磁材料电导率为零；⑤永磁铁在气隙中产生的磁场呈正弦分布。

永磁同步电机的数学模型可分别在 $OXYZ$ 三相静止坐标系、Oxy 两相静止坐标系和 $O\alpha\beta$ 两相旋转坐标系下建立，如图 3.4.9 所示。$OXYZ$ 坐标系中，三个坐标轴分别为定子三相绕组的轴线，彼此之间的空间角度为 120°；Oxy 两相静止坐标系中，x 轴与 $OXYZ$ 坐标系中的 X 轴重合，y 轴由 x 轴逆时针旋转 90°得到；$O\alpha\beta$ 两相转子坐标系中，α 轴为转子磁极轴线，β 轴位于将 α 轴逆时针旋转 90°的轴线上，同时 $O\alpha\beta$ 坐标系将随转子以角速度 ω 同步旋转。三个坐标系下的电机数学模型可以通过 Clark 变换矩阵和 Park 变换矩阵实现相互转换，其中将 $OXYZ$ 坐标系变换为 Oxy 坐标系称为 **Clark 变换**，将 Oxy 坐标系变换为 $O\alpha\beta$ 坐标系称为 **Park 变换**。

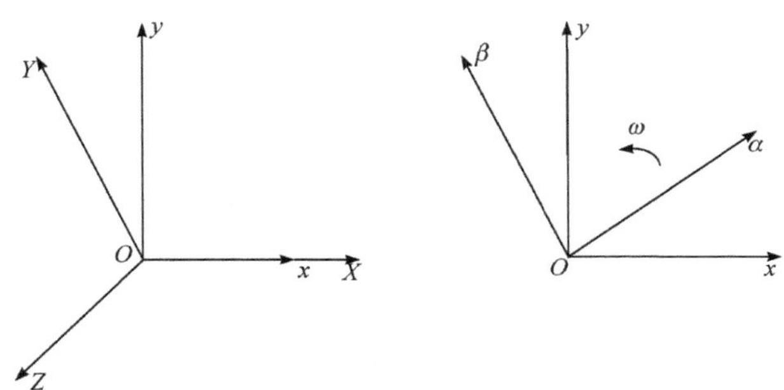

图 3.4.9　永磁同步电机坐标系

永磁同步电机在 $OXYZ$ 坐标系下的数学方程可表示为

$$\begin{cases}\begin{Bmatrix}u_a\\u_b\\u_c\end{Bmatrix}=\begin{bmatrix}R_a&0&0\\0&R_b&0\\0&0&R_c\end{bmatrix}\begin{Bmatrix}i_a\\i_b\\i_c\end{Bmatrix}+\dfrac{\mathrm{d}}{\mathrm{d}t}\begin{Bmatrix}\psi_a\\\psi_b\\\psi_c\end{Bmatrix}\\ \begin{Bmatrix}\psi_a\\\psi_b\\\psi_c\end{Bmatrix}=\begin{bmatrix}L_a&M&M\\M&L_b&M\\M&M&L_c\end{bmatrix}\begin{Bmatrix}i_a\\i_b\\i_c\end{Bmatrix}+\begin{Bmatrix}\psi_\mathrm{f}\cos\theta\\\psi_\mathrm{f}\cos(\theta-2\pi/3)\\\psi_\mathrm{f}\cos(\theta+2\pi/3)\end{Bmatrix}\end{cases}\tag{3.4.29}$$

式中，u_a、u_b、u_c 分别为定子三相绕组端电压；ψ_a、ψ_b、ψ_c 分别为定子三相绕组磁链；i_a、i_b、i_c 分别为定子三相绕组电流；ψ_f 为永磁铁产生的磁链；R_a、R_b、R_c 为各相绕组电阻；L_a、L_b、L_c 为各相绕组的自感，由电机假设条件有 $R_a=R_b=R_c=R$，$L_a=L_b=L_c=L$；M 为绕组间互感；θ 为转子位置角。

为了实现永磁同步电机数学模型的解耦，可采用 $O\alpha\beta$ 坐标系下的数学模型对其电机运动状态进行描述，即先进行 Clark 变换，再进行 Park 变换，可得到 $O\alpha\beta$ 坐标系下的电机动力特性方程为

$$\begin{Bmatrix}f_\alpha\\f_\beta\end{Bmatrix}=\sqrt{\frac{2}{3}}\begin{bmatrix}\cos\theta&\cos(\theta-2\pi/3)&\cos(\theta+2\pi/3)\\-\sin\theta&-\sin(\theta-2\pi/3)&-\sin(\theta+2\pi/3)\end{bmatrix}\begin{Bmatrix}f_a\\f_b\\f_c\end{Bmatrix}\tag{3.4.30}$$

式中，f 可代表电流、电压或磁链。

永磁同步电机在 $O\alpha\beta$ 坐标系下的电压方程、磁链方程、电磁转矩方程和机械

运动学方程分别为

$$u_\alpha=\frac{\mathrm{d}\psi_\alpha}{\mathrm{d}t}-p_\mathrm{n}\omega\psi_\alpha+Ri_\alpha,\quad u_\beta=\frac{\mathrm{d}\psi_\beta}{\mathrm{d}t}+p_\mathrm{n}\omega\psi_\beta+Ri_\beta \tag{3.4.31}$$

$$\psi_\alpha=L_\alpha i_\alpha+\psi_\mathrm{f},\quad \psi_\beta=L_\beta i_\beta \tag{3.4.32}$$

$$M_\mathrm{e}=\frac{3}{2}p_\mathrm{n}(\psi_\alpha i_\beta-\psi_\beta i_\alpha) \tag{3.4.33}$$

$$I\frac{\mathrm{d}\omega}{\mathrm{d}t}=M_\mathrm{e}-M_\mathrm{L}-c_\mathrm{m}\omega \tag{3.4.34}$$

式中，u_α、u_β分别为定子α、β轴电压；i_α、i_β分别为定子α、β轴电流；ψ_α、ψ_β分别为定子α、β轴磁链；ω 为转子角速度；p_n为电机磁极对数；R 为定子电阻；L_α、L_β 分别为定子绕组在α、β轴的电感；c_m 为黏滞摩擦系数(可忽略不计)；M_e 为电机电磁转矩；M_L为折算至电机轴的负载转矩；I 为折算至电机轴的等效转动惯量。

按照假设条件可得，$L_\alpha=L_\beta=L$，将式(3.4.32)代入式(3.4.31)和式(3.4.33)即可将$O\alpha\beta$ 坐标系下的电压方程和电磁转矩方程化为

$$\begin{aligned}&u_\alpha=L\frac{\mathrm{d}i_\alpha}{\mathrm{d}t}-p_\mathrm{n}\omega Li_\beta+Ri_\alpha,\quad u_\beta=L\frac{\mathrm{d}i_\beta}{\mathrm{d}t}-p_\mathrm{n}\omega(Li_\alpha+\psi_\mathrm{f})+Ri_\beta\\&M_\mathrm{e}=\frac{3}{2}p_\mathrm{n}\psi_\mathrm{f}i_\beta\end{aligned} \tag{3.4.35}$$

如果采用 $i_\alpha=0$ 的矢量控制方式，可实现α、β轴的解耦，即可将永磁同步电机复杂的数学模型等效转化为直流电机模型，解耦后的电机动力特性方程为

$$\dot{\omega}=\frac{1.5p_\mathrm{n}\psi_\mathrm{f}i_\beta+M_\mathrm{L}}{I},\quad \dot{i}_\beta=\frac{u_\beta-Ri_\beta-p_\mathrm{n}\psi_\mathrm{f}\omega}{I} \tag{3.4.36}$$

2. 圆柱凸轮分度结构的机电耦合动力学模型

1) 圆柱凸轮分度结构的动力学模型

影响圆柱凸轮结构机电耦合动态特性的因素有很多，如电机特性、输入和输出轴的刚度、凸轮廓面加工精度、廓面间隙以及结构本身安装制造误差等。若把所有因素考虑进去，会使动力学方程自由度增加，则求解难度将大大增加。因此根据结构的动力学特征对模型进行合理的简化和相关假设，主要考虑如下几方面影响因素：①凸轮和从动盘相对于输入轴、输出轴的刚度较大，可忽略其弹性变形；②考虑输入轴、输出轴高速运转下的扭转变形，忽略其轴向变形和弯曲变形；③考虑输入轴角速度的波动，即考虑电机因素对系统动态特性的影响；④凸轮廓面精确，忽略滚子与凸轮廓面的间隙及结构本身安装制造误差；⑤由于结构存在隔振效应，分析时忽略轴系间扭转振动的相互影响。

根据上述圆柱凸轮结构的特征和相关假设条件，将电机、凸轮、从动盘、负载盘视为四个集中转动惯量的元件。输出轴和输入轴(凸轮轴)简化为具有扭转弹性变形的轴，其扭转刚度分别为 $k_{\theta1}$、$k_{\theta3}$，扭转阻尼系数分别为 $c_{\theta1}$、$c_{\theta3}$。负载盘、从动盘、凸轮、电机转子的等效转动惯量分别为 I_1、I_2、I_3 和 I_4。在建立动力学模型时，选择负载盘的转角 θ_1、从动盘的转角 θ_2、圆柱凸轮的转角 θ_3、电机轴的转角 θ_4 为广义坐标，建立如图 3.4.10 所示的圆柱凸轮连续传动机构的动力学模型。

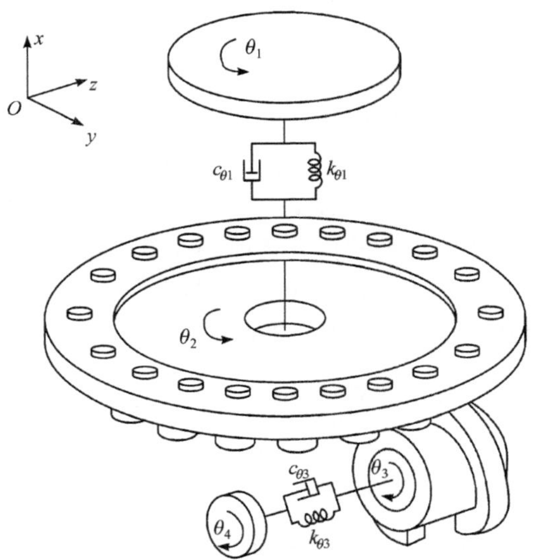

图 3.4.10　圆柱凸轮连续传动机构的动力学模型

2) 运动微分方程

对图 3.4.10 所示的圆柱凸轮分度结构的动力学模型，采用定轴转动方程分别建立载荷盘、从动盘、圆柱凸轮、电机的扭转运动微分方程，可表示为

$$\begin{aligned}
I_1\ddot{\theta}_1 &= -M_{\mathrm{L}} + k_{\theta1}(\theta_2-\theta_1) + c_{\theta1}(\dot{\theta}_2-\dot{\theta}_1) \\
I_2\ddot{\theta}_2 &= M_1 - k_{\theta1}(\theta_2-\theta_1) - c_{\theta1}(\dot{\theta}_2-\dot{\theta}_1) \\
I_3\ddot{\theta}_3 &= -M_2 + k_{\theta3}(\theta_4-\theta_3) + c_{\theta3}(\dot{\theta}_4-\dot{\theta}_3) \\
I_4\ddot{\theta}_4 &= M_{\mathrm{e}} + k_{\theta3}(\theta_4-\theta_3) - c_{\theta3}(\dot{\theta}_4-\dot{\theta}_3)
\end{aligned} \tag{3.4.37}$$

式中，M_{L} 为折算至电机轴的负载转矩；M_1 为圆柱凸轮作用在从动盘滚子上的驱动力矩；M_2 为圆柱凸轮所受的阻力矩；M_{e} 为电机的输出转矩。

3) 驱动力矩和阻力矩

为了确定系统的运动微分方程，需要确定输入轴的驱动力矩 M_1 和负载的阻力矩 M_2。圆柱凸轮结构在啮合传动过程中，圆柱凸轮与圆柱滚子的啮合点位置将不断变化，现选取圆柱滚子曲面上的一啮合点 P 进行力学分析。滚子和凸轮廓面之间为滚动摩擦，其摩擦力相对较小，可忽略不计，在理想传动状态下，假定凸轮和滚子为刚体不发生弹性变形，同时由于法向力 F_n 在垂直于从动盘的 x 轴方向分量较小，可将其忽略，则将法向力 F_n 简化为通过滚子的中心轴线垂直于滚子曲面且与从动盘上表面平行的力，机构的简化力学分析模型如图 3.4.11 所示。

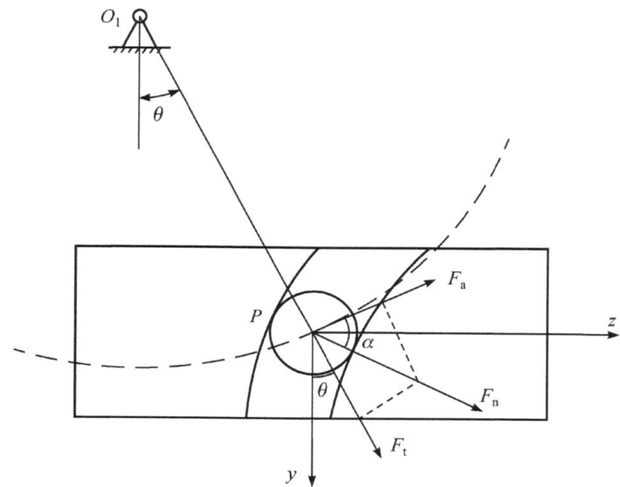

图 3.4.11　圆柱凸轮的受力分析模型

作用在滚子曲面上的法向力 F_n 可分解为

$$F_t = F_n \sin\alpha, \quad F_a = F_n \cos\alpha \tag{3.4.38}$$

式中，α 为接触点处的压力角，可按式(3.4.39)计算：

$$\alpha = \arctan\left(\left|\tan\theta - \frac{r_p}{i(L-h_1)\cos\theta}\right|\right) \tag{3.4.39}$$

式中，θ 为从动盘转角；L 为机构的基距；r_p 为从动盘节圆半径；h_1 为啮合点到从动盘上表面的垂直距离，计算时取滚子圆柱面的中点作为啮合点。

从动盘所受圆周力和径向力分别为

$$F_{t1} = F_a = M_L / r_p, \quad F_{r1} = F_t \tag{3.4.40}$$

式中，M_L 为负载转矩。

圆柱凸轮所受的圆周力和轴向力分别为

$$F_{t2} = F_a \sin\theta - F_t \cos\theta, \quad F_{a2} = F_t \sin\theta + F_a \cos\theta \tag{3.4.41}$$

则圆柱凸轮施加给从动盘滚子上的驱动力矩和圆柱凸轮所受的阻力矩分别为

$$M_1 = F_{a2} r_p, \quad M_2 = F_{t2}(L-h_1) \tag{3.4.42}$$

4) 机电耦合动力学模型

将式(3.4.42)代入式(3.4.37)，并整理得到

$$\begin{aligned}
&I_1\ddot{\theta}_1 + c_{\theta 1}\dot{\theta}_1 - c_{\theta 1}\dot{\theta}_2 + k_{\theta 1}\theta_1 - k_{\theta 1}\theta_2 = -M_{\mathrm{L}} \\
&I_2\ddot{\theta}_2 - c_{\theta 1}\dot{\theta}_1 + c_{\theta 1}\dot{\theta}_2 - k_{\theta 1}\theta_1 + k_{\theta 1}\theta_2 = F_{\mathrm{a}2} r_{\mathrm{p}} \\
&I_3\ddot{\theta}_3 + c_{\theta 3}\dot{\theta}_3 - c_{\theta 3}\dot{\theta}_4 + k_{\theta 3}\theta_3 - k_{\theta 3}\theta_4 = -F_{\mathrm{t}2}(L - h_1) \\
&I_4\ddot{\theta}_4 - c_{\theta 3}\dot{\theta}_3 + c_{\theta 3}\dot{\theta}_4 - k_{\theta 3}\theta_3 + k_{\theta 3}\theta_4 = M_{\mathrm{e}}
\end{aligned} \tag{3.4.43}$$

在圆柱凸轮结构的动力学方程(3.4.43)中，M_{L} 和 M_{e} 由电机特性决定。电机动力特性方程(3.4.35)、方程(3.4.36)和机械部分的运动学方程(3.3.43)共同组成了圆柱凸轮结构的机电耦合动力学模型。

3.5　弧面分度凸轮结构的动力学分析

弧面分度凸轮结构(又称滚子齿形凸轮分度机构)是一种高速间歇传动机构，如图 3.5.1 所示，由一个带有凸脊的空间凸轮和在径向放射状等分的装有滚子的从动盘组成，其作用是将主动件凸轮的连续或周期性转动转化为从动件的间歇运动。

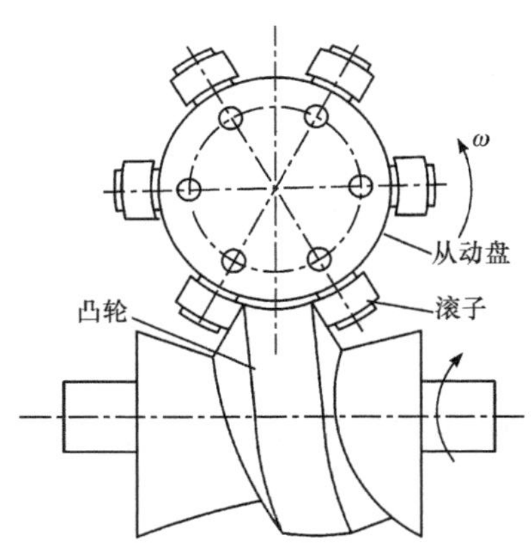

图 3.5.1　弧面分度凸轮结构

与其他各种常用的间歇结构比较，弧面分度凸轮具有以下一些优点。①通过调整凸轮轴和从动轴的中心距可实现结构在停留和分度期间都保持预紧，从而消除了传动间歇，使分度结构分度精度高、冲击振动小、运动平稳。②可获得转位与停歇的任何时间比例。转停时间可以根据工艺需要，在弧面分度凸轮轮廓上按不同转位角设计，制造出不同的停歇曲线。③可使从动件获得任何给定的运动规律。正确地选择运动规律，就可以保证凸轮在开始转动和终止转动的瞬时角速度为零，保证加速度曲线连续变化无中断，限制振动位移，降低运动速度。在允许范围内，可以实现平稳运转，无刚性冲击，保证加工质量。④结构可以具有足够的刚度。在设计弧面分度凸轮结构时，为了增强刚度和延长寿命，在其他条件允许的情况下，一般选用较小的压力角和较大的凸轮直径，因此支承轴、轴承尺寸也可以相应加大。与凸轮径向尺寸相比，一般弧面分度凸轮的轴向尺寸较小，两端轴承间距较小，故弧面分度凸轮结构都具有足够高的刚度。⑤弧面分度凸轮的连续运动直接由电动机经带轮、凸轮副输入，再经滚子带动转位盘使自动

机获得间歇的转停运动。因此，这种机构的传动链较短、精度高、运转可靠。但与其他间歇结构相比，弧面分度凸轮结构加工比较困难，这主要是由于凸轮的转位曲线要求精度较高，形状复杂，因此必须在专用机床上加工。转位盘的滚子分度精度要求较高，必须使用坐标机床或加工中心制造。⑥滚珠型弧面分度凸轮结构中的滚珠与凸轮及分度盘之间为点接触，降低了凸轮分度盘传动副对误差的敏感度，滚动摩擦程度提高，降低了磨损程度。滚珠型弧面分度凸轮结构中的滚珠作为媒介进行运动传递，结构运行中滚珠可以沿任意方向转动，滚珠自动绕相对滑动最小的瞬时轴转动，因而相对滑动小。结构中滚珠与凸轮以及滚珠与分度盘之间均为凸凹面啮合，润滑角大，因而容易形成油膜，啮合面间摩擦减小。

3.5.1　弧面分度凸轮结构的啮合原理和啮合面方程

1. 弧面分度凸轮结构的啮合原理

为了保证分度结构的正常运动和准确分度，对于弧面分度凸轮结构，主动件(凸轮)和从动件的空间曲面 $\varGamma_1$ 和 $\varGamma_2$ 都必须是正规的、连续光滑的曲面，二者啮合运动，始终保持相切接触，这一对曲面称为共轭曲面。令 $\varGamma_1$ 为从动件，$\varGamma_2$ 为主动件，为了建立 $\varGamma_1$ 和 $\varGamma_2$ 空间曲面的几何关系与运动关系，建立如图 3.5.2 所示的三个坐标系。从动件坐标系 $O_1x_1y_1z_1$ 与从动曲面 $\varGamma_1$ 固连，随其一起运动；主动件坐标系 $O_2x_2y_2z_2$ 与主动曲面 $\varGamma_2$ 固连，随其一起运动；固定坐标系 $Oxyz$。

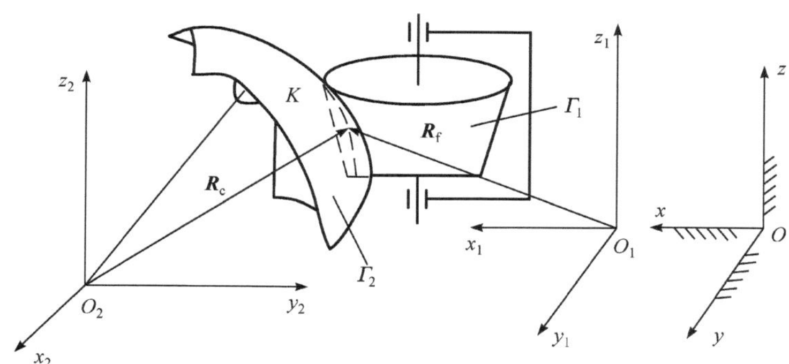

图 3.5.2　共轭曲面及其坐标系

设曲面 $\varGamma_1$ 的矢量函数为 $\boldsymbol{R}_f$(在 $O_1x_1y_1z_1$ 坐标系中)，曲面 $\varGamma_2$ 的矢量函数为 $\boldsymbol{R}_c$(在 $O_2x_2y_2z_2$ 坐标系中)。又设 $\varGamma_1$、$\varGamma_2$ 的曲面参数分别是 β_f、δ_f 与 β_c、δ_c，即

$$\boldsymbol{R}_f=\boldsymbol{R}_f(\beta_f,\delta_f),\quad \boldsymbol{R}_c=\boldsymbol{R}_c(\beta_c,\delta_c) \tag{3.5.1}$$

在某一瞬时，曲面 $\varGamma_1$ 与 $\varGamma_2$ 接触于一固定坐标系中的空间曲线 C_t。设此时曲面 $\varGamma_1$ 上的曲线 C_{tf} 与 C_t 重合；曲面 $\varGamma_2$ 上的曲线 C_{tc} 与 C_t 重合。C_t 称为**瞬时啮合线**，

C_{tf}与 C_{tc}分别称为Γ_1、Γ_2曲面上的瞬时接触线。在一个运动周期中，不同时刻的啮合线的集合形成一曲面，称为**啮合面**。曲线族 C_{tf}与 C_{tc}分别构成了曲面Γ_1与Γ_2的工作曲面部分。

设K是啮合线上的任一点，称为**瞬时啮合点**。若在瞬时t，Γ_1与Γ_2曲面上与K重合的点分别是K_1与K_2，称为**瞬时接触点**。在t时刻，二曲面有过K点(也过K_1、K_2点)的公共切平面π，因此也就有公共的法矢量$\boldsymbol{n}$。在接触点K_1、K_2处，二曲面做相对滑动和相对滚动，所以点K_1、K_2在固定坐标系中的速度$\boldsymbol{V}_1$、$\boldsymbol{V}_2$都处在公共切平面π上，其相对滑动速度$\boldsymbol{V}_{12}=\boldsymbol{V}_1-\boldsymbol{V}_2$也在公共切平面$\pi$上，因此有

$$\phi=\boldsymbol{n}\cdot\boldsymbol{V}_{12}=0 \tag{3.5.2}$$

式(3.5.2)称为空间曲面啮合条件，ϕ是曲面坐标(一般取从动的曲面坐标β_f、δ_f)和时间t的函数，称为啮合函数，即有$\phi=\phi(\beta_f,\delta_f,t)$。空间共轭曲面问题一般是解决从动曲面$\boldsymbol{R}_f$、主动曲面$\boldsymbol{R}_c$、啮合运动$\boldsymbol{M}$三者之间的关系。在空间凸轮问题中，已知从动曲面$\boldsymbol{R}_f$与啮合运动$\boldsymbol{M}$，求解主动曲面(凸轮曲面)$\boldsymbol{R}_c$。这类问题的求解方程组为

$$\phi=\phi(\beta_f,\delta_f,t),\quad \boldsymbol{R}_c=\boldsymbol{M}(\boldsymbol{R}_f,t) \tag{3.5.3}$$

式(3.5.3)中，第一式为啮合条件，是各个瞬时Γ_1上的接触线方程。将Γ_1上的接触线方程代入式(3.5.3)的第二式就可得到主动曲面Γ_2的矢量函数$\boldsymbol{R}_c$。式(3.5.3)中，$\boldsymbol{M}(\boldsymbol{R}_f,t)$表示一种变换运算，即按给定的啮合运动，将各瞬时的接触线方程转换到主动件坐标系$O_2x_2y_2z_2$中，从而得到$\boldsymbol{R}_c$。一般来说，得到的矢量函数的曲面参数是t和β_f(或t和δ_f)。

2. 弧面分度凸轮结构的啮合面方程

1) 坐标系的建立

由弧面分度凸轮结构的特点可知，凸轮与从动件都做定轴转动，其回转轴在空间垂直而不相交，因此建立如图 3.5.3 所示的四个坐标系。

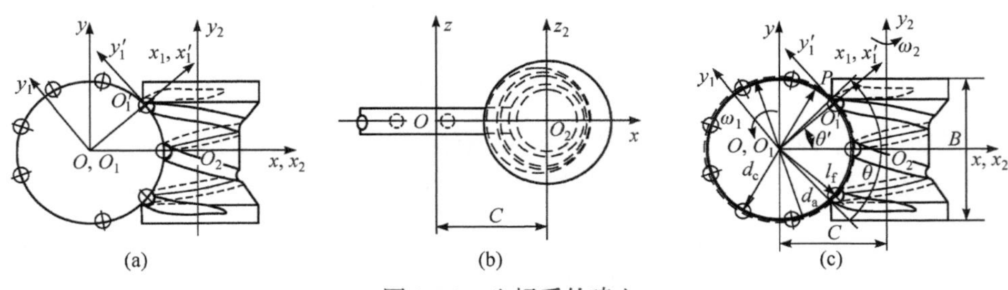

图 3.5.3 坐标系的建立

固定坐标系$Oxyz$：z轴与从动件回转中心轴重合，x轴重合于凸轮回转轴(y_2)

与从动件回转轴(z)的公垂线。x 轴与 z 轴的交点记为原点 O，x 轴与凸轮回转轴 y_2 的交点设为 O_2，x 轴的正向由 O_1 指向 O_2。y 轴与凸轮回转轴 y_2 平行。

从动件坐标系 $O_1x_1y_1z_1$：与从动件固连的坐标系，原点 O_1 与 O 重合，z_1 为从动件回转轴，x_1 轴与从动件回转臂中心线 O_1O_1' 重合。该坐标系随从动件一起绕 z 轴做定轴转动，其角位移用 θ_1 表示。

滚子坐标系 $O_1'x_1'y_1'z_1'$：与从动件固连的坐标系，其原点为滚子的基准点 O_1'(一般取其形心)。x_1'、y_1'、z_1' 轴分别与 x_1、y_1、z_1 轴平行。此坐标系与 $O_1x_1y_1z_1$ 基本上一致，只是原点 O_1' 与 O_1 不重合。引进该坐标系是为了简化从动坐标曲面。

凸轮坐标系 $O_2x_2y_2z_2$：与凸轮固连的坐标系，y_2 轴为凸轮的回转轴，恒与 y 轴平行。原点 O_2 为凸轮曲面的基准点。该坐标系随凸轮绕 y_2 轴做定轴转动，其角位移用 θ_2 表示。

2) 啮合面方程

弧面凸轮啮合面方程的求解是一个典型的空间矢量分析问题，在求解这类问题时，应用回转变换张量是很方便的，其最大的优点是可以得到与平面问题中的矢量分析相似的公式，因而使繁杂的空间问题变得简明易懂。

利用回转变量张量法求解凸轮的啮合面方程时，为获得双圆弧截形的工作滚道，从动曲面需要采用双圆弧截形的从动曲面，其参数设置如图 3.5.4 所示。

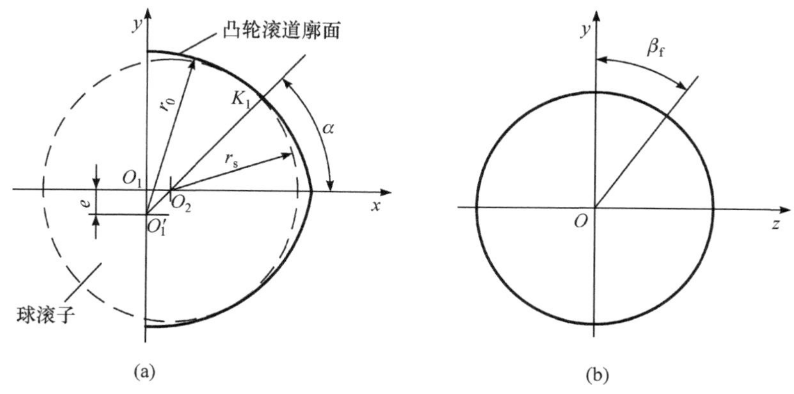

图 3.5.4　从动曲面参数设置

设瞬时 t，从动曲面上的 K_1 点与凸轮曲面上的 K_2 点啮合于固定坐标系上的 K 点。设滚子曲面在坐标系 $O_1'x_1'y_1'z_1'$ 中的矢量函数为 $\boldsymbol{R}_f$，则啮合点 K_1 在滚子坐标系中的矢量坐标为

$$\begin{aligned}\boldsymbol{R}_f &= \overrightarrow{O_1'K_1} = \{x_f \quad y_f \quad z_f\}^T \\ &= \{r_s\cos\alpha \quad (r_s\sin\alpha - e)\cos\beta_f \quad (r_s\sin\alpha - e)\sin\beta_f\}^T\end{aligned} \tag{3.5.4}$$

设 $\boldsymbol{R}_1$、$\boldsymbol{R}_2$ 分别是啮合点 K 在固定坐标系 $Oxyz$ 中相对于 O_1、O_2 点的位置矢量，则有

$$\boldsymbol{R}_1=\boldsymbol{R}_2+\boldsymbol{C} \tag{3.5.5}$$

式中，$\boldsymbol{C}=\overrightarrow{O_1O_2}=c\boldsymbol{i}$ 为从动件与凸轮回转中心的中心距矢量，$\boldsymbol{i}$ 为 x 轴方向的单位矢量。

设 $\boldsymbol{R}_\mathrm{c}$ 为 K 点在凸轮坐标系 $O_2x_2y_2z_2$ 中的位置矢量，即 $\boldsymbol{R}_\mathrm{c}=\overrightarrow{O_2K_2}$，利用回转变换张量，可以将 $\boldsymbol{R}_\mathrm{c}$、$\boldsymbol{R}_\mathrm{f}$ 转换为固定坐标系中的矢量 $\boldsymbol{R}_1$、$\boldsymbol{R}_2$，即

$$\boldsymbol{R}_1=\mathrm{e}^{I_k\theta_1}(\boldsymbol{R}_\mathrm{f}+\boldsymbol{L}_\mathrm{f}),\quad \boldsymbol{R}_2=\mathrm{e}^{I_j\theta_2}\boldsymbol{R}_\mathrm{c} \tag{3.5.6}$$

式中，$\boldsymbol{L}_\mathrm{f}=\overrightarrow{O_1O_1'}=l_\mathrm{f}\boldsymbol{j}$，$j$ 为 y 轴方向的单位矢量。

式(3.5.6)的第一式表明，滚子坐标系中的矢量 $\boldsymbol{R}_\mathrm{f}$ 经过一次平移变换，加上 $\boldsymbol{L}_\mathrm{f}$，变为从动件坐标系中的矢量，再经过一次回转变换成固定坐标系中的矢量。式(3.5.6)的第二式表明，凸轮坐标系中的曲面函数坐标经过一次回转变换就成为固定坐标系中的矢量。

根据式(3.5.5)和式(3.5.6)，可以得到由从动曲面矢量函数 $\boldsymbol{R}_\mathrm{f}$ 求得凸轮曲面矢量函数 $\boldsymbol{R}_\mathrm{c}$ 的矢量方程为

$$\boldsymbol{R}_\mathrm{c}=\mathrm{e}^{-I_j\theta_2}[\mathrm{e}^{I_k\theta_1}(\boldsymbol{R}_\mathrm{f}+\boldsymbol{L}_\mathrm{f})-\boldsymbol{C}] \tag{3.5.7}$$

将各有关矢量的表达式代入式(3.5.7)，可得

$$\boldsymbol{R}_\mathrm{c}=\begin{Bmatrix}x_\mathrm{c}\\ y_\mathrm{c}\\ z_\mathrm{c}\end{Bmatrix}=\begin{Bmatrix}(x_\mathrm{f}+l_\mathrm{f})\cos\theta_1\cos\theta_2-y_\mathrm{f}\sin\theta_1\cos\theta_2-z_\mathrm{f}\sin\theta_2-c\cos\theta_2\\ (x_\mathrm{f}+l_\mathrm{f})\sin\theta_1+y_\mathrm{f}\cos\theta_1\\ (x_\mathrm{f}+l_\mathrm{f})\cos\theta_1\sin\theta_2-y_\mathrm{f}\sin\theta_1\sin\theta_2-z_\mathrm{f}\cos\theta_2-c\sin\theta_2\end{Bmatrix} \tag{3.5.8}$$

式(3.5.7)或式(3.5.8)就是凸轮曲面与从动曲面之间的关系式，即已知从动曲面的矢量函数 $\boldsymbol{R}_\mathrm{f}$，再知道凸轮与分度盘的运动参数($\theta_1$、$\theta_2$)之间的关系、几何参数($c$、$l_\mathrm{f}$)，就可求得凸轮上对应点的轨迹。但要求解曲面的廓面方程，还必须知道每个瞬时的接触线方程，因此还需通过空间啮合条件式(3.5.2)来求解接触线方程。

对式(3.5.5)求导，并注意到 $\boldsymbol{C}$ 是常矢量，得

$$\dot{\boldsymbol{R}}_1=\dot{\boldsymbol{R}}_2 \tag{3.5.9}$$

由式(3.5.6)以及回转变换张量微分法则，并注意到 $\boldsymbol{L}_\mathrm{f}$ 为常矢量，则有

$$\begin{aligned}\dot{\boldsymbol{R}}_1&=\dot{\theta}_1I_k\mathrm{e}^{I_k\theta_1}(\boldsymbol{R}_\mathrm{f}+\boldsymbol{L}_\mathrm{f})+\mathrm{e}^{I_k\theta_1}\dot{\boldsymbol{R}}_\mathrm{f}=\dot{\theta}_1I_k\boldsymbol{R}_1+\mathrm{e}^{I_k\theta_1}\dot{\boldsymbol{R}}_\mathrm{f}\\ \dot{\boldsymbol{R}}_2&=\dot{\theta}_2I_j\mathrm{e}^{I_j\theta_2}\boldsymbol{R}_\mathrm{c}+\mathrm{e}^{I_j\theta_2}\dot{\boldsymbol{R}}_\mathrm{c}=\dot{\theta}_1I_j\boldsymbol{R}_2+\mathrm{e}^{I_j\theta_2}\dot{\boldsymbol{R}}_\mathrm{c}\end{aligned} \tag{3.5.10}$$

令

$$\boldsymbol{V}_{1\mathrm{r}}=\mathrm{e}^{I_k\theta_1}\dot{\boldsymbol{R}}_\mathrm{f},\quad \boldsymbol{V}_{2\mathrm{r}}=\mathrm{e}^{I_j\theta_1}\dot{\boldsymbol{R}}_\mathrm{c},\quad \boldsymbol{V}_{12}=\boldsymbol{V}_{1\mathrm{r}}-\boldsymbol{V}_{2\mathrm{r}} \tag{3.5.11}$$

将式(3.5.10)代入式(3.5.9)，可得

$$\boldsymbol{V}_{12}=\dot{\theta}_2 I_j \boldsymbol{R}_2-\dot{\theta}_1 I_k \boldsymbol{R}_1 \tag{3.5.12}$$

将式(3.5.5)代入式(3.5.12)得到

$$\boldsymbol{V}_{12}=(\dot{\theta}_2 I_j-\dot{\theta}_1 I_k)\boldsymbol{R}_1-\dot{\theta}_2 I_j \boldsymbol{C} \tag{3.5.13}$$

根据回转张量运算性质有 $I_j\boldsymbol{i}=-\boldsymbol{k}=-\{0\quad 0\quad 1\}^{\mathrm{T}}$，$I_j\boldsymbol{k}=-\boldsymbol{i}=\{1\quad 0\quad 0\}^{\mathrm{T}}$，将式(3.5.6)的第一式代入式(3.5.13)得

$$\boldsymbol{V}_{12}=(\dot{\theta}_2 I_j-\dot{\theta}_1 I_k)\mathrm{e}^{I_k\theta_1}(\boldsymbol{R}_{\mathrm{f}}+l_{\mathrm{f}}\boldsymbol{i})-\dot{\theta}_2 c\boldsymbol{k} \tag{3.5.14}$$

式(3.5.11)中的 $\boldsymbol{V}_{1\mathrm{r}}$ 是从动曲面上 K_1 点的切向速度，即 K_1 点的相对速度矢量；$\boldsymbol{V}_{2\mathrm{r}}$ 是凸轮曲面上 K_2 点的切向速度，即 K_2 点的相对速度矢量。由式(3.5.11)可知，$\boldsymbol{V}_{1\mathrm{r}}$、$\boldsymbol{V}_{2\mathrm{r}}$ 都是固定坐标系中的矢量。当 K_1、K_2 啮合都重合于 K 点时，$\boldsymbol{V}_{1\mathrm{r}}$、$\boldsymbol{V}_{2\mathrm{r}}$ 都处于过 K 点(也过 K_1、K_2 点)的二曲面的公切线上，为二曲面在啮合处的相对滑动速度，即 K_1 点相对于 K_2 点的速度。

由空间曲面微分几何学的知识可知，从动球滚子曲面在 K_1 点单位法向矢量为

$$\begin{aligned}\boldsymbol{n}_{\mathrm{f}}&=\left(\frac{\partial \boldsymbol{R}_{\mathrm{f}}}{\partial \beta_{\mathrm{f}}}\times\frac{\partial \boldsymbol{R}_{\mathrm{f}}}{\partial \alpha}\right)\Bigg/\left|\frac{\partial \boldsymbol{R}_{\mathrm{f}}}{\partial \beta_{\mathrm{f}}}\times\frac{\partial \boldsymbol{R}_{\mathrm{f}}}{\partial \alpha}\right|=\{\lambda_{\mathrm{f}}\quad \mu_{\mathrm{f}}\quad \nu_{\mathrm{f}}\}^{\mathrm{T}}\\&=\{\cos\alpha\quad \sin\alpha\cos\beta_{\mathrm{f}}\quad \sin\alpha\sin\beta_{\mathrm{f}}\}^{\mathrm{T}}\end{aligned} \tag{3.5.15}$$

法向矢量 $\boldsymbol{n}_{\mathrm{f}}$ 是曲面参数 β_{f}、α 的参数。在 t 瞬时，从动曲面绕 z 轴回转了 θ_1，K_1 点与凸轮曲面上的 K_2 点啮合，K_1 点的法向矢量 $\boldsymbol{n}_{\mathrm{f}}$ 随从动曲面绕 z 轴回转了 θ_1，与二曲面在 K_1、K_2 点的公法线方向矢量重合，即

$$\boldsymbol{n}=\mathrm{e}^{I_k\theta_1}\boldsymbol{n}_{\mathrm{f}} \tag{3.5.16}$$

将式(3.5.14)和式(3.5.16)代入空间啮合条件式(3.5.2)可得

$$(\mathrm{e}^{I_k\theta_1}\boldsymbol{n}_{\mathrm{f}})\cdot[(\dot{\theta}_2 I_j-\dot{\theta}_1 I_k)\mathrm{e}^{I_k\theta_1}(\boldsymbol{R}_{\mathrm{f}}+l_{\mathrm{f}}\boldsymbol{i})-\dot{\theta}_2 c\boldsymbol{k}]=0 \tag{3.5.17}$$

式中，$\dot{\theta}_1$、$\dot{\theta}_2$ 分别为从动件和凸轮的角速度，θ_1 为从动件的角位移，由其运动规律决定。上述运动参数和几何参数 c、l_{f} 与在初步设计后都是已知量。而 $\boldsymbol{n}_{\mathrm{f}}$、$\boldsymbol{R}_{\mathrm{f}}$ 都是从动曲面 β_{f}、α 的函数关系式。将 β_{f}、α 代入式(3.5.17)，并展开整理得

$$\tan\beta_{\mathrm{f}}=\frac{-l_{\mathrm{f}}\theta_1'\sin\alpha}{c\sin\alpha-l_{\mathrm{f}}\sin\alpha\cos\theta_1} \tag{3.5.18}$$

式(3.5.18)即凸轮曲面与从动球滚子的接触线方程，其中 $\theta_1'=\dot{\theta}_1/\dot{\theta}_2$ 是从动件相对于凸轮的角速度。$\beta_{\mathrm{f}}\in[-\pi,\pi]$，因此 β_{f} 有两个解，这说明同时存在两个符合条件的凸轮与滚子接触。

综上所述，空间凸轮轮廓曲面表达式为

$$\tan\beta_{\mathrm{f}} = -Q_2 / Q_1, \quad \boldsymbol{R}_{\mathrm{c}} = \{x_{\mathrm{c}} \quad y_{\mathrm{c}} \quad z_{\mathrm{c}}\}^{\mathrm{T}} \tag{3.5.19}$$

式中，$Q_1 = c\sin\alpha - l_{\mathrm{f}}\sin\alpha\cos\theta_1$，$Q_2 = -l_{\mathrm{f}}\theta_1'\sin\alpha$。式(3.5.19)中，第一式给出了某瞬时从动曲面上的一条曲线，即接触线；第二式是将接触线方程由从动坐标系转换到凸轮坐标系。各个瞬时被转换到凸轮坐标系中的接触线的集合就是凸轮曲面。图 3.5.5 给出了编程求得的在修正等速运动规律下，从动曲面接触线上的一点对应的凸轮廓面上的轨迹。

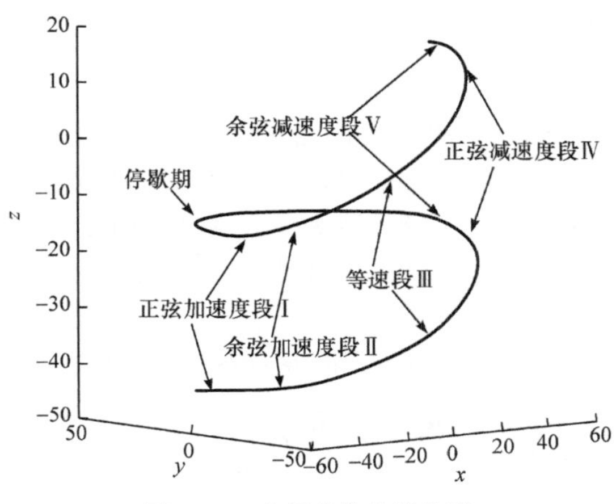

图 3.5.5　空间凸轮曲线轨迹

3.5.2　滚子齿式弧面分度凸轮结构的动力学模型

1. 影响弧面分度凸轮结构动力学性能的因素

影响弧面分度凸轮结构动力学性能的主要因素有：①弧面分度凸轮结构自身参数的影响，参数主要包括运动规律、动程角、构件质量、结构尺寸及各构件的刚度等，从根本上决定了弧面分度凸轮结构的动态系能；②工况的影响，工况的微小变化，会导致弧面分度凸轮结构动态性能的巨大差异，例如，输入轴转速的波动、载荷的变化、间隙引起的冲击，以及摩擦与阻尼等外界因素都会影响结构的动态性能；③加工精度与安装误差的影响，因为弧面分度凸轮的轮廓曲面复杂，加工难度大，所以需要精度较高的加工设备进行加工，但是存在技术、操作和设备等因素影响，加工会产生误差。在高速传动过程中，微小的加工误差会引起结构动态性能的大范围波动。

2. 滚子齿式弧面分度凸轮结构的三自由度动力学模型

1) 结构模型及其传动参数确定

图 3.5.1 所示滚子齿式凸轮结构主要由凸轮轴、凸轮、滚子、从动盘和从动轴

组成。由电机输入的角速度 ω_c 为常量。凸轮轴承载后，将产生扭转、弯曲和压缩变形，这些变形对从动盘的运动将产生不同程度的影响。从动盘和凸轮相对于从动轴、凸轮轴刚度较大，可视为刚体。滚子与凸轮工作曲面接触属于弹性挤压，同时还存在间隙横越冲击，在驱动力作用下，从动轴主要产生扭转弯曲和拉(压)变形。考虑到以上诸多因素，可得滚子齿式凸轮结构的动力学模型如图 3.5.6 所示。下面确定传动参数。

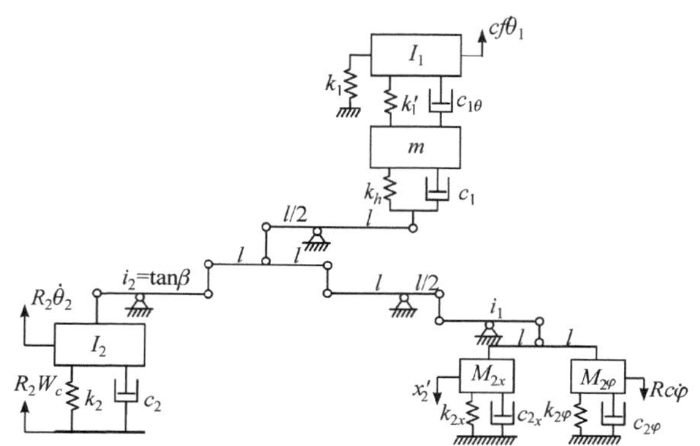

图 3.5.6　滚子齿式凸轮结构的动力学模型

设从动滚子接触面到从动回转轴距离为 l'，两轴距离为 c，凸轮接触点半径为 R_2，如图 3.5.3 所示，则凸轮轴向位移 $x_2 = l'\theta_1 \cos\theta_1$，考虑到 $\cos\theta_1=(c-R)/l'$，则得凸轮轴轴向位移传动比为

$$i_1 = \frac{l'\theta_1}{x_2} = \frac{l'}{c-R_2} \approx \frac{l_f}{c-R_2} \qquad (3.5.20)$$

式中，l_f 为从动盘回转半径，$l_f=l+B/2$。

设从动滚子曲面与凸轮工作曲面接触点为 P，滚子受力方向为 P 点的法线方向，P 点速度方向为 $\boldsymbol{v}$，如图 3.5.7 所示。压力角 α 即 P 点受力方向与 $\boldsymbol{v}$ 的夹角。β 为从动滚子曲面接触点位置的曲面坐标，与压力角的关系为

$$\cos\alpha = \frac{l'\cos\beta}{\sqrt{l'^2 + r^2\cos^2\beta}} \qquad (3.5.21)$$

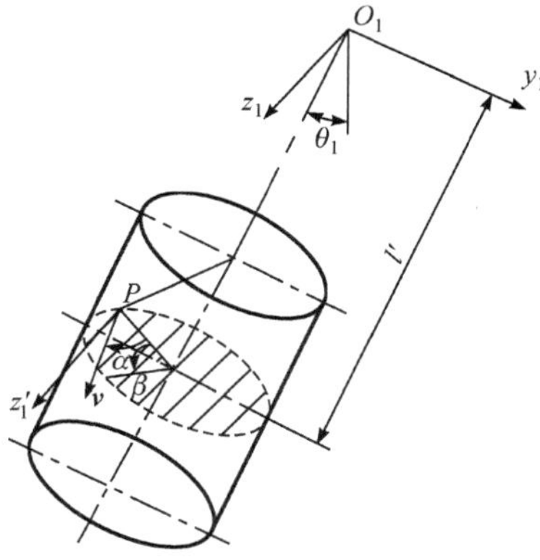

图 3.5.7　凸轮轴向位移传动

式中，r 为滚子接触曲面半径；l' 也可用 l_f 近似代替。

当凸轮转动时，凸轮工作曲面在接触点 P 的位移沿 z_1' 方向，而从动滚子输出位移与 y_1 同向，则位移传动比为

$$i_2 = \frac{\overline{y}_1'}{\overline{z}_1'} = \tan\beta \tag{3.5.22}$$

曲面坐标β可通过式(3.5.21)表示为压力角α的函数。

与扭转、轴向变形相比，凸轮轴的弯曲变形对输出的影响很小，同时轴向变形的阻尼也可不考虑。从动滚子和从动盘视为整体刚性，凸轮工作曲面与从动滚子在接触点处主要考虑弹性接触和间隙横越的影响，输出轴主要变形是扭转。因而图 3.5.6 所示的动力学模型可简化为如图 3.5.8 所示的模型。

2) 运动微分方程

对于图 3.5.8 所示的集中参数简化模型，令从动盘的扭转刚度为I_1，所受阻抗力矩由从动轴扭转变形、油膜间隙阻尼产生的力矩和负载力矩 M_L 组成，所受主动力矩为凸轮工作曲面在接触点弹性挤压力对从动轴之矩；凸轮的扭转刚度为I_2，承受主动力矩和阻抗力矩，主动力矩由电机输入力矩M_i引起；凸轮在其轴线方向承受弹性接触挤压和滚子横越冲击所产生的作用力。根据牛顿运动定律，得到系统的运动微分方程为

$$\begin{aligned}
&I_1\ddot{\theta}_1 + k_1(\theta_1 - \theta_0) - k_h l_f(l_f\theta_1 - i_1x_2 - i_2R_2\theta_2) - c_1l_f(l_f\dot{\theta}_1 - i_1\dot{x}_2 - i_2R_2\dot{\theta}_2) + M_L = 0\\
&I_2\ddot{\theta}_2 + k_2(\theta_2 - \theta_i) + c_2(\dot{\theta}_2 - \dot{\theta}_i) - \frac{k_hR_2}{i_2}(l_f\theta_1 - i_2R_2\theta_2) - \frac{c_1R_2}{i_2}(l_f\dot{\theta}_1 - i_2R_2\dot{\theta}_2) - M_i = 0\\
&M_2\ddot{x}_2 + k_xx_2 - \frac{k_h}{i_1}(l_f\theta_1 - i_1x_2) - \frac{c_1}{i_1}(l_f\dot{\theta}_1 - i_2\dot{x}_2) = 0
\end{aligned} \tag{3.5.23}$$

式(3.5.23)即滚子齿式凸轮结构三自由度运动微分方程，对于具体的凸轮结构，该方程还应根据形位尺寸做进一步简化。

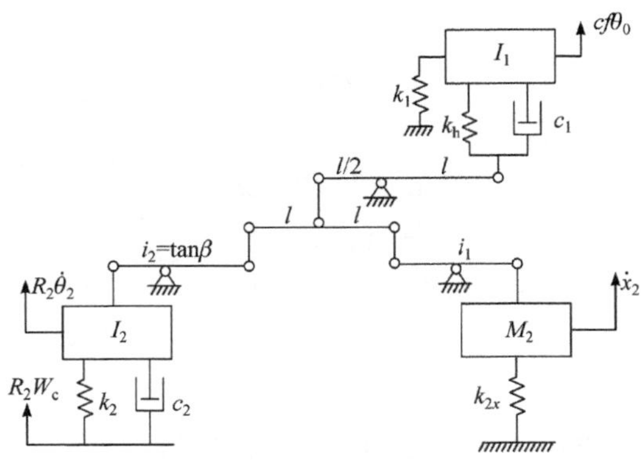

图 3.5.8　弧面分度凸轮结构的简化模型

3) 系统参数确定

从动盘和凸轮的转动惯量可分别表示为

$$I_1=\frac{1}{2}M_1l^2+nm_1l_{\mathrm{f}}^2,\quad I_2=\frac{1}{2}M_2R_{2\mathrm{m}}^2 \tag{3.5.24}$$

式中，M_1 为从动盘的质量；m_1 为滚子质量；l 为从动盘半径；n 为滚子数量；M_2 为凸轮质量；$R_{2\mathrm{m}}$ 为凸轮节圆平均半径，可表示为

$$R_{2\mathrm{m}}=\frac{1}{2}(R_{2\max}+R_{2\min}),\quad R_{2\max}=c-\sqrt{l_{\mathrm{f}}^2-\frac{B_2^2}{4}},\quad R_{2\min}=c-l_{\mathrm{f}} \tag{3.5.25}$$

式中，c、B_2 的几何意义如图 3.5.9 所示。

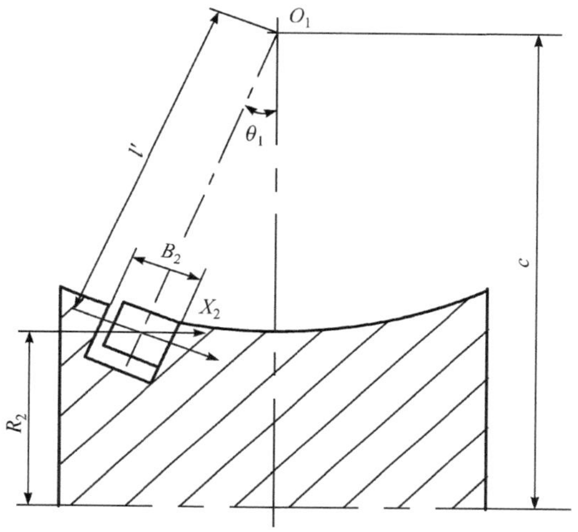

图 3.5.9　滚子运动示意图

轴扭转刚度和构件纵向振动的等效刚度系数可分别表示为

$$k=\frac{GI_{\mathrm{p}}}{l},\quad k_x=\frac{EA}{l} \tag{3.5.26}$$

式中，E 为材料弹性模量；A 为直杆截面面积；G 为材料剪切弹性模量；I_{p} 为截面极惯性矩，对于圆轴，$I_{\mathrm{p}}=\pi d^4/32$；$d$ 为轴的直径。

当凸轮装配时，一般将凸轮轴调整到使凸轮工作曲面与从动盘两滚柱母线相接触，故可近似地把滚子和凸轮简化成半径为 r_1、r_2 的平行圆柱体接触情况。设单位长度的接触压力为 p，根据弹性接触的赫兹理论，在滚子和凸轮接触时，两弹性中心接近距离为

$$\delta=0.579\frac{p}{E}\left(\ln\frac{4r_1r_2}{b^2}+0.814\right) \tag{3.5.27}$$

从而得凸轮滚子的弹性接触刚度为

$$k_{\mathrm{h}}=\frac{p}{\delta}=\left[\frac{0.579}{E}\left(\ln\frac{4r_1r_2}{b^2}+0.814\right)\right]^{-1} \tag{3.5.28}$$

各种具有相对运动的零件都有不同的阻尼特性。在高速凸轮结构中，摩擦力与相对速度成正比，即存在黏性阻尼。凸轮轴与轴承的相对转动可简化为黏性阻尼，其系数可由实测得出。

3. 滚子齿式弧面分度凸轮结构的扭转动力学模型

对于图 3.5.1 所示的弧面分度凸轮结构，根据应用场合、分析精度、假设条件，建立不同自由度的动力学模型。在动态测试实验平台中，测试的量有输入轴、输出轴的扭转和输出轴的振动，且凸轮分度箱对输入轴和输出轴均有良好的横向支承，所以输入轴和输出轴的弯曲变形对结构动态响应的影响减小。为了动力学计算和分析方便，可忽略输入轴、输出轴弯曲变形和横向振动的影响，只考虑输入轴、输出轴的扭转刚度以及凸轮与分度盘啮合等效接触刚度，即三自由度扭转动力学模型，如图 3.5.10 所示。

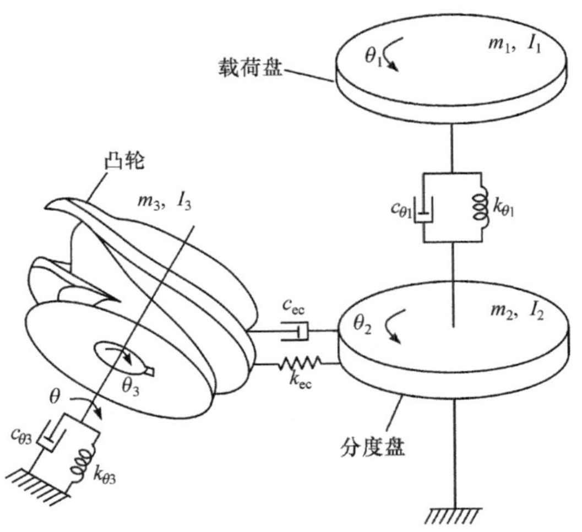

图 3.5.10 弧面分度凸轮结构的三自由度扭转动力学模型

若以载荷盘的转角θ_1、分度盘的转角θ_2和凸轮的转角θ_3为广义坐标，系统的动能、势能及耗散函数可分别表示为

$$\begin{aligned}
T &= \frac{1}{2}I_1\dot{\theta}_1^2+\frac{1}{2}I_2\dot{\theta}_2^2+\frac{1}{2}I_3\dot{\theta}_3^2 \\
V &= \frac{1}{2}k_{\theta 1}(\theta_1-\theta_2)^2+\frac{1}{2}k_{\theta 3}(\theta-\theta_3)^2+\frac{1}{2}k_{\mathrm{ec}}(\theta_2-\varphi)^2 \\
H &= \frac{1}{2}c_{\theta 1}(\dot{\theta}_1-\dot{\theta}_2)^2+\frac{1}{2}c_{\theta 3}(\dot{\theta}-\dot{\theta}_3)^2+\frac{1}{2}c_{\mathrm{ec}}(\dot{\theta}_2-\dot{\varphi})^2
\end{aligned} \tag{3.5.29}$$

式中，I_1、I_2、I_3 分别为载荷盘、分度盘、凸轮的等效转动惯量；$k_{\theta1}$、$k_{\theta3}$ 分别为结构输出轴和输入轴的扭转刚度；$c_{\theta1}$、$c_{\theta3}$ 分别为输出轴、输入轴的扭转阻尼系数；θ 为输入轴理论转角；φ 为任意时刻分度盘的转角。

将式(3.5.29)代入拉格朗日方程(3.3.39)，经求导和整理可得到系统的运动学方程为

$$
\begin{aligned}
&I_1\ddot{\theta}_1 + c_{\theta1}(\dot{\theta}_1 - \dot{\theta}_2)^2 + k_{\theta1}(\theta_1 - \theta_2) = 0 \\
&I_2\ddot{\theta}_2 + (c_{\theta1} + c_{\mathrm{ec}})\dot{\theta}_2 - c_{\theta1}\dot{\theta}_1 - c_{\mathrm{ec}}\dot{\varphi} + (k_{\theta1} + k_{\theta2})\theta_2 - k_{\theta1}\theta_1 - k_{\mathrm{ec}}\varphi = 0 \\
&I_3\ddot{\theta}_3 + c_{\theta3}(\dot{\theta}_3 - \dot{\theta}) - k_{\theta3}(\theta - \theta_3) - k_{\mathrm{ec}}(\theta_2 - \tau)\varphi'(\theta_3) = 0
\end{aligned}
\tag{3.5.30}
$$

对于分度盘理论转角 φ，弧面分度凸轮的运动规律 $\varphi(\theta_3)$ 有

$$
\dot{\varphi} = \frac{\mathrm{d}\varphi}{\mathrm{d}t} = \varphi'(\theta_3)\dot{\theta}_3, \quad \varphi'(\theta_3) = \frac{\mathrm{d}\varphi}{\mathrm{d}\theta_3}
\tag{3.5.31}
$$

式(3.5.30)为弧面分度凸轮结构的变系数非线性微分方程，为降低动力学方程组的求解难度，综合考虑非线性影响因素对弧面分度凸轮结构的影响程度，对式(3.5.30)进行如下线性化处理。

通过中间量对广义坐标 θ_1、θ_2、θ_3 进行变量替换，设

$$
q_1 = \theta_1 - \varphi, \quad q_2 = \theta_2 - \varphi, \quad q_3 = \theta_3 - \theta
\tag{3.5.32}
$$

对于图 3.5.10 所示的扭转动力学模型，将式(3.5.31)和式(3.5.32)代入式(3.5.30)，得到弧面分度凸轮结构的扭转动力学方程为

$$
\begin{aligned}
&I_1\ddot{q}_1 + c_{\theta1}(\dot{q}_1 - \dot{q}_2)^2 + k_{\theta1}(q_1 - q_2) = -I_1\ddot{\varphi} \\
&I_2\ddot{q}_2 + (c_{\theta1} + c_{\mathrm{ec}})\dot{q}_2 - c_{\theta1}\dot{q}_1 + (k_{\theta1} + k_{\theta2})q_2 - k_{\theta1}q_1 = -I_2\ddot{\varphi} \\
&I_3\ddot{q}_3 + c_{\theta3}\dot{q}_3 + k_{\theta3}q_3 - k_{\mathrm{ec}}\varphi'(\theta_3) = -I_3\ddot{\theta}
\end{aligned}
\tag{3.5.33}
$$

4. 滚子齿式弧面分度凸轮结构的刚柔耦合动力学模型

1) 模型简化及广义坐标选择

弧面分度凸轮结构的机械传动部分包括输入轴、弧面分度凸轮、分度盘、分度盘上均布的滚子、输出轴、工位盘。该结构传动的主要方式为扭转传动，因此扭转振动是影响其动力学性能的主要因素。

在考虑结构的扭转振动时，考虑输入轴和输出轴的扭转弹性，采用集中质量法建立系统模型。因输入轴和输出轴的质量较小，可以忽略不计。因此，输入轴系统中，弧面凸轮的等效集中质量和转动惯量分别为 m_3、I_3；输出轴系统中，分度盘的等效集中质量和转动惯量分别为 m_2、I_2，载荷盘的等效集中质量和转动惯量分别为 m_1、I_1。横向振动只考虑输出轴系统，将输出轴系统看成以分度盘质量与载荷盘质量之和为质量块的振动系统。均布的滚子是凸轮和分度盘连接的

媒介，因其质量较小，可忽略，但需建立等效接触刚度来模拟滚子和凸轮之间的耦合作用。

图 3.5.11 为考虑弧面分度凸轮结构输入轴、输出轴的扭转，建立输出轴系统的轴向、周向振动的动力学模型。系统是八自由度系统，若以载荷盘、分度盘、凸轮的转角 θ_1、θ_2、θ_3，载荷盘的位移 x_1、y_1，分度盘的位移 x_2、y_2，输出轴系统的位移 z_2 为广义坐标，即可建立系统的动力学方程。

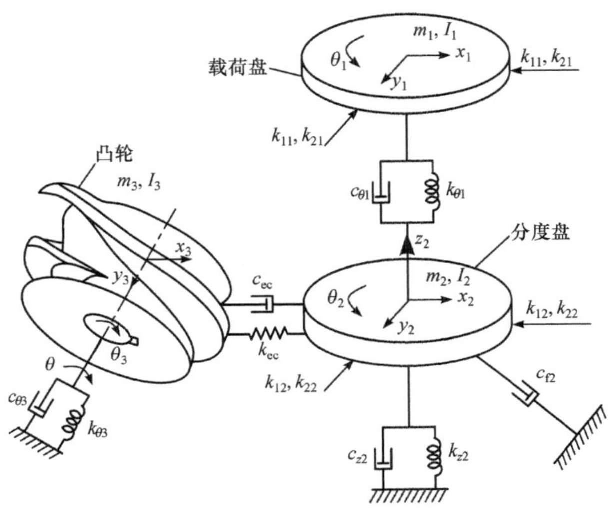

图 3.5.11　弧面分度凸轮结构的刚柔耦合模型

2) 弧面分度凸轮结构的刚柔耦合动力学方程

在图 3.5.11 所示的弧面分度凸轮结构中，按照前述简化条件，分度盘和载荷盘都具有转动动能和移动动能，凸轮具有转动动能，因而系统的动能可表示为

$$T=\frac{1}{2}I_1\dot{\theta}_1^2+\frac{1}{2}m_1\dot{x}_1^2+\frac{1}{2}m_1\dot{y}_1^2+\frac{1}{2}I_2\dot{\theta}_2^2+\frac{1}{2}m_2\dot{x}_2^2+\frac{1}{2}m_2\dot{y}_2^2+\frac{1}{2}m_e\dot{z}_2^2+\frac{1}{2}I_3\dot{\theta}_3^2 \tag{3.5.34}$$

式中，m_e 为输出轴系统的等效质量。

凸轮轴、分度盘和输出轴的势能分别为

$$V_1=\frac{1}{2}k_{\theta 3}(\theta-\theta_3)^2,\quad V_2=\frac{1}{2}k_{z2}z_2^2,\quad V_3=\frac{1}{2}k_{\theta 1}(\theta_1-\theta_2)^2 \tag{3.5.35}$$

式中，θ 为输入轴理论转角；$k_{\theta 1}$、$k_{\theta 3}$ 分别为输出轴和输入轴的扭转刚度；k_{z2} 为输出轴系统在 z 轴方向的等效刚度。

分度盘与载荷盘弯振耦合势能可表示为

$$\begin{aligned}V_4&=\frac{1}{2}k_{11}x_1^2+\frac{1}{2}k_{21}x_1x_2+\frac{1}{2}k_{12}x_1x_2+\frac{1}{2}k_{22}x_2^2\\V_5&=\frac{1}{2}k_{11}y_1^2+\frac{1}{2}k_{21}y_1y_2+\frac{1}{2}k_{12}y_1y_2+\frac{1}{2}k_{22}y_2^2\end{aligned} \tag{3.5.36}$$

式中，k_{11}、k_{22} 分别为载荷盘与分度盘的刚度；k_{12} 为载荷盘振动对分度盘的刚度影响系数；k_{21} 为分度盘振动对载荷盘的刚度影响系数。

输入轴系统和输出轴系统的耦合势能为

$$V_6 = \frac{1}{2} k_{\text{ec}} (\theta_2 - \varphi)^2 \tag{3.5.37}$$

式中，k_{ec} 为凸轮与分度盘之间的等效接触刚度；φ 为任意时刻分度盘的转角。

系统的总势能为

$$V = V_1 + V_2 + V_3 + V_4 + V_5 + V_6 \tag{3.5.38}$$

系统输入轴、输出轴的耗散函数分别为

$$H_1 = \frac{1}{2} c_{\theta 3} (\dot{\theta}_3 - \dot{\theta})^2, \quad H_2 = \frac{1}{2} c_{\theta 1} (\dot{\theta}_1 - \dot{\theta}_2)^2 + \frac{1}{2} c_{\text{f}2} \dot{\theta}_2^2 + \frac{1}{2} c_{z2} \dot{z}_2^2 \tag{3.5.39}$$

式中，$c_{\theta 1}$、$c_{\theta 3}$ 分别为输出轴、输入轴的扭转阻尼系数；c_{f2} 为分度盘的回转阻尼系数；c_{z2} 为输出轴系统在 z 轴方向的阻尼系数。

输入轴与输出轴的耦合耗散函数为

$$H_3 = \frac{1}{2} c_{\text{ec}} (\dot{\theta}_2 - \dot{\varphi})^2 \tag{3.5.40}$$

式中，c_{ec} 为凸轮与分度盘之间等效接触阻尼系数。

系统的总耗散函数为

$$H = \frac{1}{2} c_{\theta 3} (\dot{\theta}_3 - \dot{\theta})^2 + \frac{1}{2} c_{\theta 1} (\dot{\theta}_1 - \dot{\theta}_2)^2 + \frac{1}{2} c_{f2} \dot{\theta}_2^2 + \frac{1}{2} c_{z2} \dot{z}_2^2 + \frac{1}{2} c_{\text{ec}} (\dot{\theta}_2 - \dot{\varphi})^2 \tag{3.5.41}$$

将式(3.5.34)～式(3.5.38)、式(3.5.41)代入拉格朗日方程(3.3.39)，经求导、整理得到弧面分度凸轮结构的动力学方程为

$$\begin{aligned}
& I_1 \ddot{\theta}_1 + c_{\theta 1} (\dot{\theta}_1 - \dot{\theta}_2)^2 + k_{\theta 1} (\theta_1 - \theta_2) = 0 \\
& I_2 \ddot{\theta}_2 + (c_{\theta 1} + c_{\text{ec}} + c_{\text{f}2}) \dot{\theta}_2 - c_{\theta 1} \dot{\theta}_1 - c_{\text{ec}} \dot{\tau} + (k_{\theta 1} + k_{\theta 2}) \theta_2 - k_{\theta 1} \theta_1 - k_{\text{ec}} \varphi = 0 \\
& I_3 \ddot{\theta}_3 + c_{\theta 3} (\dot{\theta}_3 - \dot{\theta}) - k_{\theta 3} (\theta - \theta_3) - k_{\text{ec}} (\theta_2 - \tau) \varphi'(\theta_3) = 0 \\
& m_1 \ddot{x}_1 + k_{11} x_1 + k_{12} x_2 / 2 + k_{21} x_2 / 2 = 0 \\
& m_1 \ddot{y}_1 + k_{11} y_1 + k_{12} y_2 / 2 + k_{21} y_2 / 2 = 0 \\
& m_2 \ddot{x}_2 + k_{22} x_2 + k_{12} x_1 / 2 + k_{21} x_1 / 2 = 0 \\
& m_2 \ddot{y}_2 + k_{11} y_2 + k_{12} y_1 / 2 + k_{21} y_1 / 2 = 0 \\
& (m_1 + m_2) \ddot{z}_2 + c_{z2} \dot{z}_2 + k_{z2} z_2 = 0
\end{aligned} \tag{3.5.42}$$

对于分度盘理论转角 φ，角位移与凸轮角位移存在一定关系，弧面分度凸轮的运动规律 $\varphi(\theta_3)$ 可表示为

$$\dot{\varphi}=\frac{\mathrm{d}\varphi}{\mathrm{d}t}=\varphi'(\theta_3)\dot{\theta}_3, \quad \varphi'(\theta_3)=\frac{\mathrm{d}\varphi}{\mathrm{d}\theta_3} \tag{3.5.43}$$

3) 微分方程的线性化

式(3.5.42)为弧面分度凸轮结构的变系数非线性微分方程，为降低动力学方程组的求解难度，综合考虑非线性影响因素对弧面分度凸轮结构的影响程度，对式(3.5.42)进行如下线性化处理。

通过中间量对广义坐标θ_1、θ_2、θ_3进行变量替换，设

$$q_1=\theta_1-\varphi, \quad q_2=\theta_2-\varphi, \quad q_3=\theta_3-\theta \tag{3.5.44}$$

对于图 3.3.11 所示的动力学模型，认为载荷盘振动与分度盘振动的相互影响类似，所以认为彼此的振动刚度影响系数相等，即

$$k_{12}=k_{21} \tag{3.5.45}$$

将式(3.5.43)～式(3.5.45)代入式(3.5.42)，则弧面分度凸轮结构线性化的动力学方程为

$$\begin{aligned}
&I_1\ddot{q}_1+c_{\theta 1}(\dot{q}_1-\dot{q}_2)^2+k_{\theta 1}(q_1-q_2)=I_1\ddot{\varphi}\\
&I_2\ddot{q}_2+(c_{\theta 1}+c_{\mathrm{ec}}+c_{\mathrm{f2}})\dot{q}_2-c_{\theta 1}\dot{q}_1+(k_{\theta 1}+k_{\theta 2})q_2-k_{\theta 1}q_1=I_2\ddot{\varphi}-c_{\mathrm{f2}}\dot{\varphi}\\
&I_3\ddot{q}_3+c_{\theta 3}\dot{q}_3+k_{\theta 3}q_3-k_{\mathrm{ec}}\varphi'(\theta_3)=-I_3\ddot{\theta}\\
&m_1\ddot{x}_1+k_{11}x_1+k_{12}x_2=0, \quad m_1\ddot{y}_1+k_{11}y_1+k_{12}y_2=0\\
&m_2\ddot{x}_2+k_{22}x_2+k_{12}x_1=0, \quad m_2\ddot{y}_2+k_{11}y_1+k_{12}y_2=0\\
&(m_1+m_2)\ddot{z}_2+c_{z2}\dot{z}_2+k_{z2}z_2=0
\end{aligned} \tag{3.5.46}$$

式(3.5.46)为带阻尼的弧面分度凸轮结构动力学线性微分方程组，写成矩阵形式为

$$\boldsymbol{m}\ddot{\boldsymbol{q}}+\boldsymbol{c}\dot{\boldsymbol{q}}+\boldsymbol{k}\boldsymbol{q}=\boldsymbol{F} \tag{3.5.47}$$

式中，$\boldsymbol{q}$ 为广义坐标列向量；$\boldsymbol{m}$、$\boldsymbol{c}$、$\boldsymbol{k}$ 分别为质量矩阵、阻尼矩阵和刚度矩阵；$\boldsymbol{F}$ 为外界激励列向量。各变量可分别表示为

$$\boldsymbol{q}=\{q_1 \quad q_2 \quad q_3 \quad x_1 \quad y_1 \quad x_2 \quad y_2 \quad z_2\}^{\mathrm{T}}$$

$$\boldsymbol{m}=\{I_1 \quad I_2 \quad I_3 \quad m_1 \quad m_2 \quad m_3 \quad m_4 \quad m_1+m_2\}^{\mathrm{T}}$$

$$\boldsymbol{c}=\begin{bmatrix}
c_{\theta 1} & -c_{\theta 1} & 0 & 0 & 0 & 0 & 0 & 0\\
-c_{\theta 1} & c_{\theta 1}+c_{\mathrm{ec}}+c_{\mathrm{f2}} & 0 & 0 & 0 & 0 & 0 & 0\\
0 & 0 & c_{\theta 3} & 0 & 0 & 0 & 0 & 0\\
0 & 0 & 0 & 0 & 0 & 0 & 0 & 0\\
0 & 0 & 0 & 0 & 0 & 0 & 0 & 0\\
0 & 0 & 0 & 0 & 0 & 0 & 0 & 0\\
0 & 0 & 0 & 0 & 0 & 0 & 0 & 0\\
0 & 0 & 0 & 0 & 0 & 0 & 0 & c_{z2}
\end{bmatrix}$$

$$
\boldsymbol{k}=\begin{bmatrix} k_{\theta 1} & -k_{\theta 1} & 0 & 0 & 0 & 0 & 0 & 0 \\ -k_{\theta 1} & k_{\theta 1}+k_{\mathrm{ec}} & 0 & 0 & 0 & 0 & 0 & 0 \\ 0 & 0 & k_{\theta 3} & 0 & 0 & 0 & 0 & 0 \\ 0 & 0 & 0 & k_{11} & k_{12} & 0 & 0 & 0 \\ 0 & 0 & 0 & k_{12} & k_{22} & 0 & 0 & 0 \\ 0 & 0 & 0 & 0 & 0 & k_{11} & k_{12} & 0 \\ 0 & 0 & 0 & 0 & 0 & k_{12} & k_{22} & 0 \\ 0 & 0 & 0 & 0 & 0 & 0 & 0 & k_{z2} \end{bmatrix}
$$

$$
\boldsymbol{F}=\{-I_1\ddot{\varphi} \quad -I_1\ddot{\varphi}-c_{\mathrm{f}2}\dot{\varphi} \quad -I_3\ddot{\theta} \quad 0 \quad 0 \quad 0 \quad 0 \quad 0\}^{\mathrm{T}}
\tag{3.5.48}
$$

4) 等效接触刚度分析

弧面分度凸轮结构通过分度盘滚子与凸轮之间的啮合关系传动，滚子与凸轮的相互接触会产生接触力，啮合关系和接触力的相互作用促使弧面分度凸轮结构从动件按一定的规律运动。在实际传动过程中，分度盘上均布的滚子与凸轮之间以及分度盘与滚子之间都存在接触刚度，滚子相对于弧面凸轮和分度盘质量较小可忽略。因此，将此两种接触刚度近似看成串联结构，用一个合理的等效接触刚度来替代两种接触刚度的共同作用效果。

弧面分度凸轮结构中，凸轮与滚子之间的接触多为单次碰撞问题，可采用冲击函数法计算接触力。接触力由刚度和阻尼共同影响，但结构阻尼对结构能量的损耗仅占整个碰撞过程中的极小部分，因此在动力学分析时，取很小的阻尼系数。

当一个滚子参与啮合时，弧面分度凸轮结构的等效接触刚度可表示为

$$
k_{\mathrm{ec}}=\frac{4}{3\sqrt{R}}E^{*}
\tag{3.5.49}
$$

式中，

$$
\frac{1}{R}=\frac{1}{R_1}+\frac{1}{R_2},\quad E^{*}=\frac{1-\upsilon_1^2}{E_1}+\frac{1-\upsilon_2^2}{E_2}
\tag{3.5.50}
$$

其中，R_1、υ_1、E_1分别为凸轮的当量半径、泊松比和弹性模量；R_2、υ_2、E_2分别为滚子接触点的当量半径、泊松比和弹性模量。

3.5.3　滚珠型弧面分度凸轮结构的动力学模型

1. 滚珠型弧面分度凸轮结构的廓面方程

球面包络弧面分度凸轮结构中的弧面凸轮由球面轮廓刀具按照特定的凸轮运动规律创成凸轮廓面，球滚子与凸轮廓面理论上为线接触。滚珠型弧面分度凸轮

结构是空间凸轮的一种，连续传递运动结构类似于变导程角的弧面蜗杆传动，相对于蜗轮蜗杆结构，滚珠型弧面分度凸轮结构引入钢球作为第三组件，旨在通过滚子的旋转运动来实现力矩和运动的传递。

1) 滚珠球窝式钢球滚子弧面凸轮结构

滚珠球窝式钢球滚子弧面凸轮结构由凸轮、钢球、分度盘三部分组成，如图 3.5.12 所示，安装在分度盘球座中的钢球与凸轮滚道进行啮合实现运动传递。本结构的特点是滚珠与凸轮廓面及分度盘球座均为点接触。相比线接触，点接触降低了传动副间的约束，降低了传动副对误差的灵敏度，提高了结构的传动精度。如果凸轮滚道截形是与钢球半径相同的圆弧，则在运动过程中，钢球与凸轮将形成一个啮合面。球面上各个接触点瞬时线速度不同，造成钢球与滚道的摩擦，从而无法达到理论上的纯滚动。为了实现钢球与滚道的滚动啮合，引入滚珠丝杠滚道截形，对凸轮的滚道进行设计。

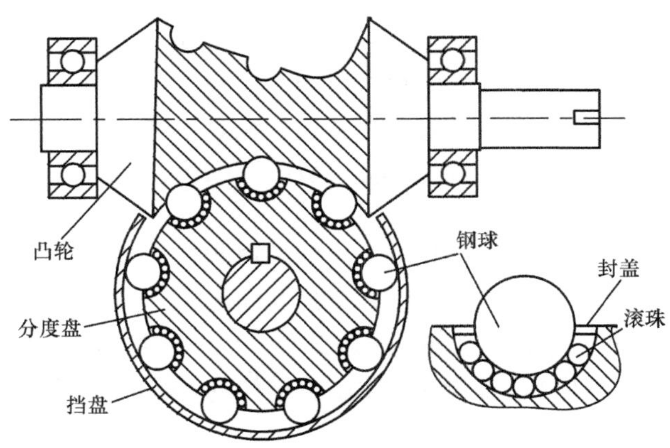

图 3.5.12 滚珠球窝式钢球滚子弧面凸轮结构

钢球在分度盘球座内，为了减少分度盘与球座之间的摩擦，实现钢球在球座内的自由滚动，分度盘结构采用球窝式球座结构。在球座内填充小滚珠，通过小滚珠的内部滚滑来降低对钢球的摩擦。小滚珠之间的缝隙有利于润滑油的存储，故滚珠能保持较好的润滑状态。球座口装有封盖，钢球外侧装有挡环，以保证钢球与滚珠不脱离。

影响滚珠型弧面分度凸轮结构动力学性能的主要因素有：①凸轮运动规律；②输入轴的转速波动；③结构各组成构件的质量与转动惯量分布；④结构各组成构件的刚度，包括凸轮曲面与滚子的接触刚度；⑤间隙引起的冲击，包括轴承间隙、凸轮曲面与滚子之间的间隙引起的冲击；⑥凸轮曲面加工误差及装配误差；⑦结构的摩擦与阻尼。

2) 回转变换张量

空间物体的运动可以分解成平动和旋转，平动可以看成矢量的“和”，旋转可以看成矢量的“积”形式，“积”的系数为回转变换张量。

当空间矢量 $\boldsymbol{R}$ 绕定轴 $\boldsymbol{\xi}=\{\lambda \quad \mu \quad \nu\}^{\mathrm{T}}$ 逆时针旋转 φ 时得到新的矢量 $\boldsymbol{R}'$，其中，$\boldsymbol{\xi}$ 是该定轴方向的单位矢量，旋转方向由 $\boldsymbol{\xi}$ 轴的正向观察得到。新矢量 $\boldsymbol{R}'$ 可表示为

$$\boldsymbol{R}' = \mathrm{e}^{\boldsymbol{J}_{\xi}\varphi}(\boldsymbol{R}) \tag{3.5.51}$$

式中，$\boldsymbol{J}_{\xi}$ 为单位矢量 $\boldsymbol{\xi}$ 的反对称张量。

当 φ 为变量时，$\mathrm{e}^{\boldsymbol{J}_{\xi}\varphi}$ 是张量函数，$\mathrm{e}^{\boldsymbol{J}_{\xi}\varphi}$ 对 φ 的导数为

$$\frac{\mathrm{d}(\mathrm{e}^{\boldsymbol{J}_{\xi}\varphi})}{\mathrm{d}\varphi} = \boldsymbol{J}_{\xi}\mathrm{e}^{\boldsymbol{J}_{\xi}\varphi} \tag{3.5.52}$$

如果 φ 是时间 t 的函数，则 $\mathrm{e}^{\boldsymbol{J}_{\xi}\varphi}$ 对 t 的导数为

$$\frac{\mathrm{d}(\mathrm{e}^{\boldsymbol{J}_{\xi}\varphi})}{\mathrm{d}t} = \boldsymbol{J}_{\xi}\mathrm{e}^{\boldsymbol{J}_{\xi}\varphi}\frac{\mathrm{d}\varphi}{\mathrm{d}t} \tag{3.5.53}$$

3) 坐标建立

为方便建立弧面凸轮廓面方程，根据结构中的凸轮、分度盘和滚子的相对位置及它们之间的运动变换关系建立四个坐标系，如图 3.5.13 所示。

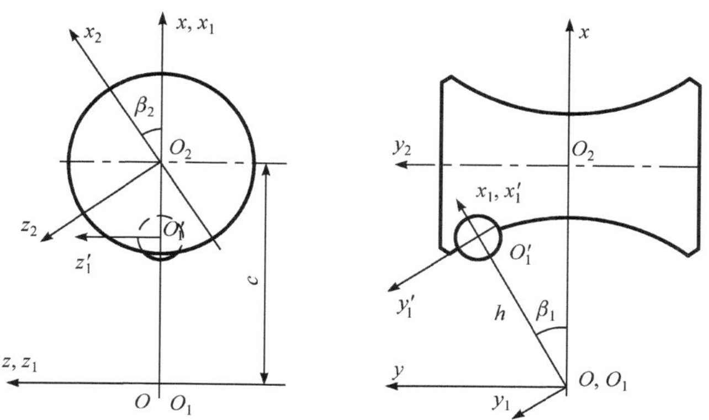

图 3.5.13　根据凸轮机构运动变换关系建立坐标系

坐标系 $Oxyz$：固定坐标系，原点 O 在分度盘的中心，z 轴与分度盘回转轴重合，y 轴与凸轮回转轴 y_2 平行。

坐标系 $O_1x_1y_1z_1$：分度盘坐标系，随分度盘一起绕 z 轴做定轴转动，角位移用 β_1 表示。原点 O_1 与 O 重合，z_1 轴与 z 轴重合，x_1 轴与分度盘回转臂中心线 O_1O_1' 重合。

坐标系 $O_1'x_1'y_1'z_1'$：滚珠坐标系，与分度盘固连，原点 O_1' 为滚珠中心，x_1' 轴、y_1'

轴和 z_1' 轴分别与 x 轴、y 轴和 z 轴平行。

坐标系 $O_2x_2y_2z_2$：凸轮坐标系，随凸轮绕 y_2 轴做定轴转动，角位移用 β_2 表示，y_2 轴为凸轮的回转轴，O_2 为凸轮曲面基准点。

4) 凸轮廓面方程

凸轮滚道采用双圆弧截形，因此需要采用具有双圆弧截形的当量滚子创成凸轮廓面。当量滚子的横截面为圆面，最大横截圆的中心即坐标轴 $O_1'x_1'y_1'z_1'$ 的原点 O_1'。设当量滚子曲面与凸轮廓面啮合于点 K，$\boldsymbol{R}_\mathrm{f}$、$\boldsymbol{R}_0$、$\boldsymbol{R}_1$、$\boldsymbol{R}_\mathrm{c}$ 分别为点在四个坐标系中的矢量函数。

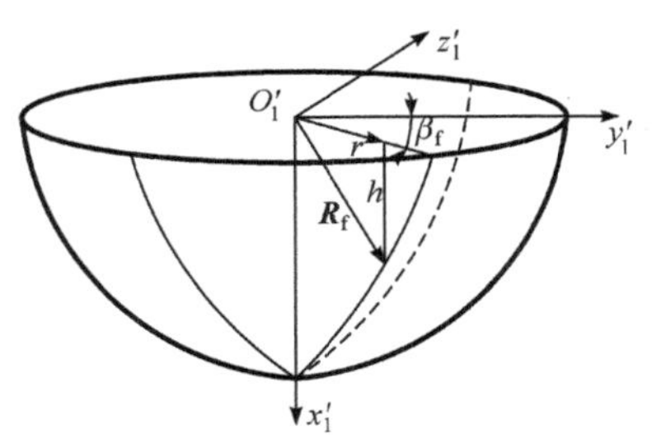

图 3.5.14　双圆弧截形当量滚子

如图 3.5.14 所示，当量滚子曲面为一个回转面，母线是一段圆弧，h 及 β_f 为曲面参数。在坐标系 $O_1'x_1'y_1'z_1'$ 中，此回转面的矢量函数为

$$\boldsymbol{R}_\mathrm{f} = \{h \quad r\cos\beta_\mathrm{f} \quad r\sin\beta_\mathrm{f}\}^\mathrm{T} \tag{3.5.54}$$

式中，r 为啮合点所在的横截圆的半径。

坐标系 $O_1x_1y_1z_1$ 中的矢量函数为

$$\begin{aligned}\boldsymbol{R}_0 &= \boldsymbol{L}_\mathrm{f} + \boldsymbol{R}_\mathrm{f} \\ &= \{h + l_\mathrm{f} \quad r\cos\beta_\mathrm{f} \quad r\sin\beta_\mathrm{f}\}^\mathrm{T}\end{aligned} \tag{3.5.55}$$

式中，$\boldsymbol{L}_\mathrm{f} = \{l_\mathrm{f} \quad 0 \quad 0\}^\mathrm{T}$，$l_\mathrm{f}$ 为分度盘回转半径。

坐标系 $O_1x_1y_1z_1$ 与固定坐标系 $Oxyz$ 的转换矩阵为

$$\mathrm{e}^{\boldsymbol{J}_k\beta_1} = \begin{bmatrix} \cos\beta_1 & \sin\beta_1 & 0 \\ \sin\beta_1 & \cos\beta & 0 \\ 0 & 0 & 1 \end{bmatrix} \tag{3.5.56}$$

运用回转变换张量法，转换到固定坐标系 $Oxyz$ 中的矢量函数为

$$\begin{aligned}\boldsymbol{R}_1 &= \mathrm{e}^{\boldsymbol{J}_k\beta_1}\boldsymbol{R}_0 \\ &= \{(h+l_\mathrm{f})\cos\beta_1 - r\cos\beta_\mathrm{f}\sin\beta_1 \quad (h+l_\mathrm{f})\sin\beta_1 - r\cos\beta_\mathrm{f}\cos\beta_1 \quad r\sin\beta_\mathrm{f}\}^\mathrm{T}\end{aligned} \tag{3.5.57}$$

$\boldsymbol{R}_1$、$\boldsymbol{R}_2$ 分别为啮合点 K 在固定坐标系 $Oxyz$ 中相对于 O_1、O_2 点的位置矢量，$\boldsymbol{R}_1$、$\boldsymbol{R}_2$ 之间的关系为

$$\boldsymbol{R}_1 = \boldsymbol{R}_2 + \boldsymbol{C} \tag{3.5.58}$$

式中，$\boldsymbol{C}$ 为分度盘与凸轮回转中心相对位置的中心距矢量，$\boldsymbol{C}=\{c \quad 0 \quad 0\}^\mathrm{T}$。

坐标系 $O_2x_2y_2z_2$ 与固定坐标系 $Oxyz$ 的转换矩阵为

$$\mathrm{e}^{\boldsymbol{J}_j\beta_2} = \begin{bmatrix} \cos\beta_2 & 0 & \sin\beta_2 \\ 0 & 1 & 0 \\ \sin\beta_2 & 0 & \cos\beta_2 \end{bmatrix} \tag{3.5.59}$$

运用回转变换张量法，转换到固定坐标系 $Oxyz$ 中的矢量函数为

$$\boldsymbol{R}_{\mathrm{c}} = \mathrm{e}^{\boldsymbol{J}_j\beta_1}\boldsymbol{R}_2 = \begin{Bmatrix} (h+l_{\mathrm{f}})\cos\beta_1\cos\beta_2 - r\cos\beta_{\mathrm{f}}\sin\beta_1\cos\beta_2 - c\cos\beta_2 - r\sin\beta_{\mathrm{f}}\sin\beta_2 \\ (h+l_{\mathrm{f}})\sin\beta_1 + r\cos\beta_1\cos\beta_{\mathrm{f}} \\ (h+l_{\mathrm{f}})\cos\beta_1\sin\beta_2 - r\cos\beta_{\mathrm{f}}\sin\beta_1\sin\beta_2 - c\sin\beta_2 + r\sin\beta_{\mathrm{f}}\cos\beta_2 \end{Bmatrix} \tag{3.5.60}$$

5) 空间啮合方程

由式(3.5.58)可知，因 $\boldsymbol{C}$ 为常矢量，则有

$$\dot{\boldsymbol{R}}_1 = \dot{\boldsymbol{R}}_2 \tag{3.5.61}$$

由回转张量微分法则得

$$\dot{\boldsymbol{R}}_1 = \dot{\beta}_1\boldsymbol{J}_k\boldsymbol{R}_1 + \mathrm{e}^{\boldsymbol{J}_k\beta_1}\dot{\boldsymbol{R}}_{\mathrm{f}},\quad \dot{\boldsymbol{R}}_2 = \dot{\beta}_2\boldsymbol{J}_j\boldsymbol{R}_2 + \mathrm{e}^{\boldsymbol{J}_j\beta_2}\dot{\boldsymbol{R}}_{\mathrm{c}} \tag{3.5.62}$$

令

$$\boldsymbol{V}_{1\mathrm{r}} = \mathrm{e}^{\boldsymbol{J}_k\beta_1}\dot{\boldsymbol{R}}_{\mathrm{f}},\quad \boldsymbol{V}_{2\mathrm{r}} = \mathrm{e}^{\boldsymbol{J}_j\beta_2}\dot{\boldsymbol{R}}_{\mathrm{c}},\quad \boldsymbol{V}_{12} = \boldsymbol{V}_{1\mathrm{r}} - \boldsymbol{V}_{2\mathrm{r}} \tag{3.5.63}$$

式中，$\boldsymbol{V}_{1\mathrm{r}}$ 为滚子曲面上啮合点处的切向速度；$\boldsymbol{V}_{2\mathrm{r}}$ 为凸轮曲面上啮合点处的切向速度；$\boldsymbol{V}_{12}$ 为滚子曲面和凸轮曲面在啮合点处的相对滑动速度。

由空间曲面啮合条件可知

$$\boldsymbol{V}_{12}\cdot\boldsymbol{n} = 0 \tag{3.5.64}$$

式中，$\boldsymbol{n}$ 为过两曲面接触点的公共切平面的法矢量，$\boldsymbol{V}_{12}$ 和 $\boldsymbol{n}$ 可表示为

$$\boldsymbol{V}_{12} = \mathrm{e}^{\boldsymbol{J}_k\beta_1}\boldsymbol{V}_{12}^{(1)},\quad \boldsymbol{n} = \mathrm{e}^{\boldsymbol{J}_k\beta_1}\boldsymbol{n}_{\mathrm{f}} \tag{3.5.65}$$

$\boldsymbol{V}_{12}^{(1)}$ 是坐标系 $O_1x_1y_1z_1$ 中的相对滑动速度矢量；$\boldsymbol{n}_{\mathrm{f}}$ 为滚子曲面在啮合点处的单位法向矢量。

$$\boldsymbol{n}_{\mathrm{f}} = \frac{1}{\sqrt{1+r'^2}}\begin{Bmatrix} -r' \\ \cos\beta_{\mathrm{f}} \\ \sin\beta_{\mathrm{f}} \end{Bmatrix},\quad \boldsymbol{V}_{12}^{(1)} = \dot{\beta}_2\begin{Bmatrix} \beta_1' r\cos\beta_{\mathrm{f}} + r\sin\beta_{\mathrm{f}}\cos\beta_1 \\ -\beta_1'(h+l_{\mathrm{f}}) - r\sin\beta_{\mathrm{f}}\sin\beta_1 \\ -(h+l_{\mathrm{f}})\cos\beta_1 + r\cos\beta_{\mathrm{f}}\sin\beta_1 + c \end{Bmatrix} \tag{3.5.66}$$

$r' = \mathrm{d}r/\mathrm{d}h$；$\beta_1' = \dot{\beta}_1/\dot{\beta}_2$ 为从动件相对于凸轮的角速度。

从而得到

$$\boldsymbol{V}_{12}\cdot\boldsymbol{n}_{\mathrm{f}} = 0 \tag{3.5.67}$$

联立求解式(3.5.65)～式(3.5.67)可得

$$\beta_{\mathrm{f}} = \arctan\frac{(rr' + h + l_{\mathrm{f}})\beta_1'}{c - (rr' + h + l_{\mathrm{f}})\cos\beta_1}$$

联立式(3.5.60)和式(3.5.68)，则可确定双圆弧滚道弧面凸轮的廓面方程。

6) 压力角和螺旋角

压力角为从动曲面在接触点处所受凸轮驱动力与该点速度方向的夹角。在忽略从动曲面与凸轮廓面间摩擦阻力的情况下，取滚子中心的速度方向作为接触点的速度方向，将从动曲面在接触点法线方向的反方向作为凸轮驱动力的方向。压力角可用从动件坐标系中的法向矢量和速度矢量来计算，可表示为

$$\cos\alpha = -\frac{\cos\beta_{\mathrm{f}}}{\sqrt{1+r'^2}} \tag{3.5.69}$$

分度期间对应凸轮不同的转角位置，滚子与凸轮接触点上的法向矢量不断变化，也就是凸轮驱动力的方向不断变化，因此不同接触点上的压力角不相等。

在对滚珠的运动、结构的受力以及动力学分析中，螺旋升角是一个非常重要的参数，因此需要得到螺旋升角的计算公式。螺旋升角是螺旋线的切线与垂直于螺纹轴线的平面的夹角。对于弧面分度凸轮结构，某一瞬时的螺旋升角通过单位时间内分度盘与凸轮转过的弧长之比求得。因此，螺旋升角的正切值等于分度盘线速度与凸轮线速度之比，可表示为

$$\tan\gamma = -\frac{l_{\mathrm{f}}\dot{\beta}_1}{(c - l_{\mathrm{f}}\cos\beta_1)\dot{\beta}_2} \tag{3.5.70}$$

对于圆柱蜗杆，螺旋升角的正切值为导程与分度圆的周长之比，螺旋升角不变。而对于间歇传动的弧面分度凸轮结构，在一个周期内，分度期间由于机构不同啮合位置的凸轮横截圆直径不断变化，机构的传动比也在不断变化。因此，螺旋升角也是不断变化的，停歇期间啮合位置处横截圆的直径是恒定的，分度盘转速为零，所以螺旋升角不变。

2. 滚珠型弧面分度凸轮结构的五自由度模型

1) 模型的简化

由于凸轮结构在高速运动过程中受到周期力的激振，其实际运动规律发生改变。在动力学建模时，忽略凸轮输入系统的弹性，仅将输出系统视为弹性，结合钢球滚子弧面凸轮连续传动特点，考虑输入轴、输出轴的弯曲、扭转、阻尼等因素，采用能量法对各构件质量、刚度进行等效，建立凸轮轴扭转、横向变形和分度盘轴横向变形的五自由度动力学模型。

为了突出结构的基本特征并简化动力学模型，对模型做如下假设：①忽略电机特性以及轴承阻尼力对系统的影响，输入轴的输入转速恒定。②分度盘输出扭矩稳定，分析系统结构所决定的动态特性，分析输入轴的扭转振动和输入输出轴

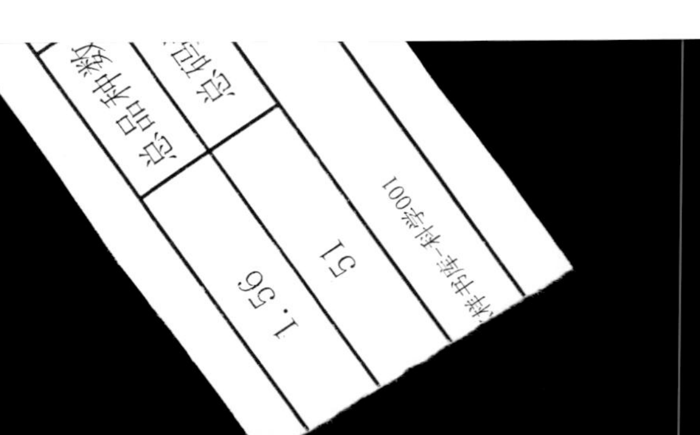

的弯曲振动。③将分度盘和凸轮视为刚体，忽略其弹性变形，将凸轮轴和分度盘轴视为弹性件。在建立模型时，运用能量法将钢球和滚珠质量等效到分度盘质量中。④由于隔振效应遏制了凸轮轴的扭转振动向分度盘轴的传递，忽略凸轮轴扭转运动对分度盘振动的影响。⑤凸轮工作廓面精确，无制造误差和安装误差。

2) 动力学方程

基于滚珠型弧面凸轮连续传动结构模型的特征及其假设，建立其简化的动力学模型如图 3.5.15 所示。以凸轮的转角θ，凸轮位移x_1、z_1，分度盘的位移x_2、y_2为广义坐标，得到系统的运动微分方程为

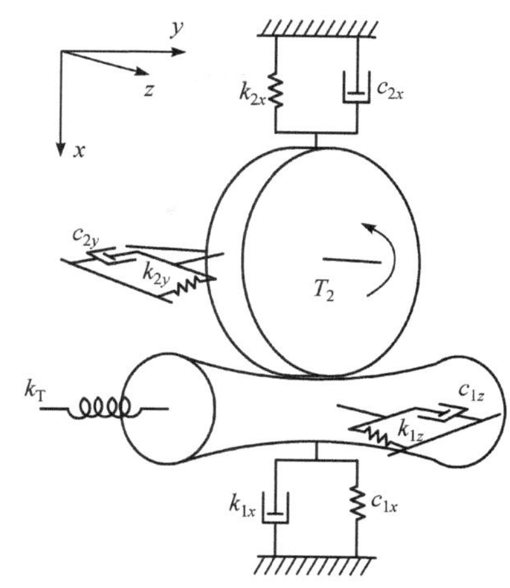

图 3.5.15　滚珠型弧面分度凸轮结构的五自由度动力学模型

$$\begin{aligned}&m_T R_n^2 \ddot{\theta} = T_1 - k_t \theta, \quad m_{1x} \ddot{x}_1 = F_{r1} - c_{1x} \dot{x}_1 - k_{1x} x_1, \quad m_{1z} \ddot{z}_1 = F_{t1} - c_{1z} \dot{z}_1 - k_{1z} z_1 \\ &m_{2x} \ddot{x}_2 = F_{r1} - c_{2x} \dot{x}_2 - k_{2x} x_2, \quad m_{2y} \ddot{y}_2 = F_{a1} - c_{2x} \dot{y}_2 - k_{2x} y_2\end{aligned} \tag{3.5.71}$$

式中，

$$\begin{aligned}&T_1 = \frac{T_2}{i}, \quad F_{a1} = \frac{T_2}{l_f} \cos\theta_1 + \frac{T_2 \cos\alpha \sin\theta_1 \sqrt{i^2 (c - l_f \cos\theta_1)^2 + l_f^2}}{l_f i \sin\alpha (c - l_f \cos\theta_1)} \\ &F_{r1} = \frac{T_2 \cos\alpha \cos\theta_1 \sqrt{i^2 (c - l_f \cos\theta_1)^2 + l_f^2}}{l_f i \sin\alpha (c - l_f \cos\theta_1)} - \frac{T_2}{l_f} \sin\theta_1, \quad F_{t1} = \frac{T_2}{i(c - l_f \cos\theta_1)}\end{aligned} \tag{3.5.72}$$

式中，i为传动比；l_f为滚子分布圆半径；T_1、T_2分别为凸轮、分度盘的工作转矩；c为中心距；θ_1为分度盘转角；α为接触角。

3) 等效质量与等效刚度

采用能量法对构件质量和刚度进行等效。凸轮轴扭转等效刚度为

$$k_t = \frac{GI_p}{lR_u^2}, \quad I_p = \frac{\pi d_1^4}{32} \tag{3.5.73}$$

式中，G为凸轮材料的切变模量；l为凸轮输出端与输入端的距离；R_u为凸轮输出端距轴心线的距离；d_1为凸轮轴直径。

凸轮轴扭转等效质量为

$$m_t = \frac{m_1 r^2}{2R_u^2} \tag{3.5.74}$$

式中，m_1 为凸轮总质量；r 为凸轮平均回转半径。

凸轮轴横向振动的等效刚度为

$$k_{1x}=k_{1z}=\frac{3EI_{1x}(a_1+b_1)}{a_1^2b_1^2},\quad I_{1x}=\frac{\pi d_1^4}{64} \tag{3.5.75}$$

式中，a_1、b_1 为凸轮中心位置距离两端支承轴承的长度；I_{1x} 为凸轮轴的惯性矩。

凸轮轴横向振动的等效质量为

$$m_{1x}=m_{1z}=m_1+m_{1\mathrm{d}},\quad m_{1\mathrm{d}}=\frac{1}{2}\frac{\pi d_1^2(a_1+b_1)\rho_1}{4} \tag{3.5.76}$$

式中，$m_{1\mathrm{d}}$ 为凸轮轴的等效质量；ρ_1 为凸轮轴材料密度。

分度盘轴横向振动的等效刚度为

$$k_{2x}=k_{2y}=\frac{3EI_{2x}(a_2+b_2)}{a_2^2b_2^2},\quad I_{2x}=\frac{\pi d_2^4}{64} \tag{3.5.77}$$

式中，a_2、b_2 为分度盘中心位置距离两端支承轴承的长度；I_{2x} 为分度盘轴的惯性矩；d_2 为分度盘轴直径。

分度盘轴横向振动的等效质量为

$$m_{2x}=m_{2y}=m_2+m_{2\mathrm{d}},\quad m_{2\mathrm{d}}=\frac{1}{2}\frac{\pi d_2^2(a_2+b_2)\rho_2}{4} \tag{3.5.78}$$

式中，$m_{2\mathrm{d}}$ 为分度盘轴的等效质量；ρ_2 为分度盘轴材料密度。

根据式(3.5.73)～式(3.5.78)计算出动力学方程中的各参数，即可求解动力学方程(3.5.71)。

3. 滚珠型弧面分度凸轮结构的扭转动力学模型

1) 模型简化及广义坐标选择

在不考虑电机的情况下，滚珠型弧面分度凸轮结构的机械传动部分包括弧面凸轮、分度盘、滚珠、载荷盘、输入轴以及输出轴。弧面分度凸轮结构中传递运动的主要方式是扭转运动，可以采用集中质量法建立滚珠型弧面分度凸轮结构的扭转动力学模型。建模过程中主要考虑输入轴、输出轴的扭转弹性。把输入轴系统看成质量块为弧面凸轮的质量-弹簧系统，等效集中质量和转动惯量分别为 m_3、I_3。将输出轴系统看成质量块为分度盘和载荷盘的质量-弹簧系统，等效集中质量和转动惯量分别为 m_2、I_2 和 m_1、I_1。滚珠作为媒介把输入轴和输出轴间的运动连接起来，滚珠与凸轮及分度盘之间都有接触刚度，由于滚珠质量较小，因此忽略滚珠质量，建立等效接触刚度，输入轴和输出轴之间通过等效接触刚度产生耦合。忽略结构中各零件的加工误差及装配误差，假定结构无侧隙啮合传动，建立如图 3.5.16 所示的扭转动力学模型。模型为三自由度系统，选择载荷盘的转角 θ_1、分度盘的转角θ_2和弧面凸轮的转角θ_3为广义坐标，结构中的弧面凸轮为左旋，当凸轮为逆时针转动时，分度盘为逆时针转动，广义坐标位移沿坐标系方向为正，广义坐标转角量逆时针为正、顺时针为负。

2) 扭转动力学方程

图 3.5.16 所示的滚珠型弧面分度凸轮结构的动能、势能及耗散函数分别为

$$
\begin{aligned}
T &= \frac{1}{2}I_1\dot{\theta}_1^2 + \frac{1}{2}I_2\dot{\theta}_2^2 + \frac{1}{2}I_3\dot{\theta}_3^2 \\
V &= \frac{1}{2}k_{\theta 1}(\theta_2 - \theta_1)^2 + \frac{1}{2}k_{\theta 3}(\theta - \theta_3)^2 + \frac{1}{2}\sum_{i=1}^{k} k_{\mathrm{ec}i}(\delta_{\theta 2i} - \delta_{\theta 3i})^2 \\
H &= \frac{1}{2}c_{\theta 1}(\dot{\theta}_2 - \dot{\theta}_1)^2 + \frac{1}{2}c_{\theta 3}(\dot{\theta}_3 - \dot{\theta})^2 + \frac{1}{2}\sum_{i=1}^{k} c_{\mathrm{ec}i}(\dot{\delta}_{\theta 2i} - \dot{\delta}_{\theta 3i})^2
\end{aligned}
\tag{3.5.79}
$$

式中，$k_{\theta 1}$、$k_{\theta 3}$ 分别为结构输出轴、输入轴扭转刚度；$k_{\mathrm{ec}i}$ 为凸轮与分度盘之间的等效接触刚度；$c_{\theta 1}$、$c_{\theta 3}$ 分别为代表输出轴、凸轮轴的扭转阻尼系数；$c_{\mathrm{ec}i}$ 为凸轮与分度盘之间的等效接触阻尼系数；$\delta_{\theta 2}$ 、$\delta_{\theta 3}$ 为啮合点 $k_{\mathrm{t}1}$ 法线方向上的位移变动量。

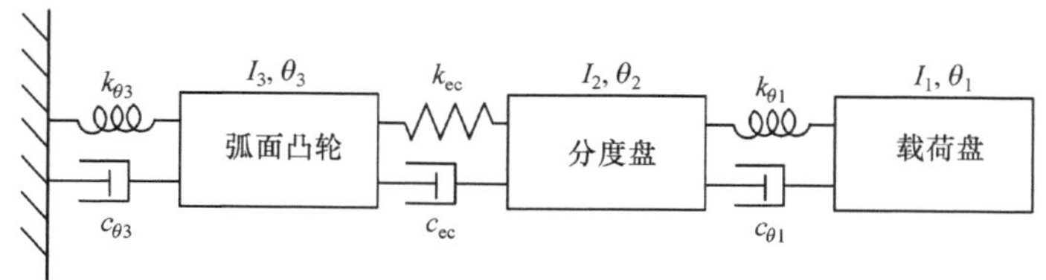

图 3.5.16 滚珠型弧面分度凸轮结构扭转动力学模型

将式(3.5.79)代入拉格朗日方程(3.3.39)，并求导、整理得到滚珠型弧面分度凸轮结构的运动微分方程为

$$
\begin{aligned}
& I_1\ddot{\theta}_1 + c_{\theta 1}(\dot{\theta}_1 - \dot{\theta}_2) + k_{\theta 1}(\theta_1 - \theta_2) = 0 \\
& I_2\ddot{\theta}_2 - c_{\theta 1}(\dot{\theta}_1 - \dot{\theta}_2) + \frac{\sqrt{2}}{2}\sum_{i=1}^{k} c_{\mathrm{ec}i} r_{\mathrm{f}i} \cos\gamma_i (\dot{\delta}_{\theta 2i} - \dot{\delta}_{\theta 3i}) \\
& \quad - k_{\theta 1}(\theta_1 - \theta_2) + \frac{\sqrt{2}}{2}\sum_{i=1}^{k} k_{\mathrm{ec}i} r_{\mathrm{f}i} \cos\gamma_i (\delta_{\theta 2i} - \delta_{\theta 3i}) = 0 \\
& I_3\ddot{\theta}_3 + c_{\theta 3}(\dot{\theta}_3 - \dot{\theta}) - \frac{\sqrt{2}}{2}\sum_{i=1}^{k} c_{\mathrm{ec}i} r_{\mathrm{f}i} \sin\gamma_i (\dot{\delta}_{\theta 2i} - \dot{\delta}_{\theta 3i}) \\
& \quad + k_{\theta 3}(\theta_3 - \theta) - \frac{\sqrt{2}}{2}\sum_{i=1}^{k} k_{\mathrm{ec}i} r_{\mathrm{f}i} \sin\gamma_i (\delta_{\theta 2i} - \delta_{\theta 3i}) = 0
\end{aligned}
\tag{3.5.80}
$$

式中，$r_{\mathrm{f}i}$ 为第 i 个啮合点与分度盘中心的距离；θ、γ_i 分别为输入轴、第 i 个输出

轴的理论转角。

3) 等效接触刚度分析

根据赫兹理论，得到滚珠、与滚珠接触件的接触变形分别为

$$h_1 = r_1 - \sqrt{r_1^2 - b^2}, \quad h_2 = r_2 - \sqrt{r_2^2 - b^2} \tag{3.5.81}$$

式中，h_1 为滚珠的接触变形；h_2 为与滚珠接触件的接触变形；r_1、r_2 为最小曲率半径；b 为椭圆边界的半短轴。

凸轮与滚珠之间的接触刚度及接触点处的曲率半径有密切的关系。由曲率分析可知，分度期间凸轮在不同接触点处的曲率随着凸轮转角的变化而变化，因此凸轮与滚珠之间的接触刚度随凸轮转角的变化不断变化。滚珠曲面上各点的曲率半径均为滚珠半径。应用式(3.5.81)求出滚珠和凸轮的接触变形 h_1、h_2，则得到滚珠与凸轮之间的接触刚度 k_{c1} 为

$$k_{c1} = \frac{1}{h_1 + h_2} \tag{3.5.82}$$

滚珠与分度盘中间圆盘的接触使分度盘做圆周运动，将滚珠与分度盘中间圆盘间的接触刚度作为滚珠与分度盘之间的接触刚度计算。分度盘的最小曲率半径为分度盘中间圆盘凹槽圆弧半径。分别求出滚珠和分度盘的接触变形 h_1'、h_2'，得到滚珠与分度盘之间的接触刚度为

$$k_{c2} = \frac{1}{h_1' + h_2'} \tag{3.5.83}$$

由于滚珠相对凸轮和分度盘质量较小，可以忽略，滚珠与凸轮之间的接触刚度以及滚珠与分度盘之间的接触刚度可以近似看成串联。如图 3.5.17 所示，滚珠两端的弹簧-阻尼串联。对于一个滚珠参与啮合的情况，串联后的等效接触刚度为

$$\frac{1}{k_{eci}} = \frac{1}{k_{c1}} + \frac{1}{k_{c2}} \tag{3.5.84}$$

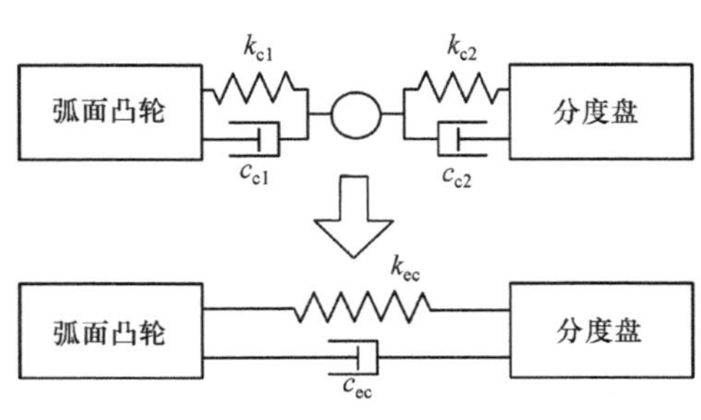

图 3.5.17 接触副弹簧-阻尼模型

式(3.5.84)是在一个滚珠啮合情况下等效接触刚度的计算公式，在机构的运行过程中一般会有多个滚珠参与啮合，滚珠与凸轮的啮合情况应根据设计的结构参数以及啮合传动特性确定。机构中 k 个滚珠同时参与啮合情况下的等效接触刚度为

$$k_{ec} = \sum_{i=1}^{k} k_{eci} \tag{3.5.85}$$

4) 广义坐标几何位移关系分析

当凸轮及分度盘的实际角位移相对理论角位移存在变动量时，在滚珠与凸轮啮合点 k_{t1} 的法线方向上会产生微小位移。由于凸轮、滚珠以及分度盘之间的空间位置关系，这里采用回转变换张量法分析。设广义坐标 θ_2、θ_3 的微小变动量为$\Delta\theta_2$、$\Delta\theta_3$，需要求得局部坐标系中的微小角位移变动量，然后变换到整体坐标系中，从而得到在$\Delta\theta_2$、$\Delta\theta_3$，局部坐标系下微小位移量分别为

$$R'_{f1}=\{0 \quad r_f\times\Delta\theta_2 \quad 0\},\quad R'_{t1}=\{0 \quad 0 \quad r_t\times\Delta\theta_3\} \tag{3.5.86}$$

在$\Delta\theta_2$、$\Delta\theta_3$下，啮合点 k_{t1} 法线方向上的位移变动量分别为

$$\delta_{\theta 2}=r_f\Delta\theta_2\cos\gamma\sin\alpha',\quad \delta_{\theta 3}=r_f\Delta\theta_3\sin\gamma\sin\alpha' \tag{3.5.87}$$

式中，γ 为 y_f 轴与 y' 轴之间的夹角；α' 为凸轮和滚珠接触点法线方向与 x_1' 轴的夹角。

4. 考虑横向及轴向振动的滚珠型弧面分度凸轮结构动力学模型

1) 模型简化及广义坐标选择

在扭转动力学模型的基础上，考虑输入轴和输出轴的轴向振动及横向振动，建立滚珠型弧面分度凸轮结构更为精细的动力学模型，如图 3.5.18 所示。模型为 11 自由度系统，选择载荷盘的转角 θ_1、分度盘的转角 θ_2 和弧面凸轮的转角 θ_3，以及载荷盘的位移 x_1、y_1，分度盘的位移 x_2、y_2、z_2，凸轮轴质心的位移坐标 x_3、y_3、z_3 为广义坐标，建立系统的动力学方程。弧面凸轮为左旋，当凸轮为逆时针转动时，分度盘为逆时针转动，广义坐标位移沿坐标系方向为正，广义坐标转角逆时针为正、顺时针为负。

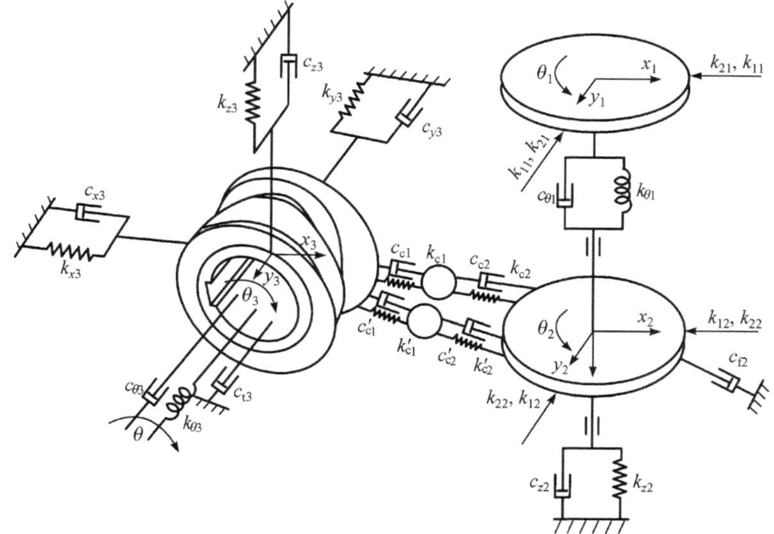

图 3.5.18　考虑横向及轴向振动的滚珠型弧面分度凸轮结构动力学模型

2) 广义坐标几何位移关系分析

当广义坐标 x_2、y_2、z_2、x_3、y_3、z_3 沿其坐标轴方向有微小位移时，在滚珠与凸轮啮合点 k_{t1} 的法线方向上会引起微小位移。与角位移变动量相似，将微小位移首先转换到坐标系 $O_1'x_1'y_1'z_1'$ 中，得到坐标系 $O_1'x_1'y_1'z_1'$ 中各坐标轴上的分量，然后变换到坐标系 $O_f'x_f'y_f'z_f'$ 中，y_f' 轴上的分量即所要求得的在啮合点 k_{t1} 的法线方向上的微小位移。

广义坐标 x_2、y_2、z_2、x_3、y_3、z_3 有微小位移，坐标系 $O_1'x_1'y_1'z_1'$ 中的各微小位移量、啮合点 k_{t1} 法线方向上的微小位移分别为

$$\begin{aligned}
&R'_{x21}=\{x_2\cos\sigma \quad -x_2\sin\sigma \quad 0\}, && \delta_{x2}=x_2[\cos\sigma\cos(\pi-\alpha')-\sin\sigma\cos\gamma\sin\alpha']\\
&R'_{y21}=\{y_2\sin\sigma \quad y_2\cos\sigma \quad 0\}, && \delta_{y2}=y_2[\sin\sigma\cos(\pi-\alpha')-\cos\sigma\cos\gamma\sin\alpha']\\
&R'_{z21}=\{0 \quad 0 \quad z_2\}, && \delta_{z2}=z_2\sin\gamma\sin\alpha'\\
&R'_{x31}=\{x_3\cos\sigma \quad -x_2\sin\sigma \quad 0\}, && \delta_{x3}=x_3[\cos\sigma\cos(\pi-\alpha')-\sin\sigma\cos\gamma\sin\alpha']\\
&R'_{y31}=\{y_3\sin\sigma \quad y_3\cos\sigma \quad 0\}, && \delta_{y3}=y_3[\sin\sigma\cos(\pi-\alpha')-\cos\sigma\cos\gamma\sin\alpha']\\
&R'_{z31}=\{0 \quad 0 \quad z_3\}, && \delta_{z3}=z_3\sin\gamma\sin\alpha'
\end{aligned} \tag{3.5.88}$$

3) 动力学方程

图 3.5.18 所示的考虑横向及轴向振动的滚珠型弧面分度凸轮结构，载荷盘、分度盘和凸轮轴系统的动能分别为

$$\begin{aligned}
T_1&=\frac{1}{2}I_1\dot{\theta}_1^2+\frac{1}{2}m_1\dot{x}_1^2+\frac{1}{2}m_1\dot{y}_1^2\\
T_2&=\frac{1}{2}I_2\dot{\theta}_2^2+\frac{1}{2}m_2\dot{x}_2^2+\frac{1}{2}m_2\dot{y}_2^2+\frac{1}{2}(m_1+m_2)\dot{z}_2^2\\
T_3&=\frac{1}{2}I_3\dot{\theta}_3^2+\frac{1}{2}m_3\dot{x}_3^2+\frac{1}{2}m_3\dot{y}_3^2+\frac{1}{2}m_3\dot{z}_3^2
\end{aligned} \tag{3.5.89}$$

式中，I_1、I_2、I_3 分别为载荷盘、分度盘、凸轮的等效转动惯量；m_1、m_2、m_3 分别为载荷盘、分度盘、凸轮的等效质量。

系统的总动能为

$$T=T_1+T_2+T_3 \tag{3.5.90}$$

系统中，凸轮轴、分度盘和输出轴系统的势能分别为

$$\begin{aligned}
&V_1=\frac{1}{2}k_{\theta1}(\theta_1-\theta_2)^2, \quad V_2=\frac{1}{2}k_{z2}z_2^2\\
&V_3=\frac{1}{2}k_{\theta3}(\theta-\theta_3)^2+\frac{1}{2}k_{x3}x_3^2+\frac{1}{2}k_{y3}y_3^2+\frac{1}{2}k_{z3}z_3^2
\end{aligned} \tag{3.5.91}$$

式中，θ 为输入轴理论转角；$k_{\theta1}$、$k_{\theta3}$ 分别为机构输出轴和输入轴扭转刚度；k_{z2} 为输出轴系统在 z 轴方向的等效刚度；k_{x3}、k_{y3}、k_{z3} 分别为凸轮轴系统质心在 x 轴

的弯曲刚度、y 轴的等效刚度和 z 轴的弯曲刚度。

分度盘与载荷盘弯振耦合势能可表示为

$$\begin{aligned}V_4&=\frac{1}{2}k_{11}x_1^2+\frac{1}{2}k_{21}x_1x_2+\frac{1}{2}k_{12}x_1x_2+\frac{1}{2}k_{22}x_2^2\\V_5&=\frac{1}{2}k_{11}y_1^2+\frac{1}{2}k_{21}y_1y_2+\frac{1}{2}k_{12}y_1y_2+\frac{1}{2}k_{22}y_2^2\end{aligned}\tag{3.5.92}$$

式中，k_{11}、k_{22} 分别为载荷盘与分度盘的刚度；k_{12} 为载荷盘振动对分度盘的刚度影响系数；k_{21} 为分度盘振动对载荷盘的刚度影响系数。

输入轴与输出轴系统耦合势能为

$$\begin{aligned}V_6=&\frac{1}{2}\sum_{i=1}^{k}k_{\mathrm{ec}i}(\delta_{\theta 2i}-\delta_{\theta 3i})^2+\frac{1}{2}\sum_{i=1}^{k}k_{\mathrm{ec}i}(\delta_{x2i}-\delta_{x3i})^2\\&+\frac{1}{2}\sum_{i=1}^{k}k_{\mathrm{ec}i}(\delta_{y2i}-\delta_{y3i})^2+\frac{1}{2}\sum_{i=1}^{k}k_{\mathrm{ec}i}(\delta_{z2i}-\delta_{z3i})^2\end{aligned}\tag{3.5.93}$$

式中，$k_{\mathrm{ec}i}(i=1,2,\cdots,k)$ 为凸轮与分度盘之间的第 i 个接触点等效接触刚度；$\delta_{\theta 2i}$、$\delta_{\theta 3i}(i=1,2,\cdots,k)$ 分别为微小变动量 $\varDelta_{\theta 2}$、$\varDelta_{\theta 3}$ 时啮合点 k_{t1} 法线方向上的位移变动量；δ_{x2i}、δ_{y2i}、δ_{z2i}、δ_{x3i}、δ_{y3i}、$\delta_{z3i}(i=1,2,\cdots,k)$分别为广义坐标 x_2、y_2、z_2、x_3、y_3、z_3 有微小位移时啮合点 k_{t1} 法线方向上的微小位移。

系统的总势能为

$$V=V_1+V_2+V_3+V_4+V_5+V_6\tag{3.5.94}$$

系统输出轴、输入轴的耗散函数分别为

$$\begin{aligned}H_1&=\frac{1}{2}c_{\theta 1}(\dot{\theta}_1-\dot{\theta}_2)^2+\frac{1}{2}c_{f2}\dot{\theta}_2^2+\frac{1}{2}c_{z2}\dot{z}_2^2\\H_2&=\frac{1}{2}c_{\theta 3}(\dot{\theta}_3-\dot{\theta})^2+\frac{1}{2}c_{t3}\dot{\theta}_3^2+\frac{1}{2}c_{x3}\dot{x}_3^2+\frac{1}{2}c_{y3}\dot{y}_3^2+\frac{1}{2}c_{z3}\dot{z}_3^2\end{aligned}\tag{3.5.95}$$

式中，$c_{\theta 1}$、$c_{\theta 3}$ 分别为输出轴、输入轴的扭转阻尼系数；c_{f2} 为分度盘的回转阻尼系数；c_{z2}、c_{x3}、c_{y3}、c_{z3} 分别为输出轴的轴向振动、凸轮轴 x 向的横向振动、凸轮轴的轴向振动和凸轮轴 z 向横向振动的阻尼系数。

输入轴与输出轴系统的耦合耗散函数为

$$\begin{aligned}H_3=&\frac{1}{2}\sum_{i=1}^{k}c_{\mathrm{ec}i}(\dot{\delta}_{\theta 2i}-\dot{\delta}_{\theta 3i})^2+\frac{1}{2}\sum_{i=1}^{k}c_{\mathrm{ec}i}(\dot{\delta}_{x2i}-\dot{\delta}_{x3i})^2\\&+\frac{1}{2}\sum_{i=1}^{k}c_{\mathrm{ec}i}(\dot{\delta}_{y2i}-\dot{\delta}_{y3i})^2+\frac{1}{2}\sum_{i=1}^{k}c_{\mathrm{ec}i}(\dot{\delta}_{z2i}-\dot{\delta}_{z3i})^2\end{aligned}\tag{3.5.96}$$

式中，$c_{\mathrm{ec}i}(i=1,2,\cdots,k)$ 为凸轮与分度盘之间第 i 个接触点的等效接触阻尼系数。

系统的总耗散函数为

$$H=H_1+H_2+H_3\tag{3.5.97}$$

将式(3.5.89)～式(3.5.97)代入拉格朗日方程(3.3.39)，经求导整理得到弧面分度凸轮结构的动力学方程为

$$
\begin{aligned}
& I_1\ddot{\theta}_1 + c_{\theta 1}(\dot{\theta}_1 - \dot{\theta}_2) + k_{\theta 1}(\theta_1 - \theta_2) = 0 \\
& I_2\ddot{\theta}_2 - c_{\theta 1}(\dot{\theta}_1 - \dot{\theta}_2) + \frac{\sqrt{2}}{2}\sum_{i=1}^{k} c_{\mathrm{ec}i} r_{\mathrm{f}i} \cos\gamma_i (\dot{\delta}_{\theta 2i} - \dot{\delta}_{\theta 3i}) + c_{\mathrm{f}2}\dot{\theta}_2 - k_{\theta 1}(\theta_1 - \theta_2) \\
& \quad + \frac{\sqrt{2}}{2}\sum_{i=1}^{k} k_{\mathrm{ec}i} r_{\mathrm{f}i} \cos\gamma_i (\delta_{\theta 2i} - \delta_{\theta 3i}) = 0 \\
& I_3\ddot{\theta}_3 + c_{\theta 3}(\dot{\theta}_3 - \dot{\theta}) - \frac{\sqrt{2}}{2}\sum_{i=1}^{k} c_{\mathrm{ec}i} r_{\mathrm{f}i} \sin\gamma_i (\dot{\delta}_{\theta 2i} - \dot{\delta}_{\theta 3i}) + c_{\mathrm{t}3}\dot{\theta}_3 + k_{\theta 3}(\theta_3 - \theta) \\
& \quad - \frac{\sqrt{2}}{2}\sum_{i=1}^{k} k_{\mathrm{ec}i} r_{\mathrm{f}i} \sin\gamma_i (\delta_{\theta 2i} - \delta_{\theta 3i}) = 0 \\
& m_1\ddot{x}_1 + k_{11}x_1 + k_{21}x_2/2 + k_{12}x_2/2 = 0, \quad m_1\ddot{y}_1 + k_{11}y_1 + k_{21}y_2/2 + k_{12}y_2/2 = 0 \\
& m_2\ddot{x}_2 - \frac{\sqrt{2}}{2}\sum_{i=1}^{k} c_{\mathrm{ec}i}(\dot{\delta}_{x2i} - \dot{\delta}_{x3i})(\cos\sigma_i - \sin\sigma_i\cos\gamma_i) + k_{22}x_2 + \frac{1}{2}k_{21}x_1 + \frac{1}{2}k_{12}x_1 \\
& \quad - \frac{\sqrt{2}}{2}\sum_{i=1}^{k} k_{\mathrm{ec}i}(\delta_{x2i} - \delta_{x3i})(\cos\sigma_i - \sin\sigma_i\cos\gamma_i) = 0 \\
& m_2\ddot{y}_2 - \frac{\sqrt{2}}{2}\sum_{i=1}^{k} c_{\mathrm{ec}i}(\dot{\delta}_{y2i} - \dot{\delta}_{y3i})(\sin\sigma_i - \cos\sigma_i\cos\gamma_i) + k_{22}y_2 + \frac{1}{2}k_{21}y_1 + \frac{1}{2}k_{12}y_1 \\
& \quad - \frac{\sqrt{2}}{2}\sum_{i=1}^{k} k_{\mathrm{ec}i}(\delta_{y2i} - \delta_{y3i})(\sin\sigma_i - \cos\sigma_i\cos\gamma_i) = 0 \\
& (m_1 + m_2)\ddot{z}_2 + \frac{\sqrt{2}}{2}\sum_{i=1}^{k} c_{\mathrm{ec}i}(\dot{\delta}_{z2i} - \dot{\delta}_{z3i})\sin\gamma_i + c_{z2}\dot{z}_2 + k_{\mathrm{e}z2}z_2 + \frac{\sqrt{2}}{2}\sum_{i=1}^{k} k_{\mathrm{ec}i}(\delta_{z2i} \\
& \quad - \delta_{23i})\sin\gamma_i = 0 \\
& m_3\ddot{x}_3 + c_{x3}\dot{x}_3 + \frac{\sqrt{2}}{2}\sum_{i=1}^{k} c_{\mathrm{ec}i}(\dot{\delta}_{x2i} - \dot{\delta}_{x3i})(\cos\sigma_i + \sin\sigma_i\cos\gamma_i) + \frac{\sqrt{2}}{2}\sum_{i=1}^{k} k_{\mathrm{ec}i}(\delta_{x2i} - \delta_{x3i}) \\
& \quad \cdot(\cos\sigma_i + \sin\sigma_i\cos\gamma_i) + k_{x3}x_3 = 0 \\
& m_3\ddot{y}_3 + c_{y3}\dot{y}_3 + \frac{\sqrt{2}}{2}\sum_{i=1}^{k} c_{\mathrm{ec}i}(\dot{\delta}_{y2i} - \dot{\delta}_{y3i})(\sin\sigma_i - \cos\sigma_i\cos\gamma_i) + k_{y3}y_3 \\
& \quad + \frac{\sqrt{2}}{2}\sum_{i=1}^{k} k_{\mathrm{ec}i}(\delta_{y2i} - \delta_{y3i})(\sin\sigma_i + \cos\sigma_i\cos\gamma_i) = 0 \\
& m_3\ddot{z}_3 + c_{z3}\dot{z}_3 - \frac{\sqrt{2}}{2}\sum_{i=1}^{k} c_{\mathrm{ec}i}\sin\gamma_i(\dot{\delta}_{z2i} - \dot{\delta}_{z3i}) + k_{y3}y_3 - \frac{\sqrt{2}}{2}\sum_{i=1}^{k} k_{\mathrm{ec}i}(\delta_{z2i} - \delta_{z3i})\sin\gamma_i = 0
\end{aligned}
\tag{3.5.98}
$$

式(3.5.98)表示的动力学方程组是二阶变系数微分方程组，设 $q_1=\theta_1-\sigma$，$q_2=\theta_2-\sigma$，$q_3=\theta_3-\sigma$，并记

$$
\begin{aligned}
&A=\frac{1}{2}\sum_{i=1}^{k}k_{\mathrm{ec}i}r_{\mathrm{f}i}\cos^2\gamma_i,\quad B=\frac{1}{2}\sum_{i=1}^{k}k_{\mathrm{ec}i}r_{\mathrm{f}i}r_{\mathrm{t}i}\sin\gamma_i\cos\gamma_i,\\
&C=\frac{1}{2}\sum_{i=1}^{k}k_{\mathrm{ec}i}r_{\mathrm{f}i}\sin^2\gamma_i,\quad D=\frac{1}{2}k_{12}+\frac{1}{2}k_{21},\\
&E=\frac{1}{2}\sum_{i=1}^{k}k_{\mathrm{ec}i}(\cos\sigma_i+\sin\sigma_i\cos\gamma_i)^2\\
&F=\frac{1}{2}\sum_{i=1}^{k}k_{\mathrm{ec}i}(\cos\sigma_i-\cos\sigma_i\cos\gamma_i)^2,\quad G=\frac{1}{2}\sum_{i=1}^{k}k_{\mathrm{ec}i}r_{\mathrm{f}i}\sin^2\gamma_i\\
&A_{\mathrm{c}}=\frac{1}{2}\sum_{i=1}^{k}c_{\mathrm{ec}i}r_{\mathrm{f}i}^2\cos^2\gamma_i,\quad B_{\mathrm{c}}=\frac{1}{2}\sum_{i=1}^{k}c_{\mathrm{ec}i}r_{\mathrm{f}i}r_i\sin\gamma_i\cos\gamma_i\\
&C_{\mathrm{c}}=\frac{1}{2}\sum_{i=1}^{k}c_{\mathrm{ec}i}r_{\mathrm{t}i}^2\sin^2\gamma_i,\quad E_{\mathrm{c}}=\frac{1}{2}\sum_{i=1}^{k}c_{\mathrm{ec}i}(\cos\sigma_i+\sin\sigma_i\cos\gamma_i)^2\\
&F_{\mathrm{c}}=\frac{1}{2}\sum_{i=1}^{k}c_{\mathrm{ec}i}(\sin\sigma_i-\cos\sigma_i\cos\gamma_i)^2
\end{aligned}
\tag{3.5.99}
$$

则动力学方程(3.5.98)为

$$
\begin{aligned}
&I_1\ddot{q}_1+c_{\theta1}(\dot{q}_1-\dot{q}_2)+k_{\theta1}(q_1-q_2)=-I_1\ddot{\sigma}\\
&I_2\ddot{q}_2-c_{\theta1}\dot{q}_1+(k_{\theta1}+c_{\mathrm{f}2}+A_{\mathrm{c}})\dot{q}_2-B_{\mathrm{c}}\dot{q}_3-k_{\theta1}q_1+(k_{\theta1}+A)q_2-Bq_3=-I_2\ddot{\sigma}-c_{\mathrm{f}2}\dot{\sigma}\\
&I_3\ddot{q}_3-B_{\mathrm{c}}\dot{q}_2+(c_{\theta3}+c_{\mathrm{t}3}+C_{\mathrm{c}})\dot{q}_3-Bq_2+(k_{\theta3}+C)q_3=-I_3\ddot{\theta}-c_{\mathrm{t}3}\dot{\theta}\\
&m_1\ddot{x}_1+k_{11}x_1+Dx_2=0\\
&m_1\ddot{y}_1+k_{11}y_1+Dy_2=0\\
&m_2\ddot{x}_2-E_{\mathrm{c}}\dot{x}_2-E_{\mathrm{c}}\dot{x}_3+Dx_1+(k_{22}+E)x_2-Ex_3=0\\
&m_2\ddot{y}_2-F_{\mathrm{c}}\dot{y}_2-F_{\mathrm{c}}\dot{y}_3+Dy_1+(k_{22}+F)y_2-Fy_3=0\\
&(m_1+m_2)\ddot{z}_2+(c_{z2}+G_{\mathrm{c}})\dot{z}_2+(k_{\mathrm{c}\theta2}+G)z_2-Gz_3=0\\
&m_3\ddot{x}_3-E_{\mathrm{c}}\dot{x}_2+(c_{x3}-E_{\mathrm{c}})\dot{x}_3-Ex_2+(k_{x3}+E_{\mathrm{c}})x_3=0\\
&m_3\ddot{y}_3-F_{\mathrm{c}}\dot{y}_2+(c_{y3}-F_{\mathrm{c}})\dot{y}_3-Fy_2+(k_{y3}+F)y_3=0\\
&m_3\ddot{z}_3-G_{\mathrm{c}}\dot{z}_2+(c_{z3}+G_{\mathrm{c}})\dot{z}_3-Gz_2+(k_{z3}+G)z_3=0
\end{aligned}
\tag{3.5.100}
$$

式(3.5.100)的矩阵形式为

$$
\boldsymbol{m}\ddot{\boldsymbol{q}}+\boldsymbol{c}\dot{\boldsymbol{q}}+\boldsymbol{k}\boldsymbol{q}=\boldsymbol{F}\tag{3.5.101}
$$

式中，$\boldsymbol{q}$ 为广义坐标列向量；$\boldsymbol{m}$、$\boldsymbol{c}$ 和 $\boldsymbol{k}$ 分别为质量矩阵、阻尼矩阵和刚度矩阵；$\boldsymbol{F}$ 为外界激励列向量。其各表达式分别为

$$
\begin{aligned}
&\boldsymbol{q}=\{q_1 \quad q_2 \quad q_3 \quad x_1 \quad y_1 \quad x_2 \quad y_2 \quad z_2 \quad x_3 \quad y_3 \quad z_3\}^{\mathrm{T}}\\
&\boldsymbol{m}=\mathrm{diag}\{I_1 \quad I_2 \quad I_3 \quad m_1 \quad m_1 \quad m_2 \quad m_2 \quad m_1+m_2 \quad m_3 \quad m_3 \quad m_3\}\\
&\boldsymbol{c}=\begin{bmatrix}
c_{\theta1} & -c_{\theta1} & 0 & 0 & 0 & 0 & 0 & 0 & 0 & 0 & 0\\
-c_{\theta1} & c_{\theta1}+c_{f2}+A_{c} & -B_{c} & 0 & 0 & 0 & 0 & 0 & 0 & 0 & 0\\
0 & -B_{c} & c_{\theta3}+c_{t3}+C_{c} & 0 & 0 & 0 & 0 & 0 & 0 & 0 & 0\\
0 & 0 & 0 & 0 & 0 & 0 & 0 & 0 & 0 & 0 & 0\\
0 & 0 & 0 & 0 & 0 & 0 & 0 & 0 & 0 & 0 & 0\\
0 & 0 & 0 & 0 & 0 & -E_{c} & 0 & 0 & -E_{c} & 0 & 0\\
0 & 0 & 0 & 0 & 0 & 0 & -F_{c} & 0 & 0 & -F_{c} & 0\\
0 & 0 & 0 & 0 & 0 & 0 & 0 & c_{z2}+G & 0 & 0 & -G_{c}\\
0 & 0 & 0 & 0 & 0 & -E_{c} & 0 & 0 & c_{x3}-E_{c} & 0 & 0\\
0 & 0 & 0 & 0 & 0 & 0 & -F_{c} & 0 & 0 & c_{y3}-F_{c} & 0\\
0 & 0 & 0 & 0 & 0 & 0 & 0 & -G_{c} & 0 & 0 & c_{z3}+G_{c}
\end{bmatrix}\\
&\boldsymbol{k}=\begin{bmatrix}
k_{\theta1} & -k_{\theta1} & 0 & 0 & 0 & 0 & 0 & 0 & 0 & 0 & 0\\
-k_{\theta1} & k_{\theta1}+A & -B & 0 & 0 & 0 & 0 & 0 & 0 & 0 & 0\\
0 & -B & k_{\theta3}+C & 0 & 0 & 0 & 0 & 0 & 0 & 0 & 0\\
0 & 0 & 0 & k_{11} & 0 & D & 0 & 0 & 0 & 0 & 0\\
0 & 0 & 0 & 0 & k_{11} & 0 & D & 0 & 0 & 0 & 0\\
0 & 0 & 0 & D & 0 & k_{22}+E & 0 & 0 & -E & 0 & 0\\
0 & 0 & 0 & 0 & D & 0 & k_{22}+F & 0 & 0 & -F & 0\\
0 & 0 & 0 & 0 & 0 & 0 & 0 & k_{c\theta2}+G & 0 & 0 & -G\\
0 & 0 & 0 & 0 & 0 & -E & 0 & 0 & k_{x3}+E & 0 & 0\\
0 & 0 & 0 & 0 & 0 & 0 & -F & 0 & 0 & k_{y3}+F & 0\\
0 & 0 & 0 & 0 & 0 & 0 & 0 & -G & 0 & 0 & k_{z3}+G
\end{bmatrix}\\
&\boldsymbol{F}=\{-I_1\ddot{\sigma} \quad -I_2\ddot{\sigma}-c_{f2}\dot{\sigma} \quad -I_3\ddot{\theta}-c_{t3}\dot{\theta} \quad 0 \quad 0 \quad 0 \quad 0 \quad 0 \quad 0 \quad 0 \quad 0\}^{\mathrm{T}}
\end{aligned}
\tag{3.5.102}
$$

从微分方程组(3.5.98)可以看出，方程组的系数与弧面凸轮转动位置有直接关系，因此微分方程组是变系数二阶常微分方程组。此类方程的解法有振型叠加法、状态空间法、一阶常微分方程组初值问题的数值解法及富氏级数解法。采用数值解法求解，将得到的常微分方程组转化为一阶微分方程组，然后用一阶常微分方程组初值问题的数值解法进行求解，最终得到所要求时间内的全部解。

5. 滚珠型弧面分度凸轮结构的机电耦合动力学模型

机电耦合传动系统是电机系统和机械传动子系统的总称，只要有电动机和工作机械就有机电耦合传动系统，机电耦合能够影响整个系统的动力学特性。弧面分度凸轮结构由电机进行驱动，可以将电机作为弧面分度凸轮结构的一部分，将其看成一个整体建立机电耦合动力学模型，探讨电机与结构动力学特性之间的相互影响。下面建立滚珠型弧面分度凸轮结构的机电耦合动力学模型。

1) 模型简化及广义坐标选择

输入端为电机，电机和凸轮轴用联轴器相连，考虑电机轴的扭转弹性，把电机看成具有集中转动惯量 I_4 的扭转振动系统，忽略其他方向振动的影响。在考虑横向及轴向振动的滚珠型弧面分度凸轮结构动力学模型的基础上，考虑电机因素后建立系统动力学模型如图 3.5.19 所示。模型为 12 自由度系统，选择载荷盘的转角 θ_1，分度盘的转角 θ_2，弧面凸轮的转角 θ_3，电机轴的扭转角度 θ_4，载荷盘的位移 x_1、y_1，分度盘的位移 x_2、y_2、z_2，凸轮轴质心的位移坐标 x_3、y_3、z_3 为广义坐标，建立系统的动力学方程。

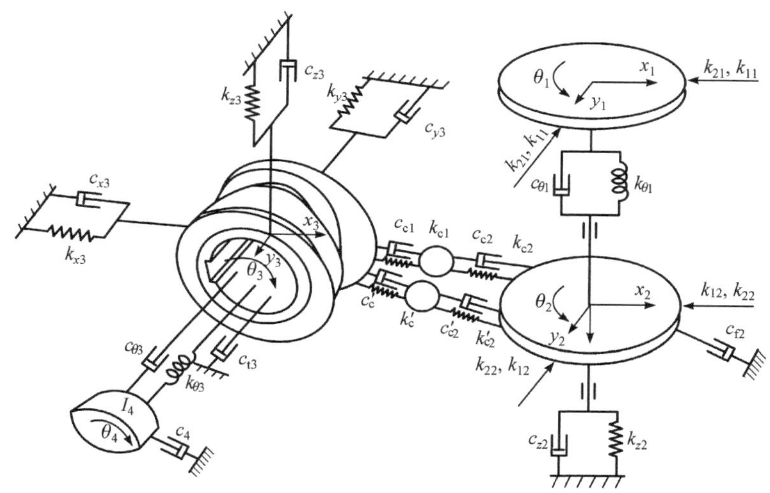

图 3.5.19　滚珠型弧面分度凸轮结构的机电耦合动力学模型

2) 动力学方程

图 3.5.19 所示的滚珠型弧面分度凸轮结构，载荷盘、分度盘和凸轮轴系统的动能由式(3.5.89)表示，若记电机轴的转动惯量为 I_4，则电机的动能为 $T_4 = I_4\dot{\theta}_4^2/2$，系统的总动能为

$$T = \frac{1}{2}I_1\dot{\theta}_1^2 + \frac{1}{2}m_1\dot{x}_1^2 + \frac{1}{2}m_1\dot{y}_1^2 + \frac{1}{2}I_2\dot{\theta}_2^2 + \frac{1}{2}m_2\dot{x}_2^2 + \frac{1}{2}m_2\dot{y}_2^2 + \frac{1}{2}(m_1+m_2)\dot{z}_2^2 + \frac{1}{2}I_3\dot{\theta}_3^2 + \frac{1}{2}m_3\dot{x}_3^2 + \frac{1}{2}m_3\dot{y}_3^2 + \frac{1}{2}m_3\dot{z}_3^2 + \frac{1}{2}I_4\dot{\theta}_4^2 \tag{3.5.103}$$

在该模型中，凸轮轴、分度盘和输出轴系统的势能由式(3.5.91)表示，分度盘与载荷盘的弯振耦合势能由式(3.5.92)表示，输入轴与输出轴系统耦合势能由式(3.5.93)表示，电机与凸轮之间的扭转势能表示为

$$V_7 = k_{\theta3}(\theta_3 - \theta_4)^2/2 \tag{3.5.104}$$

因此，系统的总势能为

$$V=V_1+V_2+V_3+V_4+V_5+V_6+V_7 \tag{3.5.105}$$

系统的耗散函数由式(3.5.96)和式(3.5.97)表示。将式(3.5.103)所示的动能，式(3.5.91)～式(3.5.93)、式(3.5.104)和式(3.5.105)所示的势能，以及式(3.5.95)和式(3.5.96)所示的耗散函数代入拉格朗日方程(3.3.39)，经求导、整理得到弧面分度凸轮结构的机电耦合动力学方程为

$$\begin{aligned}
&I_1\ddot{\theta}_1+c_{\theta1}(\dot{\theta}_1-\dot{\theta}_2)+k_{\theta1}(\theta_1-\theta_2)=0,\quad I_4\ddot{\theta}_4+c_{\theta3}(\dot{\theta}_3-\dot{\theta}_4)+c_4\dot{\theta}_4-k_{\theta4}(\theta_3-\theta_4)=0\\
&I_2\ddot{\theta}_2-c_{\theta1}(\dot{\theta}_1-\dot{\theta}_2)+\frac{\sqrt{2}}{2}\sum_{i=1}^{k}c_{\mathrm{ec}i}r_{\mathrm{f}i}\cos\gamma_i(\dot{\delta}_{\theta2i}-\dot{\delta}_{\theta3i})+\frac{\sqrt{2}}{2}\sum_{i=1}^{k}k_{\mathrm{ec}i}r_{\mathrm{f}i}\cos\gamma_i(\delta_{\theta2i}-\delta_{\theta3i})\\
&\qquad+c_{\mathrm{f}2}\dot{\theta}_2-k_{\theta1}(\theta_1-\theta_2)=0\\
&I_3\ddot{\theta}_3+c_{\theta3}(\dot{\theta}_3-\dot{\theta}_4)-\frac{\sqrt{2}}{2}\sum_{i=1}^{k}c_{\mathrm{ec}i}r_{\mathrm{f}i}\sin\gamma_i(\dot{\delta}_{\theta2i}-\dot{\delta}_{\theta3i})-\frac{\sqrt{2}}{2}\sum_{i=1}^{k}k_{\mathrm{ec}i}r_{\mathrm{f}i}\sin\gamma_i(\delta_{\theta2i}-\delta_{\theta3i})\\
&\qquad+c_{\mathrm{t}3}\dot{\theta}_3+k_{\theta3}(\theta_3-\theta_4)=0\\
&m_1\ddot{x}_1+k_{11}x_1+k_{21}x_2/2+k_{12}x_2/2=0,\quad m_1\ddot{y}_1+k_{11}y_1+k_{21}y_2/2+k_{12}y_2/2=0\\
&m_2\ddot{x}_2-\frac{\sqrt{2}}{2}\sum_{i=1}^{k}c_{\mathrm{ec}i}(\dot{\delta}_{x2i}-\dot{\delta}_{x3i})(\cos\sigma_i+\sin\sigma_i\cos\gamma_i)+k_{22}x_2+\frac{1}{2}k_{21}x_1+\frac{1}{2}k_{12}x_1\\
&\qquad-\frac{\sqrt{2}}{2}\sum_{i=1}^{k}k_{\mathrm{ec}i}(\delta_{x2i}-\delta_{x3i})(\cos\sigma_i+\sin\sigma_i\cos\gamma_i)=0\\
&m_2\ddot{y}_2-\frac{\sqrt{2}}{2}\sum_{i=1}^{k}c_{\mathrm{ec}i}(\dot{\delta}_{y2i}-\dot{\delta}_{y3i})(\sin\sigma_i-\cos\sigma_i\cos\gamma_i)+k_{22}y_2+\frac{1}{2}k_{21}y_1+\frac{1}{2}k_{12}y_1\\
&\qquad-\frac{\sqrt{2}}{2}\sum_{i=1}^{k}k_{\mathrm{ec}i}(\delta_{y2i}-\delta_{y3i})(\sin\sigma_i-\cos\sigma_i\cos\gamma_i)=0\\
&(m_1+m_2)\ddot{z}_2+\frac{\sqrt{2}}{2}\sum_{i=1}^{k}c_{\mathrm{ec}i}(\dot{\delta}_{z2i}-\dot{\delta}_{z3i})\sin\gamma_i+\frac{\sqrt{2}}{2}\sum_{i=1}^{k}k_{\mathrm{ec}i}(\delta_{z2i}-\delta_{z3i})\sin\gamma_i+c_{z2}\dot{z}_2+k_{\mathrm{e}z2}z_2=0\\
&m_3\ddot{x}_3+c_{x3}\dot{x}_3+\frac{\sqrt{2}}{2}\sum_{i=1}^{k}c_{\mathrm{ec}i}(\dot{\delta}_{x2i}-\dot{\delta}_{x3i})(\cos\sigma_i+\sin\sigma_i\cos\gamma_i)+k_{x3}x_3+\frac{\sqrt{2}}{2}\sum_{i=1}^{k}k_{\mathrm{ec}i}(\delta_{x2i}-\delta_{x3i})\\
&\qquad\cdot(\cos\sigma_i+\sin\sigma_i\cos\gamma_i)=0\\
&m_3\ddot{y}_3+c_{y3}\dot{y}_3+\frac{\sqrt{2}}{2}\sum_{i=1}^{k}c_{\mathrm{ec}i}(\dot{\delta}_{y2i}-\dot{\delta}_{y3i})(\sin\sigma_i-\cos\sigma_i\cos\gamma_i)+k_{y3}y_3+\frac{\sqrt{2}}{2}\sum_{i=1}^{k}k_{\mathrm{ec}i}(\delta_{y2i}-\delta_{y3i})\\
&\qquad\cdot(\sin\sigma_i-\cos\sigma_i\cos\gamma_i)=0\\
&m_3\ddot{z}_3+c_{z3}\dot{z}_3-\frac{\sqrt{2}}{2}\sum_{i=1}^{k}c_{\mathrm{ec}i}\sin\gamma_i(\dot{\delta}_{z2i}-\dot{\delta}_{z3i})-\frac{\sqrt{2}}{2}\sum_{i=1}^{k}k_{\mathrm{ec}i}(\delta_{z2i}-\delta_{z3i})\sin\gamma_i+k_{y3}y_3=0
\end{aligned} \tag{3.5.106}$$

3) 永磁同步电机的数学模型

交流伺服系统中使用的电机是交流异步伺服电机或永磁同步伺服电机。交流伺服电机没有电刷，转子惯量较直流电机小，动态响应较好。在同等体积下交流电机的输出功率比直流电机提高了 10%～70%。交流电机的容量可以比直流电机更大，因此可以达到更高的电压和转速。

三相交流永磁同步电机用永磁体代替电励磁，省去了励磁线圈、滑环和电刷。由永磁体代替绕线式转子中的励磁绕组带来的一系列优点，如转子没有发热问题、控制系统比较简单、较高的运行效率及运行速度等，使永磁同步电机应用越来越广泛。下面讨论永磁同步电机的数学模型。

永磁同步电机由定子和转子两大部分组成。永磁体转子产生恒定的电磁场，气隙中的磁通密度呈正弦分布。当相位相差 120°的三相对称正弦波交流电通过定子绕组时，在定子绕组中产生三相对称电流。在转子与定子间的气隙内三相对称电流产生同步旋转动势。定子磁场与转子磁场相互作用产生了电磁转矩，使转子旋转。通过气隙磁场由电能转化为机械能，因此存在电磁耦合关系，当转子以同步速度旋转时，定子上产生的反电势波形为正弦波。转子转速与电源频率同步，并等于旋转磁场的速度，改变定子三相电源的频率和相位就可以改变转子的速度和位置。当电机正常工作时，转子转速为同步转速。当负载增大时，电磁转矩增大，直至与负载转矩平衡。定子电流会随着负载的增加而增大，同时电枢反应会造成气隙磁链和定子反电动势的加大，迫使定子电压升高。因此，电机系统中的电磁参数与系统的力学参数相互作用，构成了系统中的机电耦合。

永磁同步电机本身为机电耦合系统，通过拉格朗日-麦克斯韦方程建立永磁同步伺服电机的数学模型。在进行数学建模时做如下假设：①忽略铁心饱和；②不计涡流和磁滞损耗；③转子上没有阻尼绕组；④永磁体的电导率为零；⑤三相绕组中感应电动势波形为正弦。

电机的拉格朗日函数和损耗函数分别为

$$
\begin{aligned}
L=&\frac{1}{2}L_a i_a^2+\frac{1}{2}L_b i_b^2+\frac{1}{2}L_c i_c^2+Mi_a i_b+Mi_b i_b+Mi_a i_c+\frac{1}{2}I\omega^2+i_a\psi_{\mathrm{f}}\cos\beta\\
&+i_b\psi_{\mathrm{f}}\cos\left(\beta-\frac{2\pi}{3}\right)+i_c\psi_{\mathrm{f}}\cos\left(\beta+\frac{2\pi}{3}\right)
\end{aligned}
\tag{3.5.107}
$$

$$
H=\frac{1}{2}R_a i_a^2+\frac{1}{2}R_b i_b^2+\frac{1}{2}R_c i_c^2+\frac{1}{2}B\omega
$$

从而得到电机各定子绕组的电压方程及运动学方程为

$$
L_a\frac{\mathrm{d}i_a}{\mathrm{d}t}+M\frac{\mathrm{d}i_b}{\mathrm{d}t}+M\frac{\mathrm{d}i_c}{\mathrm{d}t}+R_a i_a+\frac{\mathrm{d}}{\mathrm{d}t}(\psi_{\mathrm{f}}\cos\beta)=u_a
$$

$$
L_b\frac{\mathrm{d}i_b}{\mathrm{d}t}+M\frac{\mathrm{d}i_a}{\mathrm{d}t}+M\frac{\mathrm{d}i_c}{\mathrm{d}t}+R_b i_b+\frac{\mathrm{d}}{\mathrm{d}t}\left[\psi_{\mathrm{f}}\cos\left(\beta-\frac{2}{3}\pi\right)\right]=u_b
$$

$$
\begin{aligned}
&L_c\frac{\mathrm{d}i_c}{\mathrm{d}t}+M\frac{\mathrm{d}i_a}{\mathrm{d}t}+M\frac{\mathrm{d}i_b}{\mathrm{d}t}+R_c i_c+\frac{\mathrm{d}}{\mathrm{d}t}\left[\psi_{\mathrm{f}}\cos\left(\beta+\frac{2}{3}\pi\right)\right]=u_c\\
&I\frac{\mathrm{d}\omega}{\mathrm{d}t}+B\omega=-i_a\psi_{\mathrm{f}}\sin\beta-i_b\psi_{\mathrm{f}}\sin\left(\beta-\frac{2}{3}\pi\right)-i_c\psi_{\mathrm{f}}\sin\left(\beta+\frac{2}{3}\pi\right)-T_{\mathrm{L}}
\end{aligned}
\tag{3.5.108}
$$

式中，L_a、L_b、L_c为定子三相绕组的自感；M为定子三相绕组的互感，三相绕组间的互感均相等；u_a、u_b、u_c为各相绕组两端的电压；i_a、i_b、i_c为各相绕组两端的电流；R_a、R_b、R_c为三相电阻；B为电动机黏滞阻尼系数；ψ_{f}为永磁体产生的磁链；T_{L}为负载；β为转子位置角；I为电机转子的转动惯量。

三相绕组在空间对称分布，则有$R_a=R_b=R_c=R$，$L_a=L_b=L_c=L$，将电机的电压方程写成矩阵形式为

$$
\begin{Bmatrix}u_a\\u_b\\u_c\end{Bmatrix}=\begin{bmatrix}R&0&0\\0&R&0\\0&0&R\end{bmatrix}\begin{Bmatrix}i_a\\i_b\\i_c\end{Bmatrix}+\frac{\mathrm{d}}{\mathrm{d}t}\begin{bmatrix}L&M&M\\M&L&M\\M&M&L\end{bmatrix}\begin{Bmatrix}i_a\\i_b\\i_c\end{Bmatrix}+\frac{\mathrm{d}}{\mathrm{d}t}\begin{Bmatrix}\psi_{\mathrm{f}}\cos\beta\\\psi_{\mathrm{f}}\cos(\beta-2\pi/3)\\\psi_{\mathrm{f}}\cos(\beta+2\pi/3)\end{Bmatrix}\tag{3.5.109}
$$

相对运动学方程为

$$
I\frac{\mathrm{d}\omega}{\mathrm{d}t}+B\omega=-i_a\psi_{\mathrm{f}}\sin\beta-i_b\psi_{\mathrm{f}}\sin\left(\beta-\frac{2}{3}\pi\right)-i_c\psi_{\mathrm{f}}\sin\left(\beta+\frac{2}{3}\pi\right)-T_{\mathrm{L}}\tag{3.5.110}
$$

为简化和求解电机的数学方程，采用与转子一同旋转的dq坐标系描述电机的运动状态。通过坐标变换得到电机三相静止坐标系中的电流i_a、i_b、i_c与dq旋转坐标系中的电流i_d、i_q之间的关系为

$$
\begin{Bmatrix}i_d\\i_q\\i_0\end{Bmatrix}=\sqrt{\frac{2}{3}}\begin{bmatrix}\cos\beta&\cos(\beta-2\pi/3)&\cos(\beta+2\pi/3)\\\sin\beta&-\sin(\beta-2\pi/3)&-\sin(\beta+2\pi/3)\\\sqrt{1/2}&\sqrt{1/2}&\sqrt{1/2}\end{bmatrix}\begin{Bmatrix}i_a\\i_b\\i_c\end{Bmatrix}\tag{3.5.111}
$$

电压关系为

$$
\begin{Bmatrix}u_d\\u_q\\u_0\end{Bmatrix}=\sqrt{\frac{2}{3}}\begin{bmatrix}\cos\beta&\cos(\beta-2\pi/3)&\cos(\beta+2\pi/3)\\\sin\beta&-\sin(\beta-2\pi/3)&-\sin(\beta+2\pi/3)\\\sqrt{1/2}&\sqrt{1/2}&\sqrt{1/2}\end{bmatrix}\begin{Bmatrix}u_a\\u_b\\u_c\end{Bmatrix}\tag{3.5.112}
$$

式中，i_d为零轴电流，永磁同步电机中定子绕组一般为Y型连接，因此$i_0\equiv 0$。采用$i_0\equiv 0$的控制方式，得到在dq坐标系下永磁同步电机的电压方程为

$$
u_d=\frac{\mathrm{d}\psi_d}{\mathrm{d}t}-p_{\mathrm{n}}\psi_q\omega_{\mathrm{m}}+Ri_d,\quad u_q=\frac{\mathrm{d}\psi_q}{\mathrm{d}t}-p_{\mathrm{n}}\psi_d\omega_{\mathrm{m}}+Ri_q\tag{3.5.113}
$$

式中，ψ_d、ψ_q为永磁体基波励磁磁场链分别过d、q轴的磁链。

磁链方程、电磁转矩方程和机械运动学方程分别为

$$\psi_d = Li_d + \psi_f, \quad \psi_q = Li_q \tag{3.5.114}$$

$$T_e = \frac{3}{2} p_n (\psi_d i_q - \psi_q i_d) = \frac{3}{2} p_n \psi_f i_q \tag{3.5.115}$$

$$I \frac{d\omega_m}{dt} = T_e - T_L - B\omega_m \tag{3.5.116}$$

在假设磁路不饱和、不计磁滞和涡流损耗影响、转子上不存在阻尼绕组、空间磁场呈正弦分布的条件下，当永磁同步电机转子为圆筒形($L_d=L_q=L$)时，可得到旋转坐标系中永磁同步电机的状态方程为

$$\begin{Bmatrix} \dot{i}_d \\ \dot{i}_q \\ \dot{\omega}_m \end{Bmatrix} = \begin{bmatrix} -R/L & p_n\omega_m & 0 \\ -p_n\omega_m & -R/L & -p\psi_f/L \\ 0 & 3p_n\psi_f/(2I) & 0 \end{bmatrix} \begin{Bmatrix} i_a \\ i_b \\ \omega_m \end{Bmatrix} + \begin{Bmatrix} u_d/L \\ u_q/L \\ -T_L/I \end{Bmatrix} \tag{3.5.117}$$

式中，p_n 为电机磁极对数；ω_m 为转子角速度；ψ_f 为转子磁场的等效磁链；i_d、i_q 分别为 d、q 轴的电流；u_d、u_q 分别为 d、q 轴的电压。

如果采用 $i_0 \equiv 0$ 的控制方式，那么有

$$\begin{Bmatrix} \dot{i}_q \\ \dot{\omega}_m \end{Bmatrix} = \begin{bmatrix} -R/L & -p_n\psi_f/L \\ 3p_n\psi_f/2 & 0 \end{bmatrix} \begin{Bmatrix} i_q \\ \omega_m \end{Bmatrix} + \begin{Bmatrix} u_q/L \\ -T_L/I \end{Bmatrix} \tag{3.5.118}$$

联合式(3.5.106)、式(3.5.115)和式(3.5.118)，则可得到滚珠型弧面分度凸轮结构的机电耦合动力学方程。

3.5.4　包络蜗杆分度凸轮结构的动力学模型

1. 包络蜗杆分度凸轮结构动力学系统的特征

对于图 3.5.20 所示的包络蜗杆分度凸轮结构，其特点概括为垂直交错轴、变速比、无侧隙、点啮合，这四个特点很大程度上决定其结构动力学系统的特征。

1) 速比特性与惯性激励

包络蜗杆分度凸轮结构的动力输出为间歇式运动，可以分为两个工作段，即分度运动状态的动程段和定位状态的静程段，在凸轮回转一周内，速比产生了剧烈的变化，将对结构系统产生强烈的周期性惯性力矩。因此，由变速比特性带来的惯性激励是分度凸轮结构的基本属性，采取适当的措施可以缓解，但无法根除。

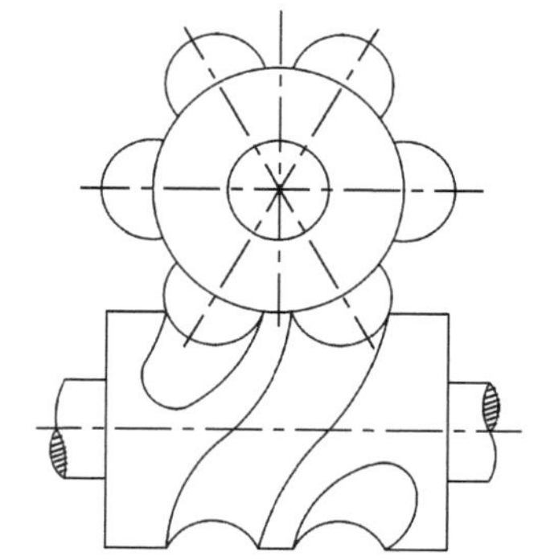

图 3.5.20　包络蜗杆分度凸轮结构

2) 降速特性与隔振效应

同蜗轮蜗杆传动类似，包络蜗杆分度凸轮结

构具有明显的降速特性。无论分度凸轮结构采取何种速比运动规律，当分度数 z 不太小时，凸轮轴至分度轴间的降速比将对其动力学系统产生重要影响。

由于降速特性的影响，凸轮轴振动的角位移 θ_2 将被平均压缩 $1/z$ 而耦联于分度盘，其影响已大大减小。由此可见，因降速特性阻断了两个传动轴系间周向振动的相互传递，产生了类似于隔离振动的效果，简称**隔振效应**。这种良性效应阻断了来自凸轮轴的周向振动和通过凸轮轴输入的前级周向振动，提高了输出端分度轴系的平稳性。这也是包络蜗杆式分度凸轮结构的动态特性优于同类结构、适宜在高速下工作的重要原因。

3) 无侧隙啮合刚度

无侧隙啮合又称双面啮合，即左、右侧齿廓面同时参与啮合，其目的在于提高轮齿间的啮合刚度，避免发生脱啮现象和产生脱啮振动，提高系统的抗振性能。作用于分度盘轮齿廓面上的法向力可以分解到轮齿的径向与切向分量，当该力随时间(或凸轮转角)周期性变化时，将引起分度轴系的径向振动、切向振动和周向振动。切向力作用于啮合副的轮齿上，产生弹性弯曲变形和弹性接触变形。尽管没有其他各种外加激励，变刚度系统也会因系统本身刚度的改变而引起结构系统发生参数振动。接触刚度是啮合刚度的重要组成部分，具有非线性特征，载荷越大刚度越高。由于双面点啮合副在预载荷下工作，相当于啮合的轮齿与对应的齿槽处于轻微过盈状态，可以显著提高共轭齿廓面间的接触刚度。

4) 无侧隙啮合条件下的综合误差

各类误差会对系统产生弹性激励，分度凸轮结构的误差形式主要有分度凸轮及分度盘的齿形误差、轮齿间分度误差、分度凸轮及分度盘的径向跳动误差、分度凸轮轴系的轴向窜动误差等，这些误差来源于结构装置的制造误差、安装误差以及轴承误差等。

双面无侧隙啮合的误差形式具有特殊性，需要引入综合误差的概念。如果廓面无误差的凸轮同有误差的分度盘保持无侧隙啮合，则需要改变其径向与切向的位置，这一位置的变化量称为**综合误差**。中心距变化的误差为**径向综合误差**，沿凸轮轴向位置变化的误差为**切向综合误差**。凸轮的径向跳动误差将导致以凸轮每转为周期的高频径向综合误差，而凸轮的轴向窜动误差所引起的是高频切向综合误差。分度盘转速较低，其径向跳动则引起低频的径向综合误差与切向综合误差等。

在无侧隙啮合的条件下，上述两类综合误差将引起径向及切向的弹性变形，即弹性力的周期性脉动，成为系统的激励源之一。

2. 包络蜗杆分度凸轮结构的动力学方程

为了突出包络蜗杆分度凸轮结构的基本特征，简化其动力学模型，做如下假定：①隔振效应扼制了本结构的前级周向振动向分度盘轴系的传递，可以忽略凸轮轴系周向振动的影响。②分度盘轮齿为柱状直齿，除了廓面间的摩擦力，一般不会产生激励分度盘的轴向振动，因此只考虑分度轴系统在与分度轴线成正交的 $O_1X_1Y_1$ 平面内的振动。③对于无侧隙啮合，其左右廓面同时受力，系统所受合力方向基本不受分度盘轮齿周向位置的影响，可将分度盘轮齿放在零位(即 h_1=0 时的位置)。④结构系统的振动为微幅振动，可以略去其高阶量，使振动模型线性化。

在上述假定条件下，包络蜗杆分度凸轮结构的动力学模型如图 3.5.21 所示。过分度盘的回转中心建立坐标系 $OXYZ$，X 方向为径向、Y 方向为切向、Z 方向为轴向、绕 Z 轴回转为周向。图 3.5.21 中，m_1、m_2 分别表示分度轴系与凸轮轴系的质量；k_{11} 为轮齿间切向弹簧的啮合刚度；k_{13} 为轮齿间的径向弹簧刚度；k_{23}、k_{24} 分别为凸轮轴系的切向弯曲弹簧刚度与径向弯曲弹簧刚度；w_1、w_2 分别为两个凸轮误差，用以模拟径向与切向综合误差。系统的振动分为三类：周向振动为分度轴系绕 Z 轴的扭转振动；切向振动为分度轴系与凸轮轴系沿 Y 方向的振动；径向振动为分度轴系与凸轮轴系沿 X 方向的振动。

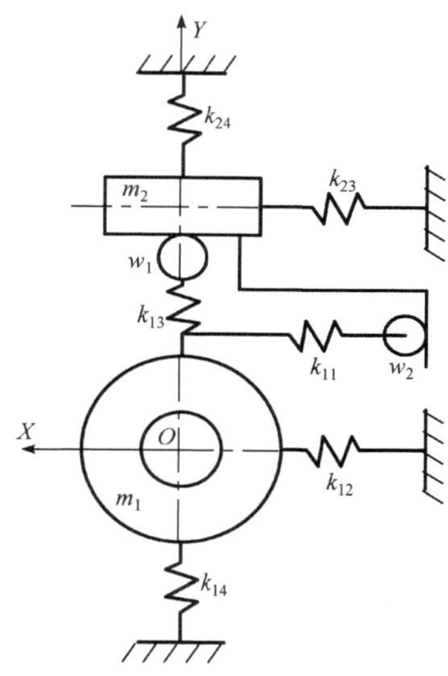

图 3.5.21　包络蜗杆分度凸轮结构的动力学模型

在不计阻尼的条件下，建立包络蜗杆分度凸轮结构的动力学方程。

1) 周向振动

设 φ_1 为分度盘的理论转角、θ_1 为周向振动的角位移、I_1 为其转动惯量，分度盘轮齿啮合点处的作用圆半径为 R_1，则周向振动的动力学平衡方程为

$$I_1\ddot{\theta}_1+k_z R_1(q_1+q_2+q_3)=-I_1\Omega\dot{I}(\Omega t)-k_z R_1 X_t \tag{3.5.119}$$

在式(3.5.119)的两端除以 R_1，则得

$$m_1'\ddot{q}_1+k_z(q_1+q_2+q_3)=-m_1'\Omega\dot{I}(\Omega t)-k_z X_t \tag{3.5.120}$$

式中，$m_1'=I_1/R_2$ 为周向振动的折算质量；$\ddot{q}_1=\Omega^2\dot{I}(\Omega t)$，$\dot{I}(\Omega t)=\mathrm{d}I(\Omega t)/\mathrm{d}(\Omega t)$，$\Omega$ 表示凸轮轴的回转角速度；周向振动在作用圆上的线位移为 $q_1=R_1\theta_1$，q_2、q_3 分别表示分度轴系与凸轮轴系的切向振动位移，X_t 表示切向综合误差，q_1、q_2、q_3、X_t 均以 Y 轴向为正向；k_z 为轮齿间的(切向)啮合刚度。

2) 切向振动

凸轮轴系与分度轴系，通过切向啮合弹簧耦联，并由弹簧 12、23 所支承，构

成了二自由度的振动系统。其动力学平衡方程为

$$\begin{aligned} m_2'\ddot{q}_2 &= k_z(q_1+q_2+X_t-q_3)-k_{12}q_2 \\ m'\ddot{q}_2 &= k_z(q_1+q_2+X_t-q_3)-k_{23}q_3 \end{aligned} \tag{3.5.121}$$

式中，m_2'、m' 分别为分度轴系与凸轮轴系的质量；k_{12}、k_{23} 分别为弹簧 12、23 的支承刚度，整理式(3.5.121)得到

$$\begin{aligned} m_2'\ddot{q}_2+k_z(q_1+q_2-q_3)+k_{12}q_2 &= -k_zX_t \\ m'\ddot{q}_2-k_z(q_1+q_2-q_3)+k_{23}q_3 &= k_zX_t \end{aligned} \tag{3.5.122}$$

3) 径向振动

对于分度凸轮结构的径向振动系统，其分度轴系与凸轮轴系通过弹簧 13 耦联，并由弹簧 14、24 所支承。所构成的二自由度振动的动力平衡方程为

$$m_2'\ddot{q}_4=-k_z(q_4-q_5+X_a)-k_{14}q_4,\quad m'\ddot{q}_2=k_{13}(q_4-q_5+X_a)-k_{24}q_5 \tag{3.5.123}$$

式中，q_4、q_5 分别为分度轴系与凸轮轴系的径向振动位移，以 X 轴向为正向；X_a 为径向综合误差；k_{13}、k_{14}、k_{24} 分别为弹簧 13、14、24 的刚度，其中，k_{13} 称为径向啮合刚度。整理式(3.5.123)得到

$$m_2'\ddot{q}_4+k_z(q_4-q_{5a})-k_{14}q_4=-k_{13}X_a,\quad m'\ddot{q}_2-k_{13}(q_4-q_5)+k_{24}q_5=k_{13}X_a \tag{3.5.124}$$

式(3.5.120)、式(3.5.122)和式(3.5.124)构成了描述分度凸轮结构装置系统 5 个自由度的振动方程，并且由于将周向振动转化为切向，故由切向方程(3.5.120)、(3.5.122)和径向方程(3.5.124)可以看出，三个切向方程和两个径向方程之间并不耦合，这是此类结构振动分析的一个突出特征。

以 $m_2'm'$ 乘以式(3.5.120)，以 $m_1'm'$、$-m_1'm_2'$ 分别乘以式(3.5.122)的两式，将得到的三式求和作为第一式，可得下面方程的前三式；以 m' 乘以式(3.5.124)中的第一式，以 m_2' 乘以式(3.5.124)中的第二式，相乘后的两式相减作为第四式，而原来的第一式保持不变并作为第五式，可得

$$\begin{aligned} &\ddot{q}_\mathrm{t}+\frac{k_z}{m_\mathrm{t}}q_\mathrm{t}+\frac{k_{12}}{m_2'}q_2-\frac{k_{23}}{m'}q_3=-\Omega^2\dot{I}(\Omega t)-\frac{k_z}{m_\mathrm{t}}X_\mathrm{t} \\ &\ddot{q}_2+\frac{k_z}{m_2'}q_\mathrm{t}+\frac{k_{12}}{m_2'}q_2=-\frac{k_z}{m_2'}X_\mathrm{t} \\ &\ddot{q}_3+\frac{k_z}{m'}q_\mathrm{t}+\frac{k_{13}}{m'}q_3=\frac{k_z}{m'}X_\mathrm{t} \\ &\ddot{q}_\mathrm{r}+\frac{k_{13}}{m_\mathrm{r}}q_\mathrm{r}+\frac{k_{14}}{m_2'}q_4+\frac{k_{24}}{m'}(q_\mathrm{r}-q_4)=-\frac{k_{13}}{m_\mathrm{r}}X_\mathrm{a} \\ &\ddot{q}_4+\frac{k_{13}}{m_2'}q_\mathrm{r}+\frac{k_{14}}{m_2'}q_4=-\frac{k_{13}}{m_2'}X_\mathrm{a} \end{aligned} \tag{3.5.125}$$

其中，

$$
\begin{aligned}
&q_{\mathrm{t}}=q_1+q_2+q_3, \quad m_{\mathrm{t}}^{-1}=m_1'^{-1}+m_2'^{-1}+m'^{-1}\\
&q_{\mathrm{r}}=q_4-q_5, \quad m_{\mathrm{r}}^{-1}=m_2'^{-1}+m'^{-1}
\end{aligned}
\tag{3.5.126}
$$

式中，q_{t}、m_{t}、q_{r}、m_{r} 分别为切向的相对振动位移、切向总折算质量、径向的相对振动位移和径向折算质量。

如果再考虑系统的阻尼，则式(3.5.125)成为

$$
\begin{aligned}
&\ddot{q}_{\mathrm{t}}+c_{\mathrm{t}}\dot{q}_{\mathrm{t}}+c_2\dot{q}_{\mathrm{t}}+c_3\dot{q}_3+\frac{k_z}{m_{\mathrm{t}}}q_{\mathrm{t}}+\frac{k_{12}}{m_2'}q_2-\frac{k_{23}}{m'}q_3=-\Omega^2\dot{I}(\Omega t)-\frac{k_z}{m_{\mathrm{t}}}X_{\mathrm{t}}\\
&\ddot{q}_2+c_{\mathrm{t}}\dot{q}_{\mathrm{t}}+c_2\dot{q}_2+\frac{k_z}{m_2'}q_{\mathrm{t}}+\frac{k_{12}}{m_2'}q_2=-\frac{k_z}{m_2'}X_{\mathrm{t}}\\
&\ddot{q}_3+c_{\mathrm{t}}\dot{q}_{\mathrm{t}}+c_3\dot{q}_3+\frac{k_z}{m'}q_{\mathrm{t}}+\frac{k_{23}}{m'}q_3=\frac{k_z}{m'}X_{\mathrm{t}}\\
&\ddot{q}_{\mathrm{r}}+c_{\mathrm{r}}\dot{q}_{\mathrm{r}}+c_4\dot{q}_4+\left(\frac{k_{13}}{m_{\mathrm{r}}}+\frac{k_{24}}{m'}\right)q_{\mathrm{r}}+\left(\frac{k_{14}}{m_2'}-\frac{k_{24}}{m'}\right)q_4=-\frac{k_{13}}{m_{\mathrm{r}}}X_{\mathrm{a}}\\
&\ddot{q}_4+c_{\mathrm{r}}\dot{q}_{\mathrm{r}}+c_4\dot{q}_4+\frac{k_{13}}{m_2'}q_{\mathrm{r}}+\frac{k_{14}}{m_2'}q_4=-\frac{k_{13}}{m_2'}X_{\mathrm{a}}
\end{aligned}
\tag{3.5.127}
$$

式中，c_{t}、c_2、c_3、c_{r}、c_4 为阻尼系数。

3. 包络蜗杆分度凸轮结构的动态特性分析

通过对式(3.5.127)的解析分析或数值计算，便可获得必要的动力学性质。在忽略阻尼的影响时，可将式(3.5.125)的自然频率由式(3.5.128)解得

$$
\begin{aligned}
&\begin{vmatrix}
k_{13}/m_{\mathrm{r}}+k_{24}/m'-\omega^2 & k_{14}/m_2'-k_{24}/m'\\
k_{13}/m_2' & k_{14}/m_2'-\omega^2
\end{vmatrix}=0\\
&\begin{vmatrix}
k_z/m_{\mathrm{t}}-\omega^2 & k_{12}/m_2' & -k_{23}/m'\\
k_z/m_2' & k_{12}/m_2'-\omega^2 & 0\\
-k_z/m' & 0 & k_{23}/m'-\omega^2
\end{vmatrix}=0
\end{aligned}
\tag{3.5.128}
$$

式(3.5.128)称为系统的频率方程，ω 为系统的自然频率；第一式为ω^2 的二次方程；第二式为ω^2 的三次方程。令

$$
\frac{k_{13}}{m_{\mathrm{r}}}+\frac{k_{24}}{m'}=b_{11}, \quad \frac{k_{14}}{m_2'}-\frac{k_{24}}{m'}=b_{12}, \quad \frac{k_{13}}{m_2'}=b_{21}, \quad \frac{k_{14}}{m_2'}=b_{22} \tag{3.5.129}
$$

代入式(3.5.128)的第一式中，可得

$$\omega_{4,5}^2 = \frac{1}{2}\left[(b_{11}+b_{22}) \pm \sqrt{(b_{11}-b_{22})+4b_{12}b_{21}}\right] \tag{3.5.130}$$

同理，令

$$\begin{aligned}&\frac{k_z}{m_t}=a_{11}, \quad \frac{k_{12}}{m_2'}=a_{12}, \quad -\frac{k_{13}}{m'}=a_{13}, \quad \frac{k_z}{m_2'}=a_{21}\\&\frac{k_{23}}{m_2'}=a_{22}, \quad -\frac{k_z}{m'}=a_{31}, \quad \frac{k_{23}}{m'}=a_{33}, \quad a_{23}=a_{32}=0\end{aligned} \tag{3.5.131}$$

代入式(3.5.128)的第二式中，可得

$$a(\omega^2)^3 + b(\omega^2)^2 + c\omega^2 + d = 0 \tag{3.5.132}$$

式中，

$$\begin{aligned}&a=1, \quad b=a_{23}-a_{11}-a_{22}, \quad c=a_{11}a_{22}+(a_{11}+a_{22})a_{33}-a_{31}a_{13}-a_{21}a_{12}\\&d=a_{13}a_{31}a_{22}+a_{12}a_{21}a_{33}-a_{11}a_{22}a_{33}\end{aligned} \tag{3.5.133}$$

再进行变量替换：

$$\omega^2 = y - \frac{b}{3a} \tag{3.5.134}$$

将式(3.5.132)化成不含两次项，且首项系数仍为 1，即

$$y^3 + py + q = 0, \quad p=\frac{3ac-b^2}{3a^2}, \quad q=\frac{2b^3-9abc+27a^2d}{27a^3} \tag{3.5.135}$$

由于系统的自然频率 $\omega^2 \geqslant 0$，则式(3.5.135)求得的 y 值应为实数根。解此一元三次方程，可得

$$\begin{aligned}y_1 &= \left(-\frac{q}{2}+\sqrt{\frac{q^2}{4}+\frac{p^3}{27}}\right)^{1/3} + \left(-\frac{q}{2}+\sqrt{\frac{q^2}{4}+\frac{p^3}{27}}\right)^{1/3}\\y_2 &= Z_1\left(-\frac{q}{2}+\sqrt{\frac{q^2}{4}+\frac{p^3}{27}}\right)^{1/3} + Z_2\left(-\frac{q}{2}+\sqrt{\frac{q^2}{4}+\frac{p^3}{27}}\right)^{1/3}\\y_3 &= Z_2\left(-\frac{q}{2}+\sqrt{\frac{q^2}{4}+\frac{p^3}{27}}\right)^{1/3} + Z_1\left(-\frac{q}{2}+\sqrt{\frac{q^2}{4}+\frac{p^3}{27}}\right)^{1/3}\end{aligned} \tag{3.5.136}$$

式中，

$$Z_1 = (-1+\sqrt{3}\mathrm{i})/2, \quad Z_2 = (-1-\sqrt{3}\mathrm{i})/2 \tag{3.5.137}$$

式(3.5.136)即式(3.5.127)中前三式所示方程的三个实数根表达式，当 $\Delta=q^2/4+p^3/27<0$ 时，有三个相异的实根；当$\Delta=q^2/4+p^3/27=0$ 时，三个实根中有两个相等。再由变量变换关系式(3.5.134)，可求得系统的自然频率为

$$\omega_1^2 = y_1 - \frac{b}{3a}, \quad \omega_2^2 = y_2 - \frac{b}{3a}, \quad \omega_3^2 = y_3 - \frac{b}{3a} \tag{3.5.138}$$

从频率方程(3.5.138)中可求得各阶自然频率的解，确定此系统振动的模态后，可以对此类机构的动态特性进行估算与预测。

第 4 章　轴承动力学

轴承是机械设备中一种重要的基础零部件，其主要功能是支撑机械旋转体，降低旋转部件运动过程中的摩擦系数，并保证其回转精度。

按照运动原理和摩擦性质，**轴承**分为滚动轴承和滑动轴承两类。

滚动轴承是将运转的轴与轴座之间的滑动摩擦变为滚动摩擦，从而减少摩擦损失的一种精密的机械元件。滚动轴承一般由内圈、外圈、滚动体和保持架四部分组成，内圈的作用是与轴相配合并与轴一起旋转；外圈的作用是与轴承座相配合，起支撑作用；滚动体借助保持架均匀地将滚动体分布在内圈和外圈之间，其形状大小和数量直接影响着滚动轴承的使用性能和寿命；保持架能使滚动体均匀分布，引导滚动体旋转起润滑作用。

滑动轴承是在滑动摩擦下工作的轴承。滑动轴承工作平稳、可靠、无噪声。在液体润滑条件下，滑动表面被润滑油分开而不发生直接接触，大大减小了摩擦损失和表面磨损，此时油膜具有一定的吸振能力，但起动摩擦阻力较大。轴被轴承支承的部分称为轴颈，与轴颈相配的零件称为轴瓦。为了改善轴瓦表面的摩擦性质而在其内表面上浇铸的减摩材料层称为轴承衬。轴瓦和轴承衬的材料统称为滑动轴承材料，滑动轴承不分内外圈，也没有滚动体，一般由耐磨材料制成。

4.1　滚动轴承的动力学分析

4.1.1　滚动轴承的接触应力与变形

1. 滚动轴承的典型结构

滚动轴承中的向心轴承(主要承受径向力)通常由内圈、外圈、滚动体和保持架四部分组成，如图 4.1.1 所示。外圈装在轴承座孔内，一般不转动；内圈装在轴颈上，随轴一起转动；在内圈的外周和外圈的内周上均有滚道，当内外圈相对转动时，滚动体即在内外圈的滚道上滚动，实现外圈和内圈之间运动的转换，滚动体是滚动轴承的核心元件；保持架将滚动体均匀隔开，避免相互摩擦。润滑剂也被认为是滚动轴承的第五大

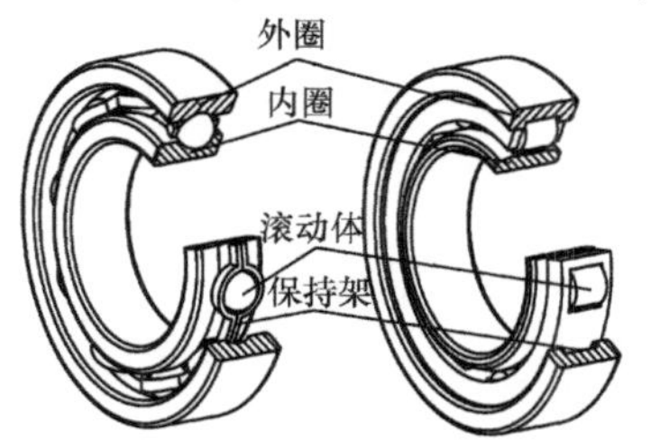

图 4.1.1　滚动轴承的组成

件，起润滑、冷却、清洗等作用。推力轴承由紧圈和活圈两部分组成。紧圈与轴套紧、活圈支承在轴承座上。套圈和滚动体通常采用强度高、耐磨性好的滚动轴承钢制造，淬火后表面硬度应达到 HRC60～65。保持架多用软钢冲压制成，也可以采用铜合金夹布胶木或塑料等制造。

滚动轴承是一种高载荷流体动力摩擦副，不仅存在固体接触的弹性变形，而且受流体动力润滑油膜的影响，弹性变形与润滑油膜之间相互耦合。因此，滚动轴承动力学实际上是一个流固耦合问题，必须联解耦合的流体润滑的雷诺方程、弹性变形方程及压(温)黏方程，才能解决轴承的动力学特性响应。

滚动轴承与两个曲面物体相互接触、挤压，在接触部位的应力分布与接触面的形状、尺寸，以及表面粗糙度、流体动力润滑状况等许多因素有关。赫兹最早研究了两个弹性体的接触问题，在某些简化假设条件下，可计算出接触面的应力分布。赫兹接触问题的表达式较简单，计算结果与实际较吻合，是计算滚动轴承应力的一种主要方法。

2. 基本假设

在求解接触应力与变形时，采用了如下几点简化假设。

(1) 接触物体只产生弹性变形，服从胡克(Hooke)定律。在正常情况下，滚动轴承各元件均工作在材料弹性极限以下，在接触处产生的总塑性变形量不超过滚动体直径的万分之一。因此，可以认为这一假设是合理的。

(2) 负荷垂直于接触表面，即假设接触表面完全光滑，不计接触物体之间的摩擦力。滚动轴承是高精度的滚动摩擦副，摩擦力很小，在计算接触表面的最大压应力、接触面尺寸及接触物体的弹性趋近量时，基于这一假设可以得到足够高的精度。

(3) 接触面的尺寸与接触物体表面的曲率半径相比是小量，虽然这一假设不完全符合滚动轴承的情况，但是采用它后，计算结果与实验结果比较一致。因此，为了简便，仍然采用这一假设。

滚动轴承在无负荷状态下有两种接触类型，即点接触与线接触。各类滚珠球轴承属于点接触，圆柱和圆锥滚子轴承则属于线接触。

3. 点接触

点接触的两物体，在负荷 Q 作用下，其接触点将扩展成一个接触面。该接触面在与接触法线垂直的平面内的投影为一椭圆，其长轴长 $2a$、短轴长 $2b$，如图 4.1.2(a)所示。在接触区内，接触应力按半椭球分布，如图 4.1.2(b)所示。由赫兹理论得到的接触应力与接触的弹性趋近量分别为

$$\sigma_{\max}=\frac{3Q}{2\pi ab},\quad a=m_a\sqrt[3]{\frac{3Q}{E'\sum\rho}},\quad b=m_b\sqrt[3]{\frac{3Q}{E'\sum\rho}}$$
$$\delta=\frac{2K}{m_a}\sqrt[3]{\frac{1}{8}\left(\frac{3}{E'}\right)^2 Q^2\sum\rho}\tag{4.1.1}$$

式中，Q 为滚动轴承与内外圈间的接触负荷；a 为接触椭圆长半轴长度；b 为接触椭圆短半轴长度；$\sigma_{\max}$ 为接触应力；E' 为当量弹性模量，可表示为

$$E'=2\left(\frac{1-\upsilon_1^2}{E_1}+\frac{1-\upsilon_2^2}{E_2}\right)^{-1}\tag{4.1.2}$$

式中，E_1、E_2 和 υ_1、υ_2 分别为两接触物体的弹性模量和泊松比。

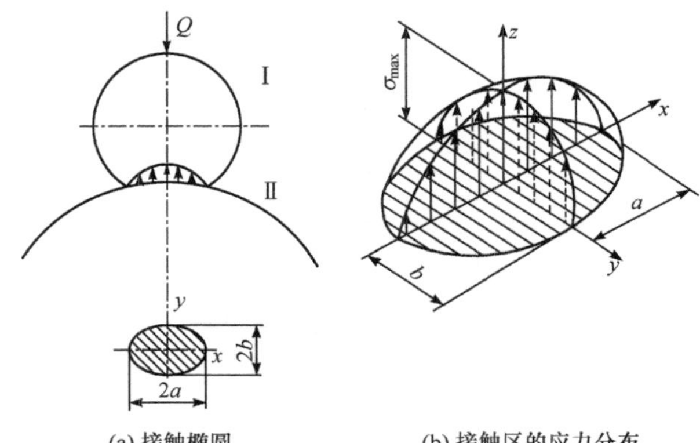

(a) 接触椭圆　　(b) 接触区的应力分布

图 4.1.2　点接触面与接触区应力分布

主曲率和 $\sum\rho$ 为两物体在接触点处的主曲率的总和，即

$$\sum\rho=\rho_{11}+\rho_{12}+\rho_{21}+\rho_{22}\tag{4.1.3}$$

K 为与椭圆偏心率 e 有关的第一类完全椭圆积分，即

$$K=\int_0^{\pi/2}\frac{1}{\sqrt{1-e^2\sin^2\varphi}}\mathrm{d}\varphi\tag{4.1.4}$$

接触椭圆的长、短半轴系数分别为

$$m_a=\sqrt[3]{2L/(\pi k^2)},\quad m_b=\sqrt[3]{2Lk/\pi}\tag{4.1.5}$$

式中，k 为椭圆率，即 $k=b/a$；L 为与椭圆偏心率 e 有关的第二类完全椭圆积分，即

$$L=\int_0^{\pi/2}\sqrt{1-e^2\sin^2\varphi}\mathrm{d}\varphi\tag{4.1.6}$$

椭圆偏心率 e 与椭圆率的关系为

$$e=\sqrt{1-k^2} \tag{4.1.7}$$

主曲率函数 $F(\rho)$ 可表示为

$$F(\rho)=\frac{\left|(\rho_{11}-\rho_{12})+(\rho_{21}-\rho_{22})\right|}{\sum\rho} \tag{4.1.8}$$

也可表示为

$$F(\rho)=\frac{(1+k^2)L-2k^2K}{(1-k^2)L} \tag{4.1.9}$$

若已知接触物体在接触点处的各个主曲率，则可由式(4.1.8)解得主曲率函数；然后利用式(4.1.9)、式(4.1.4)和式(4.1.6)与式(4.1.7)迭代求得 e、k 的值；再由式(4.1.5)确定接触椭圆的长短半轴系数 m_a、m_b；最后，在给定载荷 Q 的条件下，由式(4.1.1)求得最大接触应力 $\sigma_{\max}$ 与弹性趋近量 δ。

对于点接触的球轴承，钢球、内圈和外圈的主曲率分别为

$$\rho_{11}=\rho_{12}=\frac{2}{D_{\mathrm{b}}} \tag{4.1.10}$$

$$\rho_{21}=\frac{2}{D_{\mathrm{b}}}\left(\frac{\gamma}{1-\gamma}\right)=-\frac{2}{D_{\mathrm{b}}}\left(\frac{\gamma}{1-\gamma}\right) \tag{4.1.11}$$

$$\rho_{22}=-\frac{1}{f_{\mathrm{i}}D_{\mathrm{b}}}=-\frac{1}{f_{\mathrm{e}}D_{\mathrm{b}}} \tag{4.1.12}$$

式中，D_{b} 为滚珠直径；$\gamma=(D_{\mathrm{b}}/d_{\mathrm{m}})\cos\alpha$，$\alpha$ 为接触角，$d_{\mathrm{m}}=(D+d)/2$；$f_{\mathrm{i}}=r_{\mathrm{i}}/D_{\mathrm{b}}$；$f_{\mathrm{e}}=r_{\mathrm{e}}/D_{\mathrm{b}}$。

上述各几何参数的定义如图 4.1.3 所示。可得出球轴承中钢球与内圈、钢球与外圈的点接触的主曲率及主曲率函数分别为

$$\sum\rho_{\mathrm{i}}=\frac{1}{D_{\mathrm{b}}}\left(4-\frac{1}{f_{\mathrm{i}}}+\frac{2\gamma}{1-\gamma}\right),\quad F(\rho_{\mathrm{i}})=\frac{1/f_{\mathrm{i}}+2/(1-\gamma)}{4-1/f_{\mathrm{i}}+2\gamma/(1-\gamma)} \tag{4.1.13}$$

$$\sum\rho_{\mathrm{e}}=\frac{1}{D_{\mathrm{b}}}\left(4-\frac{1}{f_{\mathrm{e}}}-\frac{2\gamma}{1-\gamma}\right),\quad F(\rho_{\mathrm{e}})=\frac{1/f_{\mathrm{i}}-2/(1-\gamma)}{4-1/f_{\mathrm{i}}-2\gamma/(1-\gamma)} \tag{4.1.14}$$

4. 线接触

线接触的两物体，在负荷 Q 作用下，接触线将扩展为一宽度为 $2b$ 的矩形接触面，如图 4.1.4(a)所示。在接触区内，接触应力按半椭圆柱分布，如图 4.1.4(b)所示。

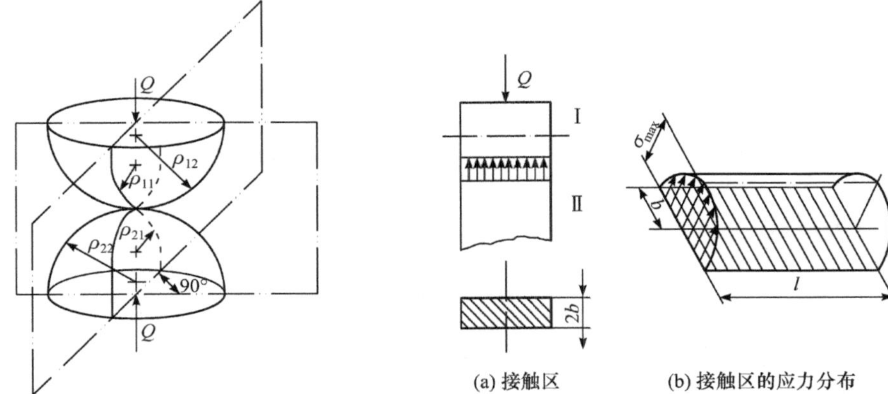

图 4.1.3　球轴承点接触有关几何参数定义图　　图 4.1.4　线接触的接触区及其应力分布

根据赫兹理论，变形与接触应力分别为

$$q=\frac{Q}{l}，\ b=\sqrt{\frac{8q}{\pi E'\sum\rho}}，\ \sigma_{\max}=\sqrt{\frac{q}{\pi E'}\sum\rho} \tag{4.1.15}$$

式中，q 为接触物体接触面单位长度上的负荷；l 为接触物体的有效接触长度；E' 为两接触物体的当量弹性模量；$\sum\rho$ 为主曲率之和。

滚子与内圈、外圈的主曲率分别为

$$\rho_{11}=2/D_{\mathrm{b}}，\ \rho_{21}=2/D_{\mathrm{i}}，\ \rho_{12}=\rho_{22}=0，\quad \text{滚子与内圈} \tag{4.1.16}$$

$$\rho_{11}=2/D_{\mathrm{b}}，\ \rho_{21}=-2/D_{\mathrm{e}}，\ \rho_{12}=\rho_{22}=0，\quad \text{滚子与外圈} \tag{4.1.17}$$

故得到滚子与内圈、滚子与外圈的线接触的主曲率分别为

$$\sum\rho=2/D_{\mathrm{b}}+2/D_{\mathrm{i}}，\quad \text{滚子与内圈} \tag{4.1.18}$$

$$\sum\rho=2/D_{\mathrm{b}}-2/D_{\mathrm{e}}，\quad \text{滚子与外圈} \tag{4.1.19}$$

式中，D_{b}、D_{i}、D_{e} 分别为滚子直径、内圈外径与外圈内径。

线接触类型的弹性趋近量δ采用 Palmgren 公式进行计算。对于一个有限长的圆柱体，在两个无限大的平面间受挤压，若此三物体的材料性质相同，则从圆柱体中心线到任一平面物体的弹性趋近量为

$$\delta=3.81\left[\frac{2(1-\upsilon^2)}{E}\right]^{0.9}\frac{Q^{0.9}}{l^{0.8}} \tag{4.1.20}$$

对于不同的材料，引入式(4.1.2)的当量弹性模量，弹性趋近量为

$$\delta=3.81\left(\frac{2}{E'}\right)^{0.9}\frac{Q^{0.9}}{l^{0.8}} \tag{4.1.21}$$

4.1.2　滚动轴承的弹性流体动力润滑

滚动轴承在正常工作情况下，滚动体与内外圈之间并非直接接触，而被一层润滑油膜所隔开，这一层润滑油膜对滚动轴承的动力特性有着重要的影响。

图 4.1.5 为线接触的滚子与滚道之间的弹性流体动力润滑状态下润滑油膜与压力分布示意图。滚子在滚道上滚动，黏附在表面上的油被带入接触区。滚动轴承的接触压力可达数千兆帕，油的黏度将增大数十倍。因此，在一定的速度下能够形成具有足够承载能力的润滑油膜。油膜厚度在绝大部分接触表面上几乎相同，仅在脱离端局部减小。润滑油膜内的压力先慢慢形成，而后迅速增大，在压力面中心达到最大值 p_0，等于最大赫兹接触应力 $\sigma_{\max}$，而后下降。在脱离端，由于接触物体的弹性恢复，间隙局部缩小，油膜压力出现一个局部峰值，然后迅速降低为零。在进入端，油膜压力低于赫兹接触应力；在大部分接触区，油膜压力分布与赫兹应力分布接近；而在脱离端，油膜压力局部显著高于赫兹接触应力分布。

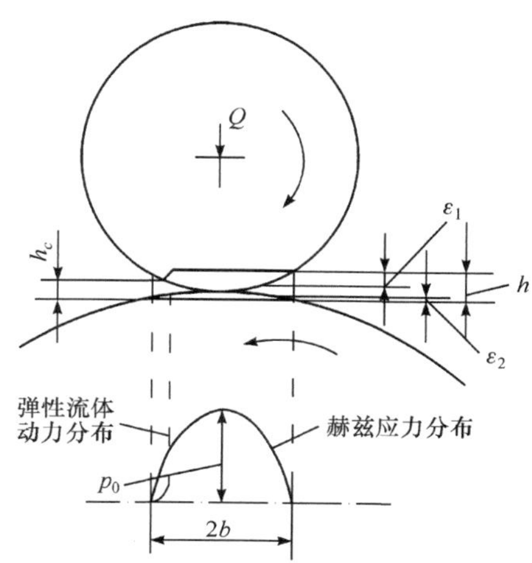

图 4.1.5　弹性流体动力润滑状态下润滑油膜与压力分布示意图

油膜厚度和压力分布与两接触物体表面的几何形状、尺寸、材料性能、润滑流体的黏度、表面运动速度、载荷等因素有关。

1. 滚子轴承的最小油膜厚度

由于油膜厚度与润滑流体的黏度、接触物体表面几何形状等因素有关，在雷诺方程的基础上，一些不同的简化计算公式应运而生。

1) 刚性等黏度润滑的马丁(Martin)理论

当载荷很小时，接触体的弹性变形及润滑流体的黏度随压力的变化很小，可以认为润滑流体是刚性等黏度的，压力分布满足如下边界条件：进口处 $x=-\infty$，$p=0$；出口处 $x=x_c$，$p=\mathrm{d}p/\mathrm{d}x=0$，这里 x_c 为出口处油膜开始破裂点的位置。

刚性等黏度润滑时最小油膜厚度计算公式为

$$h_{\min}=h_0=\frac{4.9\mu_0 RuL}{p} \tag{4.1.22}$$

其无量纲形式为

$$H_{\min} = H_0 = 4.9v / W \tag{4.1.23}$$

式中，无量纲油膜厚度 $H=h/R$；无量纲切向有效速度 $v = \mu_0\mu / (E'R)$；无量纲载荷 $W = \rho / (E'Rl)$。

2) 弹性流体润滑的道森-希金森(Dawson-Higginson)理论

当载荷较大时，接触体的弹性变形及润滑油的压黏效应均不可忽略，则需要联解雷诺方程、弹性变形方程、膜厚方程及压黏方程，才能得到压力分布与膜厚分布。这些耦合的非线性微分、积分方程只能用数值方法近似求解，计算工作量大，有时还不收敛。道森-希金森理论中采用逆解法，得到以下结论。①弹性变形与压黏效应将提高油膜的承载能力，且两者的综合影响比其各自的影响更大。②在弹性变形起重要作用的情况下，载荷对油膜厚度的影响很小。③无量纲材料性能参数 G 对压力峰值与油膜厚度均有较大影响，而金属材料的 G 变化很小，故其实际影响很小。④速度参数 v 是等温润滑中的重要参数，实际的 v 在 10^{-3}～10^{-9} 变化，对油膜压力分布与油膜厚度有巨大影响。压力分布随 v 的增大而偏离赫兹应力区，且压力峰值远大于赫兹最大应力，峰值位置也由出口处向入口处移动。当无量纲载荷 $W = 3\times10^{-13}$、无量纲材料性能参数 G=5000 时，压力分布随 v 的变化如图 4.1.6 所示。随着 v 的增大，油膜厚度增加，出口端收缩突起增大。⑤随着载荷的增大以及速度和黏度乘积的减小，油膜压力分布趋近于赫兹接触应力分布。

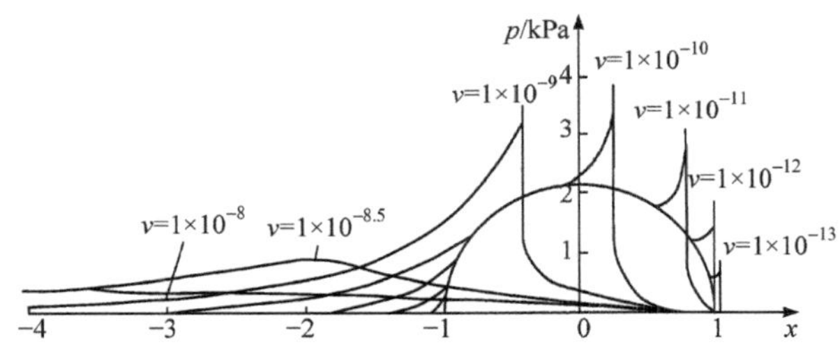

图 4.1.6　压力分布随 v 的变化

3) 油膜厚度的计算公式

关于轴承油膜厚度的计算公式有很多，它们分别适用于不同的情况。

道森和希金森给出的油膜厚度拟合公式可表示为

$$H_{\min} = 1.6G^{1.6}v^{0.7}W^{-0.13} \tag{4.1.24}$$

式中，$G = \alpha_1 E'$ 为无量纲材料参数，α_1 为压黏系数。

由量纲分析，可将式(4.1.24)修正为

$$H_{\min} = 2.65G^{0.54}v^{0.7}W^{-0.13} \tag{4.1.25}$$

希金森提出的油膜厚度的计算公式为

$$H_{\min}=2.5G^{0.56}v^{0.7}W^{-0.12} \tag{4.1.26}$$

格鲁宾(Groobin)给出的油膜厚度公式为

$$H_0=h_0/R=1.95(Gv)^{1/8}W^{-1/11} \tag{4.1.27}$$

布洛克(H.Block)给出的油膜厚度公式为

$$H_{\min}=1.66(Gv)^{2/3} \tag{4.1.28}$$

赫瑞伯儒(Herrebrugh)给出的油膜厚度公式为

$$H_{\min}=2.32v^{0.6}W^{-0.12} \tag{4.1.29}$$

汉-雅(Hamrock-Jacobson)油膜厚度公式为

$$H_{\min}=h_{\min}/R=3.07G^{0.57}v^{0.71}W^{-0.11} \tag{4.1.30}$$

杨沛然给出的最小油膜厚度和中心油膜厚度公式分别为

$$H_{\min}=h_{\min}/R=6.76v^{0.75}G^{0.53}W^{-0.16},\quad H_c=h_c/R=11.9v^{0.74}G^{0.4}W^{-0.2} \tag{4.1.31}$$

根据不同的弹性参数和黏性参数，应选择合适的计算公式。例如，格鲁宾公式是根据入口区分析得到的，适用于线接触弹流润滑膜厚度的计算；布洛克公式适用于中等载荷、压黏效应比弹性变形的影响大的工作条件；赫瑞伯儒公式常用于弹性变形比压黏效应影响大的工作条件；汉-雅公式适合于轻、中载荷的情况。

线接触润滑状态如图 4.1.7 所示，图中横坐标为弹性参数 g_e、纵坐标为黏性参数 g_r，其表达式为

$$g_e=Wv^{-0.5},\quad g_r=GW^{1.5}v^{-0.5} \tag{4.1.32}$$

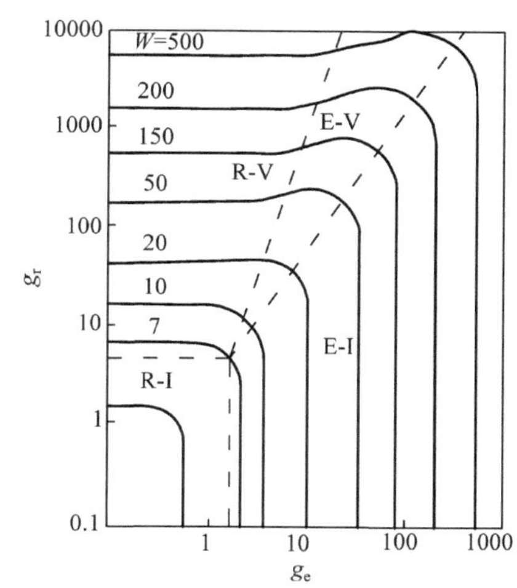

图 4.1.7　线接触润滑状态图

图 4.1.7 分为四个区：R-I 区为刚性等黏度区，采用马丁公式(4.1.23)计算；E-V 区为弹性变黏度区，采用道森-希金森公式(4.1.24)～(4.1.26)计算；R-V 区为刚性变黏度区，采用布洛克公式(4.1.28)计算；E-I 区为弹性等黏度区，采用赫瑞伯儒公式(4.1.29)计算，也可采用汉-雅公式(4.1.30)或杨沛然公式(4.1.31)计算。

2. 球轴承的最小油膜厚度

球轴承属于点接触问题，点接触问题的估算有以下常用公式。

汉姆洛克和道森油膜厚度公式为

$$\begin{aligned} H_{\min} &= h_{\min}/R = 3.63v^{0.68}G^{0.49}W^{-0.073}(1-\mathrm{e}^{-0.68k}) \\ H_{\mathrm{c}} &= h_{\mathrm{c}}/R = 2.69v^{0.67}G^{0.53}W^{-0.067}(1-\mathrm{e}^{-0.73k}) \end{aligned} \tag{4.1.33}$$

式中，$v=\eta_0 u/(E'R)$ 为速度参数，η_0 为动力黏度；$W=\omega/(E'R_x^2)$ 为载荷参数；$G=\alpha E'$ 为材料参数。以上参数均为无量纲量。$k=a/b$ 为椭圆率，可近似由表面在接触处的主曲率半径求得，即

$$k=1.03(R_y/R_x)^{0.64} \tag{4.1.34}$$

对于接触区为椭圆形的情况，奇腾登(Chittenden)等对式(4.1.33)进行了修正，得到修正公式为

$$\begin{aligned} H_{\min} &= h_{\min}/R = 3.64v_{\mathrm{e}}^{0.68}G^{0.49}W_{\mathrm{e}}^{-0.073}(1-\mathrm{e}^{-0.067(R_y/R_x)^{2/3}}) \\ H_{\mathrm{c}} &= h_{\mathrm{c}}/R = 4.30v_{\mathrm{e}}^{0.68}G^{0.49}W_{\mathrm{e}}^{-0.073}(1-\mathrm{e}^{-1.30(R_y/R_x)^{2/3}}) \end{aligned} \tag{4.1.35}$$

式中，下标 e 代表在卷吸速度方向。

侯克平与温诗铸提出了重载条件下的圆形接触等温弹流润滑膜厚公式：

$$\begin{aligned} H_{\min} &= h_{\min}/R = 3.16v^{0.72}G^{0.50}W^{-0.10} \\ H_{\mathrm{c}} &= h_{\mathrm{c}}/R = 4.77v^{0.70}G^{0.46}W^{-0.09} \end{aligned} \tag{4.1.36}$$

3. 温度对润滑油膜的影响

滚动轴承工作时，摩擦产生的热量使润滑油的温度上升，随着温度的升高，黏度下降，从而在其他条件相同的情况下使油膜减薄。当同时考虑压力与温度对黏度的影响时，常用巴茹斯(Barus)黏压关系和雷诺黏温关系的组合，可表示为

$$\eta=\eta_0\,\mathrm{e}^{[\alpha_1 p-\beta(T-T_0)]} \tag{4.1.37}$$

4.1.3 滚动轴承的负荷分布

作用于轴承的负荷通过滚动体由内(外)圈传递到外(内)圈，一般在同一瞬间各滚动体所受负荷不同。讨论轴承动力学特性，需要分析滚动轴承内的负荷分布状况。在任一瞬时，轴承内受负荷的滚动体通常多于两个，故负荷分布的计算属于静不定问题。确定轴承中负荷分布时，除静力平衡，还必须考虑变形协调条件。

1. 变形与负荷的关系

1) 线接触

对于线接触的情况，由式(4.1.21)，并令 Q_{i} 与 Q_{e} 分别代表内外圈与滚动体的

接触总负荷，则滚子轴承内外圈与滚动体的总接触变形为

$$\delta=\delta_{\mathrm{i}}+\delta_{\mathrm{e}}=3.81\left(\frac{2}{\pi E'}\right)^{0.9}\frac{1}{l^{0.8}}(Q_{\mathrm{i}}^{0.9}+Q_{\mathrm{e}}^{0.9})=k_1(Q_{\mathrm{i}}^{0.9}+Q_{\mathrm{e}}^{0.9}) \tag{4.1.38}$$

式中，δ_{i} 为滚动体与内圈接触处的弹性趋近量；δ_{e} 为与外圈接触处的弹性趋近量；E'为当量弹性模量；k_1 为线接触变形系数，可表示为

$$k_1=3.81\left(\frac{2}{\pi E'}\right)^{0.9}\frac{1}{l^{0.8}} \tag{4.1.39}$$

作用于内外圈的负荷之间的关系可表示为

$$Q_{\mathrm{e}}=Q_{\mathrm{i}}+F_{\mathrm{c}} \tag{4.1.40}$$

式中，F_{c} 为滚子的离心力，可表示为

$$F_{\mathrm{c}}=\frac{1}{8}\rho\pi D_{\mathrm{b}}^2 l D_{\mathrm{m}}\omega_{\mathrm{m}}^2 \tag{4.1.41}$$

当内圈旋转时，滚子的公转角速度ω_{m} 为

$$\omega_{\mathrm{m}}=\frac{1}{2}\omega_{\mathrm{i}}(1-\gamma) \tag{4.1.42}$$

可得

$$\delta=k_1[Q_{\mathrm{i}}^{0.9}+(Q_{\mathrm{i}}+F_{\mathrm{c}})^{0.9}]=k_1[1+(1+F_{\mathrm{c}}/Q_{\mathrm{i}})^{0.9}]Q_{\mathrm{i}}^{0.9} \tag{4.1.43}$$

2) 点接触

对于点接触的情况，由式(4.1.1)的第四式可得

$$\delta=\frac{K}{m_a}\left(\frac{3}{E'}\right)^{2/3}\left(\sum\rho\right)^{1/3}Q^{2/3} \tag{4.1.44}$$

以 Q_{i} 与 Q_{e} 分别表示内外圈与滚珠接触处的负荷，则球轴承的内外圈与滚珠接触处的接触变形为

$$\begin{aligned}\delta=\delta_{\mathrm{i}}+\delta_{\mathrm{e}}&=\frac{K}{\pi m_a}\left(\frac{3}{E'}\right)^{2/3}\left[\left(\sum\rho_{\mathrm{i}}\right)^{1/3}Q_{\mathrm{i}}^{2/3}+\left(\sum\rho_{\mathrm{e}}\right)^{1/3}Q_{\mathrm{e}}^{2/3}\right]\\&=k_{\mathrm{p}}\left[\left(\sum\rho_{\mathrm{i}}\right)^{1/3}Q_{\mathrm{i}}^{2/3}+\left(\sum\rho_{\mathrm{e}}\right)^{1/3}Q_{\mathrm{e}}^{2/3}\right]\end{aligned} \tag{4.1.45}$$

式中，k_{p} 为点接触变形系数，可表示为

$$k_{\mathrm{p}}=\frac{K}{\pi m_a}\left(\frac{3}{E'}\right)^{2/3} \tag{4.1.46}$$

内外圈与滚珠接触负荷的关系与滚子轴承类似，将 $Q_{\mathrm{e}}=Q_{\mathrm{i}}+F_{\mathrm{c}}$ 代入式(4.1.46)得

$$\delta = k_{\mathrm{p}}\left[\left(\sum \rho_{\mathrm{i}}\right)^{1/3} + \left(\sum \rho_{\mathrm{e}}\right)^{1/3}\left(1 + F_{\mathrm{c}} / Q_{\mathrm{i}}\right)^{2/3}\right] Q_{\mathrm{i}}^{2/3} \tag{4.1.47}$$

2. 轴承的变形协调条件

向心轴承在径向载荷 Q_{r} 作用下，其内外圈的相对位移为 δ_{r}，如图 4.1.8 所示。任一滚动体处的总接触弹性变形为 $\delta_j = \delta_{\mathrm{i}j} + \delta_{\mathrm{e}j}$，若轴承的径向游隙为 Δr，假设内外圈具有足够的刚性，始终保持为圆形，则可得弹性变形协调条件为

$$\delta_j = \delta_{\mathrm{r}} \cos(j\varphi) - \Delta r > 0, \quad j = 0, 1, 2, \cdots, n \tag{4.1.48}$$

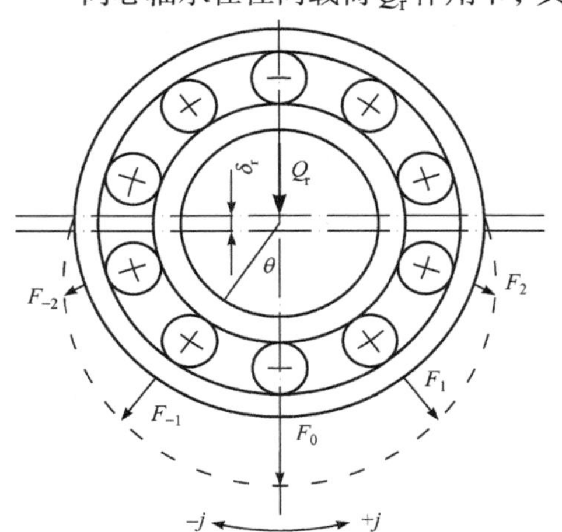

图 4.1.8　径向载荷下轴承的负荷分布

式中，不等式代表在外载荷 Q_{r} 作用下有多少个滚动体进入接触的条件。负荷分布角为 $2n\varphi$，在此范围外的滚动体不承受载荷。

当轴承有预紧时，游隙 Δr 为负值，由式(4.1.48)中的不等式条件得到 $n\varphi \geqslant 90°$，则负荷分布将大于180°。

3. 变形协调条件下的滚动轴承负荷方程

综合式(4.1.43)和式(4.1.47)，可写出：

$$\delta = [k_{\mathrm{i}} + k_{\mathrm{e}}(1 + F_{\mathrm{c}} / Q_{\mathrm{i}})^q] Q_{\mathrm{i}}^q \tag{4.1.49}$$

式中，q 为指数值，点接触为 2/3、线接触为 0.9；k_{i} 为内圈接触系数，线接触时 $k_{\mathrm{i}}=k_1$、点接触时 $k_{\mathrm{i}} = k_{\mathrm{p}}\left(\sum \rho\right)^{1/3}$；$k_{\mathrm{e}}$ 为外圈接触系数，线接触时 $k_{\mathrm{e}}=k_1$、点接触时 $k_{\mathrm{e}} = k_{\mathrm{p}}\left(\sum \rho_{\mathrm{e}}\right)^{1/3}$。

将式(4.1.49)代入式(4.1.48)，并整理可得

$$\begin{gathered} Q_{j\mathrm{i}} = [k_{\mathrm{i}} + k_{\mathrm{e}}(1 + F_{\mathrm{c}} / Q_{j\mathrm{i}})^q]^{-1/q} [\delta_{\mathrm{r}} \cos(j\varphi) - \Delta r]^{1/q} \\ \delta_{\mathrm{r}} \cos(j\varphi) - \Delta r > 0, \quad j = 0, 1, 2, \cdots, n \end{gathered} \tag{4.1.50}$$

各滚动体径向载荷投影之和，应等于滚动轴承的径向外载，即

$$Q_{\mathrm{r}} = \begin{cases} Q_{0\mathrm{i}} + 2\sum_{j=1}^{n} Q_{j\mathrm{i}} \cos(j\varphi), & n\varphi < 180° \\ Q_{0\mathrm{i}} + 2\sum_{j=1}^{n} Q_{j\mathrm{i}} \cos(j\varphi) + Q_{n\mathrm{i}}, & n\varphi = 180° \end{cases} \tag{4.1.51}$$

式(4.1.50)和式(4.1.51)中共包含 n+8 个参数：F_c、Δr、k_i、k_e、φ、n、q、Q_{0i}、…、Q_{ni}，其中，F_c、Δr、k_i、k_e、φ 对于已知轴承及工作转速均为可求得的常数，而剩下的 n+3 个未知数可以用数值迭代的方法求得数值，因为式(4.1.50)和式(4.1.51)共含有 n+3 个方程。

4.1.4　滚动轴承的动力学系数

1. 滚动轴承的接触刚度

由前面求得的滚动轴承的负荷分布及相应的变形，可得出如下关系式：

$$Q_r = AQ_{0i} \tag{4.1.52}$$

式中，系数 A 与轴承的几何物理参数有关，也与径向载荷、转速有关。

根据刚度的定义，可写出接触刚度表达式为

$$k_c = \frac{\partial Q_r}{\partial \delta_0} = \frac{\partial Q_r}{\partial Q_{0i}} \frac{\partial Q_{0i}}{\partial \delta_0} = A\frac{\partial Q_{0i}}{\partial \delta_0} \tag{4.1.53}$$

利用式(4.1.49)，可得

$$k_c = \frac{AQ_{0i}^{1-q}}{q[k_i + k_e(1 + F_c / Q_{0i})^{q-1}]} \tag{4.1.54}$$

2. 滚动轴承的油膜刚度

任一滚动体的油膜刚度可表示为

$$k_{fj} = \partial Q_{ji} / \partial h_{\min j} \tag{4.1.55}$$

滚动轴承的油膜刚度为全部滚动体的油膜刚度之和，可表示为

$$k_f = \begin{cases} k_{f0} + 2\sum_{j=1}^{n} \delta k_{fj} \cos^2(j\varphi), & n\varphi < 180° \\ k_{f0} + 2\sum_{j=1}^{n} \delta k_{fj} \cos^2(j\varphi) + k_{fn}, & n\varphi = 180° \end{cases} \tag{4.1.56}$$

式中，

$$\delta = \begin{cases} +1, & j\varphi < 90° \\ -1, & j\varphi > 90° \end{cases}，\quad k_{fj} = \frac{Q_{ji}^{1-q_1}}{q_1[d_{ji} + d_{je}(1 + F_c / Q_{ji})^{q_1-1}]}，\quad j = 0, 1, 2, \cdots, n \tag{4.1.57}$$

其中，q_1 为弹流理论中的负荷指数，点接触时为 0.16，线接触时为 0.073；d_{ji} 为承载区内第 j 个滚动体与内圈接触的油膜系数；d_{je} 为承载区内第 j 个滚动体与外圈接触的油膜系数。d_{ji} 和 d_{je} 的计算公式分别为

$$d_{j\mathrm{i}}=\begin{cases}3.63v_{\mathrm{i}}^{0.68}G^{0.49}(E'R_x^2)^{-q_1}(1-e_{\mathrm{i}}^{-0.68k_{ji}}), & \text{点接触}\\ 0.33\alpha_1^{0.51}(\eta_0 n_{\mathrm{i}})^{0.75}D_{\mathrm{b}}^{0.41}d_{\mathrm{m}}^{0.75}(1-\gamma)^{1.16}(1+\gamma)^{0.75}E'^{-0.06}l^{-t_1}, & \text{线接触}\end{cases} \tag{4.1.58}$$

$$d_{j\mathrm{e}}=\begin{cases}3.63v_{\mathrm{i}}^{0.68}G^{0.49}(E'R_x^2)^{-t_1}(1-e_{\mathrm{i}}^{-0.68k_{ji}}), & \text{点接触}\\ 0.33\alpha_1^{0.51}(\eta_0 n_{\mathrm{i}})^{0.75}D_{\mathrm{b}}^{0.41}d_{\mathrm{m}}^{0.75}(1+\gamma)^{1.16}(1-\gamma)^{0.73}E'^{-0.06}l^{-q_1}, & \text{线接触}\end{cases} \tag{4.1.59}$$

3. 滚动轴承的刚度

滚动轴承的刚度由接触刚度与油膜刚度串联而成，可写为

$$k_{xx}=k_{yy}=\frac{1}{1/k_{\mathrm{c}}+1/k_{\mathrm{f}}},\quad k_{xy}=k_{yx}=0 \tag{4.1.60}$$

4. 滚动轴承的阻尼

滚动轴承中的阻尼包括材料阻尼、零件间的干摩擦阻尼及油膜阻尼。前两种阻尼比较复杂，难以用计算方法确定，同油膜阻尼相比，其阻尼很小，故通常略掉不计。油膜阻尼由润滑膜的黏性在油膜压力作用下产生剪切挤压运动而引起。

对于线接触的滚子轴承，第 j 个滚动体与滚道接触区形成的油膜阻尼为

$$C_{\mathrm{f}j}=16H_j\bar{\eta}(p)b_j^4/h_j^3 \tag{4.1.61}$$

式中，

$$H_j=0.7988\left(\frac{1}{2b_j}\right)^3\sum_m\sum_n\frac{1}{m^2n^2\{m^2+[(1/(2b_j)]^2n^2\}},\quad m,n=1,3,5,\cdots \tag{4.1.62}$$

$$\bar{\eta}(p)=\eta_0\mathrm{e}^{\alpha_0 p}$$

η_0、α_0 为标准大气条件下的黏度与压黏系数，可以采用赫兹接触应力分布代替。

对于点接触的滚动轴承，第 j 个滚动体与滚道的油膜阻尼为

$$C_{\mathrm{f}j}=H_j\bar{\eta}(p)\pi^2b_j^4/h_j^3 \tag{4.1.63}$$

式中，

$$H_j=0.7988\left(\frac{a_j}{b_j}\right)^3\sum_m\sum_n\frac{1}{m^2n^2[m^2+(a_j/b_j)^2n^2]},\quad m,n=1,3,5,\cdots \tag{4.1.64}$$

滚动轴承的阻尼由各滚动体接触区的油膜阻尼合成，即

$$c_{xx}=c_{yy}=c_{\mathrm{f}}\begin{cases}c_{\mathrm{f}0}+2\sum c_{\mathrm{f}j}\cos(j\varphi), & n\varphi<180^\circ\\ c_{\mathrm{f}0}+2\sum c_{\mathrm{f}j}\cos(j\varphi)-c_{\mathrm{f}n}, & n\varphi=180^\circ\end{cases} \tag{4.1.65}$$

$$c_{xy}=c_{yx}=0$$

由式(4.1.61)与式(4.1.63)可见，油膜阻尼与油膜厚度的三次方成反比。减小油膜厚度有利于增加油膜的阻尼，但过小的油膜厚度可能使油膜破裂而导致轴承的润滑状况恶化。

通常情况下，滚动轴承中的油膜阻尼比较小，在一般动力学分析中可略去不计。

4.2　滚动轴承对转子系统稳定性的影响及振动控制

4.2.1　圆柱滚子轴承的动力学模型

1. 滚子与套圈之间的作用关系

滚子与套圈的几何作用关系如图 4.2.1 所示。在惯性圆柱坐标系中，滚子相对惯性坐标系中心的位置向量为 $\boldsymbol{r}_{\mathrm{b}}^{\mathrm{a}}$，移动速度向量为 $\boldsymbol{v}_{\mathrm{b}}^{\mathrm{a}}$，直角坐标系中滚子的位置向量为 $\boldsymbol{r}_{\mathrm{b}}^{\mathrm{i}}$，速度向量为 $\boldsymbol{v}_{\mathrm{b}}^{\mathrm{i}}$，滚子姿态角为($\varphi_{\mathrm{b}1}$, $\varphi_{\mathrm{b}2}$, $\varphi_{\mathrm{b}3}$)，滚子定体坐标系下旋转速度向量为 $\boldsymbol{\omega}_{\mathrm{b}}^{\mathrm{b}}$；惯性直角坐标系中套圈的位置向量为 $\boldsymbol{r}_{\mathrm{r}}^{\mathrm{i}}$，速度向量为 $\boldsymbol{v}_{\mathrm{r}}^{\mathrm{i}}$，套圈定体坐标系中姿态角为($\varphi_{\mathrm{r}1}$, $\varphi_{\mathrm{r}2}$, $\varphi_{\mathrm{r}3}$)，套圈定体坐标系下旋转速度为 $\boldsymbol{\omega}_{\mathrm{r}}^{\mathrm{r}}$。滚子定体坐标系到惯性坐标系的转换矩阵为 $\boldsymbol{T}_{\mathrm{ib}}(\varphi_{\mathrm{b}1}, \varphi_{\mathrm{b}2}, \varphi_{\mathrm{b}3})$，内圈定体坐标系到惯性坐标系的转换矩阵为 $\boldsymbol{T}_{\mathrm{ir}}(\varphi_{\mathrm{r}1}, \varphi_{\mathrm{r}2}, \varphi_{\mathrm{r}3})$，惯性坐标系到滚子方位坐标系的转换矩阵为 $\boldsymbol{T}_{\mathrm{ia}}(\theta_{\mathrm{b}}, 0, 0)$，坐标转换逆矩阵 $\boldsymbol{T}^{-1}$ 代表相反方向的转换。

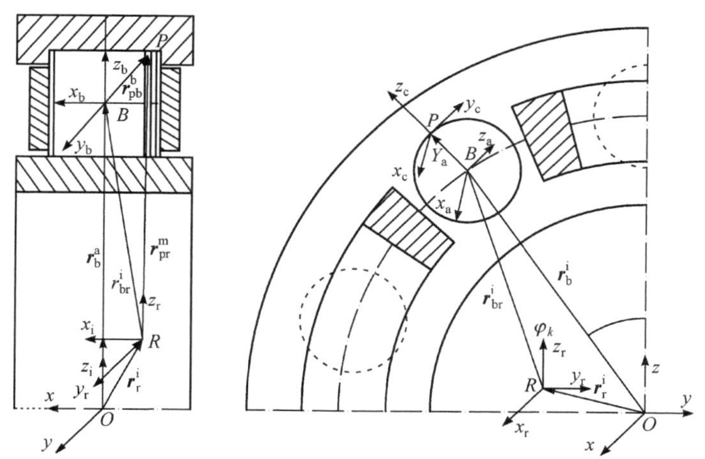

图 4.2.1　滚子与套圈的几何作用关系

滚子轴承实际运行时，不断发生倾斜与歪斜，使得滚子与滚道接触载荷呈不对称分布，因而以滚子定体坐标系为参照，对滚子进行切片处理，将滚子分成 s 个圆片，分别对每个圆片与套圈计算作用力和力矩，然后相加获得滚子与套圈的

总力和总力矩。因此，第 m 切片相对滚子中心的坐标值为

$$x_m = \left(-0.5 + \frac{m-0.5}{s}\right) l_{\mathrm{e}} \tag{4.2.1}$$

式中，l_{e} 为滚子的有效长度。套圈定体坐标系中，滚子中心相对套圈中心的位置向量为

$$\boldsymbol{r}_{\mathrm{br}}^{\mathrm{r}} = \boldsymbol{T}_{\mathrm{ir}}(\boldsymbol{r}_{\mathrm{b}}^{\mathrm{i}} - \boldsymbol{r}_{\mathrm{r}}^{\mathrm{i}}) \tag{4.2.2}$$

套圈定体坐标系中，圆片中心相对于套圈中心的位置向量为

$$\boldsymbol{r}_{\mathrm{b}m}^{\mathrm{r}} = \boldsymbol{r}_{\mathrm{br}}^{\mathrm{r}} + \boldsymbol{T}_{\mathrm{br}}\{x_m \quad 0 \quad 0\}^{\mathrm{T}} \tag{4.2.3}$$

式中，$\boldsymbol{T}_{\mathrm{br}}$ 为滚子定体坐标系到内圈定体坐标系的转换矩阵。切片 m 中心相对套圈中心的方位角为

$$\psi_m = \arctan(-r_{\mathrm{b}m2}^{\mathrm{r}} / r_{\mathrm{b}m3}^{\mathrm{r}}) \tag{4.2.4}$$

则套圈定体坐标系到切片方位坐标系的转换矩阵为 $\boldsymbol{T}_{\mathrm{rar}}(\psi_m, 0, 0)$。因此，接触点 P 相对套圈中心的位置向量为

$$\boldsymbol{r}_{\mathrm{pr}}^{\mathrm{al}} = \boldsymbol{T}_{\mathrm{ral}}(\boldsymbol{r}_{\mathrm{br}}^{\mathrm{r}} + \boldsymbol{T}_{\mathrm{ir}}\boldsymbol{T}_{\mathrm{ib}}^{-1}\{x_m \quad -(0.5d_{\mathrm{b}} - c_{\mathrm{b}})\sin\varphi \quad (0.5d_{\mathrm{b}} - c_{\mathrm{b}})\cos\varphi\}^{\mathrm{T}}) \tag{4.2.5}$$

式中，d_{b} 为滚子直径；c_{b} 为滚子半径减小量；φ 为绕滚子轴线角度，确定φ 的必要条件为

$$r_{\mathrm{pr}2}^{\mathrm{al}} = r_{\mathrm{br}2}^{\mathrm{a}} + \boldsymbol{T}_{21}x_1 - \boldsymbol{T}_{22}\boldsymbol{r}_{\mathrm{r}}\sin\varphi + \boldsymbol{T}_{23}\boldsymbol{r}_{\mathrm{r}}\cos\varphi = 0, \quad \boldsymbol{T} = \boldsymbol{T}_{\mathrm{ra}}\boldsymbol{T}_{\mathrm{ir}}\boldsymbol{T}_{\mathrm{ib}}^{-1} \tag{4.2.6}$$

根据三角函数计算关系，可知角度 φ 有两个值，分别为

$$\varphi_1 = \arctan\frac{\boldsymbol{T}_{23}}{\boldsymbol{T}_{22}} + \arcsin\frac{\boldsymbol{r}_{\mathrm{br}2}^{\mathrm{a}} + \boldsymbol{T}_{21}x_1}{\sqrt{\boldsymbol{T}_{22}^2 + \boldsymbol{T}_{23}^2}}, \quad \varphi_2 = \pi + \arctan\frac{\boldsymbol{T}_{23}}{\boldsymbol{T}_{22}}\arcsin\frac{\boldsymbol{r}_{\mathrm{br}2}^{\mathrm{a}} + \boldsymbol{T}_{21}x_1}{\sqrt{\boldsymbol{T}_{22}^2 + \boldsymbol{T}_{23}^2}} \tag{4.2.7}$$

φ 的取值根据内外圈来定。当为内圈时，φ 取使 $\boldsymbol{r}_{\mathrm{pr}2}^{\mathrm{al}}$ 较小值中的角度；当为外圈时，取使 $\boldsymbol{r}_{\mathrm{pr}2}^{\mathrm{al}}$ 较大值中的角度。切片 m 与套圈滚道之间的几何接触变形δ 为

$$\delta = \pm\left(\left|\boldsymbol{r}_{\mathrm{pr}2}^{\mathrm{al}}\right| - d_{\mathrm{r}} / 2\right) \tag{4.2.8}$$

$\delta \leqslant 0$ 时滚子与滚道不发生接触，反之，产生接触；“+”为外套圈滚道，此时 d_{r} 取外滚道直径 d_{ro}；“－”为内套圈滚道，此时 d_{r} 取内滚道直径 d_{ir}。

获得几何接触变形之后，需要建立接触坐标系，以便分析滚子与套圈之间的作用力和力矩。滚子方位坐标系到接触坐标系的转换矩阵为 $\boldsymbol{T}_{\mathrm{arp}}(\psi_{\mathrm{c}}, 0, 0)$，其中，外滚道时 ψ_{c} 为 0，内滚道时 ψ_{c} 为π。滚子与滚道之间的作用力采用由 Lundberg 给出的线接触赫兹经验公式来计算，其公式可表示为

$$\delta = 0.39\left[\frac{4(1-\nu_{\mathrm{b}}^2)}{E_{\mathrm{b}}} + \frac{4(1-\nu_{\mathrm{r}}^2)}{E_{\mathrm{r}}}\right]^{0.9} \frac{Q_m^{0.9}}{(l_{\mathrm{r}}/s)^{0.8}} \tag{4.2.9}$$

考虑到滚子与滚道之间接触变形相比半径较小，可以假设滚子和套圈的接触变形相等。因此，滚子坐标系中接触中心到滚子中心的位置向量可表示为

$$\boldsymbol{r}_{\mathrm{pb}}^{\mathrm{b}} = \{x_1 \quad -(r_{\mathrm{b}} - c_{\mathrm{b}} - \delta/2)\sin\varphi \quad (r_{\mathrm{b}} - c_{\mathrm{b}} - \delta/2)\cos\varphi\}^{\mathrm{T}} \tag{4.2.10}$$

惯性坐标系中，切片中心相对于套圈中心的位置向量为

$$\boldsymbol{R}_{\mathrm{pr}}^{\mathrm{i}} = \boldsymbol{T}_{\mathrm{ib}}^{-1}\boldsymbol{r}_{\mathrm{pb}}^{\mathrm{b}} + \boldsymbol{r}_{\mathrm{b}}^{\mathrm{i}} - \boldsymbol{r}_{\mathrm{r}}^{\mathrm{i}} \tag{4.2.11}$$

接触坐标系中套圈的速度向量为

$$\boldsymbol{u}_{\mathrm{r}}^{\mathrm{p}} = \boldsymbol{T}_{\mathrm{ap}}\boldsymbol{T}_{\mathrm{ia}}[\boldsymbol{v}_{\mathrm{r}}^{\mathrm{i}} + (\boldsymbol{T}_{\mathrm{ir}}^{-1}\boldsymbol{\omega}_{\mathrm{r}}^{\mathrm{r}} - \{\dot{\theta}_{\mathrm{b}} \quad 0 \quad 0\}^{\mathrm{T}}) \times \boldsymbol{R}_{\mathrm{pr}}^{\mathrm{i}}] \tag{4.2.12}$$

而滚子的速度向量为

$$\boldsymbol{u}_{\mathrm{b}}^{\mathrm{p}} = \boldsymbol{T}_{\mathrm{ap}}[\{\dot{x}_{\mathrm{b}} \quad 0 \quad \dot{r}_{\mathrm{b}}\}^{\mathrm{T}} + \boldsymbol{T}_{\mathrm{ia}}\boldsymbol{T}_{\mathrm{ib}}^{-1}(\boldsymbol{\omega}_{\mathrm{b}}^{\mathrm{b}} \times \boldsymbol{r}_{\mathrm{pb}}^{\mathrm{b}})] \tag{4.2.13}$$

则接触坐标系中套圈相对于滚子滑动速度向量为

$$\boldsymbol{u}_{\mathrm{rb}}^{\mathrm{p}} = \boldsymbol{u}_{\mathrm{r}}^{\mathrm{p}} - \boldsymbol{u}_{\mathrm{b}}^{\mathrm{p}} \tag{4.2.14}$$

垂直于滚动方向和沿滚动方向的滑动速度分别为 $u_{\mathrm{rb1}}^{\mathrm{p}}$ 和 $u_{\mathrm{rb2}}^{\mathrm{p}}$，则滚子相对滚道的有效滑动速度可以表示为

$$u_{\mathrm{s}} = \sqrt{(u_{\mathrm{rb1}}^{\mathrm{p}})^2 + (u_{\mathrm{rb2}}^{\mathrm{p}})^2} \tag{4.2.15}$$

从而可计算出牵引系数为

$$\mu(u_{\mathrm{s}}) = (A + Bu_{\mathrm{s}})\mathrm{e}^{-Cu_{\mathrm{s}}} + D \tag{4.2.16}$$

式中，A、B、C 和 D 为润滑剂的特性参数。

在滚动轴承运行过程中，滚子与滚道之间的油膜阻尼不可忽略，油膜阻尼系数表示为

$$c_1 = \frac{b_1}{r_{\mathrm{s}}} P^{c_1} V^{c_2} G^{c_3} \tag{4.2.17}$$

式中，b_1、c_1、c_2 和 c_3 为回归参数，分别取为 b_1=3.3724、c_1=1.4073、c_2= −0.8417 和 c_3=−1.4353；r_{s} 为几何参数，$r_{\mathrm{s}}=R_{\mathrm{b}}/R_{\mathrm{s}}$。

滚子与滚道接触时，材料产生滞后阻尼，其阻尼系数可表示为

$$c_{\mathrm{m}} = 1.5\alpha_{\mathrm{e}} Q_m \tag{4.2.18}$$

式中，α_{e} 为恢复系数，与材料成分有关，轴承钢取值范围为 0.08～0.32s/m。

在滚子定体坐标系中，作用于滚子切片的力向量为

$$
\boldsymbol{F}_{\mathrm{rb}m}^{\mathrm{p}}=\left\{\begin{array}{c}\mu_{\mathrm{br}}\left|-Q_m+(c_1+c_{\mathrm{m}})u_{\mathrm{rc3}}^{\mathrm{p}}\right|u_{\mathrm{rc1}}^{\mathrm{p}}/u_{\mathrm{s}}\\ \mu_{\mathrm{br}}\left|-Q_m+(c_1+c_{\mathrm{m}})u_{\mathrm{rc3}}^{\mathrm{p}}\right|u_{\mathrm{rc2}}^{\mathrm{p}}/u_{\mathrm{s}}\\ -Q_m+(c_1+c_{\mathrm{m}})u_{\mathrm{rc3}}^{\mathrm{p}}\end{array}\right\} \tag{4.2.19}
$$

作用于滚子的作用力和力矩向量为

$$
\boldsymbol{F}_{\mathrm{rb}}^{\mathrm{a}}=\sum_{m=1}^{s}(\boldsymbol{T}_{\mathrm{ap}}^{-1}\boldsymbol{F}_{\mathrm{rb}m}^{\mathrm{p}}),\quad \boldsymbol{M}_{\mathrm{rb}}^{\mathrm{b}}=\sum[\boldsymbol{r}_{\mathrm{pb}}^{\mathrm{b}}\times(\boldsymbol{T}_{\mathrm{ib}}\boldsymbol{T}_{\mathrm{ia}}^{-1}\boldsymbol{T}_{\mathrm{ap}}^{-1}\boldsymbol{F}_{\mathrm{rb}m}^{\mathrm{p}})] \tag{4.2.20}
$$

作用于套圈的作用力和力矩向量为

$$
\boldsymbol{F}_{\mathrm{br}}^{\mathrm{i}}=\sum_{j=1}^{N_{\mathrm{b}}}\sum_{m=1}^{s}(-\boldsymbol{T}_{\mathrm{ia}}^{-1}\boldsymbol{T}_{\mathrm{ap}}^{-1}\boldsymbol{F}_{\mathrm{rb}m}^{p}),\quad \boldsymbol{M}_{\mathrm{br}}^{\mathrm{r}}=\sum_{j=1}^{N_{\mathrm{b}}}\sum_{m=1}^{s}[(\boldsymbol{T}_{\mathrm{ir}}\boldsymbol{R}_{\mathrm{pr}}^{\mathrm{i}})\times(-\boldsymbol{T}_{\mathrm{ia}}^{-1}\boldsymbol{T}_{\mathrm{ap}}^{-1}\boldsymbol{F}_{\mathrm{rb}m}^{\mathrm{p}})] \tag{4.2.21}
$$

2. 滚子与套圈挡边的作用关系

为了分析滚子倒角与挡边的作用关系，需要确定套圈挡边上一点与滚子倒圆角中心的位置关系，则建立套圈方位坐标系到套圈挡边坐标系($X_{\mathrm{f}}, Y_{\mathrm{f}}, Z_{\mathrm{f}}$)的转换矩阵为 $\boldsymbol{T}_{\mathrm{arf}}(0, \gamma, 0)$，角度$\gamma$为挡边位置角度，如图 4.2.2 所示。坐标转换矩阵的逆代表相反方向的转换，这里套圈方位角由相关滚子倒角中心确定。

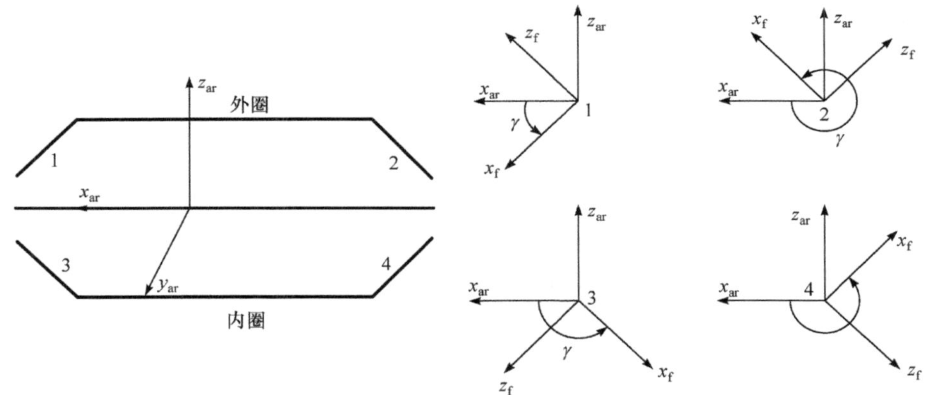

图 4.2.2 滚子与套圈挡边的几何作用关系

滚子坐标系中，滚子两边端部倒圆角中心到滚子中心位置的向量为

$$
\boldsymbol{r}_{\mathrm{eb}}^{\mathrm{b}}=\{\pm l_{\mathrm{e}}\quad -(d_{\mathrm{f}}/2)\sin\varphi_{\mathrm{f}}\quad (d_{\mathrm{f}}/2)\cos\varphi_{\mathrm{f}}\}^{\mathrm{T}} \tag{4.2.22}
$$

式中，d_{f} 为滚子倒圆角中心圆直径。转换到套圈挡边坐标系中为

$$
\boldsymbol{r}_{\mathrm{eb}}^{\mathrm{f}}=\boldsymbol{T}_{\mathrm{bf}}\boldsymbol{r}_{\mathrm{eb}}^{\mathrm{b}} \tag{4.2.23}
$$

“+”表示滚子左端；“－”表示滚子右端；$\boldsymbol{T}_{\mathrm{bf}}=\boldsymbol{T}_{\mathrm{arf}}\boldsymbol{T}_{\mathrm{rar}}^{-1}\boldsymbol{T}_{\mathrm{ir}}^{-1}\boldsymbol{T}_{\mathrm{ib}}^{-1}$ 为滚子定体坐标系

到挡边坐标系的转换矩阵；φ_f 为绕 x 轴倒圆角中心所在方位角，角度值由 $\boldsymbol{T}_\text{bf}$ 确定，为

$$\varphi_\text{f1}=\arctan(-\boldsymbol{T}_\text{bf32}/\boldsymbol{T}_\text{bf33}) \quad 或 \quad \varphi_\text{f2}=\pi+\arctan(-\boldsymbol{T}_\text{bf32}/\boldsymbol{T}_\text{bf33}) \tag{4.2.24}$$

式中，$\varphi_{\text{f}i}(i=1,2)$ 取使 $\left|r_\text{eb3}^\text{f}\right|$ 较大值。套圈坐标系中，滚子两边端部倒圆角中心到套圈中心的位置向量为

$$\boldsymbol{r}_\text{er}^\text{r}=\boldsymbol{T}_\text{ir}\boldsymbol{T}_\text{ib}^{-1}\boldsymbol{r}_\text{eb}^\text{b}+\boldsymbol{r}_\text{br}^\text{r} \tag{4.2.25}$$

而在套圈方位坐标系中，滚子两边端部倒圆角中心到套圈中心位置向量为

$$\boldsymbol{r}_\text{er}^\text{ar}=\{r_\text{er1}^\text{ar} \quad 0 \quad r_\text{er3}^\text{ar}\}^\text{T} \tag{4.2.26}$$

式中，$r_\text{er1}^\text{ar}=r_\text{er1}^\text{r}$，$r_\text{er3}^\text{ar}=\sqrt{(r_\text{er2}^\text{r})^2+(r_\text{er3}^\text{r})^2}$。

滚子倒圆角中心点到套圈挡边坐标原点的位置向量为

$$\boldsymbol{r}_\text{ef}^\text{ar}=\boldsymbol{r}_\text{er}^\text{ar}-\{\pm 0.5B_\text{r} \quad 0 \quad 0.5d_\text{r}\}^\text{T} \tag{4.2.27}$$

式中，B_r 为滚道宽度；“+”代表滚子与套圈右端挡边发生作用；“–”则代表滚子与套圈左端挡边发生作用。

在挡边坐标系中，套圈挡边坐标系原点到滚子倒圆角中心点的位置向量为

$$\boldsymbol{r}_\text{ef}^\text{f}=\boldsymbol{T}_\text{arf}\boldsymbol{r}_\text{ef}^\text{ar} \tag{4.2.28}$$

从而获得滚子与套圈挡边的作用变形为

$$\delta_\text{f}=R_\text{ce}-\left|r_\text{ef3}^\text{f}\right| \tag{4.2.29}$$

式中，$\delta_\text{f}>0$ 表示接触，反之表示不接触；R_ce 为滚子倒圆角半径。在获得接触变形后，采用赫兹点接触计算公式获得接触力 Q_f。而套圈方位角为

$$\psi=\arctan(-r_\text{er2}^\text{r}/r_\text{er3}^\text{r}) \tag{4.2.30}$$

从套圈坐标系到套圈方位坐标系的转换矩阵为 $\boldsymbol{T}_\text{rar}(\psi, 0, 0)$。在挡边坐标系中，滚子接触点到滚子中心的位置向量为

$$\boldsymbol{r}_\text{p}^\text{f}=\boldsymbol{T}_\text{arf}\boldsymbol{T}_\text{rar}\boldsymbol{T}_\text{ir}\boldsymbol{T}_\text{ib}^{-1}\boldsymbol{r}_\text{eb}^\text{b}+\{0 \quad 0 \quad R_\text{ce}\}^\text{T} \tag{4.2.31}$$

套圈挡边接触点到套圈中心的位置向量为

$$\boldsymbol{R}_\text{p}^\text{f}=\boldsymbol{r}_\text{p}^\text{f}+\boldsymbol{T}_\text{arf}\boldsymbol{T}_\text{rar}\boldsymbol{r}_\text{br}^\text{r} \tag{4.2.32}$$

滚子接触点的速度向量为

$$\boldsymbol{u}_\text{b}^\text{f}=\boldsymbol{T}_\text{arf}\boldsymbol{T}_\text{rar}\boldsymbol{T}_\text{ir}\boldsymbol{v}_\text{b}^\text{i}+(\boldsymbol{T}_\text{arf}\boldsymbol{T}_\text{rar}\boldsymbol{T}_\text{ir}\boldsymbol{T}_\text{ib}^{-1}\boldsymbol{\omega}_\text{b}^\text{b})\times\boldsymbol{r}_\text{p}^\text{f} \tag{4.2.33}$$

套圈挡边接触点的速度向量为

$$\boldsymbol{u}_{\mathrm{r}}^{\mathrm{f}}=\boldsymbol{T}_{\mathrm{arf}}\boldsymbol{T}_{\mathrm{rar}}\boldsymbol{v}_{\mathrm{i}}^{\mathrm{i}}+(\boldsymbol{T}_{\mathrm{arf}}\boldsymbol{T}_{\mathrm{rar}}\boldsymbol{\omega}_{\mathrm{r}}^{\mathrm{r}})\times\boldsymbol{R}_{\mathrm{p}}^{\mathrm{f}} \tag{4.2.34}$$

从而得到套圈挡边相对于滚子的速度向量为

$$\boldsymbol{u}_{\mathrm{br}}^{\mathrm{f}}=\boldsymbol{u}_{\mathrm{r}}^{\mathrm{f}}-\boldsymbol{u}_{\mathrm{b}}^{\mathrm{f}} \tag{4.2.35}$$

获得相对滑动速度之后，采用式(4.2.16)计算牵引系数的公式计算出牵引系数μ_{bf}。则在套圈挡边坐标系中，挡边对单个滚子的作用力向量为

$$\boldsymbol{F}_{\mathrm{fb}}^{\mathrm{f}}=\begin{Bmatrix}\mu_{\mathrm{bf}}\left|-Q_{\mathrm{f}}+c_{\mathrm{m}}u_{\mathrm{br3}}^{\mathrm{f}}\right|u_{\mathrm{br1}}^{\mathrm{f}}\Big/\sqrt{(u_{\mathrm{br1}}^{\mathrm{f}})^2+(u_{\mathrm{br2}}^{\mathrm{f}})^2}\\ \mu_{\mathrm{bf}}\left|-Q_{\mathrm{f}}+c_{\mathrm{m}}u_{\mathrm{br3}}^{\mathrm{f}}\right|u_{\mathrm{br2}}^{\mathrm{f}}\Big/\sqrt{(u_{\mathrm{br1}}^{\mathrm{f}})^2+(u_{\mathrm{br2}}^{\mathrm{f}})^2}\\ -Q_{\mathrm{f}}+c_{\mathrm{m}}u_{\mathrm{br3}}^{\mathrm{f}}\end{Bmatrix} \tag{4.2.36}$$

作用于滚子的力和力矩向量为

$$\boldsymbol{F}_{\mathrm{fb}}^{\mathrm{a}}=\boldsymbol{T}_{\mathrm{ia}}\boldsymbol{T}_{\mathrm{ir}}^{-1}\boldsymbol{T}_{\mathrm{rar}}^{-1}\boldsymbol{T}_{\mathrm{arf}}^{-1}\boldsymbol{F}_{\mathrm{fb}}^{\mathrm{f}},\quad \boldsymbol{M}_{\mathrm{bf}}^{\mathrm{b}}=(\boldsymbol{T}_{\mathrm{ib}}\boldsymbol{T}_{\mathrm{ir}}^{-1}\boldsymbol{T}_{\mathrm{rar}}^{-1}\boldsymbol{T}_{\mathrm{arf}}^{-1}\boldsymbol{r}_{\mathrm{p}}^{\mathrm{f}})\times(\boldsymbol{T}_{\mathrm{ib}}\boldsymbol{T}_{\mathrm{ia}}^{-1}\boldsymbol{F}_{\mathrm{bf}}^{\mathrm{a}}) \tag{4.2.37}$$

作用于套圈的力和力矩向量为

$$\boldsymbol{F}_{\mathrm{bf}}^{\mathrm{i}}=\sum_{j=1}^{N_{\mathrm{b}}}(-\boldsymbol{T}_{\mathrm{ir}}^{-1}\boldsymbol{T}_{\mathrm{rar}}^{-1}\boldsymbol{T}_{\mathrm{arf}}^{-1}\boldsymbol{F}_{\mathrm{fb}}^{\mathrm{f}}),\quad \boldsymbol{M}_{\mathrm{fb}}^{\mathrm{r}}=\sum[(\boldsymbol{T}_{\mathrm{rar}}^{-1}\boldsymbol{T}_{\mathrm{arf}}^{-1}\boldsymbol{R}_{\mathrm{p}}^{\mathrm{f}})\times(-\boldsymbol{T}_{\mathrm{rar}}^{-1}\boldsymbol{T}_{\mathrm{arf}}^{-1}\boldsymbol{F}_{\mathrm{fb}}^{\mathrm{f}})] \tag{4.2.38}$$

3. 滚子与保持架之间的作用关系

如图 4.2.3 所示，惯性坐标系中保持架的位置为$\boldsymbol{r}_{\mathrm{c}}^{i}$、速度为$\boldsymbol{v}_{\mathrm{c}}^{i}$、姿态角为($\varphi_{\mathrm{c1}}$, φ_{c2}, φ_{c3})，保持架定体坐标系中旋转速度为$\boldsymbol{\omega}_{\mathrm{c}}^{\mathrm{c}}$，而在保持架定体坐标系中坐标兜孔中心到保持架中心的位置向量可表示为

$$\boldsymbol{r}_{\mathrm{dc}}^{\mathrm{c}}=\{0\quad -0.5d_{\mathrm{m}}\sin\theta_{\mathrm{p}}\quad 0.5d_{\mathrm{m}}\cos\theta_{\mathrm{p}}\}^{\mathrm{T}} \tag{4.2.39}$$

式中，d_{m} 为轴承节圆直径；θ_{p} 为兜孔中心所在方位角度，$\theta_{\mathrm{p}}=2\pi(j-1)/N_{\mathrm{b}}$，$j$ 为滚子序号。而保持架姿态角获得内圈定体坐标系到惯性坐标系的转换矩阵为$\boldsymbol{T}(\varphi_{\mathrm{c1}}, \varphi_{\mathrm{c2}}, \varphi_{\mathrm{c3}})$，保持架定体坐标到兜孔坐标的转换矩阵为 $\boldsymbol{T}_{\mathrm{cd}}(\theta_{\mathrm{p}}, 0, \varphi_{\mathrm{d}})$。其中对于保持架前端和左端，$\varphi_{\mathrm{d}}=\pi$；对于保持架后端和右端，$\varphi_{\mathrm{d}}=0$。

惯性坐标系中滚子中心相对保持架中心的位置向量为

$$\boldsymbol{r}_{\mathrm{bc}}^{\mathrm{i}}=\boldsymbol{r}_{\mathrm{b}}^{\mathrm{i}}-\boldsymbol{r}_{\mathrm{c}}^{\mathrm{i}} \tag{4.2.40}$$

在兜孔坐标系中，滚子中心相对兜孔中心的位置向量为

$$\boldsymbol{r}_{\mathrm{bd}}^{\mathrm{d}}=\boldsymbol{T}_{\mathrm{cd}}(\boldsymbol{T}_{\mathrm{ic}}\boldsymbol{r}_{\mathrm{bc}}^{\mathrm{i}}-\boldsymbol{r}_{\mathrm{dc}}^{\mathrm{c}}) \tag{4.2.41}$$

考虑到滚子运行过程中存在倾斜和歪斜运动，会与保持架兜孔壁产生作用，因而滚子与保持架的作用模型需要分为滚子圆柱面与前后端和滚子端面与左右端

两种情况。

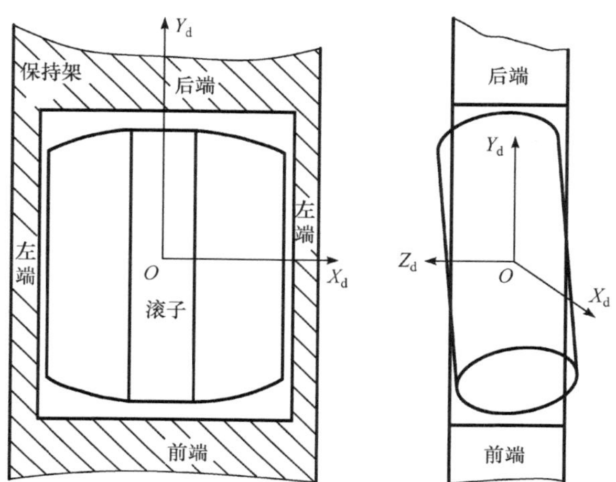

图 4.2.3　滚子与保持架的几何作用

根据滚子与保持架的几何关系，建立滚子与兜孔前后端的相互作用模型。考虑滚子凸度结构，根据滚子圆柱面周向方位位置，确定滚子定体坐标系中滚子与兜孔壁作用点到滚子切片中心的位置向量为

$$\boldsymbol{r}_{\mathrm{pb}}^{\mathrm{b}}=\{x_{\mathrm{m}}\quad -(0.5d_{\mathrm{b}}-c_{\mathrm{b}})\sin\varphi_{\mathrm{b}}\quad (0.5d_{\mathrm{b}}-c_{\mathrm{b}})\cos\varphi_{\mathrm{b}}\}^{\mathrm{T}} \tag{4.2.42}$$

滚子切片圆柱面边缘点到兜孔中心点的位置向量为

$$\boldsymbol{r}_{\mathrm{pd}}^{\mathrm{d}}=\boldsymbol{T}_{\mathrm{cd}}\boldsymbol{T}_{\mathrm{ic}}\boldsymbol{T}_{\mathrm{ib}}^{-1}\boldsymbol{r}_{\mathrm{pb}}^{\mathrm{b}}+\boldsymbol{r}_{\mathrm{bd}}^{\mathrm{d}} \tag{4.2.43}$$

为获得相互作用的最大点，即应有

$$-T_{\mathrm{bd22}}(r_{\mathrm{b}}-c_{\mathrm{b}})\cos\varphi_{\mathrm{b}}-T_{\mathrm{bd23}}(r_{\mathrm{b}}-c_{\mathrm{b}})\sin\varphi_{\mathrm{b}}=0 \tag{4.2.44}$$

整理式(4.2.44)，可得到两个 φ_{b} 角度值为

$$\varphi_{\mathrm{b1}}=\arctan(-T_{\mathrm{bd22}}/T_{\mathrm{bd23}}),\quad \varphi_{\mathrm{b2}}=\pi+\arctan(-T_{\mathrm{bd22}}/T_{\mathrm{bd23}}) \tag{4.2.45}$$

通过确定滚子切片圆柱面到兜孔中心最大值，即 $r_{\mathrm{pd2}}^{\mathrm{d}}$ 最大，确定 φ_{b} 角度值。则滚子切片圆柱面与兜孔侧壁的最小间隙为

$$\delta_{\mathrm{bc}}=r_{\mathrm{pd2}}^{\mathrm{d}}-B_{\mathrm{dc}}/2 \tag{4.2.46}$$

当 $\delta_{\mathrm{bc}}>0$ 时，法向接触力 Q_{cm} 可采用赫兹线接触公式计算获得，惯性坐标系中，相互作用点到保持架质心的位置向量为

$$\boldsymbol{r}_{\mathrm{pc}}^{\mathrm{i}}=\boldsymbol{T}_{\mathrm{ib}}^{-1}\boldsymbol{r}_{\mathrm{pb}}^{\mathrm{b}}+\boldsymbol{r}_{\mathrm{bc}}^{\mathrm{i}} \tag{4.2.47}$$

兜孔坐标系中，兜孔作用点的速度向量为

$$\boldsymbol{u}_{\mathrm{c}}^{\mathrm{d}}=\boldsymbol{T}_{\mathrm{cd}}\boldsymbol{T}_{\mathrm{ic}}[\boldsymbol{v}_{\mathrm{c}}^{\mathrm{i}}+\boldsymbol{T}_{\mathrm{ic}}^{-1}(\boldsymbol{\omega}_{\mathrm{c}}^{\mathrm{c}}\times\boldsymbol{r}_{\mathrm{pc}}^{\mathrm{i}})] \tag{4.2.48}$$

滚子作用点的速度向量为

$$\boldsymbol{u}_{\mathrm{b}}^{\mathrm{d}}=\boldsymbol{T}_{\mathrm{cd}}\boldsymbol{T}_{\mathrm{ic}}[\boldsymbol{v}_{\mathrm{b}}^{\mathrm{i}}+\boldsymbol{T}_{\mathrm{ib}}^{-1}(\boldsymbol{\omega}_{\mathrm{b}}^{\mathrm{b}}\times\boldsymbol{r}_{\mathrm{pb}}^{\mathrm{b}})] \tag{4.2.49}$$

滚子相对兜孔的相对速度向量为

$$\boldsymbol{u}_{\mathrm{bc}}^{\mathrm{d}}=\boldsymbol{u}_{\mathrm{b}}^{\mathrm{d}}-\boldsymbol{u}_{\mathrm{c}}^{\mathrm{d}} \tag{4.2.50}$$

获得滑动速度之后，采用式(4.2.16)计算牵引系数$\mu_{\mathrm{b}x}$。则兜孔坐标系中，保持架对滚子切片的作用力向量为

$$\boldsymbol{F}_{\mathrm{db}m}^{\mathrm{d}}=\left\{\begin{matrix}\mu_{\mathrm{bc}}\left|-Q_{cm}+c_{\mathrm{d}}u_{\mathrm{bc2}}^{\mathrm{d}}\right|u_{\mathrm{bc1}}^{\mathrm{d}}\Big/\sqrt{(u_{\mathrm{bc1}}^{\mathrm{d}})^2+(u_{\mathrm{bc3}}^{\mathrm{d}})^2}\\-Q_{cm}+c_{\mathrm{d}}u_{\mathrm{bc2}}^{\mathrm{d}}\\\mu_{\mathrm{bc}}\left|-Q_{cm}+c_{\mathrm{d}}u_{\mathrm{bc2}}^{\mathrm{d}}\right|u_{\mathrm{bc3}}^{\mathrm{d}}\Big/\sqrt{(u_{\mathrm{bc1}}^{\mathrm{d}})^2+(u_{\mathrm{bc3}}^{\mathrm{d}})^2}\end{matrix}\right\} \tag{4.2.51}$$

式中，c_{d}为黏滞阻尼。获得兜孔坐标系中作用到滚子切片上的作用力向量后，则作用到单个滚子上的总作用力和力矩为

$$\boldsymbol{F}_{\mathrm{db}}^{\mathrm{a}}=\sum_{m=1}^{s}(\boldsymbol{T}_{\mathrm{ia}}\boldsymbol{T}_{\mathrm{ic}}^{-1}\boldsymbol{T}_{\mathrm{cd}}^{-1}\boldsymbol{F}_{\mathrm{db}m}^{\mathrm{d}}),\quad \boldsymbol{M}_{\mathrm{db}}^{\mathrm{b}}=\sum_{m=1}^{s}(\boldsymbol{r}_{\mathrm{pb}}^{\mathrm{b}}\times\boldsymbol{T}_{\mathrm{ib}}\boldsymbol{T}_{\mathrm{ic}}^{-1}\boldsymbol{T}_{\mathrm{cd}}^{-1}\boldsymbol{F}_{\mathrm{db}m}^{\mathrm{d}}) \tag{4.2.52}$$

作用到保持架上的作用力和力矩为

$$\boldsymbol{F}_{\mathrm{bd}}^{\mathrm{i}}=\sum_{j=1}^{N_{\mathrm{b}}}\sum_{m=1}^{s}(-\boldsymbol{T}_{\mathrm{ic}}^{-1}\boldsymbol{T}_{\mathrm{cd}}^{-1}\boldsymbol{F}_{\mathrm{db}m}^{\mathrm{d}}),\quad \boldsymbol{M}_{\mathrm{bd}}^{\mathrm{c}}=\sum_{j=1}^{N_{\mathrm{b}}}\sum_{m=1}^{s}[(\boldsymbol{T}_{\mathrm{ic}}\boldsymbol{r}_{\mathrm{pc}}^{i})\times(-\boldsymbol{T}_{\mathrm{cd}}^{-1}\boldsymbol{F}_{\mathrm{db}m}^{\mathrm{d}})] \tag{4.2.53}$$

获得滚子与兜孔前后端的作用模型后，建立滚子与兜孔左右端的作用模型。根据式(4.2.22)获得的滚子坐标系中滚子两边端部倒圆角中心到滚子中心的位置向量$\boldsymbol{r}_{\mathrm{eb}}^{\mathrm{b}}$，求得兜孔坐标系中滚子端部倒圆角中心到兜孔中心点的位置向量为

$$\boldsymbol{r}_{\mathrm{ed}}^{\mathrm{d}}=\boldsymbol{T}_{\mathrm{cd}}\boldsymbol{T}_{\mathrm{ic}}\boldsymbol{T}_{\mathrm{ib}}^{-1}\boldsymbol{r}_{\mathrm{eb}}^{\mathrm{b}}+\boldsymbol{r}_{\mathrm{bd}}^{\mathrm{d}} \tag{4.2.54}$$

为获得相互作用的最大点，即应有

$$-T_{\mathrm{bd12}}(d_{\mathrm{f}}/2)\cos\varphi_{\mathrm{f}}-T_{\mathrm{bd13}}(d_{\mathrm{f}}/2)\sin\varphi_{\mathrm{f}}=0 \tag{4.2.55}$$

整理式(4.2.55)，可得到两个φ_{f}的角度值：

$$\varphi_{\mathrm{f1}}=\arctan(-T_{\mathrm{bd12}}/T_{\mathrm{bd13}}),\quad \varphi_{\mathrm{f2}}=\pi+\arctan(-T_{\mathrm{bd12}}/T_{\mathrm{bd13}}) \tag{4.2.56}$$

通过确定滚子端部倒圆角中心到兜孔中心的最大值，即$r_{\mathrm{ed1}}^{\mathrm{d}}$最大，确定$\varphi_{\mathrm{f}}$角度值。

滚子端部与兜孔侧壁的作用变形为

$$\delta_{\mathrm{ba}}=r_{\mathrm{ed1}}^{\mathrm{d}}+R_{\mathrm{ce}}-B_{\mathrm{da}}/2 \tag{4.2.57}$$

式中，$\delta_{ba}>0$ 时，法向接触力 Q_e 可以采用赫兹点接触公式计算获得，反之法向接触力 Q_e 为 0。

惯性坐标系中，相互作用点到保持架质心的位置向量为

$$\boldsymbol{r}_{ec}^{i}=\boldsymbol{T}_{ib}^{-1}\boldsymbol{r}_{eb}^{b}+\boldsymbol{r}_{bc}^{i} \tag{4.2.58}$$

兜孔坐标系中，兜孔作用点的速度向量为

$$\boldsymbol{u}_{ec}^{d}=\boldsymbol{T}_{cd}\boldsymbol{T}_{ic}[\boldsymbol{v}_{c}^{i}+\boldsymbol{T}_{ic}^{-1}\boldsymbol{\omega}_{c}^{c}\times\boldsymbol{r}_{ec}^{i}] \tag{4.2.59}$$

滚子作用点的速度向量为

$$\boldsymbol{u}_{eb}^{d}=\boldsymbol{T}_{cd}\boldsymbol{T}_{ic}[\boldsymbol{v}_{b}^{i}+\boldsymbol{T}_{ib}^{-1}(\boldsymbol{\omega}_{b}^{b}\times\boldsymbol{r}_{eb}^{b})] \tag{4.2.60}$$

滚子相对兜孔的相对速度向量为

$$\boldsymbol{u}_{bce}^{d}=\boldsymbol{u}_{be}^{d}-\boldsymbol{u}_{ce}^{d} \tag{4.2.61}$$

获得相对滑动速度之后，采用式(4.2.16)计算出牵引系数 μ_{bce}。兜孔坐标系中，保持架对单个滚子的作用力向量为

$$\boldsymbol{F}_{eb}^{d}=\begin{Bmatrix}-Q_{e}+c_{e}u_{bce1}^{d}\\ \mu_{bce}\left|-Q_{e}+c_{e}u_{bce1}^{d}\right|u_{bce2}^{d}\Big/\sqrt{\left(u_{bce2}^{d}\right)^{2}+\left(u_{bce3}^{d}\right)^{2}}\\ \mu_{bce}\left|-Q_{e}+c_{e}u_{bce1}^{d}\right|u_{bc3}^{d}\Big/\sqrt{\left(u_{bce2}^{d}\right)^{2}+\left(u_{bce3}^{d}\right)^{2}}\end{Bmatrix} \tag{4.2.62}$$

式中，c_e 为接触黏滞阻尼。则作用于滚子的作用力和力矩向量为

$$\boldsymbol{F}_{eb}^{a}=\boldsymbol{T}_{ia}\boldsymbol{T}_{ic}^{-1}\boldsymbol{T}_{cd}^{-1}\boldsymbol{F}_{eb}^{d},\quad \boldsymbol{M}_{eb}^{b}=\boldsymbol{r}_{eb}^{b}\times\boldsymbol{T}_{ib}\boldsymbol{T}_{ic}^{-1}\boldsymbol{T}_{cd}^{-1}\boldsymbol{F}_{eb}^{d} \tag{4.2.63}$$

作用于保持架上的作用力与力矩向量为

$$\boldsymbol{F}_{ec}^{i}=\sum^{N_b}(-\boldsymbol{T}_{ic}^{-1}\boldsymbol{T}_{cd}^{-1}\boldsymbol{F}_{eb}^{d}),\quad \boldsymbol{M}_{ec}^{c}=\sum^{N_b}[(\boldsymbol{T}_{ic}\boldsymbol{r}_{ec}^{i})\times(-\boldsymbol{T}_{cd}^{-1}\boldsymbol{F}_{eb}^{d})] \tag{4.2.64}$$

从而可获得作用于滚子上的总力和总力矩向量为

$$\boldsymbol{F}_{cb}^{a}=\boldsymbol{F}_{eb}^{a}+\boldsymbol{F}_{db}^{a},\quad \boldsymbol{M}_{cb}^{b}=\boldsymbol{M}_{eb}^{b}+\boldsymbol{M}_{db}^{b} \tag{4.2.65}$$

作用于保持架上的总力和总力矩向量为

$$\boldsymbol{F}_{bc}^{i}=\boldsymbol{F}_{ec}^{i}+\boldsymbol{F}_{bd}^{i},\quad \boldsymbol{M}_{bc}^{c}=\boldsymbol{M}_{ec}^{c}+\boldsymbol{M}_{bd}^{c} \tag{4.2.66}$$

4. 保持架与引导套圈之间的作用关系

由于自身的结构特征，保持架与引导套圈之间的相互作用存在一定的特异性。如图 4.2.4 所示，保持架倾斜时，其定体坐标系 x_c 轴正方向上边缘点和 x_c 轴负方

向上边缘点可能存在两个接触点，因此需要对这两个接触点位置进行判断。同时，保持架由于介于轴承外圈与内圈之间，其作用套圈可能是内圈，也可能是外圈，而这些取决于保持架引导方式。

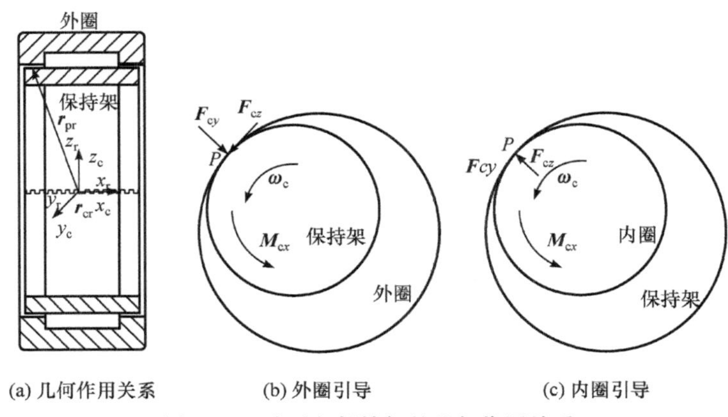

图 4.2.4　滚子与保持架的几何作用关系

惯性坐标系中，保持架质心相对套圈的质心的位置向量为

$$\boldsymbol{r}_{\mathrm{cr}}^{\mathrm{i}}=\boldsymbol{r}_{\mathrm{c}}^{\mathrm{i}}-\boldsymbol{r}_{\mathrm{r}}^{\mathrm{i}} \tag{4.2.67}$$

保持架定体坐标系中，保持架与引导套圈作用边缘点到保持架中心的位置向量为

$$\boldsymbol{r}_{\mathrm{pc}}^{\mathrm{c}}=\{\pm 0.5B_{\mathrm{cage}} \quad -0.5d_{\mathrm{c}}\sin\varphi_{\mathrm{c}} \quad 0.5d_{\mathrm{c}}\cos\varphi_{\mathrm{c}}\}^{\mathrm{T}} \tag{4.2.68}$$

式中，B_{cage} 为保持架宽度；“+”代表左端作用边缘点；“－”代表右端作用边缘点；外圈引导时 d_{c} 取保持架外圈直径 d_{co}，内圈引导时 d_{c} 取保持架内圈直径 d_{ci}；φ_{c} 为保持架上接触点的方位角，其值需要在后续处理中获取。

套圈定体坐标系中，边缘点到套圈中心点的位置向量为

$$\boldsymbol{r}_{\mathrm{pr}}^{\mathrm{r}}=\boldsymbol{T}_{\mathrm{ir}}\boldsymbol{r}_{\mathrm{cr}}^{\mathrm{i}}+\boldsymbol{T}_{\mathrm{ir}}\boldsymbol{T}_{\mathrm{ic}}^{-1}\boldsymbol{r}_{\mathrm{pc}}^{\mathrm{c}} \tag{4.2.69}$$

考虑到在套圈定体坐标系中 $y_{\mathrm{r}}z_{\mathrm{r}}$ 平面上的投影在外圈引导时最大，在内圈引导时最小。对 φ_{c} 求偏导得

$$\frac{\partial}{\partial\varphi_{\mathrm{c}}}[(r_{\mathrm{pr}2}^{\mathrm{r}})^2+(r_{\mathrm{pr}3}^{\mathrm{r}})^2]=0 \tag{4.2.70}$$

采用二分法对式(4.2.70)求导可获得两个值：φ_{c} 和 $\varphi_{\mathrm{c}}+\pi$。当外圈引导时，φ_{c} 取 $[(r_{\mathrm{pr}2}^{\mathrm{r}})^2+(r_{\mathrm{pr}3}^{\mathrm{r}})^2]$ 最大值；而内圈引导时，φ_{c} 取 $[(r_{\mathrm{pr}2}^{\mathrm{r}})^2+(r_{\mathrm{pr}3}^{\mathrm{r}})^2]$ 最小值。

保持架在运行过程中，滚子与保持架之间作用力的不对称分布，促使保持架产生偏斜与倾斜运动，因而保持架与引导套圈两侧的作用点并未在同一方向上，

且同一侧的挡边也并非与保持架完全接触。因此，在分析保持架与引导套圈作用时，将保持架与引导套圈作用长度切分成 s 片，第 m 切片中心在保持架中心的坐标可表示为

$$x_m = \pm[B_{\text{cage}} - (m-0.5)(B_{\text{gcage}} / s)] \tag{4.2.71}$$

式中，B_{cage} 为保持架宽度；B_{gcage} 为引导套圈引导面宽度；"+"表示保持架左端；"−"表示保持架右端。

套圈坐标系中，切片 m 引导套圈作用点到套圈中心的位置向量为

$$\boldsymbol{r}_{\text{pr}x}^{\text{r}} = \boldsymbol{T}_{\text{ir}}\boldsymbol{r}_{\text{cr}}^{\text{i}} + \boldsymbol{T}_{\text{ir}}\boldsymbol{T}_{\text{ic}}^{-1}\{x_m \quad -0.5d_{\text{c}}\sin\varphi_{\text{c}} \quad 0.5d_{\text{c}}\cos\varphi_{\text{c}}\}^{\text{T}} \tag{4.2.72}$$

保持架边缘点到套圈引导面的距离为

$$h_m = \pm\left[0.5d_{\text{c}} - \sqrt{(r_{\text{pr}x2}^{\text{r}})^2 + (r_{\text{pr}x3}^{\text{r}})^2}\right] \tag{4.2.73}$$

式中，"+"表示外圈引导；"−"表示内圈引导。

保持架表面和引导套圈表面存在粗糙度，它是保持架与引导套圈作用关系的临界值，即

$$R_{\text{acr}} = \sqrt{R_{\text{ac}}^2 + R_{\text{ar}}^2} \tag{4.2.74}$$

式中，R_{ac} 为保持架表面粗糙度；R_{ar} 为套圈引导表面粗糙度。

当 $h_m \leqslant R_{\text{acr}}$ 时，保持架切片 m 边缘点与引导套圈表面产生接触变形，表示为

$$\delta_{\text{cr}} = h_m - R_{\text{acr}} \tag{4.2.75}$$

式中，$\delta_{\text{cr}} > 0$ 表示保持架切片与引导套圈表面产生接触，反之表示不接触。获得接触变形之后，采用赫兹线接触公式来计算接触力 Q_1。随后，可以根据 $\boldsymbol{r}_{\text{pr}x}^{\text{r}}$ 获得惯性坐标系中保持架表面与引导套圈接触点的方位角为

$$\varphi = \arctan(-r_{\text{pr}x2}^{\text{r}} / r_{\text{pr}x3}^{\text{r}}) \tag{4.2.76}$$

建立接触坐标系 $Px_{\text{p}}y_{\text{p}}z_{\text{p}}$，则套圈定体坐标系到接触坐标系的转换矩阵表示为 $\boldsymbol{T}_{\text{rp}}(\varphi, 0, 0)$。接触坐标系中，保持架切片 m 表面与套圈引导面接触点 P 的速度为

$$\boldsymbol{u}_{\text{c}}^{\text{p}} = \boldsymbol{T}_{\text{rp}}\boldsymbol{T}_{\text{ir}}\boldsymbol{v}_{\text{c}}^{\text{i}} + \boldsymbol{T}_{\text{rp}}\boldsymbol{T}_{\text{ir}}\boldsymbol{T}_{\text{ic}}^{-1}(\boldsymbol{\omega}_{\text{c}}^{\text{c}} \times \{x_m \quad -0.5d_{\text{c}}\sin\varphi_{\text{c}} \quad 0.5d_{\text{c}}\cos\varphi_{\text{c}}\}^{\text{T}}) \tag{4.2.77}$$

而套圈引导面上接触点的速度为

$$\boldsymbol{u}_{\text{r}}^{\text{p}} = \boldsymbol{T}_{\text{rp}}\boldsymbol{T}_{\text{ir}}\boldsymbol{v}_{\text{r}}^{\text{i}} + \boldsymbol{T}_{\text{rp}}(\boldsymbol{\omega}_{\text{r}}^{\text{r}} \times \boldsymbol{r}_{\text{pr}x}^{\text{r}}) \tag{4.2.78}$$

保持架相对套圈的速度为

$$\boldsymbol{u}_{\text{cr}}^{\text{p}} = \boldsymbol{u}_{\text{r}}^{\text{p}} - \boldsymbol{u}_{\text{c}}^{\text{p}} \tag{4.2.79}$$

垂直于滚动方向和沿滚动方向的滑动速度分别为 $u_{\text{cr1}}^{\text{p}}$ 和 $u_{\text{cr2}}^{\text{p}}$，则保持架相对引导套圈的有效滑动速度可以表示为

$$u_{\mathrm{sr}}=\sqrt{(u_{\mathrm{cr1}}^{\mathrm{p}})^2+(u_{\mathrm{cr2}}^{\mathrm{p}})^2} \tag{4.2.80}$$

获得有效滑动速度之后，根据式(4.2.16)计算获得保持架与引导套圈之间的牵引系数μ_{cr}。接触坐标系中，作用于保持架的作用力向量为

$$\boldsymbol{F}_{\mathrm{crp}}^{\mathrm{p}}=\{\mu_{\mathrm{cr}}Q_1u_{\mathrm{cr1}}^{\mathrm{p}}/u_{\mathrm{sr}}\quad \mu_{\mathrm{cr}}Q_1u_{\mathrm{cr2}}^{\mathrm{p}}/u_{\mathrm{sr}}\quad \pm Q_{\mathrm{L}}\}^{\mathrm{T}} \tag{4.2.81}$$

式中，“+”代表外圈引导；“－”代表内圈引导。

当 $h_m>R_{\mathrm{acr}}$ 时，保持架切片 m 与引导套圈表面之间存在流体润滑作用，此时可以假设存在滑动轴承的短轴承理论，则用于内圈引导和外圈引导的作用力为

$$F_{\mathrm{c}y}=\pm\frac{\pi\eta_0\boldsymbol{u}(B_{\mathrm{gcage}}/s)^3\varepsilon}{4C_{\mathrm{g}}^2(1-\varepsilon^2)^{1.5}},\quad F_{\mathrm{c}z}=\pm\frac{\eta_0\boldsymbol{u}(B_{\mathrm{gcage}}/s)^3\varepsilon^2}{C_{\mathrm{g}}^2(1-\varepsilon^2)^2} \tag{4.2.82}$$

式中，“+”用于内圈引导，“−”用于外圈引导；η_0为大气压下润滑油的动力黏度；C_{g}为保持架引导间隙；$\boldsymbol{u}=\boldsymbol{u}_{\mathrm{r2}}^{\mathrm{p}}+\boldsymbol{u}_{\mathrm{c2}}^{\mathrm{p}}$为润滑油拖动速度；$\varepsilon$为保持架中心的相对偏心量，表示为

$$\varepsilon=[\sqrt{(r_{\mathrm{pr}x2}^{\mathrm{r}})^2+(r_{\mathrm{pr}x3}^{\mathrm{r}})^2}-d_{\mathrm{c}}/2]/C_{\mathrm{g}} \tag{4.2.83}$$

式中，外圈引导时d_{c}取保持架外径d_{co}，内圈引导时d_{c}取保持架内径d_{ci}。而流体动压油膜的分布压力还对运动的保持架表面产生如下摩擦力矩：

$$\boldsymbol{M}_{\mathrm{c}x}=\frac{2\pi\eta_0\boldsymbol{u}_{\mathrm{cr2}}^{\mathrm{p}}(B_{\mathrm{gcage}}/s)(d_{\mathrm{c}}/2)}{C_{\mathrm{g}}\sqrt{1-\varepsilon^2}} \tag{4.2.84}$$

接触坐标系中引导套圈对保持架切片 m 作用力向量为

$$\boldsymbol{F}_{\mathrm{crp}}^{\mathrm{p}}=\{0\quad \boldsymbol{F}_{\mathrm{c}y}\quad \boldsymbol{F}_{\mathrm{c}z}\}^{\mathrm{T}} \tag{4.2.85}$$

上述公式主要针对单个切片的作用力和力矩进行分析，而此处对保持架左右两侧都进行了切片处理。相关计算如下，惯性坐标系中，引导套圈对保持架左右两端切片的作用力为

$$\boldsymbol{F}_{\mathrm{crL}j}^{\mathrm{i}}=\boldsymbol{T}_{\mathrm{ir}}^{-1}\boldsymbol{T}_{\mathrm{rp}}^{-1}\boldsymbol{F}_{\mathrm{crp}}^{\mathrm{p}},\quad \boldsymbol{F}_{\mathrm{crR}j}^{\mathrm{i}}=\boldsymbol{T}_{\mathrm{ir}}^{-1}\boldsymbol{T}_{\mathrm{rp}}^{-1}\boldsymbol{F}_{\mathrm{crp}}^{\mathrm{p}} \tag{4.2.86}$$

式中，下标“L”表示保持架左端，“R”表示保持架右端。而保持架两端切片对引导套圈的作用力为

$$\boldsymbol{F}_{\mathrm{rcL}j}^{\mathrm{i}}=-\boldsymbol{F}_{\mathrm{crL}j}^{\mathrm{i}},\quad \boldsymbol{F}_{\mathrm{rcR}j}^{\mathrm{i}}=-\boldsymbol{F}_{\mathrm{crR}j}^{\mathrm{i}} \tag{4.2.87}$$

保持架定体坐标系中，作用于保持架两端切片的作用力矩为

$$\begin{aligned}\boldsymbol{M}_{\mathrm{crL}j}^{\mathrm{c}}&=\{x_m\quad -(d_{\mathrm{c}}/2)\sin\varphi_{\mathrm{c}}\quad (d_{\mathrm{c}}/2)\cos\varphi_{\mathrm{c}}\}^{\mathrm{T}}\times(\boldsymbol{T}_{\mathrm{ic}}\boldsymbol{F}_{\mathrm{crL}j}^{\mathrm{i}})+\{M_{\mathrm{c}x}\quad 0\quad 0\}^{\mathrm{T}}\\ \boldsymbol{M}_{\mathrm{crR}j}^{\mathrm{c}}&=\{x_m\quad -(d_{\mathrm{c}}/2)\sin\varphi_{\mathrm{c}}\quad (d_{\mathrm{c}}/2)\cos\varphi_{\mathrm{c}}\}^{\mathrm{T}}\times(\boldsymbol{T}_{\mathrm{ic}}\boldsymbol{F}_{\mathrm{crR}j}^{\mathrm{i}})+\{M_{\mathrm{c}x}\quad 0\quad 0\}^{\mathrm{T}}\end{aligned} \tag{4.2.88}$$

则引导套圈对保持架、保持架对引导套圈的作用力分别为

$$\boldsymbol{F}_{\mathrm{crL}}^{\mathrm{i}}=\sum_{j=1}^{s}(\boldsymbol{F}_{\mathrm{crL}j}^{\mathrm{i}}+\boldsymbol{F}_{\mathrm{crR}j}^{\mathrm{i}}),\quad \boldsymbol{F}_{\mathrm{rcR}}^{\mathrm{i}}=\sum_{j=1}^{s}(\boldsymbol{F}_{\mathrm{rcL}j}^{\mathrm{i}}+\boldsymbol{F}_{\mathrm{rcR}j}^{\mathrm{i}}) \tag{4.2.89}$$

保持架定体坐标系中，作用于保持架的作用力矩为

$$\boldsymbol{M}_{\mathrm{cr}}^{\mathrm{c}}=\sum_{j=1}^{s}(\boldsymbol{M}_{\mathrm{crL}j}^{\mathrm{c}}+\boldsymbol{M}_{\mathrm{crR}j}^{\mathrm{c}}) \tag{4.2.90}$$

在套圈定体坐标系中，作用于引导套圈的作用力矩为

$$\boldsymbol{M}_{\mathrm{rcL}}^{\mathrm{r}}=\sum[\boldsymbol{r}_{\mathrm{pr}x}^{\mathrm{r}}\times(\boldsymbol{T}_{\mathrm{ir}}\boldsymbol{F}_{\mathrm{rcL}j}^{\mathrm{i}})+\{-M_{\mathrm{c}x}\quad 0\quad 0\}^{\mathrm{T}}] \tag{4.2.91}$$

4.2.2　滚动轴承支承的转子系统动力学模型

1. 转子动力学方程

典型的杰夫考特(Jeffcott)转子轴承系统模型如图 4.2.5 所示，其动力响应的求解过程为：采用铁木辛柯梁单元对该轴进行离散，获得转子的质量刚度矩阵；将计入转动效应后的轮盘视作集中质量，利用哈密顿原理，加入转子的质量刚度矩阵中；建立转轴整体动力学微分方程；将轮盘不平衡力、轴承支承力以及整轴重力作为微分方程右端项，添加到对应的离散结点处；求解转子动力响应。

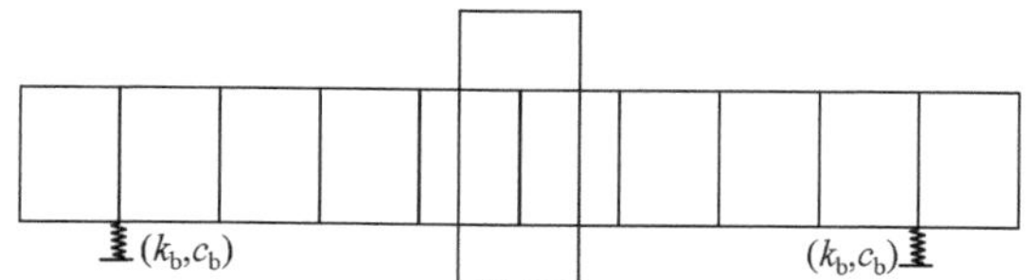

图 4.2.5　杰夫考特转子轴承系统模型

采用单结点 4 自由度的铁木辛柯梁单元对整轴进行离散,单元示意图如图 4.2.6 所示。该单元计入了转轴的转动惯量、剪切效应和轴向力效应，并同步考虑转轴的平面位移(x,y)和转动(ψ,φ)。

离散后的转子方程为

$$\boldsymbol{M}\ddot{\boldsymbol{q}}_{\mathrm{r}}+\boldsymbol{G}\dot{\boldsymbol{q}}_{\mathrm{r}}+\boldsymbol{K}\boldsymbol{q}_{\mathrm{r}}=\boldsymbol{F}_{\mathrm{b}}+\boldsymbol{F}_{\mathrm{e}}+\boldsymbol{F}_{\mathrm{g}}+\boldsymbol{F}_{\mathrm{r}} \tag{4.2.92}$$

式中，$\boldsymbol{M}$、$\boldsymbol{G}$、$\boldsymbol{K}$ 为系统质量矩阵、陀螺矩阵和刚度矩阵；$\boldsymbol{F}_{\mathrm{b}}$、$\boldsymbol{F}_{\mathrm{e}}$、$\boldsymbol{F}_{\mathrm{g}}$、$\boldsymbol{F}_{\mathrm{r}}$ 为轴承支承力、转子不平衡力、转子重力和转子径向载荷；$\boldsymbol{q}_{\mathrm{r}}$ 为转子自由度列向量，为了方便在相空间对方程进行求解，可表示为

$$\boldsymbol{q}_{\mathrm{r}}=\{x_{\mathrm{r}i},y_{\mathrm{r}1},\psi_{\mathrm{r}1},\varphi_{\mathrm{r}1},\dot{x}_{\mathrm{r}i},\dot{y}_{\mathrm{r}1},\dot{\psi}_{\mathrm{r}1},\dot{\varphi}_{\mathrm{r}1},\cdots,x_{\mathrm{r}m},y_{\mathrm{r}m},\psi_{\mathrm{r}m},\varphi_{\mathrm{r}m},\dot{x}_{\mathrm{r}m},\dot{y}_{\mathrm{r}m},\dot{\psi}_{\mathrm{r}m},\dot{\varphi}_{\mathrm{r}m}\}^{\mathrm{T}} \tag{4.2.93}$$

式中，m 为转子离散结点个数。

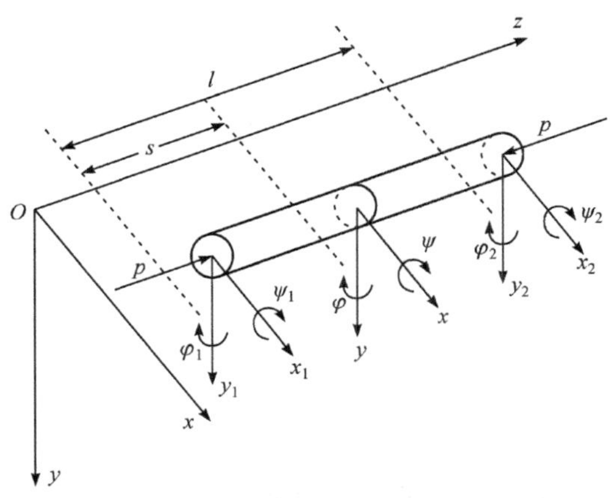

图 4.2.6 铁木辛柯梁单元示意图

将滚动轴承简化处理为非线性弹簧,依据转子在轴承位置的结点位移和速度,求得支承力，即式(4.2.92)中的 $\boldsymbol{F}_{\mathrm{b}}$，其在系统中只是一个最后的合力，并不包含部件动态响应信息。

2. 轴承内圈与转子耦合关系

建立滚动轴承支承转子系统同步联立动力学理论分析模型，关键在于利用系统的约束条件，将转子动力方程与轴承各个部件微分方程进行联立。其实现过程主要包括以下几个步骤：①利用几何约束关系实现转子与滚动轴承部件的耦合；②构建联立动力方程；③构建系统广义自由度矢量，求解联立方程。

实际安装中，轴承内圈与转子固连，而轴承内圈的质量远小于转子质量。因此，轴承内圈的运动状态与转子在轴承位置的运动状态一致，且主要受转子的动力方程控制，但轴承各个部件对内圈的作用力却仍然是真实作用于内圈，即实际作用于转子的支承位置。因此，将转子动力响应与轴承动力响应进行联立仿真，二者的联立关系则在于轴承内圈。转子在轴承的自由度与轴承内圈固连，且仅受转子动力方程控制；轴承内圈受其余轴承部件的作用力与力矩作用，构成转子支承力与力矩，其关系如图 4.2.7 所示。在建立转子模型与轴承模型时，采用的坐标系并不一致，如图 4.2.8 所示。这里并未对其进行统一处理，仍然按照传统习惯建立坐标系，对于不同的坐标系，在利用内圈约束条件时，进行了对应项及符号处理。设转子在轴承处结点编号为 s，则在求取滚动轴承部件间相互作用时，轴承内圈在惯性直角坐标系下的自由度列向量 $\boldsymbol{q}_{\mathrm{bi}}$ 与转子轴承处的自由度列向量利用式(4.2.94)进行固连，即

$$\begin{aligned}\boldsymbol{q}_{\mathrm{bi}}&=\{x_{\mathrm{bi}},y_{\mathrm{bi}},z_{\mathrm{bi}},\dot{x}_{\mathrm{bi}},\dot{y}_{\mathrm{bi}},\dot{z}_{\mathrm{bi}},\eta_{\mathrm{bi}},\xi_{\mathrm{bi}},\lambda_{\mathrm{bi}},\dot{\eta}_{\mathrm{bi}},\dot{\xi}_{\mathrm{bi}},\dot{\lambda}_{\mathrm{bi}}\}^{\mathrm{T}}\\&=\boldsymbol{q}_{\mathrm{rs}}=\{0,-x_{\mathrm{rs}},-y_{\mathrm{rs}},0,-\dot{x}_{\mathrm{rs}},-\dot{y}_{\mathrm{rs}},\omega t,-\psi_{\mathrm{rs}},-\varphi_{\mathrm{rs}},\omega,-\dot{\psi}_{\mathrm{rs}},-\dot{\varphi}_{\mathrm{rs}}\}^{\mathrm{T}}\end{aligned}\tag{4.2.94}$$

式中，ω 为转子角速度；t 为时间项。在求取滚动体与内圈作用力或者保持架与内圈作用力时，内圈的几何位置则由 $\boldsymbol{q}_{\mathrm{bi}}$ 决定。

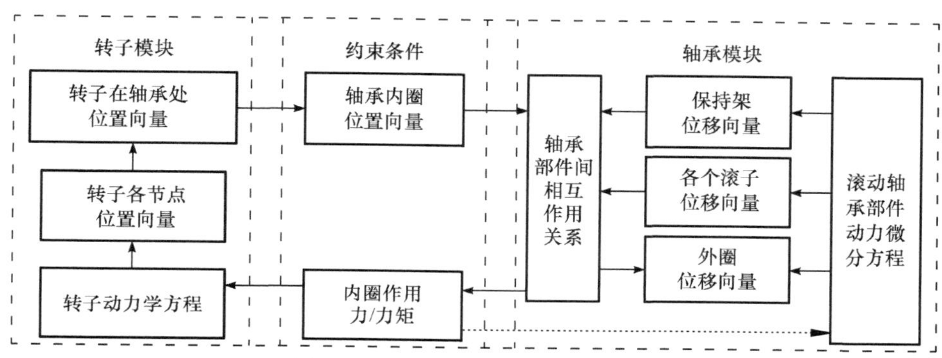

图 4.2.7　转子系统约束条件示意图

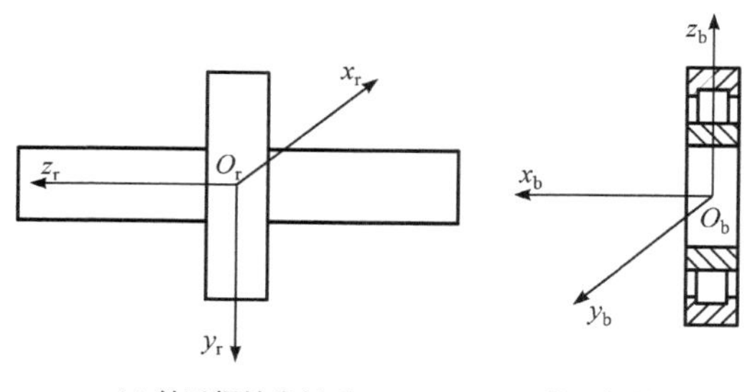

(a) 转子惯性坐标系　　(b) 轴承惯性坐标系

图 4.2.8　转子惯性坐标系与轴承惯性坐标系

部件间相互作用关系求取后，所获得的轴承内圈作用力与力矩，在轴承惯性直角坐标系下给出。单个轴承内圈的作用力向量为

$$\boldsymbol{F}_{\mathrm{bi1}}=\{F_{\mathrm{ix1}},F_{\mathrm{iy1}},F_{\mathrm{iz1}},M_{\mathrm{ix1}},M_{\mathrm{iy1}},M_{\mathrm{iz1}}\}^{\mathrm{T}}\tag{4.2.95}$$

转子支承力向量为

$$\boldsymbol{F}_{\mathrm{b}}=\{\cdots,F_{\mathrm{L}x},F_{\mathrm{L}y},M_{\mathrm{L}x},M_{\mathrm{L}y},\cdots,F_{\mathrm{R}x},F_{\mathrm{R}y},M_{\mathrm{R}x},M_{\mathrm{R}y},\cdots\}^{\mathrm{T}}\tag{4.2.96}$$

联立式(4.2.95)和式(4.2.96)，得到转子支承力为

$$\boldsymbol{F}_{\mathrm{b}}=\{\cdots,0,-F_{\mathrm{ix1}},-F_{\mathrm{iy1}},0,-M_{\mathrm{ix1}},-M_{\mathrm{iy1}},\cdots,0,-F_{\mathrm{ix2}},-F_{\mathrm{iy2}},0,-M_{\mathrm{ix2}},-M_{\mathrm{iy2}},\cdots\}^{\mathrm{T}}\tag{4.2.97}$$

利用式(4.2.94)和式(4.2.97)可实现转子动力响应与轴承动力响应的同步联合分析。

3. 系统广义向量

为了完成系统自由度在状态空间的表述，以便采用数值积分对动力方程进行求解，需要构建一个系统广义自由度矢量，使之同时包含转子有限单元结点的广义自由度矢量和滚动轴承各个部件的广义自由度矢量。对于一个转子轴承系统，至少包含两套径向支承轴承。设第一套轴承 $\boldsymbol{q}_{\mathrm{bL}}$ 处转子编号 s_1，第二套轴承处转子结点编号 s_2，则在计入内圈边界条件后，将第一套轴承各个部件的动态响应采用一个广义矢量 $\boldsymbol{q}_{\mathrm{b1L}}$ 表示为

$$\begin{aligned}\boldsymbol{q}_{\mathrm{b1L}}=\{&x_{\mathrm{L1}},r_{\mathrm{L1}},\theta_{\mathrm{L1}},\dot{x}_{\mathrm{L1}},\dot{r}_{\mathrm{L1}},\dot{\theta}_{\mathrm{L1}},\eta_{\mathrm{L1}},\xi_{\mathrm{L1}},\lambda_{\mathrm{L1}},\dot{\eta}_{\mathrm{L1}},\dot{\xi}_{\mathrm{L1}},\dot{\lambda}_{\mathrm{L1}},\cdots,x_{\mathrm{L}n},r_{\mathrm{L}n},\theta_{\mathrm{L}n},\\&\dot{x}_{\mathrm{L}n},\dot{r}_{\mathrm{L}n},\dot{\theta}_{\mathrm{L}n},\eta_{\mathrm{L}n},\xi_{\mathrm{L}n},\lambda_{\mathrm{L}n},\dot{\eta}_{\mathrm{L}n},\dot{\xi}_{\mathrm{L}n},\dot{\lambda}_{\mathrm{L}n},x_{\mathrm{Lc}},r_{\mathrm{Lc}},\theta_{\mathrm{Lc}},\dot{x}_{\mathrm{Lc}},\dot{r}_{\mathrm{Lc}},\dot{\theta}_{\mathrm{Lc}},\eta_{\mathrm{Lc}},\\&\xi_{\mathrm{Lc}},\lambda_{\mathrm{Lc}},\dot{\eta}_{\mathrm{Lc}},\dot{\xi}_{\mathrm{Lc}},\dot{\lambda}_{\mathrm{Lc}},x_{\mathrm{Lo}},r_{\mathrm{Lo}},\theta_{\mathrm{Lo}},\dot{x}_{\mathrm{Lo}},\dot{r}_{\mathrm{Lo}},\dot{\theta}_{\mathrm{Lo}},\eta_{\mathrm{Lo}},\xi_{\mathrm{Lo}},\lambda_{\mathrm{Lo}},\dot{\eta}_{\mathrm{Lo}},\dot{\xi}_{\mathrm{Lo}},\dot{\lambda}_{\mathrm{Lo}},\\&0,-x_{\mathrm{rs1}},-y_{\mathrm{rs1}},0,-\dot{x}_{\mathrm{rs1}},-\dot{y}_{\mathrm{rs1}},\omega t,-\psi_{\mathrm{rs1}},-\varphi_{\mathrm{rs1}},\omega,-\dot{\psi}_{\mathrm{rs1}},-\dot{\varphi}_{\mathrm{rs1}}\}^{\mathrm{T}}\end{aligned}\tag{4.2.98}$$

式中，部件顺序为从第 1～n 号滚子、保持架、外圈以及内圈。为了在惯性坐标系中求解部件的加速度，将式(4.2.98)写成如下形式：

$$\begin{aligned}\boldsymbol{q}_{\mathrm{bL}}=\{&x_{\mathrm{L1}},r_{\mathrm{L1}},\theta_{\mathrm{L1}},\dot{x}_{\mathrm{L1}},\dot{r}_{\mathrm{L1}},\dot{\theta}_{\mathrm{L1}},\eta_{\mathrm{L1}},\xi_{\mathrm{L1}},\lambda_{\mathrm{L1}},\omega_{\mathrm{L11}},\omega_{\mathrm{L12}},\omega_{\mathrm{L13}},\cdots,x_{\mathrm{L}n},r_{\mathrm{L}n},\theta_{\mathrm{L}n},\\&\dot{x}_{\mathrm{L}n},\dot{r}_{\mathrm{L}n},\ \dot{\theta}_{\mathrm{L}n},\eta_{\mathrm{L}n},\xi_{\mathrm{L}n},\lambda_{\mathrm{L}n},\omega_{\mathrm{L}n1},\omega_{\mathrm{L}n2},\omega_{\mathrm{L}n3},x_{\mathrm{Lc}},r_{\mathrm{Lc}},\theta_{\mathrm{Lc}},\dot{x}_{\mathrm{Lc}},\dot{r}_{\mathrm{Lc}},\dot{\theta}_{\mathrm{Lc}},\eta_{\mathrm{Lc}},\\&\xi_{\mathrm{Lc}},\lambda_{\mathrm{Lc}},\omega_{\mathrm{Lc1}},\omega_{\mathrm{Lc2}},\omega_{\mathrm{Lc3}},x_{\mathrm{Lo}},r_{\mathrm{Lo}},\theta_{\mathrm{Lo}},\ \dot{x}_{\mathrm{Lo}},\dot{r}_{\mathrm{Lo}},\dot{\theta}_{\mathrm{Lo}},\eta_{\mathrm{Lo}},\xi_{\mathrm{Lo}},\lambda_{\mathrm{Lo}},\omega_{\mathrm{Lo1}},\\&\omega_{\mathrm{Lo2}},\omega_{\mathrm{Lo3}},0,-x_{\mathrm{rs1}},-y_{\mathrm{rs1}},0,-\dot{x}_{\mathrm{rs1}},-\dot{y}_{\mathrm{rs1}},\omega t,-\psi_{\mathrm{rs1}},-\varphi_{\mathrm{rs1}},\omega,-\dot{\psi}_{\mathrm{rs1}},-\dot{\varphi}_{\mathrm{rs1}}\}^{\mathrm{T}}\end{aligned}\tag{4.2.99}$$

$\boldsymbol{q}_{\mathrm{bL}}$ 中的部件自由度顺序与 $\boldsymbol{q}_{\mathrm{b1L}}$ 中的保持一致。另一套轴承的自由度广义矢量 $\boldsymbol{q}_{\mathrm{bR}}$ 也可以采用类似方法表示，此处不再赘述。

式(4.2.93)中给出了转子各个结点的广义矢量表达式 $\boldsymbol{q}_{\mathrm{r}}$。将转子 $\boldsymbol{q}_{\mathrm{r}}$ 与两套轴承 $\boldsymbol{q}_{\mathrm{bL}}$ 和 $\boldsymbol{q}_{\mathrm{bR}}$ 组合，并考虑边界条件后(内圈固连转子，外圈固连轴承座)，构成系统的广义向量 $\boldsymbol{q}$，表示为

$$\begin{aligned}\boldsymbol{q}=\{&x_{\mathrm{ri}},y_{\mathrm{r1}},\psi_{\mathrm{r1}},\varphi_{\mathrm{r1}},\dot{x}_{\mathrm{r1}},\dot{y}_{\mathrm{r1}},\dot{\psi}_{\mathrm{L1}},\dot{\varphi}_{\mathrm{r1}},\cdots,x_{\mathrm{r}m},y_{\mathrm{r}m},\psi_{\mathrm{r}m},\varphi_{\mathrm{r}m},\dot{x}_{\mathrm{r}m},\dot{y}_{\mathrm{r}m},\dot{\psi}_{\mathrm{r}m},\dot{\varphi}_{\mathrm{r}m},x_{\mathrm{L1}},r_{\mathrm{L1}},\\&\theta_{\mathrm{L1}},\dot{x}_{\mathrm{L1}},\dot{r}_{\mathrm{L1}},\dot{\theta}_{\mathrm{L1}},\eta_{\mathrm{L1}},\xi_{\mathrm{L1}},\lambda_{\mathrm{L1}},\dot{\eta}_{\mathrm{L1}},\dot{\xi}_{\mathrm{L1}},\dot{\lambda}_{\mathrm{L1}},\cdots,\ x_{\mathrm{L}n},r_{\mathrm{L}n},\theta_{\mathrm{L}n},\dot{x}_{\mathrm{L}n},\dot{r}_{\mathrm{L}n},\dot{\theta}_{\mathrm{L}n},\eta_{\mathrm{L}n},\xi_{\mathrm{L}n},\lambda_{\mathrm{L}n},\\&\dot{\eta}_{\mathrm{L}n},\dot{\xi}_{\mathrm{L}n},\dot{\lambda}_{\mathrm{L}n},x_{\mathrm{Lc}},y_{\mathrm{Lc}},z_{\mathrm{Lc}},\dot{x}_{\mathrm{Lc}},\dot{y}_{\mathrm{Lc}},\dot{z}_{\mathrm{Lc}},\eta_{\mathrm{Lc}},\xi_{\mathrm{Lc}},\lambda_{\mathrm{Lc}},\dot{\eta}_{\mathrm{Lc}},\dot{\xi}_{\mathrm{Lc}},\dot{\lambda}_{\mathrm{Lc}},0,0,0,0,0,0,0,0,0,\\&0,0,0,0,0,0,0,0,0,0,0,0,0,0,0,x_{\mathrm{R1}},r_{\mathrm{R1}},\theta_{\mathrm{R1}},\dot{x}_{\mathrm{R1}},\dot{r}_{\mathrm{R1}},\dot{\theta}_{\mathrm{R1}},\eta_{\mathrm{R1}},\xi_{\mathrm{R1}},\lambda_{\mathrm{R1}},\dot{\eta}_{\mathrm{R1}},\dot{\xi}_{\mathrm{R1}},\dot{\lambda}_{\mathrm{R1}},\cdots,\\&x_{\mathrm{R}n},r_{\mathrm{R}n},\theta_{\mathrm{R}n},\dot{x}_{\mathrm{R}n},\dot{r}_{\mathrm{R}n},\dot{\theta}_{\mathrm{R}n},\eta_{\mathrm{R}n},\xi_{\mathrm{R}n},\lambda_{\mathrm{R}n},\dot{\eta}_{\mathrm{R}n},\dot{\xi}_{\mathrm{R}n},\dot{\lambda}_{\mathrm{R}n},x_{\mathrm{Rc}},y_{\mathrm{Rc}},z_{\mathrm{Rc}},\dot{x}_{\mathrm{Rc}},\dot{y}_{\mathrm{Rc}},\dot{z}_{\mathrm{Rc}},\eta_{\mathrm{Rc}},\\&\xi_{\mathrm{Rc}},\lambda_{\mathrm{Rc}},\dot{\eta}_{\mathrm{Rc}},\dot{\xi}_{\mathrm{Rc}},\dot{\lambda}_{\mathrm{Rc}},0,0,0,0,0,0,0,0,0,0,0,0,0,0,0,0,0,0,0,0,0,0,0,0\}^{\mathrm{T}}\end{aligned}\tag{4.2.100}$$

对系统广义矢量 $\boldsymbol{q}$ 进行时间求导可获得 $\dot{\boldsymbol{q}}$。采用 $\boldsymbol{X}$ 表示系统状态矢量：

$$\boldsymbol{X}=\{\boldsymbol{q},\dot{\boldsymbol{q}}\}^{\mathrm{T}} \tag{4.2.101}$$

在系统广义自由度矢量表达式中，外圈和内圈的自由度项均置零。外圈置零是因为轴承座固连，假设绝对刚性；而内圈置零，则是因为此处内圈与转子的自由度耦合条件，内圈的运动状态由转子确定。从最终的状态向量$\boldsymbol{X}$也可以看出，系统向量规模达到$8m+24(n+3)$个非线性结点，m表示转子离散的有限元结点个数，n表示轴承滚动体数量。可见，将转子与滚动轴承动力学模型进行联立分析，其计算规模巨大，可采用变步长四阶龙格-库塔法对状态向量$\boldsymbol{X}$进行积分，求解系统动态响应。

4.2.3 滚动轴承引起的转子系统共振

在转子转动过程中，滚动体有规律进出载荷区，使得轴承的总体支承刚度发生有规律的变化，并产生滚动体数量与滚子公转频率乘积倍数的轴承特征频率，简称 **VC 振动**。在精密的转子轴承系统中，或者带载荷工况下，除了系统不平衡，VC 振动和保持架振动为系统的主要振动来源之一，其中，VC 振动频率通常是转子基频振动的若干倍，而保持架振动频率则接近工频的一半。当转子旋转频率与系统自然频率接近时，系统与不平衡激励发生共振，出现临界振幅增大，并且转子振动反向，这在实际工程中是有害的。作为激励源的轴承特征振动，是否也会在特定条件下诱发系统产生类似一阶共振的共振效应？对于实际测试过程中出现的这种现象，其诱发因素可能是多种，这里借助建立的滚动轴承支承转子系统动力学分析平台，从轴承特征振动诱发系统共振的角度，给予一种可能的解释。

滚子轴承支承转子系统联合动力学分析计算模型如图 4.2.9 所示，整轴采用铁木辛柯方程离散为 10 个有限单元共计 11 个结点，每一个结点包含 2 个平动自由度和 2 个转动自由度。支承轴承置于 2 号结点及 10 号结点，轮盘置于中间 6 号结点。实际转轴系统中，当转速较低，或者载荷较大时，系统轨迹通常比较紊乱，且高频成分较多。随着转速升高或者卸载，系统振动轨迹会逐渐表现为椭圆形工频振动。出现这种情况的原因是在不同工况下，转子不平衡力和轴承支承力的相对大小不同。因此，对转子轴承系统的研究，也需要对不平衡量和载荷的设置予

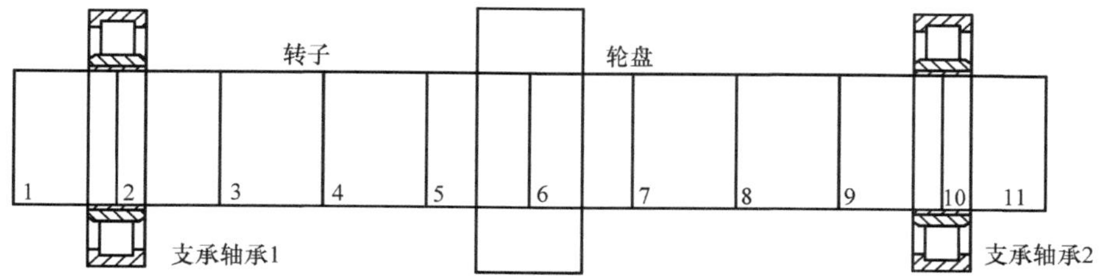

图 4.2.9 滚子轴承支承转子系统联合动力学分析计算模型

以考虑。系统的不平衡主要添加在中间轮盘上，且较小，因此在低转速时，轴承的非工频激励占优，而随着转速升高，不平衡激励逐渐占优。

对于滚子轴承，其特征振动只能由轴承部件自身动力响应引起。在内圈与转子固连、外圈与轴承座固连后，轴承特征振动则是滚动体连续通过载荷区引起的 VC 特征振动，以及保持架特征振动。为了研究和讨论两部件对转子振动特性的影响，需要先确认二者的特征振动表现。

在无打滑的理想情况下，保持架振动的特征频率 f_c 可以表示为

$$f_c = \frac{r_b}{r_b + R_b} f_e \tag{4.2.102}$$

式中，f_e 为转子工频，或与不平衡激励频率一致的转频；$r_b / (r_b + R_b) = 0.4238$。

在理想情况下，单个滚子绕轴承节圆的公转转速大小与保持架转动速度相等。单个滚子公转频率 f_r，其大小与保持架特征频率相等，即 $f_r = f_c$。因此，所有滚子连续进出载荷区引起的 VC 特征振动频率信息 f_{vc} 则表示为

$$f_{vc} = f_r N_b = r_b N_b f_e / (r_b + R_b) \tag{4.2.103}$$

式中，N_b 为滚动体数量。

引入轴承几何特征参数 B_N 值

$$B_N = r_b N_b / (r_b + R_b) \tag{4.2.104}$$

则 f_{vc} 可以简化为

$$f_{vc} = B_N f_e \tag{4.2.105}$$

由式(4.2.105)可以看出，f_{vc} 为 f_e 的 B_N 倍，B_N 取值由轴承结构参数决定，一般大于 5。因此，VC 振动的 f_{vc} 通常表现为高频，而保持架特征振动 f_c 通常表现为接近 f_e 一半的频率。

1. 系统转速振幅特性

对于弹性转子，需要特别关注其一阶临界频率。为了确定系统的自然频率特性，固连于转轴上的轮盘不平衡量设置为 e=1μm，轴承间隙为 C_r=1μm，载荷 F_{dr}=5kN 施加在轴承位置，得到不同转速下转子上轮盘位置的振动幅值与转速的关系，如图 4.2.10 所示。

由图 4.2.10 可以看出，在 1000～100000r/min 转速范围内，水平方向和竖直方向上分别出现了如下几个明显的振幅峰值：L_{x1}(6600r/min)、L_{x2}(34200r/min)，L_{x3}(82600r/min)；L_{y1}(6800r/min)、L_{y2}(34800r/min)和 L_{y3}(81600r/min)。低转速区水平方向振幅峰值较竖直方向更大。正常情况下，系统升速过程中，只在临界转速处才会出现振动峰值。在远低于一阶临界转速的低转速区出现明显的振动峰，不可能是由系统临界转速的共振引起的，而是因为在转子振动频谱中，存在的频率成

分为保持架特征振动频率、轴承 VC 振动频率、轴承工频以及各种频率成分的组合。

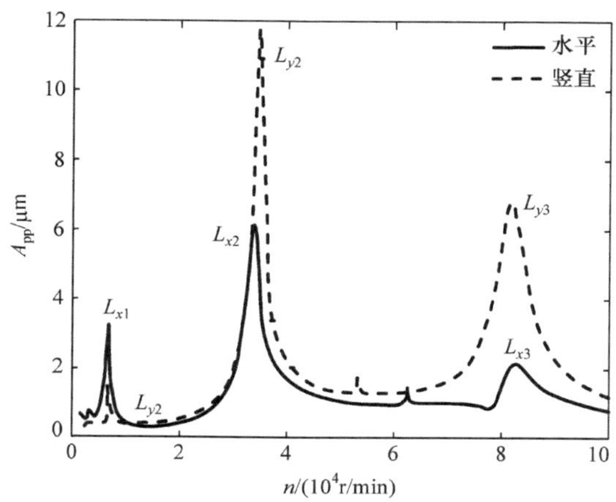

图 4.2.10　系统转速与振动幅值的关系

传统意义上的转子一阶临界转速，即转子在工频激励下出现共振的转速，此时的工频激励频率定义为系统的自然频率。一般而言，转子的一阶振型通常是中点对称弯曲。从动力学表现来看，转子过临界存在两个主要特征：一个是工频振动出现明显振动增大；另一个是转子振动出现反向。

2. 轴承 VC 振动诱发转子共振

图 4.2.10 中，转子在低转速区域的异常振动 L_{x1} 和 L_{y1}，其振动峰并未出现在工频 f_e 上，而是在轴承特征振动频率 f_{vc} 上。研究表明，转子在该转速段的振动工频和保持架特征振动 f_{cage} 的幅值并未发生明显变化，但在 f_{vc} 上的 6800r/min 位置出现了明显的振动峰值，此时 f_{vc}=576Hz 与系统两个方向的自然频率 574Hz 和 580Hz 几乎一致(计算转速间隔，导致一定误差)。在 $2f_{vc}$ 上更低的转速 3400r/min 位置也出现了异常振动峰，且振动峰值出现时，其频率为 576.5Hz，只是转速低，导致其振幅相对于 f_{vc} 激发的共振不明显。在高转速区域 53200r/min 处和 62400r/min 处，转子也出现了一定程度的异常振动。在轴承固有支承刚度与支承整体质量构成的能量系统中，还构成系统刚体振动自然频率，即转速 53200r/min 对应的 4508Hz 和转速 62400r/min 对应的 4713Hz。

由此可见，当滚动轴承 VC 振动频率(或其倍频)接近转子自然频率时，如式(4.2.105)所示，转子受轴承特征振动激发出亚临界共振，从而导致转子异常振动增大(图 4.2.10 中 L_{x1} 和 L_{y1})。轴承特征频率引发系统共振，实际上是系统接触刚度与转子质量构成的非线性弹簧系统共振,包括转子反弹共振和转子摇摆共振，其本质上仍是表达除去不平衡激励，轴承 VC 振动作为系统激励，也可能诱发系统多种共振形式。

实际滚动轴承支承转子系统中，低转速区域的异常振动时有发生，甚者持续共振导致事故。由此可见，对于轴承转子结构这类复杂系统，实际中的低转速区域的振动幅值并非临界转速所致，这为滚动轴承支承的转子系统提供了一个额外的动力设计准则，即滚动轴承支承转子系统需要避免长时间工作在亚临界共振转速位置。

3. 保持架特征振动诱发转子共振

图 4.2.10 中，在远大于一阶临界转速的振动峰 L_{x2} 和 L_{y2} 的地方，出现了另外的振动峰 L_{x3} 和 L_{y3}。研究表明，L_{x3} 和 L_{y3} 并不由工频 f_e 引起，而是出现在保持架引起的特征振动频率 f_{cage} 上。在出现振动峰的位置，具备如下特点：①水平方向上，82600r/min 处 f_{cage} 出现振动峰，f_{cage}=583Hz 接近转子，此方向的自然频率为 574Hz；②竖直方向上，81200r/min 处 f_{cage} 出现振动峰，f_{cage}=574Hz 接近转子，此方向的自然频率为 580Hz；③f_{cage} 上出现的振动峰，其转速分布较其他振动峰(VC 共振峰和临界振动峰)更广，尤其是在水平方向上。

与轴承 VC 特征振动诱发转子共振相似，保持架的特征振动满足特定条件：

$$f_{\mathrm{vc}} = f_{x\mathrm{c}}(f_{y\mathrm{c}}) \tag{4.2.106}$$

会诱发转子发生超临界共振，导致异常振动幅值出现。保持架振动频率通常为转子工频的 40%～50%，因此保持架诱发转子共振，主要是在一阶临界转速的振动峰的 2～2.5 倍高转速区域出现，且异常振动覆盖转速范围较大。

$$f_{\mathrm{cage}} = f_{x\mathrm{c}}(f_{y\mathrm{c}}) \tag{4.2.107}$$

理论上，当转子转速超过临界转速后，其并不会出现异常振动，只需要保证支承轴承有足够的强度和润滑散热，即可保证其稳定运行。然而在实际工程中，对于滚动轴承支承的过临界柔性转子，附加阻尼器几乎是必需条件。工程实际表明，运行在一临界转速的振动峰后的安全转速范围的滚动轴承转子系统，保持架为最易损坏的部件。对于滚动轴承支承的柔性转子，当其运行在一临界转速以上时，除了要克服本身超高转速的困难，还需要克服保持架特征振动诱发的转子异常共振，因此必须要外加阻尼器，保证足够的能量耗散。当保持架特征振动诱发转子共振时，保持架自身动力特性必然受转子影响，承受更强烈的高频冲击，容易导致保持架提前损坏。因此，轴承 VC 振动和保持架特征振动诱发转子共振的事实为高速转子轴承系统设计提供了一种动力学依据。

4.2.4　转子异常振动的影响因素

对于实际工程的转子轴承设计，其载荷、安装条件、轴承选型等均已存在核算标准。对于轴承因素诱发的转子共振而出现的异常动力学现象，也需要在设计中予以考虑。下面针对轴承诱发转子共振现象的影响因素进行讨论。

1. 外载荷对转子异常振动的影响

外载荷的存在增大了轴承的支承力，即增大了轴承部件对转子动力响应的影响。图 4.2.11 给出了系统在不同载荷条件下转子轮盘结点转速振幅特性图。由图可以看出：

(1) 随着外部载荷的增大，系统振幅在全转速范围内均有所增大。

(2) 在低转速即 L_{x1}、L_{y1} 振动峰区域，外部载荷越大，转子由 VC 共振引起的异常振动越大；而竖直方向的载荷对水平方向的异常振动更敏感。

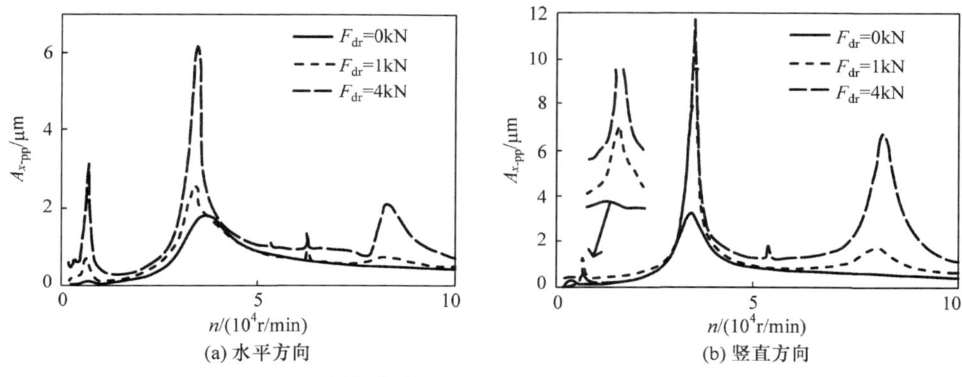

图 4.2.11　不同载荷条件下转子轮盘结点转速振幅特性图

(3) 在临界转速即 L_{x2}、L_{y2} 振动峰区域，载荷增大导致系统振幅增大的同时，也导致系统在水平方向上的临界转速减小，对竖直方向临界转速位移影响不大。

(4) 在过临界转速后的高转速 L_{x3}、L_{y3} 振动峰区域，载荷越大，共振效应越明显，且竖直方向较水平方向更敏感。

当载荷 F_{dr}=0kN 时，无论是轴承的 VC 频率成分，还是保持架特征振动频率成分，相对于系统工频振动 f_e，几乎可以忽略，尤其是转速增大到一定程度时更是如此；当载荷存在时，轴承的特征频率开始变得明显，并且随着载荷的增大(从 F_{dr}=1kN 到 F_{dr}=5kN)变得更明显。随着系统载荷增大，轴承保持架的低频特征振动会在全转速范围内更明显。

当无载荷存在时，转子振动主要受三个因素影响，即 f_{cage}、f_e 和 f_{vc}，且这三个不同频率的激励大小相差不大，导致转子振动紊乱，或者描述为混沌运动；当载荷存在时，f_{vc} 远大于 f_e 和 f_{cage}，转子振动表现为以 f_{vc} 为主周期的拟周期运动，且随着载荷的增大，f_{vc} 越明显，周期性越强。当 F_{dr}=1kN 和 F_{dr}=5kN 时，转子振动的主频并非工频，而是轴承特征频率f_{vc}。在实际工程中，转子的振动由转动和涡动共同构成。因此，实际振动状况将是以f_{vc}涡动，并在电机带动下，以f_e频率转动。实际转子负载测试信号中，其工频也往往随着载荷的增大而逐渐被湮没。

2. 滚子个数对转子异常振动的影响

滚动轴承诱发转子出现异常振动的转速位置，由转子自身的自然频率和滚动轴承的速度因子 DN 共同决定。滚子个数 NB 为 12、14、15 时，对应的B_N值分别为 5.08、5.93、6.35，系统对应的转速特性如图 4.2.12 所示。从图 4.2.12 中可以看出，滚子个数增大后，系统的转速振幅基本特性并未发生根本的变化。

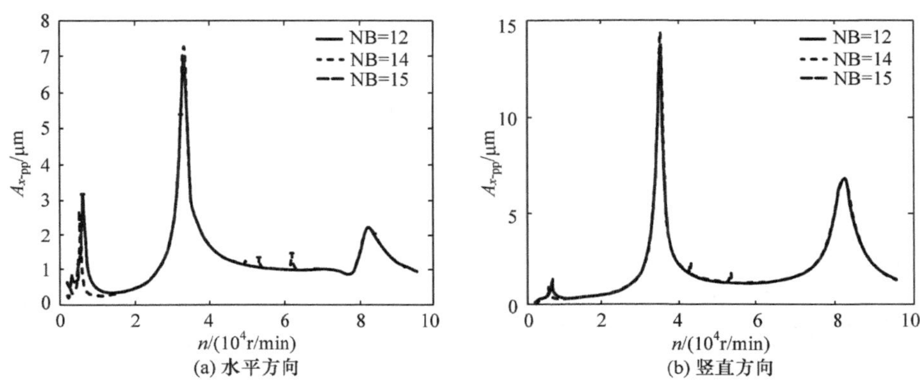

图 4.2.12　不同滚子个数时系统转速振幅图(轮盘结点，F_{dr}=5kN)

由图 4.2.12 可以看出：

(1) 随着滚子个数的增大，系统在水平方向和竖直方向的临界转速出现右移，且临界处的振幅也随之增大。滚子个数为 12 时，水平方向临界特性为(34000r/min，6.215μm)，竖直方向临界特性为(34800r/min，11.79μm)；而当滚子个数为 15 时，水平方向临界特性为(34200r/min，7.254μm)，幅值增大 16.7%，竖直方向临界特性为(35000r/min，14.32μm)，幅值增大 21.5%。

(2) 在低转速区，转子异常振动峰的位置和幅值除了受滚子个数的影响，还要受轴承B_N值的影响。当滚子个数从 12 增大到 15 时，对于振动峰出现时的转速位置，水平方向左移 20%，竖直方向左移 20%；对于振动峰出现时的幅值，水平方向减小 12.8%，竖直方向减小 46%。

(3) 在高转速区，滚子个数增大，使得异常振动峰位置出现轻微的右移，同时振幅轻微增大。实际工程中，常常认为滚子个数越多，转子运行越平稳，振动也越小。在一阶临界转速范围内，该结论是适用的。滚子个数增加，轴承B_N值明显增大，导致低转速区域的异常振动峰左移，而左移后的振动峰转速更低，振动更小；滚子个数增加，使单个滚子的冲击更小，因此在一阶临界转速内非异常振动峰转速位置，滚子个数 15 时的振动量明显较滚子个数 12 时小。

在低速区某固定转速下，欲通过增加滚子数量来改善转子振动状况时，需要仔细核算 VC 共振峰的转速位置。例如，在 5800r/min 处，15 个滚子时正好处于 VC 共振峰转速位置，其振动较 14 个滚子和 12 个滚子时都明显大出很多。在过临界转速时，滚子数量增多，使得转子临界转速出现轻微右移，则过临界转速时的转速更高，振动更剧烈；对于在一阶临界转速后的高速区域，其基本影响规律与过临界转速时类似，滚子数量增多对转子在高速区域的振动改善并不明显。

4.2.5　轴承转子系统的振动控制

支承在滚动轴承或滑动轴承上的高速转子，由于受外界干扰或自激，有时在高振幅状态下运行，这对机械装备的正常运行非常不利。如果转子系统未能进行精确平衡或轴承设计欠合理，在其通过临界转速区或运行时出现剧烈的振动是不言而喻的。即使是一个经过了精确动平衡的转子，在高速运行过程中也会由于滚动轴承自身结构的原因诱发系统的奇异振动，如由于加工工艺和装配的影响、运行过程中平衡精度的降低、热效应引起的轴弯曲、某部件的局部磨损或局部损坏、保持架结构等影响因素，都有可能使系统在运行中产生自激或强迫振动并超出振幅的许可范围。

对高速旋转的转子实施振动控制，一般有主动控制和被动控制两类控制方法，如图 4.2.13 所示外加弹性阻尼支承属于典型的被动式抑振装置。以下介绍弹性阻尼支承的设计方法、最优控制力参数选择等。

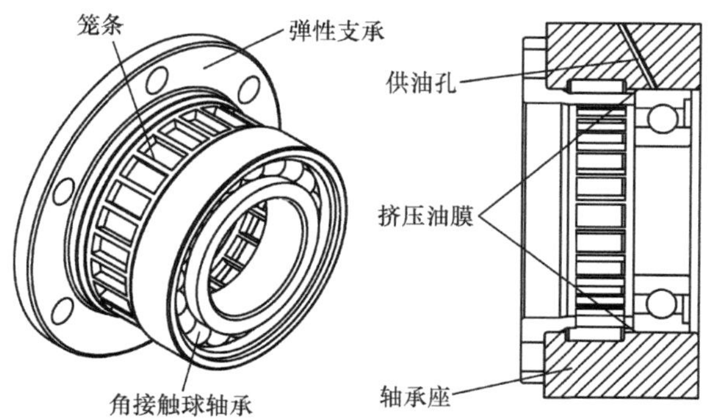

图 4.2.13　挤压膜阻尼器结构

1. 固定点理论

为改善系统的振动特性所采用的外加弹性阻尼支承，在结构参数选择合理的情况下可以起到以下作用：①使转子能够平稳地通过临界转速并降低转子在整个运行速度范围内的振幅；②减少传递到轴承和支座上的传递力；③保护机械免受

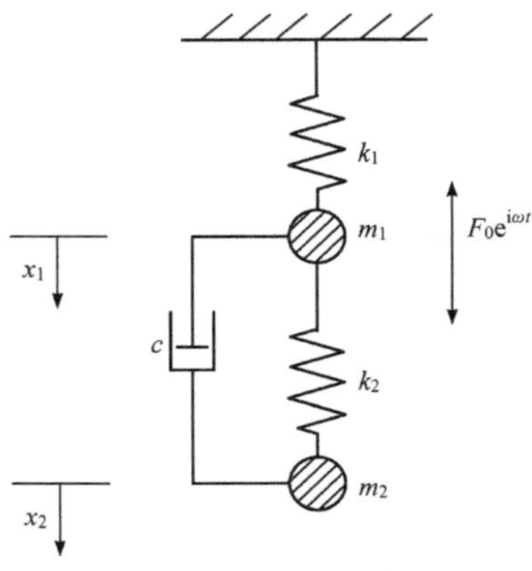

图 4.2.14　黏弹性支承 2 自由度系统

因为局部部件的损坏造成不平衡力突然增大而导致整机事故；④增加系统抗外界干扰的能力等。弹性阻尼支承的抑制振动及增加系统稳定性的效果，取决于其参振质量、支承刚度和阻尼参数的合理匹配。

利用振动理论设计动力减振器时，采用固定点理论或 PQ 点理论以获取最佳参数。如图 4.2.14 所示，一个单质量弹性系统，为抑制主振幅，在主系统上施加了一个弹性阻尼器作为减振装置，其中主系统由 m_1、k_1 组成，弹性阻尼器由 m_2、k_2 和 c 组成，激振力 $F_0e^{i\omega t}$ 作用在主质量 m_1 上，则系统的运动学方程为

$$\begin{aligned} m_1\ddot{x}_1 &= -k_1x_1 + k_2(x_2 - x_1) + c(\dot{x}_2 - \dot{x}_1) + F_0e^{i\omega t} \\ m_1\ddot{x}_2 &= -k_2(x_2 - x_1) - c(\dot{x}_2 - \dot{x}_1) \end{aligned} \tag{4.2.108}$$

式(4.2.108)是非齐次的线性微分方程组，其解由齐次方程的通解和非齐次方程的一个特解组成。设系统受强迫振动响应，即非齐次方程的一组特解为 $x_1 = X_1e^{i\omega t}$，$x_2 = X_2e^{i\omega t}$，则有

$$\begin{aligned} X_1 &= \frac{F_0(k_2 - m_2\omega^2 + i\omega c)}{(-m_1\omega^2 + k_1)(-m_2\omega^2 + k_2) - m_2\omega^2k_2 + i\omega c[k_1 - (m_1 + m_2)\omega^2]} \\ X_2 &= \frac{F_0(k_2 + i\omega c)}{(-m_1\omega^2 + k_1)(-m_2\omega^2 + k_2) - m_2\omega^2k_2 + i\omega c[k_1 - (m_1 + m_2)\omega^2]} \end{aligned} \tag{4.2.109}$$

主质量 m_1 的振幅 X_1 与主系统(m_1, k_1)的静挠度 $x_{st}(x_{st}=F_0/k_1)$之比为

$$\left|\frac{X_1}{x_{st}}\right| = \sqrt{\frac{\left[\left(\dfrac{\omega}{\omega_1}\right)^2 - \left(\dfrac{\omega_2}{\omega_1}\right)^2\right]^2 + \left(2\xi\dfrac{\omega}{\omega_1}\right)^2}{\left(2\xi\dfrac{\omega}{\omega_1}\right)^2\left[(1+\mu)\left(\dfrac{\omega}{\omega_1}\right)^2 - 1\right]^2 + \left\{\dfrac{\mu\omega_2}{\omega_1}\left(\dfrac{\omega}{\omega_1}\right)^2 - \left[\left(\dfrac{\omega}{\omega_1}\right)^2 - 1\right]\left[\left(\dfrac{\omega}{\omega_1}\right)^2 - \left(\dfrac{\omega_2}{\omega_1}\right)^2\right]\right\}^2}} \tag{4.2.110}$$

式中，$\xi = c/c_c$ 为阻尼比，且 $c_c = 2m_2\omega_2$；ω/ω_1 为强迫振动频率比；ω_2/ω_1 为吸振器自然频率与主质量自然频率之比，$\omega_1 = \sqrt{k_1/m_1}$，$\omega_2 = \sqrt{k_2/m_2}$；$\mu = m_2/m_1$ 为吸振器质量 m_2 与主质量 m_1 之比。

图 4.2.15 给出了 $\mu = 1/20$ 且减振器的阻尼变化时主质量的响应与强迫振动频

率比之间的关系。当阻尼 $c=0$ 时，系统(m_1, k_1, m_2, k_2)的振幅具有两个共振峰；在另一种特殊情况即 $c\to\infty$ 时，系统相当于 (m_1+m_2, k_1)系统，因此系统只有一个共振点。不同阻尼比下的共振曲线(此图中的$\xi=0.10$ 和$\xi=0.32$)存在两个特殊交点 P 和 Q，不管阻尼 c 的大小如何，所有的共振曲线均通过 P 点和 Q 点而与阻尼无关。一般来说，ω_2/ω_1 越大，P 点的振幅比值就越大，而 Q 点的振幅比值则越小。为了提高减振效果，要尽可能降低 P 点和 Q 点的值，可适当选取ω_2/ω_1 使 P 和 Q 两点的值相等；适当地选取阻尼，尽量使得振幅的极值出现在 P 和 Q 两点附近。

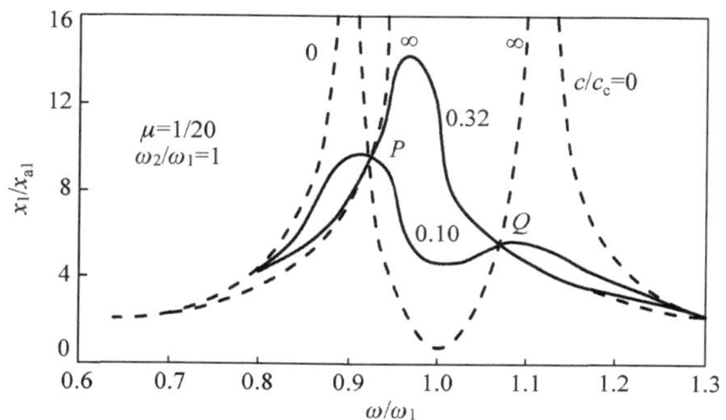

图 4.2.15　不同阻尼情况下的主质量振幅比

为使吸振器的阻尼能有效地发挥作用，c 既不能取 0，也不能取∞，只能取 0 与∞之间的某一特定值，且在最大振幅所对应的共振频率下，阻尼力与振幅的乘积为最大值。当μ给定时，适当选取 c 可以满足上述条件，这时的阻尼称为**最佳阻尼**。

为了求得最佳阻尼，从图 4.2.15 选取 P 和 Q 两点纵坐标相等时的频率ω_2/ω_1，且希望两个共振振幅都尽可能小。当 c 取某个适当值时，该条件给定为

$$\omega_2/\omega_1=1/(1+\mu) \tag{4.2.111}$$

对于质量比非常小的减振器，可以取 $\omega_2/\omega_1\approx 1$，从而得到最佳阻尼。但对质量比不小的情况，减振器的自然频率也应比主质量的自然频率低一些，例如，当 $\mu=0.25$ 时，$\omega_2/\omega_1=1/1.25=0.80$，即减振器的自然频率比主质量的频率低 20%时，也可以得到最佳阻尼。

将式(4.2.111)代入响应的无阻尼系统频率方程：

$$\left(\frac{\omega_2}{\omega_1}\right)^2\left(\frac{\omega}{\omega_2}\right)^4-\left[1+(1+\mu)\left(\frac{\omega_2}{\omega_1}\right)^2\right]\left(\frac{\omega}{\omega_2}\right)^2+1=0 \tag{4.2.112}$$

整理式(4.2.112)得到

$$(1+\mu)^2\left(\frac{\omega}{\omega_1}\right)^4-(2+3\mu+\mu^2)\left(\frac{\omega}{\omega_1}\right)^2+1=0 \tag{4.2.113}$$

对μ的各值求出ω/ω_1，如图 4.2.16 中虚线所示。从式(4.2.113)确定ω/ω_1后，P点或Q点的值可按式(4.2.114)选取：

$$\frac{X_{P,Q}}{x_{\mathrm{st}}}=\sqrt{1+\frac{2}{\mu}} \tag{4.2.114}$$

为提高减振器的效率，两个共振幅应尽可能小，并以此作为选择最佳阻尼系数c的条件。

$$\left(\frac{c}{2m_2\omega_1}\right)^2=\frac{3\mu}{8(1+\mu)^3} \tag{4.2.115}$$

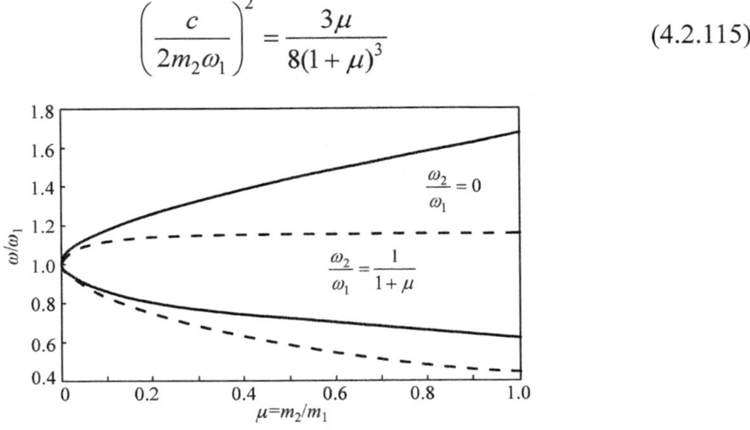

图 4.2.16　对应于不同质量比μ时的共振频率

在减振器设计时，共振时的弹簧疲劳强度便成为很重要的问题，因此需要对m_1和m_2的相对振幅X_{re}做出估计。X_{re}和X_{st}之比，即放大率Z可近似地表示为

$$Z^2\approx\frac{X_{\mathrm{re}}}{X_{\mathrm{st}}}=\frac{2}{\sqrt{3\mu^2}}(1+\mu)\sqrt{1+\frac{\mu}{2}} \tag{4.2.116}$$

综上所述，最佳减振器的设计过程如下：

(1) 由式(4.2.114)得到P、Q两点的振幅与静挠度之比，并由此确定减振器的质量$m_2=\mu m_1$。

(2) 由式(4.2.111)得到减振器的自然频率ω_2，进而利用$\omega_2\sqrt{k_2/m_2}$确定弹簧刚度k_2。

(3) 由式(4.2.115)确定吸振器的阻尼c。

2. 虚拟振幅法

按照上述固定点理论求解最佳支承参数的局限性很大。对于较复杂的系统，

固定点 P 和 Q 往往不容易找到，有时这样的固定点实际上并不存在，如滑动轴承转子系统、多质量或多跨转子系统等。

对于复杂系统弹性阻尼器参数的求解，可采用以下所述的虚拟振幅法。虚拟振幅法根据设计要求，首先虚拟两个准固定点(而不是寻找固定点)，然后逆解出弹性阻尼器的最佳质量、刚度和阻尼。下面对单质量转子滚动轴承系统进行分析和计算。

当将滚动轴承看成一个具有刚度 k_b 和阻尼 c_b 的弹性阻尼结构时，一个对称的、滚动轴承支承的单质量弹性转子系统力学模型如图 4.2.17 所示。其运动学方程为

$$\begin{gathered} m\ddot{x}_m + k\xi_R = m\omega^2\rho\cos\omega t, \quad m\ddot{y}_m + k\eta_R = m\omega^2\rho\sin\omega t, \quad k\xi_R = k_b\xi + c_b\dot{\xi} \\ k\eta_R = k_b\eta + c_b\dot{\eta}, \quad m_s\ddot{x}_s + k_s x_s + c_s\dot{x}_s = k\xi_R, \quad m_s\ddot{y}_s + k_s y_s + c_s\dot{y}_s = k\eta_R \end{gathered} \tag{4.2.117}$$

式中，m 为圆盘质量；k 为轴刚度；k_b 为轴承刚度；c_b 为轴承阻尼；m_s 为支承质量；k_s 为支承刚度；c_s 为支承阻尼；ρ 为质量偏心距。

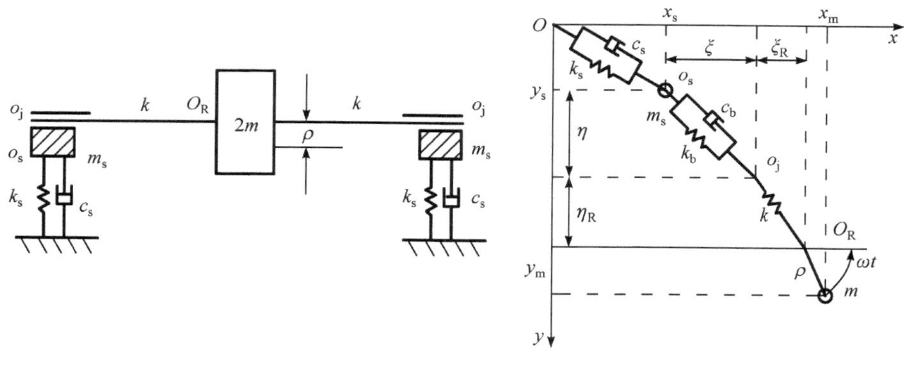

(a) 力学模型　　(b) 计算坐标

图 4.2.17　对称的、滚动轴承支承的单质量弹性转子系统力学模型

在复数域内各处的位移表示为：m_s 的绝对位移 $A_s = x_s + \mathrm{i}y_s$；轴颈绝对位移 $A_j = x_j + \mathrm{i}y_j$；轴颈相对于支承的位移 $A_\xi = A_j - A_s$；圆盘中心的绝对位移 $A_m = x_m + \mathrm{i}y_m$；圆盘中心相对于轴颈的位移 $A_R = A_m - A_j$。记各位移 $A_i = A_{i0}\mathrm{e}^{\mathrm{i}\omega t}$，代入式(4.2.117)可得

$$\begin{gathered} A_{R0} = (m\omega^2\rho + m\omega^2 A_{m0})/k, \quad A_{\xi 0} = (m\omega^2\rho + m\omega^2 A_{m0})/(k_b + \mathrm{i}\omega c_b) \\ A_{s0} = (m\omega^2\rho + m\omega^2 A_{m0})/(k_s - m_s\omega^2 + \mathrm{i}\omega c_s), \quad A_{m0} = A_{s0} + A_{\xi 0} + A_{R0} \end{gathered} \tag{4.2.118}$$

化为无量纲形式：$\overline{A}_{i0} = A_{i0}/\rho$，$\overline{k}_i = k_i/k$，$\overline{c}_i = c_i/c$，$\overline{\omega} = \omega/\omega_k$，临界阻尼 $c_c = 2\sqrt{mk} = 2m\omega_k$，$\omega_k = \sqrt{k/m}$，$\overline{m}_s = m_s/m$。

以下方便起见，各无量纲量均略去上面的“－”，如 $\bar{A}_{i0}$ 仍简记为 A_{i0} 等，式(4.2.118)变为

$$A_{R0}=\omega^2(1+A_{m0}),\quad A_{\xi 0}=\omega^2(1+A_{m0})/(k_b+i2\omega c_b)$$
$$A_{s0}=\omega^2(1+A_{m0})/[(k_s-m_s\omega^2)+i2\omega c_s],\quad A_{m0}=\omega^2\frac{a+ib}{1-\omega^2(a+ib)} \tag{4.2.119}$$

式中，

$$a=f+\frac{h}{h^2+4\omega^2c_s^2},\quad b=g-\frac{2\omega c_s}{h^2+4\omega^2c_s^2}$$
$$f=1+\frac{k_b}{k_b^2+4\omega^2c_b^2},\quad g=\frac{-2\omega c_b}{k_b^2+4\omega^2c_b^2},\quad h=k_s-m_s\omega^2 \tag{4.2.120}$$

不平衡力作用下的圆盘振幅为

$$\begin{aligned}|A_{m0}|=\omega^2\{&\{[1+2fh+h^2(f^2+g^2)]-2g(2\omega c_s)+(f^2+g^2)(2\omega c_s)^2\}/\{h^2(1-2\omega^2 f)\\&-2\omega^2h+\omega^4[(f^2+g^2)h^2+(1+2fh)]+[(1-2\omega^2 f)+\omega^4(f^2+g^2)](2\omega c_s)^2\\&-2g\omega^4(2\omega c_s)\}\}^{1/2}\end{aligned} \tag{4.2.121}$$

理想的振幅-频率响应曲线近似为一条平行直线，如图 4.2.18 所示，设系统不平衡响应的最大振幅 $|A_{m0}|_{max}=\delta$，如果能够通过合理选择支承参数 m_s、k_s、c_s，使得施加了这样的弹性阻尼支承的系统振幅曲线和图 4.2.18 中的曲线 1 相仿，则这样的减振效果接近最佳，图中的曲线 1 和刚支时(相当于 $c_s\to\infty$)的系统振幅曲线也相交于 P 和 Q 两点。

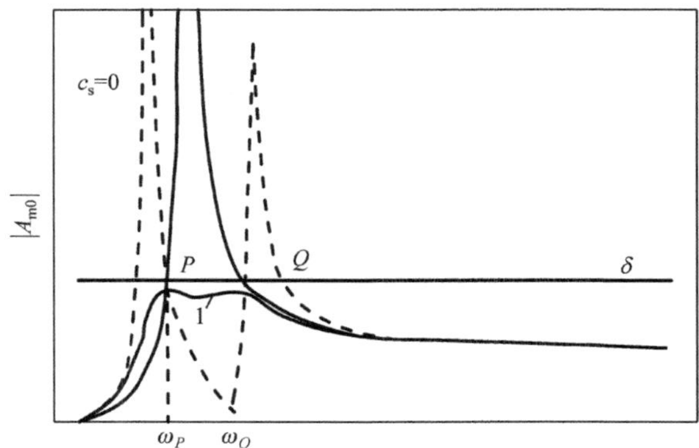

图 4.2.18　弹性阻尼支承不同参数时系统的振幅-频率曲线

如前所述，对于复杂的系统，要寻找两个和支承参数完全无关的固定点较为困难，但是适当选择 m_s、k_s，使得当 c_s=0 及 $c_s\to\infty$ 时振幅曲线都通过 P、Q 两点却是容易做到的。

$$\left|A_{\mathrm{m}0}(m_{\mathrm{s}},k_{\mathrm{s}})\right|_{c_{\mathrm{s}}=0}=\delta,\quad \left|A_{\mathrm{m}0}(m_{\mathrm{s}},k_{\mathrm{s}})\right|_{c_{\mathrm{s}}\to\infty}=\delta \tag{4.2.122}$$

若式(4.2.122)成立，则意味着在 P 和 Q 两点 c_{s} 对振幅的影响极小。至于 c_{s} 实际取值，虽然影响 $\left|A_{\mathrm{m}0}\right|$，但可以希望系统真实的振幅低于 δ 或在 δ 附近波动。

为了进一步实现振幅曲线的平滑，最佳阻尼 c_{s} 按式(4.2.123)选取：

$$\left.\frac{\partial\left|A_{\mathrm{m}0}\right|}{\partial\omega}\right|_{\omega=\omega_P(\omega_Q)}=0 \tag{4.2.123}$$

上述方法并非依照先确定 m_{s}、k_{s}，再计算 ω_P、ω_Q，最后计算最大振幅的步骤。而是先定出最佳振幅，计算 ω_P、ω_Q，再确定参数 m_{s}、k_{s} 和 c_{s}，故称为虚拟振幅法。

对于图 4.2.17 所示系统，令刚支(或 $c_{\mathrm{s}}=0$)时的 $\left|A_{\mathrm{m}0}\right|$ 等于设定值 δ(δ 可根据工程实际要求定出)，即

$$\left|A_{\mathrm{m}0}\right|_{c_{\mathrm{s}}\to\infty}=\omega^2\sqrt{\frac{f^2+g^2}{1-2\omega^2 f+\omega^4(f^2+g^2)}}=\delta \tag{4.2.124}$$

由式(4.2.124)可求得 ω_P 和 ω_Q。

由 $\left|A_{\mathrm{m}0}\right|_{c_{\mathrm{s}}\to 0}=\delta$ ($\omega=\omega_P, \omega_Q$)，得到关于 h($h=k_{\mathrm{s}}-m_{\mathrm{s}}\omega^2$)的方程为

$$\frac{(1+fh)^2+g^2h^2}{h^2-2\omega^2 h(1+fh)+\omega^4[(1+fh)^2+g^2h^2]}=\frac{\delta^2}{\omega^4},\quad \omega=\omega_P,\omega_Q \tag{4.2.125}$$

整理式(4.2.125)后可得关于 h($h=k_{\mathrm{s}}-m_{\mathrm{s}}\omega^2$)的方程为

$$[\omega^4(1-\delta^2)(f^2+g^2)-\delta^2(1-2\omega^2 f)]h^2+[2(1-\delta^2)\omega^4 f+2\omega^2\delta^2]h+(1-\delta^2)\omega^4=0,\quad \omega=\omega_P,\omega_Q \tag{4.2.126}$$

进而得到 h_P 和 h_Q 为

$$h_P=k_{\mathrm{s}}-m_{\mathrm{s}}\omega_P^2,\quad h_Q=k_{\mathrm{s}}-m_{\mathrm{s}}\omega_Q^2 \tag{4.2.127}$$

并由此求得 m_{s} 和 k_{s} 为

$$m_{\mathrm{s}}=\frac{h_P-h_Q}{\omega_Q^2-\omega_P^2},\quad k_{\mathrm{s}}=\frac{\omega_Q^2 h_P-\omega_P^2 h_Q}{\omega_Q^2-\omega_P^2} \tag{4.2.128}$$

最佳阻尼 c_{s} 的值由式(4.2.123)算出。

4.3　滑动轴承的动力学分析

4.3.1　滑动轴承的分类、特点和结构组成

1. 滑动轴承的分类

滑动轴承的种类有很多，可以按承载方向、润滑剂种类、油膜厚度、轴瓦材

料和轴瓦结构等分类。

(1) 按承载方向，滑动轴承可分为径向(向心)滑动轴承和推力(轴向)滑动轴承两类。径向滑动轴承主要承受径向载荷，按照轴承廓线形状，主要有圆轴承、椭圆轴承、油楔轴承、油叶轴承、浮环轴承、可倾瓦轴承、错位轴承和泊片式轴承等。图 4.3.1 为主要的径向滑动轴承廓线形状。推力滑动轴承主要承受轴向载荷，常见的推力滑动轴承有斜面轴承、阶梯轴承、可倾瓦推力轴承和螺旋推力轴承等。图 4.3.2 为主要的推力滑动轴承廓线形状。

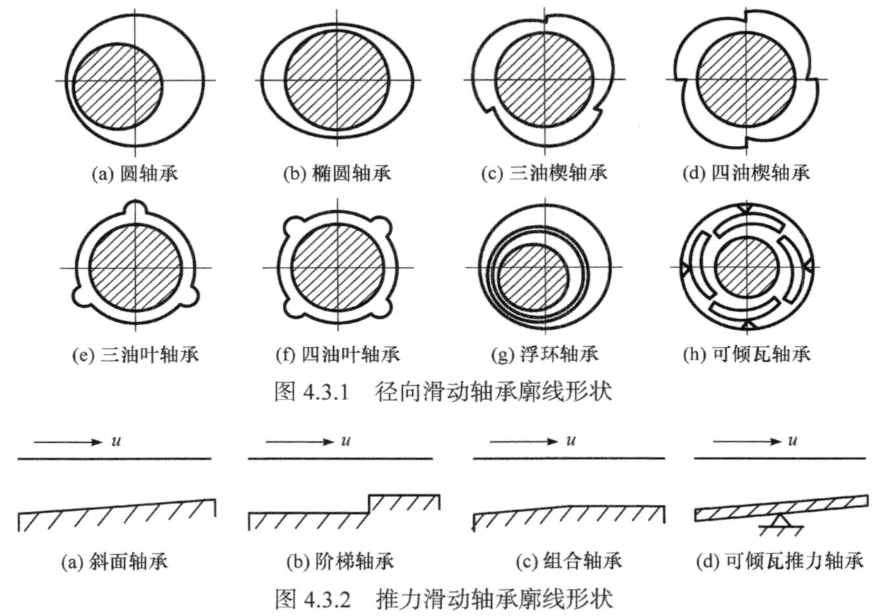

(a) 圆轴承　(b) 椭圆轴承　(c) 三油楔轴承　(d) 四油楔轴承

(e) 三油叶轴承　(f) 四油叶轴承　(g) 浮环轴承　(h) 可倾瓦轴承

图 4.3.1　径向滑动轴承廓线形状

(a) 斜面轴承　(b) 阶梯轴承　(c) 组合轴承　(d) 可倾瓦推力轴承

图 4.3.2　推力滑动轴承廓线形状

(2) 按润滑剂种类，滑动轴承可分为油润滑轴承、脂润滑轴承、水润滑轴承、气体润滑轴承、固体润滑轴承、磁流体轴承和电磁轴承七类。

(3) 按油膜厚度，滑动轴承可分为薄膜润滑轴承和厚膜润滑轴承两类。

(4) 按轴瓦材料，滑动轴承分为非金属滑动轴承和金属滑动轴承，具体有青铜轴承、铸铁轴承、塑料轴承、宝石轴承、粉末冶金轴承、自润滑轴承和含油轴承等。非金属滑动轴承主要以塑料轴承为主，一般都是采用性能比较好的工程塑料制成，即利用工程塑料自润滑改性技术，通过纤维、特种润滑剂、玻璃珠等对工程塑料进行自润滑，增强改性使之达到一定的性能，再用改性塑料通过注塑加工而成。

(5) 按轴瓦结构，滑动轴承可分为圆轴承、椭圆轴承、三油叶轴承、阶梯面轴承、可倾瓦轴承和箔轴承等。轴瓦分为剖分式和整体式结构。为了改善轴瓦表面的摩擦性质，常在其内表面上浇铸的一层或两层减摩材料通常称为轴承衬。所以，轴瓦又有双金属轴瓦和三金属轴瓦。

轴瓦或轴承衬是滑动轴承的重要零件,轴瓦和轴承衬的材料统称为轴承材料。由于轴瓦或轴承衬与轴颈直接接触，一般轴颈部分比较耐磨，因此轴瓦的主要失效形式是磨损。轴瓦的磨损与轴颈的材料、轴瓦自身材料、润滑剂和润滑状态直接相关，选择轴瓦材料应综合考虑这些因素，以提高滑动轴承的使用寿命和工作性能。

2. 滑动轴承的特点

滑动轴承工作时产生滑动摩擦，滑动轴承摩擦力的大小主要取决于轴承滑动面的材料。滑动轴承工作面一般均具有自润滑功能。滑动轴承的优点体现在以下几方面：①普通滑动轴承结构简单，制造、拆卸方便；②具有良好的耐冲击性和吸振性，运转平稳，旋转精度高；③高速时比滚动轴承的寿命长；④对结构的安装条件限制少，可做成剖分结构。

滑动轴承也有一些不足，主要体现在维护复杂、对润滑条件要求高、边界润滑时轴承的摩擦损耗大。

3. 滑动轴承的典型结构

径向滑动轴承是常用的滑动轴承，如图 4.3.3 所示，径向滑动轴承主要由轴承座、轴瓦、轴颈、轴承盖和螺栓组成，径向滑动轴承一般都有注油孔。

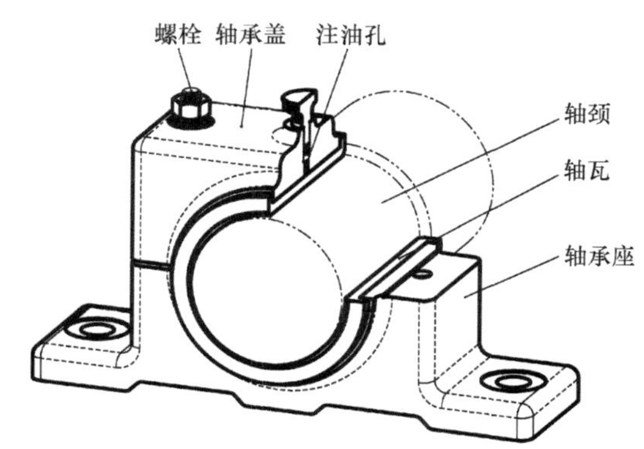

图 4.3.3　滑动轴承的组成

图 4.3.4 为整体式滑动轴承结构，由轴承座和轴瓦组成。整体式滑动轴承结构简单，成本低，但磨损后无法调整，装拆不便，只能从轴向装拆，主要应用在低速、轻载、间歇工作而不需要经常装拆的场合。

图 4.3.5 为剖分式滑动轴承结构，由上轴瓦、下轴瓦、轴承座、轴承盖和螺栓组成。同整体式滑动轴承相比，剖分式滑动轴承结构复杂，但可以调整磨损间隙，装拆方便，主要应用在需要调整间隙、重型轴和需要经常装拆的场合。

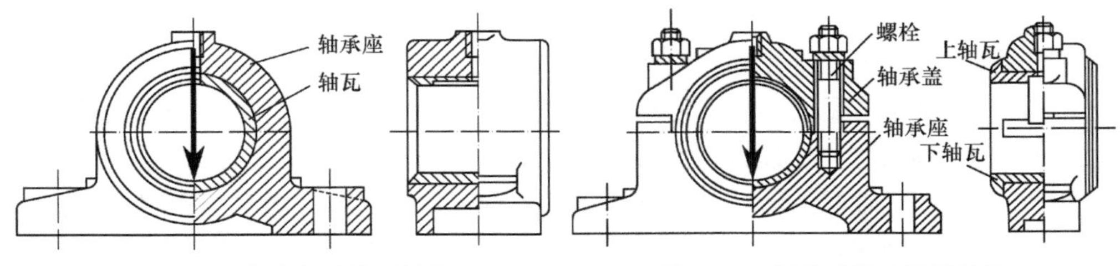

图 4.3.4 整体式滑动轴承结构　　图 4.3.5 剖分式滑动轴承结构

滑动轴承是面接触，接触面间要保持一定的油膜，因此设计时应注意以下问题：要使油膜能顺利地进入摩擦表面；油应从非承载面区进入轴承；不要将全环油槽开在轴承中部，如在油瓦、接缝处开油沟；要使油环给油充分可靠，加油孔不能被堵；不能形成油不流动区，防止出现切断油膜的锐边和棱角。

滑动轴承工作时，由于存在油膜，其具有特殊的动力学特性，本节讨论滑动轴承的动力特性问题。

4.3.2 固定瓦径向滑动轴承的油膜刚度和阻尼

研究滑动轴承的油膜刚度和阻尼是研究滑动轴承动力特性的基础。在给定工况、轴承结构和参数、润滑油特性参数等条件下，可以通过求解雷诺方程确定系统静平衡位置时的油膜压力场，并由此求得油膜力。将油膜力视为平衡点附近位移和速度的函数，利用泰勒级数展开，取坐标原点为静平衡位置，则当轴心在静平衡位置附近做小幅振动时，油膜力的增量可用线性关系表示为

$$\Delta F_x = k_{xx}x + k_{xy}y + c_{xx}\dot{x} + c_{xy}\dot{y}, \quad \Delta F_y = k_{yx}x + k_{yy}y + c_{yx}\dot{x} + c_{yy}\dot{y} \tag{4.3.1}$$

式中，k_{xx}、k_{xy}、k_{yx}、k_{yy} 为油膜刚度；c_{xx}、c_{xy}、c_{yx}、c_{yy} 为油膜阻尼，这是常用的 8 个油膜动力特性参数。

在计算动载轴承的轴心轨迹和油膜失稳后的轴心轨迹，或对工作不平衡度很大的实际转子做油膜失稳分析时，均必须考虑油膜的非线性动力特性，根据每一瞬时的轴心运动参数来确定油膜力。由轴承油膜动力特性计算可知，其计算方法随轴承结构形式而异。油膜刚度和阻尼反映了轴心在静平衡位置附近做变位运动时油膜力的变化情况，因此必须以非定常运动雷诺方程作为计算分析的基础。

1. 非定常运动雷诺方程

对于图 4.3.6 所示的径向滑动轴承，非定常运动雷诺方程为

$$\frac{1}{r^2}\frac{\partial}{\partial \Phi}\left(\frac{h^3}{\mu}\frac{\partial p}{\partial \Phi}\right) + \frac{\partial}{\partial z}\left(\frac{h^3}{\mu}\frac{\partial p}{\partial z}\right) = 6\omega\frac{\partial h}{\partial \Phi} + 12(\dot{y}\cos\Phi + \dot{x}\sin\Phi) \tag{4.3.2}$$

当瓦面为圆弧形时，可用 $\dot{e}$ 、$e\dot{\theta}$ 表示速度扰动，式(4.3.2)变为

$$\frac{1}{r^2}\frac{\partial}{\partial\varphi}\left(\frac{h^3}{\mu}\frac{\partial p}{\partial\varphi}\right)+\frac{\partial}{\partial z}\left(\frac{h^3}{\mu}\frac{\partial p}{\partial z}\right)=6\omega\frac{\partial h}{\partial\varphi}+12(\dot{e}\cos\varphi+e\dot{\theta}\sin\varphi) \tag{4.3.3}$$

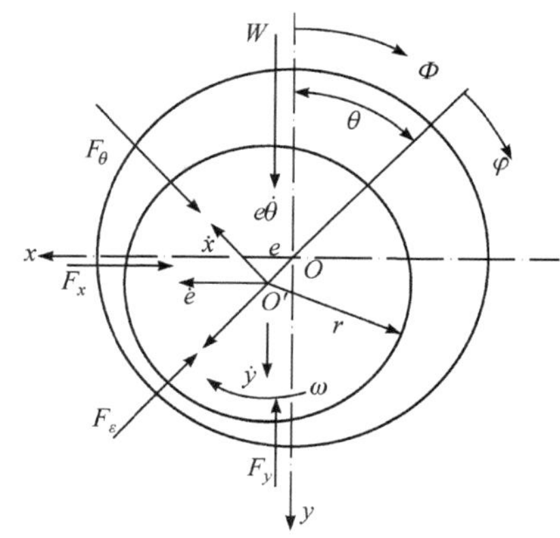

图 4.3.6　径向滑动轴承简图

式中，h 为油膜厚度；p 为油膜压力(表压)；μ 为润滑油动力黏度；z 为轴向坐标；其他符号如图 4.3.6 所示。

若记 c 为轴承半径间隙，L 为轴承有效长度，ω 为轴颈转动角速度，μ_0 为对应于进油温度和压力的动力黏度，取 $\mu=\mu_0\bar{\mu}$ ，$p=2\mu_0\omega\bar{p}/\psi^2$ ，$z=L\lambda/2$ ，$h=cH$ ，$\dot{x}=c\omega x'$ ，$\dot{y}=c\omega y'$ ，$\dot{e}=c\omega\varepsilon'$ ，$\dot{\theta}=\omega\theta'$ ，则式(4.3.2)和式(4.3.3)的无量纲形式为

$$\frac{\partial}{\partial\Phi}\left(\frac{H^3}{\bar{\mu}}\frac{\partial\bar{p}}{\partial\Phi}\right)+\left(\frac{D}{L}\right)^2\frac{\partial}{\partial\lambda}\left(\frac{H^3}{\bar{\mu}}\frac{\partial\bar{p}}{\partial\lambda}\right)=3\frac{\partial H}{\partial\Phi}+6(y'\cos\Phi+x'\sin\Phi) \tag{4.3.4}$$

$$\frac{\partial}{\partial\varphi}\left(\frac{H^3}{\bar{\mu}}\frac{\partial\bar{p}}{\partial\varphi}\right)+\left(\frac{D}{L}\right)^2\frac{\partial}{\partial\lambda}\left(\frac{H^3}{\bar{\mu}}\frac{\partial\bar{p}}{\partial\lambda}\right)=-3\varepsilon\sin\varphi(1-2\theta')+6\varepsilon'\cos\varphi \tag{4.3.5}$$

式中，D 为轴承直径。

对于无限长轴承，式(4.3.5)变为

$$\frac{\partial}{\partial\varphi}\left(\frac{H^3}{\bar{\mu}}\frac{\partial\bar{p}}{\partial\varphi}\right)=-3\varepsilon\sin\varphi(1-2\theta')+6\varepsilon'\cos\varphi \tag{4.3.6}$$

对于短轴承，式(4.3.5)变为

$$\left(\frac{D}{L}\right)^2\frac{\partial}{\partial\lambda}\left(\frac{H^3}{\bar{\mu}}\frac{\partial\bar{p}}{\partial\lambda}\right)=-3\varepsilon\sin\varphi(1-2\theta')+6\varepsilon'\cos\varphi \tag{4.3.7}$$

2. 油膜刚度和阻尼系数

由式(4.3.2)或式(4.3.3)解得油膜压力分布，进行积分，然后对扰动参数求导，可求得油膜刚度和阻尼，即

$$k_{xx}=\frac{\partial F_x}{\partial x}=\frac{\partial}{\partial x}\int_{-L/2}^{L/2}\int_{\Phi_a}^{\Phi_b}(-p\sin\Phi r)\mathrm{d}\Phi\mathrm{d}z\,,\quad k_{xy}=\frac{\partial F_x}{\partial y}=\frac{\partial}{\partial y}\int_{-L/2}^{L/2}\int_{\Phi_a}^{\Phi_b}(-p\sin\Phi r)\mathrm{d}\Phi\mathrm{d}z$$

$$k_{yx}=\frac{\partial F_y}{\partial x}=\frac{\partial}{\partial x}\int_{-L/2}^{L/2}\int_{\Phi_a}^{\Phi_b}(-p\cos\Phi r)\mathrm{d}\Phi\mathrm{d}z\,,\quad k_{yy}=\frac{\partial F_y}{\partial y}=\frac{\partial}{\partial y}\int_{-L/2}^{L/2}\int_{\Phi_a}^{\Phi_b}(-p\cos\Phi r)\mathrm{d}\Phi\mathrm{d}z$$

$$c_{xx}=\frac{\partial F_x}{\partial \dot{x}}=\frac{\partial}{\partial \dot{x}}\int_{-L/2}^{L/2}\int_{\varPhi_a}^{\varPhi_b}(-p\sin\varPhi r)\mathrm{d}\varPhi\mathrm{d}z\,,\quad c_{xy}=\frac{\partial F_x}{\partial \dot{y}}=\frac{\partial}{\partial \dot{y}}\int_{-L/2}^{L/2}\int_{\varPhi_a}^{\varPhi_b}(-p\sin\varPhi r)\mathrm{d}\varPhi\mathrm{d}z$$

$$c_{yx}=\frac{\partial F_y}{\partial \dot{x}}=\frac{\partial}{\partial \dot{x}}\int_{-L/2}^{L/2}\int_{\varPhi_a}^{\varPhi_b}(-p\cos\varPhi r)\mathrm{d}\varPhi\mathrm{d}z\,,\quad c_{yy}=\frac{\partial F_y}{\partial \dot{y}}=\frac{\partial}{\partial \dot{y}}\int_{-L/2}^{L/2}\int_{\varPhi_a}^{\varPhi_b}(-p\cos\varPhi r)\mathrm{d}\varPhi\mathrm{d}z \tag{4.3.8}$$

式中，$\varPhi_a$、$\varPhi_b$ 分别为轴承中油膜的起始角和终止(瓦的结构或油膜破裂边界)角。

如取 $k_{ij}=K_{ij}\mu\omega L/\psi^3$，$c_{ij}=C_{ij}\mu L/\psi^3$，其中 $\psi=c/r$ 为轴承间隙比，$i,j=x,y$，$x=c\overline{x}$，$y=c\overline{y}$，$\dot{x}=c\omega x'$，$\dot{y}=c\omega y'$，则得与式(4.3.8)相应的无量纲油膜刚度和阻尼为

$$\begin{aligned}
K_{xx}&=\frac{\partial}{\partial \overline{x}}\int_{-1}^{1}\int_{\varPhi_a}^{\varPhi_b}(-\overline{p}\sin\varPhi)\mathrm{d}\varPhi\mathrm{d}\lambda, & K_{xy}&=\frac{\partial}{\partial \overline{y}}\int_{-1}^{1}\int_{\varPhi_a}^{\varPhi_b}(-\overline{p}\sin\varPhi)\mathrm{d}\varPhi\mathrm{d}\lambda\\
K_{yx}&=\frac{\partial}{\partial \overline{x}}\int_{-1}^{1}\int_{\varPhi_a}^{\varPhi_b}(-\overline{p}\cos\varPhi)\mathrm{d}\varPhi\mathrm{d}\lambda, & K_{yy}&=\frac{\partial}{\partial \overline{y}}\int_{-1}^{1}\int_{\varPhi_a}^{\varPhi_b}(-\overline{p}\cos\varPhi)\mathrm{d}\varPhi\mathrm{d}\lambda\\
C_{xx}&=\frac{\partial}{\partial x'}\int_{-1}^{1}\int_{\varPhi_a}^{\varPhi_b}(-\overline{p}\sin\varPhi)\mathrm{d}\varPhi\mathrm{d}\lambda, & C_{xy}&=\frac{\partial}{\partial y'}\int_{-1}^{1}\int_{\varPhi_a}^{\varPhi_b}(-\overline{p}\sin\varPhi)\mathrm{d}\varPhi\mathrm{d}\lambda\\
C_{yx}&=\frac{\partial}{\partial x'}\int_{-1}^{1}\int_{\varPhi_a}^{\varPhi_b}(-\overline{p}\cos\varPhi)\mathrm{d}\varPhi\mathrm{d}\lambda, & C_{yy}&=\frac{\partial}{\partial y'}\int_{-1}^{1}\int_{\varPhi_a}^{\varPhi_b}(-\overline{p}\cos\varPhi)\mathrm{d}\varPhi\mathrm{d}\lambda
\end{aligned} \tag{4.3.9}$$

对于多油叶或多油楔轴承，可由各油叶(楔)分别求解，然后叠加，即

$$K_{ij}=\sum_{l=1}^{n}K_{ijl}\,,\quad C_{ij}=\sum_{l=1}^{n}C_{ijl}\,,\quad i,j=x,y \tag{4.3.10}$$

式中，n 为油叶(楔)数。

3. 油膜刚度和阻尼的计算

若非定常运动的雷诺方程有解析解，则可直接对解求导得油膜刚度和阻尼，如无限长轴承或短轴承，一般滑动轴承的上述方程无解析解，此时只能用数值方法求解。

1) 无限长圆轴承(设 μ 为常数)

对于无限长圆轴承，有

$$\frac{\mathrm{d}}{\mathrm{d}\varphi}\left(H^3\frac{\mathrm{d}\overline{p}}{\mathrm{d}\varphi}\right)=-3\varepsilon\sin\varphi(1-2\theta)+6\varepsilon\cos\varphi \tag{4.3.11}$$

采用半 Sommerfeld 边界条件，当 $\varphi=0$、π 时，$\overline{p}=0$，由式(4.3.11)解得 $\overline{p}$ 并积分得

$$\begin{aligned}
\bar{F}_\varepsilon &= 12\left\{\frac{\varepsilon^2(1-2\theta')}{(2+\varepsilon^2)(1-\varepsilon^2)} + \frac{\varepsilon'}{(1-\varepsilon^2)^{3/2}}\left[\frac{\pi}{2} - \frac{8}{\pi(1-\varepsilon^2)}\right]\right\} \\
\bar{F}_\theta &= -6\left[\frac{\pi\varepsilon(1-2\theta')}{(2+\varepsilon^2)\sqrt{1-\varepsilon^2}} + \frac{4\varepsilon\varepsilon'}{(2+\varepsilon^2)(1-\varepsilon^2)}\right]
\end{aligned} \tag{4.3.12}$$

$$\begin{aligned}
&\bar{F}_{\varepsilon 0} = \frac{12\varepsilon^2}{(2+\varepsilon^2)(1-\varepsilon^2)},\ \bar{F}_{\theta 0} = \frac{6\pi\varepsilon}{(2+\varepsilon^2)\sqrt{1-\varepsilon^2}} \\
&\bar{F}_0 = \sqrt{\bar{F}_{\varepsilon 0}^2 + \bar{F}_{\theta 0}^2},\ \tan\theta = \frac{\bar{F}_{\theta 0}}{\bar{F}_{\varepsilon 0}} = \frac{\pi}{2}\frac{(1-\varepsilon^2)^{1/2}}{\varepsilon}
\end{aligned} \tag{4.3.13}$$

式中，$\bar{F}_{\varepsilon 0}$、$\bar{F}_{\theta 0}$ 分别为静平衡位置时 $\bar{F}_\varepsilon$、$\bar{F}_\theta$ 的无量纲值；$\bar{F}_0$ 为合力 F 的无量纲值。

由式(4.3.12)和式(4.3.13)可得

$$\begin{aligned}
&K_{\varepsilon\varepsilon} = \frac{24\varepsilon(2+\varepsilon^4)}{(2+\varepsilon^2)^2(1-\varepsilon^2)^2},\quad K_{\varepsilon\theta} = \frac{6\pi}{(2+\varepsilon^2)(1-\varepsilon^2)^{1/2}} \\
&K_{\theta\varepsilon} = \frac{-6\pi(2-\varepsilon^2+2\varepsilon^4)}{(2+\varepsilon^2)^2(1-\varepsilon^2)^{3/2}},\quad K_{\theta\theta} = \frac{12\varepsilon}{(2+\varepsilon^2)(1-\varepsilon^2)} \\
&C_{\varepsilon\varepsilon} = \frac{6}{(1-\varepsilon^2)^{3/2}}\left[\pi - \frac{16}{\pi(2+\varepsilon^2)}\right],\quad C_{\varepsilon\theta} = C_{\theta\varepsilon} = \frac{-24\varepsilon}{(2+\varepsilon^2)(1-\varepsilon^2)} \\
&C_{\theta\theta} = \frac{12\pi}{(2+\varepsilon^2)(1-\varepsilon^2)^{1/2}}
\end{aligned} \tag{4.3.14}$$

如果采用 Sommerfeld 边界条件 $p(\varphi+2\pi) = p(\varphi)$，可求得

$$\begin{aligned}
&K_{\varepsilon\varepsilon} = 0,\quad K_{\varepsilon\theta} = \frac{12\pi}{(2+\varepsilon^2)(1-\varepsilon^2)^{1/2}},\quad K_{\theta\varepsilon} = \frac{-12\pi(2-\varepsilon^2+2\varepsilon^4)}{(2+\varepsilon^2)^2(1-\varepsilon^2)^{3/2}},\quad K_{\theta\theta} = 0 \\
&C_{\varepsilon\varepsilon} = \frac{12\pi}{(1-\varepsilon^2)^{3/2}},\quad C_{\varepsilon\theta} = C_{\theta\varepsilon} = 0,\quad C_{\theta\theta} = \frac{24\pi}{(2+\varepsilon^2)(1-\varepsilon^2)^{1/2}}
\end{aligned} \tag{4.3.15}$$

2) 短轴承(设μ为常数)

对于短轴承，有

$$\left(\frac{D}{L}\right)^2 \frac{\partial}{\partial\lambda}\left(H^3 \frac{\partial\bar{p}}{\partial\lambda}\right) = -3\varepsilon\sin\varphi(1-2\theta') + 6\varepsilon'\cos\varphi \tag{4.3.16}$$

边界条件为 λ=0，$\partial\bar{p}/\partial\lambda = 0$，$\lambda = \pm 1$，$p = 0$。由式(4.3.16)解得 $\bar{p}$，并积分得

$$\bar{F}_\varepsilon = 2\left(\frac{L}{D}\right)^2\left[\frac{2\varepsilon^2(1-2\theta')}{(1-\varepsilon^2)^2} + \frac{\pi\varepsilon'(1+2\varepsilon^2)}{(1-\varepsilon^2)^{5/2}}\right]$$

$$\bar{F}_\theta = -2\left(\frac{L}{D}\right)^2\left[\frac{\pi\varepsilon(1-2\theta')}{(1-\varepsilon^2)^{3/2}} + \frac{4\varepsilon\varepsilon'}{(1-\varepsilon^2)^2}\right] \tag{4.3.17}$$

$$\bar{F}_0 = \left(\frac{L}{D}\right)^2 \frac{\varepsilon}{(1-\varepsilon^2)^2}\sqrt{\pi(1-\varepsilon^2)+16\varepsilon^2}\,,\quad \tan\theta = \frac{\pi}{4}\frac{\sqrt{1-\varepsilon^2}}{\varepsilon} \tag{4.3.18}$$

由式(4.3.17)和式(4.3.18)可解得

$$\begin{aligned}
&K_{\varepsilon\varepsilon} = \left(\frac{L}{D}\right)^2 \frac{8\varepsilon(1+\varepsilon^2)}{(1-\varepsilon^2)^3},\quad K_{\varepsilon\theta} = \left(\frac{L}{D}\right)^2 \frac{\pi}{(1-\varepsilon^2)^{3/2}} \\
&K_{\theta\varepsilon} = -\left(\frac{L}{D}\right)^2 \frac{\pi(1+2\varepsilon^2)}{(1-\varepsilon^2)^{5/2}},\quad K_{\theta\theta} = \left(\frac{L}{D}\right)^2 \frac{4\varepsilon}{(1-\varepsilon^2)^2} \\
&C_{\varepsilon\varepsilon} = \left(\frac{L}{D}\right)^2 \frac{2\pi(1+2\varepsilon^2)}{(1-\varepsilon^2)^{5/2}},\quad C_{\varepsilon\theta} = C_{\theta\varepsilon} = -\left(\frac{L}{D}\right)^2 \frac{8\varepsilon}{(1-\varepsilon^2)^2} \\
&C_{\theta\theta} = \left(\frac{L}{D}\right)^2 \frac{2\pi}{(1-\varepsilon^2)^{3/2}}
\end{aligned} \tag{4.3.19}$$

油膜刚度和阻尼系数的表达式与所取坐标系有关，并有如下转换关系(以油膜刚度为例，油膜阻尼同样适用)，即

$$\begin{aligned}
&\begin{bmatrix} K_{\varepsilon\varepsilon} & K_{\varepsilon\theta} \\ K_{\theta\varepsilon} & K_{\theta\theta} \end{bmatrix} = \begin{bmatrix} \sin\theta & \cos\theta \\ \cos\theta & -\sin\theta \end{bmatrix}\begin{bmatrix} K_{x\varepsilon} & K_{x\theta} \\ K_{y\varepsilon} & K_{y\theta} \end{bmatrix} \\
&\begin{bmatrix} K_{xx} & K_{xy} \\ K_{yx} & K_{yy} \end{bmatrix} = \begin{bmatrix} \sin\theta & \cos\theta \\ \cos\theta & -\sin\theta \end{bmatrix}\begin{bmatrix} K_{x\varepsilon} & K_{y\varepsilon} \\ K_{x\theta} & K_{y\theta} \end{bmatrix} \\
&\begin{bmatrix} K_{xx} & K_{xy} \\ K_{yx} & K_{yy} \end{bmatrix} = \begin{bmatrix} \sin\theta & \cos\theta \\ \cos\theta & -\sin\theta \end{bmatrix}\begin{bmatrix} K_{\varepsilon\varepsilon} & K_{\varepsilon\theta} \\ K_{\theta\varepsilon} & K_{\theta\theta} \end{bmatrix}\begin{bmatrix} \sin\theta & \cos\theta \\ \cos\theta & -\sin\theta \end{bmatrix}
\end{aligned} \tag{4.3.20}$$

式中，$K_{\varepsilon\varepsilon} = \dfrac{\partial \bar{F}_\varepsilon}{\partial \varepsilon}$，$K_{\varepsilon\theta} = \dfrac{\partial \bar{F}_\varepsilon}{\varepsilon\partial \theta}$，$K_{\theta\varepsilon} = \dfrac{\partial \bar{F}_\theta}{\partial \varepsilon}$，$K_{\theta\theta} = \dfrac{\partial \bar{F}_\theta}{\varepsilon\partial \theta}$。

以式(4.3.15)和式(4.3.19)为例，分别经转换后可得如下结果。

对于无限长轴承(Sommerfeld 边界条件)，有

$$\begin{aligned}
&K_{xx} = K_{yy} = 0,\quad K_{xy} = \frac{-12\pi}{(2+\varepsilon^2)(1-\varepsilon^2)^{1/2}},\quad K_{yx} = \frac{12\pi(2-\varepsilon^2+2\varepsilon^4)}{(2+\varepsilon^2)^2(1-\varepsilon^2)^{3/2}} \\
&C_{xx} = \frac{12\pi}{(1-\varepsilon^2)^{3/2}},\quad C_{xy} = C_{yx} = 0,\quad C_{yy} = \frac{24\pi}{(2+\varepsilon^2)(1-\varepsilon^2)^{1/2}}
\end{aligned} \tag{4.3.21}$$

对于短轴承，有

$$
\begin{aligned}
K_{xx} &= \left(\frac{L}{D}\right)^2 \frac{4\varepsilon[2\pi^2+(16-\pi^2)\varepsilon^2]}{(1-\varepsilon^2)^2[16\varepsilon^2+\pi^2(1-\varepsilon^2)]} \\
K_{xy} &= \left(\frac{L}{D}\right)^2 \frac{\pi[-\pi^2+2\pi^2\varepsilon^2+(16-\pi^2)\varepsilon^4]}{(1-\varepsilon^2)^{5/2}[16\varepsilon^2+\pi^2(1-\varepsilon^2)]} \\
K_{yx} &= \left(\frac{L}{D}\right)^2 \frac{\pi[\pi^2+(\pi^2+32)\varepsilon^2+2(16-\pi^2)\varepsilon^4]}{(1-\varepsilon^2)^{5/2}[16\varepsilon^2+\pi^2(1-\varepsilon^2)]} \\
K_{yy} &= \left(\frac{L}{D}\right)^2 \frac{4\varepsilon[\pi^2+(\pi^2+32)\varepsilon^2+2(16-\pi^2)\varepsilon^4]}{(1-\varepsilon^2)^3[16\varepsilon^2+\pi^2(1-\varepsilon^2)]} \\
C_{xx} &= \left(\frac{L}{D}\right)^2 \frac{2\pi(\pi^2+2\pi^2\varepsilon^2-16\varepsilon^2)}{(1-\varepsilon^2)^{3/2}[16\varepsilon^2+\pi^2(1-\varepsilon^2)]} \\
C_{xy} = C_{yx} &= \left(\frac{L}{D}\right)^2 \frac{8\varepsilon(\pi^2+2\pi^2\varepsilon^2-16\varepsilon^2)}{(1-\varepsilon^2)^2[16\varepsilon^2+\pi^2(1-\varepsilon^2)]} \\
C_{yy} &= \left(\frac{L}{D}\right)^2 \frac{2\pi[\pi^2+2(16-\pi^2)\varepsilon^2+(16+\pi^2)\varepsilon^4]}{(1-\varepsilon^2)^2[16\varepsilon^2+\pi^2(1-\varepsilon^2)]}
\end{aligned}
\tag{4.3.22}
$$

由式(4.3.14)、式(4.3.15)、式(4.3.19)、式(4.3.21)和式(4.3.22)可见：

(1) 无论是无限长轴承还是短轴承，其油膜交叉阻尼相同。同样可以证明有限长轴承的油膜交叉阻尼也相同，利用此关系可简化油膜阻尼的计算。

(2) 对无限长轴承(Sommerfeld 边界条件)，只有油膜交叉刚度和正阻尼，用 Routh 准则可证明，此时，用一对圆轴承支承的刚性转子总是不稳定的。

(3) 对于高速轻载轴承，当 $\varepsilon \to 0$ 时，有 $K_{xx}=K_{yy}$，$K_{xy}=-K_{yx}$，$C_{xx}=C_{yy}$，$C_{xy}=C_{yx}$，油膜动力特性各向同性，且有 $K_{xx}=K_{yy}=C_{xy}=C_{yx}=0$，$C_{xx}=C_{yy}=-2K_{xy}=2K_{yx}$。

3) 径向滑动轴承

一般径向滑动轴承，常用的分析方法有差分法、偏导数法、有限元法和矩阵分析法等。

(1) 差分法。基于 $K_{xx}=\partial\bar{F}_x/\partial\bar{x}\approx\Delta\bar{F}_x/\Delta\bar{x}$，$K_{yx}=\Delta\bar{F}_y/\Delta\bar{x}$，在平衡位置取无量纲位移小扰动 $+\Delta x'$，如图 4.3.7 所示，由几何关系分别计算新位置下偏心率和偏位角，以及相应的无量纲油膜厚度 H_1，代入雷诺方程解得无量纲压力 $\bar{p}_1$，积分得 $\bar{F}_x^{(1)}$、$\bar{F}_y^{(1)}$。同样，取 $-\Delta\bar{x}\to H_2\to\bar{p}_2\to\bar{F}_x^{(2)},\bar{F}_y^{(2)}$，于是得

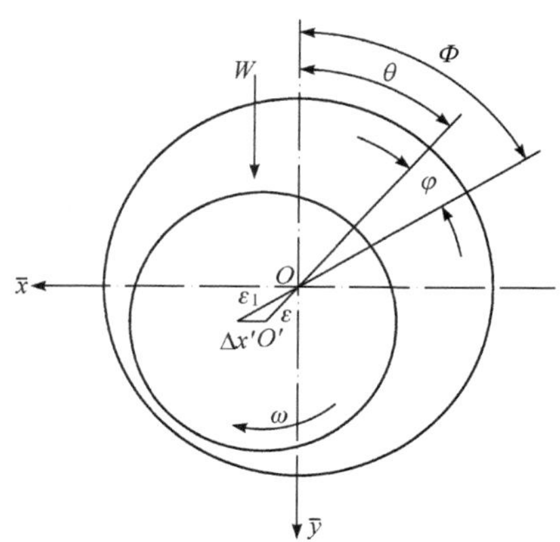

图 4.3.7　径向滑动轴承的几何关系

$$K_{xx} \approx \frac{\bar{F}_x^{(1)} - \bar{F}_x^{(2)}}{2|\Delta\bar{x}|}, \quad K_{yx} \approx \frac{\bar{F}_y^{(1)} - \bar{F}_y^{(2)}}{2|\Delta\bar{x}|} \tag{4.3.23}$$

取 $+\Delta\bar{y}$ ，$-\Delta\bar{y}$ ，$+\Delta\bar{y} \to H_3 \to \bar{p}_3 \to \bar{F}_x^{(3)}, \bar{F}_y^{(3)}$ ，$-\Delta\bar{y} \to H_4 \to \bar{p}_4 \to \bar{F}_x^{(4)}, \bar{F}_y^{(4)}$ 可得

$$K_{yx} \approx \frac{\bar{F}_x^{(3)} - \bar{F}_x^{(4)}}{2|\Delta\bar{y}|}, \quad K_{yy} \approx \frac{\bar{F}_y^{(3)} - \bar{F}_y^{(4)}}{2|\Delta\bar{y}|} \tag{4.3.24}$$

同理，取速度扰动 $\pm\Delta x'$ ，$\pm\Delta y'$ (H 表达式不变)：

$$+\Delta x' \to \bar{p}_5 \to \bar{F}_x^{(5)}, \bar{F}_y^{(5)}, \quad -\Delta x' \to \bar{p}_6 \to \bar{F}_x^{(6)}, \bar{F}_y^{(6)}$$

$$+\Delta y' \to \bar{p}_7 \to \bar{F}_x^{(7)}, \bar{F}_y^{(7)}, \quad -\Delta y' \to \bar{p}_8 \to \bar{F}_y^{(8)}, \bar{F}_y^{(8)}$$

可得

$$C_{xx} \approx \frac{\bar{F}_x^{(5)} - \bar{F}_x^{(6)}}{2|\Delta x'|}, \; C_{yx} \approx \frac{\bar{F}_y^{(5)} - \bar{F}_y^{(6)}}{2|\Delta x'|}, \; C_{xy} \approx \frac{\bar{F}_x^{(7)} - \bar{F}_x^{(8)}}{2|\Delta y'|}, \; C_{yy} \approx \frac{\bar{F}_y^{(8)} - \bar{F}_y^{(8)}}{2|\Delta y'|} \tag{4.3.25}$$

速度扰动采用 ε' 和 $\varepsilon\theta'$ ，则可先求油膜阻尼系数 $C_{x\varepsilon}$、$C_{y\varepsilon}$、$C_{x\theta}$、$C_{y\theta}$，然后通过坐标变换得 C_{xx}、C_{xy}、C_{yx}、C_{yy}。由式(4.3.5)可知，θ' 扰动的方程与无 θ' 扰动的方程相比，只是右端项由 $-3\varepsilon\sin\varphi(1-2\theta')$ 变为 $-3\varepsilon\sin\varphi$ 。可得

$$\bar{F}_{x\theta'} = \bar{F}_{x0}(1-2\theta'), \quad \bar{F}_{y\theta'} = \bar{F}_{y0}(1-2\theta') \tag{4.3.26}$$

因此

$$C_{x\theta} = \frac{\partial \bar{F}_{x\theta'}}{\varepsilon\partial\theta'} = -\frac{2\bar{F}_{x0}}{\varepsilon}, \quad C_{y\theta} = \frac{\partial \bar{F}_{y\theta'}}{\varepsilon\partial\theta'} = -\frac{2\bar{F}_{y0}}{\varepsilon} \tag{4.3.27}$$

式中，$\bar{F}_{x0}$ 、$\bar{F}_{y0}$ 在求静特性时解得，C_{x0}、C_{y0} 可直接由解得的静特性 $\bar{F}_{x0}$ 、$\bar{F}_{y0}$ 求得，而无须采用 $\varepsilon\theta'$ 扰动。

由上述可见，采用 $\pm\Delta\bar{x}$ 、$\pm\Delta\bar{y}$ 、$\pm\Delta x'$ 、$\pm\Delta y'$ 扰动求油膜动力特性需求解八次雷诺方程，而采用 ε' 、$\varepsilon\theta'$ 扰动只需求解六次雷诺方程。用差分法计算油膜动力特性，其精度取决于所选的扰动量，经大量计算实践表明，无量纲扰动量取 0.01～0.005 较合适。

(2) 偏导数法。由刚度定义有

$$K_{xx} = \frac{\partial}{\partial\bar{x}} \int_{-1}^{1} \int_{\Phi_a}^{\Phi_b} (-\bar{p}\sin\Phi) \mathrm{d}\Phi \mathrm{d}\lambda \tag{4.3.28}$$

式中，Φ_b 为油膜破裂边界随扰动的变化。又由于 $\bar{p}\big|_{\Phi_b} = 0$ ，因此有

$$K_{xx} = \frac{\partial}{\partial\bar{x}} \int_{-1}^{1} \int_{\Phi_a}^{\Phi_b} (-\bar{p}\sin\Phi) \mathrm{d}\Phi \mathrm{d}\lambda = \int_{-1}^{1} \left[\int_{\Phi_a}^{\Phi_b} \frac{\partial}{\partial\bar{x}} (-\bar{p}\sin\Phi) \mathrm{d}\Phi + (-\bar{p}\sin\Phi) \int_{\Phi_a}^{\Phi_b} \frac{\partial\Phi_b}{\partial\bar{x}} \mathrm{d}\Phi \right] \mathrm{d}\lambda$$

$$=\int_{-1}^{1}\int_{\Phi_a}^{\Phi_b}\left(-\frac{\partial}{\partial \overline{x}}\overline{p}\sin\Phi\right)\mathrm{d}\Phi\mathrm{d}\lambda \tag{4.3.29}$$

同理，可得

$$\begin{aligned}
&K_{yx}=\int_{-1}^{1}\int_{\Phi_a}^{\Phi_b}\left(-\frac{\partial\overline{p}}{\partial\overline{x}}\cos\Phi\right)\mathrm{d}\Phi\mathrm{d}\lambda, \quad K_{xy}=\int_{-1}^{1}\int_{\Phi_a}^{\Phi_b}\left(-\frac{\partial\overline{p}}{\partial\overline{y}}\sin\Phi\right)\mathrm{d}\Phi\mathrm{d}\lambda \\
&K_{yy}=\int_{-1}^{1}\int_{\Phi_a}^{\Phi_b}\left(-\frac{\partial\overline{p}}{\partial\overline{y}}\cos\Phi\right)\mathrm{d}\Phi\mathrm{d}\lambda, \quad C_{xx}=\int_{-1}^{1}\int_{\Phi_a}^{\Phi_b}\left(-\frac{\partial\overline{p}}{\partial x'}\sin\Phi\right)\mathrm{d}\Phi\mathrm{d}\lambda \\
&C_{yx}=\int_{-1}^{1}\int_{\Phi_a}^{\Phi_b}\left(-\frac{\partial\overline{p}}{\partial x'}\cos\Phi\right)\mathrm{d}\Phi\mathrm{d}\lambda, \quad C_{xy}=\int_{-1}^{1}\int_{\Phi_a}^{\Phi_b}\left(-\frac{\partial\overline{p}}{\partial y'}\sin\Phi\right)\mathrm{d}\Phi\mathrm{d}\lambda \\
&C_{yy}=\int_{-1}^{1}\int_{\Phi_a}^{\Phi_b}\left(-\frac{\partial\overline{p}}{\partial y'}\cos\Phi\right)\mathrm{d}\Phi\mathrm{d}\lambda
\end{aligned} \tag{4.3.30}$$

可见，只要算出 $\partial\overline{p}/\partial\overline{x}$ 、$\partial\overline{p}/\partial\overline{y}$ 、$\partial\overline{p}/\partial x'$ 、$\partial\overline{p}/\partial y'$ 即可求出 K_{ij}、$C_{ij}\,(i,j=x,y)$，因此只要解四次雷诺方程，不仅可缩短计算时间，而且可避免用差分代替导数的误差。

求解 $\partial\overline{p}/\partial\overline{x}$ 、$\partial\overline{p}/\partial\overline{y}$ 、$\partial\overline{p}/\partial x'$ 、$\partial\overline{p}/\partial y'$ 的方程，可由雷诺方程(4.3.4)对扰动求导得到(设μ为常数)，即

$$\begin{aligned}
&\frac{\partial}{\partial\Phi}\left[H^3\frac{\partial(\partial\overline{p}/\partial\overline{x})}{\partial\Phi}\right]+\left(\frac{D}{L}\right)^2\frac{\partial}{\partial\lambda}\left[H^3\frac{\partial(\partial\overline{p}/\partial\overline{x})}{\partial\lambda}\right] \\
&=3\frac{\partial^2 H}{\partial\overline{x}\partial\Phi}-\frac{9}{H}\frac{\partial H}{\partial\overline{x}}\frac{\partial H}{\partial\Phi}-3H^3\left[\frac{\partial\overline{p}}{\partial\Phi}\frac{\partial}{\partial\Phi}\left(\frac{1}{H}\frac{\partial H}{\partial\overline{x}}\right)+\left(\frac{D}{L}\right)^2\frac{\partial\overline{p}}{\partial\lambda}\left(\frac{1}{H}\frac{\partial H}{\partial\overline{x}}\right)\right] \\
&\frac{\partial}{\partial\Phi}\left[H^3\frac{\partial(\partial\overline{p}/\partial\overline{y})}{\partial\Phi}\right]+\left(\frac{D}{L}\right)^2\frac{\partial}{\partial\lambda}\left[H^3\frac{\partial(\partial\overline{p}/\partial\overline{y})}{\partial\lambda}\right] \\
&=3\frac{\partial^2 H}{\partial\overline{y}\partial\Phi}-\frac{9}{H}\frac{\partial H}{\partial\overline{y}}\frac{\partial H}{\partial\Phi}-3H^3\left[\frac{\partial\overline{p}}{\partial\Phi}\frac{\partial}{\partial\Phi}\left(\frac{1}{H}\frac{\partial H}{\partial\overline{y}}\right)+\left(\frac{D}{L}\right)^2\frac{\partial\overline{p}}{\partial\lambda}\left(\frac{1}{H}\frac{\partial H}{\partial\overline{y}}\right)\right] \\
&\frac{\partial}{\partial\Phi}\left[H^3\frac{\partial(\partial\overline{p}/\partial x')}{\partial\Phi}\right]+\left(\frac{D}{L}\right)^2\frac{\partial}{\partial\lambda}\left[H^3\frac{\partial(\partial\overline{p}/\partial x')}{\partial\lambda}\right]=6\sin\Phi \\
&\frac{\partial}{\partial\Phi}\left[H^3\frac{\partial(\partial\overline{p}/\partial y')}{\partial\Phi}\right]+\left(\frac{D}{L}\right)^2\frac{\partial}{\partial\lambda}\left[H^3\frac{\partial(\partial\overline{p}/\partial y')}{\partial\lambda}\right]=6\cos\Phi
\end{aligned} \tag{4.3.31}$$

上述扰动下的方程和与无扰动下的雷诺方程一样，只是右端项不同。边界条件可取平衡位置油膜边界上 $\overline{p}$ 的导数：

$$\frac{\partial\overline{p}}{\partial\overline{x}}=\frac{\partial\overline{p}}{\partial\overline{y}}=\frac{\partial\overline{p}}{\partial x'}=\frac{\partial\overline{p}}{\partial y'}=0 \tag{4.3.32}$$

轴承性能参数计算中大部分时间用于分析动力特性，上述诸法虽求解次数不一，但仍需多次求解雷诺方程。

(3) 有限元法。设μ为常数，则静态雷诺方程为

$$\frac{\partial}{\partial\varphi}\left(H^3\frac{\partial\overline{p}}{\partial\varphi}\right)+\left(\frac{D}{L}\right)^2\frac{\partial}{\partial\lambda}\left(H^3\frac{\partial\overline{p}}{\partial\lambda}\right)=3\frac{\partial H}{\partial\varphi} \tag{4.3.33}$$

由变分原理知，式(4.3.33)与泛函

$$J(\overline{p})=-\iint H^3\left[\left(\frac{\partial\overline{p}}{\partial\varphi}\right)^2+\left(\frac{D}{L}\right)^2\left(\frac{\partial\overline{p}}{\partial\lambda}\right)^2\right]\mathrm{d}\varphi\mathrm{d}\lambda-6\iint\frac{\partial H}{\partial\varphi}\overline{p}\mathrm{d}\varphi\mathrm{d}\lambda \tag{4.3.34}$$

的极值等价，即

$$\begin{aligned}&\frac{\partial J(\overline{p})}{\partial p_i}=\sum_{e'=1}^{N}\frac{\partial J_{e'}(\overline{p})}{\partial p_i}=0\\ &\frac{\partial J_{e'}(\overline{p})}{\partial p_i}=-2\iint_{e'}H^3\left[\frac{\partial\overline{p}}{\partial\varphi}\frac{\partial}{\partial p_i}\left(\frac{\partial\overline{p}}{\partial\varphi}\right)+\left(\frac{D}{L}\right)^2\frac{\partial\overline{p}}{\partial\lambda}\frac{\partial}{\partial p_i}\left(\frac{\partial\overline{p}}{\partial\lambda}\right)\right]\mathrm{d}\varphi\mathrm{d}\lambda\\ &\qquad-6\iint_{e'}\frac{\partial H}{\partial\varphi}\frac{\partial\overline{p}}{\partial\overline{p}_i}\mathrm{d}\varphi\mathrm{d}\lambda=0\end{aligned} \tag{4.3.35}$$

式中，$\overline{p}_i$为第i个结点的压力；e'为任意四边形单元；N为单元总数。

为了便于数值积分，采用自然坐标系$O'\xi\eta$下的正方形标准单元，如图 4.3.8 所示，式(4.3.35)中各变量在单元e内的值为

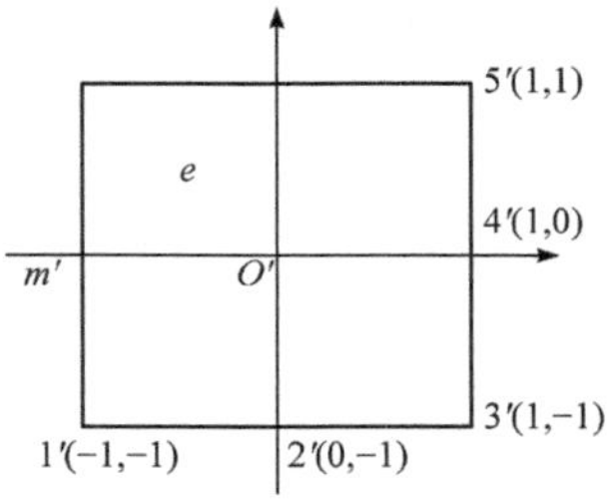

$$\begin{aligned}&\overline{p}=\sum_{i=1}^{m}\psi_i(\xi,\eta)\overline{p}_i\varDelta_{ik},\ H=\sum_{i=1}^{m}\psi_i(\xi,\eta)H_i\varDelta_{ik}\\ &\varphi=\sum_{i=1}^{m}\psi_i(\xi,\eta)\varphi_i\varDelta_{ik},\ \lambda=\sum_{i=1}^{m}\psi_i(\xi,\eta)\lambda_i\varDelta_{ik}\end{aligned} \tag{4.3.36}$$

图 4.3.8 正方形标准单元

式中，ψ_i为反映第i个结点影响的形函数；m为单元结点数；$\boldsymbol{\varDelta}_{ik}$为单元布尔矩阵；$k$=1, 2,⋯,$n$, n为结点总数。(φ，λ)与(ξ，η)有如下导数关系：

$$\left\{\frac{\partial}{\partial\varphi}\quad\frac{\partial}{\partial\lambda}\right\}^{\mathrm{T}}=\begin{bmatrix}J_{11}&J_{12}\\J_{21}&J_{22}\end{bmatrix}\left\{\frac{\partial}{\partial\xi}\quad\frac{\partial}{\partial\eta}\right\}^{\mathrm{T}} \tag{4.3.37}$$

式中，

$$J_{11}=\frac{1}{|J|}\sum_{i=1}^{m}\frac{\partial\psi_i}{\partial\eta}\lambda_i,\quad J_{12}=-\frac{1}{|J|}\sum_{i=1}^{m}\frac{\partial\psi_i}{\partial\xi}\lambda_i$$

$$J_{21}=-\frac{1}{|J|}\sum_{i=1}^{m}\frac{\partial\psi_i}{\partial\eta}\varphi_i,\quad J_{22}=\frac{1}{|J|}\sum_{i=1}^{m}\frac{\partial\psi_i}{\partial\xi}\varphi_i \tag{4.3.38}$$

$|J|$ 为雅可比行列式，记

$$\boldsymbol{\psi}=\begin{Bmatrix}\psi_1\varDelta_{1k}\\ \psi_2\varDelta_{2k}\\ \vdots\\ \psi_m\varDelta_{mk}\end{Bmatrix},\quad \boldsymbol{p}^e=\begin{Bmatrix}p_1\\ p_2\\ \vdots\\ p_m\end{Bmatrix},\quad \boldsymbol{\psi}_\varphi=\begin{Bmatrix}\dfrac{\partial\psi_1}{\partial\varphi}\varDelta_{1k}\\ \vdots\\ \dfrac{\partial\psi_m}{\partial\varphi}\varDelta_{mk}\end{Bmatrix},\quad \boldsymbol{\psi}_\lambda=\begin{Bmatrix}\dfrac{\partial\psi_1}{\partial\lambda}\varDelta_{1k}\\ \vdots\\ \dfrac{\partial\psi_m}{\partial\lambda}\varDelta_{mk}\end{Bmatrix} \tag{4.3.39}$$

将式(4.3.39)代入式(4.3.35)的第二式，取 H^3、$\partial H/\partial\varphi$ 在单元 e 内为常数，且 $\partial H/\partial\varphi=-\varepsilon\sin\varphi$，则有

$$H^3\iint_e[\boldsymbol{\psi}_\varphi\boldsymbol{\psi}_\varphi^{\mathrm{T}}+(D/L)^2\boldsymbol{\psi}_\lambda\boldsymbol{\psi}_\lambda^{\mathrm{T}}]|J|\,\boldsymbol{p}^e\mathrm{d}\xi\mathrm{d}\eta=3\varepsilon\iint_e\boldsymbol{\psi}|J|\sin\varphi\mathrm{d}\xi\mathrm{d}\eta \tag{4.3.40}$$

式(4.3.40)可以简写为

$$\boldsymbol{K}_e\boldsymbol{p}^e=3\varepsilon\boldsymbol{W}_{\sin\varphi}^e \tag{4.3.41}$$

式中，$\boldsymbol{K}_e$ 为单元刚度矩阵；$\boldsymbol{W}_{\sin\varphi}^e=\iint_e\boldsymbol{\psi}|J|\sin\varphi\mathrm{d}\xi\mathrm{d}\eta$。

总刚度矩阵及总线性方程组可写为

$$\boldsymbol{K}\bar{\boldsymbol{p}}=3\varepsilon\boldsymbol{W}_{\sin\varphi}^e\quad 或\quad \bar{\boldsymbol{p}}=3\varepsilon\boldsymbol{K}^{-1}\boldsymbol{W}_{\sin\varphi}^e \tag{4.3.42}$$

式中，

$$\boldsymbol{K}=\sum_{e=1}^{N}\boldsymbol{K}_e,\quad \boldsymbol{W}_{\sin\varphi}=\sum_{e=1}^{N}\boldsymbol{W}_{\sin\varphi}^e,\quad \bar{\boldsymbol{p}}=\{\bar{p}_1,\bar{p}_2,\cdots,\bar{p}_n\}^{\mathrm{T}} \tag{4.3.43}$$

将边界条件代入式(4.3.38)，即可求出压力分布 $\bar{\boldsymbol{p}}$。

油膜力分量为

$$\bar{F}_x=-\int_{-1}^{1}\int_{\varPhi_a}^{\varPhi_b}\bar{p}\sin\varPhi\mathrm{d}\varPhi\mathrm{d}\lambda,\quad \bar{F}_y=-\int_{-1}^{1}\int_{\varPhi_a}^{\varPhi_b}\bar{p}\cos\varPhi\mathrm{d}\varPhi\mathrm{d}\lambda \tag{4.3.44}$$

式中，$\varPhi_a$ 和 $\varPhi_b$ 分别为油膜的起始角和终止角。

式(4.3.44)也可写为

$$\bar{F}_x=-\sum_{e=1}^{N}\iint_e\bar{p}|J|\sin\varPhi\mathrm{d}\xi\mathrm{d}\eta,\quad \bar{F}_y=-\sum_{e=1}^{N}\iint_e\bar{p}|J|\cos\varPhi\mathrm{d}\xi\mathrm{d}\eta \tag{4.3.45}$$

而

$$\bar{F}_x^e = \iint_e \bar{p}|J|\sin\Phi \mathrm{d}\xi \mathrm{d}\eta = \iint_e \psi^{\mathrm{T}}|J|\sin\Phi \mathrm{d}\xi \mathrm{d}\eta p^e \tag{4.3.46}$$

从而得到

$$\bar{F}_x = -\sum_{e=1}^{N} \bar{F}_x^e = -(\boldsymbol{W}_{\sin\Phi})^{\mathrm{T}} \bar{\boldsymbol{p}}, \quad \bar{F}_y = -\sum_{e=1}^{N} \bar{F}_y^e = -(\boldsymbol{W}_{\cos\Phi})^{\mathrm{T}} \bar{\boldsymbol{p}} \tag{4.3.47}$$

将式(4.3.42)代入式(4.3.47)得

$$\bar{F}_x = -3\varepsilon(\boldsymbol{W}_{\sin\Phi})^{\mathrm{T}} \boldsymbol{K}^{-1} \boldsymbol{W}_{\sin\Phi}, \quad \bar{F}_y = -3\varepsilon(\boldsymbol{W}_{\cos\Phi})^{\mathrm{T}} \boldsymbol{K}^{-1} \boldsymbol{W}_{\sin\Phi} \tag{4.3.48}$$

式中，

$$\boldsymbol{W}_{\sin\Phi} = \sum_{e=1}^{N} \left(\iint \boldsymbol{\psi}^{\mathrm{T}} |J| \sin\Phi \mathrm{d}\xi \mathrm{d}\eta \right)^e, \quad \boldsymbol{W}_{\cos\Phi} = \sum_{e=1}^{N} \left(\iint \boldsymbol{\psi}^{\mathrm{T}} |J| \cos\Phi \mathrm{d}\xi \mathrm{d}\eta \right)^e \tag{4.3.49}$$

① 油膜阻尼。根据式(4.3.4)(设μ为常数)和式(4.3.42)，总刚度矩阵及总线性方程组可写为

$$\begin{aligned} \boldsymbol{K}\bar{\boldsymbol{p}} &= 3\varepsilon \boldsymbol{W}_{\sin\Phi} - 6x\boldsymbol{W}_{\sin\Phi} - 6y\boldsymbol{W}_{\cos\Phi} \\ \bar{\boldsymbol{p}} &= \boldsymbol{K}^{-1}(3\varepsilon \boldsymbol{W}_{\sin\Phi} - 6x\boldsymbol{W}_{\sin\Phi} - 6y\boldsymbol{W}_{\cos\Phi}) \end{aligned} \tag{4.3.50}$$

将式(4.3.50)的第二式代入式(4.3.42)得

$$\begin{aligned} \bar{F}_x &= -(\boldsymbol{W}_{\sin\Phi})^{\mathrm{T}} \boldsymbol{K}^{-1}(3\varepsilon \boldsymbol{W}_{\sin\Phi} - 6x'\boldsymbol{W}_{\sin\Phi} - 6y'\boldsymbol{W}_{\cos\Phi}) \\ \bar{F}_y &= -(\boldsymbol{W}_{\cos\Phi})^{\mathrm{T}} \boldsymbol{K}^{-1}(3\varepsilon \boldsymbol{W}_{\sin\Phi} - 6x'\boldsymbol{W}_{\sin\Phi} - 6y'\boldsymbol{W}_{\cos\Phi}) \end{aligned} \tag{4.3.51}$$

将式(4.3.51)分别对x'、y'求偏导数，可得油膜阻尼系数表达式为

$$\begin{aligned} C_{xx} &= 6(\boldsymbol{W}_{\sin\Phi})^{\mathrm{T}} \boldsymbol{K}^{-1} \boldsymbol{W}_{\sin\Phi}, \quad C_{xy} = 6(\boldsymbol{W}_{\sin\Phi})^{\mathrm{T}} \boldsymbol{K}^{-1} \boldsymbol{W}_{\cos\Phi} \\ C_{yx} &= 6(\boldsymbol{W}_{\cos\Phi})^{\mathrm{T}} \boldsymbol{K}^{-1} \boldsymbol{W}_{\sin\Phi}, \quad C_{yy} = 6(\boldsymbol{W}_{\cos\Phi})^{\mathrm{T}} \boldsymbol{K}^{-1} \boldsymbol{W}_{\cos\Phi} \end{aligned} \tag{4.3.52a}$$

或

$$\begin{aligned} C_{xx} &= 6(\boldsymbol{W}_{\sin\Phi})^{\mathrm{T}} \bar{\boldsymbol{p}}_{x'}, \quad C_{xy} = 6(\boldsymbol{W}_{\sin\Phi})^{\mathrm{T}} \bar{\boldsymbol{p}}_{y'} \\ C_{yx} &= 6(\boldsymbol{W}_{\cos\Phi})^{\mathrm{T}} \bar{\boldsymbol{p}}_{x'}, \quad C_{yy} = 6(\boldsymbol{W}_{\cos\Phi})^{\mathrm{T}} \bar{\boldsymbol{p}}_{y'} \end{aligned} \tag{4.3.52b}$$

式中，

$$\bar{\boldsymbol{p}}_{x'} = \boldsymbol{K}^{-1} \boldsymbol{W}_{\sin\Phi}, \quad \bar{\boldsymbol{p}}_{y'} = \boldsymbol{K}^{-1} \boldsymbol{W}_{\cos\Phi} \tag{4.3.53}$$

利用图 4.3.7 中的$\varphi = \Phi - \theta$关系可得

$$\begin{aligned} \boldsymbol{W}_{\cos\Phi} &= \boldsymbol{W}_{\cos\varphi} \cos\theta - \boldsymbol{W}_{\sin\varphi} \sin\theta \\ \boldsymbol{W}_{\sin\Phi} &= \boldsymbol{W}_{\sin\varphi} \cos\theta - \boldsymbol{W}_{\cos\varphi} \sin\theta \\ \boldsymbol{W}_{\cos\varphi} &= \boldsymbol{W}_{\sin\varphi} / \sin\theta - \boldsymbol{W}_{\sin\varphi} \cot\theta \end{aligned} \tag{4.3.54}$$

将式(4.3.54)代入式(4.3.53)，并考虑式(4.3.42)，则有

$$\overline{p}_{y'} = \overline{p}_{x'}\cot\theta - \overline{p}/(3\varepsilon\sin\theta) \tag{4.3.55}$$

求得 $\overline{\boldsymbol{p}}_{x'}$ 后便可直接求得 $\overline{\boldsymbol{p}}_{y'}$，进而由式(4.3.52)即可解得四个油膜阻尼。由于 $\boldsymbol{K}$ 为对称矩阵，其逆矩阵 $\boldsymbol{K}^{-1}$ 也必为对称矩阵。由式(4.3.54)可知，C_{xy}=C_{yx}，即油膜交叉阻尼相等。

② 油膜刚度。将式(4.3.48)分别对位移扰动 $\overline{x}$ 、$\overline{y}$ 求偏导数，可求得四个油膜刚度的表达式。将式(4.3.48)的第一式对应求偏导数得

$$\begin{aligned} K_{xx} = \frac{\partial \overline{F}_x}{\partial \overline{x}} = -3\varepsilon\Bigg[&\frac{\partial\varepsilon}{\partial\overline{x}}(\boldsymbol{W}_{\sin\varPhi})^{\mathrm{T}}\boldsymbol{K}^{-1}\boldsymbol{W}_{\sin\varPhi} \\ &+\varepsilon\left(\boldsymbol{W}_{\sin\varPhi}\right)^{\mathrm{T}}\frac{\partial\boldsymbol{K}^{-1}}{\partial\overline{x}}\boldsymbol{W}_{\sin\varPhi}+\varepsilon\left(\boldsymbol{W}_{\sin\varPhi}\right)^{\mathrm{T}}\boldsymbol{K}^{-1}\frac{\partial\boldsymbol{W}_{\sin\varPhi}}{\partial\overline{x}}\Bigg] \end{aligned} \tag{4.3.56}$$

利用图 4.3.7 中几何关系和导数关系，以及式(4.3.42)和式(4.3.54)，则式(4.3.56)可改写为

$$\begin{aligned} K_{xx} &= (\boldsymbol{W}_{\sin\varPhi})^{\mathrm{T}}\boldsymbol{K}^{-1}\frac{\partial\boldsymbol{K}}{\partial\overline{x}}\overline{\boldsymbol{p}} + 3(\boldsymbol{W}_{\sin\varPhi})^{\mathrm{T}}\boldsymbol{K}^{-1}\boldsymbol{W}_{\cos\varPhi} \\ &= (\boldsymbol{W}_{\sin\varPhi})^{\mathrm{T}}\boldsymbol{K}^{-1}\boldsymbol{f}_{\overline{x}} + 3(\boldsymbol{W}_{\sin\varPhi})^{\mathrm{T}}\boldsymbol{K}^{-1}\boldsymbol{W}_{\cos\varPhi} \end{aligned}$$

式中，

$$\boldsymbol{f}_{\overline{x}} = \frac{\partial\boldsymbol{K}}{\partial\overline{x}}\overline{\boldsymbol{p}} = \sum_{e=1}^{N} 3\boldsymbol{H}^2\sin\varPhi\{\overline{p}_1\ \ \overline{p}_2\ \ \cdots\ \ \overline{p}_m\}_e^{\mathrm{T}} \tag{4.3.57}$$

由式(4.3.42)，可将式(4.3.57)改写为

$$\boldsymbol{f}_{\overline{x}} = 9\sum_{e=1}^{N}\left(\boldsymbol{H}^{-1}\varepsilon\sin\varPhi W_{\sin\varphi}^{e}\right)^{e} \tag{4.3.58}$$

再由式(4.3.52)，可得

$$K_{xx} = \boldsymbol{f}_{\overline{x}}^{\mathrm{T}}\overline{\boldsymbol{p}}_{x'} + \frac{1}{2}C_{xy} \tag{4.3.59}$$

同理，将式(4.3.48)的第一式对 $\overline{y}$ 求偏导数，式(4.3.48)的第二式对 $\overline{x}$、$\overline{y}$ 求偏导数，分别可得

$$K_{xy} = \boldsymbol{f}_{\overline{y}}^{\mathrm{T}}\overline{\boldsymbol{p}}_{x'} - \frac{1}{2}C_{xx},\quad K_{yx} = \boldsymbol{f}_{\overline{x}}^{\mathrm{T}}\overline{\boldsymbol{p}}_{y'} + \frac{1}{2}C_{yy}, K_{yy} = \boldsymbol{f}_{\overline{y}}^{\mathrm{T}}\overline{\boldsymbol{p}}_{y'} - \frac{1}{2}C_{yx} \tag{4.3.60}$$

综上所述，只要解出列阵 $\boldsymbol{f}_{\overline{x}}$ 、 $\boldsymbol{f}_{\overline{y}}$ 及 $\overline{\boldsymbol{p}}_{x'}$ 、 $\overline{\boldsymbol{p}}_{y'}$ ，再解一次雷诺方程即可求得四个油膜刚度和四个油膜阻尼，与其他方法相比可大量节省计算时间，并有较高的计算精度。

4.3.3 可倾瓦径向滑动轴承的油膜刚度和阻尼

可倾瓦径向滑动轴承动力特性与轴颈的涡动频率有关，由于瓦块摆动，可倾

的固定瓦的求解更为复杂。

1. 非定常运动雷诺方程

五瓦可倾瓦径向滑动轴承简图如图 4.3.9 所示，图中，R 为瓦块内圆半径，R_z 为化支点圆半径，r 为轴颈半径，e 为轴承偏心距，O 为轴承中心，O_i 为瓦块内圆弧中心，O'为轴颈中心，O_i' 为瓦块摆动后的内圆弧中心，z_i 为瓦块简化支点，θ 为轴承偏位角，α 为瓦块张角，β_i 为支点位置角(起始线至瓦块支点间的夹角)，γ 为相邻支点跨度角，δ_i 为瓦块摆角(下标 i 代表瓦号，i=1, 2, 3, 4, 5)，W 为作用在轴承上的载荷，ω 为轴颈角速度。

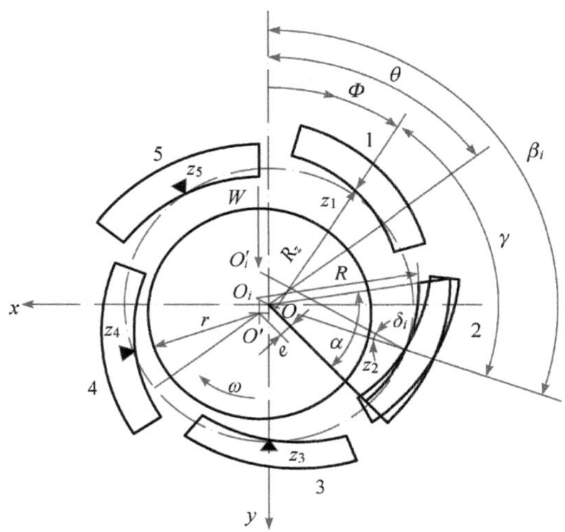

图 4.3.9　五瓦可倾瓦径向滑动轴承简图

对于图 4.3.9 所示的可倾瓦径向滑动轴承，无量纲非定常运动雷诺方程为

$$
\begin{aligned}
&\frac{\partial}{\partial \Phi_i}\left(\frac{H_i^3}{\bar{\mu}}\frac{\partial \bar{p}}{\partial \Phi_i}\right)+\left(\frac{D}{L}\right)^2\frac{\partial}{\partial \lambda}\left(\frac{H_i^3}{\bar{\mu}}\frac{\partial \bar{p}}{\partial \lambda_i}\right)\\
&=\left(6\varepsilon\theta'-3\varepsilon\right)\sin\left(\Phi_i-\theta\right)+\left(3m-\frac{6\delta_i'}{\psi}\right)\sin\left(\Phi_i-\beta_i\right)\\
&\quad-3\varepsilon'\delta'\sin\left(\Phi_i-\theta\right)\cos\left(\Phi_i-\beta_i\right)-\frac{3\delta_i'}{\psi}\cos\left(\Phi_i-\beta_i\right)+6\varepsilon'\cos\left(\Phi_i-\theta\right)\\
&\quad+3\delta_i'[1-\cos(\Phi_i-\beta_i)]\left[\varepsilon\sin(\Phi_i-\theta)+\frac{3\delta_i'}{\psi}\cos(\Phi_i-\beta_i)-m\sin(\Phi_i-\beta_i)\right]
\end{aligned}
\tag{4.3.61}
$$

式中，m 为预负荷系数，$m=1-c'/c$，$c'=R_z-r$，$c=R-r$；$\delta_i'=\dot{\delta}_i/\omega$；$\psi=C/R$。

2. 油膜刚度和阻尼的计算

1) 直接法

可倾瓦轴承的油膜力不仅与轴心位置及速度有关，还与各瓦的位置和摆动参数有关，即

$$\begin{aligned}F_x&=F_x(x,y,\delta_1,\cdots,\delta_n;\dot{x},\dot{y},\dot{\delta}_1,\cdots,\dot{\delta}_n)\\F_y&=F_y(x,y,\delta_1,\cdots,\delta_n;\dot{x},\dot{y},\dot{\delta}_1,\cdots,\dot{\delta}_n)\end{aligned}\tag{4.3.62}$$

式中，n 为瓦块数。

在小扰动下，油膜力增量为

$$\begin{aligned}\Delta F_x=&\frac{\partial F_x}{\partial x}\Delta x+\frac{\partial F_x}{\partial y}\Delta y+\frac{\partial F_x}{\partial \delta_1}\Delta\delta_1+\cdots+\frac{\partial F_x}{\partial \delta_n}\Delta\delta_n+\frac{\partial F_x}{\partial \dot{x}}\Delta\dot{x}+\frac{\partial F_y}{\partial \dot{y}}\Delta\dot{y}\\&+\frac{\partial F_x}{\partial \dot{\delta}_1}\Delta\dot{\delta}_1+\cdots+\frac{\partial F_x}{\partial \dot{\delta}_n}\Delta\dot{\delta}_n\end{aligned}\tag{4.3.63}$$

记

$$\begin{aligned}&k_{xx}=\frac{\partial F_x}{\partial x},\quad k_{xy}=\frac{\partial F_x}{\partial y},\quad k_{x\delta}^i=\frac{\partial F_x}{\partial \delta_i}\\&c_{xx}=\frac{\partial F_x}{\partial \dot{x}},\quad c_{xy}=\frac{\partial F_x}{\partial \dot{y}},\quad c_{x\delta}^i=\frac{\partial F_x}{\partial \dot{\delta}_i},\quad i=1,2,\cdots,n\end{aligned}\tag{4.3.64}$$

则式(4.3.63)成为

$$\Delta F_x=k_{xx}\Delta x+k_{yy}\Delta y+\sum_{i=1}^{n}k_{x\delta}^i\Delta\delta_i+c_{yx}\Delta\dot{x}+c_{yy}\Delta\dot{y}+\sum_{i=1}^{n}c_{x\delta}^i\Delta\dot{\delta}_i\tag{4.3.65}$$

同理

$$\Delta F_y=k_{yx}\Delta x+k_{yy}\Delta y+\sum_{i=1}^{n}k_{y\delta}^i\Delta\delta_i+c_{yx}\Delta\dot{x}+c_{yy}\Delta\dot{y}+\sum_{i=1}^{n}c_{y\delta}^i\Delta\dot{\delta}_i\tag{4.3.66}$$

瓦块通常只有 1 个自由度，即绕其支点的摆动，且各瓦块相互独立。第 i 块瓦油膜力对瓦块支点的力矩可表示为

$$m_i=m_i(x,y,\delta_i;\dot{x},\dot{y},\dot{\delta}_i)\tag{4.3.67}$$

油膜力矩的增量为

$$\Delta m_i=\frac{\partial m_i}{\partial x}\Delta x+\frac{\partial m_i}{\partial y}\Delta y+\frac{\partial m_i}{\partial \delta_i}\Delta\delta_i+\frac{\partial m_i}{\partial \dot{x}}\Delta\dot{x}+\frac{\partial m_i}{\partial \dot{y}}\Delta\dot{y}+\frac{\partial m_i}{\partial \dot{\delta}_i}\Delta\dot{\delta}_i\tag{4.3.68}$$

记

$$k_{\delta x}^{i}=\frac{\partial m_i}{\partial x},\ k_{\delta y}^{i}=\frac{\partial m_i}{\partial y},\ k_{\delta\delta}^{i}=\frac{\partial m_i}{\partial \delta_i},\ c_{\delta x}^{i}=\frac{\partial m_i}{\partial \dot{x}},\ c_{\delta y}^{i}=\frac{\partial m_i}{\partial \dot{y}},\ c_{\delta\delta}^{i}=\frac{\partial m_i}{\partial \dot{\delta}_i} \tag{4.3.69}$$

则式(4.3.68)可表示为

$$\Delta m_i = k_{\delta x}^{i}\Delta x + k_{\delta y}^{i}\Delta y + k_{\delta\delta}^{i}\Delta\delta_i + c_{\delta x}^{i}\Delta\dot{x} + c_{\delta y}^{i}\Delta\dot{y} + c_{\delta\delta}^{i}\Delta\dot{\delta}_i \tag{4.3.70}$$

综合式(4.3.65)、式(4.3.66)和式(4.3.70)，写成矩阵形式如下：

$$\begin{aligned}&\{\Delta F_x \quad \Delta F_y \quad \Delta m_1 \quad \cdots \quad \Delta m_n\}^{\mathrm{T}}\\ &=\boldsymbol{A}\{\Delta x \quad \Delta y \quad \Delta\delta_1 \quad \cdots \quad \Delta\delta_n\}^{\mathrm{T}}+\boldsymbol{B}\{\Delta\dot{x} \quad \Delta\dot{y} \quad \Delta\dot{\delta}_1 \quad \cdots \quad \Delta\dot{\delta}_n\}^{\mathrm{T}}\end{aligned} \tag{4.3.71}$$

式中，刚度矩阵 $\boldsymbol{A}$、阻尼矩阵 $\boldsymbol{B}$ 分别为

$$\boldsymbol{A}=\begin{bmatrix} k_{xx} & k_{xy} & k_{x\delta}^{1} & k_{x\delta}^{2} & \cdots & k_{x\delta}^{n}\\ k_{yx} & k_{yy} & k_{y\delta}^{1} & k_{y\delta}^{2} & \cdots & k_{y\delta}^{n}\\ k_{\delta x}^{1} & k_{\delta y}^{1} & k_{\delta\delta}^{1} & 0 & \cdots & 0\\ k_{\delta x}^{2} & k_{\delta y}^{2} & 0 & k_{\delta\delta}^{2} & \mathbf{0} & \vdots\\ \vdots & \vdots & \vdots & \mathbf{0} & \ddots & 0\\ k_{\delta x}^{n} & k_{\delta y}^{n} & 0 & \cdots & 0 & k_{\delta\delta}^{n}\end{bmatrix},\quad \boldsymbol{B}=\begin{bmatrix} c_{xx} & c_{xy} & c_{x\delta}^{1} & c_{x\delta}^{2} & \cdots & c_{x\delta}^{n}\\ c_{yx} & c_{yy} & c_{y\delta}^{1} & c_{y\delta}^{2} & \cdots & c_{y\delta}^{n}\\ c_{\delta x}^{1} & c_{\delta y}^{1} & c_{\delta\delta}^{1} & 0 & \cdots & 0\\ c_{\delta x}^{2} & c_{\delta y}^{2} & 0 & c_{\delta\delta}^{2} & \mathbf{0} & \vdots\\ \vdots & \vdots & \vdots & \mathbf{0} & \ddots & 0\\ c_{\delta x}^{n} & c_{\delta y}^{n} & 0 & \cdots & 0 & c_{\delta\delta}^{n}\end{bmatrix} \tag{4.3.72}$$

以 n 块瓦可倾瓦轴承为例，$\boldsymbol{A}$、$\boldsymbol{B}$ 中含有 $10n+8$ 个动力特性。如采用前述差分法求解，对图 4.3.6 所示的五瓦可倾瓦轴承须解数十次非定常雷诺方程，求得 $10\times5+8=58$ 个动力特性系数。其中包括上述 8 个轴承油膜刚度和阻尼。化成无量纲形式，即得相应的可倾瓦轴承的无量纲油膜刚度和阻尼。

另一种直接法是采用在 x、y 方向分别施加谐振形式的小振动，下面以第 i 块瓦为例加以说明，在水平方向加一谐振 $\overline{x}=A\sin(\omega_1 t)$，$\overline{x}=\Delta x/c$，$c$ 为轴瓦半径间隙，Δx 为位移，A 为无量纲扰动量。

瓦块的无量纲油膜力增量，假定按同频做谐振，即

$$\begin{Bmatrix}\Delta\overline{F}_{xxi}\\ \Delta\overline{F}_{yxi}\end{Bmatrix}=\begin{bmatrix}\Delta\overline{F}_{xxi}^{(1)} & \Delta\overline{F}_{xxi}^{(2)}\\ \Delta\overline{F}_{yxi}^{(1)} & \Delta\overline{F}_{yxi}^{(2)}\end{bmatrix}\begin{Bmatrix}\sin(\omega_1 t)\\ \cos(\omega_1 t)\end{Bmatrix} \tag{4.3.73}$$

由油膜刚度和阻尼定义可知

$$\begin{Bmatrix}\Delta\overline{F}_{xxi}\\ \Delta\overline{F}_{yxi}\end{Bmatrix}=\begin{bmatrix}K_{xxi} & C_{xxi}\\ K_{yxi} & C_{yxi}\end{bmatrix}\begin{Bmatrix}\overline{x}\\ x'\end{Bmatrix} \tag{4.3.74}$$

式中，$x'=\dot{x}/(c\omega)$。将 $\overline{x}=A\sin(\omega_1 t)$ 和 $x'=A\omega_1\cos(\omega_1 t)$ 代入式(4.3.74)，得到

$$\begin{Bmatrix}\Delta\overline{F}_{xxi}\\ \Delta\overline{F}_{yxi}\end{Bmatrix}=\begin{bmatrix}AK_{xxi} & A\omega_1 C_{xxi}\\ AK_{yxi} & A\omega_1 C_{yxi}\end{bmatrix}\begin{Bmatrix}\sin(\omega_1 t)\\ \cos(\omega_1 t)\end{Bmatrix} \tag{4.3.75}$$

由式(4.3.73)和式(4.3.75)中系数矩阵相等，可得

$$\Delta\bar{F}_{xxi}^{(1)}=AK_{xxi}\text{，}\Delta\bar{F}_{xxi}^{(2)}=A\omega_1 C_{xxi}\text{，}\Delta\bar{F}_{yxi}^{(1)}=AK_{yxi}\text{，}\Delta\bar{F}_{yxi}^{(2)}=A\omega_1 C_{yxi} \tag{4.3.76}$$

从而有

$$K_{xxi}=\Delta\bar{F}_{xxi}^{(1)}/A\text{，}C_{xxi}=\Delta\bar{F}_{xxi}^{(2)}/(A\omega_1)\text{，}K_{yxi}=\Delta\bar{F}_{yxi}^{(1)}/A\text{，}C_{yxi}=\Delta\bar{F}_{yxi}^{(2)}/(A\omega_1) \tag{4.3.77}$$

同理，在垂直方向加一谐振 $\bar{y}=A\sin(\omega_1 t)$ 和 $\bar{y}=\Delta y/c$，$y'=\dot{y}/(c\omega)$，可得

$$\Delta\bar{F}_{xyi}^{(1)}=AK_{xyi}\text{，}\Delta\bar{F}_{xyi}^{(2)}=A\omega_1 C_{xyi}\text{，}\Delta\bar{F}_{yyi}^{(1)}=AK_{yyi}\text{，}\Delta\bar{F}_{yyi}^{(2)}=A\omega_1 C_{yyi} \tag{4.3.78}$$

从而有

$$K_{xyi}=\Delta\bar{F}_{xyi}^{(1)}/A\text{，}C_{xyi}=\Delta\bar{F}_{xyi}^{(2)}/(A\omega_1)\text{，}K_{yti}=\Delta\bar{F}_{yyi}^{(1)}/A\text{，}C_{yyi}=\Delta\bar{F}_{yyi}^{(2)}/(A\omega_1) \tag{4.3.79}$$

可见，只要求出 $\Delta\bar{F}_{xxi}^{(1)}$、$\Delta\bar{F}_{xxi}^{(2)}$、$\Delta\bar{F}_{xyi}^{(1)}$、$\Delta\bar{F}_{xyi}^{(2)}$、$\Delta\bar{F}_{yxi}^{(1)}$、$\Delta\bar{F}_{yxi}^{(2)}$、$\Delta\bar{F}_{yyi}^{(1)}$、$\Delta\bar{F}_{yyi}^{(2)}$，即可计算得到油膜刚度和阻尼系数。$\Delta\bar{F}$ 可根据瓦面油膜力矩，通过瓦块运动学方程，经迭代确定瓦块摆角及摆速，然后由非定常雷诺方程解得。可倾瓦轴承的无量纲油膜刚度和阻尼系数为

$$K_{lm}=\sum_{i=1}^{n}K_{lmi}\text{，}C_{lm}=\sum_{i=1}^{n}C_{lmi}\text{，}\quad l,m=x,y \tag{4.3.80}$$

鉴于直接法通常要比间接法解更多次的非定常雷诺方程，故常用间接法。

2) 间接法

油膜刚度和阻尼系数计算分两步进行：第一步分别求各瓦处于稳态平衡，瓦块可视为不动($\dot{\delta}_i$=0)时的油膜刚度和阻尼系数，解法与固定瓦轴承相同；第二步基于小扰动建立各瓦块不摆动和受扰摆动两者间的油膜刚度和阻尼系数的转换关系，进而求得可倾瓦轴承的油膜刚度和阻尼系数。

采用图 4.3.10 表示瓦块的相对坐标系和绝对坐标系及轴颈受扰动后轴颈、瓦块的相对位置。

(1) 运动分析。x、y 为轴颈在绝对坐标系 Oxy 中的位移，X、Y 为轴颈在相对坐标系(XZY)中的位移，δ_i 和 $\Delta\delta_i$ 分别为瓦块摆角和瓦块受扰动后摆角的变化量。

在小扰动下，轴颈中心的运动在绝对坐标系中可记为

$$\{x \quad y\}^{\mathrm{T}}=\{x_0 \quad y_0\}^{\mathrm{T}}\mathrm{e}^{\nu t} \tag{4.3.81}$$

在相对坐标系中可记为

$$\{\Delta X \quad \Delta Y \quad \Delta\delta_i\}^{\mathrm{T}}=\{X_0 \quad Y_0 \quad \delta_0\}^{\mathrm{T}}\mathrm{e}^{\nu t} \tag{4.3.82}$$

相对坐标系 XZ_iY 固定于瓦块，随瓦块一起摆动，故有

$$\begin{Bmatrix} X \\ Y \end{Bmatrix}=\begin{bmatrix} \cos\Delta\delta_i & \sin\Delta\delta_i \\ -\sin\Delta\delta_i & \cos\Delta\delta_i \end{bmatrix}\begin{Bmatrix} x-a_i+e_x \\ x-b_i+e_y \end{Bmatrix} \tag{4.3.83}$$

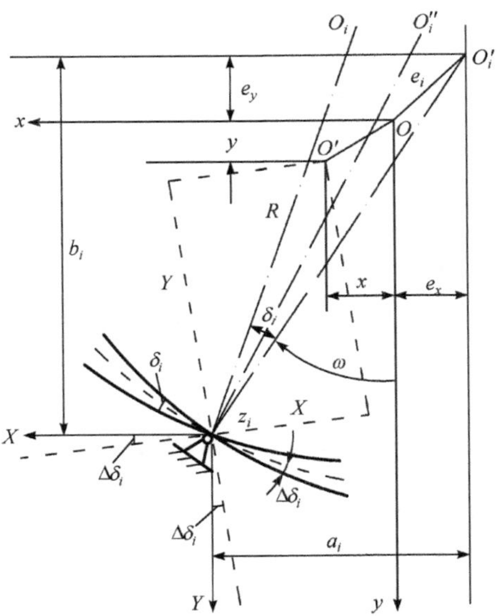

图 4.3.10　瓦块的相对坐标系和绝对坐标系

在运转过程中，由于$\Delta\delta_i$为小量，所以轴颈中心在相对坐标系中的扰动量可写为

$$\begin{Bmatrix} \Delta X \\ \Delta Y \end{Bmatrix} = \begin{Bmatrix} x - b_i \Delta\delta_i \\ y - a_i \Delta\delta_i \end{Bmatrix} \tag{4.3.84}$$

将各位移向量化为复数形式，有

$$\begin{Bmatrix} X_0 \\ Y_0 \end{Bmatrix} = \begin{Bmatrix} x_0 - b_i \delta_0 \\ y_0 - a_i \delta_0 \end{Bmatrix} \tag{4.3.85}$$

(2) 相对坐标系中的油膜力增量为

$$\begin{aligned} \Delta F_{Xi} &= k_{XXi}\Delta X + k_{XYi}\Delta Y + c_{XXi}\Delta\dot{X} + c_{XYi}\Delta\dot{Y} \\ \Delta F_{Yi} &= k_{YXi}\Delta X + k_{YYi}\Delta Y + c_{YXi}\Delta\dot{X} + c_{YYi}\Delta\dot{Y} \end{aligned} \tag{4.3.86}$$

若用复数形式，则有

$$\begin{Bmatrix} F_{X0} \\ F_{Y0} \end{Bmatrix} = \begin{bmatrix} k_{XXi} + \nu c_{XXi} & k_{XYi} + \nu c_{XYi} \\ k_{YXi} + \nu c_{YXi} & k_{YYi} + \nu c_{YYi} \end{bmatrix} \begin{Bmatrix} X_0 \\ Y_0 \end{Bmatrix} \tag{4.3.87}$$

(3) 力矩方程为

$$b_i \Delta F_{Xi} - a_i \Delta F_{Yi} = I_i (\Delta\ddot{\delta}_i) \tag{4.3.88}$$

其复数形式为

$$b_i F_{X0} - a_i F_{Y0} = I_i \nu^2 \delta_0 \tag{4.3.89}$$

式中，I_i 为瓦块绕支点的转动惯量。当不计瓦块惯性时，有

$$b_i F_{X0} - a_i F_{Y0} = 0 \tag{4.3.90}$$

(4) 相对坐标系与绝对坐标系中力的转换关系为

$$\begin{Bmatrix} F_{xi} \\ F_{yi} \end{Bmatrix} = \begin{bmatrix} \cos\Delta\delta_i & -\sin\Delta\delta_i \\ \sin\Delta\delta_i & \cos\Delta\delta_i \end{bmatrix} \begin{Bmatrix} F_{Xi} \\ F_{Yi} \end{Bmatrix} \tag{4.3.91}$$

考虑到 δ_i 是小量，则有

$$\Delta F_{xi} = F_{xi} - F_{x\text{b}} \approx \Delta F_{Xi} - \Delta F_{Y\text{b}}(\Delta\delta_i) \tag{4.3.92}$$

同理有

$$\Delta F_{yi} = F_{yi} - F_{y\text{b}} \approx \Delta F_{Yi} - \Delta F_{X\text{b}}(\Delta\delta_i) \tag{4.3.93}$$

式中，$F_{x\text{b}}$、$F_{y\text{b}}$ 和 $\Delta F_{X\text{b}}$、$\Delta F_{Y\text{b}}$ 分别表示第 i 块瓦在绝对和相对坐标系中，静平衡位置上的油膜力分量。用复数形式表示，有

$$F_{x0} = F_{X0} - F_{Y0}\delta_0,\quad F_{y0} = F_{Y0} - F_{X0}\delta_0 \tag{4.3.94}$$

(5) 油膜综合刚度。由式(4.3.87)和式(4.3.94)可得

$$\begin{aligned} F_{x0} &= (k_{XXi} + vc_{XXi})X_0 + (k_{XYi} + vc_{XYi})Y_0 - F_{Y\text{b}}\delta_0 \\ F_{y0} &= (k_{YXi} + vc_{YXi})X_0 + (k_{YYi} + vc_{YYi})Y_0 - F_{X\text{b}}\delta_0 \end{aligned} \tag{4.3.95}$$

当不计瓦块惯性时，式中的 X_0、Y_0、δ_0 可由式(4.3.85)、式(4.3.87)和式(4.3.90)解得，再代入式(4.3.95)并整理后可得

$$\begin{aligned} F_{x0} &= \frac{a_i AC_{XXi} + a_i C_{XYi} - F_{Y\text{b}}}{b_i + a_i A} x_0 + \frac{b_i AC_{XXi} + b_i C_{XYi} + AF_{Y\text{b}}}{b_i + a_i A} y_0 \\ F_{y0} &= \frac{a_i AC_{YXi} + a_i C_{YYi} + F_{X\text{b}}}{b_i + a_i A} x_0 + \frac{b_i AC_{YXi} + b_i C_{YYi} - AF_{X\text{b}}}{b_i + a_i A} y_0 \end{aligned} \tag{4.3.96}$$

式中，

$$A = \frac{b_i C_{XYi} - a_i C_{YYi}}{a_i C_{YXi} - b_i C_{XXi}},\quad C_{LMi} = (k_{LMi} + vc_{LMi}),\quad L, M=X, Y \tag{4.3.97}$$

由式(4.3.96)分别对 x_0、y_0 求导，得绝对坐标系中的油膜综合刚度为

$$\begin{aligned} &\frac{\partial F_{x0}}{\partial x_0} = k_{xxi}^{(0)} = \frac{a_i AC_{XXi} + a_i C_{XYi} - F_{Y\text{b}}}{b_i + a_i A},\quad \frac{\partial F_{x0}}{\partial y_0} = k_{xyi}^{(0)} = \frac{b_i AC_{XXi} + b_i C_{XYi} + AF_{Y\text{b}}}{b_i + a_i A} \\ &\frac{\partial F_{y0}}{\partial x_0} = k_{yxi}^{(0)} = \frac{a_i AC_{YXi} + a_i C_{YYi} + F_{X\text{b}}}{b_i + a_i A},\quad \frac{\partial F_{y0}}{\partial y_0} = k_{yyi}^{(0)} = \frac{b_i AC_{YXi} + b_i C_{YYi} - AF_{X\text{b}}}{b_i + a_i A} \end{aligned} \tag{4.3.98}$$

(6) 油膜刚度和阻尼系数。由油膜力增量与油膜刚度和阻尼系数的关系可知

$$\begin{Bmatrix} F_{x0} \\ F_{y0} \end{Bmatrix} = \begin{bmatrix} k_{xxi} + \nu c_{xxi} & k_{xyi} + \nu c_{xyi} \\ k_{yxi} + \nu c_{yxi} & k_{yyi} + \nu c_{yyi} \end{bmatrix} \begin{Bmatrix} x_0 \\ y_0 \end{Bmatrix} \tag{4.3.99}$$

由式(4.3.96)和式(4.3.99)可得

$$\begin{aligned} k_{xxi} + \nu c_{xxi} &= \frac{a_i A C_{XXi} + a_i C_{XYi} - F_{Y\text{b}}}{b_i + a_i A}, \quad k_{xyi} + \nu c_{xyi} = \frac{b_i A C_{XXi} + b_i C_{XYi} + A F_{Y\text{b}}}{b_i + a_i A} \\ k_{yxi} + \nu c_{yxi} &= \frac{a_i A C_{YXi} + a_i C_{YYi} + F_{X\text{b}}}{b_i + a_i A}, \quad k_{yyi} + \nu c_{yyi} = \frac{b_i A C_{YXi} + b_i C_{YYi} - A F_{X\text{b}}}{b_i + a_i A} \end{aligned} \tag{4.3.100}$$

将 $\nu = \mathrm{i}\Omega$ (Ω 为轴颈涡动角频率)代入式(4.3.100)，可解得第 i 块瓦的油膜刚度和阻尼系数为

$$\begin{aligned} k_{xxi} &= a_i^2 \frac{A_1 A_3 + \Omega^2 A_2 A_4}{B} - \frac{B_1 A_3 + \Omega^2 B_2 A_4}{B} F_{Y\text{b}} \\ k_{xyi} &= a_i b_i \frac{A_1 A_3 + \Omega^2 A_2 A_4}{B} + \frac{B_3 A_3 + \Omega^2 B_4 A_4}{B} F_{Y\text{b}} \\ k_{yxi} &= a_i b_i \frac{A_1 A_3 + \Omega^2 A_2 A_4}{B} + \frac{B_1 A_3 + \Omega^2 B_2 A_4}{B} F_{Y\text{b}} \\ k_{yyi} &= b_i^2 \frac{A_1 A_3 + \Omega^2 A_2 A_4}{B} - \frac{B_3 A_3 + \Omega^2 B_4 A_4}{B} F_{X\text{b}} \\ c_{xxi} &= a_i^2 \frac{A_2 A_3 - A_1 A_4}{B} - \frac{B_2 A_3 - B_1 A_4}{B} F_{Y\text{b}} \\ c_{xyi} &= a_i b_i \frac{A_2 A_3 - A_1 A_4}{B} + \frac{B_4 A_3 - B_3 A_4}{B} F_{Y\text{b}} \\ c_{yxi} &= a_i b_i \frac{A_2 A_3 - A_1 A_4}{B} + \frac{B_2 A_3 - B_1 A_4}{B} F_{X\text{b}} \\ c_{yyi} &= b_i^2 \frac{A_2 A_3 - A_1 A_4}{B} - \frac{B_4 A_3 - B_3 A_4}{B} F_{X\text{b}} \end{aligned} \tag{4.3.101}$$

式中，

$$\begin{aligned} A_1 &= (k_{XXi} k_{YYi} - k_{XYi} k_{YXi}) - \Omega^2 (c_{XXi} c_{YYi} - c_{XYi} c_{YXi}) \\ A_2 &= (k_{XXi} k_{YYi} + k_{YYi} k_{XXi}) - (k_{XYi} c_{YXi} - k_{YXi} c_{XYi}) \\ A_3 &= b_i^2 k_{XXi} + a_i^2 k_{YYi} - a_i b_i (k_{XYi} + k_{YXi}) \\ A_4 &= b_i^2 c_{XXi} + a_i^2 c_{YYi} - a_i b_i (c_{XYi} + c_{YXi}), \quad B = A_3^2 + \Omega^2 A_4^2 \\ B_1 &= b_i k_{XXi} - a_i k_{YXi}, \quad B_2 = b_i c_{XXi} - a_i c_{YXi} \\ B_3 &= a_i k_{YYi} - b_i k_{XYi}, \quad B_4 = a_i c_{YYi} - b_i c_{XYi} \end{aligned} \tag{4.3.102}$$

若取

$$
\begin{aligned}
&k_{lmi}=K_{lmi}\mu\omega L/\psi^3,\quad c_{lmi}=C_{lmi}\mu L/\psi^3,\quad l,m=x,y\\
&a_i=\bar{a}_iR,\quad b_i=\bar{b}_iR,\quad \alpha_\omega=\Omega/\omega\\
&F_{X\mathrm{b}}=\bar{F}_{X\mathrm{b}}\mu R\omega L/\psi^2,\quad F_{Y\mathrm{b}}=\bar{F}_{Y\mathrm{b}}\mu R\omega L/\psi^2
\end{aligned}
\tag{4.3.103}
$$

则式(4.3.101)可改写为

$$
\begin{aligned}
k_{xxi}&=\bar{a}_i^2\frac{\bar{A}_1\bar{A}_3+\alpha_\omega^2\bar{A}_2\bar{A}_4}{\bar{B}}-\frac{\bar{B}_1\bar{A}_3+\alpha_\omega^2\bar{B}_2\bar{A}_4}{\bar{B}}\bar{F}_{Y\mathrm{b}}\psi\\
k_{xyi}&=\bar{a}_i\,\bar{b}_i\,\frac{\bar{A}_1\bar{A}_3+\alpha_\omega^2\bar{A}_2\bar{A}_4}{\bar{B}}+\frac{\bar{B}_3\bar{A}_3+\alpha_\omega^2\bar{B}_4\bar{A}_4}{\bar{B}}\bar{F}_{Y\mathrm{b}}\psi\\
k_{yxi}&=\bar{a}_i\bar{b}_i\frac{\bar{A}_1\bar{A}_3+\alpha_\omega^2\bar{A}_2\bar{A}_4}{\bar{B}}+\frac{\bar{B}_1\bar{A}_3+\alpha_\omega^2\bar{B}_2\bar{A}_4}{\bar{B}}\bar{F}_{X\mathrm{b}}\psi\\
k_{yyi}&=\bar{b}_i^2\frac{\bar{A}_1\bar{A}_3+\alpha_\omega^2\bar{A}_2\bar{A}_4}{\bar{B}}-\frac{\bar{B}_3\bar{A}_3+\alpha_\omega^2\bar{B}_4\bar{A}_4}{\bar{B}}\bar{F}_{X\mathrm{b}}\psi
\end{aligned}
\tag{4.3.104a}
$$

$$
\begin{aligned}
c_{xxi}&=\bar{a}_i^2\frac{\bar{A}_2\bar{A}_3-\bar{A}_1\bar{A}_4}{\bar{B}}-\frac{\bar{B}_2\bar{A}_3-\bar{B}_1\bar{A}_4}{\bar{B}}\bar{F}_{Y\mathrm{b}}\psi\\
c_{xyi}&=\bar{a}_i^2\bar{b}_i^2\frac{\bar{A}_2\bar{A}_3-\bar{A}_1\bar{A}_4}{\bar{B}}+\frac{\bar{B}_4\bar{A}_3-\bar{B}_3\bar{A}_4}{\bar{B}}\bar{F}_{Y\mathrm{b}}\psi\\
c_{yxi}&=\bar{a}_i^2\bar{b}_i^2\frac{\bar{A}_2\bar{A}_3-\bar{A}_1\bar{A}_4}{\bar{B}}+\frac{\bar{B}_2\bar{A}_3-\bar{B}_1\bar{A}_4}{\bar{B}}\bar{F}_{X\mathrm{b}}\psi\\
c_{yyi}&=\bar{b}_i^2\frac{\bar{A}_2\bar{A}_3-\bar{A}_1\bar{A}_4}{\bar{B}}-\frac{\bar{B}_4\bar{A}_3-\bar{B}_3\bar{A}_4}{\bar{B}}\bar{F}_{X\mathrm{b}}\psi
\end{aligned}
\tag{4.3.104b}
$$

式中，

$$
\begin{aligned}
&\bar{A}_1=(K_{XXi}K_{YYi}-K_{XYi}K_{YXi})-(C_{XXi}C_{YYi}-C_{XYi}C_{YXi})\alpha_\omega^2\\
&\bar{A}_2=K_{XXi}C_{YYi}+K_{YYi}C_{XXi}-K_{XYi}C_{YXi}-K_{YXi}C_{XYi}\\
&\bar{A}_3=\bar{b}_i^2K_{XXi}+\bar{a}_i^2K_{YYi}-\bar{a}_i\,\bar{b}_i\,(K_{XYi}+K_{YXi})\\
&\bar{A}_4=\bar{b}_i^2C_{XXi}+\bar{a}_i^2C_{YYi}-\bar{a}_i\,\bar{b}_i\,(C_{XYi}+C_{YXi}),\quad \bar{B}=\bar{A}_3^2+\alpha_\omega^2\bar{A}_4^2\\
&\bar{B}_1=\bar{b}_iK_{XXi}-\bar{a}_iK_{YXi},\quad \bar{B}_2=\bar{b}_iC_{XXi}-\bar{a}_iC_{YXi}\\
&\bar{B}_3=\bar{a}_iK_{YYi}-\bar{b}_iK_{XYi},\quad \bar{B}_4=\bar{a}_iC_{YYi}-\bar{b}_iC_{XYi}
\end{aligned}
\tag{4.3.105}
$$

设轴承由 n 块瓦组成，则可倾瓦轴承的无量纲油膜刚度和阻尼系数为

$$
K_{lm}=\sum_{i=1}^{n}K_{lmi}\,,\quad C_{lm}=\sum_{i=1}^{n}C_{lmi}\,,\quad l,m=x,y
\tag{4.3.106}
$$

若略去式(4.3.104)等号右端的 ψ 级小量第二项，则有

$$
K_{xyi}=K_{yxi}\,,\quad C_{xyi}=C_{yxi}
\tag{4.3.107}
$$

在每块瓦的油膜刚度和阻尼系数之间存在如下比例关系：

$$
\begin{aligned}
&K_{xxi}=(\overline{a}_i/\overline{b}_i)^2K_{yyi},\quad K_{xyi}=K_{yxi}=(\overline{a}_i/\overline{b}_i)K_{yyi}\\
&C_{xxi}=(\overline{a}_i/\overline{b}_i)^2C_{yyi},\quad C_{xyi}=C_{yxi}=(\overline{a}_i/\overline{b}_i)C_{yyi}
\end{aligned}
\tag{4.3.108}
$$

利用式(4.3.108)的比例关系，可以简化动力特性的计算和分析。

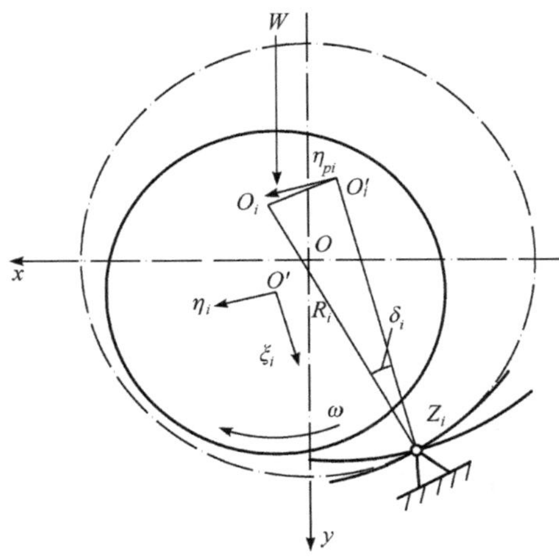

图 4.3.11　轴承坐标系

若考虑瓦块惯性，则式(4.3.95)中的 X_0、Y_0、δ_0 需由式(4.3.85)、式(4.3.87)和式(4.3.90)求得。

若采用图 4.3.11 所示的 ξ_i、η_i 坐标系，则可导出另一种转换关系表达式。先求得各瓦在稳态平衡位置(即 δ_i=0)时的油膜刚度、阻尼系数(解法与固定瓦轴承相同) $K_{\xi\xi i}$、$K_{\xi\eta i}$、$K_{\eta\xi i}$、$K_{\eta\eta i}$ 和 $C_{\xi\xi i}$、$C_{\xi\eta i}$、$C_{\eta\xi i}$、$C_{\eta\eta i}$，然后基于小扰动，假设轴颈、瓦块做谐波振动，且两者谐振角频率相同，可得到瓦块摆动与不摆动两者间的油膜刚度、阻尼系数转换关系表达式。

以第 i 块瓦为例，图 4.3.11 中 O_i 为稳态时的瓦块中心，受扰后瓦块中心绕支点 Z_i 振动，振幅 η_{pi}。设 R_i 为 O_i 到支点 Z_i 的距离，为瓦块绕 Z_i 的转动惯量，则有

$$
(I_i/R_i)\ddot{\eta}_{pi}=R_i\mathrm{d}F_{\eta i}
\tag{4.3.109}
$$

取 $m_i=I_i/R_i^2$ 为瓦块的等效质量，则

$$
m_i\ddot{\eta}_{pi}=\mathrm{d}F_{\eta i}
\tag{4.3.110}
$$

式中，$\ddot{\eta}_{pi}=\ddot{\eta}_{p0}\mathrm{e}^{vt}$，$v=\mathrm{i}\Omega$，$\Omega$ 为轴中心涡动角频率。

由定义

$$
\begin{aligned}
&\mathrm{d}F_{\eta i}=k_{\eta\xi i}\xi_i+c_{\eta\xi i}\xi_i+k_{\eta\eta i}(\eta_i-\eta_{pi})+c_{\eta\eta i}(\dot{\eta}_i-\dot{\eta}_{pi})\\
&\xi_i=\xi_0\mathrm{e}^{vt},\quad \eta_i=\eta_0\mathrm{e}^{vt}
\end{aligned}
\tag{4.3.111}
$$

将式(4.3.111)代入式(4.3.110)并整理后得

$$
\begin{aligned}
\eta_0-\eta_{p0}&=-[(k_{\eta\xi i}+\mathrm{i}\Omega c_{\eta\xi i})\xi_0+m_i\Omega^2\eta_0]/(k_{\eta\eta i}+\mathrm{i}\Omega c_{\eta\eta i}-m_i\Omega^2)\\
&=-[(k_{\eta\xi i}+\mathrm{i}\Omega c_{\eta\xi i})\xi_0+m_i\Omega^2\eta_0](p-\mathrm{i}q)
\end{aligned}
\tag{4.3.112}
$$

式中，

$$p=\frac{k_{\eta\eta i}-m_i\Omega^2}{(k_{\eta\eta i}-m_i\Omega^2)^2+(\Omega c_{\eta\eta i})^2},\quad q=\frac{\Omega c_{\eta\eta i}}{(k_{\eta\eta i}-m_i\Omega^2)^2+(\Omega c_{\eta\eta i})^2} \tag{4.3.113}$$

将式(4.3.112)代入式(4.3.111)后可得

$$\begin{aligned}\mathrm{d}F_{\eta i}&=k_{\eta\xi i}\xi_i+c_{\eta\xi i}\xi_i+k_{\eta\eta i}\{-[(k_{\eta\xi i}+\mathrm{i}\Omega c_{\eta\xi i})\xi_i+m_i\Omega^2\eta_i](p-\mathrm{i}q)\}\\&\quad+\mathrm{i}\Omega d_{\eta\eta i}\{-[(k_{\eta\xi i}+\mathrm{i}\Omega c_{\eta\xi i})\xi_i+m_i\Omega^2\eta_i](p-\mathrm{i}q)\}\end{aligned} \tag{4.3.114}$$

同理可得

$$\begin{aligned}\mathrm{d}F_{\xi i}&=k_{\xi\xi i}\xi_i+c_{\xi\xi i}\xi_i+k_{\xi\eta i}\{-[(k_{\eta\xi i}+\mathrm{i}\Omega c_{\eta\xi i})\xi_i+m_i\Omega^2\eta_i](p-\mathrm{i}q)\}\\&\quad+\mathrm{i}\Omega d_{\xi\eta i}\{-[(k_{\eta\xi i}+\mathrm{i}\Omega c_{\eta\xi i})\xi_i+m_i\Omega^2\eta_i](p-\mathrm{i}q)\}\end{aligned} \tag{4.3.115}$$

式(4.3.114)和式(4.3.115)经整理后可得

$$\begin{aligned}\mathrm{d}F_{\xi i}&=(k'_{\xi\xi i}+\mathrm{i}\Omega c'_{\xi\xi i})\xi_i+(k'_{\xi\eta i}+\mathrm{i}\Omega c'_{\xi\eta i})\eta_i\\\mathrm{d}F_{\eta i}&=(k'_{\eta\xi i}+\mathrm{i}\Omega c'_{\eta\xi i})\xi_i+(k'_{\eta\eta i}+\mathrm{i}\Omega c'_{\eta\eta i})\eta_i\end{aligned} \tag{4.3.116}$$

式中，$k'_{\xi\xi i}$、$k'_{\eta\xi i}$、$k'_{\xi\eta i}$、$k'_{\eta\eta i}$、$c'_{\xi\xi i}$、$c'_{\eta\xi i}$、$c'_{\xi\eta i}$、$c'_{\eta\eta i}$为计及瓦块摆动的第 i 块瓦沿 ξ 、η 方向的油膜刚度和阻尼系数，可表示为

$$\begin{aligned}k'_{\xi\xi i}&=k_{\xi\xi i}-(pk_{\xi\eta i}+q\Omega c_{\xi\eta i})k_{\eta\xi i}-(qk_{\xi\eta i}-p\Omega c_{\xi\eta i})\Omega c_{\eta\xi i}\\k'_{\xi\eta i}&=-m_i\Omega^2(pk_{\xi\eta i}+q\Omega c_{\xi\eta i}),\quad k'_{\eta\xi i}=-m_i\Omega^2(pk_{\eta\xi i}+q\Omega c_{\eta\xi i})\\k'_{\eta\eta i}&=-m_i\Omega^2(pk_{\eta\eta i}+q\Omega c_{\eta\eta i})=-m_i\Omega^2(1+pm_i\Omega^2)\\c'_{\xi\xi i}&=c_{\xi\xi i}-(pk_{\xi\eta i}+q\Omega c_{\xi\eta i})c_{\eta\xi i}+(qk_{\xi\eta i}-p\Omega c_{\xi\eta i})k_{\eta\xi i}/\Omega\\c'_{\xi\eta i}&=m_i\Omega(qk_{\xi\eta i}-p\Omega c_{\xi\eta i}),\quad c'_{\eta\xi i}=m_i\Omega(qk_{\eta\xi i}-p\Omega c_{\eta\xi i})\\c'_{\eta\eta i}&=m_i\Omega(qk_{\eta\eta i}-p\Omega c_{\eta\eta i})=m_i^2\Omega^3q\end{aligned} \tag{4.3.117}$$

式中，$k_{\xi\xi i}$、$k_{\xi\eta i}$、$k_{\eta\xi i}$、$k_{\eta\eta i}$、$c_{\xi\xi i}$、$c_{\xi\eta i}$、$c_{\eta\xi i}$、$c_{\eta\eta i}$为轴颈受扰瓦块不摆动时第 i 块瓦沿ξ、η 方向的油膜刚度和阻尼系数，令

$$\begin{aligned}&k_{lmi}=K_{lmi}\mu\omega L/\psi^3,\quad c_{lmi}=C_{lmi}\mu L/\psi^3,\quad l,m=\xi,\eta\\&m_i=M_i\mu L/(\psi^2\omega),\quad \alpha_\omega=\Omega/\omega\end{aligned} \tag{4.3.118}$$

则式(4.3.117)变为

$$\begin{aligned}K'_{\xi\xi i}&=K_{\xi\xi i}-(\overline{p}K_{\xi\eta i}+\alpha_\omega QC_{\xi\eta i})K_{\eta\xi i}-\alpha_\omega(QK_{\xi\eta i}-\alpha_\omega\overline{p}C_{\xi\eta i})C_{\eta\xi i}\\K'_{\xi\eta i}&=-\alpha_\omega^2M_i(\overline{p}K_{\xi\eta i}+\alpha_\omega QC_{\xi\eta i}),\quad K'_{\eta\xi i}=-\alpha_\omega^2M_i(\overline{p}K_{\eta\xi i}+\alpha_\omega QC_{\eta\xi i})\\K'_{\eta\eta i}&=-\alpha_\omega^2M_i(1+\alpha_\omega^2\overline{p}M_i)\\C'_{\xi\xi i}&=C_{\xi\xi i}-(\overline{p}K_{\xi\eta i}+\alpha_\omega Qc_{\xi\eta i})C_{\eta\xi i}+(QK_{\xi\eta i}/\alpha_\omega-\overline{p}C_{\xi\eta i})K_{\eta\xi i}\\C'_{\xi\eta i}&=\alpha_\omega M_i(QK_{\xi\eta i}-\alpha_\omega\overline{p}C_{\xi\eta i}),\quad C'_{\eta\xi i}=\alpha_\omega M_i(QK_{\eta\xi i}-\alpha_\omega\overline{p}C_{\eta\xi i})\\C'_{\eta\eta i}&=\alpha_\omega^3M_i^2Q\end{aligned} \tag{4.3.119}$$

式中，

$$\overline{p}=\frac{K_{\eta\eta i}-\alpha_{\omega}^{2}M_{i}}{(K_{\eta\eta i}-\alpha_{\omega}^{2}M_{i})^{2}+\alpha_{\omega}^{2}C_{\eta\eta i}},\quad Q=\frac{\alpha_{\omega}^{2}C_{\eta\eta i}}{(K_{\eta\eta i}-\alpha_{\omega}^{2}M_{i})^{2}+\alpha_{\omega}^{2}C_{\eta\eta i}} \tag{4.3.120}$$

将式(4.3.119)转换到 x、y 方向得

$$\begin{aligned}
K_{xxi}&=K'_{\xi\xi i}\sin^{2}(\beta_{i}+\delta_{i})+K'_{\eta\eta i}\cos^{2}(\beta_{i}+\delta_{i})+(K'_{\eta\xi i}+K'_{\xi\eta i})\sin(\beta_{i}+\delta_{i})\cos(\beta_{i}+\delta_{i})\\
K_{xyi}&=K'_{\eta\xi i}\cos^{2}(\beta_{i}+\delta_{i})-K'_{\xi\eta i}\sin^{2}(\beta_{i}+\delta_{i})+(K'_{\xi\xi i}-K'_{\eta\eta i})\sin(\beta_{i}+\delta_{i})\cos(\beta_{i}+\delta_{i})\\
K_{yxi}&=K'_{\xi\eta i}\cos^{2}(\beta_{i}+\delta_{i})-K'_{\eta\xi i}\sin^{2}(\beta_{i}+\delta_{i})+(K'_{\xi\xi i}-K'_{\eta\eta i})\sin(\beta_{i}+\delta_{i})\cos(\beta_{i}+\delta_{i})\\
K_{yyi}&=K'_{\xi\xi i}\cos^{2}(\beta_{i}+\delta_{i})+K'_{\eta\eta i}\sin^{2}(\beta_{i}+\delta_{i})-(K'_{\xi\eta i}+K'_{\eta\xi i})\sin(\beta_{i}+\delta_{i})\cos(\beta_{i}+\delta_{i})\\
C_{xxi}&=C'_{\eta\eta i}\cos^{2}(\beta_{i}+\delta_{i})+C'_{\xi\xi i}\sin^{2}(\beta_{i}+\delta_{i})+(C'_{\eta\xi i}+C'_{\xi\eta i})\sin(\beta_{i}+\delta_{i})\cos(\beta_{i}+\delta_{i})\\
C_{xyi}&=C'_{\eta\xi i}\cos^{2}(\beta_{i}+\delta_{i})-C'_{\xi\eta i}\sin^{2}(\beta_{i}+\delta_{i})+(C'_{\xi\xi i}-C'_{\eta\eta i})\sin(\beta_{i}+\delta_{i})\cos(\beta_{i}+\delta_{i})\\
C_{yxi}&=C'_{\xi\eta i}\cos^{2}(\beta_{i}+\delta_{i})-C'_{\eta\xi i}\sin^{2}(\beta_{i}+\delta_{i})+(C'_{\xi\xi i}-C'_{\eta\eta i})\sin(\beta_{i}+\delta_{i})\cos(\beta_{i}+\delta_{i})\\
C_{yyi}&=C'_{\xi\xi i}\cos^{2}(\beta_{i}+\delta_{i})+C'_{\eta\eta i}\sin^{2}(\beta_{i}+\delta_{i})-(C'_{\xi\eta i}+C'_{\eta\xi i})\sin(\beta_{i}+\delta_{i})\cos(\beta_{i}+\delta_{i})
\end{aligned} \tag{4.3.121}$$

叠加各瓦的无量纲油膜刚度和阻尼系数，可得倾瓦轴承的无量纲油膜刚度和阻尼系数，即

$$K_{lm}=\sum_{i=1}^{n}K_{lmi},\quad C_{lm}=\sum_{i=1}^{n}C_{lmi},\quad l,m=x,y \tag{4.3.122}$$

若 $\Omega=\omega$ (即转子做同步涡动)，则式(4.3.119)中 $\alpha_{\omega}=1$。

若不计瓦块惯性，则式(4.3.114)中除 $K'_{\xi\xi i}$、$C'_{\xi\xi i}$ 两项外，其他项均为零，此时式(4.3.121)变为

$$\begin{aligned}
&K_{xxi}=K'_{\xi\xi i}\sin^{2}(\beta_{i}+\delta_{i}),\quad K_{xyi}=K_{yxi}=K'_{\xi\xi i}\sin(\beta_{i}+\delta_{i})\cos(\beta_{i}+\delta_{i})\\
&K_{yyi}=K'_{\xi\xi i}\cos^{2}(\beta_{i}+\delta_{i}),\quad C_{xxi}=C'_{\xi\xi i}\sin^{2}(\beta_{i}+\delta_{i})\\
&C_{xyi}=C_{yxi}=C'_{\xi\xi i}\sin(\beta_{i}+\delta_{i})\cos(\beta_{i}+\delta_{i}),\quad C_{yyi}=C'_{\xi\xi i}\cos^{2}(\beta_{i}+\delta_{i})
\end{aligned} \tag{4.3.123}$$

若略去小量 δ_{i}，则式(4.3.123)变为

$$\begin{aligned}
&K_{xxi}=K_{yyi}\tan^{2}\beta_{i},\quad K_{xyi}=K_{yxi}=K_{yyi}\tan\beta_{i}\\
&C_{xxi}=C_{yyi}\tan^{2}\beta_{i},\quad C_{xyi}=C_{yxi}=C_{yyi}\tan\beta_{i}
\end{aligned} \tag{4.3.124}$$

比较式(4.3.124)与式(4.3.108)可知，二者是一致的。

式(4.3.117)中瓦块等效质量 m_{i} 与瓦块质量的换算关系，随瓦块结构参数和支点位置而异。

如图 4.3.12 所示，瓦块质量为 m_b，瓦的张角为α，若记 $a=B/R$，根据瓦块结构参数和支点位置可得

$$m_b = \frac{m_i}{\alpha_2 + (1+a)^2 - 2(1+a)\alpha_1\alpha_3} \tag{4.3.125}$$

式中，m_b 为瓦块质量。其他参数为

$$\alpha_1 = \alpha_4\left(\frac{3+3a+a^2}{2+a}\right), \quad \alpha_2 = \frac{1+(1+a)^2}{2}$$
$$\alpha_3 = \left|\cos(\lambda - \alpha/2)\right|, \quad \alpha_4 = 38.197\sin(\alpha/2)/(\alpha/2) \tag{4.3.126}$$

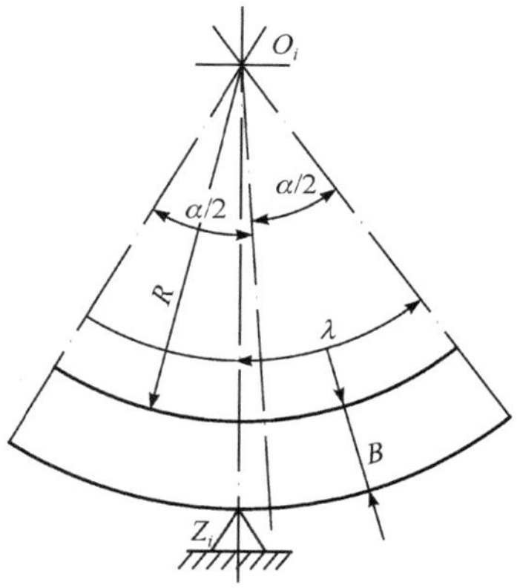

图 4.3.12　瓦块结构图

相应的无量纲量换算关系为

$$M_b = \frac{M_i}{\alpha_2 + (1+a)^2 - 2(1+a)\alpha_1\alpha_3} \tag{4.3.127}$$

油膜刚度和阻尼系数的转换关系为

$$\begin{aligned} k_{lm} &= \sum_{i=1}^{n}\left[k_{lmi} - \frac{(k_{\delta\delta i} - I_i\Omega^2)(k_{l\delta i}k_{\delta mi} - c_{l\delta i}c_{\delta mi}\Omega^2) + c_{\delta\delta i}\Omega^2(c_{l\delta i}k_{\delta mi} + k_{l\delta i}c_{\delta mi})}{(k_{\delta\delta i} - I_i\Omega^2)^2 + (c_{\delta\delta i}\Omega)^2}\right] \\ c_{lm} &= \sum_{i=1}^{n}\left[c_{lmi} - \frac{(k_{\delta\delta i} - I_i\Omega^2)(c_{l\delta i}k_{\delta mi} + k_{l\delta i}c_{\delta mi}) - c_{\delta\delta i}\Omega^2(k_{l\delta i}k_{\delta mi} - c_{l\delta i}k_{\delta mi}\Omega^2)}{(k_{\delta\delta i} - I_i\Omega^2)^2 + (c_{\delta\delta i}\Omega)^2}\right] \end{aligned} \tag{4.3.128}$$

式中，k_{lm}、c_{lm}分别为可倾瓦轴承的油膜刚度和阻尼系数($l, m=x, y$)；k_{lmi}、c_{lmi}分别为第 i 块瓦在相对坐标系中的油膜刚度和阻尼系数($l, m=X, Y$)；I_i为第 i 块瓦绕支点的转动惯量；Ω 为轴心涡动角频率。

如果取

$$\begin{aligned} &\frac{k_{lm}}{K_{lm}} = \frac{k_{lmi}}{K_{lmi}} = \frac{\mu\omega L}{\psi^3}, \quad \frac{c_{lm}}{C_{lm}} = \frac{c_{lmi}}{C_{lmi}} = \frac{\mu L}{\psi^3} \\ &\frac{k_{l\delta i}}{K_{l\delta i}} = \frac{k_{\delta mi}}{K_{\delta mi}} = \frac{\mu\omega RL}{\psi^3}, \quad \frac{c_{l\delta i}}{C_{l\delta i}} = \frac{c_{\delta mi}}{C_{\delta mi}} = \frac{\mu RL}{\psi^3} \\ &\frac{k_{\delta\delta i}}{K_{\delta\delta i}} = \frac{\mu\omega R^2 L}{\psi^3}, \quad \frac{c_{\delta\delta i}}{C_{\delta\delta i}} = \frac{\mu R^2 L}{\psi^3}, \quad \frac{I_i}{\overline{I}_i} = \frac{\mu R^2 L}{\omega\psi^3}, \quad \frac{\Omega}{\omega} = \alpha_\omega \end{aligned} \tag{4.3.129}$$

则可得相应的可倾瓦轴承的无量纲油膜刚度和阻尼系数为

$$K_{lm}=\sum_{i=1}^{n}\left[K_{lmi}-\frac{(K_{\delta\delta i}-\overline{I}_i\alpha_{\omega}^2)(K_{l\delta i}K_{\delta mi}-C_{l\delta i}C_{\delta mi}\alpha_{\omega}^2)+C_{\delta\delta i}\alpha_{\omega}^2(C_{l\delta i}K_{\delta mi}+K_{l\delta i}C_{\delta mi})}{(K_{\delta\delta i}-\overline{I}_i\alpha_{\omega}^2)^2+(C_{\delta\delta i}\alpha_{\omega})^2}\right]$$

$$C_{lm}=\sum_{i=1}^{n}\left[C_{lmi}-\frac{(K_{\delta\delta i}-\overline{I}_i\alpha_{\omega}^2)(C_{l\delta i}K_{\delta mi}+K_{l\delta i}C_{\delta mi})-C_{\delta\delta i}(K_{l\delta i}K_{\delta mi}-C_{l\delta i}C_{\delta mi}\alpha_{\omega}^2)}{(K_{\delta\delta i}-\overline{I}_i\alpha_{\omega}^2)^2+(C_{\delta\delta i}\alpha_{\omega})^2}\right]$$

(4.3.130)

由前面可倾瓦轴承油膜刚度和阻尼系数的计算公式推导过程可知，由于瓦块随轴颈涡动而摆动，可倾瓦轴承的油膜刚度和阻尼系数与轴颈涡动频率及瓦块惯性有关，这不同于固定瓦轴承。

3. 轴颈涡动频率和瓦块质量对可倾瓦轴承动力特性的影响

下面以图 4.3.9 所示的五瓦可倾瓦径向滑动轴承为例，以无量纲轴颈涡动频率(涡动比)α_{ω} 和无量纲瓦块等质量 m_i 作为参数，分析轴颈涡动频率和瓦块质量 m_i 对可倾瓦轴承动力特性的影响。

1) α_{ω} 的影响(m_i=0)

α_{ω} 对油膜刚度和阻尼系数的影响较大。一般 K_{xx}、K_{yy} 随 α_{ω} 增大而减小，C_{xx}、C_{yy} 随 α_{ω} 增大而增大，且增、降的速率随偏心率 ε 增加而减小。当 ε 很小时，在某一 α_{ω} 范围内 C_{xx}、C_{yy} 出现负值。

2) m_i 的影响(α_{ω}=1)

K_{xx}、K_{yy} 先随 m_i 增大而减小至一定值后，再随 m_i 增大而增大；C_{xx}、C_{yy} 随 m_i 增大而增大。这一点可由式(4.3.120)中 $\overline{p}$、Q 的表达式看出，以 $\overline{p}$ 为例，其中，$K_{\eta\eta i}$、$C_{\eta\eta i}$ 是 ε 的函数，ε 一定，即 $K_{\eta\eta i}$、$C_{\eta\eta i}$ 一定。若 $K_{\eta\eta i}-m_i>0$，则 $\overline{p}$ 为正；若 $K_{\eta\eta i}-m_i=0$，则 $\overline{p}=0$；若 $K_{\eta\eta i}-m_i<0$，则 $\overline{p}$ 为负。这表明 m_i 对油膜刚度和阻尼系数的影响较大。此时 K_{xy}、K_{yx}、C_{xy}、C_{yx} 不再为零，且在一定的 m_i 范围内 K_{xy}、K_{yx} 会出现负值。

3) α_{ω} 和 m_i 的综合影响

一般在 α_{ω} 小时，K_{xx}、K_{yy} 随 m_i 增大而略有增大，α_{ω} 稍大时即相反；C_{xx}、C_{yy} 在中、小 α_{ω} 时随 m_i 增大而略有减小，在 α_{ω} 大时则随之略有增大，且 m_i 对油膜刚度和阻尼系数的影响小于 α_{ω} 的影响。在某些 α_{ω}、m_i 组合范围内，C_{xx}、C_{yy} 和 K_{xx}、K_{yy} 将分别出现负值。

4.3.4　动静力润滑径向滑动轴承的油膜刚度和阻尼系数

1. 非定常运动雷诺方程

非定常运动雷诺方程的无量纲形式为

$$\frac{\partial}{\partial\varphi}\left(\frac{H^3}{\overline{\mu}}\frac{\partial\overline{p}}{\partial\varphi}\right)+\frac{\partial}{\partial\lambda}\left(\frac{H^3}{\overline{\mu}}\frac{\partial\overline{p}}{\partial\lambda}\right)=3\Lambda\frac{\partial H}{\partial\varphi}+6\Lambda\left(x'\sin\Phi+y'\cos\Phi\right)\tag{4.3.131}$$

与动力润滑轴承不同，动静力润滑轴承同时存在动静力润滑。取 $\overline{p}=p/p_{\mathrm{s}}$，$\Lambda=2\mu\omega/(p_{\mathrm{s}}\psi^2)$，$p_{\mathrm{s}}$ 为由外部向静压油腔供油的压力，简称供油压力。边界条件如图 4.3.13 所示。$\overline{p}|_{\Gamma_1}=\overline{p}|_{\Gamma_3}=\overline{p}_i$，$\overline{p}_i$ 为无量纲进油压力，$\overline{p}|_{\Gamma_2}=0$，$\overline{p}|_{\Gamma_3^*}=\partial\overline{p}/\partial\varphi|_{\Gamma_3^*}=0$，$\partial\overline{p}/\partial\lambda|_{\Gamma_4}=0$，$\overline{p}|_{\Gamma_0}=\overline{p}_{\mathrm{r}}=p_{\mathrm{r}}/p_{\mathrm{s}}$，其中 p_{r} 可根据节流方式由油腔或供油孔处流量的连续方程解得。如果把油腔或供油孔处的参数视为约束条件，则动静力润滑轴承可视为动力润滑轴承的一种形式。

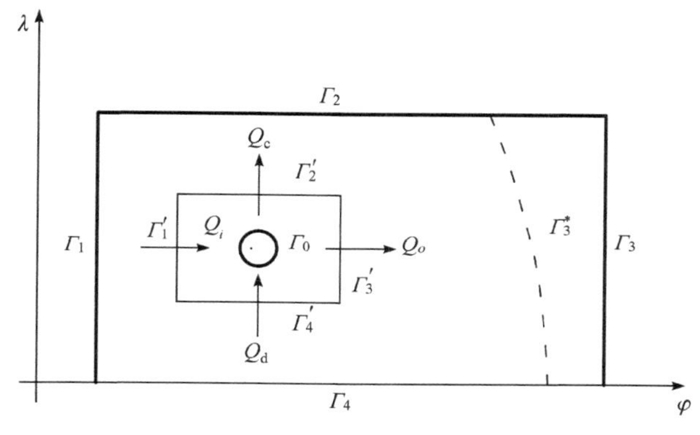

图 4.3.13　轴瓦展开图

对于纯静力润滑轴承，则式(4.3.131)的右端项为零，可视为动力润滑轴承的一个特例。

2. 油膜刚度和阻尼系数的计算

4.3.1 节和 4.3.2 节中讨论的油膜刚度和阻尼系数的计算方法均分别适用于动静力润滑(包括纯静力润滑)固定瓦和可倾瓦轴承，下面介绍偏导数法。

将式(4.3.131)对扰动量求导(设 μ 为常数)可得

$$\begin{aligned}&\frac{\partial}{\partial\varphi}\left(H^3\frac{\partial\overline{p}_{\mathrm{d}}}{\partial\varphi}\right)+\left(\frac{D}{L}\right)^2\frac{\partial}{\partial\lambda}\left(H^3\frac{\partial\overline{p}_{\mathrm{d}}}{\partial\lambda}\right)\\&=3\Lambda\frac{\partial H_{\mathrm{d}}}{\partial\varphi}-3\Lambda\left[\frac{\partial}{\partial\varphi}\left(H^2H_{\mathrm{d}}\frac{\partial\overline{p}_{\mathrm{d}}}{\partial\varphi}\right)+\left(\frac{D}{L}\right)^2\frac{\partial}{\partial\lambda}\left(H^2H_{\mathrm{d}}\frac{\partial\overline{p}_{\mathrm{d}}}{\partial\lambda}\right)\right]\\&\quad+6\Lambda\frac{\partial}{\partial d}(x'\sin\Phi+y'\cos\Phi)\end{aligned}\tag{4.3.132}$$

式中，d 为扰动量，$d=\overline{x}$，$\overline{y}$，x'，y'；$\overline{p}_{\mathrm{d}}=\partial\overline{p}/\partial d$；$H_{\mathrm{d}}=\partial H/\partial d$。

边界条件为

$$\overline{p}_{\mathrm{d}}\big|\Gamma_1\cup\Gamma_2\cup\Gamma_3^*\ (\text{或}\ \Gamma_3)=0,\quad \overline{p}_{\mathrm{d}}\big|_{\Gamma_0}=\frac{\partial\overline{p}_{\mathrm{r}}}{\partial d},\quad \frac{\partial\overline{p}_{\mathrm{d}}}{\partial\lambda}\Big|_{\Gamma_4}=0\tag{4.3.133}$$

鉴于动静力润滑滑动轴承瓦面形线比较复杂，常用有限元法求解上述方程。为了使静、动特性解法一致和便于求解，扰动雷诺方程也可采用有限元方程。相应于式(4.3.132)的 Galerkin 变分有限元方程为

$$\begin{aligned}&\iint_A H^3\left[\frac{\partial\overline{p}_{\mathrm{d}}}{\partial\varphi}\frac{\partial V}{\partial\varphi}+\left(\frac{D}{L}\right)^2\frac{\partial\overline{p}_{\mathrm{d}}}{\partial\lambda}\frac{\partial V}{\partial\lambda}\right]\mathrm{d}\varphi\mathrm{d}\lambda\\&=3\iint_A\left\{H_{\mathrm{d}}\left[\Lambda\frac{\partial V}{\partial\varphi}-H^2\left(\frac{\partial\overline{p}_{\mathrm{d}}}{\partial\varphi}\frac{\partial V}{\partial\varphi}\right)+\left(\frac{D}{L}\right)^2\frac{\partial\overline{p}_{\mathrm{d}}}{\partial\lambda}\frac{\partial V}{\partial\lambda}\right]\right.\\&\quad\left.+2\Lambda\frac{\partial(x'\sin\Phi+y'\cos\Phi)}{\partial d}\right\}\mathrm{d}\varphi\mathrm{d}\lambda\end{aligned}\tag{4.3.134}$$

式中，V 为任意函数，其他符号及边界条件同式(4.3.133)。

要求解式(4.3.133)和式(4.3.134)，需先解 $\partial\overline{p}_{\mathrm{r}}/\partial d$。下面以毛细管节流深腔动静力润滑轴承为例加以说明。

如图 4.3.11 所示，由油腔流量连续条件，并取流量相对单位 $A_Q=\psi ULD/(12\Lambda)$，有

$$Q_{\mathrm{j}}+Q_{\mathrm{i}}+Q_{\mathrm{d}}+Q_{\mathrm{v}}-Q_{\mathrm{c}}-Q_{\mathrm{o}}=0\tag{4.3.135}$$

式中，

$$Q_{\mathrm{j}}=\frac{q_{\mathrm{j}}}{A_Q}=\left[\frac{\pi d_{\mathrm{c}}^4}{128\mu l_{\mathrm{c}}}(p_{\mathrm{s}}-p_{\mathrm{r}})\right]\Big/\left(\frac{\psi ULD}{12\Lambda}\right)=\frac{3\pi Rd_{\mathrm{c}}^4}{32l_{\mathrm{c}}c^3L}(1-\overline{p}_{\mathrm{r}})\tag{4.3.136}$$

若令 $R_{\mathrm{s}}=\dfrac{3\pi Rd_{\mathrm{c}}^4}{32l_{\mathrm{c}}c^3L}$，则有

$$Q_{\mathrm{j}}=R_{\mathrm{s}}(1-\overline{p}_{\mathrm{r}})\tag{4.3.137}$$

其中，d_{c} 为毛细管直径；l_{c} 为毛细管长度；R 为轴承内孔半径；L 为轴承有效长度；c 为轴承半径间隙。而

$$\begin{aligned}&Q_{\mathrm{i}}=\frac{q_{\mathrm{i}}}{A_Q}=\int_{\Gamma_1'}\left(3\Lambda H-H^3\frac{\partial\overline{p}}{\partial\varphi}\right)\bigg|_{\varphi_{\Gamma_1}}\mathrm{d}\lambda,\quad Q_{\mathrm{d}}=\frac{q_{\mathrm{d}}}{A_Q}=\left(\frac{D}{L}\right)^2\int_{\Gamma_4'}-H^3\frac{\partial\overline{p}}{\partial\lambda}\bigg|_{\lambda_{\Gamma_4}}\mathrm{d}\varphi\\&Q_{\mathrm{v}}=\frac{q_{\mathrm{v}}}{A_Q}=-6\Lambda\int_{A'}(x'\sin\Phi+y'\cos\Phi)\mathrm{d}\varphi\mathrm{d}\lambda\\&Q_{\mathrm{c}}=\frac{q_{\mathrm{c}}}{A_Q}=\left(\frac{D}{L}\right)^2\int_{\Gamma_2'}-H^3\frac{\partial\overline{p}}{\partial\lambda}\bigg|_{\lambda_{\Gamma_2}}\mathrm{d}\varphi,\quad Q_{\mathrm{o}}=\frac{q_{\mathrm{o}}}{A_Q}=\int_{\Gamma_3'}\left(3\Lambda H-H^3\frac{\partial\overline{p}}{\partial\varphi}\right)\bigg|_{\varphi_{\Gamma_3}}\mathrm{d}\lambda\end{aligned}\tag{4.3.138}$$

式中，A'为油腔面积。将式(4.3.136)～式(4.3.138)代入式(4.3.135)，经整理后得

$$
\begin{aligned}
\bar{p}_{\mathrm{r}} = 1 + \frac{1}{R_{\mathrm{s}}}\Bigg\{ & \int_{\Gamma_1'}\left(3\Lambda H - H^3\frac{\partial \bar{p}}{\partial \varphi}\right)\Bigg|_{\varphi_{\Gamma_1'}}\mathrm{d}\lambda + \left(\frac{D}{L}\right)^2\int_{\Gamma_4'}\left(-H^3\frac{\partial \bar{p}}{\partial \lambda}\right)\Bigg|_{\lambda_{\Gamma_4'}}\mathrm{d}\varphi \\
& - 6\Lambda\iint_{A'}(x'\sin\Phi + y'\cos\Phi)\mathrm{d}\varphi\mathrm{d}\lambda + \left(\frac{D}{L}\right)^2\int_{\Gamma_2'}\left(-H^3\frac{\partial \bar{p}}{\partial \lambda}\right)\Bigg|_{\lambda_{\Gamma_2'}}\mathrm{d}\varphi \\
& + \int_{\Gamma_3'}\left(3\Lambda H - H^3\frac{\partial \bar{p}}{\partial \varphi}\right)\Bigg|_{\varphi_{\Gamma_3'}}\mathrm{d}\lambda\Bigg\} \\
\frac{\partial \bar{p}_{\mathrm{r}}}{\partial d} = \frac{1}{R_{\mathrm{s}}}\Bigg\{ & \int_{\Gamma_1'}\left(3\Lambda H - H^3\frac{\partial \bar{p}_{\mathrm{d}}}{\partial \varphi}\right)\Bigg|_{\varphi_{\Gamma_1'}}\mathrm{d}\lambda + \left(\frac{D}{L}\right)^2\int_{\Gamma_4'}\left(-H^3\frac{\partial \bar{p}_{\mathrm{d}}}{\partial \lambda}\right)\Bigg|_{\lambda_{\Gamma_4'}}\mathrm{d}\varphi \\
& - 6\Lambda\frac{\partial}{\partial d}\iint_{A'}(x'\sin\Phi + y'\cos\Phi)\mathrm{d}\varphi\mathrm{d}\lambda + \left(\frac{D}{L}\right)^2\int_{\Gamma_2'}\left(-H^3\frac{\partial \bar{p}_{\mathrm{d}}}{\partial \lambda}\right)\Bigg|_{\lambda_{\Gamma_2'}}\mathrm{d}\varphi \\
& + \int_{\Gamma_3'}\left(3\Lambda H - H^3\frac{\partial \bar{p}_{\mathrm{d}}}{\partial \varphi}\right)\Bigg|_{\varphi_{\Gamma_3'}}\mathrm{d}\lambda\Bigg\}
\end{aligned}
\tag{4.3.139}
$$

将式(4.3.132)或式(4.3.134)对$\bar{x}$、$\bar{y}$、x'、y'的扰动方程分别与相应扰动下的流量连续方程联立，通过迭代求解得到$p_{\bar{x}}$、$p_{\bar{y}}$、$p_{x'}$、$p_{y'}$，然后积分，即可求得相应的无量纲刚度和阻尼系数。

若深腔动静力润滑轴承受高频激励(如高速精密机床主轴承受由转子不平衡质量引起的振动等)，则需考虑外加激励对轴承动力特性的影响。一般随着外加激励频率的增大，油膜刚度系数也会增大，但油膜阻尼系数会减小。

表 4.3.1 为图 4.3.14 所示浅腔动静力润滑滑动轴承的无量纲油膜刚度和阻尼系数。采用的轴承参数为：供油压力 p_{g}=0.3MPa，润滑油黏度$\mu = 0.348\times10^{-2}\ \mathrm{Pa\cdot s}$，直径 D=80mm，长度 L= 80mm，轴向封油面长 l_{a}=8mm，周向封油面长 l_{c}=20mm，半径间隙 c=0.015mm，浅腔腔深 h_{r}=0.015mm，进油孔径 d_0=2.5mm，转速 n= 3000r/min。

表 4.3.1　浅腔动静力润滑滑动轴承的无量纲油膜刚度和阻尼系数

偏心率 \ 动力特性	K_{xx}	K_{xy}	K_{yx}	K_{yy}	C_{xx}	C_{xy}	C_{yx}	C_{yy}
0.1	8.38	−4.40	4.48	8.38	9.38	0.05	0.13	9.34
0.2	6.84	−4.31	3.56	8.71	8.92	0.14	0.09	9.36
0.3	6.14	−5.71	5.57	12.84	10.72	0.03	0.01	12.15

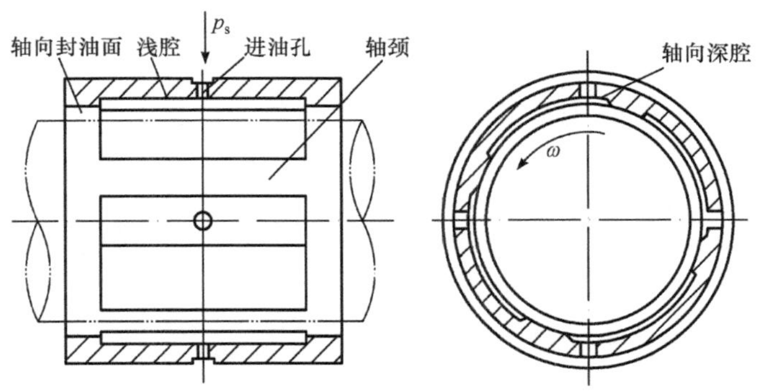

图 4.3.14　浅腔动静力润滑滑动轴承结构图

由表 4.3.1 可见，动静力润滑轴承的动力特性反映了流体动静力的复合效应，动力特性随ε的交变规律不同于流体动力润滑轴承。

4.3.5　推力滑动轴承的油膜刚度和阻尼系数

推力轴承主要承受轴向方向的载荷。由于转子带动推力盘在推力轴承中扰动，在推力轴承油膜中产生的油膜动反力及动反力矩，将参与转子系统的能量交换，因此在研究转子-轴承系统的动力学性能时，需考虑推力轴承的动力特性。

1. 非定常运动的雷诺方程

对于图 4.3.15 所示推力轴承，常用的简化非定常雷诺方程为

$$\frac{\partial}{\partial r}\left(\frac{rh^3}{\mu}\frac{\partial p}{\partial r}\right)+\frac{\partial}{\partial \theta}\left(\frac{h^3}{r}\frac{\partial p}{\partial \theta}\right)=6r\omega\frac{\partial h}{\partial \theta}+12r\frac{\partial h}{\partial t} \tag{4.3.140}$$

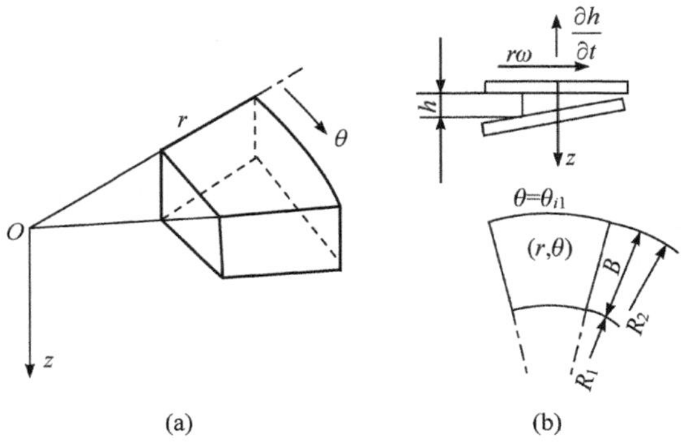

图 4.3.15　推力轴承工作简图

若记

$$r = B\bar{r},\ h = h_{\mathrm{m}}H,\ \mu = \mu_0\bar{\mu},\ p = \mu_0\omega B^2\bar{p}/h_{\mathrm{m}}^2,\ \partial h/\partial t = \bar{V}\omega h_{\mathrm{m}} \tag{4.3.141}$$

式中，B 为推力瓦有效径向宽度；h_{m} 为最小油膜厚度；μ_0 为对应于进油温度和进油压力的动力黏度；H 为无量纲的油膜厚度变化系数。将式(4.3.141)代入式(4.3.124)，得到无量纲非定常雷诺方程为

$$\frac{\partial}{\partial \bar{r}}\left(\frac{\bar{r}H^3}{\bar{\mu}}\frac{\partial \bar{p}}{\partial \bar{r}}\right) + \frac{\partial}{\partial \theta}\left(\frac{H^3}{\bar{r}\,\bar{\mu}}\frac{\partial \bar{p}}{\partial \theta}\right) = 6\bar{r}\frac{\partial H}{\partial \theta} + 12\bar{r}\bar{V} \tag{4.3.142}$$

无量纲油膜的厚度变化系数 H 的表达式推导过程如下。取一与推力盘平面平行的参考平面，两平面间相距为 h_p，如图 4.3.16 所示。设摆动后的瓦平面与参考平面交线或交线的平行线为过坐标原点 O(如不过坐标原点可在参考平面上平移至过 O 点)的 Op 线，γ_p 为摆动后瓦平面与参考平面之间的夹角，即瓦绕 Op 线的转动角，则油膜厚度为

$$h = h_p + r\sin(\theta_p - \theta)\tan\gamma_p \approx h_p + r\gamma_p\sin(\theta_p - \theta) \tag{4.3.143}$$

式中，γ_p 很小，$\tan\gamma_p \approx \gamma_p$；$\theta_p$ 为 Op 的位置角。

设最小油膜厚度位于 θ_{m}，由式(4.3.143)得最小油膜厚度 h_{m} 为

$$h_{\mathrm{m}} = h_p + r_{\mathrm{m}}\gamma_p\sin(\theta_p - \theta_{\mathrm{m}}) \tag{4.3.144}$$

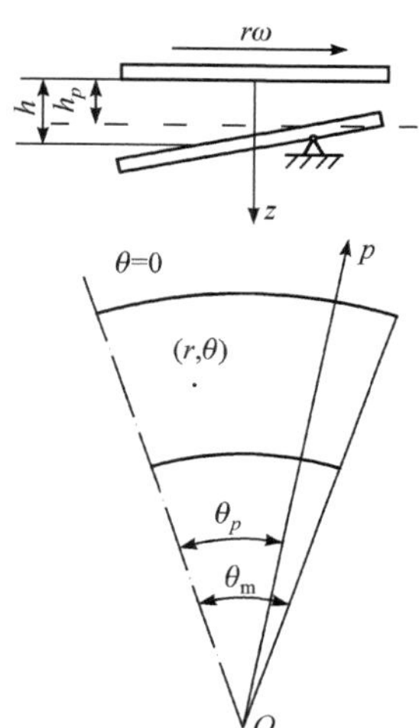

图 4.3.16　推力轴承几何关系

由式(4.3.144)解得 h_p，代入式(4.3.143)得

$$h = h_{\mathrm{m}} + \gamma_p[r\sin(\theta_p - \theta) - r_{\mathrm{m}}\sin(\theta_p - \theta_{\mathrm{m}})] \tag{4.3.145}$$

由式(4.3.141)的第二式，得到无量纲 H 的表达式为

$$H = 1 + G_p[\bar{r}\sin(\theta_p - \theta) - \bar{r}_{\mathrm{m}}\sin(\theta_p - \theta_{\mathrm{m}})] \tag{4.3.146}$$

式中，$G_p = \gamma_p B / h_{\mathrm{m}}$。

2. 油膜刚度和阻尼系数

1) 推力盘做平动时的油膜刚度和阻尼系数

推力盘受轴向扰动时，类似于径向轴承，第 i 块瓦的无量纲轴向油膜力增量可表示为

$$\Delta\bar{F}_a^i = \left.\frac{\partial \bar{F}_a^i}{\partial \bar{x}_a}\right|_0 \Delta\bar{x}_a + \left.\frac{\partial \bar{F}_a^i}{\partial x_a'}\right|_0 \Delta x_a' + \left.\frac{\partial \bar{F}_a^i}{\partial \bar{x}_t}\right|_0 \Delta\bar{x}_t + \left.\frac{\partial \bar{F}_a^i}{\partial x_t'}\right|_0 \Delta x_t' \tag{4.3.147}$$

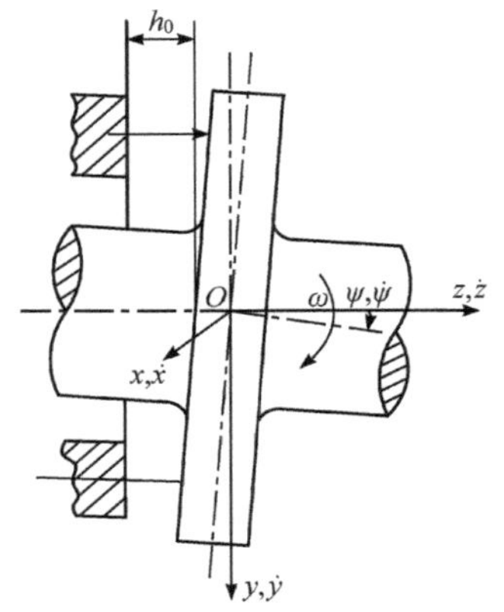

图 4.3.17 推力盘的移动和摆动参数

式中，$\Delta\overline{x}_a$ 、$\Delta x'_a$ 分别为无量纲轴向位移和速度扰动，无量纲化时相对单位分别取为 $h_{\rm m}$ 和 $h_{\rm m}\omega$ 。

推力盘受 $\Delta\overline{x}$ 、$\Delta\overline{y}$ 、$\Delta x'$ 、$\Delta y'$ 扰动时，如图 4.3.17 所示，推力盘受 $\Delta\overline{x}$ 、$\Delta\overline{y}$ 扰动，引起推力轴承轴瓦上速度改变，进而引起瓦上轴向力及摩擦力的改变。以 $\Delta\overline{F}_{fx}^{(1)}$ 、$\Delta\overline{F}_{fy}^{(1)}$ 分别表示推力轴承由于 $\Delta\overline{x}$ 、$\Delta\overline{y}$ 扰动产生的无量纲摩擦力增量；$\Delta\overline{M}_{ax}^{(1)}$ 、$\Delta\overline{M}_{ay}^{(1)}$ 分别表示推力轴承由于 $\Delta\overline{x}$ 、$\Delta\overline{y}$ 扰动导致轴瓦上轴向力改变而引起的无量纲力矩增量，则有

$$\begin{Bmatrix}\Delta\overline{F}_{fx}^{(1)}\\ \Delta\overline{F}_{fy}^{(1)}\end{Bmatrix}=\begin{bmatrix}K_{fxx} & K_{fxy}\\ K_{fyx} & K_{fyy}\end{bmatrix}\begin{Bmatrix}\Delta\overline{x}\\ \Delta\overline{y}\end{Bmatrix},\quad \begin{Bmatrix}\Delta\overline{M}_{ax}^{(1)}\\ \Delta\overline{M}_{ay}^{(1)}\end{Bmatrix}=\begin{bmatrix}K_{Mxx} & K_{Mxy}\\ K_{Myx} & K_{Myy}\end{bmatrix}\begin{Bmatrix}\Delta\overline{x}\\ \Delta\overline{y}\end{Bmatrix} \tag{4.3.148}$$

式中，

$$\begin{aligned}&K_{fxx}=\frac{\partial\overline{F}_{fx}^{(1)}}{\partial\overline{x}},K_{fxy}=\frac{\partial\overline{F}_{fx}^{(1)}}{\partial\overline{y}},K_{fyx}=\frac{\partial\overline{F}_{fy}^{(1)}}{\partial\overline{x}},K_{fyy}=\frac{\partial\overline{F}_{fy}^{(1)}}{\partial\overline{y}}\\ &K_{Mxx}=\frac{\partial\overline{M}_{ax}^{(1)}}{\partial\overline{x}},K_{Mxy}=\frac{\partial\overline{M}_{ax}^{(1)}}{\partial\overline{y}},K_{Myx}=\frac{\partial\overline{M}_{ay}^{(1)}}{\partial\overline{x}},K_{Myy}=\frac{\partial\overline{M}_{ay}^{(1)}}{\partial\overline{y}}\end{aligned} \tag{4.3.149}$$

同理，推力盘受 $\Delta x'$ 、$\Delta y'$ 扰动时有

$$\begin{Bmatrix}\Delta\overline{F}_{fx}^{(2)}\\ \Delta\overline{F}_{fy}^{(2)}\end{Bmatrix}=\begin{bmatrix}C_{fxx} & C_{fxy}\\ C_{fyx} & C_{fyy}\end{bmatrix}\begin{Bmatrix}\Delta x'\\ \Delta y'\end{Bmatrix},\quad \begin{Bmatrix}\Delta\overline{M}_{ax}^{(2)}\\ \Delta\overline{M}_{ay}^{(2)}\end{Bmatrix}=\begin{bmatrix}C_{Mxx} & C_{Mxy}\\ C_{Myx} & C_{Myy}\end{bmatrix}\begin{Bmatrix}\Delta x'\\ \Delta y'\end{Bmatrix} \tag{4.3.150}$$

式中，

$$\begin{aligned}&C_{fxx}=\frac{\partial\overline{F}_{fx}^{(2)}}{\partial x'},\quad C_{fxy}=\frac{\partial\overline{F}_{fx}^{(2)}}{\partial y'},\quad C_{fyx}=\frac{\partial\overline{F}_{fy}^{(2)}}{\partial x'},\quad C_{fyy}=\frac{\partial\overline{F}_{fy}^{(2)}}{\partial y'}\\ &C_{Mxx}=\frac{\partial\overline{M}_{ax}^{(2)}}{\partial x'},\quad C_{Mxy}=\frac{\partial\overline{M}_{ax}^{(2)}}{\partial y'},\quad C_{Myx}=\frac{\partial\overline{M}_{ay}^{(2)}}{\partial x'},\quad C_{Myy}=\frac{\partial\overline{M}_{ay}^{(2)}}{\partial y'}\end{aligned} \tag{4.3.151}$$

2) 推力盘做摆动时的油膜刚度和阻尼系数

当如图 4.3.17 所示的推力盘做摆动时，轴承的轴向间隙改变，从而引起推力轴承中不同位置瓦上的轴向力及摩擦力改变推力盘在任一方向的摆动，可以用在 Oxz 平面内的无量纲转角位移 φ 和转角速度 φ' 及 Oyz 平面内的无量纲转角位移 ψ

和转角速度 ψ'。若以 $\Delta\bar{F}_{tx}^{(3)}$ 、$\Delta\bar{F}_{ty}^{(3)}$ 分别表示推力轴承由于φ、φ'、ψ、ψ'扰动引起的无量纲摩擦力增量，$\Delta\bar{M}_{ax}^{(3)}$ 、$\Delta\bar{M}_{ay}^{(3)}$ 分别表示推力轴承由于φ、φ'、ψ、ψ'的扰动和轴瓦上轴向力改变而引起的无量纲力矩增量，则有

$$\begin{aligned}&\begin{Bmatrix}\Delta\bar{F}_{f\varphi}\\ \Delta\bar{F}_{f\psi}\end{Bmatrix}=\begin{bmatrix}K_{f\varphi\varphi} & K_{f\varphi\psi}\\ K_{f\psi\varphi} & K_{f\psi\psi}\end{bmatrix}\begin{Bmatrix}\varphi\\ \psi\end{Bmatrix}+\begin{bmatrix}C_{f\varphi\varphi'} & C_{f\varphi\psi'}\\ C_{f\psi\varphi'} & C_{f\psi\psi'}\end{bmatrix}\begin{Bmatrix}\varphi'\\ \psi'\end{Bmatrix}\\ &\begin{Bmatrix}\Delta\bar{M}_{a\varphi}\\ \Delta\bar{M}_{a\psi}\end{Bmatrix}=\begin{bmatrix}K_{M\varphi\varphi} & K_{M\varphi\psi}\\ K_{M\psi\varphi} & K_{M\psi\psi}\end{bmatrix}\begin{Bmatrix}\varphi\\ \psi\end{Bmatrix}+\begin{bmatrix}C_{M\varphi\varphi'} & C_{M\varphi\psi'}\\ C_{M\psi\varphi'} & C_{M\psi\psi'}\end{bmatrix}\begin{Bmatrix}\varphi'\\ \psi'\end{Bmatrix}\end{aligned}\tag{4.3.152}$$

式中，

$$\begin{aligned}&K_{f\varphi\varphi}=\frac{\partial\bar{F}_{f\varphi}}{\partial\varphi},\quad K_{f\varphi\psi}=\frac{\partial\bar{F}_{f\varphi}}{\partial\psi},\quad K_{f\psi\varphi}=\frac{\partial\bar{F}_{f\psi}}{\partial\varphi},\quad K_{f\psi\psi}=\frac{\partial\bar{F}_{f\psi}}{\partial\psi}\\ &C_{f\varphi\varphi'}=\frac{\partial\bar{F}_{f\varphi}}{\partial\varphi'},\quad C_{f\varphi\psi'}=\frac{\partial\bar{F}_{f\varphi}}{\partial\psi'},\quad C_{f\psi\varphi'}=\frac{\partial\bar{F}_{f\psi}}{\partial\varphi'},\quad C_{f\psi\psi'}=\frac{\partial\bar{F}_{f\psi}}{\partial\psi'}\\ &K_{M\varphi\varphi}=\frac{\partial\bar{M}_{a\varphi}}{\partial\varphi},\quad K_{M\varphi\psi}=\frac{\partial\bar{M}_{a\varphi}}{\partial\psi},\quad K_{M\psi\varphi}=\frac{\partial\bar{M}_{M\psi}}{\partial\varphi},\quad K_{M\psi\psi}=\frac{\partial\bar{M}_{a\psi}}{\partial\psi}\\ &C_{M\varphi\varphi'}=\frac{\partial\bar{M}_{a\varphi}}{\partial\varphi'},\quad C_{M\varphi\psi'}=\frac{\partial\bar{M}_{a\varphi}}{\partial\psi'},\quad C_{M\psi\varphi'}=\frac{\partial\bar{M}_{a\psi}}{\partial\varphi'},\quad C_{M\psi\psi'}=\frac{\partial\bar{M}_{a\psi}}{\partial\psi'}\end{aligned}\tag{4.3.153}$$

推力盘受轴向扰动时，由定义及边界条件 $\bar{p}|_{R_1}=\bar{p}|_{R_2}=\bar{p}|_{\theta_{i1}}=\bar{p}|_{\theta_{i2}}=0$ ，有

$$K_{iaa}=\frac{\partial\bar{F}_{ia}}{\partial\bar{x}_a}=\frac{\partial}{\partial\bar{x}_a}\left(-\iint_A\bar{p}\mathrm{d}\bar{A}\right)=-\frac{\partial}{\partial\bar{x}_a}\int_{\theta_{i1}}^{\theta_{i2}}\int_{R_1}^{R_2}\bar{p}\,\bar{r}\mathrm{d}\bar{r}\mathrm{d}\theta=-\int_{\theta_{i1}}^{\theta_{i2}}\int_{R_1}^{R_2}\frac{\partial\bar{p}}{\partial\bar{x}_a}\bar{r}\mathrm{d}\bar{r}\mathrm{d}\theta\tag{4.3.154}$$

即

$$K_{iaa}=-\iint_A\frac{\partial\bar{p}}{\partial\bar{x}_a}\mathrm{d}\bar{A},\quad i=f,m,\ a=\varphi,\psi\tag{4.3.155}$$

同理有

$$C_{iaa'}=-\iint_A\frac{\partial\bar{p}}{\partial x_a'}\mathrm{d}\bar{A},\quad i=f,m,\ a=\varphi,\psi\tag{4.3.156}$$

式中，A 为瓦面积；θ_{i1}、θ_{i2} 分别为瓦的起始角与终止角；R_1、R_2 分别为瓦的内、外半径。式中的 $\partial\bar{p}/\partial\bar{x}_a$ 、$\partial\bar{p}/\partial x_a'$ 可直接由式(4.3.157)求解得到：

$$\frac{\partial}{\partial\bar{r}}\left[\frac{\bar{r}H^3}{\bar{\mu}}\frac{\partial}{\partial\bar{r}}\left(\frac{\partial\bar{p}}{\partial\bar{x}_a}\right)\right]+\frac{\partial}{\partial\theta}\left[\frac{H^3}{\bar{r}\,\bar{\mu}}\frac{\partial}{\partial\theta}\left(\frac{\partial\bar{p}}{\partial\bar{x}_a}\right)\right]$$

$$=6\overline{r}\frac{\partial}{\partial\theta}\left(\frac{\partial H}{\partial\overline{x}_a}\right)-3\frac{\partial}{\partial\overline{r}}\left(\frac{\overline{r}H^2}{\overline{\mu}}\frac{\partial H}{\partial\overline{x}_a}\frac{\partial p}{\partial\overline{r}}\right)-3\frac{\partial}{\partial\theta}\left(\frac{H^2}{\overline{r}\,\overline{\mu}}\frac{\partial H}{\partial\overline{x}_a}\frac{\partial p}{\partial\theta}\right) \tag{4.3.157}$$

$$\frac{\partial}{\partial\overline{r}}\left[\frac{\overline{r}H^3}{\overline{\mu}}\frac{\partial}{\partial\overline{r}}\left(\frac{\partial\overline{p}}{\partial x_a'}\right)\right]+\frac{\partial}{\partial\theta}\left[\frac{H^3}{\overline{r}\,\overline{\mu}}\frac{\partial}{\partial\theta}\left(\frac{\partial\overline{p}}{\partial\overline{x}_a}\right)\right]=12\overline{r}\frac{\partial\overline{V}}{\partial x_a'}$$

式中，$H=H_{\rm st}-\overline{x}_a$，$H_{\rm st}$ 为稳态时的无量纲油膜厚度，对固定瓦和可倾瓦，H 分别满足：

$$\frac{\partial H}{\partial\overline{x}_a}=\frac{\partial H'}{\partial x_a'}=-1,\quad \text{固定瓦}$$

$$\frac{\partial H}{\partial\overline{x}_a}=\frac{\partial H'}{\partial x_a'}-\left[1+\frac{G_p\overline{r}\sin(\theta_p-\theta)}{1+G_p\overline{r}_m\sin(\theta_p-\theta_m)}\right],\quad \text{可倾瓦} \tag{4.3.158}$$

边界条件为在全部静态边界上，即

$$\left.\frac{\partial\overline{p}}{\partial\overline{x}_a}\right|_{\Gamma}=\left.\frac{\partial\overline{p}}{\partial x_a'}\right|_{\Gamma}=0 \tag{4.3.159}$$

计算推力盘受 x、y 方向扰动和摆动时的油膜刚度和阻尼系数，必须对整个推力轴承进行求解，或利用推力轴承的对称性对 $n/2$ 或 $n/4$(n 为推力轴承的总瓦块数)推力瓦块求解，这就使计算量成倍增加。为简化计算，设推力轴承瓦块数 $n\gg 1$，轴瓦上的轴向力沿周向连续分布，且在小扰动下，油膜力的增量与该位置的扰动量成正比。将推力盘的倾斜参数分解到每块瓦上，在局部坐标系中计算出每块瓦的油膜刚度和阻尼系数(未计瓦面摩擦力增量引起的油膜刚度和阻尼系数)，利用坐标变换关系，把局部坐标系中油膜刚度和阻尼系数转化到整体坐标系中，以求得整个推力轴承的油膜刚度和阻尼系数。油膜刚度和阻尼系数可用一种快速计算方法计算：设所有瓦块的结构参数相同，各瓦之间的区别在于推力盘倾斜在其上的分量不同，通过计算一块瓦随各参数变化时的油膜刚度和阻尼系数，采用多项式拟合的方法得到油膜刚度和阻尼系数及倾斜分量的关系式，只要将各瓦的倾斜分量分别代入此关系式，即可求得各瓦的油膜刚度和阻尼系数，再利用局部和整体坐标系转换并求和，即可求得推力轴承的油膜刚度和阻尼系数。实际中，推力轴承动力特性中影响转子横向振动状态的主要是由推力盘摆动引起的油膜刚度和阻尼系数。

在讨论径向推力滑动轴承动力特性的过程中，为简化计算，视 μ 为常数，若考虑温度、黏性、压力及变形效应，会使雷诺方程及其求解较为复杂，但对上面采用的轴承动力特性计算方法并无影响。

通过对滑动轴承动力学参数的分析和讨论得到如下基本结论。①流体润滑滑动轴承动力特性的计算方法因轴承结构形式而异，对于同一种结构形式的轴承，为了提高计算速度和精度，其计算方法又有多种，且随着计算技术的发展而不断完善。②流体动力润滑径向滑动轴承的油膜交叉阻尼系数相等。③流体动力润滑可倾瓦径向滑动轴承的动力特性与轴颈涡动频率和瓦块惯性有关。当不计瓦块惯性时，每块瓦的油膜刚度和阻尼系数之间存在简单的比例关系。④流体动静力润滑径向滑动轴承的动力特性反映了流体动、静力的复合效应。动力特性对偏心率的变化规律与动力润滑径向轴承有所不同。当深腔动静力润滑轴承受高频激励时，需考虑激励频率对动力特性的影响。⑤流体动力润滑推力轴承动力特性中，由推力盘摆动引起的油膜刚度和阻尼系数对转子横向振动状态产生耦合影响。

4.4　挤压油膜阻尼器轴承的动力特性

由于挤压油膜阻尼器轴承的减振效果显著、结构简单、占用空间小、制造容易，它首先在航空发动机上得到应用，目前已成为减小发动机振动、延长寿命的典型设计，并已推广应用到其他高速旋转机械。

4.4.1　几种常见的阻尼器结构

挤压油膜阻尼器的结构如图 4.4.1 所示，将滚动轴承的外环与轴承座间的过盈配合改为适当的间隙配合，并在外环上过盈配装一个套作为挤压油膜阻尼器的内环，用销钉或鼠笼式弹性支承限制这一内环的转动，使其只能平动，从而挤压环形间隙内的滑油形成油膜，产生阻尼减振作用。挤压油膜阻尼器一般通过在阻尼器中部的进油孔或周向供油槽供油，并利用 O 型环或活塞环等减少端部的油泄。

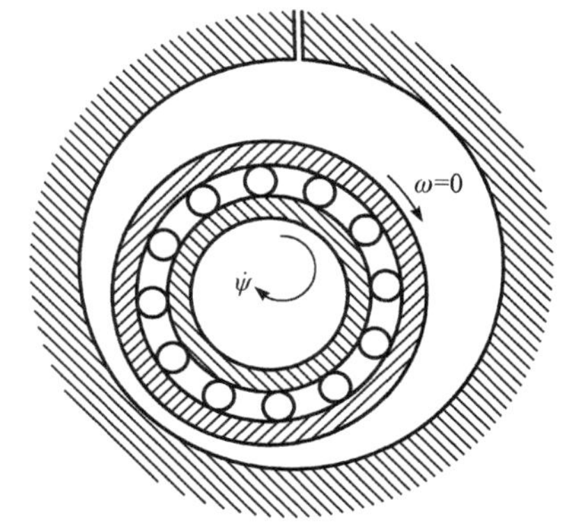

图 4.4.1　挤压油膜阻尼器的结构

如图 4.4.2 所示，挤压油膜阻尼器有两种基本形式，即**同心型**与**非同心型**。同心型挤压油膜阻尼器是有定心弹簧(一般为鼠笼式弹性支承)的挤压油膜阻尼器，定心弹簧与阻尼器并联以提供静载能力，使转子尽可能做同心涡动。定心弹簧还具有调整转子系统临界转速的作用。非同心型挤压油膜阻尼器没有定心弹簧，故没有静载能力，基本不能影响转子的自然频率，但其结构简单、重量轻、占用空间小，而且避免了弹性支承(定心弹簧)可能产生的疲劳破坏。非同心型结构多用于挤压油膜阻尼器，通常作为辅助轴承使用，但也可以作为主轴承使用。

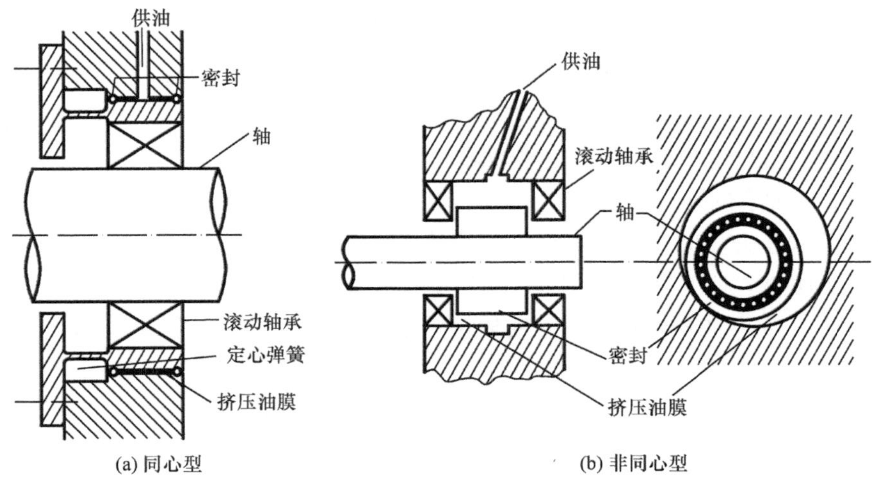

(a) 同心型　　(b) 非同心型

图 4.4.2　同心型与非同心型挤压油膜阻尼器

同心型结构由于有定心弹簧,转子的重力已被弹性支承的初始恢复力所平衡,因而在分析转子的动力特性时可略去重力的影响，且可假设转子的稳态响应轨迹为圆，使分析大为简化。对于非同心型挤压油膜阻尼器，必须考虑重力的影响(立式转子除外),转子的稳态响应轨迹也不能假设为同心圆,其分析过程要复杂得多。

尽管挤压油膜阻尼器具有明显的减振效果，但如果设计制造存在误差或转子系统的不平衡恶化，油膜力的非线性会大大增加，导致许多有害的非线性响应，如双稳态跳跃响应等。为了克服上述不足，出现了几种改进的挤压油膜阻尼器，如多孔环挤压油膜阻尼器、变间隙挤压油膜阻尼器、电流变液挤压油膜阻尼器等。多孔环挤压油膜阻尼器的结构和一般的挤压油膜阻尼器相似，不同之处只是阻尼器的外环是多孔结构，可以渗透滑油以改善挤压油膜阻尼器在大偏心率时的非线性特性。

变间隙挤压油膜阻尼器是一种主动控制的挤压油膜阻尼器，其间隙等结构参数可以在特定转速时(如过临界转速)借液压伺服机构加以调整，从而改变阻尼器的刚度和阻尼，这相当于在一段转速范围内，使用了另一种结构参数的阻尼器，因而可以有效控制转子的振动。

电流变液挤压油膜阻尼器在间隙内充入电流变液，利用电流变液在电场作用下可在液态和类固态间瞬时转换的特点，用外加电场控制电流变液的黏度，从而可在瞬间改变阻尼器的阻尼和刚度，对转子振动进行主动控制。

4.4.2　挤压油膜阻尼器的雷诺方程

挤压油膜阻尼器的油膜压力分布和油膜力的计算基于流体动压润滑理论。挤压油膜阻尼器可以看成一种轴颈不转动的流体动压轴承，关于流体动压轴承的油膜压力分布可由雷诺方程导出。

颈轴承的一般形式如图 4.4.3 所示。假设：①黏性剪切效应占优，黏度是唯一重要的流体参数；②流体惯性力和离心力可忽略不计；③流体是不可压缩的；④油膜很薄，因此沿轴颈表面法线方向的油膜压力不变；⑤油膜的流动为层流，符合牛顿黏性定律；⑥油膜的黏度系数为常数；⑦油膜与油膜环和轴颈表面之间没有相对滑动。可得雷诺方程为

$$\frac{\partial}{\partial x}\left(h^3\frac{\partial p}{\partial x}\right)+\frac{\partial}{\partial z}\left(h^3\frac{\partial p}{\partial z}\right)=6\mu\left[(u_1+u_2)\frac{\partial h}{\partial x}+2\frac{\partial h}{\partial t}\right] \tag{4.4.1}$$

式中，p 为压力分布，是油膜上一点的坐标 x 和 z 的函数；x 指向轴颈表面的圆周方向；z 沿轴颈的轴线方向；h 为局部油膜厚度；μ 为滑油的黏度，常用动力黏度计算；u_1 和 u_2 分别为油膜内外边界的切向速度；$\partial h/\partial t$ 为局部油膜厚度的时间变化率。

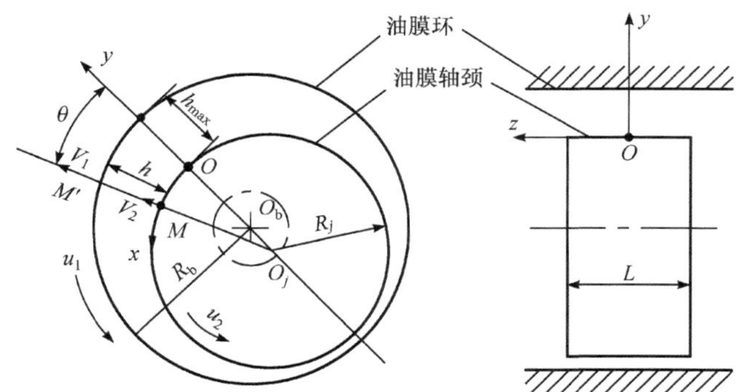

图 4.4.3　颈轴承雷诺方程计算模型

油膜环通常不旋转，即 $u_1=0$，则雷诺方程为

$$\frac{\partial}{\partial x}\left(h^3\frac{\partial p}{\partial x}\right)+\frac{\partial}{\partial z}\left(h^3\frac{\partial p}{\partial z}\right)=6\mu u_2\frac{\partial h}{\partial x}+12\mu\frac{\partial h}{\partial t} \tag{4.4.2}$$

在圆柱坐标系中，式(4.4.2)可改写为

$$\frac{1}{R^2}\frac{\partial}{\partial\theta}\left(h^3\frac{\partial p}{\partial\theta}\right)+\frac{\partial}{\partial z}\left(h^3\frac{\partial p}{\partial z}\right)=6\mu(\omega_j-2\dot{\psi})\frac{\partial h}{\partial\theta}+12\mu\frac{\partial h}{\partial t} \tag{4.4.3}$$

式中，θ 是由最大油膜厚度处算起的角度，$\partial/\partial\theta=R\partial/\partial x$；$\omega_j$ 为轴颈旋转角速度；$\dot{\psi}$ 为轴颈进动角速度(轴颈中心和阻尼器外环中心连线的角速度)。

用 e 表示轴颈偏心距，c 表示阻尼器径向间隙，R 表示阻尼器半径，$\varepsilon=e/c$ 称为**轴颈偏心率**。油膜在任一点的厚度 h 为

$$h=c(1+\varepsilon\cos\theta) \tag{4.4.4}$$

式(4.4.3)的右端第一项表示由于阻尼器轴承自转和公转在油膜中诱发的压力，第二项表示由轴颈挤压作用油膜产生的压力。若 $\omega_j - 2\dot{\psi} > 0$，则应有 $\partial h/\partial\theta < 0$，即在油膜收敛间隙区产生正压力，颈轴承属这种情况。若 $\omega_j - 2\dot{\psi} < 0$，则应有 $\partial h/\partial\theta > 0$，即在油膜发散间隙区产生正压力，挤压油膜阻尼器属这种情况。若 $\partial h/\partial t < 0$，即油膜间隙随时间减少，轴颈向外环挤压，则得到正压力；反之，若 $(\omega_j - 2\dot{\psi})\ \partial h/\partial\theta > 0$ 或 $\partial h/\partial t > 0$，则会得到负压力。

实验表明，挤压油能承受负压力，因而不能简单地取 $(\omega_j - 2\dot{\psi})\ \partial h/\partial\theta > 0$ 或 $\partial h/\partial t > 0$ 时的压力为零。

挤压油膜阻尼器与轴颈滑动轴承尽管形式上类似，但两者实质上差别很大。主要不同点在于挤压油膜阻尼器的内环(轴颈)只有平动(公转)，没有转动(自转)。在式(4.4.3)中取 ω_j=0 即可得用于挤压油膜阻尼器的瞬态雷诺方程，即

$$\frac{1}{R^2}\frac{\partial}{\partial\theta}\left(h^3\frac{\partial p}{\partial\theta}\right)+\frac{\partial}{\partial z}\left(h^3\frac{\partial p}{\partial z}\right)=-12\mu\dot{\psi}\frac{\partial h}{\partial\theta}+12\mu\frac{\partial h}{\partial t} \tag{4.4.5}$$

若阻尼器轴颈只做圆进动(如同心型挤压油膜阻尼器稳态圆响应的情形)，则有 $\partial h/\partial t$=0，因而挤压油膜阻尼器的稳态雷诺方程为

$$\frac{1}{R^2}\frac{\partial}{\partial\theta}\left(h^3\frac{\partial p}{\partial\theta}\right)+\frac{\partial}{\partial z}\left(h^3\frac{\partial p}{\partial z}\right)=-12\mu\dot{\psi}\frac{\partial h}{\partial\theta} \tag{4.4.6}$$

在上述雷诺方程的推导中，均假设滑油中不含气体，但实际使用的滑油中混有不少气体且在工作过程中还会混入空气，因此为二相流。这时油膜中容易产生气穴，影响阻尼器的减振效果。分析二相流的影响必须考虑可压缩流体的雷诺方程。简便起见，可以对雷诺方程中的密度 ρ 和黏度 μ 进行修正，用考虑油膜气穴影响时的等效密度 ρ_e 和等效黏度 μ_e 来替代 ρ 和 μ，然后对二相流仍按不可压缩纯滑油来分析。

以往对挤压油膜阻尼器的研究均认为油膜惯性可忽略不计，但近年来的研究表明在大的挤压油膜雷诺数的情况下流体惯性力影响很大。挤压油膜雷诺数定义为

$$Re = \rho\omega c^2/\mu \tag{4.4.7}$$

式中，ρ 为滑油密度；ω 为阻尼器涡动转速。

4.4.3　挤压油膜轴承的压力边界条件

只有在一定的边界条件下才能求解雷诺方程。挤压油膜轴承中压力场的轴向边界条件，根据轴承的结构和供油特点，可以分为三种不同情形：①不带端部密封的**短轴承**假设；②带有端部密封的**长轴承**假设；③按有限长轴承处理，这一情

形又有多种情况。

在挤压油膜轴承的分析中，大多采用短轴承假设，也有采用长轴承假设的。由于分析太复杂，一般很少按有限长轴承处理。图 4.4.4 表示了挤压油膜阻尼器轴承常见的几种端封和供油情况。图 4.4.4(a)为有端封中心供油孔；图 4.4.4(b)为无端封中心供油孔；图 4.4.4(c)为无端封中心周向供油槽；图 4.4.4(d)为有端封中心周向供油槽。

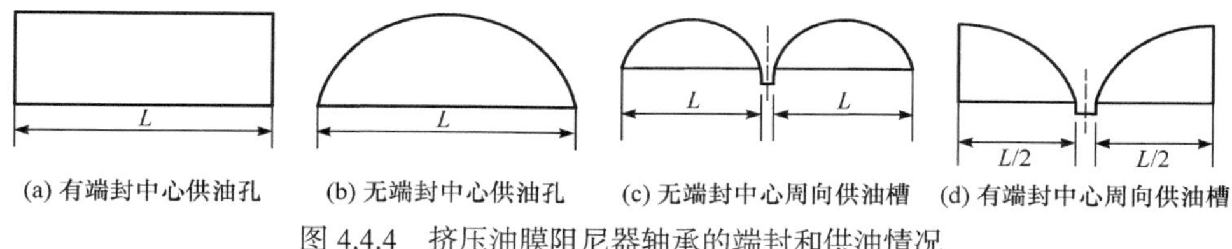

(a) 有端封中心供油孔 (b) 无端封中心供油孔 (c) 无端封中心周向供油槽 (d) 有端封中心周向供油槽

图 4.4.4 挤压油膜阻尼器轴承的端封和供油情况

挤压油膜阻尼器轴承常见的几种压力场的周向压力边界情况如图 4.4.5 所示，其中，图 4.4.5(a)表示的是 Sommerfeld 边界条件，或称 2π 油膜(全油膜)边界条件，这种情况一般是当供油压力足够高，已消除了负压的影响。这是一种理论模型，实际上由于挤压油膜动压力很大，要保证全油膜是很困难的。

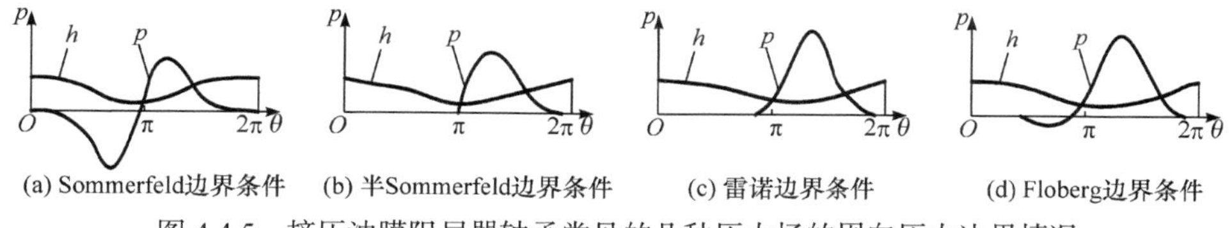

(a) Sommerfeld边界条件 (b) 半Sommerfeld边界条件 (c) 雷诺边界条件 (d) Floberg边界条件

图 4.4.5 挤压油膜阻尼器轴承常见的几种压力场的周向压力边界情况

图 4.4.5(b)表示的是半 Sommerfeld 边界条件，或称为π 油膜(半油膜)边界条件。这个条件表示在油膜受挤压的一边是正压力区在$\theta=\pi\sim 2\pi$ 范围内，而在$\theta=0\sim\pi$ 的范围内则为负压力区，这时一般认为油膜已破裂出现了空穴，因此取压力为零。虽然这一边界条件在$\theta=\pi$处给出的压力梯度不连续，但在大气压力或低的供油压力条件下，这一边界条件下算得的油膜力结果与实验结果比较接近，加之这样处理可使理论分析大为简化，因而这种边界条件被用来分析转子进动轨迹为同心圆时的挤压油膜阻尼器特性和转子响应特性。与实际情况更接近的是图 4.4.5(c)所示的雷诺边界条件，即在$\theta<\pi$ 的某一点θ_1开始，便逐渐有了油压，压力区仍为$\theta=\pi$，但是从油膜破裂边界算起，即在$\theta\sim\theta_1+\pi$ 的范围内为正压，其他地方压力为零。由这种边界条件得出的油膜反力比半 Sommerfeld 边界条件得出的油膜反力约大 10%。以往在挤压油膜阻尼器支承的转子系统的动力学分析中很少采用这种边界条件，因为由这种边界条件得出的油膜力很复杂，很难得出转子响应的解析解。随着非线性动力学的发展，对非协调响应、拟周期响应、分岔和混沌响应的分析

得到了高度重视，对这类响应的分析必须用雷诺边界条件，因为这时响应已不再是同心圆了。更准确的边界条件为如图 4.4.5(d)所示的 Floberg 边界条件，这一条件表示油膜还能承受一定的负压力，油膜压力区的左边界在 0～π 的某点处。

4.4.4　挤压油膜力、油膜刚度和油膜阻尼

1. 短轴承近似理论

方程(4.4.5)很难得到解析解，一般只能通过数值积分或其他数值方法求解。近似求解方程(4.4.5)最常用的方法是短轴承近似理论，即认为若阻尼器的长径比很小($L/(2R)<0.25$，其中 L 为阻尼器的轴向承载长度)、两端没有端封、滑油的端泄不受限制，则油膜压力沿轴线方向 z 的变化远比沿周向 θ 的变化大，故可将 $\partial p/\partial\theta$ 项略去。对于短轴承近似理论，方程(4.4.5)可改写为

$$\frac{\partial}{\partial z}\left(h^3\frac{\partial p}{\partial z}\right)=-12\mu\dot{\psi}\frac{\partial h}{\partial\theta}+12\mu\frac{\partial h}{\partial t} \tag{4.4.8}$$

假定阻尼器轴向无倾斜，则有

$$h=c(1+\varepsilon\cos\theta)\ ,\quad \partial h/\partial\theta=-c\varepsilon\sin\theta\ ,\quad \partial h/\partial t=c\dot{\varepsilon}\cos\theta \tag{4.4.9}$$

方程(4.4.8)可写为

$$\frac{\partial^2 p}{\partial z^2}=\frac{12\mu}{c^2(1+\varepsilon\cos\theta)^3}(\varepsilon\dot{\psi}\sin\theta+\dot{\varepsilon}\cos\theta) \tag{4.4.10}$$

利用三角函数的 Sommerfeld 变换，经两次积分得

$$p(\theta,z)=\frac{12\mu}{c^2(1+\varepsilon\cos\theta)^3}(\varepsilon\dot{\psi}\sin\theta+\dot{\varepsilon}\cos\theta)\times\frac{1}{2}z^2+c_1z+c_2 \tag{4.4.11}$$

式中，c_1、c_2 为积分常数。

若取阻尼器两端边界 $z=\pm L/2$ 处的边界条件为 $p(\theta,-L/2)=p_1$, $p(\theta,L/2)=p_2$，则有

$$p(\theta,z)=\frac{6\mu}{c^2(1+\varepsilon\cos\theta)^3}(\varepsilon\dot{\psi}\sin\theta+\dot{\varepsilon}\cos\theta)\left(z^2-\frac{L^2}{4}\right)+(p_1-p_2)\frac{z}{L}+\frac{1}{2}(p_1-p_2) \tag{4.4.12}$$

式(4.4.12)就是在短轴承假设下挤压油膜内的压力分布。

若在阻尼器两端 $z=\pm L/2$ 处的压力为工作环境压力 p_a，则可以设 p_a=0 (表压力=0)，故在式(4.4.12)中可以取 $p_1=0$，$p_2=0$，这一假设在挤压油膜阻尼器的分析中得到了广泛应用。

将油膜压力 $p(\theta,z)$ 沿轴向 z 和周向 θ 进行积分可以得出挤压油膜力。取工作环境压力为基准压力，并假定 $p_1=0$，$p_2=0$，由式(4.4.12)可得使 $p(\theta,z)$=0 时

的 θ 值为

$$\theta_1=\arctan[-\dot{\varepsilon}/(\varepsilon\psi)],\quad \theta_2=\theta_1+\pi \tag{4.4.13}$$

这就是雷诺边界条件，这时油膜反力的径向和切向分量为

$$\begin{aligned}F_r&=\int_{-L/2}^{L/2}\int_{\theta_1}^{\theta_2}p(\theta,z)R\cos\theta\mathrm{d}\theta\mathrm{d}z\\F_t&=\int_{-L/2}^{L/2}\int_{\theta_1}^{\theta_2}p(\theta,z)R\sin\theta\mathrm{d}\theta\mathrm{d}z\end{aligned} \tag{4.4.14}$$

将式(4.4.12)代入式(4.4.14)可得

$$F_r=\frac{\mu RL^3}{c^2}(\dot{\varepsilon}I_2+\varepsilon\dot{\psi}I_1),\quad F_t=\frac{\mu RL^3}{c^2}(\dot{\varepsilon}I_1+\varepsilon\dot{\psi}I_3) \tag{4.4.15}$$

式中，

$$\begin{aligned}&I_1=\int_{\theta_1}^{\theta_2}\frac{\sin\theta\cos\theta}{(1+\varepsilon\cos\theta)^3}\mathrm{d}\theta,\quad I_2=\int_{\theta_1}^{\theta_2}\frac{\cos^2\theta}{(1+\varepsilon\cos\theta)^3}\mathrm{d}\theta\\&I_3=\int_{\theta_1}^{\theta_2}\frac{\sin^2\theta}{(1+\varepsilon\cos\theta)^3}\mathrm{d}\theta\end{aligned} \tag{4.4.16}$$

式(4.4.16)是 Sommerfeld 积分。

对于半 Sommerfeld 假设，$\theta_1=\pi$，$\theta_2=2\pi$，即为常用的 π 油膜假设，这时的油膜力为

$$F_r=\frac{\mu RL^3}{c^2}\left[\frac{2\dot{\psi}\varepsilon}{(1-\varepsilon^2)^2}\varepsilon+\frac{\pi}{2}\frac{(1+2\varepsilon^2)}{(1-\varepsilon^2)^{5/2}}\dot{\varepsilon}\right],\quad F_t=\frac{\mu RL^3}{c^2}\left[\frac{\pi\dot{\psi}}{2(1-\varepsilon^2)^{3/2}}\varepsilon+\frac{2\varepsilon}{(1-\varepsilon^2)^2}\dot{\varepsilon}\right] \tag{4.4.17}$$

从式(4.4.13)可以看出，只有当 $\varepsilon=0$ 时才有 $\theta_1=\pi$，因而式(4.4.16)实际上仅适用于稳态响应为同心圆响应的情形，且此时转子做同步进动，$\dot{\psi}$ 等于转子转速 ω。

对于无空穴的全油膜情况，$\theta_1=0$、$\theta_2=2\pi$，则有

$$\begin{aligned}F_r&=\frac{\mu RL^3}{c^2}\frac{\pi(1+2\varepsilon^2)}{(1-\varepsilon^2)^{5/2}}\dot{\varepsilon}\\F_t&=\frac{\mu RL^3}{c^2}\frac{\pi\omega}{(1-\varepsilon^2)^{3/2}}\varepsilon\end{aligned} \tag{4.4.18}$$

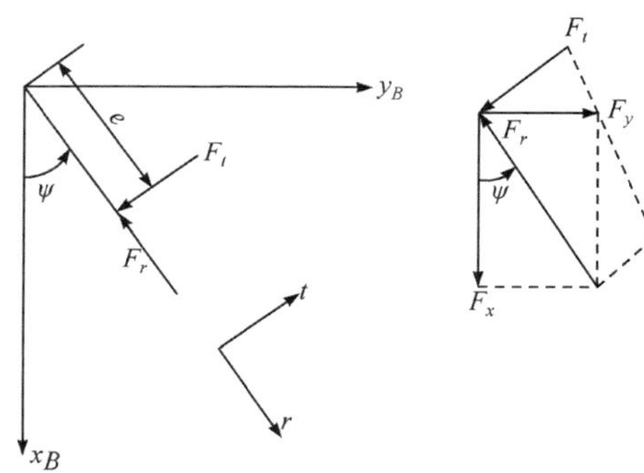

图 4.4.6　油膜力的坐标变换

上述的油膜力均可在直角坐标系中给出，如图 4.4.6 所示。

由图 4.4.6 可见，用复变量 F 表示油膜力为

$$F = F_x + \mathrm{i}F_y = -(F_r + \mathrm{i}F_t)\mathrm{e}^{\mathrm{i}\psi} \tag{4.4.19}$$

式中，i 为虚数单位；ψ 为进动角，并且有 $x+\mathrm{i}y = e\mathrm{e}^{\mathrm{i}\psi}$ ， $x = e\cos\psi$ ， $y = e\sin\psi$ 。因而有

$$F_x = \frac{1}{\sqrt{x^2+y^2}}(xF_r - yF_t)\text{ ， } F_y = \frac{1}{\sqrt{x^2+y^2}}(yF_r + xF_t) \tag{4.4.20}$$

式(4.4.16)～式(4.4.20)即挤压油膜轴承在短轴承理论下的油膜力表达式，其中式(4.4.15)适用于转子做任意运动的情况，而式(4.4.17)和式(4.4.18)仅适用于响应为稳态同心圆的情形。

2. 长轴承近似理论

若挤压油膜轴承两端有端封，则油膜压力沿轴向的变化远比沿周向的变化小，尤其是对长径比(L/R)较大的挤压油膜阻尼器轴承，因而可以将雷诺方程(4.4.5)中的 $\partial p/\partial z$ 项略去，这就是长轴承近似理论。根据这一假设，方程(4.4.5)可改写为

$$\frac{\partial}{\partial\theta}\left(h^3\frac{\partial p}{\partial\theta}\right) = -12\mu R^2\dot{\psi}\frac{\partial h}{\partial\theta} + 12\mu R^2\frac{\partial h}{\partial\theta} \tag{4.4.21}$$

利用式(4.4.9)，有

$$\frac{\mathrm{d}}{\mathrm{d}\theta}\left(h^3\frac{\partial p}{\partial\theta}\right) = 12\mu R^2 c(\varepsilon\dot{\psi}\sin\theta + \dot{\varepsilon}\cos\theta) \tag{4.4.22}$$

利用 Sommerfeld 变换，根据边界条件 $p_1(0,z) = p_1(2\pi,z) = p_\mathrm{s}$ ，p_s 为供油压力，式(4.4.22)经两次积分，可得

$$p(\theta,z) = \frac{12\mu R^2}{c^2}\left\{-\varepsilon\dot{\psi}\frac{\sin\theta(2+\varepsilon\cos\theta)}{(2+\varepsilon^2)(1+\varepsilon\cos\theta)} + \frac{\dot{\varepsilon}[(1+\varepsilon\cos\theta)^{-2} - (1+\varepsilon)^{-2}]}{2\varepsilon}\right\} + p_\mathrm{s} \tag{4.4.23}$$

式(4.4.23)就是长轴承假设下挤压油膜内的压力分布。

根据式(4.4.21)，对式(4.4.23)积分，则可分别得到油膜反力的径向和切向分量 F_r、F_t，即

$$\begin{aligned} F_r &= -\int_{-L/2}^{L/2}\int_{\theta_1}^{\theta_2} p(\theta,z)R\cos\theta\mathrm{d}\theta\mathrm{d}z = RL\int_{\theta_1}^{\theta_2} p(\theta,z)\cos\theta\mathrm{d}\theta \\ F_t &= -\int_{-L/2}^{L/2}\int_{\theta_1}^{\theta_2} p(\theta,z)R\sin\theta\mathrm{d}\theta\mathrm{d}z = RL\int_{\theta_1}^{\theta_2} p(\theta,z)\sin\theta\mathrm{d}\theta \end{aligned} \tag{4.4.24}$$

对长轴承，如果采用雷诺边界条件，则很难确定油膜的起点位置 θ_1 ，因而分析时大多采用半油膜或全油膜 Sommerfeld 边界条件。对π 油膜的半 Sommerfeld 边界条件，即 $\theta_1 = \pi$ 、 $\theta_2 = 2\pi$ ，则有

$$F_r = \frac{6\mu R^3 L}{c^2}\left[\frac{4\dot{\psi}\varepsilon^2}{(2+\varepsilon^2)(1-\varepsilon^2)} + \frac{\pi\dot{\varepsilon}}{(1-\varepsilon^2)^{3/2}}\right]$$
$$F_t = \frac{12\mu R^3 L}{c^2}\left[\frac{\pi\dot{\psi}\varepsilon}{(2+\varepsilon^2)\sqrt{1-\varepsilon^2}} + \frac{2\dot{\varepsilon}}{(1+\varepsilon)(1-\varepsilon^2)}\right] + 2LRp_s \tag{4.4.25}$$

对 2π 油膜的 Sommerfeld 边界条件，即 $\theta_1 = 0$，$\theta_2 = 2\pi$，则有

$$F_r = \frac{12\mu R^3 L}{c^2}\frac{\pi\dot{\varepsilon}}{(1-\varepsilon^2)^{3/2}},\quad F_t = \frac{24\mu R^3 L}{c^2}\frac{\pi\dot{\psi}\varepsilon}{(2+\varepsilon^2)\sqrt{1-\varepsilon^2}} \tag{4.4.26}$$

对于稳态圆进动的情况，转子进动转速与自转转速同步，因而 $\dot{\psi} = \omega$。

同样，可以根据式(4.4.20)求出在直角坐标系下的油膜力分量 F_x、F_y。

3. 挤压油膜力线性化表达式及油膜力刚度和阻尼系数

在分析转子的动力特性时，除要考虑转子支承系统自身的刚度和阻尼，还要计及油膜动刚度和阻尼，油膜动刚度要小于转子支承刚度，而油膜阻尼则远大于转子支承系统的其他阻尼。为了分析转子-挤压油膜阻尼器系统的固有特性和稳定性，也需要知道挤压油膜力的线性化刚度和阻尼系数。

挤压油膜力具有高度的非线性，对非线性力的线性化，一般都是通过在某一稳态解(平衡位置)附近的小扰动得到的，即将非线性油膜力在某一稳态解处展开为泰勒(Taylor)级数，并略去高阶小量，得到线性化的油膜力，而线性化油膜力的系数即油膜动力特性系数。按定义，油膜刚度为单位位移所引起的油膜弹性恢复力，油膜阻尼为单位速度所引起的油膜阻尼力。

如图 4.4.6 所示，可以将油膜力写成复变量形式，即

$$F = F_x + \mathrm{i}F_y = -(F_r + \mathrm{i}F_t)\mathrm{e}^{\mathrm{i}\psi} \tag{4.4.27}$$

用复变量 z 表示 $z=x+\mathrm{i}y=e\mathrm{e}^{\mathrm{i}\psi_0}$，将 F 在某一稳态解 z_0 附近展开为泰勒级数并略去高阶小量，则有

$$F = F_0 + \left(\frac{\partial F}{\partial z}\right)_0 z_1 + \left(\frac{\partial F}{\partial z}\right)_0 \overline{z}_1 + \left(\frac{\partial F}{\partial z}\right)_0 \dot{z}_1 + \left(\frac{\partial F}{\partial z}\right)_0 \dot{\overline{z}}_1 \tag{4.4.28}$$

式中，下标“0”表示代入稳态解 z_0 后的值；$z_1 = z - z_0$；$\overline{z}_1$ 表示 z_1 的共轭。稳态解的形式越复杂，油膜力的线性系数也越复杂。到目前为止，对油膜力的线性化都是关于稳态同心圆响应的，因为这时有 $z_0 = e_0\mathrm{e}^{\mathrm{i}\psi_0}$，$e_0$ 为常数，$\psi_0 = \omega t$，ω 为转子转速。

式(4.4.28)表示的油膜力在与转轴同步旋转的坐标系中分析起来很方便。下面仅给出在短轴承、π 油膜 Sommerfeld 条件假设下，转子稳态响应为同心圆时的油

膜力线性系数表达式。这种情况下的油膜力由式(4.4.17)给出，若记

$$I_1=\frac{2\varepsilon}{(1-\varepsilon^2)^2},\quad I_2=\frac{\pi}{2}\frac{1+2\varepsilon^2}{(1-\varepsilon^2)^{5/2}},\quad I_3=\frac{\pi}{2(1-\varepsilon^2)^{3/2}} \tag{4.4.29}$$

则式(4.4.17)可写为

$$F_r=\frac{\mu RL^3}{c^2}(\varepsilon\dot{\psi}I_1+\dot{\varepsilon}I_2),\quad F_t=\frac{\mu RL^3}{c^2}(\varepsilon\dot{\psi}I_3+\dot{\varepsilon}I_1) \tag{4.4.30}$$

因为 $z=e\mathrm{e}^{\mathrm{i}\psi}$ ， $\overline{z}=e\mathrm{e}^{-\mathrm{i}\psi}$ ， $\varepsilon=e/c$ ，有

$$\varepsilon=\frac{|z|}{c}=\frac{\sqrt{z\overline{z}}}{c},\quad \mathrm{e}^{\mathrm{i}\psi}=\frac{z}{|z|},\quad \dot{\varepsilon}=\mathrm{Re}\left(\frac{\overline{z}\dot{z}}{c|z|}\right),\quad \varepsilon\dot{\psi}=\mathrm{Im}\left(\frac{\overline{z}\dot{z}}{c|z|}\right) \tag{4.4.31}$$

从而有

$$\begin{aligned}F&=F_x+\mathrm{i}F_y=-(F_r+\mathrm{i}F_t)\mathrm{e}^{\mathrm{i}\psi}\\&=\frac{\mu RL^3}{c^3}\left\{\frac{2\mathrm{i}\dot{\overline{z}}z^{3/2}}{\overline{z}^{1/2}(1-z\overline{z})^2}+\frac{\pi}{4(1-z\overline{z})^{5/2}}[(2+z\overline{z})\dot{z}+3z^2\dot{\overline{z}}]\right\}\end{aligned} \tag{4.4.32}$$

将式(4.4.32)展开为泰勒级数，代入稳态圆响应 $z_0=\varepsilon_0\mathrm{e}^{\mathrm{i}\psi_0}/c$ ， $\psi_0=\omega t$ ，并经整理后得到

$$F=-\frac{\mu RL^3}{c^3}\{[f_0+A_1z_1+(B_1+\mathrm{i}C_1)\mathrm{e}^{2\mathrm{i}\psi_0}\overline{z}_1]\omega+A_2\dot{z}_1+(B_2+\mathrm{i}C_2)\mathrm{e}^{2\mathrm{i}\psi_0}\dot{\overline{z}}_1\} \tag{4.4.33}$$

式中，

$$z_1=z-z_0,\quad f_0=(K_0+\mathrm{i}C_0)\varepsilon_0\mathrm{e}^{\mathrm{i}\psi_0}$$

$$\begin{aligned}&K_0=\frac{2\varepsilon_0}{(1-\varepsilon_0^2)^2},\quad C_0=\frac{\pi}{2(1-\varepsilon_0^2)^{3/2}},\quad A_1=\frac{(3+\varepsilon_0^2)\varepsilon_0}{(1-\varepsilon_0^2)^3},\quad B_1=\frac{(5\varepsilon_0^2-1)\varepsilon_0}{(1-\varepsilon_0^2)^3}\\&C_1=\frac{2\pi\varepsilon_0^2}{2(1-\varepsilon_0^2)^{5/2}},\quad A_2=\frac{(2+\varepsilon_0^2)\pi}{4(1-\varepsilon_0^2)^{5/2}},\quad B_2=\frac{3\pi\varepsilon_0^2}{4(1-\varepsilon_0^2)^{5/2}},\quad C_2=\frac{2\varepsilon_0}{2(1-\varepsilon_0^2)^2}\end{aligned} \tag{4.4.34}$$

式(4.4.33)是线性化油膜力的复变量表达式。可以看出，一般情况下，线性化油膜力系数是时间的周期函数，周期为 $T=\pi/\omega$ 。将 $z_1=x_1+\mathrm{i}y_1$ 代入式(4.4.33)并分开实、虚部可得线性化油膜力在 x、y 方向的表达式，这时油膜力系数仍为时间的周期函数。

若在与转轴同步运动的旋转坐标系中分析问题，做复变量变换，即

$$z_1=w_1\mathrm{e}^{\mathrm{i}\psi_0} \tag{4.4.35}$$

式中，$w_1=r_1+\mathrm{i}t_1$ ；r_1 、t_1 分别表示在径向和切向转子位移的扰动量。做变换 $\tau=\omega t$ ，则有 $\mathrm{d}/\mathrm{d}t=\omega\mathrm{d}/\mathrm{d}\tau$ ，用“′”表示 $\mathrm{d}/\mathrm{d}\tau$ ，则有

$$z_1 = w_1 \mathrm{e}^{-\mathrm{i}\psi_0}, \quad \overline{z}_1 = \overline{w}_1 \mathrm{e}^{-\mathrm{i}\psi_0}$$
$$\dot{z}_1 = \omega z_1' = \omega(w_1' + \mathrm{i}w_1)\mathrm{e}^{\mathrm{i}\psi_0}, \quad \dot{\overline{z}}_1 = \omega \overline{z}_1' = \omega(\overline{w}_1' - \mathrm{i}\overline{w}_1)\mathrm{e}^{-\mathrm{i}\psi_0} \tag{4.4.36}$$

将式(4.4.35)和式(4.4.36)代入式(4.4.33)得

$$\begin{aligned} F &= \frac{\mu R\omega L^3}{c^3}[f_0 + A_1 z_1 + (B_1 + \mathrm{i}C_1)\mathrm{e}^{2\mathrm{i}\psi_0}\overline{z}_1 + A_2 z_1' + (B_2 + \mathrm{i}C_2)\mathrm{e}^{2\mathrm{i}\psi_0}\overline{z}_1'] \\ &= \frac{\mu R\omega L^3}{c^3}\{f_0 + [A_1 w_1 + (B_1 + \mathrm{i}C_1)\overline{w}_1 + A_2(w_1' + \mathrm{i}w_1) + (B_2 + \mathrm{i}C_2)(\overline{w}_1' + \mathrm{i}\overline{w}_1)]\mathrm{e}^{\mathrm{i}\psi_0}\} \end{aligned} \tag{4.4.37}$$

将 $w_1 = r_1 + \mathrm{i}t_1$ 代入式(4.4.37)，设 $F = -\omega(F_r + \mathrm{i}F_t)\mathrm{e}^{\mathrm{i}\psi_0}$，分开实、虚部后可得油膜力 F_r 和 F_t 的无量纲化表达式为

$$\begin{aligned} F_r &= \frac{\mu R\omega L^3}{c^3}[K_0\varepsilon_0 + (A_1 + B_1 + C_2)r_1 + (C_1 - A_2 - B_2)t_1 + (A_2 + B_2)r_1' + C_2 t_1'] \\ F_t &= \frac{\mu R\omega L^3}{c^3}[C_0\varepsilon_0 + (C_1 + A_2 - B_2)r_1 + (A_1 - B_1 - C_2)t_1 + C_2 r_1' + (A_2 + B_2)t_1'] \end{aligned} \tag{4.4.38}$$

将式(4.4.34)中 A_i、B_i 和 C_i (i=1, 2)的表达式代入式(4.4.38)可得

$$\begin{aligned} F_r &= \frac{\mu R\omega L^3}{c^3}(K_0\varepsilon_0 + K_{rr}r_1 + K_{rt}t_1 + C_{rr}r_1' + C_{rt}t_1') \\ F_t &= \frac{\mu R\omega L^3}{c^3}(C_0\varepsilon_0 + K_{tr}r_1 + K_{tt}t_1 + C_{tr}r_1' + C_{tt}t') \end{aligned} \tag{4.4.39}$$

式中，

$$K_0 = \frac{2\varepsilon_0}{(1-\varepsilon_0^2)^2}, \quad C_0 = \frac{\pi}{2(1-\varepsilon_0^2)^{3/2}} \tag{4.4.40}$$

$$\begin{aligned} &K_{rr} = \frac{4\varepsilon_0(1+\varepsilon_0^2)}{(1-\varepsilon_0^2)^3}, \quad K_{rt} = \frac{-\pi}{2(1-\varepsilon_0^2)^{3/2}}, \quad K_{tr} = \frac{\pi(1+2\varepsilon_0^2)}{2(1-\varepsilon_0^2)^{5/2}}, \quad K_{tt} = \frac{2\varepsilon_0}{(1-\varepsilon_0^2)^2} \\ &C_{rr} = \frac{\pi(1+2\varepsilon_0^2)}{2(1-\varepsilon_0^2)^{5/2}}, \quad C_{rt} = \frac{2\varepsilon_0}{(1-\varepsilon_0^2)^2}, \quad C_{tr} = \frac{2\varepsilon_0}{(1-\varepsilon_0^2)^2}, \quad C_{tt} = \frac{\pi}{2(1-\varepsilon_0^2)^{3/2}} \end{aligned} \tag{4.4.41}$$

式(4.4.41)即极坐标系下油膜力的八个无量纲刚度和阻尼系数，这些系数可用于系统的线性稳定性分析和其他响应特性分析。

其他油膜边界条件及长轴承假设下的油膜力线性化表达式、线性化刚度和阻尼系数可用类似的方法得到。对于有限长挤压油膜阻尼器轴承，可以通过各种近似方法和数值方法直接求解雷诺方程(4.4.5)得到油膜压力分布，再对油膜压力沿轴向和周向积分得到挤压油膜力。

4.4.5　考虑油膜惯性力影响的挤压油膜力及其线性化表达式

在以往有关挤压油膜阻尼器轴承的分析中，认为油膜惯性力的作用非常小，因而忽略其影响。随着转子转速的提高，油膜惯性力的影响已不容忽略。实验表明，不考虑油膜惯性力影响所造成的误差有时可高达 60%。如用 $Re=\rho\omega c^2/\mu$ 表示挤压油膜阻尼器的雷诺数，研究表明在很低的雷诺数下不考虑惯性力的影响是合理的，但雷诺数越大，惯性力的影响也越大，通常认为当 $Re>1$ 时就应考虑油膜惯性力的影响。

一般情况下，挤压油膜阻尼器的刚度随雷诺数的增大而减小，而阻尼力则随雷诺数的增大而增大，因而考虑油膜惯性力后，阻尼器的减振性能和稳定性将明显改善，转子的振动峰值和双稳态响应区将会减小。

下面导出考虑油膜惯性影响后短轴承挤压油膜力的表达式，对长轴承近似下的结果可类似得到。

在短轴承假设下，关于在 yz 平面内二维流动的 Navier-Stokes 方程为

$$\frac{\partial p}{\partial z}=\mu\frac{\partial^2 w}{\partial y^2}-\rho\left(r\frac{\partial w}{\partial y}+w\frac{\partial w}{\partial z}\right) \tag{4.4.42}$$

而连续方程为

$$\frac{\partial v}{\partial y}+\frac{\partial w}{\partial z}=0 \tag{4.4.43}$$

式中，y 和 z 分别表示径向和轴向；v 和 w 分别为流体在 y 和 z 方向的速度；μ 和 ρ 分别为流体的黏度和密度。

在油膜惯性力的分析中，通常可以假设流体惯性对速度分布影响不大，可以忽略，因而有

$$w=6z\left(\frac{y^2}{h^3}-\frac{y}{h^2}\right)\frac{\partial h}{\partial t} \tag{4.4.44}$$

式中，h 为油膜厚度。对挤压油膜阻尼器这种特殊形式，可以用平均轴向压力分布来近似油膜压力分布 $\partial p/\partial z$ 。已有多种近似求解平均轴向压力分布的方法，其中常用的三种方法可分别定义为动量近似方法、能量近似方法和动量分析方法，这三种方法分别给出公式为

$$\frac{\partial p}{\partial z}=\frac{\mu}{h}\int_0^h\frac{\partial^2 w}{\partial y^2}\mathrm{d}y-\frac{\rho}{h}\int_0^h\frac{\partial w}{\partial t}\mathrm{d}y-\frac{\rho}{h}\left(\frac{\partial}{\partial z}\int_0^h w^2\mathrm{d}y\right) \tag{4.4.45}$$

$$\frac{\partial p}{\partial z}=\left[\mu\int_0^h w\frac{\partial^2 w}{\partial y^2}\mathrm{d}y-\rho\int_0^h w\frac{\partial w}{\partial t}\mathrm{d}y-\rho\int_0^h w\left(v\frac{\partial w}{\partial y}+w\frac{\partial w}{\partial z}\right)\mathrm{d}y\right]\bigg/\int_0^h w\mathrm{d}y \tag{4.4.46}$$

$$\frac{\partial p}{\partial z}=\frac{\mu}{h}\int_0^h\frac{\partial^2 w}{\partial y^2}\mathrm{d}y-\frac{\rho}{h}\left(\frac{\partial}{\partial t}\int_0^h w\mathrm{d}y\right)-\rho\left[\frac{\partial}{\partial z}\left(\frac{1}{h}\int_0^h w\mathrm{d}y\right)^2\right] \tag{4.4.47}$$

将式(4.4.44)分别代入式(4.4.45)～式(4.4.47)并积分，分别可得

$$\frac{\partial p}{\partial z}=12\left\{\mu\left(\frac{z}{h^3}\frac{\partial h}{\partial t}\right)+\rho\left(\frac{z}{12h}\frac{\partial^2 h}{\partial t^2}\right)-\rho\left[\frac{z}{5h^2}\left(\frac{\partial h}{\partial t}\right)^2\right]\right\} \tag{4.4.48}$$

$$\frac{\partial p}{\partial z}=12\left\{\mu\left(\frac{z}{h^3}\frac{\partial h}{\partial t}\right)+\rho\left(\frac{z}{10h}\frac{\partial^2 h}{\partial t^2}\right)-\rho\left[\frac{17z}{70h^2}\left(\frac{\partial h}{\partial t}\right)^2\right]\right\} \tag{4.4.49}$$

$$\frac{\partial p}{\partial z}=12\left\{\mu\left(\frac{z}{h^3}\frac{\partial h}{\partial t}\right)+\rho\left(\frac{z}{12h}\frac{\partial^2 h}{\partial t^2}\right)-\rho\left[\frac{z}{6h^2}\left(\frac{\partial h}{\partial t}\right)^2\right]\right\} \tag{4.4.50}$$

综合式(4.4.48)～式(4.4.50)的结果有

$$\frac{\partial p}{\partial z}=12\left\{\mu\left(\frac{z}{h^3}\frac{\partial h}{\partial t}\right)+\rho\left(\frac{k_1 z}{h}\frac{\partial^2 h}{\partial t^2}\right)-\rho\left[\frac{k_2 z}{h^2}\left(\frac{\partial h}{\partial t}\right)^2\right]\right\} \tag{4.4.51}$$

式中，k_1 和 k_2 为惯性项的数值常数，对动量近似方法、能量近似方法和动量分析方法，k_1 分别为 1/12、1/10 和 1/12，k_2 分别为 1/5、17/70 和 1/6。

利用边界条件 $z=\pm L/2$ 时压力 $p=0$，对式(4.4.51)进行积分，可得油膜压力分布的表达式为

$$p=12\left(\frac{z^2}{2}-\frac{L^2}{8}\right)\left\{\mu\left(\frac{1}{h^3}\frac{\partial h}{\partial t}\right)+\rho\left(\frac{k_1}{h}\frac{\partial^2 h}{\partial t^2}\right)-\rho\left[\frac{k_2}{h^2}\left(\frac{\partial h}{\partial t}\right)^2\right]\right\} \tag{4.4.52}$$

将油膜压力沿周向和轴向进行积分可得油膜力的径向和切向分量为

$$\begin{aligned}F_r&=-\int_{-L/2}^{L/2}\int_{\theta_2}^{\theta_1}Rp\cos\theta\mathrm{d}\theta\mathrm{d}z\\F_t&=-\int_{-L/2}^{L/2}\int_{\theta_2}^{\theta_1}Rp\sin\theta\mathrm{d}\theta\mathrm{d}z\end{aligned} \tag{4.4.53}$$

式中，θ_1 和 θ_2 分别为油膜压力区的边界；$\theta=\varphi-\psi$，如图 4.4.7 所示。

将式(4.4.53)积分并整理后可得

$$F_r=\frac{\mu\omega RL^3}{c^2}f_r,\quad F_t=\frac{\mu\omega RL^3}{c^2}f_t \tag{4.4.54}$$

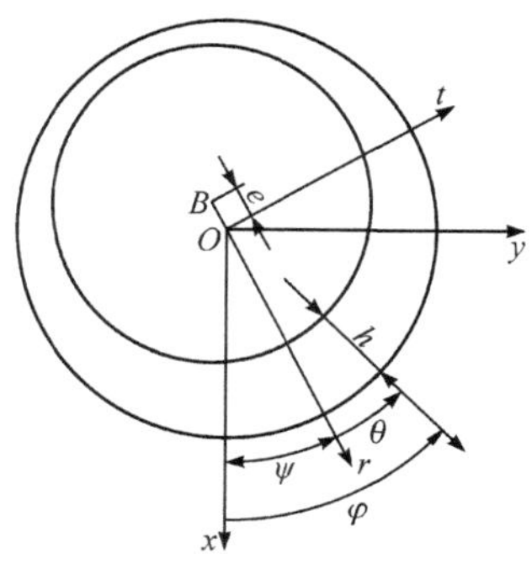

图 4.4.7　挤压油膜阻尼器坐标关系

式中，无量纲油膜力 f_r 和 f_t 分别为

$$f_r = C_{rr}e' + C_{rt}e\psi' + Re(M_{\mathrm{rrad}}e'' + M_{\mathrm{rnon}}e'^2/e + M_{\mathrm{rtan}}e\psi'' + 2M_{\mathrm{rcor}}e'\psi' - M_{\mathrm{rcen}}e\psi'^2) \tag{4.4.55}$$

$$f_t = C_{tr}e' + C_{tt}e\psi' + Re(M_{\mathrm{trad}}e'' + M_{\mathrm{tnon}}e'^2/e + M_{\mathrm{ttan}}e\psi'' + 2M_{\mathrm{tcor}}e'\psi' + M_{\mathrm{tcen}}e\psi'^2) \tag{4.4.56}$$

式中，“′”是对变量 τ 的导数，即 d/dτ，$\tau = \omega t$；M_{ij} 为油膜力惯性系数，其具体表达式如表 4.4.1 所示；$Re = \rho\omega c^2/\mu$ 为挤压油膜阻尼器雷诺数，当 Re=0，不考虑油膜惯性力影响时的油膜力表达式为式(4.4.17)。

表 4.4.1 油膜力阻尼和惯性系数表达式

系数	表达式	系数	表达式
C_{rr}	I_3^{02}	C_{tr}	I_3^{12}
C_{rt}	I_3^{11}	C_{tt}	I_3^{20}
$M_{r\mathrm{rad}}$	$k_1I_3^{02}$	$M_{t\mathrm{rad}}$	$k_1I_1^{11}$
$M_{r\mathrm{non}}$	$-k_2I_2^{03}e$	$M_{t\mathrm{non}}$	$-k_2I_2^{12}e$
$M_{r\mathrm{tan}}$	$k_1I_1^{11}$	$M_{t\mathrm{tan}}$	$k_1I_1^{20}$
$M_{r\mathrm{cor}}$	$k_1I_1^{11} - k_2I_2^{12}e$	$M_{t\mathrm{cor}}$	$k_1I_1^{20} - k_2I_2^{21}e$
$M_{r\mathrm{cen}}$	$k_1I_1^{02}+k_2I_2^{21}e$	$M_{t\mathrm{cen}}$	$-k_1I_1^{11} - k_2I_2^{30}e$

表 4.4.1 中，I_n^{lm} 为 Booker 积分，即

$$I_n^{lm} = \int_{\theta_1}^{\theta_2} \frac{\sin^l\theta\cos^m\theta}{(1+e\cos\theta)^n}\mathrm{d}\theta \tag{4.4.57}$$

I_n^{lm} 的值可以用 Sommerfeld 变换求得。对短轴承、π 油膜假设下的雷诺边界条件，可取 $\theta_1 = \arctan[e'/(e\psi')]$、$\theta_2=\theta_1+\pi$；对半 Sommerfeld 边界条件，可取 $\theta_1=\pi$、$\theta_2=2\pi$；而对全 Sommerfeld 边界条件，可取 $\theta_1=0$、$\theta_2=2\pi$。

式(4.4.55)和式(4.4.56)表明油膜惯性力 F_r 和 F_t 是轴颈加速度的函数，即径向加速度 e''、切向加速度 $e\psi''$、向心加速度 $e\psi'^2$ 以及哥氏加速度 $2e'\psi'$ 的函数。另外一个非线性加速度项 e^2/e 是油膜惯性作用的结果。

考虑油膜惯性影响后，挤压油膜力的变化较大，因而对系统的稳定性和响应都会有较大的影响。为了简单了解油膜惯性力的影响，考虑转子响应为稳态同心

圆的情况，则有

$$e' = e'' = 0\ ,\quad e=\text{常数},\quad \psi''=0\ ,\quad \psi'=1$$

代入式(4.4.55)和式(4.4.56)可得

$$f_r = K_0 e\ ,\quad f_t = C_0 e \tag{4.4.58}$$

当取 k_1=1/10，k_2=17/70，即能量分析方法的结果时，有

$$\begin{aligned} K_0 &= C_{rt} - ReM_{tcen} = \frac{2e}{(1-e^2)^{3/2}} - Re\frac{\pi}{70e^2}\left(27 - \frac{27-17e^2}{\sqrt{1-e^2}}\right) \\ C_0 &= C_{tt} + ReM_{tcen} = \frac{\pi}{2(1-e^2)^{3/2}} + Re\left[\frac{-27}{70e}\left(2+\frac{1}{e}\lg\left|\frac{1+e}{1-e}\right|\right)\right] \end{aligned} \tag{4.4.59}$$

图 4.4.8 给出了不同雷诺数 Re 时，油膜刚度 K_0 和阻尼系数 C_0 随 e 的变化情况。由图可以看出，随雷诺数的增大，刚度系数 K_0 减小，阻尼系数 C_0 增大，因而有利于减少振幅，提高稳定性，抑制双稳态响应和非协调响应，但在偏心率 e 较小而雷诺数较大时，则可能由于油膜力的负刚度而降低系统的稳定性。总之，当雷诺数较大时，对挤压油膜力的分析应当考虑油膜惯性力的影响。

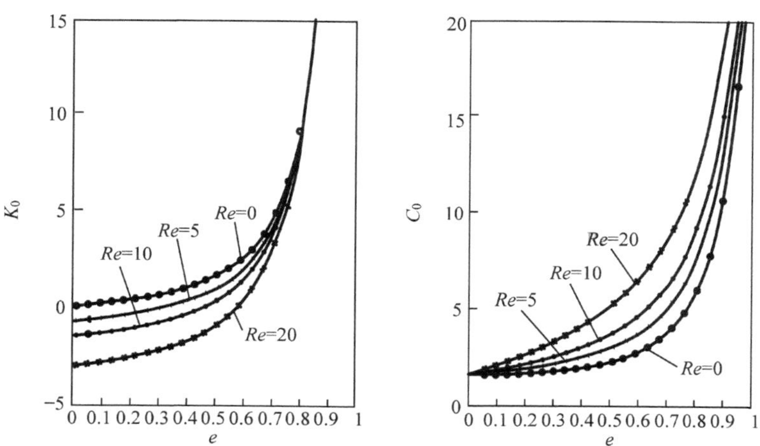

图 4.4.8　油膜刚度 K_0 和阻尼系数 C_0 随 e 和雷诺数的变化情况

4.5　动压滑动轴承对转子系统稳定性的影响

滑动轴承支承的转子系统的动力学行为，除了受制于转子本身材料的弹性模量、质量分布、运行速度等参数，还在很大程度上取决于滑动轴承的动特性，支承的作用将被充分显示出来。

与滚动轴承不同，流体滑动轴承所提供的阻尼能够起到有效抑制强迫振动的作用，使系统平稳地越过临界转速，实现超临界高速运行成为可能；但当系统工作转速超出一定范围时，轴承的动态油膜力可能导致整个系统产生自激振动，从而出现特有的油膜涡动现象。图 4.5.1 为在动压滑动轴承上的单质量弹性转子的圆盘振幅随转动角频率变化的典型曲线。

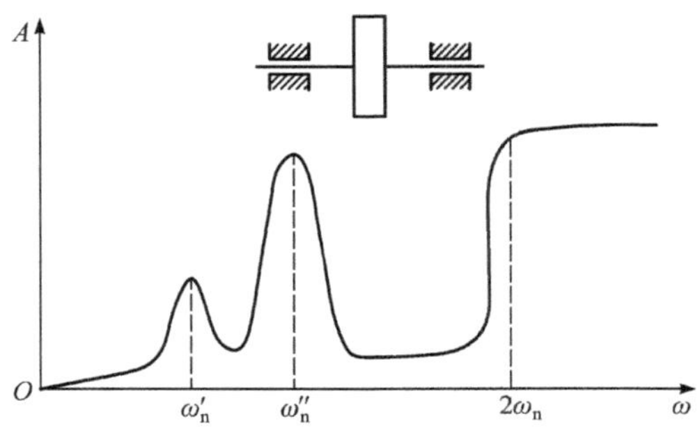

图 4.5.1　单质量弹性转子的圆盘振幅随转动角频率变化的典型曲线

由于油膜刚度和阻尼各向异性的影响，单质量弹性转子的阻尼自然频率在略低于刚支转子自然频率ω_n附近将被分解为两个频率，即ω_n'和ω_n''，并出现两个共振峰。由于阻尼的抑制作用，圆盘的同期共振振幅$A(\omega)$表现为有限值，而不再趋于无穷。当ω继续上升时，转子越过共振区后的振幅将迅速下降并趋于平稳；但当ω超出某一极限频率ω_{st}后，圆盘振幅会出现突然迅速增长的趋势，并在振幅频谱中伴随有明显的低频成分，这表明系统产生了自激振动并逐渐走向失稳，这种低频成分维持在共振频率的 1/2 左右，这种现象通常称为**半速涡动**；当转子转速继续增加到 2 倍刚支临界转速时，自激振动频率将接近于转子的刚支自然频率，转子振幅急剧增加，从而形成**油膜振荡**。油膜振荡一旦发生，即便增大转速也不会消失，这种突发性自激振动所造成的后果往往是灾难性的，因此应当予以特别的重视和关注。

上述动压轴承转子系统可能出现的动力稳定性主要特征表现为：

(1) 油膜涡动或油膜振荡的发生不仅与滑动轴承的结构和参数有关，而且与转子参数有关。当转子受载情况和结构参数不同时，系统的稳定性状况也各异。有些转子系统可能在转速较低时就出现油膜涡动，而当转速增加至一定值时演变为油膜振荡；有些转子可能在转动频率小于 $2\omega_n$ 时并不产生油膜涡动，而在转动频率增至或超过 $2\omega_n$ 时突然发生油膜振荡；转子系统参数选择及匹配比较合理时，可以保证转子系统在整个运行转速范围内始终不产生自激振动。

(2) 油膜涡动和油膜振荡属于一种自激振动，都是由润滑膜动态力所激发的，后者可以看成前者的特例。这两者之间的区别在于油膜涡动的自激频率随着转速的增大而增大，而当涡动发展为振荡时，其振荡频率接近于ω_n，且基本保持不变。

(3) 油膜涡动属于正向涡动。当系统转动频率始终低于 2 倍的系统一阶自然频率时，油膜振荡将不会发生。

4.5.1 单质量弹性转子

在线性范围内研究由径向滑动轴承支承的转子系统的稳定性，通常是在转子发生小扰动的情况下，建立并求解系统运动的动力学微分方程，从而判定系统所处的稳定性状况或趋势。

对于呈强非线性的油膜力，仅取其一阶近似在处理上略显粗糙。其主要缺陷在于不能同时计入同期不平衡激励力的影响，因而无法充分揭示系统的非线性振动特征，但由于线性化处理方法能对系统失稳、半速涡动和油膜振荡的发生做出简单明了的估计，所以在工程分析中被大量采用。

对于如图 4.5.2(a)所示的单质量弹性转子，圆盘质量为 $2m$，轴刚度为 $2k$，转子对称支承在一对完全相同的动压滑动轴承上。设轴颈在轴承中的静平衡位置为 O'，受扰后的瞬时位置为 O''。在直角坐标系 $O'xy$ 中，分别以 x、y、$\dot{x}$、$\dot{y}$、$\ddot{x}$ 和 $\ddot{y}$ 表示轴颈中心在某瞬时的位移、速度和加速度；ξ、η、$\dot{\xi}$、$\dot{\eta}$、$\ddot{\xi}$、$\ddot{\eta}$ 分别为质量块 m 相对于轴颈中心的位移、速度和加速度，如图 4.5.2(b)所示。注意到系统的对称性，可以列出关于系统的力平衡方程。对于轴颈和圆盘，分别有

$$\begin{aligned} k\xi &= \Delta F_x = k_{xx}x + k_{xy}y + c_{xx}\dot{x} + c_{xy}\dot{y} \\ k\eta &= \Delta F_y = k_{yx}x + k_{yy}y + c_{yx}\dot{x} + c_{yy}\dot{y} \end{aligned} \tag{4.5.1}$$

$$m(\ddot{x}+\ddot{\xi}) + k\xi = 0, \quad m(\ddot{y}+\ddot{\eta}) + k\eta = 0 \tag{4.5.2}$$

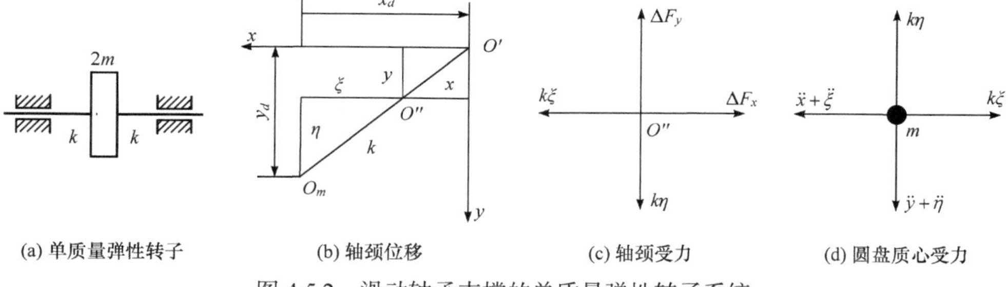

(a) 单质量弹性转子　(b) 轴颈位移　(c) 轴颈受力　(d) 圆盘质心受力

图 4.5.2 滑动轴承支撑的单质量弹性转子系统

将上述微分方程的解 $(x,y,\xi,\eta)=(x_0,y_0,\xi_0,\eta_0)\mathrm{e}^{\gamma t}$ 代入式(4.5.1)和式(4.5.2)后，得到系统的特征方程为

$$a_6\gamma^6 + a_5\gamma^5 + a_4\gamma^4 + a_3\gamma^3 + a_2\gamma^2 + a_1\gamma^1 + a_0 = 0 \tag{4.5.3}$$

其中，系数可表示为

$$
\begin{aligned}
&a_0 = k^2 A_k,\quad a_1 = k^2 A_g,\quad a_2 = k[mk(k_{xx}+k_{yy}) + 2mA_k + kA_d] \\
&a_3 = mk[k(c_{xx}+c_{yy}) + 2A_g],\quad a_4 = m[mk^2 + mk(k_{xx}+k_{yy}) + mA_k + 2kA_d] \\
&a_5 = m^2[k(c_{xx}+c_{yy}) + A_g],\quad a_6 = m^2 A_d^2
\end{aligned} \tag{4.5.4}
$$

式中，

$$
\begin{aligned}
&A_k = k_{xx}k_{yy} - k_{xy}k_{yx},\quad A_d = c_{xx}c_{yy} - c_{xy}c_{yx} \\
&A_g = k_{xx}c_{yy} - k_{yy}c_{xx} - k_{xy}c_{yx} - k_{yx}c_{xy}
\end{aligned} \tag{4.5.5}
$$

特征值γ由式(4.5.3)决定，记

$$
\gamma = -u + \mathrm{i}\omega_j \tag{4.5.6}
$$

系统的稳定性取决于γ在复平面上的分布状况：若 $u>0$，则系统处于稳定状态，当系统由于外扰而偏离其静平衡位置后，其自由振动振幅将随时间增加而逐渐衰减，并最终回复到静平衡位置；若 $u=0$，则系统处于界限状态，系统受扰后将在平衡位置附近以频率ω_j做等幅振荡，其振幅大小由初始条件决定；若 $u<0$，即特征值γ具有正实部，则系统处于不稳定状态，受扰后运动轨迹发散，其振幅将随时间的增加而逐渐增大。

对于系统稳定性状况的精细分析，只能借助于对系统特征值的求解。但如果仅限于在某特定工况下判别系统稳定与否，则问题要简单得多。对于如式(4.5.3)所示的特征方程，判别其特征值是否具有负实部，可采用劳斯-赫尔维茨(Routh-Hurwitz)准则或奈奎斯特(Nyquist)准则，这里仅介绍劳斯-赫尔维茨准则。

对于 n 阶实系数代数方程：

$$
a_n\gamma^n + a_{n-1}\gamma^{n-1} + \cdots + a_1\gamma + a_0 = 0 \tag{4.5.7}
$$

如果式(4.5.7)中所有系数$a_k\,(k=0,1,2,\cdots,n)\neq 0$，那么按系数矩阵

$$
\boldsymbol{\Delta}_n = \begin{bmatrix}
a_1 & a_0 & 0 & 0 & \cdots & 0 & 0 \\
a_3 & a_2 & a_1 & a_0 & \cdots & 0 & 0 \\
a_5 & a_4 & a_3 & a_2 & \cdots & 0 & 0 \\
\vdots & \vdots & \vdots & \vdots & & \vdots & \vdots \\
a_{2n-1} & a_{2n-2} & a_{2n-3} & a_{2n-4} & \cdots & a_{n+1} & a_n
\end{bmatrix} \tag{4.5.8}
$$

所建立的子行列式$\Delta_1 = a_1$，$\Delta_2 = \begin{vmatrix} a_1 & a_0 \\ a_3 & a_2 \end{vmatrix}$，…，$\Delta_n$的值均大于 0，则方程(4.5.7)将只含有负实部的根。

将该准则延拓到复数域内，则对于方程(4.5.7)，定义在复数域内的$a_k = r_k + \mathrm{i}i_k\,(k=0,1,2,\cdots,n)$，虚数$\mathrm{i}=\sqrt{-1}$。如对于系数矩阵：

$$\boldsymbol{\Delta}=\begin{bmatrix} r_0 & -i_0 & 0 & 0 & 0 & 0 & \cdots \\ i_1 & r_1 & r_0 & -i_0 & 0 & 0 & \cdots \\ -r_2 & i_2 & i_1 & r_1 & r_0 & -i_0 & \cdots \\ -i_3 & -r_3 & -r_2 & i_2 & i_1 & r_1 & \cdots \\ r_4 & -i_4 & -i_3 & -r_3 & -r_2 & i_2 & \cdots \\ i_5 & r_5 & r_4 & -i_4 & -i_3 & -r_3 & \cdots \\ -r_6 & i_6 & i_5 & r_5 & r_4 & -i_4 & \cdots \\ -i_7 & -r_7 & -r_6 & i_6 & r_5 & r_5 & \cdots \\ \vdots & \vdots & \vdots & \vdots & \vdots & \vdots & \end{bmatrix} \tag{4.5.9}$$

所有的偶次子行列式的值都大于 0，则该方程的根全部含有负实部。

对于如图 4.5.2 所示的转子系统，在式(4.5.1)和式(4.5.2)中消去ξ和η后，得到

$$\begin{gathered}\left(\frac{mk\gamma^2}{m\gamma^2+k}+k_{xx}+c_{xx}\gamma\right)x_0+(k_{xy}+c_{xy}\gamma)y_0=0 \\ \left(\frac{mk\gamma^2}{m\gamma^2+k}+k_{yy}+c_{yy}\gamma\right)y_0+(k_{yx}+c_{yx}\gamma)x_0=0\end{gathered} \tag{4.5.10}$$

当系统恰好处于界限状态，即 u=0、$\gamma=\mathrm{i}\omega_j$ 时，方程(4.5.10)简化为

$$\begin{gathered}\frac{mk\omega_j^2}{k-m\omega_j^2}x_0=(k_{xx}+\mathrm{i}\omega_j c_{xx})x_0+(k_{xy}+\mathrm{i}\omega_j c_{xy})y_0 \\ \frac{mk\gamma^2}{k-m\omega_j^2}y_0=(k_{yx}+\mathrm{i}\omega_j c_{yx})x_0+(k_{yy}+\mathrm{i}\omega_j c_{yy})y_0\end{gathered} \tag{4.5.11}$$

式(4.5.11)表明，对处于界限状态下的各向同性转子，由滑动轴承所提供的动态油膜力所起的作用相当于一组各向同性的弹簧，其在 x、y 方向的等效刚度可表示为

$$k_{\mathrm{eq}}=\frac{mk\omega_j^2}{k-m\omega_j^2} \tag{4.5.12}$$

将式(4.5.12)代入式(4.5.11)后得

$$\begin{gathered}(k_{\mathrm{eq}}-k_{xx}-\mathrm{i}\omega_j c_{xx})x_0-(k_{xy}+\mathrm{i}\omega_j c_{xy})y_0=0 \\ -(k_{yx}+\mathrm{i}\omega_j c_{yx})x_0+(k_{\mathrm{eq}}-k_{yy}-\mathrm{i}\omega_j c_{yy})y_0=0\end{gathered} \tag{4.5.13}$$

式(4.5.12)存在非零解的条件为

$$\begin{vmatrix} k_{\mathrm{eq}}-k_{xx}-\mathrm{i}\omega_j c_{xx} & -k_{xy}-\mathrm{i}\omega_j c_{xy} \\ -k_{yx}-\mathrm{i}\omega_j c_{yx} & k_{\mathrm{eq}}-k_{yy}-\mathrm{i}\omega_j c_{yy}\end{vmatrix}=0 \tag{4.5.14}$$

将式(4.5.14)展开，并令其虚、实部分别为零，得

$$\begin{aligned}&(k_{\mathrm{eq}}-k_{xx})(k_{\mathrm{eq}}-k_{yy})-\omega_j^2(c_{xx}c_{yy}-c_{xy}c_{yx})-k_{xy}k_{yx}=0\\&(k_{\mathrm{eq}}-k_{yy})c_{xx}+(k_{\mathrm{eq}}-k_{xx})c_{yy}+k_{yx}c_{xy}+k_{xy}c_{yx}=0\end{aligned} \tag{4.5.15}$$

引入临界涡动比γ_{st}，并记

$$k_{ij}=\frac{\mu B\omega K_{ij}}{\psi^3},\quad c_{ij}=\frac{\mu BC_{ij}}{\psi^3},\quad \gamma_{st}=\omega_j/\omega,\quad i,j=x,y \tag{4.5.16}$$

对式(4.5.15)进行无量纲化处理，其中，ω为转动角频率。经无量纲化处理后的式(4.5.15)变为

$$\begin{aligned}&(K_{\mathrm{eq}}-K_{xx})(K_{\mathrm{eq}}-K_{yy})-\gamma_{st}^2(C_{xx}C_{yy}-C_{xy}C_{yx})-C_{xy}C_{yx}=0\\&(K_{\mathrm{eq}}-K_{yy})C_{xx}+(K_{\mathrm{eq}}-K_{xx})C_{yy}+K_{yx}C_{xy}+K_{xy}C_{yx}=0\end{aligned} \tag{4.5.17}$$

解得

$$\begin{aligned}K_{\mathrm{eq}}&=\frac{K_{xx}C_{yy}+K_{yy}C_{xx}-K_{yx}C_{xy}-K_{xy}C_{yx}}{2}\\ \gamma_{\mathrm{st}}^2&=\frac{(K_{\mathrm{eq}}-K_{xx})(K_{\mathrm{eq}}-K_{yy})-C_{xy}C_{yx}}{C_{xx}C_{yy}-C_{xy}C_{yx}}\end{aligned} \tag{4.5.18}$$

油膜等效刚度K_{eq}和临界涡动比γ_{st}是衡量径向滑动轴承稳定性性能的两个重要指标，前者反映了油膜综合刚度的相对值，后者反映了油膜中涡动因素对阻尼因素的相对比例关系。

油膜的综合刚度应当恒大于零，因此$K_{\mathrm{eq}}>0$是系统稳定的必要条件；当$\gamma_{\mathrm{st}}^2<0$时，表明γ_{st}无实数解，涡动不可能发生，因此$\gamma_{\mathrm{st}}^2<0$是系统稳定的充分条件。

对于一般常用的径向滑动轴承，K_{eq}越大而γ_{st}越小，则表明轴承稳定性越好。当 $K_{\mathrm{eq}}>0$、$\gamma_{\mathrm{st}}^2>0$时，系统失稳转速为一定值，记失稳时转子的转动频率为ω_{st}。由$k_{\mathrm{eq}}=mk\omega_{\mathrm{st}}^2/(k-m\omega_{\mathrm{st}}^2)$得到

$$\frac{\mu B\omega_{\mathrm{st}}}{\psi^3}K_{\mathrm{eq}}=\frac{mk(\gamma_{\mathrm{st}}\omega_{\mathrm{st}})^2}{k-m(\gamma_{\mathrm{st}}\omega_{\mathrm{st}})^2} \tag{4.5.19}$$

从式(4.5.19)得到界限失稳转速为

$$\omega_{\mathrm{st}}=\frac{-m\omega_{\mathrm{n}}^2}{2K_{\mathrm{eq}}\mu B/\psi^3}+\omega_{\mathrm{n}}\sqrt{\left(\frac{m\omega_{\mathrm{n}}^2}{2K_{\mathrm{eq}}\mu B/\psi^3}\right)^2+\frac{1}{\gamma_{\mathrm{st}}^2}} \tag{4.5.20}$$

式中，$\omega_{\mathrm{n}}=\sqrt{k/m}$为刚支时转子的一阶自然频率。

为方便对柔性转子的讨论，式(4.5.20)可转换为

$$\omega_{\text{st}} = \frac{1}{\gamma_{\text{st}}}\sqrt{\frac{1}{m(1/k+1/k_{\text{eq}})}} = \frac{\omega_{\text{n}}}{\gamma_{\text{st}}}\sqrt{\frac{k_{\text{eq}}}{k_{\text{eq}}+k}} \tag{4.5.21}$$

式(4.5.21)表明，若 $k \ll k_{\text{eq}}$，则$\omega_{\text{st}}=\omega_k/\gamma_{\text{st}}$，即$\omega_j=\omega_{\text{n}}$。因此，对于非常柔性的转子，系统失稳时的涡动频率将近似等于转子的一阶自然频率，导致系统一旦发生涡动就表现为突发性共振自激振荡，即油膜振荡。有时失稳转动频率也常采用无量纲质量 $\bar{m} = m\psi^3\omega_{\text{st}}/(\mu B)$ 和等效刚度 K_{eq} 来表示：

$$\omega_{\text{st}} = \omega_{\text{n}}\sqrt{\frac{1}{\gamma_{\text{st}}} - \frac{\bar{m}}{K_{\text{eq}}}} \tag{4.5.22}$$

或由式(4.5.21)出发，引入无量纲量：

$$K'_{\text{eq}} = k_{\text{eq}}C/W\,,\quad K_{ij} = k_{ij}C/W\,,\quad C_{ij} = c_{ij}C/W \tag{4.5.23}$$

界限失稳转速ω_{st}还可以写成如下形式：

$$\omega_{\text{st}} = \omega_{\text{n}}\sqrt{\frac{K'_{\text{eq}}f/C}{(1+K'_{\text{eq}}f/C)\gamma_{\text{st}}^2}} \tag{4.5.24}$$

式中，无量纲量 K'_{eq} 和 γ_{st}^2 的表达式仍与式(4.5.18)相同；C 为径向轴承的半径间隙；f 为转子中点的静挠度，可表示为

$$f = W/k \tag{4.5.25}$$

W 为分配到单个轴承上的静态外载荷。

以上关于ω_{st}的计算式(4.5.20)～式(4.5.24)在本质上是相同的。

4.5.2　油膜失稳机理

动压滑动轴承支承的转子产生上述自激振动的根本原因在于轴承中的动态油膜力。如图 4.5.3 所示，当轴颈以很高的转动角频率ω运行时，在稳态工况下轴颈中心稳定在静态工作点 O'上，当外载荷很轻时，静态工作点 O'和轴承几何中心 O 点接近于重合，外载荷 $\boldsymbol{W}$ 和油膜合力 $\boldsymbol{F}$ 相互平衡。

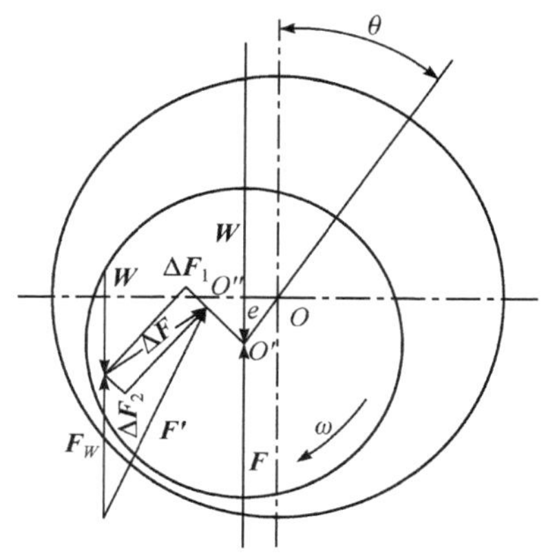

图 4.5.3　小扰动下滑动轴承的动态油膜力

设在小扰动情况下轴颈中心偏离其初始平衡位置运动到 O''点，并受到新的动态油膜力 $\boldsymbol{F}'$的作用。其中，$\boldsymbol{F}_W$部分和 $\boldsymbol{W}$ 互相平衡；另一部分为动态油膜力增量$\Delta\boldsymbol{F}$由两部分组成，即$\Delta\boldsymbol{F}=\Delta\boldsymbol{F}_1+\Delta\boldsymbol{F}_2$，其中$\Delta\boldsymbol{F}_1$

促使轴颈中心回复到原静平衡位置，而$\Delta\boldsymbol{F}_2$推动轴颈绕静态工作点O'涡动。因此，在$\Delta\boldsymbol{F}_2$作用下，除了以工作角频率ω自转，还将绕O'做与ω方向相同的涡动，即在偏心率e很小时，存在着因动态油膜力激励而产生自激振动的可能。

设轴颈中心绕O'做频率为ω_j的简谐微振动，不失一般性，该运动可表达为

$$x = x_0\sin(\omega_j t),\quad y = y_0\sin(\omega_j t+\theta) \tag{4.5.26}$$

式中，θ为相位差。

在一个周期内动态油膜力增量所做的功分别为

$$\begin{aligned}
&A_{kxx} = \oint -k_x x\mathrm{d}x = 0,\quad A_{kyy} = \oint -k_y y\mathrm{d}y = 0\\
&A_{kxy} = \oint -k_{xy} y\mathrm{d}x = \int_0^{2\pi/\omega_j}[-k_{xy}y_0\sin(\omega_j t+\theta)\cdot(x_0\cos\omega_j t)\omega_j]\mathrm{d}t\\
&\qquad = -\pi k_{xy}x_0 y_0\sin\theta\\
&A_{kyx} = \oint -k_{yx} x\mathrm{d}y = \int_0^{2\pi/\omega_j}\{-k_{yx}x_0\sin(\omega_j t)\cdot[y_0\cos(\omega_j t+\theta)]\omega_j\}\mathrm{d}t\\
&\qquad = \pi k_{yx}x_0 y_0\sin\theta
\end{aligned} \tag{4.5.27}$$

由油膜阻尼力所消耗的功为

$$\begin{aligned}
&A_{cxx} = \oint -c_{xx}\dot{x}\mathrm{d}x = \int_0^{2\pi/\omega_j}(-c_{xx}\dot{x}^2)\mathrm{d}t = -\pi\omega_j c_{xx}x_0^2\\
&A_{cyy} = \oint -c_{yy}\dot{y}\mathrm{d}y = \int_0^{2\pi/\omega_j}(-c_{yy}\dot{y}^2)\mathrm{d}t = -\pi\omega_j c_{yy}y_0^2\\
&A_{cxy} = \oint -c_{xy}\dot{y}\mathrm{d}x = \int_0^{2\pi/\omega_j}(-c_{xy}\dot{y}\dot{x})\mathrm{d}t = -\pi\omega_j c_{xy}x_0 y_0\cos\theta\\
&A_{cyx} = \oint -c_{yx}\dot{x}\mathrm{d}y = \int_0^{2\pi/\omega_j}(-c_{yx}\dot{x}\dot{y})\mathrm{d}t = -\pi\omega_j c_{yx}x_0 y_0\cos\theta
\end{aligned} \tag{4.5.28}$$

动态油膜力在一个周期内所做的总功为

$$\sum A = \pi(k_{yx}-k_{xy})x_0 y_0\sin\theta - \pi\omega_j(c_{xx}x_0^2+c_{yy}y_0^2) - \pi\omega_j(c_{xy}+c_{yx})x_0 y_0\cos\theta \tag{4.5.29}$$

式(4.5.27)和式(4.5.28)表明，由直接刚度项k_{xx}、k_{yy}所产生的力为保守力，因而所做的功与路径无关，在一个周期内所做的功为零；交叉项k_{xy}和k_{yx}所做的功不能表示为全微分，所做的功与路径相关。对于固定瓦轴承，一般在小偏心工况下有$k_{xy}<0$，$k_{yx}>0$，因此，交叉刚度力在一个周期内所做的功通常都大于零，并促使涡动轨迹发散。若整个系统不受其他阻尼作用，则油膜力增量所做的总功就决定了整个转子系统的稳定性，即当$\sum A>0$时，油膜力做正功向系统输送能量，促使运动轨迹发散，导致系统发生线性失稳；当$\sum A<0$时，油膜力做负功耗散系统能量，使运动轨迹收敛，系统稳定；当$\sum A=0$时，油膜力做功总和为零，系统处于界限状态。

图 4.5.4 经常用来说明失稳时系统涡动频率总维持在 1/2 转动频率附近的原因。设轴颈工作频率为 ω，涡动频率为 ω_j，当偏心率很小时，可近似认为轴颈中心 O' 绕轴承中心 O 旋转。沿 OO' 连心线取油膜间隙的一半为控制体，考察其速度流动。根据流量连续原理，单位时间内经 AC 截面流出的油流量为 $r\omega(c+e)/2$，经 BD 截面流入的油流量为 $r\omega(c-e)/2$；因轴颈挤压速度造成的控制体体积缩小为 $2\omega_j er$，由

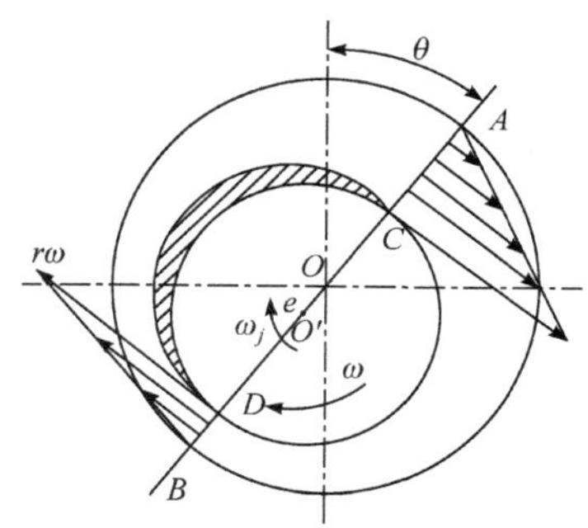

图 4.5.4　涡动状态下的小间隙流动

$$\frac{r\omega}{2}(c+e)=\frac{r\omega}{2}(c-e)+2\omega_j er \tag{4.5.30}$$

可解得 $\omega_j=\omega/2$。

以上分析表明，当转子转速升高，偏心率越来越小时，仅剪切流动即可满足流量连续条件，从而导致动态油膜力的丧失，使系统的自激振动得不到有效抑制。

对于实际有限宽轴承，由于存在着端泄轴向流和压力流，通常 $\omega_j<\omega/2$，一般 ω_j 在 0.3ω～0.5ω 范围内，油膜涡动常称为**半速涡动**。

4.5.3　系统参数的影响

1. 轴刚度 k

对于滑动轴承支承的对称单质量弹性转子，其阻尼自然频率和系统的稳定性主要取决于轴刚度以及动压滑动轴承的形式。轴刚度可以采用轴的相对挠度 $\Delta\mu=f/\Delta R_{\min}$ 来表示，其中，f 为转子中点的静挠度，$\Delta R_{\min}$ 为轴承的最小半径间隙，则轴承的无量纲承载力可表示为

$$S_0=\frac{W\psi_{\min}^2}{Bd\mu\omega}\quad 或\quad S_{0n}=\frac{W\psi_{\min}^2}{Bd\mu\omega_{\mathrm{n}}} \tag{4.5.31}$$

图 4.5.5 给出了一个由椭圆轴承支承的对称单质量弹性转子的前两阶特征值 $\lambda_i=-u_i/\omega_{\mathrm{n}}+\mathrm{i}v_i/\omega_{\mathrm{n}}$ (i=1, 2)的实、虚部随工作转速变化的曲线，图中，B/d=0.5，$\psi_{\max}/\psi_{\min}=3.0$，$S_{0n}$=0.1，$\Delta\mu$=1.8。随着工作转速的提高，$u_1/\omega_{\mathrm{n}}$ 在 $\bar{\omega}_{\mathrm{st}}$ 处越过零点，此后系统发生线性失稳。对于椭圆轴承，工程实际中的系统失稳转速往往要比理论值高。一般来说，计入油膜刚度和阻尼后的阻尼自然频率比刚支时的转子一阶自然频率均有不同程度的降低。

对于轴刚度较大的转子(对应小的 $\Delta\mu$ 值)，其阻尼自然频率 ω_{n}^* 将呈大幅度下降的趋势；反之，对于轴刚度较小的转子(对应于大的 $\Delta\mu$ 值)，其 ω_{n}^* 下降幅度并不显

著。$\omega_{\rm n}^*$对于S_{0n}的依赖关系在中等和较大S_{0n}范围内变化甚小；而当S_{0n}很小时，$\omega_{\rm n}^*$则趋近于刚支转子的自然频率$\omega_{\rm n}$。图 4.5.5(b)则表明，轴刚度越小(对应于大的$\Delta\mu$的值)，转子中点的无量纲共振振幅A_R^*/ρ越大。

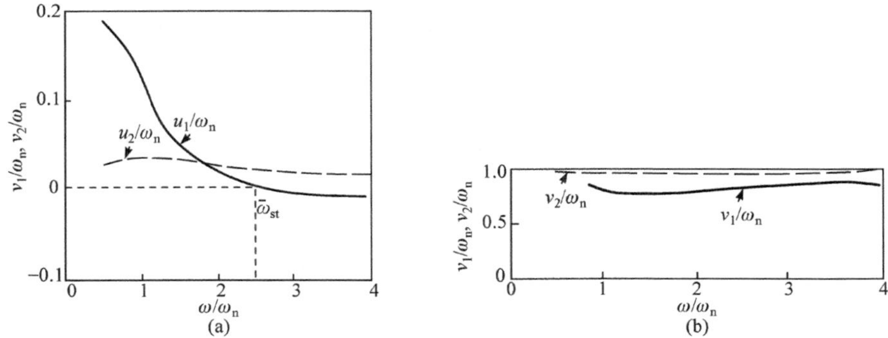

图 4.5.5　椭圆轴承支承的对称单质量弹性转子的阻尼自然频率随工作转速的变化曲线

由于油膜轴承的各向异性，系统的共振频率也会分裂为第一共振频率和第二共振频率。第二共振频率由于在工程中并不危及机组安全，因而受到较少的关注。轴刚度k对系统失稳频率的定性分析可以由式(4.5.21)对k取极值得到，当$k\to\infty$时，刚性转子的失稳频率为

$$\omega_{\rm st}\Big|_{k\to\infty}=\lim_{k\to\infty}\sqrt{\frac{kk_{\rm eq}}{k+k_{\rm eq}}\frac{1}{m}}=\frac{1}{\gamma_{\rm st}}\sqrt{\frac{k_{\rm eq}}{m}} \tag{4.5.32}$$

或

$$\omega_{\rm st}=\frac{\mu B}{m\psi^3}\frac{K_{\rm eq}}{\gamma_{\rm st}^2} \tag{4.5.33}$$

对于刚性转子，式(4.5.25)表明系统在界限状态下的失稳频率将完全取决于油膜等效刚度。$\omega_{\rm st}=\bar{m}_{\rm st}\mu B/(m\psi)$，则式(4.5.25)也可写为

$$\bar{m}_{\rm st}=\frac{\omega_{\rm st}m\psi^3}{\mu B}=\frac{K_{\rm eq}}{\gamma_{\rm st}^2} \tag{4.5.34}$$

相似不变量$\bar{m}_{\rm st}$称为**无量纲临界质量**，当系统实际参振质量的无量纲值大于$\bar{m}_{\rm st}$时，系统将趋于失稳，因而$\bar{m}_{\rm st}$从某种意义上决定了滑动轴承支承的刚性转子系统为保持稳定运行所容许的最大转子质量。

2. 支座弹性

对如图 4.5.6(a)所示的支承在弹性支座上的单质量弹性转子，设支座呈各向同性，弹性支座的刚度为$k_{\rm s}$，支座质量为$m_{\rm s}$。当不考虑支座质量，即$m_{\rm s}$=0 时，系统引入$k_{\rm s}$后的影响可由以下分析得到，仍然记界限状态下油膜刚度为$k_{\rm eq}$，这时该

系统中弹性支座刚度 k_s 和转轴刚度 k 串联后的等效刚度如图 4.5.6(b)所示。

$$k' = \frac{1}{1/k + 1/k_s} < k \tag{4.5.35}$$

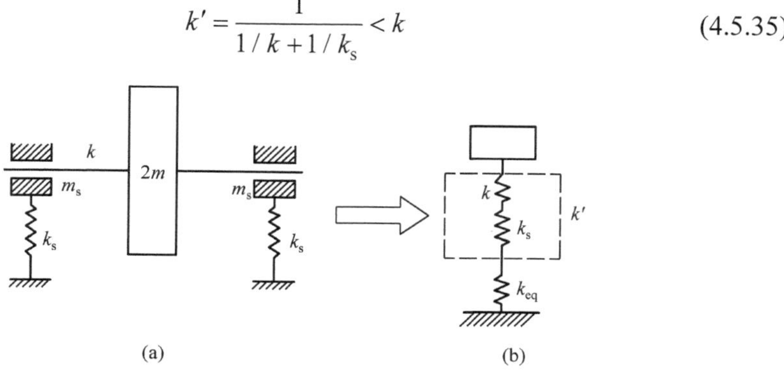

图 4.5.6　弹性支座单质量弹性转子及其支承刚度的等效

式(4.5.35)表明，k_s 的引入相当于降低了轴刚度或自然频率，因而 k_s 的影响将导致系统失稳转速的下降。当 $k_s \ll k$，即支座非常柔性时，$k' \approx k_s$，$\omega_n' \approx \sqrt{k_s/m}$，系统失稳后的涡动频率将接近于 $\sqrt{k_s/m}$。换言之，这时系统的失稳涡动频率将与整个支座系统的一阶自然频率相近。

3. 支座质量

当计入支座参振质量 m_s 时，支座质量所起的作用相当于负刚度。设系统失稳时的涡动频率为 ω_j，$k_s' = k_s - m_s\omega_j^2 < k_s$，因此支座质量将导致系统失稳转速的进一步下降。

4. 轴承安装角

除 360°径向圆轴承具有较好的各向异性，一大类各向异性特征显著的滑动轴承对系统的稳定性影响均与轴承的安装角 α 有关。当安装角 α 变化时，其静态承载力和转子动力学系数也随之发生改变。如图 4.5.7 所示的椭圆轴承，当安装角 α 沿着转子转动方向设置时(α>0)，系统的稳定区将显著减小；而当安装角按逆转动方向设置时(α<0)，系统的稳定性会得到显著提高。对于中、重载椭圆轴承，一般将 α 设置在−15°～−30°，这样使转子系统的稳定性得到较大的改善。

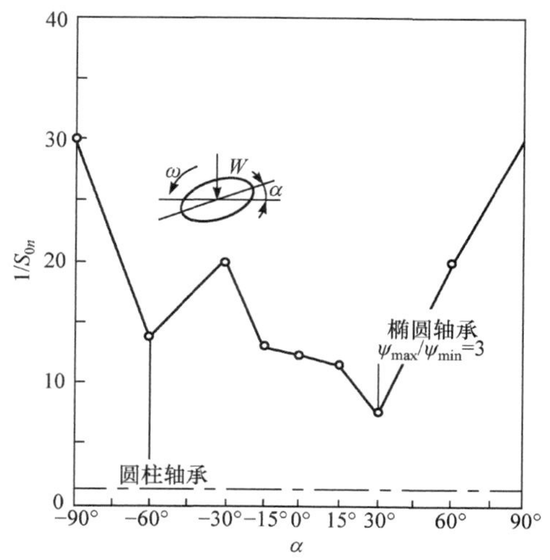

图 4.5.7　椭圆轴承安装角对系统特性的影响

5. 不对称转子

对于简单转子，转子的不对称性可以用其集中质量所在位置作为度量参数。这种质量中心的不对称，首先表现在其刚支情况下的自然频率的改变，如图 4.5.8 所示。

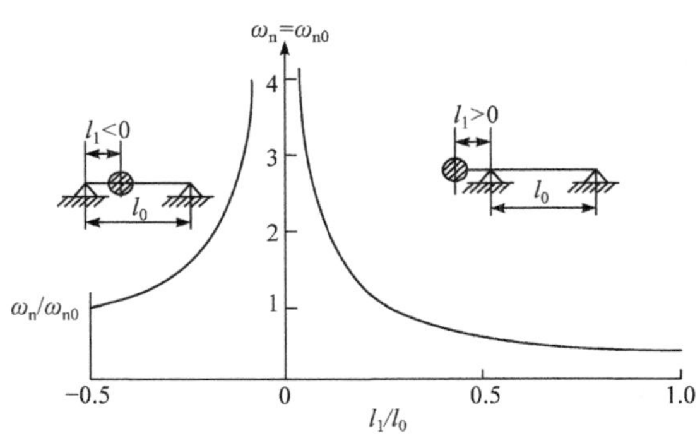

图 4.5.8　转子不对称性对系统特性的影响

如果将质量中心位于转子中点的情况($l_1/l_0=-0.5$)作为基准，当不对称性越来越强时，其刚支自然频率将迅速偏离其基准值；而在$l_1/l_0\to 0$时，即质量中心与支承位置重合时，$\omega_n\to\infty$；而当质量中心位于两支承之外构成外伸端转子时，自然频率将随着外伸端的伸长而急剧减小。

转子的不对称将导致轴承负荷分配的改变，轴承动特性系数、系统稳定性和共振状况等在内的一系列系统动态性能随之改变。

对于系统的阻尼自然频率，当质点位于两轴承之间时，这种不对称作用对一阶阻尼自然频率的影响甚小。在非常不对称($l_1/l_0\gg 0$)，即质点处于外伸端时，不对称影响将显著增强，尤以$\Delta\mu_1$较小时为最大，因为在这一范围内，轴承的油膜刚度将起主导作用。至于界限失稳频率，随着不对称性的增强将显著降低。系统共振振幅的变化也和ω_{st}/ω_n一样，呈类似的下降趋势。

6. 双转子系统质量分布的影响

由图 4.5.9(a)所示的双转子系统，可以看出，随着l_1/l_0在(−0.5, 0)区间变化，系统的一阶自然频率有所提高，且质量分布的影响在很大程度上取决于较大的质量m_1的位置。

至于系统的二阶自然频率，图 4.5.9(b)中给出了ω_{n2}/ω_{n1}与m_2/m_1、l_1/l_0之间的关系。关于质量分布对系统稳定性影响的讨论比较复杂，由一对完全相同轴承支承的两相等质量转子(m_2/m_1=1.00)系统的界限失稳工作频率与支承位置比 l_1/l_0 以及相对挠度$\Delta\mu_1$间的关系如图 4.5.10 所示。

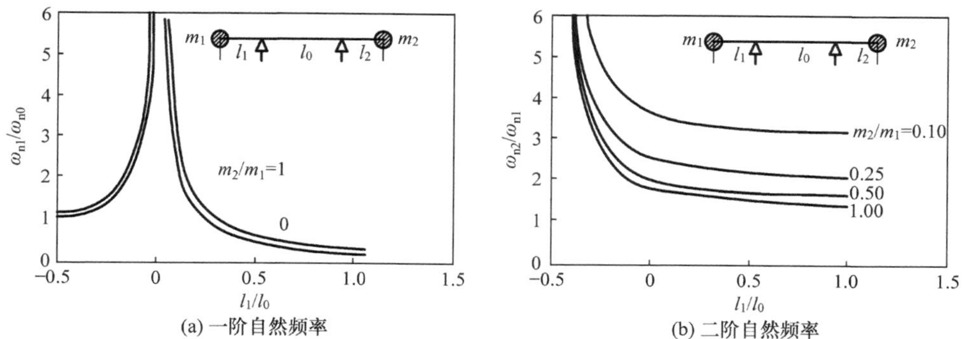

图 4.5.9　刚性支承双质量转子的位置分布 l_1/l_0、质量比 m_2/m_1 对自然频率的影响 ($l_1=l_2$)

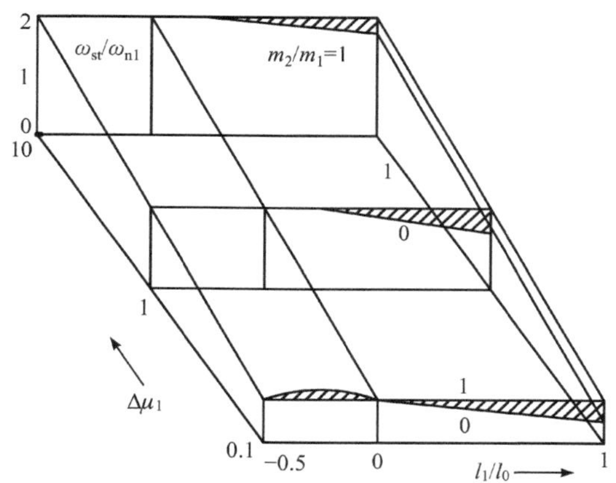

图 4.5.10　相同轴承支承双质量转子系统的相对挠度$\Delta\mu_1$及支承位置比 l_1/l_0 对界限失稳频率的影响

7. 陀螺力矩的影响

对于高速旋转转子系统，在许多情况下需要考虑陀螺力矩的影响。对于不对称单质量弹性转子，陀螺力矩有利于提高轴刚度和减小轴变形。由于耦合的原因，根据理论计算所得到的自然频率会略有增加，质点的共振振幅也有所减小。由于陀螺效应，系统的稳定界限将随着转子的不对称性加强而趋于降低。转子越趋于柔性，这种影响也越明显。

4.5.4　常用径向滑动轴承的稳定性比较

为了综合比较常用径向滑动轴承的稳定性，可采用

$$\left(\frac{\omega_{\mathrm{st}}}{\omega_{\mathrm{n}}}\right)^2=\frac{1}{(1+b/K_{\mathrm{eq}})}\frac{1}{\gamma_{\mathrm{st}}^2} \tag{4.5.36}$$

来绘制由各种轴承支承的对称单质量弹性转子系统稳定性曲线。

选取系统相对失稳工作频率$\omega_{\mathrm{st}}/\omega_{\mathrm{n}}$为纵坐标，无量纲承载系数$S_{0n}=W\psi_{\min}^2/(Bd\mu\omega_k)$为横坐标，以相对挠度$\Delta\mu$为参变量绘制的轴承转子系统的稳定性曲线如图 4.5.11～图 4.5.13 所示。图 4.5.11 为α=150°及轴承宽径比B/d为 0.5、0.8 和 1.2 时，圆柱轴承转子系统的稳定性区域；图 4.5.12 为轴承宽径比B/d=0.5、$\alpha=150°$、$\psi_{\max}/\psi_{\min}=3.0$、椭圆比$\lambda_{\mathrm{e}}$=0.5 时，椭圆轴承转子系统的稳定性区域；图 4.5.13 为B/d=0.5、α=150°时三油楔轴承转子系统的稳定性区域。当相对工作频率高出相应的稳定界限曲线时，系统将发生自激振动。全部稳定界限曲线$\omega_{\mathrm{st}}/\omega_{\mathrm{n}}$所占有的区域以两条渐近曲线作为边界，即极端柔性转子($\Delta\mu\to\infty$)和刚性转子($\Delta\mu\to 0$)的稳定界限曲线。在$\Delta\mu\to\infty$的渐近线以上，不论转子和轴承参数如何选取，系统都会是不稳定的；而所有在$\Delta\mu\to 0$的渐近线以下各点上运行的系统都是绝对稳定的。两条渐近曲线$\Delta\mu\to 0$和$\Delta\mu\to\infty$与轴承形式有关，反映了各种不同形式径向滑动轴承转子系统的稳定性区域。随着轴承宽径比B/d和轴承参数的改变，系统的最小界限稳定区域$(\omega_{\mathrm{st}}/\omega_{\mathrm{n}})_{\min}$以及位于$\Delta\mu\to 0$渐近线以下的绝对稳定区也将随之改变，绝对稳定区的大小取决于$\Delta\mu\to 0$曲线的斜率。

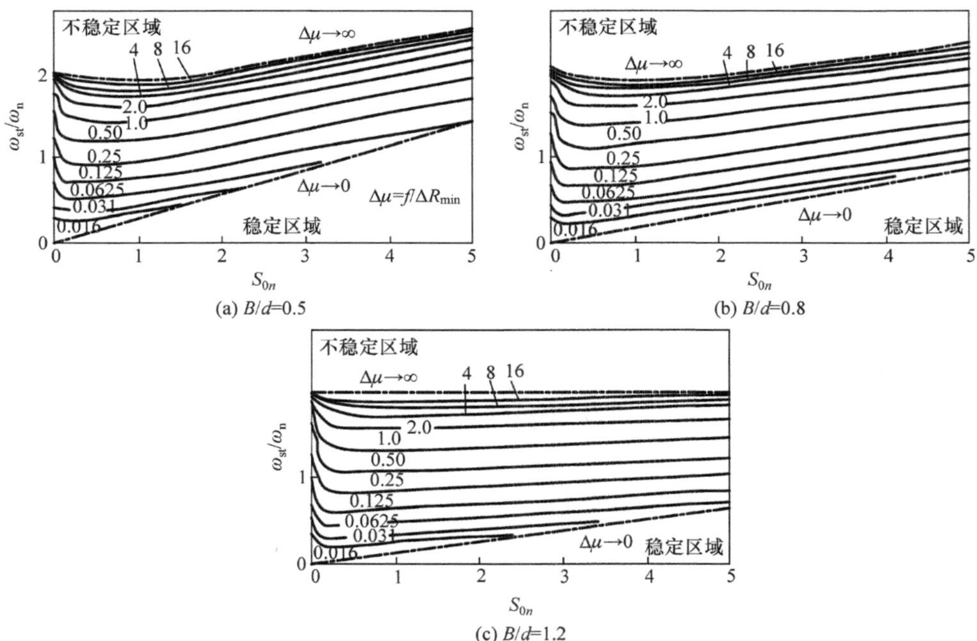

图 4.5.11 圆柱轴承转子系统的稳定性区域($\alpha=150°$)

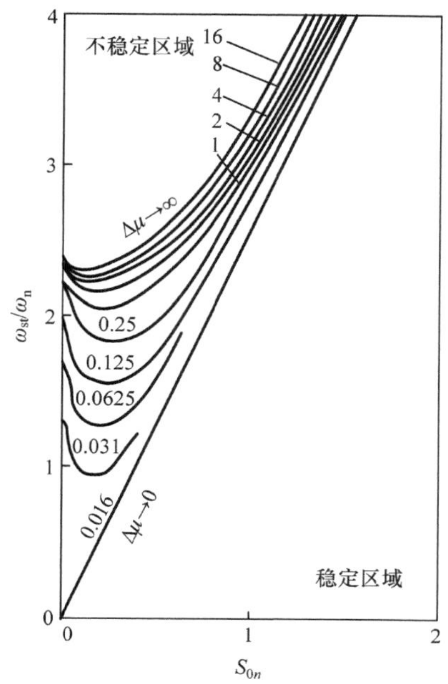

图 4.5.12　椭圆轴承转子系统的稳定性区域

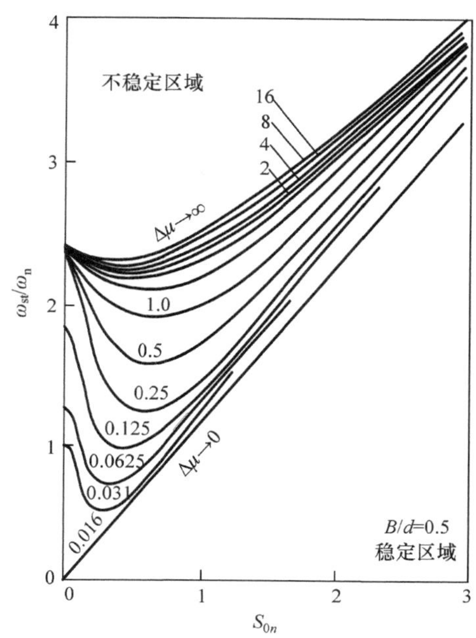

图 4.5.13　三油楔轴承转子系统的稳定性区域

由图 4.5.11～图 4.5.13 所示的稳定性曲线可以看出，相对界限失稳频率ω_{st}/ω_n在$\Delta\mu$低值区受轴相对挠度$\Delta\mu$的影响大，而在$\Delta\mu$高值区受$\Delta\mu$的影响较小；对应于某一给定值$\Delta\mu$，相对界限失稳频率在 S_{0n} 较小时往往会具有极小值$(\omega_{st}/\omega_n)_{min}$。

就提高系统稳定性而言，使用相对挠度较大的转子和增加轴承负荷均有利于提高ω_{st}/ω_n；对于较小的和中等的 S_{0n} 值以及$\Delta\mu$值较大的情况，增大ω_n有利于失稳频率ω_{st}的提高；合理改变轴承参数有利于系统稳定性的改善，如适当改变轴承间隙ΔR_{min}、减小轴承宽度 B、降低润滑油黏度等都有可能促使系统稳定性的提高。

图 4.5.14 为 B/d=0.5 时，几种常用径向滑动轴承的稳定性曲线图谱。从图中可以看到：圆柱轴承具有很大的不稳定区；与圆柱轴承相比，三油楔轴承的不稳定区域就要小得多；至于三油叶轴承和椭圆轴承，其不稳定区域就更小了。图 4.5.14 还表明，对应于不同转速和载荷状况，上述四种轴承的最佳应用范围依次为：360°圆柱轴承适用于低速重载工况；三油楔轴承和椭圆轴承适用于中等载荷和中等转速工况；而在高速轻载工况时采用三油叶或多油叶轴承则较为适宜。

图 4.5.14 中对应于不同形式轴承的渐近线$\Delta\mu\to0$的斜率 $\tan\alpha$ 及其倾斜角α的值可参见表 4.5.1。

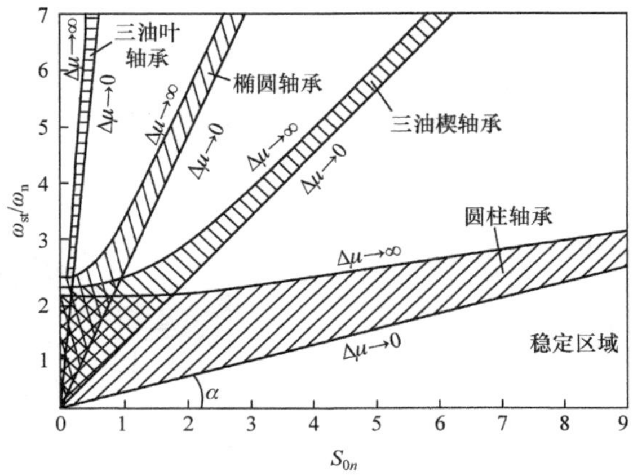

图 4.5.14　常用径向滑动轴承的稳定性曲线图谱

表 4.5.1　常用径向滑动轴承渐近线 $\Delta\mu\to 0$ 的斜率 $\tan\alpha$

轴承结构形式	轴承宽径比	渐近线 $\Delta\mu\to 0$ 时的斜率 $\tan\alpha$	α/(°)
圆柱轴承	B/d=0.5	0.2751	15°24′
三油楔轴承	B/d=0.5	1.1553	49°7′
椭圆轴承	B/d=0.5	2.4342	67°40′
三油叶轴承	B/d=0.5	19.2779	87°2′

图 4.5.15 为轴承宽径比 B/d 分别为 0.5、0.8 和 1.2 时圆柱轴承转子系统的稳定性曲线。由图可见，$\Delta\mu\to 0$ 渐近线的斜率随着 B/d 的减小而增大，圆柱轴承的稳定性由于 B/d 的减小而得到显著改善。这一结论对于其他类型的轴承也同样适用，因此缩小宽径比对提高系统稳定性具有重要的工程意义。

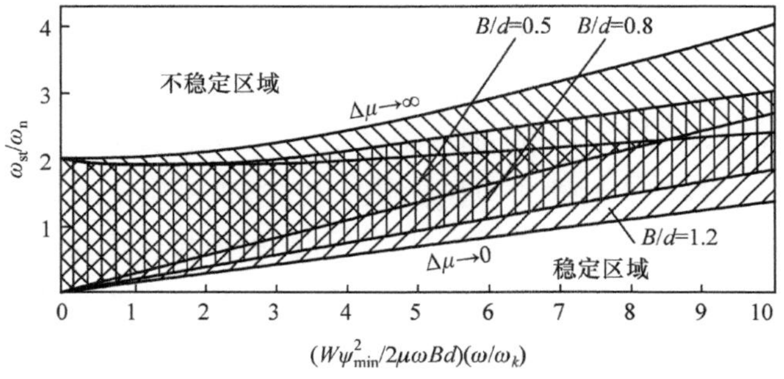

图 4.5.15　宽径比对圆柱轴承稳定性的影响

除 B/d，对于椭圆轴承，提高 ψ_{max}/ψ_{min} 同样有利于稳定性的增加。计算结果表明，该结论适用于所有的宽径比，因此增大 ψ_{max}/ψ_{min} 成为工程设计中改善椭圆轴承稳定性经常采用的措施之一。

4.5.5　可倾瓦径向滑动轴承的非本质稳定

固定瓦轴承支承的转子系统之所以产生自激，主要是油膜动态交叉刚度力作用的结果；但对于可倾瓦轴承，其交叉刚度项 $k_{yx}-k_{xy}=0$，因而不存在由于油膜交叉刚度力激励系统失稳的问题。可倾瓦轴承在许多工程实际应用中确实具有良好的稳定性，在理想状况下，可倾瓦轴承支承的转子几乎不发生油膜振荡。但在工程中，也存在一些可倾瓦轴承支承的转子出现上瓦卸载、瓦块反转，甚至低频自激振动等现象。

如图 4.5.16 所示，一对称转子支承在一对相同参数的单块可倾瓦轴承上，轴承由单块可倾瓦组成，瓦张角为 360°，瓦块支点设置在 y 轴上，下面讨论该系统的稳定性。

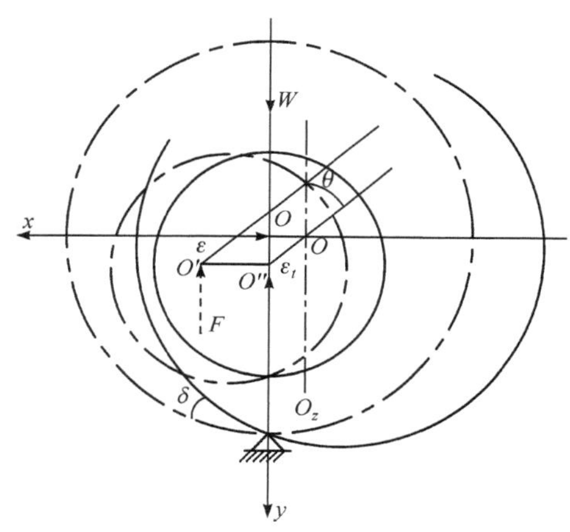

图 4.5.16　支承在一对相同参数单块可倾瓦轴承上的对称转子

尽管这样的结构并不可能直接用于工程实际，但对于当前所要讨论的命题却具有明显的优越性；瓦块的相对刚度、阻尼系数可以根据窄轴承理论用解析解来表示；关于系统稳定性的计算结果可以与 360°圆柱轴承的情况进行对比分析。参考可倾瓦油膜刚度、阻尼系数的定义，由于支点位置角 $\gamma=\pi$，所以 $\alpha=0$，因而在理想状态下，即略去瓦块惯性和支点摩擦力之后的折合系数除了 k_{yy}、c_{yy}，其余系数 $k_{xx}=k_{xy}=k_{yx}=c_{xy}=c_{yx}=0$。这表明若无外加耦合因素作用，则整个系统在 x、y 方向上的运动是解耦的。令 $y=y_0 e^{\gamma t}$，得到刚性转子和挠性转子系统在 y 方向上的运动方程分别为

$$m\gamma^2 y_0 + k_{yy} y_0 + \gamma c_{yy} y_0 = 0,\quad \frac{mk\gamma^2}{m\gamma^2+k} y_0 + k_{yy} y_0 + \gamma c_{yy} y_0 = 0 \tag{4.5.37}$$

当系统处于界限状态时，$\gamma=\mathrm{i}\omega_j$，引入刚性转子和挠性转子系统在 y 方向上的等效刚度为

$$k_{\mathrm{eq}}=m\omega_j^2=\frac{\mu\omega_{\mathrm{st}}B}{\psi^3}K_{\mathrm{eq}}(\text{刚性转子}),\quad k_{\mathrm{eq}}=\frac{mk\omega_j^2}{k-m\omega_j^2}(\text{挠性转子}) \tag{4.5.38}$$

由式(4.5.37)可得在界限状态下 c_{yy}=0，令 $\gamma_{\mathrm{st}}=\omega_j/\omega_{\mathrm{st}}$，将 $VA_1-UA_2=0$ 展开并无量纲化后得到

$$\begin{aligned}&(K_{xx}C_{yy}+K_{yy}C_{xx}-K_{xy}C_{yx}-K_{yx}C_{xy})[\bar{\beta}^2K_{xx}+\bar{\alpha}^2K_{yy}-\bar{\alpha}\bar{\beta}(K_{xy}+K_{yx})]\\&=[(K_{xx}K_{yy}-K_{xy}K_{yx})-\gamma_{\mathrm{st}}^2(C_{xx}C_{yy}-C_{xy}C_{yx})][\bar{\beta}^2D_{xx}+\bar{\alpha}^2D_{yy}-\bar{\alpha}\bar{\beta}(C_{xy}+C_{yx})]\end{aligned} \tag{4.5.39}$$

由式(4.5.39)可解得

$$\gamma_{\mathrm{st}}^2=\frac{K_1K_2-C_2K_3}{C_1C_2} \tag{4.5.40}$$

式中，

$$\begin{aligned}&K_1=K_{xx}C_{yy}+K_{yy}C_{xx}-K_{xy}C_{yx}-K_{yx}C_{xy}\\&K_2=\bar{\beta}^2K_{xx}+\bar{\alpha}^2K_{yy}-\bar{\alpha}\bar{\beta}(K_{xy}+K_{yx})\\&K_3=K_{xx}K_{yy}-K_{xy}K_{yx},\\&C_1=-C_{xx}C_{yy}+C_{xy}C_{yx}\\&C_2=\bar{\beta}^2C_{xx}+\bar{\alpha}^2C_{yy}-\bar{\alpha}\bar{\beta}(C_{xy}+C_{yx})\end{aligned} \tag{4.5.41}$$

由于相应的等效刚度 K_{eq}=K_{yy}，从而得到刚性转子和挠性转子系统在 y 方向上的失稳工作频率分别为

$$\omega_{\mathrm{st}}=\frac{\mu B}{m\psi^3}\frac{K_{yy}}{\gamma_{\mathrm{st}}^2},\quad \omega_{\mathrm{st}}=\frac{-\omega_{\mathrm{n}}^2m}{2\mu BK_{yy}/\psi^3}+\omega_{\mathrm{n}}\sqrt{\left(\frac{m\omega_{\mathrm{n}}^2}{2\mu BK_{yy}/\psi^3}\right)^2+\frac{1}{\gamma_{\mathrm{st}}^2}} \tag{4.5.42}$$

关于一般可倾瓦轴承单质量弹性转子系统界限失稳工作频率，以下给出理想状态条件下，一般可倾瓦轴承单质量弹性转子对称系统在界限状态下等效刚度 K_{eq} 和界限涡动比 γ_{st} 的计算公式。

工程中应用最广的可倾瓦轴承多为三瓦、四瓦、五瓦可倾瓦轴承，如图 4.5.17 所示。一个瓦块数为 N_P 的可倾瓦轴承，其每块瓦在涡动频率下的折合刚度、阻尼系数如 4.3 节所述，整个轴承的折合系数为

$$K_{ij}=K_{ij}(\gamma_{\mathrm{st}}^2)=\sum_{l=1}^{N_P}K_{ij}^{(l)},\quad C_{ij}=C_{ij}(\gamma_{\mathrm{st}}^2)=\sum_{l=1}^{N_P}C_{ij}^{(l)},\quad i,\ j=X,Y \tag{4.5.43}$$

折合系数都是 γ_{st} 的函数。如不计瓦块惯性，在界限状态下与固定瓦轴承相仿，仍然有

$$\begin{aligned}&K_{\mathrm{eq}}(C_{XX}+C_{YY})=K_{XX}C_{YY}+K_{YY}C_{XX}-K_{XY}C_{YX}-K_{YX}C_{XY}\\&\gamma_{\mathrm{st}}^2(C_{XX}C_{YY}-C_{XY}C_{YX})=(K_{\mathrm{eq}}-K_{XX})(K_{\mathrm{eq}}-K_{YY})-K_{XY}K_{YX}\end{aligned} \tag{4.5.44}$$

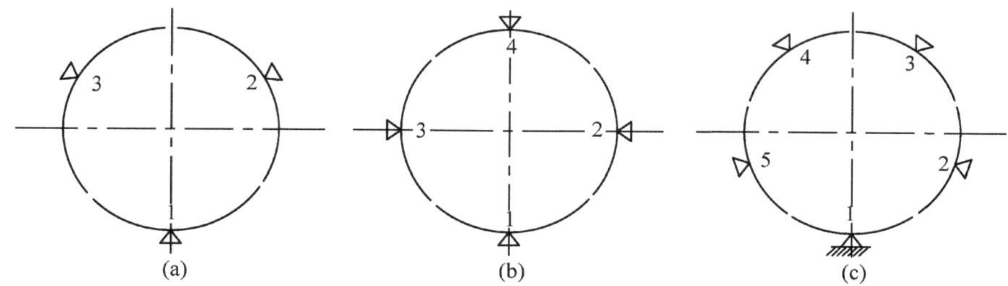

图 4.5.17　常用可倾瓦轴承示意图

记第 l 块瓦的支点系数比为 $r_l=(\alpha/\beta)_l$，可以得到

$$
\begin{aligned}
K_{XX}C_{YY} &= \left(r_1^2K_{YY}^{(1)} + r_1^2K_{YY}^{(2)} + \cdots + r_{NP}^2K_{YY}^{(N_P)}\right)\left(C_{YY}^{(1)} + C_{YY}^{(2)} + \cdots + C_{YY}^{(N_P)}\right) \\
&= \sum_{l=1}^{N_P} r_l^2K_{YY}^{(l)}C_{YY}^{(l)} + \sum_{l=1}^{N_P}\left(\sum_{\substack{m=1\\ m\neq l}}^{N_P} r_l^2K_{YY}^{(l)}C_{YY}^{(m)}\right) \\
K_{YY}C_{XX} &= \left(K_{YY}^{(1)} + K_{YY}^{(2)} + \cdots + K_{YY}^{(N_P)}\right)\left(r_1^2C_{YY}^{(1)} + r_1^2C_{YY}^{(2)} + \cdots + r_1^2C_{YY}^{(N_P)}\right) \\
&= \sum_{l=1}^{N_P} r_l^2K_{YY}^{(l)}C_{YY}^{(l)} + \sum_{l=1}^{N_P}\left(\sum_{\substack{m=1\\ m\neq l}}^{N_P} r_m^2K_{YY}^{(l)}C_{YY}^{(m)}\right) \\
K_{XY}C_{YX} &= \left(r_1K_{YY}^{(1)} + r_2K_{YY}^{(2)} + \cdots + r_{NP}K_{YY}^{(N_P)}\right)\left(r_1C_{YY}^{(1)} + r_2C_{YY}^{(2)} + \cdots + r_{NP}D_{YY}^{(N_P)}\right) \\
&= \sum_{l=1}^{N_P} r_l^2K_{YY}^{(l)}C_{YY}^{(l)} + \sum_{l=1}^{N_P}\left(\sum_{\substack{m=1\\ m\neq l}}^{N_P} r_lr_mK_{YY}^{(l)}C_{YY}^{(m)}\right) \\
K_{YX}C_{XY} &= \left(r_1K_{YY}^{(1)} + r_2K_{YY}^{(2)} + \cdots + r_{NP}K_{YY}^{(N_P)}\right)\left(r_1C_{YY}^{(1)} + r_2C_{YY}^{(2)} + \cdots + r_{NP}C_{YY}^{(N_P)}\right) \\
&= \sum_{l=1}^{N_P} r_l^2K_{YY}^{(1)}C_{YY}^{(l)} + \sum_{l=1}^{N_P}\left(\sum_{\substack{m=1\\ m\neq l}}^{N_P} r_lr_mK_{YY}^{(l)}C_{YY}^{(m)}\right) \\
C_{XX} + C_{YY} &= \sum_{l=1}^{N_P}(1+r_l^2)C_{YY}^{(l)} \\
C_{XX}C_{YY} - C_{XY}C_{YX} &= \left(r_1^2C_{YY}^{(1)} + r_1^2C_{YY}^{(2)} + \cdots + r_1^2C_{YY}^{(N_P)}\right)\left(C_{YY}^{(1)} + C_{YY}^{(2)} + \cdots + C_{YY}^{(N_P)}\right) \\
&= \sum_{l=1}^{N_P-1}\left[\sum_{m=l+1}^{N_P}(r_l - r_m)^2C_{YY}^{(l)}C_{YY}^{(m)}\right] \\
K_{XX} + K_{YY} &= \sum_{l=1}^{N_P}(1+r_l^2)\,K_{YY}^{(l)} \\
K_{XX}K_{YY} - K_{XY}K_{YX} &= \sum_{l=1}^{N_P-1}\left[\sum_{m=l+1}^{N_P}(r_l - r_m)^2K_{YY}^{(l)}K_{YY}^{(m)}\right]
\end{aligned}
\tag{4.5.45}
$$

由此得到由多块瓦组成的可倾瓦轴承对称单质量弹性转子系统在界限状态下的油膜等效刚度和界限涡动比为

$$
\begin{gathered}
K_{\mathrm{eq}}\left[\sum_{l=1}^{N_P}(1+r_l^2)C_{YY}^{(l)}\right]=\sum_{l=1}^{N_P-1}\left[\sum_{m=l+1}^{N_P}(r_l-r_m)^2K_{YY}^{(l)}K_{YY}^{(m)}\right]+\sum_{l=1}^{N_P-1}\left[\sum_{m=l+1}^{N_P}(r_l-r_m)^2C_{YY}^{(l)}C_{YY}^{(m)}\right]\\
\gamma_{\mathrm{st}}^2\left\{\sum_{l=1}^{N_P-1}\left[\sum_{m=l+1}^{N_P}(r_l-r_m)^2C_{YY}^{(l)}C_{YY}^{(m)}\right]\right\}=K_{\mathrm{eq}}^2-\left[\sum_{l=1}^{N_P}(1+r_l^2)K_{YY}^{(l)}\right]K_{\mathrm{eq}}\\
+\sum_{l=1}^{N_P-1}\left[\sum_{m=l+1}^{N_P}(r_l-r_m)^2K_{YY}^{(l)}K_{YY}^{(m)}\right]
\end{gathered}
\tag{4.5.46}
$$

式(4.5.46)唯一地确定了系统的等效刚度和界限涡动比，在求出 K_{eq}、γ_{st} 后，界限失稳转速由式(4.5.20)求得。

4.5.6　径向滑动轴承、推力轴承支承的单质量弹性转子的稳定性

在旋转机械中，推力轴承不仅被用来支承轴向载荷，而且被用来抑制各种激振力和改善系统的动力响应。推力轴承轴向静态力和动态力的作用，对转轴的动力稳定性起着较大的作用。推力轴承的轴向力(沿转子轴线 z 方向)对于另外两个正交方向上有耦合作用是由于推力盘在 xz 和 yz 平面内的倾斜。

对于如图 4.5.18 所示的单质量弹性转子，其左、右两端各有一参数相同的 360°固定瓦圆柱轴承所支承。在转子左端还装配有一对瓦块数为 8 的固定瓦推力轴承。转子圆盘质量为 25kg，轴直径 d 为 50mm，圆盘至左、右两端的距离分别为 l_2=200mm、l_3=600mm；两个 360°圆柱轴承的参数分别为 D_0=50mm，轴承宽度 B=25mm，宽径比 B/d=0.5；径向轴承间隙比 $\psi=2C/D_0=0.001$；推力轴承参数为 r_1=

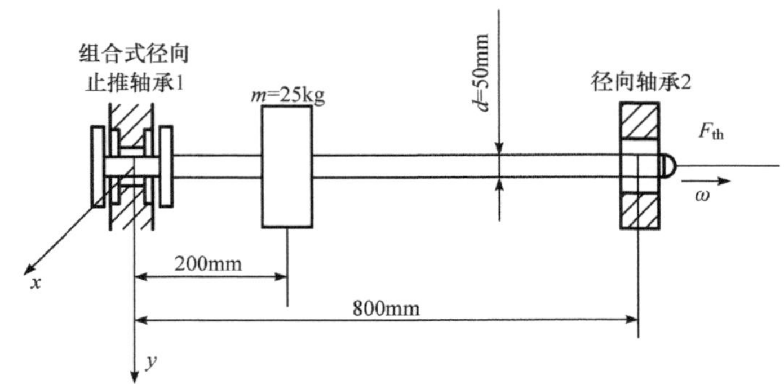

图 4.5.18　装配有径向、轴向推力轴承的转子系统

25mm，推力瓦径向宽度 B_r=50mm，推力瓦张角 $\theta_0 = 40°$，瓦面倾斜角 α_0=0.002；节线位置角 $\theta_p = \theta_0 / 2$；轴向间隙 h_e=0.05mm；润滑油动力黏度 $\mu = 0.02706\text{Pa}\cdot\text{s}$；转子所受轴向力 $F_{\text{th}} = 0$。

1. 系统的静平衡状态

推力轴承的使用所带来的问题首先是影响系统的静态工作点，在没有推力轴承作用的情况下，图 4.5.18 中转子两端的径向轴承将按比例分担转子质量。当左端作用有推力轴承时，推力轴承所产生的静态力，将使负荷分配规律发生改变。如图 4.5.19 所示，对于转子左端点 A，有

$$\begin{Bmatrix} M_1 \\ S_1 \end{Bmatrix} = \begin{Bmatrix} -M_{y0}^{\text{p}} \\ F_{x0}^{(1)} - W_{x0} \end{Bmatrix} = \begin{Bmatrix} -M_{y0}^{\text{p}} \\ F_{x0}^{(1)} \end{Bmatrix}, \quad \begin{Bmatrix} N_1 \\ Q_1 \end{Bmatrix} = \begin{Bmatrix} M_{x0}^{\text{p}} \\ F_{y0}^{(1)} - W_{y0} \end{Bmatrix} = \begin{Bmatrix} M_{x0}^{\text{p}} \\ F_{y0}^{(1)} \end{Bmatrix} \tag{4.5.47}$$

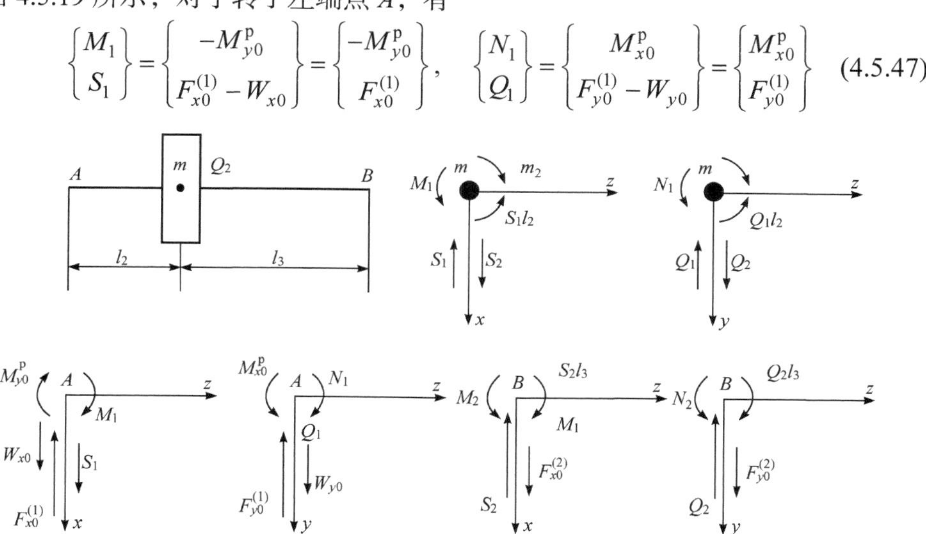

图 4.5.19　装配有推力轴承的单质量弹性转子系统的受力分析

方程(4.5.47)实际上表现了点 A 受到的轴作用力矩、剪力、径向轴承支持力和推力轴承力矩间的平衡关系。其中，M_1、N_1 分别为由轴施加给 A 点在 xz、yz 平面内的力矩；S_1、Q_1 分别为施加给 A 点在 x、y 方向上的剪力；$F_{x0}^{(1)}$、$F_{y0}^{(1)}$ 分别为径向滑动轴承施加给 A 点在 x、y 方向上的油膜力分量，W_{x0}、W_{y0} 分别为推力轴承合力 W_0 在 x、y 方向上的分量，如在轴向方向上无外力作用，推力轴承的轴向合力将自相平衡，W_0 及其分量 W_{x0} 和 W_{y0} 均为零；M_{x0}^{p} 和 M_{y0}^{p} 为因推力盘倾斜所引起的推力轴承附加力矩。

对圆盘列出静态力、力矩平衡方程，有

$$\begin{Bmatrix} M_2 \\ S_2 \end{Bmatrix} = \begin{Bmatrix} M_1 - S_1 l_2 \\ S_1 \end{Bmatrix}, \quad \begin{Bmatrix} N_2 \\ Q_2 \end{Bmatrix} = \begin{Bmatrix} N_1 - Q_1 l_2 \\ Q_1 - mg \end{Bmatrix} \tag{4.5.48}$$

对于轴右端点 B，有

$$\begin{Bmatrix} M_3 \\ S_3 \end{Bmatrix} = \begin{Bmatrix} M_2 - S_2 l_3 \\ S_2 + F_{x0}^{(2)} \end{Bmatrix} = \begin{Bmatrix} 0 \\ 0 \end{Bmatrix}, \quad \begin{Bmatrix} N_3 \\ Q_3 \end{Bmatrix} = \begin{Bmatrix} N_2 - Q_2 l_3 \\ Q_2 + F_{y0}^{(2)} \end{Bmatrix} = \begin{Bmatrix} 0 \\ 0 \end{Bmatrix} \tag{4.5.49}$$

式(4.5.48)和式(4.5.49)中所涉及的 $F_{x0}^{(1)}$ 、 $F_{y0}^{(1)}$ 、 $F_{x0}^{(2)}$ 、 $F_{y0}^{(2)}$ 均取决于两径向轴承中稳态油膜压力 $p_0^{(1)}$ 和 $p_0^{(2)}$ ，可表示为

$$F_{x0}^{(i)} = F_x[p_0^{(i)}], \quad F_{y0}^{(i)} = F_y[p_0^{(i)}], \quad i=1,2 \tag{4.5.50}$$

由推力轴承油膜力引起的力矩 M_{x0}^{p} 和 M_{y0}^{p} 则取决于推力轴承中的油膜压力分布 $p_0^{(3)}$ ，记

$$M_{x0}^{\mathrm{p}} = M_x\{p_0^{(3)},\ \varphi_0^{(1)},\ \psi_0^{(1)}\}, \quad M_{y0}^{\mathrm{p}} = M_y\{p_0^{(3)},\ \varphi_0^{(1)},\ \psi_0^{(1)}\} \tag{4.5.51}$$

以上各式中的 $p_0^{(i)}$ 可由相应的雷诺方程解出。

对于径向滑动轴承，有

$$Re\{p_0^{(1)},\ x_0^{(1)},\ y_0^{(1)}\} = 0, \quad Re\{p_0^{(2)},\ x_0^{(3)},\ y_0^{(3)}\} = 0 \tag{4.5.52}$$

对于推力轴承，有

$$Re\{p_0^{(3)},\ \varphi_0^{(1)},\ \psi_0^{(1)}\} = 0 \tag{4.5.53}$$

为求解方程(4.5.52)和方程(4.5.53)，还需要补充关于轴的静态变形方程，得到 $x_0^{(1)}$ 、 $x_0^{(3)}$ 、 $y_0^{(1)}$ 、 $y_0^{(3)}$ 、 $\varphi_0^{(1)}$ 、 $\psi_0^{(1)}$ 为

$$\begin{Bmatrix} x_0^{(2)} \\ \varphi_0^{(2)} \end{Bmatrix} \approx \begin{Bmatrix} x_0^{(1)} + l_2\varphi_0^{(1)} + \dfrac{l_2^2 M_1}{2EI} - \dfrac{l_2^3 S_1}{6EI} \\ \varphi_0^{(1)} + \dfrac{l_2 M_1}{EI} - \dfrac{l_2^2 S_1}{2EI} \end{Bmatrix}, \quad \begin{Bmatrix} y_0^{(2)} \\ \psi_0^{(2)} \end{Bmatrix} \approx \begin{Bmatrix} y_0^{(1)} + l_2\psi_0^{(1)} + \dfrac{l_2^2 N_1}{2EI} - \dfrac{l_2^3 Q_1}{6EI} \\ \psi_0^{(1)} + \dfrac{l_2 N_1}{EI} - \dfrac{l_2^2 Q_1}{2EI} \end{Bmatrix} \tag{4.5.54}$$

$$\begin{Bmatrix} x_0^{(3)} \\ \varphi_0^{(3)} \end{Bmatrix} \approx \begin{Bmatrix} x_0^{(2)} + l_3\varphi_0^{(2)} + \dfrac{l_3^2 M_2}{2EI} - \dfrac{l_3^3 S_2}{6EI} \\ \varphi_0^{(1)} + \dfrac{l_3 M_2}{EI} - \dfrac{l_3^2 S_2}{2EI} \end{Bmatrix}, \quad \begin{Bmatrix} y_0^{(3)} \\ \psi_0^{(3)} \end{Bmatrix} \approx \begin{Bmatrix} y_0^{(2)} + l_3\psi_0^{(2)} + \dfrac{l_3^2 N_2}{2EI} - \dfrac{l_3^3 Q_2}{6EI} \\ \psi_0^{(2)} + \dfrac{l_3 N_2}{EI} - \dfrac{l_3^2 Q_2}{2EI} \end{Bmatrix} \tag{4.5.55}$$

以上总共 29 个方程，对应着 29 个未知数，包括 8 个力、力矩参数，6 个径向轴承、推力轴承油膜合力和力矩参数，3 个油膜压力分布参数以及 12 个转子静平衡位置参数。

考虑推力轴承作用后使转子静态工作点的求解过程变得更为复杂。和所有的超静定问题求解一样，油膜力的求解需要和转轴的弹性变形计算同时进行，而且因为耦合，迭代过程也是必不可少的环节。

2. 系统的运动微分方程及稳定性分析

转子左端 A 点的运动方程为

$$\begin{bmatrix} c_{xx} & c_{xy} & -c_{x\varphi}^{w} & -c_{x\psi}^{w} \\ c_{yx} & c_{yy} & -c_{y\varphi}^{w} & -c_{y\psi}^{w} \\ 0 & 0 & -c_{x\varphi}^{m} & -c_{y\psi}^{m} \\ 0 & 0 & c_{x\varphi}^{m} & c_{x\psi}^{m} \end{bmatrix}_1 \begin{Bmatrix} \dot{x}_1 \\ \dot{y}_1 \\ \dot{\varphi}_1 \\ \dot{\psi}_1 \end{Bmatrix} + \begin{pmatrix} 12EI/l_2^3 & 0 & 6EI/l_2^2 & 0 \\ 0 & 12EI/l_2^3 & 0 & 6EI/l_2^2 \\ 6EI/l_2^2 & 0 & 4EI/l_2 & 0 \\ 0 & 6EI/l_2^2 & 0 & 4EI/l_2 \end{pmatrix} \begin{Bmatrix} x_1 \\ y_1 \\ \varphi_1 \\ \psi_1 \end{Bmatrix}$$

$$-\begin{bmatrix} 12EI/l_2^3 & 0 & -6EI/l_2^2 & 0 \\ 0 & 12EI/l_2^3 & 0 & -6EI/l_2^2 \\ 6EI/l_2^2 & 0 & -2EI/l_2 & 0 \\ 0 & 6EI/l_2^2 & 0 & -2EI/l_2 \end{bmatrix} \begin{Bmatrix} x_2 \\ y_2 \\ \varphi_2 \\ \psi_2 \end{Bmatrix} + \begin{bmatrix} k_{xx} & k_{xy} & -k_{x\varphi}^{w} & -k_{x\psi}^{w} \\ k_{yx} & k_{yy} & -k_{y\varphi}^{w} & -k_{y\psi}^{w} \\ 0 & 0 & -k_{x\varphi}^{m} & -k_{y\psi}^{m} \\ 0 & 0 & k_{x\varphi}^{m} & k_{x\psi}^{m} \end{bmatrix} \begin{Bmatrix} x_1 \\ y_1 \\ \varphi_1 \\ \psi_1 \end{Bmatrix}_1 = 0 \tag{4.5.56}$$

对于圆盘的运动，有

$$\begin{bmatrix} m & 0 & 0 & 0 \\ 0 & m & 0 & 0 \\ 0 & 0 & \theta_y & 0 \\ 0 & 0 & 0 & \theta_x \end{bmatrix} \begin{Bmatrix} \ddot{x}_2 \\ \ddot{y}_2 \\ \ddot{\varphi}_2 \\ \ddot{\psi}_2 \end{Bmatrix} - \begin{bmatrix} 12EI/l_2^3 & 0 & 6EI/l_2^2 & 0 \\ 0 & 12EI/l_2^3 & 0 & 6EI/l_2^2 \\ -6EI/l_2^2 & 0 & -2EI/l_2 & 0 \\ 0 & -6EI/l_2^2 & 0 & -2EI/l_2 \end{bmatrix} \begin{Bmatrix} x_1 \\ y_1 \\ \varphi_1 \\ \psi_1 \end{Bmatrix}$$

$$+\begin{bmatrix} 0 & 0 & 0 & 0 \\ 0 & 0 & 0 & 0 \\ 0 & 0 & 0 & \omega\theta_z \\ 0 & 0 & -\omega\theta_z & 0 \end{bmatrix} \begin{Bmatrix} \dot{x}_2 \\ \dot{y}_2 \\ \dot{\varphi}_2 \\ \dot{\psi}_2 \end{Bmatrix} - \begin{bmatrix} 12EI/l_3^3 & 0 & -6EI/l_3^2 & 0 \\ 0 & 12EI/l_3^3 & 0 & -6EI/l_3^2 \\ 6EI/l_3^2 & 0 & -2EI/l_3 & 0 \\ 0 & 6EI/l_3^2 & 0 & -2EI/l_3 \end{bmatrix} \begin{Bmatrix} x_3 \\ y_3 \\ \varphi_3 \\ \psi_3 \end{Bmatrix}$$

$$+\begin{bmatrix} 12EI/l_3^3 & 0 & 6EI/l_3^2 & 0 \\ 0 & 12EI/l_3^3 & 0 & 6EI/l_3^2 \\ 6EI/l_3^2 & 0 & 4EI/l_3 & 0 \\ 0 & 6EI/l_3^2 & 0 & 4EI/l_3 \end{bmatrix} \begin{Bmatrix} x_2 \\ y_2 \\ \varphi_2 \\ \psi_2 \end{Bmatrix}$$

$$+\begin{bmatrix} 12EI/l_2^3 & 0 & -6EI/l_2^2 & 0 \\ 0 & 12EI/l_2^3 & 0 & -6EI/l_2^2 \\ -6EI/l_2^2 & 0 & 4EI/l_2 & 0 \\ 0 & -6EI/l_2^2 & 0 & 4EI/l_2 \end{bmatrix} \begin{Bmatrix} x_2 \\ y_2 \\ \varphi_2 \\ \psi_2 \end{Bmatrix} = 0 \tag{4.5.57}$$

右端轴颈的力、力矩平衡方程为

$$
\begin{bmatrix} c_{xx} & c_{xy} & 0 & 0 \\ c_{yx} & c_{yy} & 0 & 0 \\ 0 & 0 & 0 & 0 \\ 0 & 0 & 0 & 0 \end{bmatrix}_2 \begin{Bmatrix} \dot{x}_3 \\ \dot{y}_3 \\ \dot{\varphi}_3 \\ \dot{\psi}_3 \end{Bmatrix} + \begin{bmatrix} 12EI/l_3^3 & 0 & -6EI/l_3^2 & 0 \\ 0 & 12EI/l_3^3 & 0 & -6EI/l_3^2 \\ -6EI/l_3^2 & 0 & 4EI/l_3 & 0 \\ 0 & -6EI/l_3^2 & 0 & 4EI/l_3 \end{bmatrix} \begin{Bmatrix} x_3 \\ y_3 \\ \varphi_3 \\ \psi_3 \end{Bmatrix}
$$
$$
+ \begin{bmatrix} k_{xx} & k_{xy} & 0 & 0 \\ k_{yx} & k_{yy} & 0 & 0 \\ 0 & 0 & 0 & 0 \\ 0 & 0 & 0 & 0 \end{bmatrix}_2 \begin{Bmatrix} x_3 \\ y_3 \\ \varphi_3 \\ \psi_3 \end{Bmatrix} - \begin{bmatrix} 12EI/l_3^3 & 0 & 6EI/l_3^2 & 0 \\ 0 & 12EI/l_3^3 & 0 & 6EI/l_3^2 \\ -6EI/l_3^2 & 0 & -2EI/l_3 & 0 \\ 0 & -6EI/l_3^2 & 0 & -2EI/l_3 \end{bmatrix} \begin{Bmatrix} x_2 \\ y_2 \\ \varphi_2 \\ \psi_2 \end{Bmatrix} = 0 \tag{4.5.58}
$$

以上方程中的 k_{ij}、c_{ij} $(i, j=x, y)$分别为径向滑动轴承的刚度和阻尼系数；k_{is}^w、c_{is}^w 分别为推力轴承的力刚度系数($i=x, y$，$s=\varphi, \psi$)；k_{is}^m 和 c_{is}^m 则分别为推力轴承的力矩刚度系数。求解系统方程(4.5.56)～方程(4.5.58)，即可求得该系统的特征值。以下给出图 4.5.19 所示转子系统的数值分析结果。

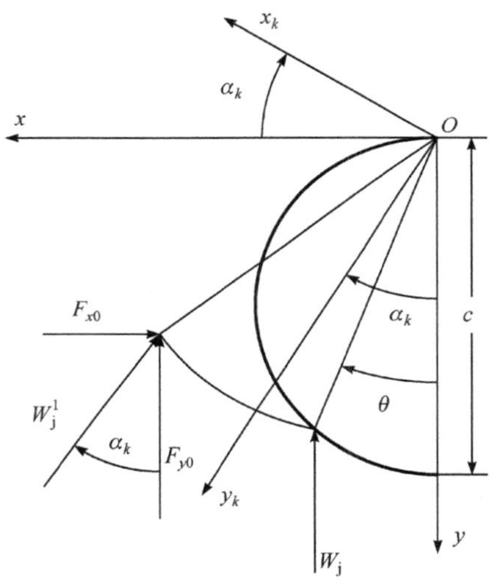

图 4.5.20 360°径向滑动轴承的偏载效应

1) 径向滑动轴承的偏载效应

在无推力轴承的情况下，径向滑动轴承所提供的支反力只需平衡转子的重量；而当考虑推力轴承作用时，径向轴承所提供的支反力除平衡转子自重外，还需要平衡因推力轴承所引起的静态力矩，从而导致径向滑动轴承的承载力分量在 x 方向上不再为零，因此径向轴承通常工作在偏载工况下，如图 4.5.20 所示。

一般而言，径向滑动轴承在承担垂直载荷与偏载载荷两种不同情况下所呈现出来的静、动态性能有很大差别，两者之间也不存在固定的转换关系。仅在极个别的情况下，如当轴承呈各向同性时(如 360°径向圆柱轴承)，其在偏载工况下的静、动态特性可由垂直载荷工况下的值直接转换得到。

如图 4.5.20 所示，F_{x0}、F_{y0} 为偏载时的油膜力分量，W_{j} 代表在垂直载荷下的合力，当偏载角为 α_k 时，则

$$
F_{x0} = W_{\mathrm{j}} \sin \alpha_k, \quad F_{y0} = W_{\mathrm{j}} \cos \alpha_k \tag{4.5.59}
$$

相应的刚度、阻尼系数转换关系为

$$\boldsymbol{K}_{\mathrm{u}} = \boldsymbol{A}_{\mathrm{u}}\boldsymbol{K}_{\mathrm{v}}, \quad \boldsymbol{C}_{\mathrm{u}} = \boldsymbol{A}_{\mathrm{u}}\boldsymbol{C}_{\mathrm{v}} \tag{4.5.60}$$

其中，转换矩阵

$$\boldsymbol{A}_{\mathrm{u}} = \begin{bmatrix} \cos^2\alpha_k & \sin\alpha_k\cos\alpha_k & \sin\alpha_k\cos\alpha_k & \sin^2\alpha_k \\ -\sin\alpha_k\cos\alpha_k & \cos^2\alpha_k & -\sin^2\alpha_k & \sin\alpha_k\cos\alpha_k \\ -\sin\alpha_k\cos\alpha_k & -\sin^2\alpha_k & \cos^2\alpha_k & \sin\alpha_k\cos\alpha_k \\ \sin^2\alpha_k & -\sin\alpha_k\cos\alpha_k & -\sin\alpha_k\cos\alpha_k & \cos^2\alpha_k \end{bmatrix} \tag{4.5.61}$$

式(4.5.60)中，$\boldsymbol{K}_{\mathrm{u}}$和$\boldsymbol{C}_{\mathrm{u}}$分别为偏载工况下的刚度、阻尼系数列向量；$\boldsymbol{K}_{\mathrm{v}}$、$\boldsymbol{C}_{\mathrm{v}}$为垂直载荷工况下的刚度、阻尼系数列向量，可表示为

$$\boldsymbol{K}_{\mathrm{v}} = \{k_{xx} \quad k_{xy} \quad k_{yx} \quad k_{yy}\}^{\mathrm{T}}, \quad \boldsymbol{C}_{\mathrm{v}} = \{c_{xx} \quad c_{xy} \quad c_{yx} \quad c_{yy}\}^{\mathrm{T}} \tag{4.5.62}$$

图 4.5.21(a)给出了轴承 1、2 的偏心率随工作转速增加的变化曲线。由于推力轴承的作用，位于转子左端的轴承 1 偏心率增加，轴颈下沉；而位于转子右端的轴承 2 的偏心率则相应减小，轴颈上浮。图 4.5.21(b)、(c)给出了因径向轴承静态工作点改变而导致两个轴承相应的刚度、阻尼系数变化曲线。例如，在转速N=9060r/min 时，轴承 1 的偏心率ε_1以及刚度系数$k_{xx}^{(1)}$和$k_{yy}^{(1)}$均比仅有径向轴承支承时的对应值增加了 20%左右；而对于轴承 2，其ε_2、$k_{xx}^{(2)}$和$k_{yy}^{(2)}$则比原先减小了 32%～37%。分析结果表明，引入推力轴承后导致径向滑动轴承所产生的偏载效应是很大的。

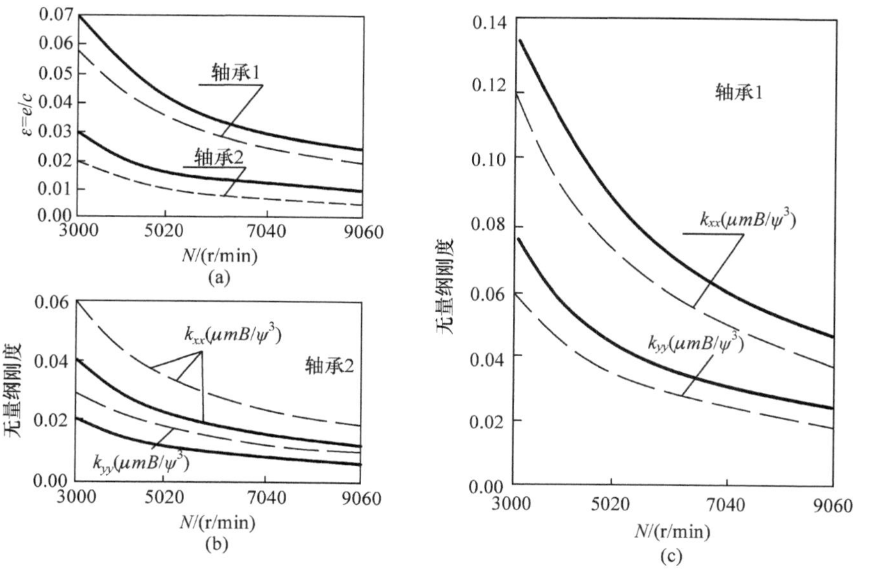

图 4.5.21　推力轴承的偏载效应

2) 转子在静态工作点处的广义位移

系统的静态工作点(x_1, y_1, φ_1, ψ_1,…)以及推力、径向轴承的负荷分配可由方程(4.5.48)～方程(4.5.55)联立解出。当计入推力轴承、径向轴承的影响后，各点的轴位移实际上是转速的函数。以 $N = 9064\text{r} / \text{min}$ 为例，位于 l_2 处的圆盘中心的垂直方向变形 y_2 和刚支情况下相比，大约减小了 70%，说明推力轴承对转子挠度曲线的影响极大，并且这种影响主要来自 M_{x0}^{p} 和 M_{y0}^{p} 的作用。

3) 系统稳定性分析

求解系统方程(4.5.52)可得到系统的固有特征值。数值结果表明，当仅考虑系统装配有径向滑动轴承时，系统的一阶阻尼临界转速 n_{cr}=5653r/min；而当推力轴承的作用一并计入后，系统的一阶阻尼临界转速 $n_{\text{cr}}^* = 10445\text{r/min}$，差不多是 n_{cr} 的 1.85 倍，推力轴承有效地提高了转子的一阶阻尼临界转速。

至于系统的稳定性，记系统的一阶特征值 $\gamma_1 = -u_1 + \text{i}v_1$，推力轴承对系统一阶特征值的虚部(即涡动频率)的影响甚小，其涡动比 v_1 / ω 非常接近于 0.5，且当转速改变时几乎保持不变，这主要是由于径向轴承运行在很小的偏心率情况下。另外，推力轴承对特征值实部(对应于对数衰减率部分)的影响很大。

4.6 电磁轴承及带电磁轴承转子的动力学特性

发动机是产生动力的机械装置，是一种能够把其他形式的能转化为机械能的机器，包括内燃机(往复活塞式发动机)、外燃机(斯特林发动机、蒸汽机等)、喷气发动机、电动机等。例如，内燃机通常是把化学能转化为机械能的装置。发动机既适用于动力发生装置，也可指包括动力装置的整个机器(如汽油发动机、航空发动机)。轴承是发动机的承力和传力部件，对转子系统的动力学特性和发动机的运行可靠性有着重要影响。电磁轴承具有无摩擦、适用高转速范围、可主动控制等优点，已在一定程度上获得应用。本节主要介绍电磁轴承的结构、工作原理以及动态特性，分析带电磁轴承转子的振动及主动控制方法，给出带电磁轴承的转子系统的设计要点。

图 4.6.1 为苏黎世 ETH 研发的高速工具，全部使用主动控制的电磁轴承，转速达到 40000r/min，功率为 35kW。与传统轴承相比，主动式电磁轴承具有轴承无磨损、工作转速范围宽、可在转子上施加任意可控的力等优点，但要配备传感器、控制器和功率放大器，因而成本高、质量大。主动式电磁轴承不仅适用于承载，而且能用于镇定转子系统。例如，内阻尼、间隙激振等自激失稳因素会使转子失稳，还可对转子不平衡、转子弯曲等因素引起的其他激扰力进行补偿。

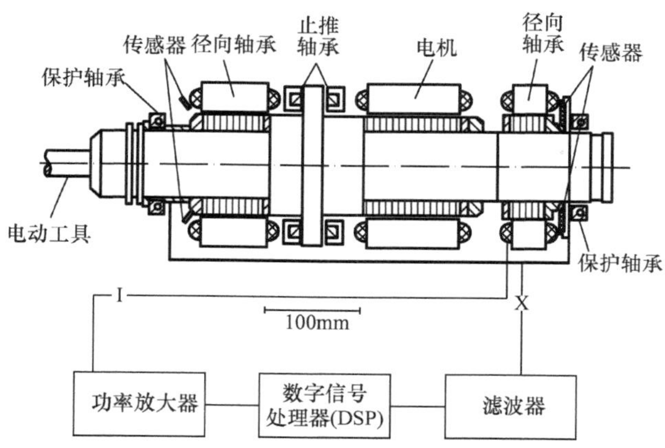

图 4.6.1　全部使用主动控制电磁轴承的高速工具

主动式电磁轴承的缺陷是电控系统的失效会导致转子系统的破坏，为此一般需配置保护轴承，在实际中设计成双轴承结构，正常情况下，电磁轴承发挥作用，而紧急情况下使用滚动轴承。电磁轴承的使用会受到温度的限制。

4.6.1　主控式磁悬浮轴承的结构

根据充磁效应，电磁力与电流的平方成正比，与距离成反比。如图 4.6.2 所示，若把两个电磁铁成对地构成磁力轴承，产生的电磁力为

$$f_y = \frac{k(i_v + i_s)^2}{(h-v)^2} - \frac{k(i_v - i_s)^2}{(h+v)^2} \tag{4.6.1}$$

式中，h 为静态间隙；v 为位移。控制电流 $\pm i_s$(t的函数) 与充磁电流 i_v 叠加；k 是电磁轴承的重要特征参数，与线圈匝数的平方、磁极面积以及磁强度μ_0成正比。

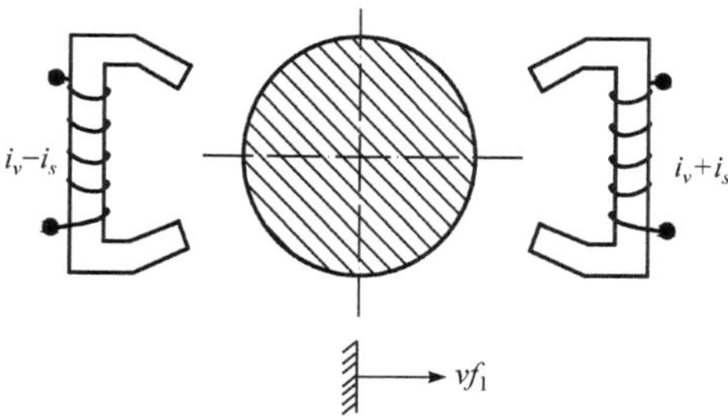

图 4.6.2　主控式磁悬浮轴承的原理图

图 4.6.3 为一种磁力轴承的结构，内置传感器 S_1、S_2、S_3 和 S_4，用以测量轴颈的相位、位移和速度。图 4.6.4 为轴承力和电流的特征关系，而图 4.6.5 为力和位移的特征关系。

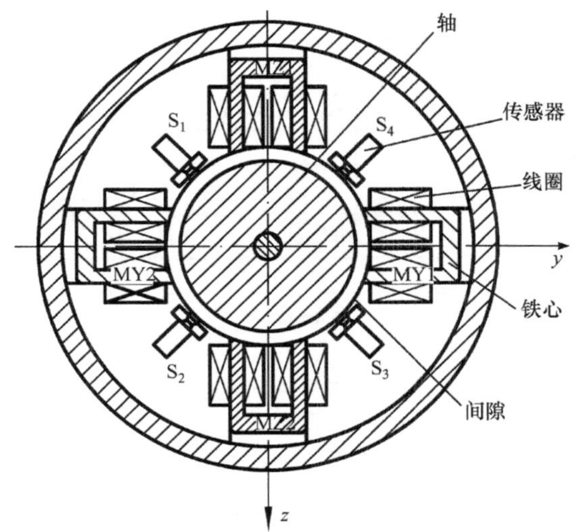

图 4.6.3　一种磁力轴承的结构

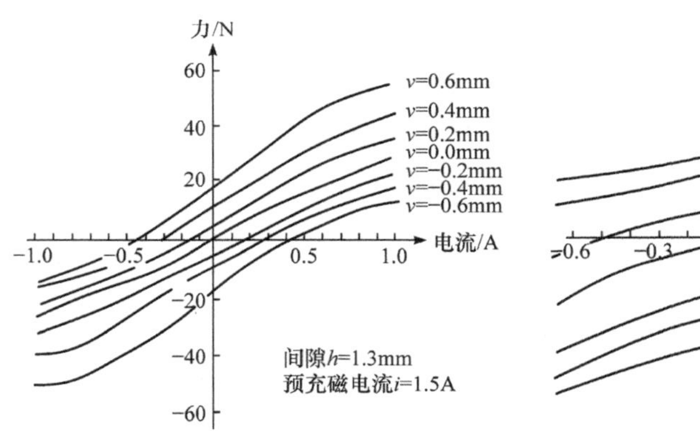

图 4.6.4　电磁轴承力与电流特性

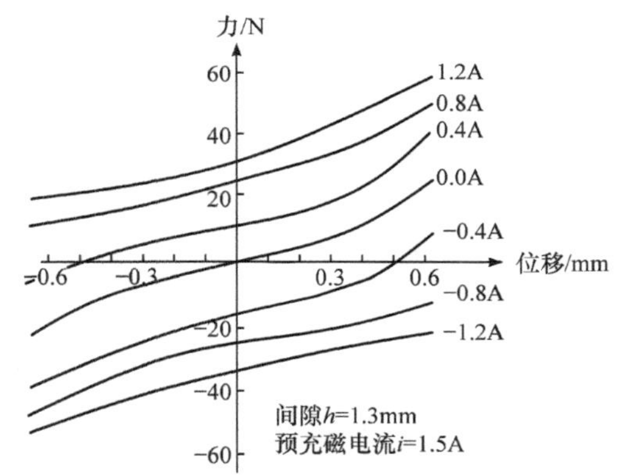

图 4.6.5　电磁轴承力与位移特性

把电磁铁成对地设置成电磁轴承，在静态位置附近轴承表现出线性特性，由图 4.6.4 和图 4.6.5 可以看出这一特性。当控制电流 i_s 与充磁电流 i_v 相比很小，且运动位移 v 相对于静态间隙很小时，由式(4.6.1)也可分析得出磁力轴承的线性关系，即力与电流、位移之间的线性关系分别为

$$f_y = k_i i_s(t) + k_0 v(t) \tag{4.6.2}$$

式中，

$$k_i = 4ki_v / h^2, \quad k_0 = 4ki_v^2 / h^3 \tag{4.6.3}$$

考虑 y 和 z 两个方向的力，可得到电磁轴承总的线性特征关系为

$$\begin{Bmatrix} f_z \\ f_y \end{Bmatrix} = \begin{bmatrix} k_i & 0 \\ 0 & k_i \end{bmatrix} \begin{Bmatrix} i_z \\ i_y \end{Bmatrix} + \begin{bmatrix} k_0 & 0 \\ 0 & k_0 \end{bmatrix} \begin{Bmatrix} w \\ v \end{Bmatrix} \tag{4.6.4}$$

式中，i_z 和 i_y 分别为 z 和 y 方向的控制电流。

4.6.2　PD 反馈控制下电磁轴承控制器及转子系统的运动方程

图 4.6.6 为支承在磁力轴承上刚性转子的控制框图,内置传感器测量轴颈的相位和动速度。通过换极调整,使位移和速度信号带负号。控制器对位移信号 $w_{\text{ref}}-w$、$v_{\text{ref}}-v$ 和速度信号 $\dot{w}$ 、$\dot{v}$ 加权，转换成电压信号，输入到电流放大器，如图 4.6.6 所示。根据外部控制目标信号 w_{ref} 和 v_{ref}，在控制电路中输入一个常电压，由此可使轴颈在间隙范围内任意静态位置保持平衡。

设图 4.6.6 所示的转子系统完全对称，即两个磁力轴承(ML)完全相同，则转子偏摆和横向振动可以解耦，故可只考虑横向振动。

由图 4.6.7 所示的受力分析可得到转子的平衡方程为

$$m\ddot{w}_s = mg + 2f_z, \quad m\ddot{v}_s = zf_y \tag{4.6.5}$$

式中，

$$w_s = w(t) + \varepsilon\cos(\Omega t + \beta), \quad v_s = v(t) + \varepsilon\sin(\Omega t + \beta) \tag{4.6.6}$$

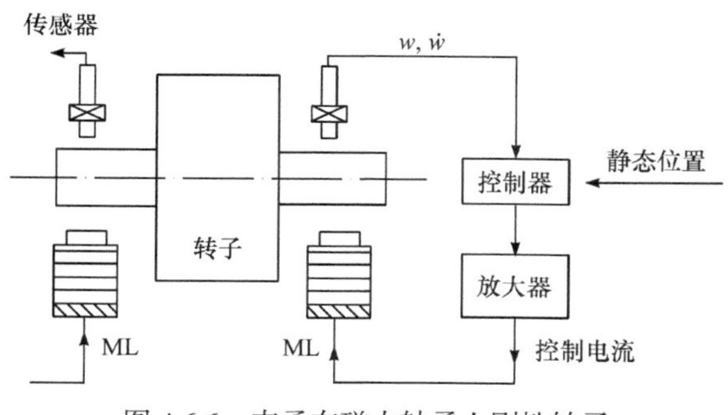

图 4.6.6　支承在磁力轴承上刚性转子的控制框图

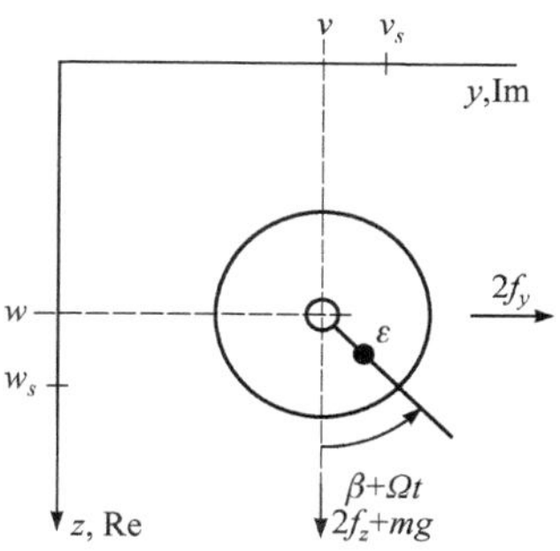

图 4.6.7　转子运动坐标系及转子受力分析

图 4.6.8 为对应的控制框图。若功率放大器在输入和输出之间无滞后，则控制电流为

$$\begin{Bmatrix} i_z \\ i_y \end{Bmatrix} = \begin{bmatrix} a & 0 \\ 0 & a \end{bmatrix} \begin{Bmatrix} w_{\text{ref}} - w \\ v_{\text{ref}} - v \end{Bmatrix} + \begin{bmatrix} b & 0 \\ 0 & b \end{bmatrix} \begin{Bmatrix} -\dot{w} \\ -\dot{v} \end{Bmatrix} \tag{4.6.7}$$

式中，a 和 b 为可调节的控制器常数。方程中的振动速度 $\dot{w}$ 和 $\dot{v}$ 可通过控制器中的微分获得，或者可由如图 4.6.3 所示的电磁轴承中的传感器直接测量，在实际中

有所区别。

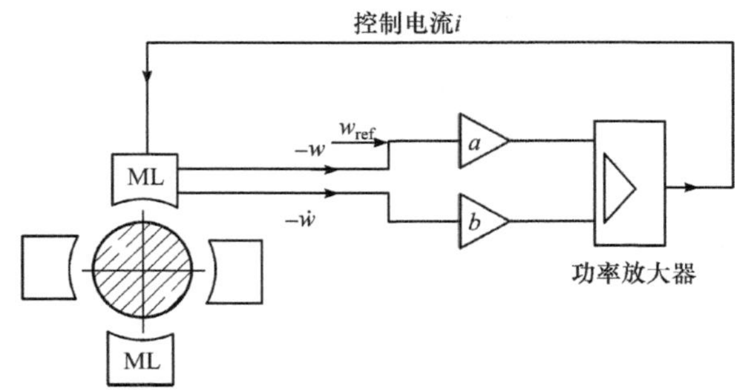

图 4.6.8　振动位移和速度反馈的 PD 控制框图

由式(4.6.4)～式(4.6.7)可构建转子系统运动方程为

$$\begin{bmatrix} m & 0 & 0 & 0 \\ 0 & m & 0 & 0 \\ 0 & 0 & 0 & 0 \\ 0 & 0 & 0 & 0 \end{bmatrix}\begin{Bmatrix} \ddot{w} \\ \ddot{v} \\ \ddot{i}_z \\ \ddot{i}_y \end{Bmatrix}+\begin{bmatrix} 0 & 0 & 0 & 0 \\ 0 & 0 & 0 & 0 \\ b & 0 & 0 & 0 \\ 0 & b & 0 & 0 \end{bmatrix}\begin{Bmatrix} \dot{w} \\ \dot{v} \\ \dot{i}_z \\ \dot{i}_y \end{Bmatrix}+\begin{bmatrix} -2k_0 & 0 & -2k_i & 0 \\ 0 & -2k_0 & 0 & -2k_i \\ a & 0 & 1 & 0 \\ 0 & a & 0 & 1 \end{bmatrix}\begin{Bmatrix} w \\ v \\ i_z \\ i_y \end{Bmatrix}$$

$$=\begin{Bmatrix} mg \\ 0 \\ aw_{\text{ref}} \\ av_{\text{ref}} \end{Bmatrix}+\varepsilon m\Omega^2\begin{Bmatrix} \cos(\Omega t+\beta) \\ \sin(\Omega t+\beta) \\ 0 \\ 0 \end{Bmatrix} \tag{4.6.8}$$

式(4.6.8)的上半部分涉及力学和电学，下半部分涉及电学与电子学，相互之间耦合。这样的系统为典型的机电一体化系统。从控制角度来看，方程(4.6.8)是一个线性微分系统的控制方程。状态向量中不仅包含振动位移 w 和 v，而且包含位移的一阶导数 $\dot{w}$ 和 $\dot{v}$。

4.6.3　PD 反馈控制下转子运动方程的解

为便于理解，把方程(4.6.8)中的电流项消去，即用转子运动的位移 w、v 和速度 $\dot{w}$、$\dot{v}$ 来表示，则可得到

$$\begin{bmatrix} m & 0 \\ 0 & m \end{bmatrix}\begin{Bmatrix} \ddot{w} \\ \ddot{v} \end{Bmatrix}+2\begin{bmatrix} bk_i & 0 \\ 0 & bk_i \end{bmatrix}\begin{Bmatrix} \dot{w} \\ \dot{v} \end{Bmatrix}+2\begin{bmatrix} ak_i-s_0 & 0 \\ 0 & ak_i-s_0 \end{bmatrix}\begin{Bmatrix} w \\ v \end{Bmatrix}$$

$$=\begin{Bmatrix} mg+2ak_iw_{\text{ref}} \\ 2ak_iw_{\text{ref}} \end{Bmatrix}+\varepsilon m\Omega^2\begin{Bmatrix} \cos(\Omega t+\beta) \\ \sin(\Omega t+\beta) \end{Bmatrix} \tag{4.6.9}$$

其中，$2bk_i$ 为阻尼系数；$2(ak_i-s_0)$ 为轴承的刚度。把两个方向上的位移和速度作为反馈量调节，就得到一个各向同性的轴承，可用如图 4.6.9 所示的等效机械转子

模型来表达。当然，一个机电一体化系统，仅用图 4.6.9 所示的模型不能完全描述。

1. 静态位置

若转子完全平衡，$\varepsilon=0$，转子系统位于其静平衡位置，位移的所有导数都为零。由方程(4.6.9)可解出

$$w=w_{\mathrm{stat}}=\frac{mg+2ak_i w_{\mathrm{ref}}}{2(ak_i-k_0)},\quad v=v_{\mathrm{stat}}=\frac{2ak_i v_{\mathrm{ref}}}{2(ak_i-k_0)} \tag{4.6.10}$$

由式(4.6.10)可见，通过调整参考值 w_{ref} 和 v_{ref}，可使轴颈中心位置任意可调，这一特性是图 4.6.9 所示的机械系统不具备的。由式(4.6.10)的分母可以看到，位移反馈的放大因子 a 必须足够大，保证 $ak_i>k_0$，否则系统将静态失稳。磁力轴承的自然刚度为负，位移产生的力作用在位移方向上，比较图 4.6.2 和图 4.6.5 可以看出这一结果。

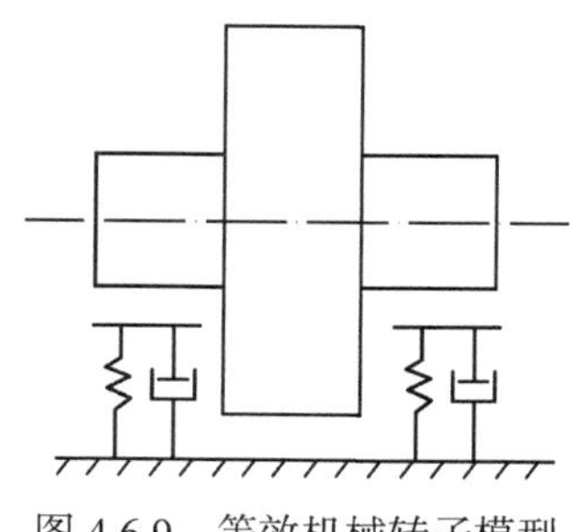

图 4.6.9　等效机械转子模型

2. 自由振动与不平衡响应

由于转子各向同性，可将转子位移用复向量来表达，即 $r=w(t)+\mathrm{i}v(t)$。由重力引起的常数项以及预设的参考值在静态时平衡，故不予考虑。于是，转子的运动为

$$m\ddot{r}+2bk_i\dot{r}+2(ak_i-k_0)r=m\varepsilon\Omega^2\mathrm{e}^{\mathrm{i}(\Omega t+\beta)} \tag{4.6.11}$$

方程(4.6.11)的解为

$$r(t)=r_0+r_\varepsilon \tag{4.6.12}$$

式中，r_0 为方程的齐次解；r_ε 为转子的不平衡响应。

将式(4.6.12)代入式(4.6.11)，可得

$$r_0=\mathrm{e}^{-\delta t}(\hat{r}_+\mathrm{e}^{\mathrm{i}\nu t}+\hat{r}_-\mathrm{e}^{-\mathrm{i}\nu t}),\quad r_\varepsilon=\frac{\lambda^2\varepsilon}{1-\lambda^2+2\mathrm{i}C\lambda}\mathrm{e}^{\mathrm{i}(\Omega t+\beta)} \tag{4.6.13}$$

式中，

$$\delta=bk_i/m,\quad \nu^2=\omega^2-\delta^2,\quad C=\delta/\omega,\quad \lambda=\Omega/\omega,\quad \omega=\sqrt{2(ak_i-k_0)/m} \tag{4.6.14}$$

将式(4.6.13)代入式(4.6.12)得到方程(4.6.11)的通解为

$$r(t)=\mathrm{e}^{-\delta t}(\hat{r}_+\mathrm{e}^{\mathrm{i}\nu t}+\hat{r}_-\mathrm{e}^{-\mathrm{i}\nu t})+\frac{\lambda^2\varepsilon}{1-\lambda^2+2\mathrm{i}C\lambda}\mathrm{e}^{\mathrm{i}(\Omega t+\beta)} \tag{4.6.15}$$

其中的齐次解将随时间衰减，而仅存稳态不平衡响应。转子的临界转速位置

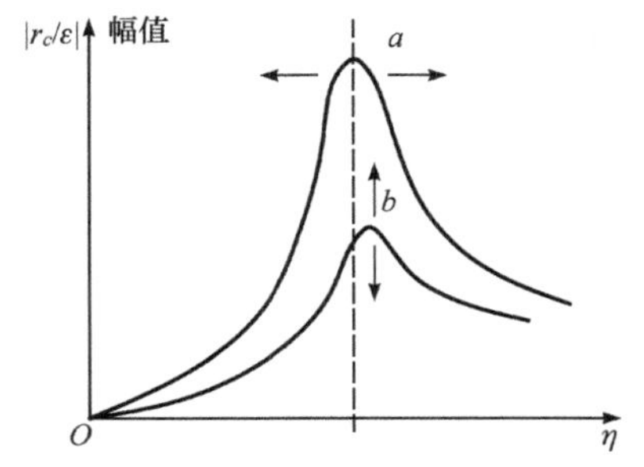

图 4.6.10　控制常数 a 和 b 对临界转速位置和临界转速响应的影响

及临界转速响应在轴承电磁力调节范围内可任意调节，如图 4.6.10 所示。

对于控制常数 a 和 b 的选取，阻尼项 b 的作用是减小转子的临界响应，选值的范围为使 C=0.1～0.3，$C=bk_i/(m\omega)=bk_i/\sqrt{2m(ak_i-k_0)}$。阻尼的存在使自由振动受到阻滞而衰减，故无须考虑初始条件以及外部失稳激振力；而 a 值的选择应保证 $ak_i > k_0$，$ak_i > 4ki_v^2/h^3$，即要保证电磁轴承静态稳定。一般选取 ak_i 大于 k_0 至少一倍，只有在特殊情况下，才会大于 5 倍，若太大，则电磁轴承的力主要用于增加刚度，失去了电磁轴承的优势。

4.6.4　PID 反馈控制下转子系统的振动特性

如上所述，通过调节参考信号 $w_{\rm ref}$ 和 $v_{\rm ref}$ 可把转子调节到零位。有的机器所受的静态力是变化的，如图 4.6.11(a)所示的砂轮机，砂轮上所受的力总是变化的，不能靠手动来调节零位，但可用如图 4.6.11(b)所示的积分控制来调节。

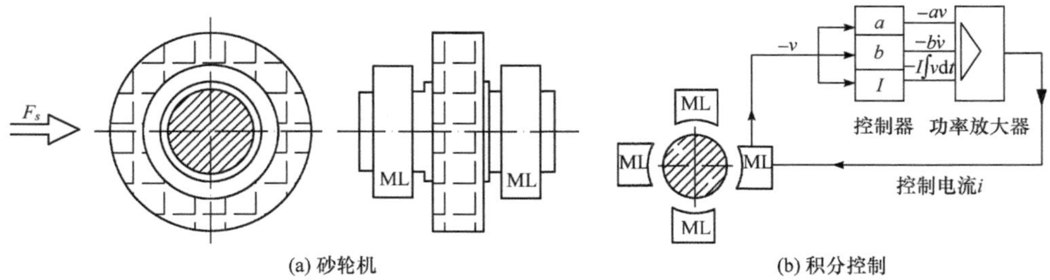

图 4.6.11　电磁轴承支承的砂轮机受力及其积分控制调节

方便起见，仅分析水平方向的振动。主要的压力作用在水平方向，转子的运动方程为

$$m\ddot{v}+2bk_i\dot{v}+2(ak_i-s_0)v+2I\int v\mathrm{d}t=F_s(t) \tag{4.6.16}$$

方程中出现积分项 $2I\int v\mathrm{d}t$，其中 I 是一个可预设的参数。由于无手动调节，故令 $v_{\rm ref}$=0，方程中无含 $v_{\rm ref}$ 的项。磨削时的压力包含常力部分和一倍频以及高次频率分量。不妨设压力的频率为 Ω^*，当 Ω^*=0 时，代表静力作用条件，即

$$F_s=F_0\cos\Omega^* t \tag{4.6.17}$$

为便于求解，把压力 $F_s(t)$ 表示成复数形式为

$$F_s(t) = F_+ \mathrm{e}^{\mathrm{i}\Omega^* t} + F_- \mathrm{e}^{-\mathrm{i}\Omega^* t} \tag{4.6.18}$$

式中，$F_+ = F_- = F_0 / 2$。

将式(4.6.18)代入式(4.6.16)，并设解为

$$v(t) = v_+ \mathrm{e}^{\mathrm{i}\Omega^* t} + v_- \mathrm{e}^{-\mathrm{i}\Omega^* t} \tag{4.6.19}$$

得到的转子在水平方向的位移为

$$\begin{aligned} v(t) = & \frac{\mathrm{i}\Omega^* F_0 \mathrm{e}^{+\mathrm{i}\Omega^* t}}{2[-\mathrm{i}m\Omega^{*3} - 2bk_i\Omega^{*2} + 2\mathrm{i}\Omega^*(ak_i - k_0) + I]} \\ & + \frac{\mathrm{i}\Omega^* F_0 \mathrm{e}^{-\mathrm{i}\Omega^* t}}{2[-\mathrm{i}m\Omega^{*3} + 2bk_i\Omega^{*2} + 2\mathrm{i}(ak_i - k_0)\Omega^* - I]} \end{aligned} \tag{4.6.20}$$

当静态时，$\Omega^* = 0$，由于积分反馈项的存在，位移总为 0。当压力频率低时，位移很小；当压力频率高时，积分反馈项变弱，$I / (\mathrm{i}\Omega^*) \to 0$。

4.6.5　电磁轴承的影响因素与控制目标

1. 减小不平衡响应

如何设计电磁轴承的结构以及如何施行轴承控制，主要取决于电磁轴承所承担的任务，但完成同一任务可采取不同的实现方式。研究控制转子不平衡响应的情况，其主要目标是降低转子通过临界转速时的振动峰值，可分别采用如下三种解决方案。

(1) 通过速度反馈，引入阻尼，使临界响应大幅降低，如图 4.6.10 所示。

(2) 在控制系统中设置一陷滤器，使控制系统对转频 Ω 不响应。转子对转频如同无约束系统一样，仅绕其主轴旋转。转速恒定时，这一方案是可行的，但穿越临界转速时会出问题。

(3) 电磁轴承的力不是以阻尼的形式出现在运动方程的左边的，而是出现在运动方程的右边，直接补偿激振力。在方程的右边除不平衡激振力，再作用轴承电磁力为

$$R_S = \varepsilon m\Omega^2 \mathrm{e}^{\mathrm{i}(\Omega t+\beta)} + P\mathrm{e}^{\mathrm{i}(\Omega t+\gamma)} \tag{4.6.21}$$

式中，$P = \varepsilon m\Omega^2$，$\gamma = \beta - 180°$。于是就抵消了不平衡激振力，转子系统不再出现不平衡响应。对于这样一种消除不平衡激振力的控制策略，必须事先或实时辨识不平衡激振力的大小 P 及相位 β。这实施起来这并不困难，但保证 P 始终适应 Ω^2 有一定的代价。实际上，上述方法可以更简单地实现，即使轴承电磁力满足 $P = m\varepsilon\omega^2$，其中，ω 为无阻尼转子系统的自振频率，代入转子运动方程之后，得到

转子的不平衡响应为

$$r(t)=\varepsilon\left(\frac{\lambda^2}{1-\lambda^2+2\mathrm{i}C\lambda}-\frac{1}{1-\lambda^2+2\mathrm{i}C\lambda}\right)\mathrm{e}^{\mathrm{i}(\Omega t+\beta)} \tag{4.6.22}$$

转子临界转速消失，转子振动幅值为$|\varepsilon|$。令阻尼 C=0 时，即可看出这一结果。但在实际转子系统中要引入一定的阻尼：一是衰减自由振动；二是增加系统稳定性。

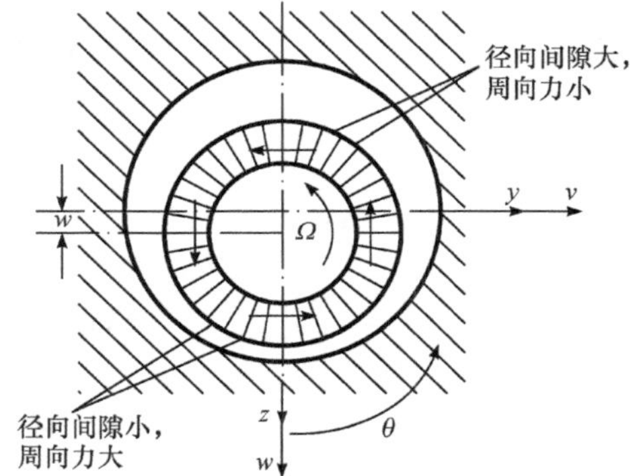

图 4.6.12　涡轮叶尖间隙不均

2. 改善系统稳定性

电磁轴承可用于提高转子系统的稳定性。滑动轴承、间隙激振、密封装置、内摩擦等诸多因素会使转子发生失稳振动。在这种情况下，磁力轴承可用作转子镇定器，防止转子失稳。

下面以如图 4.6.12 所示的涡轮叶尖间隙不均为例来说明磁力轴承的镇定作用。叶尖间隙不均时，气流会产生反对称交叉刚度效应，使转子失稳。

在 PD 控制的系统中，运动方程为

$$\begin{bmatrix} m & 0 \\ 0 & m \end{bmatrix}\begin{Bmatrix} \ddot{w} \\ \ddot{v} \end{Bmatrix}+2\begin{bmatrix} bk_i & 0 \\ 0 & bk_i \end{bmatrix}\begin{Bmatrix} \dot{w} \\ \dot{v} \end{Bmatrix}+2\begin{bmatrix} ak_i-k_0 & 0 \\ 0 & ak_i-k_0 \end{bmatrix}\begin{Bmatrix} w \\ v \end{Bmatrix}+\begin{bmatrix} 0 & D \\ -D & 0 \end{bmatrix}\begin{Bmatrix} w \\ v \end{Bmatrix}=\begin{Bmatrix} 0 \\ 0 \end{Bmatrix} \tag{4.6.23}$$

式中，D 为间隙激振力的影响。

根据 Hurwitz 定性判据，当 $bk_i\sqrt{2(ak_i-k_0)/m}>D$ 时，转子系统保持稳定。可见，必须引入速度反馈项 bk_i。

另一种保持稳定的方法是通过一交叉电路，直接抵消间隙激振力。图 4.6.13 为放大器的框图。通过调节使 $2D^*k_i=D$，则可完全抵消间隙激振，即

$$\left(\begin{bmatrix} 0 & +D \\ -D & 0 \end{bmatrix}+2\begin{bmatrix} ak_i-k_0 & -D^*k_i \\ D^*k_i & ak_i-k_0 \end{bmatrix}\right)\begin{Bmatrix} w \\ v \end{Bmatrix}=2\begin{bmatrix} ak_i-k_0 & 0 \\ 0 & ak_i-k_0 \end{bmatrix}\begin{Bmatrix} w \\ v \end{Bmatrix} \tag{4.6.24}$$

对于这种方法，当间隙失稳效应消除之后，必须立刻使磁力轴承的 D^* 项置零，否则，磁力轴承将引起转子失稳，并且以反进动失稳。

3. 转子偏摆的影响

对于对称转子，偏摆自由度φ_z和φ_y与横向振动自由度 w 和 v 是相互独立的，

偏摆运动方程为

$$\begin{bmatrix} G_d & 0 \\ 0 & G_d \end{bmatrix}\begin{Bmatrix} \ddot{\varphi}_y \\ \ddot{\varphi}_z \end{Bmatrix}+\left(\begin{bmatrix} 0 & \Omega G_p \\ -\Omega G_p & 0 \end{bmatrix}+2\begin{bmatrix} L^2bk_i & 0 \\ 0 & L^2bk_i \end{bmatrix}\right)\begin{Bmatrix} \dot{\varphi}_y \\ \dot{\varphi}_z \end{Bmatrix}$$

$$+2\begin{bmatrix} L^2(ak_i-k_0) & 0 \\ 0 & L^2(ak_i-k_0) \end{bmatrix}\begin{Bmatrix} \varphi_y \\ \varphi_z \end{Bmatrix}=\Omega^2(G_d-G_p)\alpha\begin{Bmatrix} \cos(\Omega t+\delta) \\ \sin(\Omega t+\delta) \end{Bmatrix} \quad (4.6.25)$$

式中，L 为转子半长度；G_d 和 G_p 分别为转子直径惯性矩和极惯性矩；α 为盘的初始偏角，如图 4.6.14 所示。

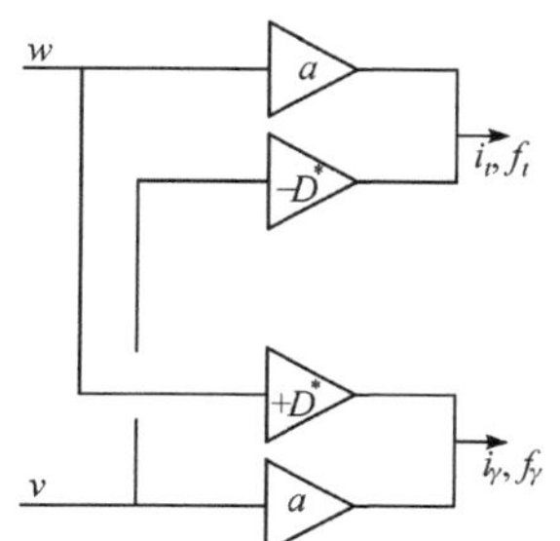

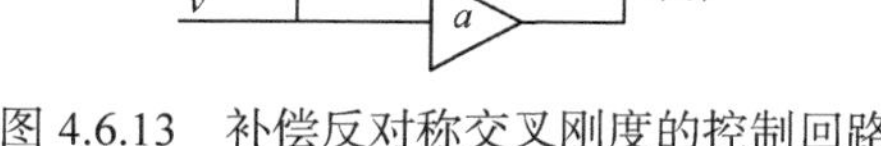

图 4.6.13　补偿反对称交叉刚度的控制回路

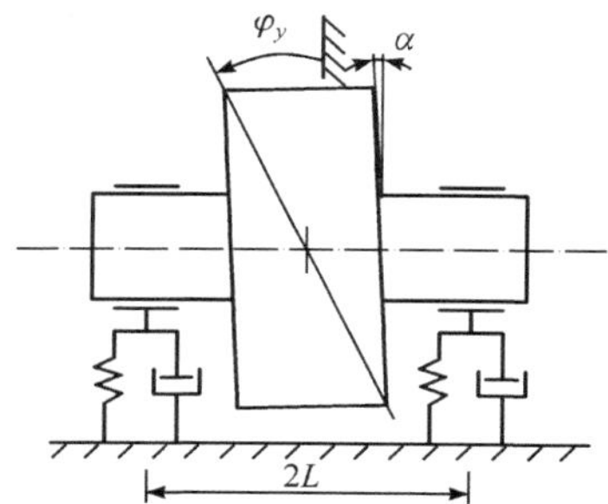

图 4.6.14　转子偏摆自由度

由方程(4.6.25)可以看出，自由振动将受到限制。由于陀螺力矩的影响，转子系统的自振频率与转速有关。

4.6.6　带磁力轴承的柔性转子

对于柔性转子，可以不同的方式运用磁力轴承：一种方式是把磁力轴承作为转子的辅助支承，以提高转子系统的稳定性，减小转子的不平衡响应，如图 4.6.15(a)所示；另一种方式是完全替代接触式需要润滑的传统轴承，即用磁力轴承承担转子的所有负荷，如图 4.6.15(b)所示。

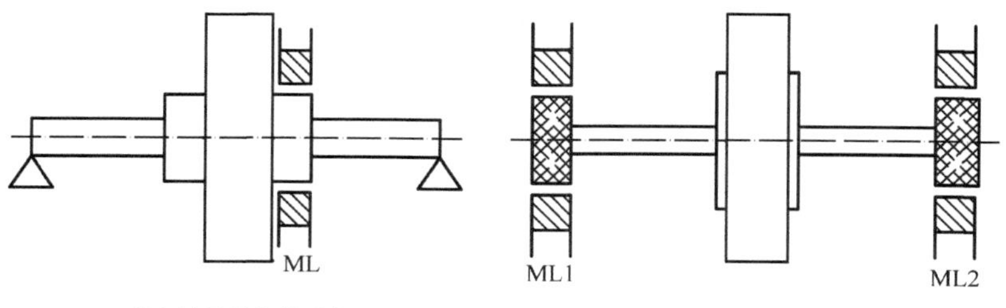

(a) 磁力轴承用作辅助支承　　(b) 磁力轴承用作承力轴承

图 4.6.15　磁力轴承的应用

1. 辅助支承

对如图 4.6.15(a)所示的杰夫考特转子，辅助支承安置在紧靠转子盘的一侧，则转子的运动方程为

$$\begin{bmatrix} m_{\mathrm{R}} & 0 \\ 0 & m_{\mathrm{R}} \end{bmatrix}\begin{Bmatrix} \ddot{w} \\ \ddot{v} \end{Bmatrix}+\begin{bmatrix} bk_i & 0 \\ 0 & bk_i \end{bmatrix}\begin{Bmatrix} \dot{w} \\ \dot{v} \end{Bmatrix}+\left(\begin{bmatrix} ak_i-k_0 & 0 \\ 0 & ak_i-k_0 \end{bmatrix}\right.$$
$$\left.+\begin{bmatrix} k_{\mathrm{R}} & 0 \\ 0 & k_{\mathrm{R}} \end{bmatrix}+\begin{bmatrix} 0 & k_{\mathrm{c}} \\ -k_{\mathrm{c}} & 0 \end{bmatrix}\right)\begin{Bmatrix} w \\ v \end{Bmatrix}=\varepsilon m_{\mathrm{R}}\Omega^2\begin{Bmatrix} \cos(\Omega t) \\ \sin(\Omega t) \end{Bmatrix} \tag{4.6.26}$$

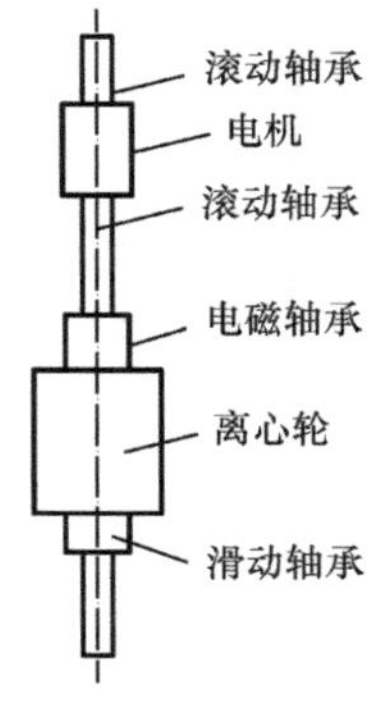

图 4.6.16　电磁轴承用作一个液体泵的辅助轴承

式中，m_{R} 为转子质量；k_{R} 为轴的刚度；k_{c} 为某种失稳因素产生的反对称交叉刚度系数。

有关刚性转子涉及的磁力轴承参数的定义也适用于柔性转子。对于柔性转子，轴的刚度 k_{R} 要叠加到磁力轴承的刚度矩阵中。磁力轴承实际上用作镇定器和阻尼器，抑制转子失稳，降低转子临界峰值。

同样可设计一个交叉的控制电路，如图 4.6.13 所示，直接用电磁轴承的电磁力抵消失稳激振力。原理上与前面讨论的刚性转子镇定相似。图 4.6.16 为一个用磁力轴承作为辅助支承的实例，图示为一个液体泵，磁力轴承用于直接抵消失稳激振力。

2. 磁力轴承支承的柔性转子

磁力轴承的承载能力小，轴颈直径要足够大，轴承才能承担所要求的负荷，因此轴颈直径要比滚动轴承所要求的大得多。在图 4.6.17 所示的模型中，考虑轴颈的质量 m_{L}，其位移为 $w_{\mathrm{L}}(t)$和 $v_{\mathrm{L}}(t)$。仍取对称转子模型为分析对象，把转子的运动用复向量表示为

$$r_{\mathrm{R}}(t)=w_{\mathrm{R}}(t)+\mathrm{i}v_{\mathrm{R}}(t),\quad r_{\mathrm{L}}(t)=w_{\mathrm{L}}(t)+\mathrm{i}v_{\mathrm{L}}(t) \tag{4.6.27}$$

转子的运动方程则为

$$\begin{bmatrix} m_{\mathrm{R}} & 0 \\ 0 & m_{\mathrm{L}} \end{bmatrix}\begin{Bmatrix} \ddot{r}_{\mathrm{R}} \\ \ddot{r}_{\mathrm{L}} \end{Bmatrix}+\begin{bmatrix} 0 & 0 \\ 0 & 2bk_i \end{bmatrix}\begin{Bmatrix} \dot{r}_{\mathrm{R}} \\ \dot{r}_{\mathrm{L}} \end{Bmatrix}+\begin{bmatrix} k_{\mathrm{R}} & -k_{\mathrm{R}} \\ -k_{\mathrm{R}} & k_{\mathrm{R}}+2(ak_i-k_0) \end{bmatrix}\begin{Bmatrix} r_{\mathrm{R}} \\ r_{\mathrm{L}} \end{Bmatrix}=m_{\mathrm{R}}\varepsilon\Omega^2\begin{Bmatrix} \mathrm{e}^{\mathrm{i}\Omega t} \\ 0 \end{Bmatrix} \tag{4.6.28}$$

式中，a 和 b 仍沿用 PD 控制系统中的参数定义。

3. 固有特性

假设转子自由振动的解为

$$\{r_{\mathrm{R}}(t) \quad r_{\mathrm{L}}(t)\}^{\mathrm{T}} = \{\overline{r}_{\mathrm{R}} \quad \overline{r}_{\mathrm{L}}\}^{\mathrm{T}} \mathrm{e}^{\lambda t} \tag{4.6.29}$$

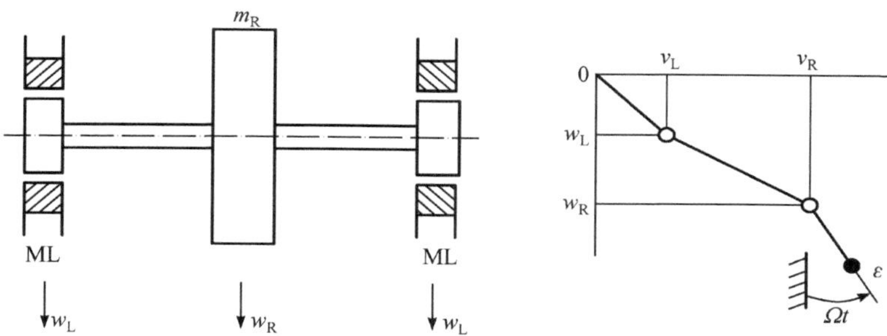

图 4.6.17　支承在两个电磁轴承上的弹性对称转子以及轴径和转子的位移

将式(4.6.29)代入微分方程(4.6.28)对应的齐次方程，可得转子系统的特征方程为

$$2\overline{\lambda}^4\xi + \overline{\lambda}^3 b^* + \overline{\lambda}^2(1 + a^* + 2\xi) + \overline{\lambda} b^* + a^* = 0 \tag{4.6.30}$$

式中，$\overline{\lambda} = \lambda / \omega_{\mathrm{Jeff}}$；$\xi = m_{\mathrm{L}} / m_{\mathrm{R}}$ 为轴承与转子质量比；$a^* = 2(ak_i - k_0) / k_{\mathrm{R}}$ 为轴承与转子的刚度比；$b^* = 2bk_i / (m_{\mathrm{R}}\omega_{\mathrm{Jeff}})$ 为相对阻尼；$\omega_{\mathrm{Jeff}} = \sqrt{k_{\mathrm{R}} / m_{\mathrm{R}}}$ 为支承刚性时转子的临界转速。

设 $\xi = m_{\mathrm{L}} / m_{\mathrm{R}} = 0.2$，$b^* = 0.5$，特征根为

$$\overline{\lambda}_k = \overline{a}_k + \mathrm{i}\overline{\omega}_k, \quad \overline{D}_k = -a_k / |\lambda_k| \tag{4.6.31}$$

它们是刚度比 a^* 的函数，如图 4.6.18 所示，$\xi = m_{\mathrm{L}} / m_{\mathrm{R}}$ 为轴承和转子的质量比。为使 a^* 从 0 到 ∞ 都能清楚地表达，图中横坐标一半为 a^*，另一半为 $1/a^*$。

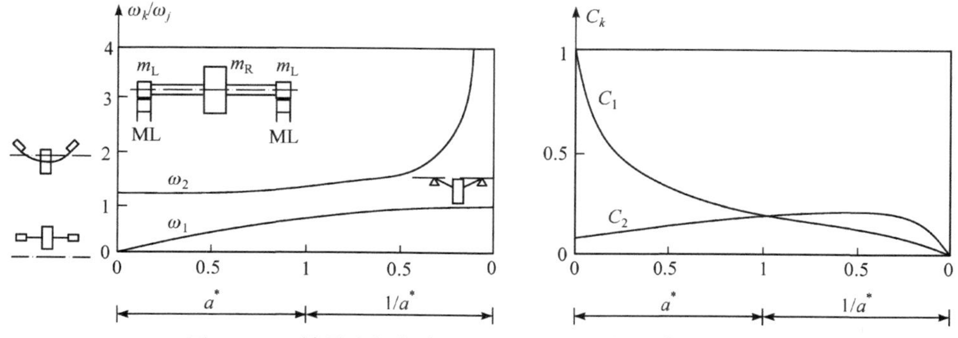

图 4.6.18　转子自振频率和阻尼比随电磁轴承参数的变化

由此可见，a^* 越小，自振频率越低。当 $a^* = 0$ 时，对应两端自由的刚体运动，一阶自振频率 $\omega_1 = 0$。在图中间位置的两较大范围内，两阶模态都是弹性的，表明轴颈发生位移，轴也发生弯曲变形。当 a^* 增大时，ω_1 趋近 ω_{Jeff}，即趋于刚性支

承，而ω_2几乎不受轴刚度的影响，主要由轴颈质量m_L和轴承刚度$ak_i - k_0$确定，a^*增加，ω_2也增加。

需要关注阻尼系数$C_1(a^*)$和$C_2(a^*)$的变化规律。当轴承刚度系数a^*很小时，刚体运动模态受到很强的阻尼影响；当a^*增加时，磁力轴承逐步失去对转子一阶模态的阻尼效果。而对于二阶模态，a^*从0变至$a^*=2$，二阶自振频率ω_2和对应的阻尼系数C_2变化甚微。只有轴承刚度非常大时，阻尼C_2才会趋于零。

4. 转子的不平衡响应

设转子的稳态解为

$$\{r_R(t) \quad r_L(t)\}^T = \{\hat{r}_R \quad \hat{r}_L\}^T e^{i\Omega t} \tag{4.6.32}$$

将式(4.6.32)代入微分方程(4.6.28)，得到方程组：

$$\begin{bmatrix} -\bar{\Omega}^2+1 & -1 \\ -1 & -\bar{\Omega}^2 2\xi + i\bar{\Omega}b^* + 1 + k^* \end{bmatrix} \begin{Bmatrix} \hat{r}_R/\varepsilon \\ \hat{r}_L/\varepsilon \end{Bmatrix} = \bar{\Omega}^2 \begin{Bmatrix} 1 \\ 0 \end{Bmatrix} \tag{4.6.33}$$

式中，$\hat{r}_R$和$\hat{r}_L$分别为转子和轴颈的振幅。$\bar{\Omega} = \Omega/\omega_{Jeff}$，取$\xi = 0.2$，$a^* = 0.6$，$b^* = 0.5$可得到转子和轴颈的幅频特性，如图4.6.19所示。图中，$\hat{r}_R/\varepsilon$为转子的相对振动幅值，$\hat{r}_L/\varepsilon$为轴颈的相对振动幅值。

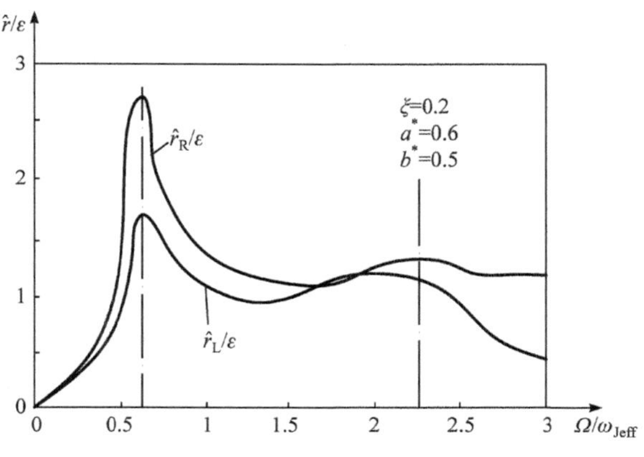

图 4.6.19　转子和轴颈的幅频特性

正如所预期的效果，在两个临界转速处(虚线所示)，磁力轴承的阻尼作用都很明显。为把电磁轴承的电控系统和振动关联在一起，利用式(4.6.7)计算电流特性。把水平方向和垂直方向的电流i_y和i_z写成复数量$i(t) = i_z + i i_y$，则电流为

$$i(t) = a[r_{L,ref} - r_L(t)] + b\dot{r}_L(t) \tag{4.6.34}$$

对于柔性转子，不考虑 $r_{\mathrm{L,ref}}$，即 $r_{\mathrm{L,ref}}=0$。由方程(4.6.31)所解的 $\hat{r}_{\mathrm{L}}$，可求出电流幅频特性为

$$\hat{i}(\Omega)=-\hat{r}_{\mathrm{L}}(\Omega)(a+\mathrm{i}b\Omega) \tag{4.6.35}$$

式(4.6.35)决定了电流放大器的输出特性。

在电磁轴承的设计中，几个问题值得注意。应用电磁轴承结构时，传感器集成在轴承中。应避免轴承设置在转子振型结点位置，否则传感器测不到这阶模态，即系统不可测；电磁轴承对此模态不起作用，即系统不可控，如图 4.6.20 所示。

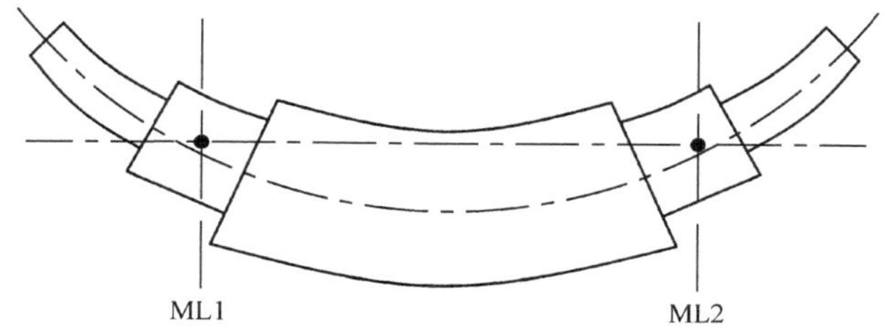

图 4.6.20　电磁轴承安置在振型结点上

这种现象在一般情况下对系统的影响不大，但对陀螺效应很强的转子往往会出问题，由于模态与转速强关联，结点可能会发生明显移动。

实际工程中，经常运用诸如状态控制类的复杂控制技术，传感器不集成在轴承之中。在某些条件下，这种设置会出现问题。对于这类问题，可以有不同的解决方案。图 4.6.21 是一种可行的方案，图 4.6.21(a)为传感器安装在轴承截面上，振动速度反馈，1 阶和 2 阶模态都受到抑制；图 4.6.21(b)为传感器不在轴承截面上，1 阶模态受到抑制，但 2 阶模态受到激励。

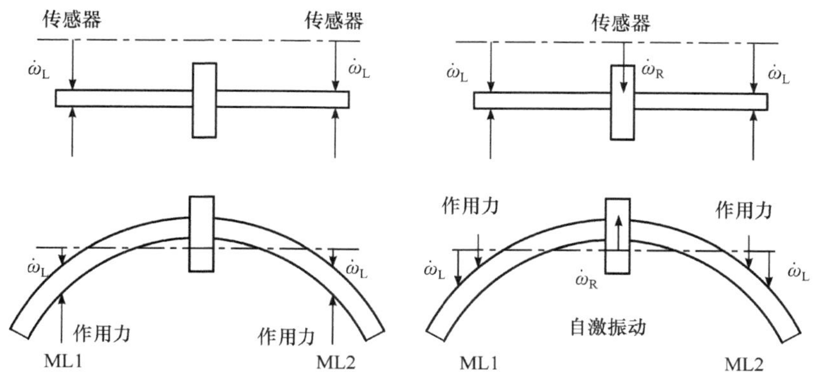

图 4.6.21　传感器位置和电磁轴承的作用力

对于柔性转子，如图 4.6.21(b)所示，转子的振动速度 $\dot{\omega}_{\mathrm{R}}$ 与轴颈的振动速度 $\dot{\omega}_{\mathrm{L}}$ 是反向的，如用 $\dot{\omega}_{\mathrm{R}}$ 作为控制量，则轴承的电磁力正好沿着 $\dot{\omega}_{\mathrm{L}}$ 的方向作用，使转子发生二阶模态失稳。

电磁轴承还可用于机器的故障诊断，如电磁轴承的调节和控制指令可与测试信号叠加，在机器运行过程中，用于检测机器结构是否出现异常变化。

第 5 章 转子动力学分析方法与模型

5.1 转子动力学概述

5.1.1 旋转机械及其分类

转子是人类有史以来最重要的机械发明之一。自工业革命以来几乎所有的机器都涉及转子这一发明。人们已经无法想象任何机械系统没有转子或者任何一个对称部件可以不围绕着轴进行圆周运动。旋转机械就是依靠转子的旋转动作完成特定功能的机械，典型的旋转机械有汽轮机、燃气轮机、离心式和轴流式压缩机、风机、泵、水轮机、发电机和航空发动机等，广泛应用于电力、石化、冶金和航空航天等行业。

旋转机械种类繁多，按其工作性质分类，大致可以分为以下三类：

(1) 动力机械。动力机械又分为原动机、电动机和流体输送机械三类。**原动机**是利用高压蒸汽或气体的压力能膨胀做功推动转子旋转，如蒸汽涡轮机、燃气涡轮机等；**电动机**是利用电能产生旋转运动；**流体输送机械**是通过转子的叶片将能量传递给输送的流体，这类机械的转子被原动机或电动机拖动，又可分为风力机械、水力机械和热力发动机三大类，如离心式和轴流式压缩机、风机及泵涡轮机械，还有螺杆式压缩机、螺杆泵、罗茨风机、齿轮泵等容积式机械。

(2) 过程机械。石油化工、炼油与天然气加工、轻工、核电与火电、冶金、环境工程、食品及制药等流程性工业中处理气、液和粉的设备及机器，可分为**过程容器、过程设备和过程机器**三类，如离心式分离机、换热器、风机、过滤机械、干燥机械、输送机械等。

(3) 加工机械。机械加工是指通过一种机械设备对工件的外形尺寸或性能进行改变的过程，按加工方式可分为切削加工和压力加工。实现切削加工和压力加工的装备一般都为旋转机械，如车床、磨床和压力机等。

5.1.2 转子系统的类型及特点

旋转机械无论在构造、材料及运动形态上都是一个比较复杂的系统，其主要的振动故障有不平衡、不对中、碰摩和松动等。转子是涡轮机、电机等旋转式机械中的主要旋转部件，它是旋转机械设计和制造的核心，故转子动力学的研究是旋转机械设计和制造的基础。

转子动力学是固体力学的分支，主要研究转子支承系统在旋转状态下的振动、平衡和稳定性问题，尤其是研究接近或超过临界转速运转状态下转子的横向振动问题。

根据转子的工作状态和力学特性，从平衡的观点出发，常把转子系统分成刚性转子系统和柔性转子系统两类。

(1) **刚性转子系统**。如果转子的工作转速比较低，其旋转轴线挠曲变形可忽略不计，这样的转子称为刚性转子。刚性转子可以在一个或任意选定的两个校正平面上，以低于转子工作转速的任意转速进行平衡校正，校正之后，在最高工作转速及低于工作转速的任意转速和接近实际的工作条件下的不平衡量均不明显超过所规定的平衡要求。一般情况下，将工作转速远低于一阶弯曲临界转速的转子视为刚性转子，一般工作转速小于 6000r/min 的机械系统属于刚性转子系统。

(2) **柔性转子系统**。工作转速接近或超过一阶弯曲临界转速的转子视为柔性转子。随着机组容量的增大，机组转子的轴向尺寸也越来越大，细而长的转子的挠(柔)性增加，使得转子的临界转速大大下降，工作转速将超过第一阶临界转速或第二、第三阶临界转速。挠性转子在运转及平衡时会产生挠曲变形，故情况要比刚性转子复杂得多。一般工作转速大于 6000r/min 的机械系统属于柔性转子系统。

转子系统具有如下特点：

(1) 由于转子有回转效应，系统的运动方程中出现了一个反对称的陀螺矩阵，求解难度大大增加。

(2) 油膜系统的阻尼主要来自油膜，因此转子系统通常不是保守系统，油膜力的刚度矩阵、阻尼矩阵不是对称矩阵，而是转速的函数。在某些场合，还必须考虑油膜力的非线性特性。

(3) 转子系统的阻尼主要来自轴承的油膜，是一个激振阻尼，与转速等因素有关，这与结构计算中通常假设的比例阻尼相距甚远。

综合以上特点，转子系统的运动微分方程应写为

$$\boldsymbol{M}\ddot{\boldsymbol{z}}+(\boldsymbol{C}+\boldsymbol{G})\dot{\boldsymbol{z}}+(\boldsymbol{K}+\boldsymbol{S})\boldsymbol{z}=\boldsymbol{F} \tag{5.1.1}$$

式中，$\boldsymbol{C}$ 为阻尼矩阵，是非对称矩阵；$\boldsymbol{G}$ 为陀螺矩阵，是反对称矩阵；$\boldsymbol{K}$ 为刚度矩阵的对称部分；$\boldsymbol{S}$ 为刚度矩阵的不对称部分。各矩阵常常是转速 ω 的函数。

5.1.3 旋转机械振动及其振动的基本特性

旋转机械的主要功能由旋转部件完成，旋转机械出现故障通常会出现振动异常，通过对振动信号幅域、频域和时域的分析能够得到很多机器故障的信息。了解旋转机械的振动机理，对检测机器的运行状态和提高故障诊断的准确率都非常

重要。

1. 旋转机械振动的分类

1) 强迫振动

强迫振动又称同步振动，是由外界持续周期性激振力作用而引起的振动。强迫振动从外界不断地获得能量来补偿阻尼所消耗的能量，使系统始终保持持续的等幅振动。该振动反过来并不影响扰动力。产生强迫振动的主要原因有转子质量的不平衡、联轴器不对中、转子的静摩擦、机械部件松动、转子部件或轴承破损等。强迫振动的特征频率总是等于扰动力的频率。例如，转子质量不平衡引起的强迫振动，其振动频率恒等于转速频率。

2) 自激振动

机器运行过程中由机械内部运动本身产生的交变力引起的振动称为自激振动，一旦振动停止，交变力也自然消失；自激振动频率即机械的自然频率(或临界频率)，与外来激励的频率无关。旋转机械中常见的自激振动有油膜涡动和油膜振荡，这类振动主要由转子内阻、动静部件的干摩擦等引起。与强迫振动相比，自激振动的出现比较突然，振动的强度比较严重，短时间内就会对机器造成严重破坏。

3) 非定常强迫振动

非定常强迫振动是由外来扰动力引起的一种强迫振动，其特点是与扰动力具有相同的频率。振动本身反过来会影响扰动力的大小与相位，振动的幅值和相位都是变化的。例如，转子轴上某一部位出现不均匀的热变形，就相当于给转子增加了不平衡质量，将会使振动的幅值和相位都发生变化。反过来，振动幅值和相位的变化影响不均匀热变形的大小与部位,从而使强迫振动连续不断地发生变化。

为了避免机器因强烈振动而造成损坏，大型旋转机械一般安装有振动监测保护和故障诊断系统，对旋转机械进行在线监测，更有效地指导设备的维修管理，将早期的事后维修方式和计划维修方式发展为预知维修，可让机器在有限的使用寿命期内创造最大的价值。

2. 转子振动的基本特性

实际运行中的转子多种多样，有离心的、轴流的、单级的、多级的，有刚性转子、也有挠性转子等。为了便于分析和计算，通常都将转子简化为一个单圆盘转子的力学模型，如图 5.1.1 所示，即无论这个转子有多少个叶轮、多长的轴、多么复杂，都将其简化成一个单圆盘的形式，这个有质量的圆盘装在一根没有质量的弹性转轴上，两端由两个刚性轴承支承，这就是典型的单圆盘转子模型。

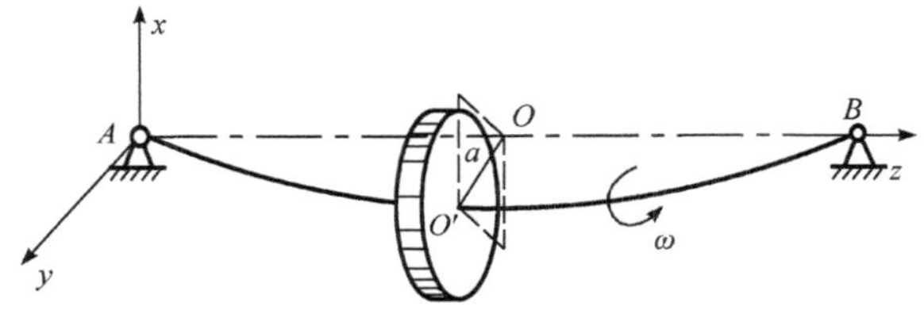

图 5.1.1　单圆盘转子力学模型

利用这种简化的分析方法得出来的结论，对于复杂的旋转机械存在一定的误差，但基本上能够说明转子振动的基本特征。

如果圆盘的质量为 m，A 和 B 为转子的轴承支承点，轴的弹性系数为 k，O 为几何中心，O'为圆盘的质量中心，几何中心和质量中心的距离 OO'等于 a，整个转子系统的转速为 n，角速度为ω。假设轴没有质量，但有弹性，而圆盘有质量，因而即便在静止的时候，圆盘的质量也会使转子产生弯曲变形，也就是静挠度(静变形)。一般情况下，这个变形很小，对系统的影响不大。

一旦转子开始转动，则会有两种运动：一种是围绕自身的轴线 $AO'B$ 的自转；另一种是围绕着 AOB 进行公转，即弯曲的轴心线 $AO'B$ 和轴承连线 AOB 组成的平面绕 AB 轴线转动，这种运动称为**涡动**，或称为**进动**。若转子的涡动方向和转子的转动角速度方向一致，则是**正进动**；若方向相反，则是**反进动**。

转子系统转动时，由于圆盘有质量，而且质量中心和几何中心不一致，所以会产生离心力；又由于轴有弹性，离心力产生的弹性变形会导致弹力的产生。一般情况下，离心力和弹力相等。圆盘在 x 和 y 两个方向上的受力不相等，所以 O' 点的轨迹一般情况下是椭圆。

振动响应涉及三要素：幅值、频率和相位。

(1) **幅值**。幅值 x 和 y 是振动强度和能量水平的标志，也是评判机器运转状态优劣的指标。在实际工作中有不同的表述，如振动强度、振动烈度、轴振、壳振等。幅值有三种描述方法，即位移、速度和加速度。一般情况下，可以认为在低频范围内，振动强度与位移成正比；在中频范围内，振动强度与速度成正比；在高频范围内，振动强度与加速度成正比。也可以认为位移反映了振动幅度的大小，速度反映了振动能量的大小，加速度反映了振动冲击力的大小。三种表述方法是在不同的范围内、从不同的角度对振动的不同描述。

在实际工程中，汽轮机、压缩机这类大型旋转机械的轴承一般是滑动轴承，测振时采用电涡流位移传感器测轴振，用位移的峰值表示，单位是 μm；轴承箱、壳体、管道、中小型机泵一般用磁电式速度传感器或者压电式速度传感器，用速度的有效值表示，单位是 mm/s；滚动轴承和齿轮这种高频振动，一般用压电式加速度传感器来测量，用加速度的单峰值表示，单位是 m/s^2。

(2) **频率**。振动物体在单位时间内的振动次数称为频率，常用符号 f 表示，频率的单位为次/s，又称赫兹。振动频率表示物体振动的快慢，在振动的诊断与分析中，频率起着重要作用。振动系统的角频率，也称为圆频率，表示单位时间内变化的相角弧度值。角频率是描述物体振动快慢的物理量，与振动系统的固有属性有关，常用符号 ω 表示。角频率的单位是 rad/s，每个物体都有由其本身性质决定的与振幅无关的频率，称为自然频率，或固有角频率。

(3) **相位**。相位是在给定时刻，振动体被测点相对于固定参考点的角位置，相位反映的是两个振动在时间先后关系上或者空间位置关系上的相位差。不同的相位差，反映出不同的故障类型。

5.1.4　转子动力学的研究内容

转子动力学的研究内容主要包括以下五个方面。

1) 临界转速

由于制造中的误差，转子各微段的质心一般对回转轴线有微小偏离。转子旋转时，由上述偏离造成的离心力会使转子产生横向振动。这种振动在某些转速上显得异常强烈，这些转速称为**临界转速**。为确保机器在工作转速范围内不发生共振，工作转速应适当偏离临界转速 10%以上。临界转速与转子的弹性和质量分布等因素有关。对于具有有限个集中质量的离散转动系统，临界转速的数目等于集中质量的个数；对于质量连续分布的弹性转动系统，临界转速有无穷多个。计算大型转子支承系统临界转速最常用的数值方法为传递矩阵法，其要点是先把转子分成若干段，每段左右端 4 个截面参数(挠度、挠角、弯矩、剪力)之间的关系可用该段的传递矩阵描述。如此递推，可得系统左右两端面的截面参数间的总传递矩阵。再由边界条件和固有振动时有非零解的条件，用试凑法求得各阶临界转速，并随后求得相应的振型。

2) 通过临界转速的状态

一般转子都是变速通过临界转速的，故通过临界转速的状态为不平稳状态。它主要在两个方面不同于固定在临界转速上旋转时的平稳状态：一是振幅的极大值比平稳状态时小，且转速变得越快，振幅的极大值越小；二是振幅的极大值不像平稳状态那样发生在临界转速上。在不平稳状态下，转子上作用着变频干扰力，给分析带来困难。求解这类问题必须用数值计算或非线性振动理论中的渐近方法或级数展开法。

3) 动力响应

在转子的设计和运行中，常需要知道在工作转速范围内，不平衡和其他激发因素引起的振动幅值，并将其作为转子工作状态优劣的一种度量。

4) 动平衡

动平衡是确定转子转动时转子的质心、中心主惯性轴对旋转轴线的偏离值产生的离心力、离心力偶的位置和大小并加以消除的操作。在进行刚性转子动平衡时，各微段的不平衡量引起的离心惯性力系可简化到任选的两个截面上，在这两个面上做相应的校正(去重或配重)即可完成动平衡。为找到两截面上不平衡量的方位和大小，可使用动平衡机。在进行挠性转子(超临界转速工作的转子)动平衡时，主要用振型法和影响系数法。

5) 转子稳定性

转子稳定性是转子保持无横向振动的正常运转状态的性能。若转子在运动状态下受微扰后能恢复原态，则这一运转状态是稳定的，否则是不稳定的。转子的不稳定通常是指不存在或不考虑周期性干扰下，转子受到微扰后产生强烈横向振动的情况。转子稳定性问题的主要研究对象是油膜轴承，油膜对轴颈的作用力是导致轴颈乃至转子失稳的因素。该作用力可用流体力学的公式求出，也可通过实验得出，一般是通过线性化方法，将作用力表示为轴颈径向位移和径向速度的线性函数，从而求出转子开始进入不稳定状态的转速(门限转速)。导致失稳的还有材料的内摩擦和干摩擦、转子的弯曲刚度或质量在二正交方向的分布不同、转子与内部流体或与外界流体的相互作用等。

5.1.5 转子支承系统的建模

在进行转子动力学计算之前，必须建立计算模型。这就是把实际的旋转机械抽象化，得到一个能反映旋转机械的动力学特性，而且适宜于计算分析的力学系统。建立合理的计算模型要考虑下列三个方面：①反映实际机械的结构和工作情况；②明确所要分析的力学问题，如转子弯曲振动、扭转振动、求自然频率、分析稳定性等；③要适应现有的计算方法和计算工具。

建立转子轴承系统的弯曲振动需要考虑如下问题。

(1) **转子本体**。转子本身通常是一根阶梯轴，上面安装有齿轮、叶轮、飞轮和联轴器等。质量的简化一般没有困难，但轴段弯曲刚度的简化比较复杂。在截面变化不大的轴段，根据轴段的内、外径可以很容易求得弯曲刚度。在截面有突变的地方，部分材料不承受应力，等效的刚度直径要相应减小。

热套的零件对轴的弯曲有加强作用，等效直径要适当增加。键槽、定位孔等会削弱局部的刚度，建模时也应考虑。电机等非圆截面的转子和叠片转子的刚度模型化等需要进行理论探索或实验测定。

(2) **轴承**。轴承是实现固定轴承座和做旋转运动的转子间的运动转换元件。根据旋转机械的转速和载荷，转子轴承有滚动轴承、静压滑动轴承和动压滑动轴承等，各类轴承的动力学建模已在第 4 章详细讨论。

(3) **轴承座等结构**。轴承座和机器下面的底板、基础等对转子振动的影响比较复杂，在转子动力学中通常按三种不同情况加以考虑：①当轴承座等结构较转子的刚度大得多时，可以不考虑轴承座等机构的弹性，把轴承座和基础等模型化为刚体。②当这些结构物的弹性不能忽略时，可以把轴承座简化为一个质量、阻尼和弹簧组成的单自由度系统，或者仅是一个弹簧，其参数由结构分析得到，或者以支承动刚度的形式由实验测定。③当结构物的刚度和转子的刚度接近，或甚至低于转子的刚度时，把转子和有关结构作为一个整体来进行动力学分析。例如，在航空发动机中，需要对转子支承-机匣系统作整体的动力学分析；在大型汽轮机组中，对转子轴承-基础系统做整体动力学分析等。

综合考虑轴承和上述有关轴承座的情况，得到图 5.1.2～图 5.1.4 所示的三种代表性模型，其中，刚性支承座和弹性支承座是转子动力学分析的常用模型。对图 5.1.3 所示的弹性支承座模型，常把油膜的刚度、阻尼和支承座的质量、刚度、阻尼综合成一个等效的弹性阻尼支承，并给出了其等效动力学特性系数。

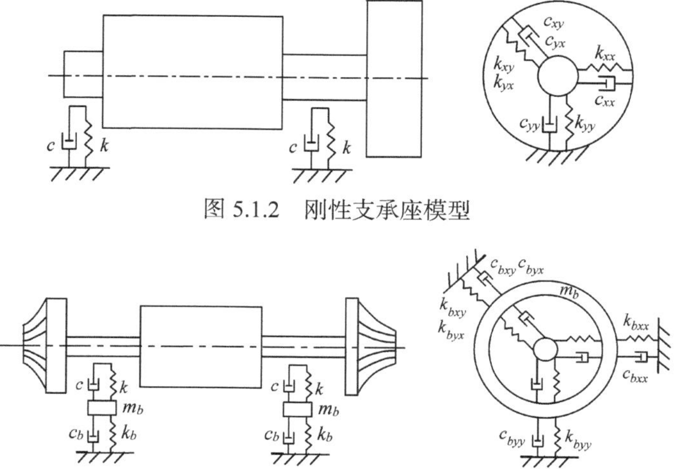

图 5.1.2　刚性支承座模型

图 5.1.3　弹性支承座模型

(4) **密封**。各种密封中的流体对于转子的作用力会使转子趋于失稳。因此，在稳定性分析时就需要加以考虑。模型化时，常把密封简化为一个弹性支承，失稳力以交叉刚度的形式给出：

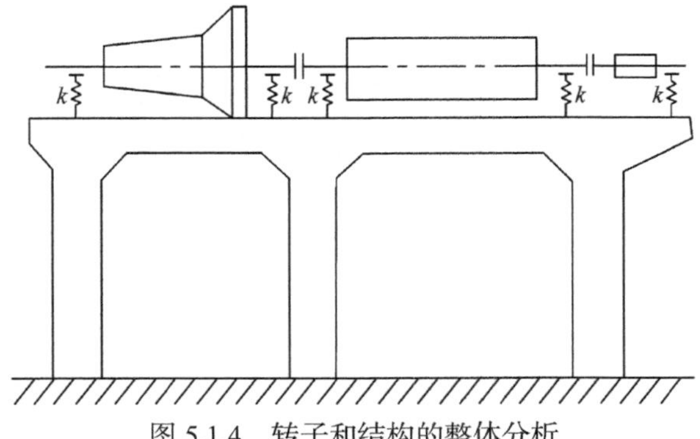

图 5.1.4　转子和结构的整体分析

$$\begin{Bmatrix} F_x \\ F_x \end{Bmatrix} = \begin{bmatrix} 0 & k_{xy} \\ k_{yx} & 0 \end{bmatrix} \begin{Bmatrix} x \\ y \end{Bmatrix} \tag{5.1.2}$$

(5) **联轴器**。联轴器有许多不同的类型，其性能也各不相同，简化模型也各异。刚性联轴器通常就直接作为整体轴处理；而齿套联轴器简化为只传递矩阵而不承受弯矩的铰链，其他各种弹性或半弹性联轴器介于上述两种极端情况之间，应把模型化为具有一定弯曲刚度的铰链等。刚度的取值应根据联轴器的具体结构和弹性连接件的材质，由理论计算或实物测试得到。

(6) **工作介质**。转子周围的工作介质对转子振动有不同程度的影响，主要表现在三方面：①部分介质参与转子的振动，模型化时可在转子上增加一定的附加质量，如研究水轮机的振动时，常在转轮上附加 20%～40%的转轮质量以模拟水的影响；②介质的阻尼作用；③附加刚度。后两者的一般影响很小，只在一些特殊介质和特殊结构的场合才需加以考虑。

考虑上述几方面的因素，就可以得到图 5.1.5(a)所示模型，其中转子的质量沿轴向线性分布，故称为**分布参数模型**。如果把分布质量离散化，集中到若干结点上，简化为有限个自由度模型，称为**集总参数模型**，如图 5.1.5(b)所示。分布参数模型比集总参数模型更接近于实际系统，但分析技术要困难得多。采用集总参数模型时用一个有限自由度系统来近似无限自由度系统，本质上是模态截断。采用分布参数模型做动力学分析时，也常常要采用模态截断。实际计算时需要采用哪类模型，应根据问题的性质、要求和所用软件等情况确定。如选用集总参数模型，对转子的总结点数 N 有适当的要求，一个等截面梁的计算结果表明，若要求集总化带来的自然频率误差小于 1%，则结点总数应满足如下关系：

$$N \geqslant 1 + 5.34r \tag{5.1.3}$$

式中，r 为要求计算的自然频率(或临界转速)的最高阶数，若要计算转子的三阶临界转速，即 $r=3$，则该转子至少要分为 17 个结点。

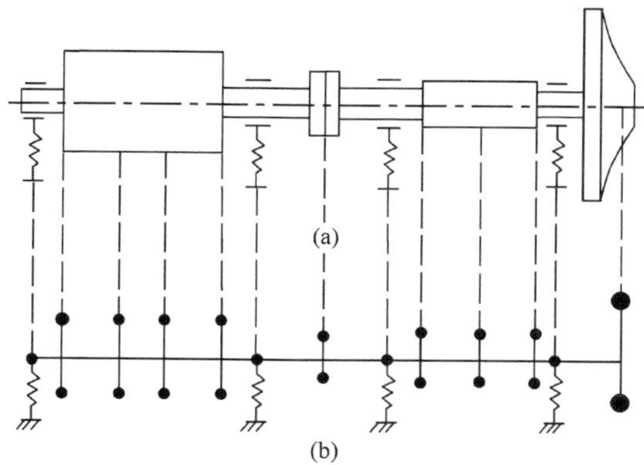

图 5.1.5　转子的两种力学模型

5.2　转子动力学的分析方法

5.2.1　各向同性支承转子的分析计算

当转子系统的支承为各向同性时，若又不计阻尼，对于轴对称的转子，弯曲振动时轴的挠曲线是平面曲线，轴线上各点的涡动轨迹是一些不同半径的圆。因此，只要分析转子在通过轴线的一个平面内的横向弯曲振动模态，就可以得到转子系统的临界转速和相应的振型。

转子系统的计算模型由集总到结点上的圆盘、轴段和支承等若干种典型构件组成。在传递矩阵法中，先建立这些典型构件两端截面的状态矢量之间的传递关系式，再利用连续条件得到整个转子两端截面的状态矢量之间的关系式。通过对能满足边界条件的涡动频率的搜索，就可得到转子的各阶临界转速。计算出转子在给定转速下由不平衡质量激励引起的振动，就可求得转子的不平衡响应。

1. 典型构件的传递矩阵

如图 5.2.1 所示的具有各向异性支承的转子计算模型，取右手坐标系 $Oxyz$，O 点在转子的左端，Oz 轴沿转子轴线向右，从 z 轴端部看，转子以角速度 ω 做逆时针旋转，现研究转子在平面 Oxz 内振动。

对于转子的第 i 个截面，其状态矢量为 $\boldsymbol{Z}_i$，由截面的径向位移 x_i、挠角 α_i、弯矩 M_i 和剪力 Q_i 的幅值所组成，记为

$$\boldsymbol{Z}_i=\{X,A,M,Q\}_i^{\mathrm{T}} \tag{5.2.1}$$

状态矢量 $\boldsymbol{Z}_i$ 与截面 $i+1$ 的状态矢量 $\boldsymbol{Z}_{i+1}$ 之间存在一定的关系，即

$$\boldsymbol{Z}_{i+1}=\boldsymbol{T}_i\boldsymbol{Z}_i \tag{5.2.2}$$

式中，$\boldsymbol{T}_i$ 为两截面之间的构件的传递矩阵。当状态矢量有 r 个元素时，$\boldsymbol{T}_i$ 为 $r\times r$ 阶方阵，$\boldsymbol{T}_i$ 的各元素可通过分析构件上的受力和变形关系求得。

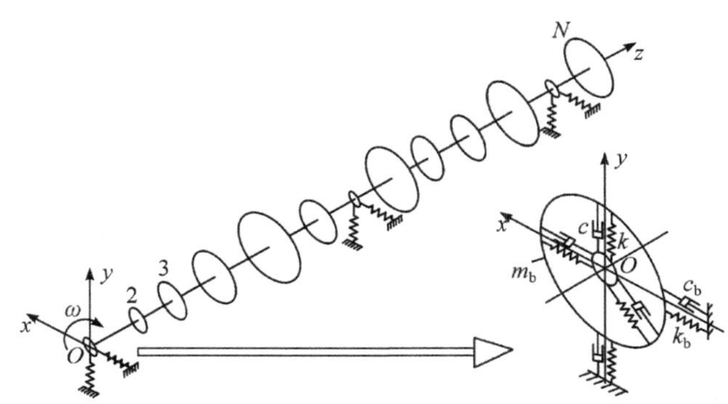

图 5.2.1 具有各向异性支承的转子计算模型

(1) 带弹性支承的刚性薄圆盘如图 5.2.2 所示，第 j 个支承的总刚度为 k_{sj}，假若像图 5.1.3 那样考虑轴承座的质量和刚度，可以把油膜和轴承座串联，不计 x、y 方向的耦合，则有

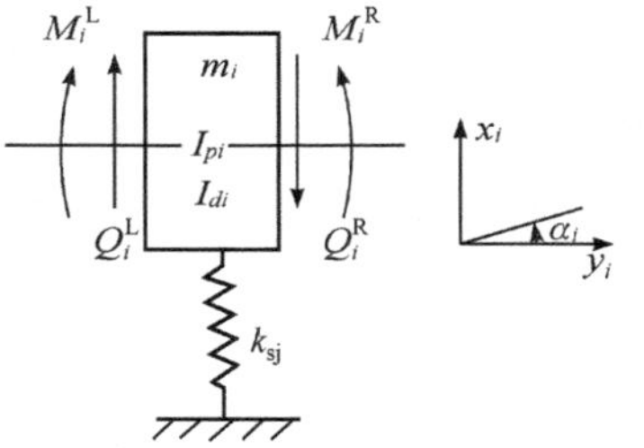

$$k_{sj}=\frac{k(k_b-m_b\Omega^2)}{k+k_b-m_b\Omega^2} \tag{5.2.3}$$

图 5.2.2 刚性薄圆盘的受力分析

式中，k_b、m_b 分别为轴承座的刚度和参振质量；k 为油膜刚度；Ω 为转子的涡动角速度。圆盘左、右截面的弯矩和剪力的幅值相应为 M_i^{L}、M_i^{R} 和 Q_i^{L}、Q_i^{R}。当转子以角速度 $\Omega=\omega$ 做同步正向进动时，圆盘的惯性力和惯性力矩分别为 $m_i\omega^2X_i$、$(I_{di}-I_{pi})\omega^2A_i$，其中，$m_i$ 为圆盘的质量，I_{di}、I_{pi} 分别为圆盘的直径转动惯量和极转动惯量。由达朗贝尔原理得

$$Q_i^{\mathrm{R}}=Q_i^{\mathrm{L}}+m_i\omega^2X_i-k_{sj}X_i,\quad M_i^{\mathrm{R}}=M_i^{\mathrm{L}}-(I_{di}-I_{pi})_i\omega^2A_i \tag{5.2.4}$$

且有 $A_i^{\mathrm{R}}=A_i^{\mathrm{L}}=A_i$，$X_i^{\mathrm{R}}=X_i^{\mathrm{L}}=X_i$。若写成矩阵形式，则有

$$\boldsymbol{Z}_i^{\mathrm{R}}=\boldsymbol{D}_i\boldsymbol{Z}_i^{\mathrm{L}} \tag{5.2.5}$$

式中，$\boldsymbol{D}_i$ 为带支承的刚性薄圆盘的传递矩阵，即

$$
\boldsymbol{D}_i=\begin{bmatrix} 1 & 0 & 0 & 0 \\ 0 & 1 & 0 & 0 \\ 0 & (I_{pi}-I_{di})\omega^2 & 1 & 0 \\ m\omega^2-k_{sj} & 0 & 0 & 1 \end{bmatrix} \tag{5.2.6}
$$

(2) 无质量等截面的弹性轴段如图 5.2.3 所示。对于集总参数模型，轴段是无质量的。由力的平衡和变形条件得到两端截面的状态矢量之间的关系为

$$
\boldsymbol{Z}_{i+1}=\boldsymbol{B}_i\boldsymbol{Z}_i' \tag{5.2.7}
$$

式中，传递矩阵 $\boldsymbol{B}_i$ 为

$$
\boldsymbol{B}_i=\begin{bmatrix} 1 & l & \dfrac{l^2}{2EI} & \dfrac{l^3}{6EI}(1-\upsilon) \\ 0 & 1 & \dfrac{l}{EI} & \dfrac{l^2}{2EI} \\ 0 & 0 & 1 & l \\ 0 & 0 & 0 & 1 \end{bmatrix} \tag{5.2.8}
$$

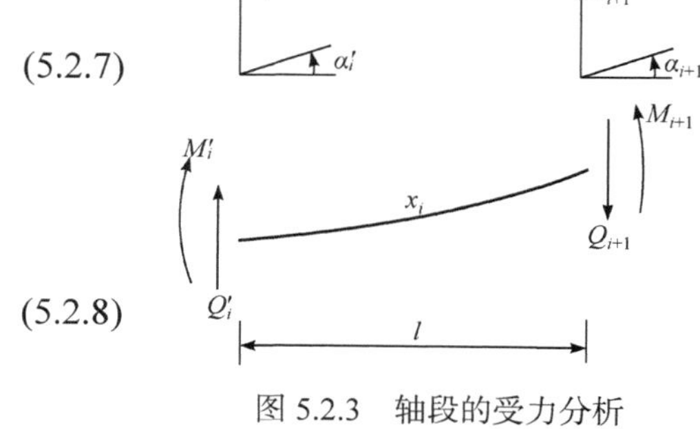

图 5.2.3　轴段的受力分析

l 为轴段长度；E 为材料的弹性模量；I 为轴段的转动惯量；$\upsilon=6EI/(k_tGAl^2)$ 为泊松比，G 为材料剪切模量，A 为截面积，k_t 为截面系数(实心圆轴为 0.886，薄壁空心轴约为 2/3)。

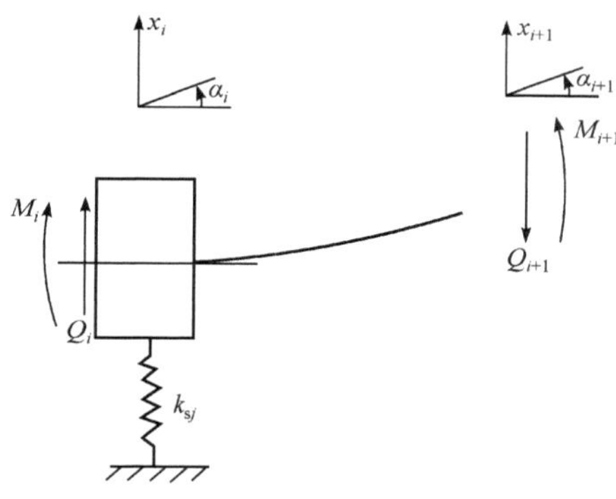

图 5.2.4　圆盘和轴段的组合构件的受力

(3) 圆盘和轴段的组合构件的受力如图 5.2.4 所示。为了节省时间，简化步骤，常把圆盘和右边的轴段合成一个组合构件。因为 $\boldsymbol{Z}_i'=\boldsymbol{Z}_i'^{\mathrm{R}}$，$\boldsymbol{Z}_i=\boldsymbol{Z}_i^{\mathrm{L}}$，故有 $\boldsymbol{Z}_{i+1}=\boldsymbol{B}_i\boldsymbol{Z}_i'=\boldsymbol{B}_i\boldsymbol{D}_i\boldsymbol{Z}_i=\boldsymbol{T}_i\boldsymbol{Z}_i$，得到组合件的传递矩阵 $\boldsymbol{T}_i$ 为

$$
\boldsymbol{T}_i=\boldsymbol{B}_i\boldsymbol{D}_i=\begin{bmatrix} 1+\dfrac{l^3}{6EI}(1-\upsilon)(m\omega^2-k_{sj}) & l+\dfrac{l^2}{2EI}(I_{pi}-I_{di})\omega^2 & \dfrac{l^2}{2EI} & \dfrac{l^3}{6EI}(1-\upsilon) \\ \dfrac{l^2}{2EI}(m\omega^2-k_{sj}) & 1+\dfrac{l}{EI}(I_{pi}-I_{di})\omega^2 & \dfrac{l}{EI} & \dfrac{l^2}{2EI} \\ l(m\omega^2-k_{sj}) & (I_{pi}-I_{di})\omega^2 & 1 & l \\ (m\omega^2-k_{sj}) & 0 & 0 & 1 \end{bmatrix}
$$

(5.2.9)

由式(5.2.9)可以看出，传递矩阵的诸元素都是转子构件的物理参数和涡动频率的函数。如果该构件没有弹性支承，不计轴段的剪切影响，或不计圆盘的回转效应和摆动惯性，只要令式(5.2.9)中的 k_{sj} 或 I_{pi} 和 I_{di} 分别为零即可。

2. 转子系统的临界转速和振型

1) 传统的传递矩阵法

把转子系统集总化为具有 N 个圆盘和 L 个弹性支承的集总化模型如图 5.2.5 所示，各圆盘间用无质量的等截面的弹性轴段联结起来。再把它分成 N 个如图 5.2.5 所示的构件，从左到右顺次编号为 $1, 2,\cdots, N$，各截面编号为 $1, 2,\cdots, N, N+1$。对于构件 N，有 $l_N=0$。于是有

$$\begin{aligned}&\boldsymbol{Z}_2=\boldsymbol{T}_1\boldsymbol{Z}_1,\quad \boldsymbol{Z}_3=\boldsymbol{T}_2\boldsymbol{Z}_2=\boldsymbol{T}_2\boldsymbol{T}_1\boldsymbol{Z}_1,\quad \cdots,\\&\boldsymbol{Z}_i=\boldsymbol{T}_{i-1}\boldsymbol{Z}_{i-1}=\boldsymbol{T}_{i-1}\boldsymbol{T}_{i-2}\cdots\boldsymbol{T}_1\boldsymbol{Z}_1=\boldsymbol{A}_{i-1}\boldsymbol{Z}_1,\quad \cdots,\quad \boldsymbol{Z}_{N+1}=\boldsymbol{A}_N\boldsymbol{Z}_1\end{aligned}\tag{5.2.10}$$

式中，$\boldsymbol{A}_i=\boldsymbol{T}_i\boldsymbol{T}_{i-1}\cdots\ \boldsymbol{T}_1(i=1, 2,\cdots, N)$。

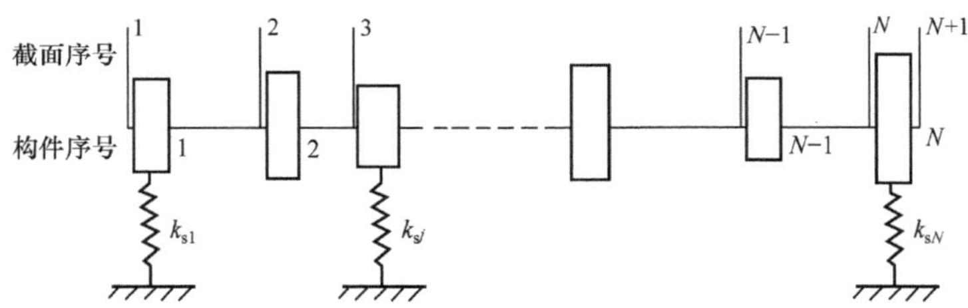

图 5.2.5　计算临界转速的集总参数模型

式(5.2.10)表达了各截面状态矢量 $\boldsymbol{Z}_i\,(i=2, 3,\cdots, N, N+1)$与左端起始截面状态矢量 $\boldsymbol{Z}_1$ 之间的关系，这说明各截面状态矢量的元素可以表示为起始截面状态矢量元素的线性组合。对图 5.2.5 所示的计算模型，左端的边界条件为 $M_1=0$，$Q_1=0$。则对于任意截面 $i(i=2, 3,\cdots, N, N+1)$有

$$\boldsymbol{Z}_i=\boldsymbol{A}_{i-1}\boldsymbol{Z}_1=\begin{bmatrix}a_{11}&a_{12}&a_{13}&a_{14}\\a_{21}&a_{22}&a_{23}&a_{24}\\a_{31}&a_{32}&a_{33}&a_{34}\\a_{41}&a_{42}&a_{43}&a_{44}\end{bmatrix}_{i-1}\begin{Bmatrix}X\\A\\0\\0\end{Bmatrix}_1=\begin{bmatrix}a_{11}&a_{12}\\a_{21}&a_{22}\\a_{31}&a_{32}\\a_{41}&a_{42}\end{bmatrix}_{i-1}\begin{Bmatrix}X\\A\end{Bmatrix}_1\tag{5.2.11}$$

对于最右端截面 $N+1$，由式(5.2.11)可知：

$$\begin{Bmatrix}M\\Q\end{Bmatrix}_{N+1}=\begin{bmatrix}a_{31}&a_{32}\\a_{41}&a_{42}\end{bmatrix}_N\begin{Bmatrix}X\\A\end{Bmatrix}_1\tag{5.2.12}$$

在此截面上应满足边界条件 $M_{N+1}=0$，$Q_{N+1}=0$。由此得到转子系统做同步正进动时

的频率方程，即临界转速的方程为

$$\Delta(\omega^2)=\begin{vmatrix} a_{31} & a_{32} \\ a_{41} & a_{42} \end{vmatrix}_N =0 \tag{5.2.13}$$

通常采用一种称为频率扫描或频率搜索的试算方法来求解频率方程(5.2.13)，即在指定的频率范围内，按一定的步长 $\Delta\omega$ 选定 ω , $\omega+\Delta\omega$, $\omega+2\Delta\omega$,…为一组试算频率，分别代入式(5.2.9)，通过式(5.2.10)的矩阵连乘，由式(5.2.13)计算出对应于各个试算频率的 $\Delta(\omega^2)$ 值(称为剩余量)。若发现有相邻两个试算频率的剩余量 $\Delta(\omega^2)$ 的数值异号，则在这两频率之间必有一个频率方程的根；再用两分法仔细搜索，就能以一定的精度求得这一根ω_c。如此反复搜索，就可以在指定的频率范围内，把频率方程的根依次搜索出来。这些根是满足全部边界条件的频率值，也就是转子系统的各阶临界转速。

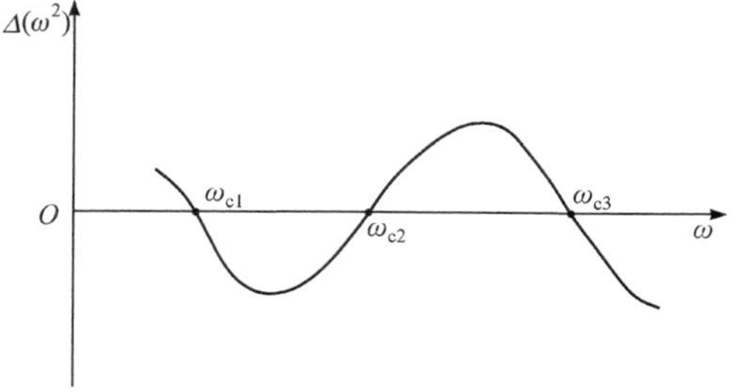

图 5.2.6　剩余量 $\Delta(\omega^2)$ 与试算频率ω的关系曲线

图 5.2.6 是剩余量 $\Delta(\omega^2)$ 与试算频率ω的关系曲线，曲线和横坐标的交点是频率方程的根，即转子的各阶临界角速度。这一曲线是连续的，只要步长选取合适，就可以用上述的频率扫描法在指定的频率范围内求得全部临界角速度$\omega_{c1}, \omega_{c2},\cdots$ 。

求得某一临界角速度后，从式(5.2.12)能解出比例解 $\mu=A_1/X_1$ ，于是代入式(5.2.11)就能得到各截面的状态矢量的比例解，即

$$\boldsymbol{Z}_i=\begin{Bmatrix} X \\ A \\ M \\ Q \end{Bmatrix}_i=\begin{bmatrix} a_{11} & a_{12} \\ a_{21} & a_{22} \\ a_{31} & a_{32} \\ a_{41} & a_{42} \end{bmatrix}_{i-1}\begin{Bmatrix} 1 \\ \mu \end{Bmatrix}X_1 \tag{5.2.14}$$

其中，各截面位移 $X_i(i=1, 2,\cdots, N)$的比例解，即对应此临界转速的振型。

2) Riccati 传递矩阵法

传统的传递矩阵法具有程序简单、机时少和所需内存小等显著优点。随着试算频率的提高，运算精度会降低，这在计算大型轴系时尤为突出。其原因是传递矩阵中的大部分元素含有ω^2项，当试算高阶模态时，ω值大，若结点数 N 又很多，则式(5.2.11)中 $\boldsymbol{A}_N$ 的元素会变得很大。在计算频率方程(5.2.13)和相应振型时，要计算两个相近的大数的差值，将导致计算精度的下降，有时甚至会使有效数字丢失。这种数值不稳定现象，首先发生在计算振型时，表现为轴系尾部振动幅值的急剧增加，接着频率方程的根也开始发生错误，或者遗漏等。Riccati 传递矩阵法

是通过 Riccati 变换把原来微分方程的两点边值问题转换成一点边值问题，该方法把状态矢量的 r 个元素分成 $\boldsymbol{f}$ 和 $\boldsymbol{e}$ 两组，即

$$\boldsymbol{Z}_i = \{\boldsymbol{f} \quad \boldsymbol{e}\}_i^{\mathrm{T}} \tag{5.2.15}$$

式中，$\boldsymbol{f}$ 由对应于在起始截面状态矢量 $\boldsymbol{Z}_1$ 中具有零值的 $r/2$ 个元素组成；$\boldsymbol{e}$ 由其余 $r/2$ 个互补元素组成。例如，对于图 5.2.4 中的转子，左端为自由端，边界条件为 $M_1=0$，$Q_1=0$，有 $\boldsymbol{f}_i = \{M \quad Q\}_i^{\mathrm{T}}$，$\boldsymbol{e}_i = \{X \quad A\}_i^{\mathrm{T}}$。相邻两个截面的状态矢量之间的关系可改写为

$$\begin{Bmatrix} \boldsymbol{f} \\ \boldsymbol{e} \end{Bmatrix}_{i+1} = \begin{bmatrix} \boldsymbol{u}_{11} & \boldsymbol{u}_{12} \\ \boldsymbol{u}_{21} & \boldsymbol{u}_{22} \end{bmatrix}_i \begin{Bmatrix} \boldsymbol{f} \\ \boldsymbol{e} \end{Bmatrix}_i \tag{5.2.16}$$

对于图 5.2.3 的部件，由式(5.2.9)可知：

$$\boldsymbol{u}_{11i} = \begin{bmatrix} 1 & l \\ 0 & 1 \end{bmatrix}_i, \quad \boldsymbol{u}_{12i} = \begin{bmatrix} l(m\omega^2 - k_{sj}) & (I_{pi} - I_{di})\omega^2 \\ m\omega^2 - k_{sj} & 0 \end{bmatrix}_i$$

$$\boldsymbol{u}_{21i} = \begin{bmatrix} \dfrac{l^2}{2EI} & \dfrac{l^3}{6EI}(1-\upsilon) \\ \dfrac{l}{EI} & \dfrac{l^2}{2EI} \end{bmatrix}_i \tag{5.2.17}$$

$$\boldsymbol{u}_{22i} = \begin{bmatrix} 1+\dfrac{l^3}{6EI}(1-\upsilon)(m\omega^2 - k_{sj}) & l+\dfrac{l^2}{2EI}(I_{pi} - I_{di})\omega^2 \\ \dfrac{l^2}{2EI}(m\omega^2 - k_{sj}) & 1+\dfrac{l}{EI}(I_{pi} - I_{di})\omega^2 \end{bmatrix}_i$$

将式(5.2.16)展开，得到

$$\boldsymbol{f}_{i+1} = \boldsymbol{u}_{11i}\boldsymbol{f}_i + \boldsymbol{u}_{12i}\boldsymbol{e}_i, \quad \boldsymbol{e}_{i+1} = \boldsymbol{u}_{21i}\boldsymbol{f}_i + \boldsymbol{u}_{22i}\boldsymbol{e}_i \tag{5.2.18}$$

引入 Riccati 变换：

$$\boldsymbol{f}_i = \boldsymbol{S}_i\boldsymbol{e}_i \tag{5.2.19}$$

式中，$\boldsymbol{S}_i$ 是一个 $r/2 \times r/2$ 的方阵，称为 Riccati 矩阵。将式(5.2.19)代入式(5.2.18)，得到

$$\boldsymbol{e}_i = \left[\boldsymbol{u}_{21}\boldsymbol{S} + \boldsymbol{u}_{22}\right]_i^{-1}\boldsymbol{e}_{i+1}, \quad \boldsymbol{f}_{i+1} = \left[\boldsymbol{u}_{11}\boldsymbol{S} + \boldsymbol{u}_{12}\right]_i \left[\boldsymbol{u}_{21}\boldsymbol{S} + \boldsymbol{u}_{22}\right]_i^{-1}\boldsymbol{e}_{i+1} \tag{5.2.20}$$

对比式(5.2.19)和式(5.2.20)，可知

$$\boldsymbol{S}_{i+1} = \left[\boldsymbol{u}_{11}\boldsymbol{S} + \boldsymbol{u}_{12}\right]_i \left[\boldsymbol{u}_{21}\boldsymbol{S} + \boldsymbol{u}_{22}\right]_i^{-1} \tag{5.2.21}$$

式(5.2.21)就是 Riccati 传递矩阵的递推公式。

由起始截面的边界条件可知 $\boldsymbol{f}_1=\boldsymbol{0}$，$\boldsymbol{e}_1\neq\boldsymbol{0}$，故有初值 $\boldsymbol{S}_1=\boldsymbol{0}$。在已知 $\boldsymbol{u}_{11}$、$\boldsymbol{u}_{12}$、$\boldsymbol{u}_{21}$、$\boldsymbol{u}_{22}$ 的条件下，反复利用式(5.2.21)，就可以顺次递推得到 $\boldsymbol{S}_2,\boldsymbol{S}_3,\cdots,\boldsymbol{S}_{N+1}$。

对于右端截面 N+1，则有

$$\boldsymbol{f}_{N+1}=\boldsymbol{S}_{N+1}\boldsymbol{e}_{N+1} \tag{5.2.22}$$

由右端的边界条件 $\boldsymbol{f}_{N+1}=\boldsymbol{0}$ 及 $\boldsymbol{e}_{N+1}\neq\boldsymbol{0}$，故式(5.2.22)有非零解的条件为

$$|\boldsymbol{S}|_{N+1}=\begin{vmatrix} s_{11} & s_{12} \\ s_{21} & s_{22} \end{vmatrix}_{N+1}=0 \tag{5.2.23}$$

式(5.2.23)是系统的**频率方程**。与求解式(5.2.13)的方法类似，可用频率扫描法加以求解，即在所研究的转速范围内，以一定的步长选取试算频率，用式(5.2.21)递推，算得剩余量 $|\boldsymbol{S}|_{N+1}$ 值，就可画出如图 5.2.7 所示的剩余量 $|\boldsymbol{S}|_{N+1}$ 随频率变化的曲线，曲线和横坐标的各个交点就是所求的各阶临界角速度。

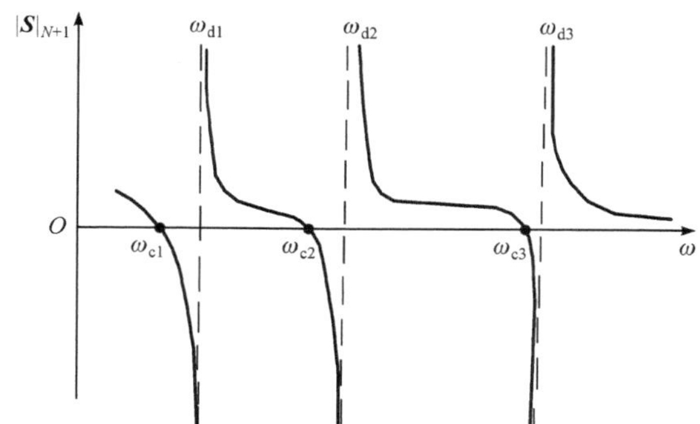

图 5.2.7　剩余量 $|\boldsymbol{S}|_{N+1}$ 随频率变化的曲线

求得临界转速后，由式(5.2.22)的齐次式

$$\begin{bmatrix} s_{11} & s_{12} \\ s_{21} & s_{22} \end{bmatrix}_{N+1}\begin{Bmatrix} X \\ A \end{Bmatrix}_{N+1}=\{0\} \tag{5.2.24}$$

解出比例解，即

$$A_{N+1}=-\left(\frac{s_{11}}{s_{12}}\right)_{N+1}X_{N+1}=-\left(\frac{s_{21}}{s_{22}}\right)_{N+1}X_{N+1}=\mu X_{N+1} \tag{5.2.25}$$

即

$$e_{N+1}=\begin{Bmatrix} X \\ A \end{Bmatrix}_{N+1}=\begin{Bmatrix} 1 \\ \mu \end{Bmatrix}X_N \tag{5.2.26}$$

再利用式(5.2.20)的第一式从右向左逆向递推，就可求出与此临界转速相应的模态

振型。式中计算时所需的因子$[\boldsymbol{u}_{21}\boldsymbol{S}+\boldsymbol{u}_{22}]_i^{-1}$，在从左向右的递推中已经算得，不必再做计算。各截面的弯矩和剪力的比例解可由式(5.2.19)求得。

3. Riccati 传递矩阵法的奇点及其消除方法

图 5.2.6 所示的 Riccati 传递矩阵法的剩余量曲线有许多异号无穷型奇点。这些奇点使剩余量异号的区间与存在根的区间不再一一对应，这就会扰乱用频率扫描法搜索临界转速的正常过程，引起漏根和错根。奇点和根之间的间隔通常很小，在一些多跨轴系中，这一间隔仅有 0.0001r/min。因此，在搜索临界转速时，用减小步长来避免漏根是难以实现的。奇点的存在在很大程度上限制了 Riccati 传递矩阵法的实际应用，必须设法解决。

Riccati 传递矩阵法奇点的物理本质和产生原因，是奇点所对应的频率是右端截面具有互补边界条件的转子的各阶临界转速，即转子右端有边界条件 $\boldsymbol{e}_{N+1}=\boldsymbol{e}_N=\boldsymbol{0}$。对于如图 5.2.4 所示系统，右端为插入端，即图 5.2.7 中的奇点ω_{d1}，$\omega_{d2},\cdots$，是原转子系统的右端改成插入端时的临界转速。消除奇点的方法如下。

由式(5.2.22)和式(5.2.20)的第一式，得到

$$\boldsymbol{f}_{N+1}=\boldsymbol{S}_{N+1}\boldsymbol{e}_{N+1}=\boldsymbol{S}_{N+1}\boldsymbol{e}_N=\boldsymbol{S}_{N+1}[\boldsymbol{u}_{21}\boldsymbol{S}+\boldsymbol{u}_{22}]_{N-1}\boldsymbol{e}_{N-1}\tag{5.2.27}$$

当满足边界条件$\boldsymbol{f}_{N+1}=\boldsymbol{0}$时，有

$$\varDelta_{N-1}=\left|\boldsymbol{S}_{N+1}[\boldsymbol{u}_{21}\boldsymbol{S}+\boldsymbol{u}_{22}]_{N-1}\right|=0\tag{5.2.28}$$

因式(5.2.28)满足转子的全部边界条件，故该式也应是转子的频率方程，即与式(5.2.23)有相同的根，但没有与$\boldsymbol{e}_N=\boldsymbol{0}$相应的那些奇点。同时也具有其他一些异号无穷型奇点，新奇点所对应的频率，就是当$\boldsymbol{e}_{N-1}=\boldsymbol{0}$，即截面 $N-1$ 处变成插入端时的转子的自然频率。因此，以式(5.2.28)作为频率方程仍然避免不了奇点的干扰，这说明奇点的位置是可以改变的。若重复利用式(5.2.20)的第二式，则可以得到

$$\begin{aligned}\boldsymbol{f}_{N+1}&=\boldsymbol{S}_{N+1}[\boldsymbol{u}_{21}\boldsymbol{S}+\boldsymbol{u}_{22}]_{N-1}[\boldsymbol{u}_{21}\boldsymbol{S}+\boldsymbol{u}_{22}]_{N-2}\boldsymbol{e}_{N-2}\\&=\boldsymbol{S}_{N+1}[\boldsymbol{u}_{21}\boldsymbol{S}+\boldsymbol{u}_{22}]_{N-1}[\boldsymbol{u}_{21}\boldsymbol{S}+\boldsymbol{u}_{22}]_{N-2}\cdots[\boldsymbol{u}_{21}\boldsymbol{S}+\boldsymbol{u}_{22}]_1\boldsymbol{e}_1\\&=\boldsymbol{S}_{N+1}\prod_{i=1}^{N-1}[\boldsymbol{u}_{21}\boldsymbol{S}+\boldsymbol{u}_{22}]_i\boldsymbol{e}_1\end{aligned}\tag{5.2.29}$$

使式(5.2.29)满足边界条件$\boldsymbol{f}_{N+1}=\boldsymbol{0}$，则有

$$\varDelta_1=\left|\boldsymbol{S}_{N+1}\prod_{i=1}^{N-1}[\boldsymbol{u}_{21}\boldsymbol{S}+\boldsymbol{u}_{22}]_i\right|=0\tag{5.2.30}$$

式(5.2.30)与式(5.2.23)具有相同的自然频率，不同的是式(5.2.30)没有奇点。如有奇点，应使$\boldsymbol{e}_1=\boldsymbol{0}$，但这和原来的边界条件相矛盾，即已知转子左端$\boldsymbol{f}_1=\boldsymbol{0}$，故$\boldsymbol{e}_1$不可

能再为零。通过对比可知，式(5.2.29)表达了截面 N+1 和截面 1 的状态矢量元素之间的关系，同式(5.2.12)相同，故剩余量 Δ_1 就是式(5.2.13)的剩余量$\Delta_1(\omega^2)$。在数值计算时，通过不同的递推途径得到，因而精度也不同。在传统的传递矩阵法出现数值不稳定时，剩余量 Δ_1 仍保持着很高的精度。

上述讨论表明剩余量 Δ_1 没有奇点，因此在搜索求根时就不会受到奇点的干扰而发生错根和漏根现象。式(5.2.30)中的各个乘子 $[\boldsymbol{u}_{21}\boldsymbol{S}+\boldsymbol{u}_{22}]_i$ (i=1, 2,⋯, N−1)在计算 $\boldsymbol{S}_i$ 的递推过程中已经求得，故计算剩余量 Δ_1 并没有增加计算工作量，但从根本上解决了发生错根和漏根的问题。

为了便于编程和表达，考虑到 l_N=0，$[\boldsymbol{u}_{21}\boldsymbol{S}+\boldsymbol{u}_{22}]_i=\boldsymbol{I}$ ，故式(5.2.30)可改写为

$$\Delta_1^{\mathrm{p}}=\left|\boldsymbol{S}\right|_{N+1}\prod_{i=1}^{N}\left|[\boldsymbol{u}_{21}\boldsymbol{S}+\boldsymbol{u}_{22}]_i\right|=0 \tag{5.2.31}$$

对于式(5.2.31)，重点考虑其根的情况，将式(5.2.31)除以 N 个恒正的因子，则可构造一个更便于使用的剩余量 $D_1(\omega^2)$，即

$$D_1=\left|\boldsymbol{S}\right|_{N+1}\prod_{i=1}^{N}\frac{\left|\boldsymbol{u}_{21}\boldsymbol{S}+\boldsymbol{u}_{22}\right|_i}{\left|\left|\boldsymbol{u}_{21}\boldsymbol{S}+\boldsymbol{u}_{22}\right|_i\right|}=\left|\boldsymbol{S}\right|_{N+1}\prod_{i=1}^{N}\operatorname{sign}\left(\left|\boldsymbol{u}_{21}\boldsymbol{S}+\boldsymbol{u}_{22}\right|_i\right)=0 \tag{5.2.32}$$

其中，sign 为符号函数。用式(5.2.32)代替式(5.3.31)作为频率方程，只需计算符号的正负，完全免除了 N 个因子的连乘运算。与式(5.3.23)完全相同，式(5.3.32)的取值也为$\left|\boldsymbol{S}\right|_{N+1}$，两者仅是符号不同，故 $D_1(\omega^2)$ 的图形如图 5.2.8 所示，相当于将图 5.2.7 中的那些曲线每隔一支上下翻转。原来那些异号无穷型奇点全部变成了同号无穷型奇点，因而不会干扰用两分法求根。

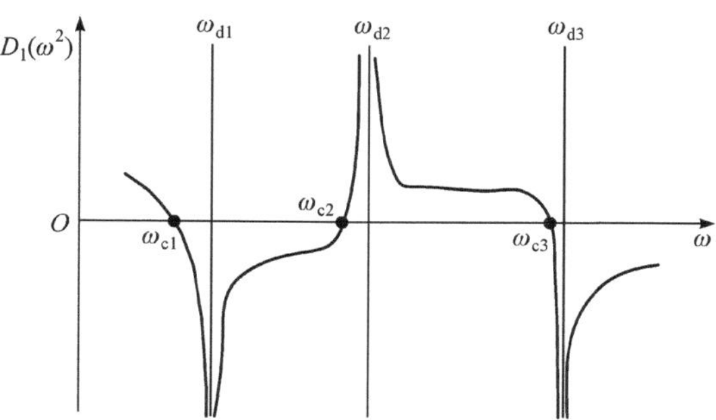

图 5.2.8 剩余量 $D_1(\omega^2)$ 的曲线

假如转子系统的左、右端边界条件和图 5.2.4 中的转子不同，则 Riccati 传递矩阵中状态矢量的元素划分和剩余量的各种表达式都会有所不同。综合各种可能的边界条件，共有四类十六种情况，如表 5.2.1 所示。

表 5.2.1　不同边界转子的状态矢量和剩余量

左端边界条件	状态矢量		右端边界条件			
	$\boldsymbol{f}$	$\boldsymbol{e}$	自由边界	固支边界	简支边界	移动边界
自由边界	$\{M_x\ Q_x\ M_x\ Q_x\}^{\mathrm{T}}$	$\{x\ \alpha\ y\ \beta\}^{\mathrm{T}}$	Ⅰ	Ⅱ	Ⅲ	Ⅳ
固支边界	$\{x\ \alpha\ y\ \beta\}^{\mathrm{T}}$	$\{M_x\ Q_x\ M_x\ Q_x\}^{\mathrm{T}}$	Ⅱ	Ⅰ	Ⅲ	Ⅳ
简支边界	$\{x\ \ M_x\ \ y\ \ M_y\}^{\mathrm{T}}$	$\{\alpha\ \ Q_x\ \ \beta\ \ Q_y\}^{\mathrm{T}}$	Ⅳ	Ⅲ	Ⅰ	Ⅱ
移动边界	$\{\alpha\ Q_x\ \beta\ Q_y\}^{\mathrm{T}}$	$\{x\ M_x\ y\ M_y\}^{\mathrm{T}}$	Ⅳ	Ⅲ	Ⅱ	Ⅰ

表 5.2.1 中剩余量共有四类情况，分别以Ⅰ、Ⅱ、Ⅲ和Ⅳ表示。其中，$\varDelta_i=0$ 为 Riccati 传递矩阵法原来有奇点的频率方程；$\varDelta_1^{\mathrm{p}}=0$ 为改进后无奇点的频率方程；$D_i=0(i=1, 2, 3, 4)$为仅有同号无穷型奇点的频率方程。考虑到支承为各向异性的情形，x、y 向的运动有耦合，故状态矢量$\boldsymbol{f}$、$\boldsymbol{e}$ 均有 4 个元素，$\boldsymbol{S}$ 是 4×4 矩阵。四种情况下的表达式可表示为

$$\text{Ⅰ}:\quad \begin{aligned} &\varDelta_1=\left|\boldsymbol{S}\right|_{N+1}=0,\quad \varDelta_1^{\mathrm{p}}=\prod_{i=1}^{N}\left|[\boldsymbol{u}_{21}\boldsymbol{S}+\boldsymbol{u}_{22}]_i\right|=0 \\ &D_1=\varDelta_1\prod_{i=1}^{N}\operatorname{sign}\left(\left|\boldsymbol{u}_{21}\boldsymbol{S}+\boldsymbol{u}_{22}\right|_i\right)=0 \end{aligned} \tag{5.2.33}$$

$$\text{Ⅱ}:\quad \begin{aligned} &\varDelta_2=\left|\boldsymbol{S}^{-1}\right|_{N+1}=0,\quad \varDelta_2^{\mathrm{p}}=\prod_{i=1}^{N}\left|[\boldsymbol{u}_{21}\boldsymbol{S}+\boldsymbol{u}_{22}]_i\right|=0 \\ &D_2=\varDelta_2\operatorname{sign}\left(\left|\boldsymbol{S}\right|_{N+1}\right)\prod_{i=1}^{N}\operatorname{sign}\left(\left|\boldsymbol{u}_{21}\boldsymbol{S}+\boldsymbol{u}_{22}\right|_i\right)=0 \end{aligned} \tag{5.2.34}$$

$$\text{Ⅲ}:\quad \begin{aligned} &\varDelta_3=\begin{vmatrix} s_{12} & s_{14} \\ s_{32} & s_{34} \end{vmatrix}_{N+1}=0,\quad \varDelta_3^{\mathrm{p}}=\prod_{i=1}^{N}\left|[\boldsymbol{u}_{21}\boldsymbol{S}+\boldsymbol{u}_{22}]_i\right|=0 \\ &D_3=\varDelta_3\prod_{i=1}^{N}\operatorname{sign}\left(\left|\boldsymbol{u}_{21}\boldsymbol{S}+\boldsymbol{u}_{22}\right|_i\right)=0 \end{aligned} \tag{5.2.35}$$

$$\text{Ⅳ}:\quad \begin{aligned} &\varDelta_4=\begin{vmatrix} s_{21} & s_{23} \\ s_{41} & s_{43} \end{vmatrix}_{N+1}=0,\quad \varDelta_4^{\mathrm{p}}=\prod_{i=1}^{N}\left|[\boldsymbol{u}_{21}\boldsymbol{S}+\boldsymbol{u}_{22}]_i\right|=0 \\ &D_4=\varDelta_4\prod_{i=1}^{N}\operatorname{sign}\left(\left|\boldsymbol{u}_{21}\boldsymbol{S}+\boldsymbol{u}_{22}\right|_i\right)=0 \end{aligned} \tag{5.2.36}$$

4. 转子系统的不平衡响应

求解转子系统的不平衡响应，需要已知转子的不平衡大小及其分布，然而对

大多数转子而言，这些不平衡量是未知的。因此，计算不平衡响应，主要是用于研究转子对某些位置上的不平衡量的敏感程度，计算影响系数，或者通过计算转子在不同转速下的振动峰值来确定临界转速等。对于批量生产的转子，可以从统计角度知道不平衡的大小和分布，通过计算不平衡响应，可预测转子系统在工作时的振动值。

转子的不平衡响应也可用传递矩阵法来计算。在图 5.2.2 中的薄圆盘上加上不平衡力 $F_i = U_i\omega^2$，其中，U_i 为该结点圆盘具有的不平衡质量矩，ω 为转子的转速，则圆盘两边状态矢量之间的传递关系为

$$\begin{Bmatrix} X \\ A \\ M \\ Q \end{Bmatrix}_i^{\mathrm{R}} = \begin{bmatrix} 1 & 0 & 0 & 0 \\ 0 & 1 & 0 & 0 \\ 0 & (I_{\mathrm{p}i} - I_{\mathrm{d}i})\omega^2 & 1 & 0 \\ m\omega^2 - k_{\mathrm{s}j} & 0 & 0 & 1 \end{bmatrix}_i \begin{Bmatrix} X \\ A \\ M \\ Q \end{Bmatrix}_i^{\mathrm{L}} + \begin{Bmatrix} 0 \\ 0 \\ 0 \\ U \end{Bmatrix}_i \omega^2 \tag{5.2.37}$$

若在盘的右边加上一个轴段，如图 5.2.3 所示，则两边状态矢量之间的关系为

$$\begin{Bmatrix} X \\ A \\ M \\ Q \end{Bmatrix}_{i+1} = \begin{bmatrix} 1+\dfrac{l^3}{6EI}(1-\upsilon)(m\omega^2 - k_{\mathrm{s}j}) & l + \dfrac{l^2}{2EI}(I_{\mathrm{p}i} - I_{\mathrm{d}i})\omega^2 & \dfrac{l^2}{2EI} & \dfrac{l^3}{6EI}(1-\upsilon) \\ \dfrac{l^2}{2EI}(m\omega^2 - k_{\mathrm{s}j}) & 1 + \dfrac{l}{EI}(I_{\mathrm{p}i} - I_{\mathrm{d}i})\omega^2 & \dfrac{l}{EI} & \dfrac{l^2}{2EI} \\ l(m\omega^2 - k_{\mathrm{s}j}) & (I_{\mathrm{p}i} - I_{\mathrm{d}i})\omega^2 & 1 & l \\ m\omega^2 - k_{\mathrm{s}j} & 0 & 0 & 1 \end{bmatrix}_i \begin{Bmatrix} X \\ A \\ M \\ Q \end{Bmatrix}_i + \begin{Bmatrix} \dfrac{l^3}{6EI}(1-\upsilon)U \\ \dfrac{l^2}{2EI}U \\ lU \\ U \end{Bmatrix}_i \omega^2 \tag{5.2.38}$$

按照图 5.2.4 中的转子模型，与计算临界转速类似，从转子最左端截面开始状态矢量的递推。截面 $i(i=2, 3,\cdots, N, N+1)$的状态矢量为

$$\begin{Bmatrix} X \\ A \\ M \\ Q \end{Bmatrix}_i = \begin{bmatrix} a_{11} & a_{12} & a_{13} & a_{14} \\ a_{21} & a_{22} & a_{23} & a_{24} \\ a_{31} & a_{32} & a_{33} & a_{34} \\ a_{41} & a_{42} & a_{43} & a_{44} \end{bmatrix}_{i-1} \begin{Bmatrix} X \\ A \\ 0 \\ 0 \end{Bmatrix}_1 + \begin{Bmatrix} b_1 \\ b_2 \\ b_3 \\ b_4 \end{Bmatrix}_{i-1} = \begin{bmatrix} a_{11} & a_{12} \\ a_{21} & a_{22} \\ a_{31} & a_{32} \\ a_{41} & a_{42} \end{bmatrix}_{i-1} \begin{Bmatrix} X \\ A \end{Bmatrix}_1 + \begin{Bmatrix} b_1 \\ b_2 \\ b_3 \\ b_4 \end{Bmatrix}_{i-1} \tag{5.2.39}$$

式中，矩阵的各元素 a、b 由各构件的传递矩阵相乘得到。对于最右端的 N+1 截面，考虑到其边界条件，则有

$$\begin{Bmatrix} M \\ Q \end{Bmatrix}_{N+1} = \begin{bmatrix} a_{31} & a_{32} \\ a_{41} & a_{42} \end{bmatrix}_N \begin{Bmatrix} X \\ A \end{Bmatrix}_1 + \begin{Bmatrix} b_3 \\ b_4 \end{Bmatrix}_N = \{0\} \tag{5.2.40}$$

即

$$\begin{bmatrix} a_{31} & a_{32} \\ a_{41} & a_{42} \end{bmatrix}_N \begin{Bmatrix} X \\ A \end{Bmatrix}_1 = -\begin{Bmatrix} b_3 \\ b_4 \end{Bmatrix}_N \tag{5.2.41}$$

从式(5.2.41)可解出左端起始截面 1 的位移 X_1 和转角 A_1。将其代入式(5.2.39)即可得到各个截面的状态矢量，即所求的不平衡响应。

用传递矩阵法计算不平衡响应时,也有数值不稳定问题,这一问题可用 Riccati 传递矩阵法加以改善。

5.2.2　各向异性支承转子的分析计算

当转子的支承为各向异性时，一般要同时考虑转子在垂直和水平两个平面内运动的耦合以及支承的阻尼作用。故系统内各个振动量之间存在相位差，振动量的幅值随时间增长会衰减，振动量需用复数来表达。

1. 振动量的复数表示、复振幅和复频率

设某一振动量(如位移、转角、弯矩和剪力等)为

$$y = Y\mathrm{e}^{\lambda t}\cos(\Omega t + \theta) \tag{5.2.42}$$

引入与其相匹配的正弦项组成复数，则有

$$\begin{aligned} y &= \mathrm{Re}\{Y\mathrm{e}^{\lambda t}\cos(\Omega t + \theta) + \mathrm{i}Y\mathrm{e}^{\lambda t}\sin(\Omega t + \theta)\} = \mathrm{Re}\{Y\mathrm{e}^{\lambda t}\mathrm{e}^{\mathrm{i}(\Omega t + \theta)}\} \\ &= \mathrm{Re}\{Y\mathrm{e}^{\mathrm{i}\theta}\mathrm{e}^{(\lambda + \mathrm{i}\Omega)t}\} = \mathrm{Re}\{(Y_\mathrm{c} + \mathrm{i}Y_\mathrm{s})\mathrm{e}^{(\lambda + \mathrm{i}\Omega)t}\} = \mathrm{Re}\{\underline{Y}\mathrm{e}^{St}\} \end{aligned} \tag{5.2.43}$$

式中，i 为虚数符号；Re{ · }表示取其实部；Y=Y_c+iY_s 称为该振动量的复振幅；Y_c 和 Y_s 分别称为余弦分量和正弦分量；$S = \lambda + \mathrm{i}\Omega$ 称为复频率，其实部 λ 为衰减指数，其虚部 Ω 为阻尼圆频率。

式(5.2.43)的右边和式(5.2.42)的右边都可代表 y 这个振动量。式(5.2.42)中的振幅和相位角与式(5.2.43)中的复振幅的关系为

$$Y = \sqrt{Y_\mathrm{c}^2 + Y_\mathrm{s}^2}, \quad \theta = \arctan(Y_\mathrm{s}/Y_\mathrm{c}) \tag{5.2.44}$$

在一个振动系统中，各结点的衰减指数和频率是相同的。因此，在采用复数

表示振动量时，可以把各结点所共有的 Re{·}和 e^{St} 符号省去，仅用复振幅 $\underline{Y}$ 来表示。为了简便，在不引起混淆的情况下，可以将 $\underline{Y}$ 写作 Y 或者 y。因此，就存在下面的关系式：

$$\dot{Y} = YS\ ,\ \ \ddot{Y} = YS^2 \quad 或 \quad \dot{y} = yS\ ,\ \ \ddot{y} = yS^2 \tag{5.2.45}$$

应该指出，虽然振动量与复数之间的关系由式(5.2.44)确定，但真实振动量不是复数。因此，当求得振动量的结果后，需要将振动量的结果转换到实数域中来。

2. 用 Riccati 传递矩阵法计算转子系统的自然频率和稳定性

对图 5.2.1 所示转子的集总参数模型，取右手坐标系 $Oxyz$，Oz 轴为旋转轴线，沿传递矩阵传递的方向。转子旋转方向为从 Ox 轴转到 Oy 轴，转动角速度为 ω 。由于 x 和 y 两方向运动有耦合，考虑到 Riccati 传递矩阵法的要求，复数表示的状态矢量可取为

$$\boldsymbol{Z}_i = \{\boldsymbol{f} \quad \boldsymbol{e}\}_i^{\mathrm{T}} = \{M_x \quad Q_x \quad M_y \quad Q_y \quad X \quad A \quad Y \quad B\}_i^{\mathrm{T}} \tag{5.2.46}$$

对于支承，采用图 5.1.3 所示考虑轴承座有弹性 $\boldsymbol{k}_{\mathrm{b}}$、阻尼 $\boldsymbol{c}_{\mathrm{b}}$ 和当量质量 $\boldsymbol{m}_{\mathrm{b}}$ 的模型。采用复数表示后，根据支承当量质量的受力分析，可以得到支承总刚度 $\boldsymbol{k}_{\mathrm{s}}$ 为

$$\boldsymbol{k}_{\mathrm{s}} = \begin{bmatrix} k_{\mathrm{s}xx} & k_{\mathrm{s}xy} \\ k_{\mathrm{s}yx} & k_{\mathrm{s}yy} \end{bmatrix} = [\boldsymbol{k} + S\boldsymbol{c}][\boldsymbol{k} + S\boldsymbol{c} + \boldsymbol{k}_{\mathrm{b}} + S\boldsymbol{c}_{\mathrm{b}} + S^2\boldsymbol{m}_{\mathrm{b}}]^{-1}[\boldsymbol{k}_{\mathrm{b}} + S\boldsymbol{c}_{\mathrm{b}} + S^2\boldsymbol{m}_{\mathrm{b}}] \tag{5.2.47}$$

式中，S 为涡动频率，油膜的刚度系数矩阵和阻尼系数矩阵为

$$\boldsymbol{k} = \begin{bmatrix} k_{xx} & k_{xy} \\ k_{yx} & k_{yy} \end{bmatrix}, \quad \boldsymbol{c} = \begin{bmatrix} c_{xx} & c_{xy} \\ c_{yx} & c_{yy} \end{bmatrix} \tag{5.2.48}$$

轴承座的刚度、阻尼系数矩阵和当量质量矩阵分别为

$$\boldsymbol{k}_{\mathrm{b}} = \begin{bmatrix} k_{\mathrm{b}xx} & k_{\mathrm{b}xy} \\ k_{\mathrm{b}yx} & k_{\mathrm{b}yy} \end{bmatrix}, \quad \boldsymbol{c}_{\mathrm{b}} = \begin{bmatrix} c_{\mathrm{b}xx} & c_{\mathrm{b}xy} \\ c_{\mathrm{b}yx} & c_{\mathrm{b}yy} \end{bmatrix}, \quad \boldsymbol{m}_{\mathrm{b}} = \begin{bmatrix} m_{\mathrm{b}x} & 0 \\ 0 & m_{\mathrm{b}y} \end{bmatrix} \tag{5.2.49}$$

当不考虑交叉刚度系数、交叉阻尼系数和系统的阻尼时，就有 $S = \mathrm{i}\Omega$ ，$k_{\mathrm{s}xy} = k_{\mathrm{s}yx} = 0$ ，$\boldsymbol{c} = \boldsymbol{c}_{\mathrm{b}} = \boldsymbol{0}$ ，式(5.2.47)就退化为式(5.2.3)。

各种典型构件的传递矩阵与 5.1.3 节的各向同性支承转子的传递矩阵类似，仅扩大为 8×8 矩阵，涡动频率以 S 表示。这里仅给出图 5.2.4 所示的薄圆盘和弹性轴段组合构件，其传递矩阵 $\boldsymbol{U}_i$ 的分块形式为

$$
\boldsymbol{u}_{11i}=\begin{bmatrix}1 & l & 0 & 0\\ 0 & 1 & 0 & 0\\ 0 & 0 & 1 & l\\ 0 & 0 & 0 & 1\end{bmatrix}_i,\quad \boldsymbol{u}_{21i}=\begin{bmatrix}l^2/(2EI) & l^3(1-\upsilon)/(6EI) & 0 & 0\\ l/(EI) & l^2/(2EI) & 0 & 0\\ 0 & 0 & l^2/(2EI) & l^3(1-\upsilon)/(6EI)\\ 0 & 0 & l/(EI) & l^2/(2EI)\end{bmatrix}_i
$$

$$
\boldsymbol{u}_{12i}=\begin{bmatrix}-l(mS^2-k_{sxx}) & I_{di}S^2 & -lk_{sxy} & I_{pi}\omega S\\ -(mS^2-k_{sxx}) & 0 & -lk_{sxy} & 0\\ -lk_{syx} & -I_{pi}\omega S & -l(mS^2-k_{syy}) & I_{di}S^2\\ -k_{syx} & 0 & -(mS^2-k_{syy}) & 0\end{bmatrix}_i
$$

$$
\boldsymbol{u}_{22i}=\begin{bmatrix}1-\dfrac{l^3(1-\upsilon)}{6EI}(m\omega^2+k_{sxx}) & l+\dfrac{l^2}{2EI}I_{di}S^2 & -\dfrac{l^3(1-\upsilon)}{6EI}k_{sxy} & \dfrac{l^2}{2EI}I_{pi}\omega S\\ -\dfrac{l^2}{2EI}(mS^2+k_{sxx}) & 1+\dfrac{l^2}{2EI}I_{di}S^2 & -\dfrac{l^2}{2EI}k_{sxy} & \dfrac{l}{EI}I_{pi}\omega S\\ -\dfrac{l^3(1-\upsilon)}{6EI}k_{syx} & -\dfrac{l^2}{2EI}I_{pi}\omega S & 1-\dfrac{l^3(1-\upsilon)}{6EI}(mS^2+k_{syy}) & l+\dfrac{l^2}{2EI}I_{di}S^2\\ -\dfrac{l^2}{2EI}k_{syx} & -\dfrac{l}{EI}I_{pi}\omega S & -\dfrac{l^2}{2EI}(mS^2+k_{syy}) & 1+\dfrac{l}{EI}I_{di}S^2\end{bmatrix}_i
$$

(5.2.50)

由式(5.2.16)可知，Riccati 传递矩阵法中相邻截面状态矢量的关系为

$$
\begin{Bmatrix}\boldsymbol{f}\\ \boldsymbol{e}\end{Bmatrix}_{i+1}=\begin{bmatrix}\boldsymbol{u}_{11} & \boldsymbol{u}_{12}\\ \boldsymbol{u}_{21} & \boldsymbol{u}_{22}\end{bmatrix}_i\begin{Bmatrix}\boldsymbol{f}\\ \boldsymbol{e}\end{Bmatrix}_i \tag{5.2.51}
$$

各个 4×4 的 $\boldsymbol{u}$ 矩阵已在式(5.2.50)中给出。引入 Riccati 变换 $\boldsymbol{f}_i=\boldsymbol{S}_i\boldsymbol{e}_i$ 后，得到 $\boldsymbol{S}_i$ 的递推公式和 $\boldsymbol{e}_i$ 的逆递推公式分别为

$$
\boldsymbol{S}_{i+1}=[\boldsymbol{u}_{11}\boldsymbol{S}+\boldsymbol{u}_{12}]_i[\boldsymbol{u}_{21}\boldsymbol{S}+\boldsymbol{u}_{22}]_i^{-1},\quad \boldsymbol{e}_i=[\boldsymbol{u}_{21}\boldsymbol{S}+\boldsymbol{u}_{22}]_i^{-1}\boldsymbol{e}_{i+1} \tag{5.2.52}
$$

由左端截面的边界条件 $\boldsymbol{f}_1=\boldsymbol{0}$，$\boldsymbol{e}_1\neq\boldsymbol{0}$，有初值 $\boldsymbol{S}_1=\boldsymbol{0}$。利用式(5.2.52)，就可以顺次递推寻到 $\boldsymbol{S}_2, \boldsymbol{S}_3, \cdots, \boldsymbol{S}_{N+1}$。对于右端截面 N+1 有

$$
\boldsymbol{f}_{N+1}=\boldsymbol{S}_{N+1}\boldsymbol{e}_{N+1} \tag{5.2.53}
$$

由右端的边界条件 $\boldsymbol{f}_{N+1}=\boldsymbol{0}$，$\boldsymbol{e}_{N+1}\neq\boldsymbol{0}$，可知式(5.2.53)有非零解的条件为

$$
|\boldsymbol{S}|_{N+1}=\begin{vmatrix}s_{11} & s_{12} & s_{13} & s_{14}\\ s_{21} & s_{22} & s_{23} & s_{24}\\ s_{31} & s_{32} & s_{33} & s_{34}\\ s_{41} & s_{42} & s_{43} & s_{44}\end{vmatrix}_{N+1}=0 \tag{5.2.54}
$$

式(5.2.54)是转子系统的**频率方程**。从一个设定的试算频率开始，用扫描试算的方法可以求出它的各个根 S_r (r=1, 2,…)。求得复频率 S_r 后，代入式(5.2.53)就得到 $\boldsymbol{e}_{N+1}$ 比例解，再由逆递推式(5.2.52)可求得各个截面的状态矢量 $\boldsymbol{e}_i$ 和 $\boldsymbol{f}_i$，其中 $\boldsymbol{e}_i$ 为该阶频率所对应的复振型，或称为幅模态，$\boldsymbol{f}_i$ 以相应的内力(弯矩和剪力)比例解的复数表示。

式(5.2.54)是一个具有复数自变量 S 的复数方程式，在求解时需对两个变量 λ 和 Ω 在平面域进行扫描，可以采用求复数方程根的切线法(Newton-Raphson 法)和抛物线法(Muller 法)。为了消除频率方程的奇点，采用无奇点频率方程，即

$$\varDelta_1^p = |\boldsymbol{S}|_{N+1} \prod_{i=1}^{N} \left| \left[\boldsymbol{u}_{21}\boldsymbol{S} + \boldsymbol{u}_{22} \right]_i \right| = 0 \tag{5.2.55}$$

式(5.2.55)是 N+1 个复数项的连乘积，在用切线法求根时，要计算其导数 $\mathrm{d}\varDelta_1^p / \mathrm{d}S$，这需要逐项求导并相乘，十分复杂和费时，所以该方法对此问题并不实用。抛物线法也是可供选择的方法，但求根过程存在一些缺陷，每当求得一个复频率根 S_r 后，为避免之后的搜索中找出该根，需要在频率方程中先剔除该根及其共轭根 S_r^* 的因子，即将式(5.2.55)除以因子 $(S - S_r)(S - S_r^*)$，再开始搜索下一个根。由于设定的起始试算效率不同，求得各个根的先后次序并没有一定的规律，也不能确保在某一域中所有的根都已经找到。如果怀疑在某域中还有未找出的根，则只能在先去除已求得的诸根后，在该域内再确定一个起始频率，再一次进行试算搜索，直到满意为止。

在实际计算中，可以先不计阻尼和支承的各向异性，用 5.2.1 节的方法求得转子系统的无阻尼自然频率，初步了解此系统的自然频率的分布等，再求复频率。

求得的复频率 S 的实部 λ 为衰减指数。当 λ<0 时，运动是衰减的，因此系统是稳定的；相反，当 λ>0 时，运动发散，系统是不稳定的；当 $\lambda = 0$ 时，系统处于稳定和失稳的临界状态。为了便于做比较，引入一个无量纲的对数减幅系数 $\delta = -2\pi\lambda / \Omega$，$\delta \geqslant 0$ 就是系统稳定的条件。δ 值的大小表明系统在受到扰动后，振动衰减得快慢可作为衡量系统稳定性的一个指标。

衡量稳定性的另一个常用的指标是阈速 ω_t，即在这个转速下系统的衰减指数 λ 从负值增大到零。转速超过阈速，转子就会失稳。

求得转子的复振型后，需要将结果恢复为真实的运动。设某结点的 x 和 y 两方向的复振幅为 $\underline{X}$ 和 $\underline{Y}$(这里又恢复使用这种复数符号)，并假定 λ=0。于是，结点的真实运动为

$$\begin{aligned} x &= \mathrm{Re}\{\underline{X}\mathrm{e}^{\lambda\Omega t}\} = \mathrm{Re}\{(X_\mathrm{c} + \mathrm{i}X_\mathrm{s})\mathrm{e}^{\mathrm{i}\Omega t}\} = X_\mathrm{c}\cos\Omega t - X_\mathrm{s}\sin\Omega t \\ &= \sqrt{X_\mathrm{c}^2 + X_\mathrm{s}^2}\cos(\Omega t + \theta_x) \end{aligned} \tag{5.2.56a}$$

$$y = \mathrm{Re}\{\underline{Y}\mathrm{e}^{\lambda \Omega t}\} = \mathrm{Re}\{(Y_\mathrm{c} + \mathrm{i}Y_\mathrm{s})\mathrm{e}^{\mathrm{i}\Omega t}\} = Y_\mathrm{c}\cos\Omega t - Y_\mathrm{s}\sin\Omega t$$
$$= \sqrt{Y_\mathrm{c}^2 + Y_\mathrm{s}^2}\cos(\Omega t + \theta_y) \tag{5.2.56b}$$

式中，$\theta_x = \arctan(X_\mathrm{s} / X_\mathrm{c})$；$\theta_y = \arctan(Y_\mathrm{s} / Y_\mathrm{c})$。从式(5.2.56)的两式中消去$\Omega t$，得到结点在$Oxy$平面内的轨迹方程为

$$\frac{(Y_\mathrm{c}{}^2 + Y_\mathrm{s}{}^2)x^2 + (X_\mathrm{c}{}^2 + X_\mathrm{s}{}^2)y^2 - 2(X_\mathrm{c}Y_\mathrm{c} + X_\mathrm{s}Y_\mathrm{s})xy}{(X_\mathrm{s}Y_\mathrm{c} - X_\mathrm{c}Y_\mathrm{s})^2} = 1 \tag{5.2.57}$$

式(5.2.57)是一个椭圆方程，椭圆的长、短轴与坐标轴 x、y 不相重合，如图 5.2.9 所示。用解析几何方法可求得椭圆的长半轴 a、短半轴 b、长轴与 x 轴的夹角 α 以及 $t=0$ 时结点在轨迹上的起始位置角 γ 等参数为

$$\begin{aligned} a &= \frac{1}{2}\Big[\sqrt{(X_\mathrm{c}^2 + X_\mathrm{s}^2) + (Y_\mathrm{c}^2 + Y_\mathrm{s}^2) + 2(X_\mathrm{s}Y_\mathrm{c} - X_\mathrm{c}Y_\mathrm{s})} \\ &\quad + \sqrt{(X_\mathrm{c}^2 + X_\mathrm{s}^2) + (Y_\mathrm{c}^2 + Y_\mathrm{s}^2) - 2(X_\mathrm{s}Y_\mathrm{c} - X_\mathrm{c}Y_\mathrm{s})}\Big] \\ b &= \frac{1}{2}\Big[\sqrt{(X_\mathrm{c}^2 + X_\mathrm{s}^2) + (Y_\mathrm{c}^2 + Y_\mathrm{s}^2) + 2(X_\mathrm{s}Y_\mathrm{c} - X_\mathrm{c}Y_\mathrm{s})} \\ &\quad - \sqrt{(X_\mathrm{c}^2 + X_\mathrm{s}^2) + (Y_\mathrm{c}^2 + Y_\mathrm{s}^2) - 2(X_\mathrm{s}Y_\mathrm{c} - X_\mathrm{c}Y_\mathrm{s})}\Big] \\ \alpha &= \frac{1}{2}\arctan\frac{2(X_\mathrm{c}Y_\mathrm{c} - X_\mathrm{s}Y_\mathrm{s})}{X_\mathrm{c}^2 + X_\mathrm{s}^2 - Y_\mathrm{c}^2 - Y_\mathrm{s}^2}, \quad \gamma = \frac{1}{2}\arctan\frac{X_\mathrm{s} + Y_\mathrm{c}}{X_\mathrm{c} - Y_\mathrm{s}} \end{aligned} \tag{5.2.58}$$

当 $b>0$ 时，结点沿轨迹运动方向和转子的旋转方向相同，这种运动称为**正进动**，或**正向涡动**；当 $b<0$ 时，结点沿轨迹运动方向和转子的旋转方向相反，这种运动称为**反进动**，或**反向涡动**。通常，在某一阶模态中，转子上各个结点都做相同的进动，即正进动或反进动，称为正进动模态或反进动模态。但对于支承各向异性比较严重的某些转子，会发生部分结点做正进动，而另一部分结点做反进动的情况，这称为**混合进动**。

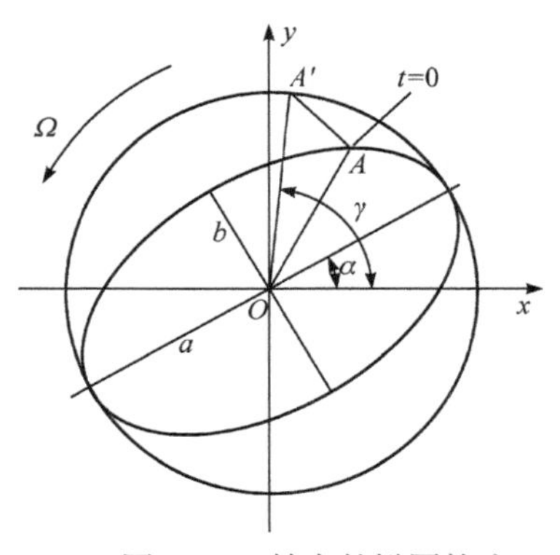

图 5.2.9　结点的椭圆轨迹

由此可见，转子系统的复模态的特点可概括如下：

(1) 各个结点的轨迹是一些具有不同形状、尺寸和方位的椭圆。

(2) 联结各个结点构成的转子轴线一般是一条空间曲线。

(3) 图 5.2.9 中向径 OA' 以涡动角速度 Ω 做

等角速转动，但转子轴心的向径 OA 并不做等角速度转动，而是时快时慢，但每转动一周的时间仍是 $2\pi/\Omega$。

(4) 当 $\lambda \neq 0$ 时，转子涡动的幅值随时间衰减(或增长)，所以各个结点的椭圆轨迹不再是封闭曲线，而是椭圆形的螺旋线，这时整个转子的运动将十分复杂。

3. 转子系统的不平衡响应

现用 Riccati 传递矩阵法来计算转子系统的不平衡响应。设转子上的圆盘有偏心，当转子旋转时就会产生不平衡力，引起转子振动。采用复数来表示振动量时，离心力的两个分量为

$$\begin{aligned} F_x &= \mathrm{Re}\{\underline{U}\omega^2 \mathrm{e}^{\mathrm{i}\omega t}\} = \mathrm{Re}\{m(e_\xi + \mathrm{i}e_\eta)\omega^2 \mathrm{e}^{\mathrm{i}\omega t}\} \\ F_y &= \mathrm{Re}\{-\mathrm{i}\underline{U}\omega^2 \mathrm{e}^{\mathrm{i}\omega t}\} = \mathrm{Re}\{m(e_\eta - \mathrm{i}e_\xi)\omega^2 \mathrm{e}^{\mathrm{i}\omega t}\} \end{aligned} \tag{5.2.59}$$

式中，$\underline{U} = m\underline{e}$ 为第 i 个圆盘的偏心质量矩(下标 i 省去不写)；$\underline{e} = e_\xi + \mathrm{i}e_\eta$ 为在随转子转动的动坐标 $O\xi\eta$ 中偏心的投影，如图 5.2.10 所示；ω 为转子的转动角速度。省去共有项 $\mathrm{Re}\{\mathrm{e}^{\mathrm{i}\omega t}\}$，离心力的两个分量就写为 $U\omega^2$ 和 $-\mathrm{i}U\omega^2$。

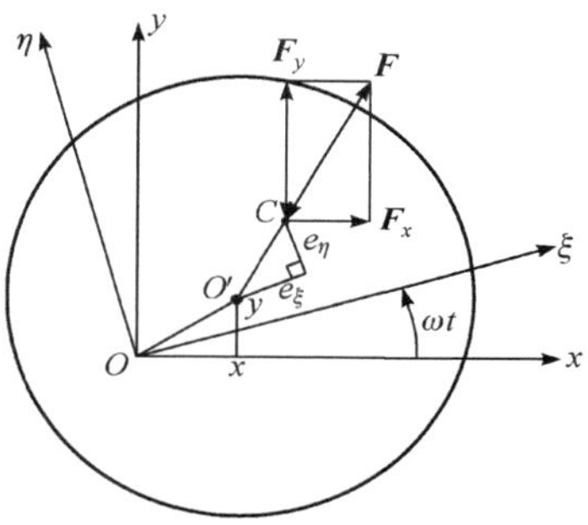

图 5.2.10　不平衡的离心力

在薄圆盘上加上离心力，则可得到两端截面的状态矢量之间的关系为

$$\begin{Bmatrix} M_x \\ Q_x \\ M_y \\ Q_y \\ X \\ A \\ Y \\ B \end{Bmatrix}_i^{\mathrm{R}} = \begin{bmatrix} 1 & 0 & 0 & 0 & 0 & -I_{\mathrm{d}i}\omega^2 & 0 & \mathrm{i}I_{\mathrm{p}i}\omega^2 \\ 0 & 1 & 0 & 0 & m\omega^2 - k_{\mathrm{s}xx} & 0 & -k_{\mathrm{s}xy} & 0 \\ 0 & 0 & 1 & 0 & 0 & -\mathrm{i}I_{\mathrm{p}i}\omega^2 & 0 & I_{\mathrm{d}i}\omega^2 \\ 0 & 0 & 0 & 1 & -k_{\mathrm{s}yx} & 0 & m\omega^2 - k_{\mathrm{s}yy} & 0 \\ 0 & 0 & 0 & 0 & 1 & 0 & 0 & 0 \\ 0 & 0 & 0 & 0 & 0 & 1 & 0 & 0 \\ 0 & 0 & 0 & 0 & 0 & 0 & 1 & 0 \\ 0 & 0 & 0 & 0 & 0 & 0 & 0 & 1 \end{bmatrix}_i \begin{Bmatrix} M_x \\ Q_x \\ M_y \\ Q_y \\ X \\ A \\ Y \\ B \end{Bmatrix}_i^{\mathrm{L}} + \begin{Bmatrix} 0 \\ U\omega^2 \\ 0 \\ -\mathrm{i}U\omega^2 \\ 0 \\ 0 \\ 0 \\ 0 \end{Bmatrix}_i \tag{5.2.60}$$

再在此圆盘的右端加上一个轴段，得到一个组合构件，则其两端状态矢量的关系式为

$$\begin{Bmatrix} \boldsymbol{f} \\ \boldsymbol{e} \end{Bmatrix}_{i+1} = \begin{bmatrix} \boldsymbol{u}_{11} & \boldsymbol{u}_{12} \\ \boldsymbol{u}_{21} & \boldsymbol{u}_{22} \end{bmatrix}_i \begin{Bmatrix} \boldsymbol{f} \\ \boldsymbol{e} \end{Bmatrix}_i = \begin{Bmatrix} \boldsymbol{F}_{\mathrm{f}} \\ \boldsymbol{F}_{\mathrm{e}} \end{Bmatrix}_i \tag{5.2.61}$$

式中，各个分块矩阵分别为

$$\boldsymbol{u}_{11i}=\begin{bmatrix}1&l&0&0\\0&1&0&0\\0&0&1&l\\0&0&0&1\end{bmatrix}_i,\quad \boldsymbol{u}_{12i}=\begin{bmatrix}l(m\omega^2-k_{sxx})&-I_{di}S^2&-lk_{syx}&\mathrm{i}I_{pi}\omega^2\\m\omega^2-k_{sxx}&0&-k_{syx}&0\\-lk_{syx}&-I_{pi}\omega^2&l(m\omega^2-k_{syy})&-I_{di}\omega^2\\-k_{syx}&0&m\omega^2-k_{syy}&0\end{bmatrix}_i$$

$$\boldsymbol{u}_{21i}=\begin{bmatrix}\dfrac{l^2}{2EI}&\dfrac{l^3}{6EI}(1-\upsilon)&0&0\\\dfrac{l}{EI}&\dfrac{l^2}{2EI}&0&0\\0&0&\dfrac{l^2}{2EI}&\dfrac{l^3}{6EI}(1-\upsilon)\\0&0&\dfrac{l}{EI}&\dfrac{l^2}{2EI}\end{bmatrix}_i$$

$$\boldsymbol{u}_{22i}=\begin{bmatrix}1+\dfrac{l^3(1-\upsilon)}{6EI}(m\omega^2-k_{sxx})&l-\dfrac{l^2}{2EI}I_{di}\omega^2&-\dfrac{l^3(1-\upsilon)}{6EI}k_{sxy}&\dfrac{l^2}{2EI}\mathrm{i}I_{pi}\omega S\\\dfrac{l^2}{2EI}(mS^2-k_{sxx})&1-\dfrac{l^2}{2EI}I_{di}\omega^2&-\dfrac{l^2}{2EI}k_{sxy}&\dfrac{l}{EI}\mathrm{i}I_{pi}\omega^2\\-\dfrac{l^3(1-\upsilon)}{6EI}k_{syx}&-\dfrac{l^2}{2EI}I_{pi}\omega^2&1+\dfrac{l^3(1-\upsilon)}{6EI}(m\omega^2-k_{syy})&l-\dfrac{l^2}{2EI}I_{di}\omega^2\\-\dfrac{l^2}{2EI}k_{syx}&-\dfrac{l}{EI}\mathrm{i}I_{pi}\omega^2&\dfrac{l^2}{2EI}(m\omega^2-k_{syy})&1-\dfrac{l}{EI}I_{di}\omega^2\end{bmatrix}_i$$

(5.2.62)

$$\boldsymbol{F}_{fi}=\begin{Bmatrix}l\\1\\-\mathrm{i}l\\-\mathrm{i}\end{Bmatrix}U_i\omega^2,\quad \boldsymbol{F}_{ei}=\begin{Bmatrix}\dfrac{l}{3}(1-\upsilon)\\1\\-\mathrm{i}\dfrac{l}{3}(1-\upsilon)\\-\mathrm{i}\end{Bmatrix}\left(\frac{l^2}{2EI}U\right)_i\omega^2 \tag{5.2.63}$$

引入如下 Riccati 变换：

$$\boldsymbol{f}_i=\boldsymbol{S}_i\boldsymbol{e}_i+\boldsymbol{P}_i \tag{5.2.64}$$

得到 $\boldsymbol{S}_i$ 和 $\boldsymbol{P}_i$ 的递推公式和 $\boldsymbol{e}_i$ 的逆递推公式分别为

$$\boldsymbol{S}_{i+1}=[\boldsymbol{u}_{11}\boldsymbol{S}+\boldsymbol{u}_{12}]_i[\boldsymbol{u}_{21}\boldsymbol{S}+\boldsymbol{u}_{22}]_i^{-1},\quad \boldsymbol{P}_{i+1}=[\boldsymbol{u}_{11}\boldsymbol{P}+\boldsymbol{F}_{f}]_i-\boldsymbol{S}_{i+1}[\boldsymbol{u}_{11}\boldsymbol{P}+\boldsymbol{F}_{e}]_i \tag{5.2.65}$$

$$\boldsymbol{e}_i=[\boldsymbol{u}_{21}\boldsymbol{S}+\boldsymbol{u}_{22}]_i^{-1}\boldsymbol{e}_{i+1}-[\boldsymbol{u}_{21}\boldsymbol{S}+\boldsymbol{u}_{22}]_i^{-1}\left[\boldsymbol{u}_{21}\boldsymbol{P}+\boldsymbol{F}_{e}\right]_i \tag{5.2.66}$$

由左端截面的边界条件 $\boldsymbol{f}_1=\boldsymbol{0}$，$\boldsymbol{e}_i \neq \boldsymbol{0}$，知初值为 $\boldsymbol{S}_1=\boldsymbol{0}$，$\boldsymbol{P}_1=\boldsymbol{0}$。利用式(5.2.65)就可以顺次递推得到 $\boldsymbol{S}_2, \boldsymbol{P}_2, \boldsymbol{S}_3, \boldsymbol{P}_3, \cdots, \boldsymbol{S}_{N+1}, \boldsymbol{P}_{N+1}$。对于最右端截面 $N+1$，有

$$\boldsymbol{f}_{N+1} = \boldsymbol{S}_{N+1}\boldsymbol{e}_{N+1} + \boldsymbol{P}_{N+1} \tag{5.2.67}$$

由右端的边界条件 $\boldsymbol{f}_{N+1} = \boldsymbol{0}$，解得

$$\boldsymbol{e}_{N+1} = -\boldsymbol{S}_{N+1}^{-1}\boldsymbol{P}_{N+1} \tag{5.2.68}$$

利用逆递推式(5.2.66)就可从右到左顺次求得各个截面的状态矢量 $\boldsymbol{e}_i$ ($i=N, N-1,\cdots, 2, 1$)，这就是转子的不平衡响应。计算中所需式(5.2.68)右边的各因子，在求 $\boldsymbol{S}_i$ 和 $\boldsymbol{P}_i$ 的递推过程中已经求得，不需要另行计算。

与传统的传递矩阵法比较，Riccati 传递矩阵法计算转子系统的不平衡响应显示出良好的数值稳定性。求得的复数位移响应还需要按照式(5.2.58)转换成结点真实的椭圆轨迹运动。与阻尼自然频率的振型不同，不平衡响应是强迫振动，复频率为 $\mathrm{i}\varOmega$，振幅是稳定不变的，振动既不衰减也不增长，各个结点的轨迹都是椭圆。

5.2.3　系统瞬态响应的传递矩阵法

旋转机械运行时，要经历起动、停机、工况和负荷变化等各种瞬态过程。在此过程中，转子上所受的各种主动力和负荷力要经历复杂的变化，才达到新的平衡。转子的响应比稳态时要复杂得多，往往也大得多。在生产实际中，许多旋转机械的事故往往也发生在瞬态过程中。因此，转子系统瞬态响应计算分析是轴系动力特性研究的一个重要内容。

根据 Newmark-β 法，并取 $\gamma = 1/2$，则有

$$\dot{\boldsymbol{q}}_{t+\Delta t} = \dot{\boldsymbol{q}}_t + \frac{1}{2}\Delta t(\ddot{\boldsymbol{q}}_t + \ddot{\boldsymbol{q}}_{t+\Delta t}), \quad \ddot{\boldsymbol{q}}_{t+\Delta t} = \frac{1}{\beta \Delta t^2}(\boldsymbol{q}_{t+\Delta t} - \boldsymbol{q}_t) - \frac{1}{\beta \Delta t}\dot{\boldsymbol{q}}_t - \left(\frac{1}{2\beta} - 1\right)\ddot{\boldsymbol{q}}_t \tag{5.2.69}$$

式中，β 是 Newmark-β 法的参数；$\boldsymbol{q}$ 为转子的广义坐标。式(5.2.69)说明，若瞬时 t，某结点的位移 $\boldsymbol{q}_t$、速度 $\dot{\boldsymbol{q}}_t$ 和加速度 $\ddot{\boldsymbol{q}}_t$ 为已知，并且还知道 $t+\Delta t$ 瞬时该结点的位移 $\boldsymbol{q}_{t+\Delta t}$，则可由式(5.2.69)求得 $t+\Delta t$ 瞬时此结点的速度 $\dot{\boldsymbol{q}}_{t+\Delta t}$ 和加速度 $\ddot{\boldsymbol{q}}_{t+\Delta t}$，如此递推，就可以求得瞬时 t 以后任意瞬时的各结点位移、速度和加速度。至于 $t+\Delta t$ 瞬时转轴上各结点的位移(线位移和角位移)，可用 Riccati 传递矩阵法求得。

1) 结点及支承的运动微分方程

集总化的力学计算模型如图 5.2.11 所示，t 瞬时结点 i 的运动微分方程为

$$\boldsymbol{m}_i \begin{Bmatrix} \ddot{x} \\ \ddot{y} \end{Bmatrix}_i = -\boldsymbol{k}_j \begin{Bmatrix} x_i - x_{\mathrm{b}j} \\ y_i - y_{\mathrm{b}j} \end{Bmatrix} - \boldsymbol{c}_j \begin{Bmatrix} \dot{x}_i - \dot{x}_{\mathrm{b}j} \\ \dot{y}_i - \dot{y}_{\mathrm{b}j} \end{Bmatrix} + \begin{Bmatrix} Q_x^{\mathrm{L}} - Q_x^{\mathrm{R}} \\ Q_y^{\mathrm{L}} - Q_y^{\mathrm{R}} \end{Bmatrix}_i + \begin{Bmatrix} F_x(t) \\ F_y(t) \end{Bmatrix}_i \tag{5.2.70a}$$

$$\boldsymbol{I}_{di}\begin{Bmatrix}\ddot{\alpha}\\ \ddot{\beta}\end{Bmatrix}_i=-\omega\begin{bmatrix}0 & I_p\\ -I_p & 0\end{bmatrix}_i\begin{Bmatrix}\dot{\alpha}\\ \dot{\beta}\end{Bmatrix}_i+\begin{Bmatrix}M_x^{\mathrm{R}}-M_x^{\mathrm{L}}\\ M_x^{\mathrm{R}}-M_x^{\mathrm{L}}\end{Bmatrix}_i+\begin{Bmatrix}L_x(t)\\ L_y(t)\end{Bmatrix}_i \tag{5.2.70b}$$

类似地，支承 j 的微分方程为

$$m_{\mathrm{b}i}\begin{Bmatrix}\ddot{x}_{\mathrm{b}}\\ \ddot{y}_{\mathrm{b}}\end{Bmatrix}_j=\boldsymbol{k}_j\begin{Bmatrix}x_i-x_{\mathrm{b}j}\\ y_i-y_{\mathrm{b}j}\end{Bmatrix}+\boldsymbol{c}_j\begin{Bmatrix}\dot{x}_i-\dot{x}_{\mathrm{b}j}\\ \dot{y}_i-\dot{y}_{\mathrm{b}j}\end{Bmatrix}-\boldsymbol{k}_{\mathrm{b}j}\begin{Bmatrix}x_{\mathrm{b}}\\ y_{\mathrm{b}}\end{Bmatrix}_j-\boldsymbol{c}_{\mathrm{b}j}\begin{Bmatrix}\dot{x}_{\mathrm{b}}\\ \dot{y}_{\mathrm{b}}\end{Bmatrix}_j \tag{5.2.71}$$

式中，$F_x(t)$、$F_y(t)$、$L_x(t)$、$L_y(t)$为作用在结点 i 上的外力和外力矩在 x 和 y 方向的分量。若该结点没有支承，则有关支承的各项均为零。

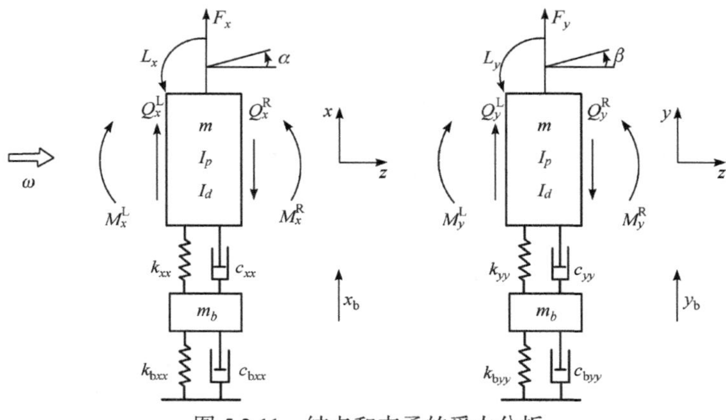

图 5.2.11　结点和支承的受力分析

2) 初始加速度的确定

在 t_0 瞬时，各结点及各支承质量运动的初始条件，即初始位移和初始速度一般是已知的，而初始加速度则需另行求出。对于结点 i 有

$$\begin{aligned}\begin{Bmatrix}Q_x^{\mathrm{L}}-Q_x^{\mathrm{R}}\\ Q_y^{\mathrm{L}}-Q_y^{\mathrm{R}}\end{Bmatrix}_i&=(k_1)_{i-1}\begin{Bmatrix}x\\ y\end{Bmatrix}_{i-1}+(k_2)_{i-1}\begin{Bmatrix}\alpha\\ \beta\end{Bmatrix}_{i-1}-\{(k_1)_{i-1}+(k_1)_i\}\begin{Bmatrix}x\\ y\end{Bmatrix}_i\\&\quad+\{(k_2)_{i-1}-(k_2)_i\}\begin{Bmatrix}\alpha\\ \beta\end{Bmatrix}_i+(k_1)_i\begin{Bmatrix}x\\ y\end{Bmatrix}_{i+1}-(k_2)_i\begin{Bmatrix}\alpha\\ \beta\end{Bmatrix}_{i+1}\\ \begin{Bmatrix}M_x^{\mathrm{R}}-M_x^{\mathrm{L}}\\ M_x^{\mathrm{R}}-M_x^{\mathrm{L}}\end{Bmatrix}_i&=-(k_2)_{i-1}\begin{Bmatrix}x\\ y\end{Bmatrix}_{i-1}-(k_3)_{i-1}\begin{Bmatrix}\alpha\\ \beta\end{Bmatrix}_{i-1}+\{(k_2)_{i-1}-(k_2)_i\}\begin{Bmatrix}x\\ y\end{Bmatrix}_i\\&\quad+\left[\sum_{r=i-1}^{i}(lk_2-k_3)_r\right]\begin{Bmatrix}\alpha\\ \beta\end{Bmatrix}_i+(k_2)_i\begin{Bmatrix}x\\ y\end{Bmatrix}_{i+1}-(k_3)_i\begin{Bmatrix}\alpha\\ \beta\end{Bmatrix}_{i+1}\end{aligned} \tag{5.2.72}$$

式中，

$$(k_1)_i=(12EI/l^3)_i,\quad (k_2)_i=(6EI/l^2)_i,\quad (k_3)_i=(2EI/l)_i \tag{5.2.73}$$

将式(5.2.72)代入式(5.2.70)，得到轴系上结点 i 的初始加速度为

$$\begin{Bmatrix} \ddot{x} \\ \ddot{y} \end{Bmatrix}_i = \frac{1}{m_i}\left[-\boldsymbol{k}_j \begin{Bmatrix} x_i - x_{bj} \\ y_i - y_{bj} \end{Bmatrix} - \boldsymbol{c}_j \begin{Bmatrix} \dot{x}_i - \dot{x}_{bj} \\ \dot{y}_i - \dot{y}_{bj} \end{Bmatrix} + (k_1)_{i-1} \begin{Bmatrix} x \\ y \end{Bmatrix}_{i-1} + (k_2)_{i-1} \begin{Bmatrix} \alpha \\ \beta \end{Bmatrix}_{i-1} \right.$$
$$- [(k_1)_{i-1} + (k_1)_i] \begin{Bmatrix} x \\ y \end{Bmatrix}_i + [(k_2)_{i-1} - (k_2)_i] \begin{Bmatrix} \alpha \\ \beta \end{Bmatrix}_i$$
$$\left. + (k_1)_i \begin{Bmatrix} x \\ y \end{Bmatrix}_{i+1} - (k_2)_i \begin{Bmatrix} \alpha \\ \beta \end{Bmatrix}_{i+1} + \begin{Bmatrix} F_x(t_0) \\ F_y(t_0) \end{Bmatrix}_i \right] \tag{5.2.74}$$

$$\begin{Bmatrix} \ddot{\alpha} \\ \ddot{\beta} \end{Bmatrix}_i = \frac{1}{I_{di}}\left\{ -\omega \begin{bmatrix} 0 & I_p \\ -I_p & 0 \end{bmatrix}_i \begin{Bmatrix} \dot{\alpha} \\ \dot{\beta} \end{Bmatrix}_i - (k_2)_{i-1} \begin{Bmatrix} x \\ y \end{Bmatrix}_{i-1} - (k_3)_{i-1} \begin{Bmatrix} \alpha \\ \beta \end{Bmatrix}_{i-1} \right.$$
$$+ [(k_2)_{i-1} - (k_2)_i] \begin{Bmatrix} x \\ y \end{Bmatrix}_i - \left[\sum_{r=i-1}^{i} (lk_2 - k_3)_r \right] \begin{Bmatrix} \alpha \\ \beta \end{Bmatrix}_i$$
$$\left. + (k_2)_i \begin{Bmatrix} x \\ y \end{Bmatrix}_{i+1} - (k_3)_i \begin{Bmatrix} \alpha \\ \beta \end{Bmatrix}_{i+1} + \begin{Bmatrix} L_x(t) \\ L_y(t) \end{Bmatrix}_i \right\} \tag{5.2.75}$$

由式(5.2.71)，得到第 j 个支承的初始加速度为

$$\begin{Bmatrix} \ddot{x}_b \\ \ddot{y}_b \end{Bmatrix}_i = \frac{1}{m_{bj}}\left[\boldsymbol{k}_j \begin{Bmatrix} x_i - x_{bj} \\ y_i - y_{bj} \end{Bmatrix} + \boldsymbol{c}_j \begin{Bmatrix} \dot{x}_i - \dot{x}_{bj} \\ \dot{y}_i - \dot{y}_{bj} \end{Bmatrix} - \boldsymbol{k}_{bj} \begin{Bmatrix} x_b \\ y_b \end{Bmatrix}_j - \boldsymbol{c}_{bj} \begin{Bmatrix} \dot{x}_b \\ \dot{y}_b \end{Bmatrix}_j \right] \tag{5.2.76}$$

3) 油膜力的表达式

将式(5.2.69)代入 $t+\Delta t$ 瞬时式(5.2.71)，经整理得到支承质量位移(x_b, y_b)和轴颈位移(x, y)的关系式(省去下标 j 不写)为

$$\boldsymbol{A} \begin{Bmatrix} x_b \\ y_b \end{Bmatrix}_{t+\Delta t} = \boldsymbol{a} \begin{Bmatrix} x \\ y \end{Bmatrix}_{t+\Delta t} + \boldsymbol{b}_{t+\Delta t} \tag{5.2.77}$$

其中，

$$\boldsymbol{A} = \frac{\boldsymbol{m}_b}{\beta \Delta t^2} + \frac{1}{2\beta \Delta t^2}(\boldsymbol{c} + \boldsymbol{c}_b) + \boldsymbol{k} + \boldsymbol{k}_b, \quad \boldsymbol{a} = \frac{\boldsymbol{c}}{2\beta \Delta t^2} + \boldsymbol{k}, \quad \boldsymbol{m}_b = m_b \boldsymbol{I}$$

$$\boldsymbol{b}_{t+\Delta t} = -\boldsymbol{c}\left[\frac{1}{2\beta \Delta t} \begin{Bmatrix} x \\ y \end{Bmatrix}_t + \left(\frac{1}{2\beta} - 1 \right) \begin{Bmatrix} \dot{x} \\ \dot{y} \end{Bmatrix}_t + \left(\frac{1}{4\beta} - 1 \right) \Delta t \begin{Bmatrix} \ddot{x} \\ \ddot{y} \end{Bmatrix}_t \right]$$
$$+ \frac{1}{2\beta \Delta t}\left(\frac{2\boldsymbol{m}_b}{\Delta t} + \boldsymbol{c} + \boldsymbol{c}_b \right) \begin{Bmatrix} x_b \\ y_b \end{Bmatrix}_t + \left[\frac{\boldsymbol{m}_b}{\beta \Delta t} + \left(\frac{1}{2\beta} - 1 \right)(\boldsymbol{c} + \boldsymbol{c}_b) \right] \begin{Bmatrix} \dot{x}_b \\ \dot{y}_b \end{Bmatrix}_t \tag{5.2.78}$$
$$+ \left[\left(\frac{1}{2\beta} - 1 \right) \boldsymbol{m}_b + \left(\frac{1}{4\beta} - 1 \right) \Delta t (\boldsymbol{c} + \boldsymbol{c}_b) \right] \begin{Bmatrix} \ddot{x}_b \\ \ddot{y}_b \end{Bmatrix}_t$$

作用在轴颈上的线性油膜力为

$$\begin{Bmatrix} R_x \\ R_y \end{Bmatrix} = -\boldsymbol{m}_{\mathrm{b}} \begin{Bmatrix} \ddot{x}_{\mathrm{b}} \\ \ddot{y}_{\mathrm{b}} \end{Bmatrix}_t - \boldsymbol{c}_{\mathrm{b}} \begin{Bmatrix} \dot{x}_{\mathrm{b}} \\ \dot{y}_{\mathrm{b}} \end{Bmatrix}_t - \boldsymbol{k}_{\mathrm{b}} \begin{Bmatrix} x_{\mathrm{b}} \\ y_{\mathrm{b}} \end{Bmatrix}_t \tag{5.2.79}$$

将式(5.2.69)代入 $t+\Delta t$ 瞬时式(5.2.79)，得到

$$\begin{Bmatrix} R_x \\ R_y \end{Bmatrix}_{t+\Delta t} = \boldsymbol{D}_{\mathrm{b}} \begin{Bmatrix} \ddot{x}_{\mathrm{b}} \\ \ddot{y}_{\mathrm{b}} \end{Bmatrix}_{t+\Delta t} + \boldsymbol{E}_{\mathrm{b},t+\Delta t} \tag{5.2.80}$$

式中，

$$\boldsymbol{D}_{\mathrm{b}} = -\frac{\boldsymbol{m}_{\mathrm{b}}}{\beta\Delta t^2} - \frac{1}{2\beta\Delta t}\boldsymbol{c}_{\mathrm{b}} - \boldsymbol{k}_{\mathrm{b}}$$

$$\begin{aligned} \boldsymbol{E}_{\mathrm{b},t+\Delta t} = {} & \left(\frac{\boldsymbol{m}_{\mathrm{b}}}{\beta\Delta t^2} + \frac{1}{2\beta\Delta t}\boldsymbol{c}_{\mathrm{b}}\right)\begin{Bmatrix} x_{\mathrm{b}} \\ y_{\mathrm{b}} \end{Bmatrix}_t + \left[\frac{\boldsymbol{m}_{\mathrm{b}}}{\beta\Delta t} + \left(\frac{1}{2\beta} - 1\right)\boldsymbol{c}_{\mathrm{b}}\right]\begin{Bmatrix} \dot{x}_{\mathrm{b}} \\ \dot{y}_{\mathrm{b}} \end{Bmatrix}_t \\ & + \left[\left(\frac{1}{2\beta} - 1\right)\boldsymbol{m}_{\mathrm{b}} + \left(\frac{1}{4\beta} - 1\right)\Delta t \boldsymbol{c}_{\mathrm{b}}\right]\begin{Bmatrix} \ddot{x}_{\mathrm{b}} \\ \ddot{y}_{\mathrm{b}} \end{Bmatrix}_i \end{aligned} \tag{5.2.81}$$

将式(5.2.77)代入式(5.2.80)，消去($x_{\mathrm{b}}, y_{\mathrm{b}}$)，则得到 $t+\Delta t$ 瞬时油膜力的表达式

$$\begin{Bmatrix} R_x \\ R_y \end{Bmatrix}_{t+\Delta t} = \begin{bmatrix} c_1 & D_1 \\ c_2 & D_2 \end{bmatrix} \begin{Bmatrix} x \\ y \end{Bmatrix}_{t+\Delta t} + \begin{Bmatrix} E_1 \\ E_2 \end{Bmatrix}_{t+\Delta t} \tag{5.2.82}$$

式中，

$$\begin{bmatrix} c_1 & D_1 \\ c_2 & D_2 \end{bmatrix} = \boldsymbol{D}_{\mathrm{b}}\boldsymbol{A}^{-1}\boldsymbol{a}, \quad \begin{Bmatrix} E_1 \\ E_2 \end{Bmatrix}_{t+\Delta t} = \boldsymbol{D}_{\mathrm{b}}\boldsymbol{A}^{-1}\boldsymbol{b}_{t+\Delta t} + \boldsymbol{E}_{\mathrm{b},t+\Delta t} \tag{5.2.83}$$

4) 构件的瞬态传递矩阵

在瞬态过程中，构件两端的状态矢量之间的传递矩阵与稳态情况下的有所不同，需重新推演。将式(5.2.69)和式(5.2.82)代入 $t+\Delta t$ 瞬时式(5.2.71)，并引入状态矢量 $\boldsymbol{f}=\{M_x，Q_x，M_y，Q_y\}^{\mathrm{T}}$，$\boldsymbol{e}=\{x，\alpha，y，\beta\}^{\mathrm{T}}$，则结点 i 两端的传递矩阵为(省去下标 $t+\Delta t$)

$$\begin{Bmatrix} \boldsymbol{f} \\ \boldsymbol{e} \end{Bmatrix}_i^{\mathrm{R}} = \begin{bmatrix} \boldsymbol{D}_{11} & \boldsymbol{D}_{12} \\ \boldsymbol{D}_{21} & \boldsymbol{D}_{22} \end{bmatrix}_i \begin{Bmatrix} \boldsymbol{f} \\ \boldsymbol{e} \end{Bmatrix}_i^{\mathrm{R}} + \begin{Bmatrix} \boldsymbol{D}_{13} \\ \boldsymbol{D}_{23} \end{Bmatrix}_i \tag{5.2.84}$$

令

$$k_1 = \frac{m}{\beta\Delta t^2}, \quad k_2 = \frac{I_{\mathrm{d}}}{\beta\Delta t^2}, \quad k_3 = \frac{I_{\mathrm{p}}\omega}{2\beta\Delta t} \tag{5.2.85}$$

则有

$$\boldsymbol{D}_{11}=\boldsymbol{D}_{22}=\boldsymbol{I},\quad \boldsymbol{D}_{21}=[0]_{4\times 4},\quad \boldsymbol{D}_{23}=\{0\ \ 0\ \ 0\ \ 0\}^{\mathrm{T}}$$

$$\boldsymbol{D}_{12}=\begin{bmatrix} 0 & k_2 & 0 & k_3 \\ c_1-k_1 & 0 & D_1 & 0 \\ 0 & -k_3 & 0 & k_2 \\ c_2 & 0 & D_2-k_1 & 0 \end{bmatrix},\quad \boldsymbol{D}_{13}=\begin{Bmatrix} A_1 \\ E_1+B_1 \\ A_2 \\ E_2+B_2 \end{Bmatrix} \tag{5.2.86}$$

式中，

$$\begin{aligned}\begin{Bmatrix} A_1 \\ A_2 \end{Bmatrix}_{t+\Delta t}&=\begin{bmatrix} -k_2 & -k_3 \\ k_3 & -k_2 \end{bmatrix}\begin{Bmatrix} \alpha \\ \beta \end{Bmatrix}_t+\Delta t\begin{bmatrix} -k_2 & -(1-2\beta)k_3 \\ (1-2\beta)k_3 & -k_2 \end{bmatrix}\begin{Bmatrix} \dot{\alpha} \\ \dot{\beta} \end{Bmatrix}_t \\ &\quad+\Delta t^2\begin{bmatrix} -(1/2-\beta)k_2 & -(1/2-2\beta)k_3 \\ (1/2-2\beta)k_3 & -(1/2-\beta)k_2 \end{bmatrix}\begin{Bmatrix} \ddot{\alpha} \\ \ddot{\beta} \end{Bmatrix}_t-\begin{Bmatrix} L_x(t+\Delta t) \\ L_y(t+\Delta t) \end{Bmatrix}_t \end{aligned} \tag{5.2.87}$$

$$\begin{Bmatrix} B_1 \\ B_2 \end{Bmatrix}_{t+\Delta t}=\frac{m}{\beta\Delta t^2}\begin{Bmatrix} x \\ y \end{Bmatrix}_t+\frac{m}{\beta\Delta t}\begin{Bmatrix} \dot{x} \\ \dot{y} \end{Bmatrix}_t+m\left(\frac{1}{2\beta}-1\right)\begin{Bmatrix} \ddot{x} \\ \ddot{y} \end{Bmatrix}_t+\begin{Bmatrix} F_x(t+\Delta t) \\ F_y(t+\Delta t) \end{Bmatrix}_t$$

结点 i 和 i+1 之间为一无质量的轴段，两端的状态矢量之间的传递矩阵与稳态时相同，现记为

$$\begin{Bmatrix} \boldsymbol{f} \\ \boldsymbol{e} \end{Bmatrix}_{i+1}=\begin{bmatrix} \boldsymbol{B}_{11} & \boldsymbol{B}_{12} \\ \boldsymbol{B}_{21} & \boldsymbol{B}_{22} \end{bmatrix}_i\begin{Bmatrix} \boldsymbol{f} \\ \boldsymbol{e} \end{Bmatrix}_i^{\mathrm{R}}+\begin{Bmatrix} \boldsymbol{B}_{13} \\ \boldsymbol{B}_{23} \end{Bmatrix}_i \tag{5.2.88}$$

令

$$\gamma_1=\frac{1}{EI},\quad \gamma_2=\frac{l^2}{2EI},\quad \gamma_3=\frac{(1-\upsilon)l^3}{6EI} \tag{5.2.89}$$

则有

$$\begin{aligned}&\boldsymbol{B}_{11}=\boldsymbol{B}_{22}=\begin{bmatrix} 1 & l & 0 & 0 \\ 0 & 1 & 0 & 0 \\ 0 & 0 & 1 & l \\ 0 & 0 & 0 & 1 \end{bmatrix},\quad \boldsymbol{B}_{21}=\begin{bmatrix} \gamma_2 & \gamma_2 & 0 & 0 \\ \gamma_1 & \gamma_2 & 0 & 0 \\ 0 & 0 & \gamma_2 & \gamma_3 \\ 0 & 0 & \gamma_1 & \gamma_2 \end{bmatrix} \\ &\boldsymbol{B}_{12}=\begin{bmatrix} 0 & 0 & 0 & 0 \\ 0 & 0 & 0 & 0 \\ 0 & 0 & 0 & 0 \\ 0 & 0 & 0 & 0 \end{bmatrix},\quad \boldsymbol{B}_{13}=\boldsymbol{B}_{23}=\{0\ \ 0\ \ 0\ \ 0\}^{\mathrm{T}}\end{aligned} \tag{5.2.90}$$

把结点 i 和它右面的轴段一起组成一个构件，则根据式(5.2.84)和式(5.2.88)，此构件的传递矩阵为

$$\begin{Bmatrix} \boldsymbol{f} \\ \boldsymbol{e} \end{Bmatrix}_{i+1}=\begin{bmatrix} \boldsymbol{u}_{11} & \boldsymbol{u}_{12} \\ \boldsymbol{u}_{21} & \boldsymbol{u}_{22} \end{bmatrix}_i\begin{Bmatrix} \boldsymbol{f} \\ \boldsymbol{e} \end{Bmatrix}_i=\begin{Bmatrix} \boldsymbol{F}_f \\ \boldsymbol{F}_e \end{Bmatrix}_i \tag{5.2.91}$$

式中，

$$\boldsymbol{u}_{11}=\begin{bmatrix}1 & l & 0 & 0\\0 & 1 & 0 & 0\\0 & 0 & 1 & l\\0 & 0 & 0 & 1\end{bmatrix},\quad \boldsymbol{u}_{12}=\begin{bmatrix}l(c_1-k_1) & k_2 & -lD_1 & k_3\\c_1-k_1 & 0 & D_1 & 0\\lc_2 & -k_3 & l(D_2-k_1) & k_2\\c_2 & 0 & D_2-k_1 & 0\end{bmatrix},\quad \boldsymbol{u}_{21}=\begin{bmatrix}\gamma_2 & \gamma_3 & 0 & 0\\\gamma_1 & \gamma_2 & 0 & 0\\0 & 0 & \gamma_2 & \gamma_3\\0 & 0 & \gamma_1 & \gamma_2\end{bmatrix}$$

$$\boldsymbol{u}_{22i}=\begin{bmatrix}1+\gamma_3(c_1-k_1) & l+\gamma_2k_2 & \gamma_3D_1 & \gamma_2k_3\\\gamma_2(c_1-k_1) & 1+\gamma_1k_2 & \gamma_2D_1 & \gamma_1k_3\\\gamma_3c_2 & -\gamma_2k_3 & 1+\gamma_3(D_2-k_1) & l+\gamma_2k_2\\\gamma_2c_2 & -\gamma_1k_3 & \gamma_2(D_2-k_1) & 1+\gamma_1k_2\end{bmatrix}\tag{5.2.92}$$

$$\boldsymbol{F}_f=\begin{Bmatrix}A_1+l(E_1+B_1)\\E_1+B_1\\A_2+l(E_2+B_2)\\E_2+B_2\end{Bmatrix},\quad \boldsymbol{F}_e=\begin{Bmatrix}\gamma_2A_1+\gamma_3(E_1+B_1)\\\gamma_1A_1+\gamma_2(E_1+B_1)\\\gamma_2A_2+\gamma_3(E_2+B_2)\\\gamma_1A_2+\gamma_2(E_2+B_2)\end{Bmatrix}$$

5) 求解轴系响应

引入 Riccati 变换 $\boldsymbol{f}_i=\boldsymbol{S}_i\boldsymbol{e}_i+\boldsymbol{P}_i$ 后，可得到 $\boldsymbol{S}_i$ 和 $\boldsymbol{P}_i$ 的递推式(5.2.65)。由轴系左端边界条件 $\boldsymbol{f}_1=\boldsymbol{0}$，$\boldsymbol{e}_1\neq\boldsymbol{0}$，推出 $\boldsymbol{S}_1=\boldsymbol{0}$，$\boldsymbol{P}_1=\boldsymbol{0}$，按递推式(5.2.65)就可沿轴系从左向右求出各截面的 $\boldsymbol{S}_i$ 和 $\boldsymbol{P}_i$ (i=2,3,⋯,N+1)；再由轴系右端边界条件 $\boldsymbol{f}_{N+1}=\boldsymbol{0}$，从式(5.2.68)解出轴系右端截面的状态矢量；然后利用逆递推关系(5.2.66)从右向左递推求出各截面的 $\boldsymbol{e}_i$，并利用式(5.2.64)求出 $\boldsymbol{f}_i$，这就是各截面在 $t+\Delta t$ 瞬时的状态矢量，其中各个结点的(x, y)即所求的位移响应。支承质量的响应可由式(5.2.77)求出。

从初瞬时 t_0 的初始条件开始，在已知轴系各物理参数和外力的条件下，先用 Riccati 传递矩阵法，如上述那样求出 $t_0+\Delta t$ 瞬时轴系各结点的位移，然后用 Newmark-β 法，按式(5.2.69)求出 $t_0+\Delta t$ 瞬时各结点的速度和加速度，再求得 $t_0+2\Delta t$ 瞬时各结点的位移等。如此反复，就可得到各个瞬时轴系上各个结点的位移、速度和加速度响应。

5.2.4 传递矩阵-阻抗耦合法

传递矩阵-阻抗耦合法是一种改进的传递矩阵法，可用于分析计算复杂的多转子多支承系统的自然频率与临界转速。该方法的基本思路是将复杂的转子支承系统按一定原则分割成若干个简单的子系统，对简单的子系统采用传递矩阵法建立方程；各子系统之间利用分割点处的机械阻抗的耦合关系，形成一组线性齐次方程组，从而求解整个系统的自然频率与临界转速。

1. 复杂转子系统的分割原则

某种航空燃气涡轮发动机，其转子支承系统由一个高压转子(外转子)和一个低压转子(内转子)组成，低压转子轴穿过高压转子的中心，一个轴承安放在高压转子轴内，形成了高、低压转子之间的机械耦合，如图 5.2.12 所示。低压压气机转子与低压涡轮转子由花键联结传递扭矩，并由螺栓拉杆沿轴向拉紧。对于这样复杂的转子支承系统，一般传递矩阵法无法进行分析计算，而必须分为若干个简单的子系统，采用传递矩阵-阻抗耦合法或其他方法进行分析。

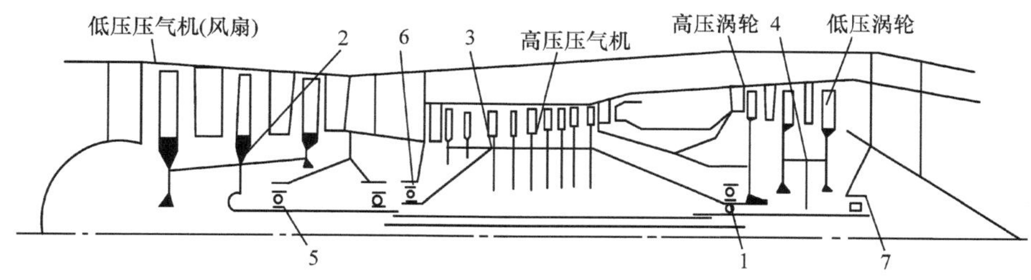

图 5.2.12　复杂转子支承系统示例

复杂系统分割点按下述原则确定：

(1) 多转子系统中的中介支承使两个转子之间产生机械耦合。在分析时，应作为分割点将两个转子分开，如图 5.2.12 中的 1 点。

(2) 带有异型结构而使传递矩阵难以建立的点可考虑作为分割点，使异型结构部分形成另一个简单的子系统，如图 5.2.12 中的 2、3 等点。若异性结构的刚性较好，可简化为一个整体，不必分割出另一个子系统，如图 5.2.12 中的 4 点。

(3) 待优化处理或待测试的特殊支承。由于动力特性参数未知或复杂，宜分割成单独的子系统，如图 5.2.12 中的 5、6、7 各点。

2. 具有特殊支承的单转子系统临界转速

当单转子支承系统中包含一个特殊支承而无法直接用传递矩阵法求解时，可以用传递矩阵-阻抗耦合法，并且可采用曲线耦合。对于这种情况，本方法又可称为**阻抗匹配法**。

图 5.2.13 为带有一个特殊支承 B 的单转子支承系统，在特殊支承处将系统分割成两个子系统，以机械阻抗代表它们的相互作用。根据机械阻抗原理，在系统共振时，分割点处各子系统的机械阻抗总和应该为零。因此，分别计算两个子系统在分割点处的机械阻抗，按机械阻抗总和为零的条件，便可确定系统的自然频率或临界转速。

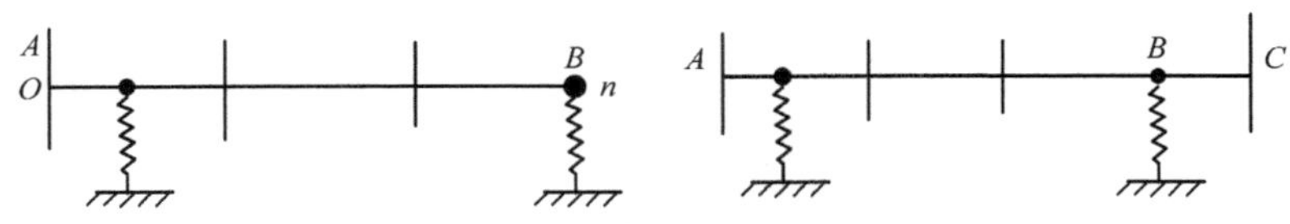

(a) 特殊支承在转子一端　　(b) 特殊支承在转子中间

图 5.2.13　带特殊支承的单转子支承系统

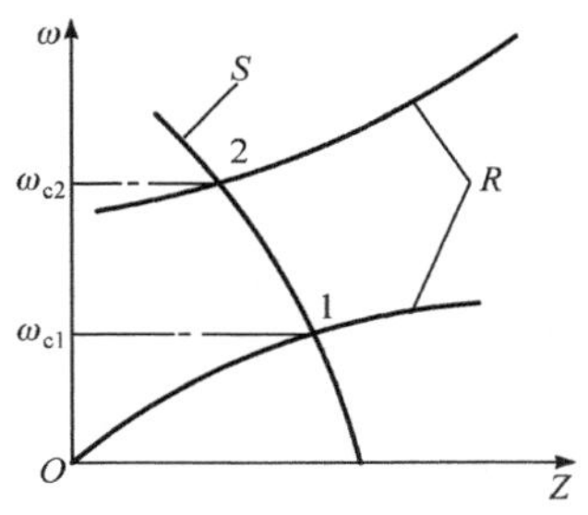

图 5.2.14　用阻抗曲线耦合确定临界转速

由曲线耦合确定自然频率或临界转速的方法如图 5.2.14 所示，图中曲线 R 代表转子子系统在分割点处的机械阻抗特性，即该点机械阻抗 Z 与转速 ω 的关系；曲线 S 代表支承子系统在分割点处的机械阻抗特性。两组曲线的交点 1、2 处，分割点的机械阻抗总和为零，或两子系统机械阻抗绝对值相等。因此，其对应的频率 ω_{c1} 、ω_{c2} 便是整个转子支承系统的一阶与二阶临界转速。

1) 转子子系统的机械阻抗特性

由机械阻抗曲线耦合确定转子支承系统的临界转速，首先需要计算转子子系统在分割点处的机械阻抗特性。下面分类说明计算方法。

对于图 5.2.13(a)所示的特殊支承在转子一端的情况，将分割点 B 置于右端，转子子系统在右端截面上的边界条件表示为

$$M_n = 0, \quad Q_n = Z_n X_n \tag{5.2.93}$$

式中，Z_n 为分割点处的机械阻抗。

转子子系统两端截面上状态参数间的关系为

$$\{X \quad \alpha \quad M \quad Q\}_n^{\mathrm{T}} = \boldsymbol{T}\{X \quad \alpha \quad M \quad Q\}_0^{\mathrm{T}} \tag{5.2.94}$$

式中，$\boldsymbol{T}$ 为转子子系统的总传递矩阵。

在一般传递矩阵法中，一般将起始端处理为自由端，即 $M_0 = 0$，$Q_0 = 0$ 。将式(5.2.93)代入式(5.2.94)，可得

$$\frac{\alpha_0}{X_0} = -\frac{t_{31}}{t_{32}}, \quad Z_n = \frac{Q_n}{X_n} = \frac{t_{41}X_0 + t_{42}\alpha_0}{t_{11}X_0 + t_{12}\alpha_0} \tag{5.2.95}$$

整理可得

$$Z_n = \frac{t_{41} - t_{41}t_{31} / t_{32}}{t_{11} - t_{12}t_{31} / t_{32}} \tag{5.2.96}$$

式中，t_{11}，t_{12} ,…，为总传递矩阵 $\boldsymbol{T}$ 中的相应行与列的元素。

式(5.2.96)是分割点在右端的转子子系统在分割点处的机械阻抗特性，只与转子的几何物理参数和频率有关。

对于图 5.2.13(b)所示的特殊支承在转子中间的情况，分割点不仅将特殊支承分为一个子系统，并且将转子分割成为两个转子子系统。在这个分割点上，除了要满足机械阻抗总和为零的条件，两个转子子系统还必须满足变形一致与弯矩相等的条件，即

$$X_B^{AB}=X_B^{CB},\quad \alpha_B^{AB}=-\alpha_B^{CB},\quad M_B^{AB}=M_B^{CB},\quad Q_B^{AB}=Q_B^{CB}+Z_B X_B \tag{5.2.97}$$

式中，上角标 AB、CB 分别代表 AB、CB 段转子子系统。将右段转子子系统反转 180°，使其分割点也处于右端，故转角 α 的方向改变，代表此右段转子子系统的传递矩阵及诸元素均加上角标*。由式(5.2.97)的最后一式可得

$$Z_B=\frac{t_{41}-t_{42}\alpha_0^*/X_0-t_{41}^*X_0^*/X_0-t_{42}^*\alpha_0^*/X_0}{t_{11}+t_{12}\alpha_0/X_0} \tag{5.2.98}$$

根据起始端为自由端的条件，即 $M_0=0,\ Q_0=0,\ M_0^*=0,\ Q_0^*=0$，可由式(5.2.97)的前三式，分别得到

$$\begin{gathered}t_{11}X_0+t_{12}\alpha_0=t_{11}^*X_0^*+t_{12}^*\alpha_0^*,\quad t_{21}X_0+t_{22}\alpha_0=-t_{21}^*X_0^*-t_{22}^*\alpha_0^*\\ t_{31}X_0+t_{32}\alpha_0=t_{31}^*X_0^*+t_{32}^*\alpha_0^*\end{gathered} \tag{5.2.99}$$

即

$$\begin{bmatrix}-t_{12} & t_{11}^* & t_{12}^*\\ -t_{22} & -t_{21}^* & -t_{22}^*\\ -t_{32} & t_{31}^* & t_{32}^*\end{bmatrix}\begin{Bmatrix}\alpha_0/X_0\\ X_0^*/X_0\\ \alpha_0^*/X_0\end{Bmatrix}=\begin{Bmatrix}t_{11}\\ t_{21}\\ t_{31}\end{Bmatrix} \tag{5.2.100}$$

由式(5.2.100)可求得 α_0/X_0、X_0^*/X_0 与 α_0^*/X_0，代入式(5.2.98)，便可得到以两个转子子系统传递矩阵元素 t_{ij}、t_{ij}^* 表示的分割点机械阻抗。

2) 特殊支承的机械阻抗

特殊支承包括各种弹性支承(鼠笼式、弹性环式、拉杆式等)、阻尼器、柔性机匣系统等。最简单的特殊支承可当作单自由度系统来处理，其机械阻抗特性表示为

$$Z_s=k-m\Omega^2 \tag{5.2.101}$$

若有阻尼，则为

$$Z_s=k-m\Omega^2+\mathrm{i}c\Omega \tag{5.2.102}$$

式中，k 为静刚度；m 为参振质量；c 为阻尼系数；Z_s 为支承的机械阻抗，也称

为**动刚度**。在确定临界转速时，可只取机械阻抗的实部与转子子系统的分割点机械阻抗特性进行耦合，且 Ω 应等于转速 ω 。

对于复杂的特殊支承，最好采用泰勒测定的方法，可得到比较符合实际的机械阻抗特性。这种用机械阻抗曲线耦合确定临界转速的方法，仅适用于只有一个分割点的情况。如果有两个或更多的分割点，那么机械阻抗特性的曲线耦合将必须在多维空间进行，这不仅十分麻烦，实际上也难以做到。

3. 复杂转子支承系统的临界转速

1) 分析模型与运动方程

复杂转子支承系统可能包含两个或更多个转子子系统、两个或更多个特殊支承。图 5.2.15(a)为一般复杂转子支承系统的简化模型，系统中包含 N 个相对独立的转子子系统和 M 个特殊支承或中介支承。图中，转子用直线段表示，特殊支承及中介支承用当量弹簧表示。静止的机匣系统也可以作为一个转子子系统，同样用一条直线段表示，不过此转子子系统的自转角速度为零。

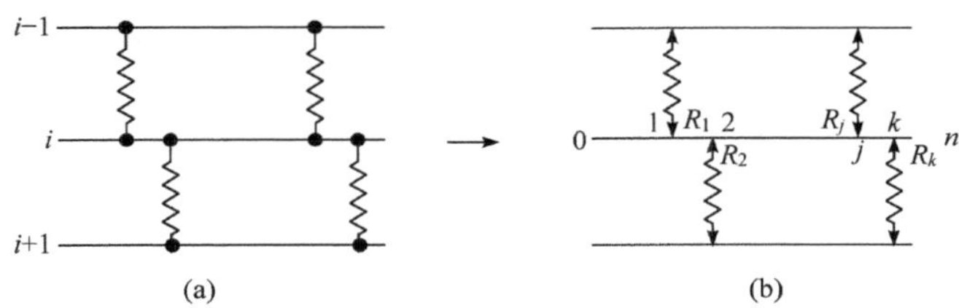

图 5.2.15　复杂转子支承系统的简化模型

在 M 个特殊支承处，将复杂转子支承系统分割开，成为 N 个转子子系统和 M 个特殊支承子系统。在分割点上，引入作用力 R_j 代表相联结的子系统之间的相互作用，如图 5.2.15(b)所示。

不失一般性，取系统中第 i 个转子子系统来建立其运动方程。简洁起见，略去第 i 个转子子系统的标注。一般取转子子系统的两端为自由端；若实际上并非自由端，也可虚设一自由端轴段，以便于分析与编程。于是，其边界条件分别为弯矩与切力等于零，即

$$M_0 = 0,\quad Q_0 = 0,\quad M_n = 0,\quad Q_n = 0 \tag{5.2.103}$$

式中，下标“0”代表起始端，“n”代表终止端。

在第 i 个分割点处截面上的状态参数可表示为

$$(\{X \quad \alpha \quad M \quad Q\}_1^{\mathrm{L}})^{\mathrm{T}} = \boldsymbol{T}_1\{X_0 \quad \alpha_0 \quad 0 \quad 0\}^{\mathrm{T}} \tag{5.2.104}$$

式中，$\boldsymbol{T}_1$ 为起始端到第 1 个分割点之间转子的传递矩阵。

第 1 个分割点右侧截面与左侧截面的状态参数关系为

$$(\{X \quad \alpha \quad M \quad Q\}_1^{\mathrm{R}})^{\mathrm{T}} = (\{X \quad \alpha \quad M \quad Q+R\}_1^{\mathrm{L}})^{\mathrm{T}} \tag{5.2.105}$$

第 2 个分割点左侧截面的状态参数可表示为

$$(\{X \quad \alpha \quad M \quad Q\}_2^{\mathrm{L}})^{\mathrm{T}} = (\boldsymbol{T}_2\{X \quad \alpha \quad M \quad Q+R\}_1^{\mathrm{R}})^{\mathrm{T}} \tag{5.2.106}$$

式中，$\boldsymbol{T}_2$ 为第 1 个分割点与第 2 个分割点之间转子的传递矩阵。

第 2 个分割点右侧截面上的状态参数为

$$(\{X \quad \alpha \quad M \quad Q\}_2^{\mathrm{R}})^{\mathrm{T}} = (\{X \quad \alpha \quad M \quad Q+R\}_2^{\mathrm{L}})^{\mathrm{T}} \tag{5.2.107}$$

依此类推，可以写出分割点 k 左右两侧截面上的状态参数分别为

$$\begin{aligned}(\{X \quad \alpha \quad M \quad Q\}_k^{\mathrm{L}})^{\mathrm{T}} &= (\boldsymbol{T}_2\{X \quad \alpha \quad M \quad Q+R\}_{k-1}^{\mathrm{R}})^{\mathrm{T}} \\ (\{X \quad \alpha \quad M \quad Q\}_k^{\mathrm{R}})^{\mathrm{T}} &= (\{X \quad \alpha \quad M \quad Q+R\}_k^{\mathrm{L}})^{\mathrm{T}}\end{aligned} \tag{5.2.108}$$

终端截面上的边界条件可表示为

$$M_n = \sum_{j=1}^{4} t_{n3j} q_{n-1,j} = 0, \quad Q_n = \sum_{j=1}^{4} t_{n4j} q_{n-1,j} = 0 \tag{5.2.109}$$

式中，t_{n3j} 与 t_{n4j} 分别代表第 n–1 分割点到终端截面 n 之间，转子的传递矩阵 $\boldsymbol{T}_n$ 中的第 3、4 行第 j 列元素；$q_{n-1,j}$ 代表第 n–1 分割点右侧截面上的第 j 个状态参数，j=1～4 依次为 X、α、M、Q。

依次将式(5.2.104)～式(5.2.108)的关系代入式(5.2.109)，可得到包含 X_0、α_0、R_1、…、R_{n-1} 等参数的两个方程式，各参数的系数项是有关传递矩阵元素的函数。由 N 个转子子系统可以写出 $2N$ 个方程，可表示为

$$\begin{aligned}&A(2i-1,2i-1)X_0^{(i)} + A(2i-1,2i)\alpha_0^{(i)} + \cdots + A(2i-1,2N+1)R_1 \\ &+A(2i-1,2N+M)R_M = 0 \\ &A(2i,2i-1)X_0^{(i)} + A(2i,2i)\alpha_0^{(i)} + \cdots + A(2i,2N+1)R_1 \\ &+A(2i,2N+M)R_M = 0\end{aligned} \tag{5.2.110}$$

式(5.2.110)共有 $2N$ 个方程，包含 $2N+M$ 个未知参数，即 N 个 $X_0^{(i)}$、N 个 $\alpha_0^{(i)}$、M 个 R_j，因而无法求解。必须利用分割点处的机械阻抗耦合关系建立补充方程，即

$$R_j = Z_j(X_j - X_j^*), \quad j=1, 2,\cdots, M \tag{5.2.111}$$

式中，X_j、X_j^* 为第 j 个分割点所联结的两个转子子系统在该 j 点的位移，均为有关转子子系统的几何物理参数和状态参数的函数。于是，式(5.2.111)可改写为

$$A(2N+j,2i-1)X_0^{(i)}+A(2N+j,2i)\alpha_0^{(i)}+\cdots+A(2N+j,2N+1)R_1$$
$$+A(2N+j,2N+M)R_M=0,\quad j=1,2,\cdots,M \tag{5.2.112}$$

式(5.2.110)和式(5.2.112)可用矩阵方程表示为

$$\begin{bmatrix} A(1,1) & A(1,2) & \cdots & A(1,2N+M) \\ A(2,1) & A(2,2) & \cdots & A(2,2N+M) \\ \vdots & \vdots & & \vdots \\ A(2N+M,1) & A(2N+M,2) & \cdots & A(2N+M,2N+M) \end{bmatrix}\boldsymbol{q}=\boldsymbol{0} \tag{5.2.113}$$

式中，状态参数的列阵为

$$\boldsymbol{q}=\{X_0^{(1)}\quad \alpha_0^{(1)}\quad X_0^{(2)}\quad \alpha_0^{(2)}\quad \cdots\quad X_0^{(N)}\quad \alpha_0^{(N)}\quad R_1\quad R_2\quad \cdots\quad R_M\}^{\mathrm{T}} \tag{5.2.114}$$

相应的频率方程为

$$\begin{vmatrix} A(1,1) & A(1,2) & \cdots & A(1,2N+M) \\ A(2,1) & A(2,2) & \cdots & A(2,2N+M) \\ \vdots & \vdots & & \vdots \\ A(2N+M,1) & A(2N+M,2) & \cdots & A(2N+M,2N+M) \end{vmatrix}=0 \tag{5.2.115}$$

若转子支承系统的特性参数在 x、y 方向是不相同的，则状态参数的数量增加一倍，即

$$\boldsymbol{q}=\{X_0^{(1)}\quad \alpha_0^{(1)}\quad Y_0^{(1)}\quad \beta_0^{(1)}\quad X_0^{(2)}\quad \alpha_0^{(2)}\quad Y_0^{(2)}\quad \beta_0^{(2)}\quad \cdots\quad R_{1x}\quad R_{1y}\quad \cdots\quad R_{Mx}\quad R_{My}\}^{\mathrm{T}} \tag{5.2.116}$$

相应的方程数也增加一倍，为 $4N+2M$ 个。此时，特殊支承的机械阻抗以 2×2 矩阵表示，即

$$\boldsymbol{Z}=\begin{bmatrix} Z_{xx} & Z_{xy} \\ Z_{yx} & Z_{yy} \end{bmatrix} \tag{5.2.117}$$

从而运动方程与频率方程分别为

$$\begin{bmatrix} A(1,1) & A(1,2) & \cdots & A(1,4N+2M) \\ A(2,1) & A(2,2) & \cdots & A(2,4N+2M) \\ \vdots & \vdots & & \vdots \\ A(4N+2M,1) & A(4N+2M,2) & \cdots & A(4N+2M,4N+2M) \end{bmatrix}\boldsymbol{q}=\boldsymbol{0} \tag{5.2.118}$$

$$\begin{vmatrix} A(1,1) & A(1,2) & \cdots & A(1,4N+2M) \\ A(2,1) & A(2,2) & \cdots & A(2,4N+2M) \\ \vdots & \vdots & & \vdots \\ A(4N+2M,1) & A(4N+2M,2) & \cdots & A(4N+2M,4N+2M) \end{vmatrix}=0 \tag{5.2.119}$$

2) 频率方程的求解

采用频率扫描法，在一定的频率范围内，由低频到高频按设定的频率增量，计算频率方程的行列式剩余值。在行列式剩余值改变符号的频率间隔中，应存在一个自然频率或临界转速。采用对分区间法、弦割法或其他方法逐渐逼近，即可求得该自然频率或临界转速。

在求得自然频率或临界转速后，利用运动方程(5.2.113)或(5.2.118)，解得状态参数的相对值。然后利用式(5.2.104)～式(5.2.108)，依次求得各转子子系统各截面上的状态参数。通过归一化处理，即可求得整个复杂转子支承系统的归一化振型。

3) 双转子支承系统的临界转速图谱

双转子支承系统中的两个转子以各自的转速旋转，而转速又是变化的。若转速的变化规律不能用简单的表达式表示，则在求解频率方程时将遇到困难。可采用双转子支承系统的临界转速图谱。

在用频率方程求解临界转速时，先给定其中的第 1 个转子的转速 ω_{11}，计算得到该双转子支承系统第 2 个转子同步正进动的各阶临界转速 ω'_{c1}、ω'_{c2}、ω'_{c3} 等；改变第 1 个转子的转速为 ω_{12}，又可得到该双转子支承系统在新条件下的第 2 个转子的各阶临界转速 ω''_{c1}、ω''_{c2}、ω''_{c3} 等。依此方法，求得在第 1 个转子若干个不同转速下第 2 个转子本身不平衡激起的临界转速。将各同阶临界转速点连成曲线，得到该双转子支承系统第 2 个转子本身不平衡激起的临界转速随第 1 个转子转速 ω_1 的变化曲线，如图 5.2.16 中的 $\omega_{c1}^{(2)}$、$\omega_{c2}^{(2)}$、$\omega_{c3}^{(2)}$ 所示。

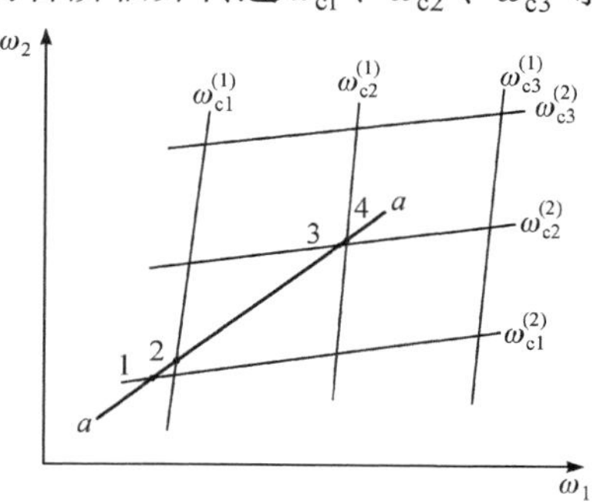

图 5.2.16　双转子支承系统临界转速图谱

依照相同的方法，求得该双转子支承系统第 1 个转子本身不平衡激起的临界转速随第 2 个转子转速 ω_2 的变化曲线，如图 5.2.16 中的 $\omega_{c1}^{(1)}$、$\omega_{c2}^{(1)}$、$\omega_{c3}^{(1)}$ 所示。这种曲线称为**双转子支承系统的临界转速图谱**。在这个图谱中，绘出两个转子的工作转速变化关系曲线 *a-a*。曲线 *a-a* 与临界转速图谱中各线的交点 1、2、3、4 等，便是该双转子支承系统的实际各阶临界转速。在图 5.2.16 中，1 点属 $\omega_{c1}^{(2)}$，代表第 2 个转子本身不平衡激起的一阶临界转速；2 点属 $\omega_{c1}^{(1)}$，代表第 1 个转子本身不平衡激起的一阶临界转速，是整个双转子支承系统的二阶临界转速；3 点属 $\omega_{c2}^{(2)}$，代表第 2 个转子本身不平衡激起的二阶临界转速，是整个双转子支承系统的三阶临界转速；4 点属 $\omega_{c2}^{(1)}$，代表第 1 个转子本身不平衡激起的二阶临界转速，是整个双转子支承系统的四阶临界转速；等等；当两个转子的工作转速关系改变时，相应各阶临界转速也将发生变化。

5.2.5 传递矩阵-分振型综合法

传递矩阵-分振型综合法是一种把传递矩阵法与模态综合法相结合的方法，该方法结合了传递矩阵法分析链式结构的简明准确与模态综合法在分析大型复杂系统中便于降阶处理的优点，适合于分析复杂的多转子多支承系统的自然频率与临界转速，也可用于不平衡响应计算以及转子动力学优化设计。其基本思路是将复杂的多转子多支承系统分割成若干个相对简单的子系统，在分割点处将各子系统约束起来，形成若干个简单的约束子系统，用传递矩阵法或其改进方法分析计算各子系统的约束振动模态与约束静位移模态，然后对这些模态进行综合，求得整个系统的动力特性。

复杂系统的分割原则与传递矩阵-阻抗耦合法类似。

1. 分振型综合法

任何复杂的多转子多支承系统的自由振动都可用如下微分方程表示，即

$$\boldsymbol{M}\ddot{\boldsymbol{Z}} \mp \mathrm{i}\boldsymbol{\omega}_0\boldsymbol{G}\dot{\boldsymbol{Z}} + \boldsymbol{C}\dot{\boldsymbol{Z}} + \boldsymbol{K}\boldsymbol{Z} = 0 \tag{5.2.120}$$

式中，$\boldsymbol{M}$ 为系统的质量矩阵；$\boldsymbol{\omega}_0$ 为系统自转角频率对角阵；$\boldsymbol{G}$ 为系统的陀螺矩阵；$\boldsymbol{C}$ 为系统的阻尼矩阵；$\boldsymbol{K}$ 为系统的刚度矩阵；$\boldsymbol{Z}$ 为系统的广义坐标列阵；i 为虚数单位。式中虚数项前面的负号代表转子正向涡动，正号代表反向涡动。

将整个系统的广义坐标划分为内部坐标 $\boldsymbol{Z}_\mathrm{i}$ 与边界坐标 $\boldsymbol{Z}_\mathrm{b}$ 两部分，边界坐标代表全部分割点，于是式(5.2.120)可改写为

$$\begin{bmatrix} \boldsymbol{M}_\mathrm{i} & 0 \\ 0 & \boldsymbol{M}_\mathrm{b} \end{bmatrix} \begin{Bmatrix} \ddot{\boldsymbol{Z}}_\mathrm{i} \\ \ddot{\boldsymbol{Z}}_\mathrm{b} \end{Bmatrix} \mp \begin{bmatrix} \boldsymbol{\omega}_{0\mathrm{i}}\boldsymbol{G}_\mathrm{i} & 0 \\ 0 & \boldsymbol{\omega}_{0\mathrm{b}}\boldsymbol{G}_\mathrm{b} \end{bmatrix} \begin{Bmatrix} \dot{\boldsymbol{Z}}_\mathrm{i} \\ \dot{\boldsymbol{Z}}_\mathrm{b} \end{Bmatrix} + \begin{bmatrix} \boldsymbol{C}_\mathrm{i} & 0 \\ 0 & \boldsymbol{C}_\mathrm{b} \end{bmatrix} \begin{Bmatrix} \dot{\boldsymbol{Z}}_\mathrm{i} \\ \dot{\boldsymbol{Z}}_\mathrm{b} \end{Bmatrix} + \begin{bmatrix} \boldsymbol{K}_\mathrm{ii} & \boldsymbol{K}_\mathrm{ib} \\ \boldsymbol{K}_\mathrm{bi} & \boldsymbol{K}_\mathrm{bb} \end{bmatrix} \begin{Bmatrix} \boldsymbol{Z}_\mathrm{i} \\ \boldsymbol{Z}_\mathrm{b} \end{Bmatrix} = \begin{Bmatrix} 0 \\ 0 \end{Bmatrix} \tag{5.2.121}$$

将分割点全部约束起来，即 $\boldsymbol{Z}_\mathrm{b}=\boldsymbol{0}$，可以得到约束子系统的一般方程为

$$\boldsymbol{M}_\mathrm{i}\ddot{\boldsymbol{Z}}_\mathrm{i} \mp \mathrm{i}\omega_{0\mathrm{i}}\boldsymbol{G}_\mathrm{i}\dot{\boldsymbol{Z}}_\mathrm{i} + \boldsymbol{C}_\mathrm{i}\dot{\boldsymbol{Z}}_\mathrm{i} + \boldsymbol{K}_\mathrm{ii}\boldsymbol{Z} = 0 \tag{5.2.122}$$

假设约束子系统是无阻尼的，于是式(5.2.122)简化为无阻尼自由振动方程

$$\boldsymbol{M}_\mathrm{i}\ddot{\boldsymbol{Z}}_\mathrm{i} \mp \mathrm{i}\boldsymbol{\omega}_{0\mathrm{i}}\boldsymbol{G}_\mathrm{i}\dot{\boldsymbol{Z}}_\mathrm{i} + \boldsymbol{K}_\mathrm{ii}\boldsymbol{Z} = 0 \tag{5.2.123}$$

式(5.2.123)的特征解为

$$\boldsymbol{Z} = \boldsymbol{\Phi}\mathrm{e}^{\mathrm{i}\Omega t} \tag{5.2.124}$$

式中，$\boldsymbol{\Phi}$ 为约束振动模态振型；Ω_{c} 为约束振动模态角频率。

引入如下坐标变换，即

$$\begin{Bmatrix} \boldsymbol{Z}_{\mathrm{i}} \\ \boldsymbol{Z}_{\mathrm{b}} \end{Bmatrix} = \begin{Bmatrix} \boldsymbol{\Phi} & \boldsymbol{\delta} \\ \boldsymbol{0} & \boldsymbol{I} \end{Bmatrix} \begin{Bmatrix} \boldsymbol{q}_1 \\ \boldsymbol{q}_2 \end{Bmatrix} \tag{5.2.125}$$

式中，$\boldsymbol{\delta}$ 为轮流释放约束边界坐标时，约束子系统内部坐标的静位移模态矩阵；$\boldsymbol{I}$ 为单位对角阵，是轮流释放约束边界坐标时的边界坐标位移矩阵；$\boldsymbol{q}_1$、$\boldsymbol{q}_2$ 为相应的模态坐标。式(5.2.125)右边的矩阵称为**坐标变换矩阵**。

将式(5.2.125)代入式(5.2.121)，左乘坐标变换矩阵的转置，并引入

$$\begin{Bmatrix} \boldsymbol{q}_1 \\ \boldsymbol{q}_2 \end{Bmatrix} = \begin{Bmatrix} \boldsymbol{Q}_1 \\ \boldsymbol{Q}_2 \end{Bmatrix} \mathrm{e}^{st} \tag{5.2.126}$$

经整理后可得

$$\begin{aligned} &\left(s^2 \begin{bmatrix} \boldsymbol{\Phi}^{\mathrm{T}} \boldsymbol{M}_{\mathrm{i}} \boldsymbol{\Phi} & \boldsymbol{\Phi}^{\mathrm{T}} \boldsymbol{M}_{\mathrm{i}} \boldsymbol{\delta} \\ \boldsymbol{\delta}^{\mathrm{T}} \boldsymbol{M}_{\mathrm{i}} \boldsymbol{\Phi} & \boldsymbol{\delta}^{\mathrm{T}} \boldsymbol{M}_{\mathrm{i}} \boldsymbol{\delta} + \boldsymbol{M}_{\mathrm{b}} \end{bmatrix} \mp \mathrm{i}s \begin{bmatrix} \boldsymbol{\Phi}^{\mathrm{T}} \omega_{0\mathrm{i}} \boldsymbol{G}_{\mathrm{i}} \boldsymbol{\Phi} & \boldsymbol{\Phi}^{\mathrm{T}} \omega_{0\mathrm{i}} \boldsymbol{G}_{\mathrm{i}} \boldsymbol{\delta} \\ \boldsymbol{\delta}^{\mathrm{T}} \omega_{0\mathrm{i}} \boldsymbol{G}_{\mathrm{i}} \boldsymbol{\Phi} & \boldsymbol{\delta}^{\mathrm{T}} \omega_{0\mathrm{i}} \boldsymbol{G}_{\mathrm{i}} \boldsymbol{\delta} + \omega_{0\mathrm{b}} \boldsymbol{G}_{\mathrm{b}} \end{bmatrix} + s \begin{bmatrix} \boldsymbol{0} & \boldsymbol{0} \\ \boldsymbol{0} & \boldsymbol{C}_{\mathrm{b}} \end{bmatrix} \right. \\ &\left. + \begin{bmatrix} \boldsymbol{\Phi}^{\mathrm{T}} \boldsymbol{K}_{\mathrm{ii}} \boldsymbol{\Phi} & \boldsymbol{\Phi}^{\mathrm{T}} \boldsymbol{K}_{\mathrm{ii}} \boldsymbol{\delta} + \boldsymbol{\Phi}^{\mathrm{T}} \boldsymbol{K}_{\mathrm{ib}} \boldsymbol{I} \\ \boldsymbol{\delta}^{\mathrm{T}} \boldsymbol{K}_{\mathrm{ii}} \boldsymbol{\Phi} + \boldsymbol{I}^{\mathrm{T}} \boldsymbol{K}_{\mathrm{bi}} \boldsymbol{\Phi} & \boldsymbol{\delta}^{\mathrm{T}} \boldsymbol{K}_{\mathrm{ii}} \boldsymbol{\delta} + \boldsymbol{\delta}^{\mathrm{T}} \boldsymbol{K}_{\mathrm{ib}} \boldsymbol{I} + \boldsymbol{I}^{\mathrm{T}} \boldsymbol{K}_{\mathrm{bi}} \boldsymbol{\delta} + \boldsymbol{K}_{\mathrm{bb}} \end{bmatrix} \right) \begin{Bmatrix} \boldsymbol{Q}_1 \\ \boldsymbol{Q}_2 \end{Bmatrix} = \begin{Bmatrix} \boldsymbol{0} \\ \boldsymbol{0} \end{Bmatrix} \end{aligned} \tag{5.2.127}$$

式中，$s = \lambda + \mathrm{i}\Omega$ 为复频率，当无阻尼时 $\lambda=0$，则 $s = \mathrm{i}\Omega$ 。

由胡克定律可得

$$\begin{Bmatrix} \boldsymbol{\delta} \\ \boldsymbol{I} \end{Bmatrix} = \begin{bmatrix} \boldsymbol{K}_{\mathrm{ii}} & \boldsymbol{K}_{\mathrm{ib}} \\ \boldsymbol{K}_{\mathrm{bi}} & \boldsymbol{K}_{\mathrm{bb}} \end{bmatrix}^{-1} \begin{Bmatrix} \boldsymbol{0} \\ \boldsymbol{F}_{\mathrm{b}} \end{Bmatrix} \tag{5.2.128}$$

将式(5.2.128)展开得

$$\boldsymbol{K}_{\mathrm{ii}} \boldsymbol{\delta} + \boldsymbol{K}_{\mathrm{ib}} \boldsymbol{I} = 0, \quad \boldsymbol{K}_{\mathrm{bi}} \boldsymbol{\delta} + \boldsymbol{K}_{\mathrm{bb}} \boldsymbol{I} = \boldsymbol{F}_{\mathrm{b}} = \boldsymbol{K}_{\mathrm{b}} \tag{5.2.129}$$

式中，$\boldsymbol{K}_{\mathrm{b}}$ 为系统在边界坐标上的刚度矩阵。

由式(5.2.129)的第一式可得

$$\boldsymbol{\Phi}^{\mathrm{T}} \boldsymbol{K}_{\mathrm{ii}} \boldsymbol{\delta} + \boldsymbol{\Phi}^{\mathrm{T}} \boldsymbol{K}_{\mathrm{ib}} \boldsymbol{I} = 0, \quad \boldsymbol{\delta}^{\mathrm{T}} \boldsymbol{K}_{\mathrm{ii}} \boldsymbol{\Phi} + \boldsymbol{I}^{\mathrm{T}} \boldsymbol{K}_{\mathrm{bi}} \boldsymbol{\Phi} = 0 \tag{5.2.130}$$

将式(5.2.124)代入式(5.2.123)，可得

$$\boldsymbol{K}_{\mathrm{ii}} = \Omega_{\mathrm{c}}^2 \boldsymbol{M}_{\mathrm{i}} \pm \Omega_{\mathrm{c}} \omega_{0\mathrm{i}} \boldsymbol{G}_{\mathrm{i}} \tag{5.2.131}$$

从而可将式(5.2.127)化简，并写成如下形式：

$$\begin{bmatrix} \boldsymbol{A}_{11} + \boldsymbol{B}_{11} & \boldsymbol{B}_{12} \\ \boldsymbol{B}_{21} & \boldsymbol{A}_{22} + \boldsymbol{B}_{22} \end{bmatrix} \begin{Bmatrix} \boldsymbol{Q}_1 \\ \boldsymbol{Q}_2 \end{Bmatrix} = \begin{Bmatrix} 0 \\ 0 \end{Bmatrix} \tag{5.2.132}$$

式中，

$$\begin{aligned}&\boldsymbol{A}_{11}=\boldsymbol{\Phi}^{\mathrm{T}}(\Omega_{\mathrm{c}}^2\boldsymbol{M}_{\mathrm{i}}\pm\Omega_{\mathrm{c}}\omega_{0\mathrm{i}}\boldsymbol{G}_{\mathrm{i}})\boldsymbol{\Phi},\quad \boldsymbol{A}_{22}=\boldsymbol{C}_{\mathrm{s}}s+\boldsymbol{K}_{\mathrm{s}}+\boldsymbol{K}_{\mathrm{b}}\\&\boldsymbol{B}_{11}=s^2\boldsymbol{\Phi}^{\mathrm{T}}\boldsymbol{M}_{\mathrm{i}}\boldsymbol{\Phi}\mp \mathrm{i}s\boldsymbol{\Phi}^{\mathrm{T}}\omega_{0\mathrm{i}}\boldsymbol{G}_{\mathrm{i}}\boldsymbol{\Phi},\quad \boldsymbol{B}_{12}=s^2\boldsymbol{\Phi}^{\mathrm{T}}\boldsymbol{M}_{\mathrm{i}}\boldsymbol{\delta}\mp \mathrm{i}s\boldsymbol{\Phi}^{\mathrm{T}}\omega_{0\mathrm{i}}\boldsymbol{G}_{\mathrm{i}}\boldsymbol{\delta}\\&\boldsymbol{B}_{21}=s^2\boldsymbol{\delta}^{\mathrm{T}}\boldsymbol{M}_{\mathrm{i}}\boldsymbol{\Phi}\mp \mathrm{i}s\boldsymbol{\delta}^{\mathrm{T}}\omega_{0\mathrm{i}}\boldsymbol{G}_{\mathrm{i}}\boldsymbol{\Phi}\\&\boldsymbol{B}_{22}=s^2\boldsymbol{\delta}^{\mathrm{T}}\boldsymbol{M}_{\mathrm{i}}\boldsymbol{\delta}\mp \mathrm{i}s\boldsymbol{\delta}^{\mathrm{T}}\omega_{0\mathrm{i}}\boldsymbol{G}_{\mathrm{i}}\boldsymbol{\delta}+s^2\boldsymbol{M}_{\mathrm{b}}\mp \mathrm{i}s\omega_{0\mathrm{b}}\boldsymbol{G}_{\mathrm{b}}\end{aligned}\tag{5.2.133}$$

其中，$\boldsymbol{C}_{\mathrm{s}}$、$\boldsymbol{K}_{\mathrm{s}}$分别为在边界坐标上的外加阻尼对角阵和刚度对角阵，如轴承阻尼、刚度等。

式(5.2.132)便是复杂转子支承系统自由振动方程的模态综合表达式，其相应的系数矩阵行列式为零的方程便是频率方程，即

$$\begin{vmatrix}\boldsymbol{A}_{11}+\boldsymbol{B}_{11} & \boldsymbol{B}_{12}\\ \boldsymbol{B}_{21} & \boldsymbol{A}_{22}+\boldsymbol{B}_{22}\end{vmatrix}=0\tag{5.2.134}$$

式中，系数$\boldsymbol{A}_{ij}$、$\boldsymbol{B}_{ij}$中除包含待求复频率s，均为系统的已知几何物理参数及相应的约束子系统的振动模态与静位移模态有关的参数(Ω_{c}、$\boldsymbol{\Phi}$、$\boldsymbol{\delta}$、$\boldsymbol{K}_{\mathrm{b}}$、$\boldsymbol{C}_{\mathrm{s}}$、$\boldsymbol{K}_{\mathrm{s}}$)。在已知上述参数的条件下，可由频率方程(5.2.134)求得系统的自然频率s，再由运动方程(5.2.133)求得相应的模态坐标，并由坐标反变换，求得物理坐标上的归一化振型。

当特殊支承在x、y方向为异性时，即

$$\boldsymbol{K}=\begin{bmatrix}K_{xx} & K_{xy}\\ K_{yx} & K_{yy}\end{bmatrix},\quad \boldsymbol{C}=\begin{bmatrix}C_{xx} & C_{xy}\\ C_{yx} & C_{yy}\end{bmatrix}\tag{5.2.135}$$

引入正反涡动时的油膜特性系数，即

$$\begin{aligned}&\boldsymbol{K}_{\mathrm{bF}}=\frac{1}{2}[(K_{xx}+K_{yy})-\mathrm{i}(K_{xy}-K_{yx})],\quad \boldsymbol{K}_{\mathrm{bB}}=\frac{1}{2}[(K_{xx}-K_{yy})+\mathrm{i}(K_{xy}-K_{yx})]\\&\boldsymbol{C}_{\mathrm{bF}}=\frac{1}{2}[(C_{xx}+C_{yy})-\mathrm{i}(C_{xy}-C_{yx})],\quad \boldsymbol{C}_{\mathrm{bB}}=\frac{1}{2}[(C_{xx}-C_{yy})+\mathrm{i}(C_{xy}-C_{yx})]\end{aligned}\tag{5.2.136}$$

于是运动方程(5.2.132)扩展为

$$\begin{bmatrix}\boldsymbol{A}_{11\mathrm{F}}+\boldsymbol{B}_{11\mathrm{F}} & \boldsymbol{B}_{12\mathrm{F}} & \boldsymbol{0} & \boldsymbol{0}\\ \boldsymbol{B}_{21\mathrm{F}} & \boldsymbol{A}_{22\mathrm{F}}+\boldsymbol{B}_{22\mathrm{F}} & \boldsymbol{0} & \boldsymbol{A}_{22\mathrm{FB}}\\ \boldsymbol{0} & \boldsymbol{0} & \boldsymbol{A}_{11\mathrm{B}}+\boldsymbol{B}_{11\mathrm{B}} & \boldsymbol{B}_{12\mathrm{B}}\\ \boldsymbol{0} & \boldsymbol{A}_{22\mathrm{BF}} & \boldsymbol{B}_{21\mathrm{B}} & \boldsymbol{A}_{22\mathrm{B}}+\boldsymbol{B}_{22\mathrm{B}}\end{bmatrix}\begin{Bmatrix}\boldsymbol{Q}_{1\mathrm{F}}\\ \boldsymbol{Q}_{2\mathrm{F}}\\ \boldsymbol{Q}_{1\mathrm{B}}\\ \boldsymbol{Q}_{2\mathrm{B}}\end{Bmatrix}=\begin{Bmatrix}0\\0\\0\\0\end{Bmatrix}\tag{5.2.137}$$

其中，

$$\begin{aligned}&\boldsymbol{A}_{22\mathrm{F}}=s\boldsymbol{C}_{\mathrm{sF}}+\boldsymbol{K}_{\mathrm{sF}}+\boldsymbol{K}_{\mathrm{b}},\quad \boldsymbol{A}_{22\mathrm{B}}=s\boldsymbol{C}_{\mathrm{sB}}+\boldsymbol{K}_{\mathrm{sB}}+\boldsymbol{K}_{\mathrm{b}}\\&\boldsymbol{A}_{22\mathrm{FB}}=s\boldsymbol{C}_{\mathrm{sF}}^*+\boldsymbol{K}_{\mathrm{sF}}^*,\quad \boldsymbol{A}_{22\mathrm{BF}}=s\boldsymbol{C}_{\mathrm{sB}}^*+\boldsymbol{K}_{\mathrm{sB}}^*\end{aligned}\tag{5.2.138}$$

式中，*代表共轭；F 代表正向涡动；B 代表反向涡动。

相应的频率方程为

$$\begin{vmatrix} \boldsymbol{A}_{11\mathrm{F}}+\boldsymbol{B}_{11\mathrm{F}} & \boldsymbol{B}_{12\mathrm{F}} & \boldsymbol{0} & \boldsymbol{0} \\ \boldsymbol{B}_{21\mathrm{F}} & \boldsymbol{A}_{22\mathrm{F}}+\boldsymbol{B}_{22\mathrm{F}} & \boldsymbol{0} & \boldsymbol{A}_{22\mathrm{FB}} \\ \boldsymbol{0} & \boldsymbol{0} & \boldsymbol{A}_{11\mathrm{B}}+\boldsymbol{B}_{11\mathrm{B}} & \boldsymbol{B}_{12\mathrm{B}} \\ \boldsymbol{0} & \boldsymbol{A}_{22\mathrm{BF}} & \boldsymbol{B}_{21\mathrm{B}} & \boldsymbol{A}_{22\mathrm{B}}+\boldsymbol{B}_{22\mathrm{B}} \end{vmatrix}=0 \tag{5.2.139}$$

2. 约束模态的求法

由于约束子系统是由分割点划分成的若干个相对简单的转子子系统，这些子系统均是链式结构，最适宜采用传递矩阵法来求解。

图 5.2.17　约束转子子系统一般模型简图

图 5.2.17 为约束转子子系统的简图，这是一个具有多个中间刚性铰支(约束)的多跨转子。为了分析方便，假定两端都是自由端，其边界条件为

$$M_0=0,\quad Q_0=0,\quad M_n=0,\quad Q_n=0 \tag{5.2.140}$$

在每一个刚性铰支点，即约束点上，应满足挠度为零的条件。若有 M 个约束点，则可写出 M 个方程为

$$X_j=0,\quad j=1,2,\cdots,M \tag{5.2.141}$$

与此同时，在各约束点上均引入一个未知的约束反力 R_j (j=1,2,⋯,M)，加上起始截面上的未知状态参数 X_0、α_0，共有 M+2 个未知参数，由式(5.2.140)和式(5.2.141)可列出 M+2 个方程，即

$$\begin{aligned} &X_j=f_j(X_0,\alpha_0,R_1,R_2,\cdots,R_{j-1}),\quad j=1,2,\cdots,M \\ &M_n=f_{M+1}(X_0,\alpha_0,R_1,R_2,\cdots,R_M),\quad Q_n=f_{M+2}(X_0,\alpha_0,R_1,R_2,\cdots,R_M) \end{aligned} \tag{5.2.142}$$

式(5.2.142)是求解约束转子子系统的约束振动模态与约束静位移模态的基本方程。式(5.2.139)可写为如下矩阵形式：

$$\begin{bmatrix} A(1,1) & A(1,2) & \cdots & A(1,M+2) \\ A(2,1) & A(2,2) & \cdots & A(2,M+2) \\ A(3,1) & A(3,2) & \cdots & A(3,M+2) \\ \vdots & \vdots & & \vdots \\ A(M+2,1) & A(M+2,2) & \cdots & A(M+2,M+2) \end{bmatrix}\begin{Bmatrix} X_0 \\ \alpha_0 \\ R_1 \\ \vdots \\ R_M \end{Bmatrix}=\begin{Bmatrix} 0 \\ 0 \\ 0 \\ \vdots \\ 0 \end{Bmatrix} \tag{5.2.143}$$

式(5.2.143)是约束转子子系统自由振动运动方程，对应的频率方程为

$$\begin{vmatrix} A(1,1) & A(1,2) & \cdots & A(1,M+2) \\ A(2,1) & A(2,2) & \cdots & A(2,M+2) \\ A(3,1) & A(3,2) & \cdots & A(3,M+2) \\ \vdots & \vdots & & \vdots \\ A(M+2,1) & A(M+2,2) & \cdots & A(M+2,M+2) \end{vmatrix} = 0 \tag{5.2.144}$$

下面说明如何导出系数 $A(i,j)$。第一个约束点左侧截面上的状态参数为

$$\begin{aligned} &X_{1L} = t_{111}X_0 + t_{112}\alpha_0 = 0, \quad \alpha_{1L} = t_{121}X_0 + t_{122}\alpha_0 \\ &M_{1L} = t_{131}X_0 + t_{132}\alpha_0, \quad Q_{1L} = t_{141}X_0 + t_{142}\alpha_0 \end{aligned} \tag{5.2.145}$$

相应的约束点右侧截面上的状态参数为

$$X_{1R} = X_{1L}, \ \alpha_{1R} = \alpha_{1L}, \ M_{1R} = M_{1L}, \ Q_{1R} = Q_{1L} + R_1 \tag{5.2.146}$$

相应地，第二个约束点左、右侧面上的状态参数为

$$\begin{aligned} X_{2L} &= t_{211}X_{1R} + t_{212}\alpha_{1R} + t_{213}M_{1R} + t_{214}Q_{1R} = 0 \\ \alpha_{2L} &= t_{221}X_{1R} + t_{222}\alpha_{1R} + t_{223}M_{1R} + t_{224}Q_{1R} \\ M_{2L} &= t_{231}X_{1R} + t_{232}\alpha_{1R} + t_{233}M_{1R} + t_{234}Q_{1R} \\ Q_{2L} &= t_{241}X_{1R} + t_{242}\alpha_{1R} + t_{243}M_{1R} + t_{244}Q_{1R} \end{aligned} \tag{5.2.147}$$

$$X_{2R} = X_{2L}, \ \alpha_{2R} = \alpha_{2L}, \ M_{2R} = M_{2L}, \ Q_{2R} = Q_{2L} + R_2 \tag{5.2.148}$$

上列各式中的 t_{ijk} 代表第 i 段传递矩阵 T_i 中的第 j 行第 k 列元素。

类似地，可以写出任一约束点左右侧截面上状态参数的表达式，它们均为该截面的前一个约束点右侧截面上的状态参数及该段传递矩阵的函数，是起始端截面的未知状态参数 X_0、α_0 及各有关约束点的未知反力 R_j 以及有关转子段传递矩阵的函数。由此可求得运动方程或频率方程中的各系数 $A(i,j)$的表达式。

1) 约束振动模态

用频率扫描法由频率方程(5.2.144)，可求得约束转子子系统的各阶约束自然频率 Ω_c，再利用运动方程(5.2.143)求得各状态参数的相对值。利用传递矩阵一般关系式(5.2.145)～式(5.2.148)，可求得约束转子子系统各截面上的状态参数，经归一化处理，便可得到相应的各约束振动模态振型 $\boldsymbol{\Phi}$。

2) 约束静位移模态

约束静位移模态是指约束转子子系统在静态(既无转动也无进动)情况下，轮流释放约束点，使其产生单位位移时的弹性线。可利用运动方程(5.2.143)，在 $\omega_0 = 0$、$\Omega = 0$ 的条件下，依次令释放的约束点位移等于 1，成为非齐次线性方程组，求得各状态参数的确定值，并由传递矩阵关系式求得约束转子子系统的弹性线，即静位移模态 $\boldsymbol{\delta}$ 以及相应的刚度矩阵 $\boldsymbol{K}_b$。

$$\begin{bmatrix} A(1,1) & A(1,2) & A(1,3) & \cdots & A(1,M+2) \\ A(2,1) & A(2,2) & A(2,3) & \cdots & A(2,M+2) \\ A(3,1) & A(3,2) & A(3,3) & \cdots & A(3,M+2) \\ \vdots & \vdots & \vdots & & \vdots \\ A(M+2,1) & A(M+2,2) & A(M+2,3) & \cdots & A(M+2,M+2) \end{bmatrix} \begin{Bmatrix} X_0 \\ \alpha_0 \\ R_1 \\ \vdots \\ R_M \end{Bmatrix} = \begin{Bmatrix} 0 \\ 0 \\ D_{ij} \\ \vdots \\ D_{ij} \end{Bmatrix} \tag{5.2.149}$$

式中，i 为矩阵的行数，j 为约束点号，其中

$$D_{ij} = \begin{cases} 1, & i+2=j \\ 0, & i+2 \neq j \end{cases} \tag{5.2.150}$$

3. 模态截阶及误差

在复杂转子支承系统中，各转子子系统可能具有十几个或更多的自由度，如果把所有的振动模态都考虑进去，不仅没有必要，而且失去了采用模态综合法的优越性。因此，一般都需要进行模态截阶处理。每一个约束转子子系统仅保留必要的若干低阶约束振动模态，这样在综合时可大大降阶自由度，而且对总系统最重要的基本振动模态的计算精度也不会有明显的影响。

表 5.2.2 表示某一转子支承系统的自然频率与振型，由于模态截阶引起的误差情况。该系统共有 16 个自由度。当两个约束子系统分别抛弃 2、3 个约束模态和 4、5 个约束模态时，系统的自由度削减为 11 个与 7 个，模态频率与振型误差随着抛弃的约束模态数增加而显著增加。而当约束模态抛弃较少时，影响很小。

表 5.2.2　约束振动模态截阶引起的误差

模态阶次	无截阶的频率/Hz	截阶误差/%		截阶误差/%	
		频率	振型*	频率	振型
1	400.433	0.008	0.051	0.654	0.562
2	894.416	0.007	0.140	0.754	1.220
3	1431.983	0.005	0.160	0.250	1.300
4	1829.747	0.002	0.146	0.080	1.880
5	2119.612	0.001	0.033	0.090	0.630
6	3056.670	0.002	0.140	7.68	14.490
7	3422.267	0.001	0.057	3.40	7.94
8	3721.987	0.000	0.030	—	—
9	4752.985	0.000	0.004	—	—

续表

模态阶次	无截阶的频率/Hz	截阶误差/%		截阶误差/%	
		频率	振型*	频率	振型
10	12034.049	0.065	1.80	—	—
11	13398.477	0.079	2.83	—	—
12	14852.887	—	—	—	—
13	15920.288	—	—	—	—
14	16302.060	—	—	—	—
15	21929.735	—	—	—	—
16	23076.238	—	—	—	—

* 代表各结点振型误差的平均值。

5.2.6 传递矩阵-直接积分法

传递矩阵-直接积分法就是对所求解的复杂转子-支承-机匣系统选定若干个特征盘，然后对每条链的特征盘，借传递矩阵建立运动方程，并就各链之间的联结关系建立耦合方程。最后导出计算耦合力作用下各特征盘的运动方程，即系统的运动方程。对其齐次方程求解，可以得到系统的自然频率和振型。根据不平衡响应的峰值位置，可确定相应的临界转速；根据特征盘盘心轨迹的形状，可确定系统是否失稳。如果在积分过程中采用瞬态的传递矩阵，就可求得系统的瞬态响应(如叶片折断飞脱、转子在变速时的响应等)。

传递矩阵-直接积分法既有传递矩阵法生成的矩阵阶数低、方程个数少的优点，又能克服传递矩阵法难以处理非链式系统的缺点，还能根据轴心轨迹的形状分析，把不平衡响应计算和稳定性分析统一起来。

1. 系统的运动方程

下面以一个涡轮机转子-支承-机匣系统为例来讨论系统运动方程的建立。涡轮机转子可简化成由若干个刚性圆盘与无质量的弹性轴段构成的链。在进行转子动力学分析中，对于机匣仅考虑其弯曲变形，因此其可以简化成由若干个刚性圆环与无质量的弹性圆筒组成的链，只是机匣链是不旋转的。各条链之间通过各个轴承和联结结构联系成一个整体，图 5.2.18 为系统的力学模型。

1) 特征盘的确定

对于高压转子或低压转子，可以取第 1 级压气机盘或末级涡轮盘作为特征盘，也可以任意取其他关键盘，如末级压气机盘等。总之，转子特征盘的选定要考虑转子主要模态的能观性和最易导致碰摩的部位。

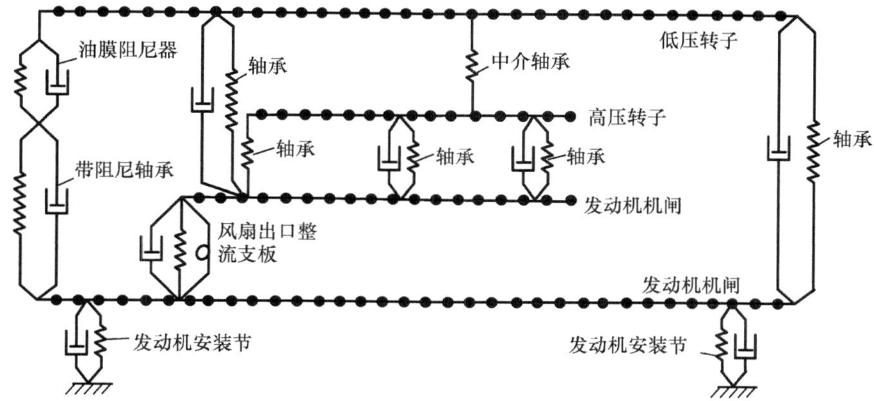

图 5.2.18　发动机的转子-支承-机匣系统的力学模型

发动机机匣的特征盘可选最易与叶尖碰摩的部位；风扇机匣的特征盘可选其最接近的某安装结点，或接近测振传感器的安装部位。各链之间的联结点都必须取为特征盘。

如图 5.2.18 所示系统有 10 个联结结构，取联结点共 20 个特征盘。为观测转子的振型，转子上可增取 2～4 个特征盘，机匣上不再选取。故本系统共可取 22～24 个特征盘。特征盘的排序可以按链顺序排列，如低压转子、高压转子、发动机机匣和风扇机匣等，以便于从结果中观察振型。

2) 不计联结影响时特征盘的运动方程

设系统中各链的特征盘都已选定，共有 N 个。现考察其中某一链上序号为 i 的特征盘。如果链的两端边界均为自由端，即弯矩、剪力均为零，系统的坐标系如图 5.2.19 所示。

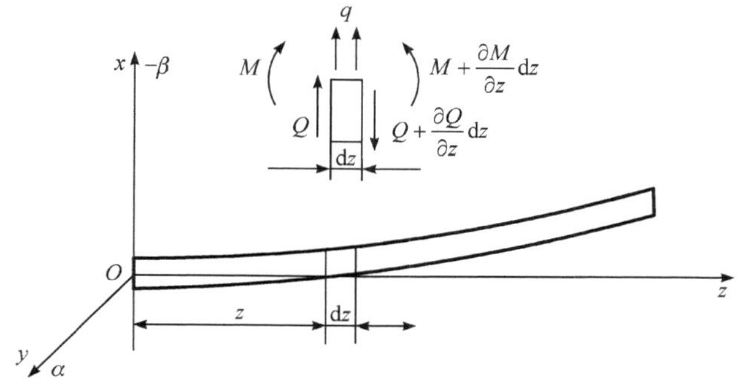

图 5.2.19　系统的坐标系

设由链左端 0 至特征盘 i 前(左侧 L)的传递矩阵为 $\boldsymbol{T}_i^{\mathrm{L}}$，由特征盘 i 后(右侧 R)至链右端 E 的传递矩阵为 $\boldsymbol{T}_i^{\mathrm{R}}$，则传递关系可表示为

$$\begin{aligned}(\{X \quad \theta \quad M \quad Q\}_i^{\mathrm{L}})^{\mathrm{T}} &= \boldsymbol{T}_i^{\mathrm{L}}(\{X \quad \theta \quad 0 \quad 0\}_0)^{\mathrm{T}} \\ (\{X \quad \theta \quad 0 \quad 0\}_{\mathrm{E}})^{\mathrm{T}} &= \boldsymbol{T}_i^{\mathrm{R}}(\{X \quad \theta \quad M \quad Q\}_i^{\mathrm{R}})^{\mathrm{T}}\end{aligned} \tag{5.2.151}$$

若记

$$(\{X \quad \theta \quad M \quad Q\}_i)^{\mathrm{T}} = \{\boldsymbol{e} \quad \boldsymbol{f}\}_i^{\mathrm{T}}, \quad \boldsymbol{T}_i = \begin{bmatrix} \boldsymbol{T}_{11} & \boldsymbol{T}_{12} \\ \boldsymbol{T}_{21} & \boldsymbol{T}_{22} \end{bmatrix}_i \tag{5.2.152}$$

则由式(5.2.151)和式(5.2.152)可得

$$\boldsymbol{e}_i^{\mathrm{L}} = \boldsymbol{T}_{11i}^{\mathrm{L}}\boldsymbol{e}_0, \quad \boldsymbol{f}_i^{\mathrm{L}} = \boldsymbol{T}_{21i}^{\mathrm{L}}\boldsymbol{e}_0, \quad \boldsymbol{T}_{21i}^{\mathrm{R}}\boldsymbol{e}_i^{\mathrm{R}} + \boldsymbol{T}_{22i}^{\mathrm{R}}\boldsymbol{f}_i^{\mathrm{R}} = 0 \tag{5.2.153}$$

因此有

$$\boldsymbol{f}_i^{\mathrm{L}} = \boldsymbol{T}_{21i}^{\mathrm{L}}(\boldsymbol{T}_{11i}^{\mathrm{L}})^{-1}\boldsymbol{e}_i^{\mathrm{L}}, \quad \boldsymbol{T}_{21i}^{\mathrm{R}}\boldsymbol{e}_i^{\mathrm{L}} + \boldsymbol{T}_{22i}^{\mathrm{R}}(\boldsymbol{f}_i^{\mathrm{L}} + \boldsymbol{S}_i) = 0 \tag{5.2.154}$$

其中，$\boldsymbol{S}_i$ 为特征盘 i 的广义惯性力，即

$$\boldsymbol{S}_{x,i} = \begin{Bmatrix} I_{\mathrm{d}}\ddot{\alpha} + I_{\mathrm{p}}\omega\dot{\beta} \\ -m\ddot{x} \end{Bmatrix}_i, \quad \boldsymbol{S}_{y,i} = \begin{Bmatrix} I_{\mathrm{d}}\ddot{\beta} - I_{\mathrm{p}}\omega\dot{\alpha} \\ -m\ddot{y} \end{Bmatrix}_i \tag{5.2.155}$$

式(5.2.155)的两式分别适用于 Oxz 及 Oyz 平面内的运动方程。

将式(5.2.154)的第一式和式(5.2.155)代入式(5.2.154)的第二式，可导出特征盘 i 在不计耦合力情况下的运动方程。为书写简洁，略去特征盘的序号下标 i，有

$$\begin{aligned}&\begin{Bmatrix} I_{\mathrm{d}}\ddot{\alpha} + I_{\mathrm{p}}\omega\dot{\beta} \\ -m\ddot{x} \end{Bmatrix} + \left[(\boldsymbol{T}_{22}^{\mathrm{R}})^{-1}\boldsymbol{T}_{21}^{\mathrm{R}} + \boldsymbol{T}_{21}^{\mathrm{L}}(\boldsymbol{T}_{11}^{\mathrm{L}})^{-1}\right]\begin{Bmatrix} x \\ \alpha \end{Bmatrix} = 0 \\ &\begin{Bmatrix} I_{\mathrm{d}}\ddot{\beta} + I_{\mathrm{p}}\omega\dot{\alpha} \\ -m\ddot{y} \end{Bmatrix} + \left[(\boldsymbol{T}_{22}^{\mathrm{R}})^{-1}\boldsymbol{T}_{21}^{\mathrm{R}} + \boldsymbol{T}_{21}^{\mathrm{L}}(\boldsymbol{T}_{11}^{\mathrm{L}})^{-1}\right]\begin{Bmatrix} y \\ \beta \end{Bmatrix} = 0\end{aligned} \tag{5.2.156}$$

对于机匣传递链，应取 $\omega=0$。若机匣在铅垂、水平面内具有不同的刚性，致使传递矩阵在 Oxz 和 Oyz 平面内有区别，则式(5.2.156)的两式应分别求出。如果转子具有非轴对称的质量或刚性(如裂纹转子等)，则应在转动坐标系内建立运动方程，再转换到固定坐标系中。

3) 联结结构的影响

轴承油膜的动力特性参数可以通过计算求得或实验测定。对于支承等联结结构，如果已测得联结结构的导纳矩阵，或用通用的有限元分析程序计算，可求得动柔度矩阵 $\boldsymbol{g}(\omega)$为

$$\boldsymbol{g}(\omega) = \begin{bmatrix} \gamma_{11} & \gamma_{12} \\ \gamma_{21} & \gamma_{22} \end{bmatrix} \tag{5.2.157}$$

式中，γ_{11}、γ_{21} 分别为单位激振力引起的相对位移和相对转角；γ_{12}、γ_{22} 分别为单位激振力矩引起的相对位移和相对转角。联结结构的动刚度矩阵 $\boldsymbol{K}(\omega)$ 可表示为

$$\boldsymbol{K}(\omega)=[\boldsymbol{g}(\omega)]^{-1} \tag{5.2.158}$$

联结结构的存在使相关的链在联结处的特征盘上受到了一个耦合力。例如，分别处在不同链上的特征盘 j 和特征盘 k 之间有一联结结构，结构的动力特性为 $\boldsymbol{K}(\omega)$，则 j 盘受到来自 k 盘的耦合力 $\boldsymbol{R}_{j,k}$ 为

$$\boldsymbol{R}_{j,k}=\boldsymbol{K}(\omega)\begin{Bmatrix} x_k-x_j \\ \alpha_k-\alpha_j \end{Bmatrix}=\boldsymbol{K}\boldsymbol{e}_k-\boldsymbol{K}\boldsymbol{e}_j \tag{5.2.159}$$

而 k 盘受到来自 j 盘的耦合力 $\boldsymbol{R}_{k,j}$ 与此大小相等，方向相反。

4) 特征盘的运动方程

设转子-支承-机匣系统的总特征盘数为 N，则系统的运动可用 N 个特征盘的运动方程来描述。现考察系统某链上的特征盘 i，若特征盘前有一个联结结构，到特征盘前(左侧 L)的传递矩阵为 $\boldsymbol{A}_i$，耦合力为 $\boldsymbol{R}^{\mathrm{L}}$；特征盘后也有一个联结结构，到该链的右端的传递矩阵为 $\boldsymbol{B}_i$，耦合力为 $\boldsymbol{R}^{\mathrm{R}}$，则由该链的左、右边界条件，得

$$\begin{Bmatrix} X \\ \theta \\ M \\ Q \end{Bmatrix}_i^{\mathrm{L}}=\boldsymbol{T}_i^{\mathrm{L}}\begin{Bmatrix} X \\ \alpha \\ 0 \\ 0 \end{Bmatrix}_0+\boldsymbol{A}_i\begin{Bmatrix} \boldsymbol{0} \\ \boldsymbol{R} \end{Bmatrix}^{\mathrm{L}},\quad \begin{Bmatrix} X \\ \alpha \\ 0 \\ 0 \end{Bmatrix}_{\mathrm{E}}=\boldsymbol{T}_i^{\mathrm{R}}\begin{Bmatrix} X \\ \alpha \\ M \\ Q \end{Bmatrix}_i^{\mathrm{R}}+\boldsymbol{B}_i\begin{Bmatrix} \boldsymbol{0} \\ \boldsymbol{R} \end{Bmatrix}^{\mathrm{R}} \tag{5.2.160}$$

将 $\boldsymbol{T}^{\mathrm{L}}$、$\boldsymbol{T}^{\mathrm{R}}$、$\boldsymbol{A}$、$\boldsymbol{B}$ 等矩阵分别改写成 2×2 的子矩阵，则由式(5.2.160)的第一式得

$$\boldsymbol{e}_i^{\mathrm{L}}=\boldsymbol{T}_{11i}^{\mathrm{L}}\boldsymbol{e}_0+\boldsymbol{A}_{12i}\boldsymbol{R}^{\mathrm{L}},\quad \boldsymbol{f}_i^{\mathrm{L}}=\boldsymbol{T}_{21i}^{\mathrm{L}}\boldsymbol{e}_0+\boldsymbol{A}_{22i}\boldsymbol{R}^{\mathrm{L}} \tag{5.2.161}$$

故有

$$\begin{aligned}\boldsymbol{f}_i^{\mathrm{L}}&=\boldsymbol{T}_{21i}^{\mathrm{L}}[(\boldsymbol{T}_{11i}^{\mathrm{L}})^{-1}\boldsymbol{e}_i^{\mathrm{L}}-(\boldsymbol{T}_{11i}^{\mathrm{L}})^{-1}\boldsymbol{A}_{12i}\boldsymbol{R}^{\mathrm{L}}]+\boldsymbol{A}_{22i}\boldsymbol{R}^{\mathrm{L}}\boldsymbol{e}_0\\&=\boldsymbol{T}_{21i}^{\mathrm{L}}(\boldsymbol{T}_{11i}^{\mathrm{L}})^{-1}\boldsymbol{e}_i^{\mathrm{L}}+[\boldsymbol{A}_{22i}-(\boldsymbol{T}_{11i}^{\mathrm{L}})^{-1}\boldsymbol{A}_{12i}]\boldsymbol{R}^{\mathrm{L}}\end{aligned} \tag{5.2.162}$$

由式(5.2.160)的第二式可得

$$\boldsymbol{T}_{21i}\boldsymbol{e}_i^{\mathrm{R}}+\boldsymbol{T}_{22i}^{\mathrm{R}}\boldsymbol{f}_i^{\mathrm{R}}\boldsymbol{B}_{22i}\boldsymbol{R}^{\mathrm{R}}=0 \tag{5.2.163}$$

由于

$$\boldsymbol{e}_i^{\mathrm{R}}=\boldsymbol{e}_i^{\mathrm{L}}=\boldsymbol{e}_i,\quad \boldsymbol{f}_i^{\mathrm{R}}=\boldsymbol{f}_i^{\mathrm{L}}=\boldsymbol{S}_i \tag{5.2.164}$$

将式(5.2.164)和式(5.2.162)代入式(5.2.163)，经整理后得到

$$\boldsymbol{S}_i+[(\boldsymbol{T}_{22i}^{\mathrm{R}})^{-1}\boldsymbol{T}_{21i}^{\mathrm{R}}+\boldsymbol{T}_{21i}^{\mathrm{L}}(\boldsymbol{T}_{11i}^{\mathrm{L}})^{-1}]\boldsymbol{e}_i+(\boldsymbol{T}_{22i}^{\mathrm{R}})^{-1}\boldsymbol{B}_{22i}\boldsymbol{R}^{\mathrm{R}}+[\boldsymbol{A}_{22i}-(\boldsymbol{T}_{11i}^{\mathrm{L}})^{-1}\boldsymbol{A}_{12i}]\boldsymbol{R}^{\mathrm{L}}=0 \tag{5.2.165}$$

式(5.2.165)的左边第一项是盘的惯性力；第二项反映本链的惯性和弹性的影响；第三项是特征盘右边的耦合力的作用；第四项是特征盘左边的耦合力的作用；第三、四两项综合反映了其他链对本链的作用。

对于每一特征盘均可写出类似式(5.2.165)的式子。特征盘前后可能各有不止一个联结结构，故第三、四项都应是和式。转子-支承-机匣系统的运动方程是一组相互耦合的 N 个特征盘运动方程构成的微分方程组，其形式为

$$\boldsymbol{S}_i+[(\boldsymbol{T}_{22i}^{\mathrm{R}})^{-1}\boldsymbol{T}_{21i}^{\mathrm{R}}+\boldsymbol{T}_{21i}^{\mathrm{L}}(\boldsymbol{T}_{11i}^{\mathrm{L}})^{-1}]\boldsymbol{e}_i+\sum_j(\boldsymbol{T}_{22i}^{\mathrm{R}})^{-1}\boldsymbol{B}_{22i,j}\boldsymbol{R}_j^{\mathrm{R}}$$
$$+\sum_k[\boldsymbol{A}_{22i,k}-(\boldsymbol{T}_{11i}^{\mathrm{L}})^{-1}\boldsymbol{A}_{12i,k}]\boldsymbol{R}_k^{\mathrm{L}}=0,\quad i=1,2,\cdots,N \tag{5.2.166}$$

式(5.2.166)是针对 Oxz 平面内的运动分量而建立的，故有

$$\boldsymbol{e}_i=\begin{Bmatrix}x\\ \alpha\end{Bmatrix}_i,\quad \boldsymbol{S}_i=\begin{Bmatrix}I_{\mathrm{d}}\ddot{\alpha}+I_{\mathrm{p}}\omega\dot{\beta}\\ -m\ddot{x}\end{Bmatrix}_i \tag{5.2.167}$$

对于 Oyz 平面内的运动分量，另有 N 个和式(5.2.147)相似的方程，且有

$$\boldsymbol{e}_i=\begin{Bmatrix}y\\ \beta\end{Bmatrix}_i,\quad \boldsymbol{S}_i=\begin{Bmatrix}I_{\mathrm{d}}\ddot{\beta}+I_{\mathrm{p}}\omega\dot{\alpha}\\ -m\ddot{y}\end{Bmatrix}_i \tag{5.2.168}$$

各耦合力 $\boldsymbol{R}$ 的表达式可以根据式(5.2.159)和各链的联结关系一一给出。

从上面的推演可知，本系统的运动方程共计 $2N$ 个，每个式子包含 2 个代数方程，故方程总自由度为 $4N$。所以，该方法仍基本保持了传递矩阵法自由度较低的优点。

2. 临界转速与稳态不平衡响应的计算

临界转速的物理意义是：①转子做同步正进动的自然频率；②转子不平衡产生的同步响应达到峰值时的转速。根据第②个含义求临界转速，需先求转子的稳态不平衡响应，为此要给出转子在不平衡力作用下的运动方程。

1) 不平衡力作用下的运动方程

对于双转子的航空发动机，高压、低压转子的转速是不同的，因此相应有高压转子不平衡激起的临界转速和低压转子不平衡激起的临界转速。

为了计算由高压转子或低压转子不平衡激起的临界转速，需要在相应转子的若干个特征盘上各加上不平衡量。设某一转子链上有若干个不平衡盘，从位于特征盘 i 左边的某不平衡盘至特征盘 i 前(左侧 L)的传递矩阵为 $\boldsymbol{C}_i$，不平衡的离心力为 $\boldsymbol{F}^{\mathrm{L}}$；从位于特征盘 i 右边的某不平衡盘至该链右端的传递矩阵为 $\boldsymbol{D}_i$，不平衡的离心力为 $\boldsymbol{F}^{\mathrm{R}}$；若特征盘 i 本身有不平衡，其离心力为 $\boldsymbol{F}_i$，则根据与式(5.2.165)相似的推演过程可得，受不平衡力作用的系统的运动方程为

$$\boldsymbol{S}_i+[(\boldsymbol{T}_{22i}^{\mathrm{R}})^{-1}\boldsymbol{T}_{21i}^{\mathrm{R}}+\boldsymbol{T}_{21i}^{\mathrm{L}}(\boldsymbol{T}_{11i}^{\mathrm{L}})^{-1}]\boldsymbol{e}_i+\sum_j(\boldsymbol{T}_{22i}^{\mathrm{R}})^{-1}\boldsymbol{B}_{22i,j}\boldsymbol{R}_j^{\mathrm{R}}+\sum_k[\boldsymbol{A}_{22i,k}-(\boldsymbol{T}_{11i}^{\mathrm{L}})^{-1}\boldsymbol{A}_{12i,k}]\boldsymbol{R}_k^{\mathrm{L}}$$

$$+\sum_m(\boldsymbol{T}_{22i}^{\mathrm{R}})^{-1}\boldsymbol{D}_{22i,m}\boldsymbol{F}_m^{\mathrm{R}}+\sum_n[\boldsymbol{C}_{22i,n}-(\boldsymbol{T}_{11i}^{\mathrm{L}})^{-1}\boldsymbol{C}_{12i,n}]\boldsymbol{F}_k^{\mathrm{L}}+\boldsymbol{F}_i=0,\quad i=1,2,\cdots,N \tag{5.2.169}$$

式中，$\sum_m$项代表特征盘右边的m个不平衡盘的离心力作用；$\sum_n$项代表特征盘左边的 n 个不平衡盘的离心力作用；$\boldsymbol{F}_i$项表示特征盘本身具有的不平衡离心力的作用。各离心力的大小由不平衡量确定，即

$$\boldsymbol{F}_m=\begin{Bmatrix}0\\ U_m\omega^2\cos(\omega t)\end{Bmatrix},\quad \boldsymbol{F}_n=\begin{Bmatrix}0\\ U_n\omega^2\cos(\omega t)\end{Bmatrix},\quad \boldsymbol{F}_i=\begin{Bmatrix}0\\ U_i\omega^2\cos(\omega t)\end{Bmatrix} \tag{5.2.170}$$

式(5.2.169)和式(5.2.170)中，$\omega=\omega_{\mathrm{L}}$ (低压转子转速)或 $\omega=\omega_{\mathrm{H}}$ (高压转子转速)，视计算哪一个转子不平衡激起的响应而定。m、n 的值根据系统中各链的联结关系和不平衡特征盘的数目及位置等确定。对于 Oyz 平面内的运动分量，另有 N 个与式(5.2.150)相似的方程，其中除了采用式(5.2.149)，不平衡离心力应为

$$\boldsymbol{F}_m=\begin{Bmatrix}0\\ U_m\omega^2\sin(\omega t)\end{Bmatrix},\quad \boldsymbol{F}_n=\begin{Bmatrix}0\\ U_n\omega^2\sin(\omega t)\end{Bmatrix},\quad \boldsymbol{F}_i=\begin{Bmatrix}0\\ U_i\omega^2\sin(\omega t)\end{Bmatrix} \tag{5.2.171}$$

2) 临界转速的计算

在计算临界转速时，一般不计引起转子失稳的各种因素。油膜力用静平衡位置的动力学系数来表示，油膜动力学系数通常随转速变化，但此时可用所关心的转速范围内的平均值来代替，即视为常数，由此引起的误差不大。当支承在 x、y 方向的刚度和等效质量差别不大，且交叉耦合较弱时，在临界转速的计算中常忽略阻尼的影响，而且认为支承是各向同性的。这样仅需保留式(5.2.169)的 N 个方程，其齐次方程的解就是临界转速。

设式(5.2.169)的齐次方程的同步进动解，即临界转速解为

$$\begin{aligned}\{x_1\quad x_2\quad\cdots\quad x_N\}&=\{X_1\quad X_2\quad\cdots\quad X_N\}\cos(\omega t)\\ \{\alpha_1\quad \alpha_2\quad\cdots\quad \alpha_N\}&=\{A_1\quad A_2\quad\cdots\quad A_N\}\cos(\omega t)\end{aligned} \tag{5.2.172}$$

根据所计算的是低压或是高压转子激起的临界转速，把相应的同步进动转速取为 $\omega=\omega_{\mathrm{L}}$ 或 $\omega=\omega_{\mathrm{H}}$ 。

将式(5.2.172)代入式(5.2.169)的齐次方程，就得到由 $\{X_1,A_1,X_2,A_2,\cdots,X_N,A_N\}^{\mathrm{T}}$ 系数构成的行列式 $\varDelta(\omega^2)$，则求解临界转速的频率方程为

$$\varDelta(\omega^2)=0 \tag{5.2.173}$$

通过在所关心的转速范围内的频率扫描计算，绘制 $\varDelta(\omega^2)$-ω 曲线。这一曲线与横坐标的诸交点就是所求的诸临界转速。稳态不平衡响应仍可表示为式(5.2.172)

的形式，将其代入式(5.2.169)，可以得到

$$\boldsymbol{EX}=\boldsymbol{F} \tag{5.2.174}$$

式中，$\boldsymbol{X}=\{X_1,A_1,X_2,A_2,\cdots,X_N,A_N\}^{\mathrm{T}}$；$\boldsymbol{F}$ 为由离心力组成的列阵。由式(5.2.174)可解得稳态不平衡响应为

$$\boldsymbol{X}=\boldsymbol{E}^{-1}\boldsymbol{F} \tag{5.2.175}$$

在多个转速下，求取稳态不平衡响应，并绘制 X-ω 曲线，X 的峰值转速就是系统的各阶临界转速，相应的振型由各特征盘的连线来描述。

3) 敏感度分析

为了进行转子对不平衡的敏感度分析，或求取影响系数，需在转子的某一特征盘上加一单位不平衡量，求其稳态不平衡响应。则由式(5.2.169)得到系统的运动方程为

$$\begin{aligned}&\boldsymbol{S}_i+[(\boldsymbol{T}_{22i}^{\mathrm{R}})^{-1}\boldsymbol{T}_{21i}^{\mathrm{R}}+\boldsymbol{T}_{21i}^{\mathrm{L}}(\boldsymbol{T}_{11i}^{\mathrm{L}})^{-1}]\boldsymbol{e}_i+\sum_j(\boldsymbol{T}_{22i}^{\mathrm{R}})^{-1}\boldsymbol{B}_{22i,j}\boldsymbol{R}_j^{\mathrm{R}}+\sum_k[\boldsymbol{A}_{22i,k}-(\boldsymbol{T}_{11i}^{\mathrm{L}})^{-1}\boldsymbol{A}_{12i,k}]\boldsymbol{R}_k^{\mathrm{L}}\\&+a(\boldsymbol{T}_{22i}^{\mathrm{R}})^{-1}\boldsymbol{D}_{22i}\boldsymbol{F}^{\mathrm{R}}+b[C_{22i}-(\boldsymbol{T}_{11i}^{\mathrm{L}})^{-1}C_{12i}]\boldsymbol{F}^{\mathrm{L}}+c\boldsymbol{F}_i=0,\quad i=1,2,\cdots,N\end{aligned} \tag{5.2.176}$$

根据不平衡盘与所讨论特征盘的相对位置关系来确定 a、b、c 的取值，即有：①不平衡盘在所讨论特征盘的右边，取 a=1，b=c=0；②不平衡盘在所讨论特征盘的左边，取 b=1，a=c=0；③不平衡盘即所讨论的特征盘，取 c=1，a=b=0；④不平衡盘与所讨论特征盘不在同一链上，取 a=b=c=0。求稳态不平衡响应的过程与前面相同。

4) 动态不平衡响应的数值积分求解

实际的发动机在工作状态下常有较大的不平衡量，在求取较大不平衡量产生的响应时，需考虑到油膜的非线性。求解非线性响应可用迭代法，即从静态平衡位置的油膜动力特性系数开始。按照前述方法求得响应 $\boldsymbol{X}_0$，然后根据 $\boldsymbol{X}_0$ 修正油膜特性系数，再据此求得响应 $\boldsymbol{X}_1$；如此反复迭代，直到以一定精度收敛。

为了克服由于求解运算次数很多，迭代运算很费时的缺点，可以改用直接积分法。在系统的各特征盘上加上实际的不平衡量，系统的运动方程可用式(5.2.169)表示，而各不平衡量的相位一般是不相同的，故式(5.2.170)应改为

$$\begin{aligned}&\boldsymbol{F}_m=\begin{Bmatrix}0\\U_m\omega^2(\cos\omega t+\theta_m)\end{Bmatrix},\quad \boldsymbol{F}_n=\begin{Bmatrix}0\\U_n\omega^2\cos(\omega t+\theta_n)\end{Bmatrix}\\&\boldsymbol{F}_i=\begin{Bmatrix}0\\U_i\omega^2\cos(\omega t+\theta_i)\end{Bmatrix}\end{aligned} \tag{5.2.177}$$

Oyz 平面内还有 N 个相似的方程，式(5.2.169)可以降阶处理为一阶微分方程

组，按照如下积分步骤，就可以求得实际不平衡产生的稳态响应。先将静平衡位置的油膜特性系数代入式(5.2.169)，按照前述方法求得 $\boldsymbol{X}_0$，以此作为积分的起点，即初值。积分时的时间步长 $\Delta\tau=\Delta\omega t$ 取 0.05～01 为宜，积分约 1.5 周已经足够得到稳态的不平衡响应，表现为特征盘的盘心轨迹收敛为圆或椭圆。

3. 稳定性分析

对于涡轮机，目前已知的失稳因素有流体动力轴承、流体环形密封、旋转构件中的内摩擦、叶尖间隙不匀产生的 Alford 力、转子空腔内积液、干摩擦、篦齿密封、扭矩波动、离心叶轮上的流体压力、螺桨涡动颤振等。

在转子动力学中，大多数失稳因素所产生的力在两个互相垂直的方向是耦合的，即有交叉的动力特性系数。根据式(5.2.159)，耦合力可写为

$$\begin{Bmatrix} F_x \\ F_y \\ M_x \\ M_y \end{Bmatrix}=\begin{bmatrix} k_{xx} & k_{xy} & k_{x\alpha} & k_{x\beta} \\ k_{yx} & k_{yy} & k_{y\alpha} & k_{y\beta} \\ k_{\alpha x} & k_{\alpha y} & k_{\alpha\alpha} & k_{\alpha\beta} \\ k_{\beta x} & k_{\beta y} & k_{\beta\alpha} & k_{\beta\beta} \end{bmatrix}\begin{Bmatrix} x_k-x_j \\ y_k-y_j \\ \alpha_k-\alpha_j \\ \beta_k-\beta_j \end{Bmatrix}+\begin{bmatrix} c_{xx} & c_{xy} & c_{x\alpha} & c_{x\beta} \\ c_{yx} & c_{yy} & c_{y\alpha} & c_{y\beta} \\ c_{\alpha x} & c_{\alpha y} & c_{\alpha\alpha} & c_{\alpha\beta} \\ c_{\beta x} & c_{\beta y} & c_{\beta\alpha} & c_{\beta\beta} \end{bmatrix}\begin{Bmatrix} \dot{x}_k-\dot{x}_j \\ \dot{y}_k-\dot{y}_j \\ \dot{\alpha}_k-\dot{\alpha}_j \\ \dot{\beta}_k-\dot{\beta}_j \end{Bmatrix} \tag{5.2.178}$$

式中，各个刚度系数和阻尼系数的值，通常都是对静平衡位置来取定的。

由于系统有阻尼，各振动量必须用复数来表示。设式(5.2.166)的特征解为

$$e_{ix}=\{X_1,A_1,X_2,A_2,\cdots,X_N,A_N\}^{\mathrm{T}}\mathrm{e}^{St},\quad e_{iy}=\{Y_1,B_1,Y_2,B_2,\cdots,Y_N,B_N\}^{\mathrm{T}}\mathrm{e}^{St} \tag{5.2.179}$$

式中，$S=\lambda+\mathrm{i}\Omega$ 为系统的复特征值或复频率。于是式(5.2.178)可改写为

$$\begin{Bmatrix} F_x \\ F_y \\ M_x \\ M_y \end{Bmatrix}=\begin{bmatrix} k_{xx}+Sc_{xx} & k_{xy}+Sc_{xy} & k_{x\alpha}+Sc_{x\alpha} & k_{x\beta}+Sc_{x\beta} \\ k_{yx}+Sc_{yx} & k_{yy}+Sc_{yy} & k_{y\alpha}+Sc_{y\alpha} & k_{y\beta}+Sc_{y\beta} \\ k_{\alpha x}+Sc_{\alpha x} & k_{\alpha y}+Sc_{\alpha y} & k_{\alpha\alpha}+Sc_{\alpha\alpha} & k_{\alpha\beta}+Sc_{\alpha\beta} \\ k_{\beta x}+Sc_{\beta x} & k_{\beta y}+Sc_{\beta y} & k_{\beta\alpha}+Sc_{\beta\alpha} & k_{\beta\beta}+Sc_{\beta\beta} \end{bmatrix}\begin{Bmatrix} x_k-x_j \\ y_k-y_j \\ \alpha_k-\alpha_j \\ \beta_k-\beta_j \end{Bmatrix} \tag{5.2.180}$$

将式(5.2.178)代入式(5.2.165)，就可从此方程求得给定转速下系统的复特征值。

失稳力通常随转子转速上升而增大，当转速渐渐增加，达到阈值时，λ 将由负值逐渐增大到零。转速超过阈速，转子就会失稳。但失稳力一般都是非线性的，有关的交叉刚度和阻尼系数与转子的瞬态位移和瞬态速度相关。实际的转子又总有明显的不平衡，应该研究此实际稳态不平衡响应受扰动后的稳定性，这也正是李雅普诺夫稳定性的定义。

另外，上述将系统线性化后求特征值解的方法，只能求阈速及失稳时的自然

涡动频率。按照线性稳定性理论，失稳后的振幅是无界的，直至转子和静子相碰摩。实际上，由于系统的非线性，即使失稳，振幅也可能是有界的，即有极限环。

如果对式(5.2.169)用直接积分法求解，在各个转速下绘出盘心的运动轨迹，就可以根据轨迹的形状、尺寸与变化，判断转子是否失稳、从哪一转速开始失稳、是否存在极限环等。这时式(5.2.169)中的耦合力不仅来自联结结构，也来自主要的失稳因素。失稳的耦合力此时不再用交叉动力特性系数来表示，而必须直接用瞬态力的表达式。在积分过程中，盘、轴段的传递矩阵要用瞬态的传递矩阵，即每积分一步需重新计算一次各个传递矩阵，修正运动方程中的系数矩阵。即每一步积分时，均采用该步起点状态下的传递矩阵及相应的系数矩阵。

4. 瞬态响应分析

转子系统在叶片折断飞脱时的响应，以及在增、减速过程的不平衡响应都是瞬态响应。分析叶片飞脱时转子的突加不平衡响应，可以用模态坐标下的运动方程分析，求得响应后，再转变为物理坐标下的响应。对于一个复杂的系统，求解特征矢量本身就是一项费时的工作，且精度较低。所以，直接、精确的方法还是数值积分法。如前所述，积分过程中必须要用瞬态的传递矩阵。

因为突加不平衡量通常要远远大于转子上原有的不平衡量，所以在式(5.2.177)中后者往往可以略去不计。对于平面 Oxz 和平面 Oyz，突加不平衡的离心力为

$$\boldsymbol{F}_{xz}=\begin{cases}0\\ U\omega^2\cos(\omega t+\theta)u(t)\end{cases},\quad \boldsymbol{F}_{yz}=\begin{cases}0\\ U\omega^2\sin(\omega t+\theta)u(t)\end{cases}\tag{5.2.181}$$

式中，$u(t)$为单位阶跃函数。

转子变速过程通常近似为等加速或等减速过程，从而有

$$\dot{\varphi}=\omega_0+\ddot{\varphi}t,\quad \varphi=\omega_0 t+\frac{1}{2}\ddot{\varphi}t^2\tag{5.2.182}$$

式中，φ 为转子转角；ω_0 为初始角速度。对运动方程(5.2.169)进行直接积分可以求得系统在变速时的不平衡响应。这时，式中油膜耦合力应采用瞬态力表达式，对于平面 Oxz 和平面 Oyz，不平衡离心力的表达式为

$$\begin{aligned}\boldsymbol{F}_{xy}&=\begin{cases}0\\ U\dot{\varphi}^2\cos(\omega t+\theta)+U\ddot{\varphi}^2\sin(\omega t+\theta)\end{cases}\\ \boldsymbol{F}_{xz}&=\begin{cases}0\\ U\dot{\varphi}^2\sin(\omega t+\theta)+U\ddot{\varphi}^2\cos(\omega t+\theta)\end{cases}\end{aligned}\tag{5.2.183}$$

式(5.2.181)或式(5.2.183)中的离心力 $\boldsymbol{F}$，分别属于式(5.2.169)中的 $\boldsymbol{F}_m$、$\boldsymbol{F}_n$ 或 $\boldsymbol{F}_i$，应根据不平衡盘和特征盘的相对位置来确定。

5.3　转子系统基本模型与物理效应

在转子动力学中，经常采用的动力学模型有分布参数模型和集总参数模型两类。两类模型各有其特点，分别适用于不同的问题或不同的实际需求。分布质量模型基本按转子的实际结构，将转子视为质量连续分布的弹性体，在数学上描述分布质量模型的运动通常用偏微分方程。分布质量模型在数学建模上较为接近实际，因而简化产生的误差较小。但由于实际转子几何结构复杂，在数学上很难列出偏微分方程定解问题的边界条件，求解较为困难，所以在实际应用中受到很大限制。而集总参数模型将实际结构离散化，将连续的无限自由度模型变成离散的有限自由度模型，描述其运动方程往往用常微分方程。集总参数模型的数学建模及其求解相对容易，并且当离散模型的自由度足够多时，计算结果足以满足工程精度需要，因此得到广泛应用。下面讨论转子动力学分析时常用的模型。

5.3.1　扰动力的线性化模型

1. 常规的线性化模型

当转子偏离定常自旋状态产生横向扰动位移 x、y 时，围绕介质或者周围物体将会对转子产生附加的扰动作用力。在小扰动的假设下，这一扰动作用力可以描述为线性化模型，即

$$\boldsymbol{F} = -\boldsymbol{c}\dot{\boldsymbol{q}} - \boldsymbol{k}\boldsymbol{q} \tag{5.3.1}$$

式中，

$$\boldsymbol{F} = \begin{Bmatrix} F_x \\ F_x \end{Bmatrix}, \quad \boldsymbol{q} = \begin{Bmatrix} x \\ y \end{Bmatrix}, \quad \boldsymbol{c} = \begin{bmatrix} c_{xx} & c_{xy} \\ c_{yx} & c_{yy} \end{bmatrix}, \quad \boldsymbol{k} = \begin{bmatrix} k_{xx} & k_{xy} \\ k_{yx} & k_{yy} \end{bmatrix} \tag{5.3.2}$$

式(5.3.1)右边 $-\boldsymbol{kq}$ 表示与扰动位移线性相关的力，称为广义恢复力；$-\boldsymbol{c}\dot{\boldsymbol{q}}$ 为与扰动速度线性相关的力，称为广义阻尼力。同一般振动问题不同，这里刚度矩阵 $\boldsymbol{k}$ 和阻尼矩阵 $\boldsymbol{c}$ 一般不是对称矩阵，更不会是正定矩阵。但如果广义恢复力和广义阻尼力仍保持蓄能与耗能的机制，则 $\boldsymbol{k}$ 和 $\boldsymbol{c}$ 应满足：

$$\dot{\boldsymbol{q}}^{\mathrm{T}}\boldsymbol{c}\dot{\boldsymbol{q}} > 0, \quad \boldsymbol{q}^{\mathrm{T}}\boldsymbol{k}\boldsymbol{q} > 0 \tag{5.3.3}$$

式中，$\dot{\boldsymbol{q}}$ 和 $\boldsymbol{q}$ 为任意不全为零的列向量。

定理 5.1　满足式(5.3.3)的矩阵 $\boldsymbol{k}$ 和 $\boldsymbol{c}$ 有下列关系：

$$\begin{cases} k_{xx} > 0, \quad k_{xy} > 0, \quad \Delta k = k_{xx}k_{yy} - k_{xy}k_{yx} \\ c_{xx} > 0, \quad c_{xy} > 0, \quad \Delta c = c_{xx}c_{yy} - c_{xy}c_{yx} \end{cases} \tag{5.3.4}$$

转子系统的许多扰动力都具有式(5.3.4)的性质。线性模型(5.3.1)可以推广到 n 自由度的转子系统中。此时，$\boldsymbol{k}$ 和 $\boldsymbol{c}$ 扩大为 $\boldsymbol{K}$ 和 $\boldsymbol{C}$，即 $n\times n$ 的一般阵，甚至是一般复数系数，则转子系统的扰动方程为

$$\boldsymbol{M}\ddot{\boldsymbol{q}}-\boldsymbol{C}\dot{\boldsymbol{q}}-\boldsymbol{K}\boldsymbol{q}=0 \tag{5.3.5}$$

2. 扰动力分类

(1) 若 $\boldsymbol{K}$ 为对称矩阵，则 $-\boldsymbol{Kq}$ 是保守力，系统是保守系统，即有势能 $V=\dot{\boldsymbol{q}}^{\mathrm{T}}\boldsymbol{K}\dot{\boldsymbol{q}}/2$；若 $\boldsymbol{K}$ 为正定矩阵，则 $-\boldsymbol{Kq}$ 为弹性恢复力；若 $\boldsymbol{K}$ 为负定矩阵，则 $-\boldsymbol{Kq}$ 为负弹性恢复力，$\boldsymbol{K}$ 为负刚度矩阵。

(2) 若 $\boldsymbol{K}$ 为反对称矩阵，则 $-\boldsymbol{Kq}$ 为循环力，此时

$$\begin{Bmatrix}\boldsymbol{F}_x\\ \boldsymbol{F}_y\end{Bmatrix}=-\begin{bmatrix}\boldsymbol{0} & \boldsymbol{k}_{xy}\\ -\boldsymbol{k}_{xy} & \boldsymbol{0}\end{bmatrix}\begin{Bmatrix}\boldsymbol{x}\\ \boldsymbol{y}\end{Bmatrix} \tag{5.3.6}$$

若仅发生 $\boldsymbol{x}$ 方向位移($\boldsymbol{x}\neq\boldsymbol{0},\ \boldsymbol{y}=\boldsymbol{0}$)，则有

$$\boldsymbol{F}_x=\boldsymbol{0},\quad \boldsymbol{F}_y=\boldsymbol{k}_{xy}\boldsymbol{x} \tag{5.3.7}$$

若仅发生 $\boldsymbol{y}$ 方向位移($\boldsymbol{x}=\boldsymbol{0},\ \boldsymbol{y}\neq\boldsymbol{0}$)，则有

$$\boldsymbol{F}_x=-\boldsymbol{k}_{xy}\boldsymbol{y},\quad \boldsymbol{F}_y=\boldsymbol{0} \tag{5.3.8}$$

若取 $\boldsymbol{k}_{xy}<\boldsymbol{0}$，则扰动力如图 5.3.1 所示，由图可以看出，此时循环力与扰动位移成顺时针旋转 90°，循环力的名称即由此而来。如果此时转子做顺时针涡动，涡动方向与循环力方向同向，循环力做正功，转子在运动中将吸取能量，从而引起转子失稳。

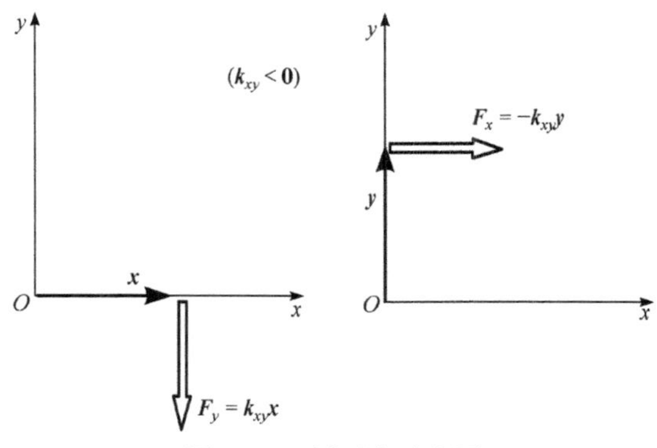

图 5.3.1　循环力示意图

若取 $\boldsymbol{k}_{xy}>\boldsymbol{0}$，则循环力沿逆时针方向旋转，此时循环力对逆涡动做正功。对此功进行定量计算，沿封闭圆周做的功为

$$W=\oint \boldsymbol{F}^{\mathrm{T}}\mathrm{d}\boldsymbol{q}=\oint(\boldsymbol{F}_x^{\mathrm{T}}\mathrm{d}\boldsymbol{x}+\boldsymbol{F}_y^{\mathrm{T}}\mathrm{d}\boldsymbol{y})=\iint_s\left(\frac{\partial \boldsymbol{F}_x}{\partial \boldsymbol{x}}-\frac{\partial \boldsymbol{F}_y}{\partial \boldsymbol{y}}\right)\mathrm{d}\boldsymbol{s} \tag{5.3.9}$$

式中，最后一式是利用了格林公式，将 $\boldsymbol{F}_x$、$\boldsymbol{F}_y$ 代入式(5.3.9)得

$$W=(\boldsymbol{k}_{xy}-\boldsymbol{k}_{yx})\boldsymbol{s} \tag{5.3.10}$$

其中，$\boldsymbol{s}$ 为有向面积，逆时针时 $\boldsymbol{s}>\boldsymbol{0}$，顺时针时 $\boldsymbol{s}<\boldsymbol{0}$。

一般的转子扰动运动，总包含逆涡动和正涡动两种，无论循环力怎么走向，总有一部分能量吸收到转子中去，因此，单纯受循环力作用的转子系统一定失稳。

(3) 若 $\boldsymbol{C}$ 为正定对称矩阵，则 $-\boldsymbol{C}\dot{\boldsymbol{q}}$ 称为阻尼力；若 $\boldsymbol{C}$ 为反对称矩阵，则 $-\boldsymbol{C}\dot{\boldsymbol{q}}$ 称为陀螺力，该力与扰动速度线性相关，与扰动速度方向正交，因此陀螺力不做功。陀螺力是转子动力学中经常遇到的力。

广义阻尼力做功为

$$W_c=\int \boldsymbol{F}^{\mathrm{T}}\mathrm{d}\boldsymbol{q}=-\int \dot{\boldsymbol{q}}^{\mathrm{T}}\boldsymbol{C}^{\mathrm{T}}\dot{\boldsymbol{q}}\mathrm{d}t=-\int(\dot{\boldsymbol{x}}^{\mathrm{T}}\boldsymbol{c}_{xx}^{\mathrm{T}}\dot{\boldsymbol{x}}+\dot{\boldsymbol{y}}^{\mathrm{T}}\boldsymbol{c}_{yy}^{\mathrm{T}}\dot{\boldsymbol{y}}+\dot{\boldsymbol{y}}^{\mathrm{T}}\boldsymbol{c}_{xy}^{\mathrm{T}}\dot{\boldsymbol{x}}+\dot{\boldsymbol{x}}^{\mathrm{T}}\boldsymbol{c}_{yx}^{\mathrm{T}}\dot{\boldsymbol{y}})\mathrm{d}t \tag{5.3.11}$$

若 $\boldsymbol{c}_{xy}=-\boldsymbol{c}_{yx}$，则有

$$W_c=-\int(\dot{\boldsymbol{x}}^{\mathrm{T}}\boldsymbol{c}_{xx}^{\mathrm{T}}\dot{\boldsymbol{x}}+\dot{\boldsymbol{y}}^{\mathrm{T}}\boldsymbol{c}_{yy}^{\mathrm{T}}\dot{\boldsymbol{y}})\mathrm{d}t \tag{5.3.12}$$

可见，陀螺力不消耗能量，耗能仅由 $\boldsymbol{c}_{xx}$、$\boldsymbol{c}_{yy}$ 承担。因此，在讨论稳定性问题时，陀螺力不是很重要，主要是阻尼项 $\boldsymbol{c}_{xx}$、$\boldsymbol{c}_{yy}$ 有增稳作用。

3. 稳定性分析

设图 5.1.1 所示单盘刚性转子受式(5.3.1)所示扰动力的作用，则运动方程为

$$\begin{bmatrix} m & 0 \\ 0 & m \end{bmatrix}\begin{Bmatrix} \ddot{x} \\ \ddot{y} \end{Bmatrix}+\begin{bmatrix} c_{xx} & c_{xy} \\ c_{yx} & c_{yy} \end{bmatrix}\begin{Bmatrix} \dot{x} \\ \dot{y} \end{Bmatrix}+\begin{bmatrix} k_{xx} & k_{xy} \\ k_{yx} & k_{yy} \end{bmatrix}\begin{Bmatrix} x \\ y \end{Bmatrix}=\begin{Bmatrix} 0 \\ 0 \end{Bmatrix} \tag{5.3.13}$$

式(5.3.13)对应的特征方程为

$$\begin{bmatrix} m\lambda^2+c_{xx}\lambda+k_{xx} & c_{xy}\lambda+k_{xy} \\ c_{yx}\lambda+k_{yx} & m\lambda^2+c_{yy}\lambda+k_{yy} \end{bmatrix}=0 \tag{5.3.14}$$

展开式(5.3.14)得到

$$a_0\lambda^4+a_1\lambda^3+a_2\lambda^2+a_3\lambda+a_4=0 \tag{5.3.15}$$

式中，

$$\begin{aligned} &a_0=m^2,\quad a_1=m(c_{xx}+c_{yy}),\quad a_2=m(k_{xx}+k_{yy})+c_{xx}c_{yy}-c_{xy}c_{yx} \\ &a_3=c_{xx}k_{yy}+c_{yy}k_{xx}-c_{xy}k_{yx}-c_{yx}k_{xy},\quad a_4=k_{xx}k_{yy}-k_{xy}k_{yx} \end{aligned} \tag{5.3.16}$$

由 Routh-Hurwitz 准则，得稳定性条件为

$$\begin{gathered} H_1 = a_1 > 0, \quad H_2 = a_1 a_2 - a_0 a_3 > 0 \\ H_3 = a_3 H_2 - a_1^2 a_4 > 0, \quad H_4 = a_4 H_3 > 0 \end{gathered} \tag{5.3.17}$$

设 c_{ij} 、k_{ij} 满足式(5.3.4)，于是 H_1 和 H_2 两条件自动满足，H_3 和 H_4 两条件可等价为

$$a_3 > 0, \quad a_3 H_2 > a_1^2 a_4 \tag{5.3.18}$$

将 a_2 和 a_4 代入式(5.3.18)的第二式，分别得稳定性条件为

$$k_{\mathrm{e}} > 0, \quad k_{\mathrm{e}} < m\gamma_{\mathrm{e}}^2 \tag{5.3.19}$$

式中，

$$\begin{gathered} k_{\mathrm{e}} = m\frac{a_3}{a_1} = \frac{c_{xx}k_{yy} + c_{yy}k_{xx} - c_{xy}k_{yx} - c_{yx}k_{xy}}{c_{xx} + c_{yy}} > 0 \\ \gamma_{\mathrm{e}}^2 = \frac{(k_{\mathrm{e}} - k_{xx})(k_{\mathrm{e}} - k_{yy}) - k_{xy}k_{yx}}{c_{xx}c_{yy} - c_{xy}c_{yx}} \end{gathered} \tag{5.3.20}$$

由式(5.3.19)可知，$k_{\mathrm{e}}>0$ 是稳定性的必要条件，而当 $\gamma_{\mathrm{e}} > 0$ 时，$k_{\mathrm{e}} > m\gamma_{\mathrm{e}}^2$ 是稳定性的充分条件。一般而言，k_{e} 越大，γ_{e}^2 越小，系统的稳定性越好。若只有循环力，则式(5.3.15)化为

$$(m\lambda^2)^2 + k_{xy}^2 = 0 \tag{5.3.21}$$

由式(5.3.21)解出 $\lambda^2 = \pm \mathrm{i}k_{xy} / m$ ，因此 λ 中含有正实部的根，系统恒失稳。即使加了正定阻尼，$k_{\mathrm{e}} = 0$ ，系统仍不能渐近稳定。

为了说明 k_{e} 和 γ_{e} 的物理意义，考虑系统处于失稳边界状态，此时 λ 中有一个根的实部正好为零，于是 $\lambda = \mathrm{i}\omega$ ，代入式(5.3.15)，分出虚实部，得到

$$a_0\omega^4 - a_2\omega^2 + a^4 = 0, \quad a_1\omega^3 - a_3\omega = 0 \tag{5.3.22}$$

由式(5.3.22)解出

$$\omega^2 = k_{\mathrm{e}} / m, \quad \gamma_{\mathrm{e}}^2 = k_{\mathrm{e}} / m \tag{5.3.23}$$

由式(5.3.23)可见，涡动频率 $\omega = \gamma_{\mathrm{e}} = \sqrt{k_{\mathrm{e}} / m}$ ，故 γ_{e} 称为界限涡动频率，k_{e} 为当量综合刚度。

4. 陀螺系统

陀螺系统的运动方程可以表示为

$$\boldsymbol{M}\ddot{\boldsymbol{q}} + (\boldsymbol{D} + \boldsymbol{G})\dot{\boldsymbol{q}} + \boldsymbol{K}\boldsymbol{q} = 0 \tag{5.3.24}$$

式中，$\boldsymbol{M}$ 为正定矩阵；$\boldsymbol{K}$ 为对称矩阵；$\boldsymbol{D}$ 为正定或半正定矩阵；$\boldsymbol{G}$ 为反对称矩阵；

$\boldsymbol{D}\dot{\boldsymbol{q}}$ 为阻尼力；$\boldsymbol{G}\dot{\boldsymbol{q}}$ 为陀螺力。因为 $\dot{\boldsymbol{q}}^{\mathrm{T}}\boldsymbol{G}\dot{\boldsymbol{q}}\equiv 0$，陀螺力恒与速度方向正交，在运动中不做功。$\boldsymbol{D}$=**0** 时称为保守的陀螺系统，$\boldsymbol{D}$>**0** 时称为耗散的陀螺系统，与式(5.3.24)相对应的($\boldsymbol{M}$, $\boldsymbol{K}$)系统称为对应保守系统。

当系统的势能正定时，系统的总能量 $E=T+V$ 正定，且有

$$\frac{\mathrm{d}E}{\mathrm{d}t}=\frac{1}{2}\frac{\mathrm{d}}{\mathrm{d}t}(\dot{\boldsymbol{q}}^{\mathrm{T}}\boldsymbol{M}\dot{\boldsymbol{q}}+\boldsymbol{q}^{\mathrm{T}}\boldsymbol{K}\boldsymbol{q})=-\dot{\boldsymbol{q}}^{\mathrm{T}}\boldsymbol{D}\dot{\boldsymbol{q}}\leqslant 0 \tag{5.3.25}$$

因此，可取 E 为李雅普诺夫函数，当 $\boldsymbol{D}$=**0** 时，系统稳定；当 $\boldsymbol{D}$>**0** 时，系统渐近稳定。由此可见，稳定的保守系统不会加入陀螺力和阻尼力而变得不稳定。

陀螺系统(5.3.24)的特征值问题为

$$[\lambda^2\boldsymbol{M}+\lambda(\boldsymbol{D}+\boldsymbol{G})+\boldsymbol{K}]\boldsymbol{q}_0=0 \tag{5.3.26}$$

可以证明，当 $\boldsymbol{K}>$**0**、$\boldsymbol{D}$=**0** 时，特征根为纯虚数根时系统稳定。当 $\boldsymbol{K}>$**0**、$\boldsymbol{D}$>**0** 时，系统渐近稳定，式(5.3.26)的特征根全是带负实部的复根。但当 $\boldsymbol{K}$ 只是对称而不正定时，即使 $\boldsymbol{D}$=**0**，上述特征值问题的解也将变得很复杂。下面介绍几个重要性质。

(1) 陀螺力可以使不稳定的保守系统变得稳定。在式(5.3.26)左乘 $\bar{\boldsymbol{q}}_0^{\mathrm{T}}$，取 $\boldsymbol{D}$=**0**，得 $m\lambda^2+\mathrm{i}g\lambda+k=0$，其中，$m=\bar{\boldsymbol{q}}_0^{\mathrm{T}}\boldsymbol{M}\boldsymbol{q}_0>0$，$k=\bar{\boldsymbol{q}}_0^{\mathrm{T}}\boldsymbol{K}\boldsymbol{q}_0>0$，$\mathrm{i}g=\bar{\boldsymbol{q}}_0^{\mathrm{T}}\boldsymbol{G}\boldsymbol{q}_0>0$，$g$、$k$ 均为实数。解出

$$\lambda=\mathrm{i}\frac{-g\pm\sqrt{g^2+4mk}}{2m} \tag{5.3.27}$$

若 $\boldsymbol{K}$ 正定，从而 $k>0$，λ 恒为虚根，$k=0$ 时有一个 λ=0，系统进入发散失稳临界状态。若 $\boldsymbol{K}$ 非正定，只要有一个特征向量 $\boldsymbol{q}_0$ 使 $k=\bar{\boldsymbol{q}}_0^{\mathrm{T}}\boldsymbol{K}\boldsymbol{q}_0<-g^2/(4m)\leqslant 0$，就会使 λ 为正实根或正实部的复根，系统发散或颤振失稳。但如果对全部特征根 $k>-g^2/(4m)$ 都成立，则 λ 全为纯虚根而系统稳定。因此，对无阻尼的保守陀螺系统，势能极小只是稳定的充分条件。陀螺力的加入有可能使势能非极小态成为稳定，高速自旋陀螺的定向性就是最常见的实例。

(2) 若同时加进陀螺力和阻尼力，则不稳定的保守系统不再可能稳定，即阻尼陀螺系统的稳定区仍局限于对应的保守系统的稳定区。该事实可称为 KTC (Kelvin-Tait-Chatayev)定理。该定理表明，阻尼力破坏了陀螺力的致稳效果。

需要指出，KTC 定理并不表明陀螺力的致稳作用失去了意义。因为在大多数场合，阻尼很小，其失稳作用常表现得十分缓慢。例如，一个高速自转陀螺，外摩擦力要经过很长时间才能使转速逐步下降而使陀螺表现出不稳定。这个实例也揭示了如何去想象外阻尼对陀螺系统的失稳作用。

(3) 无阻尼陀螺系统的特征多项式 $\varDelta(\lambda)=\left|\lambda^2\boldsymbol{M}+\lambda\boldsymbol{G}+\boldsymbol{K}\right|$ 是 λ^2 的多项式。式(5.3.26)中 $\boldsymbol{D}$=**0** 时，因 $\boldsymbol{K}$ 对称，若 λ_i 是特征根，则 $-\lambda_i$、$\bar{\lambda}_i$、$-\bar{\lambda}_i$ 也是特征根，

因此 $\Delta(\lambda)$ 由下列因子组成，即

$$(\lambda-\lambda_i)(\lambda+\lambda_i)(\lambda-\overline{\lambda}_i)(\lambda+\overline{\lambda}_i)=\lambda^4-(\lambda_i^2+\overline{\lambda}_i^2)\lambda^2+\lambda_i^2\overline{\lambda}_i^2 \tag{5.3.28}$$

可见，$\Delta(\lambda)$ 是 λ^2 的多项式，奇数幂项的系数 a_i 全为零，不能使用 Routh-Hurwitz 准则。要使系统稳定，λ_i^2 必须全是负实数。目前尚无一般判据去判别一个 n 阶实系数代数方程的根全为负实根的条件。但对少数情况，有解析结果。例如，对 λ^2 的二次多项式 $\Delta(\lambda^2)=\lambda^4+a_1\lambda+a_2=0$，要使 λ_1^2 和 λ_2^2 全为负实数，必须满足

$$a_1>0,\quad a_2>0,\quad a_1^2>4a_2 \tag{5.3.29}$$

有一大类无阻尼陀螺系统，经坐标变换后，可简化为在广义坐标之间只有两两耦合，运动方程为

$$\begin{bmatrix} m_1 & 0 \\ 0 & m_2 \end{bmatrix}_j \begin{Bmatrix} \ddot{q}_1 \\ \ddot{q}_2 \end{Bmatrix}_j + \begin{bmatrix} 0 & -g \\ g & 0 \end{bmatrix}_j \begin{Bmatrix} \dot{q}_1 \\ \dot{q}_2 \end{Bmatrix}_j + \begin{bmatrix} k_1 & 0 \\ 0 & k_2 \end{bmatrix}_j \begin{Bmatrix} q_1 \\ q_2 \end{Bmatrix}_j = \begin{Bmatrix} 0 \\ 0 \end{Bmatrix},\quad j=1,2,\cdots,n \tag{5.3.30}$$

式(5.3.30)对应的特征方程为

$$\begin{bmatrix} m_1\lambda^2+k_1 & -g\lambda \\ g\lambda & m_2\lambda^2+k_2 \end{bmatrix} = m_1m_2\lambda^4+(m_1k_2+m_2k_1+g^2)\lambda^2+k_1k_2=0 \tag{5.3.31}$$

对照式(5.3.29)，得稳定性条件为

$$\begin{gathered} \frac{k_1}{m_1}+\frac{k_2}{m_2}+\frac{g^2}{m_1m_2}>0,\quad \frac{k_1}{m_1}\frac{k_2}{m_2}>0 \\ \left(\frac{k_1}{m_1}-\frac{k_2}{m_2}\right)^2+2\left(\frac{k_1}{m_1}+\frac{k_2}{m_2}\right)\frac{g^2}{m_1m_2}+\frac{g^4}{m_1^2m_2^2}>0 \end{gathered} \tag{5.3.32}$$

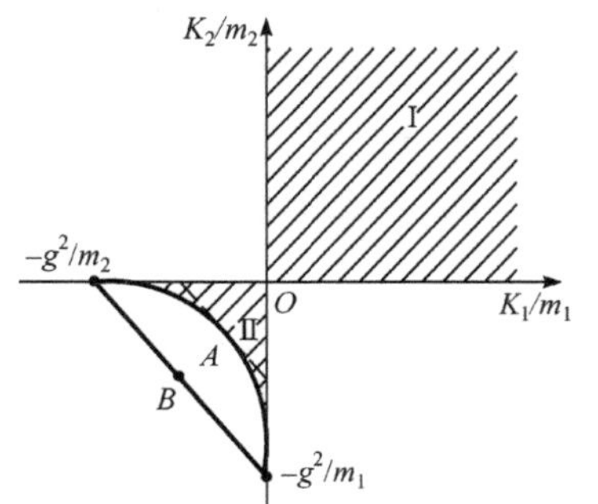

图 5.3.2　陀螺系统的稳定区

式(5.3.32)的稳定性条件如图 5.3.2 所示，图中阴影区为稳定区，其中区域Ⅰ为原保守系统的稳定区，区域Ⅱ为陀螺力的致稳区。图中，$OA=AB=g^2/(2\sqrt{2}m_1m_2)$。若将式(5.3.32)中的第一式改为下列更苛刻的条件，即

$$\frac{k_1}{m_1}+\frac{k_2}{m_2}+\frac{g^2}{2m_1m_2}>0 \tag{5.3.33}$$

则式(5.3.32)的第三式恒成立，即

$$\begin{aligned} &\left(\frac{k_1}{m_1}-\frac{k_2}{m_2}\right)^2+2\left(\frac{k_1}{m_1}+\frac{k_2}{m_2}\right)\frac{g^2}{m_1m_2}+\frac{g^4}{m_1^2m_2^2}>\left(\frac{k_1}{m_1}-\frac{k_2}{m_2}\right)^2-2\frac{g^2}{2m_1m_2}\frac{g^2}{m_1m_2}\frac{g^4}{m_1^2m_2^2} \\ &-\left(\frac{k_1}{m_1}-\frac{k_2}{m_2}\right)^2>0 \end{aligned} \tag{5.3.34}$$

因此，式(5.3.32)稳定的充分条件成为

$$\frac{k_1}{m_1}+\frac{k_2}{m_2}+\frac{g^2}{2m_1m_2}>0\,,\quad \frac{k_1}{m_1}\frac{k_2}{m_2}>0 \tag{5.3.35}$$

这相对于图 5.3.2 中虚直线以上阴影部分。

如果存在外阻尼，则式(5.3.30)改为

$$\begin{bmatrix} m_1 & 0 \\ 0 & m_2 \end{bmatrix}\begin{Bmatrix} \ddot{q}_1 \\ \ddot{q}_2 \end{Bmatrix}+\begin{bmatrix} d_1 & -g \\ g & d_2 \end{bmatrix}\begin{Bmatrix} \dot{q}_1 \\ \dot{q}_2 \end{Bmatrix}+\begin{bmatrix} k_1 & 0 \\ 0 & k_2 \end{bmatrix}\begin{Bmatrix} q_1 \\ q_2 \end{Bmatrix}=0 \tag{5.3.36}$$

式中，$d_1>0$，$d_2>0$，特征方程为

$$\lambda^4+\left(\frac{d_1}{m_1}+\frac{d_2}{m_2}\right)\lambda^3+\left(\frac{k_1}{m_1}+\frac{k_2}{m_2}+\frac{d_1d_2+g^2}{m_1m_2}\right)\lambda^2+\frac{d_1k_2+d_2k_1}{m_1m_2}\lambda+\frac{k_1}{m_1}\frac{k_2}{m_2}=0 \tag{5.3.37}$$

由 Routh-Hurwitz 准则，得稳定区范围为

$$k_1/m_1>0\,,\quad k_2/m_2>0 \tag{5.3.38}$$

式(5.3.38)即图中的稳定区Ⅰ。这个例子证实了前面所述的普遍结论。

5. 循环系统

高速转子扰动运动时，周期介质对转子有作用力。在线性范围内，该力常写为 $\boldsymbol{F}=\boldsymbol{Kq}$，若 $\boldsymbol{K}$ 是对称矩阵，则 $\boldsymbol{F}$ 是保守力。若 $\boldsymbol{K}>\boldsymbol{0}$，则 $\boldsymbol{F}$ 为保守的弹性恢复力。若 $\boldsymbol{K}=\boldsymbol{S}$ 是一个反对称矩阵，则 $\boldsymbol{F}$ 与位移矢量正交，即 $\boldsymbol{q}^{\mathrm{T}}\boldsymbol{F}=\boldsymbol{0}$，此时 $\boldsymbol{F}$ 称为循环力。通常情况下，$\boldsymbol{K}$ 为实矩阵，可分解为对称矩阵 $\boldsymbol{K}_{\mathrm{e}}$ 和反对称矩阵 $\boldsymbol{S}$，即 $\boldsymbol{K}=\boldsymbol{K}_{\mathrm{e}}+\boldsymbol{S}$。因此，系统中包含保守力和循环力两部分。油膜力、密封力、叶尖气隙力、磁轴承力都属于这一类。在旋转坐标系中，外阻尼力

$$d_{\mathrm{e}}\begin{Bmatrix} \dot{y} \\ \dot{z} \end{Bmatrix}=d_{\mathrm{e}}\begin{Bmatrix} \dot{\eta} \\ \dot{\xi} \end{Bmatrix}+d_{\mathrm{e}}\begin{bmatrix} 0 & -Q \\ Q & 0 \end{bmatrix}_j\begin{Bmatrix} \eta \\ \xi \end{Bmatrix} \tag{5.3.39}$$

也包含了循环力成分。阻尼循环系统的一般运动方程为

$$\boldsymbol{M}\ddot{\boldsymbol{q}}+(\boldsymbol{D}+\boldsymbol{G})\dot{\boldsymbol{q}}+(\boldsymbol{K}_{\mathrm{e}}+\boldsymbol{S})\boldsymbol{q}=0 \tag{5.3.40}$$

对应的特征值问题为

$$[\lambda^2\boldsymbol{M}+\lambda(\boldsymbol{D}+\boldsymbol{G})+\boldsymbol{K}_{\mathrm{e}}+\boldsymbol{S}]\boldsymbol{q}_0=0 \tag{5.3.41}$$

式(5.3.40)是转子的一般运动方程，仅 $\boldsymbol{C}$ 的对称部分 $\boldsymbol{D}$ 限制为非负定矩阵，式(5.3.41)左乘 $\bar{\boldsymbol{q}}_0^{\mathrm{T}}$ 得

$$m\lambda^2+\lambda(d+\mathrm{i}g)+k+\mathrm{i}s=0 \tag{5.3.42}$$

式中，$\mathrm{i}s=\bar{\boldsymbol{q}}_0^{\mathrm{T}}\boldsymbol{S}\boldsymbol{q}_0$，$k=\bar{\boldsymbol{q}}_0^{\mathrm{T}}\boldsymbol{K}\boldsymbol{q}_0$。先考虑无阻尼情况，由式(5.3.42)得

$$\lambda=\frac{-\mathrm{i}g\pm\sqrt{-g^2-4m(k+\mathrm{i}s)}}{2m} \tag{5.3.43}$$

只要有一个特征矢量使得 $s\neq0$，式(5.3.43)所示的λ就有正实数，系统颤振失稳。仅当系统的全部特征向量满足 $\bar{\boldsymbol{q}}_0^{\mathrm{T}}\boldsymbol{S}\boldsymbol{q}_0=0$，且 $g^2+4mk>0$ 时，系统才稳定。但这是非常苛刻的要求，一般难以实现。因此，通常只要在保守陀螺系统中加入了循环力，系统就颤振失稳，不可能有发散失稳。

若加入外阻尼，情况将有所好转，令 $d>0$，式(5.3.37)可改写为

$$\lambda^4+2\frac{d}{m}\lambda^3+\left(2\frac{k}{m}+\frac{d^2+g^2}{m^2}\right)\lambda^2+2\left(\frac{dk+gs}{m^2}\right)\lambda+\frac{k^2+s^2}{m^2}=0 \tag{5.3.44}$$

由 Routh-Hurwitz 准则得稳定性条件为

$$d(dk+gs)-ms^2>0 \tag{5.3.45}$$

因此，$d>0$ 的存在使失稳推迟发生，形成了一个稳定区。

类似于陀螺系统，有一大类循环系统可简化为广义坐标两两耦合的形式，即

$$\begin{bmatrix} m_1 & 0 \\ 0 & m_2 \end{bmatrix}\begin{Bmatrix} \ddot{q}_1 \\ \ddot{q}_2 \end{Bmatrix}+\begin{bmatrix} d_1 & -g \\ g & d_2 \end{bmatrix}\begin{Bmatrix} \dot{q}_1 \\ \dot{q}_2 \end{Bmatrix}+\begin{bmatrix} k_1 & -s \\ s & k_2 \end{bmatrix}\begin{Bmatrix} q_1 \\ q_2 \end{Bmatrix}=\begin{Bmatrix} 0 \\ 0 \end{Bmatrix} \tag{5.3.46}$$

为简化计算，取 $m_1=m_2=1$，则特征方程为

$$\lambda^4+(d_1+d_2)\lambda^3+(k_1+k_2+d_1d_2+g^2)\lambda^2+(d_1k_2+d_2k_1+2gs)\lambda+k_1k_2+s^2=0 \tag{5.3.47}$$

由 Routh-Hurwitz 法则，得稳定性条件为

$$\begin{gathered} k_1k_2+s^2>0 \\ \left[d_1k_2+d_2k_1+2gs-\frac{(d_1+d_2)s^2}{d_1d_2}\right](d_1+d_2)(d_1d_2+g^2) \\ +\left[\sqrt{d_1d_2}(k_1-k_2)+\frac{gs(d_2-d_1)}{\sqrt{d_1d_2}}\right]^2>0 \end{gathered} \tag{5.3.48}$$

略去式(5.3.48)第二式的第二项，可得稳定性的充分条件为

$$k_1k_2+s^2>0,\quad d_1k_2+d_2k_1+2gs>(1/d_1+1/d_2)s^2 \tag{5.3.49}$$

如图 5.3.3 中的阴影区是取 $d_1=d_2$ 时的稳定区，即式(5.3.49)的第二式，虚线是由式(5.3.49)表示的近似稳定区边界，由图可见，s 增大使失稳区增大，而 d 增大使失稳区缩小。

5.3.2　黏弹性材料的本构模型

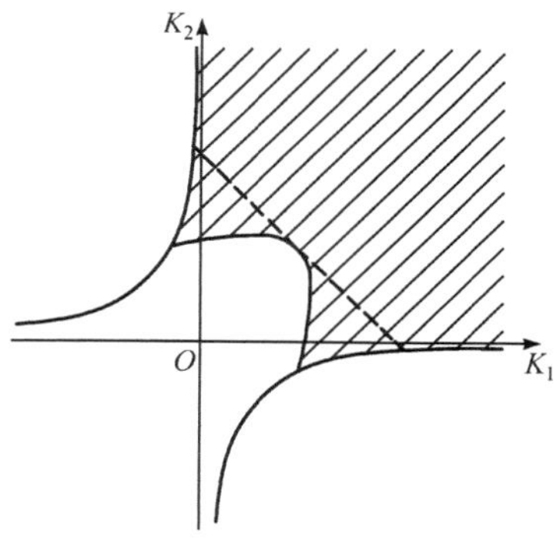

图 5.3.3　循环系统的稳定区

转子模型大都采用弹性材料模型，其本构关系都服从胡克定律。随着旋转机械趋于高速化和新材料的应用，转子呈现以下新的特征：

(1) 高速旋转轴发生变形后，其纵向纤维处于高频的拉伸-压缩交变过程中，由于材料的内摩擦效应，应力-应变关系呈现迟滞回线效应，不再是胡克定律的线性关系，这是黏弹性材料的基本特性。对于金属材料，这一特性只有在高频交变状态下才会显现。

(2) 现代机械装备大多向高速化、精密化方向发展，复合材料、高分子材料等在旋转机械中得到了广泛应用。例如，高速砂锭的锭轴大多采用轻质塑料管；一些精密的旋转机械，由于缺少装配空间，各旋转部件之间的联结采用高强度黏结剂，构成了旋转部件的一部分。对这些材料，转速不高时就开始出现迟滞回线特性。

(3) 转子各部件之间的某些联结结构，在交变变形下可发生相对滑动而产生内摩擦力，如叶轮和转轴之间的热套配合、转轴的套齿联轴器等。这类由机构内阻尼引起的内耗在量级上往往要比材料内耗大。

因此，在旋转机械的设计与分析中，需要考虑材料的内耗特性。内耗引起的主要力学特征是材料中的应力和应变变换不再同步，转轴中应力中心线不再与应变中心线重合，从而产生一个与转轴扰动运动方向垂直的切向力分量。在一定条件下，若这个切向力大于外阻尼力，就会加剧涡动而导致失稳。从能量观点来看，是不断把自旋动能转移到涡动运动上，从而累积造成涡动失稳。

下面讨论分析转轴内耗失稳的一般理论。

1. 线性黏弹性物质的普遍本构关系

线性弹性物质的应力与应变之间呈即时响应特征，以一维拉杆为例，$\sigma = E\varepsilon$，如果在拉伸杆端部施加一个单位阶跃应变 $\varepsilon(t) = H(t)$，其中 $H(t)$ 为阶跃函数，

$$H(t) = \begin{cases} 0, & t < 0 \\ 1, & t \geqslant 0 \end{cases} \tag{5.3.50}$$

则拉伸试件的应力也呈同步阶跃特征，即

$$\sigma(t)=EH(t) \tag{5.3.51}$$

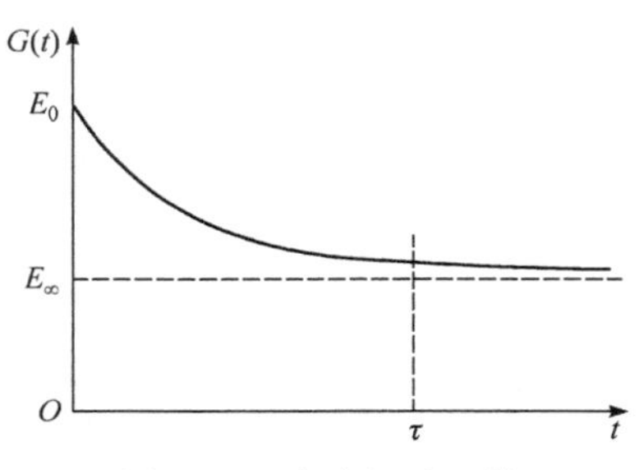

图 5.3.4　应力松弛函数

实验表明，对于黏弹性物质，对应阶跃应变的应力历程不再是同步阶跃函数，而呈现逐渐递降的过程 $G(t)$，如图 5.3.4 所示。应力从初值 E_0 逐渐下降到终值 E_∞。对固体黏弹性物质，$E_\infty>0$。不同的 $G(t)$对应不同的黏弹性物质，但总的变化形态均如图 5.3.4 所示。对每个应力松弛函数 $G(t)$，都可定出响应的松弛时间 τ_σ，经过时间 τ_σ 后，应力基本上从 E_0 降到 E_∞，τ_σ 是对材料应力松弛快慢的度量。

对于一般应变历程 $\varepsilon(t)$，由线性叠加原理，得应力历程为

$$\sigma(t)=\int_{-\infty}^{t}G(t-\xi)\frac{\mathrm{d}\varepsilon(\xi)}{\mathrm{d}\xi}\mathrm{d}\xi=\int_{0}^{\infty}G(\xi)\frac{\mathrm{d}\varepsilon(t-\xi)}{\mathrm{d}t}\mathrm{d}\xi \tag{5.3.52}$$

式(5.3.52)就是黏弹性物质一维本构关系的普遍表达式，称为玻尔兹曼本构关系，或积分型本构关系。还有微分型的本构关系可以表示为

$$\sum_{j=0}^{n}\alpha_j\frac{\mathrm{d}^j\sigma}{\mathrm{d}t^j}=\sum_{j=0}^{m}\beta_j\frac{\mathrm{d}^j\varepsilon}{\mathrm{d}t^j},\quad \beta_0\neq 0,\ \alpha_0=1 \tag{5.3.53}$$

将 $\varepsilon(t)=H(t)$ 代入式(5.3.53)，两边取拉普拉斯变换，得

$$\bar{G}(s)=\sum_{j=0}^{m}\beta_j s^j\Big/\sum_{j=0}^{n}\alpha_j s^j \tag{5.3.54}$$

式中，$\bar{G}(s)$ 是 $G(t)$的拉普拉斯变换，即

$$\bar{G}(s)=\int_{0}^{\infty}G(t)\mathrm{e}^{-st}\mathrm{d}t \tag{5.3.55}$$

对 $\bar{G}(s)$ 进行拉普拉斯逆变换，可得微分方程的应力松弛函数 $G(t)$。因此，微分型本构关系可以转化为积分型本构关系。但反之不然，积分型本构关系未必一定可转换成微分型本构关系。因此，积分型的玻尔兹曼本构关系是线性黏弹性物质的普遍本构关系表达式。

2. 几种简单的黏弹性模型

1) Kelvin-Voigt 模型

Kelvin-Voigt 模型的一维微分型本构关系为

$$\sigma=E(\varepsilon+\mu\mathrm{d}\varepsilon/\mathrm{d}t) \tag{5.3.56}$$

式中，E 是弹性模量，μ 是阻尼系数，取 $\varepsilon(t)=H(t)$，代入式(5.3.55)，得

$$G(t) = E[H(t) + \mu\delta(t)] \tag{5.3.57}$$

式中，$\delta(t)=\mathrm{d}H(t)/\mathrm{d}t$ 是单位脉冲函数。式(5.3.57)的示意图如图 5.3.5 所示，与图 5.3.4 对比可以发现，Kelvin-Voigt 模型的应力松弛曲线呈现为突降而不是渐降，因此不是一个满意的黏弹性模型，但由于该模型表达式简单，故仍得到广泛应用。式(5.3.56)对应的拉普拉斯变换为

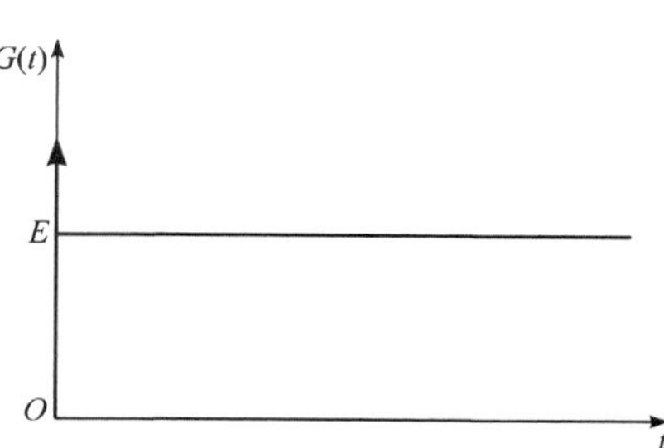

图 5.3.5　Kelvin-Voigt 模型的 $G(t)$

$$\bar{G}(s) = E(1/s+\mu) \tag{5.3.58}$$

2) 麦克斯韦模型

麦克斯韦模型的一维本构关系为

$$\sigma + \tau_\sigma \dot{\sigma} = E_0 \tau_\sigma \dot{\varepsilon} \tag{5.3.59}$$

取 $\varepsilon(t) = H(t)$，并取初始条件 $\sigma(0) = E_0$，积分得

$$G(t) = E_0 \mathrm{e}^{-t/\tau_\sigma} \tag{5.3.60}$$

式(5.3.60)对应的拉普拉斯变换为

$$\bar{G}(s) = \frac{E_0 \tau_\sigma}{1+\tau_\sigma s} \tag{5.3.61}$$

可见，应力最后松弛到零。麦克斯韦模型一般适用于固体黏弹性物质，但也可用于描述柏油一类的物质。

3) 三参数模型(标准型模型)

三参数模型的一维本构关系为

$$\sigma + \tau_\sigma \dot{\sigma} = E_\infty \varepsilon + E_0 \tau_\sigma \dot{\varepsilon} \tag{5.3.62}$$

取 $\varepsilon(t) = H(t)$，并取初始条件 $\sigma(0) = E_0$，积分得

$$G(t) = E_\infty + (E_0 - E_\infty)\mathrm{e}^{-t/\tau_\sigma} \tag{5.3.63}$$

式(5.3.63)对应的拉普拉斯变换为

$$\bar{G}(s) = \frac{E_\infty}{s} + \frac{E_0 - E_\infty}{s + 1/\tau_\sigma} \tag{5.3.64}$$

式(5.3.64)表明，应力从 E_0 松弛到 E_∞，若 $E_\infty \neq 0$，则该式较正确地反映了一般黏弹性固体的松弛特性，因此三参数模型是一个较合理又较简单的可取模型。

4) 幂律体模型

幂律体模型的表达式为

$$\bar{G}(s) = E\left[\frac{1}{s} + \frac{\Gamma(p+1)}{s[\tau_\varepsilon^p s^p + \Gamma(p+1)]}\right] \tag{5.3.65}$$

幂律体模型不存在对应的微分型本构关系表达式,除非引入分数导数的概念,而前三类模型既是积分型又是微分型。

5.3.3 转子系统的普遍运动方程

1. 普遍运动方程

图 5.3.6(a)为黏弹性转轴，以 Ω 自旋。取静止坐标系 $Oxyz$，x 沿轴的未扰中性轴方向，并设中性轴在 $Oxyz$ 系中的变形为 $y=y(x,t)$，$z=z(x,t)$。再在转轴的任一截面上取局部坐标系 $O_1y_1z_1$，其中 O_1 为变形后中性轴与轴截面的交点，y_1 与 y 平行，z_1 与 z 平行，如图 5.3.6(b)所示。依据工程梁理论，轴截面(y_1,z_1)处的纵向纤维的拉伸应变为

$$\varepsilon_x = -[y''(x,t)y_1 + z''(x,t)z_1] \tag{5.3.66}$$

式中，y'' 和 z'' 表示 y、z 对 x 的二阶导数，因为

$$y_1 = r\cos(\Omega t), \quad z_1 = r\sin(\Omega t) \tag{5.3.67}$$

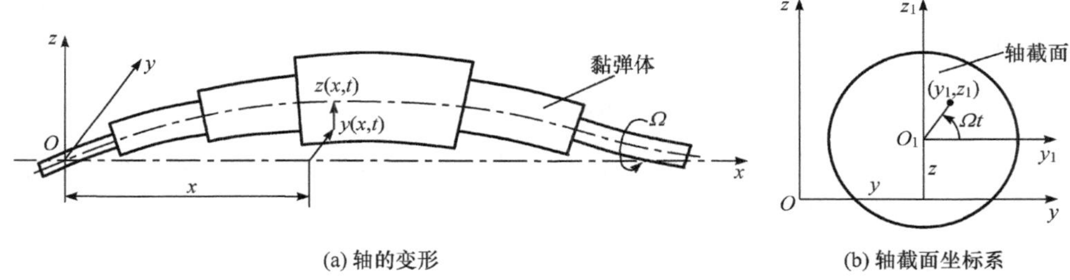

(a) 轴的变形　　(b) 轴截面坐标系

图 5.3.6　黏弹性转轴

将式(5.3.67)代入式(5.3.66)，得

$$\begin{aligned}\varepsilon_x &= -r[y''(x,t)\cos(\Omega t) + z''(x,t)\sin(\Omega t)]\\ \dot{\varepsilon}_x &= -[\dot{y}''(x,t)+\Omega z''(x,t)]r\cos(\Omega t) - [\dot{z}''(x,t) - \Omega y''(x,t)]r\sin(\Omega t)\end{aligned} \tag{5.3.68}$$

将式(5.3.66)代入式(5.3.52)的第二式，得

$$\begin{aligned}\sigma_x = -\int_0^\infty G(\xi)\{&[\dot{y}''(x,t-\xi)+\Omega z''(x,t-\xi)][y_1\cos(\Omega\xi) + z_1\sin(\Omega\xi)]\\ &+[\dot{z}''(x,t-\xi) - \Omega y''(x,t-\xi)][z_1\cos(\Omega\xi) - y_1\sin(\Omega\xi)]\}\mathrm{d}\xi\end{aligned} \tag{5.3.69}$$

于是沿 z 和 $-y$ 方向的弯矩分量 M_y 和 M_z 分别为

$$\begin{aligned}M_z = -\int_A \sigma_x y_1 \mathrm{d}A = I(x)\int_0^\infty G(\xi)\{&[\dot{y}''(x,t-\xi)+\Omega z''(x,t-\xi)]\cos(\Omega\xi)\\ &-[\dot{z}''(x,t-\xi) - \Omega y''(x,t-\xi)]\sin(\Omega\xi)\}\mathrm{d}\xi\end{aligned} \tag{5.3.70a}$$

$$M_{-y}=-\int_A \sigma_x z_1 \mathrm{d}A = I(x)\int_0^{\infty} G(\xi)\{[\dot{y}''(x,t-\xi)+\Omega z''(x,t-\xi)]\sin(\Omega\xi) \\ -[\dot{z}''(x,t-\xi)-\Omega y''(x,t-\xi)]\cos(\Omega\xi)\}\mathrm{d}\xi \tag{5.3.70b}$$

式(5.3.70)的两式合并为

$$M = I(x)\int_0^{\infty} G(\xi)\mathrm{e}^{\mathrm{i}\Omega t}[\dot{p}''(x,t-\xi)-\mathrm{i}\Omega p''(x,t-\xi)]\mathrm{d}\xi \tag{5.3.71}$$

式中，$M=M_y+\mathrm{i}M_z$、$p=y+\mathrm{i}z$ 分别为复弯矩和复位移。

设 $m(x)$、$c(x)$、$f_y(x)$、$f_z(x)$分别为转轴的质量线密度、外阻尼系数密度和沿 y、z 方向的分布外载荷线密度，则运动方程为

$$m\ddot{p}+c\dot{p}+M''=F \tag{5.3.72}$$

式中，$F=f_y+\mathrm{i}f_z$。

将式(5.3.71)代入式(5.3.72)，得

$$\left\{I(x)\int_0^{\infty} G(\xi)\mathrm{e}^{\mathrm{i}\Omega t}[\dot{p}''(x,t-\xi)-\mathrm{i}\Omega p''(x,t-\xi)]\mathrm{d}\xi\right\}''+m\ddot{p}+c\dot{p}=F \tag{5.3.73}$$

若计入转动惯量，则转轴的运动方程为

$$m\ddot{p}+c\dot{p}=-Q'+F,\quad I_{\mathrm{d}}\ddot{\theta}+(c-\mathrm{i}I_{\mathrm{p}}\Omega)\dot{\theta}=M'-Q \tag{5.3.74}$$

式中，$Q=Q_y+\mathrm{i}Q_z$、$\theta=\theta_y+\mathrm{i}\theta_z$ 分别为复剪力和复转角；c 为外阻尼力矩系数线密度。因 $\theta=p'$，从式(5.3.74)的两式中消去 Q，得

$$m\ddot{p}+c\dot{p}=-[I_{\mathrm{d}}\ddot{p}'+(c-\mathrm{i}I_{\mathrm{p}}\Omega)\dot{p}']' \\ +\left\{I(x)\int_0^{\infty} G(\xi)\mathrm{e}^{\mathrm{i}\Omega t}[\dot{p}''(x,t-\xi)-\mathrm{i}\Omega p''(x,t-\xi)]\mathrm{d}\xi\right\}''=F \tag{5.3.75}$$

式(5.3.75)即计入转动惯量后黏弹性转轴的普遍运动方程。

现用 Rayleigh-Ritz 法把上述方程离散化，取 n 个假设模态 $\phi_1(x),\phi_2(x),\cdots,\phi_n(x)$，令

$$y(x,t)=\boldsymbol{\Phi}(x)\boldsymbol{q}_1(t),\quad z(x,t)=\boldsymbol{\Phi}(x)\boldsymbol{q}_2(t) \tag{5.3.76}$$

式(5.3.76)的两式合并为

$$p(x,t)=\boldsymbol{\Phi}(x)\boldsymbol{q}(t) \tag{5.3.77}$$

式中，

$$\boldsymbol{\Phi}(x)=[\phi_1(x),\phi_2(x),\cdots,\phi_n(x)],\quad \boldsymbol{q}(t)=\boldsymbol{q}_1(t)+\mathrm{i}\boldsymbol{q}_2(t) \tag{5.3.78}$$

将式(5.3.77)代入式(5.3.75)，并左乘 $\boldsymbol{\Phi}^{\mathrm{T}}$ 后积分，得离散型运动方程为

$$\boldsymbol{M}\ddot{\boldsymbol{q}}+(\boldsymbol{C}-\mathrm{i}\boldsymbol{I}\Omega)\dot{\boldsymbol{q}}+\frac{\boldsymbol{K}}{E}\int_0^{\infty}G(\xi)\mathrm{e}^{\mathrm{i}\Omega\xi}[\dot{\boldsymbol{q}}(t-\xi)-\mathrm{i}\Omega\boldsymbol{q}(t-\xi)]\mathrm{d}\xi=\boldsymbol{F}_q \tag{5.3.79}$$

式中，

$$\begin{gathered}\boldsymbol{M}=\int_0^l m\boldsymbol{\Phi}^{\mathrm{T}}\boldsymbol{\Phi}\mathrm{d}x+\int_0^l I_{\mathrm{d}}\boldsymbol{\Phi}'^{\mathrm{T}}\boldsymbol{\Phi}'\mathrm{d}x,\quad \boldsymbol{C}=\int_0^l c\boldsymbol{\Phi}^{\mathrm{T}}\boldsymbol{\Phi}\mathrm{d}x+\int_0^l d\boldsymbol{\Phi}'^{\mathrm{T}}\boldsymbol{\Phi}'\mathrm{d}x\\ \boldsymbol{I}=\int_0^l I_{\mathrm{p}}\boldsymbol{\Phi}'^{\mathrm{T}}\boldsymbol{\Phi}'\mathrm{d}x,\quad \boldsymbol{K}=E\int_0^l I(x)\boldsymbol{\Phi}''^{\mathrm{T}}\boldsymbol{\Phi}''\mathrm{d}x,\quad \boldsymbol{F}_q=\int_0^l\boldsymbol{\Phi}^{\mathrm{T}}\boldsymbol{F}\mathrm{d}x\end{gathered} \tag{5.3.80}$$

若采用的是转轴有限元模型，取结点处的位移和转角为广义坐标，则只需取 $\phi_i(x)$ 为对应的广义坐标的形函数 $N_i(x)$ 即可。

2. 聚集参数多盘转子系统的普遍运动方程

对于图 5.3.7 所示的聚集参数多盘转子系统，设第 j 个盘的质心的位移和转角分别为 y_j、z_j、θ_{yj}、θ_{zj}。令 $p_j=y_j+\mathrm{i}z_j$，$\theta_j=\theta_{yj}+\mathrm{i}\theta_{zj}$，则该盘的运动方程为

$$m_j\ddot{p}_j+c_j\dot{p}_j=-\Delta Q_j+f_j,\quad I_{\mathrm{d}j}\ddot{\theta}_j+(d_j-\mathrm{i}I_{\mathrm{p}j}\Omega)\dot{\theta}=\Delta M_j+l_j,\quad j=1,2,\cdots,n \tag{5.3.81}$$

式中，m_j、$I_{\mathrm{d}j}$、$I_{\mathrm{p}j}$ 分别为 j 盘的质量、赤道转动惯量和极转动惯量；c_j、d_j 分别为作用于 j 盘上的外阻尼力系数和外阻尼力矩系数；f_j、l_j 分别为作用于盘上的外力和外力矩；ΔQ_j 和 ΔM_j 分别为弹性轴作用于盘两侧的复剪力差和复弯矩差。

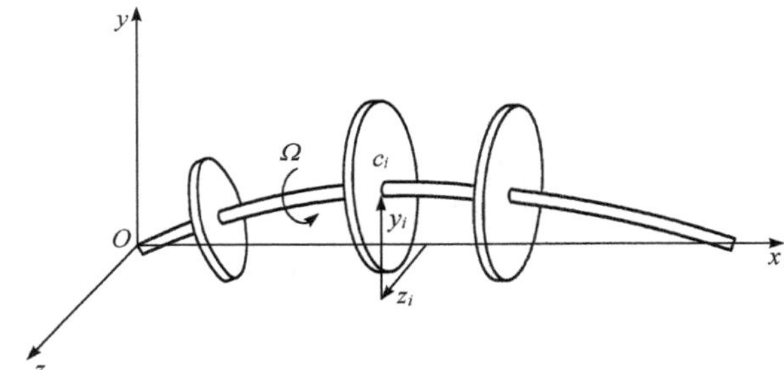

图 5.3.7　多盘聚集参数转子系统

式(5.3.81)可以写成矩阵形式为

$$\boldsymbol{M}\ddot{\boldsymbol{q}}+(\boldsymbol{C}-\mathrm{i}\boldsymbol{I}\Omega)\dot{\boldsymbol{q}}=\{-\Delta\boldsymbol{Q}\quad \Delta\boldsymbol{M}\}^{\mathrm{T}}+\{\boldsymbol{F}\quad \boldsymbol{L}\}^{\mathrm{T}} \tag{5.3.82}$$

式中，

$$\boldsymbol{q}=\begin{Bmatrix}\boldsymbol{p}\\ \boldsymbol{\Theta}\end{Bmatrix},\quad \boldsymbol{M}=\begin{bmatrix}\boldsymbol{m} & \boldsymbol{0}\\ \boldsymbol{0} & \boldsymbol{I}_{\mathrm{d}}\end{bmatrix},\quad \boldsymbol{C}=\begin{bmatrix}\boldsymbol{c} & \boldsymbol{0}\\ \boldsymbol{0} & \boldsymbol{d}\end{bmatrix},\quad \boldsymbol{I}=\begin{bmatrix}\boldsymbol{0} & \boldsymbol{0}\\ \boldsymbol{0} & \boldsymbol{I}_{\mathrm{p}}\end{bmatrix}$$

$$\boldsymbol{p}=\begin{Bmatrix}p_1\\ \vdots\\ p_2\end{Bmatrix},\quad \boldsymbol{\Theta}=\begin{Bmatrix}\theta_1\\ \vdots\\ \theta_2\end{Bmatrix},\quad \boldsymbol{m}=\begin{bmatrix}m_1 & & \boldsymbol{0}\\ & \ddots & \\ \boldsymbol{0} & & m_n\end{bmatrix},\quad \boldsymbol{I}_{\mathrm{d}}=\begin{bmatrix}I_{\mathrm{d}1} & & \boldsymbol{0}\\ & \ddots & \\ \boldsymbol{0} & & I_{\mathrm{d}n}\end{bmatrix}$$

$$\boldsymbol{I}_{\mathrm{p}}=\begin{bmatrix} I_{\mathrm{p}1} & & 0 \\ & \ddots & \\ 0 & & I_{\mathrm{p}n} \end{bmatrix},\quad \boldsymbol{c}=\begin{bmatrix} c_1 & & 0 \\ & \ddots & \\ 0 & & c_n \end{bmatrix},\quad \boldsymbol{d}=\begin{bmatrix} d_1 & & 0 \\ & \ddots & \\ 0 & & d_n \end{bmatrix}$$
$$\boldsymbol{F}=\begin{Bmatrix} f_1 \\ \vdots \\ f_2 \end{Bmatrix},\quad \boldsymbol{L}=\begin{Bmatrix} l_1 \\ \vdots \\ l_2 \end{Bmatrix},\quad \Delta\boldsymbol{Q}=\begin{Bmatrix} \Delta Q_1 \\ \vdots \\ \Delta Q_2 \end{Bmatrix},\quad \Delta\boldsymbol{M}=\begin{Bmatrix} \Delta M_1 \\ \vdots \\ \Delta M_2 \end{Bmatrix} \tag{5.3.83}$$

设轻质柔轴的变形曲线为 $p(x,t)=y(x,t)+\mathrm{i}z(x,t)$，由式(5.3.71)可得

$$\Delta\boldsymbol{M}=\int_0^{\infty}G(\xi)\mathrm{e}^{\mathrm{i}\Omega\xi}[\varDelta(\boldsymbol{I}\dot{\boldsymbol{p}}'')-\mathrm{i}\Omega\varDelta(\boldsymbol{I}\boldsymbol{p}'')]\mathrm{d}\xi \tag{5.3.84}$$

式中，

$$\varDelta(\boldsymbol{I}\dot{\boldsymbol{p}}'')=\mathrm{col}\left[I(x)\dot{p}''(x,t-\xi)\Big|_{x_i-0}^{x_i+0}\right],\quad \varDelta(\boldsymbol{I}\boldsymbol{p}'')=\mathrm{col}\left[I(x)p''(x,t-\xi)\Big|_{x_i-0}^{x_i+0}\right] \tag{5.3.85}$$

又因为对轻质柔轴有 $\boldsymbol{I}_{\mathrm{p}}=\boldsymbol{I}_{\mathrm{d}}=\boldsymbol{d}=\boldsymbol{0}$，故有

$$\Delta\boldsymbol{Q}=\Delta\boldsymbol{M}'=\int_0^{\infty}G(\xi)\mathrm{e}^{\mathrm{i}\Omega\xi}[\varDelta(\boldsymbol{I}\dot{\boldsymbol{p}}'')'-\mathrm{i}\Omega\varDelta(\boldsymbol{I}\boldsymbol{p}'')']\mathrm{d}\xi \tag{5.3.86}$$

式中，

$$\varDelta(\boldsymbol{I}\dot{\boldsymbol{p}}'')'=\mathrm{col}\left[I(x)\dot{p}''(x,t-\xi)'\Big|_{x_i-0}^{x_i+0}\right],\quad \varDelta(\boldsymbol{I}\boldsymbol{p}'')'=\mathrm{col}\left[I(x)p''(x,t-\xi)'\Big|_{x_i-0}^{x_i+0}\right] \tag{5.3.87}$$

依工程梁理论，则有

$$E\begin{Bmatrix} \varDelta(\boldsymbol{I}\boldsymbol{p}'')' \\ \varDelta(\boldsymbol{I}\boldsymbol{p}'') \end{Bmatrix}=\begin{bmatrix} \boldsymbol{K}_{11} & \boldsymbol{K}_{12} \\ \boldsymbol{K}_{21} & \boldsymbol{K}_{22} \end{bmatrix}\begin{Bmatrix} \boldsymbol{p} \\ \boldsymbol{\Theta} \end{Bmatrix}=\boldsymbol{K}\boldsymbol{q} \tag{5.3.88}$$

于是有

$$\begin{Bmatrix} -\Delta\boldsymbol{Q} \\ \Delta\boldsymbol{M} \end{Bmatrix}=-\frac{\boldsymbol{K}}{E}\int_0^{\infty}G(\xi)\mathrm{e}^{\mathrm{i}\Omega\xi}[\dot{\boldsymbol{q}}(t-\xi)-\mathrm{i}\Omega\boldsymbol{q}(t-\xi)]\mathrm{d}\xi \tag{5.3.89}$$

将式(5.3.89)代入式(5.3.82)，得到聚集参数多盘转子系统的普遍运动方程为

$$\boldsymbol{M}\ddot{\boldsymbol{q}}+(\boldsymbol{C}-\mathrm{i}\boldsymbol{I}\Omega)\dot{\boldsymbol{q}}+\frac{\boldsymbol{K}}{E}\int_0^{\infty}G(\xi)\mathrm{e}^{\mathrm{i}\Omega\xi}[\dot{\boldsymbol{q}}(t-\xi)-\mathrm{i}\Omega\boldsymbol{q}(t-\xi)]\mathrm{d}\xi=\{\boldsymbol{F}\quad \boldsymbol{L}\}^{\mathrm{T}} \tag{5.3.90}$$

式(5.3.90)即式(5.3.79)，仅 $\boldsymbol{M}$、$\boldsymbol{C}$、$\boldsymbol{K}$、$\boldsymbol{I}$ 的具体形式不同。

3. 静载荷下黏弹性转轴的静变形

取 $\dot{\varepsilon}=\ddot{\varepsilon}=0$，代入式(5.3.78)，得

$$\frac{\boldsymbol{K}}{E}(-\mathrm{i}\Omega)\bar{G}(-\mathrm{i}\Omega)\boldsymbol{q}=\boldsymbol{F} \tag{5.3.91}$$

由式(5.3.91)解出

$$\boldsymbol{q}=\frac{\mathrm{i}E}{\varOmega\bar{G}(-\mathrm{i}\varOmega)}\boldsymbol{K}^{-1}\boldsymbol{F} \tag{5.3.92}$$

若水平转轴承受垂直静载荷 $\boldsymbol{F}=-\mathrm{i}\boldsymbol{W}$ ，则由式(5.3.90)得

$$\begin{aligned}\boldsymbol{q}_y&=\frac{E}{\varOmega\left|\bar{G}\right|^2}\bar{G}_1(-\mathrm{i}\varOmega)\boldsymbol{K}^{-1}\boldsymbol{W}\\\boldsymbol{q}_z&=-\frac{E}{\varOmega\left|\bar{G}\right|^2}\bar{G}_2(-\mathrm{i}\varOmega)\boldsymbol{K}^{-1}\boldsymbol{W}\end{aligned} \tag{5.3.93}$$

式中，$\bar{G}_1(-\mathrm{i}\varOmega)$ 和 $\bar{G}_2(-\mathrm{i}\varOmega)$ 分别是 $\bar{G}(-\mathrm{i}\varOmega)$ 的实部和虚部。

可见，轴的变形属于平面变形，变形平面和垂直面的夹角β如图 5.3.8 所示，可表示为

$$\tan\beta=-\frac{\boldsymbol{q}_y}{\boldsymbol{q}_z}=\frac{\bar{G}_1(-\mathrm{i}\varOmega)}{\bar{G}_2(-\mathrm{i}\varOmega)} \tag{5.3.94}$$

对于 Kelvin-Voigt 模型， $\tan\beta=\mu\varOmega$ ，对三参数模型， $\tan\beta=(E_0-E_\infty)\tau_\sigma\varOmega/(E_\infty+E_0\tau_\sigma^2\varOmega^2)$ ，如图 5.3.9 所示。

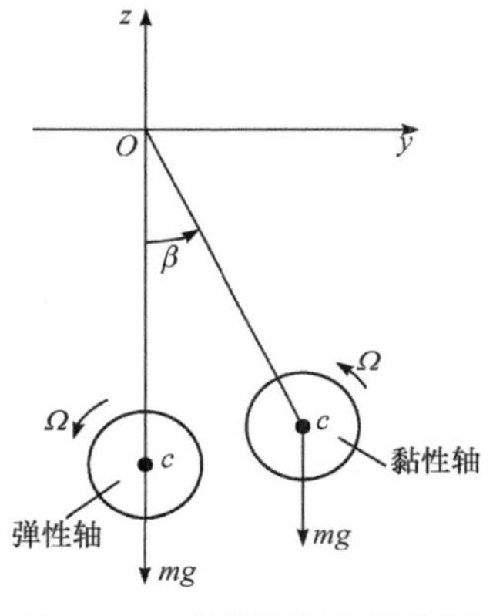

图 5.3.8　黏弹轴的自重变形

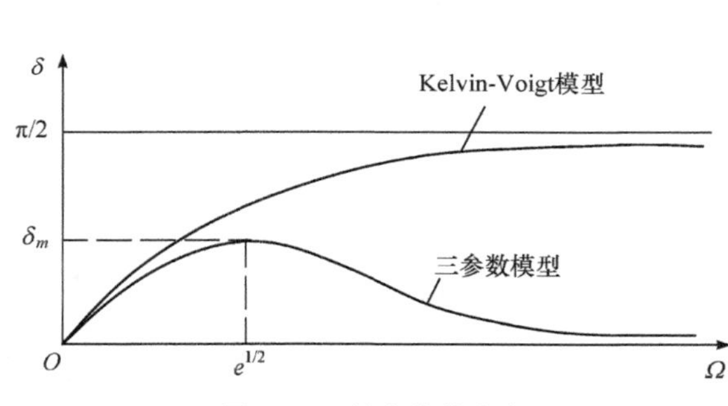

图 5.3.9　静变位偏离角

5.3.4　动力稳定性与动力失稳

1. 动力稳定性

取外力 $\boldsymbol{F}=\boldsymbol{0}$，并令 $\boldsymbol{q}(x,t)=\boldsymbol{q}(x)\mathrm{e}^{\lambda t}$ ，代入式(5.3.79)，得

$$\{\lambda^2\boldsymbol{M}+\lambda(\boldsymbol{C}-\mathrm{i}\varOmega\boldsymbol{I})+[(\lambda-\mathrm{i}\varOmega)\bar{G}(\lambda-\mathrm{i}\varOmega)]\boldsymbol{K}/E\}\boldsymbol{q}=\boldsymbol{0} \tag{5.3.95}$$

对于弹性转子，$\bar{G}(s)=E/s$，式(5.3.95)化为

$$[\lambda^2\boldsymbol{M}+\lambda(\boldsymbol{C}-\mathrm{i}\Omega\boldsymbol{I})+\boldsymbol{K}]\boldsymbol{q}=\boldsymbol{0} \tag{5.3.96}$$

式(5.3.96)是弹性转子对应的特征值问题。比较式(5.3.95)和式(5.3.96)可知，较之弹性转子的特征值，黏弹性转子的特征值在 $\boldsymbol{K}$ 前增加了一个标量因子 $(\lambda-\mathrm{i}\Omega)\bar{G}\cdot(\lambda-\mathrm{i}\Omega)/E$，因而大大影响了特征根的性质，从而影响了黏弹性转子的动力稳定特性。

设 $(\boldsymbol{K}-\omega^2\boldsymbol{M})\boldsymbol{q}=0$ 的主模态集 $\boldsymbol{\Phi}=\{\phi_1,\phi_2,\cdots,\phi_n\}$，将 $\boldsymbol{q}$ 用主模态展开，$\boldsymbol{q}=\boldsymbol{\Phi x}$，代入式(5.3.90)，左乘 $\boldsymbol{\Phi}^{\mathrm{T}}$，并只计入 $\bar{\boldsymbol{C}}=\boldsymbol{\Phi}^{\mathrm{T}}\boldsymbol{C\Phi}$ 和 $\bar{\boldsymbol{I}}=\boldsymbol{\Phi}^{\mathrm{T}}\boldsymbol{I\Phi}$ 的对角项 $\bar{c}_j\bar{I}_j$ (j=1, 2,⋯,n)，则式(5.3.95)被解耦为 n 个独立方程，即

$$\{\lambda^2+(c_j-\mathrm{i}\Omega I_j)\lambda+[(\lambda-\mathrm{i}\Omega)\bar{G}(\lambda-\mathrm{i}\Omega)]\omega_j^2/E\}x_j=0,\quad j=1,2,\cdots,n \tag{5.3.97}$$

若 n=1，则对应单模态模型或单盘转子。对于 Kelvin-Voigt 模型，将式(5.3.58)代入式(5.3.97)，不计 $\bar{I}_j$，得特征方程为

$$\lambda^2+(c_j+\mu\omega_j^2)\lambda+(1-\mathrm{i}\mu\Omega)\omega_j^2=0,\quad j=1,2,\cdots,n \tag{5.3.98}$$

由广义 Routh-Hurwitz 准则，得稳定性条件为 $\Omega<\omega_j+c_j/(\mu\omega_j)$ (j=1,2,⋯,n)，即有

$$\Omega<\Omega_t=\min_j[\omega_j+c_j/(\mu\omega_j)],\quad j=1,2,\cdots,n \tag{5.3.99}$$

若 $\Omega>\Omega_t$，则系统失稳，Ω_t 称为失稳阈值。当外阻尼为零时，失稳阈值是最小临界转速 ω_1，但只要存在外阻尼，Kelvin-Voigt 模型黏弹性转子的内耗失稳阈值就大于 ω_1。

设式(5.3.99)右边最小值在 $j=k$ 处达到，则该转子可越过前 k 个临界转速而在 $\Omega<\omega_k+c_k/(\mu\omega_k)$ 失稳，被激发的失稳形态为 ϕ_k。可见，外阻尼提高了黏弹性转子的自旋稳定性。

2. 三参数模型下黏弹性转轴的动力失稳

大多黏弹性物质宜用三参数模型表征，其中，E_0、E_∞、τ 是三个可调参数，将式(5.3.64)代入式(5.3.98)，并取 E_0=E_∞，得

$$(\lambda-\mathrm{i}\Omega)[\lambda^2+(c_j-i\Omega I_j)\lambda+\omega_j^2]+[\lambda^2+(c_j-i\Omega I_j)\lambda+\alpha\omega_j^2]/\tau=0,\quad j=1,2,\cdots,n \tag{5.3.100}$$

式中，$\alpha=E_\infty/E_0<1$。若 $c_j=I_j=0$，则有

$$(\lambda-\mathrm{i}\Omega)(\lambda^2+\omega_j^2)+(\lambda^2+\alpha\omega_j^2)/\tau=0,\quad j=1,2,\cdots,n \tag{5.3.101}$$

根据广义 Routh-Hurwitz 准则，得稳定性条件为 $\Omega<\sqrt{\alpha}\omega_j$ (j=1, 2,⋯,n)，取最小ω_j的值ω_1，得稳定性条件为

$$\Omega<\sqrt{\alpha}\omega_1=\omega_{\infty 1} \tag{5.3.102}$$

式中，$\omega_{\infty 1}$为黏弹性转轴在终态刚度下的最低阶自然频率。可见，在低于基频的转速下，转子总是稳定的。

当 $c_j\neq 0$、$I_j\neq 0$ 时，采用广义 Routh-Hurwitz 准则讨论式(5.3.100)的运动稳定性十分烦琐。考虑到对于实际黏弹性体，松弛时间 τ 很长，需要用天、周、月甚至年来度量，而外阻尼引起的衰减时间极短，因此 $1/\tau$ 将是一个小参数。此时，可对式(5.3.100)直接用摄动法求其特征根的摄动解，由其根的实部来判断系统的稳定性，这比用 Routh-Hurwitz 准则判断稳定性简捷得多。为此，求式(5.3.100)的下列摄动解：

$$\lambda=\lambda_0+\lambda_1/\tau+\cdots \tag{5.3.103}$$

将式(5.3.103)代入式(5.3.100)，分别令 $1/\tau$ 的零次项和一次项为零，得到

$$\begin{aligned}&[\lambda_0^2+(c_j-\mathrm{i}\Omega I_j)\lambda_0+\omega_j^2](\lambda_0-\mathrm{i}\Omega)=0\\&[\lambda_0^2+(c_j-\mathrm{i}\Omega I_j)\lambda_0+\omega_j^2](\lambda_1+1)+(2\lambda_0+c_j-\mathrm{i}\Omega I_j)(\lambda_0-\mathrm{i}\Omega)\lambda_1=(1-\alpha)\omega_j^2\end{aligned} \tag{5.3.104}$$

由式(5.3.104)的第一式得

$$\lambda_0^2+(c_j-\mathrm{i}\Omega I_j)\lambda_0+\omega_j^2=0 \quad 或 \quad \lambda_0=\mathrm{i}\Omega \tag{5.3.105}$$

式(5.3.105)的第一式的解实际上就是弹性转轴的阻尼涡动频率，即

$$\lambda_0=\frac{1}{2}\left[-(c_j-\mathrm{i}\Omega I_j)\pm\sqrt{(c_j-\mathrm{i}\Omega I_j)^2-4\omega_j^2}\right] \tag{5.3.106}$$

将式(5.3.106)代入式(5.3.104)的第二式，得

$$\lambda_1=\pm\frac{(1-\alpha)\omega_j^2}{(\lambda_0-\mathrm{i}\Omega)\sqrt{(c_j-\mathrm{i}\Omega I_j)^2-4\omega_j^2}} \tag{5.3.107}$$

于是，特征值的摄动解为

$$\lambda=-\frac{c_j-\mathrm{i}\Omega I_j}{2}\pm\sqrt{\left(\frac{c_j-\mathrm{i}\Omega I_j}{2}\right)^2-\omega_j^2}\pm\frac{1}{\tau}\frac{(1-\alpha)\omega_j^2}{(\lambda_0-\mathrm{i}\Omega)\sqrt{(c_j-\mathrm{i}\Omega I_j)^2-4\omega_j^2}} \tag{5.3.108}$$

因为$\tau\gg 1$，式(5.3.108)右边第三项相比第一、第二项是极小的修正项，对涡动稳定性无本质影响。因此有如下结论：计入转轴的弱黏弹性，对转轴的涡动特性无本质影响，不会激发涡动失稳。式(5.3.105)的第二式所示摄动解表示转子做同步涡动，将式(5.3.105)的第二式代入式(5.3.104)的第二式，得

$$\lambda_1 = -\frac{\alpha\omega_j^2 + \mathrm{i}c_j\Omega - (1-I_j)\Omega^2}{\omega_j^2 + \mathrm{i}c_j\Omega - (1-I_j)\Omega^2} \tag{5.3.109}$$

因为 $\lambda = \mathrm{i}\Omega + \lambda_1/\tau$，所以该同步涡动的失稳条件为 $\mathrm{Re}(\lambda_1)>0$，即

$$(1-I_j)^2\Omega^4 + [c_j^2 - (1-I_j)(1+\alpha)\omega_j^2]\Omega^2 + \alpha\omega_j^4 < 0 \tag{5.3.110}$$

由此得到Ω的失稳范围为

$$\Omega_{1j} \leqslant \Omega \leqslant \Omega_{2j} \tag{5.3.111}$$

式中，

$$\begin{gathered}\Omega_{1j}^2 = \omega_j^2\left[b_j - \sqrt{b_j^2 - \alpha_j}\right], \quad \Omega_{2j}^2 = \omega_j^2\left[b_j + \sqrt{b_j^2 - \alpha_j}\right] \\ b_j = \frac{1}{2}\left[\frac{1+\alpha}{1-I_j} - \frac{c_j^2}{(1-I_j)^2\omega_j^2}\right], \quad \alpha_j = \frac{\alpha}{(1-I_j)^2}\end{gathered} \tag{5.3.112}$$

当 $b_j^2 < \alpha_j$ 时，有

$$\frac{c_j^2}{(1-I_j)^2\omega_j^2} > (1-\sqrt{\alpha})^2 \tag{5.3.113}$$

失稳区消失，可见加大外阻尼可以抑制蠕变失稳的发生。图 5.3.10 是 $I_j=0$ 时的失稳范围。

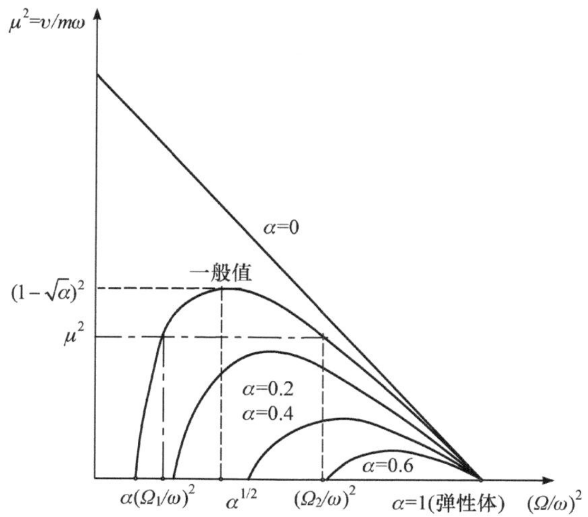

图 5.3.10　三参数黏弹性转轴的蠕变失稳区

上述与自旋同步的涡动失稳称为**蠕变失稳**。由于实部的量级是 $1/\tau$，蠕变失稳

是一个慢变失稳过程。这是需要用天、月、年才观察到的失稳的累积增幅效应。而在一般的短时间范围内，即使用仪器也难以观察其增幅失稳过程，但对长期连续运转的机械，对这一失稳现象还是要引起重视。对式(5.3.109)取虚部，得

$$\mathrm{Im}\left(\frac{\lambda_1}{\tau}\right)=-\frac{1}{\tau}\frac{c\Omega(1-\alpha)\omega_j^2}{[\omega_j^2-(1-I_j)\Omega^2]^2+c_j^2\Omega^2}<0 \tag{5.3.114}$$

因此，从与Ω同步旋转的坐标系观察，蠕变失稳还伴随着逆向缓慢进动。若 $c_j=I_j=0$，则由式(5.3.111)得失稳范围为

$$\sqrt{\alpha}\omega_j\leqslant\Omega\leqslant\omega_j \tag{5.3.115}$$

由此可见，由广义 Routh-Hurwitz 准则得出的稳定性条件是充分条件而非充分必要条件。

5.3.5 内耗失稳与结构内阻尼

1. 内耗失稳的物理解释

在振动问题中，阻尼总起稳定作用，但材料内耗对转子的扰动运动会起到失稳作用。如图 5.3.11(a)所示，质点质量 m 用四个相同的弹簧对称悬吊在转环中央，弹簧刚度为 $k/2$，转环由四周轴承定位，只能自旋，角速度为Ω。该系统是 2 自由度稳定保守系统，自然频率为 $\omega_0=\sqrt{k/m}$。如果该质量与静止的外臂之间装有对称布局的外阻尼，其阻尼系数为 $c_{\mathrm{s}}/2$，如图 5.3.11(b)所示，则这些阻尼器无疑对质点的振动起阻尼作用，系统是渐近稳定的。但如果在质点和转环之间安装内阻尼器，如图 5.3.11(c)所示，由于转环以Ω旋转，这些阻尼器的作用有可能使偏离状态下的质点被转环拖拽(当 $\Omega>\omega_0$ 时)，而使扰动进一步加剧。转环的自转能量通过阻尼器源源不断地输入质点，转换成质点的涡动能量。取绝对静止坐标系 Oxy，质点的扰动速度 $\boldsymbol{v}=\dot{x}\boldsymbol{i}+\dot{y}\boldsymbol{j}$，内阻尼器的作用是产生一个与质量对转环的相对速度成正比的拖拽力 $c_{\mathrm{r}}(\boldsymbol{\Omega}\times\boldsymbol{r}-\boldsymbol{v})=c_{\mathrm{r}}[-(\Omega y+\dot{x})\boldsymbol{i}+(\Omega x-\dot{y})\boldsymbol{j}]$，其中 $c_{\mathrm{r}}/2$ 是单个阻尼器的内阻尼系数。质点的扰动方程为

$$m\begin{Bmatrix}\ddot{x}\\ \ddot{y}\end{Bmatrix}+(c_{\mathrm{r}}+c_{\mathrm{s}})\begin{Bmatrix}\dot{x}\\ \dot{y}\end{Bmatrix}+\begin{bmatrix}k & c_{\mathrm{r}}\Omega\\ -c_{\mathrm{r}}\Omega & k\end{bmatrix}\begin{Bmatrix}x\\ y\end{Bmatrix}=\begin{Bmatrix}0\\ 0\end{Bmatrix} \tag{5.3.116}$$

其特征值问题方程为

$$m\lambda^2+(c_{\mathrm{r}}+c_{\mathrm{s}})\lambda+(k-\mathrm{i}c_{\mathrm{r}}\Omega)=0 \tag{5.3.117}$$

式(5.3.117)对应于式(5.3.98)中 Kelvin-Voigt 模型 $j=1$ 的情况，其中取 $\mu=c_{\mathrm{r}}/(m\omega_0^2)$，$c_j=c_{\mathrm{s}}/m$，代入式(5.3.98)，得失稳阈值为

$$\Omega_t = \omega_0(1 + c_s / c_r) \tag{5.3.118}$$

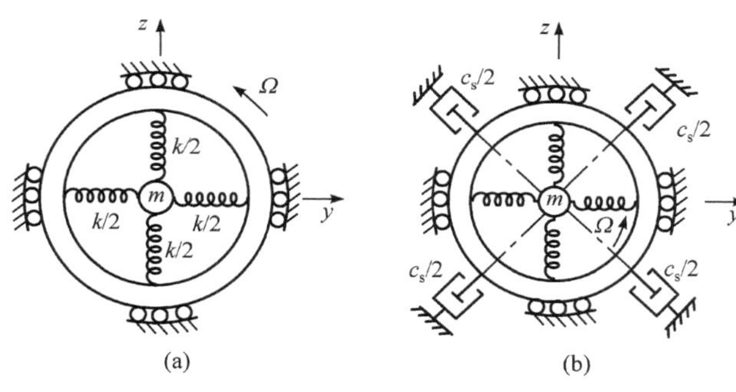

图 5.3.11 内耗失稳的物理解释

而此时质点的涡动频率为ω_0。式(5.3.118)的物理意义是，在失稳转速下，内阻尼的功$c_r(\Omega_t - \omega_0)$等于外阻尼的功$c_s\omega_0$，两者平衡。一旦内阻尼的功大于外阻尼的功，系统失稳。用图 5.3.12 所示的装置可以直观地说明图 5.3.11 中的力学模型。一个圆筒放在可自旋的平台上，筒内装有黏性流体，一单摆垂直悬吊在圆筒上方，图 5.3.11 中的任一物理量在图 5.3.12 中都可找到对应，单摆的水平重力恢复力即横向弹簧力，平台相对于转环，流体对质点的阻力为内阻尼，如果不计外阻尼，则当$\Omega > \omega_0 = \sqrt{g / l}$时，单摆失稳。

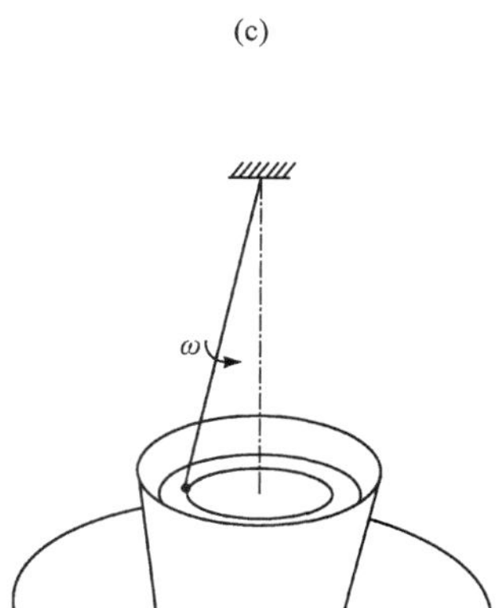

图 5.3.12 内耗失稳的演示

2. 结构内阻尼

在许多旋转机械的联结结构中，当各部件发生变形时，会发生相对滑动而产生内摩擦力，如汽轮机、燃气轮机中叶轮和转轴之间的热套配合、转子的套齿联轴器等。当转轴发生弯曲变形时，轴与轮毂接触面之间发生相对错动。当轴向上拱曲时，凸面处轴向纤维伸长，凹面处轴向纤维收缩，轮毂接触面对轴的凸面处有一向内的摩擦力，而凹面处的摩擦力向外，形成一个合力偶作用在轴上，如图 5.3.13 所示。

这一合力偶可等价为一个集中力F，依据能量等效性原则，有

$$\frac{l^3}{48EI}F^2 = \frac{l}{12EI}M^2 \quad 或 \quad F = \frac{2M}{l} \tag{5.3.119}$$

作为干摩擦力，当轴上下振动时，F 也改变正负，但量值基本不变，$\boldsymbol{F} = -F\dot{\boldsymbol{r}} / |\dot{\boldsymbol{r}}|$。为了便于数学处理，常把干摩擦力等效简化为线性阻尼力。当量阻尼

系数可用自由衰减振动法测定，也可用能量等效来计算。在分析系统的运动稳定性问题时，这种当量线性化方法常常是十分有效的，于是可取

$$\boldsymbol{F}=-c_{\mathrm{r}}\dot{\boldsymbol{r}} \tag{5.3.120}$$

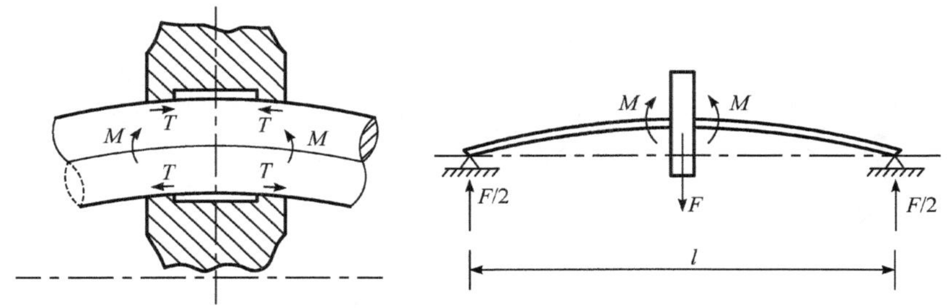

图 5.3.13　盘-轴热套配合

若转子和转盘同以Ω自旋，则转轴相对于转盘的变形速度不再是$\dot{\boldsymbol{r}}$，而是$\dot{\boldsymbol{r}}-\boldsymbol{\Omega}\times\boldsymbol{r}$，其中$\boldsymbol{r}$和$\dot{\boldsymbol{r}}$分别是轴的绝对位移和绝对速度，于是有

$$\boldsymbol{F}=-c_{\mathrm{r}}(\dot{\boldsymbol{r}}-\boldsymbol{\Omega}\times\boldsymbol{r}) \tag{5.3.121}$$

即

$$F_y+\mathrm{i}F_x=-c_{\mathrm{r}}(\dot{z}-\mathrm{i}\Omega z) \tag{5.3.122}$$

由此可见，可用 Kelvin-Voigt 模型来描述结构内阻尼，将其转化为黏弹性体内耗。在工程实际中，结构内阻尼在量级上往往大于材料内阻尼，因此 Kelvin-Voigt 模型有其应用价值。

5.3.6　转子系统的陀螺效应

考虑一个如图 5.3.14 所示的质量块模型，其第二阶模态上轮盘没有运动，如果这根轴是无质量的，则整个系统没有动能，因此将无法预测第二阶模态。若这个质量是一个具有横向惯性的轮盘，则如图 5.3.15 所示，此时在第二阶模态上存在由于旋转而形成的动能。该轮盘的旋转运动状态由一个角度(等于斜率$\partial v/\partial x$)确定，而$\partial v/\partial x$正是角速度的导数，因此动能的表达式为

$$T=\frac{1}{2}I_{\mathrm{T}}\left[\frac{\mathrm{d}}{\mathrm{d}t}\left(\frac{\partial v}{\partial x}\right)\right]^2 \tag{5.3.123}$$

集中质量块
径向质量惯性矩=0

(a) 第一阶模态　　(b) 第二阶模态

图 5.3.14　质量块模型

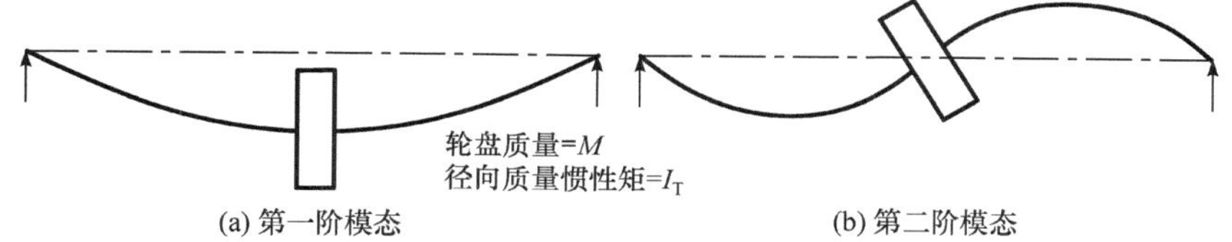

图 5.3.15　具有横向惯性矩 I_T 的轮盘

对于一个静态梁，I_T 就是转动惯量，当轴旋转时，轮盘就像一个旋转的陀螺。在转子动力学中这一结构具有重要的作用。如图 5.3.16 所示，一个三维的自由旋转的轮盘绕 x 轴发生涡动，由于涡动的存在，在轮盘中心处发生一定的进动并导致轴倾斜，这样的进动使得轮盘的运动与陀螺旋转类似，并为结构带来陀螺效应。

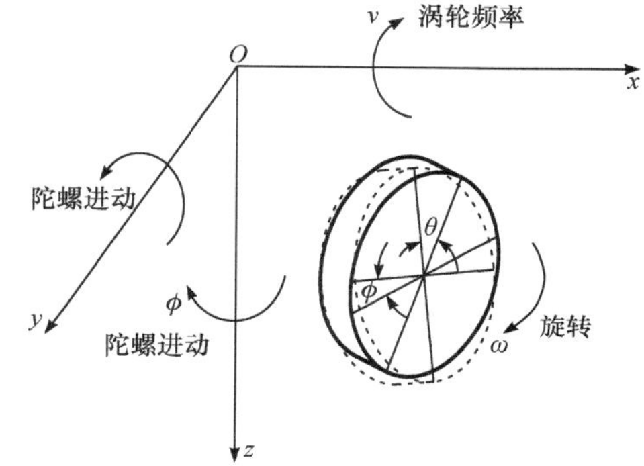

图 5.3.16　自由旋转的轮盘

轮盘的旋转和进动带来了陀螺力偶，这是质量极惯性矩、旋转角速度和进动角速度的产物，而由此形成的力偶则沿着右手螺旋法则的方向。这两个进动会引起两个直交的弯曲平面内的陀螺力偶，如图 5.3.17 所示。惯性和陀螺扭矩产生了如图 5.3.17 所示的轮盘单元上的弯矩。轮盘 I 在 Oxz 和 Oxy 平面内的弯矩关系式为

$$M_{yi}^{R}=M_{yi}^{L}+I_{p}\omega\dot{\phi}_{i}+I_{T}\ddot{\theta}_{i},\quad M_{zi}^{R}=M_{zi}^{L}+I_{p}\omega\dot{\theta}_{i}+I_{T}\ddot{\phi}_{i}\tag{5.3.124}$$

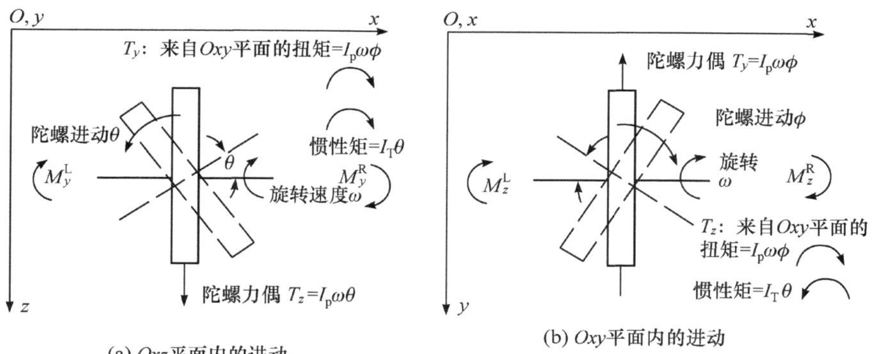

图 5.3.17　轮盘的两个进动

考虑如图 5.3.18 所示的系统，其由一个无质量轴和一个悬垂的轮盘构成，左端的两个轴承非常接近，由此可以得到一个悬臂式的转子。轴以角速度ω旋转，而同时发生一个与角速度同方向的涡动。

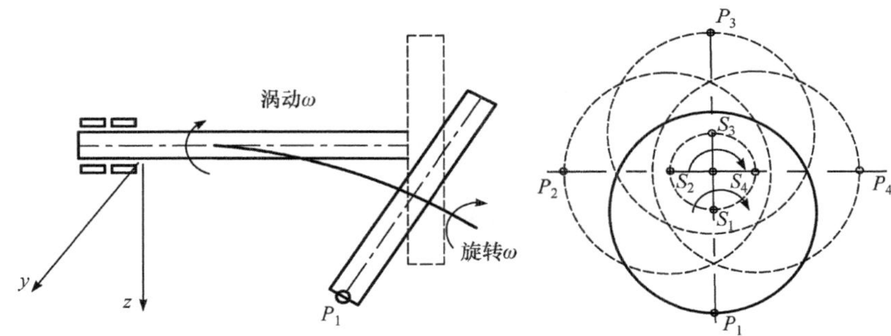

图 5.3.18　发生突变涡动的悬垂轴

同步涡动类似于月球的自转和绕地球的公转。在开始位置，轴的中心位于 S_1 点，而轮盘边界上最远的一点为 P_1。当轴沿着轴承中心线 O 发生涡动，从 S_1 点沿着顺时针方向抵达 S_2 点时，轮盘外侧的最远点 P 恰好从 P_1 点旋转到 P_2 点。这一过程不断重复，在每个完整的旋转结束后，P 点都仍然在距中心最远的位置。如果由一个坐在 O 点的人进行观察，当轮盘以角速度 ω 旋转并沿着相同方向以角速度 ω 涡动时，点 P 将始终保持在同一位置。

对这个悬垂的转子，可以推导出其自然频率的关系式为

$$\omega_{\mathrm{n}}^{4} I_{\mathrm{T}}+\omega_{\mathrm{n}}^{2} \frac{12 E I}{m l^{3}}\left(\frac{1}{3} m l^{2}-I_{\mathrm{T}}\right)-\frac{12 E^{2} I^{2}}{m l^{4}}=0 \tag{5.3.125}$$

式中，m 为轮盘质量；EI 为抗弯刚度；l 为长度；I_{T} 为轮盘的横向质量惯性矩。

对于质量模型，由式(5.3.125)可得

$$\omega_{\mathrm{n}}^{2} \frac{12 E I}{m l^{3}}\left(\frac{1}{3} m l^{2}\right)-\frac{12 E^{2} I^{2}}{m l^{4}}=0, \quad \omega_{\mathrm{n1}}=\sqrt{\frac{3 E I}{m l^{3}}} \tag{5.3.126}$$

假设横向质量惯性矩 I_{T} 无限大，则式(5.3.125)可简化为

$$\omega_{\mathrm{n}}^{4}+\omega_{\mathrm{n}}^{2} \frac{12 E I}{m l^{3}}=0, \quad \omega_{\mathrm{nd}}=\sqrt{\frac{12 E I}{m l^{3}}} \tag{5.3.127}$$

由无量纲频率参数 $\lambda=\omega_{\mathrm{n}}\sqrt{ml^3/(EI)}$ 定义的频率可以表示为轮盘参数 $\delta=I_{\mathrm{T}}/(ml^2)$ 的函数，即

$$\lambda_{1,2}^{2}=\left(6-\frac{2}{\delta}\right) \pm \sqrt{\left(6-\frac{2}{\delta}\right)^{2}+\frac{12}{\delta}} \tag{5.3.128}$$

由此可以推出结论，在一个同向的同步涡动中(同步正进动)，自然频率会由于轮盘陀螺效应而增大，这体现在从质量块模型到具有相同质量但半径无限大的轮盘模型变化过程中自然频率的变化。该效应在所有的转子动力学分析中都应当考虑。

由此注意到一个重要的事实，即当扰动一个稳定旋转的转子时，其响应取决于轮盘的分布形式，该涡动的响应频率将与转子的自然频率相同。实际中还需要考虑非同步涡动的情况，即转子以角速度ω旋转，而角速度 v 正向或反向涡动，可以将自然频率、旋转转子的涡动频率参数 $\lambda = v\sqrt{ml^3/(3EI)}$ 和无量纲的旋转参数 $\Omega = \omega\sqrt{ml^3/(3EI)}$ 表示为轮盘参数 $\delta = 3I_\mathrm{T}/(ml^2)$ 的函数，即

$$
\begin{aligned}
&v^4 - 2mv^3 - EI\left(\frac{12}{ml^3} + \frac{4}{I_\mathrm{T} l}\right)v^2 + \frac{24\omega EI}{ml^3}v + \frac{12E^2I^2}{I_\mathrm{T} ml^4} = 0 \\
&\lambda^4 - 2\Omega\lambda^3 - 4\frac{\delta+1}{\delta}\lambda^2 + 8\Omega\lambda + \frac{4}{\delta} = 0
\end{aligned}
\tag{5.3.129}
$$

式(5.3.129)可以形成如图 5.3.19 所示的曲线。对于正的旋转速度ω，若存在负的λ根，则意味着轴的涡动方向与旋转方向相反，即反进动。图 5.3.19 中将这些反进动的根仍画为正值，但标注为 B；而将正进动的根，即ω的正根标注为 F。当轴在静止状态时，其响应频率将会是结构的自然频率。当增加转速时，转子首先在穿过 A 时发生共振，但通常很难观察到，因为反进动方向没有激励。随后转子通过 C，此时达到涡动响应的峰值，这是第一阶临界转速。因为轮盘效应的存在，造成了第一阶临界转速不同。

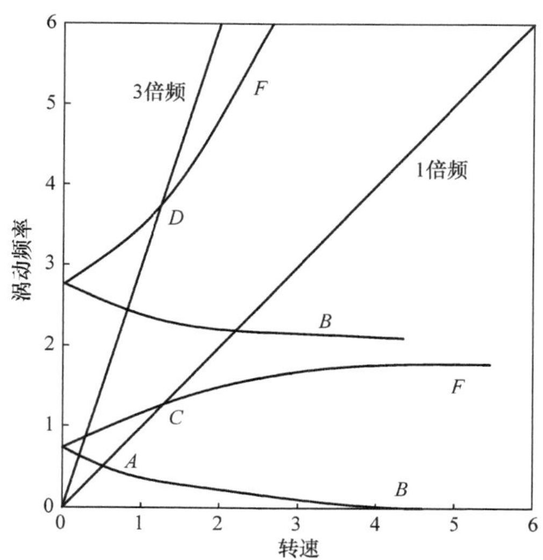

图 5.3.19　一个悬臂转子的非同步涡动

陀螺效应引入了旋转对自然频率的影响，但是由转速带来的任何自然频率的变化并不直接与离心力场有关，这仅仅是轮毂陀螺效应的作用。传统的转子动力学模型都是梁模型，即使存在转子的偏心，也不会有离心力，如果实体转子模型分析中考虑应力硬化和旋转软化，则正进动和反进动的临界转速也将发生变化。

5.3.7 内摩擦和滞后效应

内摩擦，又称滞后效应，也会引起失稳，松散安装在转轴上的一个零件也会在旋转坐标系下发生相对运动，这种情况与内摩擦等效。图 5.3.20 为一个典型的滞后环，在一个周期内损失的功被表示为环内的面积。从最大应变点 A_1 出发沿顺时针方向到零应力位置 B_1，然后抵达零应变位置 A_2，在 A_3 点获得最大压缩应变，随后在完成整个周期前后通过另一个零应变点 B_2 和另一个零应变点 A_4。

在任何一点，令其应变为ε，其应力由一个稳态分量 σ_s 和一个交变分量 σ_a 组成。在每个周期中损失的功等于在旋转坐标系的阻尼，为了确定其大小，将材料特性设为黏弹性，则得到应力应变关系为

$$\sigma = E\varepsilon + D\dot{\varepsilon} \tag{5.3.130}$$

式中，E 为弹性模量；D 为阻尼模量。

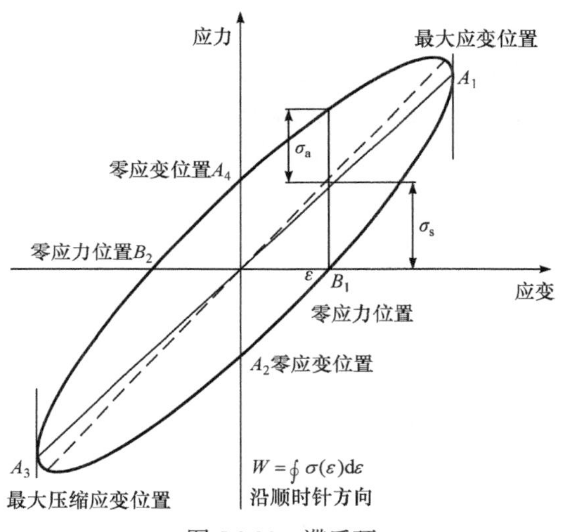

图 5.3.20 滞后环

将一个滞后环的功与物体在 1/4 周期内的变形功进行对比，可以得到系统的相对阻尼，又称比阻尼容量。简单起见，取一个弧度内的滞后效应的功，由此可以得到损耗因子。

一个周期内每单位体积的变形功为

$$W = \oint \sigma(\varepsilon)\mathrm{d}\varepsilon \tag{5.3.131}$$

1/4 周期内每个单位体积的变形功为

$$U = \frac{\hat{\sigma}\hat{\varepsilon}}{2} \tag{5.3.132}$$

由式(5.3.131)和式(5.3.132)可以得到相对阻尼或阻尼容量为

$$\beta = \frac{W}{U} = \frac{2\oint \sigma(\varepsilon)\mathrm{d}\varepsilon}{\hat{\sigma}\hat{\varepsilon}} \tag{5.3.133}$$

损耗因子为

$$\eta = \frac{\beta}{2\pi} \tag{5.3.134}$$

对简谐应变 $\varepsilon = \hat{\varepsilon}\sin(\omega t)$，应变率为 $\dot{\varepsilon} = \hat{\varepsilon}\omega\cos(\omega t)$。由 $\cos(\omega t) = \sqrt{1-\sin^2(\omega t)} = \sqrt{1-(\varepsilon/\hat{\varepsilon})^2}$，式(5.3.130)可写为

$$\sigma = E\varepsilon + D\omega\hat{\varepsilon}\sqrt{1-\left(\frac{\varepsilon}{\hat{\varepsilon}}\right)^2} = E\varepsilon + D\omega\sqrt{\hat{\varepsilon}-\varepsilon^2} = \sigma_{\mathrm{s}} + \sigma_{\mathrm{a}} \tag{5.3.135}$$

式中，谐波分量 $\sigma_{\mathrm{a}} = D\omega\sqrt{\hat{\varepsilon}-\varepsilon^2}$ 按周期变化，在峰值应变点时为零。黏性阻尼效应与应变率成正比，该比例系数称为阻尼模量，可以利用交变应力来确定损耗因子，从而利用黏弹性模型逐步计算出内阻尼。式(5.3.131)～式(5.3.134)可表示为

$$W = \pi D\omega\hat{\varepsilon}^2,\quad U = \frac{E\hat{\varepsilon}^2}{2},\quad \beta = \frac{2\pi D\omega}{E},\quad \eta = \frac{D\omega}{E} \tag{5.3.136}$$

令等效阻尼因子为 h，则有

$$W_{\mathrm{d}} = \pi h\omega X^2,\quad U = \frac{kX^2}{2},\quad \beta = \frac{2\pi h\omega}{k} \tag{5.3.137}$$

考虑到式(5.3.134)，由式(5.3.137)的第三式可得

$$h = \frac{\beta k}{2\pi\omega} = \frac{\eta k}{\omega} \tag{5.3.138}$$

由此可以得到等效的黏性阻尼比为

$$\xi_{\mathrm{v}} = \frac{hp}{2k} = \frac{\eta p}{2\omega} \tag{5.3.139}$$

给定的材料损耗因子可以由实验获得，因此材料内阻尼或等效内阻尼可以由式(5.3.139)来确定。

1) 同步涡动的轴($v=\omega$)

考虑如图 5.3.21 所示的转子，轮盘位于轴中心点 O，并绕轴承中心线 B 发生涡动，涡动角为 $\theta = \omega t$。在同步涡动中，转轴绕其中心点 O 的旋转角也是 $\theta = \omega t$。因此，轮盘边缘最远点的 A_1 仍然保持在 A_1' 的位置。图中 A_2 和 A_4 为中性应变点，而不是中性应力点。

2) 次同步涡动的轴($v<\omega$)

对于涡动频率 v 低于转速ω的情况，轴中心点 O 绕轴承中心线的涡动角为

$\theta = vt$。而转轴绕其中心点 O 的旋转角 $\omega t > \theta$。因此，轮盘边缘最远的点 A_1 会超过突变涡动中 A_1' 的位置而抵达一个更接近 A_2' 的位置 A_1''，由此得到的零应力点 B_1 会在 A_1 和 A_2 之间。此时 P 在水平方向的分量会形成一个绕 O 点的转矩，从而加剧涡动，造成轴失稳。

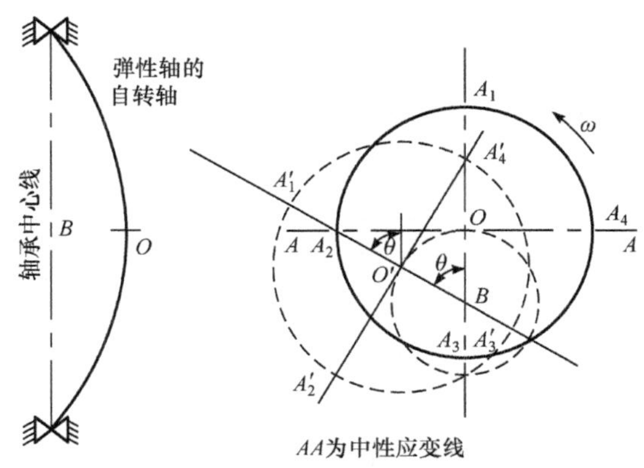

图 5.3.21　发生同步涡动的轴

由于以转速ω旋转的轴在受到扰动时发生的涡动频率 v 与自然频率ω_n相等，这种失稳只有在$\omega>\omega_n$时才会发生。

3) 超同步涡动的轴($v>\omega$)

此时轴中心点 O 绕轴承中心线的涡动角为$\theta = vt$，如图 5.3.22 所示，而转轴绕 O 的旋转角$\omega t<\theta$。由于以转速ω旋转的轴在受到扰动时发生的涡动频率 v 与自然频率ω_n相等，在$\omega<\omega_n$时永远不会发生失稳。

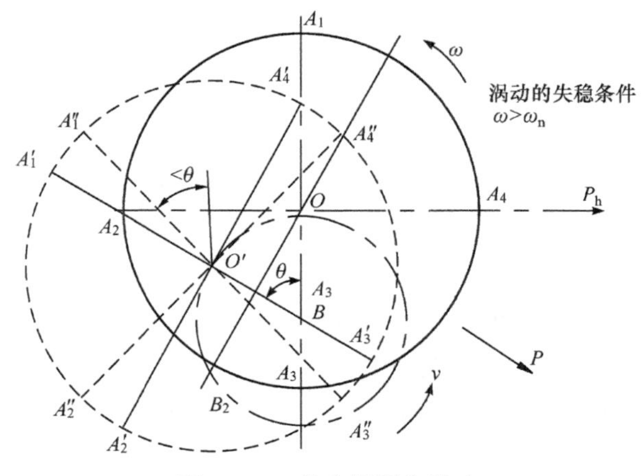

图 5.3.22　发生超同步涡动

如图 5.3.23(a)所示，一个在旋转坐标系 $O\xi\eta$ 中的轮盘，其平衡条件是在旋转坐标系中定义的，采用旋转坐标系中的加速度来描述惯性力，用速度来描述外部阻尼。轴心的位移在静止坐标系下是 $r=z+\mathrm{i}y$ ，而在旋转坐标系下为 $\zeta=\xi+\mathrm{i}\eta$ ，因而 G 点的速度和加速度可以表示为

$$\begin{aligned} v_\xi &= \dot{\xi}-\omega(\eta+a_2), \quad v_\eta=\dot{\eta}+\omega(\xi+a_1) \\ a_\xi &= \ddot{\xi}-2\omega\dot{\eta}-\omega^2(\xi+a_1), \quad a_\eta=\ddot{\eta}+2\omega\dot{\xi}-\omega^2(\eta+a_2) \end{aligned} \tag{5.3.140}$$

在旋转坐标系下的控制方程为

$$\begin{aligned} & m(\ddot{\xi}-2\omega\dot{\eta}-\omega^2\xi)+c(\dot{\xi}-\omega\eta)+h\dot{\xi}+k\xi=ma_1\omega^2+mg\cos(\omega t) \\ & m(\ddot{\eta}+2\omega\dot{\xi}-\omega^2\eta)+c(\dot{\eta}+\omega\xi)+h\dot{\eta}+k\eta=ma_2\omega^2+mg\sin(\omega t) \\ & m(\ddot{\zeta}+2\omega\dot{\zeta}-\omega^2\zeta)+c(\dot{\zeta}+\mathrm{i}\omega\zeta)+h\dot{\zeta}+k\zeta=ma\omega^2+mg\,\mathrm{e}^{-\mathrm{i}\omega t} \end{aligned} \tag{5.3.141}$$

若记 $c/m=2\delta_\mathrm{v}$ ， $h/m=2\delta_\mathrm{h}$ ，则式(5.3.141)的第三式为

$$\ddot{\zeta}+2\omega\dot{\zeta}-\omega^2\zeta+2\delta_\mathrm{v}(\dot{\zeta}+\mathrm{i}\omega\zeta)+2\delta_\mathrm{h}\dot{\zeta}+\omega_\mathrm{n}^2\zeta=a\omega^2+g\,\mathrm{e}^{-\mathrm{i}\omega t} \tag{5.3.142}$$

将式(5.3.142)转换到静止坐标系下求解，其稳定性取决于两个指数的衰减和增长项：

$$\begin{aligned} & \zeta=r\mathrm{e}^{-\mathrm{i}\omega t}, \quad \ddot{r}+2\delta_\mathrm{v}\dot{r}+2\delta_\mathrm{h}(\dot{r}-\mathrm{i}\omega r)+\omega_\mathrm{n}^2 r=a\omega^2\mathrm{e}^{\mathrm{i}\omega t}+g \\ & r=\mathrm{e}^{\mathrm{i}\lambda t}, \quad \lambda^2-\mathrm{i}2\lambda(\delta_\mathrm{v}+\delta_\mathrm{h})+\mathrm{i}2\omega\delta_\mathrm{h}-\omega_\mathrm{n}^2=0 \\ & r=A_1\,\mathrm{e}^{-(\delta_\mathrm{v}+\delta_\mathrm{h}+\delta_\mathrm{h}\omega/\omega_\mathrm{n})t}\,\mathrm{e}^{-\mathrm{i}\omega_\mathrm{n}t}+A_2\,\mathrm{e}^{-(\delta_\mathrm{v}+\delta_\mathrm{h}-\delta_\mathrm{h}\omega/\omega_\mathrm{n})t}\,\mathrm{e}^{\mathrm{i}\omega_\mathrm{n}t} \end{aligned} \tag{5.3.143}$$

具有内摩擦转轴的稳定性图如图 5.3.23(b)所示。在实际中，一个松散安装的轮盘、齿轮、飞轮等都会造成转子和零件的两个表面的摩擦。与静止部件和移动部件之间的摩擦不同，这里的摩擦是相对于转子的，是在一个旋转坐标系下。令

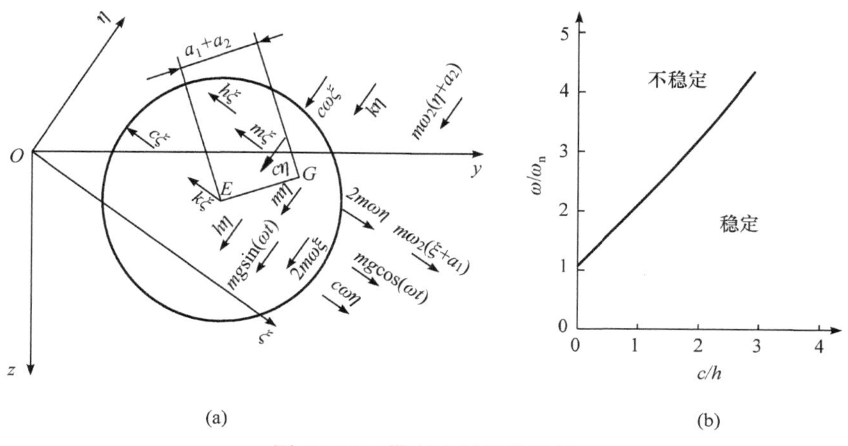

图 5.3.23　带有内阻尼的转子

这两个表面之间的摩擦系数为 h，如果 h 较大，或者外部阻尼 c 较小，失稳可能会在第一阶临界转速后很快发生。这种情况下需要用外部摩擦来抵抗由于松散连接的部件所引起的失稳。令 $c=3h$，则发生失稳的转速为第一阶临界转速的 4 倍。同时注意到在转速低于第一阶临界转速时，内摩擦带来的滞后效应不会引起失稳。

5.3.8　转子系统的偏差

由于切向力的周期振动或者一个柔性中间部件与轴之间发生耦合偏差，轴上会承受可变的脉冲。如果变形的变化引起一个旋转周期内发生 n 次脉冲，则系统会产生一个新的临界扰动，其角速度为

$$\omega_1 = \omega_k / (n+1) \tag{5.3.144}$$

在完整解中也会显示出扰动项

$$\omega_2 = \omega_k / (n-1) \tag{5.3.145}$$

在机器经过一段时间的运行后，出现偏差是一个非常常见的问题。与残余不平衡一样，偏差总会以某种程度出现。如果严重到一定程度，偏差可能会影响机器的顺畅运行并缩短机器的寿命。如图 5.3.24 所示，偏差大致分为三类：由 $y_{b2} = y_{b1}$ 和 $z_{b2} = z_{b1}$ 表示的平行偏差；由 $y_{b1} = 0$ 时的 y_{b2} 和 $z_{b1} = 0$ 时的 z_{b2} 表示的角度偏差；由 $y_{b2} - y_{b1}$ 和 $z_{b2} - z_{b1}$ 表示的组合偏差。

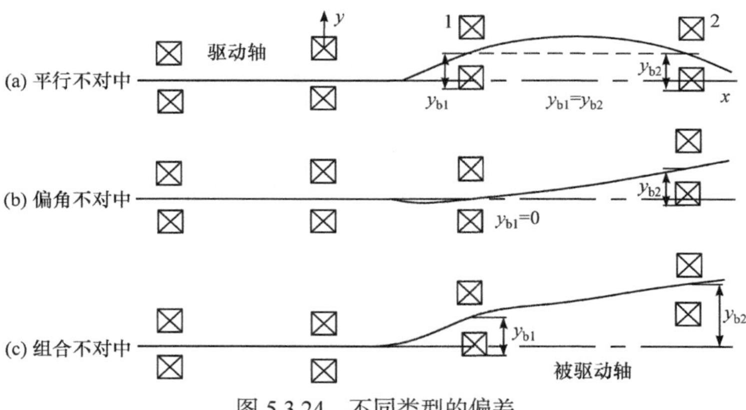

图 5.3.24　不同类型的偏差

图 5.3.25 为一根驱动轴和一根被驱动轴的三维视图。在长度为 l_c 的柔性耦合单元中给出了平行偏差和组合偏差的数值。该耦合单元的变形和驱动轴的扭矩，会引起图 5.3.25 所示的力和力矩。由传递扭矩产生的反力和力矩为

$$\begin{gathered}M_{Ty} = T\sin\phi_a\cos\phi_p + T\cos\phi_a\sin\phi_p,\quad M_{Tz} = -T\sin\theta_a\cos\theta_p + T\cos\theta_a\sin\theta_p \\ F_{Ty} = \frac{M_{Tz}}{l_c},\quad \sin\theta_a = \frac{\Delta z_a}{l_b},\quad \sin\theta_p = \frac{\Delta z_a}{l_c},\quad \sin\phi_a = \frac{\Delta y_a}{l_b},\quad \sin\phi_p = \frac{\Delta y_p}{l_c}\end{gathered} \tag{5.3.146}$$

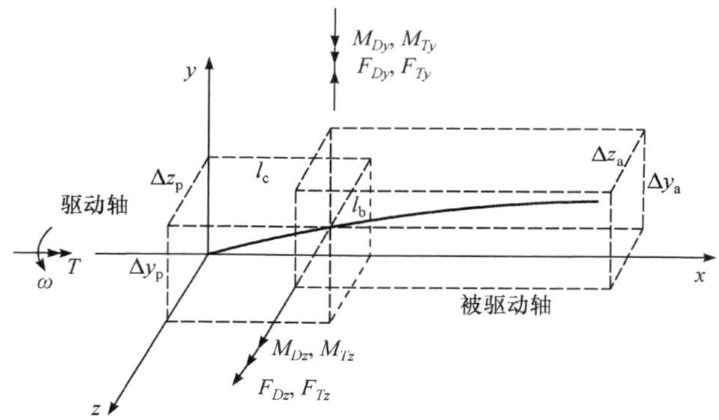

图 5.3.25　由偏差引起的力和力矩

由耦合单元变形引起的反力和力矩为

$$
\begin{aligned}
F_{Dy} &= \frac{12EI_c}{l_c^3}\left(\Delta y_p - \frac{1}{2}l_c\phi_a\right), \quad F_{Dz} = \frac{12EI_c}{l_c^3}\left(\Delta z_p - \frac{1}{2}l_c\theta_a\right) \\
M_{Dy} &= \frac{6EI_c}{l_c^2}\left(\Delta y_p - \frac{2}{3}l_c\phi_a\right), \quad M_{Dz} = \frac{6EI_c}{l_c^2}\left(\Delta z_p - \frac{2}{3}l_c\theta_a\right)
\end{aligned}
\tag{5.3.147}
$$

轴力为

$$
F_{Dx} = \frac{EA_c\Delta x}{l_c} \tag{5.3.148}
$$

由偏差引起的预载荷会以轴转速的频率而发生变化。

5.4　转子系统集中参数模型

5.4.1　刚性支承单盘对称转子模型

1. 刚性支承单盘对称转子的动力学模型

刚性支承单盘对称转子是最简单的转子系统，也是研究其他复杂转子系统的基础。

设有一等截面圆轴，两端用两个相同的轴承支承，两轴承之间的距离(跨距)为 l，在跨中央装有一个刚性薄圆盘。薄圆盘的圆盘厚度δ与两简支支承间跨距 l 之比$\delta/l<0.1$，这样的刚性支承单盘对称转子称为杰夫考特转子。其基本假设为：①刚性薄圆盘厚度不计，安装在轴的中央；②轴为等直圆轴，其质量和半径不计，具有一定的弯曲刚度和无限大的扭转刚度；③忽略轴承动力特性的影响，且质量不计，把轴承简化为铰支，并认为轴承座为刚性；④垂直安装，或水平安装但忽略重力的影响。基于这些假设，可对杰夫考特转子进行动力学分析，揭示在转子

的临界转速及其动力学特征。

杰夫考特转子的动力学模型如图 5.4.1 所示。取 $Oxyz$ 为固定坐标系，圆盘所在平面与弹性轴两端支承点连线的交点 O 为固定坐标系原点，z 轴沿转子轴线，圆盘所在平面为 Oxy 坐标参考平面，如图 5.4.2 所示。图中 O' 为圆盘形心点，c 为圆盘质心点，O' 到坐标原点 O 的距离为 $\overline{O'O}$，即转盘弯曲在圆盘形心点处初始挠度为 r，O' 到 c 的距离为 $\overline{O'c}$，即偏心距为 e。圆盘质量为 m，圆盘绕 O' 自转的角速度为 Ω，盘因圆盘偏心而产生弯曲进动的角速度为 ω，因为圆盘安装在跨中，并且轴弯曲变形所引起的各横截面的轴向位移是高阶小量，可以忽略，所以薄圆盘始终在原先的自身平面内运动。假设弹性轴的扭转刚度无限大，其含义是指在分析转子涡动时，即使转子受到变化的外扭矩的作用，也不考虑圆盘的扭转振动，而只计及合成扭矩所引起的圆盘转速的变化。在上述假定下，圆盘刚体做平面运动。取圆盘形心点 O' 为基点，圆盘的运动可以看成圆盘随基点 O' 的运动(进动)与绕基点的转动(自转)的合成。选取 $x(t)$、$y(t)$为 O' 的广义坐标，$\varphi(t)$为圆盘绕转轴的旋转角位移。对于稳定涡动，假定外力矩的作用使自转角速度 $\dot{\varphi}(t)=\Omega$ 保持为常数，于是杰夫考特转子的稳态涡动问题就变成确定圆盘形心点 O' 的运动，即 $x(t)$和 $y(t)$。

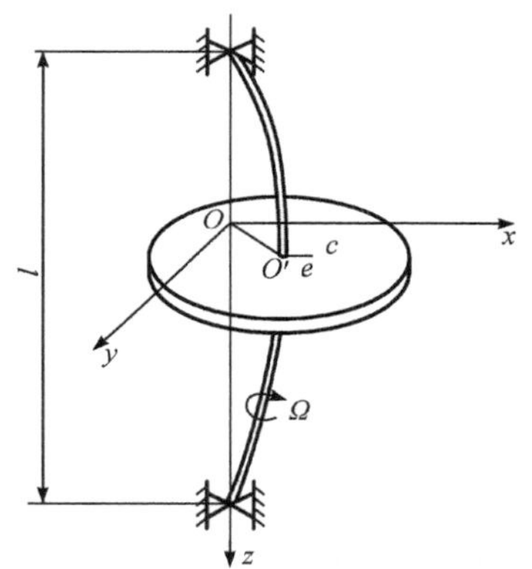

图 5.4.1 杰夫考特转子动力学模型

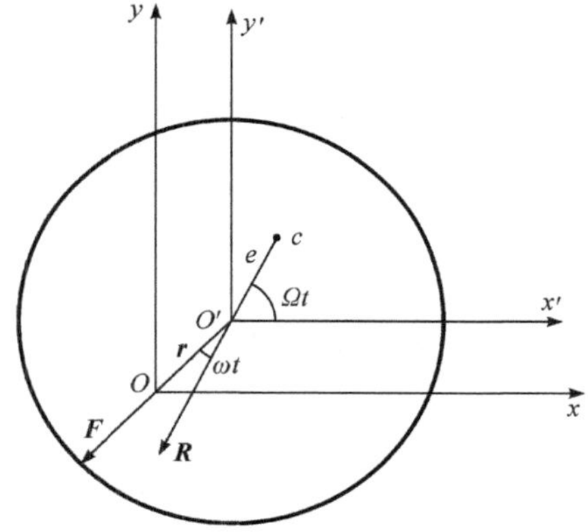

图 5.4.2 圆盘的瞬时变化及受力

2. 转子涡动微分方程

设转轴处于稳定涡动状态，则圆盘受到的力有轴弯曲引起的弹性恢复力和圆盘在运动中的阻尼力。

1) 轴弯曲引起的弹性恢复力

设圆盘在 t 瞬时的运动状态如图 5.4.2 所示，弹性轴因有动挠度 $\boldsymbol{r}$ 而作用在圆盘上的弹性恢复力为 $\boldsymbol{F}$，该力在固定坐标轴上的投影为

$$F_x = -kx\,,\quad F_y = -ky \tag{5.4.1}$$

式中，k 为弹性轴在跨中的刚度系数。因为弹性轴是等截面圆轴，所以在 Ox 和 Oy 两方向的弯曲刚度相同。由材料力学理论可知，两端简支梁在跨中的刚度为 $k=48EI/l^3$。

2) 圆盘在运动中的阻尼力

设圆盘受到的黏性外阻尼力为 $\boldsymbol{R}$，该力在坐标轴上的分力分别为

$$R_x = -c\dot{x}\,,\quad R_y = -c\dot{y} \tag{5.4.2}$$

式中，c 为黏性阻尼系数，一般由实验测定。根据质心运动定理 $m\boldsymbol{r}_c=\sum \boldsymbol{F}$，得到

$$m\ddot{x}_c = \sum F_{ix} = F_x + R_x\,,\quad m\ddot{y}_c = \sum F_{iy} = F_y + R_y \tag{5.4.3}$$

由形心点与质心点之间的关系：

$$x_c = x + e\cos(\Omega t)\,,\quad y_c = y + e\sin(\Omega t) \tag{5.4.4}$$

将式(5.4.4)对时间求二次导数，因 $\Omega=C$(常数)，有

$$\ddot{x}_c = \ddot{x} - e\Omega^2\cos(\Omega t)\,,\quad \ddot{y}_c = \ddot{y} - e\Omega^2\sin(\Omega t) \tag{5.4.5}$$

将式(5.4.5)代入式(5.4.3)，并考虑到式(5.4.1)和式(5.4.2)，得到

$$m[\ddot{x} - e\Omega^2\cos(\Omega t)] = F_x + R_x = -kx - c\dot{x}\,,\quad m[\ddot{y} - e\Omega^2\sin(\Omega t)] = F_y + R_y = -ky - c\dot{y}$$

整理得到 O' 的运动微分方程为

$$m\ddot{x} + c\dot{x} + kx = me\Omega^2\cos(\Omega t)\,,\quad m\ddot{y} + c\dot{y} + ky = me\Omega^2\sin(\Omega t) \tag{5.4.6}$$

化简成标准形式为

$$\ddot{x} + 2\xi\omega_{\rm n}\dot{x} + \omega_{\rm n}^2 x = e\Omega^2\cos(\Omega t)\,,\quad \ddot{y} + 2\xi\omega_{\rm n}\dot{y} + \omega_{\rm n}^2 y = e\Omega^2\sin(\Omega t) \tag{5.4.7}$$

式中，$\omega_{\rm n}^2 = \sqrt{k/m} = \sqrt{48EI/(ml^3)}$ 为在质量不计的弹性轴跨中固连有集中质量圆盘，做无阻尼圆涡动时的自然频率；$2\xi\omega_{\rm n}=c/m$ 为相对阻尼系数。对照式(5.4.7)和不计质量的弹性梁跨中固连有集中质量做横向振动时的运动微分方程，可知杰夫考特转子的涡动可视为 xz 平面和 yz 平面内的弯曲振动的合成。

3. 转子的稳态涡动响应与临界转速

由于杰夫考特转子涡动微分方程与单自由度线性强迫振动的微分方程在数学形式上是一致的，可以用单自由度线性强迫振动的稳态解作为圆盘形心点 O' 涡动方程的解，设

$$x = X\cos(\Omega t - \varphi)\,,\quad y = Y\sin(\Omega t - \varphi) \tag{5.4.8}$$

将式(5.4.8)代入运动微分方程(5.4.7)中，解得

$$X = Y = \frac{e\Omega^2}{\sqrt{(\omega_n^2 - \Omega^2)^2 + (2\xi\omega_n\Omega)^2}} = \frac{e\lambda^2}{\sqrt{(1-\lambda^2)^2 + (2\xi\lambda)^2}}$$
$$\tan\varphi = \frac{2\xi\omega_n\Omega}{\omega_n^2 - \Omega^2} = \frac{2\xi\lambda}{1-\lambda^2} \tag{5.4.9}$$

式中，$\lambda = \Omega / \omega_n$ 为频率比；$\xi = c / (2m\omega_n)$ 为阻尼比。

由此可见，圆盘形心点 O' 绕固定坐标的 Oz 轴做圆周运动。对照直角坐标和极坐标的几何关系：

$$x = r\cos\theta, \quad y = r\sin\theta \tag{5.4.10}$$

可见圆周运动的半径就是轴的动挠度 $\boldsymbol{r}$，角速度等于弯曲轴线绕两支承连线转动的角速度，即涡动角速度 ω 。因为有阻尼，动挠度 $\boldsymbol{r}$ 与偏心距 e 之间存在相位差 φ。动挠度 $\boldsymbol{r}$ 与相位差 φ 可分别表示为

$$r = |\boldsymbol{r}| = \frac{e\Omega^2}{\sqrt{(\omega_n^2 - \Omega^2)^2 + (2\xi\omega_n\Omega)^2}}, \quad \theta(t) = \Omega t - \varphi \tag{5.4.11}$$

根据式(5.4.11)可以绘出不同阻尼比 ξ 时，动挠度 $\boldsymbol{r}$ 幅值和相位差 φ 随 ω 值变化的曲线，即响应的幅频特性曲线和相频特性曲线，如图 5.4.3 所示。

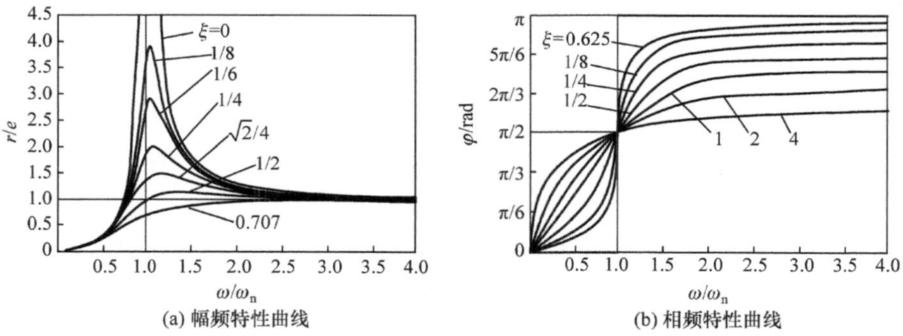

图 5.4.3　转子动挠度的特性曲线

由于 φ 的存在，圆盘的涡动存在两种情况：重边飞出和轻边飞出。在一般情况下 O、O'、c 三点并不在一条直线上，而总是成一个三角形 $OO'c$，如图 5.4.4 所示。因为动挠度 $\boldsymbol{r}$ 绕 O 点的角速度和偏心距 e 绕 O' 的角速度都等于 Ω，使 $\triangle OO'c$ 的形状在转动过程中保持不变。只有当 $\Omega \ll \omega_n$ 时，$\varphi \to 0$，这三点才近似在一条直线上，并且 O' 点位于 O 和 c 之间，即圆盘的重边飞出，如图 5.4.4(a)所示。当 $\Omega \gg \omega_n$ 时，$\varphi \to \pi$，这三点又近似在一条直线上，但这时 c 点位于 O 和 O' 之间，即轻边飞出，如图 5.4.4(b)所示，工程上称为**自动定心**。

由转子动挠度表达式可知，当转子自转角速度等于转轴做无阻尼横向振动时的自然频率($\Omega=\omega_n$)时，转子系统发生共振，扰度无限大。对于有阻尼系统，动挠

度虽非无限大，但也非常大，这在设计与实际工作中是需要避免的。工程中将系统发生共振响应时所对应的转子的转速称为**临界转速**，这就是使动挠度 $\boldsymbol{r}$ 取得极值时的转速。对于 $\Omega \gg \omega_{\mathrm{n}}$ 的转子，这个共振响应可以由动挠度极值条件 $\mathrm{d}r / \mathrm{d}\Omega = 0$ 来确定临界转速，用 ω_{cr} 表示，单位为 rad/s。工程中通常用 r/min 为单位来计量临界转速，用 n_{cr} 表示，而 ω_{cr} 称为临界角速度。将 r 的表达式(5.4.11)代入 $\mathrm{d}r / \mathrm{d}\Omega = 0$，得到

$$\frac{\mathrm{d}r}{\mathrm{d}\Omega} = \frac{e\Omega^2[(2\xi\omega_{\mathrm{n}}\Omega)^2 + 2(\omega_{\mathrm{n}}^2 - \Omega^2)\omega_{\mathrm{n}}^2]}{2[(\omega_{\mathrm{n}}^2 - \Omega^2)^2 + (2\xi\omega_{\mathrm{n}}\Omega)^2]^{3/2}} = 0 \tag{5.4.12}$$

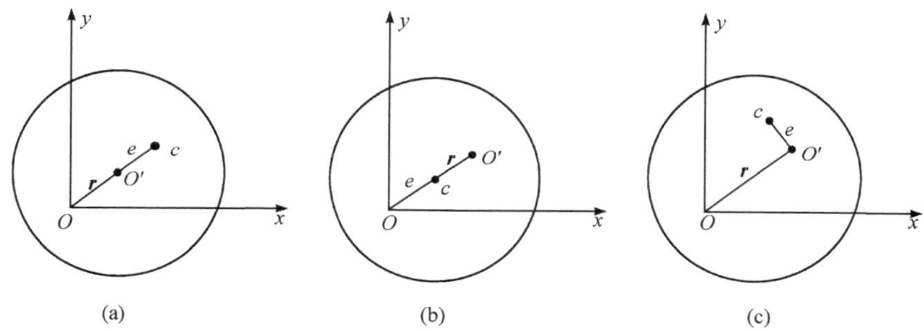

图 5.4.4　不同转速下圆盘形心的位置

由式(5.4.12)解得

$$\omega_{\mathrm{cr}} = \omega_{\mathrm{n}}(1 - 2\xi^2)^{-1/2} \tag{5.4.13}$$

即圆盘的外阻尼使转子的临界角速度略大于其横向振动自然频率。在图 5.4.3 中转子共振峰值出现在转速比等于 1 的右侧。这与阻尼对在谐波激励下单自由度强迫振动的自然频率的影响有所不同。后者共振峰值对应的频率为 $\Omega = \omega_{\mathrm{n}}\sqrt{1 - 2\xi^2}$，即共振峰值出现在转速比等于 1 的左侧。转子涡动幅频特性曲线共振峰值所对应的转子转速并不是转子的临界转速，而是略大于后者，但两者相差不大，所以在工程中往往将转子涡动响应最大时所对应的转速作为临界转速。

对于小阻尼情况，可近似取为 $\omega_{\mathrm{cr}} \approx \omega_{\mathrm{n}}$，将其代入式(5.4.9)，得到

$$r_{\max} \approx \frac{e}{2\xi}, \quad \varphi \approx \frac{\pi}{2} \tag{5.4.14}$$

可见，在临界转速时，动挠度在数值上取得极值，而在相位上落后于偏心距 e 的角度为π/2。此时转子两端支承连线与圆盘交点 O、圆盘几何中心 O' 和质心 c 三点之间的关系如图 5.4.4(c)所示。

旋转转子的涡动与不旋转的固连在弹性轴上的圆盘横向振动具有不同的物理性质。转子涡动时，转轴上不产生交变力，但在轴承上产生交变应变，其幅值与

动挠度幅值成正比；转轴横向振动时，轴上下两侧产生交变的应变，进而引起交变应力。

如果用复数表示涡动，就可以将两个实数变量用一个复数变量表示。设 $z = x + \mathrm{i}y$，其中 z 是复数而不是坐标。转轴不平衡质量引起的运动用复数表示为

$$\ddot{z} = 2\xi\omega_{\mathrm{n}}\dot{z} + \omega_{\mathrm{n}}^2 z = e\Omega^2\mathrm{e}^{\mathrm{i}\Omega t} \tag{5.4.15}$$

设式(5.4.15)的特解为 $z = |A|\mathrm{e}^{\mathrm{i}(\Omega t-\varphi)}$，其中，$A$ 为涡动响应的复数幅值；$\Omega t - \varphi$ 为涡动响应的相位。因为阻尼的作用，响应相位滞后一个角度，所以特征方程为

$$(\omega_{\mathrm{n}}^2 - \Omega^2 + \mathrm{i}2\xi\omega_{\mathrm{n}}\Omega)|A| = e\Omega^2\mathrm{e}^{\mathrm{i}\varphi} = e\Omega^2(\cos\varphi + \mathrm{i}\sin\varphi) \tag{5.4.16}$$

分离实部和虚部，得到

$$(\omega_{\mathrm{n}}^2 - \Omega^2)|A| = e\Omega^2\cos\varphi, \quad 2n\Omega|A| = e\Omega^2\sin\varphi \tag{5.4.17}$$

两端平方相加，解得响应的实数幅值和相角为

$$\begin{gathered}|A| = \frac{e\Omega^2}{\sqrt{(\omega_{\mathrm{n}}^2 - \Omega^2)^2 + (2\xi\omega_{\mathrm{n}}\Omega)^2}} = \frac{e\lambda^2}{\sqrt{(1-\lambda^2)^2 + (2\xi\lambda)^2}} \\ \tan\varphi = \frac{2\xi\omega_{\mathrm{n}}\Omega}{\omega_{\mathrm{n}}^2 - \Omega^2} = \frac{2\xi\lambda}{1-\lambda^2}\end{gathered} \tag{5.4.18}$$

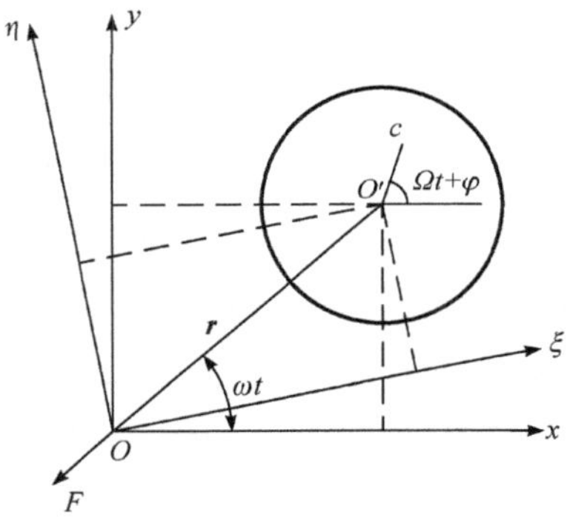

图 5.4.5 动、定坐标系的关系

在转子动力学中，也常用转动坐标系描述转子的涡动。取转动坐标系 $O\xi\eta\zeta$，其中动坐标系和固定坐标系 $Oxyz$ 的原点重合，动坐标系固连在转子上随转子以自转角速度 Ω 绕 Oz 轴转动。固定坐标(也称为绝对坐标)为 $z=x+\mathrm{i}y$，而相对坐标为 $\zeta=\xi+\mathrm{i}\eta$。动坐标系与固定坐标系的关系为 $z = \zeta\mathrm{e}^{\mathrm{i}\Omega t}$，转子的动挠度在固定坐标系和动坐标系中分别为 $z = r\mathrm{e}^{\mathrm{i}(\Omega t+\varphi)}$ 和 $\zeta = r\mathrm{e}^{\mathrm{i}\varphi}$，如图 5.4.5 所示。

对时间 t 分别求一次和二次导数，得到

$$\dot{z} = (\dot{\zeta} + \mathrm{i}\Omega\zeta)\mathrm{e}^{\mathrm{i}\Omega t}, \quad \ddot{z} = (\ddot{\zeta} + 2\mathrm{i}\Omega\dot{\zeta} - \Omega^2\zeta)\mathrm{e}^{\mathrm{i}\Omega t} \tag{5.4.19}$$

将式(5.4.19)的第一式代入复数形式的圆盘无阻尼自由涡动方程 $\ddot{z} + \omega_{\mathrm{n}}^2 z = 0$ 中，得到

$$\ddot{\zeta} + 2\mathrm{i}\Omega\dot{\zeta} + (\omega_{\mathrm{n}}^2 - \Omega^2)\zeta = 0 \tag{5.4.20}$$

其解为

$$\zeta = B_1\mathrm{e}^{\mathrm{i}(\omega_{\mathrm{n}}-\Omega)t} + B_2\mathrm{e}^{-\mathrm{i}(\omega_{\mathrm{n}}+\Omega)t} \tag{5.4.21}$$

可见在转动坐标系下圆盘的涡动由两部分组成，前一部分为反进动，后一部分为正进动，两者的角速度不相同。其运动合成的轨迹不是椭圆，而呈花瓣形，如图 5.4.6 所示。

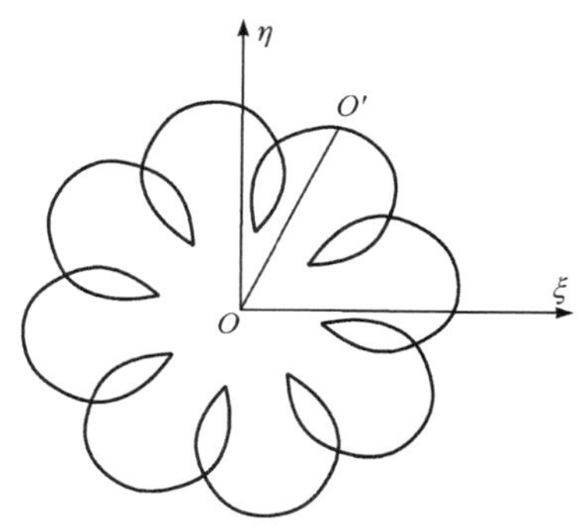

图 5.4.6 圆盘的涡动轨迹

将式(5.4.19)的第二式代入无阻尼圆盘偏心涡动方程 $\ddot{z}+\omega_{\mathrm{n}}^2 z=e\Omega^2\mathrm{e}^{\mathrm{i}\Omega t}$ 中，得到

$$\ddot{\zeta}+2\mathrm{i}\Omega\dot{\zeta}+(\omega_{\mathrm{n}}^2-\Omega^2)\zeta=e\Omega^2 \tag{5.4.22}$$

式(5.4.22)的特解为

$$\zeta=\frac{e\Omega^2}{\omega_{\mathrm{n}}^2-\Omega^2}=\frac{e(\Omega/\omega_{\mathrm{n}}^2)^2}{1-(\Omega/\omega_{\mathrm{n}}^2)^2}=\frac{e\lambda^2}{1-\lambda^2} \tag{5.4.23}$$

由式(5.4.23)可以看出其特解与时间无关，所以有 $\dot{\zeta}=0$，$\ddot{\zeta}=0$，即盘心在动坐标系中不动，相对平衡，对应于重边飞出。转轴弯曲引起的弹性恢复力 $\boldsymbol{F}$ 等于盘在转动坐标系中惯性离心力 $\boldsymbol{S}$，其中 $\boldsymbol{F}=k\boldsymbol{r}$，$\boldsymbol{S}=m(\boldsymbol{r}+\boldsymbol{e})\Omega^2$，即

$$k\boldsymbol{r}=m(\boldsymbol{r}+\boldsymbol{e})\Omega^2=m\boldsymbol{r}\Omega^2+m\boldsymbol{e}\Omega^2 \tag{5.4.24}$$

因而动挠度为

$$\boldsymbol{r}=\frac{\boldsymbol{e}\Omega^2}{\omega_{\mathrm{n}}^2-\Omega^2}=\frac{\boldsymbol{e}(\Omega/\omega_{\mathrm{n}}^2)^2}{1-(\Omega/\omega_{\mathrm{n}}^2)^2}=\frac{\boldsymbol{e}\lambda^2}{1-\lambda^2} \tag{5.4.25}$$

4. 重力对转子涡动的影响与副临界转速

1) 副临界转速现象

当杰夫考特转子水平安装时，重力会对转子的运动产生影响。这首先表现在，即使转子不旋转，在圆盘重力作用下弹性轴也会弯曲，称为静挠曲。假如圆盘的质量是理想平衡的，没有偏心，则转子旋转时仍然保持静挠度的形状不变，并不产生涡动，而转轴截面上的应力在旋转一周交变一次。一般转轴的静挠度很小，所以这种交变应力也很小，在设计中常常可以忽略。当圆盘存在质量偏心，并做等速旋转时，不仅有偏心引起的离心惯性力作用在转轴上，而且重力也会对自转轴线构成一个交变的力矩 $M_p=mge\sin(\Omega t)$，如图 5.4.7 所示。在偏心质量

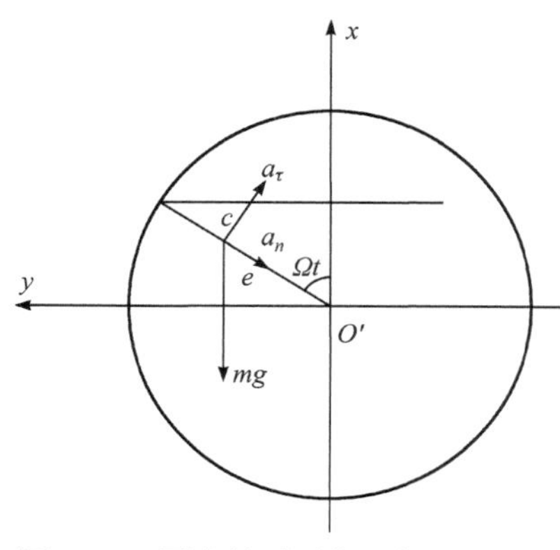

图 5.4.7 圆盘的瞬时位置与所受的力

引起的离心力作用下，转轴也会发生涡动，涡动绕静挠度曲线进行时，重力对$O'z'$轴的力矩使转子获得加速度。

设圆盘的极转动惯量是$I_p=m\rho^2$，其中ρ是回转半径，则角加速度为

$$\alpha=\frac{M_p}{I_p}=\frac{mge\sin(\Omega t)}{m\rho^2}=g\frac{e}{\rho^2}\sin(\Omega t) \tag{5.4.26}$$

相应的圆盘质心具有切向加速度$a_\tau=(ge^2/\rho^2)\sin(\Omega t)$和切向惯性力$F_\tau=(mge^2/\rho^2)\sin(\Omega t)$，该力的大小和方向在旋转过程中随时间变化，其垂直分量为

$$F_{\tau 1}=F_\tau\sin(\Omega t)=\frac{mge^2}{\rho^2}\sin^2(\Omega t)=\frac{1}{2}\frac{mge^2}{\rho^2}[1-\cos^2(\Omega t)] \tag{5.4.27}$$

式(5.4.27)中的常数部分使弹性轴有一个静挠度，交变部分则使转子的动挠度在垂直方向的投影按简谐运动规律变化，其交变频率为2Ω。当$\Omega=\omega_{cr}/2$时，必然使这部分挠度达到极值，这种现象称为副临界现象。

2) 水平杰夫考特转子的运动微分方程

设水平安装的无阻尼偏心杰夫考特转子如图 5.4.8 所示。图中，O_1为固定坐标系原点，圆盘几何形心点O'为动坐标系原点，c为圆盘质心点。由于圆盘在跨中，圆盘在自身平面涡动，不产生转向效应，假定在t时刻圆盘的状态如图 5.4.9 所示，设圆盘的偏心距为e，轴的弯曲刚度为k，则轴的弹性恢复力在Ox、Oy轴上的投影分别为

$$F_x=k(x_c-e\cos\varphi),\quad F_y=k(y_c-e\sin\varphi) \tag{5.4.28}$$

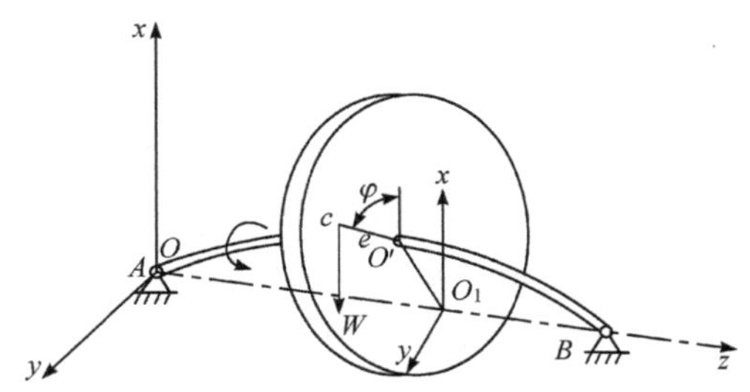

图 5.4.8　重力作用下的杰夫考特转子

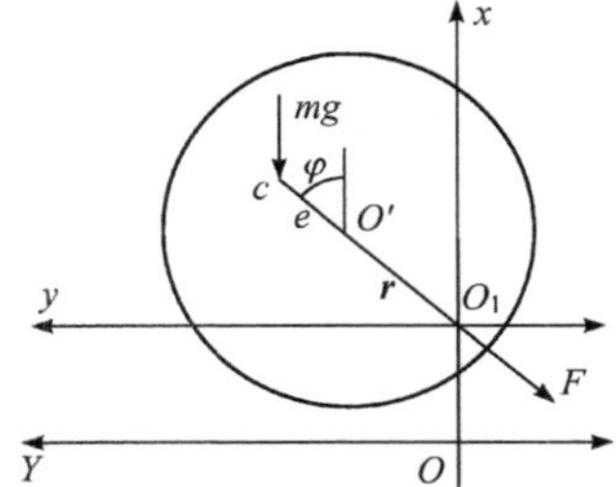

图 5.4.9　圆盘的瞬时位置与所受的力

根据质心运动定理，得出圆盘质心点c的运动方程为

$$m\ddot{x}_c+kx_c=ke\cos\varphi-mg,\quad m\ddot{y}_c+ky_c=ke\sin\varphi \tag{5.4.29}$$

再根据动量矩定理来建立圆盘的转动微分方程。杰夫考特转子对固定点的动量矩与对质心点的动量矩的关系为

$$\boldsymbol{H}_o=\boldsymbol{H}_c+\boldsymbol{r}_c\times m\boldsymbol{v}_c \tag{5.4.30}$$

式中，

$$\boldsymbol{r}_c \times m\boldsymbol{v}_c = \begin{vmatrix} \boldsymbol{i} & \boldsymbol{j} & \boldsymbol{k} \\ x_c & y_c & z_c \\ mv_x & mv_y & mv_z \end{vmatrix} \tag{5.4.31}$$

将这一关系向 z 轴投影，得刚体对定轴 Oz 的动量矩等于圆盘以 $\dot{\varphi}$ 绕质心点的动量矩与假想圆盘质量集中于质心点 c 对定轴 Oz 的动量矩之和，即有

$$H_z = H_{cz} + H_z(m\boldsymbol{v}_c) \tag{5.4.32}$$

式中，$H_{cz} = I_{\mathrm{p}}\dot{\varphi} = m\rho^2\dot{\varphi}$，$\rho$ 为回转半径，$H_z(m\boldsymbol{v}_c) = [\boldsymbol{r}_c \times m\boldsymbol{v}_c]_z = m(x_c\dot{y}_c - y_c\dot{x}_c)$。又由动量矩定理 $\mathrm{d}H_z / \mathrm{d}t = \sum M_z$，得到

$$\frac{\mathrm{d}}{\mathrm{d}t}[I_{\mathrm{p}}\dot{\varphi} + m(x_c\dot{y}_c - y_c\dot{x}_c)] = M_z + mgy_c \tag{5.4.33}$$

式中，M_z 为外力矩，化简得

$$I_{\mathrm{p}}\ddot{\varphi} + m(x_c\ddot{y}_c - y_c\ddot{x}_c) = M_z + mgy_c \tag{5.4.34}$$

将式(5.4.29)代入式(5.4.34)后消去加速度项，得到

$$I_{\mathrm{p}}\ddot{\varphi} + ke(x_c\sin\varphi - y_c\cos\varphi) = M_z \tag{5.4.35}$$

为了简化圆盘形心点的涡动方程，做坐标平移变换，把原点从 O_1 移到 O，并令 $x_d = x_c + mg/k$，得到新坐标系中圆盘形心点的运动微分方程

$$m\ddot{x}_d + kx_d = ke\cos\varphi, \quad m\ddot{y}_c + ky_c = ke\sin\varphi \tag{5.4.36}$$

式(5.4.36)是考虑圆盘重力影响的无阻尼的变转速偏心杰夫考特转子形心点的涡动微分方程。

3) 水平圆盘副临界的稳态涡动

现在假设外力矩 $M_z=0$，圆盘在做 $\dot{\varphi}=\omega_{\mathrm{cr}}/2$ 的等角速度自转，即 $\ddot{\varphi}=0$，并令 $\varphi_0=0$，得 $\varphi=\omega_{\mathrm{cr}}t/2$。将上述假设代入式(5.4.34)，得到

$$m(x_d\ddot{y}_c - y_c\ddot{x}_d) = mge\sin\left(\frac{\omega_{\mathrm{cr}}}{2}t\right) \tag{5.4.37}$$

可以求出同时满足式(5.4.36)和式(5.4.37)的解为

$$x_d = -\delta_{\mathrm{s}}\cos(\omega_{\mathrm{cr}}t) + \frac{4}{3}e\sin\left(\frac{\omega_{\mathrm{cr}}}{2}t\right), \quad y_c = -\delta\sin(\omega_{\mathrm{cr}}t) + \frac{4}{3}e\cos\left(\frac{\omega_{\mathrm{cr}}}{2}t\right) \tag{5.4.38}$$

式中，$\delta_{\mathrm{s}} = mg/k$ 为在圆盘重力作用下弹性轴在跨中产生的静挠度。

利用图 5.4.9 所示的几何关系，圆盘形心点的运动方程为

$$
\begin{aligned}
x &= x_d - \delta_s - e\cos\left(\frac{\omega_{cr}}{2}t\right) = -\delta_s[1+\cos(\omega_{cr}t)] + \frac{4}{3}e\cos\left(\frac{\omega_{cr}}{2}t\right) \\
y &= y_c - e\sin\left(\frac{\omega_{cr}}{2}t\right) = -\delta\sin(\omega_{cr}t) + \frac{4}{3}e\sin\left(\frac{\omega_{cr}}{2}t\right)
\end{aligned}
\tag{5.4.39}
$$

与临界转速现象相比，重力引起的转子副临界现象的影响较小，只有在圆盘质量大而弹性轴的刚度小，即δ_s大的情况下，才能明显观测到副临界的动挠度峰值，副临界才不能忽略。由于质量偏心引起的动挠度要比静挠度大得多，所以在讨论水平转子的涡动时，就常常忽略重力的影响。

5.4.2　刚性支承单盘偏置转子模型

在实际转子中，由于设计上的要求，薄圆盘往往并不一定对称安装在跨中央，这种情况下的转子称为偏置转子，如图 5.4.10 所示。当转子旋转时，弹性轴受到圆盘质量偏心惯性力的作用，产生弯曲动挠度，圆盘的运动不仅有自转和横向运动，而且有偏离原先平面的摆动。正是圆盘的这种偏摆，使得其各部分质量在运动中产生的惯性力 $\boldsymbol{F}$ 不再保持在同一平面内，由此在圆盘自转中构成一个离心惯性力矩，其效果相当于改变了转轴的弯曲刚度。因此，转轴的临界转速在数值上与不计及这种偏摆影响时时不同。通常把由高速旋转圆盘的偏摆运动引起而使临界转速发生变化的现象称为**回转效应**。

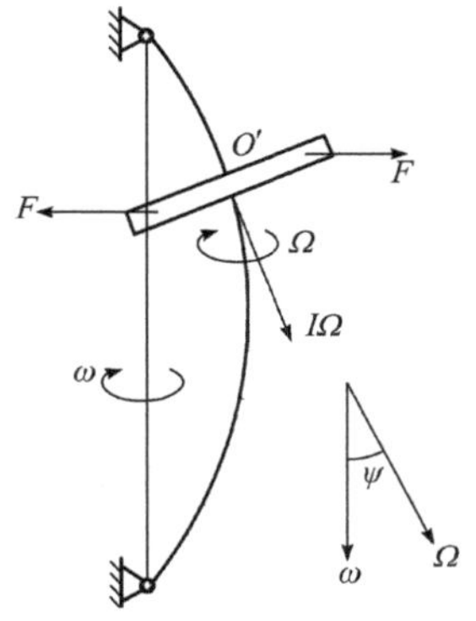

图 5.4.10　偏置转子在自转中的偏心惯性力

偏置转子的基本假设有：①刚性薄圆盘厚度不计，偏置安装在轴上，不在跨中；②轴的质量和半径不计，具有一定的弯曲刚度和无限大的扭转刚度；③轴承支承简化为铰支，且质量不计，基座是刚性；④忽略重力的影响；⑤不计阻尼；⑥不计偏心；⑦稳态涡动。

1. 单盘偏置转子的运动微分方程

刚性薄圆盘不在跨中，而圆盘又要保持与其所在位置处轴的挠曲线的切线相垂直，这必然使圆盘在发生横向位移的同时发生偏摆，使圆盘的轴线(即法线)在空间画出的轨迹是个锥面，薄圆盘的运动不再是平面运动，而是空间运动。可以把刚体的空间运动分解成随基点的平动和绕基点的定点转动。为了描述这种运动，建立相应的坐标系，如图 5.4.11 所示。$Oxyz$ 为固定坐标系，$O'x'y'z'$为 O'的平动坐标系，其各个坐标轴分别与固定坐标系的对应轴保持平行；$O'\xi\eta\zeta$为固连于圆盘上的旋转坐标系。根据假设，O'就是圆盘的质心，$O'\zeta$是弹性轴转动挠度曲线的切线，$O'\xi$、$O'\eta$是与圆盘上两条正交的直线重合的动坐标。

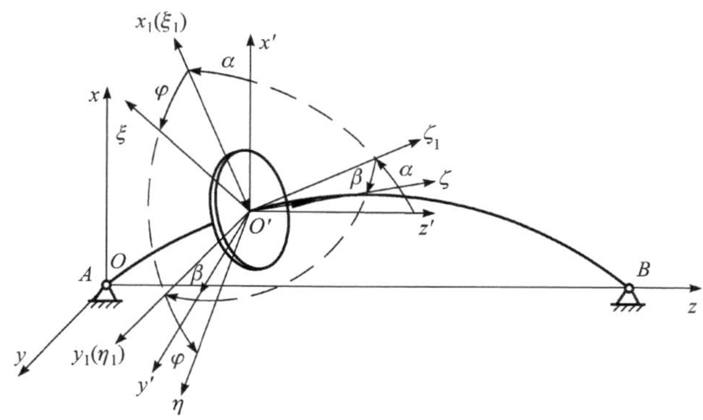

图 5.4.11　单盘偏置转子运动的坐标系

偏置刚性圆盘涡动时做空间运动。根据运动合成原理，刚体的空间运动等于其随基点 O'的平动和绕基点的定点转动的合成。这里略去轴弯曲引起的 Oz 长度变化。基点 O'的运动减为 2 个自由度，用 $x(t)$和 $y(t)$表示，绕基点 O'的定点转动用第二类欧拉角表示，即绕 $O'y'$ 轴的$\alpha(t)$，绕负 $O'\xi_1$ 轴的$\beta(t)$和绕 $O'\zeta$轴的转角$\varphi(t)$，从而偏置刚性圆盘涡动时共有 5 个自由度。图 5.4.11 中，$\alpha = \angle x'O'\xi_1 = \angle z'O'\zeta_1$，$\beta = \angle y'O'\eta_1 = \angle \zeta O'\zeta_1$。在圆盘按第二类欧拉角三次旋转的过程中，平动坐标系与旋转坐标系的关系如图 5.4.12 所示，其中第三次旋转在圆盘平面内。

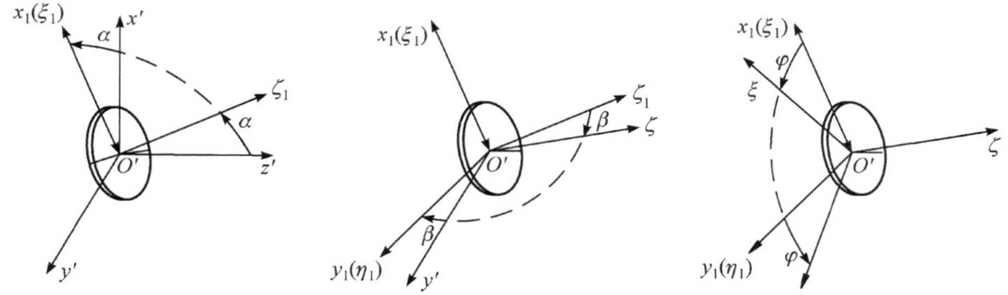

图 5.4.12　圆盘平动坐标系与旋转坐标系按第二类欧拉角三次旋转的关系

1) 偏置转子形心的运动

(1) **根据质量运动定律确定偏置转子形心的运动**。确定偏置转子形心的运动，就需要确定转轴弯曲引起的弹性恢复力和力矩，设$\alpha(t)$、$\beta(t)$为小量，忽略高阶小量。用动挠度曲线的切向在平动坐标系中 $O'x'z'$、$O'y'z'$平面上的投影与 z' 轴的夹角，即在固定坐标系中 Oxy、Oyz 平面上的投影与 z 轴的夹角表示为

$$\alpha(t) \approx \tan\alpha = \frac{\partial y'}{\partial \xi_1} \approx \frac{\partial x'}{\partial z'}, \quad \beta(t) \approx \tan\beta = \frac{\partial y'}{\partial \zeta_1} \approx \frac{\partial y'}{\partial z'} \tag{5.4.40}$$

为了得到弹性轴对圆盘的反作用力，先确定过 O'截面的刚度。在前面的分析中指出，圆盘对轴作用有力和力矩，所以需要分析两端简支梁在某截面上受到力和力矩联合作用时的平面挠曲，如图 5.4.13 所示。根据材料力学理论，可计算 O' 点处的挠度 x 和转角 α。挠曲线微分方程为

$$\pm\frac{\mathrm{d}^2 x}{\mathrm{d}z^2} = \frac{M_x(z)}{EI}$$

式中，$M_x(z)$为 Oxz 面内的弯矩。在图示坐标中，$\mathrm{d}^2 x/\mathrm{d}z^2 < 0$，又由材料力学理论有 $M_x<0$，所以曲率与弯矩同号。

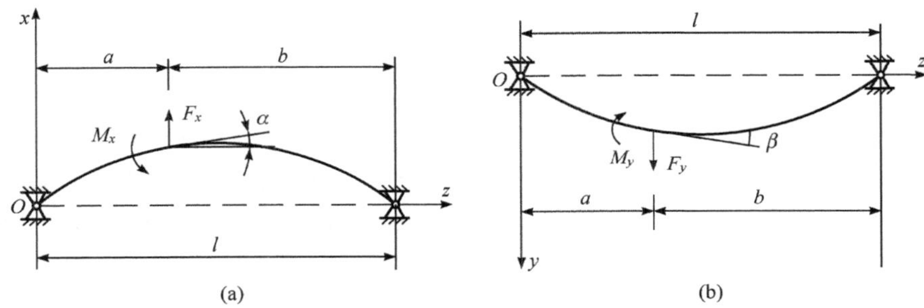

图 5.4.13　简支梁的挠度和转角图

(2) **由材料力学理论求 O'处的挠度**。设由 M_x 和 F_x 产生的位移分别为 x_M 和 x_F，则在 $z=a$ 处有

$$x_M = -\frac{M_x z(l^2 - 3b^2 - z^2)}{6lEI} = -\frac{M_x a(l^2 - 3b^2 - a^2)}{6lEI} = -\frac{M_x ab(a-b)}{3lEI} \tag{5.4.41}$$

$$x_F = \frac{F_x bz(l^2 - z^2 - b^2)}{6lEI} = \frac{F_x ba(l^2 - a^2 - b^2)}{6lEI} = \frac{F_x a^2 b^2}{3lEI} \tag{5.4.42}$$

从而得到此处的挠度为

$$x = \frac{F_x a^2 b^2}{3lEI} - \frac{M_x ab(a-b)}{3lEI} \tag{5.4.43}$$

同理，此处的转角为

$$\alpha = \frac{F_x ab(a-b)}{3lEI} + \frac{M_x(a^2 - ab + b^2)}{3lEI} \tag{5.4.44}$$

联立求解式(5.4.43)和式(5.4.44)，得到

$$F_x = k_{11}x + k_{12}\alpha, \quad M_x = k_{21}x + k_{22}\alpha \tag{5.4.45}$$

式中，

$$k_{11} = 3lEI\frac{a^2 - ab + b^2}{a^3b^3}, \quad k_{12} = k_{21} = 3lEI\frac{a-b}{a^2b^2}, \quad k_{22} = \frac{3lEI}{ab} \tag{5.4.46}$$

(3) **通过刚度影响系数法确定刚度系数**。在两端铰支各向同性梁距左端处分别受单位力与单位力矩时，利用材料力学的单位力法求出该处的柔度 $a_{ij}\,(i, j=1, 2)$，构成柔度矩阵 $\boldsymbol{a}$，再通过刚度矩阵与柔度矩阵的互逆关系 $\boldsymbol{k}=\boldsymbol{a}^{-1}$ 求出刚度系数。

同理，在 Oyz 平面上解出 F_y 和 M_y 为

$$F_y = k_{11}y + k_{12}\beta, \quad -M_y = k_{21}y + k_{22}\beta \tag{5.4.47}$$

式中，M_y 与材料力学弯曲公式中的 M 同号，但矩矢沿负 x 坐标轴方向，故结果差一负号。由于是圆截面轴，刚度系数与 Oxz 面内的刚度系数相同。

式(5.4.45)和式(5.4.47)中的 F_x、M_x 和 F_y、M_y 是圆盘涡动时作用在转轴上的力与力矩。由作用与反作用定律，转轴作用在圆盘上的力与力矩与式(5.4.47)等值反向。根据质心运动定理：

$$m\ddot{x} = -F_x, \quad m\ddot{y} = -F_y \tag{5.4.48}$$

将式(5.4.45)和式(5.4.47)代入式(5.4.48)，经整理得到圆盘形心 O' 的运动微分方程为

$$\ddot{x} + \omega_{\text{n1}}^2 x + (k_{12}/m)\alpha = 0, \quad \ddot{y} + \omega_{\text{n1}}^2 y + (k_{12}/m)\beta = 0 \tag{5.4.49}$$

式中，$\omega_{\text{n1}} = \sqrt{k_{11}/m}$。与不计偏心的对称放置转子的运动方程相比，当 $a=b=l/2$ 时，ω_{n1} 即圆盘对称放置转子的涡动角速度 ω_{n}。但方程(5.4.49)中还含有偏摆角 α、β，反映了偏摆对形心运动的影响。

2) 偏置转子圆盘的摆动

下面利用动量定理来建立圆盘绕 O' 做定点转动的运动微分方程，分别介绍在旋转动坐标系下和固定坐标系平行的平动坐标系下偏置单盘转子的摆动微分方程。

(1) **旋转动坐标系下偏置转子的摆动微分方程**。由于 O' 是圆盘的质心，在动量矩的计算中可以只考虑圆盘对过 O' 点的动坐标轴的相对运动，如图 5.4.12 所示。应用相对质心动量矩定理，旋转动坐标系的 $O'\xi_1$、$O'\eta_1(O'x_1$、$O'y_1)$ 轴固连在圆盘上，角速度为

$$\boldsymbol{\omega} = \omega_{\xi 1}\boldsymbol{i}_1 + \omega_{\eta 1}\boldsymbol{j}_1 + \omega_{\zeta 1}\boldsymbol{k}_\zeta \tag{5.4.50}$$

式中，$\boldsymbol{i}_1$、$\boldsymbol{j}_1$、$\boldsymbol{k}_\zeta$ 分别为 ξ_1、η_1、ζ 轴的单位矢量。角速度 $\boldsymbol{\omega}$ 在 $O'\xi_1$、$O'\eta_1$、$O'\zeta_1$ 三个轴上的投影为

$$\omega_{\xi 1}=-\dot{\beta}\,,\quad \omega_{\eta 1}=\dot{\alpha}\cos\beta\approx\dot{\alpha}\,,\quad \omega_{\zeta 1}=\dot{\varphi}-\dot{\alpha}\sin\beta\approx\dot{\varphi}-\dot{\alpha}\beta \tag{5.4.51}$$

由于α、β为小量，在式(5.4.51)中，利用了$\sin\alpha\approx\alpha$，$\cos\alpha\approx 1$，$\sin\beta\approx\beta$，$\cos\beta\approx 1$。圆盘在做第二类欧拉角旋转时，第二次旋转是绕$-\xi_1$轴方向旋转。

圆盘平动坐标$O'x'$和$O'y'$分别平行于固定坐标Ox和Oy。发生涡动时，经过第二类欧拉角的变换，$O'\xi_1$、$O'\eta_1$在圆盘平面内，经过绕$O'\zeta$的转动φ角后的$O'\xi$、$O'\eta$仍在圆盘平面内。一般情况下，转子的弯曲变形很小，圆盘平面的转角α和β很小，因而$\dot{\alpha}$和$\dot{\beta}$也是小量，远远小于圆盘自转角速度，即$\dot{\alpha}\ll\dot{\varphi}$，$\dot{\beta}\ll\dot{\varphi}$。圆盘对$O'\zeta$的动量矩$H_\zeta=I_{\mathrm{p}}(\dot{\varphi}+\dot{\alpha}\sin\beta)\approx I_{\mathrm{p}}\dot{\varphi}$，从而圆盘对$O'$的动量矩为

$$\boldsymbol{H}'_o=\boldsymbol{H}_\zeta+\boldsymbol{H}_{\xi 1}+\boldsymbol{H}_{\eta 1}=I_{\mathrm{p}}\dot{\varphi}\boldsymbol{k}_\zeta+I_{\mathrm{d}}\omega_{\xi 1}\boldsymbol{i}_1+I_{\mathrm{d}}\omega_{\eta 1}\boldsymbol{j}_1=I_{\mathrm{p}}\dot{\varphi}\boldsymbol{k}_\zeta+I_{\mathrm{d}}\dot{\beta}\boldsymbol{i}_1+I_d\dot{\alpha}\boldsymbol{j}_1 \tag{5.4.52}$$

在随动圆盘转动坐标系$O'\xi_1\eta_1\zeta$下的动量矩为

$$\begin{aligned}&H_{\xi 1}=-I_{\mathrm{d}}\dot{\beta},\quad H_{\eta 1}=I_{\mathrm{d}}\dot{\alpha}\cos\beta\approx I_{\mathrm{d}}\dot{\alpha},\\&H_\zeta=I_{\mathrm{d}}(\dot{\varphi}+\dot{\alpha}\sin\beta)\approx I_{\mathrm{d}}(\dot{\varphi}+\dot{\alpha}\beta)\approx I_{\mathrm{d}}\dot{\varphi}\end{aligned} \tag{5.4.53}$$

在随动圆盘转动坐标系下的动量矩对时间的相对导数为

$$\frac{\tilde{\mathrm{d}}H_{\xi 1}}{\mathrm{d}t}=\frac{\tilde{\mathrm{d}}(-I_{\mathrm{d}}\dot{\beta})}{\mathrm{d}t}=-I_{\mathrm{d}}\ddot{\beta}\,,\quad \frac{\tilde{\mathrm{d}}H_{\eta 1}}{\mathrm{d}t}=\frac{\tilde{\mathrm{d}}(I_{\mathrm{d}}\dot{\alpha})}{\mathrm{d}t}=I_{\mathrm{d}}\ddot{\alpha}\,,\quad \frac{\tilde{\mathrm{d}}H_\zeta}{\mathrm{d}t}=\frac{\tilde{\mathrm{d}}(I_{\mathrm{d}}\dot{\varphi})}{\mathrm{d}t}=I_{\mathrm{d}}\ddot{\varphi} \tag{5.4.54}$$

在随动圆盘转动坐标系$O'\xi_1\eta_1\zeta$下，圆盘的相对角速度为$\boldsymbol{\omega}_1=\omega_{\xi 1}\boldsymbol{i}_1+\omega_{\eta 1}\boldsymbol{j}_1+\omega_{1\zeta}\boldsymbol{k}_\zeta$，其中，$\omega_{1\zeta}=(\omega_\zeta-\dot{\varphi})=-\dot{\alpha}\sin\beta$，则$\boldsymbol{\omega}_1\times\boldsymbol{H}$在$O'\xi_1\eta_1\zeta$坐标轴上的投影分别为

$$\begin{aligned}&\omega_{\eta 1}H_\zeta-\omega_{1\xi}H_{\eta 1}=(I_{\mathrm{d}}-I_{\mathrm{p}})\dot{\alpha}^2\sin\beta\cos\beta+I_{\mathrm{p}}\dot{\varphi}\dot{\alpha}\cos\beta\\&\omega_{1\zeta}H_{\xi 1}-\omega_{\xi 1}H_\zeta=(I_{\mathrm{d}}-I_{\mathrm{p}})\dot{\beta}\dot{\alpha}\sin\beta+I_{\mathrm{p}}\dot{\varphi}\dot{\beta}\\&\omega_{\xi 1}H_{\eta 1}-\omega_{\eta 1}H_{\xi 1}=-\dot{\beta}I_{\mathrm{d}}\dot{\alpha}+\dot{\alpha}I_{\mathrm{d}}\dot{\beta}=0\end{aligned} \tag{5.4.55}$$

将式(5.4.54)和式(5.4.55)代入相对质心的动量矩方程，得到

$$\begin{aligned}&\frac{\tilde{\mathrm{d}}H_{\xi 1}}{\mathrm{d}t}+\omega_{\eta 1}H_\zeta-\omega_{1\zeta}H_{\eta 1}=M_{\eta 1},\quad \frac{\tilde{\mathrm{d}}H_{\eta 1}}{\mathrm{d}t}+\omega_{1\zeta}H_{\xi 1}-\omega_{\xi 1}H_\zeta=M_{\xi 1}\\&\frac{\tilde{\mathrm{d}}H_\zeta}{\mathrm{d}t}+\omega_{\xi 1}H_{\eta 1}-\omega_{\eta 1}H_{\xi 1}=M_\zeta\end{aligned} \tag{5.4.56}$$

从而得到在随动圆盘转动坐标系$O'\zeta_1\eta_1\xi$下的圆盘涡动微分方程为

$$\begin{aligned}&-I_{\mathrm{d}}\ddot{\beta}+(I_{\mathrm{d}}-I_{\mathrm{p}})\dot{\alpha}^2\sin\beta\cos\beta+I_{\mathrm{p}}\dot{\varphi}\dot{\alpha}\cos\beta=M_{\xi 1}\\&I_{\mathrm{d}}\ddot{\alpha}+(I_{\mathrm{d}}-I_{\mathrm{p}})\dot{\beta}\dot{\alpha}\sin\beta+I_{\mathrm{p}}\dot{\varphi}\dot{\beta}=M_{\eta 1}\\&\mathrm{I}_{\mathrm{d}}\ddot{\varphi}=M_\zeta\end{aligned} \tag{5.4.57}$$

式(5.4.57)是不计圆盘质量偏心、阻尼和转轴扭矩，以及忽略重力影响的偏置圆盘的非稳态涡动非线性方程。

对于稳态涡动，$\dot{\varphi}=\Omega=C$，并且对于小角度，$\cos\beta=1$，略去二阶及以上非线性项，则

$$-I_{\mathrm{d}}\ddot{\beta}+I_{\mathrm{p}}\Omega=M_{\xi 1},\quad I_{\mathrm{d}}\ddot{\alpha}+I_{\mathrm{p}}\Omega\dot{\beta}=M_{\eta 1},\quad M_{\zeta}=0 \tag{5.4.58}$$

式(5.4.58)的第三个方程退化为平衡方程。这里力矩的下标ξ_1和η_1分别指在$O'\xi_1\zeta$和$O'\eta_1\zeta$面内的力矩，而动量矩的下标指动量矩矢的矢轴。

(2) **平动坐标系下偏置转子的涡动微分方程**。由于$M_{\xi 1}$和$M_{\eta 1}$并不容易近似，而对在平动坐标系下和固定坐标系下的$M_{x'}=M_x$和$M_{y'}=M_y$容易计算，所以下面导出较为常用的在平动坐标系下的圆盘涡动微分方程。

由于动坐标$O'x'$与$O'\xi_1$的夹角α及$O'y'$与$O'\eta_1$的夹角很小，动量矩在$O'\zeta x'y'$三轴上的投影近似为

$$\begin{aligned}
H_{x'}&=I_{\mathrm{p}}\dot{\varphi}\cos\beta\sin\alpha-I_{\mathrm{d}}\dot{\beta}\cos\alpha\approx I_{\mathrm{p}}\dot{\varphi}\alpha-I_{\mathrm{d}}\dot{\beta}=I_{\mathrm{p}}\Omega\alpha-I_{\mathrm{d}}\dot{\beta}\\
H_{y'}&=I_{\mathrm{p}}\dot{\varphi}\sin\beta+I_{\mathrm{d}}\dot{\alpha}\approx I_{\mathrm{p}}\dot{\varphi}\beta+I_{\mathrm{d}}\dot{\alpha}=I_{\mathrm{p}}\Omega\beta-I_{\mathrm{d}}\dot{\alpha}\\
H_{\zeta}&=I_{\mathrm{p}}(\dot{\varphi}-\dot{\alpha}\sin\beta)\approx I_{\mathrm{p}}(\dot{\varphi}-\dot{\alpha}\beta)\approx I_{\mathrm{p}}\Omega
\end{aligned} \tag{5.4.59}$$

将用$O'\zeta x'y'$坐标表示的圆盘相对质心的动量矩和弹性轴弯曲变形与弯矩的关系式(5.4.44)和(5.4.45)代入用$O'\zeta x'y'$坐标表示的相对质心动量矩方程，得到

$$\frac{\mathrm{d}H_{x'}}{\mathrm{d}t}=M_y,\quad \frac{\mathrm{d}H_{y'}}{\mathrm{d}t}=M_x,\quad \frac{\mathrm{d}H_{\zeta}}{\mathrm{d}t}=M_{\zeta} \tag{5.4.60}$$

式中，力矩M_x和M_y的下标x和y分别表示在$O'xy$和$O'yz$平面内转轴对圆盘的力矩，而动量矩的下标x'和y'分别表示动量矩矢量的矢轴方向$O'x'$和$O'y'$，H_ζ和M_ζ的下标是指沿$O'\zeta$轴。因为O'是质心，所以重力对$O'x'$和$O'y'$轴的矩都为零。式(5.4.45)和式(5.4.47)中的弯矩是使转轴弯曲所需的力矩，作用在轴上，而对质心的动量矩定理中的力矩是使圆盘偏摆所需的外力矩，作用在圆盘上。两者互为作用与反作用关系。

在平动坐标系下的动量矩的导数是绝对导数。对于做稳态旋转的圆盘，假定作用在圆盘上的所有外力对ζ之矩$M_\zeta=0$，则Ω=常数，从而方程(5.4.60)中只剩下两个方程。将确定M_x和M_y的式(5.4.45)和式(5.4.47)和确定动量矩$H_{x'}$与$H_{y'}$的式(5.4.59)代入式(5.4.60)，即得圆盘稳态涡动的运动微分方程为

$$I_{\mathrm{d}}\ddot{\alpha}+I_{\mathrm{p}}\Omega\dot{\beta}+k_{21}x+k_{22}\alpha=0,\quad I_{\mathrm{d}}\ddot{\beta}-I_{\mathrm{p}}\Omega\dot{\alpha}+k_{21}y+k_{22}\beta=0 \tag{5.4.61}$$

方程(5.4.61)加上两个刚体平行移动微分方程(5.4.49)，描述刚性支承偏置单圆盘转子在不计圆盘质量偏心、阻尼和转轴扭矩，以及忽略重力影响下的稳态涡动，共

计 4 个微分方程。这些方程是相互耦合的二阶线性常系数齐次常微分方程，必须联立求解。

2. 单盘偏置转子的稳态自由涡动

根据前面的假设，转轴处于自然振动状态，做稳态涡动，涡动角速度为ω。这意味着微分方程(5.4.49)和方程(5.4.61)存在着非零解。所以，对于二阶线性常系数齐次常微分方程，齐次解的形式为简谐函数，设转子的形心位移为

$$x = A\sin(\omega t),\quad y = B\cos(\omega t),\quad \alpha = C\sin(\omega t),\quad \beta = D\cos(\omega t) \tag{5.4.62}$$

将式(5.4.62)代入圆盘的运动微分方程(5.4.49)和方程(5.4.61)中，得到含 A、B、C、D 四个待定常数的一次齐次代数方程组。只有这个方程组的系数行列式等于零，才会有非零解。由此得到一个确定自然频率(即涡动频率ω)的高次方程式。将求得的ω 回代，就可算出与其相应的一组 A、B、C、D 之间的比值。这个求解过程同线性振动系统的特征值问题完全一样。

若进动角为$\psi(t)$，则有

$$x = r\cos\psi(t),\quad y = r\sin\psi(t),\quad \alpha = \theta\cos\psi(t),\quad \beta = \theta\sin\psi(t) \tag{5.4.63}$$

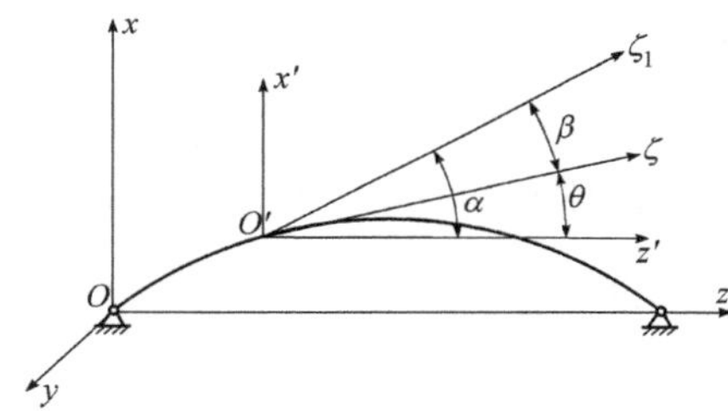

图 5.4.14　转子的弹性轴变形后的几何关系

圆盘的动挠度及偏转角决定了轴弹性变形的形状。当转子做稳态运动时，这个动挠度曲线在动坐标系中是不变的，只是绕着 Oz 轴转动，进动角$\psi(t)$一般从 Ox 轴量起。令总的动挠度为 $\boldsymbol{r}$，挠曲角为θ, 由图 5.4.14 所示的几何关系得到稳态涡动时，r、θ、$\dot{\psi} = \omega$ 均为常数，将式(5.4.63)分别对时间求一阶和二阶导数得到

$$\dot{x} = -r\dot{\psi}\sin\psi,\quad \dot{y} = r\dot{\psi}\cos\psi,\quad \dot{\alpha} = -\theta\dot{\psi}\sin\psi,\quad \dot{\beta} = \theta\dot{\psi}\cos\psi \tag{5.4.64}$$

$$\begin{aligned}
\ddot{x} &= -r(\ddot{\psi}\sin\psi + \dot{\psi}^2\cos\psi) = -r\omega^2\cos\psi \\
\ddot{y} &= r(\ddot{\psi}\cos\psi - \dot{\psi}^2\sin\psi) = -r\omega^2\sin\psi \\
\ddot{\alpha} &= -\theta(\ddot{\psi}\sin\psi + \dot{\psi}^2\cos\psi) = -\theta\omega^2\cos\psi \\
\ddot{\beta} &= \theta(\ddot{\psi}\cos\psi - \dot{\psi}^2\sin\psi) = -\theta\omega^2\sin\psi
\end{aligned} \tag{5.4.65}$$

将式(5.4.65)分别代入圆盘的运动微分方程(5.4.49)和方程(5.4.61)中，因转轴为圆截面，属于动力对称转子，互相垂直的两个截面上的弯曲刚度相同，故两个平动方程和两个偏摆方程相同，从而圆盘的运动微分方程(5.4.49)和方程(5.4.61)缩减为两个方程，即

$$-m\omega^2 r + k_{11} r + k_{12}\theta = 0, \quad (I_p\Omega/\omega - I_d)\omega^2\theta + k_{21} r + k_{22}\theta = 0 \tag{5.4.66}$$

式中，$m\omega^2 r$ 为离心力；$(I_p\Omega/\omega - I_d)\omega^2\theta$为离心回转力矩。由此可见，使弹性轴发生弯曲的不仅有离心力，而且有回转力矩$(I_p\Omega/\omega - I_d)\omega^2\theta$。这个力矩表示在等直轴上偏置圆盘的回转效应，改变了轴的弯曲刚度。

3. 临界转速

将偏置圆盘的特征方程写成矩阵形式为

$$\begin{bmatrix} k_{11} - m\omega^2 & k_{12} \\ k_{21} & I_p\Omega\omega - I_d\omega^2 + k_{22} \end{bmatrix} \begin{Bmatrix} r \\ \theta \end{Bmatrix} = \begin{Bmatrix} 0 \\ 0 \end{Bmatrix} \tag{5.4.67}$$

若方程有非零解，则特征方程的矩阵行列式应该为零，即

$$\begin{vmatrix} k_{11} - m\omega^2 & k_{12} \\ k_{21} & I_p\Omega\omega - I_d\omega^2 + k_{22} \end{vmatrix} = 0 \tag{5.4.68}$$

将式(5.4.68)展开，并整理得到

$$mI_d\omega^4 - mI_p\Omega\omega^3 - (I_d k_{11} + mk_{22})\omega^2 + I_p k_{11}\Omega\omega + k_{11}k_{22} - k_{12}k_{21} = 0 \tag{5.4.69}$$

由式(5.4.69)可求ω的 4 个根，并且这 4 个根都随Ω的变化而变化，即进动角速度随自转角速度的变化而变化。该问题有如下几种情况。

1) 同步正进动

当$\Omega = \omega$时，进动方程(5.4.69)变为

$$m(I_p - I_d)\omega^4 - [(I_p - I_d)k_{11} - mk_{22}]\omega^2 - (k_{11}k_{22} - k_{12}k_{21}) = 0 \tag{5.4.70}$$

对于动力对称转轴圆盘有 $I_p = 2I_d$，式(5.4.70)可以进一步化简为

$$mI_d\omega^4 - (I_d k_{11} - mk_{22})\omega^2 - (k_{11}k_{22} - k_{12}k_{21}) = 0 \tag{5.4.71}$$

式(5.4.71)可以看成关于ω^2 的一元二次方程，根据代数方程根与系数的关系，ω^2只有一个正根，其解为

$$\omega^2 = \frac{(I_d k_{11} - mk_{22}) + \sqrt{(I_d k_{11} - mk_{22})^2 + 4mI_d(k_{11}k_{22} - k_{12}k_{21})}}{2mI_d} \tag{5.4.72}$$

将式(5.4.72)开方，即可求得ω的值，这种情况是考虑了回转效应后转子的临界角速度。若不计回转效应，即令$(I_p\Omega\omega - I_d\omega^2)\theta = 0$，则式(5.4.68)的频率方程为

$$\begin{vmatrix} k_{11} - m\omega^2 & k_{12} \\ k_{21} & k_{22} \end{vmatrix} = 0 \tag{5.4.73}$$

将式(5.4.73)展开为

$$k_{22}m\omega^2 - k_{11}k_{22} + k_{12}k_{21} = 0 \tag{5.4.74}$$

求解式(5.4.74)可得

$$\omega^2 = \frac{k_{11}k_{22} - k_{12}k_{21}}{mk_{22}} = \frac{1}{m}\left(k_{11} - \frac{k_{12}k_{21}}{k_{22}}\right) \tag{5.4.75}$$

将各 k_{ij} 的表达式(5.4.46)代入式(5.4.75)，可得

$$k_{11} - \frac{k_{12}k_{21}}{k_{22}} = \frac{3lEI}{a^2b^2} = \frac{F_x}{x} \tag{5.4.76}$$

式(5.4.76)即弹性轴在 O'点处的横向弯曲刚度。

进动角速度在数值上等于转子不旋转而仅横向弯曲振动时的自然频率，在无阻尼且不计回转效应的情况下，转子的临界角速度为

$$\omega_0 = \sqrt{\frac{3lEI}{a^2b^2m}} = \omega_{\mathrm{n}} = \omega'_{\mathrm{cr}} \tag{5.4.77}$$

可以看出，此时的角速度小于计及回转效应时的进动角速度，即回转效应提高了同步正涡动的临界转速。

2) 同步反进动

当 $\Omega = -\omega$ 时，进动方程(5.4.69)变为

$$m(I_{\mathrm{p}} + I_{\mathrm{d}})\omega^4 - [(I_{\mathrm{p}} + I_{\mathrm{d}})k_{11} + mk_{22}]\omega^2 + (k_{11}k_{22} - k_{12}k_{21}) = 0 \tag{5.4.78}$$

式(5.4.78)可以看成一个关于ω^2的一元二次方程，根据代数方程根与系数的关系，可知 ω^2 只有两个正根，并考虑到动力对称转轴圆盘的关系 $I_{\mathrm{p}} = 2I_{\mathrm{d}}$，其解为

$$\omega_{1,2}^2 = \frac{1}{2}\left(\frac{k_{11}}{m} + \frac{k_{22}}{3I_{\mathrm{d}}}\right) \pm \sqrt{\frac{1}{4}\left(\frac{k_{11}}{m} + \frac{k_{22}}{3I_{\mathrm{d}}}\right)^2 - \frac{k_{11}k_{22} - k_{12}k_{21}}{3mI_{\mathrm{d}}}} \tag{5.4.79}$$

可以验证，$\omega_1>\omega_0$，$\omega_2<\omega_0$，此时回转效应在同步涡动时的效果是降低了轴的弯曲刚度。上述回转效应，即在同步正涡动时提高临界转速，同步反涡动时降低临界速度的前提是：转子是实心的等厚薄圆盘，即 $I_{\mathrm{p}}=2I_{\mathrm{d}}$ 情况下得出的结论。这个结论对于 $I_{\mathrm{p}}>I_{\mathrm{d}}$ 的情况都适用。在实际转子中，对特殊形状转子如离心空压机叶轮、航空发动机双转子等有可能 $I_{\mathrm{p}}<I_{\mathrm{d}}$，使得$(I_{\mathrm{p}}\Omega\omega-I_{\mathrm{d}}\omega^2)\theta$在同步正涡动时也是负的，因此回转力矩的效果不是提高而是降低了临界转速。

3) $\omega_i(\Omega)$的 4 个根

由进动方程(5.4.69)得单盘偏置转子稳态自由涡动的频率方程为

$$(k_{11} - m\omega^2)(I_{\mathrm{p}}\omega\Omega - I_{\mathrm{d}}\omega^2 + k_{22}) - k_{12}k_{21} = 0 \tag{5.4.80}$$

式(5.4.80)的解为$\omega_i(\Omega)$，i=1, 2, 3, 4，如图 5.4.15 所示，在图上作 $\Omega = \omega$ 的直线，该直线与曲线$\omega_i(\Omega)$在半平面内的交点 A 的横坐标即转子的临界角速度Ω_{cr}。在

图 5.4.15 上作直线 $\Omega=-\omega$，该直线与曲线 $\omega_i(\Omega)$ 在 $\Omega>0$ 半平面内有两个交点 B 和 C，其对应的横坐标即反向涡动的临界角速度。

当 $\Omega=0$ 时，即图 5.4.15 中 $\omega_i(\Omega)$ 曲线与轴的交点是系统横向振动的自然频率：

$$\omega^2=\frac{1}{2}\left(\frac{k_{11}}{m}+\frac{k_{22}}{I_\mathrm{d}}\right)\pm\sqrt{\frac{1}{4}\left(\frac{k_{11}}{m}+\frac{k_{22}}{I_\mathrm{d}}\right)^2-\frac{k_{11}k_{22}-k_{12}k_{21}}{mI_\mathrm{d}}} \tag{5.4.81}$$

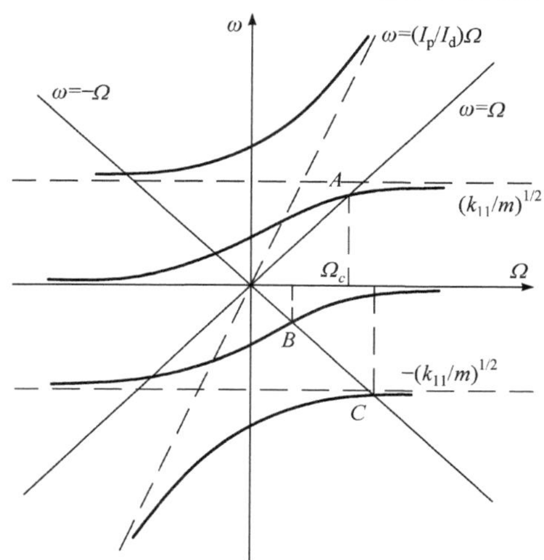

图 5.4.15 刚性支承无阻尼单盘偏置转子涡动频率与自转角速度的关系

当 $\Omega\to\infty$ 时，4 个根的渐近方程为

$$\omega_1=0,\quad \omega_{2,3}=\sqrt{\frac{k_{11}}{m}},\quad \omega_4=\frac{I_\mathrm{p}}{I_\mathrm{d}}\Omega \tag{5.4.82}$$

4) $k_{12}=k_{21}=0$

当 $k_{12}=k_{21}=0$ 时，线位移和转角位移之间无弹性耦合，特征方程分解成两个独立方程，即

$$k_{11}-m\omega^2=0,\quad k_{22}-I_\mathrm{d}\omega^2+I_\mathrm{p}\Omega\omega=0 \tag{5.4.83}$$

求解得到

$$\omega_{1,2}=\pm\sqrt{\frac{k_{11}}{m}}\triangleq\omega_{10},\quad \omega_{3,4}=\frac{1}{2}\frac{I_\mathrm{p}}{I_\mathrm{d}}\Omega\pm\sqrt{\left(\frac{I_\mathrm{p}\Omega}{2I_\mathrm{d}}\right)^2+\frac{k_{22}}{I_\mathrm{d}}} \tag{5.4.84}$$

即反对称型横向振动的自然频率。当 $\Omega=\omega$ 时，特征方程(5.4.69)为

$$\omega^4-\left(\frac{k_{11}}{m}+\frac{k_{22}}{I_\mathrm{d}-I_\mathrm{p}}\right)\omega^2+\frac{k_{11}k_{22}-k_{12}k_{21}}{m(I_\mathrm{d}-I_\mathrm{p})}=0 \tag{5.4.85}$$

解得

$$\omega^2=\frac{1}{2}\left(\frac{k_{11}}{m}+\frac{k_{22}}{I_\mathrm{d}-I_\mathrm{p}}\right)\pm\sqrt{\frac{1}{4}\left(\frac{k_{11}}{m}+\frac{k_{22}}{I_\mathrm{d}-I_\mathrm{p}}\right)^2+\frac{k_{12}k_{21}}{m(I_\mathrm{d}-I_\mathrm{p})}} \tag{5.4.86}$$

当 $k_{12}=k_{21}=0$ 时，方程(5.4.85)的根为

$$\omega_{1,2}=\sqrt{\frac{k_{11}}{m}},\quad \omega_{3,4}=\sqrt{\frac{k_{22}}{I_\mathrm{d}-I_\mathrm{p}}} \tag{5.4.87}$$

对于薄圆盘，$\omega_{3,4}$是不存在的；而对于厚圆盘，即$I_{\rm d} > I_{\rm p}$，$\omega_{3,4}$可能实现。

4. 悬臂单盘转子的稳态自由涡动

当旋转轴只有一端有轴承支承，另一端连接一旋转部件时，就构成了悬臂单盘转子，其动力学模型如图 5.4.16 所示。

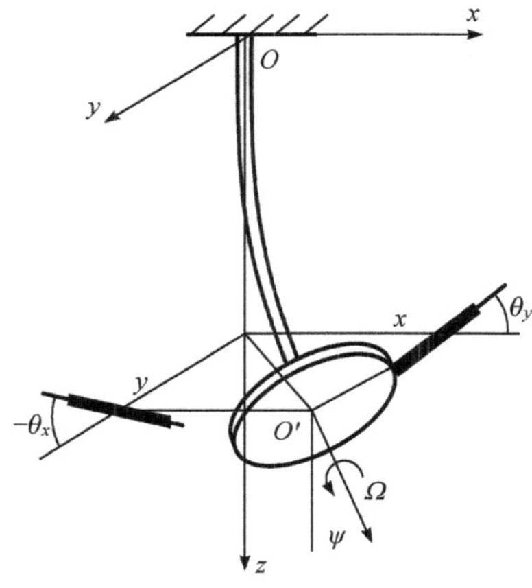

图 5.4.16 悬臂单盘转子动力学模型

1) 悬臂单盘转子的稳态涡动微分方程

悬臂单盘转子是支承非对称转子，其动力学特性与偏置转子相似，建立的坐标系与图 5.4.11 单盘偏置转子运动的坐标系相同。以轴心 O' 的坐标 x、y 和转角θ_y、θ_x表示圆盘在运动过程中任意瞬时的位置。这里，θ_y 就是欧拉角α，而θ_x与欧拉角方向相反，故为$-\beta$。设其自转角速度为Ω，极转动惯量为 $I_{\rm p}$，动量矩 $H=I_{\rm p}\Omega$，直径转动惯量为 $I_{\rm d}$，质量为 m。由式(5.4.49)和式(5.4.61)可得固定坐标系下悬臂盘涡动微分方程为

$$\begin{aligned} &m\ddot{x} + k_{11}x + k_{14}\theta_y = 0, \quad m\ddot{y} + k_{22}y - k_{23}\theta_x = 0 \\ &I_{\rm d}\ddot{\theta}_x + H\dot{\theta}_y - k_{32}x + k_{33}\theta_x = 0, \quad I_{\rm d}\ddot{\theta}_y - H\dot{\theta}_x + k_{41}y + k_{44}\theta_y = 0 \end{aligned} \tag{5.4.88}$$

式中，动量矩 $H=I_{\rm p}\Omega$，$k_{23}\theta_x$取负号是因圆盘绕轴 $O'x$ 的转角为负时，加于 O'点而沿 y 方向的力为正。$k_{32}y$ 取负号是因为 O'点在 y 方向的位移为正时，所加对 $O'x$ 轴的力矩应为负。

设圆盘的广义坐标为$\{q_1 \quad q_2 \quad q_3 \quad q_4\}^{\rm T} = \{x \quad y \quad \theta_x \quad \theta_y\}^{\rm T}$，则转轴的弹性固定系数的含义为：$k_{11}$为圆盘中心 O' 在 x 方向有单位位移时所需加于点 O' 而沿 x 方向的力；k_{22}为 O' 在 y 方向有单位位移时所需加于点 O' 而沿 y 方向的力；k_{33}为圆盘绕 $O'x$ 轴有单位转角时所需加的对 $O'x$ 轴的力矩；k_{44}为圆盘绕 $O'y$ 轴有单位转角时所需加的对 $O'y$ 轴的力矩；k_{14}为圆盘绕 $O'y$ 轴有单位转角时所需加于 O' 而沿 x 方向的力；k_{23}为圆盘绕 $O'x$ 轴有单位转角时所需加于 O' 而沿 y 方向的力；k_{32}为 O'点在 y 方向有单位位移时所需对 $O'x$ 轴的力矩；k_{41}为 O' 点在 x 方向有单位位移时所需对 $O'y$ 轴的力矩。

以上的单位位移或单位转角都是以其他方向的位移或转角被限制为零作为条件的。当采用第二类欧拉角$\theta_x=-\beta$、$\theta_y=\alpha$，并且转轴为圆截面轴时，各个刚度系数有如下关系：

$$k_{11} = k_{22} = k_{rr}, \quad k_{33} = k_{44} = k_{\varphi\varphi}, \quad k_{14} = k_{41} = k_{23} = k_{32} = k_{r\varphi} = k_{\varphi r} \tag{5.4.89}$$

则式(5.4.49)和式(5.4.61)与式(5.4.88)是一致的，只是广义坐标的排列顺序不同。

2) 稳态涡动响应

设圆盘有偏心距 e，初始相位为 φ_0，求解稳态响应即求运动微分方程的特解。引入复变量 $z=x+\mathrm{i}y$，$\psi=\theta_y+\mathrm{i}\theta_x$，则方程(5.4.88)变为

$$m\ddot{z}+k_{rr}z+k_{r\varphi}\psi=em\Omega^2\mathrm{e}^{\mathrm{i}(\Omega t+\varphi_0)},\quad I_\mathrm{d}\ddot{\psi}-\mathrm{i}H\psi+k_{\varphi r}z+k_{\varphi\varphi}\psi=0 \tag{5.4.90}$$

设式(5.4.90)的特解为

$$z=z_0\mathrm{e}^{\mathrm{i}(\Omega t+\varphi_0)},\quad \psi=\psi_0\mathrm{e}^{\mathrm{i}(\Omega t+\varphi_0)} \tag{5.4.91}$$

将式(5.4.91)代入式(5.4.90)，得到

$$(-\Omega^2+\omega_{rr}^2)z_0+\omega_{r\varphi}^2\psi_0=e\Omega^2,\quad \omega_{\varphi r}^2z_0+(\Omega^2+\omega_{\varphi\varphi}^2)\psi_0=0 \tag{5.4.92}$$

式中，

$$\omega_{rr}^2=\frac{k_{rr}}{m},\quad \omega_{r\varphi}^2=\frac{k_{r\varphi}}{m},\quad \omega_{\varphi\varphi}^2=\frac{k_{\varphi\varphi}}{I_\mathrm{d}},\quad \omega_{\varphi r}^2=\frac{k_{\varphi r}}{I_\mathrm{d}} \tag{5.4.93}$$

联立求解式(5.4.92)的两式，得到

$$\begin{aligned}z_0&=-\frac{e\Omega^2(\Omega^2+\omega_{\varphi\varphi}^2)}{\Omega^4-\Omega^2\omega_{rr}^2+\omega_{r\varphi}^2\omega_{\varphi r}^2+\Omega^2\omega_{\varphi\varphi}^2-\omega_{rr}^2\omega_{\varphi\varphi}^2}\\ \psi_0&=-\frac{e\Omega^2\omega_{\varphi r}^2}{\Omega^4-\Omega^2\omega_{rr}^2+\omega_{r\varphi}^2\omega_{\varphi r}^2+\Omega^2\omega_{\varphi\varphi}^2-\omega_{rr}^2\omega_{\varphi\varphi}^2}\end{aligned} \tag{5.4.94}$$

分离实部和虚部，得到悬臂盘稳态响应的实数解为

$$\begin{aligned}&x=z_0\cos(\Omega t+\varphi_0),\quad y=z_0\sin(\Omega t+\varphi_0)\\ &\theta_x=-\psi_0\sin(\Omega t+\varphi_0),\quad \theta_y=\psi_0\cos(\Omega t+\varphi_0)\end{aligned} \tag{5.4.95}$$

3) 临界转速

通过求解稳态自由涡动方程组的特征根可以得到转子振动的自然频率ω_n，即进动角速度。因为动量矩 $H=I_\mathrm{d}\Omega$，故ω_n随自转角速度的改变而改变。另外，临界角速度是与进动角速度相等的转动角速度。因此，可以按照$\Omega=\omega_\mathrm{n}$ 的条件来计算转子的临界角速度。

设转轴的横截面是圆截面，各个刚度系数的关系如式(5.4.89)表示。在这种情况下，令式(5.4.90)的右端等于零，得

$$m\ddot{z}+k_{rr}z+k_{r\varphi}\psi=0,\quad I_\mathrm{d}\ddot{\psi}-\mathrm{i}H\psi+k_{\varphi r}z+k_{\varphi\varphi}\psi=0 \tag{5.4.96}$$

设方程组的解为

$$z=z_0\mathrm{e}^{\mathrm{i}\omega_\mathrm{n}t},\quad \psi=\psi_0\mathrm{e}^{\mathrm{i}\omega_\mathrm{n}t} \tag{5.4.97}$$

将式(5.4.97)代入式(5.4.96)，得到

$$(-\omega_{\mathrm{n}}^2+\omega_{rr}^2)z_0+\omega_{r\varphi}^2\psi_0=0, \quad \omega_{\varphi r}^2 z_0+[-\omega_{\mathrm{n}}^2+(I_{\mathrm{p}}/I_{\mathrm{d}})\Omega\omega_{\mathrm{n}}+\omega_{\varphi\varphi}^2]\psi_0=0 \tag{5.4.98}$$

写出矩阵形式为

$$\begin{bmatrix} -\omega_{\mathrm{n}}^2+\omega_{rr}^2 & \omega_{r\varphi}^2 \\ \omega_{\varphi r}^2 & -\omega_{\mathrm{n}}^2+(I_{\mathrm{p}}/I_{\mathrm{d}})\Omega\omega_{\mathrm{n}}+\omega_{\varphi\varphi}^2 \end{bmatrix}\begin{Bmatrix} z_0 \\ \psi_0 \end{Bmatrix}=\begin{Bmatrix} 0 \\ 0 \end{Bmatrix} \tag{5.4.99}$$

式(5.4.99)对应的特征方程，即频率方程为

$$(-\omega_{\mathrm{n}}^2+\omega_{rr}^2)[-\omega_{\mathrm{n}}^2+(I_{\mathrm{p}}/I_{\mathrm{d}})\Omega\omega_{\mathrm{n}}+\omega_{\varphi\varphi}^2]-\omega_{r\varphi}^2\omega_{\varphi r}^2=0 \tag{5.4.100}$$

将式(5.4.100)展开，并整理得到

$$\omega_{\mathrm{n}}^4-(I_{\mathrm{p}}/I_{\mathrm{d}})\Omega\omega_{\mathrm{n}}^3-(\omega_{rr}^2+\omega_{\varphi\varphi}^2)\omega_{\mathrm{n}}^2+(I_{\mathrm{p}}/I_{\mathrm{d}})\Omega\omega_{rr}^2\omega_{\mathrm{n}}+(\omega_{rr}^2\omega_{\varphi\varphi}^2-\omega_{r\varphi}^2\omega_{\varphi r}^2)=0 \tag{5.4.101}$$

式(5.4.101)就是进动角速度ω_{n}的一元四次方程，有 4 个根。对于具体的实际问题，在求得梁的质量 m、圆盘的转动惯量 I_{p}和转轴截面惯性矩 I_{d}，利用影响系数法确定转轴的刚度影响系数，或利用梁的挠度和转角公式确定柔度影响系数，再利用刚度矩阵和柔度矩阵的互逆关系，确定刚度系数。求解式(5.4.100)得到 4 个临界转速。

5.4.3　弹性支承单盘对称转子模型

实际转轴的支承都具有一定的弹性，在杰夫考特转子模型中把支承简化成刚性，其实是认为支承刚度要比转子本身的刚度大得多，以至于支承在动反力作用下的变形量要比转子的动挠度小得多，在分析涡动中可以忽略不计。对于支承刚度不比转子刚度大得多的情况，必须考虑其影响。在某些动力机械如大型火力发电机组系统中，支承的刚度一般要比转子的刚度小，转子的工作转速常常处在刚体型临界转速和挠曲线型临界转速之间，尤其在分析航空发动机的转子涡动中，必须计及支承弹性。

1. 弹性支承单盘对称转子的稳定涡动微分方程

设圆盘放置在无质量弹性圆轴的跨中，如图 5.4.17 所示。该系统不仅有弹性，而且还有阻尼。由于构造上的原因，每个支承的各个构件在水平方向上的刚度和阻尼特性与垂直方向上的不同，甚至在两个方向上还有耦合作用，如油膜轴承的情况，并且有些特性还包含着非线性的性质，构成非对称弹性支承。实际转子在两个支承上的工作条件不同，因而采用的构造设计不一样，因此其刚度、阻尼特性自然也就不同。事实上，每个支承都是一个复杂的多自由度系统，为了使分析简单，将其简化成具有一个参振质量的线性弹性、黏性阻尼系统，具体参数分别

为 m_b、k_x、k_y、c_x 及 c_y。

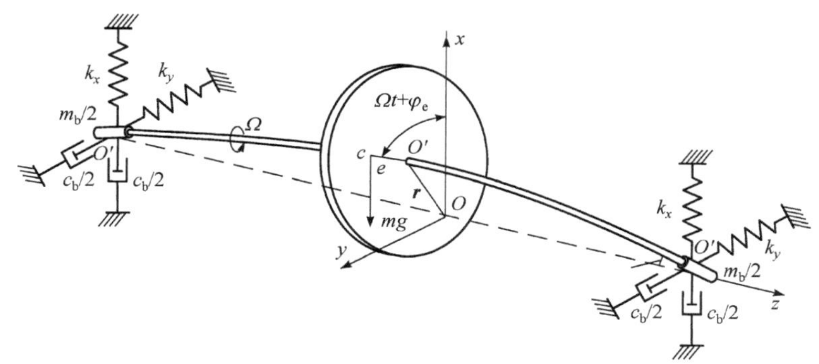

图 5.4.17　弹性支承的单圆盘转子

一个安装在跨中固连有刚性圆盘，两端轴承简化为弹性支承的无质量弹性轴，构成如图 5.4.17 所示的单圆盘转子系统。为了以后公式推导方便，在各支承参数前面都乘以 1/2。当转子发生涡动时，每个支承的参振质量做横向运动。各有两个线位移自由度，圆盘虽然在跨中，两个支承的弹性、阻尼不同，使得圆盘发生横向位移的同时，还有空间转动，从而有 5 个自由度。这样，这个弹性支承-转子系统共有 9 个自由度。由此可见，就是对这样一个简化模型要做完整的涡动分析也是相当复杂的，常常利用拉格朗日方程建立系统的运动微分方程。

假设两端支承相同，则支承的自由度减为 2 个，广义坐标为 $x_b(t)$、$y_b(t)$；圆盘因为对称置于跨中，不出现回转效应，自由度减为 3 个，响应的广义坐标即形心位移和圆盘转角为 $x_c(t)$、$y_c(t)$、$\varphi(t)$。这样就变成了一个 5 自由度系统。由于是稳态涡动，圆盘的自转角速度应为常数，即 $\dot{\varphi}=\Omega$ =常数。故又缩减为只计及线位移的 4 自由度系统。设 e 为偏心矩，k 为轴弯曲刚度，设初相位 $\varphi_e=0$，并忽略重力影响，则圆盘和轴承的动能函数分别为

$$
\begin{aligned}
&T_d=\frac{1}{2}m_d(\dot{x}_c^2+\dot{y}_c^2)=\frac{1}{2}m_d\{[\dot{x}-e\Omega\sin(\Omega t)]^2+[\dot{y}+e\Omega\cos(\Omega t)^2]\}\\
&T_b=\frac{1}{2}m_b(\dot{x}_b^2+\dot{y}_b^2)
\end{aligned}
\tag{5.4.102}
$$

圆盘和轴承的势能函数分别为

$$
V_d=\frac{1}{2}k[(x-x_b)^2+(y-y_b)^2],\quad V_b=\frac{1}{2}(k_x x_b^2+k_y y_b^2) \tag{5.4.103}
$$

圆盘和轴承的阻尼耗散函数分别为

$$
H_d=\frac{1}{2}c[(\dot{x}-\dot{x}_b)^2+(\dot{y}-\dot{y}_b)^2],\quad H_b=\frac{1}{2}(c_x\dot{x}_b^2+c_y\dot{y}_b^2) \tag{5.4.104}
$$

因为假设 $\dot{\varphi}=\Omega=$ 常数，作用在转子上的外力矩是平衡的，转子系统上除了重力外再没有受到其他外力的作用，并且忽略重力影响，广义力 Q_j 均为零。将系统在某个瞬时状态所具有的动能、势能、耗散函数的表达式及相应的广义力代入拉格朗日方程，即

$$\frac{\mathrm{d}}{\mathrm{d}t}\left(\frac{\partial L}{\partial \dot{q}_j}\right)-\frac{\partial L}{\partial q_j}+\frac{\partial H}{\partial \dot{q}_j}=Q_j,\quad j=1,2,\cdots,n \tag{5.4.105}$$

式中，$L=T-V$ 为拉格朗日函数，T 为系统的动能函数，V 为系统的势能函数；H 为与系统的阻尼相对应的耗散函数；Q_j 为作用在系统上的广义力；q_j 为系统的独立的广义坐标；n 为系统的总自由度。从而得到弹性支承单圆盘动力对称偏心转子稳态涡动的运动微分方程为

$$\begin{aligned}
&m_{\mathrm{d}}\ddot{x}+c(\dot{x}-\dot{x}_{\mathrm{b}})+k(x-x_{\mathrm{b}})=m_{\mathrm{d}}e\Omega^2\cos(\Omega t)\\
&m_{\mathrm{d}}\ddot{x}+c(\dot{x}-\dot{x}_{\mathrm{b}})+k(x-x_{\mathrm{b}})=m_{\mathrm{d}}e\Omega^2\sin(\Omega t)\\
&m_{\mathrm{b}}\ddot{x}_{\mathrm{b}}+c_x\dot{x}_{\mathrm{b}}-c(\dot{x}-\dot{x}_{\mathrm{b}})+k_x x_{\mathrm{b}}-k(x-x_{\mathrm{b}})=0\\
&m_{\mathrm{b}}\ddot{y}_{\mathrm{b}}+c_y\dot{y}_{\mathrm{b}}-c(\dot{y}-\dot{y}_{\mathrm{b}})+k_y y_{\mathrm{b}}-k(y-y_{\mathrm{b}})=0
\end{aligned} \tag{5.4.106}$$

2. 稳定涡动分析

联立求解式(5.4.106)非齐次方程的特解，就可以得到转子的稳态涡动。这个求解过程很烦琐，为此做进一步的简化，外阻尼的作用使临界转速有所提高，使转轴动挠度为有效值，使 O、O'、c 三点不共线，有相位差，如图 5.4.18 所示。这里不计及系统中的阻尼，仅进行同步涡动分析。

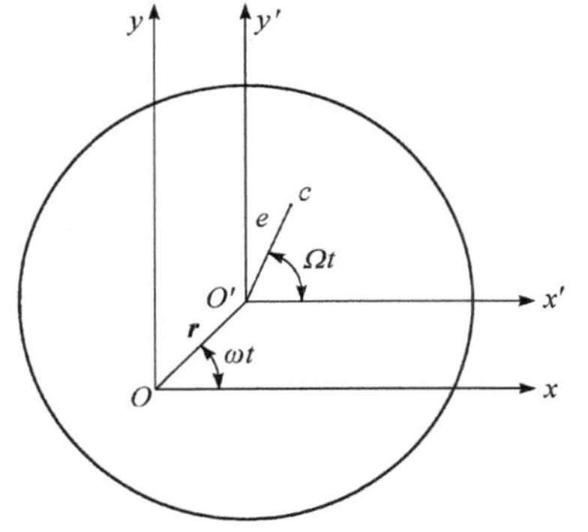

图 5.4.18　圆盘的瞬时位置

转子系统在偏心激励下做无阻尼强迫运动，设

$$\begin{aligned}
&x=X\cos(\Omega t),\quad y=Y\sin(\Omega t)\\
&x_{\mathrm{b}}=X_{\mathrm{b}}\cos(\Omega t),\quad y_{\mathrm{b}}=Y_{\mathrm{b}}\sin(\Omega t)
\end{aligned} \tag{5.4.107}$$

将式(5.4.107)代入式(5.4.106)，得到

$$\begin{aligned}
&-m_{\mathrm{d}}\Omega^2X+(X-X_{\mathrm{b}})=m_{\mathrm{d}}e\Omega^2,\quad -m_{\mathrm{d}}\Omega^2Y+(Y-Y_{\mathrm{b}})=m_{\mathrm{d}}e\Omega^2\\
&-m_{\mathrm{b}}\Omega^2X_{\mathrm{b}}+k_xX_{\mathrm{b}}-k(X-X_{\mathrm{b}})=0,\quad -m_{\mathrm{b}}\Omega^2Y_{\mathrm{b}}+k_yY_{\mathrm{b}}-k(Y-Y_{\mathrm{b}})=0
\end{aligned} \tag{5.4.108}$$

由式(5.4.108)的第三式，得到

$$X_{\mathrm{b}}=\frac{kX}{k+k_x-m_{\mathrm{b}}\Omega^2} \tag{5.4.109}$$

将式(5.4.109)代入式(5.4.108)的第一式，得到

$$X = \frac{em_{\mathrm{d}}\Omega^2}{k - m_{\mathrm{d}}\Omega^2 - k^2/(k + k_x - m_{\mathrm{b}}\Omega^2)} \tag{5.4.110}$$

当式(5.4.110)的分母为零时，响应 X 达到最大。令分母等于零，整理得

$$m_{\mathrm{d}}m_{\mathrm{b}}\Omega_{\mathrm{cx}}^4 - [k(m_{\mathrm{d}} + m_{\mathrm{b}}) + k_x m_{\mathrm{d}}]\Omega_{\mathrm{cx}}^2 + kk_x = 0 \tag{5.4.111}$$

或

$$\Omega_{\mathrm{cx}}^4 - \left[k\left(\frac{1}{m_{\mathrm{d}}} + \frac{1}{m_{\mathrm{b}}}\right) + \frac{k_x}{m_{\mathrm{b}}}\right]\Omega_{\mathrm{cx}}^2 + \frac{kk_x}{m_{\mathrm{d}}m_{\mathrm{b}}} = 0 \tag{5.4.112}$$

因为 Ω_{cx}^4 的系数和常数项都为正，而 Ω_{cx}^2 项的系数为负，所以 Ω_{cx}^2 必然有两个不等的正根，即

$$\Omega_{\mathrm{cx}}^2 = \frac{1}{2}\left\{\left[k\left(\frac{1}{m_{\mathrm{d}}} + \frac{1}{m_{\mathrm{b}}}\right) + \frac{k_x}{m_{\mathrm{b}}}\right] \pm \sqrt{\left[k\left(\frac{1}{m_{\mathrm{d}}} + \frac{1}{m_{\mathrm{b}}}\right) + \frac{k_x}{m_{\mathrm{b}}}\right]^2 - \frac{4kk_x}{m_{\mathrm{d}}m_{\mathrm{b}}}}\right\} \tag{5.4.113}$$

这两个 Ω_{cx} 分别对应着以支承振动即刚性转子振型涡动和以挠性转子涡动为主的两种情况：

(1) 支承刚度 k_x 远大于转轴刚度 k，即 $k_x \gg k$。由于支承刚度大，支承几乎不发生振动，其参振质量可以视为零，即 $m_{\mathrm{b}}=0$，于是式(5.4.111)可简化为

$$-(k+k_x)m_{\mathrm{d}}\Omega_{\mathrm{cx}}^2 + kk_x = 0 \tag{5.4.114}$$

考虑到 $k_x \gg k$，则式(5.4.114)可近似为

$$(k - m_{\mathrm{d}}\Omega_{\mathrm{cx}}^2)k_x = 0 \tag{5.4.115}$$

由于 $k_x \neq 0$，只能 $k - m_{\mathrm{d}}\Omega_{\mathrm{cx}}^2 = 0$，从而得到 x 方向的临界转速 Ω_{cx} 为

$$\Omega_{\mathrm{cx}} = \sqrt{\frac{k}{m_{\mathrm{d}}}} \tag{5.4.116}$$

式(5.4.116)就是 x 方向的支承不动的挠性转子振型的临界转速。

(2) 转轴刚度 k 远大于支承刚度 k_x，即 $k_x \ll k$。转子圆盘与轴承可视为同一旋转体，于是式(5.4.111)可简化为

$$k_x - (m_{\mathrm{d}} + m_{\mathrm{b}})\Omega_{\mathrm{cx}}^2 = 0 \tag{5.4.117}$$

由式(5.4.117)得到

$$\Omega_{\mathrm{cx}} = \sqrt{\frac{k}{m_{\mathrm{d}} + m_{\mathrm{b}}}} \tag{5.4.118}$$

式(5.4.118)就是以支承振动为主的刚性转子振型的临界转速。

在工程中有时引入动刚度 k_D 来同时表示支承的弹性、阻尼及其参振质量，其定义是作用在支承上的简谐激振力与力方向的振动位移之比，一般是复数量。动刚度不是一个定值，随 Ω 而变化，尤其是当 Ω 接近支承本身的自然频率时会变得很小。严格来说，每个支承都是一个复杂的自由度系统。因此，实际动刚度必须通过支承的激振实验来确定，测得随 Ω 变化的曲线。

因为 x 和 y 向互相不耦合，同理 y 方向的响应幅值为

$$Y=\frac{em_{\mathrm{d}}\Omega^2}{k-m_{\mathrm{d}}\Omega^2-k^2/(k+k_y-m_{\mathrm{b}}\Omega^2)} \tag{5.4.119}$$

令 $\Omega=\Omega_{\mathrm{cy}}$ 时式(5.4.119)的分母为零，得到

$$k-m_{\mathrm{d}}\Omega_{\mathrm{cy}}^2-\frac{k^2}{k+k_y-m_{\mathrm{b}}\Omega_{\mathrm{cy}}^2}=0 \tag{5.4.120}$$

由式(5.4.120)得到另两个正根和两个负根，即临界转速方程为

$$\Omega_{\mathrm{cy}}^2=\frac{1}{2}\left\{\left[k\left(\frac{1}{m_{\mathrm{d}}}+\frac{1}{m_{\mathrm{b}}}\right)+\frac{k_y}{m_{\mathrm{b}}}\right]\pm\sqrt{\left[k\left(\frac{1}{m_{\mathrm{d}}}+\frac{1}{m_{\mathrm{b}}}\right)+\frac{k_y}{m_{\mathrm{b}}}\right]^2-\frac{4kk_y}{m_{\mathrm{d}}m_{\mathrm{b}}}}\right\} \tag{5.4.121}$$

一般情况下 $k_x\neq k_y$，因为 $x\neq y$，所以盘心 O' 的轨迹是椭圆。设 $k_x\neq k_y$，$k_x\ll k$，$k_y\ll k$，即支承刚度远小于转轴刚度，则

$$\Omega_{\mathrm{cx}}=\sqrt{\frac{k_x}{m_{\mathrm{d}}+m_{\mathrm{b}}}},\quad \Omega_{\mathrm{cy}}=\sqrt{\frac{k_y}{m_{\mathrm{d}}+m_{\mathrm{b}}}} \tag{5.4.122}$$

上面分析说明，首先发生支承振动，转轴作为刚体几乎无动挠度，做刚体涡动。转子轴线轨迹为一椭圆柱面。当计及转动惯量和偏摆，刚体涡动轨迹为椭圆锥面，两支承刚度相同时，椭圆锥顶点在跨中，否则偏向某一侧。

考虑支承弹性后，转子的盘心进动轨迹一般是一个椭圆，出现两个临界转速，当转子以两个临界转速以外的角速度运行时，发生正涡动；当转子在两个临界转速之间运行时，发生反涡动。

3. 支承刚度不对称动力对称转子的临界转速

对于两端支承刚度不对称动力对称转子的临界转速方程，即稳态自由涡动方程，可以通过方程(5.4.106)不计阻尼和激励而得到：

$$\begin{aligned}&m_{\mathrm{d}}\ddot{x}+k(x-x_{\mathrm{b}})=0,\quad m_{\mathrm{d}}\ddot{y}+k(y-y_{\mathrm{b}})=0\\&m_{\mathrm{b}}\ddot{x}_{\mathrm{b}}+k_xx_{\mathrm{b}}-k(x-x_{\mathrm{b}})=0,\quad m_{\mathrm{b}}\ddot{y}_{\mathrm{b}}+k_yy_{\mathrm{b}}-k(y-y_{\mathrm{b}})=0\end{aligned} \tag{5.4.123}$$

设方程的解为式(5.4.107)，代入式(5.4.123)，得到

$$
\begin{aligned}
&(k-m_{\rm d}\Omega^2)x-kx_{\rm b}=0, \qquad (k-m_{\rm d}\Omega^2)y-ky_{\rm b}=0\\
&-kx+(k+k_x-m_{\rm b}\Omega^2)x_{\rm b}=0, \quad -ky+(k+k_y-m_{\rm b}\Omega^2)y_{\rm b}=0
\end{aligned}
\tag{5.4.124}
$$

方程(5.4.124)是齐次方程。若要求非零解，令方程(5.4.124)的系数行列式等于零，则得到频率方程为

$$
\begin{vmatrix}
k-m_{\rm d}\Omega^2 & 0 & -k & 0\\
0 & k-m_{\rm d}\Omega^2 & 0 & -k\\
-k & 0 & k+k_x-m_{\rm d}\Omega^2 & 0\\
0 & -k & 0 & k+k_y-m_{\rm d}\Omega^2
\end{vmatrix}=0
\tag{5.4.125}
$$

将式(5.4.125)展开，得到

$$
\begin{aligned}
&m_{\rm d}^2m_{\rm b}^2\Omega^8-[2km_{\rm d}m_{\rm b}^2+(2k+k_x+k_y)m_{\rm d}^2m_{\rm b}]\Omega^6+[(k^2+kk_x+kk_y+k_xk_y)m_{\rm d}^2\\
&\quad+2(k+k_x+k_y)km_{\rm d}m_{\rm b}+k^2m_{\rm b}^2]\Omega^4-[(kk_x+kk_y+k_xk_y)km_{\rm d}\\
&\quad+(k_x+k_y)k^2m_{\rm b}]\Omega^2+k^2k_xk_y=0
\end{aligned}
\tag{5.4.126}
$$

式(5.4.126)是一个 8 阶代数方程，但又是关于Ω^2的 4 阶代数方程。应用一元四次方程的求根公式，可求出 4 个Ω^2，进而开方，则可得到 8 个临界转速，表示为

$$
\begin{aligned}
\Omega_{1,2}&=\frac{1}{\sqrt{2}}\sqrt{\left[k\left(\frac{1}{m_{\rm d}}+\frac{1}{m_{\rm b}}\right)+\frac{k_x}{m_{\rm b}}\right]\mp\sqrt{\left[k\left(\frac{1}{m_{\rm d}}+\frac{1}{m_{\rm b}}\right)+\frac{k_x}{m_{\rm b}}\right]^2-\frac{4kk_x}{m_{\rm d}m_{\rm b}}}}\\
\Omega_{3,4}&=\frac{1}{\sqrt{2}}\sqrt{\left[k\left(\frac{1}{m_{\rm d}}+\frac{1}{m_{\rm b}}\right)+\frac{k_y}{m_{\rm b}}\right]\mp\sqrt{\left[k\left(\frac{1}{m_{\rm d}}+\frac{1}{m_{\rm b}}\right)+\frac{k_y}{m_{\rm b}}\right]^2-\frac{4kk_y}{m_{\rm d}m_{\rm b}}}}\\
\Omega_{5,6}&=-\frac{1}{\sqrt{2}}\sqrt{\left[k\left(\frac{1}{m_{\rm d}}+\frac{1}{m_{\rm b}}\right)+\frac{k_x}{m_{\rm b}}\right]\mp\sqrt{\left[k\left(\frac{1}{m_{\rm d}}+\frac{1}{m_{\rm b}}\right)+\frac{k_x}{m_{\rm b}}\right]^2-\frac{4kk_x}{m_{\rm d}m_{\rm b}}}}\\
\Omega_{7,8}&=-\frac{1}{\sqrt{2}}\sqrt{\left[k\left(\frac{1}{m_{\rm d}}+\frac{1}{m_{\rm b}}\right)+\frac{k_y}{m_{\rm b}}\right]\mp\sqrt{\left[k\left(\frac{1}{m_{\rm d}}+\frac{1}{m_{\rm b}}\right)+\frac{k_y}{m_{\rm b}}\right]^2-\frac{4kk_y}{m_{\rm d}m_{\rm b}}}}
\end{aligned}
\tag{5.4.127}
$$

将支承的质量和刚度、圆盘的质量、转轴的刚度系数代入式(5.4.127)，即可求出弹性支承刚度不对称而圆盘放置动力对称转轴的临界转速。

5.4.4　弹性支承单盘偏置转子模型

前面已经分析了两端刚性支承偏置转子和两端弹性支承对称转子的稳态涡

动，在此基础上分析两端弹性支承单盘偏置转子的稳定涡动。设一圆截面弹性转轴两端支承在轴承 A 和 B 上，轴承简化为非对称弹性支承。支承质量为 $m_A = m_B = m_b$，静平衡时，两支承弹簧长度为 δ_0。距离左端支承点为 a 处放置一刚性薄圆盘，其质量、极转动惯量和赤道转动惯量分别为 m_d、I_p、I_d。在圆盘运动的任意瞬时，两支承点及坐标分别为 $A'(x_A, y_A)$、$B'(x_B, y_B)$，圆盘的形心及坐标为 $O'(x, y)$，圆盘偏置引起的摆动角为 θ_x、θ_y。该转子的动力学模型如图 5.4.19 所示。

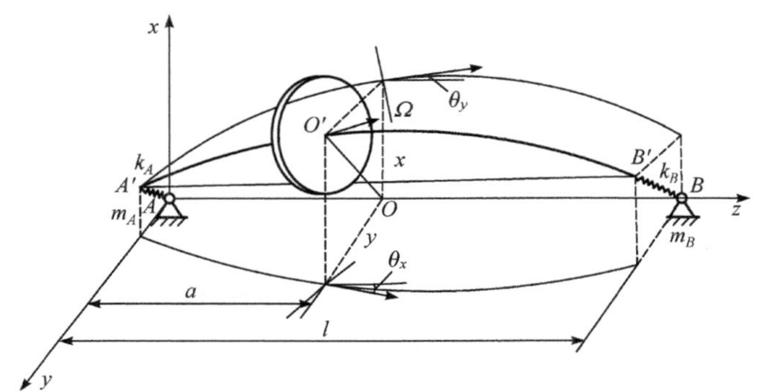

图 5.4.19　两端弹性支承偏置转子动力学模型

1. 弹性支承单盘偏置转子的稳定涡动微分方程

稳态涡动时圆盘与支承在 Oxz 和 Oyz 平面的投影如图 5.4.20(a)和(b)所示。先分析转子与弹性支承的位移和速度，计算转子系统的势能与动能，进而采用拉格朗日方程建立转子弹性支承单盘偏置转子的稳态涡动微分方程。

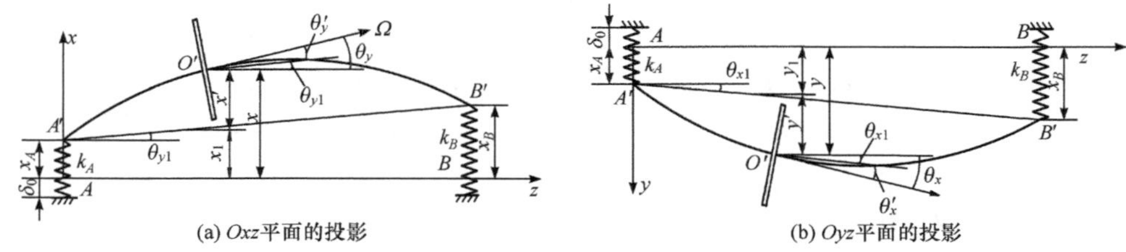

(a) Oxz平面的投影　　(b) Oyz平面的投影

图 5.4.20　转子变形在二维平面上的投影

设 x、θ_y 和 y、θ_x 分别为圆盘形心点 O'在 $O'xz$ 面内和 $O'yz$ 面内的绝对位移和转角，x_A、x_B 和 y_A、y_B 分别为两端支承 A 和 B 在 $O'xz$ 面内和 $O'yz$ 面内的位移。忽略轴向变形的影响，稳态涡动时圆盘与支承共计 8 个自由度。选取广义坐标为 $\boldsymbol{q} = \{x \quad \theta_y \quad x_A \quad x_B \quad y \quad \theta_x \quad y_A \quad y_B\}^{\mathrm{T}}$。

1) 用绝对速度和绝对位移表示的圆盘与支承的动能

由动力对称转动刚体的动能表达式，得圆盘和两端支承的动能分别为

$$
\begin{aligned}
T_{\mathrm{d}} &= \frac{1}{2} I_{\mathrm{d}} (\dot{\theta}_x^2 + \dot{\theta}_y^2) + I_{\mathrm{p}} \varOmega \dot{\theta}_y \theta_x + \frac{1}{2} m_{\mathrm{d}} (\dot{x}^2 + \dot{y}^2) \\
T_{\mathrm{b}} &= \frac{1}{2} m_A (\dot{x}_A^2 + \dot{y}_A^2) + \frac{1}{2} m_{\mathrm{b}} (\dot{x}_{\mathrm{b}}^2 + \dot{y}_{\mathrm{b}}^2)
\end{aligned}
\tag{5.4.128}
$$

若用矩阵表示，则圆盘的平动动能为

$$
T_{\mathrm{d1}} = \frac{1}{2} \boldsymbol{u}^{\mathrm{T}} \boldsymbol{M}_{\mathrm{d}} \boldsymbol{u} = \frac{1}{2} \dot{\boldsymbol{q}}_1^{\mathrm{T}} \boldsymbol{M}_{\mathrm{d}} \dot{\boldsymbol{q}}_1 = \frac{1}{2} \{\dot{x} \quad \dot{y}\} \begin{bmatrix} m_{\mathrm{d}} & 0 \\ 0 & m_{\mathrm{d}} \end{bmatrix} \begin{Bmatrix} \dot{x} \\ \dot{y} \end{Bmatrix}
\tag{5.4.129}
$$

圆盘的转动动能为

$$
\begin{aligned}
T_{\mathrm{dr}} &= \frac{1}{2} \boldsymbol{\omega}^{\mathrm{T}} \boldsymbol{I} \boldsymbol{\omega} = \frac{1}{2} \begin{Bmatrix} \omega_x \\ \omega_y \\ \omega_z \end{Bmatrix}^{\mathrm{T}} \begin{bmatrix} I_{\mathrm{d}} & 0 & 0 \\ 0 & I_{\mathrm{d}} & 0 \\ 0 & 0 & I_{\mathrm{p}} \end{bmatrix} \begin{Bmatrix} \omega_x \\ \omega_y \\ \omega_z \end{Bmatrix} \\
&= \frac{1}{2} \begin{Bmatrix} \dot{\theta}_y \\ \dot{\theta}_x \\ \varOmega + \dot{\theta}_y \theta_x \end{Bmatrix}^{\mathrm{T}} \begin{bmatrix} I_{\mathrm{d}} & 0 & 0 \\ 0 & I_{\mathrm{d}} & 0 \\ 0 & 0 & 2I_{\mathrm{p}} \end{bmatrix} \begin{Bmatrix} \dot{\theta}_y \\ \dot{\theta}_x \\ \varOmega + \dot{\theta}_y \theta_x \end{Bmatrix} \\
&= \frac{1}{2} \{\dot{\theta}_y \quad \dot{\theta}_x\} \begin{bmatrix} I_{\mathrm{d}} & 0 \\ 0 & I_{\mathrm{d}} \end{bmatrix} \begin{Bmatrix} \dot{\theta}_y \\ \dot{\theta}_x \end{Bmatrix} + \varOmega \{\dot{\theta}_y \quad \dot{\theta}_x\} \begin{bmatrix} 0 & I_{\mathrm{p}} \\ 0 & 0 \end{bmatrix} \begin{Bmatrix} \theta_y \\ \theta_x \end{Bmatrix}
\end{aligned}
\tag{5.4.130}
$$

或进一步表示为 Oxz 平面和 Oyz 平面内圆盘与支承的动能分别为

$$
T_{\mathrm{d}xM} = \frac{1}{2} \dot{\boldsymbol{q}}_x^{\mathrm{T}} \boldsymbol{M}_1 \dot{\boldsymbol{q}}_x = \frac{1}{2} \begin{Bmatrix} \dot{x} \\ \dot{\theta}_y \\ \dot{x}_A \\ \dot{x}_B \end{Bmatrix}^{\mathrm{T}} \begin{bmatrix} m_{\mathrm{d}} & 0 & 0 & 0 \\ 0 & I_{\mathrm{d}} & 0 & 0 \\ 0 & 0 & m_A & 0 \\ 0 & 0 & 0 & m_B \end{bmatrix} \begin{Bmatrix} \dot{x} \\ \dot{\theta}_y \\ \dot{x}_A \\ \dot{x}_B \end{Bmatrix}
\tag{5.4.131}
$$

$$
T_{\mathrm{d}yM} = \frac{1}{2} \dot{\boldsymbol{q}}_y^{\mathrm{T}} \boldsymbol{M}_1 \dot{\boldsymbol{q}}_y = \frac{1}{2} \begin{Bmatrix} \dot{y} \\ \dot{\theta}_x \\ \dot{y}_A \\ \dot{y}_B \end{Bmatrix}^{\mathrm{T}} \begin{bmatrix} m_{\mathrm{d}} & 0 & 0 & 0 \\ 0 & I_{\mathrm{d}} & 0 & 0 \\ 0 & 0 & m_A & 0 \\ 0 & 0 & 0 & m_B \end{bmatrix} \begin{Bmatrix} \dot{y} \\ \dot{\theta}_x \\ \dot{y}_A \\ \dot{y}_B \end{Bmatrix}
\tag{5.4.132}
$$

两平面陀螺效应引起的转动动能为

$$
T_{\mathrm{d}G} = \frac{1}{2} \dot{\boldsymbol{q}}_c^{\mathrm{T}} \boldsymbol{I}_1 \boldsymbol{q}_c = \begin{Bmatrix} \dot{x} \\ \dot{\theta}_y \\ \dot{y} \\ \dot{\theta}_y \end{Bmatrix}^{\mathrm{T}} \begin{bmatrix} 0 & 0 & 0 & 0 \\ 0 & 0 & 0 & I_{\mathrm{p}} \\ 0 & 0 & 0 & 0 \\ 0 & -I_{\mathrm{p}} & 0 & 0 \end{bmatrix} \begin{Bmatrix} x \\ \theta_y \\ y \\ \theta_y \end{Bmatrix}
\tag{5.4.133}
$$

即

$$T_{dG}=\frac{1}{2}\dot{\boldsymbol{q}}_{c}^{T}\boldsymbol{I}_{1}\boldsymbol{q}_{c}=\begin{Bmatrix}\dot{\boldsymbol{q}}_{cx}\\\dot{\boldsymbol{q}}_{0x}\\\dot{\boldsymbol{q}}_{cy}\\\dot{\boldsymbol{q}}_{0y}\end{Bmatrix}^{T}\begin{bmatrix}0&0&\boldsymbol{G}_{p}&0\\0&0&0&0\\\boldsymbol{G}_{p}&0&0&0\\0&0&0&0\end{bmatrix}\begin{Bmatrix}\dot{\boldsymbol{q}}_{cx}\\\dot{\boldsymbol{q}}_{0x}\\\dot{\boldsymbol{q}}_{cy}\\\dot{\boldsymbol{q}}_{0y}\end{Bmatrix},\quad \boldsymbol{G}_{p}=\Omega\begin{bmatrix}0&0\\0&I_{p}\end{bmatrix}\tag{5.4.134}$$

将转子系统的动能统一写为

$$T_{d}=\frac{1}{2}\dot{\boldsymbol{q}}^{T}\boldsymbol{M}\dot{\boldsymbol{q}}+\frac{1}{2}\dot{\boldsymbol{q}}^{T}\boldsymbol{G}\boldsymbol{q}=\frac{1}{2}\begin{Bmatrix}\dot{\boldsymbol{q}}_{x}\\\dot{\boldsymbol{q}}_{y}\end{Bmatrix}^{T}\begin{bmatrix}\boldsymbol{M}_{1}&\boldsymbol{0}\\\boldsymbol{0}&\boldsymbol{M}_{1}\end{bmatrix}\begin{Bmatrix}\dot{\boldsymbol{q}}_{x}\\\dot{\boldsymbol{q}}_{y}\end{Bmatrix}+\frac{1}{2}\begin{Bmatrix}\dot{\boldsymbol{q}}_{x}\\\dot{\boldsymbol{q}}_{y}\end{Bmatrix}^{T}\begin{bmatrix}\boldsymbol{0}&\boldsymbol{G}_{1}\\\boldsymbol{G}_{1}&\boldsymbol{0}\end{bmatrix}\begin{Bmatrix}\boldsymbol{q}_{x}\\\boldsymbol{q}_{y}\end{Bmatrix}\tag{5.4.135}$$

式中，

$$\boldsymbol{M}_{1}=\begin{bmatrix}\boldsymbol{M}_{d}&\boldsymbol{0}\\\boldsymbol{0}&\boldsymbol{M}_{b}\end{bmatrix}=\begin{bmatrix}m_{d}&0&0&0\\0&I_{d}&0&0\\0&0&m_{A}&0\\0&0&0&m_{B}\end{bmatrix},\quad \boldsymbol{G}_{1}=\begin{bmatrix}\boldsymbol{G}_{p}&\boldsymbol{0}\\\boldsymbol{0}&\boldsymbol{0}\end{bmatrix}=\begin{bmatrix}0&0&0&0\\0&\Omega I_{p}&0&0\\0&0&0&0\\0&0&0&0\end{bmatrix}\tag{5.4.136}$$

2) 圆盘与支承的势能

假设结构与支承刚度等材料参数关于 $O'z$ 轴对称，$O'yz$ 平面内的弹性势能与 $O'xz$ 平面内的弹性势能互不耦合，可以分别计算。设 x' 及 θ'_y 表示转轴弯曲引起的变形，x_1 及 θ_{y1} 表示不计转轴弯曲变形时，圆盘形心由于支承弹性引起的位移可以用 x'、θ'_y 和 x_A 、 x_B 表示。选 $O'xz$ 平面内整个弹性结构的广义坐标 $\boldsymbol{q}_x=\{\boldsymbol{q}_c\quad \boldsymbol{q}_0\}^T$，式中 $\boldsymbol{q}_c=\{x\quad \theta_y\}^T$ 为非刚体自由度的广义坐标，$\boldsymbol{q}_0=\{x_A\quad x_B\}^T$ 为刚体自由度的广义坐标。排除刚体自由度后的系统称为**全约束系统**。设全约束系统的坐标为 $\tilde{\boldsymbol{q}}_c=\{x'\quad \theta'_y\}^T$，刚体自由度 $\boldsymbol{q}_0$ 在非刚体自由度上引起的变形为 $\bar{\boldsymbol{q}}_c=\{x_1\quad \theta_{y1}\}^T$。这里 $\boldsymbol{q}_c$、$\boldsymbol{q}_0$、$\tilde{\boldsymbol{q}}_0$ 和 $\tilde{\boldsymbol{q}}_c$ 只有两个向量是独立的，因而选择两个为广义坐标，其余两个坐标用这两个广义坐标表示，此处选 $\boldsymbol{q}_c$ 和 $\boldsymbol{q}_0$ 为广义坐标，而 $\tilde{\boldsymbol{q}}_0$ 和 $\tilde{\boldsymbol{q}}_c$ 不独立。

(1) ***O'xz* 截面内的势能**。在任意瞬时，O' 的坐标及其截面转角的几何关系为

$$x_1=\left(1-\frac{a}{l}\right)x_A+\frac{a}{l}x_B,\quad \theta_{yA}=\frac{x_B-x_A}{l}\tag{5.4.137}$$

写成矩阵形式为

$$\bar{\boldsymbol{q}}_0=\begin{Bmatrix}x_1\\\theta_{y1}\end{Bmatrix}=\boldsymbol{\Phi}\boldsymbol{q}_0=\begin{bmatrix}\varphi_{11}&\varphi_{12}\\\varphi_{21}&\varphi_{22}\end{bmatrix}\begin{Bmatrix}q_{01}\\q_{02}\end{Bmatrix}=\begin{bmatrix}1-a/l&a/l\\-1/l&1/l\end{bmatrix}\begin{Bmatrix}x_A\\x_B\end{Bmatrix}\tag{5.4.138}$$

其中偏置矩阵 $\boldsymbol{\Phi}$ 反映刚体自由度对圆盘位移的影响。刚体自由度在整个系统上引

起的变形为

$$\bar{\boldsymbol{q}}=\begin{Bmatrix}\boldsymbol{\Phi}\\ \boldsymbol{I}\end{Bmatrix}\boldsymbol{q}_0=\begin{Bmatrix}x_1\\ \theta_{yA}\\ x_A\\ x_B\end{Bmatrix}\begin{bmatrix}\varphi_{11} & \varphi_{12}\\ \varphi_{21} & \varphi_{22}\\ 1 & 0\\ 0 & 1\end{bmatrix}\begin{Bmatrix}q_{01}\\ q_{02}\end{Bmatrix}=\begin{bmatrix}1-a/l & a/l\\ -1/l & 1/l\\ 1 & 0\\ 0 & 1\end{bmatrix}\begin{Bmatrix}x_A\\ x_B\end{Bmatrix}\tag{5.4.139}$$

全约束系统的变形等于系统的总变形减去刚体自由度引起的变形，即

$$\tilde{\boldsymbol{q}}_x=\begin{Bmatrix}\tilde{\boldsymbol{q}}_{\mathrm{c}}\\ \tilde{\boldsymbol{q}}_0\end{Bmatrix}=\begin{Bmatrix}x'\\ \theta_y'\\ 0\\ 0\end{Bmatrix}=\boldsymbol{q}-\tilde{\boldsymbol{q}}=\begin{Bmatrix}\boldsymbol{q}_{\mathrm{c}}\\ \boldsymbol{q}_0\end{Bmatrix}-\begin{Bmatrix}\boldsymbol{\Phi}\\ \boldsymbol{I}\end{Bmatrix}\boldsymbol{q}_0=\begin{Bmatrix}x_1\\ \theta_{yA}\\ x_A\\ x_B\end{Bmatrix}-\begin{bmatrix}1-a/l & a/l\\ -1/l & 1/l\\ 1 & 0\\ 0 & 1\end{bmatrix}\begin{Bmatrix}x_A\\ x_B\end{Bmatrix}\tag{5.4.140}$$

$O'xz$ 平面内系统的刚度为

$$\boldsymbol{K}_1=\begin{bmatrix}\boldsymbol{I}\\ -\boldsymbol{\Phi}^{\mathrm{T}}\end{bmatrix}\boldsymbol{K}_{\mathrm{c}}[\boldsymbol{I}\quad -\boldsymbol{\Phi}]=\begin{bmatrix}\boldsymbol{K}_{\mathrm{c}} & -\boldsymbol{K}_{\mathrm{c}}\boldsymbol{\Phi}\\ -\boldsymbol{\Phi}^{\mathrm{T}}\boldsymbol{K}_{\mathrm{c}} & \boldsymbol{\Phi}^{\mathrm{T}}\boldsymbol{K}_{\mathrm{c}}\boldsymbol{\Phi}\end{bmatrix},\quad \boldsymbol{K}_{\mathrm{c}}=\begin{bmatrix}k_{rr} & k_{\varphi r}\\ k_{r\varphi} & k_{\varphi\varphi}\end{bmatrix}\tag{5.4.141}$$

式中，$\boldsymbol{K}_{\mathrm{c}}$ 为不计弹性支承，仅考虑转轴弯曲变形的刚度矩阵，可通过与其柔度矩阵的互逆关系求出。

圆盘的弹性势能为

$$V_{\mathrm{dx}}=\frac{1}{2}\tilde{\boldsymbol{q}}_{\mathrm{c}}^{\mathrm{T}}\boldsymbol{K}_{\mathrm{c}}\tilde{\boldsymbol{q}}_{\mathrm{c}}=\frac{1}{2}\{\boldsymbol{q}_{\mathrm{c}}-\boldsymbol{\Phi}\boldsymbol{q}_0\}^{\mathrm{T}}\boldsymbol{K}_{\mathrm{c}}\{\boldsymbol{q}_{\mathrm{c}}-\boldsymbol{\Phi}\boldsymbol{q}_0\}=\frac{1}{2}\begin{Bmatrix}\boldsymbol{q}_{\mathrm{c}}\\ \boldsymbol{q}_0\end{Bmatrix}^{\mathrm{T}}\begin{bmatrix}\boldsymbol{K}_{\mathrm{c}} & -\boldsymbol{K}_{\mathrm{c}}\boldsymbol{\Phi}\\ -\boldsymbol{\Phi}^{\mathrm{T}}\boldsymbol{K}_{\mathrm{c}} & \boldsymbol{\Phi}^{\mathrm{T}}\boldsymbol{K}_{\mathrm{c}}\boldsymbol{\Phi}\end{bmatrix}\begin{Bmatrix}\boldsymbol{q}_{\mathrm{c}}\\ \boldsymbol{q}_0\end{Bmatrix}\tag{5.4.142}$$

将刚度矩阵 $\boldsymbol{K}$ 与偏置矩阵 $\boldsymbol{\Phi}$ 代入势能公式(5.4.142)，得到 $O'xz$ 平面内计及弹性支承影响的圆盘形心处转轴的弹性势能为

$$V_{\mathrm{dx}}=\frac{1}{2}\boldsymbol{q}^{\mathrm{T}}\boldsymbol{K}_1\boldsymbol{q}=\frac{1}{2}\begin{Bmatrix}\boldsymbol{q}_{\mathrm{c}}\\ \boldsymbol{q}_0\end{Bmatrix}^{\mathrm{T}}\begin{bmatrix}\boldsymbol{K}_{11} & \boldsymbol{K}_{12}\\ \boldsymbol{K}_{21} & \boldsymbol{K}_{22}\end{bmatrix}\begin{Bmatrix}\boldsymbol{q}_{\mathrm{c}}\\ \boldsymbol{q}_0\end{Bmatrix}\tag{5.4.143}$$

式中，

$$\boldsymbol{K}_{11}=\boldsymbol{K}_{\mathrm{c}},\quad \boldsymbol{K}_{12}=-\boldsymbol{K}_{\mathrm{c}}\boldsymbol{\Phi},\quad \boldsymbol{K}_{21}=-\boldsymbol{\Phi}^{\mathrm{T}}\boldsymbol{K}_{\mathrm{c}},\quad \boldsymbol{K}_{22}=\boldsymbol{\Phi}^{\mathrm{T}}\boldsymbol{K}_{\mathrm{c}}\boldsymbol{\Phi}\tag{5.4.144}$$

$$\boldsymbol{K}_{\mathrm{c}}=\begin{bmatrix}k_{rr} & k_{\varphi r}\\ k_{r\varphi} & k_{\varphi\varphi}\end{bmatrix},\quad \boldsymbol{\Phi}=\begin{bmatrix}\varphi_{11} & \varphi_{12}\\ \varphi_{21} & \varphi_{22}\end{bmatrix}\tag{5.4.145}$$

(2) **$O'yz$ 截面内的势能**。取 $O'yz$ 面内的广义坐标为 $\boldsymbol{q}_y=\{\boldsymbol{q}_{\mathrm{c}}\quad \boldsymbol{q}_0\}^{\mathrm{T}}=\{y\quad \theta_x\quad y_A\quad y_B\}^{\mathrm{T}}$，全约束系统的坐标为 $\tilde{\boldsymbol{q}}_y=\{\tilde{\boldsymbol{q}}_{\mathrm{c}}\quad \tilde{\boldsymbol{q}}_0\}^{\mathrm{T}}=\{y'\quad \theta_x'\quad 0\quad 0\}^{\mathrm{T}}$。由于结构与材料参数关于 $O'z$ 轴对称，$O'yz$ 面内的刚度矩阵与 $O'xz$ 面内的刚度矩阵相同，所以只需将 $O'xz$ 面内的坐标变换为 $O'yz$ 面内对应的坐标，并仿照 $O'xz$ 面内的弹性

势能的推导过程，即可得到 $O'yz$ 面内的弹性势能。

(3) **整个转轴的弹性势能**。将 $O'xz$ 面内的弹性势能与 $O'yz$ 面内的弹性势能叠加，即得到整个转轴的弹性势能为

$$V_{\mathrm{d}}=\frac{1}{2}\begin{Bmatrix}\boldsymbol{q}_x\\\boldsymbol{q}_y\end{Bmatrix}^{\mathrm{T}}\begin{bmatrix}\boldsymbol{K}_{\mathrm{e}} & \boldsymbol{0}\\\boldsymbol{0} & \boldsymbol{K}_{\mathrm{e}}\end{bmatrix}\begin{Bmatrix}\boldsymbol{q}_x\\\boldsymbol{q}_y\end{Bmatrix}\tag{5.4.146}$$

式中，

$$\boldsymbol{q}_x=\begin{Bmatrix}x\\\theta_y\\x_A\\x_B\end{Bmatrix},\quad \boldsymbol{q}_y=\begin{Bmatrix}y\\\theta_x\\y_A\\y_B\end{Bmatrix},\quad \boldsymbol{K}_{\mathrm{e}}=\begin{bmatrix}k_{11} & k_{12} & k_{13} & k_{14}\\k_{21} & k_{22} & k_{23} & k_{24}\\k_{31} & k_{32} & k_{33} & k_{34}\\k_{41} & k_{42} & k_{43} & k_{44}\end{bmatrix}\tag{5.4.147}$$

两端弹性支承的势能为

$$V_{\mathrm{b}}=\frac{1}{2}k_A(x_A^2+y_A^2)+\frac{1}{2}k_B(x_B^2+y_B^2)\tag{5.4.148}$$

3) 广义力

系统的广义力为

$$\boldsymbol{Q}_j=\{m_{\mathrm{d}}e\Omega^2\cos(\Omega t)\quad 0\quad 0\quad 0\quad m_{\mathrm{d}}e\Omega^2\sin(\Omega t)\quad 0\quad 0\quad 0\}^{\mathrm{T}}\tag{5.4.149}$$

4) 单圆盘偏置转子的涡动微分方程

忽略阻尼的影响，将动能公式(5.4.128)～式(5.4.135)、势能表达式(5.4.146)和式(5.4.148)代入第二类拉格朗日方程

$$\frac{\mathrm{d}}{\mathrm{d}t}\left(\frac{\partial T}{\partial \dot{q}_j}\right)-\frac{\partial T}{\partial q_j}+\frac{\partial V}{\partial q_j}=Q_j,\quad j=1,2,\cdots,8\tag{5.4.150}$$

可以得到两端弹性支承刚性薄单圆盘偏置转子系统的一般涡动微分方程，写成矩阵形式为

$$\begin{bmatrix}\boldsymbol{M}_1 & \boldsymbol{0}\\\boldsymbol{0} & \boldsymbol{M}_1\end{bmatrix}\begin{Bmatrix}\ddot{\boldsymbol{q}}_x\\\ddot{\boldsymbol{q}}_y\end{Bmatrix}+\Omega\begin{bmatrix}\boldsymbol{0} & \boldsymbol{I}_1\\-\boldsymbol{I}_1 & \boldsymbol{0}\end{bmatrix}\begin{Bmatrix}\dot{\boldsymbol{q}}_x\\\dot{\boldsymbol{q}}_y\end{Bmatrix}+\begin{bmatrix}\boldsymbol{K}_{\mathrm{e}} & \boldsymbol{0}\\\boldsymbol{0} & \boldsymbol{K}_{\mathrm{e}}\end{bmatrix}\begin{Bmatrix}\boldsymbol{q}_x\\\boldsymbol{q}_y\end{Bmatrix}=\begin{Bmatrix}\boldsymbol{P}_1\\\boldsymbol{P}_2\end{Bmatrix}\tag{5.4.151}$$

式中，

$$\boldsymbol{M}_1=\begin{bmatrix}m_{\mathrm{d}} & 0 & 0 & 0\\0 & I_{\mathrm{d}} & 0 & 0\\0 & 0 & m_A & 0\\0 & 0 & 0 & m_B\end{bmatrix},\quad \boldsymbol{I}_1=\begin{bmatrix}0 & 0 & 0 & 0\\0 & I_{\mathrm{p}} & 0 & 0\\0 & 0 & 0 & 0\\0 & 0 & 0 & 0\end{bmatrix}$$

$$\boldsymbol{K}_{\mathrm{e}}=\boldsymbol{K}_1+\boldsymbol{K}_{\mathrm{b}}=\begin{bmatrix} k_{11} & k_{12} & k_{13} & k_{14} \\ k_{21} & k_{22} & k_{23} & k_{24} \\ k_{31} & k_{32} & k_A+k_{33} & k_{34} \\ k_{41} & k_{42} & k_{43} & k_B+k_{44} \end{bmatrix}$$

$$\boldsymbol{K}_{\mathrm{b}}=\begin{bmatrix} 0 & 0 & 0 & 0 \\ 0 & 0 & 0 & 0 \\ 0 & 0 & k_A & 0 \\ 0 & 0 & 0 & k_B \end{bmatrix},\quad \boldsymbol{q}_x=\begin{Bmatrix} x \\ \theta_y \\ x_A \\ x_B \end{Bmatrix},\quad \boldsymbol{q}_y=\begin{Bmatrix} y \\ \theta_x \\ y_A \\ y_B \end{Bmatrix} \tag{5.4.152}$$

$$\begin{Bmatrix} \boldsymbol{P}_1 \\ \boldsymbol{P}_2 \end{Bmatrix}=\begin{Bmatrix} \boldsymbol{P}_0\cos(\Omega t) \\ \boldsymbol{P}_0\sin(\Omega t) \end{Bmatrix},\quad \boldsymbol{P}_0=\begin{Bmatrix} m_{\mathrm{d}}e\Omega^2 \\ 0 \\ 0 \\ 0 \end{Bmatrix}$$

2. 稳定自由涡动的频率方程与临界角速度

不计偏心量，由稳态涡动微分方程(5.4.151)得稳态自由涡动微分方程为

$$\boldsymbol{M}\ddot{\boldsymbol{q}}+\Omega\boldsymbol{I}\dot{\boldsymbol{q}}+\boldsymbol{K}\boldsymbol{q}=\boldsymbol{0} \tag{5.4.153}$$

式中，

$$\boldsymbol{M}=\begin{bmatrix} \boldsymbol{M}_1 & \boldsymbol{0} \\ \boldsymbol{0} & \boldsymbol{M}_1 \end{bmatrix},\quad \boldsymbol{I}=\begin{bmatrix} \boldsymbol{0} & \boldsymbol{I}_1 \\ -\boldsymbol{I}_1 & \boldsymbol{0} \end{bmatrix},\quad \boldsymbol{K}=\begin{bmatrix} \boldsymbol{K}_{\mathrm{e}} & \boldsymbol{0} \\ \boldsymbol{0} & \boldsymbol{K}_{\mathrm{e}} \end{bmatrix},\quad \boldsymbol{q}=\begin{Bmatrix} \boldsymbol{q}_x \\ \boldsymbol{q}_y \end{Bmatrix} \tag{5.4.154}$$

式(5.4.153)是两个四阶矩阵方程合并成的八阶矩阵方程，求解并不方便。由于该转子的系统结构轴对称，取复向量 $z=\boldsymbol{q}_x+\mathrm{i}\boldsymbol{q}_y$，方程简化为

$$\boldsymbol{M}_1\ddot{z}-\mathrm{i}\Omega\boldsymbol{I}_1\dot{z}+\boldsymbol{K}_{\mathrm{e}}z=0 \tag{5.4.155}$$

令 $\boldsymbol{q}=\boldsymbol{q}_0\mathrm{e}^{\mathrm{i}\omega t}$，代入稳态自由涡动方程(5.4.155)，得到

$$(-\boldsymbol{M}_1\omega^2+\Omega\boldsymbol{I}_1\omega+\boldsymbol{K}_{\mathrm{e}})z_0=0 \tag{5.4.156}$$

式(5.4.156)对应的频率方程为

$$\left|-\boldsymbol{M}_1\omega^2+\Omega\boldsymbol{I}_1\omega+\boldsymbol{K}_{\mathrm{e}}\right|=0 \tag{5.4.157}$$

对于同步正向涡动$\Omega=\omega$，方程转化为

$$(-\boldsymbol{M}_{\mathrm{F}}\omega^2+\boldsymbol{K}_{\mathrm{e}})z_0=0 \tag{5.4.158}$$

式(5.4.158)对应的频率方程为

$$\left|-\boldsymbol{M}_{\mathrm{F}}\omega^2+\boldsymbol{K}_{\mathrm{e}}\right|=0 \tag{5.4.159}$$

式中，

$$\boldsymbol{M}_{\mathrm{F}}=\boldsymbol{M}_1-\boldsymbol{I}_1=\begin{bmatrix}\boldsymbol{M}_{\mathrm{d}}-\boldsymbol{I}_2 & 0\\ 0 & \boldsymbol{M}_{\mathrm{b}}\end{bmatrix}=\begin{bmatrix}m_{\mathrm{d}} & 0 & 0 & 0\\ 0 & I_{\mathrm{d}}-I_{\mathrm{p}} & 0 & 0\\ 0 & 0 & m_A & 0\\ 0 & 0 & 0 & m_B\end{bmatrix}$$

$$\boldsymbol{M}_{\mathrm{d}}=\begin{bmatrix}m_{\mathrm{d}} & 0\\ 0 & I_{\mathrm{d}}\end{bmatrix},\quad \boldsymbol{M}_{\mathrm{b}}=\begin{bmatrix}m_A & 0\\ 0 & m_B\end{bmatrix},\quad \boldsymbol{I}_2=\begin{bmatrix}0 & 0\\ 0 & I_{\mathrm{p}}\end{bmatrix},\quad \boldsymbol{K}_2=\begin{bmatrix}\boldsymbol{0} & \boldsymbol{0}\\ \boldsymbol{0} & \boldsymbol{K}_{\mathrm{b}}\end{bmatrix} \tag{5.4.160}$$

$$\boldsymbol{K}_{\mathrm{e}}=\boldsymbol{K}_1+\boldsymbol{K}_2=\begin{bmatrix}\boldsymbol{K}_{\mathrm{c}} & -\boldsymbol{K}_{\mathrm{c}}\boldsymbol{\Phi}\\ -\boldsymbol{\Phi}^{\mathrm{T}}\boldsymbol{K}_{\mathrm{c}} & \boldsymbol{\Phi}^{\mathrm{T}}\boldsymbol{K}_{\mathrm{c}}\boldsymbol{\Phi}\end{bmatrix}+\begin{bmatrix}\boldsymbol{0} & \boldsymbol{0}\\ \boldsymbol{0} & \boldsymbol{K}_{\mathrm{b}}\end{bmatrix}=\begin{bmatrix}\boldsymbol{K}_{\mathrm{c}} & -\boldsymbol{K}_{\mathrm{c}}\boldsymbol{\Phi}\\ -\boldsymbol{\Phi}^{\mathrm{T}}\boldsymbol{K}_{\mathrm{c}} & \boldsymbol{\Phi}^{\mathrm{T}}\boldsymbol{K}_{\mathrm{c}}\boldsymbol{\Phi}+\boldsymbol{K}_{\mathrm{b}}\end{bmatrix}$$

刚度矩阵恒正定，而惯性矩阵 $\boldsymbol{M}_{\mathrm{F}}$ 可能正定，也可能非正定。对于后者，由方程求出的涡动角速度的平方可能为负实数值，在物理上无意义。故同步正向涡动临界角速度可能少于 4 个。

对于同反向涡动$\boldsymbol{\Omega}=-\omega$，方程化为

$$(-\boldsymbol{M}_B\omega^2+\boldsymbol{K}_{\mathrm{e}})z_0=0 \tag{5.4.161}$$

频率方程为

$$\left|-\boldsymbol{M}_B\omega^2+\boldsymbol{K}_{\mathrm{e}}\right|=0 \tag{5.4.162}$$

式中，

$$\boldsymbol{M}_B=\boldsymbol{M}_1+\boldsymbol{J}_1=\begin{bmatrix}m_{\mathrm{d}} & 0 & 0 & 0\\ 0 & I_{\mathrm{d}}+I_{\mathrm{p}} & 0 & 0\\ 0 & 0 & m_A & 0\\ 0 & 0 & 0 & m_B\end{bmatrix} \tag{5.4.163}$$

惯性矩阵 $\boldsymbol{M}_B$ 恒正定，故方程求出的涡动角速度的平方ω^2恒为正实数值。其正的平方根即同步反向涡动临界角速度总有 4 个。

弹性支承偏置单盘转子的涡动微分方程可以由弹性位移和刚体位移表示，这里不再讨论。

5.4.5　刚性支承多盘转子模型

实际转子系统往往是连续的弹性体，为便于分析，通常将其离散为由多个厚度不计的刚性盘组成，彼此之间用不计质量的弹性轴连接而成的有限多自由度系统，这样的系统称为**多盘转子系统**。某些圆柱形或锥形结构的转子，经过适当的质量集中，可以简化为多盘转子系统模型。有些转子本身就具有多盘转子的

结构形式。离散化模型可以分为物理模型的离散化和数学方程的截断。物理模型的离散化又分为参数法和有限元法。数学方程的截断有 Rayleigh-Ritz 法和假定型法等。

多盘转子系统的基本假设同刚性支承下的单盘转子类似，即假设：①刚性薄圆盘厚度不计，具有质量、惯量和几何半径；②弹性轴的质量不计，具有一定的弯曲刚度和无限大的扭转刚度；③不计转轴及圆盘的轴向位移；④忽略重力的影响。

对于多盘转子系统，可以用不同的方法建立其涡动微分方程，下面用动静法和拉格朗日方程建立多盘转子的涡动微分方程。

1. 刚性支承多盘转子的动力学模型和涡动微分方程

下面应用动静法建立多盘转轴涡动的微分方程。具有 N 个圆盘的各向同性刚性支承多盘转子的动力学模型如图 5.4.21 所示。其中，第 $j(j=1, 2,\cdots, N)$个圆盘与刚性支承下的单盘转子的动力学模型相似。选取 $Oxyz$ 为固定坐标系，设第 j 个圆盘的惯性力向量为 $\boldsymbol{R}_j$，对圆盘中心 O'的主矩为 L_j。具有刚性支承的多圆盘转子，尤其是在单跨情况下，可以采用柔度影响系数方法来建立系统的运动微分方程。设 a_{ij} 及 a'_{ij} 分别表示作用在轴上第 j 点的单位力及单位力矩在第 i 点引起的线位移，b_{ij} 及 b'_{ij} 分别表示作用在轴上第 j 点的单位力及单位力矩在第 i 点引起的角位移。由位移互等定理知：

$$a_{ij}=a_{ji}\,,\quad b'_{ij}=b'_{ji}\,,\quad a'_{ij}=b_{ji} \tag{5.4.164}$$

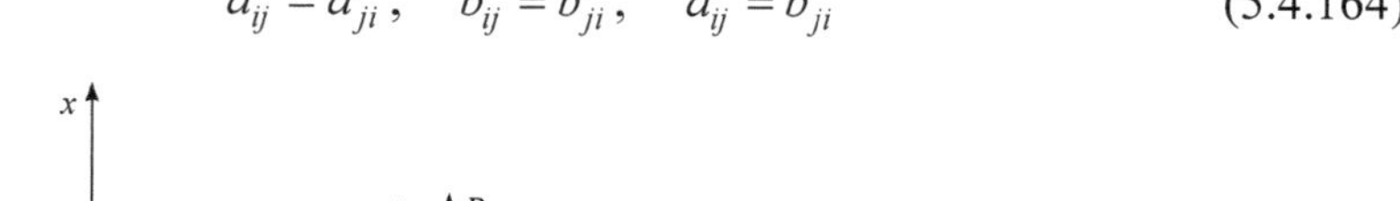

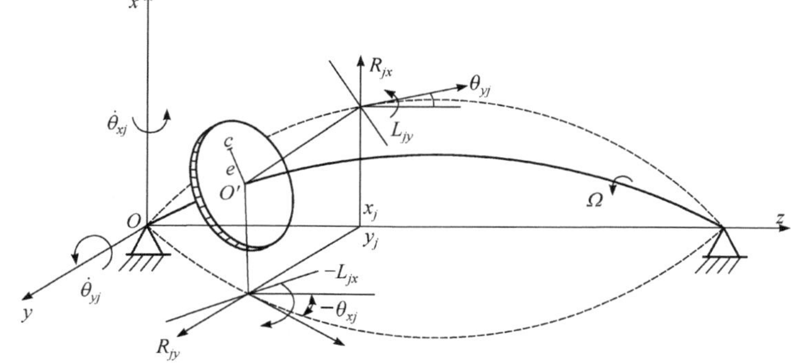

图 5.4.21　各向同性刚性支承多盘转子的动力学模型

设多盘转子系统的自转角速度为Ω, 则第 $j(j=1,2,\cdots,N)$个圆盘惯性力的主方向 $\boldsymbol{R}_j$ 及对圆盘中心 O'的主矩 L_j 在 Ox 及 Oy 轴上的投影分别为

$$R_{jx}=-m_j\ddot{x}_j+m_je_j\Omega^2\cos(\Omega t+\varphi_j),\quad R_{jy}=-m_j\ddot{y}_j+m_je_j\Omega^2\sin(\Omega t+\varphi_j)$$
$$-L_{jx}=I_{dj}\ddot{\theta}_{xj}+I_{pj}\Omega\dot{\theta}_{yj},\quad L_{jy}=-I_{dj}\ddot{\theta}_{yj}+I_{pj}\Omega\dot{\theta}_{xj} \tag{5.4.165}$$

式中，e_j、φ_j分别为该圆盘的偏心矩及偏位角。绕 x 轴的转角θ_{xj}和主矩 L_{jx}的增加方向与 x 轴正向相反。对于圆截面轴，由达朗贝尔原理可得

$$\begin{aligned}
x_j&=\sum_{i=1}^{N}a_{ij}[-m_j\ddot{x}_j+m_je_j\Omega^2\cos(\Omega t+\varphi_j)]+\sum_{i=1}^{N}a'_{ij}(-I_{dj}\ddot{\theta}_{yj}+I_{pj}\Omega\dot{\theta}_{xj})\\
\theta_{yj}&=\sum_{i=1}^{N}b_{ij}[-m_j\ddot{x}_j+m_je_j\Omega^2\cos(\Omega t+\varphi_j)]+\sum_{i=1}^{N}b'_{ij}(-I_{dj}\ddot{\theta}_{yj}+I_{pj}\Omega\dot{\theta}_{xj})\\
y_j&=\sum_{i=1}^{N}a_{ij}[-m_j\ddot{y}_j+m_je_j\Omega^2\sin(\Omega t+\varphi_j)]+\sum_{i=1}^{N}a'_{ij}(I_{dj}\ddot{\theta}_{xj}+I_{pj}\Omega\dot{\theta}_{yj})\\
-\theta_{xj}&=\sum_{i=1}^{N}b_{ij}[-m_j\ddot{y}_j+m_je_j\Omega^2\sin(\Omega t+\varphi_j)]+\sum_{i=1}^{N}b'_{ij}(I_{dj}\ddot{\theta}_{xj}+I_{pj}\Omega\dot{\theta}_{yj})\\
&\qquad j=1,2,\cdots,N
\end{aligned} \tag{5.4.166}$$

式(5.4.166)写成矩阵形式为

$$\boldsymbol{A}(\boldsymbol{M}_1\ddot{\boldsymbol{q}}_x+\Omega\boldsymbol{I}_1\dot{\boldsymbol{q}}_y)+\boldsymbol{q}_x=\boldsymbol{A}\boldsymbol{P}_x,\quad \boldsymbol{A}(\boldsymbol{M}_1\ddot{\boldsymbol{q}}_y-\Omega\boldsymbol{I}_1\dot{\boldsymbol{q}}_x)+\boldsymbol{q}_y=\boldsymbol{A}\boldsymbol{P}_y \tag{5.4.167}$$

式中，

$$\boldsymbol{A}=\begin{bmatrix}
a_{11} & a'_{11} & a_{12} & a'_{12} & \cdots & a_{1N} & a'_{1N}\\
b_{11} & b'_{11} & b_{12} & b'_{12} & \cdots & b_{1N} & b'_{1N}\\
a_{21} & a'_{21} & a_{22} & a'_{22} & \cdots & a_{2N} & a'_{2N}\\
b_{21} & b'_{21} & b_{22} & b'_{22} & \cdots & b_{2N} & b'_{2N}\\
\vdots & \vdots & \vdots & \vdots & & \vdots & \vdots\\
a_{N1} & a'_{N1} & a_{N2} & a'_{N2} & \cdots & a_{NN} & a'_{NN}\\
b_{N1} & b'_{N1} & b_{N2} & b'_{N2} & \cdots & b_{NN} & b'_{NN}
\end{bmatrix},\quad
\boldsymbol{M}_1=\begin{bmatrix}
m_1 & 0 & 0 & 0 & \cdots & 0 & 0\\
0 & I_{d1} & 0 & 0 & \cdots & 0 & 0\\
0 & 0 & m_2 & 0 & \cdots & 0 & 0\\
0 & 0 & 0 & I_{d2} & \cdots & 0 & 0\\
\vdots & \vdots & \vdots & \vdots & & \vdots & \vdots\\
0 & 0 & 0 & 0 & \cdots & m_N & 0\\
0 & 0 & 0 & 0 & \cdots & 0 & I_{dN}
\end{bmatrix}$$

$$\boldsymbol{I}_1=\begin{bmatrix}
0 & 0 & 0 & 0 & \cdots & 0 & 0\\
0 & I_{p1} & 0 & 0 & \cdots & 0 & 0\\
0 & 0 & 0 & 0 & \cdots & 0 & 0\\
0 & 0 & 0 & I_{p2} & \cdots & 0 & 0\\
\vdots & \vdots & \vdots & \vdots & & \vdots & \vdots\\
0 & 0 & 0 & 0 & \cdots & 0 & 0\\
0 & 0 & 0 & 0 & \cdots & 0 & I_{pN}
\end{bmatrix},\quad
\boldsymbol{q}_x=\begin{bmatrix}x_1\\ \theta_{y1}\\ x_2\\ \theta_{y2}\\ \vdots\\ x_N\\ \theta_{yN}\end{bmatrix},\quad
\boldsymbol{q}_y=\begin{bmatrix}y_1\\ -\theta_{x1}\\ y_2\\ -\theta_{x2}\\ \vdots\\ y_N\\ -\theta_{xN}\end{bmatrix}$$

$$\begin{aligned}
\boldsymbol{P}_x&=\Omega^2\{m_1e_1\cos(\Omega t+\varphi_1)\quad 0\quad m_2e_2\cos(\Omega t+\varphi_2)\quad 0\quad \cdots\quad m_Ne_N\cos(\Omega t+\varphi_N)\quad 0\}^{\mathrm{T}}\\
\boldsymbol{P}_y&=\Omega^2\{m_1e_1\sin(\Omega t+\varphi_1)\quad 0\quad m_2e_2\sin(\Omega t+\varphi_2)\quad 0\quad \cdots\quad m_Ne_N\sin(\Omega t+\varphi_N)\quad 0\}^{\mathrm{T}}
\end{aligned} \tag{5.4.168}$$

对于刚性轴承的转子，柔度矩阵 $\boldsymbol{A}$ 是非奇异矩阵。若令 $\boldsymbol{A}^{-1}=\boldsymbol{K}_1$，则 $\boldsymbol{K}_1$ 就是刚度矩阵，是实对称正定矩阵。在式(5.4.167)的两端左乘刚度矩阵 $\boldsymbol{K}_1$，可得

$$\boldsymbol{M}_1\ddot{\boldsymbol{q}}_x + \Omega\boldsymbol{I}_1\dot{\boldsymbol{q}}_y + \boldsymbol{K}_1\boldsymbol{q}_x = \boldsymbol{P}_x,\quad \boldsymbol{M}_1\ddot{\boldsymbol{q}}_y + \Omega\boldsymbol{I}_1\dot{\boldsymbol{q}}_x + \boldsymbol{K}_1\boldsymbol{q}_y = \boldsymbol{P}_y \tag{5.4.169}$$

令 $\boldsymbol{G}_1=\Omega\boldsymbol{I}_1$，$\boldsymbol{G}_1$ 称为**回转矩阵或陀螺矩阵**，则式(5.4.169)也可写为

$$\boldsymbol{M}_1\ddot{\boldsymbol{q}}_x + \boldsymbol{G}_1\dot{\boldsymbol{q}}_y + \boldsymbol{K}_1\boldsymbol{q}_x = \boldsymbol{P}_x,\quad \boldsymbol{M}_1\ddot{\boldsymbol{q}}_y + \boldsymbol{G}_1\dot{\boldsymbol{q}}_x + \boldsymbol{K}_1\boldsymbol{q}_y = \boldsymbol{P}_y \tag{5.4.170}$$

式(5.4.169)或式(5.4.170)就是两端刚性支承多盘转子稳态涡动微分方程。式(5.4.169)可以合并为

$$\boldsymbol{M}\ddot{\boldsymbol{q}} + \Omega\boldsymbol{I}_1\dot{\boldsymbol{q}} + \boldsymbol{K}\boldsymbol{q} = \boldsymbol{P} \tag{5.4.171}$$

式(5.4.170)可以合并为

$$\boldsymbol{M}\ddot{\boldsymbol{q}} + \boldsymbol{G}_1\dot{\boldsymbol{q}} + \boldsymbol{K}\boldsymbol{q} = \boldsymbol{P} \tag{5.4.172}$$

式(5.4.171)和式(5.4.172)中：

$$\begin{gathered}\boldsymbol{M}=\begin{bmatrix}\boldsymbol{M}_1 & \boldsymbol{0}\\ \boldsymbol{0} & \boldsymbol{M}_1\end{bmatrix},\quad \boldsymbol{I}=\begin{bmatrix}\boldsymbol{0} & \boldsymbol{I}_1\\ \boldsymbol{I}_1 & \boldsymbol{0}\end{bmatrix},\quad \boldsymbol{K}=\begin{bmatrix}\boldsymbol{K}_1 & \boldsymbol{0}\\ \boldsymbol{0} & \boldsymbol{K}_1\end{bmatrix}\\ \boldsymbol{G}=\begin{bmatrix}\boldsymbol{0} & \boldsymbol{G}_1\\ -\boldsymbol{G}_1^{\mathrm{T}} & \boldsymbol{0}\end{bmatrix},\quad \boldsymbol{q}=\begin{Bmatrix}\boldsymbol{q}_x\\ \boldsymbol{q}_y\end{Bmatrix},\quad \boldsymbol{P}=\begin{Bmatrix}\boldsymbol{P}_x\\ \boldsymbol{P}_y\end{Bmatrix}\end{gathered} \tag{5.4.173}$$

式(5.4.171)或式(5.4.172)也称为多盘转子的稳态涡动方程，是 4N 维的二阶常微分方程。其中，$\boldsymbol{G}=\Omega\boldsymbol{I}$、$\boldsymbol{M}$ 和 $\boldsymbol{K}$ 都是实对称正定矩阵，而 $\boldsymbol{I}$ 或 $\boldsymbol{G}$ 为实反对称矩阵。

2. 刚性支承多盘转子的稳态自由涡动

1) 稳态自由涡动的频率方程

式(5.4.169)或式(5.4.170)、式(5.4.171)或式(5.4.172)就是两端刚性支承具有 N 个圆盘转子系统的涡动微分方程，令方程右边的激励列阵为零，得齐次方程为

$$\boldsymbol{M}_1\ddot{\boldsymbol{q}}_x + \Omega\boldsymbol{I}_1\dot{\boldsymbol{q}}_y + \boldsymbol{K}_1\boldsymbol{q}_x = \boldsymbol{0},\quad \boldsymbol{M}_1\ddot{\boldsymbol{q}}_y + \Omega\boldsymbol{I}_1\dot{\boldsymbol{q}}_x + \boldsymbol{K}_1\boldsymbol{q}_y = \boldsymbol{0} \tag{5.4.174}$$

或

$$\boldsymbol{M}\ddot{\boldsymbol{q}} + \Omega\boldsymbol{I}_1\dot{\boldsymbol{q}} + \boldsymbol{K}\boldsymbol{q} = \boldsymbol{0} \tag{5.4.175}$$

式(5.4.175)就是频率方程，对该方程求解其特征值，就可得出多盘转子在自转角速度为Ω时，系统的自然频率或涡动角速度。

2) 转子系统主振动的进动频率

为了说明在自转角速度为Ω时多盘转子系统的振动现象，用复数向量表示系统各圆盘轴心的位移比较方便，即令

$$\boldsymbol{z} = \boldsymbol{q}_1 + \mathrm{i}\boldsymbol{q}_2 \tag{5.4.176}$$

从而式(5.4.174)可以合并为

$$\boldsymbol{M}_1\ddot{\boldsymbol{z}} - \mathrm{i}\Omega\boldsymbol{I}_1\dot{\boldsymbol{z}} + \boldsymbol{K}_1\boldsymbol{z} = \boldsymbol{0} \tag{5.4.177}$$

式(5.4.177)是 $2N$ 个具有复系数的二阶线性微分方程组。设其解为

$$\boldsymbol{z} = \boldsymbol{z}_0 \mathrm{e}^{\mathrm{i}\omega t} \tag{5.4.178}$$

式中，$\boldsymbol{z}_0$ 中各元素都是复数。将式(5.4.178)代入式(5.4.177)可得

$$(-\boldsymbol{M}_1\omega^2 + \boldsymbol{I}_1\Omega\omega + \boldsymbol{K}_1)\boldsymbol{z}_0 = \boldsymbol{0} \tag{5.4.179}$$

从而得到频率方程为

$$\left|-\boldsymbol{M}_1\omega^2 + \boldsymbol{I}_1\Omega\omega + \boldsymbol{K}_1\right| = 0 \tag{5.4.180}$$

式(5.4.180)是一个关于ω的 $4N$ 阶代数方程，可有 $4N$ 个根$\omega_r(r=1, 2,\cdots, N)$。可以证明，这些根全部是实根，而且通常总是有 $2N$ 个正实根和 $2N$ 个负实根。

3) 同步正向涡动与同步反向涡动

在考虑陀螺力的情况下，当转子以角速度ω做正进动时，在轴线弯曲平面内固连一动坐标 Ox_2y_2，如图 5.4.22 所示。从图中可以看出，圆盘相对于弯曲平面的角速度为$\Omega-\omega$。其中，Ω及ω均以逆时针方向为正，因此对于正进动，只有当$\Omega=\omega$时，相对角速度才为零。同理，当圆盘做反向进动时，圆盘相对于弯曲平面的角速度仍可用$\Omega-\omega$表示，但此时ω是负值，故对于反进动，圆盘的相对加速度与Ω同向，且总不为零。

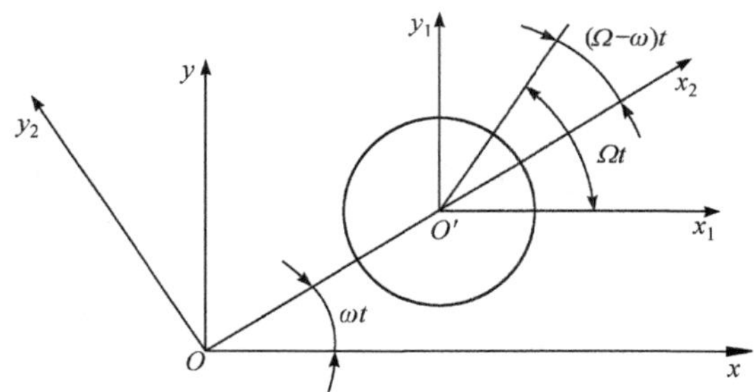

图 5.4.22　固连在轴线弯曲平面内的动坐标系

由于圆盘相对于轴线弯曲平面有转动时转轴上的轴向纤维就处于交替的拉伸及压缩状态，材料的内阻尼将影响转子的运动。只有在$\Omega=\omega$的条件下，即圆盘的进动角速度与自转角速度相等时，圆盘相对于轴线弯曲平面才没有转动，转轴上各轴向纤维始终保持其原来的拉伸或压缩状态，此时材料的内阻尼不起作用。在不计外阻尼的影响时，轴线弯曲平面的进动就可以持久。称$\omega=\Omega$时轴线弯曲平面的进动为**同步正向涡动**或**同步正进动**，而$\omega=-\Omega$时则称为**同步反向涡动**或**同步反进动**。

在计算转子系统的临界转速时，只考虑同步正向涡动时的临界转速。在实际上转子运动时，由于转子不平衡质量的激励，转子将做同步正向涡动。因此，通常转子临界转速一般是指同步正向涡动时的临界转速。

现在求转子的临界转速，将$\Omega=\omega$代入式(5.4.179)，可得

$$-(\boldsymbol{M}_{\mathrm{F}}\omega^2+\boldsymbol{K}_1)\boldsymbol{z}_0=\boldsymbol{0} \tag{5.4.181}$$

式中，

$$\boldsymbol{M}_{\mathrm{F}}=\begin{bmatrix} m_1 & 0 & 0 & 0 & \cdots & 0 & 0 \\ 0 & I_{\mathrm{d}1}-I_{\mathrm{p}1} & 0 & 0 & \cdots & 0 & 0 \\ 0 & 0 & m_2 & 0 & \cdots & 0 & 0 \\ 0 & 0 & 0 & I_{\mathrm{d}2}-I_{\mathrm{p}2} & \cdots & 0 & 0 \\ \vdots & \vdots & \vdots & \vdots & & \vdots & \vdots \\ 0 & 0 & 0 & 0 & \cdots & m_N & 0 \\ 0 & 0 & 0 & 0 & \cdots & 0 & I_{\mathrm{d}N}-I_{\mathrm{p}N} \end{bmatrix} \tag{5.4.182}$$

是实对称对角矩阵。在式(5.4.182)的广义特征值问题中，$\boldsymbol{M}_{\mathrm{F}}$和$\boldsymbol{K}_1$都是$2N\times 2N$的实对称矩阵，因而$2N$个特征值$\omega^2$全部是实数。但由于$(I_{\mathrm{d}i}-I_{\mathrm{p}i})$ $(i=1,2,\cdots,N)$往往不是正数，故矩阵$\boldsymbol{M}_{\mathrm{F}}$通常不是正定的。虽然$\boldsymbol{M}_1$是正定矩阵，但式(5.4.181)的特征值$\omega^2$并不全是正实数。其中可以有若干个为负实数。只有$\omega^2$为正实数的特征值才有意义，这些特征值的算术平方根就是各阶同步正向涡动的临界角速度，对应的转速就是临界转速。因此，在同步正向涡动中，临界转速往往少于$2N$个。

如果系统存在某些激励，当其频率与同步反向涡动的频率一致时，也可能激发同步反向涡动。关于同步反向涡动的临界转速，也可用类似的方法求得，即将$\Omega=-\omega$代入式(5.4.179)，可得

$$-(\boldsymbol{M}_B\omega^2+\boldsymbol{K}_1)\boldsymbol{z}_0=\boldsymbol{0} \tag{5.4.183}$$

式中，

$$\boldsymbol{M}_B=\begin{bmatrix} m_1 & 0 & 0 & 0 & \cdots & 0 & 0 \\ 0 & I_{\mathrm{d}1}+I_{\mathrm{p}1} & 0 & 0 & \cdots & 0 & 0 \\ 0 & 0 & m_2 & 0 & \cdots & 0 & 0 \\ 0 & 0 & 0 & I_{\mathrm{d}1}+I_{\mathrm{p}2} & \cdots & 0 & 0 \\ \vdots & \vdots & \vdots & \vdots & & \vdots & \vdots \\ 0 & 0 & 0 & 0 & \cdots & m_N & 0 \\ 0 & 0 & 0 & 0 & \cdots & 0 & I_{\mathrm{d}N}+I_{\mathrm{p}N} \end{bmatrix} \tag{5.4.184}$$

因$\boldsymbol{M}_{\mathrm{F}}$总是正定的，故在式(5.4.183)的广义特征值问题中，$\boldsymbol{M}_B$和$\boldsymbol{K}_1$都是实对称正

定矩阵，其特征值ω^2全部是正实数，即同步反向涡动的临界转速总有 $2N$ 个。

当转子自转速度Ω等于某阶临界角速度$\Omega_{ci}\,(i=1, 2,\cdots, N)$时，转子系统做无阻尼共振。因其特征矩阵是奇异的，故行列式应为零，即其频率方程为

$$\left|[\boldsymbol{K}_1-(\boldsymbol{M}_1-\boldsymbol{I}_1)\Omega^2]\right|=\left|[\boldsymbol{K}_1-(\boldsymbol{M}_1-\boldsymbol{I}_1)\Omega_{\mathrm{c}}^2]\right|=0 \tag{5.4.185}$$

3. 刚性支承多盘转子的不平衡响应

在无阻尼情况下，当各圆盘具有偏心的不平衡质量时，用复数表示转子的涡动微分方程为

$$\boldsymbol{M}_1\ddot{\boldsymbol{z}}-\mathrm{i}\Omega\boldsymbol{I}_1\dot{\boldsymbol{z}}+\boldsymbol{K}_1\boldsymbol{z}=\Omega^2\boldsymbol{Q}\mathrm{e}^{\mathrm{i}\omega t} \tag{5.4.186}$$

式中，$\boldsymbol{Q}=\{m_1e_1\mathrm{e}^{\mathrm{i}\varphi_1}\ \ 0\ \ m_2e_2\mathrm{e}^{\mathrm{i}\varphi_2}\ \ 0\ \cdots\ m_Ne_N\mathrm{e}^{\mathrm{i}\varphi_N}\ \ 0\}^{\mathrm{T}}$。

设不平衡响应的特解为

$$\boldsymbol{z}=\boldsymbol{B}\mathrm{e}^{\mathrm{i}\Omega t} \tag{5.4.187}$$

式中，$\boldsymbol{B}$ 为待定的复数列阵。将式(5.4.187)代入式(5.4.186)可得

$$[\boldsymbol{K}_1-(\boldsymbol{M}_1-\boldsymbol{I}_1)\Omega^2]\boldsymbol{B}=\Omega^2\boldsymbol{Q} \tag{5.4.188}$$

式(5.4.188)是 $2N$ 个线性齐次代数方程，可以写为

$$\boldsymbol{B}=\Omega^2[\boldsymbol{K}_1-(\boldsymbol{M}_1-\boldsymbol{I}_1)\Omega^2]^{-1}\boldsymbol{Q} \tag{5.4.189}$$

$\boldsymbol{B}$ 中每一个元素均为 N 个复数之和，即仍为一复数，故可表示为

$$\boldsymbol{B}=\{a_1\mathrm{e}^{\mathrm{i}\varepsilon_1}\ \ 0\ \ a_2\mathrm{e}^{\mathrm{i}\varepsilon_2}\ \cdots\ a_N\mathrm{e}^{\mathrm{i}\varepsilon_N}\ \ 0\}^{\mathrm{T}} \tag{5.4.190}$$

由于 $a_i, e_i\,(i=1, 2,\cdots, 2N)$都是已确定的值，代入式(5.4.187)可得

$$\boldsymbol{z}=\boldsymbol{B}\mathrm{e}^{\mathrm{i}\Omega t}=\{a_1\mathrm{e}^{\mathrm{i}\varepsilon_1}\ \ 0\ \ a_2\mathrm{e}^{\mathrm{i}\varepsilon_2}\ \ 0\ \cdots\ a_N\mathrm{e}^{\mathrm{i}\varepsilon_N}\ \ 0\}^{\mathrm{T}}\mathrm{e}^{\mathrm{i}\Omega t} \tag{5.4.191}$$

由式(5.4.191)可以看出，各圆盘具有给定的相同的角速度Ω。其运动特征为：①各圆盘中心轨迹为圆；②各圆盘中心位移复数向量具有不同的幅角 $\Omega t+\varepsilon_i\,(i=1, 3,\cdots, 2N-1)$，轴线为空间曲线，而不是平面曲线；③轴线的空间曲线以角速度Ω绕 Oz 轴转动，稳态不平衡响应是同步正进动；④若各圆盘偏心分布在同一平面，即$\varphi_1=\varphi_2=\cdots=\varphi_N$ 或只有一圆盘有偏心 $e_i\,(e_1=\cdots=e_{i-1}=e_{i+1}=\cdots=e_N)$，则相应相位角都相同，即 $\varepsilon_1=\varepsilon_2=\cdots=\varepsilon_{2N}$。轴线弯曲后为平面曲线。图 5.4.23 为 4 盘转子在稳态不平衡响应中的轴心运动轨迹示意图。

4. 用振型叠加法求解多盘转子系统的稳态不平衡响应

转子的任何一组偏心分布都可按模态振型来展开，故任何一组不平衡质量都能激起各阶模态振动，因而可以通过模态叠加法来求解转子的不平衡响应。

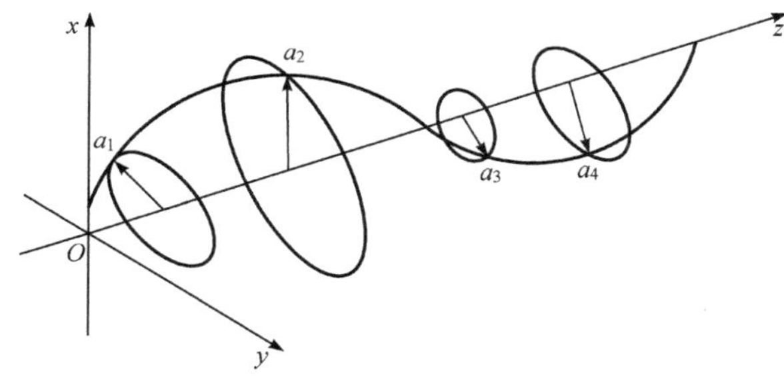

图 5.4.23　4 盘转子在稳态不平衡响应中的轴心运动轨迹

设不计圆盘的转动惯性(即 I_d=0)及陀螺力矩，则以复变量 $\boldsymbol{z}$ 表示的转子运动微分方程为

$$\boldsymbol{M}\ddot{\boldsymbol{z}}+\boldsymbol{C}\dot{\boldsymbol{z}}+\boldsymbol{K}\boldsymbol{z}=\Omega^2\boldsymbol{Q}\mathrm{e}^{\mathrm{i}\Omega t} \tag{5.4.192}$$

式中，$\boldsymbol{M}$ 为由各圆盘质量 $m_1, m_2,\cdots, m_N$ 组成的对角矩阵；$\boldsymbol{C}$ 为阻尼矩阵；$\boldsymbol{K}$ 为相应的刚度矩阵，而

$$\boldsymbol{Q}=\{m_1e_1\mathrm{e}^{\mathrm{i}\varphi_1}\quad m_2e_2\mathrm{e}^{\mathrm{i}\varphi_2}\quad\cdots\quad m_Ne_N\mathrm{e}^{\mathrm{i}\varphi_N}\}^{\mathrm{T}} \tag{5.4.193}$$

为了求得转子的模态频率及模态振型，应求解无阻尼情况下的自由振动，由转子自由振动微分方程

$$\boldsymbol{M}\ddot{\boldsymbol{z}}+\boldsymbol{K}\boldsymbol{z}=\boldsymbol{0} \tag{5.4.194}$$

可知第 r 阶模态频率及模态振型 $\boldsymbol{u}^{(r)}$之间存在如下关系：

$$(-\boldsymbol{M}\omega_r^2+\boldsymbol{K})\boldsymbol{u}^{(r)}=\boldsymbol{0},\quad r=1,2,\cdots,N \tag{5.4.195}$$

在 $\boldsymbol{M}$、$\boldsymbol{K}$ 为对称矩阵的情况下，模态振型最主要的基本性质是具有如下正交性质：

$$[\boldsymbol{u}^{(r)}]^{\mathrm{T}}\boldsymbol{M}\boldsymbol{u}^{(s)}=0,\quad [\boldsymbol{u}^{(r)}]^{\mathrm{T}}\boldsymbol{K}\boldsymbol{u}^{(s)}=0,\quad r\neq s \tag{5.4.196}$$

当 $r=s$ 时，式(5.4.196)等号右边不再为零，由于模态振型只代表一组比值，所以 $r=s$ 时并不给出一确定数值。但如果给各阶模态振型一个附加条件，即将其正规化为

$$[\boldsymbol{u}^{(r)}]^{\mathrm{T}}\boldsymbol{M}\boldsymbol{u}^{(r)}=1,\quad r=1,2,\cdots,N \tag{5.4.197}$$

则可获得一组特定模态振型。在这组特定模态振型中，不仅具有一般模态振型的同样比值，而且其中各元素都有确定的值。由式(5.4.197)决定的模态振型称为**正则化振型**。由式(5.4.195)可得

$$[\boldsymbol{u}^{(r)}]^{\mathrm{T}}\boldsymbol{K}\boldsymbol{u}^{(r)}=\omega_r^2,\quad r=1,2,\cdots,N \tag{5.4.198}$$

将各阶模态振型记为

$$[\boldsymbol{u}^{(r)}]^{\mathrm{T}} \boldsymbol{M}\boldsymbol{u}^{(r)} = M_r, \quad r=1,2,\cdots,N \tag{5.4.199}$$

式中，M_r称为第 r 阶模态主质量。由式(5.4.199)确定各阶振型后，可得

$$[\boldsymbol{u}^{(r)}]^{\mathrm{T}} \boldsymbol{K}\boldsymbol{u}^{(r)} = K_r, \quad r=1,2,\cdots,N \tag{5.4.200}$$

K_r称为第 r 阶模态主刚度。由式(5.4.197)可知第 r 阶模态频率的平方可表示为

$$\omega_r^2 = K_r / M_r, \quad r=1,2,\cdots,N \tag{5.4.201}$$

如以 $\boldsymbol{u}$ 表示由各阶模态振型组成的矩阵，即

$$\boldsymbol{u} = \{\boldsymbol{u}^{(1)} \quad \boldsymbol{u}^{(2)} \quad \cdots \quad \boldsymbol{u}^{(N)}\}, \quad r=1,2,\cdots,N \tag{5.4.202}$$

即模态矩阵 $\boldsymbol{u}$ 的第 r 列就是第 r 阶模态振型，则式(5.4.196)、式(5.4.199)和式(5.4.200)可合并写为

$$\boldsymbol{u}^{\mathrm{T}}\boldsymbol{M}\boldsymbol{u} = \begin{bmatrix} M_1 & 0 & \cdots & 0 \\ 0 & M_2 & \cdots & 0 \\ \vdots & \vdots & & \vdots \\ 0 & 0 & \cdots & M_N \end{bmatrix}, \quad \boldsymbol{u}^{\mathrm{T}}\boldsymbol{K}\boldsymbol{u} = \begin{bmatrix} K_1 & 0 & \cdots & 0 \\ 0 & K_2 & \cdots & 0 \\ \vdots & \vdots & & \vdots \\ 0 & 0 & \cdots & K_N \end{bmatrix} \tag{5.4.203}$$

为了用模态振型叠加法求解转子的不平衡响应，就需要先进行模态分析，即通过坐标线性变换，将系统以物理坐标表示的运动微分方程，转换为以自然坐标表示的运动微分方程，然后求解系统的响应，这种过程称为模态分析。求得以自然坐标表示的不平衡响应后，再转换到原来的物理坐标，就可以得到以模态振型叠加法表示的不平衡响应。

物理坐标 $\boldsymbol{z}$ 与自然坐标 $\boldsymbol{p}$ 间的关系为 $\boldsymbol{z}=\boldsymbol{u}\boldsymbol{p}$，因此自然坐标也是一个复数列阵。自然坐标的意义可以这样理解，例如，在 $\boldsymbol{p}$ 中第 s 个元素 $p_s \neq 0$，而 $p_i=0\,(i=1,2,\cdots,s-1,s,s+1,\cdots,N)$。则有

$$\boldsymbol{z}=\boldsymbol{u}^{(s)}\boldsymbol{p}_s \tag{5.4.204}$$

此时物理坐标 $\boldsymbol{z}$ 中各元素都按第 s 阶模态振型偏离$|p_s|$倍，且各元素的幅值都与 p_s的幅角相同。

将式(5.4.204)代入式(5.4.192)，且左乘 $\boldsymbol{u}^{\mathrm{T}}$ 得到

$$\boldsymbol{u}^{\mathrm{T}}\boldsymbol{M}\boldsymbol{u}\ddot{\boldsymbol{p}} + \boldsymbol{u}^{\mathrm{T}}\boldsymbol{C}\boldsymbol{u}\dot{\boldsymbol{p}} + \boldsymbol{u}^{\mathrm{T}}\boldsymbol{K}\boldsymbol{u}\boldsymbol{p} = \varOmega^2 \boldsymbol{u}^{\mathrm{T}}\boldsymbol{Q}\mathrm{e}^{\mathrm{i}\varOmega t} \tag{5.4.205}$$

由式(5.4.203)可知，式(5.4.205)左端第一项、第三项的系数矩阵就是主质量和主刚度对角矩阵。而第二项中的 $\boldsymbol{u}^{\mathrm{T}}\boldsymbol{C}\boldsymbol{u}$ 一般不是对角矩阵，只有满足某些特殊条件，如比例阻尼的情况，即 $\boldsymbol{C}=a\boldsymbol{M}+b\boldsymbol{K}$ 时，才可以化为对角矩阵。但在计算实际问题中，当阻尼较小且系统各阶模态频率不是很接近时，在 $\boldsymbol{u}^{\mathrm{T}}\boldsymbol{C}\boldsymbol{u}$ 矩阵中，非对角线元素远小于对角线元素，因而可以舍弃非对角线元素，而近似为对角矩阵，即

$$
\boldsymbol{u}^{\mathrm{T}}\boldsymbol{C}\boldsymbol{u}=\begin{bmatrix} C_1 & 0 & \cdots & 0 \\ 0 & C_2 & \cdots & 0 \\ \vdots & \vdots & & \vdots \\ 0 & 0 & \cdots & C_N \end{bmatrix} \tag{5.4.206}
$$

此时，式(5.4.205)可以简化为

$$
\begin{bmatrix} M_1 & 0 & \cdots & 0 \\ 0 & M_2 & \cdots & 0 \\ \vdots & \vdots & & \vdots \\ 0 & 0 & \cdots & M_N \end{bmatrix}\ddot{\boldsymbol{p}}+\begin{bmatrix} C_1 & 0 & \cdots & 0 \\ 0 & C_2 & \cdots & 0 \\ \vdots & \vdots & & \vdots \\ 0 & 0 & \cdots & C_N \end{bmatrix}\dot{\boldsymbol{p}}+\begin{bmatrix} K_1 & 0 & \cdots & 0 \\ 0 & K_2 & \cdots & 0 \\ \vdots & \vdots & & \vdots \\ 0 & 0 & \cdots & K_N \end{bmatrix}\boldsymbol{p}=\Omega^2\boldsymbol{P}\mathrm{e}^{\mathrm{i}\Omega t} \tag{5.4.207}
$$

式中，

$$
\boldsymbol{P}=\boldsymbol{u}^{\mathrm{T}}\boldsymbol{Q} \tag{5.4.208}
$$

故 $\boldsymbol{P}$ 中第 r 个复元素为

$$
P_r=[\boldsymbol{u}^{(r)}]^{\mathrm{T}}\boldsymbol{Q} \tag{5.4.209}
$$

式中，P_r 表示第 r 阶的广义质量偏心矩，将式(5.4.207)展开，就可以得到 N 个互不耦合的以自然坐标表示的运动微分方程：

$$
M_r\ddot{p}_r+C_r\dot{p}_r+K_r p_r=\Omega^2 P_r\mathrm{e}^{\mathrm{i}\Omega t}=\Omega^2[\boldsymbol{u}^{(r)}]^{\mathrm{T}}Q\mathrm{e}^{\mathrm{i}\Omega t},\quad r=1,2,\cdots,N \tag{5.4.210}
$$

其中，每一个方程都类似于单圆盘转子的不平衡响应运动微分方程，可以求得其稳态响应解为

$$
p_r=\frac{\lambda_r^2}{\sqrt{(1-\lambda_r^2)^2+(2\xi_r\lambda_r)^2}}\frac{P_r}{M}\mathrm{e}^{\mathrm{i}(\Omega t-\varphi_r)} \tag{5.4.211}
$$

式中，

$$
\lambda_r=\frac{\Omega}{\omega_r},\quad \xi_r=\frac{C_r}{2\sqrt{M_r K_r}},\quad \tan\varphi_r=\frac{2\xi_r\lambda_r}{1-\lambda_r^2},\quad r=1,2,\cdots,N \tag{5.4.212}
$$

在式(5.4.211)的解中，ξ_r 为第 r 阶模态阻尼系数；φ_r 为 p_r 对 P_r 的相位差，当 λ_r 很小时，p_r 与 P_r 基本相同；当 λ_r=1 时，p_r 落后于 P_r 90°；当 λ_r 很大时，p_r 与 P_r 反相。这些规律与单自由度系统的强迫振动相似。

为了求得原来物理坐标 $\boldsymbol{z}$ 的响应，由 $\boldsymbol{z}=\boldsymbol{u}\boldsymbol{p}$ 即可求得任意圆盘中心复位移 z_i 的不平衡响应为

$$
z_i=\sum_{r=1}^{N}N_i^{(r)}p_r=\sum_{r=1}^{N}\frac{\lambda_r^2}{\sqrt{(1-\lambda_r^2)^2+(2\xi_r\lambda_r)^2}}\frac{N_i^{(r)}P_r}{M}\mathrm{e}^{\mathrm{i}(\Omega t-\varphi_r)} \tag{5.4.213}
$$

式中，$N_i^{(r)}$ 是第 r 阶模态振型 $\boldsymbol{N}^{(r)}$中的第 i 个元素。

5.4.6　弹性支承多盘转子模型

下面综合两端弹性支承单盘偏置转子模型和两端刚性支承多盘转子模型，分析弹性支承多盘转子的稳态涡动。

1. 弹性支承单跨多盘转子的稳态涡动微分方程

设一圆截面弹性转轴两端支承在轴承 A 和 B 上，轴承简化为弹性支承。支承质量分别为 m_A 和 m_B，支承刚度分别为 k_A 和 k_B。静平衡时，两支承弹簧长度为δ_0。距离左端支承点为 a_i 处放置第 i 个刚性薄圆盘，其质量、极转动惯量与赤道转动惯量分别为 $m_{\mathrm{d}i}$、$I_{\mathrm{p}i}$、$I_{\mathrm{d}i}$。该转子在圆盘运动任意瞬时的动力学模型如图 5.4.24 所示。两支承点分别位于 $A'(x_A, y_A)$和 $B'(x_B, y_B)$；第 i 个圆盘的形心及坐标为 $O_i'(x_i, y_i)$，第 i 个圆盘的偏摆角为θ_{xi}、θ_{yi}。旋转轴的自转角速度为Ω。

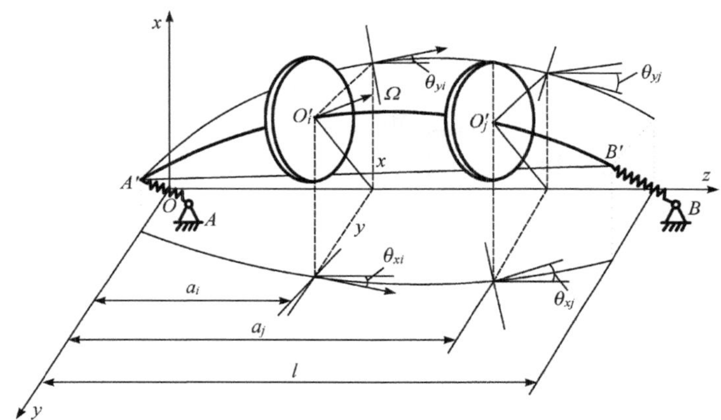

图 5.4.24　两端弹性支承多盘转子动力学模型

稳态涡动时圆盘与支承在 Oxz 和 Oyz 平面的投影如图 5.4.25(a)和(b)所示。先分析转子圆盘与弹性支承的速度和位移，计算转子系统的动能和势能，进而用拉格朗日方程建立弹性支承偏置转子系统的稳态涡动微分方程。

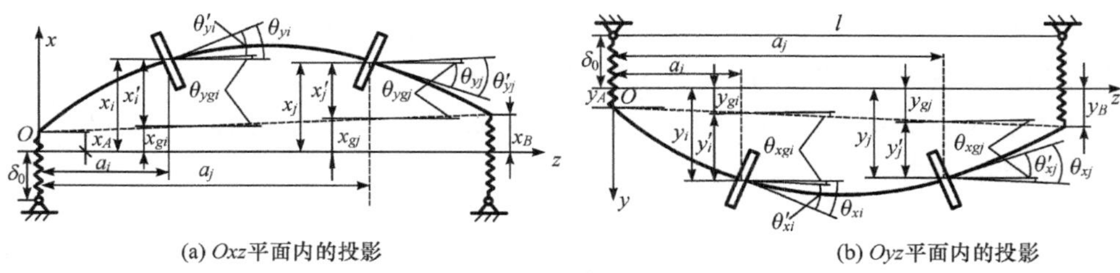

(a) Oxz平面内的投影　　(b) Oyz平面内的投影

图 5.4.25　转子变形在二维平面上的投影

设 x_i、θ_{yi}、y_i、θ_{xi} 分别为第 i 个圆盘形心在 Oxz 和 Oyz 平面内的绝对位移与转角，x_A、x_B 和 y_A、y_B 分别为两端支承 A 和 B 在 Oxz 平面内和 Oyz 平面内的位移。忽略轴向变形的影响，稳态涡动时 N 个圆盘与两个支承共计 $4N+4$ 个自由度。选取广义坐标为 $\boldsymbol{q}=\{x_1,\theta_{y1},\cdots,x_N,\theta_{yN},x_A,x_B,y_1,\theta_{x1},\cdots,y_N,\theta_{xN},y_A,y_B\}^{\mathrm{T}}$。

1) 圆盘与支承的动能

由动力对称转动刚体的动能表达式得到圆盘的动能为

$$T_{\mathrm{d}}=\frac{1}{2}\sum_{i=1}^{N}m_{\mathrm{d}i}(\dot{x}_i^2+\dot{y}_i^2)+\frac{1}{2}\sum_{i=1}^{N}I_{\mathrm{d}i}(\dot{\theta}_{xi}^2+\dot{\theta}_{yi}^2)+\sum_{i=1}^{N}I_{\mathrm{p}i}\varOmega\dot{\theta}_{yi}\theta_{xi} \tag{5.4.214}$$

两端支承的动能为

$$T_{\mathrm{b}}=\frac{1}{2}m_A(\dot{x}_A^2+\dot{y}_A^2)+\frac{1}{2}m_{\mathrm{b}}(\dot{x}_{\mathrm{b}}^2+\dot{y}_{\mathrm{b}}^2) \tag{5.4.215}$$

2) 圆盘与支承的势能

假设转轴圆盘与支承刚度等材料参数关于自转轴对称，Oyz 面内的弹性势能与 Oxz 面内的弹性势能互不耦合，可以分别计算。设 x_i' 及 θ_{yi}' 表示转轴弯曲引起的第 i 个圆盘形心位移和圆盘转角，简称为弹性位移，x_{gi} 及 θ_{gyi} 表示不计转轴弯曲变形时，由两端支承弹性变形引起的第 i 个圆盘形心的位移和圆盘转角，简称为刚体位移。选 Oxz 平面内整个盘轴支承系统的广义坐标为 $\boldsymbol{q}_x=\{\boldsymbol{q}_{cx}\ \ \boldsymbol{q}_{0x}\}^{\mathrm{T}}$。其中，$\boldsymbol{q}_{cx}=\{x_1,\theta_{y1},\cdots,x_N,\theta_{yN}\}^{\mathrm{T}}$ 为非刚体自由度的广义坐标；$\boldsymbol{q}_{0x}=\{x_A\ \ \ x_B\}^{\mathrm{T}}$ 为刚体自由度的广义坐标。刚体自由度是指两端弹性支承的位移，非刚体自由度的广义坐标是指除 $\boldsymbol{q}_{0x}$ 外的坐标。排除刚体自由度后的系统称为**全约束系统**。设全约束系统的坐标为 $\tilde{\boldsymbol{q}}_{cx}=\{x_1',\theta_{y1}',\cdots,x_N',\theta_{yN}'\}^{\mathrm{T}}$，刚体自由度 $\boldsymbol{q}_0$ 在非刚体自由度上引起的变形为 $\bar{\boldsymbol{q}}_{0x}=\{x_{g1},\theta_{gy1},\cdots,x_{gN},\theta_{gyN}\}^{\mathrm{T}}$。这里 $\boldsymbol{q}_{cx}$、$\boldsymbol{q}_{0x}$、$\bar{\boldsymbol{q}}_{0x}$ 和 $\tilde{\boldsymbol{q}}_{cx}$ 四个向量中只有两个向量是独立的，因而是广义坐标，其余两个坐标用这两个广义坐标表示，此处选 $\boldsymbol{q}_{cx}$ 和 $\boldsymbol{q}_{0x}$ 为广义坐标，从而 $\bar{\boldsymbol{q}}_{0x}$ 和 $\tilde{\boldsymbol{q}}_{cx}$ 不独立。

(1) ***Oxz* 截面内的势能**。在任意瞬时，由于两端弹性支承位移引起的第 i 个圆盘形心位移和截面转角与两端支承位移的几何关系为

$$x_{gi}=\left(1-\frac{a_i}{l}\right)x_A+\frac{a_i}{l}x_B,\quad \theta_{ygi}=\frac{x_B-x_A}{l}=-\frac{x_A}{l}+\frac{x_B}{l} \tag{5.4.216}$$

写成矩阵形式为

$$\bar{\boldsymbol{q}}_{xi}=\boldsymbol{\Phi}_i\boldsymbol{q}_{0x} \tag{5.4.217}$$

式中，

$$\bar{\boldsymbol{q}}_{xi}=\begin{Bmatrix}x_{gi}\\ \theta_{ygi}\end{Bmatrix},\quad \boldsymbol{q}_{0x}=\begin{Bmatrix}x_A\\ x_B\end{Bmatrix},\quad \boldsymbol{\Phi}=\begin{bmatrix}\varphi_{11i} & \varphi_{12i}\\ \varphi_{21i} & \varphi_{22i}\end{bmatrix}=\begin{bmatrix}1-a_i/l & a_i/l\\ -1/l & 1/l\end{bmatrix} \tag{5.4.218}$$

在 Oxz 平面内，整个转轴系统各个圆盘由支承弹性变形引起的刚体位移为

$$\bar{\boldsymbol{q}}_x=\{\bar{\boldsymbol{q}}_{x1}\ \cdots\ \bar{\boldsymbol{q}}_{xi}\ \cdots\ \bar{\boldsymbol{q}}_{xN}\}^{\mathrm{T}}=\boldsymbol{\Phi}\boldsymbol{q}_{0x} \tag{5.4.219}$$

式中，

$$\boldsymbol{\Phi}=\{\boldsymbol{\Phi}_1\ \cdots\ \boldsymbol{\Phi}_i\ \cdots\ \boldsymbol{\Phi}_N\}^{\mathrm{T}} \tag{5.4.220}$$

反映刚体自由度对圆盘位移的影响，称为**支座弹性影响矩阵**，简称**影响矩阵**。全约束系统的变形等于系统的总变形减去刚体自由度引起的变形，即

$$\tilde{\boldsymbol{q}}_{\mathrm{c}x}=\boldsymbol{q}_{\mathrm{c}x}-\boldsymbol{\Phi}\boldsymbol{q}_{0x} \tag{5.4.221}$$

式中，

$$\tilde{\boldsymbol{q}}_{\mathrm{c}x}=\{\tilde{\boldsymbol{q}}_{\mathrm{c}x1}\ \cdots\ \tilde{\boldsymbol{q}}_{\mathrm{c}xi}\ \cdots\ \tilde{\boldsymbol{q}}_{\mathrm{c}xN}\}^{\mathrm{T}},\quad \boldsymbol{q}_{\mathrm{c}x}=\{\boldsymbol{q}_{\mathrm{c}x1}\ \cdots\ \boldsymbol{q}_{\mathrm{c}xi}\ \cdots\ \boldsymbol{q}_{\mathrm{c}xN}\}^{\mathrm{T}} \tag{5.4.222}$$

将上述刚度表达式代入计及弹性支承影响的圆盘形心处转轴的势能表达式，可得

$$\begin{aligned}V_{\mathrm{d}x}&=\frac{1}{2}\tilde{\boldsymbol{q}}_{\mathrm{c}x}^{\mathrm{T}}\boldsymbol{K}_{\mathrm{c}}\tilde{\boldsymbol{q}}_{\mathrm{c}x}=\frac{1}{2}\{\boldsymbol{q}_{\mathrm{c}x}-\boldsymbol{\Phi}\boldsymbol{q}_{0x}\}^{\mathrm{T}}\boldsymbol{K}_{\mathrm{c}}\{\boldsymbol{q}_{\mathrm{c}x}-\boldsymbol{\Phi}\boldsymbol{q}_{0x}\}\\ &=\frac{1}{2}\begin{Bmatrix}\boldsymbol{q}_{\mathrm{c}x}\\ \boldsymbol{q}_{0x}\end{Bmatrix}^{\mathrm{T}}\begin{bmatrix}\boldsymbol{K}_{\mathrm{c}} & -\boldsymbol{K}_{\mathrm{c}}\boldsymbol{\Phi}\\ \boldsymbol{\Phi}^{\mathrm{T}}\boldsymbol{K}_{\mathrm{c}} & \boldsymbol{\Phi}^{\mathrm{T}}\boldsymbol{K}_{\mathrm{c}}\boldsymbol{\Phi}\end{bmatrix}\begin{Bmatrix}\boldsymbol{q}_{\mathrm{c}x}\\ \boldsymbol{q}_{0x}\end{Bmatrix}=\frac{1}{2}\boldsymbol{q}_x^{\mathrm{T}}\boldsymbol{K}_{\mathrm{e}}\boldsymbol{q}_x\end{aligned} \tag{5.4.223}$$

$$\boldsymbol{K}_{\mathrm{e}}=\begin{bmatrix}\boldsymbol{K}_{11} & \boldsymbol{K}_{12}\\ \boldsymbol{K}_{21} & \boldsymbol{K}_{22}\end{bmatrix}=\begin{Bmatrix}\boldsymbol{I}\\ \boldsymbol{\Phi}^{\mathrm{T}}\end{Bmatrix}\boldsymbol{K}_{\mathrm{c}}\{\boldsymbol{I}\quad -\boldsymbol{\Phi}\}=\begin{bmatrix}\boldsymbol{K}_{\mathrm{c}} & -\boldsymbol{K}_{\mathrm{c}}\boldsymbol{\Phi}\\ \boldsymbol{\Phi}^{\mathrm{T}}\boldsymbol{K}_{\mathrm{c}} & \boldsymbol{\Phi}^{\mathrm{T}}\boldsymbol{K}_{\mathrm{c}}\boldsymbol{\Phi}\end{bmatrix} \tag{5.4.224}$$

$\boldsymbol{K}_{\mathrm{e}}$ 为计及弹性支承影响的整个系统在 Oxz 平面内的刚度矩阵。式中，$\boldsymbol{K}_{11}=\boldsymbol{K}_{\mathrm{c}}$ 为不计弹性支承，仅考虑转轴弯曲变形的刚度矩阵，可以通过其余柔度矩阵的互逆关系 $\boldsymbol{K}_{\mathrm{c}}=\boldsymbol{A}^{-1}$ 求出。其余各项 $\boldsymbol{K}_{12}=\boldsymbol{K}_{\mathrm{c}}\boldsymbol{\Phi}$、$\boldsymbol{K}_{21}=-\boldsymbol{\Phi}^{\mathrm{T}}\boldsymbol{K}_{\mathrm{c}}$、$\boldsymbol{K}_{22}=\boldsymbol{\Phi}^{\mathrm{T}}\boldsymbol{K}_{\mathrm{c}}\boldsymbol{\Phi}$ 均可通过 $\boldsymbol{K}_{\mathrm{c}}$ 与影响矩阵 $\boldsymbol{\Phi}$ 的乘积求出。

(2) ***Oyz* 截面内的势能**。取 Oyz 面内的广义坐标为 $\boldsymbol{q}_y=\{\boldsymbol{q}_{\mathrm{c}y}\quad \boldsymbol{q}_{0y}\}^{\mathrm{T}}=\{y_1,\theta_{x1},\cdots,y_N,\theta_{xN},y_A,y_B\}^{\mathrm{T}}$，全约束系统的坐标为 $\tilde{\boldsymbol{q}}_y=\{\tilde{\boldsymbol{q}}_{\mathrm{c}y}\quad \tilde{\boldsymbol{q}}_{0y}\}^{\mathrm{T}}$，其中 $\tilde{\boldsymbol{q}}_{\mathrm{c}y}=\{y_1',\theta_{x1}',\cdots,y_N',\theta_{xN}',y_A,y_B\}^{\mathrm{T}}$。由于结构与材料参数轴对称，$Oyz$ 面内的刚度矩阵与 Oxz 面内的刚度矩阵相同，所以只需将 Oxz 面内的坐标换为 Oyz 面内对应的坐标，并仿照 Oxz 面内的弹性势能的推导过程，即可得到 Oyz 面内的弹性势能。

(3) **整个转轴多弹性势能**。将 Oxz 面内的弹性势能与 Oyz 面内的弹性势能叠加，即得到整个转轴的弹性势能为

$$V_{\rm d}=\frac{1}{2}\begin{Bmatrix}\boldsymbol{q}_x\\ \boldsymbol{q}_x\end{Bmatrix}^{\rm T}\begin{bmatrix}\boldsymbol{K}_{\rm e} & \\ & \boldsymbol{K}_{\rm e}\end{bmatrix}\begin{Bmatrix}\boldsymbol{q}_x\\ \boldsymbol{q}_x\end{Bmatrix} \tag{5.4.225}$$

两端弹性支承的势能为

$$V_{\rm b}=\frac{1}{2}k_A(x_A^2+y_A^2)+\frac{1}{2}k_B(x_B^2+y_B^2) \tag{5.4.226}$$

3) 广义力

设各圆盘的偏心距分布为 $e_i(i=1, 2,\cdots, N)$，根据广义力的定义可得

$$\begin{aligned}\boldsymbol{Q}_j=\{&m_{d1}e_1\Omega^2\cos(\Omega t),0,\cdots,m_{dN}e\Omega^2\cos(\Omega t),0,0,0,m_{d1}e_1\Omega^2\sin(\Omega t),\\&0,\cdots,m_{dN}e\Omega^2\sin(\Omega t),0,0,0\}^{\rm T}\end{aligned} \tag{5.4.227}$$

4) 单跨多盘转子系统的稳态涡动微分方程

取广义坐标 $\boldsymbol{q}=\{x_1, \theta_{y1},\cdots,x_N, \theta_{yN},x_A,x_B,y_1, \theta_{x1},\cdots,y_N, \theta_{xN},y_A,y_B\}^{\rm T}$，忽略阻尼的影响，将动能和势能表达式代入第二类拉格朗日方程(5.4.150)，可以得到弹性支承单跨多盘转子系统的涡动微分方程为

$$\boldsymbol{M}\ddot{\boldsymbol{q}}+\Omega\boldsymbol{I}\dot{\boldsymbol{q}}+\boldsymbol{K}\boldsymbol{q}=\boldsymbol{P} \tag{5.4.228}$$

式中，

$$\boldsymbol{M}=\begin{bmatrix}\boldsymbol{M}_1 & \boldsymbol{0}\\ \boldsymbol{0} & \boldsymbol{M}_1\end{bmatrix},\quad \boldsymbol{I}=\begin{bmatrix}\boldsymbol{0} & \boldsymbol{I}_1\\ -\boldsymbol{I}_1 & \boldsymbol{0}\end{bmatrix},\quad \boldsymbol{K}=\begin{bmatrix}\boldsymbol{K}_1 & \boldsymbol{0}\\ \boldsymbol{0} & \boldsymbol{K}_1\end{bmatrix},\quad \boldsymbol{q}=\begin{Bmatrix}\boldsymbol{q}_1\\ \boldsymbol{q}_2\end{Bmatrix},\quad \boldsymbol{P}=\begin{Bmatrix}\boldsymbol{P}_1\\ \boldsymbol{P}_2\end{Bmatrix} \tag{5.4.229}$$

其中，

$$\boldsymbol{M}_1=\begin{bmatrix}m_{\rm d1} & 0 & \cdots & 0 & 0 & 0 & 0\\ 0 & I_{\rm d2} & \cdots & 0 & 0 & 0 & 0\\ \vdots & \vdots & & \vdots & \vdots & \vdots & \vdots\\ 0 & 0 & \cdots & m_{\rm dN} & 0 & 0 & 0\\ 0 & 0 & \cdots & 0 & I_{\rm dN} & 0 & 0\\ 0 & 0 & \cdots & 0 & 0 & m_A & 0\\ 0 & 0 & \cdots & 0 & 0 & 0 & m_B\end{bmatrix},\quad \boldsymbol{I}_1=\begin{bmatrix}0 & 0 & \cdots & 0 & 0 & 0 & 0\\ 0 & I_{\rm p1} & \cdots & 0 & 0 & 0 & 0\\ \vdots & \vdots & & \vdots & \vdots & \vdots & \vdots\\ 0 & 0 & \cdots & 0 & 0 & 0 & 0\\ 0 & 0 & \cdots & 0 & I_{\rm pN} & 0 & 0\\ 0 & 0 & \cdots & 0 & 0 & 0 & 0\\ 0 & 0 & \cdots & 0 & 0 & 0 & 0\end{bmatrix}$$

$$\boldsymbol{K}_1=\boldsymbol{K}_{\rm e}+\boldsymbol{K}_{\rm b},\quad \boldsymbol{K}_{\rm b}=\begin{bmatrix}\boldsymbol{0}_{2N\times 2N} & 0 & 0\\ 0 & k_A & 0\\ 0 & 0 & k_B\end{bmatrix},\quad \begin{Bmatrix}\boldsymbol{P}_1\\ \boldsymbol{P}_2\end{Bmatrix}=\begin{Bmatrix}\boldsymbol{P}_0\cos(\Omega t)\\ \boldsymbol{P}_0\sin(\Omega t)\end{Bmatrix}$$

$$\boldsymbol{q}_1=\{x_1\quad \theta_{y1}\quad \cdots\quad x_N\quad \theta_{yN}\quad x_A\quad x_B\}^{\rm T},\quad \boldsymbol{q}_2=\{y_1\quad \theta_{x1}\quad \cdots\quad y_N\quad \theta_{xN}\quad y_A\quad y_B\}^{\rm T}$$

$$\boldsymbol{P}_0 = \{m_{\mathrm{d}1} e_1 \varOmega^2 \quad 0 \quad \cdots \quad m_{\mathrm{d}N} e_N \varOmega^2 \quad 0 \quad 0 \quad 0\}^{\mathrm{T}} \tag{5.4.230}$$

2. 稳态自由涡动的频率方程与临界角速度

不计偏心量，由稳态涡动微分方程(5.4.228)得稳态自由涡动微分方程为

$$\begin{bmatrix} \boldsymbol{M}_1 & \boldsymbol{0} \\ \boldsymbol{0} & \boldsymbol{M}_1 \end{bmatrix} \begin{Bmatrix} \ddot{\boldsymbol{q}}_1 \\ \ddot{\boldsymbol{q}}_2 \end{Bmatrix} + \varOmega \begin{bmatrix} \boldsymbol{0} & \boldsymbol{I}_1 \\ -\boldsymbol{I}_1 & \boldsymbol{0} \end{bmatrix} \begin{Bmatrix} \dot{\boldsymbol{q}}_1 \\ \dot{\boldsymbol{q}}_2 \end{Bmatrix} + \begin{bmatrix} \boldsymbol{K}_1 & \boldsymbol{0} \\ \boldsymbol{0} & \boldsymbol{K}_1 \end{bmatrix} \begin{Bmatrix} \boldsymbol{q}_1 \\ \boldsymbol{q}_2 \end{Bmatrix} = \begin{Bmatrix} \boldsymbol{0} \\ \boldsymbol{0} \end{Bmatrix} \tag{5.4.231}$$

由于该转子系统结构轴对称，取复向量 $\boldsymbol{z} = \boldsymbol{q}_1 + \mathrm{i}\boldsymbol{q}_2$，方程简化为

$$\boldsymbol{M}_1 \ddot{\boldsymbol{z}} - \mathrm{i}\varOmega \boldsymbol{I}_1 \dot{\boldsymbol{z}} + \boldsymbol{K}_1 \boldsymbol{z} = \boldsymbol{0} \tag{5.4.232}$$

令 $\boldsymbol{q} = \boldsymbol{q}_0 \mathrm{e}^{\mathrm{i}\omega t}$，代入稳态自由涡动微分方程为

$$(-\boldsymbol{M}_1 \omega^2 + \varOmega \boldsymbol{I}_1 \omega + \boldsymbol{K}_1)\boldsymbol{z}_0 = \boldsymbol{0} \tag{5.4.233}$$

式(5.4.233)对应的频率方程为

$$\left| -\boldsymbol{M}_1 \omega^2 + \varOmega \boldsymbol{I}_1 \omega + \boldsymbol{K}_1 \right| = 0 \tag{5.4.234}$$

对于同步正涡动$\varOmega=\omega$，方程化为

$$(-\boldsymbol{M}_{\mathrm{F}} \omega^2 + \boldsymbol{K}_1)\boldsymbol{z}_0 = \boldsymbol{0} \tag{5.4.235}$$

式(5.4.235)对应的频率方程为

$$\left| -\boldsymbol{M}_{\mathrm{F}} \omega^2 + \boldsymbol{K}_1 \right| = 0 \tag{5.4.236}$$

式中，

$$\boldsymbol{M}_{\mathrm{F}} = \boldsymbol{M}_1 - \boldsymbol{I}_1 = \begin{bmatrix} m_{\mathrm{d}1} & 0 & \cdots & 0 & 0 & 0 & 0 \\ 0 & I_{\mathrm{d}1} - I_{\mathrm{p}1} & \cdots & 0 & 0 & 0 & 0 \\ \vdots & \vdots & & \vdots & \vdots & \vdots & \vdots \\ 0 & 0 & \cdots & m_{\mathrm{d}N} & 0 & 0 & 0 \\ 0 & 0 & \cdots & 0 & I_{\mathrm{d}N} - I_{\mathrm{p}N} & 0 & 0 \\ 0 & 0 & \cdots & 0 & 0 & m_A & 0 \\ 0 & 0 & \cdots & 0 & 0 & 0 & m_B \end{bmatrix} \tag{5.4.237}$$

由于刚度矩阵恒正定，而惯性矩阵 $\boldsymbol{M}_{\mathrm{F}}$ 可能正定，也可能非正定。对于后者，由方程求出的涡动角速度的平方ω^2，可能为负实数值，在物理上无意义。故同步正向涡动临界角速度可能少于 4N 个。

对于同步反向涡动$\varOmega=-\omega$，方程化为

$$-(\boldsymbol{M}_B \omega^2 + \boldsymbol{K}_1)\boldsymbol{z}_0 = \boldsymbol{0} \tag{5.4.238}$$

式(5.4.238)对应的频率方程为

$$\left|-\boldsymbol{M}\omega^2+\boldsymbol{K}_1\right|=0 \tag{5.4.239}$$

式中，

$$\boldsymbol{M}_B=\boldsymbol{M}_1+\boldsymbol{I}_1=\begin{bmatrix} m_{\mathrm{d}1} & 0 & \cdots & 0 & 0 & 0 & 0 \\ 0 & I_{\mathrm{d}1}+I_{\mathrm{p}1} & \cdots & 0 & 0 & 0 & 0 \\ \vdots & \vdots & & \vdots & \vdots & \vdots & \vdots \\ 0 & 0 & \cdots & m_{\mathrm{d}N} & 0 & 0 & 0 \\ 0 & 0 & \cdots & 0 & I_{\mathrm{d}N}+I_{\mathrm{p}N} & 0 & 0 \\ 0 & 0 & \cdots & 0 & 0 & m_A & 0 \\ 0 & 0 & \cdots & 0 & 0 & 0 & m_B \end{bmatrix} \tag{5.4.240}$$

惯性矩阵 $\boldsymbol{M}_{\mathrm{F}}$ 恒正定，故由式(5.4.239)求出的涡动角速度的平方恒为正实数，其正的平方根，即同步反向涡动的临界转速总有 $4N$ 个。

5.5　转子系统分布质量模型

前面所述各模型均以杰夫考特转子为基础，即将转子简化为圆盘与转轴，假设转动轴为不计质量的弹性轴，转子为不计厚度的刚性薄圆盘。将旋转体简化为转轴与圆盘可以揭示转轴系统的若干涡动特性，并且计算简便。但对某些工程中的实际旋转体，往往很难区分转轴与圆盘，并且圆盘结构的人为简化可能导致计算误差过大，或者会掩盖旋转体的某些涡动特性。当转子以较高转速运转时，由于转轴的转动惯量引起的陀螺效应也会对转子系统的动力学特性产生很大的影响，因此有必要对质量连续分布轴的涡动进行分析。质量连续分布转轴的涡动分析主要考虑两种基本模型：考虑转轴转动惯量影响的 Rayleigh 梁-轴模型和考虑轴的剪切变形的 Timoshenko 梁-轴模型。

5.5.1　Rayleigh 梁-轴模型

1. Rayleigh 梁-轴模型的稳态涡动微分方程

应用质心运动定理和相对质心的动量矩定理建立连续质量分布转轴的涡动微分方程。选取 $Oxyz$ 为惯性主轴的动坐标系，O 为质心。动坐标系的转动角速度为 ω，转轴自转角速度为 Ω，如图 5.5.1 所示。转轴微段 dz 横截面上的受力如图 5.5.2 所示。

1) 作用在转子上的外力矩

由转轴微段 dz 横截面上的受力，不计分布力与分布力矩，得到

$$\sum M_x(\bar{F}) = \left(M_x + \frac{\partial M_x}{\partial z}\mathrm{d}z - M_x\right) - \left(Q_x + \frac{\partial Q_x}{\partial z}\mathrm{d}z\right)\mathrm{d}z = \frac{\partial M_x}{\partial z}\mathrm{d}z - Q_x\mathrm{d}z$$
$$\sum M_y(\bar{F}) = -\left(M_y + \frac{\partial M_y}{\partial z}\mathrm{d}z - M_y\right) + \left(Q_y + \frac{\partial Q_y}{\partial z}\mathrm{d}z\right)\mathrm{d}z = -\frac{\partial M_y}{\partial z}\mathrm{d}z + Q_y\mathrm{d}z \tag{5.5.1}$$

式中，力矩 $\sum M_x(\bar{F})$ 和 $\sum M_y(\bar{F})$ 中的下标 x 和 y 分别表示对 x 轴和 y 轴的矩，而弯矩下标按材料力学规定，即弯矩 M_x 的下标 x 表示 xz 平面内的弯矩，实际是对 y 轴的弯矩。弯矩 M_y 的下标 y 表示 yz 平面内的弯矩，实际是对 x 轴的弯矩。这一规定与转子动力学通常约定有所不同。

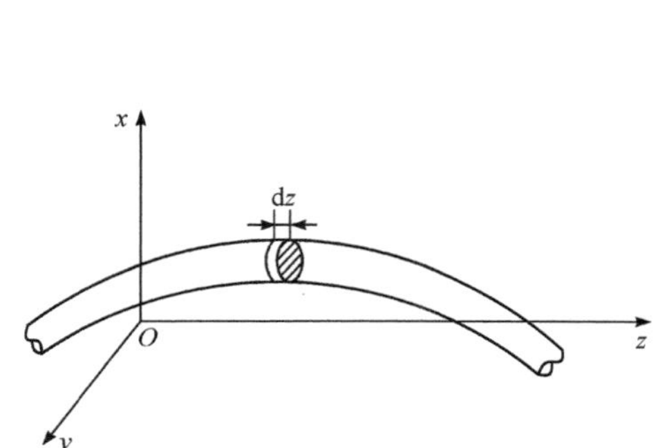

图 5.5.1　Rayleigh 梁-轴模型示意图

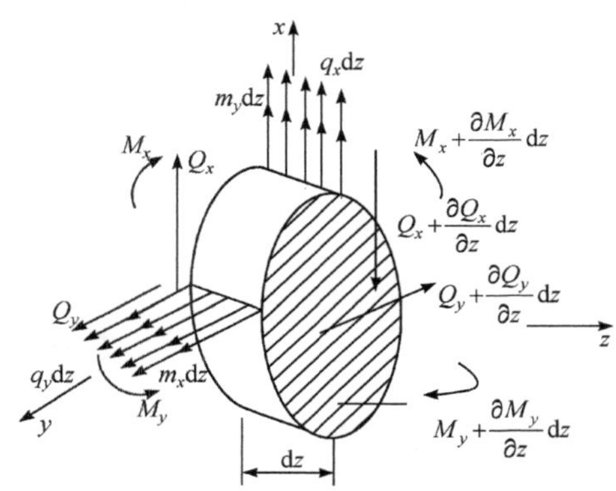

图 5.5.2　Rayleigh 梁-轴单元受力图

2) 对质心的动量矩

对质心的动量矩为

$$\boldsymbol{H}_0 = H_x\boldsymbol{i} + H_y\boldsymbol{j} + H_z\boldsymbol{k} \tag{5.5.2}$$

式中，$\boldsymbol{i}$、$\boldsymbol{j}$、$\boldsymbol{k}$ 均为坐标的单位矢量，动力矩在坐标轴上的分量为

$$\begin{aligned} H_x &= I_x\omega_x + I_{xy}\omega_y + I_{xz}\omega_z \\ H_y &= I_{yx}\omega_x + I_y\omega_y + I_{yz}\omega_{xz} \\ H_z &= I_{zx}\omega_x + I_{zy}\omega_y + I_z\omega_z \end{aligned} \tag{5.5.3}$$

因 $Oxyz$ 为惯性主轴，故有 $I_{xy}=I_{yz}=I_{zx}=0$。因此对 O 的动量矩简化为

$$\boldsymbol{H}_0 = I_x\omega_x\boldsymbol{i} + I_y\omega_y\boldsymbol{j} + I_z\omega_z\boldsymbol{k} \tag{5.5.4}$$

式中，动坐标系转动角速度 $\boldsymbol{\omega}=\omega_x\boldsymbol{i} + \omega_y\boldsymbol{j} + \omega_z\boldsymbol{k}$。一般情况下，$I_x \neq I_y \neq I_z$，所以 $\boldsymbol{H}_0$ 与 $\boldsymbol{\omega}$ 不共线。由对固定点的动量矩定理有

$$\frac{\mathrm{d}\boldsymbol{H}_0}{\mathrm{d}t} = \frac{\tilde{\mathrm{d}}\boldsymbol{H}_0}{\mathrm{d}t} + \boldsymbol{\omega}\times\boldsymbol{H}_0 \tag{5.5.5}$$

其中，$\tilde{\mathrm{d}}\boldsymbol{H}_0/\mathrm{d}t = I_x\dot{\omega}_x\boldsymbol{i} + I_y\dot{\omega}_y\boldsymbol{j} + I_z\dot{\omega}_z\boldsymbol{k}$ 为相对导数。

$$\boldsymbol{\omega}\times\boldsymbol{H}_0=(\omega_x\boldsymbol{i}+\omega_y\boldsymbol{j}+\omega_z\boldsymbol{k})\times(I_x\omega_x\boldsymbol{i}+I_y\omega_y\boldsymbol{j}+I_z\omega_z\boldsymbol{k})=\begin{vmatrix}\boldsymbol{i} & \boldsymbol{j} & \boldsymbol{k}\\ \omega_x & \omega_y & \omega_z\\ I_x\omega_x & I_y\omega_y & I_z\omega_z\end{vmatrix} \tag{5.5.6}$$

选取第二类欧拉角θ_x、θ_y和φ，有

$$\dot{\theta}_x=\omega_x,\ \ddot{\theta}_x=\dot{\omega}_x,\ \dot{\theta}_y=\omega_y,\ \ddot{\theta}_y=\dot{\omega}_y,\ \dot{\varphi}=\omega_z \tag{5.5.7}$$

设弹性轴的动力对称的转轴，当 z 轴为自转轴时，有

$$I_z=I_\mathrm{d},\ I_x=I_y=I_\mathrm{d},\ I_\mathrm{p}=2I_\mathrm{d} \tag{5.5.8}$$

则有

$$\begin{aligned}\frac{\tilde{\mathrm{d}}\boldsymbol{H}_0}{\mathrm{d}t}&=I_x\dot{\omega}_x\boldsymbol{i}+I_y\dot{\omega}_y\boldsymbol{j}+I_z\dot{\omega}_z\boldsymbol{k}=I_\mathrm{d}\ddot{\theta}_x\boldsymbol{i}+I_\mathrm{d}\ddot{\theta}_y\boldsymbol{j}+I_\mathrm{p}\ddot{\varphi}\boldsymbol{k}\\ \boldsymbol{\omega}\times\boldsymbol{H}_0&=(I_z-I_y)\omega_y\omega_z\boldsymbol{i}+(I_x-I_z)\omega_x\omega_z\boldsymbol{j}+(I_y-I_x)\omega_x\omega_y\boldsymbol{k}\\ &=(I_\mathrm{p}-I_\mathrm{d})\dot{\varphi}(\omega_x\boldsymbol{i}-\omega_y\boldsymbol{j})\end{aligned} \tag{5.5.9}$$

3) Rayleigh 梁-轴的涡动微分方程

将式(5.5.4)的动量矩与外力矩的表达式(5.5.1)代入对固定点的动量矩定理

$$\frac{\mathrm{d}\boldsymbol{H}_0}{\mathrm{d}t}=\sum\boldsymbol{M}_0(\boldsymbol{F}) \tag{5.5.10}$$

考虑到式(5.5.7)和式(5.5.8)，得到各坐标轴上的分量为

$$\begin{gathered}I_\mathrm{d}\ddot{\theta}_x+(I_\mathrm{p}-I_\mathrm{d})\Omega\dot{\theta}_y=\sum M_x(\boldsymbol{F}),\quad I_\mathrm{d}\ddot{\theta}_y-(I_\mathrm{p}-I_\mathrm{d})\Omega\dot{\theta}_x=\sum M_y(\boldsymbol{F})\\ I_\mathrm{p}\ddot{\varphi}=\sum M_z(\boldsymbol{F})\end{gathered} \tag{5.5.11}$$

式(5.5.11)的第一式中转角θ_x以与弯矩增加的方向一致为正，从而对 x 轴的内力矩取正号。因匀速转动时 $\dot{\varphi}=\omega_z=\Omega=C$，$\ddot{\varphi}=\dot{\omega}_z=0$，外力对 z 轴的矩为零，式(5.5.11)的第三式退化为对 z 轴的力矩的平衡方程。

若圆盘厚度为 dz，则有 $I_\mathrm{d}=\rho I'_\mathrm{d}\mathrm{d}z$，$I_\mathrm{p}=\rho I'_\mathrm{p}\mathrm{d}z$，式(5.5.11)的前两式成为

$$\rho I'_\mathrm{d}\ddot{\theta}_x+\rho(I'_\mathrm{p}-I'_\mathrm{d})\Omega\dot{\theta}_y=\frac{\partial M_x}{\partial z}-Q_x,\quad \rho I'_\mathrm{d}\ddot{\theta}_y+\rho(I'_\mathrm{p}-I'_\mathrm{d})\Omega\dot{\theta}_x=\frac{\partial M_y}{\partial z}-Q_y \tag{5.5.12}$$

对于弹性转轴轴心的运动，由质心运动定理有

$$\begin{aligned}\rho A\mathrm{d}z\ddot{x}&=-\left(Q_x+\frac{\partial Q_x}{\partial z}\mathrm{d}z-Q_x\right)+q_x\mathrm{d}z\\ \rho A\mathrm{d}z\ddot{y}&=-\left(Q_y+\frac{\partial Q_y}{\partial z}\mathrm{d}z-Q_y\right)+q_y\mathrm{d}z\end{aligned} \tag{5.5.13}$$

即

$$\rho A\ddot{x} = -\frac{\partial Q_x}{\partial z} + q_x, \quad \rho A\ddot{y} = -\frac{\partial Q_y}{\partial z} + q_y \tag{5.5.14}$$

写成复数形式，令 $w=x+\mathrm{i}y$, $\theta=\theta_x+\mathrm{i}\theta_y$, $M=M_x+\mathrm{i}M_y$, $q=q_x+\mathrm{i}q_y$, $Q=Q_x+\mathrm{i}Q_y$，方程(5.5.14)可化为

$$\rho A\ddot{w} = -\frac{\partial Q}{\partial z} + q, \quad \rho I_{\mathrm{d}}'\ddot{\theta} - \mathrm{i}\rho(I_{\mathrm{p}}' - I_{\mathrm{d}}')\omega\dot{\theta} = \frac{\partial M}{\partial z} - Q \tag{5.5.15}$$

对式(5.5.15)的第二式求偏导，并将第一式代入，得

$$\frac{\partial}{\partial z}\left[\rho I_{\mathrm{d}}'\ddot{\theta} - \mathrm{i}\rho(I_{\mathrm{p}}' - I_{\mathrm{d}}')\omega\dot{\theta}\right] = \frac{\partial^2 M}{\partial z^2} - \frac{\partial Q}{\partial z} = \frac{\partial^2 M}{\partial z^2} + \rho A\ddot{w} - q \tag{5.5.16}$$

根据 Rayleigh 梁的本构关系与位移协调条件，有

$$\theta = \frac{\partial w}{\partial z}, \quad M = EI\frac{\partial \theta}{\partial z} = EI\frac{\partial^2 w}{\partial z^2}, \quad \ddot{\theta} = \frac{\partial^3 w}{\partial z \partial t^2} \tag{5.5.17}$$

从而得质量连续分布 Rayleigh 模型的动力对称转轴涡动微分方程为

$$\frac{\partial}{\partial z}\left[\rho I_{\mathrm{d}}'\frac{\partial^3 w}{\partial z\partial t^2} - \mathrm{i}\rho(I_{\mathrm{p}}' - I_{\mathrm{d}}')\omega\dot{\theta}\right]\frac{\partial^2 w}{\partial z\partial t} - \frac{\partial^2}{\partial z^2}\left(EI\frac{\partial^2 w}{\partial z^2}\right) - \rho A\frac{\partial^2 w}{\partial t^2} + q = 0 \tag{5.5.18}$$

对于圆截面轴，$I_{\mathrm{d}}' = I$，$I_{\mathrm{p}}' = 2I_{\mathrm{d}}' = 2I$，所以得 Rayleigh 梁涡动微分方程为

$$\frac{\partial}{\partial z}\left(\rho I\frac{\partial^3 w}{\partial z\partial t^2} - \mathrm{i}\rho I\omega\dot{\theta}\frac{\partial^2 w}{\partial z\partial t}\right) - \frac{\partial^2}{\partial z^2}\left(EI\frac{\partial^2 w}{\partial z^2}\right) - \rho A\frac{\partial^2 w}{\partial t^2} + q = 0 \tag{5.5.19}$$

当 $q=0$ 时为自由涡动方程。该连续弹性轴涡动的边界条件为位移 w、转角 θ、弯矩 M 和剪力 Q 均为零，即

$$w = 0, \quad \theta = \frac{\partial w}{\partial z} = 0, \quad M = \frac{\partial^2 w}{\partial z^2} = 0, \quad Q = \frac{\partial}{\partial z}\left(EI\frac{\partial^2 w}{\partial z^2}\right) - \rho I\frac{\partial^3 w}{\partial z\partial t^2} + \mathrm{i}\rho I\omega\frac{\partial^2 w}{\partial z\partial t} = 0 \tag{5.5.20}$$

2. Rayleigh 梁-轴模型的稳态自由涡动和临界转速

1) 两端简支 Rayleigh 梁-轴模型的动力学特性分析

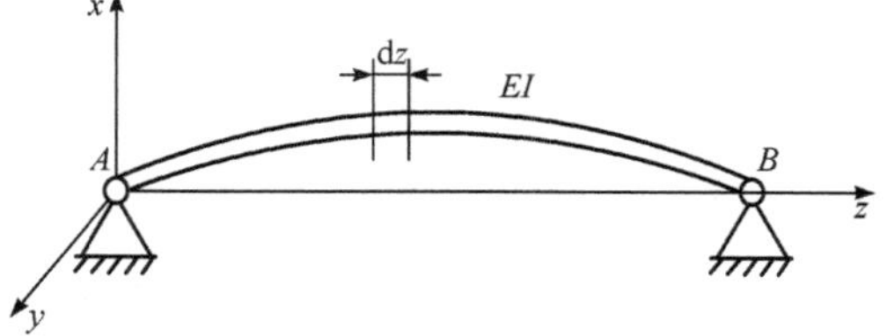

图 5.5.3 两端简支 Rayleigh 梁-轴模型

设一个两端铰支、长度为 l、直径为 D 的等截面梁如图 5.5.3 所示。考虑截面为动力对称的梁，中心轴变形曲线为 $x(z,t)$和 $y(z,t)$，截面转角为 $\theta_x(z,t)$和$\theta_y(z,t)$。在 z 处截取轴的 dz 微段，则微段的质心位移为 $x=x(z,t)$，$y=y(z,t)$，偏离角为$\theta_x=\theta_x(z,t)$，$\theta_y=\theta_y(z,$

t)。

对 Rayleigh 梁-轴，本构关系和位移协调条件为

$$M = EI\frac{\partial \theta}{\partial z}, \quad \theta = \frac{\partial w}{\partial z} \tag{5.5.21}$$

将式(5.5.21)代入 Rayleigh 梁-轴的自由涡动方程(5.5.16)，得到

$$-EI\frac{\partial^4 w}{\partial z^4} + \rho I\frac{\partial^4 w}{\partial z^2 \partial t^2} - \mathrm{i}2\Omega\rho I\frac{\partial^3 w}{\partial z^2 \partial t} - \rho A\frac{\partial^2 w}{\partial t^2} = 0 \tag{5.5.22}$$

令

$$w(z,t) = Y(z)\mathrm{e}^{\mathrm{i}\omega t} \tag{5.5.23}$$

将式(5.5.23)代入式(5.5.22)可得

$$\frac{\mathrm{d}^4 Y}{\mathrm{d}z^4} + \frac{2r}{l^2}\frac{\mathrm{d}^2 Y}{\mathrm{d}z^2} - \frac{\lambda^4}{l^4}Y = 0 \tag{5.5.24}$$

式中，

$$\frac{2r}{l^2} = \frac{\rho\omega^2 - 2\Omega\rho\omega}{E}, \quad \frac{\lambda^4}{l^4} = \frac{\rho A}{EI}\omega^2 \tag{5.5.25}$$

方程(5.5.24)的通解为

$$Y(z) = C_1\sin(\alpha z) + C_2\cos(\alpha z) + C_3\mathrm{sh}(\beta z) + C_4\mathrm{ch}(\beta z) \tag{5.5.26}$$

得到α和β应满足的方程为

$$\alpha^4 - \frac{2r}{l^2}\alpha^2 - \frac{\lambda^4}{l^4} = 0, \quad \beta^4 + \frac{2r}{l^2}\beta^4 - \frac{\lambda^4}{l^4} = 0 \tag{5.5.27}$$

由此解出

$$\alpha^2 = \frac{r + \sqrt{r^2 + \lambda^4}}{l^2}, \quad \beta^2 = \frac{-r + \sqrt{r^2 + \lambda^4}}{l^2} \tag{5.5.28}$$

考虑两端简支，边界条件为

$$w(0) = 0, \quad w''(0) = 0, \quad w(l) = 0, \quad w''(l) = 0 \tag{5.5.29}$$

将式(5.5.26)代入式(5.5.23)，再代入式(5.5.29)可得

$$\begin{aligned}
&Y(0) = C_1\sin 0 + C_2\cos 0 + C_3\mathrm{sh}0 + C_4\mathrm{ch}0 = 0 \\
&\frac{\partial^2 Y(0)}{\partial x^2} = -\alpha^2 C_1\sin 0 - \alpha^2 C_2\cos 0 + \beta^2 C_3\mathrm{sh}0 + \beta^2 C_4\mathrm{ch}0 = 0 \\
&Y(l) = C_1\sin(\alpha l) + C_2\cos(\alpha l) + C_3\mathrm{sh}(\alpha l) + C_4\mathrm{ch}(\alpha l) = 0 \\
&\frac{\partial^2 Y(l)}{\partial x^2} = -\alpha^2 C_1\sin(\alpha l) - \alpha^2 C_2\cos(\alpha l) + \beta^2 C_3\mathrm{sh}(\alpha l) + \beta^2 C_4\mathrm{ch}(\alpha l) = 0
\end{aligned} \tag{5.5.30}$$

由式(5.5.30)的第一式和第二式可得

$$C_2 \cos 0 + C_4 \text{ch}0 = 0\,,\quad -\alpha^2 C_2 \cos 0 + \beta^2 C_4 \text{ch}0 = 0 \tag{5.5.31}$$

求解得到

$$C_2 = C_4 = 0 \tag{5.5.32}$$

考虑到式(5.5.32)，由式(5.5.30)的第三式和第四式可得

$$C_1 \sin(\alpha l) + C_3 \text{sh}(\alpha l) = 0\,,\quad -\alpha^2 C_1 \sin(\alpha l) + \beta^2 C_3 \text{sh}(\alpha l) = 0 \tag{5.5.33}$$

求解得到

$$C_3 = 0\,,\quad C_1 \sin(\alpha l) = 0 \tag{5.5.34}$$

从而式(5.5.26)成为

$$Y(z) = C_1 \sin(\alpha z)\,,\quad \alpha l = n\pi\,,\quad n = 1,2,\cdots \tag{5.5.35}$$

对式(5.5.35)进行归一化得振型为

$$Y(z) = \sin(n\pi z / l) \tag{5.5.36}$$

令 n 取不同值，画出系统的前三阶固有振型，由于 y、z 方向的振型模式只存在相位上的差异，所以只画出一个方向的振型，如图 5.5.4 所示。由图可见，转轴的第一阶振型与转轴静止时轴线没有交点，第二阶振型有一个交点，第三阶振型有两个交点。

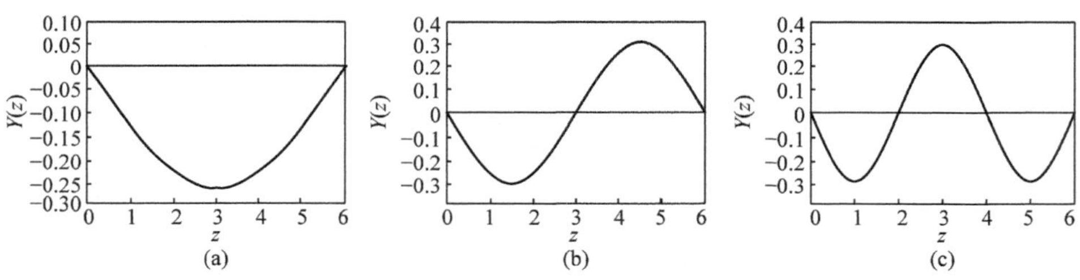

图 5.5.4　两端简支 Rayleigh 梁-轴的振型

由式(5.5.23)可得系统的位移函数为 $w(z,t) = \sin(n\pi z / l)\mathrm{e}^{\mathrm{i}\omega t}$ 。利用欧拉方程 $\mathrm{e}^{\mathrm{i}\omega t} = \cos(\omega t) + \mathrm{i}\sin(\omega t)$ ，得到实坐标下的微分方程为

$$x(z,t) = \sin\left(\frac{n\pi}{l} z\right)\cos(\omega t)\,,\quad y(z,t) = \sin\left(\frac{n\pi}{l} z\right)\sin(\omega t) \tag{5.5.37}$$

将式(5.5.28)代入式(5.5.35)的第二式，并利用式(5.5.25)，整理后得 ω 的特征方程为

$$-(1 + n^2\pi^2\delta)\bar{\omega}^2 + 2n^2\pi^2\delta\bar{\Omega}\bar{\omega} + n^4\pi^4 = 0 \tag{5.5.38}$$

式中，$\delta=I/(Al^2)$；$\bar{\omega}=\omega/\omega_0$；$\omega_0^2=EI/(\rho Al^4)$。求解式(5.5.38)可得

$$\bar{\omega}=\frac{n^2\pi^2\delta\bar{\Omega}\pm n^2\pi^2\sqrt{\delta^2\bar{\Omega}^2+n^2\pi^2\delta+1}}{1+n^2\pi^2} \tag{5.5.39}$$

令 $\bar{\Omega}=\bar{\omega}=\omega_{\mathrm{r}}$，方程(5.5.38)变为

$$n^2\pi^2\delta\omega_{\mathrm{r}}^2-\omega_{\mathrm{r}}^2+n^4\pi^4=0 \tag{5.5.40}$$

求解式(5.5.40)，舍弃虚解，得转轴的临界转速为

$$\omega_{\mathrm{r}}=n^2\pi^2/\sqrt{1-n^2\pi^2\delta} \tag{5.5.41}$$

由式(5.5.41)可知，当$1-n^2\pi^2\delta<0$，即$n^2>1/(\pi^2\delta)$时，不再有临界转速。

对于具体的 Rayleigh 梁-轴，已知梁的长度 l、截面积 A 和直径 D 等参数后，以 $\bar{\Omega}$ 为变量，令 n 取不同值，就可以得到两端铰支梁的各阶频率。若取 l=6m，A=0.3m^2，$I=\pi D^2/64=7.16\times10^{-3}\mathrm{m}$，得到前六阶频率的临界角速度如表 5.5.1 所示。

表 5.5.1　两端铰支 Rayleigh 梁-轴模型的前六阶临界角速度　(单位：rad/s)

ω_{r1}	ω_{r2}	ω_{r3}	ω_{r4}	ω_{r5}	ω_{r6}
25.606	103.453	236.780	431.576	697.672	1050.880

由式(5.5.39)可画出涡动角速度随自转角速度的变化曲线，当 $n\leqslant11$ 时，转轴存在临界转速。当 n=1 时，临界转速为$\bar{\omega}=9.9\mathrm{rad/s}$；当 n=2 时，临界转速为$\bar{\omega}=40.05\mathrm{rad/s}$；当 n=5 时，临界转速为$\bar{\omega}=271.9\mathrm{rad/s}$；当 n=11 时，临界转速为$\bar{\omega}=3136.8\mathrm{rad/s}$。这里的临界转速是无量纲值，乘以$\omega_0=\sqrt{EI/(\rho Al^4)}$后，即与按理论公式(5.5.41)计算的结果相同。当 n>11 时，转轴不存在临界转速。

2) 弹性支承 Rayleigh 梁-轴模型的动力学特性分析

在对转轴进行涡动分析时，通常将轴承简化为弹性支承。作为转轴的弹性元件，轴承具有调节转轴临界转速的作用。考虑如图 5.5.5 所示一弹性支承均质梁 AB 在 xz 平面内的横向自由振动，设梁长度为 l，横截面积为 A，密度为 ρ，抗弯刚度为 EI，两端垂直方向的线弹簧的刚度分布为 k_1、k_2，且 $k_1=k_2=k$，角位移分别为α、β，将梁在变形前的弹性线取作 z 轴，用 $x(z, t)$

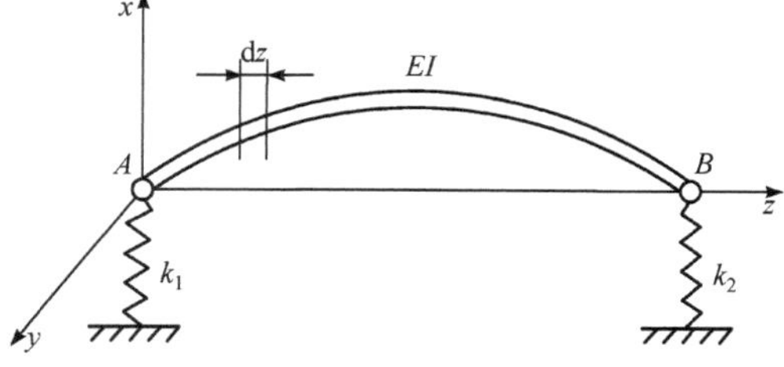

图 5.5.5　两端弹性支承的 Rayleigh 梁-轴模型

表示梁上微段在时间 t 的横向位移。

同两端简支 Rayleigh 梁-轴模型相比，弹性支承 Rayleigh 梁-轴模型不同的仅仅是支承条件，因此该模型的自由振动微分方程由式(5.5.22)表示，式(5.5.23)～式(5.5.28)也都适于本模型。弹性支承 Rayleigh 转轴的边界条件为

$$\begin{aligned} &Y''(0)=0,\quad EIY'''(0)+(\rho I\omega^2-2\rho I\Omega\omega)Y'(0)=-k_1Y(0)\\ &Y''(l)=0,\quad EIY'''(l)+(\rho I\omega^2-2\rho I\Omega\omega)Y'(l)=-k_2Y(l)\end{aligned}\tag{5.5.42}$$

将式(5.5.26)代入式(5.5.42)，得到

$$\begin{aligned} &-C_2\alpha^2+C_4\beta^2=0\\ &EI(-C_1\alpha^3+C_3\beta^3)+(\rho I\omega^2-2\rho I\Omega\omega)(C_1\alpha+C_3\beta)+k_1(C_2+C_4)=0\\ &-C_1\alpha^2\sin(\alpha l)-C_2\alpha^2\cos(\alpha l)+C_3\beta^2\mathrm{sh}(\beta l)+C_4\beta^2\mathrm{ch}(\beta l)=0\\ &EI[-C_1\alpha^3\cos(\alpha l)+C_2\alpha^3\sin(\alpha l)+C_3\beta^3\mathrm{ch}(\beta l)+C_4\beta^3\mathrm{sh}(\beta l)]+(\rho I\omega^2\\ &\quad-2\rho I\Omega\omega)[C_1\alpha\cos(\alpha l)-C_2\alpha\sin(\alpha l)+C_3\beta\mathrm{ch}(\beta l)+C_4\beta\mathrm{sh}(\beta l)]\\ &\quad-k_2[C_1\sin(\alpha l)+C_2\cos(\alpha l)+C_3\mathrm{sh}(\beta l)+C_4\mathrm{ch}(\beta l)]=0\end{aligned}\tag{5.5.43}$$

式中，C_1、C_2、C_3、C_4 存在非零解的条件是系数行列式为零，求解即可得到系统的临界转速。

若取 l=6m，A=0.3m^2，ρ=20kg/m^3，μ=0.9，ν=0.3，EI=5.2×10^{4}N/m^2，令 $\Omega=\omega$，得到前六阶临界角速度如表 5.5.2 所示。

表 5.5.2　两端弹性支承 Rayleigh 梁-轴模型的前六阶临界角速度 (单位：rad/s)

k/(N/m)	ω_{r1}	ω_{r2}	ω_{r3}	ω_{r4}	ω_{r5}	ω_{r6}
5×10^7	25.523	103.093	235.852	429.559	693.540	1042.439

通过比较表 5.5.1 和表 5.5.2 可见，两端弹性支承的 Rayleigh 梁临界角速度低于同阶两端铰支 Rayleigh 梁-轴临界角速度，说明支承弹性降低了转轴的临界转速，随着阶数的增加，该现象更加明显。联立求解式(5.5.43)，即可求得待定常数 C_1、C_2、C_3、C_4，代入式(5.5.26)即可得到系统的振型。利用数值计算，可得到两端弹性支承梁-轴模型的振型，前两阶振型如图 5.5.6 所示。

5.5.2　Timoshenko 梁-轴模型

当转轴高速旋转时，陀螺效应对涡动频率有很大影响。在讨论连续转轴的涡动方程时，应计入转动惯量，一旦计入转轴的转动惯量，也就应该计入转轴的剪切变形，因为两者对转轴的动力学行为有同阶的影响，这就是 Timoshenko 梁。

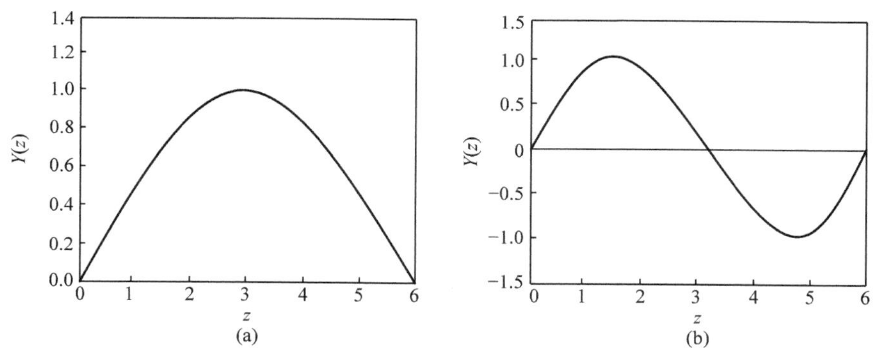

图 5.5.6　两端弹性支承的 Rayleigh 梁-轴模型的前两阶振型

1. Timoshenko 梁-轴模型的稳态涡动微分方程

在 Rayleigh 梁-轴模型中，没有考虑横截面的剪切变形。当计入轴横截面的剪切变形时，有

$$\theta=\frac{\partial w}{\partial z}+\frac{Q}{\mu GA}, \quad Q=\mu GA\left(\theta-\frac{\partial w}{\partial z}\right) \tag{5.5.44}$$

式中，$G=E/[2(1+\upsilon)]$ 为弹性轴的剪切弹性模量；υ 为泊松比；μ 为剪切系数，对于实心圆截面，μ=0.9。将式(5.5.44)代入式(5.5.15)，经类似的推导，有

$$\begin{aligned}&\rho A\ddot{w}+\frac{\partial}{\partial z}\left[\mu GA\left(\theta-\frac{\partial w}{\partial z}\right)\right]=q\\&\rho l\ddot{\theta}-i\rho I\omega\dot{\theta}=\frac{\partial}{\partial z}\left(EI\frac{\partial\theta}{\partial z}\right)-\mu GA\left(\theta-\frac{\partial w}{\partial z}\right)\end{aligned} \tag{5.5.45}$$

式(5.5.45)即 Timoshenko 梁-轴模型的连续转轴运动方程，其中θ和 w 是两个独立的待求函数。当Ω=0 时，即化为 Timoshenko 梁的横向振动方程。当 q=0 时，即得 Timoshenko 梁-轴的自由涡动方程。

Timoshenko 梁-轴涡动的边界条件：①对于简支端，$w=0$，$\partial\theta/\partial z=0$；②对于固定端，$w$=0，$\theta=0$；③对于自由端，$\theta-\partial w/\partial z=0$，$\partial\theta/\partial z=0$。

对于均匀转轴，截面参数与 z 无关，由式(5.5.45)的第一式得 Timoshenko 梁-轴模型的强迫振动微分方程为

$$\frac{\partial\theta}{\partial z}=\frac{\partial^2 w}{\partial z^2}+\frac{1}{\mu AG}(q-\rho A\ddot{w}) \tag{5.5.46}$$

将式(5.5.46)代入式(5.5.45)的第二式得

$$\frac{\partial^4 w}{\partial z^4}-\frac{\rho}{E}\left(1+\frac{E}{\mu G}\right)\frac{\partial^4 w}{\partial z^2\partial t^2}+\mathrm{i}2\frac{\rho\Omega}{E}\frac{\partial^3 w}{\partial z^2\partial t}+\frac{\rho A}{EI}\frac{\partial^2 w}{\partial t^2}-\mathrm{i}2\Omega\frac{\rho^2}{\mu GE}\frac{\partial^3 w}{\partial t^3}$$

$$+\frac{\rho^2}{\mu GE}\frac{\partial^4 w}{\partial t^4}=\frac{q}{EI}-\frac{1}{\mu GE}\frac{\partial^2 q}{\partial t^2}-\mathrm{i}\frac{2\rho\Omega}{\mu AGE}\frac{\partial q}{\partial t}+\frac{\rho}{\mu AGE}\frac{\partial^2 q}{\partial t^2} \tag{5.5.47}$$

式(5.5.47)是非齐次偏微分方程，当求强迫振动响应时需要求解此非齐次偏微分方程。

2. 两端简支 Timoshenko 梁-轴模型的自由涡动分析

1) 自由涡动微分方程与边界条件

当作用在梁轴上的外力激励 q=0 时，由式(5.5.47)得到 Timoshenko 梁-轴模型自由涡动的微分方程为

$$\frac{\partial^4 w}{\partial z^4}-\frac{\rho}{E}\left(1+\frac{E}{\mu G}\right)\frac{\partial^4 w}{\partial z^2\partial t^2}+\mathrm{i}2\frac{\rho\Omega}{E}\frac{\partial^3 w}{\partial z^2\partial t}+\frac{\rho A}{EI}\frac{\partial^2 w}{\partial t^2}-\mathrm{i}2\Omega\frac{\rho^2}{\mu GE}\frac{\partial^3 w}{\partial t^3}$$
$$+\frac{\rho^2}{\mu GE}\frac{\partial^4 w}{\partial t^4}=0 \tag{5.5.48}$$

令 $w=Y(z)\mathrm{e}^{\mathrm{i}\omega t}$，代入式(5.5.48)得 Timoshenko 梁-轴模型振型的常微分方程为

$$\frac{\mathrm{d}^4 Y}{\mathrm{d}z^4}+\frac{2r}{l^2}\frac{\mathrm{d}^2 Y}{\mathrm{d}z^2}-\frac{\lambda^4}{l^4}Y=0 \tag{5.5.49}$$

式中，

$$\frac{2r}{l^2}=\frac{\rho[1+E/(\mu G)]\omega^2-2\Omega\rho\omega}{E},\quad \frac{\lambda^4}{l^4}=\frac{\rho A}{EI}\omega^2+\frac{2\Omega\rho^2\omega^3}{\mu GE}-\frac{\rho^4\omega^4}{\mu GE} \tag{5.5.50}$$

方程(5.5.49)的通解为

$$Y(z)=C_1\sin(\alpha z)+C_2\cos(\alpha z)+C_3\mathrm{sh}(\beta z)+C_4\mathrm{ch}(\beta z) \tag{5.5.51}$$

将式(5.5.51)代入式(5.5.49)得到α和β应满足的方程为

$$\alpha^4-\frac{2r}{l^2}\alpha^2-\frac{\lambda^4}{l^4}=0,\quad \beta^4+\frac{2r}{l^2}\beta^4-\frac{\lambda^4}{l^4}=0 \tag{5.5.52}$$

求解式(5.5.52)得到

$$\alpha^2=\frac{r+\sqrt{r^2+\lambda^4}}{l^2},\quad \beta^2=\frac{-r+\sqrt{r^2+\lambda^4}}{l^2} \tag{5.5.53}$$

考虑两端简支情况，边界条件为

$$w(0)=0,\quad w''(0)=0,\quad w(l)=0,\quad w''(l)=0 \tag{5.5.54}$$

将式(5.5.51)结合 $w=Y(z)\mathrm{e}^{\mathrm{i}\omega t}$，代入式(5.5.54)可得

$$Y(0)=C_1\sin 0+C_2\cos 0+C_3\mathrm{sh}0+C_4\mathrm{ch}0=0$$

$$\frac{\partial^2 Y(0)}{\partial x^2}=-\alpha^2 C_1\sin 0-\alpha^2 C_2\cos 0+\beta^2 C_3\text{sh}0+\beta^2 C_4\text{ch}0=0 \tag{5.5.55}$$

$$Y(l)=C_1\sin(\alpha l)+C_2\cos(\alpha l)+C_3\text{sh}(\alpha l)+C_4\text{ch}(\alpha l)=0$$

$$\frac{\partial^2 Y(l)}{\partial x^2}=-\alpha^2 C_1\sin(\alpha l)-\alpha^2 C_2\cos(\alpha l)+\beta^2 C_3\text{sh}(\alpha l)+\beta^2 C_4\text{ch}(\alpha l)=0$$

联立求解式(5.5.55)可得

$$C_2=C_3=C_4=0,\quad Y(z)=C_1\sin(\alpha z),\quad \alpha l=n\pi,\quad n=1,2,\cdots \tag{5.5.56}$$

对式(5.5.56)进行归一化处理，得振型为

$$Y(z)=\sin\left(\frac{n\pi z}{l}\right) \tag{5.5.57}$$

将式(5.5.53)代入式(5.5.56)的第三式，并利用式(5.5.50)，整理后得到的特征方程为

$$\varepsilon\delta^2\bar{\omega}^4-2\varepsilon\delta^2\bar{\Omega}\bar{\omega}^3-[1+n^2\pi^2(1+\varepsilon)\delta]\bar{\omega}^2+2n^2\pi^2\delta\bar{\Omega}\bar{\omega}+n^4\pi^4=0 \tag{5.5.58}$$

式中，

$$\varepsilon=\frac{E}{\mu G}=\frac{2(1+\upsilon)}{\mu},\quad \delta=\frac{I}{Al^2},\quad \bar{\omega}=\frac{\omega}{\omega_0},\quad \bar{\Omega}=\frac{\bar{\Omega}}{\omega_0},\quad \omega_0^2=\frac{EI}{\rho A l^4} \tag{5.5.59}$$

ε 和 δ 分别表示剪切效应和转动惯量的两个无量纲参数。对应每一个 $\bar{\Omega}$ 和 n，式(5.5.58)有 4 个根，而临界转速为

$$\bar{\Omega}_{\text{c}}^2=\frac{-[1+n^2\pi^2(\varepsilon-1)\delta]+\sqrt{[1+n^2\pi^2(\varepsilon-1)\delta]^2+4\varepsilon\delta^2 n^4\pi^4}}{2\varepsilon\delta^2} \tag{5.5.60}$$

式(5.5.60)对任何 n 都有解，当 $\varepsilon\delta^2$ 很小时，可略去式(5.5.58)中的前两项而求得临界转速的近似公式为

$$\bar{\Omega}_{\text{c}}^2=\frac{n^4\pi^4}{1+n^2\pi^2(\varepsilon-1)\delta} \tag{5.5.61}$$

令 $\varepsilon=0$，即得到 Rayleigh 模型下转轴的临界转速，即式(5.5.41)。当 $n^2>1/(\pi^2\delta)$ 时，Rayleigh 梁-轴不再有临界转速。这是 Rayleigh 轴和 Timoshenko 轴动力特性之间的差异。

2) 两端简支的 Timoshenko 转轴模型的临界转速

在两端简支的 Timoshenko 梁-轴模型的特征方程(5.5.58)中，令 $\bar{\Omega}=\bar{\omega}=\omega_{\text{r}}$，方程(5.5.58)变为

$$-\varepsilon\delta^2\omega_{\text{r}}^4-[1+n^2\pi^2(\varepsilon-1)\delta]\omega_{\text{r}}^2+n^4\pi^4=0 \tag{5.5.62}$$

求解方程(5.5.62)，舍弃虚解，得转轴系统的临界转速为

$$\omega_{\mathrm{r}}=\sqrt{\frac{-[1+n^2\pi^2(\varepsilon-1)\delta]+\sqrt{[1+n^2\pi^2(\varepsilon-1)\delta]^2+4\varepsilon\delta^2n^4\pi^4}}{2\varepsilon\delta^2}} \tag{5.5.63}$$

对于 Timoshenko 转轴，给定梁的具体参数后，令 n 取不同值，就可以得到两端简支的各阶临界转速。计算结果表明：当 n=1 时，临界转速为ω_{r}=9.8rad/s；当 n=2 时，临界转速为ω_{r}=38.43rad/s；当 n=5 时，临界转速为ω_{r}=208.67rad/s；当 n=11 时，临界转速为ω_{r}=661.16rad/s；当 n=12 时，临界转速为ω_{r}=736.36rad/s；当 n=13 时，临界转速为ω_{r}=811.00rad/s。

3) Timoshenko 梁-轴模型与 Rayleigh 梁-轴模型各阶临界转速的比较

比较 Timoshenko 梁-轴模型与 Rayleigh 梁-轴模型各阶临界转速，不同长径比下的结果如图 5.5.7 所示。图 5.5.7(a)、(b)、(c)和(d)分别为长径比 l/D=10, 15, 20, 25 的结果。图中“∘”是 Timoshenko 梁-轴模型的各阶临界转速，“+”是 Rayleigh 梁-轴模型的各阶临界转速。由图可以看出，连续梁-轴的长径比越大，Rayleigh 梁-轴模型和 Timoshenko 梁-轴模型的临界转速相差越小，因此在计算细长轴的临界转

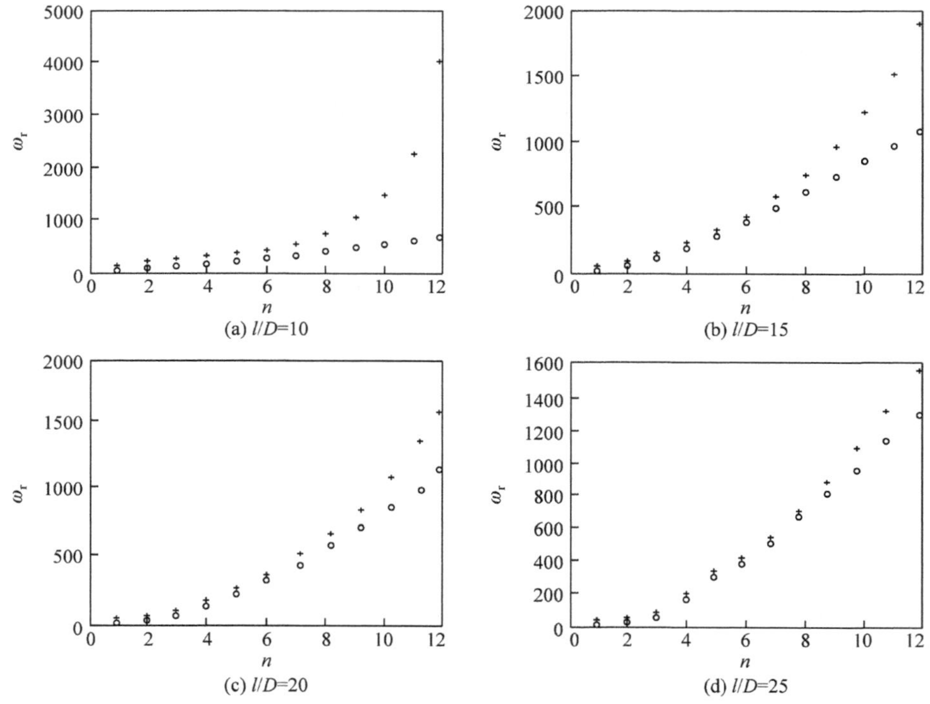

图 5.5.7　不同长径比的连续轴采用两模型的临界转速比较

速时，利用 Rayleigh 梁-轴模型可以简化计算且得到满意的结果；而对于粗短轴的计算必须采用 Timoshenko 梁-轴模型，以提高计算结果的精度。

4) 两端弹性支承 Timoshenko 梁-轴振动分析

两端弹性支承 Timoshenko 梁-轴的自由涡动微分方程及其有关方程也可由式(5.5.48)～式(5.5.53)表示。两端弹性支承 Timoshenko 梁-轴的边界条件为

$$
\begin{aligned}
&Y''(0)+\frac{\rho\omega^2}{\mu G}Y(0)=0\\
&\frac{\mu AG}{\mu AG+2\rho I\Omega\omega-\rho I\omega^2}\left[\left(EI\frac{\omega^2\rho}{\mu G}-2\rho I\Omega\omega+\rho I\omega^2\right)Y'(0)+EIY'''(0)\right]=-k_1Y(0)\\
&Y''(l)+\frac{\rho\omega^2}{\mu G}Y(l)=0\\
&\frac{\mu AG}{\mu AG+2\rho I\Omega\omega-\rho I\omega^2}\left[\left(EI\frac{\omega^2\rho}{\mu G}-2\rho I\Omega\omega+\rho I\omega^2\right)Y'(l)+EIY'''(l)\right]=-k_1Y(l)
\end{aligned}
\tag{5.5.64}
$$

将式(5.5.51)代入式(5.5.64)，得到确定两端弹性支承 Timoshenko 梁-轴振型方程待定系数的方程为

$$
\begin{aligned}
&(C_2\alpha^2+C_4\beta^2)+\frac{\rho\omega^2}{\mu G}(C_2+C_4)=0\\
&\frac{\mu AG}{\mu AG+2\rho I\Omega\omega-\rho I\omega^2}\left(EI\frac{\omega^2\rho}{\mu G}-2\rho I\Omega\omega+\rho I\omega^2\right)(C_1\alpha+C_3\beta)+EI(-C_1\alpha^3+C_3\beta^3)\\
&=-k_1(C_2+C_4)\\
&[-C_1\alpha^2\sin(\alpha l)-C_2\alpha^2\cos(\alpha l)+C_3\beta^2\,\mathrm{sh}(\beta l)+C_4\beta^2\mathrm{ch}(\beta l)]+\frac{\rho\omega^2}{\mu G}[C_1\sin(\alpha l)+C_2\cos(\alpha l)\\
&\quad+C_3\,\mathrm{sh}(\beta l)+C_4\mathrm{ch}(\beta l)]=0\\
&\frac{\mu AG}{\mu AG+2\rho I\Omega\omega-\rho I\omega^2}\left[\left(EI\frac{\omega^2\rho}{\mu G}-2\rho I\Omega\omega+\rho I\omega^2\right)[C_1\alpha\cos(\alpha l)-C_2\alpha\sin(\alpha l)+C_3\beta\mathrm{ch}(\alpha l)\right.\\
&\quad\left.+C_4\beta\mathrm{sh}(\alpha l)]+EI[-C_1\alpha^3\cos(\alpha l)+C_2\alpha^3\sin(\alpha l)+C_3\beta^3\mathrm{ch}(\beta l)+C_4\beta^3\mathrm{sh}(\beta l)]\right]\\
&=k_2[C_1\sin(\alpha l)+C_2\cos(\alpha l)+C_3\,\mathrm{sh}(\beta l)+C_4\mathrm{ch}(\beta l)]
\end{aligned}
\tag{5.5.65}
$$

若取 l=6m，A=0.3m^2，ρ=20kg/m^3，μ=0.9，$\upsilon=0.3$，EI=5.2×10^{4}N/m^2，令Ω=0，Ω=ω，分别得到前六阶自然角速度和临界角速度如表 5.5.3 所示。

表 5.5.3 两端弹性支承 Timoshenko 梁-轴模型的前六阶自然角频率和临界角速度

参数	k/(N/m)	ω_{r1}/(rad/s)	ω_{r2}/(rad/s)	ω_{r3}/(rad/s)	ω_{r4}/(rad/s)	ω_{r5}/(rad/s)	ω_{r6}/(rad/s)
自然角速度	5×10^7	25.121	96.970	206.977	345.325	503.536	675.239
临界角速度	5×10^7	25.281	99.199	216.977	367.266	542.733	733.320

同表 5.5.2 两端弹性支承 Rayleigh 梁-轴模型的前六阶临界角速度相比，两端弹性支承 Timoshenko 梁-轴模型的各阶临界转速值低于两端弹性支承 Rayleigh 梁-轴模型的相应临界转速值，结果表明，剪切效应降低了转轴的临界转速。

3. 质量连续分布梁-轴涡动的假设形态法

对于质量连续分布转轴的涡动，虽然可以通过 Rayleigh 梁-轴模型和 Timoshenko 梁-轴模型的涡动方程求解稳态涡动频率，但是这两种模型的涡动方程是四阶偏微分方程。当转轴非等截面或支承情况复杂时，求解偏微分方程较为困难。而实际问题又往往仅需要求出较低阶频率和模态。假设形态法是一种实用又有足够精度的有效方法。

假设形态法不是通过求解涡动偏微分方程再求转轴的挠曲变形，也不直接对转轴的几何结构和物理参数做简化，而是保留原系统的实际结构，但假设轴的变形由 n 个满足几何边界条件的许可函数和待定广义坐标构成。通过确定广义坐标满足的条件，将无限自由度的连续涡动系统转化为有限自由度的离散涡动系统。在数学上将偏微分方程化为常微分方程，再通过求多自由度涡动系统方程，求出待定的广义坐标，代回假定涡动形态方程，即得原问题的解。下面详细阐释假定形态法求转轴临界转速的分析过程。

设转轴的挠曲位移为

$$x(z,t)=\sum_{i=1}^{n}a_i(t)\phi_i(z)=\boldsymbol{\phi}\boldsymbol{q}_1,\quad y(z,t)=\sum_{i=1}^{n}b_i(t)\psi_i(z)=\boldsymbol{\psi}\boldsymbol{q}_2 \tag{5.5.66}$$

式中，

$$\boldsymbol{\phi}=\{\phi_1(z)\quad\phi_2(z)\quad\cdots\quad\phi_n(z)\},\quad\boldsymbol{\psi}=\{\psi_1(z)\quad\psi_2(z)\quad\cdots\quad\psi_n(z)\} \tag{5.5.67}$$

是分属于 xz 和 yz 平面的许可函数基阵，而

$$\boldsymbol{q}_1=\{a_1(t)\quad a_2(t)\quad\cdots\quad a_n(t)\}^{\mathrm{T}},\quad\boldsymbol{q}_2=\{b_1(t)\quad b_2(t)\quad\cdots\quad b_n(t)\}^{\mathrm{T}} \tag{5.5.68}$$

是分属于 xz 和 yz 平面的广义坐标集。

这样，轴的变形就由两个广义坐标 a_i、b_i 表示，这也就是将转轴的连续坐标离散化为有限多个坐标。$\phi_i(z)$ 和 $\psi_i(z)$ 称为**假设形态**，也可称为**许可函数**。许可函数的选择有一定随意性，只需满足边界条件即可。a_i 和 b_i 称为形态坐标，它们

代表了每个许可函数对实际变形的贡献大小或参与程度。假设形态法的优点在于：若$\phi_i(z)$和$\psi_i(z)$选择适当，则可以用极少几个函数就能对形态做出满意的逼近，从而大大减少了自由度。

假设形态法的关键在于确定待定的形态坐标。现推导用形态坐标 a_i、b_i 表示的涡动方程。设转轴的单位长度的分布质量密度、面积、轴惯性矩分别为$\rho(z)$、$A(z)$和 $I(z)$。此外，在 $z_i(n=1, 2,\cdots, s)$处有 s 个聚集惯量 m_i、I_{di} 和 I_{pi}，在 $z_i(n=1, 2,\cdots, s)$处有 t 个沿 x 和 y 方向的集中弹簧或扭簧。弹簧刚度或扭簧刚度分别为 k_{1j}、G_{1j}、k_{2j} 和 G_{2j}，则该涡动系统在 Timoshenko 梁-轴模型下的动能和势能分别为

$$\begin{aligned}T=&\frac{1}{2}\int_0^l\rho A(\dot{x}^2+\dot{y}^2)\mathrm{d}z+\frac{1}{2}\int_0^l\rho I(\dot{\theta}_x^2+\dot{\theta}_y^2)\mathrm{d}z+\Omega\int_0^l\rho I(\dot{\theta}_x\theta_y+\dot{\theta}_y\theta_x)\mathrm{d}z\\&+\frac{1}{2}\sum_{i=1}^s m_i[\dot{x}^2(z_i)+\dot{y}^2(z_i)]+\frac{1}{2}\sum_{i=1}^s I_{\mathrm{d}i}[\dot{\theta}_x^2(z_i)+\dot{\theta}_x^2(z_i)]\\&+\frac{\Omega}{2}\sum_{i=1}^s I_{\mathrm{d}i}[\dot{\theta}_x(z_i)\theta_y(z_i)+\dot{\theta}_y(z_i)\theta_x(z_i)]\end{aligned}\tag{5.5.69}$$

$$\begin{aligned}V=&\frac{1}{2}\int_0^l EI\theta_x'^2\mathrm{d}z+\frac{1}{2}\int_0^l EI\theta_y'^2\mathrm{d}z+\frac{1}{2}\int_0^l\mu AG(\theta_x-x')^2\mathrm{d}z+\frac{1}{2}\int_0^l\mu AG(\theta_y-y')^2\mathrm{d}z\\&+\frac{1}{2}\sum_{j=1}^t k_{2j}x^2(z_j)+\frac{1}{2}\sum_{j=1}^t k_{1j}y^2(z_j)+\frac{1}{2}\sum_{j=1}^t G_{1j}\theta_x^2(z_j)+\frac{1}{2}\sum_{j=1}^t G_{2j}\theta_y^2(z_j)\end{aligned}\tag{5.5.70}$$

对于 Rayleigh 梁-轴模型，$\theta_x=x'$，$\theta_y=y'$。将式(5.5.64)代入式(5.5.67)和式(5.5.68)得

$$\begin{gathered}T=\frac{1}{2}\{\dot{\boldsymbol{q}}_1^{\mathrm{T}}\quad\dot{\boldsymbol{q}}_1^{\mathrm{T}}\}\begin{bmatrix}\boldsymbol{m}_1+\boldsymbol{I}_1&\boldsymbol{0}\\\boldsymbol{0}&\boldsymbol{m}_2+\boldsymbol{I}_2\end{bmatrix}\begin{Bmatrix}\dot{\boldsymbol{q}}_1\\\dot{\boldsymbol{q}}_2\end{Bmatrix}+\frac{\Omega}{2}\{\dot{\boldsymbol{q}}_1^{\mathrm{T}}\quad\dot{\boldsymbol{q}}_1^{\mathrm{T}}\}\begin{bmatrix}\boldsymbol{0}&\boldsymbol{I}\\\boldsymbol{I}^{\mathrm{T}}&\boldsymbol{0}\end{bmatrix}\begin{Bmatrix}\boldsymbol{q}_1\\\boldsymbol{q}_2\end{Bmatrix}\\V=\frac{1}{2}\{\dot{\boldsymbol{q}}_1^{\mathrm{T}}\quad\dot{\boldsymbol{q}}_1^{\mathrm{T}}\}\begin{bmatrix}\boldsymbol{K}_1&\boldsymbol{0}\\\boldsymbol{0}&\boldsymbol{K}_2\end{bmatrix}\begin{Bmatrix}\boldsymbol{q}_1\\\boldsymbol{q}_2\end{Bmatrix}\end{gathered}\tag{5.5.71}$$

式中，

$$\begin{gathered}\boldsymbol{m}_1=\int_0^l\rho A\boldsymbol{\phi}^{\mathrm{T}}(z_i)\boldsymbol{\phi}(z_i)\mathrm{d}z+\sum_{i=1}^s m_i\boldsymbol{\phi}^{\mathrm{T}}(z_i)\boldsymbol{\phi}(z_i)\\\boldsymbol{m}_2=\int_0^l\rho A\boldsymbol{\psi}^{\mathrm{T}}(z_i)\boldsymbol{\psi}(z_i)\mathrm{d}z+\sum_{i=1}^s m_i\boldsymbol{\psi}^{\mathrm{T}}(z_i)\boldsymbol{\psi}(z_i)\\\boldsymbol{I}_1=\int_0^l\rho IA\boldsymbol{\phi}'^{\mathrm{T}}(z_i)\boldsymbol{\phi}(z_i)\mathrm{d}z+\sum_{i=1}^s I_{\mathrm{d}i}\boldsymbol{\phi}^{\mathrm{T}}(z_i)\boldsymbol{\phi}(z_i)\\\boldsymbol{I}_2=\int_0^l\rho A\boldsymbol{\psi}'^{\mathrm{T}}(z_i)\boldsymbol{\psi}'(z_i)\mathrm{d}z+\sum_{i=1}^s I_{\mathrm{d}i}\boldsymbol{\psi}'^{\mathrm{T}}(z_i)\boldsymbol{\psi}'(z_i)\end{gathered}\tag{5.5.72}$$

$$\boldsymbol{I}=2\int_0^l \rho I\boldsymbol{\phi}'^{\mathrm{T}}(z_i)\boldsymbol{\psi}'(z_i)\mathrm{d}z+\sum_{i=1}^{s}I_{p_i}\boldsymbol{\phi}'^{\mathrm{T}}(z_i)\boldsymbol{\psi}'(z_i)$$

$$\begin{aligned}\boldsymbol{K}_1&=\int_0^l EI\boldsymbol{\phi}''^{\mathrm{T}}(z_j)\boldsymbol{\phi}''(z_j)\mathrm{d}z+\sum_{j=1}^{s}k_{1j}\boldsymbol{\phi}^{\mathrm{T}}(z_j)\boldsymbol{\phi}(z_j)+\sum_{j=1}^{s}G_{1j}\boldsymbol{\phi}'^{\mathrm{T}}(z_j)\boldsymbol{\phi}'(z_j)\\ \boldsymbol{K}_2&=\int_0^l EI\boldsymbol{\psi}''^{\mathrm{T}}(z_j)\boldsymbol{\psi}''(z_j)\mathrm{d}z+\sum_{j=1}^{s}k_{2j}\boldsymbol{\psi}^{\mathrm{T}}(z_j)\boldsymbol{\psi}(z_j)+\sum_{j=1}^{s}G_{2j}\boldsymbol{\psi}'^{\mathrm{T}}(z_j)\boldsymbol{\psi}'(z_j)\end{aligned}\tag{5.5.73}$$

$$\begin{aligned}\boldsymbol{\phi}(z_j)&=\{\phi_1(z_j)\quad \phi_2(z_j)\quad \cdots\quad \phi_n(z_j)\}\\ \boldsymbol{\psi}(z_j)&=\{\psi_1(z_j)\quad \psi_2(z_j)\quad \cdots\quad \psi_n(z_j)\}\end{aligned}\tag{5.5.74}$$

于是得 Timoshenko 梁-轴模型有限多自由度的涡动方程为

$$\begin{bmatrix}\boldsymbol{m}_1+\boldsymbol{I}_1 & \boldsymbol{0}\\ \boldsymbol{0} & \boldsymbol{m}_2+\boldsymbol{I}_2\end{bmatrix}\begin{Bmatrix}\ddot{\boldsymbol{q}}_1\\ \ddot{\boldsymbol{q}}_2\end{Bmatrix}+\boldsymbol{\Omega}\begin{bmatrix}\boldsymbol{0} & \boldsymbol{I}\\ \boldsymbol{I}^{\mathrm{T}} & \boldsymbol{0}\end{bmatrix}\begin{Bmatrix}\dot{\boldsymbol{q}}_1\\ \dot{\boldsymbol{q}}_2\end{Bmatrix}+\begin{bmatrix}\boldsymbol{K}_1 & \boldsymbol{0}\\ \boldsymbol{0} & \boldsymbol{K}_2\end{bmatrix}\begin{Bmatrix}\boldsymbol{q}_1\\ \boldsymbol{q}_2\end{Bmatrix}=\begin{Bmatrix}\boldsymbol{0}\\ \boldsymbol{0}\end{Bmatrix}\tag{5.5.75}$$

一般情况下，转子的支承条件可能对称，ϕ 和 ψ 未必相同。但若支承条件对称，常取 $\phi=\psi$，于是 $\boldsymbol{m}_1=\boldsymbol{m}_2=\boldsymbol{m}$，$\boldsymbol{I}_1=\boldsymbol{I}_2=\boldsymbol{I}_0$，$\boldsymbol{K}_1=\boldsymbol{K}_2=\boldsymbol{K}$，且 $\boldsymbol{m}$、$\boldsymbol{I}_0$ 和 $\boldsymbol{K}$ 均为对称矩阵，再令

$$\boldsymbol{P}=\boldsymbol{q}_1+\mathrm{i}\boldsymbol{q}_2\tag{5.5.76}$$

式(5.5.75)可缩并为

$$(\boldsymbol{m}+\boldsymbol{I}_0)\ddot{\boldsymbol{P}}-\mathrm{i}\Omega\boldsymbol{I}\dot{\boldsymbol{P}}+\boldsymbol{K}\boldsymbol{P}=\boldsymbol{0}\tag{5.5.77}$$

对 Timoshenko 梁-轴模型，不用式(5.5.66)，而是假设

$$x=\boldsymbol{\phi}\boldsymbol{a}_1,\quad y=\boldsymbol{\psi}\boldsymbol{b}_1,\quad \theta_x=\boldsymbol{\phi}'\boldsymbol{a}_2,\quad \theta_y=\boldsymbol{\psi}'\boldsymbol{b}_2\tag{5.5.78}$$

式中，$\boldsymbol{a}_2$ 和 $\boldsymbol{b}_2$ 是增添的两组独立广义坐标。将式(5.5.78)代入动能表达式(5.5.69)和势能表达式(5.5.70)，得到

$$\begin{aligned}T&=\frac{1}{2}\{\dot{\boldsymbol{a}}_1^{\mathrm{T}}\quad \dot{\boldsymbol{b}}_1^{\mathrm{T}}\}\begin{bmatrix}\boldsymbol{m}_1 & \boldsymbol{0}\\ \boldsymbol{0} & \boldsymbol{m}_2\end{bmatrix}\begin{Bmatrix}\dot{\boldsymbol{a}}_1\\ \dot{\boldsymbol{b}}_1\end{Bmatrix}+\frac{1}{2}\{\dot{\boldsymbol{a}}_2^{\mathrm{T}}\quad \dot{\boldsymbol{b}}_2^{\mathrm{T}}\}\begin{bmatrix}\boldsymbol{I}_1 & \boldsymbol{0}\\ \boldsymbol{0} & \boldsymbol{I}_2\end{bmatrix}\begin{Bmatrix}\dot{\boldsymbol{a}}_2\\ \dot{\boldsymbol{b}}_2\end{Bmatrix}\\ &\quad+\frac{\Omega}{2}\{\dot{\boldsymbol{a}}_2^{\mathrm{T}}\quad \dot{\boldsymbol{b}}_2^{\mathrm{T}}\}\begin{bmatrix}\boldsymbol{0} & \boldsymbol{I}\\ -\boldsymbol{I}^{\mathrm{T}} & \boldsymbol{0}\end{bmatrix}\begin{Bmatrix}\dot{\boldsymbol{a}}_2\\ \dot{\boldsymbol{b}}_2\end{Bmatrix}\\ V&=\frac{1}{2}\{\boldsymbol{a}_2^{\mathrm{T}}\quad \boldsymbol{b}_2^{\mathrm{T}}\}\begin{bmatrix}\boldsymbol{k}_1 & \boldsymbol{0}\\ \boldsymbol{0} & \boldsymbol{k}_2\end{bmatrix}\begin{Bmatrix}\boldsymbol{a}_2\\ \boldsymbol{b}_2\end{Bmatrix}+\frac{1}{2}\{\boldsymbol{a}_1^{\mathrm{T}}\quad \boldsymbol{a}_2^{\mathrm{T}}\}\begin{bmatrix}\boldsymbol{L}_1 & -\boldsymbol{L}_1\\ -\boldsymbol{L}_1 & \boldsymbol{L}_1\end{bmatrix}\begin{Bmatrix}\boldsymbol{a}_1\\ \boldsymbol{a}_2\end{Bmatrix}\\ &\quad+\frac{1}{2}\{\boldsymbol{b}_1^{\mathrm{T}}\quad \boldsymbol{b}_2^{\mathrm{T}}\}\begin{bmatrix}\boldsymbol{L}_2 & -\boldsymbol{L}_2\\ -\boldsymbol{L}_2 & \boldsymbol{L}_2\end{bmatrix}\begin{Bmatrix}\boldsymbol{b}_1\\ \boldsymbol{b}_2\end{Bmatrix}\end{aligned}\tag{5.5.79}$$

其中，

$$\boldsymbol{L}_1=\int_0^l \mu AG\boldsymbol{\phi}'^{\mathrm{T}}(z_i)\boldsymbol{\phi}'(z_i)\mathrm{d}z,\quad \boldsymbol{L}_2=\int_0^l \mu AG\boldsymbol{\psi}'^{\mathrm{T}}(z_i)\boldsymbol{\psi}'(z_i)\mathrm{d}z\tag{5.5.80}$$

而 $\boldsymbol{m}_i$、$\boldsymbol{I}_i$、$\boldsymbol{I}$ 和 $\boldsymbol{K}_i$ 仍由式(5.5.72)和式(5.5.73)定义。令

$$\boldsymbol{q}_1=\{\boldsymbol{a}_1\quad \boldsymbol{a}_2\}^{\mathrm{T}},\quad \boldsymbol{q}_2=\{\boldsymbol{b}_1\quad \boldsymbol{b}_2\}^{\mathrm{T}} \tag{5.5.81}$$

得转轴的涡动方程为

$$\begin{bmatrix} \boldsymbol{m}_1 & \boldsymbol{0} & \boldsymbol{0} & \boldsymbol{0} \\ \boldsymbol{0} & \boldsymbol{I}_1 & \boldsymbol{0} & \boldsymbol{0} \\ \boldsymbol{0} & \boldsymbol{0} & \boldsymbol{m}_2 & \boldsymbol{0} \\ \boldsymbol{0} & \boldsymbol{0} & \boldsymbol{0} & \boldsymbol{I}_2 \end{bmatrix}\begin{Bmatrix} \ddot{\boldsymbol{q}}_1 \\ \vdots \\ \ddot{\boldsymbol{q}}_2 \end{Bmatrix}+\begin{bmatrix} 0 & 0 & 0 & 0 \\ 0 & 0 & 0 & \boldsymbol{I} \\ 0 & 0 & 0 & 0 \\ 0 & -\boldsymbol{I}^{\mathrm{T}} & 0 & 0 \end{bmatrix}\begin{Bmatrix} \dot{\boldsymbol{q}}_1 \\ \vdots \\ \dot{\boldsymbol{q}}_2 \end{Bmatrix}$$
$$+\begin{bmatrix} \boldsymbol{L}_1 & -\boldsymbol{L}_1 & 0 & 0 \\ -\boldsymbol{L}_1 & \boldsymbol{K}_1+\boldsymbol{L}_1 & 0 & 0 \\ 0 & 0 & \boldsymbol{L}_2 & -\boldsymbol{L}_2 \\ 0 & 0 & -\boldsymbol{L}_2 & \boldsymbol{K}_2+\boldsymbol{L}_2 \end{bmatrix}\begin{Bmatrix} \boldsymbol{q}_1 \\ \vdots \\ \boldsymbol{q}_2 \end{Bmatrix}=\begin{Bmatrix} 0 \\ \vdots \\ 0 \end{Bmatrix} \tag{5.5.82}$$

若转轴横向对称，取 $\phi(z_i)=\psi(z_i)$，并令

$$\boldsymbol{P}_1=\boldsymbol{a}_1+\mathrm{i}\boldsymbol{b}_1,\quad \boldsymbol{P}_2=\boldsymbol{a}_2+\mathrm{i}\boldsymbol{b}_2,\quad \boldsymbol{P}^{\mathrm{T}}=[\boldsymbol{P}_1^{\mathrm{T}}\quad \boldsymbol{P}_2^{\mathrm{T}}] \tag{5.5.83}$$

则涡动方程(5.5.82)缩并为

$$\begin{bmatrix} \boldsymbol{m} & \boldsymbol{0} \\ \boldsymbol{0} & \boldsymbol{I}_0 \end{bmatrix}\ddot{\boldsymbol{P}}-\mathrm{i}\Omega\begin{bmatrix} 0 & 0 \\ 0 & \boldsymbol{I} \end{bmatrix}\dot{\boldsymbol{P}}+\begin{bmatrix} \boldsymbol{L} & -\boldsymbol{L} \\ -\boldsymbol{L} & \boldsymbol{K}+\boldsymbol{L} \end{bmatrix}\boldsymbol{P}=\boldsymbol{0} \tag{5.5.84}$$

5.5.3　多段连续质量阶梯轴模型

在前面的转子动力学模型中，将转子系统看成无质量轴和刚性圆盘的组合进行分析。当转轴较细、圆盘较薄时，该模型能够较准确地反映转子系统的动态特性。当转轴较粗、圆盘较厚时，该模型不能反映实际的转子系统的特性。在工程实际中，常常会遇到非均匀性连续的转轴结构，转轴由直径不同的几段组成，如图 5.5.8 所示。

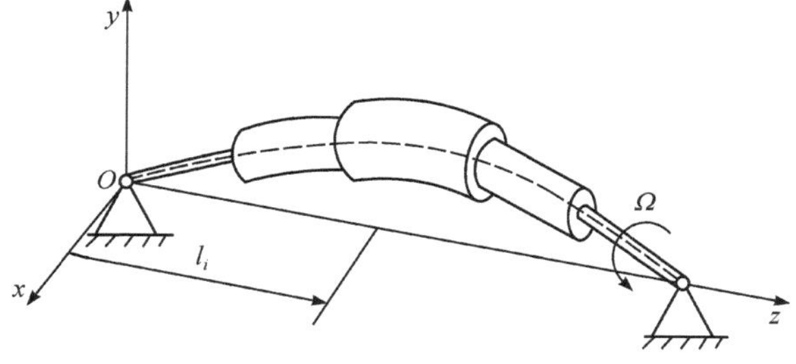

图 5.5.8　阶梯轴涡动示意图

对于这类每段为等截面但各段沿直径轴线不等，以及虽然转轴为等截面但带有集中质量圆盘的质量连续分布转轴，其涡动分析方法相同，统称为多段连续质量阶梯轴。

1. 阶梯轴模型的涡动微分方程

描述阶梯轴的涡动，每段转轴可按质量连续分布转轴来分析。如第 i 段转轴按 Timoshenko 梁-轴模型分析，由式(5.5.47)可得

$$\frac{\partial^4 w_i}{\partial z^4}-\frac{\rho}{E}\left(1+\frac{E}{\mu G}\right)\frac{\partial^4 w_i}{\partial z^2\partial t^2}+\mathrm{i}2\frac{\rho\Omega}{E}\frac{\partial^3 w_i}{\partial z^2\partial t}+\frac{\rho A}{EI_i}\frac{\partial^2 w_i}{\partial t^2}-\mathrm{i}2\Omega\frac{\rho^2}{\mu GE}\frac{\partial^3 w_i}{\partial t^3}$$
$$+\frac{\rho^2}{\mu GE}\frac{\partial^4 w_i}{\partial t^4}=\frac{q_i}{EI_i}-\frac{1}{\mu A_i G}\frac{\partial^2 q_i}{\partial t^2}-\mathrm{i}\frac{2\rho\Omega}{\mu A_i GE}\frac{\partial q_i}{\partial t}+\frac{\rho}{\mu A_i GE}\frac{\partial^2 q_i}{\partial t^2} \tag{5.5.85}$$

当作用在梁-轴上的外力激励 q=0 时，由式(5.5.48)可得

$$\frac{\partial^4 w_i}{\partial z^4}-\frac{\rho}{E}\left(1+\frac{E}{\mu G}\right)\frac{\partial^4 w_i}{\partial z^2\partial t^2}+\mathrm{i}2\frac{\rho\Omega}{E}\frac{\partial^3 w_i}{\partial z^2\partial t}+\frac{\rho A}{EI_i}\frac{\partial^2 w_i}{\partial t^2}-\mathrm{i}2\Omega\frac{\rho^2}{\mu GE}\frac{\partial^3 w_i}{\partial t^3}+\frac{\rho^2}{\mu GE}\frac{\partial^4 w_i}{\partial t^4}=0 \tag{5.5.86}$$

2. 阶梯轴模型的联结条件

在阶梯轴的计算中，可以将各个轴段分布进行涡动分析，分别列出其各自的涡动微分方程，再根据相邻截面处的联结条件将各个轴段的方程联立进行求解。在前面的内容中已经讨论了均匀梁-轴系统的涡动分析方法，下面重点介绍相邻段轴的联结条件。

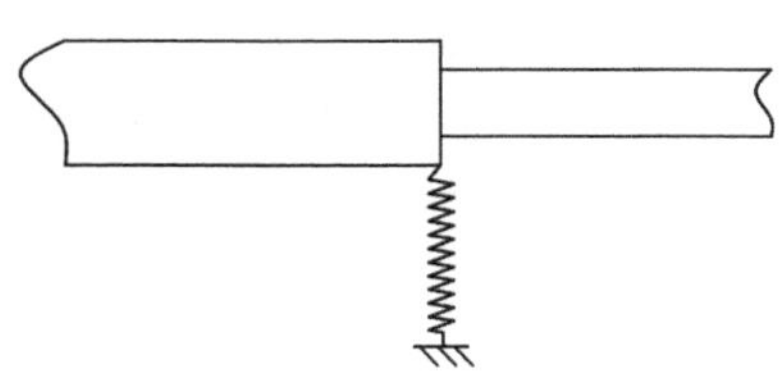

图 5.5.9 阶梯轴的联结处示意图

1) 阶梯轴有弹性支承的联结条件

如图 5.5.9 所示，假设阶梯轴两个对接面的半径分别为 r_1 和 r_2，联结点为第一个轴段中的 $z_1=l$ 处，第二个轴段中的 $z_2=0$ 处，阶梯轴的材料相同，弹性模量为 E，泊松比为 υ，形状系数为μ，弹性支承的弹性系数为 k。设两段轴的挠度分别可表示为

$$\begin{aligned}&y_1(z_1,t)=Y_1(z_1)\mathrm{e}^{\mathrm{i}\omega_1 t},\quad y_2(z_2,t)=Y_2(z_2)\mathrm{e}^{\mathrm{i}\omega_2 t}\\&\theta_1(z_1,t)=\Theta_1(z_1)\mathrm{e}^{\mathrm{i}\omega_1 t},\quad \theta_2(z_2,t)=\Theta_2(z_2)\mathrm{e}^{\mathrm{i}\omega_2 t}\end{aligned} \tag{5.5.87}$$

这里只分析同频振动，因此有$\omega_1=\omega_2=\omega$。在联结处取一微元，分析微元的平衡条件。忽略微元所受的惯性力，由于轴为各向同向材料，将联结条件写成复数形式为

$$Q_1-Q_2-kw=0\,,\ M_1=M_2\,,\ w_1(l)=w_2(0)=w\,,\ \theta_1(l)=\theta_2(0) \tag{5.5.88}$$

式中，$Q_1=Q_{y1}+iQ_{z1}$，$Q_2=Q_{y2}+iQ_{z2}$，$M_1=M_{y1}+\mathrm{i}M_{z1}$，$M_2=M_{y2}+\mathrm{i}M_{z2}$，$w_1=w_{y1}+\mathrm{i}w_{z1}$，$w_2=w_{y2}+\mathrm{i}w_{z2}$。

分别对各轴段进行受力分析，可得

$$\begin{aligned}&Q_1=\mu GA_1[\theta_1(l)-w_1'(l)],\quad Q_2=\mu GA_2[\theta_2(0)-w_2'(0)]\\&M_1=EI_1\theta_1'(l),\quad M_2=EI_2\theta_2'(l)\end{aligned}\tag{5.5.89}$$

将式(5.5.89)代入式(5.5.88)，得到

$$\begin{aligned}&\mu GA_1[\theta_1(l)-w_1'(l)]-\mu GA_2[\theta_2(0)-w_2'(0)]-kw_2(0)=0\\&EI_1\theta_1'(l)=EI_2\theta_2'(0),\quad w_1(l)=w_2(0)=w,\quad \theta_1(l)=\theta_2(0)\end{aligned}\tag{5.5.90}$$

2) 具有集中质量的阶梯轴模型的联结条件

梁-轴上的集中惯量也将引起系统的不连续，如图 5.5.10(a)所示，在梁-轴系统中存在一个集中质量为 m，相对轴截面径向的集中惯性矩为 I_d，相对轴向的集中惯性矩为 I_p。

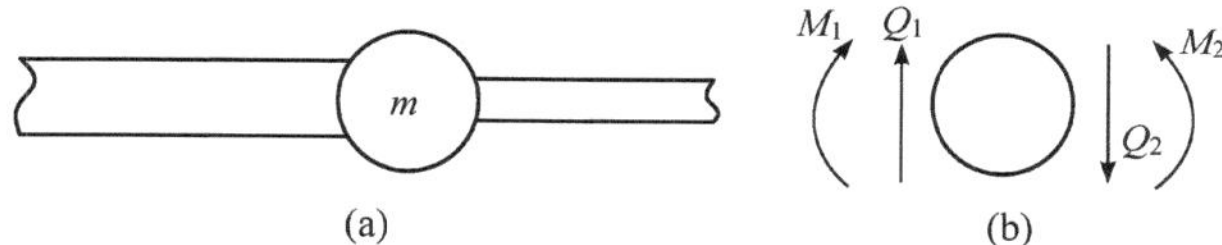

图 5.5.10　梁-轴模型中存在集中参数及其受力示意图

假设阶梯轴的两个对接面的半径分别为 r_1 和 r_2，联结点为第一个轴段中的 $z_1=l$ 处，第二个轴段中的 $z_2=0$ 处，阶梯轴的材料相同，弹性模量为 E，泊松比为 υ，形状系数为 μ，集中质量的受力示意图如图 5.5.10(b)所示，图中的各量为复数形式。根据平衡条件可得该处的联结条件为

$$\begin{aligned}&m\ddot{w}=Q_1-Q_2,\quad I_\mathrm{d}\ddot{\theta}-\mathrm{i}I_\mathrm{p}\Omega\dot{\theta}=M_2-M_1\\&w_1(l)=w_2(0)=w,\quad \theta_1(l)=\theta_2(0)\end{aligned}\tag{5.5.91}$$

将式(5.5.89)代入式(5.5.91)，得到

$$\begin{aligned}&\mu GA_1[\theta_1(l)-w_1'(l)]-\mu GA_2[\theta_2(0)-w_2'(0)]-m\ddot{w}=0\\&EI_1\theta_1'(l)-EI_2\theta_2'(0)+I_\mathrm{d}\ddot{\theta}-\mathrm{i}I_\mathrm{p}\Omega\dot{\theta}=0,\quad w_1(l)=w_2(0)=w,\quad \theta_1(l)=\theta_2(0)=\theta\end{aligned}\tag{5.5.92}$$

3. 刚性盘-连续质量轴转子的涡动分析

下面利用 Timoshenko 梁-轴模型，以图 5.4.19 所示的两端弹性支承刚性薄单圆盘偏置转子模型为例，分析刚性盘连续质量轴转子动力特性，忽略两端支承处的集中质量。AB 为两端的支承，O 为圆盘中心。设 AO 段长度为 l_1，OB 段长度为 l_2。两端弹性支承刚度为 k_1 和 k_2。考虑截面为动力对称的轴段，设梁轴线方向为 z 轴，中性轴变形曲线为 $x(z, t)$和 $y(z, t)$，截面转角为$\theta_y(z, t)$和$\theta_x(z, t)$。在 z 处截取轴的 dz 微段，则该微段质心的位移为 $x=x(z, t)$，$y=y(z, t)$，偏转角$\theta_y=\theta_y(z, t)$，$\theta_x=\theta_x(z,$

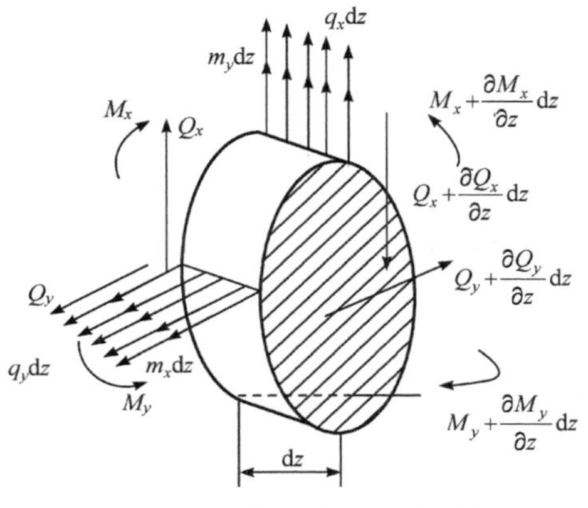

图 5.5.11　梁轴的微元受力图

t)。转轴微段的受力状态如图 5.5.11 所示。与 Timoshenko 梁-轴模型涡动方程的推导方法类似，可得转轴的涡动微分方程为

$$\rho A\ddot{x}=-\frac{\partial Q_x}{\partial z}+q_x,\quad \rho A\ddot{y}=-\frac{\partial Q_y}{\partial z}+q_y$$
$$\rho I\ddot{\theta}_x+2\Omega\rho I\dot{\theta}_y=\frac{\partial M_x}{\partial z}-Q_x+m_x,$$
$$\rho I\ddot{\theta}_y+2\Omega\rho I\dot{\theta}_x=\frac{\partial M_y}{\partial z}-Q_y+m_y \tag{5.5.93}$$

式中，I 为截面惯性矩；q_x、q_y 为分布外载荷；m_x、m_y 为分布外力矩；M_x 和 M_y 为弯矩；Q_x 和 Q_y 为剪力。

令 $r=x+\mathrm{i}y$, $\theta=\theta_x+\mathrm{i}\theta_y$, $M=M_x+\mathrm{i}M_y$, $Q=Q_x+\mathrm{i}Q_y$, $q=q_x+\mathrm{i}q_y$, $m=m_x+\mathrm{i}m_y$, 则式(5.5.91)可缩并为下列复数形式：

$$\rho A\ddot{r}=-\frac{\partial Q}{\partial z}+q,\quad \rho I\ddot{\theta}-\mathrm{i}2\Omega\rho I\dot{\theta}=\frac{\partial M}{\partial z}-Q+m \tag{5.5.94}$$

从式(5.5.94)中消去 Q，得到

$$\frac{\partial}{\partial z}\left(\rho I\ddot{\theta}-\mathrm{i}2\Omega\rho I\dot{\theta}\right)=\frac{\partial^2 M}{\partial z^2}+\frac{\partial m}{\partial z}+\rho A\ddot{r}-q \tag{5.5.95}$$

对于 Timoshenko 梁-轴模型，其有如下本构关系和位移边界条件：

$$M=EI\frac{\partial\theta}{\partial z},\quad \theta=\frac{\partial r}{\partial z}+\frac{Q}{\mu AG} \tag{5.5.96}$$

式中，$G=E/[2(1+\upsilon)]$，υ 为泊松比；μ 为截面剪切系数，其值由截面几何形状决定，一般为 0.45～0.9，对薄壁圆截面 μ=0.5，对实心圆截面 μ=0.9。将式(5.5.96)代入式(5.5.94)，可得

$$\rho A\ddot{r}+\frac{\partial}{\partial z}\left[\mu AG\left(\theta-\frac{\partial r}{\partial z}\right)\right]=q$$
$$\rho I\ddot{\theta}-\mathrm{i}2\Omega\rho I\dot{\theta}=\frac{\partial}{\partial z}\left(EI\frac{\partial\theta}{\partial z}\right)-\mu AG\left(\theta-\frac{\partial r}{\partial z}\right)+m \tag{5.5.97}$$

对于均匀截面转轴，截面参数与 z 无关，由式(5.5.97)的第一式可得

$$\frac{\partial\theta}{\partial z}=\frac{\partial^2 r}{\partial z^2}+\frac{1}{\mu AG}(q-\rho A\ddot{r}) \tag{5.5.98}$$

将式(5.5.98)代入式(5.5.97)的第二式，得

$$\frac{\partial^4 r}{\partial z^4}-\frac{\rho}{E}\left(1+\frac{E}{\mu G}\right)\frac{\partial^4 r}{\partial z^2\partial t^2}+\mathrm{i}2\frac{\rho\Omega}{E}\frac{\partial^3 r}{\partial z^2\partial t}+\frac{\rho A}{EI}\frac{\partial^2 r}{\partial t^2}-\mathrm{i}2\Omega\frac{\rho^2}{\mu GE}\frac{\partial^3 r}{\partial t^3}+\frac{\rho^2}{\mu GE}\frac{\partial^4 r}{\partial t^4}$$
$$=\frac{q}{EI}-\frac{1}{\mu GE}\frac{\partial^2 q}{\partial t^2}-\mathrm{i}\frac{2\rho\Omega}{\mu AGE}\frac{\partial q}{\partial t}+\frac{\rho}{\mu AGE}\frac{\partial^2 q}{\partial t^2}-\frac{1}{EI}\frac{\partial m}{\partial z} \tag{5.5.99}$$

将 Timoshenko 梁-轴模型以圆盘为界分为 AO 和 OB 两部分，轴的 O 点处固连一个刚性圆盘，简化为集中质量 m_d 和集中转动惯量 I_p、I_d。假定两端轴的挠度和转角分别为 r_1、θ_1、r_2、θ_2，则由式(5.5.99)得梁-轴的自由涡动微分方程为

$$\frac{\partial^4 r_j}{\partial z_j^4}-\frac{\rho_j}{E_j}\left(1+\frac{E_j}{\mu_j G_j}\right)\frac{\partial^4 r_j}{\partial z_j^2\partial t^2}+\mathrm{i}2\frac{\rho_j\Omega}{E_j}\frac{\partial^3 r_j}{\partial z_j^2\partial t}+\frac{\rho_j A_j}{E_j I_j}\frac{\partial^2 r_j}{\partial t^2}$$
$$-\mathrm{i}2\Omega\frac{\rho_j^2}{\mu_j G_j E_j}\frac{\partial^3 r_j}{\partial t^3}+\frac{\rho_j^2}{\mu_j G_j E_j}\frac{\partial^4 r_j}{\partial t^4}=0 \tag{5.5.100}$$

式中，j=1, 2，$z_j\in[0,l_j]$，l_1、l_2 为各段的长度。

只考虑 Timoshenko 梁-轴模型的同步涡动，令 $r_j=f_j(x)\mathrm{e}^{\mathrm{i}\omega t}$，代入式(5.5.100)，得

$$\frac{\mathrm{d}^4 f_j}{\mathrm{d}z_j^4}+\frac{2r_j}{l_j^2}\frac{\mathrm{d}^2 f_j}{\mathrm{d}z_j^2}-\frac{\lambda_j^4}{l_j^4}f_j=0 \tag{5.5.101}$$

式中，

$$\begin{aligned}\frac{2r_j}{l_j^2}&=\frac{\rho_j(1+E_j/\mu_j G_j)\omega^2-2\Omega\rho_j\omega_j}{E_j}\\ \frac{\lambda_j^4}{l_j^4}&=\frac{\rho_j A_j}{E_j I_j}\omega^2+\frac{2\Omega\rho_j^2\omega^3}{\mu_j G_j E_j}-\frac{\rho_j^4\omega^4}{\mu_j G_j E_j}\end{aligned} \tag{5.5.102}$$

方程(5.5.102)的通解为

$$f_j(z_j)=C_{j1}\sin(\alpha_j z_j)+C_{j2}\cos(\alpha_j z_j)+C_{j3}\mathrm{sh}(\beta_j z_j)+C_{j4}\mathrm{ch}(\beta_j z_j) \tag{5.5.103}$$

α_j 和 β_j 应满足的方程为

$$\alpha_j^2=\left(\gamma_j+\sqrt{\gamma_j^2+\lambda_j^4}\right)/l_j^2,\quad \beta_j^2=\left(-\gamma_j^2+\sqrt{\gamma_j^2+\lambda_j^4}\right)/l_j^2 \tag{5.5.104}$$

对于均匀截面转轴，截面参数与 z 无关。设 $\theta_j(z_j)=\Theta_j(z_j)\mathrm{e}^{\mathrm{i}\omega t}$，代入式(5.5.98)，并根据能量守恒和变分原理可得

$$\Theta_j'=f_j''+\frac{\omega^2\rho_j}{\mu_j G_j}f_j,\quad \Theta_j=\frac{[\mu_j G_j A_j+E_j I_j\omega^2\rho_j/(\mu_j G_j)]f_j'+E_j I_j f_j'''}{\mu_j G_j A_j-\rho_j I_j\omega^2+2\rho_j I_j\Omega\omega} \tag{5.5.105}$$

O 点的边界条件为

$$\begin{aligned}&\mu_2 G_2 A_2(\Theta_2 - f_2')\big|_{z_2=0} - \mu_1 G_1 A_1(\Theta_1 - f_1')\big|_{z_1=l_1} = m_{\mathrm{d}}\omega^2 f_2\big|_{z_2=0}\\&E_1 I_1 \Theta_1'\big|_{z_1=l_1} - E_2 I_2 \Theta_2'\big|_{z_2=0} = (I_{\mathrm{d}}\omega^2\Theta_2 - I_{\mathrm{p}}\omega^2\Theta_2)\big|_{z_2=0}\end{aligned} \tag{5.5.106}$$

刚性圆盘对转轴涡动的影响反映在 O 点的联结条件中：

$$f_1\big|_{z_1=l_1} = f_2\big|_{z_2=0},\quad \Theta_1\big|_{z_1=l_1} = \Theta_2\big|_{z_2=0} \tag{5.5.107}$$

A 点和 B 点的边界条件分别为

$$\left.\frac{\partial \Theta_1}{\partial z_1}\right|_{z_1=0} = 0,\quad -\mu_1 G_1 A_1(\Theta_1 - f_1')\big|_{z_1=0} = k_1 f_1\big|_{z_1=0} \tag{5.5.108}$$

$$\left.\frac{\partial \Theta_2}{\partial z_2}\right|_{z_2=l_2} = 0,\quad -\mu_2 G_2 A_2(\Theta_2 - f_2')\big|_{z_1=l_2} = k_2 f_2\big|_{z_1=l_2} \tag{5.5.109}$$

式中，k_1 和 k_2 分别为转轴 A 端和 B 端的支承刚度系数。

5.5.4　弹性盘-柔性轴转轴系统模型

随着旋转动力机械的发展，人们对其工作效率的要求越来越高，例如，大型离心压缩机与航空发动机工作转速每分钟高达数万转。在高转速、重载的情况下，圆盘的变形会对转轴系统的涡动特性产生较大影响。如果忽略盘面的变形，继续将圆盘简化为刚性圆盘会造成较大的误差。因此，下面讨论弹性圆盘连续质量轴的动力特性。为与不计质量而只计及弹性的轴相区别，将同时计及质量与弹性的质量连续分布的转轴简称为柔性轴。

1. 弹性盘-柔性轴转子系统的涡动分析

弹性盘-柔性轴转子系统模型如图 5.5.12 所示。其涡动较为复杂，除了转轴的涡动，圆盘的涡动既有随转轴涡动引起的刚体涡动运动，又有圆盘变形产生的垂直于圆盘平面的运动。

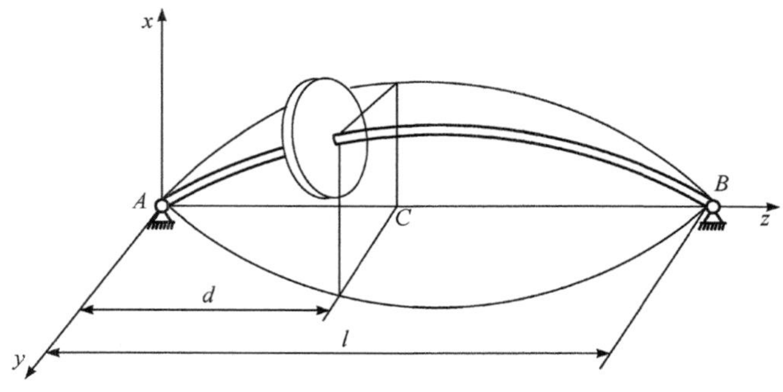

图 5.5.12　弹性盘-柔性轴转子系统模型

1) 弹性盘-柔性轴系统的坐标系

采用第二类欧拉角的三个坐标系描述弹性圆盘的这种复合运动，设固定坐标系为 $Oxyz$，O 点为转轴静止时轴线上任一点，也可选支承轴承中心。建立第二类欧拉角的三个坐标系，如图 5.5.13 所示。第一个坐标系是圆盘初始位置上以 P 点为原点的平行于固定坐标系的惯性坐标系 $x_0y_0z_0$，第二个坐标系是以角速度 Ω 绕 P 点旋转的局部坐标系 $x_1y_1z_1$，转轴的涡动利用坐标系 $x_1y_1z_1$ 上的坐标(v_s, w_s)进行表述。第三个坐标系是以圆盘中心为原点且固连于圆盘的转动坐标系 $x_2y_2z_2$，圆盘最终位置在 $x_2y_2z_2$。圆盘相对于坐标系 $x_2y_2z_2$ 的弹性位移用 u_D 表示。圆盘的惯性位移可以视为圆盘位置从初始位置经过三次欧拉角的旋转到最终位置。圆盘第一次旋转绕 z_0 轴旋转 θ_ζ 角即旋转角度 Ωt 到 $x_1y_1z_0$，第二次绕 x_1 轴转动 θ_ξ 角到达 $x_1y_2z_1$，第三次绕 y_2 轴转动 θ_η 角到达 $x_2y_2z_2$。

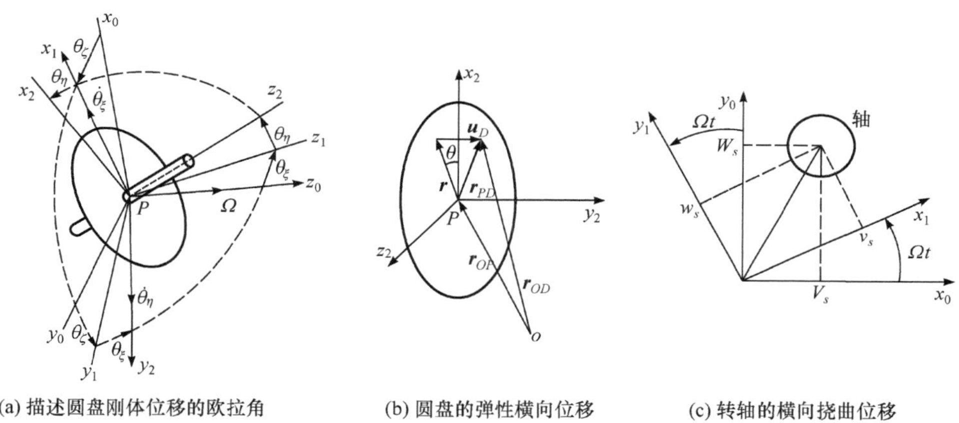

(a) 描述圆盘刚体位移的欧拉角　(b) 圆盘的弹性横向位移　(c) 转轴的横向挠曲位移

图 5.5.13　弹性盘-柔性轴系统的坐标系

2) 弹性盘的弹性振动位移

首先研究弹性旋转圆盘的动力特性，建立一个内径为 a、外径为 b 的弹性圆盘模型，如图 5.5.14 所示。为便于分析弹性盘-柔性轴耦合转子系统的动力学特性，取边界为内圆夹支，外圆自由。圆盘满足基尔霍夫假设，即圆盘中面为 xy 平面，则：①变形前垂直于中面的直线变形后仍然保持直线，而且长度不变。这相当于梁的弯曲变形平面假设，根据这一假设，$\varepsilon_z=\gamma_{zx}=\gamma_{zy}=0$。②垂直于中面方向的应力分量 σ_x、τ_{zx}、τ_{zy} 远小于其他应力分量，其引起的变形可忽略不计，但是对于维持平衡是必要的。这相当于梁的弯曲无挤压应力假

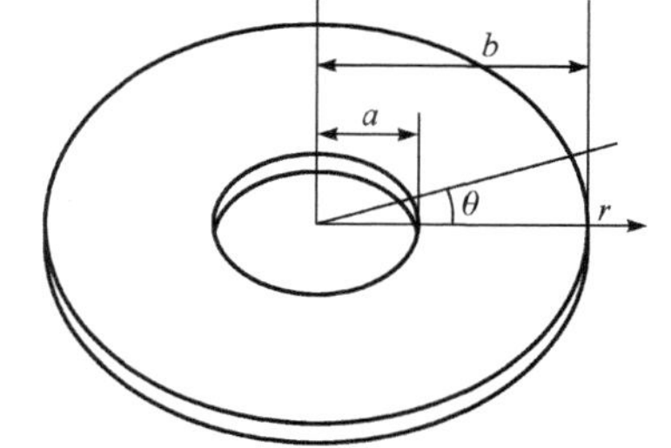

图 5.5.14　均质弹性旋转圆盘示意图

设。③薄板弯曲时，中面各点只有垂直于中面的位移 w，没有平行中面的位移。根据这一假设，板的中面将没有变形发生。板的中面的位移函数 $w(x, y)$称为**挠度函数**。

对于旋转均匀圆盘，可利用哈密顿原理导出其横向弹性振动的微分方程，圆盘的自由振动微分方程为

$$\rho_D h_D \frac{\partial^2 u_D}{\partial t^2} + D\nabla^4 u_D - \frac{1}{r}\frac{\partial}{\partial r}\left(rN_r \frac{\partial u_D}{\partial r}\right) - \frac{1}{r^2} N_\theta \frac{\partial^2 u_D}{\partial \theta^2} = 0 \tag{5.5.110}$$

圆盘的内圆夹支，边界条件为

$$u_D\big|_{r=a} = 0, \quad \left.\frac{\partial u_D}{\partial r}\right|_{r=a} = 0 \tag{5.5.111}$$

圆盘的外圆自由，边界条件为

$$\begin{aligned} &\left.\frac{\partial^2 u_D}{\partial r^2} + \frac{\upsilon_D}{r}\frac{\partial}{\partial r}\left(\frac{1}{r}\frac{\partial u_D}{\partial r} + \frac{1}{r^2}\frac{\partial^2 u_D}{\partial \theta^2}\right)\right|_{r=b} = 0 \\ &\left.\frac{\partial}{\partial r}\nabla^2 u_D + \frac{1-\upsilon_D}{r}\frac{\partial^2}{\partial \theta^2}\left(\frac{\partial u_D}{\partial r} - \frac{u_D}{r}\right)\right|_{r=b} = 0 \end{aligned} \tag{5.5.112}$$

式中，u_D 为圆盘上任一点在垂直于圆盘平面的位移；a 和 b 分别为圆盘的内、外半径；ρ_D 为圆盘每单位体积的质量；h_D 为圆盘的厚度；$D = E_D h_D^3 / [12(1-\upsilon_D^2)]$ 为圆盘的抗弯刚度；E_D 和 υ_D 分别为圆盘的弹性模量和泊松比；∇^4 为调和算子；∇^2 为拉普拉斯算子；N_r 和 N_θ 为极坐标上的正交合应力。其表达式为

$$\begin{aligned} &\nabla^2 = \frac{\partial^2}{\partial r^2} + \frac{\partial}{r\partial r} + \frac{\partial^2}{r^2 \partial r^2}, \quad N_r = \frac{\rho_D h_D \Omega^2}{8}\left[-(3+\upsilon_D)r^2 + C_1 + \frac{C_2}{r^2}\right] \\ &N_\theta = \frac{\rho_D h_D \Omega^2}{8}\left[-(3+\upsilon_D)r^2 + C_1 - \frac{C_2}{r^2}\right], \quad D = \frac{E_D h_D^3}{12(1-\upsilon_D^2)} \end{aligned} \tag{5.5.113}$$

式中，

$$C_1 = \frac{(1+\upsilon_D)(3+\upsilon_D)b^4 + (1-\upsilon_D^2)a^4}{(1+\upsilon_D)b^2 + (1-\upsilon_D)a^2}, \quad C_2 = a^2 b^2 \frac{(1+\upsilon_D)(3+\upsilon_D)b^2 + (1-\upsilon_D^2)a^2}{(1+\upsilon_D)b^2 + (1-\upsilon_D)a^2} \tag{5.5.114}$$

根据弹性薄板理论，弹性盘的弯曲位移可以表示为

$$u_D(r,\theta,t) = \sum_{i=1}^{\infty} U_i(r,\theta) q_i(t) \tag{5.5.115}$$

式中，$q_i(t)$ 为相应关于坐标中与时间有关的部分，在此只考虑简谐振动，则 $\ddot{q}_i(t) = \omega_i^2 q_i(t)$，$\omega_i$ 为弹性盘第 i 阶模态对应的自然频率；$U_i(r,\theta)$为盘的正交模态：

$$U_i(r,\theta) = U_{mn}(r,\theta) = R_{mn}(r)[a_{mn}\cos(m\theta) + b_{mn}\sin(m\theta)], \quad m,n = 0,1,\cdots,\infty \tag{5.5.116}$$

U_{mn} 表示 m 节径、n 节圆的正交模态。$U_i(r,\theta)$可以看成以响应自然频率增加的顺

序对 U_{mn} 进行的重排序。$R_{mn}(r)$为振型的径向分布，a_{mn} 和 b_{mn} 为决定与盘相关的组合模态的初始角的常数。对于完全对称的圆盘，理论分析和实验都表明，无论是否均匀，圆盘的模态都没有固定的初始角。为了简化运算，不失一般性，假定初始角为零。

3) 圆盘的惯性力与惯性力矩

挠曲振动圆盘的惯性力为

$$F_P = -\rho_D h_D \int_0^{2\pi} \frac{\partial^2 u_D}{\partial t^2} r\mathrm{d}r\mathrm{d}\theta = -\rho_D h_D \sum_{i=1}^{\infty} \omega_i^2 q_i(t) \int_0^{2\pi} \int_a^b R_{mn}(r)\cos(m\theta) r\mathrm{d}r\mathrm{d}\theta \quad (5.5.117)$$

式中，

$$\int_0^{2\pi} \cos(m\theta)\mathrm{d}\theta = \begin{cases} 2\pi, & m=0 \\ 0, & m\neq 0 \end{cases} \quad (5.5.118)$$

关于点 P 的惯性矩(方向与轴垂直)为

$$\begin{aligned} M_P &= -\rho_D h_D \int_0^{2\pi} \int_a^b \frac{\partial^2 u_D}{\partial t^2} \cos\theta r\mathrm{d}r\mathrm{d}\theta \\ &= -\rho_D h_D \sum_{i=1}^{\infty} \omega_i^2 q_i(t) \int_0^{2\pi} \int_a^b R_{mn}(r)\cos(m\theta)\cos\theta r^2 \mathrm{d}r\mathrm{d}\theta \end{aligned} \quad (5.5.119)$$

其中，

$$\int_0^{2\pi} \cos(m\theta)\cos\theta\mathrm{d}\theta = \begin{cases} \pi, & m=1 \\ 0, & m\neq 1 \end{cases} \quad (5.5.120)$$

由式(5.5.115)和式(5.5.117)可以看出，由于惯性力 F_P 的作用，圆盘的零节径模态和轴的纵向振动耦合；由于惯性力矩 M_P 的作用，圆盘的一节径模态和轴的弯曲振动耦合，圆盘其他节径的模态不与轴的振动耦合。在此只讨论弯曲耦合振动，所以只取圆盘的一节径模态。

4) 弹性盘的动能与应变能

弹性盘的动能为

$$\begin{aligned} T_D &= \frac{1}{2} m_D [\dot{v}^2 + \dot{w}^2 + 2\Omega(\dot{w}v - \dot{v}w) + \Omega^2(v^2+w^2)] + \frac{1}{2} I_{Dy}[(\dot{\theta}_\xi - \Omega\dot{\theta}_\eta)^2 + (\dot{\theta}_\eta - \Omega\dot{\theta}_\xi)^2] \\ &+ \frac{1}{2} I_{Dx}[2\Omega\theta_\eta\dot{\theta}_\xi - \Omega(\dot{\theta}_\xi^2 + \dot{\theta}_\eta^2)] + \Omega^2 + \frac{1}{2}\rho_D h_D \int_0^{2\pi}\int_a^b \{\dot{u}_D^2 + 2r[\sin\theta(\dot{\theta}_\xi - \Omega\theta_\eta) \\ &- \cos\theta(\dot{\theta}_\eta + \Omega\theta_\xi)]\dot{u}_D - 2\Omega r[\sin\theta(\dot{\theta}_\eta + \Omega\theta_\xi) + \cos\theta(\dot{\theta}_\xi - \Omega\theta_\eta)]\dot{u}_D\} r\mathrm{d}r\mathrm{d}\theta \end{aligned} \quad (5.5.121)$$

式中，m_D、ρ_D、h_D、I_{Dx} 和 I_{Dy} 分别为圆盘的质量、密度、厚度、绕圆盘轴向和径向的转动惯量；v 和 w 为圆盘所在位置处轴的位移；θ_ξ 和 θ_η 为圆盘所在位置处轴弯曲而引起的微小旋转角。式中忽略了由刚体位移引起的动能，因为在拉格朗日方程中它们将被消去。

弹性盘的应变能可以表示为

$$V_D = \frac{D}{2}\int_0^{2\pi}\int_a^b \left\{ (\nabla^2 u_D)^2 - 2(1-\upsilon_D)\frac{\partial^2 u_D}{\partial r^2}\left(\frac{1}{r}\frac{\partial u_D}{\partial r} + \frac{1}{r^2}\frac{\partial^2 u_D}{\partial r^2}\right) + 2(1-\upsilon_D)\left[\frac{\partial}{\partial r}\left(\frac{1}{r}\frac{\partial u_D}{\partial r}\right)\right]^2 \right\} r\mathrm{d}r\mathrm{d}\theta + \frac{1}{2}\int_0^{2\pi}\int_a^b \left[N_r\left(\frac{\partial u_D}{\partial r}\right)^2 + N_r\left(\frac{1}{r}\frac{\partial u_D}{\partial r}\right)^2 \right] r\mathrm{d}r\mathrm{d}\theta \tag{5.5.122}$$

式中，D 和 υ_D 分别为圆盘的抗弯刚度和泊松比。

5) 柔性轴的动能与应变能

在弹性盘-柔性轴模型中，以细长轴为基础对轴进行建模。为了描述轴的运动状态，在相对垂直的两个平面内取两个变量：v_s 和 w_s。在旋转坐标系中，由弯曲和剪切引起的轴的应变能可表示为

$$V_s = \frac{1}{2}\int_0^s \left\{ kG_s A_s \left[\left(\frac{\partial v_{s2}}{\partial z}\right)^2 + \left(\frac{\partial w_{s2}}{\partial z}\right)^2 \right] + E_s I_s \left[\left(\frac{\partial^2 v_{s1}}{\partial z^2}\right)^2 + \left(\frac{\partial^2 w_{s2}}{\partial z^2}\right)^2 \right] \right\} \mathrm{d}z \tag{5.5.123}$$

式中，k 为形状系数，可以表征横截面积上不均匀剪切应力分布；E_s、G_s 和 A_s 分别为弹性模量、剪切模量和横截面积；I_s 为轴关于直径的惯性面积矩。

由于平移和旋转，轴的动能可以表示为

$$\begin{aligned} T_s = &\frac{1}{2}\int_0^s \rho_s A_s [\dot{v}_s^2 + \dot{w}_s^2 + 2\Omega(\dot{w}_s v_s - \dot{v}_s w_s) + \Omega^2(\dot{v}_s^2 + \dot{w}_s^2)]\mathrm{d}z \\ &+ \frac{1}{2}\int_0^s \rho_s A_s [\dot{\theta}_{s\xi}^2 + \dot{\theta}_{s\eta}^2 + 2\Omega(\dot{\theta}_{s\xi}\theta_{s\eta} - \dot{\theta}_{s\eta}\theta_{s\xi}) \\ &- \Omega^2(\theta_{s\xi}^2 + \theta_{s\eta}^2)]\mathrm{d}z + \int_0^s \rho_s A_s \Omega^2 \mathrm{d}z \end{aligned} \tag{5.5.124}$$

式中，ρ_s 为轴的密度；$\theta_{s\xi}$ 和 $\theta_{s\eta}$ 为由弯曲引起的轴的横截面的小角度旋转，可以表示为

$$\theta_{s\xi} = -\frac{\partial w_{s1}}{\partial z}, \quad \theta_{s\eta} = -\frac{\partial v_{s1}}{\partial z} \tag{5.5.125}$$

6) 弹性支承的虚功

对于转子系统中的弹性支承，利用好虚功原理进行计算，可得

$$\begin{aligned} \delta W(t) = \sum_{i=1}^{N} [&-(k_{iyy}V_s + k_{iyz}W_s + c_{iyy}\dot{V}_s + c_{iyz}\dot{W}_s)\delta V_s \\ &-(k_{izy}V_s + k_{izz}W_s + c_{izy}\dot{V}_s + c_{izz}\dot{W}_s)\delta W_s \Big|_{x=b_i} \end{aligned} \tag{5.5.126}$$

式中，b_i 为第 i 个弹性支承在轴上的位置；k_{iyy}、k_{izz}、k_{iyz} 和 k_{izy} 为支承的弹性系数；c_{iyy}、c_{izz}、c_{iyz} 和 c_{izy} 为支承的阻尼系数。位移 v_s、w_s 和 V_s、W_s 之间的关系为

$$V_s = v_s\cos(\Omega t) - w_s\sin(\Omega t),\quad W_s = v_s\sin(\Omega t) + w_s\cos(\Omega t) \tag{5.5.127}$$

令 $k_{Ax}=k_{Ay}=k_{Bx}=k_{By}=k_{i1}$，式(5.5.126)可写为

$$\delta W(t) = \sum_{i=1}^{N} k_{i1}\left(v_s\delta v_s + w_s\delta w_s\right)\big|_{x=b_i} \tag{5.5.128}$$

2. 弹性盘-柔性轴转子系统自由涡动方程与临界转速

利用模态综合法近似分析弹性盘-柔性轴转子系统，用子系统假设形态法取各子结构的 Ritz 基。分别利用两端自由的弯曲梁和两端自由的剪切梁的横向振动的特征函数，作为系统中连续轴由于弯曲和剪切而引起的横向挠曲的假设函数，利用平衡圆盘自由振动的特征函数作为转子系统中的弹性盘的假设函数。

忽略转动惯量，两端自由的细长轴的弯曲变形函数为

$$Y_{11}(z) = 1,\quad Y_{12}(z) = \sqrt{12}(z/S - 0.5)$$

$$Y_{1i}(z) = \mathrm{ch}(\lambda_i z/S) + \cos(\lambda_i z/S) - \frac{\mathrm{ch}\lambda_i - \cos\lambda_i}{\mathrm{sh}\lambda_i - \sin\lambda_i}[\mathrm{sh}(\lambda_i z/S) + \sin(\lambda_i z/S)],\quad i = 3,4,\cdots \tag{5.5.129}$$

无量纲自然频率参数满足超越方程：

$$\cos\lambda\,\mathrm{ch}\lambda = 1 \tag{5.5.130}$$

两端自由的细长轴的剪切变形函数为

$$Y_{2i}(z) = \sqrt{2}\cos(\mathrm{i}\pi\lambda z/S),\quad i = 1,2,\cdots \tag{5.5.131}$$

第 i 个弹性盘的横向变形为

$$R_{1n}(r) = A_n \mathrm{J}_1(\beta_\mathrm{n} r/b_i) + B_n \mathrm{Y}_1(\beta_\mathrm{n} r/b_i) + C_n \mathrm{I}_1(\beta_\mathrm{n} r/b_i) + D_n \mathrm{K}_1(\beta_\mathrm{n} r/b_i),\quad i = 1,2,\cdots \tag{5.5.132}$$

式中，角标“1”表明一节径模态；“n”代表节圆数(不包含受到内圆夹支边界条件作用的节圆)；J_1 和 Y_1 分别为第一类和第二类 Bessel 函数；I_1 和 K_1 分别为第一类和第二类改进的 Bessel 函数；A_n、B_n、C_n、D_n 为由边界条件、节圆数和正交条件决定的常数；β_n 为与自然频率 ω_n 有关的无量纲参数。

$$\beta_\mathrm{n}^4 = \omega_\mathrm{n}^2 \rho_D h_D b^4 / D \tag{5.5.133}$$

通过利用边界条件推导的线性方程组的系数矩阵的行列式可以求得 β_n。

由于弹性盘只有一节径模态和轴的弯曲模态耦合，故其横向位移可以表示为

$$u_D = \cos\theta \boldsymbol{\Phi}_D(r)\boldsymbol{Q}_\xi(t) + \sin\theta \boldsymbol{\Phi}_D(r)\boldsymbol{Q}_\eta(t) \tag{5.5.134}$$

式中，$\boldsymbol{\Phi}_D(r)$为弹性盘假设模态组成的行向量；$\boldsymbol{Q}_\xi(t)$ 和 $\boldsymbol{Q}_\eta(t)$ 为弹性盘与时间有关的广义坐标。

轴的挠度可表示为

$$\begin{aligned} v_{s1} &= \boldsymbol{\Phi}_{s1}(r)\boldsymbol{Q}_{V1}(t), \quad w_{s1} = \boldsymbol{\Phi}_{s1}(r)\boldsymbol{Q}_{W1}(t) \\ v_{s2} &= \boldsymbol{\Phi}_{s2}(r)\boldsymbol{Q}_{V2}(t), \quad w_{s2} = \boldsymbol{\Phi}_{s2}(r)\boldsymbol{Q}_{W2}(t) \end{aligned} \tag{5.5.135}$$

式中，$\boldsymbol{\Phi}_{s1}$ 和 $\boldsymbol{\Phi}_{s2}$ 分别为轴由弯曲和剪切引起的振动的模态函数组成的行向量；$\boldsymbol{Q}_{V1}$、$\boldsymbol{Q}_{W1}$ 和 $\boldsymbol{Q}_{V2}$ 、$\boldsymbol{Q}_{W2}$ 为与时间有关的广义坐标组成的列向量。

分别取轴弯曲振动的前 N_{s1} 阶模态，轴剪切振动的前 N_{s2} 阶模态，弹性盘横向振动的前 ND 阶模态，可得到

$$\begin{gathered} \boldsymbol{\Phi}_D(r) = \{R_{10} \quad R_{20} \quad \cdots \quad R_{1(ND-1)}\}, \quad \boldsymbol{\Phi}_{s1}(z)=\{Y_{11}(z) \quad Y_{12}(z) \quad \cdots \quad Y_{1Ns2}(z)\} \\ \boldsymbol{\Phi}_{s2}(z) = \{Y_{21}(z) \quad Y_{22}(z) \quad \cdots \quad Y_{2Ns2}(z)\} \end{gathered} \tag{5.5.136}$$

将式(5.5.136)代入式(5.5.121)～式(5.5.128)，并利用拉格朗日方程，得

$$\frac{\mathrm{d}}{\mathrm{d}t}\left(\frac{\partial L}{\partial \dot{q}_i}\right) - \frac{\partial L}{\partial q_i} = R_i \tag{5.5.137}$$

式中，$L=T_s+T_D-V_s-V_D$，可得到弹性盘-柔性轴的稳态自由涡动微分方程为

$$\boldsymbol{M}\ddot{\boldsymbol{q}} + \boldsymbol{G}\dot{\boldsymbol{q}} + \boldsymbol{K}\boldsymbol{q} = \boldsymbol{0} \tag{5.5.138}$$

其中，

$$\boldsymbol{q} = \{\boldsymbol{Q}_{V1} \quad \boldsymbol{Q}_{V2} \quad \boldsymbol{Q}_{\xi1} \quad \boldsymbol{Q}_{W1} \quad \boldsymbol{Q}_{W2} \quad \boldsymbol{Q}_{\eta1}\}^{\mathrm{T}}$$

$$\boldsymbol{M} = \begin{bmatrix} \boldsymbol{M}_1 & \boldsymbol{0} \\ \boldsymbol{0} & \boldsymbol{M}_2 \end{bmatrix}, \quad \boldsymbol{K} = \begin{bmatrix} \boldsymbol{K}_1 & \boldsymbol{0} \\ \boldsymbol{0} & \boldsymbol{K}_2 \end{bmatrix}, \quad \boldsymbol{G} = \begin{bmatrix} \boldsymbol{0} & -\boldsymbol{G}_1^{\mathrm{T}} \\ \boldsymbol{G}_1^{\mathrm{T}} & \boldsymbol{0} \end{bmatrix}, \quad \boldsymbol{G}_1 = \begin{bmatrix} \boldsymbol{G}_{11} & \boldsymbol{G}_{12} & \boldsymbol{0} \\ \boldsymbol{G}_{12}^{\mathrm{T}} & \boldsymbol{G}_{22} & \boldsymbol{0} \\ \boldsymbol{0} & \boldsymbol{0} & \boldsymbol{0} \end{bmatrix}$$

$$\boldsymbol{M}_1 = \begin{bmatrix} \boldsymbol{M}_{s1} & \boldsymbol{M}_{s12} & -\boldsymbol{M}_{sD1} \\ \boldsymbol{M}_{s12}^{\mathrm{T}} & \boldsymbol{M}_{s2} & \boldsymbol{0} \\ \boldsymbol{M}_{sD1}^{\mathrm{T}} & \boldsymbol{0} & \boldsymbol{M}_{D1} \end{bmatrix}, \quad \boldsymbol{K}_1 = \begin{bmatrix} \boldsymbol{K}_{11} & \boldsymbol{K}_{12} & -\Omega^2\boldsymbol{M}_{sD1} \\ \boldsymbol{K}_{12}^{\mathrm{T}} & \boldsymbol{K}_{22} & \boldsymbol{0} \\ \Omega^2\boldsymbol{K}_{sD1}^{\mathrm{T}} & \boldsymbol{0} & \boldsymbol{K}_D + \boldsymbol{K}_D^{\mathrm{T}} \end{bmatrix} \tag{5.5.139}$$

式(5.5.137)中各矩阵各元素的具体表达式为

$$\boldsymbol{G}_{11} = \Omega(\boldsymbol{K}_{s1}^{(1)} + \boldsymbol{M}_{s1}), \quad \boldsymbol{G}_{12} = 2\Omega\boldsymbol{M}_{s12}, \quad \boldsymbol{G}_{22} = 2\Omega\boldsymbol{M}_{s2}$$

$$\boldsymbol{K}_{11} = -\Omega\boldsymbol{M}_{s1}^{(1)} + \boldsymbol{K}_{s1}^{(2)} + \sum_{i=1}^{2} k_{i1}\boldsymbol{\Phi}_{s1}^{\mathrm{T}}\Big|_{bi}\boldsymbol{\Phi}_{s1}\Big|_{bi}$$

$$\boldsymbol{K}_{12}=-\Omega\boldsymbol{M}_{s12}+\sum_{i=1}^{2}k_{i1}\boldsymbol{\Phi}_{s1}^{\mathrm{T}}\Big|_{bi}\boldsymbol{\Phi}_{s2}\Big|_{bi},\quad \boldsymbol{K}_{22}=-\Omega\boldsymbol{M}_{s2}^{(1)}+\boldsymbol{K}_{s2}^{(2)}+\sum_{i=1}^{2}k_{i1}\boldsymbol{\Phi}_{s2}^{\mathrm{T}}\Big|_{bi}\boldsymbol{\Phi}_{s2}\Big|_{bi}$$

$$\boldsymbol{M}_{s1}=\int_0^s\rho_s(A_s\boldsymbol{\Phi}_{s1}^{\mathrm{T}}\boldsymbol{\Phi}_{s1}+I_s\boldsymbol{\Phi}_{s1}'^{\mathrm{T}}\boldsymbol{\Phi}_{s1}')\mathrm{d}x+m_D\boldsymbol{\Phi}_{s1}^{\mathrm{T}}\Big|_d\boldsymbol{\Phi}_{s1}\Big|_d+I_{Dy}\boldsymbol{\Phi}_{s1}'^{\mathrm{T}}\Big|_d\boldsymbol{\Phi}_{s1}'\Big|_d$$

$$\boldsymbol{M}_{s2}=\int_0^s\rho_sA_s\boldsymbol{\Phi}_{s2}^{\mathrm{T}}\boldsymbol{\Phi}_{s2}\mathrm{d}x+m_D\boldsymbol{\Phi}_{s2}^{\mathrm{T}}\Big|_d\boldsymbol{\Phi}_{s2}\Big|_d,\quad \boldsymbol{M}_{s12}=\int_0^s\rho_sA_s\boldsymbol{\Phi}_{s1}^{\mathrm{T}}\boldsymbol{\Phi}_{s2}\mathrm{d}x+m_D\boldsymbol{\Phi}_{s1}^{\mathrm{T}}\Big|_d\boldsymbol{\Phi}_{s2}\Big|_d$$

$$\boldsymbol{M}_D=\pi\rho_Dh_D\int_0^s\boldsymbol{\Phi}_D^{\mathrm{T}}\boldsymbol{\Phi}_Dr\mathrm{d}r,\quad \boldsymbol{M}_{sD}=\pi\rho_Dh_D\boldsymbol{\Phi}_{s1}'^{\mathrm{T}}\Big|_d\int_a^b\boldsymbol{\Phi}_Dr^2\mathrm{d}r$$

$$\boldsymbol{K}_{s1}^{(1)}=\int_0^s\rho_s(A_s\boldsymbol{\Phi}_{s1}^{\mathrm{T}}\boldsymbol{\Phi}_{s1}-I_s\boldsymbol{\Phi}_{s1}'^{\mathrm{T}}\boldsymbol{\Phi}_{s1}')\mathrm{d}x+m_D\boldsymbol{\Phi}_{s1}^{\mathrm{T}}\Big|_d\boldsymbol{\Phi}_{s1}\Big|_d+(I_{Dy}-I_{Dx})\boldsymbol{\Phi}_{s1}'^{\mathrm{T}}\Big|_d\boldsymbol{\Phi}_{s1}'\Big|_d$$

$$\boldsymbol{K}_{s1}^{(2)}=\int_0^s\boldsymbol{E}_s\boldsymbol{I}_s\boldsymbol{\Phi}_{s1}''^{\mathrm{T}}\boldsymbol{\Phi}_{s1}''\mathrm{d}x,\quad \boldsymbol{K}_{s2}^{(2)}=\int_0^skG_s\boldsymbol{A}_s\boldsymbol{\Phi}_{s2}'^{\mathrm{T}}\boldsymbol{\Phi}_{s2}'\mathrm{d}x$$

$$\begin{aligned}\boldsymbol{K}_D=\pi\int_a^b\{&Dr\boldsymbol{\Phi}_D''+2Dv_D\boldsymbol{\Phi}_D''^{\mathrm{T}}\boldsymbol{\Phi}_D'+[N_rr+D(3-2v_D)/r]\boldsymbol{\Phi}_D'^{\mathrm{T}}\boldsymbol{\Phi}_d'-(2Dv_D/r)\boldsymbol{\Phi}_D''^{\mathrm{T}}\boldsymbol{\Phi}_D\\&-2D(3-2v_D)\boldsymbol{\Phi}_D'^{\mathrm{T}}\boldsymbol{\Phi}_D/r^2+[N_\theta/r+D(3-2v_D)/r^3]\boldsymbol{\Phi}_D^{\mathrm{T}}\boldsymbol{\Phi}_D\}\mathrm{d}r\end{aligned}\tag{5.5.140}$$

弹性盘-柔性轴的自由涡动微分方程(5.5.138)是二阶线性微分方程，确定其系数矩阵后，即可求得该转子系统的自由涡动的临界转速。

第 6 章　转子系统动力学分析与控制

6.1　转子系统动力学特性的演化规律

燃气轮机、航空发动机、舰船轴系、电动机以及提升机主轴等旋转机械的应用十分广泛，旋转机械的各种异常振动可能严重威胁机械的安全运转，甚至可能导致重大的安全事故。因此，研究转子系统非线性动力学行为和系统参数之间的关系，揭示转子碰摩条件、稳定性条件以及振动特性演化规律对优化转子系统设计和故障诊断都具有十分重要的意义。

跳跃现象、同频全周碰摩运动、倍周期的局部碰摩运动、准周期的局部碰摩运动、亚谐和超谐碰摩响应以及混沌行为等在转子系统动力学特性分析中具有重要意义。本节分析转子系统发生碰摩和鞍结分岔的边界条件及系统的稳定性，给出转子系统不同演化方式在阻尼比和偏心率参数平面上的分布规律，讨论系统参数阻尼比和偏心率对系统振动响应特性随旋转速度演化规律的影响。

6.1.1　转子系统模型与运动控制方程

1. 转子系统动力学模型的建立

转子系统模型如图 6.1.1 所示，由转子和定子组成。质量为 m 的转轴视为刚性转子，由无质量、刚度为 k、阻尼为 c 的轴承在中间支承。转子和定子的间隙为δ，转子的质心与其几何中心之间的偏心距为 e，定子内环面的碰摩刚度为 k_r。

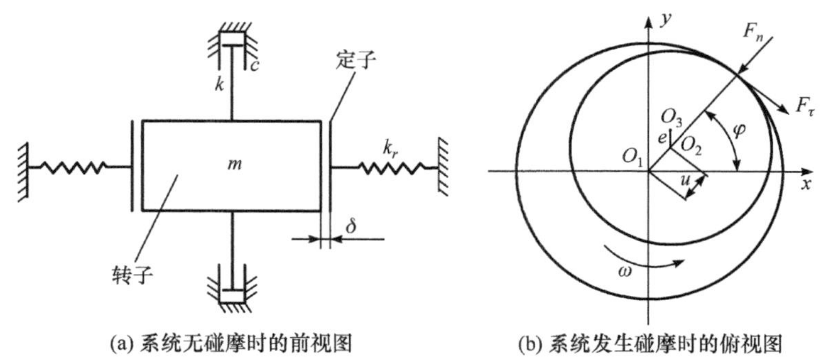

(a) 系统无碰摩时的前视图　　(b) 系统发生碰摩时的俯视图

图 6.1.1　转子系统模型

则转子和定子之间的摩擦力和接触力为

$$\begin{cases} F_n = 0, & F_\tau = 0, \quad u \leqslant \delta \\ F_n = k_r(u-\delta), & F_\tau = \mu F_n, \quad u > \delta \end{cases} \tag{6.1.1}$$

式中，$u=\sqrt{x^2+y^2}$ 为转子径向位移；μ 为转子与定子间的摩擦系数。将摩擦力和接触力分解到笛卡儿坐标系中为

$$\begin{Bmatrix} F_x \\ F_y \end{Bmatrix} = \begin{bmatrix} -\cos\varphi & \sin\varphi \\ -\sin\varphi & -\cos\varphi \end{bmatrix} \begin{Bmatrix} F_n \\ F_\tau \end{Bmatrix} = -\frac{k_r(u-\delta)}{u} \begin{bmatrix} 1 & -\mu \\ \mu & 1 \end{bmatrix} \begin{Bmatrix} x \\ y \end{Bmatrix} \tag{6.1.2}$$

杰夫考特转子系统动力学方程可表达为

$$\begin{aligned} & m\ddot{x} + c\dot{x} + kx + \Theta \frac{k_r(u-\delta)}{u}(x-\mu y) = me\omega^2\cos(\omega t) \\ & m\ddot{y} + c\dot{y} + ky + \Theta \frac{k_r(u-\delta)}{u}(\mu x + y) = me\omega^2\sin(\omega t) \end{aligned} \tag{6.1.3}$$

式中，Θ 为 Heaviside 函数，即

$$\Theta = \begin{cases} 1, & \sqrt{x^2+y^2} > \delta \\ 0, & \sqrt{x^2+y^2} \leqslant \delta \end{cases} \tag{6.1.4}$$

将杰夫考特转子系统动力学方程(6.1.3)无量纲化为

$$\begin{aligned} & \ddot{X} + 2\xi\dot{X} + \beta X + \Theta(1-1/v)(X-\mu Y) = \rho\Omega^2\cos(\Omega\tau) \\ & \ddot{Y} + 2\xi\dot{Y} + \beta Y + \Theta(1-1/v)(\mu X + Y) = \rho\Omega^2\sin(\Omega\tau) \end{aligned} \tag{6.1.5}$$

式中，

$$\begin{aligned} & \tau = \omega_0 t, \quad \Omega = \frac{\omega}{\omega_0}, \quad X = \frac{x}{\delta}, \quad Y = \frac{y}{\delta}, \quad \dot{X} = \frac{\mathrm{d}X}{\mathrm{d}\tau} \\ & \omega_0 = \sqrt{\frac{k_r}{m}}, \quad \rho = \frac{e}{\delta}, \quad v = \frac{u}{\delta}, \quad \xi = \frac{c}{2\sqrt{mk}}, \quad \beta = \frac{k}{k_r} \end{aligned} \tag{6.1.6}$$

2. 无碰摩运动条件

转子在旋转过程中，转子和定子接触和不接触状态都有稳定的周期解。假设其解的形式为

$$X = A\cos(\Omega\tau + \varphi), \quad Y = A\sin(\Omega\tau + \varphi) \tag{6.1.7}$$

在定子和转子没有发生接触状态下 Θ=0，将式(6.1.7)代入控制方程并求解，可得系统响应的振动幅值和相位分别为

$$A=\frac{\rho\Omega^2}{\sqrt{(\beta-\Omega^2)^2+4\xi^2\Omega^2}},\quad \tan\varphi=-\frac{2\xi\Omega}{\beta-\Omega^2} \tag{6.1.8}$$

由于定子和转子之间的间隙有限，所以在非接触状态下解出的振动幅值 A 必须满足 $A\leqslant 1$，即

$$(\rho^2-1)\Omega^4+2(\beta-2\xi^2)\Omega^2-\beta^2\leqslant 0 \tag{6.1.9}$$

式中，ρ 是一个恒大于零的无量纲量，$\rho=e/\delta$。

当$\rho\geqslant 1$，即 $e\geqslant\delta$时，$\varDelta=4(\beta-2\xi^2)^2+4\beta^2(\rho^2-1)>0$，则有

$$\frac{(2\xi^2-\beta)-\sqrt{(\beta-2\xi^2)^2+\beta^2(\rho^2-1)}}{\rho^2-1}\leqslant\Omega^2\leqslant\frac{(2\xi^2-\beta)+\sqrt{(\beta-2\xi^2)^2+\beta^2(\rho^2-1)}}{\rho^2-1} \tag{6.1.10}$$

由式(6.1.10)得到

$$\Omega\leqslant\sqrt{\frac{(2\xi^2-\beta)+\sqrt{(\beta-2\xi^2)^2+\beta^2(\rho^2-1)}}{\rho^2-1}} \tag{6.1.11}$$

随着旋转速度的不断增加，转子系统振动幅值 A 不断增大，当旋转速度Ω满足

$$\Omega>\Omega_1=\sqrt{\frac{(2\xi^2-\beta)+\sqrt{(\beta-2\xi^2)^2+\beta^2(\rho^2-1)}}{\rho^2-1}} \tag{6.1.12}$$

时，定子与转子将一直处于接触状态，且不会因旋转速度的增加而发生变化。

当$\rho<1$，即 $e<\delta$时，若 $\varDelta=4(\beta-2\xi^2)^2+4\beta^2(\rho^2-1)\geqslant 0$，即 $\rho\geqslant 2\xi\sqrt{(\beta-1)/\beta^2}$ 时要求旋转速度满足

$$\frac{(2\xi^2-\beta)-\sqrt{(\beta-2\xi^2)^2+\beta^2(\rho^2-1)}}{\rho^2-1}\leqslant\Omega^2\leqslant\frac{(2\xi^2-\beta)+\sqrt{(\beta-2\xi^2)^2+\beta^2(\rho^2-1)}}{\rho^2-1} \tag{6.1.13}$$

从而得到

$$\begin{aligned}\Omega&\leqslant\sqrt{\frac{(2\xi^2-\beta)+\sqrt{(\beta-2\xi^2)^2+\beta^2(\rho^2-1)}}{\rho^2-1}}\\ \Omega&\geqslant\sqrt{\frac{(2\xi^2-\beta)-\sqrt{(\beta-2\xi^2)^2+\beta^2(\rho^2-1)}}{\rho^2-1}}\end{aligned} \tag{6.1.14}$$

随着旋转速度的不断增加，转子系统振动幅值 A 不断增大，当旋转速度 Ω 满足

$$\Omega > \Omega_1 = \sqrt{\frac{(2\xi^2 - \beta) + \sqrt{(\beta - 2\xi^2)^2 + \beta^2(\rho^2 - 1)}}{\rho^2 - 1}} \tag{6.1.15}$$

时，定子与转子接触；随着旋转速度的继续增加，当旋转速度Ω满足

$$\Omega > \Omega_u = \sqrt{\frac{(2\xi^2 - \beta) - \sqrt{(\beta - 2\xi^2)^2 + \beta^2(\rho^2 - 1)}}{\rho^2 - 1}} \tag{6.1.16}$$

时，定子与转子脱离，且振动幅值 A 随旋转速度的增加而减小并趋近于偏心率ρ。

当$\Delta = 4(\beta - 2\xi^2)^2 + 4\beta^2(\rho^2 - 1) < 0$，即 $\rho < 2\xi\sqrt{(\beta - 1)/\beta^2}$ 时碰摩将不会发生。转子系统的振动幅值 A 随着旋转速度的增加先增大后减小，并在 $\Omega = \beta/\sqrt{\beta - 2\xi^2}$ 时取得最大值，且转子系统一直做无碰摩运动。

3. 碰摩运动条件

在定子和转子发生接触状态下Θ=1，将式(6.1.7)代入式(6.1.5)可得关于振动幅值 A 的方程为

$$a_2A^2 + a_1A + a_0 = 0 \tag{6.1.17}$$

式中，

$$\begin{aligned} &a_0 = 1 + \mu^2 - \rho^2\Omega^4, \quad a_1 = -2[(1 + \beta - \Omega^2) + \mu(2\xi\Omega + \mu)] \\ &a_2 = (2\xi\Omega + \mu)^2 + (1 + \beta - \Omega^2)^2 \end{aligned} \tag{6.1.18}$$

方程(6.1.17)存在的边界条件可通过振动幅值 A 来寻找，系统出现鞍结分岔的条件为

$$4a_0a_2 - a_1^2 = 0 \tag{6.1.19}$$

式(6.1.11)等效于状态方程(6.1.5)(Θ=1)时出现一个零根，通过求解方程(6.1.19)和方程(6.1.17)来划定幅值 A 的范围，可以得出非线性方程的鞍结分岔边界。

转子系统的振动幅值 A 不仅是正实数，而且需满足 $A>1$ 的条件来确保定子和转子处于接触状态，进而求得接触状态的上边界$\Omega=\Omega_1$和下边界$\Omega=\Omega_2$。

6.1.2　周期解的稳定性

物理系统只有稳态解才能反映系统的响应，因此需要进一步分析讨论方程(6.1.5)的运动状态和周期解的稳定性。设 $x_1=X$，$x_2=Y$，$x_3 = \dot{X}$，$x_4 = \dot{Y}$，则系统控制解方程(6.1.5)可以转换为

$$\begin{aligned} &\dot{x}_1 = x_3, \quad \dot{x}_2 = x_4, \quad \dot{x}_3 = -2\xi x_3 - \beta x_1 - \Theta(1 - 1/v)(x_1 - \mu x_2) + \rho\Omega^2\cos(\Omega\tau) \\ &\dot{x}_4 = -2\xi x_4 - \beta x_2 - \Theta(1 - 1/v)(\mu x_1 + x_2) + \rho\Omega^2\sin(\Omega\tau) \end{aligned} \tag{6.1.20}$$

设方程的状态向量为 $\bar{\boldsymbol{X}}=\{x_1 \quad x_2 \quad x_3 \quad x_4\}$，则方程(6.1.20)可以写成矩阵形式：

$$\dot{\boldsymbol{X}}=g(\bar{\boldsymbol{X}},\tau)=\boldsymbol{B}\bar{\boldsymbol{X}}+\boldsymbol{F}(\bar{\boldsymbol{X}},\tau) \tag{6.1.21}$$

式中，

$$\boldsymbol{B}=\begin{bmatrix} 0 & 0 & 1 & 0 \\ 0 & 0 & 0 & 1 \\ -\beta & 0 & -2\xi & 0 \\ 0 & -\beta & 0 & -2\xi \end{bmatrix},\quad \boldsymbol{F}(\bar{\boldsymbol{X}},\tau)=\begin{Bmatrix} 0 \\ 0 \\ -\varTheta(1-1/v)(x_1-\mu x_2)+\rho\varOmega^2\cos(\varOmega\tau) \\ -\varTheta(1-1/v)(\mu x_1+x_2)+\rho\varOmega^2\sin(\varOmega\tau) \end{Bmatrix} \tag{6.1.22}$$

简单起见，引入稳态周期解，其形式为

$$\begin{aligned} x_{10}(\tau)&=X_0(\tau)=A\cos(\varOmega\tau+\varphi)=A\cos\theta \\ x_{20}(\tau)&=Y_0(\tau)=A\sin(\varOmega\tau+\varphi)=A\sin\theta \end{aligned} \tag{6.1.23}$$

式中，在接触状态和非接触状态下的振动幅值 A 可分别通过方程(6.1.8)和方程(6.1.17)求出。

通过在解式(6.1.23)附近线性化方程(6.1.21)可得

$$\delta\dot{\bar{\boldsymbol{X}}}=\mathrm{d}\boldsymbol{g}\Big|_{\bar{X}=\bar{X}_0}\delta\bar{\boldsymbol{X}}=\boldsymbol{J}\delta\bar{\boldsymbol{X}} \tag{6.1.24}$$

式中，d 为微分算子；$\boldsymbol{J}$ 为雅可比矩阵；$\delta\bar{\boldsymbol{X}}$ 为稳定周期解 $\bar{\boldsymbol{X}}_0=\{x_{10} \quad x_{20} \quad x_{30} \quad x_{40}\}$ 的扰动。$\delta\bar{\boldsymbol{X}}$ 的稳定性由雅可比矩阵 $\boldsymbol{J}$ 的特征值决定，$\delta\bar{\boldsymbol{X}}$ 的稳定性也反映着方程(6.1.13)解 $\bar{\boldsymbol{X}}_0$ 的稳定性，因此只需要分析方程(6.1.24)解的稳定性就可以确定方程(6.1.21)对应解的稳定性，也可得出接触和非接触状态下系统方程解的稳定性。

当$\varTheta$=0 时，转子和定子处于非接触状态，雅可比矩阵 $\boldsymbol{J}$ 恰好是矩阵 $\boldsymbol{B}$，则其对应的特征方程为$|\boldsymbol{B}-\lambda\boldsymbol{I}|=0$，将其展开为

$$\lambda^4+4\xi\lambda^3+(2\beta+4\xi^2)\lambda^2+4\xi\beta\lambda+\beta^2=0 \tag{6.1.25}$$

根据 Routh-Hurwitz 稳定性判据，可求得方程(6.1.4)($\varTheta$=0 时)非接触时解的稳定性条件为

$$\xi>0 \tag{6.1.26}$$

当系统阻尼是正阻尼时，非接触状态下的解是稳定的。当振动幅值大于间隙δ时，定子和转子将发生碰摩，转子系统控制方程中的$\varTheta$=1。

当$\varTheta=1$时，控制方程(6.1.4)的解将是非线性周期解，其雅可比矩阵 $\boldsymbol{J}$ 为

$$\boldsymbol{J}=\begin{bmatrix} 0 & 0 & 1 & 0 \\ 0 & 0 & 0 & 1 \\ \dfrac{\partial x_3}{\partial x_1} & \dfrac{\partial x_3}{\partial x_2} & -2\xi & 0 \\ \dfrac{\partial x_4}{\partial x_1} & \dfrac{\partial x_4}{\partial x_2} & 0 & -2\xi \end{bmatrix} \tag{6.1.27}$$

式中，

$$\frac{\partial x_3}{\partial x_1}=-1-\beta+\frac{1}{A}(1-\cos^2\theta+\mu\sin\theta\cos\theta),\quad \frac{\partial x_3}{\partial x_2}=\mu-\frac{1}{A}(\mu-\mu\sin^2\theta+\sin\theta\cos\theta)$$

$$\frac{\partial x_4}{\partial x_1}=-\mu+\frac{1}{A}(\mu-\mu\cos^2\theta-\sin\theta\cos\theta),\quad \frac{\partial x_4}{\partial x_2}=-1-\beta+\frac{1}{A}(1-\sin^2\theta-\mu\sin\theta\cos\theta)$$

(6.1.28)

由式(6.1.28)可以看出，雅可比矩阵是周期性的时间依赖矩阵，所以不能直接推导和分析出其解的稳定性，需要进行如下变换：

$$\delta\bar{\boldsymbol{X}}=\boldsymbol{T}\,\delta\boldsymbol{U} \tag{6.1.29}$$

式中，转换矩阵 $\boldsymbol{T}$ 为

$$\boldsymbol{T}=\begin{bmatrix}\cos\theta & -\sin\theta & 0 & 0\\ \sin\theta & \cos\theta & 0 & 0\\ 0 & 0 & \cos\theta & -\sin\theta\\ 0 & 0 & \sin\theta & \cos\theta\end{bmatrix} \tag{6.1.30}$$

将式(6.1.29)代入方程(6.1.24)，得

$$\delta\dot{\boldsymbol{U}}=\boldsymbol{J}_c\,\delta\boldsymbol{U} \tag{6.1.31}$$

式中，$\boldsymbol{J}_c=\boldsymbol{T}^{-1}(\boldsymbol{JT}-\dot{\boldsymbol{T}})$，经计算得

$$\boldsymbol{J}_c=\begin{bmatrix}0 & \Omega & 1 & 0\\ -\Omega & 0 & 0 & 1\\ -1-\beta & \mu(1-1/A) & -2\xi & \Omega\\ -\mu & -1-\beta+1/A & -\Omega & -2\xi\end{bmatrix} \tag{6.1.32}$$

由式(6.1.32)可知，雅可比矩阵 $\boldsymbol{J}_c$ 和时间参数无关。$\delta\boldsymbol{U}$ 的解和方程(6.1.21)的解的稳定性取决于矩阵 $\boldsymbol{J}_c$ 特征值实部的符号。对应的特征方程满足 $|\boldsymbol{J}_c-\lambda\boldsymbol{I}|=0$，将其展开为

$$b_4\lambda^4+b_3\lambda^3+b_2\lambda^2+b_1\lambda+b_0=0 \tag{6.1.33}$$

式中，

$$\begin{aligned}&b_4=1,\quad b_3=4\xi,\quad b_2=2\Omega^2+4\xi^2-1/A+2(1+\beta)\\&b_1=2\mu(2-1/A)\Omega-2\xi/A+4\xi(1+\beta+\Omega^2)\\&b_0=\Omega^4+(4\xi^2+1/A-2-2\beta)\Omega^2+(4\mu\xi-2\mu\xi/A)\Omega+(1+\beta)^2\\&\qquad-(1+\beta)/A+\mu^2(1-1/A)\end{aligned} \tag{6.1.34}$$

这些系数为振动幅值 A 的函数，所以 Routh-Hurwitz 稳定性判据可以用来判断方程(6.1.21)接触状态时稳态周期解的稳定性。这里不仅要确定给定条件下的稳

定性，还要确定参数空间的稳定区域。从分岔理论观点出发，判别周期解的分岔边界是很重要和有意义的。

如果雅可比矩阵 $\boldsymbol{J}_c$ 有一个零特征值，系统将会出现鞍结分岔，此时对应方程(6.1.33)中的 $b_0=0$，即

$$\Omega^4+\left(4\xi^2+\frac{1}{A}-2-2\beta\right)\Omega^2+\left(4\mu\xi-\frac{2}{A}\mu\xi\right)\Omega+(1+\beta)^2-\frac{1}{A}(1+\beta)+\mu^2\left(1-\frac{1}{A}\right)=0 \tag{6.1.35}$$

式(6.1.35)等效于条件方程(6.1.19)。通过消除振动幅值 A 的符号计算，可经同时求解方程(6.1.18)和方程(6.1.35)而得到一个关于 Ω 的 12 次多项式。经求解参数方程，可得方程(6.1.18)发生鞍结分岔条件的参数空间。那些全周碰摩解的鞍结分岔点处的振动幅值 A 是大于 1 的正实数。

基于 Hopf 分岔理论，系统将会有一对共轭虚数特征值。将 $\lambda=\pm\mathrm{i}\omega_v$ 代入特征方程(6.1.33)可得

$$\omega_v^4-b_2\omega_v^2+b_0=0,\quad -b_3\omega_v^3+b_1\omega_v=0 \tag{6.1.36}$$

消去式(6.1.36)的参数 ω_v，可得

$$b_1^2-b_1b_2b_3+b_0b_3^2=0 \tag{6.1.37}$$

还需满足不等式

$$b_1/b_3>0 \tag{6.1.38}$$

将式(6.1.33)中的参数 b_0～b_3 代入方程(6.1.35)，并通过简化可得

$$c_2A^2+c_1A+c_0=0 \tag{6.1.39}$$

式中，

$$c_0=4(\xi^2-\mu^2\Omega^2),\quad c_1=16(\mu^2-2\xi^2)(\xi^2+\Omega^2)$$
$$c_2=16(4\xi^2+4\beta\xi^2-\mu^2)(\xi^2+\Omega^2)$$

联立方程(6.1.19)和方程(6.1.39)消去振动幅值 A，经求解参数方程，可得转子系统发生 Hopf 分岔的参数空间。全周碰摩运动解的 Hopf 分岔点处的幅值 A 是大于 1 的正实数。

6.1.3 转子系统振动响应演化方式

基于上述分析可知，转子系统的振动幅值随着系统参数的变化而不断变化，其系统响应可能会出现无碰摩、局部碰摩、同频全周碰摩和反向涡动失稳等状态。系统的响应取决于系统参数，而且不同的系统参数条件下其响应特性随转速的演化过程不同。本节讨论阻尼比和偏心率对系统动态特性的影响，给定刚度 $\beta=0.5$

和摩擦系数μ=0.2。下面将在(ρ, ξ)平面上分析系统参数偏心率和阻尼比对系统响应演化过程的影响，如图 6.1.2 所示。图中的曲线将(ρ, ξ)平面分成八个区域，分别为区域①、区域②、区域③、区域④、区域⑤、区域⑥、区域⑦和区域⑧，每一区域范围内为一种系统响应随旋转速度的演化方式。

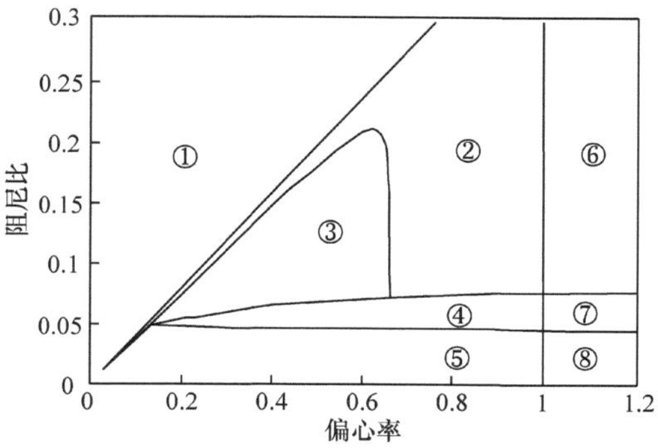

图 6.1.2　转子系统振动响应演化规律分布图

转子系统响应随旋转速度的演化过程如图 6.1.3 所示。在系统参数区域①范围内，转子系统响应的演化过程如图 6.1.3(a)所示，即转子系统的振动幅值随旋转速度的增大而不断增大，并在其自然频率处达到最大值，随着旋转速度的继续增大，振动幅值逐渐减小并趋近于ρ。在该参数区域的转子系统的振动幅值始终小于转子与定子之间的间隙，即系统始终做无碰摩周期运动。

当转子系统的参数在区域②范围内时，系统振动响应的演化规律如图 6.1.3(b)所示，即在较低转速工况下，转子系统的振动幅值小于转子和定子之间的间隙，系统做无碰摩周期运动，系统振动幅值随着旋转速度的增大而不断增大，并在$\Omega=\Omega_1$时系统发生碰摩，且系统做同频全周碰摩运动，系统的振动幅值在接触状态下的自然频率处达到最大值。随着旋转速度继续增大，系统振动幅值不断减小并在$\Omega=\Omega_2$处转子与定子脱离，做无碰摩运动，转子系统的振动幅值不断减小并趋近于ρ。

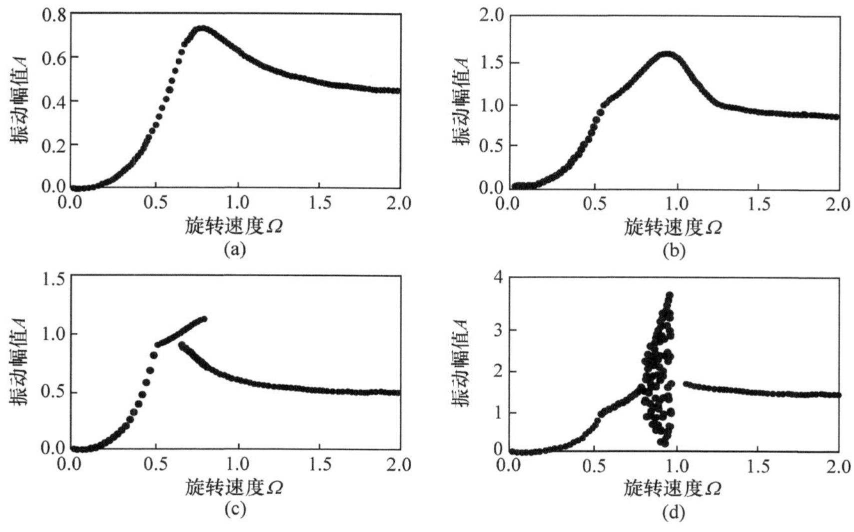

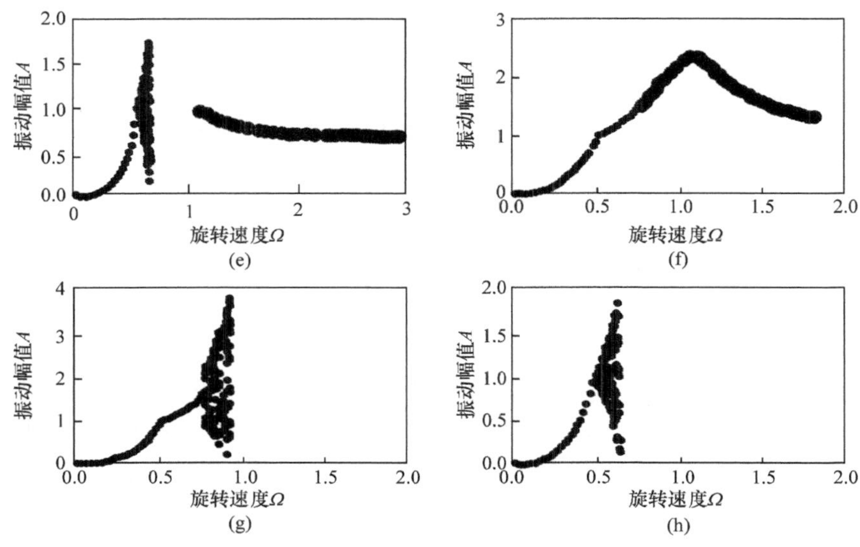

图 6.1.3　转子系统振动响应演化方式

当转子系统的参数在区域③范围内时，系统振动响应的演化规律如图 6.1.3(c)所示。在较低转速的工况下转子系统做无碰摩周期运动，系统振动幅值随着旋转速度的增大而不断增大，并在$\Omega=\Omega_1$ 时系统发生碰摩，此时系统做同频全周碰摩运动。当$\Omega=\Omega_2$ 时，转子和定子脱离并发生跳跃(振动幅值突变)，随着旋转速度继续增大，系统的振动幅值逐渐减小并趋近于ρ；若转子系统从高旋转速度进行降速，则转子系统的振动幅值随着旋转速度的减小而逐渐增大，并在$\Omega=\Omega_u$ 处转子和定子发生接触并发生跳跃，随着旋转速度继续减小，系统将在$\Omega=\Omega_1$ 时转子和定子脱离。

当转子系统的参数在区域④范围内时，系统振动响应随旋转速度变化的演化规律如图 6.1.3(d)所示。在低旋转速度下转子系统做无碰摩周期运动，系统振动幅值随着旋转速度的增大而增大，并在$\Omega=\Omega_1$ 时系统发生碰摩，系统做同频全周碰摩运动。随着旋转速度继续增大，振动幅值不断增大，并在某旋转速度后同频全周碰摩运动失稳，系统响应转变为局部碰摩运动。旋转速度继续增大，系统将在某旋转速度后出现反向涡动失稳(图中的空白区域)。若转子系统从高旋转速度进行降速，则系统振动幅值随着旋转速度的减小而逐渐增大，并在$\Omega=\Omega_1$ 时转子与定子接触并发生反向涡动失稳。

当转子系统的参数在区域⑤范围时，系统振动响应随旋转速度变化的演化形式如图 6.1.3(e)所示。在低旋转速度下转子系统做无碰摩周期运动，系统振动幅值随着旋转速度的增大而增大，并在$\Omega=\Omega_1$ 时系统发生碰摩，此时系统做局部碰摩运动。随着旋转速度继续增大，系统将在某旋转速度后发生反向涡动失稳。若转子系统从高旋转速度进行降速，则系统振动幅值随着旋转速度减小而逐渐增大，并在$\Omega=\Omega_1$时转子与定子接触并发生反向涡动失稳。

当转子系统的参数在区域⑥范围内时，转子系统振动响应的演化规律将如图 6.1.3(f)所示。在较低旋转速度的工况下转子系统做无碰摩周期运动，系统振动幅值随着旋转速度的增大而不断增大，并在$\Omega=\Omega_1$ 时系统发生碰摩，并做同频全周碰摩运动，系统的振动幅值在接触状态下的自然频率处达到最大值。旋转速度继续增大，转子系统的响应一直处于同频全周碰摩状态，且其振动幅值不断减小并趋近于ρ。

当转子系统的参数在区域⑦范围内时，转子系统振动响应的演化规律如图 6.1.3(g)所示。在较低旋转速度的工况下，转子系统做无碰摩周期运动，系统振动幅值随着旋转速度的增大而不断增大，并在$\Omega=\Omega_1$ 时系统发生碰摩，并做同频全周碰摩运动。随着旋转速度继续增大，振动幅值不断增大并在某旋转速度后同频全周碰摩运动失稳，系统响应变为局部碰摩运动。旋转速度继续增大，系统将在某旋转速度后出现反向涡动失稳。任何初始条件下，高旋转速度下的转子系统均处于反向涡动失稳状态。

当转子系统的参数在区域⑧范围内时，系统振动响应的演化规律将如图 6.1.3(h)所示。在较低旋转速度的工况下，转子系统做无碰摩周期运动，系统振动幅值随着旋转速度的增大而不断增大，并在 $\Omega=\Omega_1$ 时系统发生碰摩，此时系统做局部碰摩运动，随着旋转速度继续增大，系统将在某旋转速度后发生反向涡动失稳。在任何初始条件下，高旋转速度下的转子系统均处于反向涡动失稳状态。

基于上述分析，可以得出以下结论：

(1) 在较低旋转速度状态下，转子系统均做无碰摩周期运动；在高旋转速度且偏心率$\rho\geqslant1$ 时，任何初始条件下转子系统最终都将做碰摩运动；当偏心率$\rho<0$时，在高旋转速度状态下转子系统既可能做无碰摩周期运动，也可能反向涡动失稳。

(2) 在阻尼比足够小且偏心率足够大的条件下，转子系统才有可能出现碰摩现象。且系统的阻尼越大、偏心率越小，转子系统越稳定。跳跃现象只在一定的阻尼比和偏心率的范围内才有可能发生，阻尼比太大或太小、偏心率过大均不可能出现跳跃现象。

6.2　内腔积液及充液转子的动力学特性

离心分离机已被广泛用于工业和科研部门，它与其他高速旋转机械的区别是高速转筒内充有工作液体。当转筒做无扰动的稳态自旋时，筒内液体均匀地贴于筒的内壁，且与转筒一起以同一角速度自旋，无相对运动。但当转筒发生偏心扰动涡动时，筒内液体不可能再与转筒一起同步扰动，筒内液体的相对运动和压力场对转筒产生一个附加力，它可能激发转筒的自激振荡，严重影响转筒正常运行。汽轮发电机组的中空转子内腔中，也常常储有泄漏进来的冷却水构成部分充液转子，对汽轮发电机组的正常运行带来危害。石油钻井系统中的内充液钻柱更是一个典型的充液柔性转轴，由于钻柱十分细长柔软，临界转速很低，充液后更易激发自激振荡，引起钻柱套管磨损、疲劳甚至破坏。

充液转子的动力学特性和运动稳定性分析是旋转机械中又一个流-固耦合问题。与油膜失稳问题不同，充液转子的流体是在转子内腔而不是外周，由于可能是部分充液，因而还存在自由面，问题更为复杂。

干转子和充液转子具有不同的动力学特性，由于流体自旋离心力的作用，偏心自旋流体对转子内壁产生的负刚度效应会导致转子失稳。

6.2.1 二维理想自旋流体的扰动运动方程

图 6.2.1(a)是一刚性中空转子，部分充液，两端对称地安装在柔性轴上，轴由理想轴承支承。当转子以角速度Ω做无扰定常自旋时，腔内液体在离心力作用下，均匀地贴附于转子内壁，构成一个与转子一起自旋的空心液柱。若转子发生平面扰动运动，则腔内液体显然不会随转子做同步扰动运动。若转筒向外扰动，则外侧流体层会变厚，内侧变薄，如图 6.2.1(b)所示。因此，需分析腔内流体的扰动运动。

如图 6.2.2 所示，取固定坐标系 $Oxyz$，z 轴沿转筒自旋方向，O 为转子中心的未扰位置。转筒的平动扰动运动，可在该坐标系中表示为

$$\boldsymbol{r}_c = x(t)\boldsymbol{i} + y(t)\boldsymbol{j} \tag{6.2.1}$$

式中，$x(t)$、$y(t)$为一阶扰动分量。转筒的扰动运动将激起腔内液体的扰动运动，为分析该扰动运动，取随转筒一起做刚体运动的随体旋转坐标系 $c\xi\eta\zeta$，原点为筒心 c，以式(6.2.1)运动。坐标系绕c 点以角速度Ω随转筒旋转，流场内任一点的位置在坐标系 $c\xi\eta\zeta$ 中用极坐标 r、θ表示。在该点处的相对扰动速度为$\boldsymbol{v}_r = u\boldsymbol{r}_0 + v\boldsymbol{\theta}_0$。流体压力为 $p(r, \theta)$，则在运动坐标系下的理想不可压缩流体运动方程为

$$\frac{\partial \boldsymbol{v}_r}{\partial t} + (\boldsymbol{v}_r \cdot \nabla)\boldsymbol{v}_r + 2\boldsymbol{\Omega} \times \boldsymbol{v}_r = -\frac{1}{\rho}\nabla p - \boldsymbol{a}_e \tag{6.2.2}$$

式中，$\boldsymbol{a}_e$ 是流体场中任一点的牵连加速度，即

$$\boldsymbol{a}_e = \boldsymbol{a}_c + \boldsymbol{\Omega} \times (\boldsymbol{\Omega} \times \boldsymbol{r}) = \boldsymbol{a}_c - \boldsymbol{\Omega}^2 \boldsymbol{r} \tag{6.2.3}$$

式中，$\boldsymbol{a}_c$ 为转子中心 c 的平均加速度，即

$$\boldsymbol{a}_c = \ddot{x}\boldsymbol{i} + \ddot{y}\boldsymbol{j} \tag{6.2.4}$$

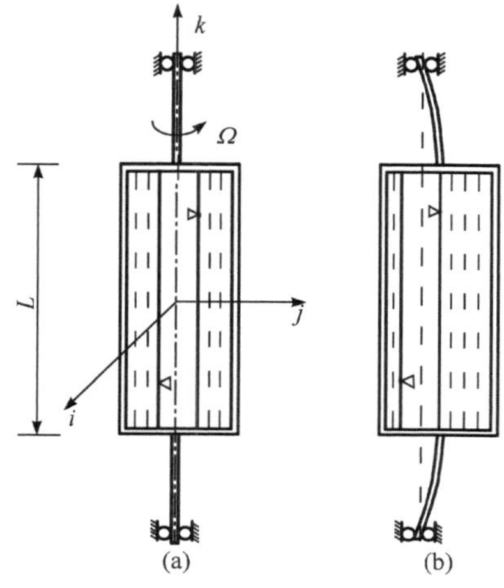

图 6.2.1　充液转子的定常自旋与扰动运动

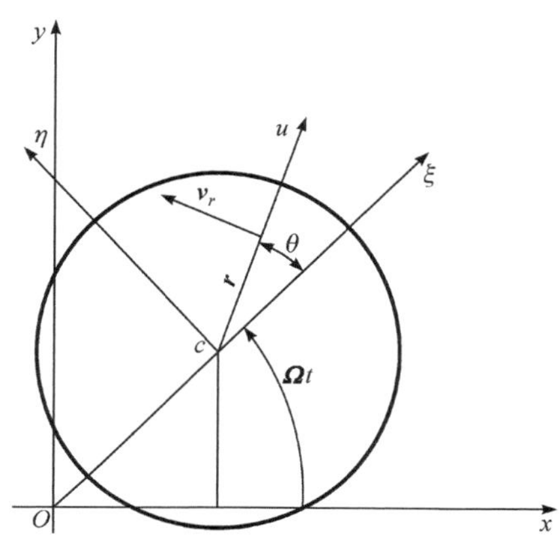

图 6.2.2　坐标系统

连续性方程为

$$\text{div}\boldsymbol{v}_r = 0 \tag{6.2.5}$$

令

$$p = \frac{1}{2}\rho\Omega^2(r^2 - b^2) + \bar{p} \tag{6.2.6}$$

式中，$\rho\Omega^2(r^2 - b^2)/2$ 为流体做无扰定常自旋时的压力场，Ω 是旋转角速度 $\boldsymbol{\Omega}$ 的幅值；b 为未扰状态时液柱的自由面半径；$\bar{p}$ 为扰动压力场。将式(6.2.3)、式(6.2.4)和式(6.2.6)代入式(6.2.2)，得线性化运动方程为

$$\frac{\partial \boldsymbol{v}_r}{\partial t} + 2\boldsymbol{\Omega} \times \boldsymbol{v}_r = -\frac{1}{\rho}\nabla\bar{p} - \boldsymbol{a}_e \tag{6.2.7}$$

对式(6.2.7)再取 div，并考虑到式(6.2.3)，得

$$\nabla\bar{p} = \boldsymbol{0} \tag{6.2.8}$$

式中，∇ 为拉普拉斯算子。流场有两个边界，一个在与筒壁相接触的外边界上，其边界条件为

$$u\big|_{r=a} = 0 \tag{6.2.9}$$

式中，a 为转筒内半径。另一个边界为自由面，扰动态的自由面方程为 $r = b + \eta(\theta, t)$，η 为一阶小量。代入式(6.2.6)并利用自由面上压力为零，得 $\bar{p}\big|_{r=b} = -\rho\Omega^2 b\eta$。因自由面上径向扰动速度 $u\big|_{r=b} = \partial\eta/\partial t$，从而得自由面上边界条件为

$$\left.\frac{\partial \overline{p}}{\partial t}\right|_{r=b} = -\rho\Omega^2 bu\big|_{r=b} \tag{6.2.10}$$

式(6.2.7)～式(6.2.10)即流体扰动运动方程。

6.2.2 扰动流体对转子的反馈力公式

设转筒做下列扰动运动：

$$x(t) = Ae^{i\omega t}, \quad y(t) = Be^{i\omega t} \tag{6.2.11}$$

式中，A、B、ω 都可以是复数。式(6.2.11)应理解为取实部，将式(6.2.11)代入式(6.2.7)和式(6.2.8)，得

$$\begin{aligned} & r\frac{\partial}{\partial r}\left(r\frac{\partial \overline{p}}{\partial r}\right) + \frac{\partial^2 \overline{p}}{\partial \theta^2} = 0 \\ & \frac{\partial u}{\partial t} - 2\Omega v = \frac{\omega^2}{2}[(A - iB)e^{i(\omega t+\Omega t+\theta)} + (A + iB)e^{i(\omega t-\Omega t-\theta)}] - \frac{1}{\rho}\frac{\partial \overline{p}}{\partial r} \\ & \frac{\partial v}{\partial t} + 2\Omega u = i\frac{\omega^2}{2}[(A - iB)e^{i(\omega t+\Omega t+\theta)} - (A + iB)e^{i(\omega t-\Omega t-\theta)}] - \frac{1}{\rho}\frac{\partial \overline{p}}{r\partial \theta} \end{aligned} \tag{6.2.12}$$

由式(6.2.12)可知，可令 u、v、$\overline{p}$ 的解的形式为

$$\begin{aligned} u &= u_1(r)e^{i(\omega t+\Omega t+\theta)} + u_2(r)e^{i(\omega t-\Omega t-\theta)} \\ v &= v_1(r)e^{i(\omega t+\Omega t+\theta)} + v_2(r)e^{i(\omega t-\Omega t-\theta)} \\ \overline{p} &= p_1(r)e^{i(\omega t+\Omega t+\theta)} + p_2(r)e^{i(\omega t-\Omega t-\theta)} \end{aligned} \tag{6.2.13}$$

根据线性方程的叠加原理，可对式(6.2.12)、式(6.2.13)中的 $e^{i(\omega t+\Omega t+\theta)}$ 和 $e^{i(\omega t-\Omega t-\theta)}$ 两项分别求解。现先求 u_1、v_1、p_1，将式(6.2.13)代入式(6.2.12)，得

$$r^2\frac{\partial^2 p_1}{\partial r^2} + r\frac{\partial p_1}{\partial r} - p_1 = 0 \tag{6.2.14}$$

$$\begin{aligned} -2\Omega v_1 + i(\omega + \Omega)u_1 &= -\frac{1}{\rho}\frac{\partial p_1}{\partial r} + \frac{\omega^2}{2}(A - iB) \\ 2\Omega u_1 + i(\omega + \Omega)v_1 &= -\frac{i}{\rho}\frac{p_1}{r} + \frac{i\omega^2}{2}(A - iB) \end{aligned} \tag{6.2.15}$$

由式(6.2.14)解得

$$p_1 = c_1 r + c_2/r \tag{6.2.16}$$

将式(6.2.16)代入式(6.2.15)，解得

$$u_1=\frac{-\mathrm{i}}{\rho(3\Omega+\omega)(\Omega-\omega)}\left[(3\Omega+\omega)c_1+(\Omega-\omega)\frac{c_2}{r_2}-(3\Omega+\omega)\frac{\rho\omega^2}{2}(A-\mathrm{i}B)\right]$$
$$v_1=\frac{1}{\rho(3\Omega+\omega)(\Omega-\omega)}\left[(3\Omega+\omega)c_1-(\Omega-\omega)\frac{c_2}{r_2}-(3\Omega+\omega)\frac{\rho\omega^2}{2}(A-\mathrm{i}B)\right] \tag{6.2.17}$$

将边界条件(6.2.9)和式(6.2.10)变化为

$$u_1(a)=0,\quad \mathrm{i}(w+\Omega)p_1(b)=-\rho\Omega^2bu_1(b) \tag{6.2.18}$$

将式(6.2.16)和式(6.2.17)代入式(6.2.18)，得

$$c_1=\frac{a^2(2\Omega^2+4\Omega\omega+\omega^2)+b^2\Omega^2}{a^2(2\Omega^2+4\Omega\omega+\omega^2)+b^2\omega^2}\frac{\rho\omega^2}{2}(A-\mathrm{i}B)$$
$$c_2=\frac{-a^2b^2(3\Omega+\omega)(\Omega+\omega)}{a^2(2\Omega^2+4\Omega\omega+\omega^2)+b^2\omega^2}\frac{\rho\omega^2}{2}(A-\mathrm{i}B) \tag{6.2.19}$$

将式(6.2.19)代入式(6.2.16)，得

$$p_1(a)=\frac{1}{2}\rho\omega^2(A-\mathrm{i}B)a\frac{2(\Omega+\omega)^2-\omega^2}{(1+\gamma)(\Omega+\omega)^2-\omega^2} \tag{6.2.20}$$

式中，

$$\gamma=\frac{a^2+b^2}{a^2-b^2} \tag{6.2.21}$$

同理得

$$u_2=\frac{\mathrm{i}}{\rho(3\Omega-\omega)(\Omega+\omega)}\left[(3\Omega-\omega)c_1+(\Omega+\omega)\frac{c_2}{r_2}-(3\Omega-\omega)\frac{\rho\omega^2}{2}(A+\mathrm{i}B)\right]$$
$$v_2=\frac{1}{\rho(3\Omega-\omega)(\Omega+\omega)}\left[(3\Omega-\omega)c_1-(\Omega+\omega)\frac{c_2}{r_2}-(3\Omega-\omega)\frac{\rho\omega^2}{2}(A+\mathrm{i}B)\right] \tag{6.2.22}$$

$$c_1=\frac{b^2\Omega^2+a^2(2\Omega^2-4\Omega\omega+\omega^2)}{b^2\omega^2+a^2(2\Omega^2-4\Omega\omega+\omega^2)}\frac{\rho\omega^2}{2}(A+\mathrm{i}B)$$
$$c_2=\frac{-b^2a^2(\omega-3\Omega)(\omega-\Omega)}{b^2\omega^2+a^2(2\Omega^2-4\Omega\omega+\omega^2)}\frac{\rho\omega^2}{2}(A+\mathrm{i}B) \tag{6.2.23}$$
$$p_2(a)=\frac{1}{2}\rho\omega^2(A+\mathrm{i}B)a\frac{2(\Omega-\omega)^2-\omega^2}{(1+\gamma)(\Omega-\omega)^2-\omega^2}$$

于是得总的压力分布为

$$\overline{p}(a,\theta)=\frac{1}{2}\rho\omega^2a[M_1(A-\mathrm{i}B)\mathrm{e}^{\mathrm{i}(\omega t+\Omega t+\theta)}+M_2(A+\mathrm{i}B)\mathrm{e}^{\mathrm{i}(\omega t-\Omega t-\theta)}] \tag{6.2.24}$$

式中，

$$M_1=\frac{2(\Omega+\omega)^2-\omega^2}{(1+\gamma)(\Omega+\omega)^2-\omega^2},\quad M_2=\frac{2(\Omega-\omega)^2-\omega^2}{(1+\gamma)(\Omega-\omega)^2-\omega^2} \tag{6.2.25}$$

流体作用在转筒上的合力在 x 轴和 y 轴的分量为

$$F_x=La\int_0^{2\pi}\overline{p}(a,\theta)\cos(\Omega t+\theta)\mathrm{d}\theta,\quad F_y=La\int_0^{2\pi}\overline{p}(a,\theta)\sin(\Omega t+\theta)\mathrm{d}\theta \tag{6.2.26}$$

式中，L 是转筒的长度。将式(6.2.24)代入式(6.2.26)，得

$$\begin{Bmatrix}F_x\\F_y\end{Bmatrix}=\frac{1}{2}m_c\omega^2\begin{bmatrix}M_1+M_2 & -\mathrm{i}(M_1-M_2)\\ \mathrm{i}(M_1-M_2) & M_1+M_2\end{bmatrix}\begin{Bmatrix}A\mathrm{e}^{\mathrm{i}\omega t}\\B\mathrm{e}^{\mathrm{i}\omega t}\end{Bmatrix} \tag{6.2.27}$$

式中，$m_c=\rho\pi a^2L$，m_c 为流体全部充满腔体时的流体质量。式(6.2.26)即扰动流体对简谐运动转子的反馈力表达式。

6.2.3　充液转子做圆涡动的条件

当转子做圆涡动时，式(6.2.11)中 $B=-\mathrm{i}A$，代入式(6.2.27)，得

$$\begin{Bmatrix}F_x\\F_y\end{Bmatrix}=m_c\omega^2M_2\begin{Bmatrix}1\\-\mathrm{i}\end{Bmatrix}A\mathrm{e}^{\mathrm{i}\omega t} \tag{6.2.28}$$

由此得

$$F_x=m_c\omega^2M_2a\cos(\omega t),\quad F_y=m_c\omega^2M_2a\sin(\omega t) \tag{6.2.29}$$

可见，此时流体的反馈力方向与轴心的偏离方向平行，大小是 $m_c\omega^2M_2a$。实现转子圆涡动的条件是转子的向心力等于轴的弹性恢复力与流体反馈力的差，即

$$(k-m_c\omega^2M_2)a=m_R\omega^2a\quad 或\quad (m_cM_2+m_R)\omega^2=k \tag{6.2.30}$$

式中，m_R 为转子质量。令

$$\alpha=\gamma+2\mu+1,\quad \lambda=\frac{\omega}{\omega_0},\quad \overline{\lambda}=\frac{\Omega}{\omega_0},\quad \omega_0^2=\frac{k}{m_R},\quad \mu=\frac{m_c}{m_R} \tag{6.2.31}$$

将式(6.2.31)代入式(6.2.30)，得

$$(\gamma+\mu)\lambda^4-2\alpha\overline{\lambda}\lambda^3+(\alpha\overline{\lambda}^2-\gamma)\lambda^2+2(\gamma+1)\overline{\lambda}\lambda-(\gamma+1)\overline{\lambda}^2=0 \tag{6.2.32}$$

若特征方程(6.2.32)在某个自旋角速度 $\overline{\lambda}$ 下有四个实根，则系统稳定，否则系统失稳。当 μ=0.206、γ=2.6 时，算出的 λ-$\overline{\lambda}$ 曲线如图 6.2.3 所示。当无量纲角速度 $\overline{\lambda}$ 落在(B_1, B_2)区间时，只有两个实根，一正一负，另两个为共轭复根。(B_1, B_2)为该充液转子的失稳转速区。令 $\lambda=\overline{\lambda}$，代入式(6.2.32)，得临界转速为

$$\lambda^2=\frac{1}{1+\mu}\quad 或\quad \Omega_{\mathrm{cr}}^2=\frac{k}{m_R+m_c}\tag{6.2.33}$$

式(6.2.33)为直线 $\lambda=\bar{\lambda}$ 和 λ-$\bar{\lambda}$ 曲线的交点 A，它在 B_1 的左侧，因此失稳转速的下界恒大于系统的第一临界转速。令 $\lambda=1$，代入式(6.2.32)，得 $\bar{\lambda}_{1,2}=1\pm1/\sqrt{2}$ 。它们对应于图 6.2.3 中的 C_1 和 C_2 点。这两个点与γ、μ 无关，所有的 λ-$\bar{\lambda}$ 曲线均通过 C_1、C_2 两点。因此，失稳区粗略保守估计为

$$\frac{1}{\sqrt{1+\mu}}<\bar{\lambda}<1+\frac{1}{\sqrt{2}}\tag{6.2.34}$$

实际的失稳区在式(6.2.34)所示范围的内部。

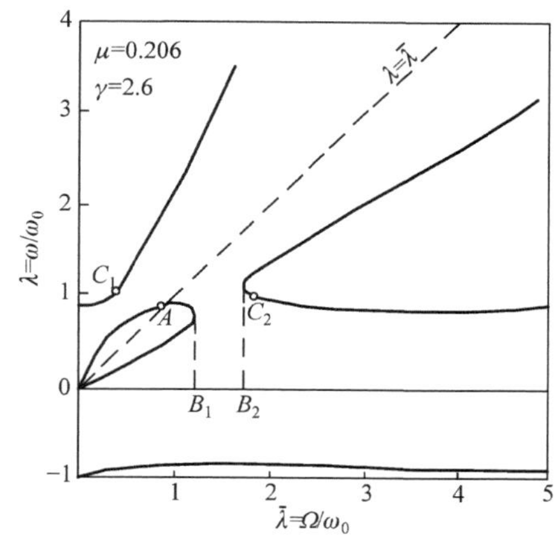

图 6.2.3　圆涡动频率的解

6.2.4　充液转子的动力稳定性

用转子圆涡动解的完备与否来判断充液转子的运动稳定性，从理论上讲是不确切的。动力稳定性分析应从转子的运动方程入手。

在固定坐标系 $Oxyz$ 中，转子的运动方程为

$$\begin{bmatrix} m_R & 0\\ 0 & m_R\end{bmatrix}\begin{Bmatrix}\ddot{x}\\ \ddot{y}\end{Bmatrix}+\begin{bmatrix}\bar{c}_{\mathrm{e}}+\bar{c}_{\mathrm{i}} & 0\\ 0 & \bar{c}_{\mathrm{e}}+\bar{c}_{\mathrm{i}}\end{bmatrix}\begin{Bmatrix}\dot{x}\\ \dot{y}\end{Bmatrix}+\begin{bmatrix}k & \bar{c}_{\mathrm{i}}\Omega\\ \bar{c}_{\mathrm{i}}\Omega & k\end{bmatrix}\begin{Bmatrix}x\\ y\end{Bmatrix}=\begin{Bmatrix}F_x\\ F_y\end{Bmatrix}\tag{6.2.35}$$

式中，$\bar{c}_{\mathrm{e}}$ 是外阻尼系数；$\bar{c}_{\mathrm{i}}$ 是内阻尼系数，假设内阻尼力与相对扰动速度 $\boldsymbol{v}_c-\boldsymbol{\Omega}\times\boldsymbol{r}_c$ 成正比，即

$$\boldsymbol{D}_{\mathrm{i}}=-c_{\mathrm{i}}(\boldsymbol{v}_c-\boldsymbol{\Omega}\times\boldsymbol{r}_c)=-c_{\mathrm{i}}[(\dot{x}-\Omega y)\boldsymbol{i}+(\dot{y}+\Omega x)\boldsymbol{j}]\tag{6.2.36}$$

式(6.2.36)是计入流体效应的一个简单当量模型,因为当筒心也做速度为 $\boldsymbol{\Omega}$ 的自旋时，整个转筒与流体呈现绕轴的刚性自旋，此时流体黏性不起作用。式(6.2.36)右端为流体对转筒的反馈力。为讨论转动的稳定性，令式(6.2.35)的解为式(6.2.11)，代入式(6.2.35)，并利用反馈力公式(6.2.27)，得特征值为

$$\begin{bmatrix}\alpha & -\beta\\ \beta & \alpha\end{bmatrix}\begin{Bmatrix}A\\ B\end{Bmatrix}=0\tag{6.2.37}$$

式中，

$$\alpha=m_R+\frac{m_c}{2}(M_1+M_2)\omega^2-\mathrm{i}(\bar{c}_{\mathrm{e}}+\bar{c}_{\mathrm{i}})\omega-k,\quad \beta=\frac{1}{2}m_c(M_1-M_2)\omega^2+\bar{c}_{\mathrm{i}}\Omega\tag{6.2.38}$$

式(6.2.36)的特征方程为

$$\alpha \pm \mathrm{i}\beta = 0 \tag{6.2.39}$$

将式(6.2.37)和式(6.2.25)代入式(6.2.38)，并记

$$c_{\mathrm{e}} = \frac{\overline{c}_{\mathrm{e}}}{2m_R\omega_0}, \quad c_{\mathrm{i}} = \frac{\overline{c}_{\mathrm{i}}}{2m_R\omega_0} \tag{6.2.40}$$

得无量纲特征方程为

$$\begin{aligned}
&(\gamma+\mu)\lambda^4 + [\pm 2a\overline{\lambda} - 2\mathrm{i}(c_{\mathrm{e}}+c_{\mathrm{i}})\gamma]\lambda^3 + [a\overline{\lambda}^2 - \gamma \pm 4\mathrm{i}\overline{\lambda}(c_{\mathrm{e}}+c_{\mathrm{i}})(1+\gamma) \mp 2\mathrm{i}c_{\mathrm{i}}\gamma\overline{\lambda}]\lambda^2 \\
&\quad + [\mp 2(1+\gamma)\overline{\lambda} - 2\mathrm{i}\overline{\lambda}^2(c_{\mathrm{e}}+c_{\mathrm{i}})(1+\gamma) - 4\mathrm{i}c_{\mathrm{i}}(1+\gamma)\overline{\lambda}^2]\lambda \\
&\quad + [-\overline{\lambda}^2(1+\gamma) \mp 2\mathrm{i}c_{\mathrm{i}}(1+\gamma)\overline{\lambda}^3] = 0
\end{aligned} \tag{6.2.41}$$

无阻尼时式(6.2.41)退化为下列实系数特征方程，即

$$(\gamma+\mu)\lambda^4 + 2a\overline{\lambda}(\pm\lambda)^3 + (a\overline{\lambda}^2 - \gamma)\lambda^2 - 2(1+\gamma)\overline{\lambda}(\pm\lambda) - (1+\gamma)\overline{\lambda}^2 = 0 \tag{6.2.42}$$

由式(6.2.42)可见，若λ有复根，则必共轭，iF具有正实部，系统失稳。因此，无阻尼充液转子不可能存在渐近稳定现象。若λ全为实根，则系统有界稳定，由式(6.2.37)可知转子的涡动形态为$\{A \quad B\}^{\mathrm{T}}=\{1 \quad \pm\mathrm{i}\}^{\mathrm{T}}$，这表明运动是正涡动和逆涡动。这样从理论上证明了采用正涡动判断稳定与否的合理性，但漏掉了逆涡动这一情况。该方法仅对无阻尼系统有效，一旦存在阻尼，就不存在圆涡动，而应从广义 Routh-Hurwitz 准则直接对方程(6.2.41)进行讨论。设式(6.2.41)中λ^{n-j}的系数是b_j+ic_j，则

$$\begin{aligned}
&b_0 = \gamma+\mu,\ b_1 = \pm 2a\overline{\lambda},\ b_2 = \overline{\lambda}^2\alpha - \gamma,\ b_3 = \mp 2(1+\gamma)\overline{\lambda},\quad b_4 = -\overline{\lambda}^2(1+\gamma) \\
&c_0 = 0,\ c_1 = -2(c_{\mathrm{i}}+c_{\mathrm{e}})\gamma,\ c_2 = \mp 2\overline{\lambda}[2(1+\gamma)(c_{\mathrm{i}}+c_{\mathrm{e}}) + c_{\mathrm{i}}\gamma] \\
&c_3 = -2\overline{\lambda}^2(1+\gamma)(c_{\mathrm{e}}+3c_{\mathrm{i}}\gamma),\ c_4 = \mp 2c_{\mathrm{i}}(1+\gamma)\overline{\lambda}^3
\end{aligned} \tag{6.2.43}$$

按照广义 Routh-Hurwitz 法则，稳定性条件是下列 Hurwitz 阵的偶阶主子式$\varDelta_{2k}(k=1,2,3,4)$应全部大于零。

$$H_8 = \begin{bmatrix}
c_0 & c_1 & c_2 & c_3 & c_4 & 0 & 0 & 0 \\
b_0 & b_1 & b_2 & b_3 & b_4 & 0 & 0 & 0 \\
0 & c_0 & c_1 & c_2 & c_3 & c_4 & 0 & 0 \\
0 & b_0 & b_1 & b_2 & b_3 & b_4 & 0 & 0 \\
0 & 0 & c_0 & c_1 & c_2 & c_3 & c_4 & 0 \\
0 & 0 & b_0 & b_1 & b_2 & b_3 & b_4 & 0 \\
0 & 0 & 0 & c_0 & c_1 & c_2 & c_3 & c_4 \\
0 & 0 & 0 & b_0 & b_1 & b_2 & b_3 & b_4
\end{bmatrix} \tag{6.2.44}$$

经推导，得各偶阶主子式为

$$
\begin{aligned}
&\Delta_2 = 2(c_e + c_i)(\gamma + \mu)\gamma \\
&\Delta_4 = 4(\gamma + \mu)\{c_e^2[\gamma^3 + \bar{\lambda}^2\mu(\gamma - 1)(3\gamma + 4)] + c_i^2[\gamma^3 - \bar{\lambda}^2(\gamma^3 + 4\mu + \gamma\mu - 4\gamma^2\mu)] \\
&\qquad + 2c_e c_i[\gamma^3 + 4\mu\bar{\lambda}^2(\gamma^2 - 1)]\} \\
&\Delta_6 = -8\bar{\lambda}^4(\gamma^2 - 1)(\gamma + \mu)\mu\{c_e^3[\bar{\lambda}^2\mu(\gamma - 1) - (5\gamma^2 + 20\gamma + 16)] \\
&\qquad + c_e^2 c_i[5\bar{\lambda}^2\mu(\gamma - 1) - (11\gamma^2 + 52\gamma + 48)] \\
&\qquad + c_e c_i^2[\bar{\lambda}^2(5\gamma^2 + 20\gamma + 16 + 21\mu + 20\gamma\mu) - (7\gamma^2 + 44\gamma + 48)] \\
&\qquad + c_i^3[\bar{\lambda}^2(\gamma^2 + 12\gamma + 16 + 17\mu + 12\gamma\mu) - (\gamma^2 + 12\gamma + 16)]\} \\
&\Delta_8 = 16(\gamma^2 - 1)^2\mu^2(\gamma + \mu)\bar{\lambda}^{10}\{-c_e^4(1 + \gamma) - 2c_e^3 c_i(1 + \gamma) + c_e^2 c_i^2[\bar{\lambda}^2(1 + \gamma \\
&\qquad + 2\mu) - \gamma] + 2c_e c_i^3 + c_i^4[1 - \bar{\lambda}^2(1 + \mu)]\}
\end{aligned}
\tag{6.2.45}
$$

下面讨论几个特例：

(1) 只有外阻尼，即 $c_e \neq 0$，$c_i=0$，式(6.2.45)可简化为

$$
\begin{aligned}
&\Delta_2 = 2c_e\gamma(\gamma + \mu), \quad \Delta_4 = 4c_e^2(\gamma + \mu)[\gamma^3 + \bar{\lambda}^2\mu(\gamma - 1)(3\gamma + 4)] \\
&\Delta_6 = 8c_e^3\bar{\lambda}^4(\gamma^2 - 1)(\gamma + \mu)\mu[5\gamma^2 + 20\gamma + 16 - \bar{\lambda}^2\mu(\gamma - 1)] \\
&\Delta_8 = -16\bar{\lambda}^{10}c_e^4\mu^2(\gamma + \mu)(\gamma + 1)(\gamma^2 - 1)^2
\end{aligned}
\tag{6.2.46}
$$

因为总有 $\Delta_8<0$，故带有外阻尼的充液转子必失稳。

(2) 只有内阻尼，即 $c_e=0$，$c_i \neq 0$，式(6.2.45)变化为

$$
\begin{aligned}
&\Delta_2 = 2c_i\gamma(\gamma + \mu), \quad \Delta_4 = 4c_i^2(\gamma + \mu)[\gamma^3 - \bar{\lambda}^2(\gamma^3 - 4\gamma^2\mu + \gamma\mu + 4\mu)] \\
&\Delta_6 = 8c_i^3\bar{\lambda}^4(\gamma^2 - 1)(\gamma + \mu)\mu[\gamma^2 + 12\gamma + 16 - \bar{\lambda}^2(\gamma^2 + 12\gamma + 16 + 17\mu + 12\gamma\mu] \\
&\Delta_8 = 16c_i^4\bar{\lambda}^{10}\mu^2(\gamma + \mu)(\gamma^2 - 1)^2[1 - \bar{\lambda}^2(1 + \mu)]
\end{aligned}
\tag{6.2.47}
$$

由于 $\Delta_i>0$，得稳定性条件为

$$
\begin{aligned}
&\bar{\lambda}^2(\gamma^3 - 4\gamma^2\mu + \gamma\mu + 4\mu) < \gamma^3, \quad \Delta_4 > 0 \\
&\bar{\lambda}^2 < \frac{\gamma^2 + 12\gamma + 16}{\gamma^2 + 12\gamma + 16 + \mu(17 + 12\gamma)}, \quad \Delta_6 > 0 \\
&\bar{\lambda}^2 < \frac{1}{1 + \mu}, \quad \Delta_8 > 0
\end{aligned}
\tag{6.2.48}
$$

图 6.2.4 表示了 $\Delta_i = 0$ 的诸曲线的一般规律，以及 $\Delta_i>0$ 的区域范围。因此，同时满足上面三个不等式的稳定性条件是 $\Delta_8>0$，即

$$
\Omega < \Omega^*, \quad \Omega^* = \sqrt{k/(m_R + m_c)} \tag{6.2.49}
$$

式中，Ω^* 是转子内腔全部充液时的自然频率，也是有内阻尼的充液转子的失稳阈值。一旦 $\Omega > \Omega^*$，系统失稳。

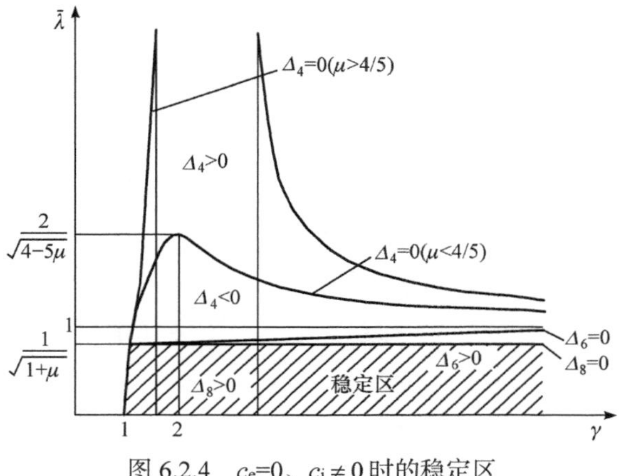

图 6.2.4　$c_e=0$、$c_i\neq 0$ 时的稳定区

(3) 同时含内外阻尼，即 $c_e\neq 0$，$c_i\neq 0$，若令 $\eta_i=c_i/c_e$，则由 $\Delta_i>0$，可得如下结果：

$$
\begin{aligned}
&\bar{\lambda}^2[\eta^2(\gamma^3-4\mu\gamma^2+\gamma\mu+4\mu)-8\eta\mu(\gamma^2-1)-\mu(\gamma-1)(3\gamma+4)]<\gamma^3(1-\eta)^2,\quad \Delta_4>0\\
&\bar{\lambda}^2<\frac{\eta^3(\gamma^2+12\gamma+16)+\eta^2(7\gamma^2+44\gamma+48)+\eta(11\gamma^2+52\gamma+48)+(5\gamma^2+20\gamma+16)}{\eta^3(\gamma^2+12\gamma+16+17\mu+12\gamma\mu)+\eta^2(5\gamma^2+20\gamma+16+21\mu+20\gamma\mu)+(5\eta+1)(\gamma-1)},\quad \Delta_6>0\\
&\bar{\lambda}^2(1+\mu)\eta^2\left(\frac{1+\gamma+2\mu}{1+\mu}-\eta^2\right)>(1+\eta)^2(1+\gamma-\eta^2),\quad \Delta_8>0
\end{aligned}
\tag{6.2.50}
$$

图 6.2.5 是图 6.2.3 中 $\gamma=2.6$、$\mu=0.206$ 时，$\Delta_i=0$ 诸曲线计算结果及 $\Delta_i>0$ 的区域，同时满足上述三个不等式的稳定性范围为

$$
\bar{\lambda}^2<f(\eta)=\frac{(1+\eta)^2(\eta^2-1-\gamma)}{(1+\mu)\eta^2[\eta^2-(1+\gamma+2\mu)/(1+\gamma)]},\quad \eta^2>1+\gamma \tag{6.2.51}
$$

因此，仅当内外阻尼 $\eta>\sqrt{1+\gamma}$ 时才出现稳定区。对每个大于 $\sqrt{1+\gamma}$ 的 η 值，存在相应的转速门槛值 $\Omega^*(\eta)=\omega_0\sqrt{f(\eta)}$，当 $\Omega>\Omega^*(\eta)$ 时，系统失稳。可由 $\mathrm{d}f(\eta)/\mathrm{d}\eta=0$ 求出最大失稳门槛值为

$$
\eta^{*4}+(d-1-\gamma)\eta^{*3}-2(1+\gamma)\eta^{*2}+\alpha(1+\gamma)=0,\quad \Omega^*=\omega_0\sqrt{f(\eta^*)} \tag{6.2.52}
$$

式中，

$$
d=\frac{1+\gamma+2\mu}{1+\gamma} \tag{6.2.53}
$$

式(6.2.52)中，仅取 $\eta^{*2}>1+\gamma$ 的根。在此处，$\Omega^*=1.2154\omega_0$，$\eta^*=2.40595$。则稳定区即式(6.2.50)可用下列矩形区近似表示：

$$\eta^2 > 1+\gamma, \quad \bar{\lambda}^2 < \frac{1}{1+\mu} \tag{6.2.54}$$

式(6.2.54)是稳定性的充分判据。

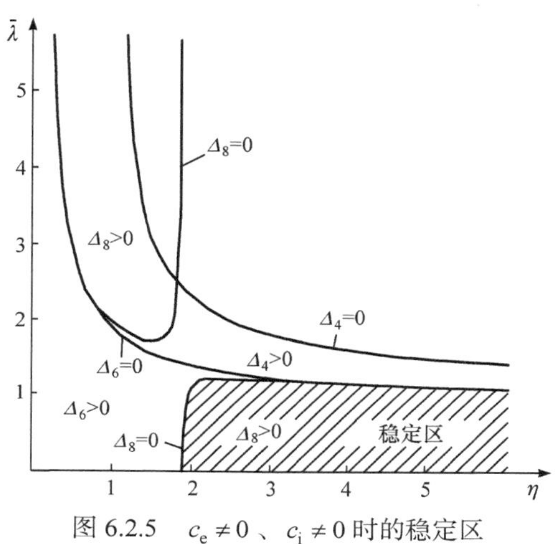

图 6.2.5 $c_e \neq 0$ 、 $c_i \neq 0$ 时的稳定区

6.2.5 碰摩引起的单盘转子失稳

旋转机械的转子与静子间的间隙越来越小。由于不平衡过大、不对中、转子的热膨胀、热弯曲等因素的作用，旋转机械在运行中常发生动静件碰摩的故障。碰摩使转子及静子受到一定冲击力和切向摩擦力。在一定条件下，这种突加激励可使转子产生反进动，严重时会使振动不断加剧，导致失稳。

旋转机械可能发生的碰摩有两种类型，一种是部分碰摩，即转子在一个转动周期内和静子接触一次、两次或多次，或每两三个转动周期内接触一次或两次。发生碰摩时，相当于转子增加一个支承点，系统刚度提高，一旦脱离接触，系统刚度就恢复到碰摩前的水平，刚度的这种时变特性将引起转子参数激振。另一种是全周碰摩，即一旦碰摩发生，转子和静子始终保持接触，产生干摩擦现象，从而引起自激振动，使转子涡动失稳。

目前，对碰摩故障引起转子失稳机理的认识还不很明确，所得结论大都是定性的，其原因主要是采用的力学模型过于简单。碰摩过程十分复杂，从冲击到稳定接触时间极短，把各种影响因素综合在一个力学模型中非常困难。

1. 静子支承为刚性时的碰摩

图 6.2.6 为一单盘转子，转子的角速度为Ω。某瞬时圆盘发生扰动位移，与静子相碰摩。接触点 A 处有正向力 N 和切向干摩擦力 $T=\mu N$，μ 为库仑摩擦系

数。假设该转子完全平衡，静子为刚性，忽略陀螺效应，认为圆盘发生瞬时扰动位移后与静子保持接触，则描述转子运动的唯一广义坐标是回转角 ψ，其运动方程为

$$mh\ddot{\psi} + ch\dot{\psi} + \mu N = 0, \quad N = mh(\dot{\psi}^2 - \omega_r^2) \tag{6.2.55}$$

式中，$\omega_r^2 = k/m$ 为转子的临界转速，m 为盘的质量，k 为柔轴在圆盘处的刚度系数；c 为外阻尼系数；h 为径向间隙。

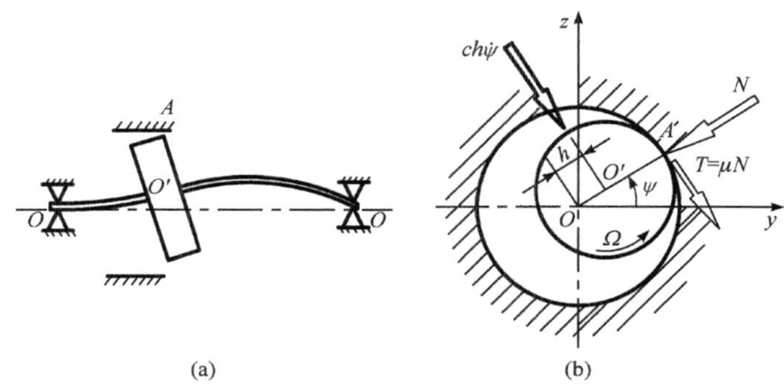

图 6.2.6　转子动静件碰摩简图

圆盘在接触点 A 处的线速度为 $v_A = r\Omega + h\dot{\psi}$ (r 是圆盘的半径)，因 $h/r \ll 1$，故一般 v_A 为顺旋转方向(除非 $\dot{\psi}$ 是一个很大的反旋转方向值)，摩擦力方向为反旋转方向，如图 6.2.6 所示。一旦 $r\Omega + h\dot{\psi} < 0$，摩擦力改变方向，式(6.2.54)中的 μ 值改取负号。

由式(6.2.55)可知，当 $\dot{\psi}^2 < \omega_r^2$ 时，$N<0$，动静件之间的压力消失，圆盘脱离静子而进入自由阻尼振动，系统稳定。因此，以下只需考虑扰动角速度绝对值 $|\dot{\psi}| > \omega_r$ 的情况。

将式(6.2.55)的第二式代入式(6.2.55)的第一式，消去 N 得

$$\ddot{\psi} = -\mu(\dot{\psi} - \omega_1)(\dot{\psi} - \omega_2) \tag{6.2.56}$$

式中，

$$\omega_1 = \omega_r\left[-\frac{\xi}{\mu} + \sqrt{\left(\frac{\xi}{\mu}\right)^2 + 1}\right], \quad \omega_2 = -\omega_r\left[\frac{\xi}{\mu} + \sqrt{\left(\frac{\xi}{\mu}\right)^2 + 1}\right], \quad \xi = \frac{c}{2\sqrt{mk}} \tag{6.2.57}$$

由式(6.2.57)可知

$$0 < \omega_1 < \omega_r, \quad \omega_2 < -\omega_r \tag{6.2.58}$$

对式(6.2.56)积分得

$$\dot{\psi}(t)=\frac{\omega_1-\zeta\omega_2\mathrm{e}^{-\mu(\omega_1-\omega_2)t}}{1-\zeta\mathrm{e}^{-\mu(\omega_1-\omega_2)t}} \tag{6.2.59}$$

式中，ζ是一个初始参数，即

$$\zeta=\frac{\dot{\psi}_0-\omega_1}{\dot{\psi}_0-\omega_2} \tag{6.2.60}$$

其中，$\dot{\psi}_0=\dot{\psi}(0)$是$\dot{\psi}$的初始值，将式(6.2.59)代入式(6.2.56)得

$$\ddot{\psi}=-\zeta\mu\frac{(\omega_1-\omega_2)^2\mathrm{e}^{-\mu(\omega_1-\omega_2)t}}{[1-\mathrm{e}^{-\mu(\omega_1-\omega_2)t}]^2} \tag{6.2.61}$$

可见，$\ddot{\psi}$与ζ异号，由此可得以下几个重要的结论：

(1) 若$\dot{\psi}_0>\omega_r$，则$\zeta>0$，$\ddot{\psi}<0$，因此$\dot{\psi}(t)$为单调下降，经过有限时间间隔

$$t_1=\frac{1}{\mu(\omega_1-\omega_2)}\ln\frac{\zeta(\omega_r-\omega_2)}{\omega_r-\omega_1} \tag{6.2.62}$$

当$\dot{\psi}$降到ω_r之后，就脱离接触而进入自由衰减振动，系统稳定。因此，凡初始扰动是顺旋转方向的，就不会造成干摩擦失稳。

(2) 若$\omega_2<\dot{\psi}_0<-\omega_r$，则$\zeta<0$，$\ddot{\psi}>0$，因此$\dot{\psi}(t)$为单调上升，经有限时间间隔

$$t_2=\frac{1}{\mu(\omega_1-\omega_2)}\ln\frac{\zeta(\omega_2+\omega_r)}{\omega_r+\omega_1} \tag{6.2.63}$$

当$\dot{\psi}$上升到$-\omega_r$值后脱离接触进入自由阻尼振动，系统稳定。

(3) 若$\dot{\psi}_0<\omega_2$，则$\zeta>0$，$\ddot{\psi}<0$，逆向涡动角速度$\dot{\psi}$的绝对值持续增大。然而，$\dot{\psi}$的绝对值不可能无限增大，一旦$|\dot{\psi}|$增大到使$r\Omega+h\dot{\psi}<0$，即$\dot{\psi}<-r\Omega/h$后，式(6.2.54)中的μ改号，这时$\ddot{\psi}>0$，$|\dot{\psi}|$又开始下降而趋于定值，即$\dot{\psi}=-r\Omega/h$，这时圆盘在静子内壁做无滑动滚动。

综上所述，圆盘涡动稳定与否由下列阈值决定：

$$\omega^*=\omega_r\left[\frac{\xi}{\mu}+\sqrt{\left(\frac{\xi}{\mu}\right)^2+1}\right] \tag{6.2.64}$$

所有$\dot{\psi}_0>\omega_\mathrm{r}$的正向扰动和$|\dot{\psi}_0|<\omega^*$的逆向扰动均衰减到零时，系统稳定。所有$|\dot{\psi}_0|>\omega^*$的逆向扰动，均将在干摩擦力作用下发展成做无滑动定常涡动，涡动角速度为$\dot{\psi}=-r\Omega/h$。由此可见，大多数转子发生碰摩后仍能维持正常运转。

由式(6.2.64)可知，失稳阈值是外阻尼率与摩擦系数比值ξ/μ的函数，如图 6.2.7 所示。显然$\omega^*\geqslant\omega_r$，因此逆向失稳转速必须大于临界转速。

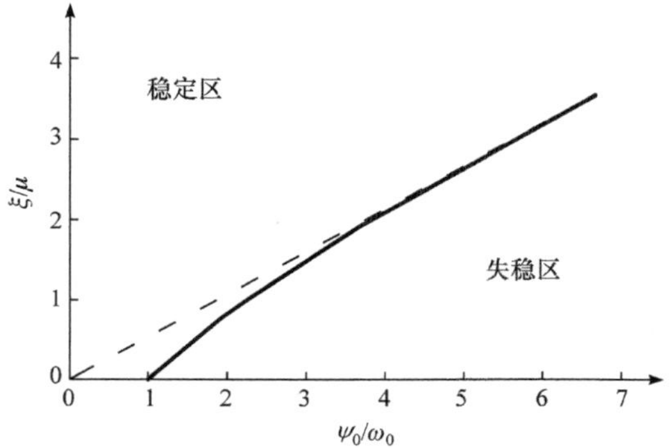

图 6.2.7　参数平面上稳定区与失稳区的划分

2. 静子支承为弹性时的碰摩

设有一理想转子，如图 6.2.8 所示，该转子以角速度Ω旋转，跨中圆盘质量为m_r，半径为 r；转轴无质量，在圆盘处的等效刚度为 k_r；静子质量为 m_s，与圆盘的半径间隙为 h；支承各向同性，刚度为 k_s。假设转子完全平衡，并忽略重力和外阻尼力的影响，由于正向扰动不会使系统失稳，所以此处只讨论反向扰动的情形，并对接触点处无摩擦和小摩擦两种情况分别加以讨论。

1) 无摩擦情况

图 6.2.9 为圆盘与静子碰摩时的横截面简图，动坐标系(x, y)以角速度$\dot{\psi}$相对于固定坐标系(X, Y)涡动，x 轴始终平行于圆盘与静子的中心连线。

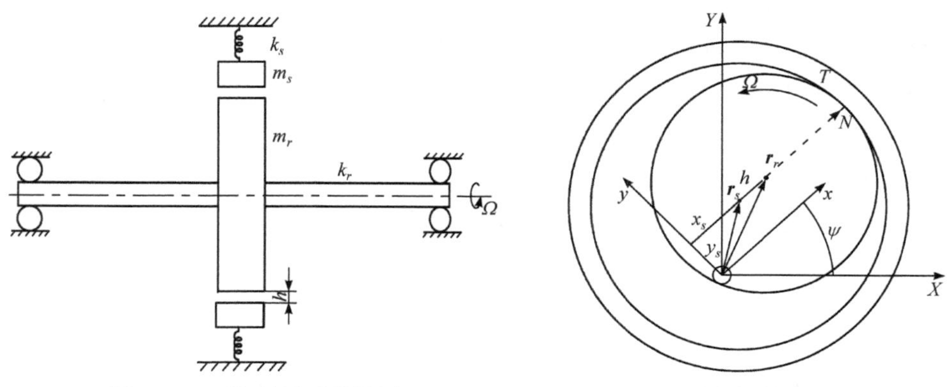

图 6.2.8　理想转子系统简图　　图 6.2.9　动静件碰摩横截面简图

若选择ψ角和静子中心坐标 x_s、y_s 为广义坐标，则圆盘与静子中心的瞬态位移为

$$\boldsymbol{r}_s = x_s\boldsymbol{I}_x + y_s\boldsymbol{I}_y, \quad \boldsymbol{r}_r = \boldsymbol{r}_s + h\boldsymbol{I}_x \tag{6.2.65}$$

式中，$\boldsymbol{I}_x$、$\boldsymbol{I}_y$分别为 x、y 方向的单位矢量，并有

$$\frac{\mathrm{d}}{\mathrm{d}t}\boldsymbol{I}_x=\dot{\psi}\boldsymbol{I}_y,\quad \frac{\mathrm{d}}{\mathrm{d}t}\boldsymbol{I}_y=-\dot{\psi}\boldsymbol{I}_x \tag{6.2.66}$$

由牛顿定律可得转子与静子的运动方程为

$$m_s\ddot{\boldsymbol{r}}_s+k_s\boldsymbol{r}_s-N\boldsymbol{I}_x-T\boldsymbol{I}_y=\boldsymbol{0},\quad m_r\ddot{\boldsymbol{r}}_r+k_r\boldsymbol{r}_r-N\boldsymbol{I}_x-T\boldsymbol{I}_y=\boldsymbol{0} \tag{6.2.67}$$

由式(6.2.65)的第二式可得

$$\ddot{\boldsymbol{r}}_r=\ddot{\boldsymbol{r}}_s+h\ddot{\boldsymbol{I}}_x \tag{6.2.68}$$

将式(6.2.67)的两式相加，然后除以 m_r+m_s，并考虑到式(6.2.68)可得

$$\ddot{\boldsymbol{r}}_s+\omega_{rs}^2\boldsymbol{r}_s+\frac{m_r}{m_r+m_s}h(\ddot{\boldsymbol{I}}_x+\omega_r^2\boldsymbol{I}_x)=\boldsymbol{0} \tag{6.2.69}$$

式中，

$$\omega_r^2=\frac{k_r}{m_r},\quad \omega_{rs}^2=\frac{k_r+k_s}{m_r+m_s} \tag{6.2.70}$$

将式(6.2.67)的第一式除以 m_s，第二式除以 m_r，然后相减得

$$h(\ddot{\boldsymbol{I}}_x+\omega_r^2\ddot{\boldsymbol{I}}_x)-(\omega_s^2-\omega_r^2)\boldsymbol{r}_s+\frac{m_r+m_s}{m_rm_s}(N\boldsymbol{I}_x+T\boldsymbol{I}_y)=\boldsymbol{0} \tag{6.2.71}$$

式中，$\omega_s^2=k_s/m_s$。两个矢量方程(6.2.67)和(6.2.71)等价于下面的四个标量方程，即

$$\begin{aligned}
&\ddot{x}-x\dot{\psi}^2-2\dot{y}\dot{\psi}-y\ddot{\psi}+\omega_{rs}^2x+\frac{m_r}{m_r+m_s}h(\omega_r^2-\dot{\psi}^2)=0\\
&\ddot{y}-y\dot{\psi}^2+2\dot{x}\dot{\psi}+x\ddot{\psi}+\omega_{rs}^2y+\frac{m_r}{m_r+m_s}h\ddot{\psi}=0\\
&(\omega_r^2-\dot{\psi}^2)h-(\omega_s^2-\omega_r^2)x+\frac{m_r+m_s}{m_rm_s}N=0\\
&h\ddot{\psi}-(\omega_s^2-\omega_r^2)y+\frac{m_r+m_s}{m_rm_s}T=0
\end{aligned} \tag{6.2.72}$$

方便起见，在式(6.2.71)中已将 x_s、y_s 的下标省略。将 $\dot{x}=\ddot{x}=0$ 、$\dot{y}=0$ 、$\ddot{\psi}=0$ 和 $\dot{\psi}=-\omega_0=-\Omega r/h$ 代入方程(6.2.71)可得稳态解为

$$\begin{aligned}
&x_0=h\frac{m_r}{m_rm_s}\frac{\omega_0^2-\omega_r^2}{\omega_{rs}^2-\omega_0^2}=h\frac{(\omega_s^2-\omega_{rs}^2)(\omega_0^2-\omega_r^2)}{(\omega_s^2-\omega_r^2)(\omega_{rs}^2-\omega_0^2)},\quad y_0=0\\
&N_0=h\frac{m_r}{m_r+m_s}\frac{(\omega_0^2-\omega_r^2)(\omega_s^2-\omega_0^2)}{\omega_{rs}^2-\omega_0^2},\quad T_0=0
\end{aligned} \tag{6.2.73}$$

由式(6.2.73)的第三式可知，当$\omega_r < \omega_0 < \omega_{rs}$或$\omega_s < \omega_0 < \infty$时，$N_0>0$，即接触力为压力；而当$0 < \omega_0 < \omega$或$\omega_{rs} < \omega_0 < \omega_s$时，$N_0<0$，即脱离接触。

下面进行稳定性分析。对式(6.2.72)求摄动解，设ε为一小量，令

$$x = x_0 + \varepsilon x_1 \mathrm{e}^{\omega_{\mathrm{n}} t}, \quad y = \varepsilon y_1 \mathrm{e}^{\omega_{\mathrm{n}} t}, \quad \dot{\psi} = -\omega_0 + \varepsilon w_1 \mathrm{e}^{\omega_{\mathrm{n}} t} \tag{6.2.74}$$

将式(6.2.74)代入式(6.2.72)，只保留线性项，并使 T 为零，从而由式(6.2.72)的第一、二和四式得到一线性特征值问题。当x和$\dot{\psi}$确定后，可由第三式求得N。则矩阵特征值问题为

$$\boldsymbol{A}\boldsymbol{Z} = \mathbf{0} \tag{6.2.75}$$

式中，

$$\boldsymbol{Z} = \{x_1 \quad y_1 \quad \omega_1\}^{\mathrm{T}} \tag{6.2.76}$$

$$\boldsymbol{A} = \begin{bmatrix} \omega_{\mathrm{n}}^2 + \omega_{rs}^2 - \omega_0^2 & 2\omega_0\omega_n & 2\bar{C}\omega_0 \\ -2\omega_0\omega_{\mathrm{n}} & \omega_{\mathrm{n}}^2 + \omega_{rs}^2 - \omega_0^2 & \bar{C}\omega_{\mathrm{n}} \\ 0 & -(\omega_s^2 - \omega_r^2) & h\omega_{\mathrm{n}} \end{bmatrix} \tag{6.2.77}$$

其中，

$$\bar{C} = x_0 + h\frac{m_r}{m_r + m_s} = h\frac{(\omega_s^2 - \omega_{rs}^2)(\omega_{rs}^2 - \omega_r^2)}{(\omega_s^2 - \omega_r^2)(\omega_{rs}^2 - \omega_0^2)} \tag{6.2.78}$$

矩阵$\boldsymbol{A}$的特征值除$\omega_{\mathrm{n}}=0$外，还由如下方程决定，即

$$\omega_{\mathrm{n}}^4 + \beta\omega_{\mathrm{n}}^2 + \gamma = 0 \tag{6.2.79}$$

式中，

$$\begin{aligned} \beta &= \frac{2(\omega_{rs}^4 - \omega_0^4) + (\omega_s^2 - \omega_{rs}^2)(\omega_{rs}^2 - \omega_r^2)}{\omega_{rs}^2 - \omega_0^2} \\ \gamma &= \frac{(\omega_{rs}^2 - \omega_0^2)^3 + (\omega_s^2 - \omega_{rs}^2)(\omega_{rs}^2 - \omega_r^2)(3\omega_0^2 + \omega_{rs}^2)}{\omega_{rs}^2 - \omega_0^2} \end{aligned} \tag{6.2.80}$$

若由式(6.2.79)决定的矩阵$\boldsymbol{A}$的特征值是负实数，则系统的稳态运动在小扰动作用下就不会失稳。只要β、γ和判别式$\varDelta = \beta^2 - 4\gamma$都大于零，就能保证矩阵$\boldsymbol{A}$的特征值为负实数。由式(6.2.80)可知，当$0 < \omega_0 < \omega_{rs}$或$\omega_0$足够大时，上述条件便可得到满足。从$\omega_0=\omega_{rs}$开始，随着$\omega_0$的增大，$\beta$、$\gamma$都由正变为负，当$\omega_0$增大到一定值时，$\beta$由负变正，但$\gamma$仍为负值。在将$\omega_0$增大到$\omega_{s0}$时，$\gamma$也为正值，这时系统又进入稳定状态，$\omega_{s0}$称为阈值，且有$\omega_{s0}>\omega_s$。

综合以上分析可知，若由碰摩引起的逆向涡动角速度的绝对值ω_0满足$0 < \omega_0 < \omega_{rs}$或$\omega_0 > \omega_{s0}$，系统就会稳定运转。

需要指出，在这部分一开始就假定接触点处无摩擦，即 T 始终为零。所以，在上面的分析中，稳态涡动角速度ω_0与转子自转角速度Ω无须满足条件 $\omega_0 = r\Omega/h$ 。转子在外扰动作用下的逆向涡动角速度ω_0只需要满足上述稳定性条件，系统就不会失稳。当ω_0较小($0<\omega_0<\omega_r$)时，系统的稳定性是不确定的，因为这时要求动静件接触处有一法向拉力，这在实际中是不可能的。

2) 小摩擦情况

对式(6.2.72)求摄动解，在稳态运动附近引入一小扰动，并考虑摩擦力的影响，令

$$x = x_0 + \varepsilon x_1(t),\quad y = \varepsilon y_1(t),\quad \dot{\psi} = -\omega_0 + \varepsilon\omega_1(t),\quad T = \varepsilon T_1 \operatorname{sgn}(\omega_1) \tag{6.2.81}$$

式中，T_1 为一正常数；符号函数的取值为

$$\operatorname{sgn}(\omega_1) = \begin{cases} +1, & \omega_1 > 0 \\ -1, & \omega_1 < 0 \end{cases} \tag{6.2.82}$$

符号函数(6.2.82)的作用，是保证当转子沿ψ 增大的方向滑动时，作用在静子上的摩擦力 T 的方向如图 6.2.9 所示，当滑动方向改变时，摩擦力方向也随之改变。将式(6.2.81)代入式(6.2.72)的第一、二和四式，只保留线性项，得

$$\begin{aligned} &\ddot{x}_1 + (\omega_{rs}^2 - \omega_0^2)x_1 + 2\omega_0\dot{y}_1 + 2\bar{C}\omega_0\omega_1 = 0 \\ &-2\omega_0\dot{x}_1 + \ddot{y}_1 + (\omega_{rs}^2 - \omega_0^2)y_1 + \bar{C}\dot{\omega}_1 = 0 \\ &-(\omega_s^2 - \omega_r^2)y_1 + h\dot{\omega}_1 = -\frac{m_r + m_s}{m_r m_s} T_1 \operatorname{sgn}(\omega_1) \end{aligned} \tag{6.2.83}$$

比较式(6.2.83)与式(6.2.75)可知，式(6.2.75)的特征解反映系统(6.2.83)自由运动。现在考察由摩擦力引起的系统强迫运动，即求解式(6.2.83)的一个特解，当 $\dot{\omega}_1$ 为常数时，由式(6.2.83)的第三式可得 y_1 也为常数，进而由第二式得 $\dot{x}_1$ 为常数，再由第一式推知 x_1 与ω_1 成比例，于是由式(6.2.83)可得

$$\begin{aligned} &x_1 = -\frac{2\bar{C}\omega_0}{\omega_{rs}^2 - \omega_0^2}\omega_1,\quad y_1 = -\frac{\bar{C}\dot{\omega}_1 - 2\omega_0 x_1}{\omega_{rs}^2 - \omega_0^2} = -\frac{3\omega_0^2 + \omega_{rs}^2}{(\omega_{rs}^2 - \omega_0^2)^2}\bar{C}\dot{\omega}_1 \\ &\dot{\omega}_1 = -\frac{m_r + m_s}{m_r m_s}\frac{T_1}{h} f(\omega_0^2)\operatorname{sgn}(\omega_1) \end{aligned} \tag{6.2.84}$$

式中，

$$f(\omega_0^2) = \frac{(\omega_{rs}^2 - \omega_0^2)^3}{(\omega_{rs}^2 - \omega_0^2)^3 + (\omega_s^2 - \omega_{rs}^2)(\omega_{rs}^2 - \omega_r^2)(3\omega_0^2 + \omega_{rs}^2)} \tag{6.2.85}$$

式(6.2.84)中的第三式描述了系统在摩擦力扰动下的强迫振动。从式中可见，只要 $f(\omega_0^2)$ 大于零，摩擦力的作用是减小扰动ω_1 的幅值(无论ω_1 是正还是负)，使系统

保持稳定。$f(\omega_0^2)$ 的正负变化如同式(6.2.80)中的γ，当 $0<\omega_0<\omega_{rs}$ 或 $\omega_{rs}<\omega_0<\infty$ 时，$f(\omega_0^2)$ 为正；当 $\omega_{rs}<\omega_0<\omega_{s0}$ 时，$f(\omega_0^2)$ 为负。如果考虑动静件碰摩时的接触力应为压力，可得如下逆向稳定涡动的转速范围，即

$$\Omega_r<\Omega<\Omega_{rs} \quad 或 \quad \Omega_{s0}<\Omega<\infty \tag{6.2.86}$$

式中，转子转速Ω与涡动转速ω_1满足的关系为

$$\omega_0=-r\Omega/h \tag{6.2.87}$$

6.2.6 碰摩引起的多盘转子失稳

图 6.2.10 为多自由度转子系统运动示意图，设第j个盘的质量为m_j，盘心O_j的横向扰动位移是x_j、y_j，假设转子完全平衡，忽略重力及陀螺效应，则运动学方程为

$$\boldsymbol{M}\ddot{\boldsymbol{y}}+\boldsymbol{C}\dot{\boldsymbol{y}}+\boldsymbol{K}\boldsymbol{y}+\boldsymbol{N}\boldsymbol{H}\boldsymbol{y}-\mu\boldsymbol{N}\boldsymbol{H}\boldsymbol{z}=0, \quad \boldsymbol{M}\ddot{\boldsymbol{z}}+\boldsymbol{C}\dot{\boldsymbol{z}}+\boldsymbol{K}\boldsymbol{z}+\boldsymbol{N}\boldsymbol{H}\boldsymbol{z}+\mu\boldsymbol{N}\boldsymbol{H}\boldsymbol{y}=0 \tag{6.2.88}$$

式(6.2.88)写成复数形式为

$$\boldsymbol{M}\ddot{\boldsymbol{P}}+\boldsymbol{C}\dot{\boldsymbol{P}}+\boldsymbol{K}\boldsymbol{P}+(1+\mathrm{i}\mu)\boldsymbol{N}\boldsymbol{H}\boldsymbol{P}=0 \tag{6.2.89}$$

式中，

$$\boldsymbol{P}=\boldsymbol{Y}+\mathrm{i}\boldsymbol{Z}, \quad \boldsymbol{Y}=\{y_1 \quad y_2 \quad \cdots \quad y_n\}^{\mathrm{T}}, \quad \boldsymbol{Z}=\{z_1 \quad z_2 \quad \cdots \quad z_n\}^{\mathrm{T}}$$

$$\boldsymbol{M}=\begin{bmatrix} m_1 & 0 & \cdots & 0 \\ 0 & m_2 & \cdots & 0 \\ \vdots & \vdots & & \vdots \\ 0 & 0 & \cdots & m_n \end{bmatrix}, \quad \boldsymbol{C}=\begin{bmatrix} C_1 & 0 & \cdots & 0 \\ 0 & C_2 & \cdots & 0 \\ \vdots & \vdots & & \vdots \\ 0 & 0 & \cdots & C_n \end{bmatrix}, \quad \boldsymbol{N}=\begin{bmatrix} N_1 & 0 & \cdots & 0 \\ 0 & N_2 & & 0 \\ \vdots & \vdots & & \vdots \\ 0 & 0 & \cdots & N_n \end{bmatrix},$$

$$\boldsymbol{H}=\begin{bmatrix} 1/h_1 & 0 & \cdots & 0 \\ 0 & 1/h_2 & \cdots & 0 \\ \vdots & \vdots & & \vdots \\ 0 & 0 & \cdots & 1/h_n \end{bmatrix} \tag{6.2.90}$$

$\boldsymbol{K}$为$n\times n$刚度阵；C_j、N_j、h_j分别为第j个圆盘处的外阻尼系数、法向正压力和径向平均间隙，凡不发生碰摩的盘，$N_j=0$。若有q个圆盘同时处于碰摩状态，则有如下q个约束方程，即

$$y_j^2+z_j^2=h_j^2, \quad j=1,2,\cdots,q \tag{6.2.91}$$

通常只有一个盘发生碰摩，记该盘编号为“1”，令

$$\boldsymbol{P}=h_1\begin{Bmatrix} 1 \\ \boldsymbol{A}(t)+\mathrm{i}\boldsymbol{B}(t) \end{Bmatrix}\mathrm{e}^{\mathrm{i}\psi(t)} \tag{6.2.92}$$

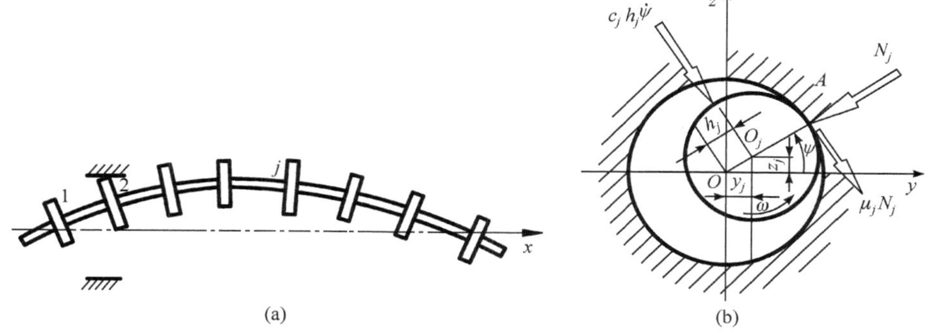

图 6.2.10　多自由度转子系统运动示意图

式中，$\boldsymbol{A}$ 和 $\boldsymbol{B}$ 为 $(n-1)\times 1$ 列向量。于是自动满足约束(6.2.91)。将式(6.2.92)代入式(6.2.90)，使两边的虚、实部分别相等，则得运动方程为

$$\begin{aligned}
&m_1\ddot{\psi}+C\dot{\psi}-\mu k_{11}+\mu m_1\dot{\psi}^2-\mu\boldsymbol{K}_{1r}\boldsymbol{A}+\boldsymbol{K}_{1r}\boldsymbol{B}=0\\
&N_1+(k_{11}-m_1\dot{\psi}^2)h_1+h_1\boldsymbol{K}_{1r}\boldsymbol{A}=0\\
&\boldsymbol{M}_{rr}\ddot{\boldsymbol{A}}-\dot{\psi}^2\boldsymbol{M}_{rr}\boldsymbol{A}-2\dot{\psi}\boldsymbol{M}_{rr}\dot{\boldsymbol{B}}-\ddot{\psi}\boldsymbol{M}_{rr}\boldsymbol{B}-\dot{\psi}\boldsymbol{C}_{rr}\boldsymbol{B}+\boldsymbol{C}_{rr}\dot{\boldsymbol{A}}+\boldsymbol{K}_{r1}+\boldsymbol{K}_{rr}\boldsymbol{A}=0\\
&\boldsymbol{M}_{rr}\ddot{\boldsymbol{B}}-\dot{\psi}^2\boldsymbol{M}_{rr}\boldsymbol{B}+2\dot{\psi}\boldsymbol{M}_{rr}\dot{\boldsymbol{A}}+\ddot{\psi}\boldsymbol{M}_{rr}\boldsymbol{A}+\dot{\psi}\boldsymbol{C}_{rr}\boldsymbol{A}+\boldsymbol{C}_{rr}\dot{\boldsymbol{B}}+\boldsymbol{K}_{rr}\boldsymbol{B}=0
\end{aligned}\tag{6.2.93}$$

其中，k_{11}、$\boldsymbol{K}_{1r}$、$\boldsymbol{K}_{r1}$、$\boldsymbol{K}_{rr}$ 分别是 $\boldsymbol{K}$ 阵的元素和分块阵，$\boldsymbol{M}_{rr}$ 和 $\boldsymbol{C}_{rr}$ 是对角矩阵，即

$$\boldsymbol{K}=\begin{bmatrix}k_{11} & \boldsymbol{K}_{1r}\\ \boldsymbol{K}_{r1} & \boldsymbol{K}_{rr}\end{bmatrix},\quad \boldsymbol{M}_{rr}=\begin{bmatrix}m_2 & 0 & \cdots & 0\\ 0 & m_3 & \cdots & 0\\ \vdots & \vdots & & \vdots\\ 0 & 0 & \cdots & m_n\end{bmatrix},\quad \boldsymbol{C}_{rr}=\begin{bmatrix}C_2 & 0 & \cdots & 0\\ 0 & C_3 & \cdots & 0\\ \vdots & \vdots & & \vdots\\ 0 & 0 & \cdots & C_n\end{bmatrix}\tag{6.2.94}$$

对式(6.2.93)求摄动解，设μ、$c_j(j=1, 2, \cdots,n)$均为一阶小量，令

$$\begin{aligned}
&s=\mu t,\quad \psi=\omega_0(s)+\mu\omega_1(s)+\cdots\\
&A(t)=A_0(s)+\mu A_1(s)+\cdots,\quad B(t)=\mu B_1(t)+\cdots
\end{aligned}\tag{6.2.95}$$

将式(6.2.95)代入式(6.2.93)，保留至一阶项，得

$$\begin{aligned}
&m_1\frac{\mathrm{d}\omega_0}{\mathrm{d}s}+\frac{C_1}{\mu}\omega_0-k_{11}+m_1\omega_0^2-\boldsymbol{K}_{1r}\boldsymbol{A}_0+\boldsymbol{K}_{1r}\boldsymbol{B}_1=0\\
&N_1=-h_1(k_{11}-m_1\omega_0^2+\boldsymbol{K}_{1r}\boldsymbol{A}_0)\\
&\boldsymbol{A}_0=-\boldsymbol{L}_{rr}\boldsymbol{K}_{r1},\quad \boldsymbol{B}_1=-\boldsymbol{L}_{rr}\left(2\omega_0\boldsymbol{M}_{rr}\frac{\mathrm{d}\boldsymbol{A}_0}{\mathrm{d}s}+\frac{\mathrm{d}\omega_0}{\mathrm{d}s}\boldsymbol{M}_{rr}\boldsymbol{A}_0+\frac{\omega_0}{\mu}\boldsymbol{C}_{rr}\boldsymbol{A}_0\right)
\end{aligned}\tag{6.2.96}$$

式中，

$$\boldsymbol{L}_{rr}(\omega_0)=(\boldsymbol{K}_{rr}-\omega_0^2\boldsymbol{M}_{rr})^{-1}\tag{6.2.97}$$

由式(6.2.96)，得一阶近似解为

$$
\begin{aligned}
&N_1 = -h_1 f(\dot{\psi}), \quad \boldsymbol{A} = -\boldsymbol{L}_{rr}\boldsymbol{K}_{r1} \\
&\boldsymbol{B} = \boldsymbol{L}_{rr}[(4\dot{\psi}^2\boldsymbol{M}_{rr}\boldsymbol{L}_{rr}\boldsymbol{M}_{rr} + \boldsymbol{M}_{rr})\ddot{\psi} + \dot{\psi}\boldsymbol{C}_{rr}]\boldsymbol{L}_{rr}\boldsymbol{K}_{r1} \\
&\ddot{\psi} = [\mu f(\dot{\psi}) - \dot{\psi}\boldsymbol{S}^{\mathrm{T}}\boldsymbol{C}\boldsymbol{S}] / g(\dot{\psi})
\end{aligned}
\tag{6.2.98}
$$

式中，

$$
\begin{aligned}
&\boldsymbol{L}_{rr} = (\boldsymbol{K}_{rr} - \dot{\psi}^2\boldsymbol{M}_{rr})^{-1}, \quad \boldsymbol{S} = \{1 \quad \boldsymbol{A}\}^{\mathrm{T}} = \{1 \quad -\boldsymbol{L}_{rr}\boldsymbol{K}_{r1}\}^{\mathrm{T}} \\
&f(\dot{\psi}) = k_{11} - m_1\dot{\psi}^2 - \boldsymbol{K}_{1r}\boldsymbol{L}_{rr}\boldsymbol{K}_{r1}, \quad g(\dot{\psi}) = m_1 + \boldsymbol{A}^{\mathrm{T}}(\boldsymbol{M}_{rr} + 4\dot{\psi}^2\boldsymbol{M}_{rr}\boldsymbol{L}_{rr}\boldsymbol{M}_{rr})\boldsymbol{A}
\end{aligned}
\tag{6.2.99}
$$

式(6.2.99)可进一步简化，设特征值问题

$$
(\boldsymbol{K}_{rr} - \lambda\boldsymbol{M}_{rr})\boldsymbol{X}_r = 0 \tag{6.2.100}
$$

的特征解为 ω_{rj}^2 ，$\boldsymbol{\Phi}_{rj}$ (j=1, 2,⋯, n−1)，它们满足如下正交性条件，即

$$
\boldsymbol{\Phi}_r^{\mathrm{T}}\boldsymbol{M}_{rr}\boldsymbol{\Phi}_r = \boldsymbol{I}, \quad \boldsymbol{\Phi}_r^{\mathrm{T}}\boldsymbol{K}_{rr}\boldsymbol{\Phi}_r = \begin{bmatrix} \omega_{r1}^2 & 0 & \cdots & 0 \\ 0 & \omega_{r2}^2 & \cdots & 0 \\ \vdots & \vdots & & \vdots \\ 0 & 0 & \cdots & \omega_{rn}^2 \end{bmatrix} \tag{6.2.101}
$$

式中，$\boldsymbol{\Phi}_r = [\boldsymbol{\Phi}_{r1} \cdots \boldsymbol{\Phi}_{rn-1}]$ ，于是得

$$
\boldsymbol{M}_{rr} = \boldsymbol{\Phi}_r^{-\mathrm{T}}\boldsymbol{\Phi}_r^{-1}, \quad \boldsymbol{K}_{rr} = \boldsymbol{\Phi}_r^{-\mathrm{T}}\begin{bmatrix} \omega_{r1}^2 & 0 & \cdots & 0 \\ 0 & \omega_{r2}^2 & \cdots & 0 \\ \vdots & \vdots & & \vdots \\ 0 & 0 & \cdots & \omega_{rn}^2 \end{bmatrix}\boldsymbol{\Phi}_r^{-1}
$$

$$
\boldsymbol{L}_{rr} = (\boldsymbol{K}_{rr} - \dot{\psi}^2\boldsymbol{M}_{rr})^{-1} = \boldsymbol{\Phi}_r\begin{bmatrix} (\omega_{r1}^2 - \dot{\psi}^2)^{-1} & 0 & \cdots & 0 \\ 0 & (\omega_{r2}^2 - \dot{\psi}^2)^{-1} & \cdots & 0 \\ \vdots & \vdots & & \vdots \\ 0 & 0 & \cdots & (\omega_{rn}^2 - \dot{\psi}^2)^{-1} \end{bmatrix}\boldsymbol{\Phi}_r^{\mathrm{T}}
\tag{6.2.102}
$$

将式(6.2.102)代入式(6.2.99)的后两式，得

$$
f(\dot{\psi}) = k_{11} - m_1\dot{\psi}^2 - \sum_{j=1}^{n-1}\frac{a_j^2}{\omega_{rj}^2 - \dot{\psi}^2}, \quad g(\dot{\psi}) = m_1 + \sum_{j=1}^{n-1}\frac{a_j^2(\omega_{rj}^2 + 3\dot{\psi}^2)}{(\omega_{rj}^2 - \dot{\psi}^2)^3} \tag{6.2.103}
$$

式中，$a_j = \boldsymbol{K}_{1r}\boldsymbol{\Phi}_{rj}$ 。代入式(6.2.98)的第四式，略去外阻尼，得

$$
\frac{\mathrm{d}\dot{\psi}}{\mathrm{d}t} = \mu h(\dot{\psi}) \tag{6.2.104}
$$

式中，

$$h(\dot{\psi}) = \frac{f(\dot{\psi})}{g(\dot{\psi})} \tag{6.2.105}$$

可由式(6.2.104)先积分求出$\dot{\psi}$，代入式(6.2.98)的前三式，解得 N_1、$\boldsymbol{A}$、$\boldsymbol{B}$。若仅讨论系统的稳定性，可不必积分而直接利用式(6.2.104)进行讨论。图 6.2.11 是 $f(\dot{\psi})$ 和 $h(\dot{\psi})$ 的示意图，ω_{rj} 是碰摩盘“1”被约束后的约束转子系统的临界转速值，ω_j 是原转子系统的临界转速值。

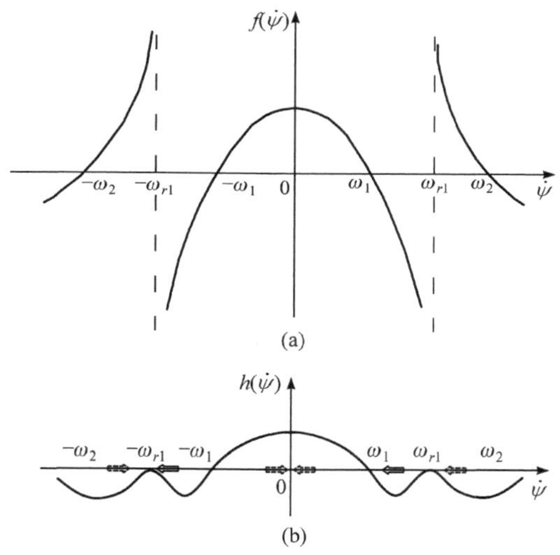

图 6.2.11　$f(\dot{\psi})$ 与 $h(\dot{\psi})$ 变化曲线

由 Courant-Fischer 极大-极小定理可知，$\pm\omega_j$ 和$\pm\omega_{rj}$ 在实轴上交错排列：

$$\cdots < -\omega_{r2} < -\omega_2 < -\omega_{r1} < -\omega_1 < \omega_1 < \omega_{r1} < \omega_2 < \omega_{r2} < \cdots$$

$f(\dot{\psi}) > 0$，意指 $N_1<0$，圆盘与静子脱离接触。故凡 $f(\dot{\psi}) > 0$ 的$\dot{\psi}$区间，系统偶然发生碰摩后必脱离接触而做自由衰减振动，$|\dot{\psi}|$单调下降，如图 6.2.11(b)中虚线箭头所示。

对 $f(\dot{\psi}) < 0$ 的ψ区间，若$\dot{\psi} > 0$ 且 $h(\dot{\psi}) < 0$，如图中的(ω_1,ω_{r1})区间，则$\dot{\psi}$单调下降。若$\dot{\psi} < 0$ 且 $h(\dot{\psi}) < 0$，则$|\dot{\psi}|$将增加。这两种情况见图 6.2.11(b)中的实线箭头。

以上讨论基于假设$r\Omega + h_1\dot{\psi} > 0$。若$r\Omega + h_1\dot{\psi} < 0$，则图中实线箭头反向，虚线箭头方向不变。于是，类似于对单盘转子的讨论，对无阻尼多自由度转子系统，有下列结论：

(1) 凡转子系统的正向扰动涡动，碰摩不会导致失稳。

(2) 若逆向扰动角速度满足$\dot{\psi} > -\omega_1$，则系统仍稳定。

(3) 若逆向扰动角速度满足$-\omega_{r1} \leqslant \dot{\psi} \leqslant -\omega_1$，且$-\omega_{r1} < -r\Omega/h_1 < -\omega_1$，则扰动

最终发展成无滑动定常涡动，涡动频率为$\omega^* = -r\Omega/h_1$，与Ω成正比。

(4) 当初扰角速度$-\omega_2 < \dot{\psi} < -\omega_{r1}$时，因$f(\dot{\psi}) > 0$，故$|\dot{\psi}|$下降，直至$\dot{\psi} = -\omega_{r1}$。若$-r\Omega/h_1 < -\omega_{r1}$，则$\dot{\psi} = -\omega_{r1}$成为终态。若$-r\Omega/h_1 > -\omega_{r1}$，则系统进入第三类状态，$\dot{\psi} = -r\Omega/h_1$成为系统的终态。

若计入外阻尼，则由$\mathrm{d}\dot{\psi}/\mathrm{d}t = 0$，得

$$\mu f(\dot{\psi}) = \dot{\psi}\boldsymbol{S}^{\mathrm{T}}(\dot{\psi})\boldsymbol{C}\boldsymbol{S}(\dot{\psi}) \tag{6.2.106}$$

令$\dot{\psi} = -\omega_1 + \varepsilon$，$\varepsilon$为一阶摄动量，与$\boldsymbol{C}$同阶，代入式(6.2.102)，得失稳阈值为

$$-\omega_1^* = -\omega_1 - \frac{1}{2\mu}\frac{\boldsymbol{S}_1^{\mathrm{T}}\boldsymbol{C}\boldsymbol{S}_1}{\boldsymbol{S}_1^{\mathrm{T}}\boldsymbol{M}\boldsymbol{S}_1} \tag{6.2.107}$$

式中，$\boldsymbol{S}_1$=$\boldsymbol{S}(\omega_1)$是系统的基频模态。

可以给式(6.2.107)一个简单的解释，设转子涡动时做平面变形，在式(6.2.106)取$\boldsymbol{B}$=$\boldsymbol{0}$，由于$\boldsymbol{A}$与t无关，则有

$$\boldsymbol{P} = h_1\{1 \quad A\}^{\mathrm{T}}\mathrm{e}^{\mathrm{i}\psi(t)} = h_1\boldsymbol{\Phi}_1\mathrm{e}^{\mathrm{i}\psi(t)} \tag{6.2.108}$$

将式(6.2.108)代入式(6.2.89)的第三式，并左乘$\boldsymbol{\Phi}_1^{\mathrm{T}}$得

$$\bar{m}(\mathrm{i}\ddot{\psi} - \dot{\psi}^2) + \mathrm{i}\bar{C}\dot{\psi} + \bar{k} + (1+\mathrm{i}\mu)N_1/h_1 = 0 \tag{6.2.109}$$

式中，

$$\bar{m} = \boldsymbol{\Phi}_1^{\mathrm{T}}M\boldsymbol{\Phi}_1, \quad \bar{C} = \boldsymbol{\Phi}_1^{\mathrm{T}}C\boldsymbol{\Phi}_1, \quad \bar{k} = \boldsymbol{\Phi}_1^{\mathrm{T}}K\boldsymbol{\Phi}_1 \tag{6.2.110}$$

将式(6.2.109)的虚部和实部分开，得

$$\bar{m}h_1\ddot{\psi} + \bar{C}h_1\dot{\psi} + \mu N_1 = 0, \quad N_1 = \bar{m}h_1(\dot{\psi}^2 - \bar{\omega}^2) \tag{6.2.111}$$

式中，$\bar{\omega}^2 = \bar{k}/\bar{\omega}$。

式(6.2.111)即式(6.2.55)第一式的单自由度方程，只是用模态参数$\bar{m}$、$\bar{C}$和$\bar{\omega}$代替了圆盘参数m、C和ω_r。因此，式(6.2.107)的失稳阈值为

$$-\omega^* = -\bar{\omega}\left[\bar{\xi}/\mu + \sqrt{(\bar{\xi}/\mu)^2 + 1}\right] \tag{6.2.112}$$

式中，

$$\bar{\xi} = \bar{C}/(2\sqrt{\bar{m}\bar{k}}) \tag{6.2.113}$$

若$\bar{\xi}$为小量，则展开式(6.2.112)得

$$-\omega^* = -\bar{\omega} - \frac{1}{2\mu}\frac{\bar{C}}{\bar{\omega}} = -\bar{\omega} - \frac{1}{2\mu}\frac{\boldsymbol{\Phi}_1^{\mathrm{T}}C\boldsymbol{\Phi}_1}{\boldsymbol{\Phi}_1^{\mathrm{T}}M\boldsymbol{\Phi}_1} \tag{6.2.114}$$

由式(6.2.107)可知，若取假设形态$\boldsymbol{\Phi}_1 = \boldsymbol{S}_1$，即取系统的基频振动模态时，式(6.2.107)和式(6.2.114)一致。因此，式(6.2.107)是假设转子做基频形态涡动化

成单自由度系统后的失稳阈值。

6.3　转子系统的自激励因素和稳定性裕度

在轴承转子系统中，除了轴承油膜力，还存在其他系统自激励因素，如由材料内阻引起的内阻尼力、蒸汽激振力、动压密封力、连接部件间由干摩擦而引起的摩擦力偶以及充液转子内具有自由表面的液体惯性力等，都可能诱发系统的自激振动，本节讨论转轴材料的内摩擦、干摩擦、动压密封力等自激励因素引起的振动问题以及系统的稳定性裕度问题。

稳定性裕度或**稳定性储备**定义为转子系统所能对抗各种减稳因素的能力，这些减稳因素包括摩擦、汽(气)流激振等自激励因素等。

6.3.1　转轴材料的内摩擦

材料的内摩擦又称材料的内阻尼，主要由材料的内部分子结构或金属结晶晶体间在运动中因相互摩擦而损耗能量产生。从力学上讲，这种内阻尼作用可以理解为材料在承受交变载荷时应变滞后于应力，因而导致能量的耗散。

对于大多数工程材料，胡克定律，即$\sigma = E\varepsilon$所描述的应力-应变关系，通常只是在材料承受静态载荷时才是正确的。在交变载荷作用下，应力-应变关系一般如图 6.3.1 所示。

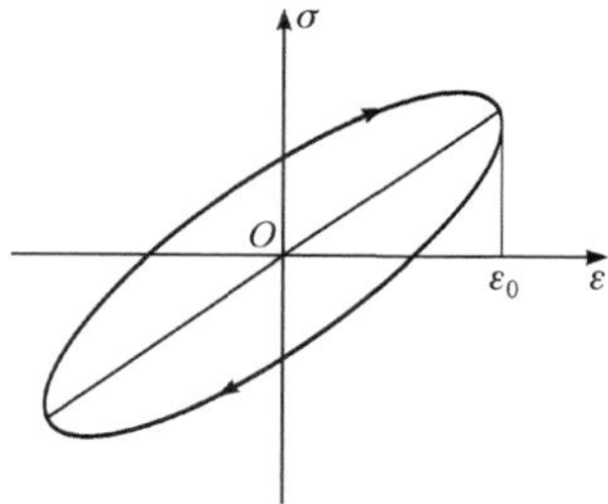

图 6.3.1　交变载荷作用下材料的应力-应变迟滞曲线

对于一般的黏弹性材料，其应力-应变间的本构关系可以用高阶导数表示为

$$a_0\sigma + a_1\frac{\partial\sigma}{\partial t} + a_2\frac{\partial^2\sigma}{\partial t^2} + \cdots + a_n\frac{\partial^n\sigma}{\partial t^n} = b_0\varepsilon + b_1\frac{\partial\varepsilon}{\partial t} + b_2\frac{\partial^2\varepsilon}{\partial t^2} + \cdots + b_n\frac{\partial^n\varepsilon}{\partial t^n} \tag{6.3.1}$$

式中，a_i、b_i为一系列取决于材料性质的常数，在简谐振动情况下，设$\sigma = \sigma_0 e^{i\omega t}$，$\varepsilon = \varepsilon_0 e^{i\omega t}$，得到其应力、应变幅值间的关系为

$$\sigma_0 = \frac{b_0 + b_1(i\omega) + \cdots + b_n(i\omega)^n}{a_0 + a_1(i\omega) + \cdots + a_n(i\omega)^n}\varepsilon_0 \tag{6.3.2}$$

或简记为

$$\sigma_0 = E^*\varepsilon_0 \tag{6.3.3}$$

式中，E^*为复弹性模量，记为

$$E^* = E(1 + i\gamma) \tag{6.3.4}$$

其中，E 为弹性模量。式(6.3.4)也包括了应力、应变与时间均无关的特例在内。

对于线性、黏弹性材料，若只考虑应变的一阶导数，则

$$\sigma = E\varepsilon + \mu\frac{\mathrm{d}\varepsilon}{\mathrm{d}t} \tag{6.3.5}$$

式中，μ 为黏性阻力系数。这时复弹性模量 E^* 可进一步表示为 $E^* = E(1+\mathrm{i}\mu\omega/E)$ 。式(6.3.5)为 Kelvin-Voigt 用以描述黏弹性材料所采用的本构关系模型。在频率为 ω 的交变载荷作用下，单位体积的黏弹性材料在一个循环周期内所吸收的能量为

$$\Delta v = \oint \sigma \cdot \mathrm{d}\varepsilon = \oint \left(E\varepsilon + \mu\frac{\mathrm{d}\varepsilon}{\mathrm{d}t} \right)\mathrm{d}\varepsilon = \int_0^{2\pi/\omega} \mu\dot{\varepsilon}\mathrm{d}\varepsilon = \pi\mu\omega\varepsilon_0^2 \tag{6.3.6}$$

从而得到单位体积黏弹性材料的当量黏性阻尼系数为

$$\mu = \int_0^{2\pi/\omega} \frac{\sigma\dot{\varepsilon}}{\pi\omega\varepsilon_0^2}\mathrm{d}t \tag{6.3.7}$$

由于 σ 和 ω 之间不再呈简单的线性比例关系，所以在转子做弯曲振动时的运动微分方程也将发生变化。

1. 单圆盘黏弹性转子的材料内阻尼对圆盘运动的影响

1) 轻质轴无自转情况

考察如图 6.3.2 所示的一根轻质转轴，其材料黏弹效应可以用式(6.3.5)来描述。对于轴不自转的情况，设在转轴 z_0 处、yz 平面内作用有外力 $F(t)$，在 $F(t)$ 的作用下轴沿 y 方向所产生的变形或挠度将满足下列微分方程和边界条件：

(1) $(EI_x y'')'' = 0$ (轴上无分布载荷)；

(2) $(EI_x \dot{y}'')'|_{z_0^-}^{z_0^+} = F(t)$ (剪力在 z_0 处发生突跳)；

(3) $y = F(t)/k$ (挠度与集中载荷成正比)。

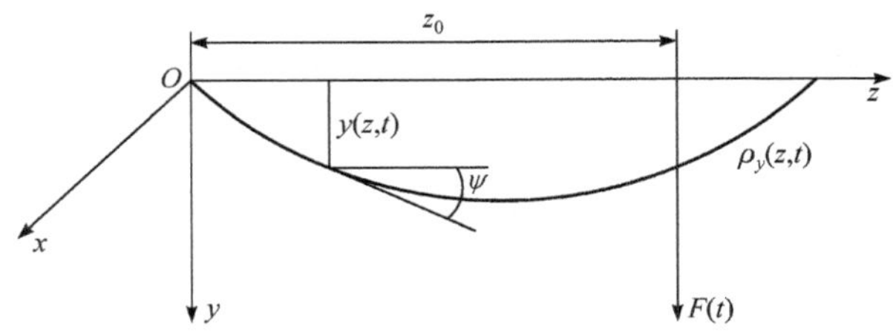

图 6.3.2　非旋转状态下黏弹性轴的挠度曲线

这里，$y(z, t)$ 为轴弯曲挠度；I_x 为转轴横截面直径惯性矩；k 为转轴的当量弯曲刚度，在数值上 k 等于为使转轴在 z_0 处产生单位位移所需在 z_0 处施加的集中力。将条件(2)、(3)综合起来表述为

$$(EI_x\dot{y}'')'|_{z_0^-}^{z_0^+} = ky \tag{6.3.8}$$

根据梁弯曲变形假设，如图 6.3.3 所示，在轴横截面上位于任意(r, θ)处 A 点的纤维轴向拉伸应变为

$$\varepsilon_z = \frac{(\rho_y + r\sin\theta)\Delta\varphi - \rho_y\Delta\varphi}{\rho_y\Delta\varphi} = \frac{1}{\rho_y} r\sin\theta = -y'' r\sin\theta \tag{6.3.9}$$

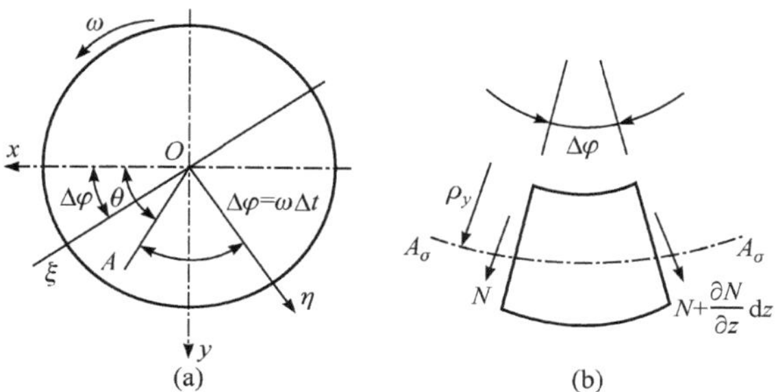

图 6.3.3　坐标选择和黏弹性旋转轴微元的受力与变形

当转轴材料为理想弹性体时，在 A 点处纤维所受正应力和整个横截面上正应力对中性轴 x 的矩分别为

$$\sigma_z = E\varepsilon_z = -Ey''y_1, \quad N = -\int_s \sigma_z y\mathrm{d}s = Ey''\int_s y^2\mathrm{d}s = EI_x y'' \tag{6.3.10}$$

式中，$I_x = \int_s y^2\mathrm{d}s$。

对于黏弹性轴，根据式(6.3.5)有

$$\sigma_z = E\varepsilon_z + \mu\frac{\mathrm{d}\varepsilon_z}{\mathrm{d}t} = -Ey''r\sin\theta - \mu\frac{\mathrm{d}y''}{\mathrm{d}t}r\sin\theta = -E\left(y'' + \frac{\mu}{E}\frac{\mathrm{d}y''}{\mathrm{d}t}\right)r\sin\theta \tag{6.3.11}$$

转轴横截面上正应力对 x 轴之矩应为

$$N^* = -\int\sigma_z y\mathrm{d}s = E\left(y'' + \frac{\mu}{E}\frac{\mathrm{d}y''}{\mathrm{d}t}\right)\int y^2\mathrm{d}s = EI_x\left(y'' + \frac{\mu}{E}\frac{\mathrm{d}y''}{\mathrm{d}t}\right) \tag{6.3.12}$$

同式(6.3.10)的第二式比较可见，N^* 中增加了与速度有关的阻尼项。

2) 黏弹性轴在外力作用下以角频率ω 自转的情况

由于轴的内摩擦作用只与圆盘中心和轴径中心 O 之间的相对运动相关，如图 6.3.3(a)所示，引入旋转坐标系 $O\xi\eta$，在 Δt 时间内转轴相对于 Oxy 坐标系转过的角度为 $\Delta\varphi=\omega\Delta t$。在旋转坐标系中，应变中心线 A_ε -A_ε 虽仍然保持与η 轴垂直，但应力中心线 A_σ-A_σ 与应变中心线却不再重合，而是相对于应变中心线顺时针旋转微角度 $\Delta\varphi$，由于转动，转轴挠度在相对坐标系中可表示为

$$\begin{Bmatrix} \xi \\ \eta \end{Bmatrix}_{z_0} = \begin{bmatrix} \cos\Delta\varphi & \sin\Delta\varphi \\ -\sin\Delta\varphi & \cos\Delta\varphi \end{bmatrix} \begin{Bmatrix} x \\ y \end{Bmatrix}_{z_0} \approx \begin{Bmatrix} y\Delta\varphi \\ y \end{Bmatrix}_{z_0}, \quad \begin{Bmatrix} \dot{\xi} \\ \dot{\eta} \end{Bmatrix}_{z_0} \approx \begin{Bmatrix} \omega y \\ \dot{y} \end{Bmatrix}_{z_0} \tag{6.3.13}$$

在转轴横截面上任意点(r, θ)处的轴向应变为

$$\varepsilon_z^* = -\eta''\eta - \xi''\xi \approx -y''\eta, \quad \dot{\varepsilon}_z^* = -\dot{\eta}''\eta - \dot{\xi}''\xi \approx -\dot{y}''\eta - \omega y''\xi \tag{6.3.14}$$

轴横截面上的应力分布为

$$\sigma_z = -Ey''\eta - \mu(\dot{y}''\eta + \omega y''\xi) \tag{6.3.15}$$

σ_z对于ξ、η轴之矩为

$$N_\xi = -\int \sigma_z \eta \mathrm{d}s = EI_\xi \left(y'' + \frac{\mu}{E}\dot{y}'' \right), \quad M_\eta = -\int \sigma_z \xi \mathrm{d}s = EI_\eta \left(\frac{\mu}{E}\omega y'' \right) \tag{6.3.16}$$

将式(6.3.14)转化到固定坐标系中可得

$$N \approx N_\xi = EI_x \left(y'' + \frac{\mu}{E}\dot{y}'' \right), \quad M \approx M_\eta = EI_y \left(\frac{\mu}{E}\omega y'' \right) \tag{6.3.17}$$

在上面的分析中，规定N的正方向与x轴正方向相同，M的正方向与y轴正方向相反。式(6.3.17)说明，当具有相同挠度的黏弹性轴以角频率ω自转时，其弯矩应如式(6.3.17)所示。要使得式(6.3.17)成立，转轴在z_0处还应当受到另外集中力的作用，才能够平衡由正应力引起的矩。

式(6.3.17)的第一式对 z 求偏导数，并将关系式$(EI_x\dot{y}'')'|_{z_0^-}^{z_0^+} = k\dot{y}(z_0,t)$代入后得到

$$\left.\frac{\partial N}{\partial Z}\right|_{z_0^-}^{z_0^+} = ky + \frac{\mu}{E}k\dot{y} \tag{6.3.18}$$

因此在y方向上还应施加的力为

$$Q_y = \frac{\mu}{E}k\dot{y}(z_0,t) \tag{6.3.19}$$

对式(6.3.17)的第二式求导后，可得在x方向上还应施加的力为

$$Q_x = \frac{\mu}{E}\omega k y(z_0,t) \tag{6.3.20}$$

式(6.3.19)和式(6.3.20)中的集中力Q_y、Q_x由圆盘施加给转轴。如图 6.3.4 所示，由于转轴的自转和黏弹性效应，转轴在z_0处沿y方向对圆盘除施加弹性恢复力$-ky$外，还要受到其他的力。在y方向和x方向还将受到的力分别为

$$Q_y' = -\frac{\mu}{E}k\dot{y}(z_0,t), \quad Q_x' = -\frac{\mu}{E}\omega k y(z_0,t) \tag{6.3.21}$$

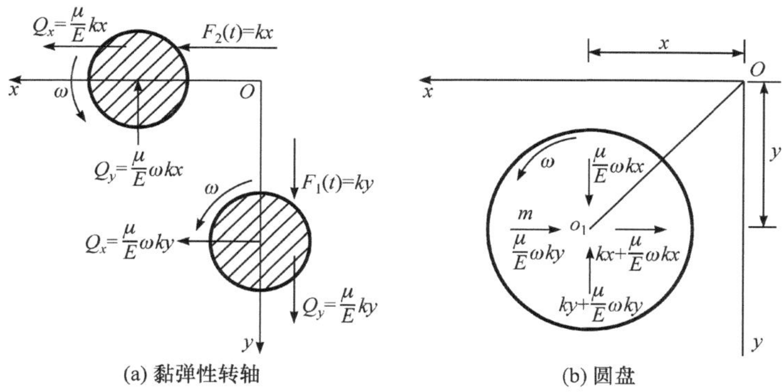

图 6.3.4　带有圆盘的黏弹性转子的力平衡关系

如果转轴在 xz 平面内因某一集中力而产生了变形 $x(z, t)$，那么由对称性可知，因自转和黏弹性迟滞效应而派生出来作用在圆盘上的恢复力和 y 方向上的切向力分别为

$$F_x' = -\frac{\mu}{E}k\dot{x}(z_0,t)\,,\quad F_y' = \frac{\mu}{E}\omega kx(z_0,t) \tag{6.3.22}$$

在有外阻尼作用的一般情况下，位于 z_0 处、质量为 m 的圆盘运动方程可表示为

$$m\ddot{x}+c\dot{x}+kx+\frac{\mu}{E}k(\dot{x}+\omega y)=0\,,\quad m\ddot{y}+c\dot{y}+ky+\frac{\mu}{E}k(\dot{y}-\omega x)=0 \tag{6.3.23}$$

式中，c 为外阻尼系数。

由上述分析可知，在计入轴的内阻尼效应后，变形后的转子所产生的反力将包括弹性恢复力和阻尼力两部分，由转子材料内阻尼而产生的阻尼力只与相对变形和相对变形速率成比例。

2. 对称单圆盘转子的材料内阻尼作用

如图 6.3.5 所示，一单质量弹性转子，对称地支承在一对各向同性的轴承上，设圆盘的质量为 m，自转角频率为ω，涡动频率为$\dot{\varphi}$。为讨论方便，除固定坐标系，另过盘中心点 O_b 点引入一固连在圆盘上、与偏心矢量 $\boldsymbol{e}$ 平行的旋转参考轴 R'。

1) 圆盘及转子轴径中心位置

任一时刻圆盘的质心位置可以用矢量表示为

$$\boldsymbol{P}_M = \boldsymbol{\delta}_{\mathrm{b}} + \boldsymbol{\delta}_{\mathrm{r}} + \boldsymbol{e} \tag{6.3.24}$$

式中，$\boldsymbol{\delta}_{\mathrm{b}}$ 为轴颈的绝对位移矢量；$\boldsymbol{\delta}_{\mathrm{r}}$ 为圆盘中心 C 相对于轴颈中心的位移矢量；

$\boldsymbol{e}$ 为圆盘质心 M 相对于圆盘几何中心的位置矢量。

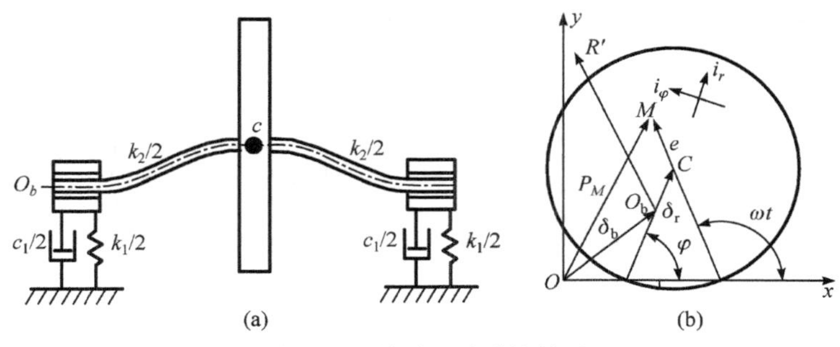

图 6.3.5 单质量黏弹性转子

轴颈中心的位置矢量 $\boldsymbol{\delta}_\mathrm{b}$ 和圆盘几何中心 C 相对于轴颈中心 O_b 的位移矢量 $\boldsymbol{\delta}_\mathrm{r}$ 分别为

$$\boldsymbol{\delta}_\mathrm{b}=x_1\boldsymbol{i}+y_1\boldsymbol{j}, \quad \boldsymbol{\delta}_\mathrm{r}=x_2\boldsymbol{i}+y_2\boldsymbol{j} \tag{6.3.25}$$

则圆盘几何中心的绝对位移可表示为

$$\boldsymbol{P}_C=\boldsymbol{\delta}_\mathrm{b}+\boldsymbol{\delta}_\mathrm{r}=(x_1+x_2)\boldsymbol{i}+(y_1+y_2)\boldsymbol{j} \tag{6.3.26}$$

圆盘质心 M 的位置坐标为

$$x_M=x_1+x_2+e\cos(\omega t), \quad y_M=y_1+y_2+e\sin(\omega t) \tag{6.3.27}$$

2) 轴承力

设轴承的刚度系数和阻尼系数分别为 k_1 和 c_1，则轴承力为

$$\Delta F_x=-c_1\dot{x}_1-k_1x_1, \quad \Delta F_y=-c_1\dot{y}_1-k_1y_1 \tag{6.3.28}$$

3) 黏弹性转子的受力

作用在黏弹性转子上的力除弹性恢复力外，还应当包含由材料内耗引起的阻尼力。由转轴施加于圆盘中心的恢复力和切向力可以表达为

$$\boldsymbol{F}_s=-(k_2\boldsymbol{\delta}_\mathrm{r}+c_2\boldsymbol{v}_{R'}) \tag{6.3.29}$$

式中，k_2 为轴刚度；c_2 为折合阻尼系数；$\boldsymbol{v}_{R'}$ 为在旋转坐标轴 R'上所观察到的 C 点相对于轴颈中心 O_b 的运动速度，可表示为

$$\boldsymbol{v}_{R'}=\dot{\varphi}\delta_\mathrm{r}\boldsymbol{i}_\varphi+\dot{\delta}_\mathrm{r}\boldsymbol{i}_r \tag{6.3.30}$$

由于动坐标轴 R'的旋转，C 点的牵连速度为

$$\boldsymbol{v}_{ce}=\boldsymbol{\omega}\times\boldsymbol{\delta}_\mathrm{r}=\omega\delta_\mathrm{r}\boldsymbol{i}_\varphi \tag{6.3.31}$$

因而，在旋转坐标系中，C 点相对于 O_b 的速度为

$$\boldsymbol{v}_{R'}=\dot{\varphi}\delta_\mathrm{r}\boldsymbol{i}_\varphi+\dot{\delta}_\mathrm{r}\boldsymbol{i}_r-\omega\delta_\mathrm{r}\boldsymbol{i}_\varphi=\delta_\mathrm{r}(\dot{\varphi}-\omega)\boldsymbol{i}_\varphi+\dot{\delta}_\mathrm{r}\boldsymbol{i}_r \tag{6.3.32}$$

式中，第二个等号右边第一项所含 $\dot{\varphi}-\omega$ 为圆盘中心的涡动频率与自转频率之差，第二项则为沿矢径 $\boldsymbol{\delta}_{\mathrm{r}}$ 方向的变形速度。

转轴所提供的弹性恢复力及阻尼力只取决于相对位移及相对速度，由式(6.3.29)可得

$$\boldsymbol{F}_s=-\{k_2\delta_{\mathrm{r}}\boldsymbol{i}_r+c_2[\delta_{\mathrm{r}}(\dot{\varphi}-\omega)\boldsymbol{i}_\varphi+\dot{\delta}_{\mathrm{r}}\boldsymbol{i}_r]\}=-[(k_2\delta_{\mathrm{r}}+c_2\dot{\delta}_{\mathrm{r}})\boldsymbol{i}_r+c_2\delta_{\mathrm{r}}(\dot{\varphi}-\omega)\boldsymbol{i}_\varphi] \tag{6.3.33}$$

由坐标转换

$$\begin{Bmatrix}\boldsymbol{i}_r\\ \boldsymbol{i}_\varphi\end{Bmatrix}=\begin{bmatrix}\cos\varphi & \sin\varphi\\ -\sin\varphi & \cos\varphi\end{bmatrix}\begin{Bmatrix}\boldsymbol{i}\\ \boldsymbol{j}\end{Bmatrix} \tag{6.3.34}$$

综合式(6.3.33)和式(6.3.34)，绝对坐标系中转轴的弹性恢复力与阻尼力为

$$\boldsymbol{F}_s=F_{sx}\boldsymbol{i}+F_{sy}\boldsymbol{j} \tag{6.3.35}$$

式中，

$$\begin{aligned}F_{sx}&=-[(c_2\dot{\delta}_{\mathrm{r}}+k_2\delta_{\mathrm{r}})\cos\varphi-c_2\delta_{\mathrm{r}}(\dot{\varphi}-\omega)\sin\varphi]\\ F_{sy}&=-[(c_2\dot{\delta}_{\mathrm{r}}+k_2\delta_{\mathrm{r}})\sin\varphi+c_2\delta_{\mathrm{r}}(\dot{\varphi}-\omega)\cos\varphi]\end{aligned} \tag{6.3.36}$$

将关系式 $x_2=\delta_{\mathrm{r}}\cos\varphi$ 、 $y_2=\delta_{\mathrm{r}}\sin\varphi$ 、 $\dot{x}_2=\dot{\delta}_{\mathrm{r}}\cos\varphi-\delta_{\mathrm{r}}\dot{\varphi}\sin\varphi$ 、 $\dot{y}_2=\dot{\delta}_{\mathrm{r}}\sin\varphi+\delta_{\mathrm{r}}\dot{\varphi}\cos\varphi$ 代入式(6.3.36)，得到

$$F_{sx}=-[c_2(\dot{x}_2+\omega y_2)+k_2x_2],\quad F_{sy}=-[c_2(\dot{y}_2-\omega x_2)+k_2y_2] \tag{6.3.37}$$

相应的轴颈力平衡方程为

$$k_1x_1+c_1\dot{x}_1=c_2(\dot{x}_2+\omega y_2)+k_2x_2,\quad k_1y_1+c_1\dot{y}_1=c_2(\dot{y}_2-\omega x_2)+k_2y_2 \tag{6.3.38}$$

考虑到近似关系：

$$k_1x_1\approx k_2x_2,\ k_1y_1\approx k_2y_2,\ c_1\dot{x}_1\approx c_2(\dot{x}_2+\omega y_2),\ c_1\dot{y}_1\approx c_2(\dot{y}_2-\omega x_2) \tag{6.3.39}$$

式(6.3.37)可进一步表示为

$$\begin{aligned}F_{sx}&=\frac{-c_2k_1}{k_1+k_2}(\dot{x}_2+\omega y_2)-\frac{k_2c_1\dot{x}_1}{k_1+k_2}-\frac{k_1k_2}{k_1+k_2}x\\ F_{sy}&=\frac{-c_2k_1}{k_1+k_2}(\dot{y}_2-\omega x_2)-\frac{k_2c_1\dot{y}_1}{k_1+k_2}-\frac{k_1k_2}{k_1+k_2}y\end{aligned} \tag{6.3.40}$$

即

$$\begin{aligned}F_{sx}&=-c_1\left(\frac{k_2}{k_1+k_2}\right)^2\dot{x}-c_2\left(\frac{k_1}{k_1+k_2}\right)^2(\dot{x}+\omega y)-\frac{k_1k_2}{k_1+k_2}x\\ F_{sy}&=-c_1\left(\frac{k_2}{k_1+k_2}\right)^2\dot{y}-c_2\left(\frac{k_1}{k_1+k_2}\right)^2(\dot{y}-\omega x)-\frac{k_1k_2}{k_1+k_2}y\end{aligned} \tag{6.3.41}$$

当仅考虑系统的自由运动时，有

$$m\ddot{x}-F_{sx}=0\,,\quad m\ddot{y}-F_{sy}=0 \tag{6.3.42}$$

即

$$\ddot{x}+(n_1+n_2)\dot{x}+\omega n_2 y+\omega_{\mathrm{n}}^2 x=0\,,\quad \ddot{y}+(n_1+n_2)\dot{y}-\omega n_2 x+\omega_{\mathrm{n}}^2 y=0 \tag{6.3.43}$$

式中，

$$n_1=\frac{c_1}{m}\left(\frac{k_2}{k_1+k_2}\right)^2,\quad n_2=\frac{c_2}{m}\left(\frac{k_2}{k_1+k_2}\right)^2,\quad \omega_{\mathrm{n}}=\sqrt{\frac{1}{m}\frac{k_1k_2}{k_1+k_2}} \tag{6.3.44}$$

其中，n_1可视为支承所提供的折合阻尼系数；n_2则可视为因黏弹性转子的材料内阻尼而产生的折合阻尼系数；ω_{n}为折合系统无阻尼自然频率。

由于材料内阻尼效应，方程(6.3.38)出现了交叉耦合项，因而可写为

$$\ddot{x}+a_1\dot{x}+a_2y+a_2x=0\,,\ \ddot{y}+a_1\dot{y}-a_2x+a_3y=0 \tag{6.3.45}$$

从式(6.3.45)消去y项后得到

$$\ddddot{x}+2a_1\dddot{x}+(2a_3+a_1^2)\ddot{x}+2a_1a_3\dot{x}+(a_2^2+a_3^2)x=0 \tag{6.3.46}$$

式(6.3.46)所对应的特征多项式为

$$\lambda^4+A_3\lambda^3+A_2\lambda^2+A_1\lambda+A_0=0 \tag{6.3.47}$$

式中，

$$\begin{aligned}&A_0=a_2^2+a_3^2=(\omega n_2)^2+\omega_{\mathrm{n}}^4,\quad A_1=2a_1a_2=2\omega_{\mathrm{n}}^2(n_1+n_2)\\&A_2=2a_3+a_1^2=2\omega_{\mathrm{n}}^2+(n_1+n_2)^2,\quad A_3=2a_1=2(n_1+n_2)\end{aligned} \tag{6.3.48}$$

由 Routh 准则得到系统稳定性条件为

$$A_1A_2A_3>A_1^2+A_0A_3^2 \tag{6.3.49}$$

将式(6.3.48)代入式(6.3.49)，并简化得到$\omega_{\mathrm{n}}^2(n_1+n_2)^2>(\omega n_2)^2$，即有

$$\omega<\omega_{\mathrm{n}}\left(1+\frac{n_1}{n_2}\right)=\omega_{\mathrm{n}}\left[1+\frac{c_1}{c_2}\left(\frac{k_2}{k_1}\right)^2\right] \tag{6.3.50}$$

当ω满足式(6.3.50)时，系统是线性稳定的；而当转子工作转速超出一阶临界转速时，系统有可能是不稳定的。如c_1=0，即轴承没有阻尼时，系统的界限失稳转速ω_{st}=ω_{n}；反之，如c_2极小或轴刚度k_2极大，则系统的界限失稳转速$\omega_{\mathrm{st}}\gg\omega_{\mathrm{n}}$。图 6.3.6 给出了系统稳定性随不同参数的变化趋势，由图可知，$\omega_{\mathrm{n}0}=\sqrt{k_2/m}$。

在工程实践中，由材料内阻尼所造成的转子系统的失稳现象并不多见：一方面，由于旋转机械转子大多使用金属材料，内阻尼通常较小；另一方面，与

其他激励因素相比，由材料内阻尼所造成的激励并不显得特别重要。随着复合材料的广泛应用，对复合材料转子的稳定性研究，就需要考虑材料的内阻尼效应。

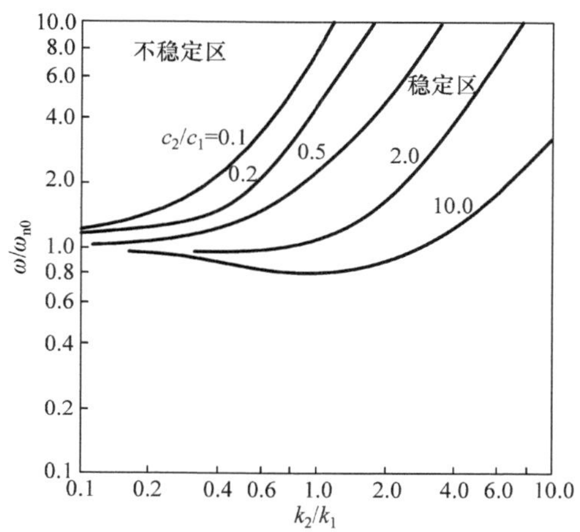

图 6.3.6　对称支承在弹性转子上的柔性转子在考虑内阻尼时的稳定性界限值

6.3.2　干摩擦

在转子运行过程中出现的干摩擦现象，一般来自两种情况：

(1) 套装转子装配接触面间发生微小滑移，从而产生摩擦力或形成摩擦力偶。

(2) 运动件与静止件或运动件与运动件之间可能发生碰摩，直接导致干摩擦力的产生，同时导致转子横截面上正应力的重新分布，并派生出沿涡动轨迹切线方向的激励力。

当系统阻尼不足时，这类干摩擦有可能诱发系统的自激振动。

1. 热套转子

采用热套装配的转子，在弯曲振动时轴表面纤维将产生周期性拉伸或压缩变形；同时，转轴外表面与套装圆盘内装配表面间也可能因微滑移而产生摩擦力，这相当于在装配接触面上增加了一对大小相等、方向相反的力偶，即

$$m_t = Td \tag{6.3.51}$$

式中，T 为摩擦力；d 为轴直径；m_t 作用在转轴上，如图 6.3.7 所示。

T 或 m_t 只和圆盘中心 C 在旋转坐标系中的相对运动速度有关。当圆盘中心的绝对运动速度 $\boldsymbol{v}_{\text{c}} = \dot{x}\boldsymbol{i} + \dot{y}\boldsymbol{i}$ 、自转频率为 ω 时，圆盘中心 C 在旋转坐标系中的相对运动速度 $\boldsymbol{v}_{\text{cr}} = v_\xi \boldsymbol{i}_\xi + v_\eta \boldsymbol{i}_\eta = \dot{\boldsymbol{r}} + \boldsymbol{\omega} \times \boldsymbol{r}$ ，在固定坐标系中可以表示为

$$\boldsymbol{v}_{\text{cr}} = (\dot{x} + \omega_y)\boldsymbol{i} + (\dot{y} - \omega_x)\boldsymbol{j} \tag{6.3.52}$$

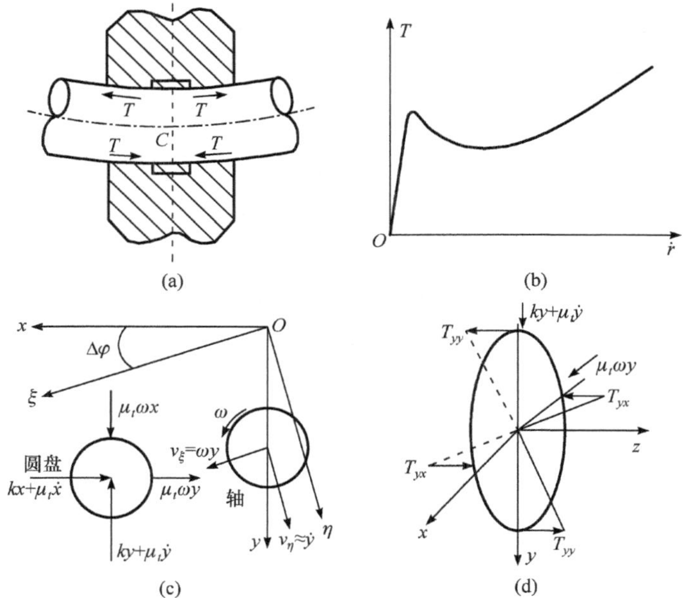

图 6.3.7　热套装配的转子在装配表面上的摩擦力

与 6.3.1 节所述类似，圆盘中心将产生一个在η方向上的相对运动速度$\dot{y}$以及因自转而引起的ξ方向上的相对运动速度ωy。在转轴的右横截面上，yz 平面内由圆盘施加给转轴的摩擦力矩为

$$\boldsymbol{N}_y=\boldsymbol{N}_\eta=T_{yy}d\boldsymbol{i} \tag{6.3.53}$$

圆盘在 xz 平面内施加给轴的力矩为

$$\boldsymbol{M}_y=\boldsymbol{M}_\eta=-T_{yx}d\boldsymbol{j} \tag{6.3.54}$$

记摩擦力 T_{yy}、T_{yx} 与变形速度的线性关系为

$$T_{yy}=\mu\dot{y}\,,\quad T_{yx}=-\mu\omega y \tag{6.3.55}$$

则有

$$\boldsymbol{N}_y=\mu d\dot{y}\boldsymbol{i}\,,\quad \boldsymbol{M}_y=\mu\omega dy\boldsymbol{j} \tag{6.3.56}$$

这里，$\boldsymbol{N}_y$、$\boldsymbol{M}_y$ 的作用相当于给转轴施加了一附加力，设转轴支承跨距长度为 l，则有

$$\boldsymbol{P}_{ny}=\frac{2N_y}{l}\boldsymbol{j}=\frac{2\mu d\dot{y}}{l}\boldsymbol{j}=\mu_1\dot{y}\boldsymbol{j}\,,\quad \boldsymbol{P}_{my}=\frac{-2M_y}{l}\boldsymbol{i}=\frac{2\mu\omega dy}{l}\boldsymbol{i}=\mu_1\omega y\boldsymbol{i} \tag{6.3.57}$$

式中，$\mu_1=2\mu d/l$ 。同理，可推出当圆盘中心位于 x 轴，因摩擦力所派生、作用在转轴上的一对力为

$$\boldsymbol{P}_{nx} = -\mu_1 \omega x \boldsymbol{j}, \quad \boldsymbol{P}_{mx} = \mu_1 \dot{x} \boldsymbol{i} \tag{6.3.58}$$

当圆盘处于任意空间位置时，转子的受力为

$$\{P_x \quad P_y\}^{\mathrm{T}} = \mu_1 \{\dot{x} + \omega y \ \dot{y} - \omega x\}^{\mathrm{T}} \tag{6.3.59}$$

当考虑外阻尼时，描述圆盘运动的动力学方程为

$$m\begin{Bmatrix} \ddot{x} \\ \ddot{y} \end{Bmatrix} + (\mu_{\mathrm{e}} + \mu_1)\begin{Bmatrix} \dot{x} \\ \dot{y} \end{Bmatrix}\begin{bmatrix} k & \mu_1\omega \\ -\mu_1\omega & k \end{bmatrix}\begin{Bmatrix} x \\ y \end{Bmatrix} = \begin{Bmatrix} 0 \\ 0 \end{Bmatrix} \tag{6.3.60}$$

式中，μ_{e} 为外阻尼系数。当系统方程中出现了由相对运动引起的交叉耦合项时，上述系统的失稳条件为

$$\omega_{\mathrm{st}} > \omega_{\mathrm{n}}\left(1 + \frac{\mu_{\mathrm{e}}}{\mu_1}\right) \tag{6.3.61}$$

式中，ω_{st} 为界限失稳转速；$\omega_{\mathrm{n}} = \sqrt{k/m}$，轴弯曲刚度 $k = 24EI_x / l^3$。

与因材料内耗引起的转子内阻尼相比，这种在轮盘、轴装配接触面间因微滑移及干摩擦而导致的结构阻尼要大得多，因此应予以足够的关注。

2. 套齿联轴器内的干摩擦

套齿联轴器具有补偿轴间不对中的能力，在轴间力、力矩传递过程中也必然伴随有相对接触面间的摩擦。和热套转子装配表面间因滑移而引起的摩擦力矩类似，在套齿联轴器中，由于啮合齿两表面间沿轴线方向的滑移将产生摩擦力，合成力矩的最终结果相当于在轴或圆盘上附加了一个切向力，切向力和相对位移成正比，沿着涡动轨迹的切线方向，体现了在弯曲振动条件下，联轴器在两个正交方向上的交叉耦合作用。切向力的大小和涡动频率相关，因此在一定条件下，这一因素也可能引发系统的自激振动。

对于如图 6.3.8 所示的由套齿联轴器所连接的轴系，设转子 1 右端的内齿套中心 O_a 在绝对坐标系 $Oxyz$ 中的速度为

$$\boldsymbol{v}_a = \dot{x}_{a1}\boldsymbol{i} + \dot{y}_{a1}\boldsymbol{j} + \dot{z}_{a1}\boldsymbol{k} \tag{6.3.62}$$

取相对坐标系 $O_a\xi_1\eta_1\zeta_1$ 在 O_a 点与联轴器固连，坐标系 $O_a\xi_1\eta_1\zeta_1$ 以角速度$\boldsymbol{\Omega}$绕平动坐标系 $O_ax_1y_1z_1$ 旋转，$\boldsymbol{\Omega} = -\dot{\psi}\boldsymbol{i} + \dot{\varphi}\boldsymbol{j} + \omega\boldsymbol{k}$，则位于相对坐标系任一点 $p(\xi_1, \eta_1, \zeta_1)$处的绝对速度为

$$\begin{aligned}\boldsymbol{v}_p^{(1)} &= \dot{x}_{a1}\boldsymbol{i} + \dot{y}_{a1}\boldsymbol{j} + \dot{z}_{a1}\boldsymbol{k} + \boldsymbol{\Omega} \times \boldsymbol{r}_{p1} \\ &\approx \dot{x}_{a1}\boldsymbol{i} + \dot{y}_{a1}\boldsymbol{j} + \dot{z}_{a1}\boldsymbol{k} + (\dot{\varphi}_1 z_{p1} - \omega y_{p1})\boldsymbol{i} + (\omega x_{p1} + \dot{\psi}_1 z_{p1})\boldsymbol{j} + (-\dot{\varphi}_1 x_{p1} - \dot{\psi}_1 z_{p1})\boldsymbol{k}\end{aligned} \tag{6.3.63}$$

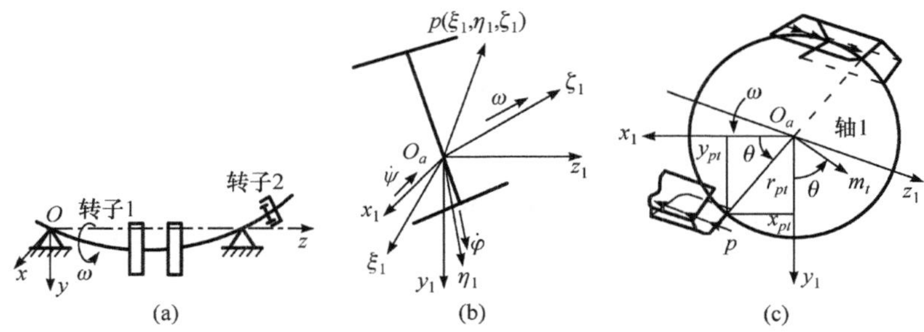

图 6.3.8　带有套齿联轴器的转子轴系

类似地，在转子 2 左端外齿套上任一点 p' 的绝对速度为

$$
\begin{aligned}
\boldsymbol{v}_{p1}^{(2)} = \dot{x}_{a2}\boldsymbol{i} + \dot{y}_{a2}\boldsymbol{j} + \dot{z}_{a2}\boldsymbol{k} + (\dot{\varphi}_2 z_{p1} - \omega y_{p2})\boldsymbol{i} + (\omega x_{p2} + \dot{\psi}_2 z_{p2})\boldsymbol{j} \\
+ (-\dot{\varphi}_2 x_{p2} - \dot{\psi}_2 z_{p2})\boldsymbol{k}
\end{aligned} \tag{6.3.64}
$$

当 p 点为啮合点时，则在该啮合点上，p' 点相对于 p 点的运动速度为

$$
\begin{aligned}
\boldsymbol{v}_r = \boldsymbol{v}_{p1}^{(2)} - \boldsymbol{v}_p^{(1)} \approx [(\dot{x}_{a2} - \dot{x}_{a1}) + (\dot{\varphi}_2 - \dot{\varphi}_1)z_{p1}]\boldsymbol{i} + [(\dot{y}_{a2} - \dot{y}_{a1}) + (\dot{\psi}_2 - \dot{\psi}_1)z_{p1}]\boldsymbol{j} \\
+ [(\dot{z}_{a2} - \dot{z}_{a1}) + (\dot{\varphi}_2 - \dot{\varphi}_1)x_{p1} + (\dot{\psi}_2 - \dot{\psi}_1)y_{p1}]\boldsymbol{k}
\end{aligned} \tag{6.3.65}
$$

由式(6.3.65)可知，即便在轴向位移及速度 z_{a1}、z_{a2}、$\dot{z}_{a1}$、$\dot{z}_{a2}$ 均为 0 时，外齿套相对于内齿套仍然存在轴向滑移速度：

$$
v_{rk} = [(\dot{\varphi}_2 - \dot{\varphi}_1)x_{p1} + (\dot{\psi}_2 - \dot{\psi}_1)y_{p1}] \tag{6.3.66}
$$

式中，φ_i、$\psi_i(i=1, 2)$为角位移坐标；x_{p1}、y_{p1} 为 $O_ax_1y_1z_1$ 坐标系中的啮合点坐标。因此，只要轴 1、2 的角位移挠动不相同，就总存在轴间滑移，并引发摩擦力和相应的摩擦力矩，如图 6.3.8(c)所示。

在讨论轴系的弯曲振动时，为了计及摩擦力偶，就必须将齿轮联轴器所施予转子的约束释放，而在转子 1、2 的边界条件中计入力偶 m_t 的作用，或者仿照热套转子的简化方法，将 m_t 进一步简化为一对作用在支点上的力偶来考虑。摩擦力偶的大小和转子的相对运动有关，而最后得到的考虑了套齿联轴器影响的系统动力学方程仍旧是本征的。

3. 转子与静子间的碰摩

干摩擦现象可能发生在轴颈与轴承之间，也可能发生在转子叶轮叶尖与各种密封表面及转子、定子之间。

以轴颈和轴承间的碰摩为例，机组起、停车过程中，在供油不充分或转子振幅过大的情况下，都可能发生碰摩和干摩擦。对于这类干摩擦作用的危害性的认识，由碰摩而产生的切向摩擦力客观上将促使轴颈做反进动涡动，如图 6.3.9 所示。

由碰摩而引发的系统运动也属于自激振动的范畴。

1) 对称刚性转子的碰摩

刚性转子在连续碰摩过程中任意时刻所处的空间位置可以用角位移$\Phi(t)$和$\theta(t)$来表示，$\Phi(t)$表示转子绕轴中心线的自转角位移，$\theta(t)$表示转子轴心 O_j 绕轴承轴中心 O_b 的涡动角位移。

$$\theta=\theta(t),\quad \Phi=\omega_0 t+\varphi(t) \tag{6.3.67}$$

式中，ω_0 为转子的名义自转角频率。

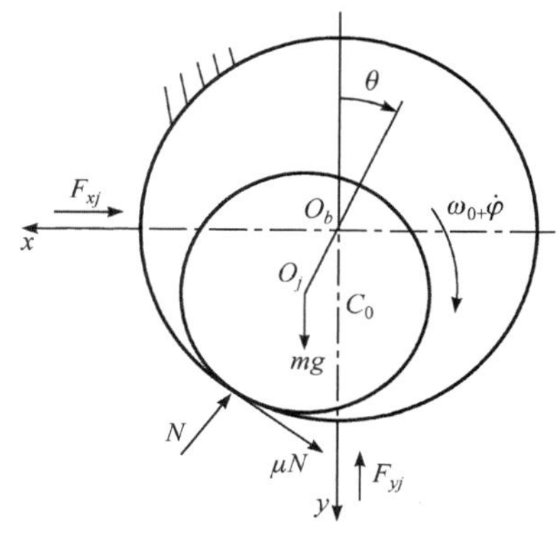

图 6.3.9 刚性转子的碰摩

设转子半径为 R，轴承半径间隙为 C_0，摩擦系数为μ，轴承内壁作用在转子上的正反力为 N，则转子发生碰摩的条件为

$$N=mg\cos\theta+mC_0\dot{\theta}^2\geqslant 0 \tag{6.3.68}$$

转子沿切线方向的运动方程为

$$mC_0\ddot{\theta}+mg\sin\theta+\mu N=mC_0\ddot{\theta}+mg\sin\theta+\mu m(g\cos\theta+C_0\dot{\theta}^2)=0 \tag{6.3.69}$$

由于摩擦力矩μNR 的作用，转子的自转频率将不再保持常值，其自转运动方程为

$$I\ddot{\varphi}+\mu m(g\cos\theta+C_0\dot{\theta}^2)R=0 \tag{6.3.70}$$

方程(6.3.68)～方程(6.3.70)为对称刚性转子碰摩过程中的运动方程。

2) 单质量对称弹性转子的碰摩

弹性转子的碰摩情况可分为两类：一类是轴颈与轴承内壁面之间的碰摩；另一类是产生在转子圆盘外表面与定子内表面间的碰摩。

下面首先讨论轴颈与支承轴承内壁发生碰摩的情况。设碰摩前圆盘的转动频率为ω_0，任意时刻轴颈中心的位置坐标为(C_0,θ)，圆盘中心 O_d 的位置不仅与(C_0,θ)有关，也与转轴的相对挠度有关。转轴的相对挠度 z 可以用坐标(z_0,β)来表示，其中，z_0 为轴相对挠度的幅值，β 为圆盘中心 O_d 沿涡动方向的方位角。碰摩时作用在轴颈上的正反力 N 和摩擦力μN 可以合成为力 F_{xj}、F_{yj} 和力矩 M_{zj}。当 F_{xj}、F_{yj} 和 M_{zj} 的正方向定义如图 6.3.10(b)时，有

$$F_{xj}=N\sin\theta+\mu N\cos\theta,\quad F_{yj}=N\cos\theta-\mu N\sin\theta,\quad M_{zj}=\mu NR \tag{6.3.71}$$

任一时刻圆盘中心的位移为

$$x_d=C_0\sin\theta+z_0\sin\beta,\quad y_d=C_0\cos\theta+z_0\cos\beta \tag{6.3.72}$$

因转轴弯曲变形而作用在圆盘中心的恢复力为

$$F_{xd} = kz_0 \sin\beta = F_{xj}, \quad F_{yd} = kz_0 \cos\beta = F_{yj} \tag{6.3.73}$$

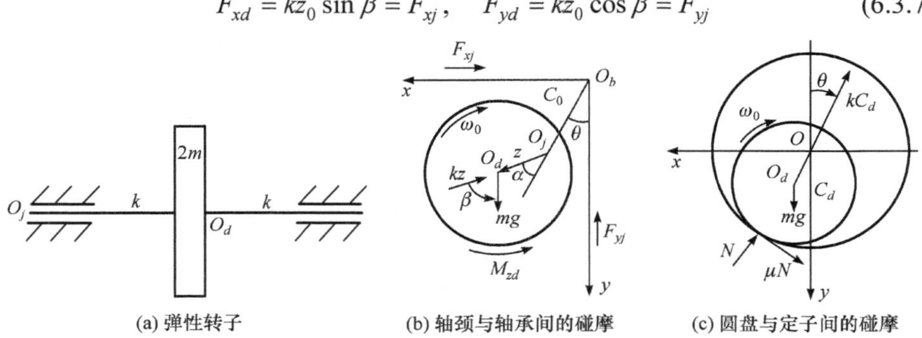

图 6.3.10　弹性转子的碰摩

圆盘还受到力矩 M_{zd} 的作用，即

$$M_{zd} = M_{zj} = \mu NR \tag{6.3.74}$$

然而，这时的方位角β实际上并不独立，且

$$\beta=\alpha+\theta, \quad \alpha = \arctan\mu \tag{6.3.75}$$

式中，α为摩擦角。式(6.3.75)表明了碰摩时轻质轴的弯曲变形总是沿着正反力 N 和摩擦力μN 的合力方向。从而得到圆盘的运动方程为

$$m\ddot{x}_d + kz_0 \sin\beta = 0, \quad m\ddot{y}_d + kz_0 \cos\beta - mg = 0 \tag{6.3.76}$$

由式(6.3.72)和式(6.3.75)可得

$$\begin{aligned}\ddot{x}_d &= C_0\ddot{\theta}\cos\theta - C_0\dot{\theta}^2\sin\theta + \ddot{z}_0\sin\beta + 2\dot{z}_0\dot{\theta}\cos\beta + \dot{z}_0\ddot{\theta}\cos\beta - z_0\dot{\theta}^2\sin\beta \\ \ddot{y}_d &= -C_0\ddot{\theta}\sin\theta - C_0\dot{\theta}^2\cos\theta + \ddot{z}_0\cos\beta - 2\dot{z}_0\dot{\theta}\sin\beta - \dot{z}_0\ddot{\theta}\sin\beta - z_0\dot{\theta}^2\cos\beta\end{aligned} \tag{6.3.77}$$

从而圆盘的运动方程为

$$\begin{aligned}&m(C_0\ddot{\theta}\cos\theta - C_0\dot{\theta}^2\sin\theta + \ddot{z}_0\sin\beta + 2\dot{z}_0\dot{\theta}\cos\beta + \dot{z}_0\ddot{\theta}\cos\beta - z_0\dot{\theta}^2\sin\beta) + kz_0\sin\beta = 0 \\ &m(-C_0\ddot{\theta}\sin\theta - C_0\dot{\theta}^2\cos\theta + \ddot{z}_0\cos\beta - 2\dot{z}_0\dot{\theta}\sin\beta - \dot{z}_0\ddot{\theta}\sin\beta - z_0\dot{\theta}^2\cos\beta) + kz_0\cos\beta - mg = 0\end{aligned} \tag{6.3.78}$$

正反力 N 与轴的弯曲变形之间的关系为

$$\sqrt{1+\mu^2}\,N = kz_0 \tag{6.3.79}$$

圆盘的自转和所处的滑动或滚动状态有关，其转动方程可表示为

$$I\ddot{\varphi} + \mu NR = I\ddot{\varphi} + \frac{\mu R}{\sqrt{1+\mu^2}}kz_0 = 0 \tag{6.3.80}$$

式(6.3.80)即描述系统在轴颈与轴承内表面发生碰摩时的非线性振动方程。

下面讨论圆盘与定子间的碰摩。对于两端刚支的对称单质量圆盘转子，当圆盘外缘与定子间发生碰摩时，圆盘重力的作用相当于引入随θ变化的变刚度。设静挠度为δ_0，$\delta_0=mg/k$，正反力与重力等之间的平衡关系为

$$N + kC_d - mg\cos\theta = mC_d\dot{\theta}^2 \tag{6.3.81}$$

转子维持碰摩的条件可以表达为

$$N = kC_d\{\dot{\theta}^2 - [1-(\delta_0/C_d)\cos\theta]\omega_k^2\} \geqslant 0 \tag{6.3.82}$$

式(6.3.81)和式(6.3.82)中，C_d为定子与圆盘间的半径间隙。

式(6.3.82)表明，只有当$\dot{\theta} > \omega_{\mathrm{n}}\sqrt{1-(\delta_0/C_d)\cos\theta}$时，碰摩才会发生。涡动频率不仅与碰摩发生时的初始条件$\theta(0)$有关，而且和δ_0/C_d，即转子的静态工作点有关。当δ_0/C_d趋近于零时，$\dot{\theta}$在接近或超过ω_{n}时发生碰摩；而当δ_0/C_d较大时，在一定的条件下，也可能产生$\dot{\theta}$远小于ω_{n}的碰摩。

转子在切向的运动方程为

$$mC_d\ddot{\theta} + \mu N + mg\sin\theta = 0 \tag{6.3.83}$$

当进一步考虑在圆盘上还作用有外阻尼$\mu_d C_d\ddot{\theta}$时，运动方程可写为

$$mC_d\ddot{\theta} + \mu N + mg\sin\theta + \mu_d C_d\ddot{\theta} = 0 \tag{6.3.84}$$

式中，μ_d为外阻尼系数。

转子的转动方程仍然保持不变，即$I\ddot{\varphi} + \mu NR = 0$。将式(6.3.82)代入式(6.3.84)和式(6.3.80)中，整理得

$$\begin{aligned} &mC_d\ddot{\theta} + \mu_d C_d\dot{\theta} + \mu m C_d\left[\dot{\theta}^2 - \left(1 - \frac{\delta_0}{C_d}\cos\theta - \frac{1}{\mu}\frac{\delta_0}{C_d}\sin\theta\right)\omega_{\mathrm{n}}^2\right] = 0 \\ &I\ddot{\varphi} + \mu m R C_d\left[\dot{\theta}^2 - \left(1 - \frac{\delta_0}{C_d}\cos\theta\right)\omega_{\mathrm{n}}^2\right] = 0 \end{aligned} \tag{6.3.85}$$

由式(6.3.85)可知，转子的运动以及因碰摩所引起的动反力不仅与运动参数有关，而且与转子的静挠度相关。有两种极端情况可供讨论。

当不计重力作用时，方程(6.3.85)可简化为

$$mC_d\ddot{\theta} + \mu_d C_d\dot{\theta} + \mu m C_d(\dot{\theta} - \omega_{\mathrm{n}}^2) = 0, \quad I\ddot{\varphi} + \mu m R C_d(\dot{\theta} - \omega_{\mathrm{n}}^2) = 0 \tag{6.3.86}$$

由$\ddot{\theta} + \mu[\dot{\theta}^2 + \mu_d\dot{\theta}/(\mu m) - \omega_{\mathrm{n}}^2] = 0$或$\ddot{\theta} = -\mu(\dot{\theta} - \omega_1)(\dot{\theta} - \omega_2)$，可以解出

$$\dot{\theta} = \frac{\omega_1 - A\omega_2 \mathrm{e}^{-\mu(\omega_1-\omega_2)t}}{1 - A\mathrm{e}^{-\mu(\omega_1-\omega_2)t}} \tag{6.3.87}$$

式中，

$$\omega_1 = \left[-\frac{\xi}{\mu} + \sqrt{1 + \left(\frac{\xi}{\mu}\right)^2} \omega_{\rm n} \right] < \omega_{\rm n}$$
$$\omega_2 = \left[-\frac{\xi}{\mu} - \sqrt{1 + \left(\frac{\xi}{\mu}\right)^2} \omega_{\rm n} \right] < -\omega_{\rm n}, \quad \xi = \frac{\mu_d}{2\sqrt{km}} \tag{6.3.88}$$

系数 A 由初始条件决定，即 $A = [\dot{\theta}(0) - \omega_1] / [\dot{\theta}(0) - \omega_2]$。

对式(6.3.87)微分，可以得到

$$\ddot{\theta} = \frac{-\mu A (\omega_1 - \omega_2)^2 {\rm e}^{-\mu(\omega_1 - \omega_2)t}}{[1 - A{\rm e}^{-\mu(\omega_1 - \omega_2)t}]^2} \tag{6.3.89}$$

转子的转动微分方程为

$$I\ddot{\varphi} + \mu mRC_d(\dot{\theta} - \omega_{\rm n}^2) = 0 \quad 或 \quad I\ddot{\varphi} + mRC_d(\ddot{\theta} + \mu_d\dot{\theta}/m) = 0 \tag{6.3.90}$$

当重力项不可忽略时，对非线性方程(6.3.76)的求解很困难。方程的解不仅和运动的时间历程有关，还与碰摩的初始角相关。在大多数情况下，只能采取数值计算的方法求解。在突然断电和停机时，高速转子与保持轴承发生碰摩的全过程具有两种可能的运动形态，即圆柱形运动和圆锥形运动。高速旋转的转子在其跌落后会经历从第一次碰摩接触、系列撞击、滑动直至最终滚动的全过程，如图 6.3.11 所示。转子在碰摩过程中由摩擦而造成的自激运动可能在极短的时间周期内使得由离心力所产生的动载荷和摩擦功耗均达到极值，对轴承的内摩擦表面造成破坏，因此需要予以充分的关注。

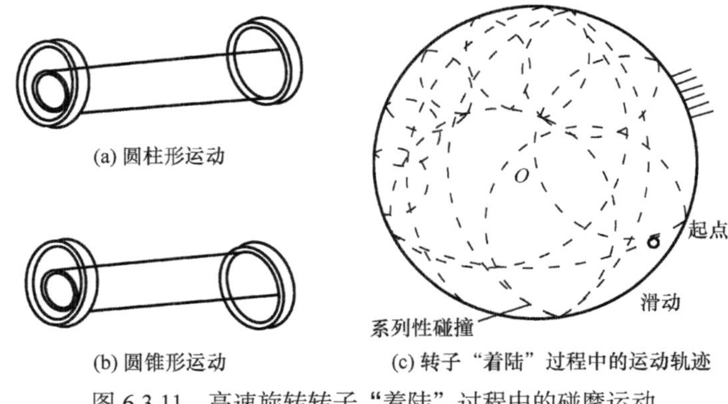

(a) 圆柱形运动

(b) 圆锥形运动

(c) 转子“着陆”过程中的运动轨迹

图 6.3.11　高速旋转转子“着陆”过程中的碰摩运动

6.3.3　动压密封力

随着旋转机械日益向着高速、高压和高效方向发展，动压密封问题日益突出。在迷宫式密封或环压式密封中，密封力的形成机理和动压滑动轴承中的油膜力有相似之处，具体体现为这两种力都是起源于高速旋转的转子对被密封介质的卷吸作用，在转子与定子间由于小间隙流动而在间隙区域内形成压力场；由于转子的偏心作用，压力场沿周向方向连续变化，在水平和垂直方向上形成了合力并作用于转子，影响转子的运动。而密封力的形成机理和动压滑动轴承中的油膜力的不同之处体现在：动压密封的相对间隙一般要比油膜间隙大得多；当被密封介质为气体时，其动力黏度一般也远小于油润滑介质。密封结构也比滑动轴承复杂，被密封介质在密封腔内的流动通常处于复杂的紊流状态，而不再是简单的层流状态。

高速转子系统由于密封结构形式设计不当而导致过大的分频涡动振动，一些大型汽轮发电机组的高压转子在运行中所出现的亚同步振动也往往与密封力相关。密封的主要作用是防止在机组内部动、静配合面上因压差而造成泄漏。为了追求机组的高效率，不得不尽可能地减小密封间隙，而间隙的减小又增强了密封力的动态激励效果，从而对转子稳定性带来不良影响。因此，一个可供工程应用、良好的密封设计方案大都出自对多种因素权衡与折中的结果。

动压密封在动态工况所形成的流体激励力可以简化为同动压油膜力类似的形式：

$$\begin{Bmatrix} \Delta F_x \\ \Delta F_x \end{Bmatrix} = \begin{bmatrix} k_{xx} & k_{xy} \\ k_{yx} & k_{yy} \end{bmatrix} \begin{Bmatrix} \Delta x \\ \Delta y \end{Bmatrix} + \begin{bmatrix} c_{xx} & c_{xy} \\ c_{yx} & c_{yy} \end{bmatrix} \begin{Bmatrix} \dot{x} \\ \dot{y} \end{Bmatrix} \tag{6.3.91}$$

下面讨论密封刚度系数、阻尼系数的计算方法。

1. 控制方程组

对于如图 6.3.12(a)所示的密封腔，为了建立流体运动的数学模型，需进行以下假设：①流体是理想气体；②密封腔内的压力变化与相邻腔室间的压差相比要小得多；③腔内流体的振动频率比转子的转动频率要高得多；④附加质量项可以略去；⑤转子偏心远小于密封的径向间隙；⑥计算圆周方向的剪应力时，

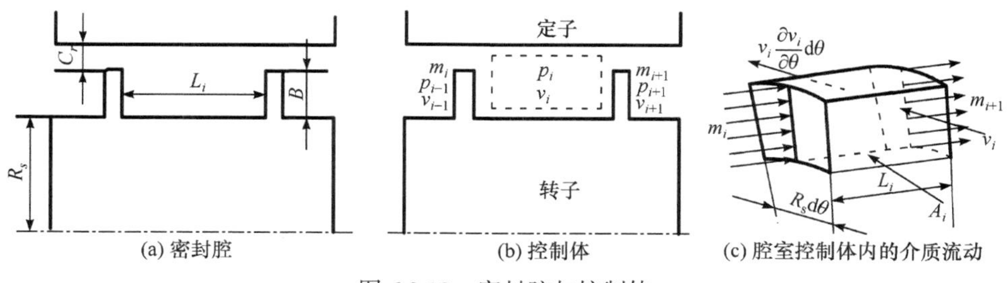

图 6.3.12　密封腔与控制体

略去速度的轴向分量；⑦不计剪应力对刚度、阻尼系数的影响；⑧腔室内保持常温。

1) 连续方程

考虑第 i 个腔室内的控制体，如图 6.3.12(b)所示。单位时间内由周向流出控制体的气体质量、因轴向泄漏而流入控制体的气体质量和控制体内的质量增量和分别表示为

$$m_o = \frac{\partial(\rho_i v_i A_i)}{\partial\theta}\mathrm{d}\theta, \quad m_i = (\dot{m}_i - \dot{m}_{i+1})R_s\mathrm{d}\theta, \quad \Delta m = \frac{\partial}{\partial t}(\rho_i A_i)R_s\mathrm{d}\theta \tag{6.3.92}$$

根据质量守恒原理，控制体的连续方程为

$$\frac{\partial}{\partial t}(\rho_i A_i)+\frac{\partial}{\partial\theta}(\rho_i v_i A_i)\frac{1}{R_s}+\dot{m}_{i+1}-\dot{m}_i = 0 \tag{6.3.93}$$

式中，ρ_i 为第 i 个腔室的气体密度；A_i 为第 i 个腔室的横截面积；v_i 为第 i 个腔室气体周向流动的平均速度；$\dot{m}_i$ 为单位周向长度上气体向第 i 个腔室的泄漏率；R_s 为转子(或密封)半径。与第 i 个密封相关的几何参数还包括密封名义径向间隙 C_{ri}、密封齿高 B_i、第 i 个密封腔的宽度 L_i 等。

当考虑密封间隙沿轴向方向变化时，第 i 个腔室的横截面积为

$$A_i = \frac{L_i}{2}[(B_i + H_i) + (B_{i+1} + H_{i+1})] \tag{6.3.94}$$

式中，H_i 为第 i 个腔室的局部间隙。

2) 动量方程

作用在第 i 个腔室控制体上的压力和剪切力分布如图 6.3.13 所示。根据动量定理，在控制体内，气体在单位时间内的动量变化应当等于作用于控制体上的冲量之和。

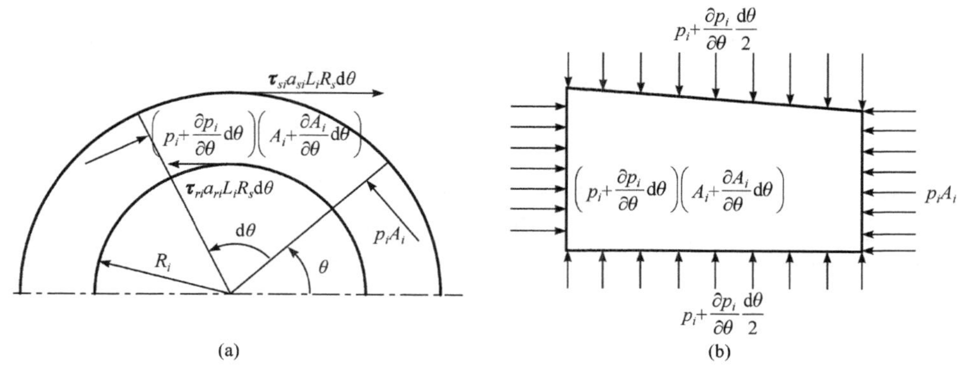

图 6.3.13 控制体受力情况

首先讨论单位时间内控制体中气体在周向方向上所引起的动量变化。

单位时间内由于气体的周向流动而进入控制体的气体动量、因轴向泄漏而从控制体带走的动量、由于周向气体流动而从控制体所带走的动量、由于控制体内气体质量增加而引起的动量增量分别表示为

$$
\begin{aligned}
&P_i=(\rho_i A_i v_i)v_i=\rho_i A_i v_i^2,\quad P_{o1}=(m_{i+1}v_i-m_i v_{i-1})R_s\mathrm{d}\theta\\
&P_{o2}=\left[\rho_i A_i v_i+\frac{\partial(\rho_i A_i v_i)}{\partial\theta}\mathrm{d}\theta\right]\left(v_i+\frac{\partial v_i}{\partial\theta}\mathrm{d}\theta\right)\\
&\quad\approx\rho_i A_i v_i^2+\rho_i A_i v_i\frac{\partial v_i}{\partial\theta}\mathrm{d}\theta+v_i\frac{\partial(\rho_i A_i v_i)}{\partial\theta}\mathrm{d}\theta\\
&\Delta P=\frac{\partial(\rho_i A_i v_i)}{\partial t}R_s\mathrm{d}\theta
\end{aligned}
\tag{6.3.95}
$$

整个控制体内气体所受的周向力包括两部分：剪应力 τ_{si} 和 τ_{ri}。相应的合力包括 $\tau_{ri}a_{ri}L_iR_s\mathrm{d}\theta$(作用于 R_s 处)和 $\tau_{si}a_{si}L_iR_s\mathrm{d}\theta$(作用于与定子表面相邻处)。系数 a_{ri} 和 a_{si} 视密封齿的安装位置而定。当密封齿在转子上时，有

$$
a_{ri}=(2B_i+L_i)/L_i,\quad a_{si}=1 \tag{6.3.96}
$$

当密封齿在定子上时，有

$$
a_{ri}=1,\quad a_{si}=(2B_i+L_i)/L_i \tag{6.3.97}
$$

周向方向上的压力为 p_i(在 θ 处)和$[p_i+(\partial p_i/\partial\theta)\mathrm{d}\theta]$ (在 $\theta+\mathrm{d}\theta$ 处)。单位时间内切向力所引起的冲量一方面使控制体内的动量增加，另一方面补充气体从控制体中带走的动量，即

$$
\begin{aligned}
&\rho_i A_i-\left(p_i+\frac{\partial p_i}{\partial\theta}\mathrm{d}\theta\right)\left(A_i+\frac{\partial A_i}{\partial\theta}\mathrm{d}\theta\right)+\tau_{ri}a_{ri}L_iR_s\mathrm{d}\theta-\tau_{si}a_{si}L_iR_s\mathrm{d}\theta\\
&=\frac{\partial(\rho_i v_i A_i)}{\partial t}R_s\mathrm{d}\theta+\rho_i v_i A_i\frac{\partial v_i}{\partial\theta}\mathrm{d}\theta+v_i\frac{\partial(\rho_i v_i A_i)}{\partial\theta}\mathrm{d}\theta+(\dot{m}_{i+1}v_i-\dot{m}_i v_{i-1})R_s\mathrm{d}\theta
\end{aligned}
\tag{6.3.98}
$$

整理得

$$
\begin{aligned}
&\frac{\partial(\rho_i v_i A_i)}{\partial t}+\frac{2\rho_i v_i A_i}{R_s}\frac{\partial v_i}{\partial\theta}+\frac{\rho_i v_i^2}{R_s}\frac{\partial A_i}{\partial\theta}+\frac{A_i v_i^2}{R_s}\frac{\partial\rho_i}{\partial\theta}+\dot{m}_{i+1}v_i-\dot{m}_i v_{i-1}\\
&=\frac{-A_i}{R_s}\frac{\partial p_i}{\partial\theta}-\frac{p_i}{R_s}\frac{\partial A_i}{\partial\theta}+\tau_{ri}a_{ri}L_i-\tau_{si}a_{si}L_i
\end{aligned}
\tag{6.3.99}
$$

3) 非求解变量的确定

(1) 剪应力。在光滑管中紊流状态下，剪应力可以表示为

$$
\tau=\frac{1}{2}\rho U_m^2 n_0(U_m D_h/\eta)^{m_0} \tag{6.3.100}
$$

式中，U_m 为相对于剪应力作用表面的平均流速；m_0 和 n_0 均为常量，对于某一给定表面，m_0 和 n_0 通过压力流实验来确定。就环状表面间的紊流流动而言，两常量应取 m_0=−0.25，n_0=0.079。

对于迷宫式密封，由式(6.3.100)得到的剪应力为

$$\begin{aligned}\tau_{ri} &= \frac{\rho_i}{2}(R_s\omega - v_i)^2 n_r \left(\frac{|R_s\omega - v_i| D_{hi}}{\eta}\right)^{m_r} \operatorname{sgn}(R_s\omega - v_i) \\ \tau_{si} &= \frac{\rho_i}{2} v_i^2 n_s \left(\frac{|v_i| D_{hi}}{\eta}\right)^{m_s} \operatorname{sgn}(v_i)\end{aligned} \tag{6.3.101}$$

式中，ω 为转动频率；(m_s, n_s)、(m_r, n_r)分别为计及不同转子和定子表面粗糙度后定子和转子的分离参数；η 为动力黏度；D_{hi} 为液力润滑直径，定义为

$$D_{hi} = \frac{2(H_i + B_i)L_i}{H_i + B_i + L_i} \tag{6.3.102}$$

(2) 泄漏方程。当选择纽曼模型时，泄漏率可以表示为

$$\dot{m}_i = \mu_{1i}\mu_i H_i \sqrt{\frac{p_{i-1}^2 - p_i^2}{RT}} \tag{6.3.103}$$

其中，μ_2 为动能转移系数，对于直通型密封，有

$$\mu_2 = \sqrt{\frac{N_T}{(1-j)N_T + j}} \tag{6.3.104}$$

$j = 1 - (1 + 16.6C_r/L)^{-2}$；$N_T$ 为密封齿数。

式(6.3.103)所包含的流量系数为

$$\mu_{1i} = \frac{\pi}{2 + \pi - 5S_i + 2S_i^2} \tag{6.3.105}$$

式中，$S_i = [(p_i - 1)/p_i)]^{(\gamma-1)/\gamma}$，$\gamma$ 为比热容。

当出口堵塞时，对于最后一个密封齿，可采用下面的 Fliegner 公式：

$$\dot{m}_{N_c} = \frac{0.51\mu_2}{\sqrt{RT}} p_{N_c} H_{N_T} \tag{6.3.106}$$

式中，N_c 为腔室数，$N_c = N_T - 1$。

4) 控制方程组的求解

式(6.3.99)所描述的动量方程还可以进一步简化，对连续方程(6.3.94)等号两边同乘以周向速度 v_i，并代入方程(6.3.99)整理后可得到简化的动量方程为

$$\rho_i A_i \frac{\partial v_i}{\partial t} + \frac{\rho_i v_i A_i}{R_s}\frac{\partial v_i}{\partial \theta} + \dot{m}_i(v_i - v_{i-1}) = -\frac{A_i}{R_s}\frac{\partial p_i}{\partial \theta} + \tau_{ri}a_{ri}L_i - \tau_{si}a_{si}L_i \tag{6.3.107}$$

为了减少变量数目，可以将方程中所有含 ρ_i 的项用压力项替换。根据理想气

体定律有 $\rho_i = p_i / (RT)$，为使方程更容易求解，在连续方程和动量方程中都采用了以下近似关系：

$$\dot{m}_{i+1} - \dot{m}_i \approx \frac{\dot{m}_{i-1}^2 - \dot{m}_i^2}{2\dot{m}_0} \tag{6.3.108}$$

式中，$\dot{m}_0$ 为稳态时的质量泄漏率。

经上述处理后，描述第 i 个密封腔内的气体流动和压力分布的方程组由式(6.3.93)、式(6.3.101)和式(6.3.107)组成，可以统一表示为

$$\begin{gathered}\frac{\partial}{\partial t}(\rho_i A_i) + \frac{\partial}{\partial \theta}(\rho_i v_i A_i)\frac{1}{R_s} + \dot{m}_{i+1} - \dot{m}_i = 0, \quad \dot{m}_i = \mu_{1i}\mu_i H_i \sqrt{(p_{i-1}^2 - p_i^2)/(RT)} \\ \rho_i A_i \frac{\partial v_i}{\partial t} + \frac{\rho_i v_i A_i}{R_s}\frac{\partial v_i}{\partial \theta} + \dot{m}_i(v_i - v_{i-1}) = -\frac{A_i}{R_s}\frac{\partial p_i}{\partial \theta} + \tau_{ri} a_{ri} L_i - \tau_{si} a_{si} L_i\end{gathered} \tag{6.3.109}$$

方程(6.3.109)总共涉及 $\dot{m}_i$、 p_i 和 v_i 三个变量。

2. 控制方程的摄动解

对方程组(6.3.109)的求解只能采用数值法，下面以摄动法为例说明其求解过程。

选取无量纲偏心率ε作为摄动变量，$\varepsilon = e/C_r$。将变量 p_i、v_i、H_i 和 A_i 均表示成摄动量ε的函数，即

$$p_i = p_{0i} + \varepsilon p_{1i}, \quad v_i = v_{0i} + \varepsilon v_{1i}, \quad H_i = C_{ri} + \varepsilon H_1, \quad A_i = A_{0i} + \varepsilon L_i H_1 \tag{6.3.110}$$

式中，H_1 为密封间隙函数。

根据上述定义，式(6.3.109)的零阶方程将给出转子在对中位置时，气体在密封腔内的周向速度分布和平均气体质量泄漏率，而相应的一阶扰动方程则决定了由无偏心偏心率ε所产生的压力扰动和周向速度扰动。

1) 零阶近似

零阶泄漏方程和沿周向方向的零阶动量方程分别为

$$\dot{m}_{i+1} = \dot{m}_i = \dot{m}_0, \quad \dot{m}_0(v_{0i} - v_{0i-1}) = (\tau_{ri0} a_{ri} - \tau_{si0} a_{si}) L_i, \quad i = 1, 2, \cdots, N_c \tag{6.3.111}$$

方程(6.3.111)可用来决定 $\dot{m}_0$ 和对中时的压力分布。

泄漏率可根据工况条件按式(6.3.103)和式(6.3.106)求解。为了判断气流是否阻塞，可先将最后一个腔室的压力假设为气流阻塞时的临界压力，并由式(6.3.105)计算出 $\dot{m}_{N_c}$，再由方程(6.3.103)依次解出各密封腔内所必须建立的腔室压力 p_{0i}。

2) 一阶近似

决定压力和速度摄动的一阶方程组为

$$G_{1i}\frac{\partial p_{1i}}{\partial t}+G_{1i}\frac{v_{0i}}{R_s}\frac{\partial p_{1i}}{\partial \theta}+G_{1i}\frac{p_{0i}}{R_s}\frac{\partial v_{1i}}{\partial \theta}+G_{3i}p_{1i}+G_{4i}p_{1i-1}+G_{5i}p_{1i+1}$$
$$=-G_{6i}-G_{2i}\frac{\partial H_1}{\partial t}-G_{2i}\frac{v_{0i}}{R_s}\frac{\partial H_1}{\partial \theta} \tag{6.3.112}$$
$$X_{1i}\frac{\partial v_{1i}}{\partial t}+\frac{X_{1i}v_{0i}}{R_s}\frac{\partial v_{1i}}{\partial \theta}+\frac{A_{0i}}{R_s}\frac{\partial p_{1i}}{\partial \theta}+X_{2i}v_{1i}-\dot{m}_0 v_{1i-1}+X_{3i}p_{1i}+X_{4i}p_{1i-1}$$
$$=X_{5i}H_1$$

密封间隙函数 H_1 可以按照下列方法计算。

设转子轴心运动轨迹方程为

$$x=a\cos(\omega t),\quad y=b\sin(\omega t) \tag{6.3.113}$$

式中，a、b 分别为椭圆轨迹的长、短半轴。则在任意周向位置θ处有

$$\varepsilon H_1=-x\cos\theta-y\sin\theta=-a\cos(\omega t)\cos\theta-b\sin(\omega t)\sin\theta$$
$$=-a[\cos(\theta-\omega t)+\cos(\theta+\omega t)]/2-b[\cos(\theta-\omega t)-\cos(\theta+\omega t)]/2 \tag{6.3.114}$$

方程(6.3.112)中关于压力和速度的扰动解可设为如下形式：

$$\begin{aligned}p_{1i}&=p_{ci}^{+}\cos(\theta+\omega t)+p_{si}^{+}\sin(\theta+\omega t)+v_{ci}^{-}\cos(\theta-\omega t)+v_{si}^{-}\sin(\theta-\omega t)\\ v_{1i}&=v_{ci}^{+}\cos(\theta+\omega t)+v_{si}^{+}\sin(\theta+\omega t)+v_{ci}^{-}\cos(\theta-\omega t)+v_{si}^{-}\sin(\theta-\omega t)\end{aligned} \tag{6.3.115}$$

将式(6.3.114)和式(6.3.115)代入式(6.3.112)，并将正弦项、余弦项分别合并，同时消去与时间或θ相关的项后，对于每个腔室可得到关于压力和速度的 8 个线性方程。对于第 i 个腔室，方程组的矩阵形式为

$$\boldsymbol{A}_{i-1}\boldsymbol{X}_{i-1}+\boldsymbol{A}_i\boldsymbol{X}_i+\boldsymbol{A}_{i+1}\boldsymbol{X}_{i+1}=\frac{a\boldsymbol{B}_i+b\boldsymbol{C}_i}{\varepsilon} \tag{6.3.116}$$

式中，

$$\begin{aligned}\boldsymbol{X}_{i-1}&=\{p_{si-1}^{+}\quad p_{ci-1}^{+}\quad p_{si-1}^{-}\quad p_{ci-1}^{-}\quad v_{si-1}^{+}\quad v_{ci-1}^{+}\quad v_{si-1}^{-}\quad v_{ci-1}^{-}\}^{\mathrm{T}}\\ \boldsymbol{X}_{i}&=\{p_{si}^{+}\quad p_{ci}^{+}\quad p_{si}^{-}\quad p_{ci}^{-}\quad v_{si}^{+}\quad v_{ci}^{+}\quad v_{si}^{-}\quad v_{ci}^{-}\}^{\mathrm{T}}\\ \boldsymbol{X}_{i+1}&=\{p_{si+1}^{+}\quad p_{ci+1}^{+}\quad p_{si+1}^{-}\quad p_{ci+1}^{-}\quad v_{si+1}^{+}\quad v_{ci+1}^{+}\quad v_{si+1}^{-}\quad v_{ci+1}^{-}\}^{\mathrm{T}}\end{aligned} \tag{6.3.117}$$

当矩阵 $\boldsymbol{A}_{i-1}$、$\boldsymbol{A}_i$、$\boldsymbol{A}_{i+1}$，列矢量 $\boldsymbol{B}_i$、$\boldsymbol{C}_i$ 已知时，并注意到在密封入口和出口边处的压力扰动及速度扰动值均为零的边界条件，最终所求得的方程(6.3.117)的解可表示为

$$p_{si}^{+}=\frac{aF_{asi}^{+}+bF_{bsi}^{+}}{\varepsilon},\quad p_{si}^{-}=\frac{aF_{asi}^{-}+bF_{bsi}^{-}}{\varepsilon},\quad p_{ci}^{+}=\frac{aF_{aci}^{+}+bF_{bci}^{+}}{\varepsilon},\quad p_{ci}^{-}=\frac{aF_{aci}^{-}+bF_{bci}^{-}}{\varepsilon} \tag{6.3.118}$$

方程(6.3.112)中所含系数 X_{ji}、G_{ji} 以及方程(6.3.116)中的系数矩阵 $\boldsymbol{A}_i$，列矢量 $\boldsymbol{B}_i$、$\boldsymbol{C}_i$ 的表达式为

$$G_{1i}=\frac{A_{0i}}{RT},\quad G_{2i}=\frac{p_{0i}L_i}{RT}$$

$$G_{3i}=\dot{m}_0\left(\frac{p_{0i+1}}{p_{0i}^2-p_{0i+1}^2}+\frac{p_{0i}}{p_{0i-1}^2-p_{0i}^2}\right)-\frac{\dot{m}_0\mu_{1i+1}}{\pi}(5-4S_{1i+1})\left(\frac{\gamma-1}{\gamma p_{0i+1}}\right)\left(\frac{p_{0i}}{p_{0i+1}}\right)^{-1/\gamma}$$
$$+\frac{\dot{m}_0\mu_{1i}}{\pi}(4S_{1i}-5)\left(\frac{\gamma-1}{\gamma p_{0i}}\right)\left(\frac{p_{0i+1}}{p_{0i}}\right)^{(\gamma-1)/\gamma}$$

$$G_{4i}=\frac{-\dot{m}_0 p_{0i-1}}{p_{0i-1}^2-p_{0i}^2}-\frac{\dot{m}_0\mu_{1i}}{\pi}(4S_{1i}-5)\left(\frac{\gamma-1}{\gamma p_{0i}}\right)\left(\frac{p_{0i-1}}{p_{0i}}\right)^{-1/\gamma}$$

$$G_{5i}=\frac{-\dot{m}_0 p_{0i+1}}{p_{0i}^2-p_{0i+1}^2}+\frac{\dot{m}_0\mu_{1i+1}}{\pi}(4S_{1i}-5)\left(\frac{\gamma-1}{\gamma p_{0i+1}}\right)\left(\frac{p_{0i}}{p_{0i+1}}\right)^{(\gamma-1)/\gamma}$$

$$G_{6i}=\dot{m}_0\frac{C_{ri}-C_{ri+1}}{C_{ri+1}C_{ri}},\quad X_{1i}=\frac{p_{0i}A_{0i}}{RT},\quad X_{2i}=\dot{m}_0+\frac{\tau_{si}a_{si}L_i(2+m_s)}{v_{0i}}+\frac{\tau_{ri}a_{ri}L_i(2+m_s)}{R_s\omega-v_{0i}}$$

$$X_{3i}=\frac{\tau_{si}a_{si}L_i}{p_{0i}}-\frac{\tau_{ri}a_{ri}L_i}{p_{0i}}-\frac{\dot{m}_0 p_{0i}(v_{0i}-v_{0i-1})}{p_{0i-1}^2-p_{0i}^2}$$
$$-\frac{\dot{m}_0\mu_{1i}}{\pi}(4S_{1i}-5)(v_{0i}-v_{0i-1})\left(\frac{\gamma-1}{\gamma p_{0i}}\right)\left(\frac{p_{0i-1}}{p_{0i}}\right)^{(\gamma-1)/\gamma}$$

$$X_{4i}=\frac{\dot{m}_0 p_{0i-1}(v_{0i}-v_{0i-1})}{p_{0i-1}^2-p_{0i}^2}+\frac{\dot{m}_0\mu_{1i}}{\pi}(4S_{1i}-5)(v_{0i}-v_{0i-1})\left(\frac{\gamma-1}{\gamma p_{0i}}\right)\left(\frac{p_{0i-1}}{p_{0i}}\right)^{-1/\gamma}$$

$$X_{5i}=\frac{-\dot{m}_0(v_{0i}-v_{0i-1})}{c_{ri}}-\frac{m_s\tau_{si}a_{si}C_{ri}D_{ri}+m_r\tau_{ri}a_{ri}C_{ri}D_{ri}}{2(C_{ri}+B_i)^2}$$

(6.3.119)

对于 $\boldsymbol{A}_{i-1}$ 矩阵，各元素为

$$a_{1,2}=a_{2,1}=a_{3,4}=a_{4,3}=G_{4i},\quad a_{5,2}=a_{6,1}=a_{7,4}=a_{8,3}=X_{4i}$$
$$a_{5,6}=a_{6,5}=a_{7,8}=a_{8,7}=-\dot{m}_0 \tag{6.3.120}$$

$\boldsymbol{A}_{i-1}$ 矩阵的其余元素均为零。

对于 $\boldsymbol{A}_i$ 矩阵，各元素为

$$a_{1,1}=-a_{2,2}=G_{1i}(\omega+v_{0i}/R_s),\quad a_{3,3}=-a_{4,4}=G_{1i}(v_{0i}/R_s-\omega)$$
$$a_{1,2}=a_{2,1}=a_{3,4}=a_{4,3}=G_{3i},\quad a_{5,2}=a_{6,1}=a_{7,4}=a_{8,3}=X_{3i}$$
$$a_{5,1}=a_{7,3}=-a_{6,2}=-a_{8,4}=A_{0i}/R_s,\quad a_{5,5}=a_{6,6}=X_{1i}(\omega+v_{0i}/R_s) \tag{6.3.121}$$
$$a_{7,7}=-a_{8,8}=X_{1i}(v_{0i}/R_s-\omega),\quad a_{5,6}=a_{6,5}=a_{7,8}=a_{8,7}=X_{2i}$$
$$a_{1,5}=a_{3,7}=-a_{2,6}=-a_{4,8}=G_{0i}p_{0i}/R_s$$

$\boldsymbol{A}_i$ 矩阵中的其余元素均为零。

对于 $\boldsymbol{A}_{i+1}$ 矩阵，各元素为

$$a_{1,2}=a_{2,1}=a_{3,4}=a_{4,3}=G_{5i} \tag{6.3.122}$$

$\boldsymbol{A}_{i+1}$ 矩阵中的其余元素均为零。

对于连续方程，由分离出来的 $\cos(\theta+\omega t)$、$\sin(\theta+\omega t)$、$\cos(\theta-\omega t)$、$\sin(\theta-\omega t)$ 项各自平衡的原则所得到的方程可以表示为

$$\begin{aligned}
&G_{1i}p_{si}^{+}\left(\frac{v_{0i}}{R_s}+\omega\right)+G_{1i}\frac{p_{0i}}{R_s}V_{si}^{+}+G_{3i}p_{ci}^{+}+G_{4i}p_{ci-1}^{+}+G_{5i}p_{ci+1}^{+}=\frac{G_{6i}}{2\varepsilon}(a-b)\\
&-G_{1i}p_{ci}^{+}\left(\frac{v_{0i}}{R_s}+\omega\right)-G_{1i}\frac{p_{0i}}{R_s}V_{ci}^{+}+G_{3i}p_{si}^{+}+G_{4i}p_{si-1}^{+}+G_{5i}p_{si+1}^{+}=\frac{G_{2i}}{2\varepsilon}\left(\frac{v_{0i}}{R_s}+\omega\right)(b-a)\\
&G_{1i}p_{si}^{-}\left(\frac{v_{0i}}{R_s}-\omega\right)+G_{1i}\frac{p_{0i}}{R_s}V_{si}^{-}+G_{3i}p_{ci}^{-}+G_{4i}p_{ci-1}^{-}+G_{5i}p_{ci+1}^{-}=\frac{G_{6i}}{2\varepsilon}(a+b)\\
&-G_{1i}p_{ci}^{-}\left(\frac{v_{0i}}{R_s}-\omega\right)-G_{1i}\frac{p_{0i}}{R_s}V_{ci}^{-}+G_{3i}p_{si}^{-}+G_{4i}p_{si-1}^{-}+G_{5i}p_{si+1}^{-}=\frac{G_{2i}}{2\varepsilon}\left(\frac{v_{0i}}{R_s}-\omega\right)(a+b)
\end{aligned} \tag{6.3.123}$$

对于动量方程，由分离出来的 $\cos(\theta+\omega t)$、$\sin(\theta+\omega t)$、$\cos(\theta-\omega t)$、$\sin(\theta-\omega t)$ 项各自平衡的原则所得到的方程可以表示为

$$\begin{aligned}
&X_{1i}v_{si}^{+}\left(\frac{v_{0i}}{R_s}+\omega\right)+\frac{A_{0i}}{R_s}p_{si}^{+}+X_{2i}p_{ci}^{+}-m_0v_{ci-1}^{+}+X_{3i}p_{ci}^{+}+X_{4i}p_{ci-1}^{+}=\frac{X_{5i}}{2\varepsilon}(b-a)\\
&-X_{1i}v_{ci}^{+}\left(\frac{v_{0i}}{R_s}+\omega\right)-\frac{A_{0i}}{R_s}p_{ci}^{+}+X_{2i}v_{si}^{+}-\dot{m}_0v_{si-1}^{+}+X_{3i}p_{si}^{+}+X_{4i}p_{si-1}^{+}=0\\
&X_{1i}v_{si}^{-}\left(\frac{v_{0i}}{R_s}-\omega\right)+\frac{A_{0i}}{R_s}V_{si}^{-}+X_{2i}v_{ci}^{-}-\dot{m}_0v_{ci-1}^{-}+X_{3i}p_{ci}^{-}+X_{4i}p_{ci-1}^{-}=\frac{X_{5i}}{2\varepsilon}(a+b)\\
&-X_{1i}v_{ci}^{-}\left(\frac{v_{0i}}{R_s}-\omega\right)-\frac{A_{0i}}{R_s}V_{ci}^{-}+X_{2i}v_{si}^{-}-\dot{m}_0v_{si-1}^{-}+X_{3i}p_{si}^{-}+X_{4i}p_{ci-1}^{-}=\frac{X_{5i}}{2\varepsilon}(a+b)
\end{aligned} \tag{6.3.124}$$

列矢量 $\boldsymbol{B}_i$、$\boldsymbol{C}_i$ 分别为

$$\begin{aligned}
&\boldsymbol{B}_i=\left\{\frac{G_{6i}}{2}\quad \frac{-G_{2i}}{2}\left(\frac{v_{0i}}{R_s}+\omega\right)\quad \frac{G_{6i}}{2}\quad \frac{G_{2i}}{2}\left(\frac{v_{0i}}{R_s}-\omega\right)\quad \frac{-X_{5i}}{2}\quad 0\quad \frac{-X_{5i}}{2}\quad 0\right\}^{\mathrm{T}}\\
&\boldsymbol{C}_i=\left\{\frac{-G_{6i}}{2}\quad \frac{G_{2i}}{2}\left(\frac{v_{0i}}{R_s}+\omega\right)\quad \frac{G_{6i}}{2}\quad \frac{G_{2i}}{2}\left(\frac{v_{0i}}{R_s}-\omega\right)\quad \frac{X_{5i}}{2}\quad 0\quad \frac{-X_{5i}}{2}\quad 0\right\}^{\mathrm{T}}
\end{aligned} \tag{6.3.125}$$

3. 动压密封转子的动力学系数

在动态情况下，考虑到对称性，迷宫式密封的动态力可以表示为

$$-\begin{Bmatrix} F_x \\ F_x \end{Bmatrix} = \begin{bmatrix} k_{ii} & k_{ij} \\ -k_{ji} & k_{jj} \end{bmatrix} \begin{Bmatrix} x \\ y \end{Bmatrix} + \begin{bmatrix} c_{ii} & c_{ij} \\ -c_{ji} & c_{jj} \end{bmatrix} \begin{Bmatrix} \dot{x} \\ \dot{y} \end{Bmatrix} \tag{6.3.126}$$

对于椭圆运动，利用式(6.3.113)，式(6.3.106)的密封动态力可以表示为

$$\begin{aligned} F_x &= -k_{ii}a\cos(\omega t) - k_{ij}b\sin(\omega t) + c_{ii}a\omega\sin(\omega t) - c_{ij}b\omega\cos(\omega t) \\ F_y &= k_{ij}a\cos(\omega t) - k_{ii}b\sin(\omega t) - c_{ij}a\omega\sin(\omega t) - c_{ii}b\omega\cos(\omega t) \end{aligned} \tag{6.3.127}$$

记动态力 $F_x = F_{xc}\cos(\omega t) + F_{xs}\sin(\omega t)$ ，$F_y = F_{yc}\cos(\omega t) + F_{ys}\sin(\omega t)$ ，则有

$$\begin{aligned} F_{xc} &= -k_{ii}a - c_{ij}b\omega, \quad F_{yc} = k_{ij}a - c_{ii}b\omega \\ F_{xs} &= -k_{ij}b + c_{ii}a\omega, \quad F_{ys} = -k_{ii}b - c_{ii}a\omega \end{aligned} \tag{6.3.128}$$

F_x 和 F_y 可通过对各腔的压力分布积分后得到，即

$$F_x = -R_s\varepsilon\sum_{i=1}^{N_c}\int_0^{2\pi} P_{1i}L_i\cos\theta\mathrm{d}\theta,\quad F_y = R_s\varepsilon\sum_{i=1}^{N_c}\int_0^{2\pi} P_{1i}L_i\sin\theta\mathrm{d}\theta \tag{6.3.129}$$

由于对称性，只需选择一个方程即可决定在式(6.3.126)中所包含的转子动力学系数。以 x 方向为例，将式(6.3.116)代入方程(6.3.129)的第一式后积分得

$$F_x = -R_s\pi\varepsilon\sum_{i=1}^{N_c} L_i[(P_{si}^+ - P_{si}^-)\sin(\omega t) + (P_{si}^+ + P_{si}^-)\cos(\omega t)] \tag{6.3.130}$$

由式(6.3.118)、式(6.3.127)、式(6.3.128)和式(6.3.130)可知

$$\begin{aligned} F_{xs} &= -R_s\pi\sum_{i=1}^{N_c} L_i[a(F_{asi}^+ - F_{asi}^-) + b(F_{bsi}^+ - F_{bsi}^-)] \\ F_{xc} &= -R_s\pi\sum_{i=1}^{N_c} L_i[a(F_{bci}^+ + F_{bci}^-) + b(F_{bci}^+ + F_{bci}^-)] \end{aligned} \tag{6.3.131}$$

从而得到的动压密封转子动力学系数为

$$\begin{aligned} k_{ii} &= \pi R_s\sum_{i=1}^{N_c}(F_{aci}^+ + F_{aci}^-)L_i, \quad k_{ij} = \pi R_s\sum_{i=1}^{N_c}(F_{bsi}^+ - F_{bsi}^-)L_i \\ c_{ii} &= \frac{-\pi R_s}{\omega}\sum_{i=1}^{N_c}(F_{aci}^+ - F_{aci}^-)L_i, \quad c_{ij} = \frac{\pi R_s}{\omega}\sum_{i=1}^{N_c}(F_{bsi}^+ + F_{bsi}^-)L_i \end{aligned} \tag{6.3.132}$$

由上面的讨论可知，求解密封转子动力学系数的步骤大致如下：①利用方程(6.3.103)及方程(6.3.106)求解泄漏率；②求解无扰动下的压力分布；③利用方程(6.3.111)求解无扰动下的速度分布；④求解一阶摄动方程组；⑤由计算得到的动态密封力进一步得到动压密封的刚度、阻尼系数。

上述动压密封力计算方法虽然考虑了周向流动因素，但轴向流动这一重要因素却完全被忽略了；另一个问题是采用摄动法所获得的数值解只在小扰动参数 $\varepsilon\approx 0$ 时才具有较高的精度。数学模型中所含多个系数的确定大都来源于实验或经验公式，其适用范围受到一定的限制。当密封介质为气体时，需要考虑气体的可

压缩性。

6.3.4　叶轮偏心力引起的流体激励力

无论是涡轮还是压气机，在服役工况下，其叶轮转子总是处于与机壳(或静子)的偏心状态，造成这种偏心的原因是装配误差、轴的弯曲变形或者转子在滑动轴承中的静态偏心等。叶轮转子的偏心使得叶尖间隙沿圆周方向的分布不再均匀，并且在大多数情况下，由于转子的涡动，叶尖间隙的不均匀分布也随时间变化，如图 6.3.14 所示。

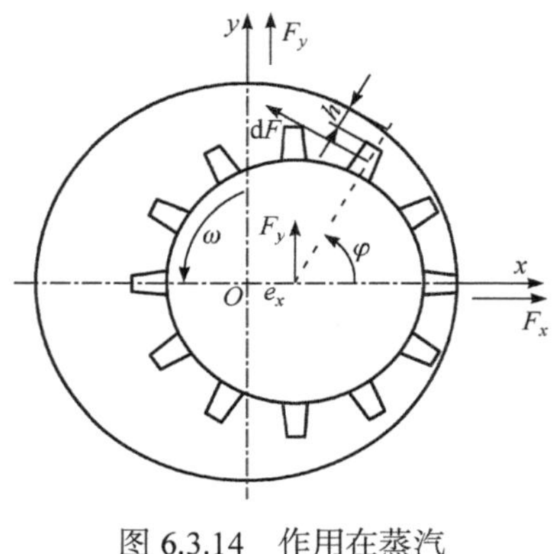

图 6.3.14　作用在蒸汽透平叶轮上的切向力

设叶轮在水平方向 x 轴上的偏心距为 e_x，则叶尖间隙沿周向的变化为

$$h = c - e_x \cos\varphi \tag{6.3.133}$$

式中，c 为名义间隙。

以蒸汽透平为例，由于叶尖间隙的周向分布不均匀，所以间隙小的一侧叶片做功多、效率高，叶片上所受的气动力较大；与之相反，间隙大的一侧叶片做功少、效率低，作用在叶片上的气动力也小。叶轮全部叶片上所承受的切向气动力的合成结果除产生扭矩外，还产生了一个与偏心方向垂直的合力 F_y 并作用于转子中心。虽然合力 F_y 的大小受多种因素的影响，但该力是偏心率 e 的函数，因而属于本征力。另外，F_y 的作用是由运动的交叉耦合效应引起的，只与转子或叶轮的位移扰动有关，其作用是促使转子的正向涡动。因此，当系统无足够的外阻尼以克服 F_y 的激励时，系统将发生失稳，这就是**蒸汽激振**。

当叶轮发生偏心时，作用在叶片上的切向气动力可以表示为

$$\mathrm{d}F = -\frac{1}{2\pi} F_s (\eta - \xi_{\mathrm{sp}}) \mathrm{d}\varphi \tag{6.3.134}$$

式中，$\mathrm{d}F$ 为作用在叶片 $\mathrm{d}\varphi$ 微元上的切向力，在一般情况下，$\mathrm{d}F$ 分布总是对称于定子和叶轮中心的连心线；F_s 为理想的切向力；η 为切向效率；ξ_{sp} 为局部效率损失；φ 为所考察叶片的位置角。

该级叶轮所受到的气动合力为

$$\begin{aligned} F_x &= -\int_0^{2\pi} \sin\varphi \mathrm{d}F = \frac{F_s}{2\pi}\int_0^{2\pi} (\eta - \xi_{\mathrm{sp}}) \sin\varphi \mathrm{d}\varphi \\ F_y &= \int_0^{2\pi} \cos\varphi \mathrm{d}F = -\frac{F_s}{2\pi}\int_0^{2\pi} (\eta - \xi_{\mathrm{sp}}) \cos\varphi \mathrm{d}\varphi \\ \boldsymbol{F} &= F_x \boldsymbol{i} + F_y \boldsymbol{j} \end{aligned} \tag{6.3.135}$$

通常，效率η与φ无关，而当叶轮仅具有水平扰动 e_x时，气动力 dF 分布对称于 x 轴，所以 x 方向上的合力为

$$F_x = 0 ,\quad F_y = \frac{F_s}{2\pi}\int_0^{2\pi} \xi_{\mathrm{sp}} \cos\varphi \mathrm{d}\varphi \tag{6.3.136}$$

在积分式(6.3.135)和式(6.3.136)中均涉及关于局部效率损失ξ_{sp} 的处理。考虑局部效率损失ξ_{sp}时，F_y可表示为

$$F_y = \frac{m_0 \psi U}{2}\frac{\mathrm{d}\xi_{\mathrm{sp}}}{\mathrm{d}h} e_x \tag{6.3.137}$$

或采用交叉刚度系数表示为

$$k_{yx} = \frac{\partial F_y}{\partial e_x} = \frac{m_0 \psi U}{2}\frac{\mathrm{d}\xi_{\mathrm{sp}}}{\mathrm{d}h} \tag{6.3.138}$$

式中，m_0为总气体流量；U 为叶片中央的切向速度；ψ为压力系数，$\psi=\Delta h_s/U^2$，Δh_s为涡轮叶片中的绝热焓降；dξ_{sp}/dh 则为局部效率损失对间隙的变化率。

运用式(6.3.137)的前提是ξ_{sp}/dh 必须是已知的，这给实际应用带来了困难和不便。气(汽)体激振力和交叉刚度可表示为

$$F_x = \frac{T\beta e_x}{DL} ,\quad k_{yx} = \frac{T\beta}{DL} \tag{6.3.139}$$

式(6.3.139)的理论依据则来源于局部效率损失与叶尖间隙比(e_x/L)呈线性关系的假设，即

$$\mathrm{d}\xi_{\mathrm{sp}}/\mathrm{d}h = \beta/L \tag{6.3.140}$$

T 为作用在叶轮上的扭矩；D、L 分别为位于叶片中央处的叶轮直径和叶片高度；β 为效率系数。

由于$T=\psi UDm_0/2$，式(6.3.139)的第二式可写为

$$k_{yx} = \frac{m_0 \psi U}{2}\left(\frac{\beta}{L}\right) \tag{6.3.141}$$

在式(6.3.141)中，虽然消去了 dξ_{sp}/dh，但由于β受多种因素的影响，并不容易选取。

无论是哪一种计算公式，为了最终能够将这种由叶轮偏心所引起的气(汽)体激振力引入对系统稳定性讨论中，总是将力与位移扰动之间的关系近似为线性的。如前所述，k_{yx} 的引入增强了系统的自激励，当 $k_{yx}>0$ 时，这种气隙激振力将会导致转子正向涡动的发展。

对于压气机中流体激振力的起因，在出口流场均匀的假设条件下，主要是在压气机中叶轮发生偏心时，作用在压气机叶轮上的切向气动负荷合成的结果除力

矩外，也会产生一作用于转子中心的横向力，并促使转子正向涡动。对压气机叶轮偏心产生的激励力，叶片进、出口压力分布曲线如图 6.3.15 所示。

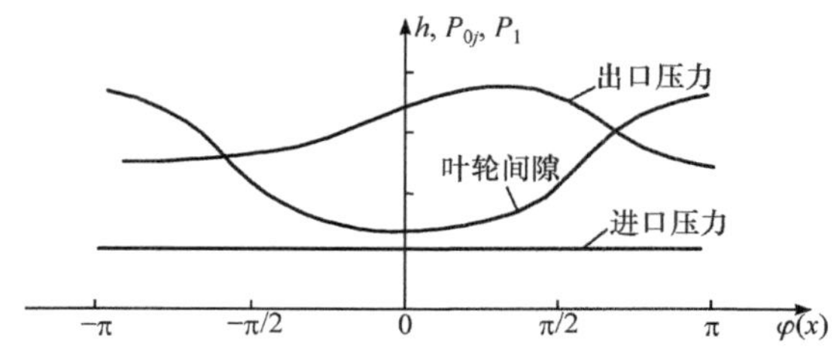

图 6.3.15　汽轮机叶片偏心旋转时叶片进、出口压力分布

图 6.3.15 表明，在进口压力均匀的情况下，出口压力大致呈正弦曲线分布，最大压力点位置大约超前于最小叶尖间隙位置 60°。这说明在间隙小处气体压力偏高，叶片做功多，所受的气动力(反作用力)也大；而位于间隙较大的叶片受力情况则相反。因此，得出在压气机中因叶轮偏心而引起的气体激振力将促进转子的反向涡动，这种力对叶轮的正向涡动相当于阻尼力，如图 6.3.16 所示。

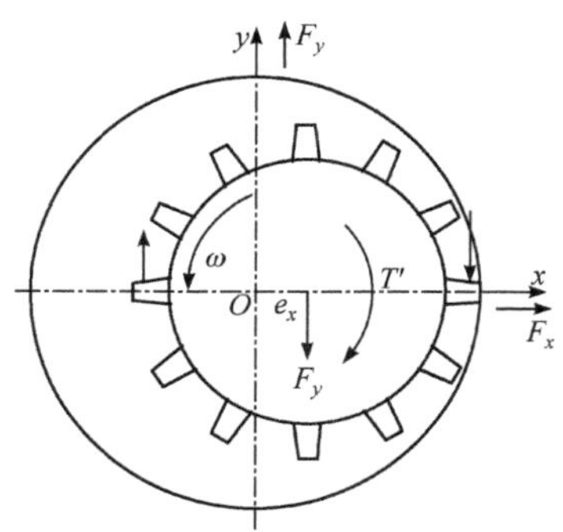

图 6.3.16　作用在压气机叶轮上的切向力

在压气机工作过程中，关于叶轮偏心导致压力最大点超前，可以作如下解释：当叶轮做正向涡动时，例如，叶轮沿 x 轴方向产生了位移扰动 Δx，在最小间隙区或坐标系第一象限部分，由于 Δx 扰动，气流相对于叶片由大间隙区流向小间隙区，进一步增大了气体压力；而位于第四象限内的叶片气流相对于叶片由小间隙区流向大间隙区，从而使得这一部分气体压力降低。两者的综合效应最后导致最大压力点在第一象限超前。如果将同样的原理应用于蒸汽涡轮，那么叶轮的周向气体压力分布应当滞后于最小间隙点。

当激励力和转动频率的正方向与 x、y、z 轴同向时，对于涡轮机和压气机，这种气体激振力可分别表示为

$$\begin{Bmatrix} \Delta F_x \\ \Delta F_y \end{Bmatrix} = \begin{bmatrix} 0 & -k_{yx} \\ k_{yx} & 0 \end{bmatrix} \begin{Bmatrix} \Delta x \\ \Delta y \end{Bmatrix}, \quad \begin{Bmatrix} \Delta F_x \\ \Delta F_y \end{Bmatrix} = \begin{bmatrix} 0 & k_{yx} \\ -k_{yx} & 0 \end{bmatrix} \begin{Bmatrix} \Delta x \\ \Delta y \end{Bmatrix} \tag{6.3.142}$$

6.3.5　系统的稳定性裕度

现代机组不断大型化和高速化的发展趋势，对轴承转子系统稳定性的要求越来越高。虽然对于系统稳定性状况的分析在线性范围内将归结为对系统特征值的

求解，但指望把所有可能产生的激励因素都考虑在设计阶段是不现实的。对于一个给定的线性稳定系统，如何进一步描述其稳定性裕度并不容易。下面讨论对数衰减率、系统阻尼和系统抗定常干扰界限值问题。

1. 对数衰减率

对数衰减率最早用于对单自由度系统自由运动的描述。对于单自由度系统，其自由振动的运动方程为

$$\ddot{x}+2\xi\omega_{\mathrm{n}}\dot{x}+\omega_{\mathrm{n}}^2=0 \tag{6.3.143}$$

若设自由运动的解为 $x=X\mathrm{e}^{rt}$，则可得到系统的特征方程为 $r^2+2\xi\omega_{\mathrm{n}}r+\omega_{\mathrm{n}}^2=0$，从而得到特征值为

$$r=-\xi\omega_{\mathrm{n}}\pm\mathrm{i}\sqrt{\omega_{\mathrm{n}}^2-(\xi\omega_{\mathrm{n}})^2} \tag{6.3.144}$$

当 $\xi>0$ 时，其相邻两次振动的振幅 x_i、x_{i+1} 之比或振幅衰减系数为

$$\beta=\frac{x_i}{x_{i+1}}=\frac{x_0\mathrm{e}^{-\xi\omega_{\mathrm{n}}t_i}}{x_0\mathrm{e}^{-\xi\omega_{\mathrm{n}}(t_i+T)}}=\mathrm{e}^{\xi\omega_{\mathrm{n}}T} \tag{6.3.145}$$

式中，T 为系统的周期，$T=2\pi/\sqrt{\omega_{\mathrm{n}}^2-(\xi\omega_{\mathrm{n}})^2}$。相应的对数衰减率定义为

$$\delta=\ln\beta=\xi\omega_{\mathrm{n}}T=\frac{2\pi\xi\omega_{\mathrm{n}}}{\sqrt{\omega_{\mathrm{n}}^2-(\xi\omega_{\mathrm{n}})^2}}=\frac{2\pi\xi}{\sqrt{1-\xi^2}} \tag{6.3.146}$$

因此，对数衰减率实际上是以振幅衰减快慢程度为指标，对系统在受到瞬态、非定常干扰后恢复到平衡状态过程的度量。推广到多自由度系统，对应于系统的第 i 阶特征值和振型，如记 $r=-u_i+\mathrm{i}\omega_{\mathrm{n}i}$，则第 i 阶振型所对应的对数衰减率为

$$\delta_i=\frac{2\pi u_i}{\omega_{\mathrm{n}i}} \tag{6.3.147}$$

2. 系统阻尼

系统阻尼是能够对多自由度系统在线性范围内给出一个对系统稳定性评估的全局性指标。对于多自由度系统，不失一般性，设系统具有 n 个特征值 $r_1, r_2,\cdots, r_n$，如

$$u=\min[-\mathrm{Re}(r_1),-\mathrm{Re}(r_2),\cdots,-\mathrm{Re}(r_n)] \tag{6.3.148}$$

则系统阻尼定义为

$$U=u/\omega^* \tag{6.3.149}$$

式中，ω^*为参考频率。对于刚性转子，$\omega^*=\omega_0=\sqrt{g/c}$，$c$ 为滑动轴承名义径向间隙；对于弹性转子，$\omega^*=\omega_{n1}$，ω_{n1}为无阻尼系统的一阶自然频率。

可以看到，系统阻尼实际上是根据系统特征值的负实部来选取的，在诸多分布在复左半平面上的特征值中，距离虚轴最近的特征值实际上就决定了系统阻尼的大小。

3. 系统抗定常干扰界限值

稳定裕度在大多数场合是指系统能够抵御恒定干扰因素的能力，这类干扰大多与系统的运动有关，可以折合成系统的本征参数(如刚度、阻尼等)来度量其作用，如前面所提到的透平机械中的流体力，密封中的动态激励力以及在工作转速范围内可能出现的摩擦阻尼、激励等。从数学上来说，对这些因素的考虑被归结为由系统参数变化而导致系统发生自激振动的问题。

以下通过考察一个支承在两个圆柱轴承上的对称单质量转子系统，计算并分析该系统的抗蒸汽激振和负阻尼干扰的能力。

圆柱动压滑动轴承参数为：直径 D=420mm，宽度 B=210mm，相对间隙 ψ=0.0015，润滑油动力黏度μ=0.022Pa · s，该轴承在各种偏心率ε_0下的无量纲承载力 W、无量纲刚度 K_{ij}和无量纲阻尼 C_{ij}如表 6.3.1 所示。

为便于比较，选择弹性和刚性两类转子，共 6 种转子进行分析，并定义：转子 a 为弹性重载转子，转子 b 为弹性中载转子，转子 c 为弹性轻载转子，转子 d 为刚性重载转子，转子 e 为刚性中载转子，转子 f 为刚性轻载转子，三种弹性转子的质量和刚度为：转子 a 的质量为 46000kg，轴刚度为无穷大或 5791×10^{5}N/m；转子 b 的质量为 4600kg，轴刚度为无穷大或 1158×10^{5}N/m；转子 c 的质量为 920kg，轴刚度为无穷大或 1158×10^{5}N/m。

表 6.3.1　圆柱轴承的无量纲性能值

ε_0	W	K_{xx}	K_{xy}	K_{yx}	K_{yy}	C_{xx}	C_{xy}	C_{yx}	C_{yy}
0.05	0.0335	0.0576	−0.1451	0.6768	0.0311	0.5245	0.0485	0.0155	1.3524
0.10	0.0681	0.1174	−0.2715	0.7114	0.1155	0.5526	0.1200	0.1166	1.4179
0.20	0.1459	0.2576	−0.3138	0.8532	0.2607	0.6694	0.2745	0.2701	1.6867
0.30	0.2451	0.4487	−0.3894	1.1121	0.4742	0.8851	0.5116	0.5030	2.1753
0.40	0.3833	0.6539	−0.3906	1.5036	0.9075	1.0384	0.7446	0.7464	2.9023
0.50	0.5965	1.0021	−0.4054	2.2209	1.7163	1.2611	1.1295	1.1172	4.2009
0.60	0.9597	1.5834	−0.3589	3.5436	3.4569	1.6709	1.8188	1.8499	6.7544
0.70	1.6744	2.6683	−0.0495	6.5698	8.2396	2.2657	3.0658	3.0657	12.2137

续表

ε_0	W	K_{xx}	K_{xy}	K_{yx}	K_{yy}	C_{xx}	C_{xy}	C_{yx}	C_{yy}
0.80	3.4093	5.5162	−1.0485	15.2536	24.6699	3.8729	6.6133	6.5777	28.2808
0.90	10.2712	15.7608	12.6741	56.3159	146.8495	6.6956	16.1682	15.1829	100.1107
0.95	27.8700	39.6925	70.8114	193.7993	806.7754	10.2718	35.1833	32.6794	328.38816

如图 6.3.17 所示，相关干扰或减稳因素分别施加在刚性转子中点或弹性转子的圆盘上，同时计算这些轴承转子系统在不同减稳因素作用下的系统阻尼值。

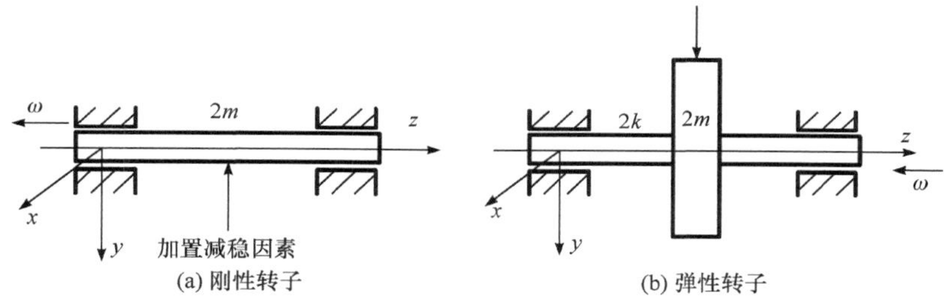

(a) 刚性转子　(b) 弹性转子

图 6.3.17　受到减稳因素作用的轴承转子系统

1) 无外加减稳因素时的系统阻尼值

如前所述，无干扰情况下刚性转子的运动方程以及系统特征方程为

$$\begin{gathered} m\ddot{x}+k_{xx}x+k_{xy}y+c_{xx}\dot{x}+c_{xy}\dot{y}=0, \quad m\ddot{y}+k_{yx}x+k_{yy}y+c_{yx}\dot{x}+c_{yy}\dot{y}=0 \\ a_0r^4+a_1r^3+a_2r^2+a_3r+a_4=0 \end{gathered} \tag{6.3.150}$$

将$\lambda=r/\omega$代入式(6.3.150)，系统相应的无量纲特征方程为

$$A_0\lambda^4+A_1\lambda^3+A_2\lambda^2+A_3\lambda+A_4=0 \tag{6.3.151}$$

式中，

$$\begin{gathered} A_0=M^2, A_1=M(C_{xx}+C_{yy}), A_2=M(K_{xx}+K_{yy})+C_{xx}C_{yy}-C_{yx}C_{xy} \\ A_3=K_{xx}C_{yy}+K_{yy}C_{xx}-K_{xy}C_{yx}-K_{yx}C_{xy}, \quad A_4=K_{xx}K_{yy}-K_{yy}K_{yx} \\ M=m\omega\psi^2/(\mu B), \quad K_{ij}=K_{ij\psi}/(\mu\omega B), \quad C_{ij}=C_{ij\psi}/(\mu B), \quad i,j=x,y \end{gathered} \tag{6.3.152}$$

按照系统阻尼的定义，如 m 为系统特征方程中所有 4 个特征值负实部中最小的一个，即

$$u=\min[-\mathrm{Re}(r_1),-\mathrm{Re}(r_2),\cdots,-\mathrm{Re}(r_n)] \tag{6.3.153}$$

则系统阻尼 $\xi=u/\omega^*$ 。

对应于单质量对称弹性转子的运动方程及无量纲特征方程为

$$m(\ddot{x}+\ddot{\xi})+k\xi=0, \quad m(\ddot{y}+\ddot{\eta})+k\eta=0, \quad k\xi=k_{xx}x+k_{xy}y+c_{xx}\dot{x}+c_{xy}\dot{y}$$

$$k\eta=k_{yx}x+k_{yy}y+c_{yx}\dot{x}+c_{yy}\dot{y}, \quad A_0r^6+A_1r^5+A_2r^4+A_3r^3+A_4r^2+A_5r+A_6=0 \tag{6.3.154}$$

式中

$$\begin{aligned}
&A_0=M^2A_d, \quad A_1=M^2[(C_{xx}+C_{yy})+A_g]\\
&A_2=M[MK^2+MK(K_{xx}+K_{yy})+MA_k+2MA_d]\\
&A_3=MK[K(C_{xx}+C_{yy})+2A_g], \quad A_4=K[MK(K_{xx}+K_{yy})+2MA_k+KA_d]\\
&A_5=K^2A_g, A_6=K^2A_k, \quad A_c=C_{xx}C_{yy}-C_{xy}C_{yx}, \quad A_k=K_{xx}K_{yy}-K_{xy}K_{yx}\\
&A_g=K_{xx}C_{yy}+K_{yy}C_{xx}-K_{xy}C_{yx}-K_{yx}C_{xy}, \quad K=k\psi^3/(\mu\omega B)
\end{aligned} \tag{6.3.155}$$

弹性转子无量纲系统阻尼为

$$\xi=\frac{u}{\omega_{\rm n}}, \quad \omega_{\rm n}=\sqrt{\frac{k}{m}} \tag{6.3.156}$$

对于刚性转子 d、e、f 的计算结果如图 6.3.18(a)所示。在 500～2500r/min 转速范围内，刚性转子的系统阻尼均取决于第 3 对和第 4 对共轭特征值。

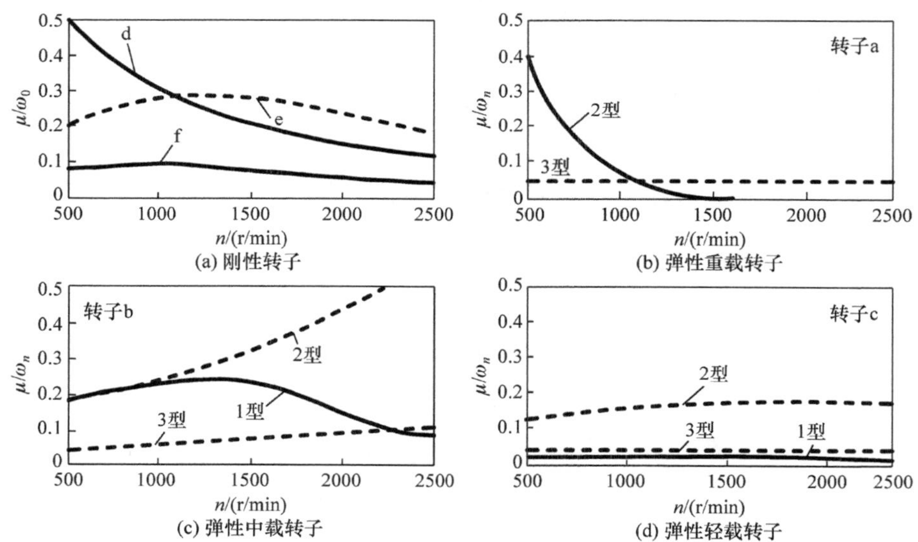

图 6.3.18　单质量转子的系统阻尼

对于弹性转子，转子 a 在约 1600r/min 前的系统阻尼取决于第 3 对共轭特征值，更高速时则取决于第 2 对共轭特征值，如图 6.3.18(b)所示。转子 b 在约 2200r/min

前取决于第 3 对共轭特征值，其后则取决于第 1 对共轭特征值，如图 6.3.18(c)所示。转子 c 则在全部计算范围内取决于第 1 对共轭特征值，如图 6.3.18(d)所示。

2) 抗各向同性交叉刚度的能力

蒸汽激振力的作用相当于在蒸汽透平转子上外加了一个交叉刚度力，大小可以用交叉刚度来表征。当转子与定子近似处在同心位置时，在两个正交方向上，交叉刚度的绝对值相等而符号相反，促使转子涡动的发展。当交叉刚度力足够大、达到某个界限值时，系统将失稳而发生自激振动。交叉刚度界限值就表征了该系统抗此类减稳因素的能力，即系统实际所能抵抗这类减稳因素的稳定裕度也应以此界限值为标志。

当刚性转子的中央作用有交叉刚度力时，系统运动学方程为

$$\begin{aligned}&(mr^2+c_{xx}r+k_{xx})x_0+(k_{xy}-k_{\text{st}}+c_{xy}r)y_0=0\\&(k_{yx}+k_{\text{st}}+c_{yx}r)x_0+(mr^2+c_{yy}r+k_{yy})y_0=0\end{aligned}\tag{6.3.157}$$

存在非零解的条件为

$$\begin{vmatrix}mr^2+c_{xx}r+k_{xx} & k_{xy}r+k_{xy}-k_{\text{st}}\\ c_{xy}r+k_{yx}+k_{\text{st}} & mr^2+c_{yy}r+k_{yy}\end{vmatrix}=0\tag{6.3.158}$$

当取 k_{st} 为界限值时，系统处于由稳定到不稳定的界限状态，此时 r 为一纯虚数，可令 $r=\mathrm{i}\omega_{\text{st}}$，其中，$\omega_{\text{st}}$ 为涡动频率。代入式(6.3.158)并令其虚部和实部分别等于零，可得

$$\begin{aligned}&\omega_{\text{st}}=\frac{k_{xx}c_{yy}+k_{yy}c_{xx}-(k_{xy}-k_{\text{st}})c_{yx}-(k_{yx}+k_{\text{st}})c_{xy}}{m(c_{xx}+c_{yy})}\\&(-m\omega_{\text{st}}^2+k_{xx})(-m\omega_{\text{st}}^2+k_{yy})-\omega_{\text{st}}^2(c_{xx}c_{yy}-c_{xy}c_{yx})-(k_{xy}-k_{\text{st}})(k_{yx}+k_{\text{st}})=0\end{aligned}\tag{6.3.159}$$

由此得到

$$B_2MK_{\text{st}}^2+(B_1M-A)K_{\text{st}}+(r_{\text{st}}^2M-K_{\text{eq}})=0\tag{6.3.160}$$

式中，

$$\begin{aligned}&K_{\text{st}}=\frac{k_{\text{st}}\psi^3}{\mu\omega B},\quad K_{\text{eq}}=\frac{A_g}{C_{xx}+C_{yy}},\quad r_{\text{st}}^2=\frac{(K_{\text{eq}}-K_{xx})(K_{\text{eq}}-K_{yy})-K_{xy}K_{yx}}{A_d}\\&B_1=\frac{A(2K_{\text{eq}}-K_{xx}-K_{yy})}{A_d},\quad B_2=\frac{1+A^2}{A_d},\quad A=\frac{C_{yx}-C_{xy}}{C_{xx}+C_{yy}}\\&A_d=C_{xx}C_{yy}-C_{xy}C_{yx},\quad A_g=K_{xx}C_{yy}+K_{yy}C_{xx}-K_{yx}C_{xy}\end{aligned}\tag{6.3.161}$$

由式(6.3.160)即可求出系统所能抵抗的交叉刚度界限值 k_{st}，对于刚性转子可

定义其相对值为 $k_{st}\psi^3/(\mu\omega B)$。对于转子 d、转子 e 和转子 f 的计算结果如图 6.3.19 所示。比较图 6.3.18(a)和图 6.3.19 可知，对于转子 d，系统阻尼和交叉刚度的界限值随转速的变化规律是相似的，两者都随着转速的上升而呈单调下降趋势；但对于转子 e 和转子 f，二者的变化规律却不尽相同，随着转速的提高，系统阻尼先上升而后降低，而交叉刚度界限值却单调下降。可见，就刚性转子而言，系统阻尼的大小并不与系统抗交叉刚度干扰的能力相吻合。

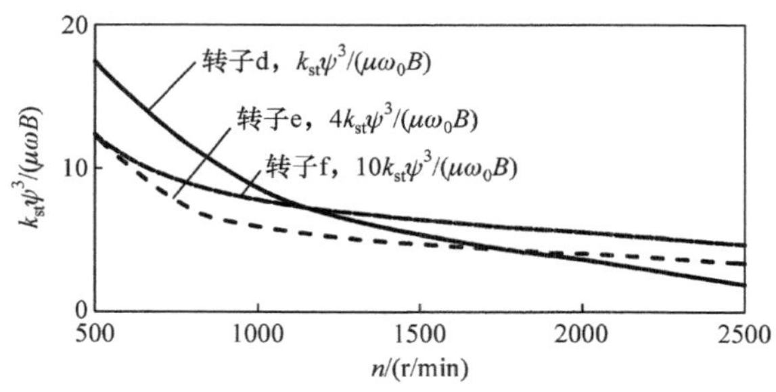

图 6.3.19　刚性转子抗交叉刚度界限值

对于对称单质量弹性转子，当圆盘上作用有交叉刚度力时，其运动方程为

$$
\begin{gathered}
mr^2(x_0+\xi_0)+k_{st}(y_0+\eta_0)+k\xi_0=0, \quad k_{st}(x_0+\xi_0)+mr^2(y_0+\eta_0)+k\eta=0 \\
(c_{xx}r+k_{xx})x_0+(c_{xy}y+k_{xy})y_0-k\xi_0=0, \quad (c_{yx}r+k_{yx})x_0+(c_{yy}y+k_{yy})y_0-k\eta_0=0
\end{gathered} \tag{6.3.162}
$$

式中，x_0、y_0 为轴颈振幅；ξ_0、η_0 为转子动挠度。

由存在非零解的条件可得关于 r 或其无量纲特征值 λ 的六次方程为

$$
A_0'\lambda^6+A_1'\lambda^5+A_2'\lambda^4+A_3'\lambda^3+A_4'\lambda^2+A_5'\lambda+A_6'=0 \tag{6.3.163}
$$

式中，$A_i'=A_i+B_i$，A_i 由式(6.3.155)确定，B_i 的取值为

$$
\begin{aligned}
&B_0=B_1=B_2=B_3=0, \quad B_4=A_dK_{st}^2 \\
&B_5=K^2K_{st}(C_{yx}-C_{xy})+A_gK_{st}^2+KK_{st}^2(C_{xx}+C_{yy}) \\
&B_6=K^2K_{st}(K_{yx}-K_{xy})+A_kK_{st}^2+KK_{st}^2(K_{xx}+K_{yy})+K^2K_{st}
\end{aligned} \tag{6.3.164}
$$

当 K_{st} 取界限值时，r 及 λ 为纯虚数，由此可算出 K_{st} 的界限值。对于弹性转子，转子 a、b、c 的计算结果如图 6.3.20 所示，为便于对比，图中同时给出了无外加交叉刚度时的系统阻尼值。

由图 6.3.20 可以看出，对于弹性转子，系统阻尼值也不能很好地反映系统对抗蒸汽激振这类减稳因素的能力。例如，图 6.3.20(a)中，转速为 1500r/min 时的

K_{st}，其界限值约为 1000r/min 时的 62%，也就是下降了约 38%，相反系统阻尼值却增加了 46%。

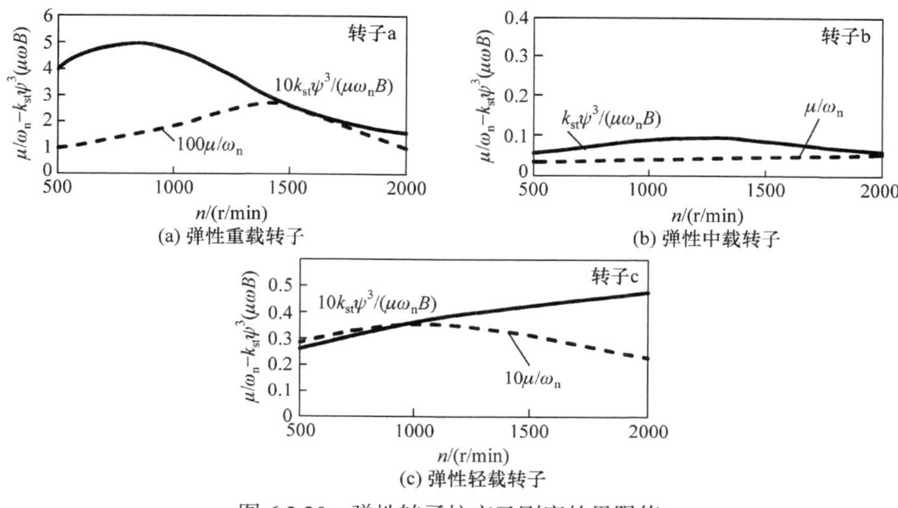

图 6.3.20　弹性转子抗交叉刚度的界限值

为了进一步验证上述结果，在同一转速下对转子施加一系列由小到大的 K_{st} 值，以考察在此 K_{st} 作用下系统阻尼值的变化。因为施加的 K_{st} 越大，系统越接近失稳状态，其稳定裕度越低。如果系统阻尼值能反映系统的稳定裕度，那么系统阻尼值应随 K_{st} 的增大而单调下降，直到在 K_{st} 界限值下系统阻尼降为零。但实际计算结果却并非如此，如图 6.3.21 所示。例如，对于刚性转子 f，K_{st} 越大，ξ 确实越小；但对于弹性转子 a，则系统阻尼 ξ 随着 K_{st} 的增大起初反而上升，只是 K_{st} 增大到一定程度后系统阻尼 ξ 才下降，这就更明显地表明了系统阻尼并不能很好地反映系统抗交叉刚度的能力。

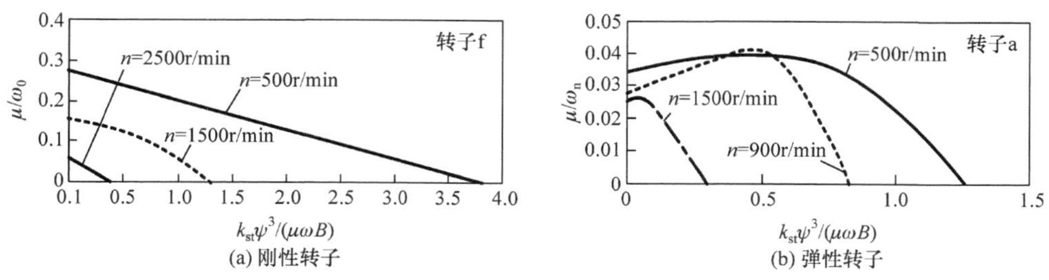

图 6.3.21　系统阻尼与交叉刚度间的关系

3) 抗各向同性负阻尼的能力

下面分析系统阻尼是否能够反映系统抗负阻尼减稳因素的能力。与其他干扰因素相比，负阻尼干扰属于最为简单的动力减稳因素。如果系统阻尼也不能与系统抗负阻尼干扰能力的强弱保持一致，那么采用系统阻尼作为系统稳定性裕度的度量就需要进一步斟酌。

刚性转子在各向同性阻尼 c_{st} 作用下的动力学方程以及关于系统的无量纲特征方程为

$$\begin{aligned}&[mr^2+(c_{xx}+c_{\mathrm{st}})r+k_{xx}]x_0+(c_{xx}r+k_{xy})y_0=0\\&(c_{yx}r+k_{yx})x_0+[mr^2+(c_{yy}+c_{\mathrm{st}})r+k_{yy}]y_0=0\\&A_0'r^4+A_1'r^3+A_2'r^2+A_3'r+A_4'=0\end{aligned}\tag{6.3.165}$$

当$-c_{\mathrm{st}}$取界限值时，系统失稳时的 r 或λ 为纯虚数。计算结果如图 6.3.22 所示，为对比方便，图中也给出相应的系统阻尼值。由图 6.3.22 可见，二者的变化规律并不一致。

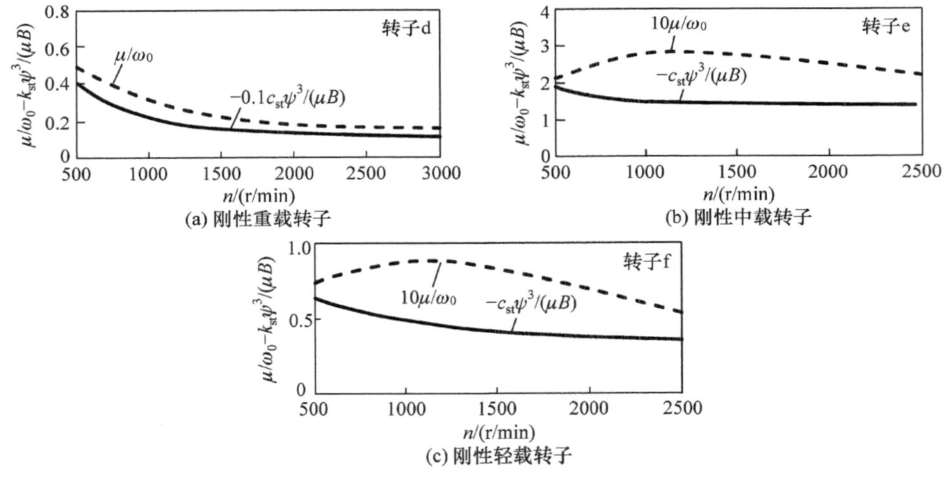

图 6.3.22　负阻尼作用下的刚性转子

作用有各向同性阻尼的弹性转子系统的相关结果如图 6.3.23 所示。与相应的系统阻尼值对比，同样可以看出两者不尽相似。在转子 a 和转子 b 上，二者的变化规律还比较相似，但在转子 c 上，系统阻尼值则从约 1100r/min 开始下降，而$-c_{\mathrm{st}}$的界限值在 2500r/min 以前一直有所上升。

对于在不同转速下，施加有一系列由小到大的负阻尼干扰的刚性轻载转子 f，

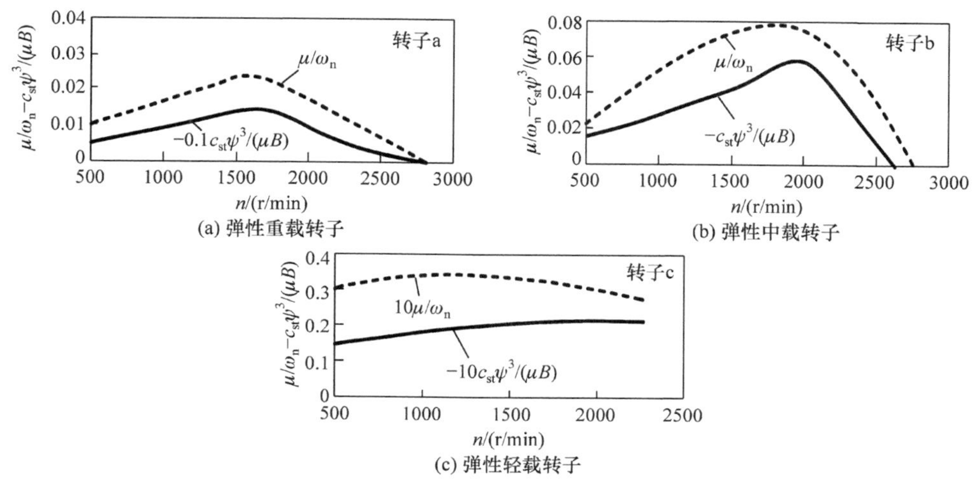

(a) 弹性重载转子　(b) 弹性中载转子　(c) 弹性轻载转子

图 6.3.23　负阻尼作用下的弹性转子

系统阻尼的计算结果如图 6.3.24 所示，结果表明，在不同转速下，系统阻尼值并不随$-c_{st}$值的增大而单调下降，这从另一个侧面说明了系统阻尼不能很好地反映系统抗各向同性负阻尼的能力。例如，在工作转速为 500r/min、$-c_{st}=0.56$ 时，虽然系统阻尼值很高，但这并不意味着系统的稳定裕度很大。当$-c_{st}$增大到 0.65 时，系统立即失稳。

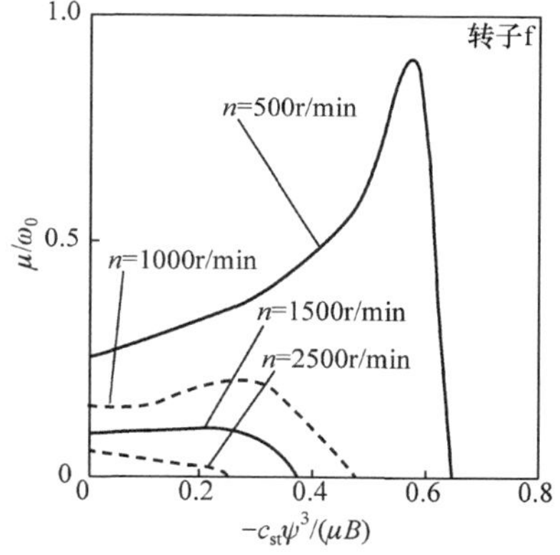

图 6.3.24　刚性轻载转子的系统阻尼与负阻尼界限值

当外加负阻尼干扰由 0 逐渐增大到其界限值时，系统阻尼几乎线性单调下降到 0，如弹性重载转子 a，如图 6.3.25 所示。在这种情况下，无外加负阻尼时，系统阻尼的大小与系统抗各向同性负阻尼的能力近乎一致。

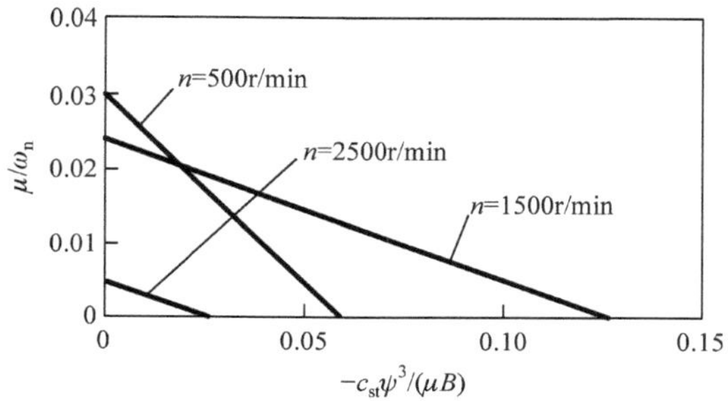

图 6.3.25　弹性重载转子的系统阻尼与负阻尼界限值(弹性重载转子 a)

上述计算结果表明，系统阻尼值并不能代表系统抗恒定减稳因素的能力，也就是不能作为系统稳定性裕度的度量指标，只代表系统受扰后在自由振动下回复到其平衡位置的迅速程度。在线性范围内，无论是采用对数衰减率，还是另行构造其他能量函数(如李雅普诺夫函数)来考察系统受扰后的情况，都只是从不同角度、采用不同的尺度去度量而已，这些指标与系统对抗恒定减稳因素的稳定性储备或稳定性裕度之间并无必然的联系，因此均不宜引申、转借来表达这里所指的稳定裕度。系统的稳定性储备取决于受扰系统的发散路径，当系统减稳因素明确时，直接采用相应减稳因素的界限值来表征系统的稳定裕度更为简洁明了。减稳因素界限值的计算，可以利用特征值为纯虚数这一特点以简化运算过程。在系统参数做小扰动变化时，一种不依赖于系统具体干扰参数的描述方法是采用特征值灵敏度分析，从而给出系统在参数变化时对特征值影响的近似估计，并以此来作为在设计初始阶段的参考。

6.4　转子系统的电磁激励与机电耦联振动

6.4.1　机电耦联振动的特点

电动机在国民经济的各个部门应用十分广泛，小到驱动电钟指针的分瓦功率电动机，大到几万千瓦的轧钢电动机、机车和船舶电动机等。在控制系统中用作功率放大的直流电动机，功率可达 20MW，称为交磁电机放大机。发电机是最重要和应用最广泛的能源机械。汽轮发电机组的单机容量早已超过 1000MW，水轮发电机组单机容量已接近 800MW。半直驱永磁同步风力发电机单机容量也达到并超过 6MW。

转子是各种电动机和发电机的核心部件，其除了承受重力、离心力和轴承反力等机械力的作用外，还要承受各种电磁力的作用。某些电磁力会引起复杂的振动现象，转子轴系及其电磁场构成一个机电耦联系统，具有复杂的非线性振动现象，这是大型汽轮发电机组、水轮发电机组及各类电动机所特有的动力学问题。

机电耦联系统动力学是比较复杂的，涉及多个学科，主要包括力学(一般力学、机械振动、非线性振动)与电学(电机理论、电磁场理论)。机电耦联系统动力学研究需要解决两方面的问题。一方面是要正确建立机电系统耦联的数学模型。由于机械和电学是耦联的，所以仅用力学方法或电学方法都无法揭示这些特有的动力学现象。机电分析动力学是研究机电耦联问题很有效的工具，从能量的观点出发，可以建立一般力学与电路理论、连续介质力学与电磁场理论相耦合的微分方程组。机电耦联动力学问题的特点是转子轴系的振动微分方程和电机电流的微分方程相互交叉耦合而成为统一的方程组。另一方面是所有描述机电耦联系统的数学方程都是非线性的，故非线性方程组的定性、定量方法在很大程度上限制了机电耦联问题的研究。在弱非线性情况下，平均法与摄动法相结合的 KBM 渐近法对单自由度和多自由度系统的求解均十分有效，并且使用周期的稳定性研究大为简化。强非线性振动问题、非线性振动理论和电机瞬变理论的联合研究、分岔理论和混沌理论是目前最为活跃的前沿课题。

6.4.2　发动机转子系统的电磁激发振动

1. 作用在发电机转子上的电磁力

1) 气隙磁导与气隙磁势

发电机转子外圆与定子内圆之间形成一环形气隙，下列情况会造成气隙的偏心：①转子轴的弯曲变形；②定子铁心的振动位移；③轴颈相对轴承中心的油膜偏心；④定子内圆心相对转子轴承中心的偏心；⑤转子外圆相对转子轴承中心的偏心。

由图 6.4.1 可见，定子与转子间的气隙厚度可近似为

$$\delta(\alpha,t)\approx\delta_0-e\cos\beta=\delta_0-e\cos(\alpha-\gamma)\quad(6.4.1)$$

式中，δ_0 为均匀气隙厚度；e为气隙偏心。气隙磁导为

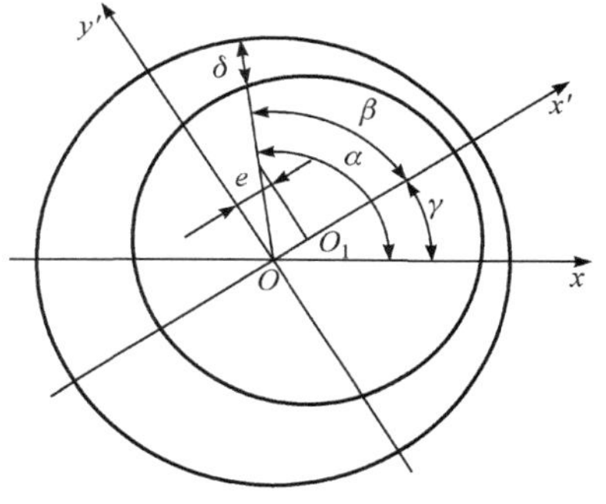

图 6.4.1　转子与定子间的气隙偏心

$$\Lambda(\alpha,t)=\frac{\mu_0}{\delta}\approx\frac{\mu_0}{k_\mu\delta_0[1-\varepsilon\cos(\alpha-\gamma)]}=\Lambda_0\sum_{n=0}^{\infty}\varepsilon^n\cos^n(\alpha-\gamma)\qquad(6.4.2)$$

其中，μ_0 为空气导磁系数；Λ_0 为均匀气隙磁导；k_μ为饱和度；ε 为相对有效偏心。这些参数可表示为

$$\Lambda_0=\frac{\mu_0}{k_\mu\delta_0},\quad k_\mu=\frac{k_1\delta_0+\delta_{\mathrm{Fe}}}{k_1\delta_0},\quad \varepsilon=\frac{e}{k_\mu\delta_0}\qquad(6.4.3)$$

式中，k_1 为平均气隙的计算气隙系数；δ_{Fe} 为铁磁材料当量气隙。

应用棣莫弗公式，把余弦函数的乘方化为和式，令

$$u=\cos(\alpha-\gamma)+\mathrm{i}\sin(\alpha-\gamma),\quad v=\cos(\alpha-\gamma)-\mathrm{i}\sin(\alpha-\gamma)\qquad(6.4.4)$$

则有

$$\begin{gathered}uv=1,\quad u^n=\cos n(\alpha-\gamma)+\mathrm{i}\sin n(\alpha-\gamma),\quad v^n=\cos n(\alpha-\gamma)-\mathrm{i}\sin n(\alpha-\gamma)\\ \cos(\alpha-\gamma)=\frac{u+v}{2},\quad \sin(\alpha-\gamma)=\frac{u-v}{2}\end{gathered}\qquad(6.4.5)$$

故

$$\cos^n(\alpha-\gamma)=\left(\frac{u+v}{2}\right)^n=\frac{1}{2^n}[(u^n+v^n)+C_n^1uv(u^{n-2}+v^{n-2})+C_n^2u^2v^2(u^{n-4}+v^{n-4})+\cdots]$$
$$=\frac{1}{2^{n-1}}[\cos n(\alpha-\gamma)+C_n^1\cos(n-2)(\alpha-\gamma)+C_n^2\cos(n-4)(\alpha-\gamma)+\cdots] \tag{6.4.6}$$

将式(6.4.6)代入式(6.4.2)，记$\bar{\varepsilon}=\varepsilon/2$，得到气隙磁导表达式为

$$\Lambda(\alpha,t)=\Lambda_0\sum_{n=0}^{\infty}\bar{\varepsilon}^n[\cos n(\alpha-\gamma)+C_n^1\cos(n-2)(\alpha-\gamma)+C_n^2\cos(n-4)(\alpha-\gamma)$$
$$+\cdots+C_n^n\cos(n-2n)(\alpha-\gamma)] \tag{6.4.7}$$

发电机的基波气隙合成磁势为

$$F(\alpha,t)=F_s\cos(\omega t-p\alpha)+F_j\cos(\omega t-p\alpha+\theta+\varphi+\pi/2) \tag{6.4.8}$$

式中，F_s为定子绕组三相基波磁势；F_j为转子绕组基波励磁磁动势；ω为电网电流频率；p为极对数；α为电角度；θ为发电机的功率角；φ为发电机的功率因数角。由同步发电机的磁动势、电动势矢量关系可知，F_j超前F_s的相位角为$(\theta+\varphi+\pi/2)$。由式(6.4.5)可知，定子磁动势和转子磁动势均为行波方程，此两行波相加，就得到发电机的基波气隙合成磁动势$F(\alpha,t)$。

气隙磁密B可表示为

$$B=\mu_0H=\mu_0\frac{F}{\delta}=\Lambda(\alpha,t)F(\alpha,t) \tag{6.4.9}$$

将式(6.4.7)和式(6.4.8)代入式(6.4.9)，得到气隙磁密为

$$B(\alpha,t)=\sum_{n=0}^{\infty}\bar{\varepsilon}^n[\cos n(\alpha-\gamma)+C_n^1\cos(n-2)(\alpha-\gamma)+C_n^2\cos(n-4)(\alpha-\gamma)$$
$$+\cdots+C_n^n\cos(n-2n)(\alpha-\gamma)][B_{sm}\cos(\omega t-p\alpha)$$
$$+B_{jm}\cos(\omega t-p\alpha+\theta+\varphi+\pi/2)] \tag{6.4.10}$$

式中，$B_{sm}=\Lambda_0F_s$为定子电枢反应磁密幅值；$B_{jm}=\Lambda_0F_j$为转子励磁磁密幅值。

在式(6.4.10)中，取$n=0$，有$\bar{\varepsilon}^0=1$，$C_0^1=C_0^2=\cdots=C_0^n=0$，则得到

$$B(\alpha,t)=B_{sm}\cos(\omega t-p\alpha)+B_{jm}\cos(\omega t-p\alpha+\theta+\varphi+\pi/2) \tag{6.4.11}$$

式(6.4.11)即气隙磁密的主谐波。

所有各$n\neq0$的磁密波，是由气隙偏心引起的高次谐波。因为$\varepsilon=e/(k_\mu\delta_0)<1$，由磁密波的系数$(\varepsilon/2)^n$可知，气隙偏心引起的磁密波和主谐波相比均较小，而且

随着 n 值的增大，由气隙偏心引起的磁密波减小，故主谐波在气隙磁场中仍占主导作用。

实验研究表明，只需取 n=1 的偏心气隙磁密，若 $e/\delta_0\approx0.5$，则磁拉力的计算值和实验值已吻合得较好。因此，若取 $n\geqslant2$，则在保证一定的精度下，e/δ_0 的应用范围还可以扩大。

2) 作用于转子的径向电磁力

作用于转子外圆表面及定子内圆表面单位面积上的径向电磁力，在发电机设计中的近似公式可表示为

$$q=K\left(\frac{B}{2\mu_0}\right)^2 \tag{6.4.12}$$

将式(6.4.10)代入式(6.4.12)，取 n=0, 1, 2，p=1，则有

$$\begin{aligned}q(\alpha,t)=K(2\mu_0)^{-2}[&c_1\cos(\omega t-\alpha)+c_2\sin(\omega t-\alpha)+\bar{\varepsilon}c_1\cos(\omega t-\gamma)\\&+\bar{\varepsilon}c_2\sin(\omega t-\gamma)+\bar{\varepsilon}c_1\cos(\omega t+\gamma-2\alpha)+\bar{\varepsilon}c_2\sin(\omega t+\gamma-2\alpha)\\&+\bar{\varepsilon}^2c_1\cos(\omega t-2\gamma+\alpha)+\bar{\varepsilon}^2c_2\sin(\omega t-2\gamma+\alpha)\\&+\bar{\varepsilon}^2c_1\cos(\omega t+2\gamma-3\alpha)+\bar{\varepsilon}^2c_2\sin(\omega t+2\gamma-3\alpha)\\&+\bar{\varepsilon}^2c_1\cos(\omega t-\alpha)+\bar{\varepsilon}^2c_2\sin(\omega t-\alpha)=\sum_{i=1}^{78}q_i(\alpha,t)\end{aligned} \tag{6.4.13}$$

式中，

$$c_1=B_{jm}-B_{sm}\sin(\theta+\varphi),\quad c_2=B_{sm}\cos(\theta+\varphi) \tag{6.4.14}$$

式(6.4.13)中，系数 K 反映了机组类型、磁场分布、饱和度、阻尼和绕组结构等的影响。$q(\alpha,t)$是分布电磁力，分别作用于电机定子铁心内圆表面及转子外圆表面。为研究这些力对转子的作用，应先求出其合力，其值为

$$F_x=lR\sum_{i=1}^{78}\int_0^{2\pi}q_i(\alpha,t)\cos\alpha\mathrm{d}\alpha,\quad F_y=lR\sum_{i=1}^{78}\int_0^{2\pi}q_i(\alpha,t)\sin\alpha\mathrm{d}\alpha \tag{6.4.15}$$

式中，R、l 分别为转子电枢的半径和轴向长度。分别作 78 个积分后再求和化简，并考虑下面的关系式：

$$\begin{aligned}&x=\varepsilon\cos\gamma,\quad y=\varepsilon\sin\gamma,\quad \varepsilon^2=x^2+y^2,\quad \lambda_1(I_j,I_s,\theta,\varphi)=\frac{\pi Rl}{5000^2}(c_1^2+c_2^2)K\\&\lambda_2(I_j,I_s,\theta,\varphi)=\frac{\pi Rl}{5000^2}(c_1^2-c_2^2)K,\quad \lambda_3(I_j,I_s,\theta,\varphi)=\frac{\pi Rl}{5000^2}(-2c_1c_2)K\end{aligned} \tag{6.4.16}$$

可得

$$
\begin{aligned}
F_x &= \lambda_1 x + \frac{3}{4}\lambda_1(x^2+y^2)x + \frac{1}{2}[\lambda_2\cos(2\omega t)+\lambda_3\sin(2\omega t)]x + \frac{1}{2}[\lambda_2\sin(2\omega t) \\
&\quad -\lambda_3\cos(2\omega t)]y + \frac{1}{2}[\lambda_2\cos(2\omega t)+\lambda_3\sin(2\omega t)]x^3 - \frac{1}{2}[\lambda_2\sin(2\omega t) \\
&\quad -\lambda_3\cos(2\omega t)]y^3 + \frac{3}{4}[\lambda_2\sin(2\omega t)-\lambda_3\cos(2\omega t)](x^2+y^2)y \\
F_y &= \lambda_1 y + \frac{3}{4}\lambda_1(x^2+y^2)y + \frac{1}{2}[\lambda_2\sin(2\omega t)-\lambda_3\cos(2\omega t)]x - \frac{1}{2}[\lambda_2\cos(2\omega t) \\
&\quad +\lambda_3 a\sin(2\omega t)]y - \frac{1}{2}[\lambda_2\sin(2\omega t)-\lambda_3\cos(2\omega t)]x^3 - \frac{1}{2}[\lambda_2\cos(2\omega t) \\
&\quad +\lambda_3\sin(2\omega)]y^3 + \frac{3}{4}[\lambda_2\sin(2\omega t)-\lambda_3\cos(2\omega)](x^2+y^2)x
\end{aligned}
\tag{6.4.17}
$$

若设

$$
\begin{aligned}
&\eta_1(I_j,I_s,\theta,\varphi)=\lambda_1,\quad \eta_2(I_j,I_s,\theta,\varphi)=\lambda_2-\mathrm{i}\lambda_3,\quad \eta_3(I_j,I_s,\theta,\varphi)=\lambda_2+\mathrm{i}\lambda_3 \\
&z=x+\mathrm{i}y=\sqrt{x^2+y^2}\,\mathrm{e}^{\mathrm{i}\gamma}=\varepsilon\mathrm{e}^{\mathrm{i}\gamma},\quad \overline{z}=x-\mathrm{i}y=\sqrt{x^2+y^2}\,\mathrm{e}^{-\mathrm{i}\gamma}=\varepsilon\mathrm{e}^{-\mathrm{i}\gamma}
\end{aligned}
\tag{6.4.18}
$$

则得到径向电磁力的表达式为

$$
\begin{aligned}
F &= \eta_1\mathrm{e}^{\mathrm{i}\gamma}\varepsilon + \frac{3}{4}\eta_1\mathrm{e}^{\mathrm{i}\gamma}\varepsilon^3 + \frac{1}{2}\eta_2\mathrm{e}^{\mathrm{i}(2\omega t-\gamma)}\varepsilon + \frac{1}{8}\eta_3\mathrm{e}^{-\mathrm{i}(2\omega t-3\gamma)}\varepsilon^3 + \frac{3}{8}\eta_3\mathrm{e}^{\mathrm{i}(2\omega t-\gamma)}\varepsilon^3 \\
&= F_0 + F_-
\end{aligned}
\tag{6.4.19}
$$

分析式(6.4.19)的电磁力，可得到以下结论：

(1) $F_0=\eta_1\mathrm{e}^{\mathrm{i}\gamma}\varepsilon+(3/4)\eta_1\mathrm{e}^{\mathrm{i}\gamma}\varepsilon^3$ 是电磁力的平均值，它是相对有效偏心 ε 的非线性函数。故电磁力的常量部分是非线性力。F_0 的表达式不但给出了力的大小，也给出了其方向角 γ_0，ε 可以是振动造成的偏心，也可以是机械加工及装配造成的静偏心，还可以是两者的综合。F_0 不仅影响转子轴系的临界转速，也影响参数振动的振幅。

(2) $F_-=\eta_2\mathrm{e}^{\mathrm{i}(2\omega t-\gamma)}\varepsilon/2+\eta_3\mathrm{e}^{-\mathrm{i}(2\omega t-3\gamma)}\varepsilon^3/8+3\eta_3\mathrm{e}^{\mathrm{i}(2\omega t-\gamma)}\varepsilon^3/8$ 是 2 倍工频的周期函数，它们可激发电机定子与转子轴的参数振动。

(3) 系数 η_1、η_2、η_3 是转子励磁电流 I_j、定子电枢电流 I_s、内功角 θ 和功率因数角 φ 的函数。当 I_j、I_s、θ、φ 变化时，η_1、η_2、η_3 会随之变化，轴系的临界转速、参数共振的振幅与共振区也随之变化。

2. 转子轴系由非线性电磁力激发的参数共振

当有气隙偏心时，作用于电机转子上的径向电磁力如式(6.4.17)所示，再由转子系统的惯性力、弹性力及阻尼力，就可以得到三相对称情况下的转子振动方程。

下面研究电机在三相不对称情况下转子的振动问题，用拉格朗日-麦克斯韦方程建立转子的振动方程。在求电机定、转子间不均匀气隙的磁场能量时，考虑静偏心、转动偏心和振动偏心同时存在，即转子同时受到电磁参数激发力和电磁强迫力的作用，因而可得到由参数激发力和强迫力同时作用下的共振特性。当三相不对称运行时，转子轴系将发生自然频率分裂现象。本节研究三相不对称度、动偏心、同步电抗、功率因数及有功功率大小对参数共振特性的影响，讨论电磁力激发的参数共振特性。

轴系振动的自然频率随电机运行状态的变化而变化，发电机的有功功率和无功功率的变化对振动的振幅特性影响较大。电磁参数不但对自然频率的大小有影响，还会使共振振幅曲线的形状发生变化，使共振区产生平移。

1) 振动方程的建立

如图 6.4.2 所示，O 为定子圆心，取为坐标原点，$O_1(x_0, y_0)$为转子轴颈中心，$O_2(x_0+x, y_0+y)$为轴或轴承变形后的轴颈中心，当轴或轴承无变形时，O_1 与 O_2 重合，$O_3(x_3, y_3)$为转子几何中心，$c(x_1, y_1)$为转子质量中心，r 为质量偏心，$e_0=OO_1$ 为静偏心(由于加工、装配、重力、磁拉力作用下平衡时形成的偏心)，$e_1=O_1O_2$ 为转子振动形成的偏心，$e_2=O_2O_3$ 为转动偏心，以转子转动角速度而转动，是由转子轴颈中心与转子中心不同心形成的偏心。由图 6.4.2 可见：

$$
\begin{aligned}
&\varepsilon=\frac{e}{\sigma}=\sqrt{(x_3/\sigma)^2+(y_3/\sigma)^2}=\sqrt{x_3^2+y_3^2}, \quad \delta=\sigma[1-\varepsilon\cos(\alpha-\alpha_1)] \\
&x_3=x_0+x+\varepsilon_2\cos\varphi, \quad y_3=y_0+y+\varepsilon_2\sin\varphi \\
&\varphi=\omega t/p, \quad \sin\alpha_1=x_3/\varepsilon, \quad \cos\alpha_1=y_3/\varepsilon, \quad \sigma=k_\mu\delta_0
\end{aligned}
\tag{6.4.20}
$$

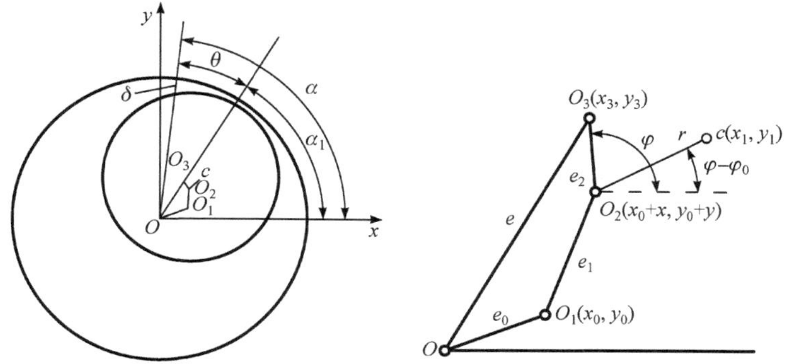

图 6.4.2　偏心气隙的几何尺寸

三相不对称运行时，定子出现正序及逆序电流，则有正序磁动势及逆序磁动势，故定、转子的三相基波合成磁动势为

$$F(\alpha,t)=F_s^+\sin(\omega t-p\alpha)+F_s^-\sin(\omega t+p\alpha)+F_j\sin(\omega t-p\alpha+\theta+\varphi+\pi/2) \quad (6.4.21)$$

式中，F_s^+、F_s^-分别为定子正序磁动势和逆序磁动势；p 为极对数。定、转子间的气隙磁场能为

$$W=\frac{R}{2}\int_0^{2\pi}\int_0^l \Lambda(\alpha,z,t)F^2(\alpha,t)\mathrm{d}z\mathrm{d}\alpha \quad (6.4.22)$$

其中，$\Lambda(\alpha, z, t)$为磁导，根据式(6.4.7)，n 由 0 到 4 求和，并利用 $\sin\gamma=x/\varepsilon$、$\cos\gamma=y/\varepsilon$ 进行变换，可得到用 x、y 表示的磁导表达式。将磁导$\Lambda(\alpha, t)$及式(6.4.22)的磁动势代入磁场能表达式得

$$\begin{aligned}W=\frac{Rl\Lambda_0}{2}\int_0^{2\pi}&\left\{1+\frac{1}{2}(x_3^2+y_3^2)+\frac{3}{8}(x_3^2+y_3^2)^2+\left[x_3+\frac{3}{4}(x_3^3+x_3y_3^2)\right]\cos\alpha\right.\\&+\left[y_3+\frac{3}{4}(y_3^3+y_3x_3^2)\right]\sin\alpha+\left[\frac{1}{2}(x_3^3-y_3^3)+\frac{1}{2}(x_3^4-y_3^4)\right]\cos(2\alpha)\\&+(x_3y_3+x_3^3y+x_3y_3^3)\sin(2\alpha)+\left(\frac{1}{4}x_3^3-\frac{3}{4}x_3y_3^2\right)\cos(3\alpha)\\&+\left(\frac{3}{4}y_3x_3^2-\frac{1}{4}y_3^3\right)\sin(3\alpha)+\left(\frac{1}{8}x_3^4-\frac{3}{4}x_3^2y_3^2+\frac{1}{8}y_3^4\right)\cos(4\alpha)\\&\left.+\left(\frac{1}{2}x_3^3y_3-\frac{1}{2}x_3y_3^3\right)\sin(4\alpha)\right\}\{F_s^+\sin(\omega t-p\alpha)\\&+F_s^-\sin(\omega t+p\alpha)+F_j\sin(\omega t-p\alpha+\theta+\varphi+\pi/2)\}^2\mathrm{d}(p\alpha)\end{aligned} \quad (6.4.23)$$

转子振动系统的拉格朗日函数为

$$L=\frac{1}{2}m\left(\dot{x}-r\frac{\omega}{p}\sin\frac{\omega}{p}t\right)^2+\frac{1}{2}m\left(\dot{y}-r\frac{\omega}{p}\sin\frac{\omega}{p}t\right)^2-\frac{1}{2}kx^2-\frac{1}{2}ky^2+W \quad (6.4.24)$$

将式(6.4.24)代入拉格朗日-麦克斯韦方程，考虑到ε_2、x_0、y 是微量，略去其二阶微量以上的项，得到电机转子在三相不对称运行情况下的振动方程为

$$\begin{aligned}\ddot{x}+(k^2+k_4^2)x-k_5^2y=&-(n_g+n_T)\dot{x}+\varepsilon_2(k_1^2+k_2^2)\cos(\omega t)+\varepsilon_2(k_3^2+2k_5^2)\sin(\omega t)\\&+[(2k_4^2+k_2^2)x_0-k_3^2y_0]\cos(2\omega t)+[(2k_5^2+k_3^2)x_0\\&+k_2^2y_0]\sin(2\omega t)+\varepsilon_2k_4^2\cos(3\omega t)+\varepsilon_2k_5^2\sin(3\omega t)\\&+r_1\omega^2\cos(\omega t)+[(2k_4^2+k_2^2)\cos(2\omega t)\\&+(k_5^2+k_3^2)\sin(2\omega t)]x+[k_2^2\sin(2\omega t)-k_3^2\cos(2\omega t)]y\\&+3k_1^2(x^3+xy^2)/2-2k_4^2x^3+k_5^2(3x^2y+y^3)\\&+3[k_4^2\cos(2\omega t)+k_5^2\sin(2\omega t)](x^3+xy^2)+2[k_2^2\cos(2\omega t)\\&+k_3^2\sin(2\omega t)]x^3+[k_2^2\sin(2\omega t)-k_3^2\cos(2\omega t)](3x^2y+y^3)\end{aligned}$$

$$
\begin{aligned}
\ddot{y}+(k^2-k_4^2)y-k_5^2x=&-(n_g+n_T)\dot{y}+\varepsilon_2(k_1^2+k_2^2)\sin(\omega t)+\varepsilon_2(2k_5^2-k_3^2)\cos(\omega t)\\
&+[(2k_4^2-k_2^2)y_0-k_3^2x_0]\cos(2\omega t)+[(2k_5^2-k_3^2)y_0\\
&+k_2^2y_0]\sin(2\omega t)+\varepsilon_2k_4^2\sin(3\omega t)-\varepsilon_2k_5^2\cos(3\omega t)\\
&+r_1\omega\sin(\omega t)+[(2k_4^2-k_2^2)\cos(2\omega t)+(2k_5^2-k_3^2)\sin(2\omega t)]y\\
&+(k_2^2\sin(2\omega t)-k_3^2\cos(2\omega t)]x+3k_1^2(x^2y+y^3)/2\\
&+2k_4^2y^3+k_5^2(3xy^2+x^3)+3[k_4^2\cos(2\omega t)\\
&+k_5^2\sin(2\omega t)](x^2y+y^3)-2[k_2^2\cos(2\omega t)+k_3^2\sin(2\omega t)]y^3\\
&+[k_2^2\sin(2\omega t)-k_3^2\cos(2\omega t)](x^3+3xy^2)
\end{aligned}
\tag{6.4.25}
$$

式(6.4.25)是周期系数非线性微分方程组，式中的各系数可表示为

$$
\begin{gathered}
k_0^2=\frac{k}{m},\quad k_1^2=\frac{\lambda_1-\lambda_2}{m\sigma},\quad k_2^2=\frac{\lambda_2+\lambda_8-\lambda_7}{2m\sigma},\quad k_3^2=\frac{\lambda_3-\lambda_9}{2m\sigma},\quad k^2=k_0^2-k_1^2\\
k_4^2=\frac{\lambda_4-\lambda_6}{2m\sigma},\quad k_5^2=\frac{\lambda_5}{2m\sigma},\quad n_g=\frac{\mu_g}{2m},\quad n_T=\frac{\mu_T}{2m},\quad r_1=\frac{r}{\sigma}
\end{gathered}
\tag{6.4.26}
$$

$$
\begin{aligned}
&\lambda_1=\frac{\pi Rl\Lambda_0}{2\sigma}[(F_s^+)^2+(F_s^-)^2+(F_j)^2],\quad &&\lambda_2=\frac{\pi Rl\Lambda_0}{2\sigma}2F_s^+F_j\sin(\theta+\varphi)\\
&\lambda_3=\frac{\pi Rl\Lambda_0}{2\sigma}2F_s^+F_j\cos(\theta+\varphi), &&\lambda_4=\frac{\pi Rl\Lambda_0}{2\sigma}2F_s^-F_j\sin(\theta+\varphi)\\
&\lambda_5=\frac{\pi Rl\Lambda_0}{2\sigma}2F_s^-F_j\cos(\theta+\varphi), &&\lambda_6=\frac{\pi Rl\Lambda_0}{2\sigma}2F_s^+F_s^-\\
&\lambda_7=\frac{\pi Rl\Lambda_0}{2\sigma}[(F_s^+)^2+(F_s^-)^2], &&\lambda_8=\frac{\pi Rl\Lambda_0}{2\sigma}(F_j)^2\cos(2\theta+2\varphi)\\
&\lambda_9=\frac{\pi Rl\Lambda_0}{2\sigma}(F_j)^2\sin(2\theta+2\varphi)
\end{aligned}
\tag{6.4.27}
$$

由电机理论可知，同步发电机三相不对称运行情况下，正序、逆序及零序的电压方程为

$$
\dot{E}^+=\dot{u}^++\dot{I}^+Z^+,\quad 0=\dot{u}^-+\dot{I}^-Z^-,\quad 0=\dot{u}_0+\dot{I}_0Z_0 \tag{6.4.28}
$$

式中，$\dot{E}^+$ 为励磁电动势；$\dot{u}^+$ 、$\dot{u}^-$ 、$\dot{u}_0$ 为正序、逆序、零序电压；$\dot{I}^+$ 、$\dot{I}^-$ 、$\dot{I}_0$ 为正序、逆序、零序电流， Z^+ 、Z^- 、Z_0 为正序、逆序、零序阻抗。

按照电机学的对称分量法，有

$$
\dot{u}^+=\frac{1}{\sqrt{3}}(\dot{u}_U+a\dot{u}_V+a^2\dot{u}_W),\quad \dot{u}^-=\frac{1}{\sqrt{3}}(\dot{u}_U+a^2\dot{u}_V+a\dot{u}_W)
$$

$$\begin{aligned}
&\dot{u}_0=\frac{1}{\sqrt{3}}(\dot{u}_U+\dot{u}_V+\dot{u}_W)\\
&\dot{I}_W=\frac{1}{\sqrt{3}}(a\dot{I}^+ +a^2\dot{I}^- +\dot{I}_0)\\
&\dot{I}_U=\frac{1}{\sqrt{3}}(\dot{I}^+ +\dot{I}^- +\dot{I}_0),\quad \dot{I}_V=\frac{1}{\sqrt{3}}(a^2\dot{I}^+ +a\dot{I}^- +\dot{I}_0)\\
&\dot{E}^+=\sqrt{3}E_U\sin(\omega t),\quad \dot{E}^-=0,\quad \dot{E}_0=0
\end{aligned}\tag{6.4.29}$$

式中，$\dot{u}_U$、$\dot{u}_V$、$\dot{u}_W$ 及 $\dot{I}_U$、$\dot{I}_V$、$\dot{I}_W$ 分别为 U 相、V 相、W 相的端电压及电流；a 为 120°为复量算子，即

$$a=\mathrm{e}^{\mathrm{i}120^\circ}=-\frac{1}{2}+\mathrm{i}\sqrt{\frac{3}{2}}\tag{6.4.30}$$

由式(6.4.27)和式(6.4.28)可解得定子的正序电流 I^+ 和逆序电流 I^-，从而可以计算定子正序和逆序磁动势及转子磁动势为

$$F_s^+=\frac{3}{2}\times 0.9I^+\frac{W}{p}K_{\omega I},\quad F_s^-=\frac{3}{2}\times 0.9I^-\frac{W}{p}K_{\omega I},\quad F_j=K_jW_jI_j\tag{6.4.31}$$

式(6.4.25)～式(6.4.28)构成一个方程组，需要联立求解。式(6.4.25)的齐次式，即当小参数μ为零时的未扰方程为

$$\ddot{x}+(k^2+k_4^2)x-k_5^2y=0,\quad \ddot{y}+(k^2-k_4^2)x-k_5^2x=0$$

其特征值为

$$\begin{aligned}
(\lambda_K^2)_{1,2}&=-\frac{\omega'^2+\omega''^2}{2}\pm\sqrt{\left(\frac{\omega'^2+\omega''^2}{2}\right)^2-(\omega'^2\omega''^2-k_5^2)}\\
&=-k^2\pm\sqrt{k_4^4+k_5^4}=k^2\pm N_B
\end{aligned}\tag{6.4.32}$$

式中，$\omega'^2=k^2+k_4^2$；$\omega''^2=k^2-k_4^2$。由式(6.4.32)可见，当$\omega'^2\omega''^2-k_5^4\geqslant 0$时，有稳定的周期振动；若$\omega'^2\omega''^2-k_5^4<0$，则不可能存在稳定的周期振动，这种失稳使振幅趋于无限大。

当三相不对称运行时，$k_4\neq k_5\neq 0$，转子的振动发生有趣的自然频率分裂现象，即由一个分裂成两个。自然频率随不对称度而分裂的变化形态，由图 6.4.3 可见，不对称度 $K_B=F_s^-/F_s^+$ 越大，被分裂的两个自然频率λ_{K1}、λ_{K2}的值相差越大。不对称度进一步增加，可首先使λ_{K1}值降为零，形成明显的失稳现象。有功功率、功率因数 $\cos\varphi$ 及同步电抗对自然频率值的变化和分裂也有影响。

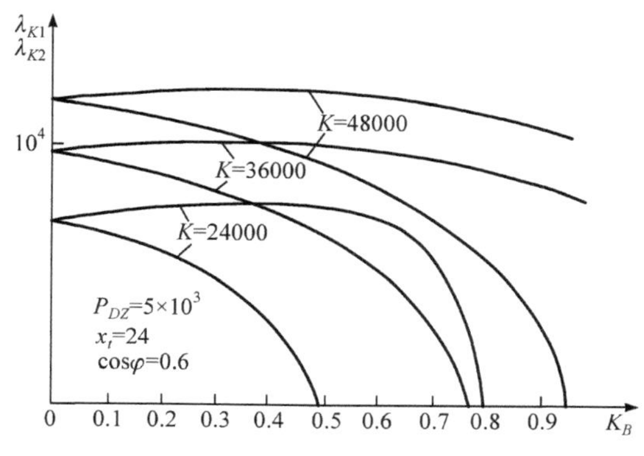

图 6.4.3　自然频率和不对称度的关系

2) 三相不对称方程的解及其振动特性

应用非线性振动理论中的渐近法，对两个自由度的振动方程组(6.4.16)进行求解，由多自由度的单频振动法对式(6.4.16)进行变换。设

$$x=\sum_{k=1}^{2}\Delta_1(\lambda_k^2)x_k\,,\quad y=\sum_{k=1}^{2}\Delta_2(\lambda_k^2)x_k \tag{6.4.33}$$

式中，$\Delta_j(\lambda_k^2)$ 是未扰动方程特征行列式的第 j 列最后一行的代数余子式。

将变换式(6.4.33)代入式(6.4.25)，经过推导得到

$$\ddot{x}_s+\lambda_s^2x_s=\mu f_s\left\{t,\sum_{k=1}^{2}\Delta_1(\lambda_k^2)\dot{x}_k\quad\sum_{k=1}^{2}\Delta_2(\lambda_k^2)\dot{x}_k\quad\sum_{k=1}^{2}\Delta_1(\lambda_k^2)x_k\quad\sum_{k=1}^{2}\Delta_2(\lambda_k^2)x_k\right\} \tag{6.4.34}$$

式中，

$$f_s\{t,\cdots\}=\sum_{j=1}^{2}\Delta_j(\lambda_k^2)f_j\Big/\sum_{i=1}^{2}m_i[\Delta_i(\lambda_k^2)]^2 \tag{6.4.35}$$

微分方程(6.4.34)右端的求和式中起主要作用的是λ_s附近的共振项，其余远离共振区的项可略去，即

$$\sum_{k=1}^{2}\Delta_1(\lambda_k^2)x_k\approx\Delta_1(\lambda_s^2)x_s,\quad\sum_{k=1}^{2}\Delta_2(\lambda_k^2)x_k\approx\Delta_2(\lambda_s^2)x_s \tag{6.4.36}$$

经过推导，得到振动微分方程为

$$\begin{aligned}M_s(\ddot{x}_s+\lambda_s^2x_s)=\mu\{&-2n\dot{x}_s+a_1\cos(\omega t)+a_2\sin(\omega t)+a_3\cos(2\omega t)\\&+a_4\sin(2\omega t)+a_5\cos(3\omega t)+a_6\sin(3\omega t)\\&+[b_1\cos(2\omega t)+b_2\sin(2\omega t)]x_s+b_3x_s\\&+[b_4\cos(2\omega t)+b_5\sin(2\omega t)]x_5^2\}\end{aligned} \tag{6.4.37}$$

式中的系数分别为

$$
\begin{aligned}
&M_s = m(c_1^2 + c_2^2), \quad n = (n_g + n_T)(c_1^2 + c_2^2), \quad c_1 = \Delta_1(\lambda_s^2) = -k_5^2 \\
&c_2 = \Delta_2(\lambda_s^2) = k_2^2 + k_4^2 - \lambda_k^2, \quad a_1 = \varepsilon_2[(k_1^2 + k_2^2)c_1 + (2k_5^2 - k_3^2)c_2] + r_1\omega^2 c_1 \\
&a_2 = \varepsilon_2[(k_1^2 + k_2^2)c_2 + (2k_5^2 + k_3^2)c_1] + r_1\omega^2 c_2 \\
&a_3 = [(2k_4^2 + k_2^2)x_0 - k_3^2 y_0]c_1 + [(2k_4^2 - k_2^2)y_0 - k_3^2 x_0]c_2 \\
&a_4 = [(2k_5^2 + k_3^2)x_0 + k_2^2 y_0]c_1 + [(2k_5^2 - k_3^2)y_0 + k_2^2 x_0]c_2 \\
&a_5 = \varepsilon_2(k_4^2 c_1 - k_5^2 c_2), \quad a_6 = \varepsilon_2(k_4^2 c_2 + k_5^2 c_1) \\
&b_1 = (2k_4^2 + k_2^2)c_1^2 + (2k_4^2 - k_2^2)c_2^2 - 2k_3^2 c_1 c_2 \\
&b_2 = (2k_5^2 + k_3^2)c_1^2 + (2k_5^2 - k_3^2)c_2^2 + 2k_2^2 c_1 c_2, \quad b_3 = 3k_1^2 b_{11}/2 - 2k_3^2 b_{22} + k_5^2 b_{33} \\
&b_4 = 3k_4^2 b_{11} + 2k_2^2 b_{22} - k_3^2 b_{33}, \quad b_5 = 3k_5^2 b_{11} + 2k_3^2 b_{22} + k_2^2 b_{33} \\
&b_{11} = c_1^4 + 2c_1^2 c_2^2 + c_2^4, \quad b_{22} = c_1^4 - c_2^4, \quad b_{33} = 3c_1^3 c_2 + c_1^3 c_2 + 3c_1 c_2^3
\end{aligned}
\tag{6.4.38}
$$

应用渐近法，求式(6.4.37)一般情况(包括非共振、共振)的解，重点研究主参数共振的一次近似解，设

$$
x_s = a\cos(\theta + \varphi), \quad \theta = \omega t, \quad \frac{\mathrm{d}a}{\mathrm{d}t} = \mu A_1(a,\varphi), \quad \frac{\mathrm{d}\varphi}{\mathrm{d}t} = \lambda_s - \omega + \mu B_1(a,\varphi) \tag{6.4.39}
$$

式中，$A_1(a,\varphi)$、$B_1(a,\varphi)$ 由下列偏微分方程组确定，即

$$
\begin{aligned}
&(\lambda_s - \omega)\frac{\mathrm{d}A_1}{\mathrm{d}\varphi} - 2a\lambda_s B_1 = \frac{1}{2\pi^2 M_s}\sum_{\sigma} \mathrm{e}^{\mathrm{i}\sigma q\varphi} \int_0^{2\pi}\int_0^{2\pi} f_0(a,\theta,\psi)\mathrm{e}^{-\mathrm{i}\sigma q\varphi}\cos\psi \mathrm{d}\theta \mathrm{d}\psi \\
&(\lambda_s - \omega)\frac{\mathrm{d}A_1}{\mathrm{d}\varphi} + 2\lambda_s A_1 = -\frac{1}{2\pi^2 M_s}\sum_{\sigma} \mathrm{e}^{\mathrm{i}\sigma q\varphi} \int_0^{2\pi}\int_0^{2\pi} f_0(a,\theta,\psi)\mathrm{e}^{-\mathrm{i}\sigma q\varphi}\sin\psi \mathrm{d}\theta \mathrm{d}\psi
\end{aligned}
\tag{6.4.40}
$$

式(6.4.40)右端积分号中的 $f_0(a,\theta,\psi)$ 是对微分方程(6.4.37)右端中的 x_s、$\dot{x}_s$、ωt 用 $x_s = a\cos(\theta+\varphi)$、$\dot{x}_s = -a\sin(\theta+\varphi)$ 和 $\psi = \omega t + \varphi = \theta + \varphi$ 替代之后而得到的表达式。解偏微分方程组(6.4.40)得到 $A_1(a,\varphi)$、$B_1(a,\varphi)$，并代入式(6.4.39)得到第一次近似解为

$$
\begin{aligned}
\frac{\mathrm{d}a}{\mathrm{d}t} &= -\mu[na + d_1\sin\varphi + d_2\cos\varphi + (d_3 + d_4 a^2)a\sin 2\varphi + (d_5 + d_6 a^2)a\cos 2\varphi] \\
&= -\mu f_1(a,\varphi) \\
\frac{\mathrm{d}\varphi}{\mathrm{d}t} &= -\mu[\omega - k_a + (d_1/a)\cos\varphi - (d_2/a)\sin\varphi + (d_3 + d_8 a^2)\cos 2\varphi - (d_5 + d_9 a^2)\sin 2\varphi] \\
&= -\mu f_2(a,\varphi)
\end{aligned}
\tag{6.4.41}
$$

式中，系数分别为

$$d_1 = \frac{a_1}{(\lambda_s + \omega)M_s}, \quad d_2 = \frac{a_2}{(\lambda_s + \omega)M_s}, \quad d_3 = \frac{b_1}{4\omega M_s}$$
$$d_5 = \frac{b_2}{4\omega M_s}, \quad d_7 = \frac{3b_3}{8\lambda_s M_s}, \quad k_a = \lambda_s - d_7 a^2 \tag{6.4.42}$$
$$d_6 = d_9 \approx \frac{(3\lambda_s - 1.5\omega)b_5}{8\omega(2\lambda_s - \omega)M_s}, \quad d_4 = d_8 \approx \frac{(3\lambda_s - 1.5\omega)b_4}{8\omega(2\lambda_s - \omega)M_s}$$

式(6.4.41)的稳态解，由方程 $\mathrm{d}a/\mathrm{d}t=\mathrm{d}\varphi/\mathrm{d}t=0$ 确定，这是超越代数方程组，由式(6.4.41)无法得到振幅、相角的表达式，用数值计算方法也存在数学上的多值性及收敛的困难，为此对方程(6.4.41)进行变换，设

$$u = a\cos\varphi, \quad v = a\sin\varphi \tag{6.4.43}$$

则得到

$$\begin{aligned}
\frac{\mathrm{d}u}{\mathrm{d}t} &= \frac{\mathrm{d}a}{\mathrm{d}t}\cos\varphi - a\sin\varphi\frac{\mathrm{d}\varphi}{\mathrm{d}t} \\
&= -\mu[nu + (k_a - \omega)v + d_2 + d_3 v + d_4(u^2+v^2)v + d_5 u + d_6(u^2+v^2)u] \\
\frac{\mathrm{d}v}{\mathrm{d}t} &= \frac{\mathrm{d}a}{\mathrm{d}t}\sin\varphi + a\cos\varphi\frac{\mathrm{d}\varphi}{\mathrm{d}t} \\
&= -\mu[nu + (\omega - \lambda_s)u + d_7(u^2+v^2)u + d_1 + d_3 u \\
&\quad + d_4(u^2+v^2)u - d_5 v - d_6(u^2+v^2)v]
\end{aligned} \tag{6.4.44}$$

式中，$u^2+v^2=a^2$，其稳态解为

$$\begin{aligned}
&(n + d_5 + d_6 a^2)u + [\lambda_s - \omega + d_3 + (d_4 - d_7)a^2]v = -d_2 \\
&[\omega - \lambda_s + d_3 + (d_4 + d_7)a^2]u + (n - d_5 - d_6 a^2)v = -d_1
\end{aligned} \tag{6.4.45}$$

由式(6.4.45)可解出 u、v，再代入 $u^2+v^2=a^2$ 中，并按 a 的幂次排列，得到高次代数方程为

$$p_1(a^2)^5 + p_2(a^2)^4 + p_3(a^2)^3 + p_4(a^2)^2 + p_5(a^2)^1 + p_6 = 0 \tag{6.4.46}$$

式(6.4.46)中的系数为

$$\begin{aligned}
&p_1 = e_3^2, \quad p_2 = 2e_2e_3, \quad p_3 = e_2^2 - 2e_1e_3, \quad p_4 = -2e_2e_3 - g_1^2 - g_4^2 \\
&p_5 = e_1^2 - 2g_1g_2 - 2g_3g_4, \quad p_6 = -g_1^2 - g_3^2 \\
&e_1 = (n + d_5)(n - d_5) - (d_3 + \lambda_s - \omega)(d_3 - \lambda_s + \omega) \\
&e_2 = 2d_5d_6 + (d_3 + \lambda_s - \omega)(d_4 + d_7) + (d_3 - \lambda_s + \omega)(d_4 - d_7) \\
&e_3 = d_4^2 + d_6^2 - d_7^2, \quad g_1 = (d_3 + \lambda_s - \omega)d_1 - (n - d_5)d_2 \\
&g_2 = d_2d_6 + (d_4 - d_7)d_1 \\
&g_3 = (d_3 - \lambda_s + \omega)d_2 - (n + d_5)d_1, \quad g_4 = (d_4 + d_7)d_2 - d_1d_6
\end{aligned} \tag{6.4.47}$$

式(6.4.46)为振幅方程，其相角为

$$\tan\varphi = \frac{u}{v} = \frac{(d_3 - \lambda_s + \omega)d_2 - (n + d_5)d_1 + [(d_4 + d_7)d_2 - d_1 d_2]a^2}{(d_3 + \lambda_s - \omega)d_1 - (n - d_5)d_2 + [(d_4 - d_7)d_1 + d_2 d_6]a^2} \tag{6.4.48}$$

应用式(6.4.46)和式(6.4.48)可以得到幅频曲线及相频曲线。

由微分方程组(6.4.41)，求其变分方程式，可以求得稳态解的稳定性的性态。当$\lambda_s - \omega$是微量(即共振情况)时，式(6.4.41)的系数可以简化为

$$\begin{aligned} &d_1 = \frac{a_1}{2\lambda_s M_s}, \quad d_2 = \frac{a_2}{2\lambda_s M_s}, \quad d_3 = \frac{b_1}{4\lambda_s M_s}, \quad d_5 = \frac{b_2}{4\lambda_s M_s} \\ &d_7 = \frac{3b_3}{8\lambda_s M_s}, \quad k_a = \lambda_s - d_7 a^2, \quad d_6 = d_9 = \frac{3b_5}{16\lambda_s M_s}, \quad d_4 = d_8 = \frac{3b_4}{16\lambda_s M_s} \end{aligned} \tag{6.4.49}$$

对式(6.4.41)右端进行以下运算，即

$$\begin{aligned} a_{11} &= \frac{\partial f_1(a,\varphi)}{\partial a} = -n - (d_3 + 3d_4 a^2)\sin(2\varphi) - (d_5 + 3d_6 a^2)\cos(2\varphi) \\ a_{12} &= \frac{\partial f_1(a,\varphi)}{\partial \varphi} = -d_1\cos\varphi + d_2\sin\varphi - 2(d_3 + d_4 a^2)a\cos(2\varphi) + 2(d_5 + d_6 a^2)a\sin(2\varphi) \\ a_{21} &= \frac{\partial f_2(a,\varphi)}{\partial a} = \frac{\partial k_a}{\partial a} + \frac{d_1}{a^2}\cos\varphi - \frac{d_2}{a^2}\sin\varphi - 2d_4 a\cos(2\varphi) + 2d_6 a\sin(2\varphi) \\ a_{22} &= \frac{\partial f_2(a,\varphi)}{\partial \varphi} = \frac{d_1}{a}\sin\varphi + \frac{d_2}{a}\cos\varphi + 2(d_3 + d_4 a^2)\sin(2\varphi) + 2(d_5 + d_6 a^2)\cos(2\varphi) \end{aligned} \tag{6.4.50}$$

稳态解稳定的充分必要条件为

$$-(a_{11} + a_{22}) > 0, \quad -a_{11}a_{22} - a_{12}a_{21} > 0 \tag{6.4.51}$$

将式(6.4.41)的稳态方程对ω求导得

$$\begin{aligned} &[n + (d_3 + 3d_4 a^2)\sin 2\varphi + (d_5 + 3d_6 a^2)\cos(2\varphi)]\frac{\mathrm{d}a}{\mathrm{d}\omega} \\ &+[d_1\cos\varphi - d_2\sin\varphi + 2(d_3 + d_4 a^2)a\cos(2\varphi) - 2(d_5 + d_6 a^2)a\sin(2\varphi)]\frac{\mathrm{d}\varphi}{\mathrm{d}\omega} = 0 \\ &\left[-\frac{\partial k_a}{\partial a} - \frac{d_1}{a^2}\cos\varphi + \frac{d_2}{a^2}\sin\varphi + 2d_4 a\cos(2\varphi) - 2d_6 a\sin(2\varphi)\right]\frac{\mathrm{d}a}{\mathrm{d}\omega} \\ &+\left[\frac{d_1}{a}\sin\varphi + \frac{d_2}{a}\cos\varphi + 2(d_3 + d_4 a^2)\sin(2\varphi) + 2(d_5 + d_6 a^2)\cos(2\varphi)\right]\frac{\mathrm{d}\varphi}{\mathrm{d}\omega} = 1 \end{aligned} \tag{6.4.52}$$

由式(6.4.52)的第一式解出$\mathrm{d}\varphi/\mathrm{d}\omega$，并代入第二式，注意到式(6.4.50)，可得

$$(a_{11}a_{22}-a_{12}a_{21})\frac{\mathrm{d}a}{\mathrm{d}\omega}=-2a(\omega-k_a)-d_1\cos\varphi+d_2\sin\varphi \tag{6.4.53}$$

比较式(6.4.53)和式(6.4.51)，得到稳定性条件的具体表达式为

$$\begin{aligned}&\frac{\mathrm{d}a}{\mathrm{d}\omega}>0,\quad -2a(\omega-k_a)-d_1\cos\varphi+d_2\sin\varphi>0\\&\frac{\mathrm{d}a}{\mathrm{d}\omega}<0,\quad -2a(\omega-k_a)-d_1\cos\varphi+d_2\sin\varphi<0\end{aligned} \tag{6.4.54}$$

将式(6.4.50)中 a_{11}、a_{22} 的表达式代入式(6.4.51)的第一式，并利用式(6.4.41)的稳态方程，得到

$$2n+2[d_4\sin(2\varphi)+d_6\cos(2\varphi)]a^2>0 \tag{6.4.55}$$

式(6.4.54)和式(6.4.55)是稳态解稳定的充分必要条件，具有三种特殊情况：

(1) 方程没有非线性周期系数项时，稳定充分必要条件为

$$\begin{aligned}&2n>0,\quad \frac{\mathrm{d}a}{\mathrm{d}\omega}>0,\quad -2a(\omega-k_a)-d_1\cos\varphi+d_2\sin\varphi>0\\&\frac{\mathrm{d}a}{\mathrm{d}\omega}<0,\quad -2a(\omega-k_a)-d_1\cos\varphi+d_2\sin\varphi<0\end{aligned} \tag{6.4.56}$$

(2) 方程没有强迫力项时，稳定的充分必要条件为

$$\begin{aligned}&2n+2(d_4\sin2\varphi+d_5\cos2\varphi)a^2>0\\&\frac{\mathrm{d}a}{\mathrm{d}\omega}>0,\quad \omega-k_a<0,\quad \frac{\mathrm{d}a}{\mathrm{d}\omega}<0,\quad \omega-k_a>0\end{aligned} \tag{6.4.57}$$

(3) 方程没有非线性周期系数及强迫力项时，稳定充分必要条件为

$$2n>0,\quad \frac{\mathrm{d}a}{\mathrm{d}\omega}>0,\quad \omega-k_a<0,\quad \frac{\mathrm{d}a}{\mathrm{d}\omega}<0,\quad \omega-k_a>0 \tag{6.4.58}$$

以上所得到的稳定性条件，具有明显的几何概念，便于直观分析。

应用振幅方程(6.4.46)、相角方程(6.4.48)及稳态解的稳定性条件(6.4.51)，可研究各种电磁参数及机械参数对参数共振特性的影响，得到一些有意义的结果。如图 6.4.4 所示，图 6.4.4(a)和(b)分别是参数激发和强迫力单独作用的振幅频率曲线，图 6.4.4(c)是参数激发与强迫力联合作用的振幅频率曲线。由图 6.4.4 可见，强迫力的作用使参数激发的共振曲线分支一分裂为二。两者同时作用，并不是简单的振幅叠加关系，而是使振幅特性有质的变化。

图 6.4.5 是发电机功率因数 $\cos\varphi$ 的变化对共振曲线的影响关系。$\cos\varphi$ 为正值时表示在过励磁区，负值表示在欠励磁区。功率因数的改变，使振幅曲线发生明显的质的变化。

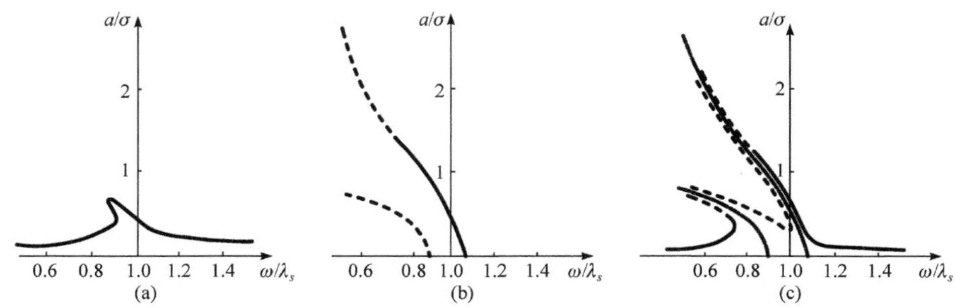

图 6.4.4　参强联合共振的幅频特性

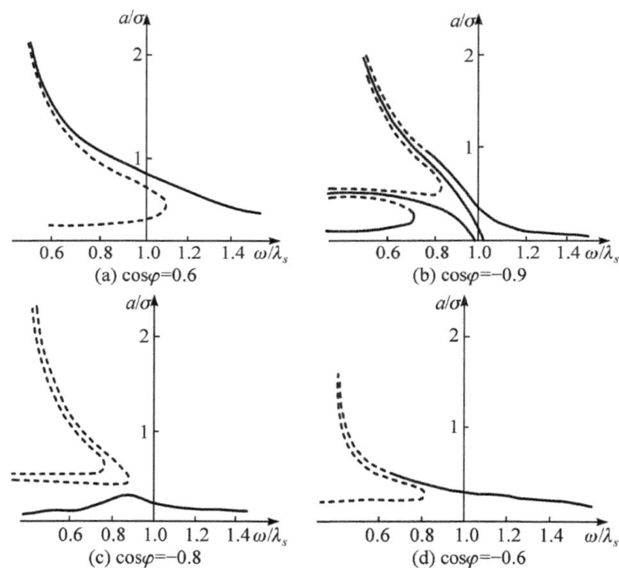

图 6.4.5　功率因数对参强联合共振的影响

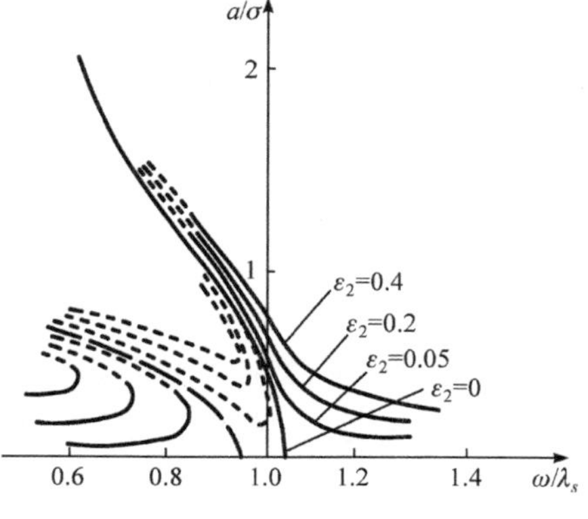

图 6.4.6　气隙偏心对共振特性的影响

图 6.4.6 为转子具有四种不同的转动偏心ε_2及静偏心 x_0、y_0 值时，对共振曲线的影响。

关于稳态解的稳定性均已在以上各共振曲线中表示出来，实线表示稳定的振动，虚线表示不稳定的振动。

以上所揭示的这些特性，其变化规律的多样性是机械振动系统中所没有的。了解这些电磁参数共振特性，对大型发电机及一般电机转子的振动研究均有积极的意义。

6.4.3 电动机转子系统的电磁激发振动

当电动机接通电源后产生一电磁力矩，使电动机转子旋转而发出动力，拖动用途各异的工作机械。电动机产生的各种有害电磁力，会激发转子轴系的振动和噪声。电动机转子振动系统的数学模型特点是：振动的周期系数非线性微分方程组与电动机稳态电路的代数方程组相耦合，振动微分方程的系数由电压方程组的解来确定。由于电压方程组的解随电动机运行的工况而变化，故振动微分方程组的系数也随运行工况而变化，是变系数微分方程。各种情况下的解及其振动特性表明，转子的振动与拖动有关，稳定性判据有明显的几何特性。共振特性的多样性是机械系统中少见的，例如，共振区的宽度是变化的，共振区还会平移，幅频特性形状随电磁参数改变而改变。所获得的理论结果均得到了实验研究的验证。下面分两个方面进行阐述。

1. 电磁参数对转子强迫共振的影响

1) 数学模型

由三相异步电动机的基本原理可知，其定子磁动势 $\boldsymbol{F}_s$ 与转子磁动势 $\boldsymbol{F}_r$ 满足：

$$\boldsymbol{F}_0 = \boldsymbol{F}_s + \boldsymbol{F}_r \tag{6.4.59}$$

式中，$\boldsymbol{F}_0$ 为电动机的励磁磁动势，写成行波方程时，满足：

$$\begin{aligned} F_s^+ \cos(\omega t - p\alpha) + F_r^+ \cos(\omega t - p\alpha) = F_0^+ \cos(\omega t - p\alpha) \\ F_s^- \cos(\omega t + p\alpha) + F_r^- \cos(\omega t + p\alpha) = F_0^- \cos(\omega t + p\alpha) \end{aligned} \tag{6.4.60}$$

三相不对称运行时，定子与转子的三相合成磁动势 $F(\alpha, t)$ 为

$$F(\alpha,t) = F_0^+ \cos(\omega t - p\alpha) + F_0^- \cos(\omega t + p\alpha) \tag{6.4.61}$$

将式(6.4.61)代入磁场能量 W 的表达式(6.4.23)，展开并进行积分，得到了磁场能量 W，表达式更为简洁，振动方程自然也可更为简洁。按前述步骤，可建立不同极对数情况下的振动方程。

p=1 时的振动方程为

$$\begin{aligned} m\frac{\mathrm{d}^2 x}{\mathrm{d}t^2} + \mu\frac{\mathrm{d}x}{\mathrm{d}t} + kx = &(\lambda_1 + \lambda_2)x_3 + \left(2\lambda_2 + \frac{3}{2}\lambda_1\right)x_3^3 + \frac{3}{2}\lambda_1 x_3 y_3^2 + \left(2\lambda_2 + \frac{1}{2}\lambda_1\right)x_3\cos(2\omega t) \\ &+ (3\lambda_2 + \lambda_1)x_3^3\cos(2\omega t) + 3\lambda_2 x_3 y_3^2\cos(2\omega t) + \frac{1}{2}\lambda_3(y_3 + y_3^3)\sin(2\omega t) \\ &+ \frac{3}{2}\lambda_3 x_3^2 y_3 \sin(2\omega t) \end{aligned}$$

$$m\frac{\mathrm{d}^2 y}{\mathrm{d}t^2}+\mu\frac{\mathrm{d}y}{\mathrm{d}t}+ky=(\lambda_1-\lambda_2)y_3+\left(2\lambda_2-\frac{3}{2}\lambda_1\right)y_3^3+\frac{3}{2}\lambda_1 x_3^2 y_3+\left(2\lambda_2-\frac{1}{2}\lambda_1\right)y_3\cos(2\omega t)$$
$$+(3\lambda_2-\lambda_1)y_3^3\cos(2\omega t)+3\lambda_2 x_3^2 y_3\cos(2\omega t)+\frac{1}{2}\lambda_3(x_3+x_3^3)\sin(2\omega t)$$
$$+\frac{3}{2}\lambda_3 x_3 y_3^2\sin(2\omega t) \tag{6.4.62}$$

p=2 时的振动方程为

$$m\frac{\mathrm{d}^2 x}{\mathrm{d}t^2}+\mu\frac{\mathrm{d}x}{\mathrm{d}t}+kx=\lambda_1 x_3+\left(\frac{3}{2}\lambda_1+\frac{1}{2}\lambda_2\right)x_3^3+\frac{3}{2}(\lambda_1-\lambda_2)x_3 y_3^2+2\lambda_2 x_3\cos(2\omega t)$$
$$+\left(3\lambda_2+\frac{1}{4}\lambda_1\right)x_3^3\cos(2\omega t)+\left(3\lambda_2-\frac{3}{4}\lambda_1\right)x_3 y_3^2\cos(2\omega t)$$
$$-\frac{1}{4}\lambda_3 y_3^3\sin(2\omega t)+\frac{3}{4}\lambda_3 x_3^2 y_3\sin(2\omega t)$$
$$m\frac{\mathrm{d}^2 y}{\mathrm{d}t^2}+\mu\frac{\mathrm{d}y}{\mathrm{d}t}+ky=\lambda_1 y_3+\left(\frac{3}{2}\lambda_1+\frac{1}{2}\lambda_2\right)y_3^3+\frac{3}{2}(\lambda_1-\lambda_2)x_3^2 y_3+2\lambda_2 y_3\cos(2\omega t)$$
$$+\left(3\lambda_2+\frac{1}{4}\lambda_1\right)y_3^3\cos(2\omega t)+\left(3\lambda_2-\frac{3}{4}\lambda_1\right)x_3^2 y_3\cos(2\omega t)$$
$$+\frac{1}{4}\lambda_3 x_3^3\sin(2\omega t)-\frac{3}{4}\lambda_3 x_3 y_3^2\sin(2\omega t) \tag{6.4.63}$$

p=4, 6, 8, …时的振动方程为

$$\begin{aligned}m\frac{\mathrm{d}^2 x}{\mathrm{d}t^2}+\mu\frac{\mathrm{d}x}{\mathrm{d}t}+kx&=\lambda_1 x_3+\frac{3}{2}\lambda_1 x_3^3+\frac{3}{2}\lambda_1 x_3 y_3^2+(2x_3+3x_3^3+3x_3 y_3^2)\lambda_2\cos(2\omega t)\\ m\frac{\mathrm{d}^2 y}{\mathrm{d}t^2}+\mu\frac{\mathrm{d}y}{\mathrm{d}t}+ky&=\lambda_1 y_3+\frac{3}{2}\lambda_1 y_3^3+\frac{3}{2}\lambda_1 x_3^2 y_3+(2y_3+3y_3^3+3x_3^2 y_3)\lambda_2\cos(2\omega t)\end{aligned} \tag{6.4.64}$$

式中，系数λ_1、λ_2、λ_3为

$$\lambda_1=\frac{p\pi Rl\Lambda_0}{2\sigma}[(F_0^+)^2+(F_0^-)^2],\quad \lambda_2=\frac{p\pi Rl\Lambda_0}{2\sigma}F_0^+F_0^-,\quad \lambda_3=\frac{p\pi Rl\Lambda_0}{2\sigma}[(F_0^+)^2-(F_0^-)^2] \tag{6.4.65}$$

系数F_0^+、F_0^-分别为正序磁动势和逆序磁动势，可以表示为

$$F_0^+=0.5m_1 0.9I_0^+\frac{W_1K_{W1}}{p},\quad F_0^-=0.5m_1 0.9I_0^-\frac{W_1K_{W1}}{p} \tag{6.4.66}$$

$$I_0^+=I_s^++I_r^+,\quad I_0^-=I_s^-+I_r^- \tag{6.4.67}$$

式(6.4.67)中的电流 I_s^+、I_s^-、I_r^+、I_r^- 由三相不对称稳态电压方程确定。

由式(6.4.65)可见，当三相不对称时，λ_1、λ_2、λ_3 三系数均不为零；当三相对称时，因 $F_0^-=0$，故$\lambda_2=0$，$\lambda_1=\lambda_3\neq0$。由三种情况的振动方程(6.4.62)～(6.4.64)可以得到以下结论：

(1) $p=1$ 情况，三相对称与三相不对称，线性项和非线性项均能激发参数共振。

(2) $p=2$ 情况，当三相对称时，只有非线性项才激发参数共振；当三相不对称时，线性项和非线性项均能激发参数共振。

(3) $p=4, 6, 8, \cdots$多极低速电机，三相对称运行不可能激发参数共振，三相不对称运行时虽然只有$\lambda_2\neq0$，但λ_2的值和极对数 p 成正比，故仍然很有可能激发参数共振。

2) 方程的求解

根据所研究问题的具体情况，方程(6.4.62)～方程(6.4.64)可以简化。

若 $\omega_{ny}\gg\omega_{nx}$，则 $y\ll x$，故可取 $y=0$；当参数激发力频率ω 和自然频率ω_n 相差较大时，不具备激发参数共振的条件，故方程组中所有具有周期系数的项可以略去。将图 6.4.2 的气隙偏心坐标 $x_3=x_0+x+\varepsilon_2\cos(\Omega t)$的关系式代入以上各方程组，并取 $x_0=0$，当Ω 和ω_n 值相差较大时，含$\varepsilon_2\cos(\Omega t)$的项也可略去，电机转子只受外加激振器的激振力 $H\cos(\omega t)$的作用。因而方程组变为

$$\ddot{x}+\omega_n^2x=h\cos(\omega t)-2n\dot{x}+a_2x^3 \tag{6.4.68}$$

式中，$h=H/m\sigma^2$；$n=n_1+n_2$，n_1 是机械阻尼，n_2 是电磁阻尼；ω 是可调节的激振频率。

$p=1,2,4$ 三种情况的微分方程组形式相同，但系数表达式不同，即当 $p=1$ 时，$\omega_n^2=\omega_{nx}^2-(\omega_{n1}^2+\omega_{n2}^2)$，$a_2=1.5\omega_{n1}^2+2\omega_{n2}^2$；当 $p=2$ 时，$\omega_n^2=\omega_{nx}^2-\omega_{n1}^2$；$a_2=1.5\omega_{n1}^2+0.5\omega_{n2}^2$；当 $p=3$ 时，$\omega_n^2=\omega_{nx}^2-\omega_{n1}^2$，$a_2=1.5\omega_{n1}^2$。

式(6.4.68)是在激振器激振力作用下的非线性强迫振动方程，应用非线性振动理论中的渐近法，可得到其解析解的一次近似为

$$\frac{\mathrm{d}a}{\mathrm{d}t}=-\mu(na+d_1\sin\vartheta),\quad \frac{\mathrm{d}\vartheta}{\mathrm{d}t}=(\omega_n-p)-\mu\left(d_2a^2+\frac{d_1}{a}\cos\vartheta\right) \tag{6.4.69}$$

式中，$d_1=h/(\omega_n+p)$，$d_2=3a_2/(8\omega_n)$。其稳态解可由 $\mathrm{d}a/\mathrm{d}t=\mathrm{d}\vartheta/\mathrm{d}t=0$。消去$\vartheta$得

$$d_2^2(a^2)^3+3(p-\omega_n)d_2(a^2)^2+[n^2+(p-\omega_n)^2]a^2-d_1^2=0 \tag{6.4.70}$$

利用振幅方程(6.4.70)，对于 $p=1, 2, 4$ 三种不同的极对数，可以得到在不同电源电压、不同励磁电抗下的幅频曲线，其结果将在后面进行讨论。

3) 实验研究

实验装置的测量框图如图 6.4.7 所示，调节三个单相调压器，可以改变供给电

动机的三相电压大小及不对称度，就可以得到不同电磁状态下的临界转速。这里对 p=1, 2, 4 三种不同极对数的情况分别进行测试。

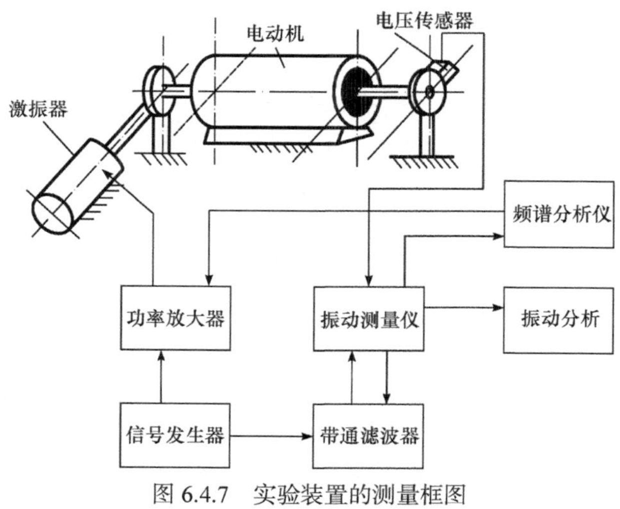

图 6.4.7　实验装置的测量框图

通常采用两种方法进行测试：①由振动仪读振幅，自动跟踪滤波器读频率，根据实测的数据绘制成对应不同电磁状态情况下的共振曲线；②用频谱分析仪直接绘制成幅频图。

4) 结果分析

图 6.4.8 给出了极对数 p=2 时振幅频率的计算与实验结果曲线，其中图(a)为计算结果，五条曲线对应五种不同的电源电压，由图可见，电压增加，共振的振幅降低，最大振幅所对应的频率也降低。电动机不通电时的共振频率为 43.6Hz，曲线 5(U=432V)的共振频率比不通电时降低了 1/3。图 6.4.8(b)和(c)是对应的实验曲线。图 6.4.8(b)是当电动机正常转动，用激振器对转子进行变频激振，当调节到四种不同的电源电压时，分别在振动仪上读振幅，在频率仪上读频率而绘制的振幅-频率曲线。图 6.4.8(c)是用频谱分析仪在 X-Y 记录器上直接绘制的频谱图。由图 6.4.8(b)和(c)比较可见，计算结果和实验结果，无论是定性、定量，都很好地吻合。

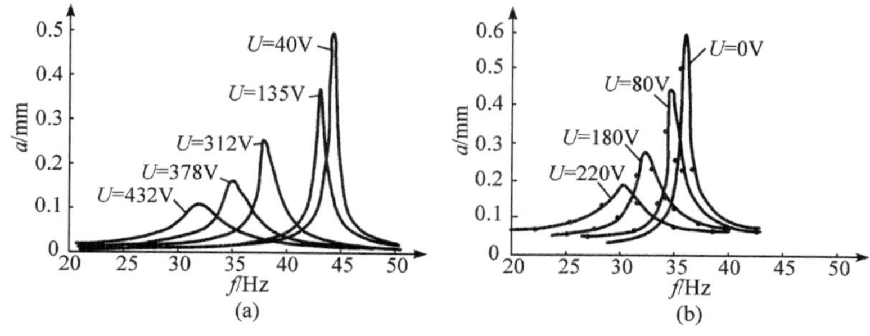

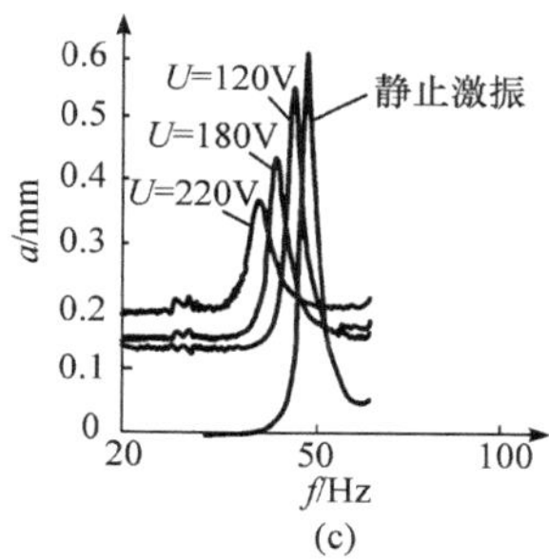

(c)

图 6.4.8 p=2 时的振幅频率曲线

一般而言，电磁参数对共振频率的影响程度和极对数 p 成正比。理论分析与计算结果有较好的精度。

2. 高速异步电动机的参数共振与强迫共振的联合

1) 数学模型

交流电动机的不对称运行包括多种情况，有定子三相端电压不对称、外施电压一相断开、定子电路阻抗不对称、转子电路阻抗不对称、转子三相电路一相断开等。根据磁场磁动势的特点，前三种情况可视为一种类型。定子三相不对称时，定子电流出现正序电流 I_s^+ 与逆序电流 I_s^-，转子也出现正序电流 I_r^+ 与逆序电流 I_r^-，故合成磁动势 $F(\alpha, t)$为

$$
\begin{aligned}
F(\alpha,t) = {} & F_s^+ \cos(\omega t - p\alpha) + F_s^- \cos(\omega t + p\alpha) \\
& + F_r^+ \cos(\omega t - p\alpha - \varphi_{10}) + F_r^- \cos(\omega t + p\alpha - \varphi_{20})
\end{aligned} \tag{6.4.71}
$$

气隙磁导的表达式和式(6.4.23)中的相同。由式(6.4.23)可知，电动机定子与转子间的不均匀气隙的磁场能可表示为

$$
\begin{aligned}
W = {} & \frac{Rl\Lambda_0}{2}\int_0^{2\pi}\left\{1+\frac{1}{2}(x_3^2+y_3^2)+\frac{3}{8}(x_3^2+y_3^2)^2+\left[x_3+\frac{3}{4}(x_3^3+x_3y_3^2)\right]\cos\alpha\right. \\
& +\left[y_3+\frac{3}{4}(y_3^3+y_3x_3^2)\right]\sin\alpha+\left[\frac{1}{2}(x_3^3-y_3^3)+\frac{1}{2}(x_3^4-y_3^4)\right]\cos(2\alpha) \\
& +(x_3y_3+x_3^3y+x_3y_3^3)\sin(2\alpha)+\left(\frac{1}{4}x_3^3-\frac{3}{4}x_3y_3^2\right)\cos(3\alpha) \\
& +\left(\frac{3}{4}y_3x_3^2-\frac{1}{4}y_3^3\right)\sin(3\alpha)+\left(\frac{1}{8}x_3^4-\frac{3}{4}x_3^2y_3^2+\frac{1}{8}y_3^4\right)\cos(4\alpha) \\
& \left.+\left(\frac{1}{2}x_3^3y_3-\frac{1}{2}x_3y_3^3\right)\sin(4\alpha)\right\}\{F_r^+\sin(\omega t-p\alpha-\varphi_{10}) \\
& +F_r^-\sin(\omega t+p\alpha-\varphi_{20})\}\mathrm{d}(p\alpha)
\end{aligned} \tag{6.4.72}
$$

转子振动的动能与势能分别为

$$T=\frac{1}{2}m(\dot{x}-r\varphi\sin\varphi)^2+\frac{1}{2}m(\dot{y}+r\varphi\cos\varphi)^2,\ V=\frac{1}{2}kx^2+\frac{1}{2}ky^2 \tag{6.4.73}$$

拉格朗日函数为 $L=T-V+W_m$，振动的耗散函数为 $F=\mu\dot{x}^2/2+\mu\dot{y}^2/2$，代入拉格朗日-麦克斯韦方程，得到转子在三相不对称运行情况下的振动方程。由于电动机极对数 p 不同，其振动方程也有不同的形式。

当 p=1 时，高速电机转子的振动方程为

$$\begin{aligned}m\frac{\mathrm{d}^2x}{\mathrm{d}t^2}+\mu\frac{\mathrm{d}x}{\mathrm{d}t}+kx=&(\lambda_1+\lambda_2)x_3+\left(\frac{3}{2}\lambda_1+2\lambda_2\right)x_3^3+\lambda_3y_3+\frac{3}{2}\lambda_1x_3y_3^2+\lambda_3(y_3^3+3x_3^2y_3)\\&+[(\lambda_4+\lambda_8)\cos(2\omega t)+(\lambda_5+\lambda_9)\sin(2\omega t)]x_3\\&+\left[\left(2\lambda_4+\frac{3}{2}\lambda_8\right)\cos(2\omega t)+\left(2\lambda_5+\frac{3}{2}\lambda_9\right)\sin(2\omega t)\right]x_3^3\\&+[\lambda_6\sin(2\omega t)+\lambda_7\cos(2\omega t)](y_3+y_3^3)+\frac{3}{2}[\lambda_8\cos(2\omega t)\\&+\lambda_9\sin(2\omega t)]x_3y_3^2+3[\lambda_6\sin(2\omega t)+\lambda_7\cos(2\omega t)]x_3^2y_3\\m\frac{\mathrm{d}^2y}{\mathrm{d}t^2}+\mu\frac{\mathrm{d}y}{\mathrm{d}t}+ky=&(\lambda_1-\lambda_2)y_3+\left(\frac{3}{2}\lambda_1-2\lambda_2\right)y_3^3+\lambda_3x_3+\frac{3}{2}\lambda_1x_3^2y_3\\&+\lambda_3(x_3^3+3x_3y_3^2)+[(\lambda_8-\lambda_4)\cos(2\omega t)+(\lambda_9-\lambda_5)\sin(2\omega t)]y_3\\&+\left[\left(\frac{3}{2}\lambda_8-2\lambda_4\right)\cos(2\omega t)+\left(\frac{3}{2}\lambda_9-2\lambda_5\right)y_3^3\sin(2\omega t)\right]\\&+[\lambda_6\sin(2\omega t)+\lambda_7\cos(2\omega t)](x_3+x_3^3)+\frac{3}{2}[\lambda_8\cos(2\omega t)\\&+\lambda_9\sin(2\omega t)]x_3^2y_3+3[\lambda_6\sin(2\omega t)+\lambda_7\cos(2\omega t)]x_3y_3^2\end{aligned} \tag{6.4.74}$$

方程(6.4.67)是周期系数非线性微分方程组，它会激发参数共振。又因为 $x_3=x_0+x+\varepsilon_2\cos[(1-s)\omega t]$，$y_3=y_0+y+\varepsilon_2\sin[(1-s)\omega t]$，$x_0$、$y_0$ 是静偏心，x、y 是振动偏心，ε_2 是转动偏心。x_3、y_3 有一次项，还有高次方项，把它们展开后代回式(6.4.67)中，除有激发参数共振的周期系数项，还有各种不同频率成分的强迫力项，包含 2ω、$(1-s)\omega$、$(1+s)\omega$、$(3-s)\omega$ 等的强迫力频率成分，故可能激发多频振动，呈近似周期振动形式。

方程(6.4.67)中的系数 $\lambda_1, \lambda_2,\cdots, \lambda_9$ 为

$$
\begin{aligned}
\lambda_1 &= \frac{\pi R l \Lambda_0}{2\sigma R k_1}[(F_s^+)^2 + 2F_s^+ F_r^- \cos\varphi_{10} + (F_r^+)^2 + (F_s^-)^2 + 2F_s^- F_r^- \cos\varphi_{20} + (F_r^-)^2]p \\
\lambda_2 &= \frac{\pi R l \Lambda_0}{2\sigma R k_2}[F_s^+ F_s^- + F_s^+ F_r^- \cos\varphi_{20} + F_r^+ F_s^- \cos\varphi_{10} + F_r^+ F_r^- \cos(\varphi_{20} - \varphi_{10})]p \\
\lambda_3 &= \frac{\pi R l \Lambda_0}{4\sigma R k_2}[F_s^+ F_s^- \sin\varphi_{20} - F_r^+ F_s^- \sin\varphi_{10} - F_r^+ F_r^- \sin(\varphi_{10} - \varphi_{20})]p \\
\lambda_4 &= \frac{\pi R l \Lambda_0}{4\sigma R k_1}[(F_s^+)^2 + 2F_s^+ F_r^- \cos\varphi_{10} + (F_r^+)^2 \cos 2\varphi_{10} + (F_s^-)^2 \\
&\quad + 2F_s^- F_r^- \cos\varphi_{20} + (F_r^-)^2 \cos 2\varphi_{20}]p \\
\lambda_5 &= \frac{\pi R l \Lambda_0}{4\sigma R k_1}[2F_s^+ F_r^+ \sin\varphi_{10} + (F_r^+)^2 \sin 2\varphi_{10} + 2F_s^- F_r^- \sin\varphi_{20} + (F_r^-)^2 \sin 2\varphi_{20}]p \\
\lambda_6 &= \frac{\pi R l \Lambda_0}{4\sigma R k_1}[(F_s^+)^2 + 2F_s^+ F_r^+ \cos\varphi_{10} + (F_r^+)^2 \cos 2\varphi_{10} - (F_s^-)^2 \\
&\quad - 2F_s^- F_r^- \cos\varphi_{20} - (F_r^-)^2 \cos 2\varphi_{20}]p \\
\lambda_7 &= \frac{\pi R l \Lambda_0}{4\sigma R k_1}[-2F_s^+ F_r^+ \sin\varphi_{10} - (F_r^+)^2 \sin 2\varphi_{10} + 2F_s^- F_r^- \sin\varphi_{20} + (F_r^-)^2 \sin 2\varphi_{20}]p \\
\lambda_8 &= \frac{\pi R l \Lambda_0}{\sigma R k_2}[F_s^+ F_s^- + F_s^+ F_r^- \cos\varphi_{20} + F_r^+ F_s^- \cos\varphi_{10} + F_r^+ F_r^- \cos(\varphi_{20} + \varphi_{10})]p \\
\lambda_9 &= \frac{\pi R l \Lambda_0}{\sigma R k_2}[F_s^+ F_s^- \sin\varphi_{20} + F_r^+ F_s^- \sin\varphi_{10} + F_r^+ F_r^- \sin(\varphi_{10} + \varphi_{20})]p
\end{aligned} \tag{6.4.75}
$$

式中，φ_{10} 是转子正序电流滞后于定子正序电流的相位角；φ_{20} 是转子逆序电流滞后于定子逆序电流的相位角。定子正序及逆序磁动势 F_s^+ 、F_s^- ，转子正序及逆序磁动势 F_r^+ 、F_r^- 分别为

$$
\begin{aligned}
F_s^+ &= 0.5m_1 0.9 I_s^+ (W_1 K_{W1}/p), \quad F_s^- = 0.5m_1 0.9 I_s^- (W_1 K_{W1}/p) \\
F_r^+ &= 0.5m_2 0.9 I_r^+ (W_1 K_{W1}/p), \quad F_r^- = 0.5m_2 0.9 I_r^- (W_1 K_{W1}/p)
\end{aligned} \tag{6.4.76}
$$

式(6.4.75)中的电流 I_s^+ 、I_s^- ，I_r^+ 、I_r^- ，由三相不对称稳态电压方程(6.4.76)确定。

$$
\begin{aligned}
\dot{U}_+ &= [(r_1 + r_m) + \mathrm{i}x_1]\dot{I}_s^+ + (r_m + \mathrm{i}x_m)\dot{I}_s'^+ \\
0 &= (r_m + \mathrm{i}x_m)\dot{I}_s^+ + (r_2'/2 + x_m + \mathrm{i}x_2')\dot{I}_r'^+ \\
\dot{U}_- &= [(r_1 + r_m) + \mathrm{i}x_1]\dot{I}_s^- + (r_m + \mathrm{i}x_m)\dot{I}_s'^-, \\
0 &= (r_m + \mathrm{i}x_m)\dot{I}_s^- + [r_2''/(2-s) + x_m + \mathrm{i}x_2'']\dot{I}_r'^-
\end{aligned} \tag{6.4.77}
$$

式中，符号 $\dot{U}_+$ 、$\dot{U}_-$ 分别为正序及逆序电压；$\dot{I}_r'^+$ 、$\dot{I}_r'^-$ 分别为转子正序与逆序折

算电流；r_1、x_1分别为定子电阻及电抗；r_2'、x_2'分别为转子电阻及电抗的折算值；r_2''、x_2''分别为转子的逆序电阻与电抗的折算值；x_m为励磁电阻及电抗。

根据实验装置图 6.4.9 的轴承结构，可以取 y_3=0，考虑到ε_2是微量，略去二阶微量以外的项，并取 x_0=0，对方程(6.4.74)进行简化后得到

$$\begin{aligned}\ddot{x}+\omega_{\mathrm{n}}^2 x=\mu\{&2n\dot{x}+b_3x^3+[b_1\cos(2\omega t)+b_2\sin(2\omega t)]x\\&+[b_4\cos(2\omega t)+b_5\sin(2\omega t)]x^3+c_1\cos(\omega t)+c_2\sin(\omega t)\}\end{aligned}\tag{6.4.78}$$

式中，系数为

$$\begin{aligned}&\omega_n^2=k_0^2-k_1^2-k_2^2,\quad b_1=k_4^2+k_8^2,\quad b_2=k_5^2+k_9^2\\&b_3=1.5k_1^2+2k_2^2,\quad b_4=2k_4^2+1.5k_8^2,\quad b_5=2k_5^2+1.5k_9^2\\&c_1=r_0\omega+(k_1^2+k_2^2+0.5k_4^2+0.5k_6^2+0.5k_8^2)\varepsilon_2\\&c_2=0.5(k_5^2+k_9^2-k_7^2+k_3^2)\varepsilon_2\\&k_0^2=\frac{k}{m},\quad k_1^2\sim k_9^2=\frac{\lambda_1}{m\sigma}\sim\frac{\lambda_9}{m\sigma},\quad r_0=\frac{r}{\sigma}\end{aligned}\tag{6.4.79}$$

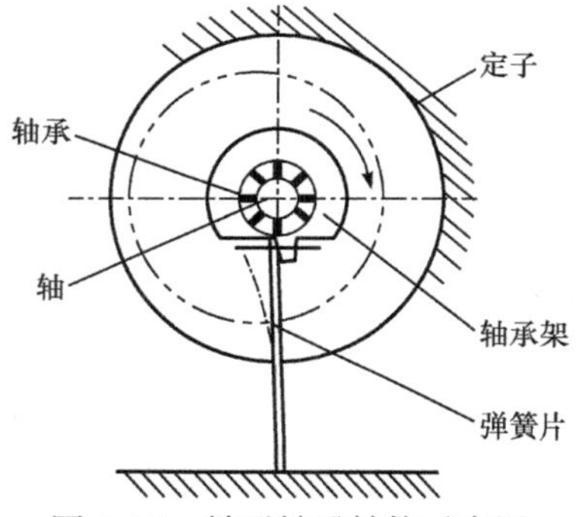

图 6.4.9 转子轴承结构示意图

电动机转子的振动方程(6.4.78)是一个非线性周期系数微分方程，由式可见：①方程右边第二项是函数 x 的非线性项；②第三、四项中函数 x 及 x^3 的系数均为时间 t 的周期函数，会激发参数共振；③右边的第五、六项是时间 t 的周期函数，会激发强迫振动。

2) 方程的解

应用非线性振动理论中非固定参数的渐近法，可得到式(6.4.78)的一次近似解为

$$\begin{aligned}&\frac{\mathrm{d}a}{\mathrm{d}t}=-\mu[na+d_1\sin\theta+d_2\cos\theta+(d_3+d_4a^2)a\sin(2\theta)+(d_5+d_6a^2)a\cos(2\theta)]\\&\frac{\mathrm{d}\theta}{\mathrm{d}t}=\omega_{\mathrm{n}}-\omega-\mu\left[d_7a^2+\frac{d_1}{a}\cos\theta+\frac{d_2}{a}\sin\theta-(d_3+d_8a^2)\cos(2\theta)-(d_5+d_9a^2)\cos(2\theta)\right]\\&x=a\cos(\omega t+\theta)\end{aligned}\tag{6.4.80}$$

式中，系数分别为

$$\begin{aligned}&d_1=\frac{c_1}{\omega_{\mathrm{n}}+\omega},\quad d_2=\frac{c_2}{\omega_{\mathrm{n}}+\omega},\quad d_3=\frac{b_1}{4\omega},\quad d_5=\frac{b_2}{4\omega},\quad d_7=\frac{3b_3}{4\omega_{\mathrm{n}}}\\&d_6=d_9=\frac{(3\omega_{\mathrm{n}}-1.5\omega)b_5}{8\omega(2\omega_{\mathrm{n}}-\omega)},\quad d_4=d_8=\frac{(3\omega_{\mathrm{n}}-1.5\omega)b_4}{8\omega(2\omega_{\mathrm{n}}-\omega)}\end{aligned}\tag{6.4.81}$$

设 $u=a\cos\theta$，$v=a\sin\theta$，可将式(6.4.80)变换为

$$
\begin{aligned}
\frac{\mathrm{d}u}{\mathrm{d}t} &= -\mu[nu+(\omega_{\mathrm{n}}-\omega)v-d_7(u^2+v^2)v+d_2 \\
&\quad +d_3v+d_4(u^2+v^2)v+d_5u+d_6(u^2+v^2)v] \\
\frac{\mathrm{d}v}{\mathrm{d}t} &= -\mu[nv-(\omega_{\mathrm{n}}-\omega)u+d_7(u^2+v^2)u+d_1 \\
&\quad +d_3u+d_4(u^2+v^2)u-d_5u-d_6(u^2+v^2)v]
\end{aligned}
\tag{6.4.82}
$$

令 $\mathrm{d}u/\mathrm{d}t=\mathrm{d}v/\mathrm{d}t=0$，可得到稳态解，考虑到 $a^2=u^2+v^2$，故有

$$
\begin{aligned}
&(n+d_5+d_6a^2)u+[\omega_{\mathrm{n}}-\omega+d_3+(d_4-d_7)a^2]v=-d_2 \\
&[\omega_{\mathrm{n}}-\omega+d_3+(d_4+d_7)a^2]u+(n-d_5-d_6a^2)v=-d_1
\end{aligned}
\tag{6.4.83}
$$

从式(6.4.83)解出 u、v，再代入 $a^2=u^2+v^2$ 中，并按 a 的幂次排列，得到稳态解的振幅方程为

$$
R_1(a^2)^5+R_2(a^2)^4+R_3(a^2)^3+R_4(a^2)^2+R_5(a^2)+R_6=0 \tag{6.4.84}
$$

式中，系数为

$$
\begin{aligned}
&R_1=E_3^2,\quad R_2=2E_1E_2,\quad R_3=E_2^2-2E_1E_2,\quad R_4=-2E_1E_2-G_1^2-G_4^2 \\
&R_5=E_1^2-2G_1G_2-2G_3G_4,\quad R_6=-G_1^2-G_3^2,\quad E_3=d_4^2+d_6^2-d_7^2 \\
&E_1=(n+d_5)(n-d_5)-(d_3+\omega_{\mathrm{n}}-\omega)(d_3-\omega_{\mathrm{n}}+\omega) \\
&E_2=2d_5d_6+(d_3+\omega_{\mathrm{n}}-\omega)(d_4+d_7)+(d_3-\omega_{\mathrm{n}}+\omega)(d_4-d_7) \\
&G_1=(d_3+\omega_{\mathrm{n}}-\omega)d_1-(n-d_5)d_2,\quad G_2=d_2d_6+(d_4-d_7)d_1 \\
&G_3=(d_3-\omega_{\mathrm{n}}+\omega)d_2-(n+d_5)d_1,\quad G_4=(d_4-d_7)d_2-d_1d_6
\end{aligned}
\tag{6.4.85}
$$

稳态解的相角方程为

$$
\tan\varphi=\frac{(d_3-\omega_n+\omega)d_2-(n+d_5)d_1+[(d_4+d_7)d_2-d_1d_2]a^2}{(d_3+\omega_n-\omega)d_1-(n-d_5)d_2+[(d_4-d_7)d_1-d_2d_6]a^2} \tag{6.4.86}
$$

应用式(6.4.79)的变分方程，可得系统稳定的充分必要条件为

$$
\begin{aligned}
&2n+2(d_4\sin 2\theta+d_6\cos 2\theta)a^2>0 \\
&\frac{\mathrm{d}a}{\mathrm{d}t}>0\text{时},\quad 2a(\omega-\omega_{\mathrm{n}a})-d_1\cos\theta+d_2\sin\theta>0 \\
&\frac{\mathrm{d}a}{\mathrm{d}t}<0\text{时},\quad -2a(\omega-\omega_{\mathrm{n}a})-d_1\cos\theta+d_2\sin\theta<0 \\
&\omega_{\mathrm{n}a}=\omega_{\mathrm{n}}-d_7a^2
\end{aligned}
\tag{6.4.87}
$$

由实验电动机给定的电磁参数及力学参数，利用式(6.4.83)和式(6.4.85)可求出

各种参数情况下的幅频曲线及相频曲线。利用式(6.4.86)可判别稳态解的稳定性。利用式(6.4.79)可求得通过参数共振区的过渡过程及起振过程曲线。

3) 实验研究

采用 5.5kW 三速异步电动机作为实验研究对象，为了能对其力学参数做些改变，端盖轴承改成座式轴承，并用弹簧板固定在基础上，其结构示意图如图 6.4.9 所示。

在实验装置的控制台上可以调节调压器的电压，以改变电动机的电源电压和三相电压的不对称度。改变电动机参数激振频率的方法是采用发电机组供电，调节发电机组直流电动的转速，就可以使发电机作为变频电源供给电动机。发电机组的转速可在 0～3000r/min 内变化，因此供给异步电动机的电源频率可以在 0～50Hz 内变化。测量电动机转子振幅及电源频率的方法如图 6.4.10 所示。

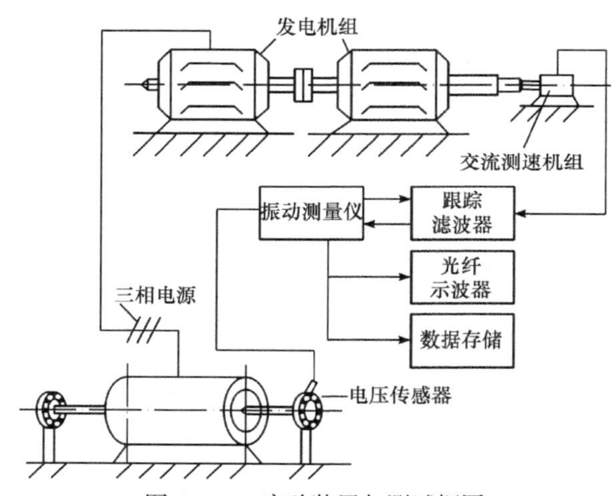

图 6.4.10　实验装置与测试框图

图 6.4.9 中的弹簧片可以根据需要改变厚度，以得到不同的刚度。作为参数共振实验所用厚度为 10mm，弹簧片支承的转子的自然频率 f_0=4.3Hz，即其临界转速 n_0=2658r/min。根据本转子的具体情况，测得其转动偏心和质量偏心为 $r_0=e_2=$ 0.035mm。

p=1 情况下测得的参数共振的振幅-频率曲线如图 6.4.11 所示。图中有四条曲线，曲线 1～3 分别对应于电源电压 U=378V, 315V, 197V；曲线 4 是反拖运行测得的曲线，即被测电动机不通电，而由直流电动机通过柔性连接带动其旋转，这是无电磁激发的情况，即单纯由质量偏心引起的强迫共振曲线。由图中的四条曲线可见，电动机通电以后，在电磁激发的状态下，使共振频率降低，共振曲线向左倾斜，共振区加大。电源电压越高，影响越大。

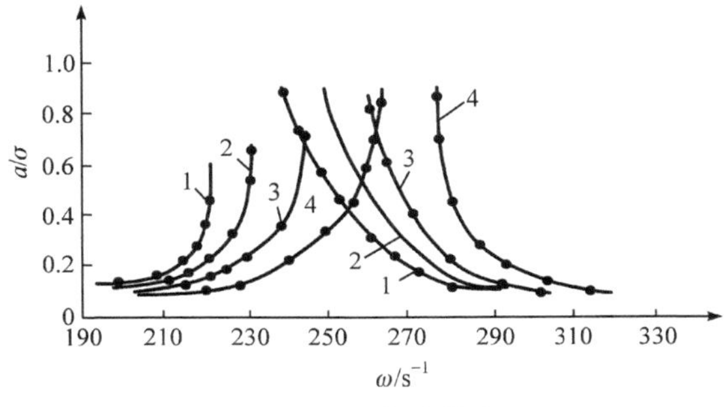

图 6.4.11　实验曲线

4) 结果分析

图 6.4.12 是电源电压 U=378V、$r_0=\varepsilon_2$=0.035、Rk_1=9.1、n=1.8 条件下，计算与实验结果的比较。由图中结果可知，理论值和实验值吻合得很好。在实验时，当振幅大于气隙δ_0时，转子就要和定子碰摩，转子所能达到的最大振幅被限制在定子气隙内。所以当振幅大于δ_0时，理论计算值就无法和实测的振幅值进行比较。例如，当频率ω由小变大时，振幅沿左分支逐渐增大到 A 点，之后振幅按理应该跳跃到 B 点，但实际上振幅却在突然增大过程中达到 B 点以前就被定子限制而发生碰摩；同理，右振幅分支的 BC 段在实验中也测不到。

图 6.4.13 表示四种不同的电源电压的幅频曲线，图中，曲线 1～4 对应的电源电压分别为 378V、315V、197V 和 10V；而曲线 1～4 对应的 Rk_1 值分别为 9.1、8.8、5.4 和 5.4。图 6.4.13 的理论计算值和图 6.4.11 由实验得到的对应幅频曲线均较好地吻合。图 6.4.13 中曲线 4 的 U=10V，此时电磁力非常小，几乎可以忽略，故这条幅频曲线和无电磁力状态的实验的强迫共振曲线吻合得也很好。由此可见，当电磁力很小时，电磁激发的参数共振可以不计。

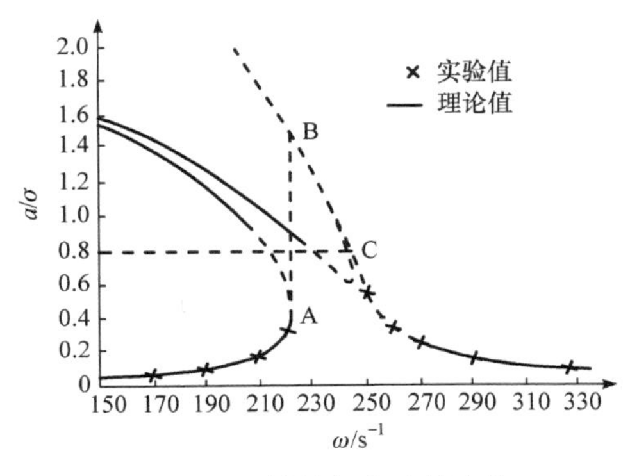

图 6.4.12　计算与实验的比较

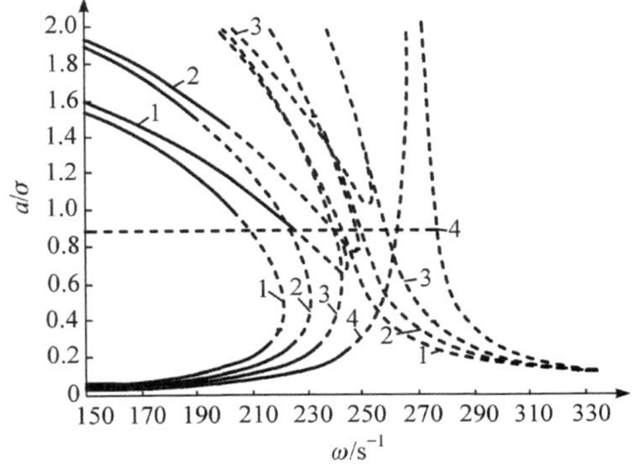

图 6.4.13　理论计算曲线

由于电动机工作在磁饱和区，电磁力和磁动势间存在非线性关系，式(6.4.75)中

系数 Rk_1、Rk_2 根据实验及理论分析得到，随电压变化的关系曲线如图 6.4.14 所示。

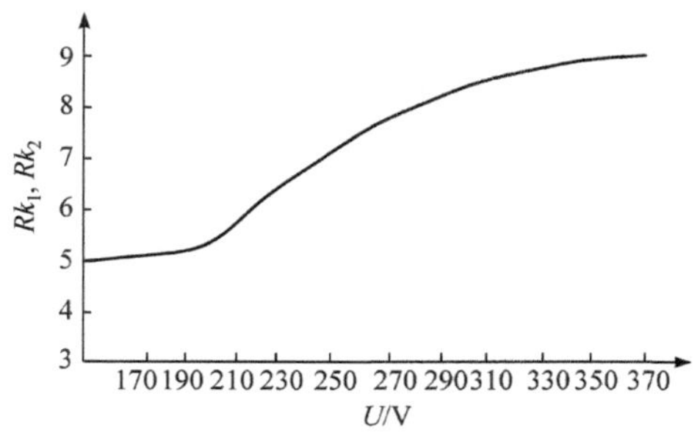

图 6.4.14 系数 Rk_1、Rk_2 随电压变化的关系

图 6.4.15 为电源电压 U=380V 时的幅频曲线。图 6.4.15(a)是在 $r_0=\varepsilon_2=0.00001$、$n$=1.8 条件下得到的，图中曲线 1 是非线性项有周期系数的参数共振曲线，呈喇叭口状；曲线 2 是线性有周期系数的参数共振曲线。图 6.4.15(b)是在 $r_0=\varepsilon_2=0.0045$、n=6 的条件下得到的，图中的曲线 1 是参数与强迫联合共振曲线，曲线 2 表示纯参数共振，有两条共振分支曲线。由图可知，使参数共振的两个分支曲线各自分裂成两个，连起来便形成以纯参数共振的两条曲线及另一为渐近线的三条分支曲线。

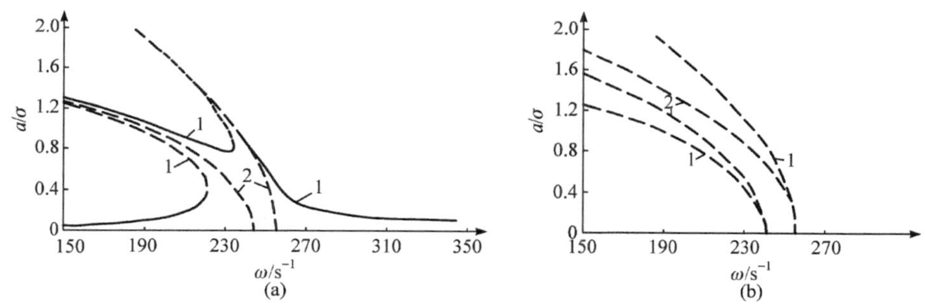

图 6.4.15 U=380V 时的幅频曲线

图 6.4.16 给出 $r_0=\varepsilon_2=0.0045$、n=1.8 时电压对幅频特性的影响，图中三组曲线 1～3 对应的电源电压 U 值分度对应于 380V、180V 和 50V，Rk_1 为 9.1、6.0 和 5.5。图中的三组曲线说明，电源电压增大，共振曲线向低频区移动，并且共振区宽度增大；反之当电压减小到某值时，共振曲线变成纯强迫共振的形态。

图 6.4.17 给出 U=380V、n=11 时转动偏心 ε_2 及质量偏心 r_0 对幅频特性的影响，图中五组曲线 1～5 对应的参数分别为 $r_0=\varepsilon_2$=0.06, 0.04, 0.015, 0.001, 0.0005。由图可知，ε_2、r_0 值越小，共振振幅及共振区越小，当 ε_2、r_0 减小到一定程度且阻尼比较大时，将出现曲线 5 的形状，此时几个频率区域内振幅都变得很小。采用这种办法，可以消除参数共振的有害影响。

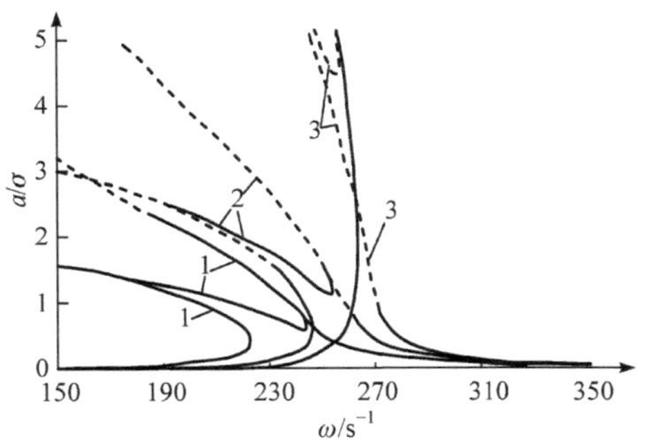

图 6.4.16　电压对幅频特性的影响

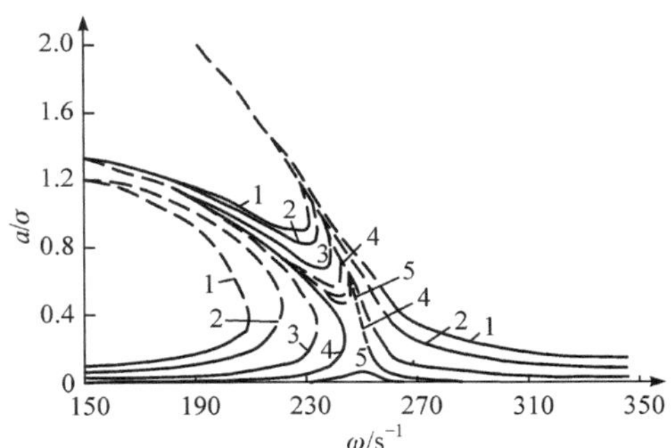

图 6.4.17　气隙偏心对幅频特性的影响

图 6.4.18 为 U=380V、r_0=ε_2=0.04、转子轴刚度值不同时的幅频特性曲线。图中曲线 1～4 对应得到转子轴刚度分别为 $k_0^1=236$、$k^1=199$、$k_0^2=290$、$k^2=262$、$k_0^3=346$、$k^3=303$、$k_0^4=410$、$k^4=355$。从图中可以看出，频率随转子轴刚度的增加而增大，而幅值变化不大。

图 6.4.19 为 U=380V、r_0=ε_2=0.04、n=11 时三相电压不对称度对共振曲线的影响，图中曲线 1～6 分别对应于 DL=U_{1-}/U_{1+}=0, 0.071, 0.154, 0.25, 0.364, 0.5。从图中可以看出，不对称度越大，共振区越大，且使共振区向左移动得越显著。假如出现一相突然断路，将使临界转速大幅度降低，并使共振区显著加宽，其结果使工作转速极易落入共振区内，从而突然激发大振幅的参数共振。

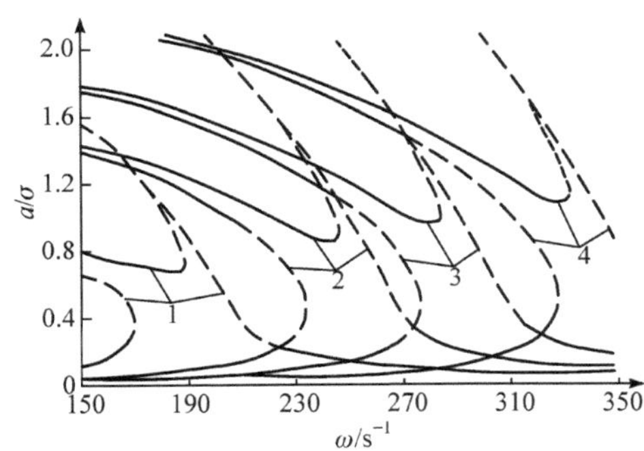

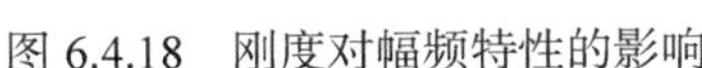
图 6.4.18　刚度对幅频特性的影响

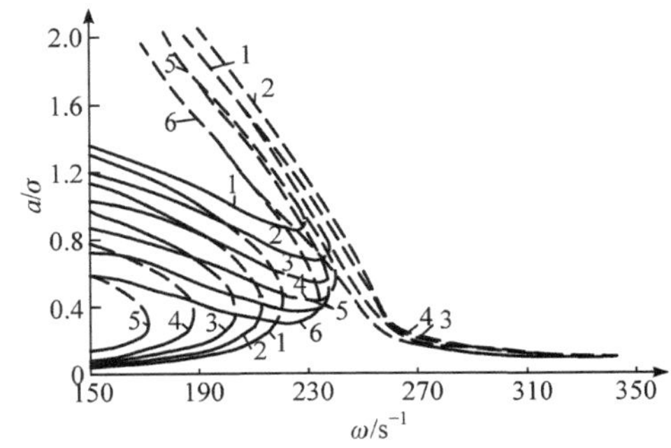

图 6.4.19　不对称度对幅频特性的影响

在电动机的起振过程中，突然增加电压，会引起自然频率降低及共振区扩大，从而突然激发参数共振。利用式(6.4.80)，可以计算得到起振过程和过渡过程的振幅随时间变化的曲线。图 6.4.20 是起振过程的理论计算曲线，从图中可以得到以下结论：①起振时的振幅都按对数规律增长；②振幅增长超过气隙δ_0时，会发生碰摩。但是发生碰摩后，理论计算曲线和实际曲线相比差别很大，这是因为建立理论方程时没有考虑碰摩力。

图 6.4.21 是通过共振区时振幅变化的理论计算曲线，图中，虚线以及线段 AB、$D'DC$ 表示幅频特性，实线表示过渡过程曲线，并以箭头表示变化的方向，AB、DC 线段对应的周期解是固定的，其他线段均为不稳定的。AB 线段的端点 B 和 DC 线段的端点 D 对应于幅频曲线中稳态解的稳定边界。过渡过程曲线 $AEBDC$ 是加速过程曲线，$CDD'EA$ 是减速过程曲线。从图中可见，加速过程所能达到的最大振幅比减速过程所能达到的最大振幅要小一些。

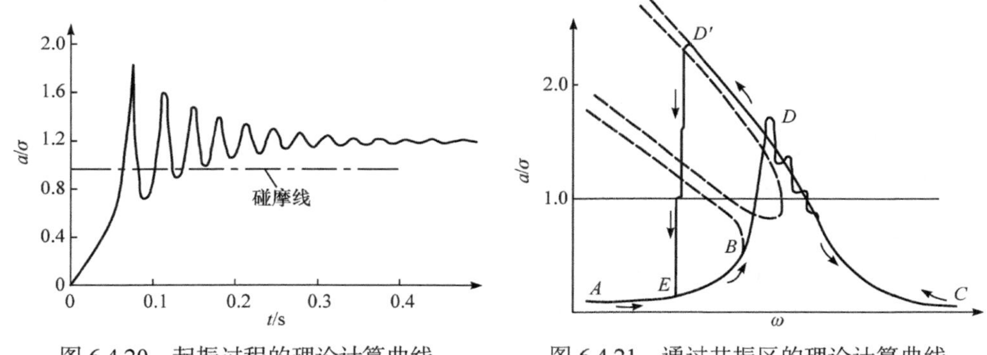

图 6.4.20　起振过程的理论计算曲线

图 6.4.21　通过共振区的理论计算曲线

当加速过程由 A 点开始沿 AEB 线段到达稳定边界点 B 之后便会失稳，但由于转速在不断增大，便跳到对应幅频特性曲线的稳定分支的 DC 线段上；而减速过程由 C 点开始沿 CDD' 线段达到稳定边界点 D 时，由于过渡过程的滞后现象，振幅延续到 D' 点，然后迅速跌落到稳定振幅线段 AEB 的 E 点上。

参 考 文 献

曹宏瑞, 李亚敏, 何正嘉, 等. 2014. 高速滚动轴承-转子系统时变轴承刚度及振动响应分析[J]. 机械工程学报, 50(15): 73-81.

常宗瑜, 张策, 杨玉虎, 等. 2001. 运用凯恩方程建立弧面分度凸轮机构的动力学模型[J]. 机械工程学报, 37(3): 34-40.

程金石. 2010. 管状面槽式凸轮分度机构理论与技术的研究[D]. 大连: 大连理工大学.

葛正浩, 张正钧, 张兴钰. 2016. 基于刚柔耦合模型的平行分度凸轮机构动力学分析[J]. 陕西科技大学学报, 34(5): 142-146.

花纯利, 饶柱石. 2017. 转子-橡胶轴承系统非线性动力学特性研究[M]. 北京: 科学出版社.

黄文虎, 夏松波, 焦映厚, 等. 2006. 旋转机械非线性动力学设计基础理论与方法[M]. 北京: 科学出版社.

黄志伟, 张勇传, 周建中. 2010. 水轮发电机组转子不对中-碰摩耦合故障转子动力学分析[J]. 中国电机工程学报, 30(8): 88-94.

金国光, 魏展, 秦凯旋, 等. 2015. 高速凸轮机构动力学分析及模态截断[J]. 机械工程学报, 51(13): 227-234.

李蕾. 2011. 滚珠型弧面分度凸轮机构的动力学分析及其性能研究[D]. 济南: 山东大学.

李立, 郑铁生, 许庆宇. 1995. 齿轮-转子-滑动轴承系统时变非线性动力学特性研究[J]. 应用力学学报, 12 (1): 15-24.

李明, 李自刚. 2014. 完整约束下转子-轴承系统非线性振动[M]. 北京: 科学出版社.

李明, 张勇, 姜培林, 等. 1999. 转子-齿轮联轴器系统的弯扭耦合振动研究[J]. 航空动力学报, 14 (1): 60-64.

李明, 孙涛, 胡海岩. 2002. 齿轮传动转子-轴承系统动力学的研究进展[J]. 振动工程学报, 15 (3): 249-256.

李润方, 王建军. 1994. 齿轮系统动力学——振动 · 冲击 · 噪声[M]. 北京: 科学出版社.

李有堂. 2010. 机械系统动力学[M]. 北京: 机械工业出版社.

李有堂. 2019. 高等机械系统动力学——原理与方法[M]. 北京: 科学出版社.

李有堂. 2020. 机械振动理论与应用[M]. 北京: 科学出版社.

李有堂, 马平, 杨萍, 等. 2000. 计算切口应力集中系数的无限相似单元法[J]. 机械工程学报, 36(12): 101-104.

廖明夫. 2015. 航空发动机转子动力学[M]. 西安: 西北工业大学出版社.

刘延柱. 2016. 高等动力学[M]. 北京: 高等教育出版社.

刘杨, 太兴宇, 赵倩, 等. 2013. 转子系统不对中-碰摩耦合故障的动力学特性[J]. 东北大学学报, 4: 564-568.

罗红萍. 2015. 圆柱凸轮间歇运动机构凸轮廓形方程研究[J]. 广西科技大学学报, 26(4): 26-30.

任亚峰, 常山, 刘更. 2017. 等齿轮-箱体-基础耦合系统的振动分析[J]. 华南理工大学学报,

45(5): 38-44.
沈煜. 2008. 活齿分度凸轮机构的创新设计与研究[D]. 天津: 天津大学.
沈煜, 杨玉虎, 张大卫, 等. 2008. 新型活齿分度凸轮机构的原理及动态静力分析[J]. 天津大学学报, 41(8): 972-977.
唐驾时. 1993. 凸轮机构动力学模型的改进及动力分析[J]. 湖南大学学报, 20(5): 80-87.
陶学恒, 肖正扬, 王其超, 等. 2000. 点啮合包络蜗杆分度凸轮机构动力学模型的建立[J]. 机械科学与技术, 19(2): 173-176.
王皓, 杨玉琥, 张策. 1999. 弧面分度凸轮机构动力学建模与分析[J]. 机械科学与技术, 18(6): 864-866.
魏展, 金国光, 袁汝旺, 等. 2017. 高速共轭凸轮打纬机构柔性动力学分析[J]. 机械工程学报, 55(3): 81-89.
闻邦春, 顾家柳, 夏松波, 等. 2000. 高等转子动力学[M]. 北京: 机械工业出版社.
薛家国. 2003. 齿轮动力学简化模型[J]. 安徽工业大学学报, 20(4): 340-344.
杨义勇, 金德闻. 2009. 机械系统动力学[M]. 北京: 清华大学出版社.
应光祖. 2011. 高等动力学——理论与应用[M]. 杭州: 浙江大学出版社.
虞烈, 刘恒. 2001. 轴承-转子系统动力学[M]. 西安: 西安交通大学出版社.
袁惠群. 2014. 转子动力学基础[M]. 北京: 冶金工业出版社.
张伯军. 2010. 弹性动力学简明教程[M]. 北京: 科学出版社.
张策. 2000. 机械动力学[M]. 北京: 高等教育出版社.
张劲夫, 张俊龙. 2010. 偏心凸轮机构动力学的一种新模型及其计算[J]. 中国机械工程, 21(5): 535-539.
张俊, 宗振华, 杨晓平. 2005. 考虑间隙和柔性轴的圆柱分度凸轮机构动力学特性研究[J]. 机械传动, 4: 14-16.
郑彤, 章定国, 廖连芳, 等. 2014. 复航空发动机叶片刚柔耦合动力学分析[J]. 机械工程学报, 50(23): 42-49.
Abbes M S, Bouaziz S, Chaariect F, et al. 2008. An acoustic-structural interaction modelling for the evaluation of a gearbox-radiated noise[J]. International Journal of Mechanical Sciences, 50(3): 569-577.
Arreaza C, Behdinan K, Zu J W. 2016. Linear stability analysis and dynamic response of shimmy dampers for main landing gears[J]. Journal of Applied Mechanics, 83(8): 081002-1-081002-10.
Bartelmus W. 2001. Mathematical modelling and computer simulations as an aid to gearbox diagnostics[J]. Mechanical Systems and Signal Processing, 15(5): 855-871.
Garguilo E P. 1980. A simple way to estimate bearing stiffness[J]. Machine Design, 52: 107-110.
Guo Y, Parker R G. 2010. Dynamic modeling and analysis of a spur planetary gear involving tooth wedging and bearing clearancenonlinearity[J]. European Journal of Mechanics—A/Solids, 29(6): 1022-1033.
Han L, Qi H J. 2019. Dynamics responses analysis in frequency domain of helical gear pair under multi-fault conditions[J]. Journal of Mechanical Science and Technology, 33(11): 5117-5127.
Houpert L. 1997. A uniform analytical approach for ball and roller bearings calculations[J]. Journal of Tribology, 119: 851-858.

Hu C B, Li Y T, Gong J. 1998. The transition method of geometrically similar element for dynamic crack problem[J]. Key Engineering Materials, 145-149: 267-272.

Kahraman A, Singh R. 1991. Interactions between time-varying mesh stiffness and clearance non-linearities in a geared system[J]. Journal of Sound and Vibration, 146(1): 135-150.

Kim S, Kwon S J. 2015. Dynamic modeling of a two-wheeled inverted pendulum balancing mobile robot[J]. International Journal of Control, Automation and Systems, 13(4): 9260933.

Kim W, Lee J Y, Chung J. 2012. Dynamic analysis for a planetary gear with time-varying pressure angles and contact ratios[J]. Journal of Sound and Vibration, 331(4): 883-901.

Li Y T, Ma P. 2007. Finite geometrically similar element method for dynamic fracture problem[J]. Key Engineering Materials, 345-346: 441-444.

Li Y T, Song M. 2008. Method to calculate stress intensity factor of V-notch in bi-materials[J]. Acta Mechanica Solida Sinica, 21(4): 337-346.

Li Y T, Rui Z Y, Huang J L. 2000a. An inverse fracture problem of a shear specimen with double cracks[J]. Key Engineering Materials, 183-187: 37-42.

Li Y T, Wei Y B, Hou Y F. 2000b. The fracture problem of framed plate under explosion loading[J]. Key Engineering Materials, 183-187: 319-324.

Li Y T, Ma P, Yan C F. 2006a. Anti-fatigued criterion of annularly breached spindle on mechanical design[J]. Key Engineering Materials, 321-323: 755-758.

Li Y T, Rui Z Y, Yan C F. 2006b. Uniform model and fracture criteria of annularly breached bars under bending[J]. Key Engineering Materials, 321-323: 751-754.

Li Y T, Yan C F, Kang Y P. 2006c. Transition method of geometrically similar element for dynamic V-notch problem[J]. Key Engineering Materials, 306-308: 61-66.

Li Y T, Rui Z Y, Yan C F. 2007a. Transition method of geometrically similar element to calculate the stress concentration factor of notch[J]. Materials Science Forum, 561-565: 2205-2208.

Li Y T, Yan C F, Jin W Y. 2007b. The method of torsional cylindrical shaft with annular notch in quadric coordinate[J]. Materials Science Forum, 561-565: 2225-2228.

Li Y T, Rui Z Y, Yan C F. 2008. A new method to calculate dynamic stress intensity factor for V-notch in a bi-material plate[J]. Key Engineering Materials, 385-387: 217-220.

Li Y T, Yan C F, Feng R C. 2010. Dynamic stress intensity factor of fixed beam with several notches by infinitely similar element method[J]. Key Engineering Materials, 417-418: 473-476.

Lim T C, Singh R. 1990. Vibration transmission through rolling element bearing, Part I: Bearing stiffness formulation[J]. Journal of Sound and Vibration, 139(2): 179-199.

Lim T C, Singh R. 1991. Vibration transmission through rolling element bearing, Part II: Gear rotor system studies[J]. Journal of Sound and Vibration, 151(1): 31-54.

Liu J Y, Hong J Z. 2002. Dynamic modeling and modal truncation approach for a high-speed rotating elastic beam[J]. Archive of Applied Mechanics, 72 (8): 554-562.

Mehrjardi M Z, Rahmatabadi A D, Meybodi R R. 2016. A comparative study of the preload effects on the stability performance of noncircular journal bearings using linear and nonlinear dynamic approaches[J]. Proceedings of the Institution of Mechanical Engineers Part J—Journal of Engineering Tribology, 230(7): 797-816.

Nowakowski C, Kürschner P, Eberhard P, et al. 2013. Model reduction of an elastic crankshaft for elastic multibody simulations[J]. Zamm Journal of Applied Mathematics and Mechanics, 93(4): 198-216.

Qiu H. 2005. A universal optimal approach to cam curve design and its applications[J]. Mechanism and Machine Theory, 40(6): 669-692.

Rao J S. 2012. 旋转机械动力学及其发展[M]. 叶洎沅, 译. 北京: 机械工业出版社.

Ren Z H, Zhou S H, Li C F, et al. 2014. Dynamic characteristics of multi-degrees of freedom system rotor-bearing system with coupling faults of rub-impact and crack[J]. Chinese Journal of Mechanical Engineering, 27(4): 785-792.

Theodossiades S, Natsiavas S. 2001. Periodic and chaotic dynamics of motor-driven gear-pair systems with backlash. Chaos Solitons Fractals, 12(13): 2427-2440.

Wang Y, Liu C Z, Liao Y H. 2019. Electromechanical dynamic analysis for the DTC induction motor driving system of the unmanned long-wall shearer drum[J]. Cluster Computing, 21(1): 13325-13336.

Wu Y, Yu K P, Jiao J, et al. 2015. Dynamic modeling and robust nonlinear control of a six-DOF active micro-vibration isolation manipulator with parameter uncertainties[J]. Mechanism and Machine Theory, 2015, 92: 407-435.

Xiang D, Shen Y H, Wei Y Z. 2019. A contact force model considering meshing and collision states for dynamic analysis in helical gear system[J]. Chinese Journal of Mechanical Engineering, 32 (1): 1-12.

Yilmaz Y, Kocabas H. 1995. The vibration of disc cam mechanism[J]. Mechanism and Machine Theory, 30(5): 695-703.